Holzfrei

Nr. 40 1954
S. 8963—9210 6. Oktober

Chemisches Zentralblatt

Vollständiges Repertorium für alle Zweige der reinen und angewandten Chemie

1830 gegründet. 1897—1945 von der Deutschen Chemischen Gesellschaft fortgeführt.
Im Auftrage der Deutschen Akademie der Wissenschaften zu Berlin, der Chemischen Gesellschaft in der Deutschen Demokratischen Republik, der Akademie der Wissenschaften zu Göttingen und der Gesellschaft Deutscher Chemiker

herausgegeben von Prof. Dr. **Maximilian Pflücke**

125. Jahrgang

1954

Chefredakteure: Dr. Eugen Klever und Prof. Dr. Maximilian Pflücke

Akademie-Verlag GmbH., Berlin — Verlag Chemie, GmbH., Weinheim/Bergstr.

Inhalt

Geschichte, Unterricht ... —
A. Allgemeine und physikalische Chemie ... 8963
A_1 Kernphysik und Kernchemie ... 8963
A_2 Optisches Verhalten der Materie ... 8973
A_3 Elektrizität. Magnetism. Elektrochem. 8975
A_4 Thermodynamik. Thermochemie ... 8979
A_5 Kolloidchemie Grenzschichtforschung 8985
A_6 Strukturforschung ... 8987
A_7 Gleichgewichte. Kinetik ... 8989
B. Anorganische Chemie ... 8991
C. Mineralogische und geologische Chemie ... 8995
D. Organische Chemie ... 8997
D_1 Allgem. u. theoretische organ. Chemie 8997
D_2 Präparat. organ. Chemie. Naturstoffe 9012
Mono- und Oligosaccharide. Glykoside 9045
Alkaloide ... 9047
Natürliche Farbstoffe ... —
Terpene. Sapogenine ... 9048
Sterine. Gallensäuren ... 9050
Hormone. Vitamine. Enzyme ... 9050
Antibiotica ... —
Andere Naturstoffe ... 9051
D_3 Makromolekulare Chemie ... 9052
E. Biologische Chemie. Physiologie. Medizin ... 9055
E_1 Allgemeine Biologie und Biochemie .. 9055
E_2 Enzymologie Gärung ... 9059
E_3 Mikrobiolog. Bakteriolog. Immunolog. 9066
E_4 Pflanzenchemie. Pflanzenphysiologie. Pflanzenpathologie ... 9068
E_5 Tierchemie. Tierphysiologie. Tierpathologie ... 9070
E_6 Pharmakologie. Therapie. Toxikologie. Hygiene ... 9080
F. Pharmazie. Desinfektion ... 9090
G. Analyse. Laboratorium ... 9099
H. Angewandte Chemie ... 9108
I. Allgemeine chemische Technologie .. 9108
II. Betriebsschutz. Feuerschutz ... —
III Elektrotechnik ... 9112
IV Wasser Abwasser ... 9113
V Anorganische Industrie ... 9114
VI Silicatchemie Baustoffe ... 9116
VII Agrikulturchemie Schädlingsbekämpfung ... 9120
VIII Metallurgie. Metallographie. Metallverarbeitung ... 9126
IX Organische Industrie ... 9132
X Färberei. Organische Farbstoffe ... 9150
XI a) Farben. Anstriche. Lacke. Naturharze ... 9151
b) Plaste (Kunstharze Plastische Massen) ... 9156
XII Kautschuk. Guttapercha. Balata ... 9170
XIII Ätherische Öle. Parfümerie. Kosmetik ... 9174
XIV Zucker Kohlenhydrate Stärke ... 9175
XV Gärungsindustrie ... 9177
XVI Nahrungs-, Genuß- und Futtermittel 9179
XVII Fette Seifen. Wasch- u Reinigungsmittel. Wachse Bohnermassen usw. 9180
XVIII a) Holz. Cellulose. Zellstoff. Papier. Papierdruck. Celluloid. Linoleum 9182
b) Textilfasern ... 9187
XIX Brennstoffe Erdöl. Mineralöle ... 9194
XX Schieß- und Sprengstoffe. Zündmittel —
XXI Leder Gerbstoffe ... 9206
XXII Leim. Klebstoffe usw ... 9207
XXIII. Tinte. Hektographenmassen u. a. Spezialpräparate ... —
XXIV. Photographie ... 9208

Bibliographien: 8973. 8989. 8994. 8997. 9059. 9068. 9080. 9090. 9108. 9111. 9116. 9132. 9156. 9175. 9178. 9187. 9194.

Namenregister

Abbott 9113.
Abbott Laboratories 9147.
Abelès 8974.
Abrahamson 9100.
Abramow 9020.
Abrams 9204.
Abrashanowa 9022.
Accumulatoren-Fabrik Akt.-Ges. 9112.
Ackermann 9146.
Adam-Gironne 8991.
Adams, C. E. 9135.
Adams, G. K. 8984.
Adams, L. M. 9152.
Addage Ltd. 9116.
Adelson 9163.
Adrianowa 8976.
Agens 9204.
Agfa Akt.-Ges. für Photofabrikation 9209.
Agnew 9171.
Ainley 9146.
Air Reduction Co., Inc. 9115. 9199.
Akaiwa 9120.
Aktiebolaget Stockholms Bryggerier 9178.
Akt.-Ges. für Unternehmungen der Eisen- und Stahlindustrie 9131.
Aktieselskabet Niro Atomizer 9110.
Alba 9178.
Alberti 9050.
Albrecht 9129.
Alburger 8970.
Alekssanjan 9179.
Alexander 8992.
Alexandrow 8976.
Allegretti 9078.
Allgemeine Elektricitäts-Ges. 9169.
Allied Chemical & Dye Corp. 9116. 9123. 9146. 9190.
Allison 9119.
Alperovitch 8970.
Altman 9179.
Altshuller 9002.
American Cyanamid Co. 9097. 9137. 9140. 9145. 9148. 9149. 9160. 9162. 9206.
American Viscose Corp. 9192.
American Zinc, Lead & Smelting Co. 9115.
Amos 9133.
Amstein 9085.
Anderson, J. M. 9065.
Anderson, L. C. 9121.
Andrews 9179.
Anglamol Ltd. 9202.
Anglo-Iranian Oil Co. 9200.
Ankudinow 9122.
Annis 8965.
Antropow 9002.
Antykow 9181
Arends 9091.
Aries 9195.
Armour & Co. 9168.
Arnon 9061.
Arnott 9108.
Arons 9088.
Arundale 9202.
Ashkin 8966.
Askew 9179.
Aterman 9078.
Atoji 8984.
Auergesellschaft Akt.-Ges. 9113.
Auhagen 9145.
Austin [8994].
Austrian 9083.
Awe 9028.
Awetikjan 8985.
Badische Anilin- & Soda-Fabrik Akt.-Ges. 9133. 9134. 9146. 9151. 9153. 9156. 9157. 9165. 9167. 9191. 9192. 9197. 9208.
Bahner 9040.
Baker, C. G. 9059.
Baker, D. C. 9186.
Balasubrahmanyan 8964.
Balasubramian 9020.
Balbierz 9127.
Baldeschwieler 9201.
Ballah 9020.
Ballard, C. W. 9107.
Ballard, S. S. 9100.
Bandel 9162.
Banes 9157. 9202.
Banga 9064.
Bangdiwala 9069.
Banks 9112.
Barbaro 9091.
Barber, E. J. 9185.
Barber, H. J. 9094.
Barber, W. C. 8965.
Barbour 9015. 9025.
Bardyschew 9151.
Barkas 8965.
Barnes 9045.
Barré 9014.
Bartaschew 9053.
Bartels 9210.
Barth 9080.
Bascuas 9005.
Basdekis 9124.
Basler 9187.
Bassin 9082.
Bauer, E. 9148.
Bauer, F. 9096.
Bauer, La V. N. 9201.
Bauer, R. F. 9198.
Bauer, T. W. 8981. 8982.
Baumbach 9208.
Baumgartner 9169.
Baxter 9005.
Baylis 9113.
Beach 9201.
Beattie 8993. 9116.
Beauchamp, L.-V. 9191.
Beauchamp, R. S. A. 8997.
Beaune 9054.
Beaver 9028.
Beck, B. B. 9172.
Beck, van der, R. R. 9117.
Becker 8965.
Beckman 9181.
Beech 9120.
Begoon 9009.
Behr 8978.
Beja 9123.
Békési 9005.
Bellingi 9083.
Belugina 8986.
Bendich 9079.
Benesch 9092.
Benfield 9119.
Benk 9052.
Berg 9138.
Berg, D. 9002.
Berger 9057.
Bergeron 9117.
Bergmann 9060.
Bergstermann 9085.
Bernal 8973.
Bernheimer 9056.
Bernsohn 9104.
Berry, J. W. 9026.
Berry, K. L. 9193.
Bestian 9191.
Bielawski 9158.
Biesele 9057.
Bigoni 9181.
Bilancio 9040.
Bilton 9154.
Birks 8998.
Birmingham 9101.
Birnbaum 8965.
Bittner 9200.
Blackman 9069.
Blair 8965.
Blaszkowska 9114.
Blaxter 9079.
Blidin 8992.
Blieck, de 9087. 9088.
Bloch 9156.
Bloch-Frankenthal 9061.
Block 9082.
Bloom 8969.
Bobingen Akt.-Ges. für Textilfaser 9167.
Bode 9058.
Böhme 9093.
Böhme Fettchemie G.m.b.H. 9181.
Boehringer, C. F. & Söhne G.m.b.H. 9178.
Boehringer, C. H., Sohn 9143.
Boels 9071.
Börner 9080.
Böttcher 9096.
Bognár 9005.
Bolanowski 9181.
Bonal 9175.
Bond jr. 9199.
Booth 8971.
Borden Co. 9169.
Bordenca 9144.
Borello 9123.
Borkland 9154.
Borrmann 8988.
Bos 9087.
Bosch, R., G.m.b.H. 9113.
Boscott 9078.
Bothwell 9087.
Botwright 9174.
Bousset 9125.
Boward jr. 9161.
Bowen 9163.
Bowler 9170.
Boynton 9120. 9121.
Boys 8973.
Bozel-Malétra Soc. Industrielle de Produits Chimiques 9192.
Braker 9099.
Brams 9028.
Branch 8998.
Brandt 9152.
Brasted 9102.
Braun 9120.
Breer 9166.
Breitbach 9088.
Breitenmoser 9184.
Brendlein 9133.
Bresser 9205.
Bretschneider 9139.
Breuer 9023.
Bridge 8965.
Brissaud 9153.
British Thomson-Houston Co. Ltd. 9165. 9168.
Britton 9136.
Broadbent 9075.
Broatch 9003.
Broderson 9209.
Brodski 8989.
Brolley jr. 8971.
Bronk 9065.
Brooks 9075.
Brous 9000.
Brown, E. G. 9104.
Brown jr., F. B. 8965.
Brown, M. E. 9040.
Brown, R. A. 8986.
Brownback 9126.
Brownell 9066.
Browning 9184.
Bruce 9099.
Brücke, F. 9085.
Brücke, H. 9086.
Brueckner 8967.
Brundell, 8966.
Brune, A. 9090.
Brune, W. 9208.
Brunisholz 8991. 8992.
Bruun 9051.
Buchwald 9151.
Büche 9130.
Büttner 9070.
Buffalo Electro-Chemical Co., Inc. 9115.
Bukin 9177.
Bunger 8972.
Bureau Technique Gautrat (S. à r. l.) 9112.
Burgdorf 9182.
Burger, G. 9086.
Burger, H. 9081.
Burgess 9127.
Burjanow 8994.
Burke [9132].
Burkhard 9054.
Burrows 9143.
Butement 8971.
Butler, J. M. 9202.
Butler, K. H. 9112.
Butler, S. T. 8967.
Butterworth 9119.
Cabot, G. L., Inc. 9172.
Cain 9120.
Caldwell 9072.
California Research Corp. 9200.
Calingaert 9201.
Calmmann 9098.
Calvin 9023.
Camerino 9050.
Caminiti 9183.
Camp 9122.
Campbell 9102.
Campen jr., Van 9041.
Canadian Industries Ltd. 9154.
Canals 9092.
Candillon 9131.
Canet 9027.
Cantacuzène, C. M. 9109.
Cantacuzène, G.-S. 9109.
Capper 9090.
Carlassare 9093.
Carmichael 9090.
Carney 9199.
Carr, J. E. 9072.
Carr, K. 9117.
Carrington 8991.
Carson, J. F. 9027.
Carson jr., W. N. 9106.
Case 9007.
Cassella Farbwerke Mainkur Akt.-Ges. 9141. 9190.
Cat, de 9209.
Cavalla 9050.
Cavanaugh 9143.
Ceccaldi 9059.
Celanese Corp. of America 9151. 9161.
Centre National de la Recherche Scientifique 9142. 9203.
Ceroni 9083.
Ceskoslovenské Pivovary, Lihovary A Konservárny 9178.
Chabbert 9067.
Chabrier 9034.
Challis 9139.
Chamberlain 8985.
Chambers, C. W. 9067.
Chambers, L. A. 9067.
Chance 9060.
Chanley 9016.
Chapman 9075.
Charlton 9178.
Chastel 8971. 8973.
Chauchard, B. 9070.
Chauchard, P. 9070. 9071.
Cheetham 9208.
Chemische Fabrieken L. van der Grinten 9210.
Chemische Fabrik L. van der Grinten 9210.
Chemische Fabrik Stockhausen & Co. 9190.
Chemische Werke Albert 9124. 9164.
Chemische Werke Bergkamen Akt.-Ges. 9197.
Chemische Werke Hüls G.m.b.H. 9134. 9135.
Chemodur G.m.b.H. 9143.
Cherniavsky 9142.
Chester 9131.
Chew 8965.
Chighizola 9078.
Childs 9099.
Chimie et Atomistique 9147.
Chitarow 8995.
Chitrowa 9052.
Chochlow 9026.
Christensen 9124.
Christie 9011.
Chu 8965.
Ciba Akt.-Ges. 9095. 9142. 9146. 9148. 9150. 9190.
Ciba Ltd. 9149.
Ciba Soc. An. 9150.
Cier 9086.
Cilag Akt.-Ges. 9097.
Ciotti 9055.
Claborn 9181.
Clark, C. T. 9063.
Clark, H. A. 9141.
Clark, P. J. 9122.
Clarke, J. T. 8983.
Clarke, M. 9057.
Clements 9120.
Clodi 9182.
Cochran, L. W. 8968.
Cochran, W. [8989].
Cockburn 9187.
Codell 9103. 9105.
Cogan 9078.
Cohen 9066.
Coleman, D. 9167.
Colemán, R. E. 9176.
Colgate-Palmolive-Peet Co. 9137. 9182.
Collin, F. J., Akt.-Ges. zur Verwertung von Brennstoffen und Metallen 9197.
Collins 8999.
Columbia Broadcasting System, Inc. 9156.
Columbia-Southern Chemical Corp. 9158.
Colvilles Ltd. 9130
Comp. Française d Raffinage (Soc. An.) 9133. 9204
Comp. Française Thomson-Houston 9204.
Comp. de Produit Chimiques et Électrométallurgiques Alais, Froges et Camargue 9137.
Confino 9125.
Conklin 8970.
Conn 9072.
Connors 9155.
Cook, H. G. 9183.
Cook, J. A. 9121.
Cook, J. W. 9041.
Cook, L. G. 8969.
Cook, W. S. 9173.
Cooke 9078.
Cooper 9070.
Cooperman 9076.
Cope 9093.
Copp 9097.
Cordier 9073.
Coretti 9179.
Corn Products Refining Co. 9138
Cornu 9101.
Corson 9141.
Coryell 8971.
Costello 9059.
Coulter, E. P. 9059
Coulter, K. E. 9161
Cowan, G. R. 8975
Cowan, J. C. 9204.
Craig 9095.
Cramer 9037.
Crane 9125.
Crawford jr., B. 8975.
Crawford, V. L. 9199.
Creveld, van 9088.
Cristol 9009. 9010. 9011.
Croft 8994.
Crosby 9176.
Crossley 9093.
Crouch 9159. 9167 9171.
Crowdle 9030.
Crowell 9208.
Crown Zellerbach Corp. 9173. 9186
Crozier 9207.
Csendes 9017.
Culhane 9193.
Cumming 8976.
Curd 9146.
Currie 9173.
Curry 9024.
Curtis [9194].
Curtiss 9118.
Cymerman-Craig 9031.
Czerski 8993.
Dadlez 9107.
Daecke 9067.
Dafert 9153.
Dagley 9060.
Dance 9133.
Daniel 9067.
Dannenberg 9163.
Danner 9190.
Danton 9034.
Darzens 9014.
Dauncey 9119.
Davidson 8991.
Davies, C. M. 8987
Davies, R. E. 9160
Davis 8966.
Dawes 9060.
Dawihl 9131.
Day 9003.
Dayton 8998.

Dazzi 9160.
Decker, R. und H. Holz 9168.
Decortis 9085.
Dedek 9175.
Dehtochema, Národní Podnik 9107.
DEHYDAG Deutsche Hydrierwerke G.m.b.H. 9180.
Delaby 9034.
Delbecq 9105.
Delmas-Marsalet 9089.
Delsol 9076.
Dengel 9094.
Deringer 9081.
Dermer 9012.
Desclaux 9076.
Despujols 9126.
Deuchars 8969.
Deutsche Gold- & Silberscheideanstalt vormals Roessler 9126. 9129. 9133. 9135. 9138. 9139. 9166. 9192.
Deutsche Hydrierwerke Akt.-Ges. 9158.
Devantier 9170.
Deverell-Smith 9158.
Dewa Produkte G.m.b.H. 9185.
Dickinson 8971.
Dickscheit [9178].
Dietrich 9134. 9135.
Directie van de Staatsmijnen in Limburg 9108.
Dirscherl 9023.
Distillers Co. Ltd. 9128. 9137.
Dittrich 9055.
Dobrovolny 9122.
Dodd 9127.
Donegan 9116.
Doppstadt 9046.
Doriat 9169.
Dormael, A. van 9034.
Dormael, A. E. van 9209.
Dorn 9113.
Dorset 9189.
Dorta-Schaeppi 8998.
Dothie 9004.
Dotzenko 9120.
Douglas 8972.
Dow 9127.
Dow Chemical Co. 9125. 9133. 9136. 9143. 9145. 9146. 9159. 9161. 9162.
Dow Corning Corp. 9141. 9172. 9173.
Drake 9143.
Dreisbach 9162.
Drekter 9076.
Dresselhaus 8977.
Drew, E. F., & Co. 9161.
Drickamer 8980.
Druey 9095.
Dsheljuk 9184.
Dubbs 9108.
Dubrowski 9120.
Dufek 9157.
Duller 8964.
Duncombe 9079.
Dunegan 9122.
Dungey 8963.
Dunlop 9055.
Dunn, J. R. 9007.
Dunn, T. B. 9081.
Dupeyrou 9187.
Dupont 9203.
Du Pont de Nemours, E. I., & Co. 9115. 9143. 9153. 9159. 9160. 9161. 9192. 9193. 9199.
Durmischidse 9177.
Dustin jr. 9057.
Dyke, van 9071.
Dynamit Akt.-Ges. vorm. A. Nobel & Co. 9153. 9164. 9168.
Dyson 8966.
Earle 9192.
Eastman Kodak Co. 9167. 9209.
Ebel 9071.
Eberly 9125. 9133.
Ebersberger 9138.
Eckert 9195.
Eckhoff 9117.
Edel 9078.
Edeleanu G.m.b.H. 9133.
Edminister 9172.
Ehrenberg 9088.
Eigen 9118.
Eijk van Voorthuysen, van 9111.
Eiselt 9155.
El-Badry 9106.
Eley 8991.
Eliel 9036.
Ellegast 9013.
Elliott 9101.
Ellis, J. 8973.
Ellis, J. C. H. 9123.
Ellison 9004.
Elphimoff-Felkin 9027.
El-Sinbawy 9194.
Elton 8985.
Elving 8978. 8979.
Enebo 9065.
Engel, C. E. 9176.
Engel, K. H. 9146.
Epstein 9082.
Erlenbach 9108.
Ermans 9074. 9075.
Ernst jr. 9200.
Essen 9068.
État Français 9153.
Etchason 9156.
Ethyl Corp. 9201.
Evans, C. H. 9116.
Evans, J. M. 9075.
Evans, W. C. 9090.
Everhart 9117.
Eyring 8990.
Eysenbach 9098.
Fabelinski 9003.
Fales 9045.
Fantl 9163.
Farbenfabriken Bayer Akt.-Ges. 9095. 9138. 9143. 9145. 9153. 9166. 9176. 9191.
Farbwerke Hoechst Akt.-Ges., vormals Meister Lucius & Brüning 9094. 9108. 9132. 9143. 9170. 9191.
Farkas 9005.
Fasce 9181.
Fauconnet 9107.
Favreau 9014.
Feagin 9162.
Fearing 9019.
Feigl 9102.
Feinberg 9084.
Feld, W., & Co. 9205.
Fell 8992.
Felsing 9066.
Fenech 9034.
Ferguson, E. E. 8999. 9000.
Ferguson, L. N. 9023.
Fernández Platero 9210.
Ferrari, 9105.
Ferraro 8993.
Fetzer 9176.
Fialkow 8994.
Field, F. H. 9001.
Field, J. B. 9075.
Finlay 9117.
Fireman 8968.
Firestone Tire & Rubber Co. 9125. 9133. 9172. 9207.
Firmo Rubio 9197.
Firth, T. F., & Sons Ltd. 9192.
Fisburn 9090.
Fischer, E. H. 9062.
Fischer, F. 9201.
Fischer, H. 9076.
Fischer, M. A. 9059.
Fischer, P. W. 9198.
Fischer, W. 9133.
Fisher, E. G. 9121.
Fisher, H. A. 9057.
Fix 9011.
Flack 8969.
Flatt 8991. 8992.
Fleischer 9099.
Fleischhauer 9141.
Flesch 9195.
Flinn 8988.
Flötgen 9169.
Flynn 8984.
Folkers 9050.
Fontaine 9071.
Food Machinery & Chemical Corp. 9115. 9125.
Forbes 9070.
Forest 9153.
Forst 9093.
Fos, de 9145.
Fossati 9083.
Foster 9104.
Fowler 8968.
Fox, H. W. 9004.
Fox, S. W. 9019.
Francis jr., C. S. 9154.
Francis, W. [9116].
François 9083.
Franke, R. H. 9210.
Franke, W. 9134.
Franklin 9000.
Freedman 8989.
Freeman 9055.
Freiman 9053.
Freiser 9106.
Fréon 8964.
Freudenberg, C., K.G. auf Aktien 9206.
Freyer 9153.
Friauf 9172.
Fried 8966.
Friedburg 8986.
Friedheim 9094.
Friedman 9158.
Friedrich 9159.
Friedrichshütte Akt.-Ges. 9129.
Frilley 8973.
Frings, H., K. G. 9178.
Frisch 8972.
Frischer 9115.
Fritsch 9179.
Frolkiss 9082.
Fukumori 9118.
Fuller 9203.
Furuya 9189.
Gabrijelowa 9114.
Gärtner, H. 9056.
Gaertner, P. 9114.
Gaiser 9110.
Gaitonde 9063.
Gann 9189.
Ganneman 9053.
Garber 9202.
Garbrecht 9035.
Garlock Packing Co. 9185.
Garratt 9090.
Gaunt 9192.
Gausman jr. 9208.
Gavarret 9098.
Gavelin 9183.
Gawron 9005.
Gayet-Hallion 9087.
Gaylord 9030.
Gebert 9109.
Gebert & Cie., 9109.
Geiger 9079.
Geigy, J. R., Akt.-Ges. 9097.
General Aniline & Film Corp. 9210.
General Electric Co. 9141. 9155. 9156. 9157. 9160.
General Electric Co. Ltd. 9112.
General Motors Corp. 9208.
Genin 8971
George 8989.
Gerds 9103.
Germain 9207.
Geschwind 9072.
Ghijsen 9205.
Gibson 8993.
Giddings 8990.
Gierlinger 9102.
Gieser 9201.
Gilling 9187.
Gindler 9016.
Giroud 9077.
Givin 8968.
Glascock 9079.
Glaxo Laboratories Ltd. 9098.
Glayman 9131.
Glendenin 9105.
Glendening 9073.
Glenn 9197.
Glueckauf 8986.
Gluesenkamp 9140.
Glusman 9206.
Gnade 9182.
Goddard 9209.
Goecke 9081.
Göbbels 9130.
Goeij 9183.
Goering 9006.
Goetzewerke F. Goetze Akt.-Ges. 9131.
Goffart 9175.
Goguadse 9123.
Gokhale 8964.
Goldberg 8985.
Goldhaber 8965.
Goldman 9148.
Golowatyi 9113.
Goldsbrough 9134.
Goldschmidt, T., Akt. Ges. 9130.
Good jr. 8963.
Goodrich, B. F., Co. 9155. 9166.
Goppel 9173.
Gospodinoff 9085.
Gottschlich 9046.
Grabowski 8978.
Grace 8970.
Graenacher 9146.
Graeve, K. 9080.
Graeve, P. De 9047.
Graikoski 9066.
Gramberg 8996.
Grampa 9057.
Grant, J. [9108].
Grant, P. J. 8969.
Grasshof 8986.
Grau 9179. 9180.
Gray 9067.
Green 9205.
Griess 9162.
Griffith, C. B. 9103.
Griffith, T. C. 8973.
Grim 9162.
Grimm 9186.
Grimshaw 9117.
Grinten, K. J. J. van der 9210.
Grinten, L. P. F. van der 9210.
Grinten, P A. W. van der 9210.
Gripenberg 9051.
Grisebach 9013.
Grivsky 9016.
Grob 9033.
Gromowa 8996.
Groote, De 9198.
Gruber 9169.
Gruberski 8980.
Grumer 9195.
Grusin 9117.
Gubin's, R., Erben, Ing. H. Gubin und Geschwister, Erstes Wiener Prägefolienwerk 9154.
Günther 9116.
Guérin 8991.
Güthner 8979.
Guggenheim 9052.
Guillemonat 9203.
Guillones 9083.
Gulf Oil Corp. 9199.
Gulf Research & Development Co. 9199.
Gunzenhauser 9118.
Guthenberg 9065.
Gutmann 9049.
György 9078.
Hackmaier 9169.
Hackmann 9173.
Hagedorn 9167.
Hahn 8968.
Haines 9152.
Hale 9135.
Haley 9082.
Hall, A. J. 9188.
Hall, R. H. 9128.
Hall Laboratories, Inc. 9149.
Hallermann 9088.
Hallett 8982.
Halm 9139.
Ham 9189.
Hamann 9153.
Hamill 9011.
Hamlin jr. 9147.
Hampel 9058.
Hanke 9173.
Hanlon 9113.
Hansen 9091.
Hanson 9202.
Harding 9200.
Hardman and Holden Ltd. 9139.
Hargrove 9077.
Harris, F. 8964.
Harris, G. P. 9069.
Harris, M. E. 9195.
Harris, S. A. 9050.
Harrison 9060.
Hartmann 9095.
Hartung 9012. 9093.
Hartwig 9057.
Harvel Corp. 9164.
Harvey, D. J. 9143.
Harvey, E. N. 9065.
Haskins 9122.
Hass 9084.
Hatfield 9155.
Hatton 9090.
Haug 9051.
Haugaard, E. S. 9079.
Haugaard, N. 9079
Haussmann 9141.
Hayes, E. 9091.
Hayes, T. J. 9104.
Hazen 8964.
Head 9175.
Heald 9061.
Hearon 9173.
Hechenbleikner 9149.
Hegemann 9119.
Heftmann 9100.
Hegemann 9083.
Heider 9137.
Heineman 8964.
Heitler 8975.
Helferich 9046. 9168.
Hengl 9147.
Henkel & Cie. G.m.b.H. 9110. 9174. 9201. 9207.
Hennelly 9000.
Hensley 9210.
Hentrich 9180.
Heraeus, W. C., G.m.b.H. 9155.
Herbst, R. M. 9035.
Herbst, W. A. 9197.
Hercules Powder Co. 9153. 9185.
Herrick 9056.
Herriot [9080].
Hersh, H. N. 8981.
Hersh, S. P. 9188.
Herz 9038.
Heyden Chemical Corp. 9099.
Hess, H. S. 9139.
Hess, K. 9110.
Hessen 9164.
Heston, W. E. 9081.
Heston jr., W. M. 9000.
Hettche 9114.
Hewitt 9152.
Heyl 9050.
Heyn 9188.
Heyna 9167.
Hiemstra 9207.
Hiesinger 9155.
Hill, H. W. 9133.
Hill, M. W. 9203.
Hill, T. L. 8986.
Hills 9185.
Himmler 9030.
Hinton 8972.
Hintze 9200.
Hirsch 9066.
Hjelte 9169.
Hoare 8985.
Hodgson 9179.
Höllerer 9157.
Hövel 9130.
Hoffman 9067.
Hoffmann, G. 9138.
Hoffmann, H. 9090.
Hoffmann-LaRoche, F., & Co. Akt.-Ges. 9176.
Hoffmann-LaRoche, Inc. 9174.
Holdridge 9120.
Holleman [8994].
Holmes 9023.
Holness 9127.
Holt 8972.
Holtermann 9181.
Hoogendoorn 9088.
Hoover 9199.
Hopff 9153.
Hoppe, A. 9133.
Hoppe, P. 9166.
Hopper 9165.
Hornbacher 9161.
Horne, Van 9201.
Horović 9053.
Horsley 9194.
Horvath 9149.
Houdry Process Corp. 9199.
Houtermans 9066.
Howald 9132.
Howe 9167.
Hu 8982. 8983.
Hubbell 9122.
Huberman 9083.
Hudson, F. P. 9011.
Hudson, R. L. 8999. 9000.
Hügel 9152.
Hürzeler 8998.
Hüsselmann 9075.
Hüttenwerk Oberhausen Akt.-Ges. 9129.
Huggill 9150. 9158.
Huisman 9108.
Huldt 8974.
Hund 9157.
Hunn 9205.
Hunter 9041.
Hutchison 9073.
Huttenlocher 8975.
Huttner 9153.
Ieljina 9020.
Iffland 9100.
I. G. Farbenindustrie Akt.-Ges. 9142. 9150.
I. G. Farbenindustrie Akt.-Ges. (Badische Anilin- & Soda-Fabrik) 9139.
Illchmann-Christ 9089.
Imperial Chemical Industries Ltd. 9136. 9139. 9145. 9146. 9148. 9150. 9158. 9166. 9167. 9168. 9174. 9192. 9193.
Impisoco (S. à r. l.) 9154.
Innes, F. R. 8967.

Innes, W. B. 8986.
Institut Français du Pétrole 9205.
Interchemical Corp. 9186.
Inventa Akt.-Ges. für Forschung und Patentverwertung 9193.
Iorio, D' 9073.
Ipatieff 9024.
Irion 9194.
Irvine 8989.
Isbell 9177.
Ishikawa 9188.
Isikawa 9070.
Iwanow 9053.
Iya 8993.
Jacks 9122.
Jackson, B. P. 9090.
Jackson, E. P. 9185.
Jäger 8975.
Jaffa 9115.
Jagger 9187.
Jahnig 9111.
Janoschek 9055.
Jansen, A. P. 9076.
Jansen, B. C. P. 9076.
Jatzimirski 8989.
Jaunin 8991.
Jeffries 8980.
Jeger 9049.
Jenesel 9023.
Jenkins 8968.
Jenness 9054.
Jennings 9070.
Jensch 9094.
Jensen, E. 9091.
Jensen, R. 9052.
Jermolajew 9113.
Jerofejewa 9177.
Jerslev 9091.
Jihoceské Papírny 9168.
Jöhnk 9089.
Johansen 9151.
Johnson, D. F. 9100.
Johnson, F. H. 9065.
Johnson, H. L. 9200.
Johnson, W. B. 9114.
Johnston, F. 9161.
Johnston, H. L. 8981. 8982. 8983.
Jones, G. D. 9159.
Jones, H. F. 9156.
Jones, J. E. 9209.
Jones, R. H. 9203.
Jones, V. V. 9173.
Jones, W. O. 9030.
Jordan 9056.
Jorde 9197.
Jouvet 8963.
Jullien 9089.
Junge 9154.
Junghannss 9087.
Junk 9065.
Jurjew 9031.
Kabler 9067.
Kahn 8989.
Kakudo 9004.
Kalichstein 9016.
Kalinowska 9127.
Kalle & Co., Akt.-Ges. 9153.
Kalmykow 9179.
Kamai 9002.
Kaplan 9055.
Kaplon 8965.
Karas 9174.
Karlin 9077.
Karrer 9046.
Kasai 9004.
Kasanski 9179.
Kass 9174.
Kassatotschkin 9194.
Katrakis 9080.
Katsunuma 9075.
Katzin 8993.
Kaufmann, A. 9059.
Kaufmann, O. W. 9179.
Kaufmann, S. 9036.
Kayser [8997].
Keeler 9104.
Keesom 8981.
Keidel 9087.
Keil 9168.
Keller 9167.
Kellogg, M. W., Co 9114.
Kemball, Bishop & Co. Ltd. 9208.
Kemmetmüller 9110.
Kemula 8978. 9101.
Kench 9074.
Kennedy 9171.
Kenyon 9167.
Kern 8968.
Kerner 9080.
Kerr 8981. 8982. 8983.
Kerschensteiner 9085.
Kikkawa 9196.
Kim 8964.
Kimel 9174.
King, J. S. 8970.
King, T H. 9132.
Kinkel 9001.
Kip 8977.
Kircher 9076.
Kirkwood 8986.
Kirssanow 9022. 9024.
Kirst 9176.
Kise 9123.
Kitchen 9172.
Kittel 8977.
Kjeldgaard 9086. 9091.
Klein 8967.
Kluge 8976.
Klupp 9085.
Klyne 9075.
Knight 8972.
Knobloch 9197.
Knoll Akt.-Ges. Chemische Fabriken 9093. 9094.
Kodak-Pathé 9209.
Köckritz, v. 9129.
Köhler, F. 9166.
Köhler, H. 9092.
König 9192.
Körner 9187.
Kohlwey jr. 9156.
Kokes 9052.
Kokkoros 8995. 8996.
Kolfenbach 9159.
Kolling 9200.
Kolossow, I. I. 9069.
Kolossow, M. N. 9047.
Kondratjewa 9031.
Koninklijke Industriele Mij. voorheen Noury & van der Lande N. V. 9125.
Konopicky 9128.
Konopinski 8967.
Konstantinow 9118.
Kopaczewski [9175].
Koppers Co., Inc. 9141. 9162.
Koren 9102.
Kornberg 9064.
Korolew 8988.
Korotkyj 9178.
Kortschunow 9179.
Koschtschejew 9171.
Koslow 9053.
Koslowski 9084.
Kosolapoff 9024.
Kotelkow 9012.
Kothari 8965.
Kourilsky 9062.
Kowalewa 9074.
Kränzlein 9167.
Kraft 9094.
Krammer 9173.
Kraneveld 9088.
Krassowski 8973.
Krauch 9150.
Kraupp 9085.
Krause 9132.
Krebs & Co. 9141.
Kreis 9107.
Krewer 9073.
Krieg 9184.
Kritchevsky 9082
Krleža 9106.
Kröhnke 9013.
Kronacher 9208.
Kropa 9160. 9162.
Krüger 9193.
Krum 9037.
Krumbein 9153.
Krupp Treibstoffwerk G.m.b.H. 9136.
Krus 9129.
Krusen 9056.
Krzikalla 9157.
Kucharski 9114.
Kürth 9109. 9130.
Kuhn 9045.
Kulka 9124.
Kundu 9015.
Kuraitiss 9206.
Kurdrjawzew 8980.
Kurz 8984.
Kusin 9069.
Kusmin 9002.
Kusminski 9052.
Kutscher 9083.
Kutz 9141.
La Roche 9093.
Laboratories Français de Chimiothérapie 9097.
Lacey 9137.
Lacrinoid Products Ltd. 9150.
Lagerqvist 8974.
Landa 9171.
Landenberger 9068.
Lane 9083.
Lang, J. L. 9143.
Lang, L. G. A. 9186.
Lange, F. 9128.
Lange, K. 9072.
Lange, M. S. 9175.
Langford 9113.
Lapuschonok 9206.
Lark-Horovitz 8981.
Larkin 9085.
Larson 9054.
Lasch 9087.
Lauder 9070.
Lauerburg 9086.
Lauffer [9068].
Lauham 9140.
Launay, de 8988.
Lawes Bros. Ltd. 9210.
Lawrence 9066.
Leavitt 9121.
Leber 9065.
Lecomte 9085.
Lecoq 9070. 9071
Lee 9152.
Lefebvres 9077.
Lehmann, J F 9056.
Lehmann, R. L. 9192.
Lehovec 8987.
Leibetesder 9072.
Leising 9018.
Leitmeier 8995.
Lembke 9068.
Le Moan 9067.
Leo Corp. 9200.
Leonard, N. J. 9025. 9026.
Leonard, F. 9096.
Leonhardt 9089.
Leontjew 9120.
Lepp 9204.
Lerebours, F., & Cie. G.m.b.H 9191.
Leroy, A.-M. 9083.
Leroy, P. 9073.
Lettré 9057.
Levin 9098.
Leviton 9077.
Lévy 9077.
Lewis, J. A. 9101.
Lewis, J. B. 9196.
Leyerzapf 9135.
Li, C. H. 9072.
Li, N. C. 9005.
Libermann 9147.
Lidorsky 8970.
Lieberman 9064.
Lien-Keng 9059.
Lieneweg 9110.
Liethen 9134.
Ligett 9144.
Lincoln 9096.
Lindberg 9184.
Lindgren 9055.
Lineberry 9181.
Linhardt 9061.
Linjvyl (Soc. à r. l.) 9191.
Linn, C. B. 9144.
Linn, N. F. 9200.
Lintner 9192.
Lintschewski 8990.
Lipps 9114.
Lipscomb 8984.
Lipson [8989].
Lissin 9195.
Lissner 9197.
Littler 8972.
Livak 9136.
Liwschitz 9151.
Ljubimowa 9206.
Ljutzau 8989.
Loder 9031.
Löpmann 9197.
Loeser 9059.
Logan 9126.
Lohuizen, van 9156.
Loiseau 9089.
Lolkema 9176.
Long, C. 9061.
Long, F. A. 9052.
Long, L. M. 9022. 9023.
Long, R. 9038.
Lonza Elektrizitätswerke und Chemische Fabriken Akt.-Ges. 9138.
Lopez Aparicio 9008.
Lord 8975.
Loriers 8993.
Lott 9099.
Louw 9047.
Loveland 8978. 8979.
Lowe 9209.
Lubrizol Corp. 9202.
Lucas 9129.
Ludwig 9056.
Lukjanowa 8996.
Lundby 8972.
Lundgren 9189.
Luz 9050.
Lyman 9040.
Lynch 9172.
Lyon 8970.
McAfee 9199.
McAllister 9142.
McBee 9144.
McBride 9036.
McCarron 9183.
McCordall 9181
McDonald jr. 9132.
McEwan 9003.
MacFadyen, K. W. 9115.
Macfadyen, W. A. 8997.
McGhie 9050.
McGillivray 9168.
McGirr 9073.
McGlashan 9052.
McGregor 9087.
McIntosh jr. 9098.
Mackay 9068.
Mackenzie 9015. 9025.
McNioen 9048.
MacRill 9186.
Made, van der 9109.
Mader, C. 9100.
Mader jr., G. 9100.
Mälkki 9181.
Märkische Seifen-Industrie 9181.
Mahmoud 8967.
Malamud 9084.
Malchus 9130.
Malé 9100.
Malissa 9102.
Mallett 9103.
Malmgren 9062.
Maltabar 9177.
Manabe 9118.
Mancini 9084.
Mandel 9071.
Mandeville 8970.
Mannheimer 9102.
Marconi's Wireless Telegraph Co. Ltd. 9112.
Marignan 9092.
Markowa 9179.
Markowska 8980.
Markus 9058.
Marowa 9053.
Marrian 9148.
Marsh 9077.
Marshall, C. E. 8986.
Marshall, J. H. 8969.
Martin, G. [9116].
Martin, H. 9059.
Martin, H. F. 9063.
Martin, H. Z. 9111.
Martin, J. C. 9005.
Martin, J. H. 9156.
Martin, R. L. 9196.
Martin, R. W. 9141.
Martin Pérez 9003.
Martorell 9069.
Marusich 9076.
Marvel 9052.
Masamune 9070.
Masket 8965.
Mason 8980.
Mathieson Chemical Corp. 9099. 9162.
Matthews [9194].
Mattock 8990.
Matzkewitsch 9171.
Maury 9092.
Mavity 9158.
Mawr 9093.
May & Baker Ltd. 9094.
Mayer 9200.
Mazoué 9070. 9071.
Mead Corp. 9185.
Mecke 8975.
Meeroff 9083.
Meissel 9076.
Mejías y López 9171.
Mendel 9063.
Mendenhall 8970.
Menzel 9100.
Merck & Co., Inc. 9095. 9099. 9132.
Merenowa 9069.
Merrill 9110.
Messerli 9074.
Messmer 9176.
Metallgesellschaft Akt.-Ges. 9132. 9173. 9186.
Métayer 9176.
Metreweli 9047.
Metro 9196.
Meyer, D. E. 9069.
Meyer, F. 9129.
Meyer, H. 9150.
Meyer, K. H. 9062.
Meyer, M. 9014.
Michailow 9171.
Michelitsch 9192.
Mikkelsen 9090.
Mikluchin 9007.
Miles 9068. 9090.
Miller, C. A. 9022.
Miller, F. F. 9102.
Miller, G. 9084.
Miller jr., S. C. 8963.
Mills, G. L. 9074.
Mills, J. W. 9200.
Milone 9123.
Mispley 9186.
Mitchell, H. H. 9070.
Mitchell, R. G. 9205.
Möller 9157.
Moeschlin 9083.
Moissejenko 9177.
Moldenhauer 9194.
Mollentin 9130.
Monk 9179.
Monnet 9088.
Monsanto Chemical Co. 9124. 9137. 9140. 9143. 9160. 9163. 9178. 9185. 9192. 9202. 9208.
Montero 9171
Montgomerie 9090.
Montgomery 9187. 9188.
Moore 9099.
Morari 9085.
Morgan 9192.
Morgans 9156.
Morren 9016.
Morris 9162.
Morrison 9100.
Mosnier 9141.
Mossel 9180.
Mostek 9139.
Moszkowska 9073.
Mottern 9111.
Mouriquand 9078.
Mousseron 9027.
Mowry 9124.
Moyer 9082.
Moyle, C. L. 9145.
Moyle, J. M. 9064.
Mühlhausen 9166.
Müller, A. A. 9088.
Mueller, C. R. 8997.
Müller, G.-O. [9108].
Müller, J. 9150.
Müller, M. A. 9131.
Müller, R. 9187.
Mulligan 9070.
Murakawa 8970.
Murdock 9113.
Murneek 9122.
Murray, H. D. 9210.
Murray, P. 9119.
Murray, R. L. 8973.
Muskat 9158.
Mustin 9128.
Myers 9063.
N. V. de Bataafsche Petroleum Mij. 9142. 9159. 9201. 9202. 9204. 9205.
N. V. W. A. Scholtens's Chemische Fabrieken 9176.
Nabenhauer 9095.
Nagai 9118.
Nagakura 8997.
Nagle 9143.
Nagy 9206.
Nakano 9126.
Naranjo 9079.
Nason 9192.
National Research Development Corp. 9140.
Naumann 9110.
Neher 9201.
Neiman 9054.
Nelson 9200.
Neugebauer 8975.
Neumann 9092.
Neuweiler 9076. 9078.
Neuzil 9052.
Newell 8973.
Newton 8971.
Ng 9055.
Nichols 9055.
Nicol 9118.
Nielsen, E. 8975.
Nielsen, J. R. 8999. 9000.
Nielsen, M. L. 9192.
Nielson 9170.
Niewiadomski 9196.
Nikitin 9100.
Niles 9185.
Nitrolac (Soc. An.) 9155.
Nitsche 9168.
Nitschik 9175.
Nobile 9079.
Nödl 9081
Norris 9010. 9011.
Norton 9118.
Norwitz 9103. 9105.
Nottebohm 9206.
Nunheimer 9099.
Nuodex Products Co., Inc. 9181.
Oberling [9059].
Obrzut 9127.
O'Connell 9189.
Oelsen 9131.
Öman 9170.
Österreichisch-Amerikanische Magnesit Akt.-Ges. 9128.
Överas 8965.
Ohtsuka 8964.
Okawa 9190.

O'Keeffe 9999.
Olbert 8963. 8965.
Oliver 9155.
Olleman 9197.
Olson 9006.
Olsson 8966.
Onacki 9104.
Oosterhout 9199.
Orlicek 8981.
Ortel 8964.
Osborne 9137.
Osgood 9109.
Otto 9088.
Overly Biochemical Research Foundation, Inc. 9778.
Owtschinnikowa 9053.
Ozalid Co. Ltd. 9210.
Packie 9200. 9203.
Paclt 8996.
Page, E. W. 9073.
Page, F. M. 8994.
Pallaud 9106.
Pan-American Refining Corp. 9152.
Pand 9083.
Papastamatio 9074.
Parker 8984.
Parkinson, A. 9150. 9158.
Parkinson, J. C. 9092.
Parkinson, W. C. 8970.
Partington 9091.
Paschke 9128.
Pasqualini 9071.
,,Patelhold" Patentverwertungs- & Elektro-Holding Akt.-Ges. 9169.
Paterson, J. C. 9140.
Paterson, P. Y. 9083.
Patrick jr. 9140.
Patterson jr. 9001.
Patzig 9082.
Paul, R.-É. 9134.
Paul, W. 8987.
Pawlović 9053.
Pawlowskaja 9084.
Pazur 9062.
Pearlman 8981.
Peaslee 8967.
Pearson 9005.
Pechiney Comp. de Produits Chimiques & Électrométallurgiques 9123.
Pecquery 9186.
Peers 9063.
Peet 9099.
Peltola 9181.
Pennington 9088.
Pepe 9030.
Pereira 8964.
Perelman 8995.
Perera 9087.
Pérès 9073.
Periat 9054.
Permutit Co. Ltd. 9138.
Peterburgski 9121.
Pétermann 8985.
Peters, F. 9112.
Peters, K. 9056.
Peterson 9204.
Petitpierre 9091.
Petrolite Corp. 9198.
Petroni 9112.
Petrow 9020.
Petschenew 9117.
Peynaud [9178].
Pfahler 9164.
Pfannenstiel 9089.
Pfeifer & Langen, Zweigniederlassung Euskirchen 9109.
Pfluger 9194.
Phelan 9205.
Philipoff 9110.
Phillips 9067.
Phillips Petroleum Co. 9115. 9145. 9159. 9163. 9167. 9171. 9172. 9199.
Philo 9111.
Phrix-Werke Akt.-Ges. 9192. 9193. 9194.
Pianfetti 9125.
Piccinelli 9087.
Pichler, F. 9070.
Pichler, H. 9201.
Pierce 9071.
Pietro, Di 9052.
Pilch 9133.
Pines, H. 9024.
Pines, K. L. 9087.
Pinnick 8977.
Pinsky 9079.
Piskur 9180.
Pittsburgh Plate Glass Co. 9154.
Pitzl 9159.
Planeta 9127.
Plaut 9073.
Pnander 8966.
Poë 8971.
Pohl 9069.
Poor & Co. 9131.
Popenoe 9071.
Porter, F. T. 8970.
Porter, F. W. P. 9200.
Porter, G. B. 8993.
Pound 8988.
Pourrat 9142.
Preobrashenski 9047.
Preusser 9189.
Pribilla 9089.
Procter & Gamble Co. 9175.
Proell 9135.
Promisel 9128.
Puig 9156.
Purdue Research Foundation 9144.
Quaedvlieg 9156.
Quelet 9098.
Quiram 9196.
Quivy 9087.
Rackemann 9136.
Radicati 8967.
Radke 9019.
Radley [9108].
Radmann 9089.
Raecke 9174.
Raether 8989.
Ragossnig 9183.
Ramsey 8977.
Rao 8964.
Rapson 9182.
Rasetti 8971.
Ravel 9066.
Ray 9124.
Raymond 9142.
Reaction Products Co. 9110.
Read 9048.
Rebhun 9084.
Rebuffat 9116.
Reid 9133.
Reinecke 9028.
Reiners 9138.
Reis 9086.
Rekaschewa 9007.
Renaud 9174.
Reppert, v. 9124.
Revenga Carbonell 9210.
Rewut 9120.
Reynolds, D. D. 9167.
Reynolds, W. B. 9171.
Rheinpreußen Akt.-Ges. für Bergbau und Chemie 9152.
Ribereau-Gayon [9178].
Rice 8980.
Richard 9186.
Richardson 9146.
Richou, R. 9062.
Richter, D. 9063.
Richter, F. P. 9203.
Richter, jr. G. A. 9192.
Richter, H. G. 8972.
Riddell jr. 8966.
Riehm 9123.
Rifkin 8983.
Riley, C. M. 9117.
Riley, R. V. 9127.
Ritson 8965.
Ritter, de 9076.
Rivière 9116.
Roberts, A. L. 9117.
Roberts, C. W. 9127.
Robertson-Cuninghame 9069.
Robichaux 9180.
Robinson, G. C. 9025.
Robinson, T. S. 9101.
Roblin jr. 9140.
Robson 9189.
Roche 9090.
Rockett jr. 9156.
Roddy jr. 9199.
Rodenberg 9024.
Rodopulo 9177.
Roelen 9111.
Roesner 9132.
Rogers, D. C. 9136.
Rogers, D. T. 9205.
Rogers, S. M. 9190.
Rohm & Haas Co. 9146. 9201.
Rongeray 9109.
Rose, A. J. 8987.
Rose, B. 8971.
Rose, C. S. 9078.
Rosenberg 8981.
Rosenberger 9116.
Rosenthaler 9090.
Ross, H. J. 9192.
Ross, J. S. 8970.
Ross, M. 8966.
Ross, T. K. 9127. 9128.
Rossi 8964.
Rotenberg 8975.
Rothrock, G. M. 9193.
Rothrock, H. S. 9160.
Rottig 9134. 9200.
Round 9207.
Rowinski 8989.
Rowland, E. O. 9100.
Rowland, S. P. 9146.
Rowson 9090.
Roy 9063.
Rubber Stichting 9171.
Rubin 9076.
Ruderman 8967. 8968.
Rudolfs 9113.
Rühenbeck 9126.
Ruepp [9090].
Rütgerswerke Akt.-Ges. 9184.
Rufener jr. 9114.
Ruh 9125.
Ruhrchemie Akt.-Ges. 9109. 9111. 9134. 9149. 9200.
Rumscheid 9173.
Rundle 8973.
Rupp [9187].
Russenberger 9058.
Rutherglen 8969.
Ruzicka 9049.
Ryan, E. J. 9115.
Ryan, J. L. 8968.
Rybowalowa 9206.
Sabon 9088.
Sacharow, B. A. 9053.
Sacharow, N. G. 9120.
,,Sachtleben" Akt.-Ges. für Bergbau und chemische Industrie 9129.
Saidess 9053.
Sak 9071.
Saläc 9178.
Salditt 9207.
Salpeter 8966.
Salvin 9151.
Salzer 9145.
Salzgitter Maschinen Akt.-Ges. 9130.
Samuel 9125.
Samuels 9187.
Sandegren 9065.
Sanders 9071.
Sandoz Akt.-Ges. 9150.
Santos Molero 9003.
Satterfield 9007.
Saul 6169.
Savage 9185.
Schachparonow 8984.
Schachter 9068.
Schaedeli 9175.
Schäfer 9084.
Schagalowa 9053.
Schapiro, A. J. 9206.
Schapiro, J. P. 8976.
Schechter 9109.
Scheiner 9076.
Schelauske 9205.
Schenck, G. 9093.
Schenck, G. O. 9001
Schenk 9049.
Scherb 9131.
Scherff 9110.
Schering Akt.-Ges. 9098.
Scherman 9053.
Schertz 9152.
Scheuchenstuel 9197.
Schibler 9149.
Schirm 9180.
Schlack 9167.
Schlaepfer 9062.
Schlenker 9164.
Schlesinger 9124.
Schlosser 9175.
Schmerling 9144.
Schmidt 9082. 9092.
Schmidt, F. 9170.
Schmidt, H. 9138.
Schmidt, H. G. 9168.
Schmidt, J. 9085.
Schmier 9088.
Schmurowa 9120.
Schneider, F. 9175.
Schneider, W. 9090.
Schneider, Wilhelm 9209.
Schnur 9109.
Schöberl 9081.
Schofield 9038.
Scholl Mfg. Co., Inc. 9207.
Schreiber 9128.
Schtschukowskaja 9020.
Schubert, G. 9055.
Schubert, M. 9141.
Schuckmann, v. 9143.
Schulenburg 9192.
Schult 9111.
Schultz, H. 9195.
Schultz, R. 9173.
Schulze 9171.
Schumacher 9167.
Schusstin 9003.
Schuster, K. H. 9088.
Schuster, L. 9132.
Schwartz 9073.
Schwarzkopf 9098.
Schwarzman 9117.
Schweber 8966.
Schweid 9083.
Schwenk 9099.
Schwenke 9197.
Schwindt 9129.
Schwuttke 8974.
Scientific Oil Compounding Co., Inc. 9125.
Scott, A. K. 9200.
Scott, P. G. W. 9107.
Sdanowski 8990.
Searles 9014.
Seaton 9125.
Secor 9047.
Segall, G. H. 9154.
Segall, R. 9083.
Sell 9184.
Selle 9132.
Sellier 9107.
Semtex Ltd. 9169
Serniuk 9203.
Sette 9005.
Seybold, H., Co. 9186.
Seybolt [9132].
Seymour 9151.
Shafer 8969.
Shapiro, E. 8970.
Shapiro, I. 8992.
Sharman, E. P. 9188.
Sharman, G. A. M. 9079.
Sharp 9169.
Sharp & Dohme, Inc. 9093. 9095.
Shawinigan Chemicals Ltd. 9207.
Shawinigan Resins Corp. 9207.
Shell Development Co. 9111. 9163. 9165. 9173. 9205.
,,Shell" Refining & Marketing Co. Ltd. 9134.
Shelton 9208.
Sherborne 9198.
Sherwin-Williams Co. 9152.
Sherwood 9196.
Shimoni 9060.
Shive 9066.
Shockley 8987.
Shukow 8995.
Shumaker jr. 8986.
Shumard 9028.
Siebenmann 9081.
Siefert 9191.
Sieglitz 9108.
Siemens 8974.
Siemens & Halske Akt.-Ges. 9110. 9116. 9129. 9131.
Siemens-Schuckertwerke Akt.-Ges. 9113. 9131. 9173. 9182.
Sieurin 9206.
Sigurjonsson 9077.
Silberman 9005.
Simcox 9151.
Simms 9115.
Sinclair Refining Co. 9139. 9158.
Siron 9195.
Sirs 9101.
Sirtori 9058.
Skinner, G. B. 8892.
Skinner, G. S. 9040.
Skopitschenko 9058.
Sloane 9067.
Slobody 9072.
Sloss-Sheffield Steel & Iron Co. 9144.
Small 9159.
Smet, de 9209.
Smetana 9130.
Smit 9109.
Smith, D. C. 8999. 9000.
Smith, F. E. 9035.
Smith, F. M. 8965.
Smith jr., G. E. P. 9173.
Smith, H. G. 9194.
Smith, K. M. [9068].
Smith, O. C. [8997].
Smith, W. K. 9207.
Smith, Kline & French Laboratories 9095.
Smith-Johannsen 9155.
Smits 9061.
Smock 9121.
Smyth 9000.
Snigur 9180.
Sober 9059.
Sobue 9188.
Soc. des Accumulateurs Fixes et de Traction 9112.
Soc. Agricola Industriale Lombarda 9191.
Soc. An. Gevaert Photo-Producten N. V. 9209.
Soc. An. des Manufactures des Glaces & Produits Chimiques de Saint-Gobain, Chauny & Cirey 9134. 9138. 9139.
Soc. Armoricaine des Dérivés Organiques et Minéraux 9149.
Soc. Auxiliaire de l'Institut Français du Caoutchouc 9173.
Soc. Continentale Parker 9132.
Soc. d'Électro-Chimie, d'Électro-Métallurgie & des Aciéries Électriques d'Ugine 9116.
Soc. d'Études, Recherches et Gérance (S.E.R.G.) 9176.
Soc. Nobel Française, Soc. An. 9174.
Soc. des Produits Chimiques de Clamecy (Soc. An.) 9136.
Soc. pour la Protection de l'Élevage 9125.
Soc. Rhodiaceta 9193.
Soc. des Usines Chimiques Rhône-Poulenc 9134. 9141.
Socony-Vacuum Oil Co., Inc. 9132. 9203.
Sörensen 9051.
Solmssen 9096.
Solomon 9012.
Solotow 9024.
Sommerfield 9146.
Sonnenberg 9083.
Soudan 9123.
Soulairac 9076.
Spahr 9062.
Sparks 9172. 9202.
Speakman 9187.
Spedding 8984.
Sperberg 9171.
Spicer 8968.
Spiro 8996.
Sprague 9095.
Ssadowaja 9031.
Ssamarin 8990.
Ssaposhnikow 9194.
Ssatarowa 9070.
Ssattarow 9179.
Sserenjew 9180.
Ssokolskaja 8976.
Ssulima 8989.
Stacey 9015. 9025.
Stäger 9169.
Stagno d'Alcontres 9034.
Stahlwerke Röchling-Buderus Akt.-Ges. 9129.
Stamm & Co. 9207.
Standard Oil Co. 9135.
Standard Oil Development Co. 9111. 9135. 9157. 9159. 9172. 9181. 9197. 9200. 9201. 9202. 9203. 9205.
Stangl 9076.
Stapf [9111].

Stareck 9127.
Starner 8972.
Steinacker 9039.
Sterling 9164.
Stetter 9039.
Stiles 9199.
Stillwell 8995.
Stoecker 9168.
Stöckmann 8976.
Stoesser 9146.
Stoffel 9028.
Stojanowa-Ssinitzkaja 9053.
Stolzman 9107.
Stone 9122.
Storer 9071.
Strachan & Henshaw Ltd. 9186.
Strain, D. E. 9153.
Strain, F. 9158.
Strang 9072.
Streitmann 9085.
Stross 9204.
Strubbe 9016.
Stuart Co. 9139.
Studien- und Verwertungs-G.m.b.H. 9201.
Stump 9040.
Süd-West-Chemie G.m.b.H. 9164.
Sundaresan 8966.
Sundberg 9090.
Sun Oil Co. 9200.
Surkiewicz 9067.
Sweet 9104.
Świętosławski 8979. 8980.
Sylvania Electric Products, Inc. 9112.
Szabó, G. 9068.
Szabo, J. L. 9099.
Talmi 8967.
Tanaka 8997.
Tanche 9086.
Tatlow 9015. 9025.
Taurins 9034.
Tawney 9163.
Taylor 8977.
Tchelitcheff 9134.
Tchoubar 9027.
Teeter 9204.
Tesar 9082.
Teter 9139.
Texas Co. 9171. 9199.
Theander 9184.
Thedieck 8976. 8977.
Theurer 9104.
Thibon 9123.
Thiele 9134.
Thiers 9034.
Thies 9093.
Thinius [9108]. 9157.
Thomas, B. W. 9196.
Thomas, C. J. 9145.
Thomas, J. F. 8998.
Thomas, J. H. 8991.
Thomas, W. M. 9160.
Thorsen 8963.
Thyssen, A., -Hütte Akt.-Ges. 9130.
Tietz 8963.
Tilford 9041.
Tille 9194.
Timasheff 8986.
Timergasin 8996
Tipper 9003.
Titus 9063.
Toffoli 9107.
Tollenaar 9180.
Tomlinson 8973.
Toppel 8969.
Torke 9192.
Tournier, M. 8987.
Tournier, R. 9131.
Touzot 9112.
Tramm 9109. 9200.
Trapesnikow 8986.
Traut 9023.
Treadwell 8998.
Trease 9090.
Treiber 9102.
Tremblay 9087.
Treuherz 9154.
Trolin 9016.
Troyan 9171.
Tsai 9038.
Tumanowski 9121.
Turner jr., A. 9107.
Turner, J. N. 9183.
Turner, J. S. 8966.
Turner, L. B. 9172.
Turner, O. H. 8969.
Tyler 9172.
Uddeholms Aktiebolag 9124.
Udenfriend 9063.
Ukrainski 9068.
Ultrakust-Gerätebau Dr. Ing. O. Raudszus 9110.
Unilever Ltd. 9190.
Union Carbide & Carbon Corp. 9140. 9161. 9202.
Union Oil Co. 9198.
Union Oil Co. of California 9198.
United States of America 9099. 9165. 9177. 9180. 9204.
United States Rubber Co. 9124. 9163.
Universal Oil Products Co. 9144. 9156. 9158.
Unsworth 9208.
Untermyer 8972.
Upchurch 8986.
Upjohn Co. 9096. 9098.
Url 9068.
Urquhart 9070.
Usines de Melle (Soc. An.) 9135.
Utzinger 9033.
Vallejo 8964.
Vallernaud 9148.
Vassiliadis 8996.
VEB Silikonchemie 9187.
Veerkamp 9061.
Veersen, van 9171.
Veith 9080.
Verberg 9201.
Vercellone 9050.
Verdeau 9089.
Vergé 9175.
Vergnoux 8975.
Verne 9076.
Vetu 9191.
Victor Chemical Works 9184.
Vieck 9086.
Vierling 9070.
Vigneaud, du 9071.
Vigneron 8971.
Villee [9059].
Viron 9034.
Vis 9046.
Visscher 8966.
Vitale 9182.
Vitex Soc. An. (Anciens Établissements J. Canouet) 9155.
Vogelsang 9169.
Voong 9187.
Vorreiter 9170.
Vosko 8966.
Vries, de 9029.
Vychyta 9170.
Vyse 9120.
Wabash Pike & Matter Road 9154.
Wachsmann 9080.
Wacker, Dr. A., Ges. für elektrochemische Industrie G.m.b.H. 9137.
Wacker-Chemie G.m.b.H. 9169.
Waddey 9205.
Wadsworth 9152.
Wagner-Biro Akt.-Ges. 9110.
Wakeford 9152.
Wahlqvist 9075.
Walenda 8981.
Walens 9107.
Walker 8964. 8965.
Wall 9107.
Wallace 8988.
Waller 9140. 9148.
Wallerstein 9178.
Walley 9087.
Walsh 8985.
Walter, E. 9177.
Walter, J. L. 9106.
Walter, K. 9061.
Walton 9180.
Wamser 9104.
Waniek 8964.
Ward, A. G. 9054.
Ward, E. R. 9003.
Ward, G. 9179.
Warner, W. R., & Co., Inc. 9096. 9098.
Warren, J. 9083.
Warren, J. C. R. 9124.
Warren, M. E. 8972.
Wartman 9072.
Waschetko 9084.
Wasmuht 9129.
Wasserman 9000.
Watase 9004.
Waterhouse 9091.
Waters 9007. 9008.
Watson 8967.
Wean 9131.
Wean Engineering Co., Inc. 9131.
Webb 9180.
Weber, A. P. 9126.
Weber, H. 9134. 9135.
Weber, L. 9128.
Wedekind 9186.
Weele, Vander 9136.
Weevers-Stous 9201.
Weglorz 9089.
Wegwitz 9167.
Weichert 9185.
Weidenfeld 9109.
Weidner 9148.
Weil 9083.
Weinbrenner 9166.
Weinfurtner 9055.
Weiss, H. G. 8992.
Weiss, L. 9057.
Weiss, W. 9136.
Weissenberg 9130.
Weits 9078.
Welch 9203.
Wellcome Foundation Ltd. 9097.
Wells-Cole 9108.
Welmelinger 9182
Wendlandt 9138.
Werth 9205.
West 9101.
Westen, van 9176.
Westerfeld 9080.
Westinghouse Electric Corp. 9164.
Weston 9147.
Wetherill, G. D., Varnish Co. 9152.
Wexler 9052.
Weygand 9013. 9017. 9018. 9065.
White, A. 9166.
White, D. 8983.
White, H. F. 8975.
White, L. M. 9047.
Whittle 8970.
Wiberg 8994.
Wicklatz 9163. 9171.
Wiles 9165.
Wilhelm, D. L. 9068.
Wilhelm, J. 8992.
Williams, A. E. 9187.
Williams, D. 9125.
Williams jr., R. R. 9011.
Wilson, C. L. 9106.
Wilson, W. K. 9207.
Wintershall Akt.-Ges. 9123.
Wittmann 9183.
Woldow 9075.
Wolf, J. 9059.
Wolf, P. A. 9145.
Wolff, E. 9088.
Wolff, R. 9077.
Wolfhard 8984.
Wolfkowitsch 9114.
Wolfram 9132.
Wołlosiecki 8980.
Wolpert 9206.
Wood 9208.
Woodruff 9188.
Woodstock 9184.
Woodward 9193.
Woronkow 8997.
Wowk 8996.
Wright, J. B. 9096.
Wright, R. O. 9200.
Wu 8970.
Würtzen 9092.
Wurth 9111.
Wurzel 9060.
Wydrzyckt 9188.
Wyeth, Inc. 9099.
Wyllie 9088.
Yamaguchi 9119.
Yanovsky 9165.
Yarsley 9208.
Yeiser 9189.
Yeoman 8987
Yiftah 8963.
Yosizawa 9070.
Young, D. M. 9100.
Young, D. W. 9157. 9202.
Young, J. G. 9012.
Young, R. S. 9119.
Yuster 9105.
Zanden, van der 9029.
Zeehuisen 9048.
Zeininger 8981.
Zeiss Ikon Akt.-Ges. 9208.
Zelter 9083.
Zenftman 9168.
Zerweck 9141. 9190.
Zief 9165.
Zieliński 8993.
Zienty 9143.
Ziesecke 9201.
Zion 9087.
Zippel 9089.
Zisman 9004.
Zoellner 9119.
Zschimmer & Schwarz vormals Chemnitz 9136.
Zubrys 9081.
Zucker 8970.
Zwicker 8996.
Zwiep 9088.

Chemisches Zentralblatt

1954 Nr. 40 6. Oktober

A. Allgemeine und physikalische Chemie.

A_1. Kernphysik und Kernchemie.

Shimon Yiftah, *Klassifizierung der theoretischen Physik nach den Fundamentalkonstanten.* Klass. Mechanik, spezielle u. allg. Relativität, Wellen- u. Quantenmechanik, relativist. Wellenmechanik, klass. u. Quantenelektrodynamik sowie einheitliche Feldtheorie werden vom Standpunkt der Fundamentalkonstanten h, c, Gravitationskonstante, M. des Nucleons, m_e u. e geprüft u. klassifiziert. (C. R. hebd. Séances Acad. Sci. **238.** 326—27. 18/1. 1954.) GERHARD SCHMIDT. 80

Shimon Yiftah, *Über das Problem der Felder und ihrer Quellen.* (Vgl. vorst. Ref.) Vom l. c. angeführten Standpunkt untersucht Vf. die klass. Dualität Feld–Teilchen. Als Beispiele werden die Quantentheorie der Felder u. die verallgemeinerte Relativität behandelt. (C. R. hebd. Séances Acad. Sci. **238.** 452—54. 25/1. 1954.) GERHARD SCHMIDT. 80

T. Tietz, *Bewegliche kritische Punkte einer nichtlinearen Wellengleichung.* (Vgl. SCHIFF, C. **1952.** 4404.) Es wird gezeigt, daß die nichtlineare Wellengleichung $\square \Phi - \varkappa^2 \Phi - \eta \Phi^3 = 0$ für $\eta = 0$ bewegliche krit. Punkte aufweist. (Physic. Rev. [2] **90.** 495. 1/5. 1953. Toruń, Polen, Univ.) WIEDEMANN. 80

V. Thorsen, *Bemerkungen über die Lambshift.* Im Anschluß an den von WALDMANN (C. **1954.** 934) gegebenen Ausdruck für die LAMB-Verschiebung zeigt Vf., daß es gemäß einer geänderten Betrachtungsweise der stationären Zustände des H-Atoms möglich ist, eine Formel der LAMB-Verschiebung zu ermitteln, u. zwar $\Delta\nu^* = 2\mu_H\, a^4/\gamma \cdot m_e/m_H$, wo μ_H das magnet. Moment des Protons (in Kernmagnetonen), γ die COMPTON-Wellenlänge $h/m_e c$ des Elektrons u. α die Feinstrukturkonstante ist. Diese Formel ergibt $\Delta\nu^* = 0{,}0355\ cm^{-1}$. Aus der WALDMANNschen Formel läßt sich dieser Wert unter bestimmten Voraussetzungen erhalten. (Z. Naturforsch. **9a.** 68. Jan. 1954. Kopenhagen, Kgl. Dän. pharmazeut. Hochsch., Physik. Abt.) GERHARD SCHMIDT. 80

Bernard Jouvet, *Einführung in eine Elektroneutrino-Theorie des Photons.* Vf. zeigt an einem Beispiel, daß das Photon sich als Elementarteilchen der Wechselwrkg. zwischen Elektronen durch Kopplung der Elektronen- u. Neutrinofelder darstellen läßt. (C. R. hebd. Séances Acad. Sci. **237.** 1642—44. 21/12. 1953.) GERHARD SCHMIDT. 80

Bernard Jouvet, *Experimentelle Folgerungen der Elektroneutrino-Theorie.* (Vgl. vorst. Ref.) Aus Wechselwirkungsbetrachtungen ergeben sich Anzeichen für die Bildungsmöglichkeit von Elektronenpaaren durch die Neutrinos u. die Existenz eines neuen stabilen Teilchens der M. Null, des Spins 1 u. der Ladung Null, das kein Photon ist. (C. R. hebd. Séances Acad. Sci. **238.** 55—57. 4/1. 1954.) GERHARD SCHMIDT. 80

Bernard Jouvet, *Theoretische Folgerungen der Elektroneutrino-Theorie.* (Vgl. vorst. Reff.) Verallgemeinerung der MAXWELLschen Eichinvarianz, die zu Stromverteilungen ohne effektive elektr. Wechselwirkungen führt. (C. R. hebd. Séances Acad. Sci. **238.** 327—29. 18/1. 1954.) GERHARD SCHMIDT. 80

S. C. Miller jr. und **R. H. Good jr.,** *Eine Approximation vom WKB-Typ an die Schrödinger-Gleichung.* (Vgl. C. **1954.** 2953.) Während in der üblichen WKB-Meth. die Exponentialfunktion als Approximationsgrundlage benutzt wird, verwenden Vff. in ihren Berechnungen die Lösungen einer beliebigen SCHRÖDINGER-Gleichung, wodurch sich eine verbesserte Approximation erzielen läßt. (Physic. Rev. [2] **91.** 174—79. 1/7. 1953. Berkeley, Calif., Univ. of California, Dep. of Phys.) GERHARD SCHMIDT. 80

J. W. Dungey, *Ursprung der Höhenstrahlung.* Die Theorien, die eine Entstehung der Höhenstrahlung durch „Betatron-Prozesse" annehmen, d. h. eine Beschleunigung geladener Teilchen durch die mit zeitlich variierenden Magnetfeldern verbundenen elektr. Felder, werden diskutiert. (Physic. Rev. [2] **91.** 766. 1/8. 1953. Sydney, New South Wales, Australia, Univ. of Sydney, School of Phys.) WIEDEMANN. 85

S. Olbert, *Atmosphärische Effekte auf die Höhenstrahlintensität in Seehöhe.* (Sitzungsbericht.) Für die relative Änderung der Vertikalintensität der μ-Mesonen auf Seehöhe infolge atmosphär. Effekte wird eine Formel abgeleitet, in die die Abweichung von den Mittelwerten der Höhe des Druckniveaus, der Temp. u. des Druckes am Boden sowie die Restreichweite auf Seehöhe eingehen. (Physic. Rev. [2] **90.** 360. 15/4. 1953. M. I. T., Phys. Dep. u. Labor. for Nucl. Sci.) WIEDEMANN. 85

A. S. Rao, V. K. Balasubrahmanyan, G. S. Gokhale und **A. W. Pereira,** *Messungen der Intensität der Höhenstrahlung in großer Höhe auf den magnetischen Breiten 3° N und 19° N.* Die Gesamtintensität u. die der durchdringenden (10 cm Pb)-Komponente der Höhenstrahlung wurden auf Ballonflügen durch Vierfachkoinzidenzen auf 3 u. 19° N gemessen. Die Gesamtintensität zeigt ein scharfes Maximum bei einem Druck von 200 mbar, die durchdringende Komponente bei 120 mbar ein flaches Maximum. Eine Verschiebung des Maximums mit der geomagnet. Breite tritt nicht auf. Das Verhältnis der Intensitäten I(19°)/I(3°) beträgt am Maximum 1,22 für die Gesamtstrahlung u. 1,46 für die durchdringende Komponente. Eine Extrapolation ergibt an der oberen Grenze der Atmosphäre einen Fluß der Primärteilchen von 227 Teilchen/m^2/Sek./Raumwinkel bei 3° N u. von 364 bei 19° N. (Physic. Rev. [2] **91.** 764—65. 1/8. 1953. Bombay, Tata Inst. of Fundament. Res.) WIEDEMANN. 85

F. Harris, B. Rossi und **I. Escobar Vallejo,** *Ost-West-Asymmetrie für positive und negative Mesonen in der Nähe des Äquators.* (Sitzungsbericht.) Auf 5200 m Höhe u. 16° S Breite wurden durch Ablenkung in magnetisiertem Fe Mesonen zweier Impulsbereiche ausgewählt u. ihre Ost-West-Asymmetrie $A = 2 (W - O/(W + O)$ bestimmt. Diese Asymmetrie ist für positive Mesonen 0,47 ± 0,035 (0,8 GeV), 0,49 ± 0,015 (1,8 GeV/c) u. für negative Mesonen 0,084 ± 0,037 (0,8 GeV), 0,019 ± 0,016 (1,8 GeV/c). (Physic. Rev. [2] **90.** 360. 15/4. 1953. M. I. T.; La Paz, Bolivia, Univ. Mayor de San Andres.) WIEDEMANN. 85

R. E. Heineman und **W. E. Hazen,** *Die Dichteverteilung innerhalb von zwei Metern von der Achse großer Luftschauer.* Mittels einer Ionisationskammer mit 20 Kanälen wurde die seitliche Struktur einzelner Luftschauer untersucht. Die Impulse von den 20 Elektronen-Sammeldrähten wurden auf 20 Kathodenstrahlröhren gegeben u. photographiert. Die Gesamtverteilungsfunktion stimmt mit der von MOLIÈRE angegebenen überein. Ein Ereignis könnte durch die Annahme verschied. Schauerkerne gedeutet werden, die durch verschied. π^0 erzeugt wurden. (Physic. Rev. [2] **90.** 496—97. 1/5. 1953. Ann Arbor, Mich., Univ. of Michigan, Randall Labor.) WIEDEMANN. 85

W. D. Walker und **N. M. Duller,** *Instabile Teilchen aus durchdringenden Schauern.* (Vgl. C. **1953.** 4806.) Mit der Nebelkammer wurden in 500 in *C* ausgelösten Schauern 2 Zerfälle von neutralen V-Teilchen gefunden. Gegenüber dem Wert in *Pb* ist diese Zahl sehr klein. Ferner wurde unter 1000 Schauerteilchen, die im Durchschnitt 15 cm durchdrangen, ein Zerfall im Fluge festgestellt, das Sekundärteilchen erleidet eine Kernstreuung. Unter 100 Schauern in C wurden 22 Paare durchdringender Teilchen mit einem Winkel von 5° oder weniger gefunden. (Physic. Rev. [2] **90.** 320. 15/4. 1953. Houston, Tex., Rice Inst.) WIEDEMANN. 85

André Fréon, *Einige Eigenschaften der Rossi-Schauer unter dicken Filtern dichten Materials.* Durch Koinzidenzmessungen wurde die Zahl der Schauer unter 6, 12 bis 18 cm *Pb* sowie unter 30 m Erde bestimmt. Die Kurven für den Pb-Absorber zeigen ein Maximum u. dann einen konstanten Bereich, unter der Erde fällt das Maximum weg. Es handelt sich um Kaskadenschauer geringer Energie, die teilweise mit großen Schauern verbunden sind. Die Hauptrolle spielen wohl Anstoßelektronen. (C. R. hebd. Séances Acad. Sci. **230.** 2178—80. 19/6. 1950.) WIEDEMANN. 85

William C. G. Ortel, *Neutronenerzeugung in Höhenstrahlsternen.* (Sitzungsbericht.) Auf 11200 ft Höhe wurden die bei Zertrümmerungen in einem Flüssigkeitsscintillationszähler (Lsg. von Terphenyl u. Diphenylhexatrien in Phenylcyclohexan) auftretenden Neutronen mittels BF_3-Proportionalzählern nachgewiesen. In einigen Hundert Fällen wurden zwei oder mehrere Neutronen in verzögerter Koinzidenz mit einer Scintillation nachgewiesen. (Physic. Rev. [2] **90.** 368. 15/4. 1953. Yale Univ.) WIEDEMANN. 85

R. W. Waniek und **T. Ohtsuka,** *Über die Energieverteilung von Neutronensternen.* (Sitzungsbericht.) (Vgl. C. **1954.** 8035.) Durch Best. der Spurenlängen wurde die Energieverteilung in Sternen, die von energiereichen Neutronen (90 MeV) ausgelöst wurden, ermittelt. Das Spektr. entspricht dem nach der Verdampfungstheorie zu erwartenden. Das Maximum liegt für die ausgesandten Protonen bei 2,5 MeV, für die α-Teilchen bei 5 MeV. Die Vorwärtsrichtung ist bevorzugt. (Physic. Rev. [2] **91.** 445. 15/7. 1953. Harvard Univ.) WIEDEMANN. 85

Y. B. Kim, *Die Energieverteilung neutraler in Höhenstrahlsternen erzeugter Mesonen.* (Sitzungsbericht.) In einer Nebelkammer befand sich oberhalb mehrerer Pb-Platten ein NaJ-Kristall, in dem durch die Höhenstrahlung Sterne erzeugt wurden; die Energieverteilung der von den Sternen emittierten Mesonen wurde ermittelt. Eine Analyse von 150 Mesonen ergab dN = dE/dE$^{\gamma}$ mit γ = 1,4—1,7. (Physic. Rev. [2] **91.** 445. 15/7. 1953. Princeton Univ.) WIEDEMANN. 85

Frank B. Brown jr. und **A. V. Masket,** *Sternhaufenbildung in Kernemulsionen.* (Sitzungsbericht.) (Vgl. C. **1954.** 1166.) Vff. untersuchen die Sterne in photograph. Emulsionen, die für 6 Std. in 84000 ft Höhe exponiert worden sind. Die Anzahl der engen Sternpaare überschreitet stark die auf der Grundlage einer willkürlichen Verteilung erwartete Anzahl. Dieser Effekt hängt von den größeren Sternen mit 6 oder mehreren Zacken ab. Für die Erklärung dieses Effektes wird der Durchgang enger Schauer energiereicher Teilchen durch die Emulsion herangezogen. (Physic. Rev. [2] **91.** 210. 1/7. 1953.) GERHARD SCHMIDT. 85

D. M. Ritson, M. F. Kaplon und **W. D. Walker,** *Wechselwirkungen energiereicher Höhenstrahlen in photographischen Emulsionen und in Blei.* (Sitzungsbericht.) Ein 750 cm³ Block aus 92 400 μ dicken Emulsionen über einer Nebelkammer, die 25 3 mm Pb-Platten, getrennt durch 250 μ-Emulsionen, enthielt, wurde auf 90000 ft mehrere Std. der Höhenstrahlung ausgesetzt. Es wurden 6 durch Protonen hervorgerufene Wechselwirkungen u. eine sek. mit Energien von 10^{13} eV in der Emulsion mit Multiplizitäten von ca. 15 beobachtet. Aus den Ergebnissen in Pb mit $3 \cdot 10^{12}$ eV ergibt sich für π^0 eine Lebensdauer $<$10—14 Sekunden. Die Multiplizität scheint nur gering von der Zahl der in einem Kern durch das Primärteilchen angestoßenen Nucleonen abzuhängen. (Phys. Rev. [2] **90.** 360. 15/4. 1953. Univ. of Rochester.) WIEDEMANN. 85

L. S. Kothari, *Die Erzeugung schwerer Mesonen.* (Vgl. C. **1953.** 5766.) Unter Verwendung der FERMIschen Theorie der multiplen Erzeugung wird die Bldg. schwerer Mesonen bei einem Nucleon–Nucleon-Zusammenstoß (mit einer Primärenergie $<$20 Mc²) untersucht. Aus den Berechnungen geht hervor, daß schwere Mesonen einzeln ca. 10 mal häufiger erzeugt werden als in Paaren. Bei der Bldg. von Mesonen durch einen Meson–Nucleon-Zusammenstoß zeigt sich, daß Mesonen der Energie E $<$Mc² wahrscheinlich Kernmaterie ohne weitere Bldg. von Mesonen durchlaufen, während für E$>$2 Mc² die Wahrscheinlichkeit der Vervielfachung groß ist. Zwischen den Berechnungen u. den experimentellen Ergebnissen besteht qualitativ befriedigende Übereinstimmung. (Physic. Rev. [2] **90.** 1087—89. 15/6. 1953. Cambridge, Cavendish Labor.) GERHARD SCHMIDT. 90

F. M. Smith, W. Birnbaum und **Walter H. Barkas,** *Messungen von Mesonenmassen und verwandten Größen.* (Vgl. C. **1952.** 3279.) Unter der Annahme einer Ruhmasse Null für das Neutrino wurden die folgenden Massen erhalten: π^+ = 273,5 ± 1,2 m_e, μ, μ^+ = 207,1 ± 1,1. Durch Vgl. mit der Protonenmasse ergaben sich π^+ = 273,4 ± 0,2, π^- = 272,5 ± 0,3 u. μ^+ = 207,0 ± 0,4. Die kinet. Energie des μ-Mesons bei der Entstehung beträgt 4,12 MeV. (Physic. Rev. [2] **91.** 765—66. 1/8. 1953. Berkeley, Calif., Univ. of California, Dep. of Phys., Radiat. Labor.) WIEDEMANN. 90

M. Goldhaber, *Familien von Elementarteilchen.* (Sitzungsbericht.) Werden die neutralen V-Teilchen eines Typs als χ^0 identifiziert, so ergibt sich folgendes Syst. für schwere Mesonen (in Klammern Hauptzerfallsart): $\chi^{\pm}$-Teilchen 1480 ± 100 m_e ($\tau^{0\pm}$ + $\pi^{\pm,0}$), χ^0-Teilchen ~1370 m_e ($\tau^{\pm} + \pi^{\pm}$), $\tau^{\pm}$-Teilchen 977 ± 5 m_e ($\pi^{\pm} + \pi^+ + \pi^-$), τ^0-Teilchen 900 ± 100 m_e ($\pi^0 + \pi^+ + \pi^-$) u. V⁰-Teilchen ~2200 m_e (p + π^-[+ν?]). (Physic. Rev. [2] **90.** 369. 15/4. 1953. Brookhaven Nat. Labor.) WIEDEMANN. 90

H. Øverås, *Eine Methode zur Messung der Mehrfachstreuung.* Vf. entwickelt eine Theorie für die Best. der Mehrfachstreuung kurzer, stark gestreuter diskontinuierlicher Bahnen u. prüft diese Meth. experimentell an 40 durch 0,59 MeV-Elektronen erzeugten Bahnen. (Philos. Mag. [7] **45.** 158—62. Febr. 1954. Trondheim, Norges techn. högskole, Fys. Inst.) GERHARD SCHMIDT. 90

M. Annis, H. S. Bridge und **S. Olbert,** *Anwendung der Theorie der Mehrfachstreuung auf Nebelkammermessungen.* 2. Mitt. Ausführliche Darst. der C. **1953.** 7223 referierten Arbeit. (1. vgl. C. **1953. 7223.**) Die l. c. angeführten Daten werden wie folgt ergänzt bzw. berichtigt: M. des Protons m_p = 1690 (+143, —128) bzw. 1610 m_e, M. des Mesons $m_{\pi+\mu}$ = 213 (+32, —26) bzw. 210 m_e. (Physic. Rev. [2] **89.** 1216 bis 1227. 15/3. 1953. Cambridge, Mass., M. I. T., Phys. Dep. and Labor. for Nucl. Sci.) WIEDEMANN. 90

W. C. Barber, G. E. Becker und **E. L. Chu,** *Elektron–Elektron-Streuung bei 6,1 MeV.* Ausführliche Darst. der C. **1953.** 167 referierten Arbeit. (Physic. Rev. [2] **89.** 950—57. 1/3. 1953. Stanford, Calif., Stanford Univ., Dep. of Phys., Microwave Labor.) WIEDEMANN. 90

J. S. Blair und **G. F. Chew,** *Korrekturen vierter Ordnung an der Streuung von Pionen durch nichtrelativistische Nucleonen.* Vff. berechnen Korrekturen vierter Ordnung an den theoret. Phasenverschiebungen bei Pion–Nucleon-Streuung für eine lineare u. ausgedehnte Kopplung, wobei das Nucleon als unendlich schwer betrachtet wird. Die Ergebnisse stützen die Verwendung der Dancoff-Approximation, da diese Prozesse über Zwischenzustände mit einer Anzahl von Pionen ablaufen. (Physic. Rev. [2] **90.** 1065—67. 15/6. 1953. Urbana, Ill., Univ. of Illinois, Dep. of Phys.) Gerhard Schmidt. 90

Julius Ashkin und **Seymour H. Vosko,** *Graphische Methode zur Phasenverschiebungsbestimmung aus den experimentellen Werten bei der Meson–Nucleon-Streuung.* Die Beobachtung, daß der imaginäre Teil der Amplitude bei der kohärenten Vorwärtsstreuung dem totalen Wirkungsquerschnitt der Mesonenstreuung proportional ist, wird zur Entw. einer graph. Meth. der Best. der Phasenverschiebung u. des Wirkungsquerschnittes benutzt. Es wird eine befriedigende Übereinstimmung mit den Querschnittswerten gefunden, die Fermi (nicht veröffentlicht) durch numer. Analyse mit Hilfe der elektron. Rechenmaschine erhalten hat. Bei einem Ablenkwinkel von 45° sind die experimentellen Werte bis zu 50% kleiner als die berechneten. (Physic. Rev. [2] **91.** 1248—51. 1/9. 1953. Pittsburgh, Pa., Carnegie Inst. of Technol.) Nelkowski. 90

F. J. Dyson, S. S. Schweber und **W. M. Visscher,** *Theoretische Analyse der Meson–Proton-Streuung.* 1. Mitt. (Sitzungsbericht.) Die nichtadiabat. Störungstheorie von Levy wird auf die Meson–Proton-Streuung angewendet, dabei wird die ladungssymm. pseudoskalare Mesonentheorie mit pseudoskalarer Meson–Nucleon-Wechselwrkg. benutzt, Kernrückstoß u. Paarerzeugung werden berücksichtigt. Für die (1 Nucleon, 1 Meson)-Komponente der Wellenfunktion wird eine Integralgleichung abgeleitet. (Physic. Rev. [2] **90.** 372. 15/4. 1953. Cornell Univ.) Wiedemann. 90

M. K. Sundaresan, E. E. Salpeter und **M. Ross,** *Theoretische Analyse der Meson–Proton-Streuung.* 2. Mitt. (Sitzungsbericht.) (1. vgl. vorst. Ref.) Die l. c. abgeleitete Integralgleichung wird in Zustände mit vorgegebenem Gesamtbahnmoment, Isotopenspin u. zugegebener Parität aufgeteilt. Die Phasenverschiebungen für die einzelnen Zustände werden mit den experimentellen Werten verglichen. (Physic. Rev. [2] **90.** 372. 15/4. 1953.) Wiedemann. 90

P. O. Olsson, *Neutron–Proton-Streuung mit Rückstoßkräften.* Die n–p-Streuung bei 90 u. 260 MeV wurde unter der Annahme von Zentralkräften u. einer quadrat. Potentialmulde (38—140 MeV tief) mit einem undurchdringlichen Kern (Durchmesser 0—1,2·10^{-13} cm) berechnet. Bei 90 MeV beträgt der Wirkungsquerschnitt 0,20 bis 0,28 barn für neutrale Teilchen u. 0,079 barn für geladene Teilchen, berechnet nach der symm. Theorie, in Übereinstimmung mit dem Experiment. Bei 260 MeV ist der neutrale Wirkungsquerschnitt das 3fache des experimentellen von 0,038 barn. Für geladene Teilchen ist die Abweichung noch größer. Die angenommenen Rückstoßkräfte können beim n–p-Stoß in Triplettzuständen gerader Parität kaum wirksam sein. (Physic. Rev. [2] **83.** 845. 15/8. 1951. Stockholm, Stockholm Högskola and Royal Inst. of Technol.) Nelkowski. 90

P.-O. Brundell und **B. Enander,** *Das Neutron–Proton-System mit einem exponentiellen Zentralpotential.* 1. Mitt. (Acta polytechn. [Stockholm], Physics appl. Math. Ser. 2. Nr. **4.** 1—14. 1952. — C. **1954.** 7578.) Nelkowski. 90

J. S. Turner, *Untersuchung der Triplett-Neutron–Proton-Streuung im Gebiet niedriger Energie bei Benutzung der Eckart- und Bargmann-Potentiale.* Die Anwendung einiger Ergebnisse, die aus einer speziellen Form des Bargmann-Potentials gewonnen werden, führt zu bes. einfachen Ausdrücken für die asymptot. Phase der gestreuten S-Wellen. Graph. Darstellungen der errechneten Potentiale gestatten einen Vgl. mit den sonst üblichen Formen. (Proc. physic. Soc., Sect. A **67.** 111—16. 1/2. 1954. Sydney, Univ. of Sydney, School of Phys.) Nelkowski. 90

K. E. Davis, *Winkelabhängigkeit der unelastischen Streuung von Protonen an ^{9}Be.* Beim Beschuß von ^{9}Be mit 7,1 MeV-Protonen sind die unelast. gestreuten Protonen zwischen 60 u. 160° etwa isotrop verteilt, während die Intensität bei 20° auf etwa das Dreifache zunimmt. (Physic. Rev. [2] **88.** 1433—34. 15/12. 1952. Portland, Ore., Reed Coll.) Kirschstein. 90

B. D. Fried und **R. J. Riddell jr.,** *Über die Tomonaga-Approximation.* (Sitzungsbericht.) Vff. führen numer. Berechnungen der Eigenwerte u. Eigenvektoren des Tomonaga-Hamilton-Operators für den Grundzustand u. mehrere angeregte Zustände in geladen skalaren, neutral pseudoskalaren u. geladen pseudoskalaren Mesonentheorien mit verschied. Werten der Kopplungskonstante durch. Die Ergebnisse können zur Ermittlung von physikal. Größen, wie z. B. magnet. Momenten, Meson–Nucleon-Streuquerschnitten, verwendet werden. (Physic. Rev. [2] **91.** 460—61. 15/7. 1953. Berkeley, Univ. of California.) Gerhard Schmidt. 95

S. T. Butler, *Abstreifformen („stripping") und das Kernschalenmodell.* Vf. analysiert die Ergebnisse von PARKINSON u. Mitarbeitern (C. **1954.** 4) u. KING u. PARKINSON (C. **1954.** 4) daraufhin, ob sie Abweichungen vom Schalenmodell (vgl. C. **1952.** 7602) tatsächlich erkennen lassen. (Physic. Rev. [2] **88.** 685. 1/11. 1952. Ithaca, N. Y., Cornell Univ., Labor. of Nucl. Stud.) KIRSCHSTEIN. 95

K. M. Watson und **K. A. Brueckner**, *Kernkräfte in der pseudoskalaren Mesonentheorie.* (Sitzungsbericht.) Vff. berechnen angenähert die Kernkräfte mit pseudoskalarer Kopplung unter Berücksichtigung der Streuung virtueller Mesonen, die zu gewöhnlichen Potentialen zweiter u. vierter Ordnung führen. Die Lösung der Gleichungen für die Mehrfachstreuung zeigt, daß die Streuung von der Energieschale fort genügend schwach ist, um nur kleine Wirkungen für $\gamma > (\hbar/2\mu c)$ zu liefern. Bei den Berechnungen wird die Bldg. von Nucleonenpaaren berücksichtigt, was zu einer Reduzierung des Beitrages zum Potential führt, der mit der Bldg. von einem u. zwei Nucleonenpaaren verbunden ist. (Physic. Rev. [2] **91.** 460. 15/7. 1953. Indiana Univ.) GERHARD SCHMIDT. 95

M. Ruderman, *Kernkräfte nach der pseudoskalaren Mesonentheorie.* Auf der Grundlage der pseudoskalaren Mesonentheorie mit pseudoskalarer Kopplung werden die Strahlungskorrekturen für die Wechselwrkg. zweier Nucleonen berechnet. Für die übliche Größe der Kopplungskonstante sind sie nach der Renormalisierung ziemlich hoch, sie verändern jedoch die Reichweite des Potentials u. seine Form bei großen Entfernungen nicht. Die Strahlungskorrektur ergibt eine Abstoßung. Der Tensorteil der Kernkräfte scheint gegenüber diesen Korrekturen ziemlich unempfindlich zu sein. (Physic. Rev. [2] **90.** 183—85. 15/4. 1953. Berkeley, Calif., Univ. of California, Dep. of Phys., Radiat. Labor.) WIEDEMANN. 95

Abraham Klein, *Konvergenz adiabatischer Potentiale höherer Ordnung.* (Sitzungsbericht.) Vf. zieht den Führungsterm 4 n^ter^ Ordnung (2 n Paare) des adiabat. Potentials für die ps–ps-Theorie zur Prüfung der Anwendbarkeit des LÉVYschen Modells der Kernkräfte heran. (Physic. Rev. [2] **91.** 460. 15/7. 1953. Harvard Univ.) GERHARD SCHMIDT. 95

L. A. Radicati, *Isotopischer Spin und Coulomb-Kräfte.* 2. Mitt. *Angeregte Zustände leichter Kerne.* (1. vgl. C. **1954.** 7803.) Vf. berechnet die Isotopenspin-Reinheit einiger tiefliegender angeregter Zustände in leichten Kernen nach der Störungstheorie erster Ordnung, wobei bes. die ungeraden Paritätszustände in geraden Kernen berücksichtigt werden. Die durch COULOMB-Kräfte hervorgerufenen Verwaschungen des Isotopenspins reichen zur Erklärung des elektr. Dipolüberganges in ^{16}O zwischen dem angeregten 7,12 MeV-Zustand u. dem Grundzustand aus. (Proc. physic. Soc., Sect. A **67.** 39—43. 1/1. 1954. Birmingham, Univ., Dep. of Mathemat. Phys.) GERHARD SCHMIDT. 95

Frederick R. Innes, *Matrixelemente der Spin–Spin-Wechselwirkung.* Vf. zeigt, daß eine Expansion des Spin–Spin-Wechselwirkungsoperators eine Ableitung von Matrixelementen unter Verwendung von RACAH-Methoden ermöglicht. Formeln werden für 2 nichtäquivalente Elektronen einschließende Konfigurationen u. für n äquivalente Elektronen angegeben. (Physic. Rev. [2] **91.** 31—34. 1/7. 1953. Philadelphia, Pa., Univ. of Pennsylvania.) GERHARD SCHMIDT. 95

Igal Talmi, *Matrixelemente des β-Zerfalls bei jj-Kopplung.* Vf. berechnet die Matrixelemente mehrerer erlaubter β-Übergänge im jj-Kopplungsschema. Für GAMOW-TELLER-Matrixelemente tritt kein Unterschied zwischen bevorzugten u. nicht bevorzugten Übergängen auf, der den experimentellen Daten zu widersprechen scheint. (Physic. Rev. [2] **91.** 122—25. 1/7. 1953. Princeton, N. J., Princeton Univ., Palmer Physic. Labor.) GERHARD SCHMIDT. 103

D. C. Peaslee, *Der Fermi-Term in der β–ν-Korrelation.* Vf. gibt einen Überblick, welche β-Übergänge sich zur Best. des FERMI-Anteils F der Wechselwrkg. beim β-Zerfall durch ein β–ν (Rückstoß)-Korrelationsexperiment eignen. Für Spiegelbildübergänge ist das Matrixelement von F eins u. von G (GAMOW-TELLER) σ^2. Für eine Reihe von radioakt. Gasen sind die beobachteten u. berechneten Werte von σ^2 tabelliert. (Physic. Rev. [2] **89.** 1148—49. 1/3. 1953. New York, Columbia Univ.) WIEDEMANN. 103

H. M. Mahmoud und **E. J. Konopinski**, *Die einfach verbotenen Spektren als Beweis für das Gesetz des β-Zerfalls.* Die Frage, welche der beiden empir. möglichen Wechselwirkungen, die STP (S Skalar, T Tensor, P Pseudoskalar)- oder VTP (V polarer Vektor)-Kombination, den β-Zerfall exakt darstellt, wird mit Hilfe einer Deutung der erlaubten Verläufe für einfach verbotene Spektren untersucht. Danach ist die STP-Kombination als exakt anzusehen u. liefert allein die Möglichkeit, zu einem Gesetz des β-Zerfalls zu gelangen, in welchem alle 3 Komponenten nicht nur zulässig, sondern auch notwendig sind. Die Theorie liefert solche Verläufe, wenn die COULOMB-Energie gegenüber derjenigen des Elektrons u. Neutrinos bei der Emission vorherrschend ist. Diese Energiebedingung gilt aber nur für STP- u. VA (A axialer Vektor)-Kombinationen. Andernfalls treten Abweichungen selbst bei Annahme unendlich großer COULOMB-Energie auf. Diese Abweichungen haben den gleichen Ursprung wie die FIERZ-Interferenz bei erlaubten Spektren. (Physic. Rev. [2] **88.** 1266—75. 15/12. 1952. Bloomington, Ind., Indiana Univ.) WERNER SCHULZ. 103

G. N. Fowler, *Elektron-Neutrino-Winkelkorrelationsfunktionen in der Theorie des β-Zerfalls.* Es werden diejenigen linearen Kombinationen der 5 Wechselwirkungen berücksichtigt, die nicht durch die experimentellen Ergebnisse des erlaubten Energiespektr. ausgeschlossen werden, Kombinationen von skalaren u. vektoriellen oder tensoriellen u. axial-vektoriellen Wechselwirkungen werden demnach nicht berücksichtigt. Unter Vernachlässigung der COULOMB-Feld-Korrekturen wird die Winkelkorrelationsfunktion für den 1. u. 2. verbotenen Übergang berechnet. (Proc. physic. Soc., Sect. A **67.** 117—24. 1/2. 1954. Manchester, Univ., Physic. Labors.)
NELKOWSKI. 103

E. L. Fireman, *Messung des (n, ³H)-Wirkungsquerschnittes in Stickstoff und seine Beziehung zur Tritiumerzeugung in der Atmosphäre.* Das bei der Bestrahlung von N_2 mit Spaltungsneutronen erhaltene Tritium wird identifiziert u. nach zwei verschied. Methoden gezählt. Nach der ersten Meth. wird das Gas in eine Nebelkammer gebracht, in der die ^{3}H-Bahnen durch ihre Reichweite identifiziert u. gezählt werden, während nach der zweiten Meth. H von N_2 beim Durchgang durch Pd getrennt u. dann in einem GEIGER-Zähler gezählt wird. Der mittlere Wirkungsquerschnitt für Spaltungsneutronen ausreichender Energie liegt bei $(11 \pm 2) \cdot 10^{-27}$ cm². Wird dieser Querschnitt mit den Daten über die Höhenstrahlungsneutronen kombiniert, so ergibt sich eine ^{3}H-Erzeugungsgröße zwischen 0,10/cm²·Sek. u. 0,20/cm²·Sek., über der Erde gemittelt. Höhenstrahlsterne lösen ^{3}H in einer Menge aus, die zwischen 0,30/cm²·Sek. u. 0,70/cm²·Sek. geschätzt wird. Diese beiden Prozesse halten ein Weltreservoir von $50-110 \cdot 10^6$ Curie von ^{3}H aufrecht. Diese ^{3}H-Erzeugung führt zu einer mittleren Entweichzeit von ^3He aus der Atmosphäre von ca. $5 \cdot 10^6$ Jahren, was mit einer Temp. am Anfang der Exosphäre von 1500° K verträglich ist. (Physic. Rev. [2] **91.** 922—26. 15/8. 1953. Upton, N. Y., Brookhaven Nat. Labor.) GERHARD SCHMIDT. 103

M. Ruderman, *Die Reaktionen $p + d \rightarrow \pi^+ + {}^3H$ und $p + d \rightarrow \pi^0 + {}^3He$.* Unter der Annahme der Ladungsunabhängigkeit, bei der alle Matrixelemente gegenüber Drehungen im Raum des Isotopenspins invariant sind, ist das Verhältnis der Wirkungsquerschnitte $d\sigma(p + d \rightarrow {}^3He + \pi^0)/d\sigma(p + d \rightarrow {}^3H + \pi^+) = {}^1/_2$. Aus der Winkelabhängigkeit des Wirkungsquerschnitts $p + p \rightarrow d + \pi^+$ für 345 MeV-Protonen wird $\sigma(p + d \rightarrow {}^3H + \pi^+)$ zu $\sim 1{,}3 \cdot 10^{-29}$ cm² abgeschätzt. (Physic. Rev. [2] **87.** 383—84. 15/7. 1952. Berkeley, Calif., Univ. of California, Dep. of Phys., Radiat. Labor.)
WIEDEMANN. 103

G. L. Jenkins, L. W. Cochran, H. H. Givin, J. L. Ryan, T. M. Hahn und **B. D. Kern,** *Winkelverteilung von 12 MeV-γ-Strahlen aus dem Protonenbeschuß von Bor.* (Sitzungsbericht.) Ausführliche Darst. vgl. nachst. Referat. (Physic. Rev. [2] **91.** 210. 1/7. 1953. Lexington, Ky., Univ. of Kentucky, Dep. of Phys.)
GERHARD SCHMIDT. 103

G. L. Jenkins, L. W. Cochran, B. D. Kern und **T. M. Hahn,** *Die Winkelverteilung von 12 MeV-γ-Strahlen aus dem Protonenbeschuß von ¹¹B.* Zur Unters. möglicher Interferenzen zwischen den drei angeregten Zuständen in ^{12}C, die sich aus dem Protonenbeschuß von ^{11}B bei Protonenenergien von 163, 680 u. 1388 keV ergeben, untersuchen Vff. die Winkelverteilung der 12 MeV-γ-Strahlen aus dem Protonenbeschuß dicker natürlicher B-Targets im Energiebereich zwischen 200 u. 1100 keV. Die Auflösung der 12 MeV-γ-Strahlen erfolgte mit einem Scintillationsspektrometer. In bezug auf das Protonenbündel wird die Winkelverteilung von der Form $Y(\Theta) = 1 + A\cos\Theta + B\cos^2\Theta$ gefunden, A verschwindet bei 200 keV, erreicht einen Wert von 0,13 zwischen 300 u. 350 keV u. bleibt angenähert konstant bis zu 1100 keV. Der Wert des Koeff. B liegt bei 0,22 bei 200 keV, nimmt auf 0,09 bei 500 keV ab u. bleibt angenähert konstant oberhalb dieser Energie bis zu 1100 keV. (Physic. Rev. [2] **91.** 915—17. 15/8. 1953.) GERHARD SCHMIDT. 103

B. M. Spicer, *Winkelverteilung der Photoprotonen aus Stickstoff.* Vf. untersucht die Frage, ob bei Energien unterhalb 11 MeV die Kernphoto-Rk. durch Absorption einer elektr. Dipolstrahlung oder einer Mischung von magnet. Dipol- u. elektr. Quadrupolstrahlung ausgelöst wird, an Hand der Rk. $^{14}N(\gamma, p)^{13}C$. Es wird 11,5 MeV-Bremsstrahlung eines Synchrocyclotrons u. eine mit 1 at N_2 gefüllte Streukammer verwendet.

Die Protonen werden durch 50 μ dicke Ilford C 2-Kernemulsion unter Winkeln von 40—140° nachgewiesen u. ihre Energieverteilung bestimmt. Die Winkelverteilung der Protonen von 2,6—3,0 u. 3,0—4,0 MeV läßt sich durch eine Funktion $a + b\sin^2\Theta\cos^2\Theta$ wiedergeben, wodurch die Absorption gemischter Strahlung bewiesen ist. Die Absorption der elektr. Quadrupolstrahlung nimmt mit steigender Energie relativ zur Absorption magnet. Dipolstrahlung zu. (Austral. J. Physics **6**. 391—96. Dez. 1953. Melbourne, Univ., Dep. of Phys.) G. Herrmann. 103

O. H. Turner, *Über die Reaktion $^{23}Na(p,\gamma)^{24}Mg$ und die Energieniveaus von ^{24}Mg.* Na-Metall, NaCl u. CaF_2 werden mit einem analysierten Protonenstrahl aus einem 1 MeV-Cockcroft-Walton-Generator beschossen. Das niedrigste Resonanzniveau der Rk. $^{23}Na(p,\gamma)$ ^{24}Mg wird durch Vgl. mit dem 340,4 kV-Niveau von ^{19}F bei 302,2 $\pm$0,6 kV gefunden mit einer Halbwertsbreite von weniger als 50 kV; das nächste Resonanzniveau liegt bei 594,5 $\pm$1,5 kV mit einer Halbwertsbreite von 400 $\pm$150 V. Beim Zerfall des 302 kV-Niveaus werden mindestens 20 γ-Strahlen ausgesandt, deren Energie u. Intensität gemessen werden. Hierzu werden verwendet ein NaJ(Tl)-Einkristall-Scintillationsspektrometer, ein NaJ(Tl)-Scintillations-Paarspektrometer u. ein Kaskadenspektrometer, bei dem ein erster NaJ(Tl)-Kristall aus dem γ-Spektr. einen engen Energiebereich auswählt u. zugleich für 1,7 μsec einen 2. Kristall mit einem 25-Kanal-Impulsanalysator öffnet, der das Spektr. der Koinzidenz-γ-Strahlen mißt. Es wird ein Zerfallsschema von ^{24}Mg aufgestellt mit Niveaus von 1,38, 4,25, 5,3, 5,8 oder 6,2, 7,73, 8,57, 10,60, 11,23, 11,62 u. 12,03 MeV. Die möglichen Spins u. Paritäten dieser Niveaus werden angegeben u. die experimentellen Ergebnisse mit den theoret. Übergangswahrscheinlichkeiten verglichen. (Austral. J. Physics **6**. 380—90. Dez. 1953. Melbourne, Univ., Phys. Dep.) G. Herrmann. 103

J. G. Rutherglen, P. J. Grant, F. C. Flack und **W. M. Deuchars,** *γ-Strahlung aus der Reaktion $^{27}Al(p,\gamma)^{28}Si$.* Mit einem NaJ-Kristall u. einem Multiplier sowie 5-Kanal-Impulszähler wurde die γ-Strahlung von Al gemessen, das mit Protonen (bis 70 μA) von ca. 400—700 keV beschossen wurde. Die Targets bestanden aus in Vakuum aufgedampftem Al von ca. 15 keV Dicke. Gefunden wurden (alle Werte in MeV) bei der Protonenenergie E_p 0,404 (^{28}Si-Anregungsenergie E_{Si} 11,99) γ-Energien E_γ von 10,2, 7,3, 5,1, 2,8, 1,84, 1,13?; bei E_p 0,503 (E_{Si} 12,09) E_γ 12,1, 10,3, 7,3, 5,1, 2,8, 1,84, 1,18?; bei E_p 0,630 (E_{Si} 12,21) E_γ 10,4, 7,6, 5,1, 3,5, 2,8, 1,84, 1,13?; E_p 0,652 (E_{Si} 12,23) E_γ 12,2, 10,4, 7,5 u. 5,1 u. bei E_p 0,677 (E_{Si} 12,25) E_γ 10,4 u. 7,5 MeV. Die relativen Intensitäten der γ-Strahlen werden angegeben u. die Energien als Übergänge zwischen angeregten Zuständen von Si gedeutet. Die Winkelverteilung wurde auf ca. 1% genau im Winkelbereich von —20 bis +120° gemessen. Spin u. Paritäten von ^{28}Si ergeben sich wie folgt: E_{Si} 12,25 MeV, $J = 3(+)$; E_{Si} 12,23, $J = 2(-)$; E_{Si} 12,21, $J = 3(-)$; E_{Si} 12,09, $J = 2(+)$; E_{Si} 11,99, $J = 4(-)$; E_{Si} 5,2, $J = 3$; E_{Si} 4,6, $J = 2,4$; E_{Si} 1,8, $J = 2\ (+)$ u. $E_{Si} = 0$, $J = 0(+)$. (Proc. physic. Soc., Sect. A **67**. 101—10. 1/2. 1954. Glasgow, Univ., Dep. of Natural Philos.) Nelkowski. 103

John H. Marshall, *Eine Messung der Form des β-Spektrums von ^{40}K in einer mit flüssigem Argon gefüllten Ionisationskammer.* Ausführliche Darst. der C. **1954**. 5680 referierten Arbeit. Zu ergänzen ist, daß das β-Spektr. von ^{40}K mit dem Formfaktor $D_2 = p^6 + 7p^4q^2 + 7p^2q^4 + q^6$ verträglich ist. (Physic. Rev. [2] **91**. 905—09. 15/8. 1953. Cambridge, Mass., M. I. T., Phys. Dep. and Labor. for Nucl. Sci.) Conrad. 103

B. J. Toppel und **S. D. Bloom,** *Die Reaktion $^{36}Ar(n,\alpha)^{33}S$.* (Sitzungsbericht.) Für die Unterss. der Rk. $^{36}Ar(n,\alpha)^{33}S$ in einem Ar-gefüllten Proportionalzähler wird natürliches Ar u. angereichertes ^{36}Ar verwendet. Die auftretenden α-Gruppen werden ^{36}Ar zugeschrieben. Unterss. mit D—D-Neutronen bei $E_n = 4{,}40$ (I), 3,73 (II), 3,23 (III), 2,76 (IV) u. 2,15 MeV (V) ergaben für die beiden energiereichsten α-Gruppen Q-Werte von 20 $\pm$0,1 bzw. 1,1 $\pm$0,1 MeV. Für $^{36}Ar(n,\alpha)^{33}S$ ergab sich $Q = 1{,}92 \pm 0{,}13$ MeV; der 1. Anregungszustand von ^{33}S liegt bei 0,87 $\pm$0,04 MeV. Unter Verwendung von Literaturwerten für die D—D-Querschnitte wurden für die Querschnitte von $^{36}Ar(n,\alpha)$·^{33}S u. $^{36}Ar(n,\alpha)^{33}S^*$ folgende Werte berechnet (in mbarn): 208 $\pm$63 (I), 113 $\pm$34 (II), 98 $\pm$30 (III), 58 $\pm$17 (IV) u. 40 $\pm$12 (V) für $^{36}Ar(n,\alpha)$ ^{33}S, sowie 41 $\pm$25 (I), 22 $\pm$13 (II) 3 $\pm$3 (III), $<$5 (IV, V) für $^{36}Ar(n,\alpha)$ $^{33}S^*$. (Physic. Rev. [2] **91**. 473. 15/7. 1953. Brookhaven Nat. Labor.) Weigel. 103

L. G. Cook und **K. D. Shafer,** *Die Neutronenaktivierung von ^{46}Ca.* Vff. bestimmen indirekt den Zerfall von ^{47}Ca in neutronenbestrahltem Ca durch Beobachtung der Ausbeuteabnahme von ^{47}Sc. Das bestrahlte Ca war mit ^{46}Sc-Tracer versetzt, die Sc-Fraktion wurde entfernt, durch T. T. A.-Bzl.-Extraktion u. Ionenaustausch auf Dowex-50 gereinigt u. abgeschätzt. Die Ausbeuteabnahme von ^{47}Sc lieferte eine Halbwertszeit für ^{47}Ca von 4,8 $\pm$0,5 Tagen. Der Aktivierungsquerschnitt von $^{46}Ca \rightarrow {}^{47}Ca$ für therm. Neu-

tronen ergab sich zu $(0{,}25 \pm 0{,}1) \cdot 10^{-24}$ cm²/Atom. (Physic. Rev. [2] **90.** 1121. 15/6. 1953. Chalk River, Ontario, Can., A. E. of Canada, Chem. Branch.)
GERHARD SCHMIDT. 103

Charles E. Whittle und **Fred T. Porter,** *Die γ-Strahl-Kaskade nach dem Zerfall von ^{46}Sc.* Die auf den β-Zerfall von ^{46}Sc folgende γ–γ-Kaskade von ^{46}*Ti* wurde nach der Meth. der verzögerten Koinzidenzen mit einer Anordnung vom Auflösungsvermögen $1{,}3 \cdot 10^{-8}$ Sek. unter Verwendung von Stilben-Scintillatoren untersucht. Zum Vgl. dienten ^{60}Co u. ^{22}Na. In ^{46}Ti konnte kein angeregter Zustand mit einer Lebensdauer von mehr als $1{,}5 \cdot 10^{-9}$ Sek. als Folge des β-Zerfalls von ^{46}Sc nachgewiesen werden. (Physic. Rev. [2] **90.** 498. 1/5. 1953. St. Louis, Mo., Washington Univ., Phys. Dep.)
WIEDEMANN. 103

J. S. King und **W. C. Parkinson,** *Winkelverteilung der Protonen von Vanadium 52.* Das durch (d, p)-Rk. dem ^{51}V-Kern hinzugefügte 29. Neutron vergrößert den Bahndrehimpuls um eine Einheit; es befindet sich in ^{52}V wahrscheinlich in einem $p_{3/2}$-Zustand. (Physic. Rev. [2] **89.** 1080. 1/3. 1953. Ann Arbor, Mich., Univ. of Michigan, Randall Labor. of Phys.) KIRSCHSTEIN. 103

D. E. Alburger und **M. A. Grace,** *Der Zerfall von ^{57}Co.* Zur Festlegung des Zerfallsschemas von ^{57}Co → ^{57}Fe werden die auftretenden 123 u. 138 keV–γ-Quanten (bzw. ihre Konversionselektronen in einem doppeltfokussierenden β-Spektrometer untersucht u. folgende Daten erhalten: $E(\gamma_1) = 137{,}6 \pm 0{,}5$ keV, $E(\gamma_2) = 122{,}8 \pm 0{,}5$ keV; $K/(L+M) = 7{,}7$ für γ_1 u. $8{,}2$ für γ_2; $\alpha_k(\gamma_1) = 1{,}4 \cdot 10^{-1}$ u. $\alpha_k(\gamma_2) = 1{,}1 \cdot 10^{-2}$. Demnach ist γ_1 ein Quadrupol-, γ_2 ein Dipolübergang. Da das 14 keV–γ-Quant γ_3 in ^{57}Fe vom M 1-Typ ist, müssen γ_1 u. γ_2 die gleiche Paritätsänderung zeigen u. demgemäß vom Typ E 2 u. M 1 oder M 2 u. E 1 sein. Wird der 1. Fall als der wahrscheinlichere angenommen, so sind der Grundzustand u. die beiden Anregungszustände in ^{57}Fe alle von der gleichen Parität in Übereinstimmung mit den Voraussagen des Schalenmodells. (Proc. physic. Soc., Sect. A **67.** 280—83. 1/3. 1954. Stockholm, Nobel-Inst. für Phys.; Oxford, Clarendon Labor.) WEIGEL. 103

W. S. Lyon, *Neutroneneinfangquerschnitte zur Erzeugung von ^{46}Sc und ^{85}Sr.* Vf. bestrahlt spektroskop. reines Sc_2O_3 im Graphitreaktor über 8 Std. u. beobachtet den Zerfall des Prüfmetalls (Al–Mn-Legierung) in einer geeichten Hochdruckionisationskammer. Hierbei wird die Aktivität des sich ergebenden 2,59 Std.-^{56}Mn bestimmt. Der Wirkungsquerschnitt von ^{46}Sc für Meilerneutronen berechnet sich zu $21{,}6 \pm 2$ barn. Der Erzeugungsquerschnitt von ^{85}Sr für therm. Neutronen wird durch Verwendung von $SrCO_3$ erhalten, das mit einer ^{84}Sr-Konz. von 45,95% angereichert ist. Die $SrCO_3$-Proben werden zusammen mit einem Co-Prüfmetall im Reaktor für 2 Std. bestrahlt. Aus Messungen mit der Hochdruckionisationskammer ergibt sich der isotope Einfangquerschnitt für die Erzeugung von ^{85}Sr zu $1{,}2 \pm 0{,}1$ barn. Aus den aufgenommenen γ-Spektren geht hervor, daß die gemessenen Aktivitäten reines ^{46}Sc u. ^{85}Sr darstellen. (Physic. Rev. [2] **89.** 1307. 15/3. 1953. Oak Ridge, Tenn., ORNL., Analyt. Chem. Div.)
GERHARD SCHMIDT. 103

E. R. Zucker, C. E. Mandeville, E. Shapiro, R. I. Mendenhall und **G. L. Conklin,** *γ-Strahlung von ^{95}Zr und ^{95}Nb.* (Sitzungsbericht.) Bei Anwendung von Pb-Absorption, Koinzidenzzählertechnik u. Scintillationsspektrometrie wird gezeigt, daß jeder β-Strahl von ^{95}Nb von einem $0{,}76 \pm 0{,}02$ MeV-γ-Strahl gefolgt wird u. daß den meisten β-Strahlen von ^{95}Zr ein $0{,}73 \pm 0{,}02$ MeV-γ-Strahl folgt. Die Mehrzahl der ^{95}Zr-Zerfälle können durch $d_{5/2}-g_{7/2}-g_{9/2}$ charakterisiert werden. (Physic. Rev. [2] **90.** 387. 15/4. 1953. Bartol Res. Found.) GERHARD SCHMIDT. 103

L. Lidofsky, E. Alperovitch und **C. S. Wu,** *Das β-Spektrum von ^{135}Cs.* (Sitzungsbericht.) Der Übergang beim β-Zerfall von ^{135}Cs ($T_{1/2} \sim 2-5 \cdot 10^6$ Jahre) verläuft von $g_{7/2}$ nach $d_{5/2}$. Die 10 μg ^{135}Cs mit ca. 0,016 μC Aktivität u. einigen 100 mg Verunreinigungen von Glas u. HNO_3 enthaltende Probe wurde nach der Ag–$Co(NO_3)_2$-Meth. gereinigt. Das Endprod. enthielt ~0,01 μC u. weniger als 100 μg feste Stoffe. Das Spektr. liefert eine obere Energie von 205 keV, ist verbogen u. schwach nach oben konkav. (Physic. Rev. [2] **90.** 387. 15/4. 1953. Columbia Univ.) GERHARD SCHMIDT. 103

Kiyoshi Murakawa und **John S. Ross,** *Hyperfeinstruktur von ^{149}Sm, ^{147}Sm, ^{145}Nd und ^{143}Nd.* Die mit W. oder mit fl. Luft gekühlte Hohlkathode aus Al war jeweils mit ca. 25 mg eines isolierten Isotops gefüllt. Spektralzerleger waren ein FABRY-PÉROT-Interferometer mit versilberten Platten u. ein HILGER-Prismenspektrograph. Aus den 6 maximal beobachteten Komponenten von ^{149}Sm u. ^{147}Sm folgt ein Spin von $I = 5/2$. Die Aufspaltung des ^{147}Sm II-Grundzustandes wurde aus der Linie $\lambda = 4704$ Å berechnet u. mit der FERMI-SEGRÈ-GOUDSMIT-Formel das magnet. Moment μ (^{147}Sm) zu $-0{,}30 \pm 0{,}05$ Kernmagnetonen bestimmt. Die Sm II-Linie wurde als ein $J = 1/2 \rightarrow J' = 1/2$-Übergang bestimmt. Aus dem Verhältnis des Abstandes der äußeren Komponenten von ^{147}Sm u. ^{149}Sm ergibt sich das Verhältnis der magnet. Momente beider Isotope mit $\mu(^{147}Sm)/\mu(^{149}Sm) = 1{,}177 \pm 0{,}015$, demnach $\mu(^{149}Sm) = -0{,}25 \pm 0{,}04$ Kernmagnetonen. Bei ^{143}Nd u. ^{145}Nd ergibt das Intensitätsverhältnis der Komponenten der Nd II-Linien $\lambda = 4303$ Å einen Kernspin $I = 7/2$ für beide Isotope. Aus den Abstandsverhältnissen folgt $\mu(^{143}Nd)/\mu(^{145}Nd) = 1{,}60 \pm 0{,}06$, mit den berechneten Aufspaltungsfaktoren ergeben sich die magnet. Momente $\mu(^{143}Nd)$ zu $-1{,}0 \pm 0{,}2$ u. $\mu(^{145}Nd)$ zu $-0{,}62 \pm 0{,}09$ Kernmagnetonen. (Physic. Rev. [2] **82.** 967—68. 15/6. 1951. Madison, Wis., Univ. of Wisconsin, Dep. of Phys.) NELKOWSKI. 103

F. D. S. Butement und **A. J. Poë,** *Radioaktivität von Iridiumisotopen mit Neutronenüberschuß.* Vff. beschießen Pt-Targets mit Neutronen bis zu 48 MeV u. Synchrotron-γ-Quanten bis zu 28 MeV u. untersuchen die Aktivitäten der durch (n, p)-(n, pn) u. (γ, p)-Rkk. gebildeten Ir-Isotope ^{194m}Ir, ^{195}Ir, ^{196}Ir, ^{197}Ir u. ^{198}Ir. Als Targetmaterial für kurzlebige Aktivitäten dient Pt-Metallblech, für langlebige, deren chem. Abtrennung möglich ist, $PtCl_4$ bzw. feinverteilter Pt-Schwamm. Gemessen werden für obige Isotope Halbwertszeiten von 7,3 Sek., 140 Min., 9,7 Tage, 7 Min. bzw. 50 Sek.; Absorbermessungen ergeben die β-Energien 2,1 u. 1,25 (^{195}Ir), 0,08 (^{196}Ir), 1,6 (^{197}Ir) u. 3,6 MeV (^{198}Ir), die γ-Energien sind 0,125 u. 5,6 (^{194m}Ir), 0,42, 0,66, 0,81 u. $>$1,0 (^{195}Ir), 0,68, 0,76 u. $\sim$1,0 (^{196}Ir), 1,8 (^{197}Ir) u. 0,78 MeV (^{198}Ir). Das γ-Spektr. des 19 Std.-^{194}Ir wird untersucht; γ-Gruppen werden bei 0,32, 0,61, 1,18, 1,45 u. $\sim$1,8 MeV gefunden; ihre relativen Intensitäten verhalten sich wie 100:22:10:5:1,2. Die Übergangsverhältnisse beim ^{194m}Ir werden untersucht; entweder ist das 7 Sek.-Isomer ein 125 keV-143-Übergang, gefolgt von dem 5,6 MeV-γ-Quant, oder ein 5,6 MeV-M 6-, E 6- oder E 7-Übergang, gefolgt von einem 125 keV-M 1-, E 2- oder E 3-γ-Quant. Die möglichen Verhältnisse werden nach der Theorie von WEISSKOPF zu deuten versucht. (Philos. Mag. [7] **45.** 31—37. Jan. 1954. Harwell, Berks., A. E. R.E.) WEIGEL. 103

L. Vigneron, R. Chastel und **J. Genin,** *Auflösung von Sternen aus radioaktiver Verzweigung und Diffusion der Edelgase in den Kernemulsionen.* (Sitzungsbericht.) Vgl. der theoret. zu erwartenden Anzahl von Einzelbahnspuren u. Sternen mit 2, 3 u. 4 Zacken beim Zerfall von *Ra* in Kernemulsionen mit den experimentell bestimmten Zahlen in 100 μ dicken ILFORD C 2-Emulsionen. Die starke Abweichung bei der Anzahl der 4zackigen Sterne (47,0% theoret., 21,2% experimentell) wird durch Wegdiffusion von *Rn* aus der Schicht erklärt. Rn, das im Gitter von Halogensilberkristallen eingefangen wird, verursacht die beobachteten 4zackigen Sterne, Rn, das in der Gelatine zur Ruhe kommt, diffundiert aus der Emulsion. In diesem Falle entsteht nur eine Einzelspur durch den Ra-Zerfall. Für das Verhältnis fixiertes Rn/Gesamt-Rn wurde für ILFORD C 2-Emulsion 0,44, für ILFORD G 5-Emulsion 0,38 gefunden. Die Existenz des fixierten Rn wurde experimentell durch Ausmessung von Kernemulsionen mit einem α-Zähler nachgewiesen. Die Emulsion wurde hierzu einige Tage nach der Imprägnierung sorgfältig gewässert; bei der Messung ergab sich die Halbwertszeit von Rn. Vgl. mit den Verhältnissen bei *Th* u. Hinweis auf die Verunreinigung von Kernemulsionen mit Th. (J. Physique Radium **14.** 28S—29S. Okt. 1953. Paris, Coll. de France, Labor. de Chim. nucl.) EICHHOFF. 103

J. O. Newton und **B. Rose,** *γ-Strahlung aus dem Zerfall von ^{228}Th.* Die Energien u. relativen Intensitäten der auf den α-Zerfall von ^{228}Th folgenden γ-Strahlen werden mittels Proportionalzähler untersucht. Beobachtet werden γ-Linien bei $84{,}4 \pm 0{,}2$, $132{,}3 \pm 1{,}3$, 167 ± 2 u. 214 ± 3 keV. Der Multipolcharakter einiger der γ-Übergänge wird diskutiert; zwei mögliche Zerfallsschemata werden aufgestellt. Für das Folgeprod. ^{224}*Ra* ergeben sich die Niveauanordnungen 383 bzw. 252 keV (4+ ?), 217 keV (1— oder 2+), 84,6 keV (2+) u. Grundzustand (0+). Die relativen Intensitäten der γ-Strahlen von ^{228}Th verhalten sich wie $1:0{,}105 \pm 0{,}01:0{,}058 \pm 0{,}012:0{,}18 \pm 0{,}05$. Die chem. Abtrennung der verwendeten ^{228}Th-Präpp. wird beschrieben. (Philos. Mag. [7] **45.** 58—62. Jan. 1954. Harwell, Berks., A. E. R. E.) WEIGEL. 103

F. Rasetti und **E. C. Booth,** *γ-Spektrum von Ionium.* (Sitzungsbericht.) Mit einem NaJ(Tl)-Scintillationsspektrometer wurde die γ-Strahlung von ^{230}*Th*(Io) untersucht. Die Aktivität der Strahlenquellen betrug mehrere μC. Das γ-Spektr. besteht aus 3 Linien mit 70 ± 2, 145 ± 3 u. 235 ± 5 keV, die Intensitäten betragen 10^{-2}, $2 \cdot 10^{-3}$ bzw. ca. 10^{-4} pro Zerfall. Diese Werte werden mit Absorptionsmessungen u. Niveaubestimmungen anderer Autoren verglichen. (Physic. Rev. [2] **90.** 388. 15/4. 1953. Johns Hopkins Univ.) GERHARD SCHMIDT. 103

W. C. Dickinson und **J. E. Brolley jr.,** *Winkelverteilung der Spaltprodukte aus neutroneninduzierter Spaltung.* (Sitzungsbericht) Die Verteilung der Spaltprodd. bei der Spaltung von ^{233}*U* u. ^{235}U durch therm. u. 14 MeV-Neutronen wurde mit einer Parallelplattenionisationskammer im Winkelbereich von 0—90° zum einfallenden Neutronenbündel aufgenommen. Für 14 MeV-Neutronen ist das 0°/90°-Verhältnis (Schwerpunktssyst.) der Spaltproduktintensitäten 1,32 ±0,11 für ^{233}U u. 1,27 ±0,17 für ^{235}U. Dieses Verhältnis nimmt bei Zählung nur der leichten Spaltprodd. den Wert 1,41 ±0,10 bzw. 1,41 ±0,14 an. Für therm. Neutronen wurde keine Anisotropie beobachtet. (Physic. Rev. [2] **90.** 388. 15/4. 1953. Los Alamos Sci. Labor.) Gerhard Schmidt. 103

Harold G. Richter und **Charles D. Coryell,** *Spaltung von Uran mit 16 MeV-Röntgenstrahlen.* (Sitzungsbericht.) Vff. untersuchen die Abhängigkeit der Spaltungsausbeute von der Massenzahl bei der Spaltung von ^{238}U durch Röntgenstrahlen mit 16 MeV maximaler Energie aus einem Linearbeschleuniger. Folgende Spaltprodd. wurden untersucht: ^{83,84}*Br,* ^{89,91,92}*Sr,* ^{93}*Y,* ^{97}*Zr,* ^{99}*Mo,* ^{105}*Ru,* ^{109,112}*Pd,* ^{113,115}*Ag,* ^{117}*Cd,* ^{132}*Te,* ^{131,133}*J,* ^{139,140}*Ba* u. ^{143}*Ce.* Die Spaltausbeuten wurden relativ zu 6,0% für 85 Min.-^{139}Ba auf ±10% genau bestimmt. Die Massenausbeutekurve steigt von ca. 0,3% bei der M. 83 auf das erste Maximum von 6,2% bei der M. 97 an. Das Minimum von 0,05% liegt bei der M. 117 u. das zweite Maximum von 6,2% bei der M. 138. Oberhalb einer stetigen Kurve wurden Spaltausbeuten für 77 Std.-^{132}Te (5,8%) u. 22,4 Std.-^{133}J (7,1%) beobachtet. (Physic. Rev. [2] **90.** 389. 15/4. 1953. M. I. T.) Gerhard Schmidt. 103

J. D. Knight, M. E. Bunger, B. Warren und **J. W. Starner,** *Die Strahlungen von* ^{240}*U und* ^{240}*Np.* Mit Magnetlinsen- u. Scintillationsspektrometer untersuchen Vff. die β- u. γ-Strahlungen von ^{240}U u. ^{240}Np. Hierbei zeigt sich, daß ^{240}U (14,1 ±0,2 Std.) eine einzelne β-Gruppe mit maximaler Energie von 0,36 MeV emittiert. γ-Strahlen wurden nicht beobachtet. ^{240}Np (7,3 ±0,3 Min.) emittiert 4 β-Gruppen mit maximalen Energien von 2,156, 1,59, 1,26 u. 0,76 MeV u. relativen Intensitäten von 52, 31, 11 bzw. 5,4%. Die beobachteten γ-Strahlen besitzen Energien von 1,40, 0,90 u. 0,56 MeV. Diese Daten lassen sich in ein einfaches Zerfallsschema einordnen. Unter Berücksichtigung der totalen Zerfallsenergien dieser Isotope sowie der α- u. β-Übergangsenergien u. Photoneutronenschwellenwerte der einzelnen Kerne errechnet sich die Bindungsenergie des letzten Neutrons in ^{240}U zu 5,92 ±0,15 MeV u. die des letzten Neutrons in ^{240}Np zu 4,98 ±0,15 MeV. (Physic. Rev. [2] **91.** 889—93. 15/8. 1953. Los Alamos, N. Mex., Univ. of California, Los Alamos Sci. Labor.) Gerhard Schmidt. 103

David L. Douglas, *Radioaktive Tracer zur Einlagerung in Spezialstahlschmelzen.* Zusammenfassende Darst. der Vorteile der Tracermeth. bei Stahlschmelzen krit. Zus., wie sie z. B. für den Reaktorbau verwendet werden. Als Tracerelement eignet sich am besten ^{182}Ta wegen seiner Kerncharakteristika (110 Tage, 0,53 MeV-β, 1,1-, 1,2 MeV- u. andere γ). Die Experimente zeigen, daß Stähle, die ^{182}Ta in der Größenordnung von $1 \cdot 10^{-9}$ Curie/g enthalten, mit gewöhnlichen Zählanordnungen identifiziert werden können. (Nucleonics **12.** Nr. 1. 16—18. Jan. 1954. Schenectady, N. Y., Knolls Atomic Power Labor., Chem. and Chem. Engng. Sect.) Gerhard Schmidt. 106

Christopher Hinton, *Kernreaktoren und Energieerzeugung.* 3. Mitt. (2. vgl. C. **1954.** 7115.) Zusammenfassende Übersicht über die verschied. Typen von Reaktoren zur Energieerzeugung u. Ausblick auf die weitere Entw. der Atomenergie für zivile u. industrielle Verwendung. (Atomics **5.** 174—80. Juni 1954. Risley.) Gerhard Schmidt. 110

S. Untermyer, *Pläne für den neuen Argonne-Forschungsreaktor, CP-5.* Wiedergabe der Aufbauskizze des im Bau befindlichen Reaktors für Forschungszwecke, der angereichertes ^{235}*U* u. Schweres W. verwendet. Weitere Daten: Leistung 1000 kW, Neutronenfluß $5 \cdot 10^{12}$/cm^2/Sekunde. (Nucleonics **12.** Nr. 1. 13—15. Jan. 1954. Lemont, Ill., Argonne Nat. Labor.) Gerhard Schmidt. 110

A. Lundby und **N. Holt,** *Kinetisches Verhalten eines thermischen Schweres-Wasser-Reaktors.* Vff. beschreiben ein Schnellnachweisverf. zur Unters. der Leistungsschwankungen bei plötzlicher Reaktivitätsänderung des Jeep-Reaktors. Der Vgl. mit der Theorie liefert einen Wert für die mittlere Lebensdauer der Neutronen im Reaktor von $2 \cdot 10^{-3}$ Sekunden. (Nucleonics **12.** Nr. 1. 22—25. Jan. 1954. Kjeller, Joint Establ. for Nucl. Energy Res.) Gerhard Schmidt. 110

O. R. Frisch und **D. J. Littler,** *Meilermodulation und statistische Schwankungen in Meilern.* Vff. geben eine Theorie der statist. Schwankung der Zahl der Neutronen in einem Meiler. Die Ergebnisse der Berechnungen werden zur Angabe der Genauigkeit der Messung der Neutronenabsorptionsquerschnitte bei einem Meileroscillator (Gleep) benutzt. (Philos. Mag. [7] **45.** 126—40. Febr. 1954. Harwell, A. E. R. E.) Gerhard Schmidt. 110

—, *Atomwaffen.* Kurze Einführung. (Nature [London] **173.** 477—78. 13/3. 1954.) Gerhard Schmidt. 110

G. P. Rundle, J. Ellis, T. C. Griffith und **H. S. Tomlinson,** *Die Konstruktion und Arbeitsweise eines doppeltfokussierenden β-Spektrometers.* Die beiden Spulen mit einer maximalen Leistung von 3,5 kW können in 5 Freiheitsgraden sehr genau justiert werden. Durch photograph. Aufnahme von Kathodenstrahlen wurden die Elektronenbahnen im Innern des Gerätes ermittelt. Die Abhängigkeit der sphär. Aberration vom Abstand der Spulen voneinander u. die große Empfindlichkeit der Spulenausrichtung wurden untersucht. Das gemessene magnet. Feld der Spulen steht im Einklang mit dem nach der Formel von DEUTSCH berechneten. Bei einem Eingangswinkel zwischen 7 u. 10° ist die Sammelkraft 0,39%. Durch Verwendung einer ringförmigen Ausgangsöffnung wird das Verhältnis von Höhe zu Ausbreitung einer Linie um 128% vergrößert. (Proc. physic. Soc., Sect. B **67.** 52—64. 1/1. 1954. London, Univ. Coll., Dep. of Phys.) H. HAUSWALD. 112

Raymond Chastel, *Untersuchung von Photozerfällen mit photographischen Emulsionen. Experimentelle Anordnungen und einleitende Messungen.* 1. Mitt. Beschreibung der Beschleunigungsanlage (OLIPHANT-Typ) u. der experimentellen Anordnungen zur Bestrahlung photograph. Emulsionen u. Unters. der γ-Strahlungsquelle, welche aus einem Target mit Li-Aufdampfschicht besteht, das mit Protonen beschossen wird. Die Ausbeute der Quelle in Abhängigkeit von der Protonenenergie wird durch Photoaktivierung von ^{63}Cu u. mit einer Ionisationskammer gemessen. Best. des Energiespektr. der γ-Strahlung u. der Winkelverteilung ihrer Intensität. Messung des Einfl. parasitärer Neutronen u. Festlegung der Bedingungen für die Bestrahlung, Entw. u. mkr. Auswertung der Kernemulsionen. (J. Physique Radium **14.** 707—16. Dez. 1953. Paris, Coll. de France, Labor. de Chim. nucl.) EICHHOFF. 112

Marcel Frilley, *Eine Anordnung zur Registrierung der von radioaktiven Elementen emittierten Teilchen: Kinenucleograph.* (Vgl. LAPORTE, C. R. hebd. Séances Acad. Sci. **237.** [1953.] 889.) Vf. konstruiert eine Vorr., auf einer Photoplatte die Bahnspuren ionisierender Teilchen zu registrieren, die von einer schnell an der Platte vorbeibewegten Quelle emittiert werden. Die Quelle ist auf der Oberseite einer sich drehenden Scheibe angebracht (bis zu 5000 Umdrehungen/Min.). Der Abstand von Drehscheibe u. Platte beträgt 0,05 mm. Dieser geringe Abstand ist notwendig, damit die Ausgangspunkte der Bahnen genau festgelegt werden können. Die App. eignet sich für Messungen von Aktivitäten oder kleiner Halbwertszeiten. (C. R. hebd. Séances Acad. Sci. **237.** 1326—27. 23/11. 1953.) VOITLÄNDER. 112

Raymond L. Murray, Introduction to nuclear engineering. New York: Prentice-Hall. 1954. (431 S. m. Abb., Diagr.) $ 9,35.

A₂. Optisches Verhalten der Materie.

W. I. Krassowski, *Untersuchung der Ultrarotstrahlung des Nachthimmels.* Übersetzung der C. **1952.** 7928 referierten Arbeit. (Fortschr. Physik **1.** 219—38. 1953.) KLEVER. 113

S. F. Boys, *Elektronische Wellenfunktionen.* 6. Mitt. *Einige Theoreme zur Erleichterung der Berechnung der Schrödinger-Integrale von vektorgekoppelten Funktionen.* (5. vgl. Proc. Roy. Soc. [London], Ser. A **207.** [1951.] 197.) Theoret. Betrachtungen zur Anwendung auf konvergente Variationsberechnungen von Atomwellenfunktionen. (Philos. Trans. Roy. Soc. London, Ser. A **245.** 95—115. 12/8. 1952. Cambridge, England, Univ., Theoret. Chem. Dep.) HEINSOHN. 114

M. J. M. Bernal und **S. F. Boys,** *Elektronische Wellenfunktionen.* 7. Mitt. *Methoden zur Bestimmung der fundamentalen Koeffizienten für die Expansion von vektorgekoppelten Schrödinger-Integralen und einige Werte für diese.* (6. vgl. vorst. Ref.) Theoret. Betrachtungen. (Philos. Trans. Roy. Soc. London, Ser. A. **245.** 116—38. 12/8. 1952.) HEINSOHN. 114

M. J. M. Bernal und **S. F. Boys,** *Elektronische Wellenfunktionen.* 8. Mitt. *Eine Berechnung der Grundzustände von Na^+, Ne u. F^-.* (7. vgl. vorst. Ref.) Die Wellenfunktionen u. die Energien der Grundzustände von Na^+, Ne u. F^- wurden durch Anwendung der Variationsmeth. auf Linearkombinationen von SLATER-Determinanten berechnet. Die resultierenden Wellenfunktionen sind wahrscheinlich genauer als die bisher für diese Ionen berechneten. (Philos. Trans. Roy. Soc. London, Ser. A **245.** 139—54. 12/8. 1952.) HEINSOHN. 114

Gordon F. Newell, *Schwingungsspektrum eines einfachen kubischen Gitters.* (Sitzungsbericht.) Es wurden analyt. Ausdrücke für die Frequenzverteilungsfunktion g(f) eines einfachen kub. einatomigen Gitters abgeleitet, u. zwar nur unter Berücksichtigung von Wechselwirkungen zwischen nächsten u. übernächsten Nachbarn, wobei angenommen wird, daß die letzteren schwach sind im Vgl. mit den ersten. Das Verf. beruht darauf, die Wechselwirkungen übernächster Nachbarn als eine Störung anzusehen; die Ergebnisse stimmen auf die erste Potenz eines Parameters τ, welcher im wesentlichen ein Maß der Stärke der Kräfte übernächster Nachbarn im Vgl. zu den Kräften der nächsten Nachbarn ist. Das Problem der Wechselwirkungen nächster Nachbarn entartet nur in das Äquivalent von 3 eindimensionalen Problemen, für die g(f) für f = 0 nicht Null ist u. einen unendlichen Wert bei der maximalen Frequenz hat. Wenn man jedoch auch nur eine geringe Wechselwrkg. zwischen übernächsten Nachbarn mitberücksichtigt, dann ändert sich das Verh. von g(f) nahe beiden Enden des Spektr. beträchtlich u. verschwindet an beiden Enden. Zwischen diesen Punkten ist g(f) kontinuierlich, hat aber 4 analyt. Singularitäten mit vertikalen Tangenten. (Physic. Rev. [2] **91.** 227—28. 1/7. 1953. Univ. of Maryland.) GOTTFRIED. 114

Lennart Huldt und **Albin Lagerqvist,** *Übergangswahrscheinlichkeiten für Linien von Cr I und Mn I.* (Vgl. C. **1953.** 2873.) Im Gebiet von λ = 4290—3579 Å wurden die Linienspektren von Cr u. Mn spektrograph. aufgenommen u. durch Vgl. mit einer kalibrierten W-Bandlampe die absol. Intensitäten der Linien des Cr 4290, 4275, 4254, 3605, 3593 u. 3579 Å u. des Mn-Multipletts 4034, 4033 u. 4031 Å ermittelt. Mit Hilfe einer hier abgeleiteten Formel werden die Übergangswahrscheinlichkeiten u. die absol. f-Werte aus den Linienintensitäten berechnet u. mit Werten früherer Autoren verglichen. (Ark. Fysik **5.** Nr. 6. 91—95. 1952. Stockholm, Univ., Phys. Dep.) HEINSOHN. 118

Winrich v. Siemens, *Hyperfeinstrukturen im Iridium I-Spektrum und die Kernmomente der stabilen Iridiumisotope.* In einer mit Ir-Blech ausgekleideten, durch fl. Luft gekühlten SCHÜLER-Hohlkathode wurde das Ir-Spektr. angeregt u. von λ = 3900 bis 6300 Å mittels eines FABRY-PEROT-Interferometers auf Hyperfeinstruktur untersucht. Die Anordnung gestattet die Trennung gleich starker Komponenten im Abstand von ~$40 \cdot 10^{-3}$ cm^{-1} im ganzen Spektralgebiet. 40 Linien sind am Komparator vermessen, u. bei 33 Linien ist die Intensitätsverteilung photometr. registriert worden. Aus den Linienstrukturen wird sowohl für ^{193}Ir als auch für ^{191}Ir I = 3/2 bestimmt. Das Verhältnis der magnet. Momente u. der Quadrupolmomente der Kerne beider Isotope beträgt $\mu_{193}/\mu_{191} = 1{,}0 \pm 0{,}1$; $Q_{193}/Q_{191} = 1{,}0 \pm 0{,}3$. Aus den Aufspaltungsfaktoren geeigneter Terme wird $\mu_{193} = +(0{,}2 \pm 0{,}1)$ Kernmagnetonen u. $Q_{193} = +(1{,}5 \pm 1) \cdot 10^{-24}$ cm^2 abgeschätzt. Aus der Isotopieverschiebung des Ir I-Spektr. wird die Elektronenkonfiguration einiger Terme neu bestimmt u. die Isotopieverschiebungskonstante $\beta C_{exp} = (130 \pm 30)\ 10^{-3}$ cm^{-1} angegeben. (Ann. Physik [6] **13.** 136—57. 1953. Göttingen, Univ., Physik. Inst.) NELKOWSKI. 118

Winrich v. Siemens, *Das Quadrupolmoment des Goldkerns ^{197}Au.* (Vgl. vorst. Ref.) In gleicher Weise wie l. c. wurde das Au-Spektr. angeregt u. die Hyperfeinstruktur der Linien λ = 5065, 5837 u. 6278 Å mit einem FABRY-PEROT-Interferometer untersucht. Die Aufspaltungsfaktoren des Terms $5d^9\,6s^2\ ^2D_{5/2}$ wurden bestimmt u. das Kernquadrupolmoment $Q = +(0{,}56 \pm 0{,}1) \cdot 10^{-24}$ cm^2 errechnet. Das magnet. Kernmoment ergibt sich zu $\mu_I = 0{,}14 \pm 0{,}02)$ Kernmagnetonen. (Ann. Physik [6] **13.** 158—64. 1953.) NELKOWSKI. 118

Günter Schwuttke, *Bestimmung der Konzentration und des Absorptionskoeffizienten von Adsorbaten durch Reflexionsmessungen.* Hinweis auf die KUBELKA-MUNK-Funktion $A = (R - 1)^2/2R$ (R = reflektierte Intensität), welche sich auch aus einer Ableitung für die reflektierte Intensität pulverförmiger Proben unter Berücksichtigung der Lichtstreuung ergibt. A ist der Konz. eines absorbierenden Stoffes proportional u. gibt bis auf eine konstante Parallelverschiebung den Verlauf des Extinktionskoeff. (ε) wieder. Messung der Reflexionsspektren von an *Stärke* adsorbiertem *Flavazin* u. *Flaviansäure* im Bereich von 3000—5000 Å u. Vgl. der Remissionsfunktion log I_0/I, des log ε u. von A als Funktion der Wellenlänge für verschied. Konzz. sowie Prüfung der Konzentrationsabhängigkeit von A für verschied. Wellenlängen. Diskussion der Anwendung der Meth. für quantitative Analyse von Chromatogrammen. (Z. angew. Physik **5.** 303—06. Aug. 1953. München, Univ., Inst. für Elektromed. u. Elektronentechnik.) EICHHOFF. 119

Florin Abelès, *Über eine neue Methode, die es gestattet, den Index und die Dicke einer dünnen durchsichtigen Schicht zu bestimmen.* Die vom Vf. früher (vgl. C. **1954.** 2110. 2959) beschriebene Meth. zur Messung des Brechungsindex u. der Dicke dünner durchsichtiger Schichten wurde auf die Messung der beiden Größen von dünnen Schichten von TiO_2 angewandt. Es wird gezeigt, daß in dem vorliegenden Fall der Brechungsindex auf besser als ca. 1,5% u. die Dicke mit einem Fehler von 0,4% bestimmt werden kann. (C. R. hebd. Séances Acad. Sci. **237.** 883—84. 19/10. 1953.) GOTTFRIED. 119

E. Jäger und **H. Huttenlocher,** *Zur Optik und Morphologie von synthetischem Rubin.* Vff. entwickeln eine einfache Meth. zur opt. Orientierung synthet. Rubinbirnen. Es wird dabei ein BEREK-Kompensator angewandt, der allerdings bei Dunkelstellung der Birne benutzt wird. Damit kann der Pleochroismus für α u. γ auch bei großer Kristalldicke u. gefärbten Kristallen festgestellt werden. Daneben ist es auch mit Hilfe der Kristallmorphologie möglich, dunkle Rubinbirnen zu orientieren, da sich an der Oberfläche feinste Subformen erkennen lassen. Die opt. Orientierung ist genauer, die morpholog. sollte deshalb nur zur Unterstützung herangezogen werden. (Neues Jb. Mineralog., Mh. **1953.** 265—72. Jan. 1954. Bern.) HILLER. 119

Horace F. White, George R. Cowan, David Rotenberg und **Bryce Crawford jr.,** *Notiz über die Infrarotabsorption der Flamme eines einfachen doppelt-basischen Pulvers.* In der Flamme eines einfachen doppelt-bas. Pulvers beobachten Vff. mit einem schnell registrierenden Infrarotspektrometer 8—9 Banden, von denen aber bisher nur 3 genügend genau gemessen werden konnten. Eine wird der CO-Bande bei 4,3 μ zugeordnet. (J. chem. Physics **21.** 1399. Aug. 1953. Minneapolis, Minn., Univ., School of Chem.) H.-J. BECHER. 120

A. M. Vergnoux, *Infrarote Untersuchungen der OH-Banden von Kristallen.* Vf. beschreibt eine Meth., die es gestattet, durch einen Vgl. der Meßergebnisse der Doppelbrechung eines Kristalls im nahen Infrarot mit Absorptionsmessungen in polarisiertem Licht in dem gleichen Spektralgebiet die Orientierung der OH-Gruppen in dem Kristall zu bestimmen. Entsprechende Messungen wurden an einem 300 μ dicken *Muskovit*-Plättchen durchgeführt. Ein Vgl. der den OH-Gruppen des Kristalls zugeordneten Absorptionsbanden mit denen eines „freien" OH-Oscillators, wie er z. B. in den prim. Alkoholen vorliegt, ergab, daß in erster Annäherung der OH-Oscillator im *Glimmer* die „freie" OH-Frequenz besitzt. Andere, starke Banden zeigen einen ausgesprochenen Dichroismus. Die allg. Absorption nach n_γ ist bedeutend stärker als nach n_β. Wendet man die Meßergebnisse auf die bekannte Struktur des Glimmers an, dann ergibt sich, daß die bin. Achse des Kristalls parallel n_γ liegt. Nimmt man an, daß ein Al an 2 OH-Gruppen von 2 verschied. Schichten gebunden ist, dann ergibt sich, daß die Richtung n_β der Spaltebene (0 0 1), welche die niedrigste Absorption zeigt, parallel zu der Projektion einer der Al—OH-Richtungen verläuft; die andere, parallel zu der bin. Achse, gibt im Gegensatz hierzu eine sehr viel größere Absorption. Projiziert man OH auf die ab-Ebene, dann bildet die Spur einen Winkel von ca. 30° mit der bin. Achse. (J. Chim. physique Physico-Chim. biol. **50.** C75—C76. Sept. 1953. Montpellier, Fac. des Sci.) GOTTFRIED. 120

R. Mecke, *Nachweis von (OH) in Kristallen durch Infrarotspektroskopie.* Vf. beobachtete an einer großen Anzahl von kristallinen Proben, die über die geschmolzenen Salze erhalten worden waren, das Auftreten einer Absorptionsbande wechselnder Intensität bei 2,78 μ, die der Ggw. von OH-Radikalen in dem Kristall zugeschrieben wird. Beobachtet wurde diese Bande bes. in LiF, CaF_2, Al_2O_3 (Saphir) sowie in Proben von geschmolzenem SiO_2. Der Einfl. der Natur des Kations in dem Kristallgitter äußert sich in kleinen Verschiebungen der Frequenz der Bande. (J. Chim. physique Physico-Chim. biol. **50.** C 77—C78. Sept. 1953. Freiburg/Br., Univ.) GOTTFRIED. 120

R. C. Lord und **E. Nielsen,** *Die Schwingungsspektren von Diboran und einigen seiner isotopen Derivate.* Die ultraroten Spektren (von 250—3800 cm^{-1}) von B_2H_6 (I), $^{10}B_2H_6$, B_2D_6 (II) u. $^{10}B_2D_6$ (III) werden angegeben, ferner die RAMAN-Spektren von I, II u. III. Es wird eine Zuordnung der Banden zu den Molekülschwingungen gegeben u. diskutiert, die von früheren Arbeiten teilweise abweicht. Ebenso wie andere Autoren kommen Vff. zu dem Schluß, daß das nichtebene Brückenmolekülmodell mit D_{2h}-Symmetrie am wahrscheinlichsten ist, obwohl die C_{2h}-Form nicht ganz ausgeschlossen werden kann. (J. chem. Physics **19.** 1—10. Jan. 1951. Cambridge, Mass., Inst. of Technol., Spectroscopy Labor. u. Dep. of Chem.) A. REUTER. 120

W. Heitler, The quantum theory of radiation. 3rd edn. London: Clarendon Pr. 1954. (444 S., Diagr.) 45 s.

A₃. Elektrizität. Magnetismus. Elektrochemie.

H. E. J. Neugebauer, *Clausius-Mosotti-Gleichung für gewisse Typen anisotroper Kristalle.* Vf. leitet die CLAUSIUS-MOSOTTIsche Gleichung für Kristalle ab, die aus anisotropen Bausteinen aufgebaut sind, wobei alle Teilchen vom gleichen Typ sein u. die Hauptachsen der Tensoren ihrer Polarisierbarkeit einander parallel stehen sollen. Die erhaltenen Beziehungen sind von Bedeutung für künstliche Dielektrika, die als Linsenmaterial für Mikrowellenfrequenzen benutzt werden, u. stehen in Übereinstimmung mit experimentellen Ergebnissen. (Canad. J. Physics **32.** 1—8. Jan. 1954. Montreal, Can., McGill Univ., Eaton Electronics Res. Labor.) R. STEIN. 132

W. A. Cumming, *Die dielektrischen Eigenschaften von Eis und Schnee bei 3,2 cm.* Vf. berichtet über Messungen der DK. u. des Verlustwinkels von Eis u. Schnee sowie über die Best. der Reflexionskoeffizienten schneebedeckter Flächen bei einer Wellenlänge von 3,2 cm. Es werden DK.-Werte u. Verlustwinkel für Schnee verschied. D., Temp. u. Wassergeh. angegeben. Aus diesen Daten berechnete theoret. Werte für die Reflexionskoeffizienten schneebedeckter Flächen werden mit den durch direkte Messung natürlicher Schneeflächen erhaltenen Werten verglichen. Die Anwendung der Ergebnisse in der Radartechnik wird diskutiert. (J. appl. Physics **23.** 768—73. Juli 1952. Ottawa, Can., Nat. Res. Council.) R. STEIN. 132

N. W. Alexandrow, *Untersuchung der elektrischen Eigenschaften von stark absorbierenden Dielektrika in Zentimeterwellenbereichen nach der Methode der „unendlichen Schicht".* Die Meth. zur Best. von ε' u. tg δ stark absorbierender Medien beruht auf der Grundlage einer Messung von $\varepsilon = (n - j\varkappa)^2$ (DRUDE) u. der Theorie eines von drei Schichten erfüllten, für $z > 0$ unendlich langen zylindr., nicht absorbierenden Wellenleiters. Wird für die mittlere Schicht ein Grenzübergang $z = d \rightarrow 0$ vorgenommen, so ergeben sich den Ergebnissen von MALOW (Журнал Экспериментальной и Теоретической Физики [J. exp. theoret. Physik] **16.** [1946.] 425 u. 607) entsprechende Formeln. Für *Kiefernholz* (*trocken*) findet Vf. bei λ_0 11,41 (cm) ε' 2,26; tg δ 0,11; *Anilin* bei λ_0 11,3 7,45; 0,373; *A.* (jeweils bei 11,2) 96%: 8,07; 1,928; 82%: 14,2; 1,02; 71%: 15,7; 0,668. (Журнал Технической Физики [J. techn. Physik] **21.** 647—51. Juni 1951. Moskau, Lehrstuhl für allg. Physik des Pädagog. Lenin-Inst.) AMBERGER. 132

I. P. Schapiro, *Über die Thermokraft von Selen.* Die Thermodynamik α (mV/°) der untersuchten zylindr. Proben von krist. *Selen* nimmt von (ca.) 0,38 bei 20° auf 0,45 bei 60° u. 0,78 bei 92° zu. Einw. von Hg-Dampf führt zu einer Verringerung von α. Nach 80 Min. in einer Hg-Atmosphäre von 50° verschwindet α u. wechselt bei noch längerem Verweilen sein Vorzeichen: Das p-leitende Se wird n-leitend. Betragsmäßig bleibt jedoch α dann sehr klein. (Журнал Технической Физики [J. techn. Physik] **21.** 717—19. Juni 1951. Minsk, Lenin-Univ., Lehrstuhl für Experimentalphysik.) AMBERGER. 133

Werner Kluge, *Über die Steuerbarkeit selbständiger Entladungsströme durch Kathodenbestrahlung.* An Hand von Literaturdaten u. eigenen Verss. wird gezeigt, daß der Strom in gasgefüllten Photozellen auch nach dem Einsetzen der selbständigen Glimmentladung durch Lichteinw. steuerbar ist, wenn genügend stabile Kathodenoberflächen verwendet werden. (Z. angew. Physik **5.** 173—77. Mai 1953. Stuttgart, TH, Elektrotechn. Inst.) FUCHS. 134

F. Stöckmann, *Über Valenzhalbleiter.* (Vgl. C. **1954.** 2114.) Zusammenfassender Bericht. — Beispiel: Reines NiO ist ein guter Isolator, wird aber durch einen Sauerstoffüberschuß zu einem Defekthalbleiter. Allg. gilt: Befinden sich in einem Kristallgitter verschiedenwertige Ionen des gleichen Metalls an energet. gleichwertigen (oder nahezu gleichwertigen) Gitterplätzen, so ist eine Elektrizitätsleitung möglich. Zahlreiche Systeme werden diskutiert. (Naturwissenschaften **38.** 151—54. April 1951. Göttingen, I. Physikal. Inst.) FUCHS. 135

I. I. Adrianowa und **I. L. Ssokolskaja,** *Über die Gleichrichtereigenschaften von Bleisulfid.* Unterhalb 1—1,5 V zeigen die untersuchten n-leitenden *Galenit* (PbS)-Proben (gegenüber W-Spitzen) die n. Gleichrichterwirkung. Spannungserhöhung oder Evakuieren (mit Öldampfstrahlpumpen) führt reversibel zu einer Umkehr der Gleichrichterwirkung. Das von GEISMAN (Physik Z. **36.** [1935.] 132) gefundene Verschwinden der Detektorwrkg. bei Verdampfen der adsorbierten Schicht (bes. *W.*) bestätigen Vff. nicht; sie finden im Vakuum bzw. bei Temperaturerhöhung über 100° nur eine Verringerung des Kontaktwiderstandes u. — unter Vorzeichenwechsel — der Gleichrichterwirkung. (Журнал Технической Физики [J. techn. Physik.] **21.** 713—14. Juni 1951. Leningrad, Univ., Physikal. Inst.) AMBERGER. 135

Reiner Thedieck, *Über die Formierung von Germaniumoberflächen.* Die Unters. der Verbesserung der Gleichrichterwrkg. von *Ge*-Spitzenkontakten durch eine Formierung ergibt: Die Formierwrkg. erstreckt sich merklich über den Rand des Formierungskraters; durch Aneinanderreihen mehrerer Formierpunkte werden zusammenhängende formierte Bereiche erhalten, deren Sperrspannung unabhängig von der Lage, der Form u. dem Material des Metallkontaktes ist. Der p-leitende Charakter des formierten Ge ergibt sich aus der I–V-Kennlinie zweier auf einen solchen Bereich aufgebrachter Elektroden. Deutung: Durch die starke lokale Erhitzung bei der Formierung werden therm. Gitterfehlstellen gebildet, dadurch lokale Umwandlung von überschußleitendem in defektleitendes Ge. Der p–n-Übergang ist der Sitz der Gleichrichterwirkung. (Z. angew. Physik **5.** 163—65. Mai 1953. Belecke, AEG-Labor.) FUCHS. 135

Reiner Thedieck, *Beitrag zur Kenntnis des Mechanismus von Punktkontakttransistoren.* In Fortführung der im vorst. Ref. genannten Verss. wurde die Tiefenausdehnung des umgewandelten Bereiches vor der Spitze eines formierten *Ge*-Spitzenkontaktes unter Verwendung eines chem. Ätzverf. (Verwendung einer wss. Lsg. von HF, HNO_3 u. $Cu(NO_3)_2$] zu ca. 14 μ bestimmt. Die Dicke der eigentlichen Sperrschichtzone beträgt <2 μ. Auf Grund dieser Erkenntnisse konnte eine spezielle Ausführungsform eines Punktkontakttransistors hergestellt werden (Herst. von 2 ca. 0,1 mm voneinander entfernten u. durch einen schmalen überschußleitenden Steg getrennten defektleitenden Bereichen durch Wegätzen der prim. Überlappung beider Bereiche). Das I–V-Kennlinienbild eines solchen Doppelpunkttransistors stimmt weitgehend mi dem eines Flächentransistors überein. (Z. angew. Physik **5.** 165—66. Mai 1953.) FUCHS. 135

G. Dresselhaus, A. F. Kip und **C. Kittel,** *Beobachtung der Cyclotronresonanz in Germaniumkristallen.* Vff. berichten über den Nachw. der Cyclotron- oder diamagnet. Resonanz in Ge von n- u. p-Typ bei 4° K. Die Cyclotronresonanz beim 38 Ohm-n-Typ-Ge-Kristall wurde bei einem Feld (parallel zur 1 0 0-Achse) von 370 $\pm$5 Oe beobachtet, Meßfrequenz 9050 MHz. Die Relaxationszeit wurde aus der Linienbreite zu $0{,}7 \cdot 10^{-10}$ Sek. geschätzt. Die Intensität der Resonanz ist abhängig von der Hochfrequenzenergie, Einzelheiten s. Original. Beim p-Typ-Ge (ca. 10^{14} Acceptoren/cm^3) wurden bei der gleichen Frequenz zwei Resonanzen bei 125 $\pm$5 u. 970 $\pm$50 Oe (Halbwertsbreiten 50 bzw. 100 Oe) gefunden. Eine Verschiebung der Resonanzlagen mit der Richtung des angelegten Feldes wurde nicht beobachtet. Die Relaxationszeiten betrugen ca. 0,5 bzw. $2 \cdot 10^{-12}$ Sekunden. Für die effektiven Massen wurden folgende Werte gefunden: $m^*/m = 0{,}11$ (n-Typ) u. 0,04 bzw. 0,30 beim p-Typ. (Physic. Rev. [2] **92.** 827. 1/11. 1953. Berkeley, Calif., Univ. of California, Dep. of Phys.) v. HARLEM. 137

H. T. Pinnick, *Kristallitgröße und diamagnetische Susceptibilität in Kohlen.* (Sitzungsbericht.) Graphiteinkristalle haben eine anomal hohe Susceptibilität in der c-Richtung, während sie in der aromat. Ebene viel kleiner u. von derselben Größenordnung wie für alle KW-stoffe ist. Zur Unters. der Natur der Änderungen, welche auftreten, wenn kondensierte aromat. Moll. wachsen u. sich in Graphitkristalle umwandeln, wurden Kohlen mit verschied. Kristallitgrößen untersucht; zu diesem Zweck wurden eine Anzahl Kohlestäbe auf verschied. Tempp. erhitzt. Außerdem wurde eine Reihe von Rußen mit Teilchengrößen zwischen 50 u. 3000 Å auf 3000° erhitzt. Die Kristallitdimensionen wurden röntgenograph., die Susceptibilitäten bei Zimmertemp. mit der GOUYschen Waage gemessen. Trägt man die Grammsusceptibilitäten gegen den Kristallitdurchmesser d in der a-Richtung graph. auf, dann liegen die experimentellen Punkte um eine einzelne Kurve gestreut, in der beinahe die gesamte Zunahme von $\chi = -0{,}5 \cdot 10^{-6}$ bis ca. $-6 \cdot 10^{-6}$ in dem Bereich von d zwischen 50 u. 150 Å auftritt. Abweichungen von der mittleren Kurve sind wahrscheinlich durch Unterschiede in der Herkunft u. der Geschichte der einzelnen Proben bedingt. (Physic. Rev. [2] **91.** 228—29. 1/7. 1953. Univ. of Buffalo.) GOTTFRIED. 137

Norman F. Ramsey, *Schwingungs- und Zentrifugaleffekte auf Kernwechselwirkungen und Rotationsmomente in Molekülen.* Ausgehend von den früher (vgl. KOLSKY, PHIPPS, RAMSEY u. SILSBEE, C. **1953.** 4325 u. RAMSEY, C. **1953.** 4479) mitgeteilten experimentellen u. theoret. Ergebnissen behandelt Vf. eingehend theoret. den Einfl. der Nullpunktsschwingungen u. der zentrifugalen Dehnung der Moll. auf die magnet. Spin–Spin-Wechselwrkg., auf die magnet. Spin–Rotations-Wechselwrkg., auf das mol. magnet. Rotationsmoment, auf die magnet. Kernabschirmung u. auf die mol. diamagnet. Susceptibilität. Entsprechende Gleichungen u. numer. Daten werden für zweiatomige Moll., speziell für H_2 u. D_2 angegeben. Aus der gleichzeitigen Messung der magnet. Rotationsmomente von H_2 u. D_2 oder von H_2 in zwei verschied. Rotationszuständen kann die Änderung der Hochfrequenzterme der magnet. Susceptibilität mit dem Kernabstand berechnet werden. Aus der Messung der Spin–Rotations-Wechselwrkg. ergeben sich die Abhängigkeit dieser Wechselwrkg. von dem Kernabstand u. die Größe des Abschirmeffektes. Schließlich können auf dieser Basis die Korrektionen für die Spin–Spin-Wechselwrkg. berechnet u. so das D-Quadrupolmoment bestimmt werden. (Physic. Rev. [2] **87.** 1075—79. 15/9. 1952. Cambridge, Mass., Harvard Univ.) FUCHS. 137

Lauriston S. Taylor, *Ionisierung von Flüssigkeiten durch Strahlung.* Diskussion von Messungen an mit CS_2 gefüllten Ionisationskammern, welche ausgeführt wurden, um eine Meth. zur Messung der Strahlenwrkg. im Gewebe oder gewebeäquivalenten Material zu erhalten. Die Beobachtungen sprechen für eine Abänderung der JAFFE-Theorie der Ionenbldg. in relativ engen Kanälen. (J. Chim. physique Physico-Chim. biol. **48.** 168—71. März/April 1951. Washington, Nat. Bur. of Stand.)

EICHHOFF. 138

Wiktor Kemula und **Zbigniew R. Grabowski,** *Latente Grenz- und Diffusionsströme.* Wenn in einem Syst. mit 2 reduzierbaren gelösten Substanzen A u. B die Red. von A nach $A + ne \rightarrow pA^*$ (* bezeichnet Reduktionsprodd.) bei niedrigerem kathod. Potential erfolgt als die von B nach $B + me \rightarrow rB^*$, u. in der kathod. Diffusionsschicht eine sek. Rk. ($pA^* + qB \rightarrow A_p{}^*B_q$; $rB^* + sA \rightarrow A_sB_r{}^*$) erfolgt, besteht keine eindeutige Beziehung zwischen dem Grenzstrom von B u. der Konz. C_B, da C_A die Höhe der polarograph. Welle von B beeinflußt. Der latente Grenzstrom Δi ist definiert durch $\Delta i = i_B^0 - i_B$, wobei i_B durch die genannten sek. Rkk. verursacht ist. Die bzgl. dieser Rkk. stöchiometr. Diffusion von A u. B zur Kathodenoberfläche bestimmt das „äquivalente“ Konzentrationsverhältnis nach $C_A/C_B = (1/q)(D_B/D_A)^{1/2}$ bzw. $C_A/C_B = s \cdot (D_B/D_A)^{1/2}$; dabei nehmen C_A/C_B im 1. Konzentrationsbereich niedrigere, im 2. Konzentrationsbereich höhere Werte als die rechte Seite der Gleichungen an, u. die latenten Diffusionsströme hängen davon ab, ob $q \cdot m/n$ bzw. $s \cdot n/m$ größer, kleiner als oder gleich 1 ist. Die verschied. möglichen polarograph. Kurven sind schemat. gegeben. (Roczniki Chem. [Ann. Soc. chim. Polonorum] **26.** 266—80. 1952. Warszawa, Uniw., Zakł. Chem. nieorgan.) R. K. MÜLLER. 142

Wiktor Kemula und **Barbara Behr,** *Neue Methode der oscillopolarographischen Bestimmung von Reduktionspotentialen.* An der Hg-Tropfelektrode verursacht jede elektrochem. Rk. eine Stufe, wobei ihr Potential aus dem Abstand der Stufe von Spitze u. Fuß der Kurve (also im Vgl. mit der anod. u. kathod. Rk. des Grundelektrolyts) ermittelt wird. Da die Grundpotentiale nicht immer bekannt sind, z. B. bei angesäuerten Nitrat- oder Sulfatlsgg., wird empfohlen, als feststehendes Potential das der gesätt. Hg_2Cl_2-Elektrode zu verwenden, was dadurch erreicht wird, daß die mit der Tropfkathode verbundene oscillograph. Platte mit einer Frequenz von 100 $Sek.^{-1}$ auf die Hg_2Cl_2-Elektrode umgeschaltet, die andere oscillograph. Platte ständig mit dieser verbunden wird. Aufnahmen an mol. $CdCl_2$-Lsg. im Vgl. mit 0,01 mol. Lsg. in mol. KCl-Lsg. zeigen im letzteren Falle weniger positives Oxydationspotential, vermutlich infolge Bldg. von Komplexionen $CdCl_4{}^{2-}$. (Roczniki Chem. [Ann. Soc. chim. Polonorum] **26.** 259—65. 1 Tafel. 1952. Warszawa, Uniw., Zakł. Chem. nieorgan.)

R. K. MÜLLER. 142

J. West Loveland und **Philip J. Elving,** *Anwendung des Kathodenstrahloscilloskops auf polarographische Phänomene.* 1. Mitt. *Differentialkapazität der elektrischen Doppelschicht.* Mit einem dem Gerät von SEVCIK ähnlichen Kathodenstrahloscilloskop, dessen Aufbau ausführlich beschrieben wird, werden i–π-Oscillogramme unter linearem Potentialverlauf $d\pi/dt = K$ registriert u. die Differentialkapazität $C = dQ/d\pi$ aus der Gleichung $C = 1/K \cdot dQ/dt$ ermittelt, worin bedeuten Q Oberflächenladungsdichte der Doppelschicht, $dQ/dt = KC = i_c$ Kapazitätsstrom. Die bei drei verschied. Potentialen an der Tropfelektrode bei 25° gewonnenen C-Werte von 0,1 n-Lsgg. von *LiCl*, *KCl*, *$BaCl_2$*, *$MgCl_2$* u. *$AlCl_3$* stimmen sehr gut mit denen von GRAHAME (C. **1950.** II. 738) überein. Die Meth. ist auch auf die strömende Hg-Elektrode anwendbar u. zeigt deutlich bei filmbildenden Zusätzen, wie Octylalkohol, die Ad- bzw. Desorptionspotentiale an. (J. physic. Chem. **56.** 250—55. Febr. 1952. State College, Pa., Pennsylvania State Coll., Dep. of Chem.) BERG. 142

J. West Loveland und **Philip J. Elving,** *Anwendung des Kathodenstrahloscilloskops auf polarographische Phänomene.* 2. Mitt. *Oberflächenladungsdichte der elektrischen Doppelschicht.* (1. vgl. vorst. Ref.) Unter zusätzlicher Verwendung eines Verstärker- u. Integratorkreises wird durch Integration von $i_c = KC$ in den Grenzen t_1—t_2 die Oberflächenladungsdichte Q als Funktion von t u. damit auch (vgl. vorst. Ref.) von π im Oscilloskop sichtbar gemacht. Unter Verwendung der gleichen Substanzen wie in der vorhergehenden Unters. ergibt sich mit dieser automat. Aufzeichnung eine gute Übereinstimmung mit den Kurven aus der graph. Integration. Diese rasche Meth., welche auch auf die strömende Hg-Elektrode anwendbar ist, erlaubt die Beobachtung der Q–π-Beziehung am einzelnen Hg-Tropfen, auch unter dem Einfl. von filmbildenden Substanzen. Eine weitere Integrationsschaltung ermöglicht die Sichtbarmachung der Elektrocapillarkurve (Oberflächenspannung–π-Beziehung) auf dem Bildschirm des Oscilloskops. (J. physic. Chem. **56.** 255—58. Febr. 1952.) BERG. 142

J. West Loveland und **Philip J. Elving,** *Anwendung des Kathodenstrahloscilloskops auf polarographische Phänomene.* 3. Mitt. *Potentiale von Ad- und Desorptionskapazi-*

tätsmaxima und Oberflächenladungsdichtebeziehungen an wässerigen Salzlösung–Quecksilber-Grenzflächen, verursacht durch Alkohole. (2. vgl. vorst. Ref.) In einer umfangreichen Unters. mit Hilfe des in der 1. u. 2. Mitt. beschriebenen Kathodenstrahloscilloskops wird über i_c–π-, Q–π- u. C–π-Beziehungen in 1 mol. *KCl-*, *KBr-* u. *KJ*-Lsgg. unter Zusatz von n-C_5—C_8-Alkoholen berichtet. Danach ergeben gesätt. Lsgg. von *n-Octyl-* u. *n-Heptylalkohol* 4 Kapazitätsmaxima, was die Ausbildung eines Doppelfilmes anzeigt. *n-Hexylalkohol* erzeugt nur zwei, manchmal drei Maxima, während bei *n-Amylalkohol* nur zwei (einschichtige Filmbldg.) auftreten. Je niedriger das Mol.-Gew. des Alkohols, desto größer ist die Entfernung zwischen den Maxima bei gesätt. Lösungen. Sind die Salzlsgg. mit den Alkoholen „übersätt." (koll. Suspension), so werden nur zwei Maxima beobachtet. Über diese reversiblen Erscheinungen läßt sich allg. sagen, daß der Desorptionsprozeß mit gleicher oder größerer Geschwindigkeit verläuft als der Adsorptionsprozeß, was aus der Steilheit der entsprechenden Maxima ersichtlich ist. Berechnungen von Q aus den Potentialen der C-Maxima gesätt. Lsgg. ergeben, daß der Adsorptionsvorgang direkt von Q abhängig ist. Der Einfl. von Konzentrationsänderungen der Lösungsbestandteile auf die Form der Maxima u. damit auf die Eigg. der Filmschichten werden ausführlich beschrieben. (J. physic. Chem. **56.** 935—41. Nov. 1952.) BERG. 142

J. West Loveland und **Philip J. Elving,** *Anwendung des Kathodenstrahloscilloskops auf polarographische Phänomene.* 4. Mitt. *Maximum- und Minimumkapazitäten bei Adsorptions–Desorptions-Vorgängen an wässerigen Salzlösung–Quecksilber-Grenzflächen, verursacht durch Alkohole.* (3. vgl. vorst. Ref.) In vorliegender Mitt. werden aus den C–π-Oscillogrammen von gesätt. u. koll. Alkohollsgg. die einzelnen Maxima- u. Minimakapazitäten in Mikrofarad pro cm^3 Hg-Oberfläche in 1 n*KCl-*, *KBr-* u. *KJ*-Lsg. angegeben. Die Werte für koll. Lsgg. sind höher als für gesätt. Lösungen. In beiden Fällen sind die Kapazitätsmaxima von Ad- u. Desorptionsprozessen bei den positiveren Potentialen etwa doppelt so hoch als bei den negativeren. Im allg. sind die Desorptionsmaxima höher als die Adsorptionsmaxima gleichen Potentials, was darauf hindeutet, daß der Desorptionsprozeß jeweils rascher abläuft. Die Minimumkapazitäten im Zwischenbereich der Filmbldg. werden mit wachsendem Mol.-Gew. der Alkohole (*n-Amyl-*, *n-Hexyl-*, *n-Heptyl-* u. *n-Octylalkohol*) geringer, was sich auf ihre dielektr. Eigg. u. ihre Molekülgestalt zurückführen läßt. Vff. begründen die Ansicht, daß auch die bekannten Maxima auf den polarograph. Stufen von abnorm hohen Kapazitätsströmen herrühren, welche mit Ad- u. Desorptionsprozessen verbunden sind. (J. physic. Chem. **56.** 941—45. Nov. 1952.) BERG. 142

J. West Loveland und **Philip J. Elving,** *Anwendung des Kathodenstrahloscilloskops auf polarographische Phänomene.* 5. Mitt. *Der Einfluß der Frequenz sowie der Konzentration und Struktur von Alkoholen auf die Filmbildung an wässerigen Salzlösung–Quecksilber-Oberflächen.* (4. vgl. vorst. Ref.) Das negativste Kapazitätsmaximum einer an *n-Hexylalkohol* gesätt. 1 mol. *KCl*-Lsg. wird im Hinblick auf frequenzabhängige Effekte näher untersucht. Dabei ergibt sich, daß sich der Filmwiderstand in diesem Bereich umgekehrt mit dem Quadrat der Frequenz ändert. Die Variation des Kapazitätsmaximums mit der Geschwindigkeit der Potentialänderung gibt eine Möglichkeit, die relativen Geschwindigkeiten von Bldg. u. Abbau der Filmschichten zu bestimmen. Die untersuchten acht isomeren Amylalkohole weisen zwischen den beiden Maxima Potentialdifferenzen von 0,834—1,051 V auf, was in Abhängigkeit von der Struktur diskutiert wird. Eine auch für die höheren Alkohole gültige lineare Beziehung zwischen diesen Potentialdifferenzen u. log c wird gefunden, welche auch in der Form Δ Q = m log c + b (worin bedeuten Δ Q Differenz der Oberflächenladungsdichten bei den Potentialen der C-Maxima, m, b Konstanten für eine bestimmte oberflächenakt. organ. Substanz, c deren Konz. in der Lsg.) für analyt. Unterss. (Eichkurven wegen m u. b erforderlich) bes. verd. Lsgg. (0,01 mol.) wichtig werden kann. Auch zeitliche Konzentrationsänderungen lassen sich nach dieser neuen Meth. leicht registrieren (Reaktionsgeschwindigkeitsmessungen). Darüber hinaus deuten sich die Möglichkeiten an, aus b auf die Löslichkeit, aus m auf die Molekülgestalt rückschließen zu können. (J. physic. Chem. **56.** 945—48. Nov. 1952.) BERG. 142

A$_4$. Thermodynamik. Thermochemie.

Wojciech Świętosławski und **Tadeusz Güthner,** *Eine optische Methode zur Untersuchung des Bereichs vorkritischer Zustände einer Flüssigkeit.* 1. Mitt. Mit dem beschriebenen Gerät, einem Gefäß mit Schauloch, durch das die vor einer Milchglasscheibe angebrachte Probe beobachtet werden kann, wird an Äthylenchlorid das allmähliche Verschwinden des Meniskus bei Annäherung an den krit. Punkt mit „horn"- u. „stufen"-förmigen Übergangszuständen untersucht (150—178°). Noch in der letzten Stufe ist die Dichtedifferenz der Gas- u. der Flüssigkeitsschicht deutlich erkennbar. (Roczniki Chem. [Ann. Soc. chim. Polonorum] **26.** 196—201. Juni 1952. Warszawa, Uniw., Zakł. Chem. fiz.) R. K. MÜLLER. 148

Wojciech Świętosławski, Tadeusz Gruberski und **Stanisław Wołłosiecki,** *Beitrag zur Kenntnis des vorkritischen Bereichs einer Flüssigkeit.* 2. Mitt. (1. vgl. vorst. Ref.) Mit der beschriebenen Anordnung, bei der die Probe von rückwärts mit einem durch Kondensatorlinse u. Mattscheibe gehenden Lichtstrahlenbündel beleuchtet wird u. der photograph. App. im Winkel von unten her gehalten wird (Abb.), werden Aufnahmen an *n-Heptan* durchgeführt. Bei diesem u. anderen Substanzen wird eine schwache, 0,5° nicht übersteigende Verschiebung der beobachteten Erscheinungen nach höherer Temp. bei Ggw. von Luft im Rohr festgestellt. (Roczniki Chem. [Ann. Soc. chim. Polonorum] **26.** 202—06. Juni 1952.) R. K. MÜLLER. 148

Wojciech Świętosławski und **Halina Markowska,** *Anwendung der Mikrophotographie zur Untersuchung von Erscheinungen im vorkritischen Bereich einer Flüssigkeit.* 3. Mitt. (2. vgl. vorst. Ref.) Es werden die optimalen Bedingungen für die mikrophotometr. Aufnahme der vorkrit. Erscheinungen ermittelt. Wichtig ist u. a., daß das die Probe enthaltende Röhrchen nahe der Mattscheibe angeordnet wird. Die Mikroaufnahmen zeigen deutlich das Fortbestehen einer Dichtedifferenz oben u. unten auch nach Verschwinden des Meniskus. (Roczniki Chem. [Ann. Soc. chim. Polonorum] **26.** 207—13. Juni 1952.) R. K. MÜLLER. 148

Wojciech Świętosławski und **Stanisław Wołłosiecki,** *Über Isochoren und Isothermen des n-Heptans im nachkritischen Bereich der Flüssigkeit.* 4. Mitt. (3. vgl. vorst. Ref.) Im vor- u. nachkrit. Bereich des *n-Heptans* (I) werden Isochoren u. Isothermen mikrophotometr. aufgenommen. Bei konstantem Vol. sind die Verdunkelungsstreifen L innerhalb der Versuchsfehlergrenzen von ± 1 mm gleich breit. Bei 286° ist L annähernd proportional dem Druck. Die Unterschiede der D. zwischen unterer u. oberer Phase lassen sich bei mikrophotometr. Unters. mit einer Genauigkeit von 0,008—0,016 Dichteeinheiten messen. (Roczniki Chem. [Ann. Soc. chim. Polonorum] **26.** 214—20. Juni 1952.) R. K. MÜLLER. 148

B. B. Kudrjawzew, *Energieschwankungen in einem idealen Gase.* Vf. entwickelt eine Formel zur Ermittlung der Wahrscheinlichkeit, daß die Gesamtenergie eines Ensembles aus n Moll. innerhalb der Grenzen von ε_0 u. $d\varepsilon_0$ liegt, u. wendet diese Formel auf Ensembles mit gerader u. ungerader Mol.-Zahl an. Die erhaltene Gleichung wird auf ihren physikal. Sinn untersucht. (Журнал Физической Химии [J. physik. Chem.] **25.** 147—52. Febr. 1951. Moskau, Mendelejew-Inst. für chem. Technol.) LEBTAG. 149

Edward A. Mason und **William E. Rice,** *Die intermolekularen Potentiale von Helium und Wasserstoff.* Die Parameter des „exp-six"-Potentials $\varphi(r) = [\varepsilon/1 - (6/\alpha)] \cdot [(6/\alpha)\, e^{\alpha(1 - r/r_m)} - (r/r_m)^6]$ von He u. H_2 wurden unter Verwendung von experimentellen Werten der zweiten Virialkoeffizienten u. der Viscositätskoeffizienten berechnet. Wegen der Unsicherheit der Quantenkorrektionen wurden keine Tieftemperaturdaten verwendet. Mit dem „exp-six"-Potential können sowohl die zweiten Virialkoeffizienten als auch die Viscositätskoeffizienten innerhalb der experimentellen Fehlergrenzen wiedergegeben werden. Es stellt also eine Verbesserung gegenüber dem einfacheren LENNARD-JONES (12-6)-Potential dar. Außerdem können weitere Transporteigg. genau vorausgesagt werden. Eine Kombinationsregel zur Berechnung des „exp-six"-Potentials zwischen zwei ungleichen Moll. aus den Potentialen zwischen zwei Paaren gleicher Moll. wird vorgeschlagen u. mit befriedigendem Ergebnis zur Berechnung einiger Eigg. von He–H_2-Mischungen benutzt. (J. chem. Physics **22.** 522—35. März 1954. Madison, Wis., Univ. of Wisconsin, Naval Res. Labor., Dep. of Chem.) KARUTZ. 149

Q. R. Jeffries und **H. G. Drickamer,** *Diffusion in CO_2–CH_4-Gemischen bis zu 225 at Druck.* Es wurden die Diffusionskoeffizienten von zwei CO_2–CH_4-Gemischen mit den Mischungsverhältnissen 1 : 1 u. 3 : 1 (Mol) bei 25 u. 50° bis zu Drucken von 225 at gemessen. Es wurde mit ^{14}C markiertes CO_2 zu den Messungen verwendet, so daß alle Konzentrationseffekte ausgeschaltet werden konnten. Die für die 1 : 1-Mischung erhaltenen Werte stimmen bei allen Drucken u. Tempp. mit der ENSKOGschen Theorie für komprimierte Gase überein. Für die 3 : 1-Mischung wurde bei 25° eine positive Abweichung von der Theorie erhalten, welche dem steigenden Einfl. von streifenden Zusammenstößen für CO_2 in der Nähe des Sättigungspunktes entspricht. Die Ergebnisse stehen in Übereinstimmung mit den von DRICKAMER u. Mitarbeitern (C. **1953.** 1132; **1954.** 973) erhaltenen Daten für die Selbstdiffusion in den reinen Gasen. (J. chem. Physics **22.** 436—37. März 1954. Urbana, Ill., Univ. of Illinois, Dep. of Chem. and Chem. Engng.) KARUTZ. 149

Hans Walenda, Heinz Rosenberg und **Adalbert Orlicek,** *Über die graphische Darstellung des Verdampfungsgleichgewichtes idealer ternärer Systeme.* Vff. beschäftigen sich mit dem in der Literatur vorhandenen unterschiedlichen Gebrauch des Begriffes „Destillationslinien". Als Destillationslinien im eigentlichen Sinne werden diejenigen Kurven bezeichnet, die die Zusammensetzungsänderung einer Fl. bei offener Verdampfung oder eines Dampfes während der Kondensation darstellen, während Kurven, die zusammengehörige Dampf- u. Flüssigkeitsisothermen in solchen Punkten schneiden, die durch die Gleichgewichtsbeziehung miteinander verknüpft sind, von Vff. Konodalkurven genannt werden. Für beide Kurvenarten werden Gleichungen angegeben. Die Besonderheiten, die sich für diejenigen idealen Systeme ergeben, bei denen die Quotienten aus den Dampfdrucken der Komponenten im betrachteten Gebiet als temperaturunabhängig angesehen werden können, werden diskutiert. (Chemie-Ing.-Techn. **26.** 325—26. Juni 1954. Wien, TH.) KARUTZ. 150

Hannelore Zeininger, *Bestimmung von Flüssigkeits-Dampf-Gleichgewichten bei erhöhten Drucken durch thermische Analyse.* Da die Meth. der therm. Analyse im Vgl. zu den bekannten stat. u. dynam. Meßmethoden zur Best. von Fl.-Dampf-Gleichgewichten apparativ bes. einfach ist, wurde sie vom Vf. für Unterss. bei Drucken bis zu ca. 20 atü ausgebaut. Die Meßgenauigkeit ist etwas geringer als bei den anderen Methoden, doch ist das Verf. gut geeignet für alle Fälle, in denen bei niedrigsd. Substanzen rasch eine Übersicht über den Verlauf von Siede- u. Kondensationslinien bei verschied. Drucken erhalten werden soll. App. u. Durchführung der Messung werden ausführlich beschrieben. Das Syst. CO_2–$CClF_3$ wurde im Bereich von 1—7 atü u. —30 bis —80° untersucht. Es besitzt einen azeotropen Punkt, der bis zu 4 atü im heterogenen, bei 5—6 atü im homogenen Gebiet liegt. Oberhalb 6 atü verschwindet die Azeotropie. Ergänzend wurden zur genaueren Best. der Löslichkeitsgrenzen Löslichkeitsmessungen mit einer einfachen App. durchgeführt. (Chemie-Ing.-Techn. **26.** 327—31. Juni 1954. Frankfurt/M.-Höchst, Farbwerke Hoechst Akt.-Ges., Techn. Abt., Chem. Verfahrenstechnik.) KARUTZ. 150

P. H. Keesom, K. Lark-Horovitz und **N. Pearlman,** *Der Einfluß von Neutronenbeschuß auf die Atomwärme von Silicium bei tiefen Temperaturen.* Sitzungsbericht zu der C. **1954.** 7595 referierten Arbeit. (Physic. Rev. [2] **89.** 900. 15/2. 1953. Purdue Univ.) WEIGEL. 151

Thomas W. Bauer, Herrick L. Johnston und **Eugene C. Kerr,** *Wärmekapazitäten anorganischer Festkörper bei tiefen Temperaturen.* **4.** Mitt. *Wärmekapazitäten und Entropien von Lithiumhydroxyd und Lithiumhydroxydmonohydrat zwischen 15 und 300° K. Prüfung des dritten Hauptsatzes mittels der Entropien an Hand der Reaktion* $LiOH + H_2O_{(gas)} = LiOH \cdot H_2O$. (3. vgl. C. **1953.** 7479.) Die Wärmekapazitäten von LiOH u. LiOH·H_2O wurden zwischen 15 u. 300° K calorimetr. gemessen. Die Darst. der beiden Substanzen wird beschrieben. Aus den Meßdaten ergibt sich für die Entropie bei 298,16° K ein Wert von 10,23 ± 0,05 Entropieeinheiten für LiOH u. 17,07 ± 0,05 für LiOH·H_2O. Die thermodynam. Funktionen wurden für beides errechnet u. sind zusammengestellt. Es wird ausgezeichnete Übereinstimmung des Wertes für ΔS^0_{25} aus den Meßdaten festgestellt mit der Entropieänderung bei 25° für die Rk. LiOH·$H_2O_{(krist)}$ = $LiOH_{(krist)}$ + $H_2O_{(gas)}$, die von UEDA (J. chem. Soc. Japan **52.** [1931.] 740) gefunden wurde aus den Dissoziationsdrucken des Hydrates u. der Lösungswärme der beiden Kristalle, verbunden mit dem Wert 10,5020 ± 3 cal für die mol. Verdampfungswärme des Wassers. Die beiden Werte stimmen bis auf 0,03 Entropieeinheiten überein, was weit innerhalb der Grenze der Meßfehler liegt (±0,2). Dies bestätigt, daß es möglich ist, den dritten Hauptsatz auf die calorimetr. gewonnenen Entropien von LiOH u. LiOH·H_2O anzuwenden. (J. Amer. chem. Soc. **72.** 5174—76. Nov. 1950. Columbus, O., Ohio State Univ., Cryogenic Labor. and Dep. of Chem.)
U. WINKLER. 151

Herrick L. Johnston, Herbert N. Hersh und **Eugene C. Kerr,** *Wärmekapazitäten anorganischer Festkörper bei tiefen Temperaturen.* 5. Mitt. *Die Wärmekapazität von reinem elementarem Bor im amorphen und im kristallinen Zustand zwischen 13 und 305° K. Einige freie Bildungsenergien.* (4. vgl. vorst. Ref.) Mit ihrem schon früher (1. Mitt., C. **1953.** 7479) beschriebenen Calorimeter untersuchten Vff. die Wärmekapazität von kristallinem (I) u. amorphem B (II). Die zwischen 13 u. 305° K erhaltenen Kurven folgen für I zwischen 60 u. 150° K der DEBYEschen Formel ($\Theta_D = 1219$) mit ± 2% u. im Bereich von 60—125° K dem T^3-Gesetz (Koeff. = $2{,}56 \cdot 10^{-7}$) mit einer Ungenauigkeit von ca. 3%; die für II erhaltenen Werte werden weder durch die DEBYEsche Formel noch durch das T^3-Gesetz genau erfaßt. Sowohl I als auch II zeigen unterhalb 30° K ein flaches Maximum der Wärmekapazität, welches für II etwas stärker ausgeprägt ist. Vff. nehmen gegebenenfalls einen Zusammenhang dieser Maxima mit dem schmalen 2 p-Dublett des Grundzustandes des B-Atoms an. Es ergaben sich für I (II) C_p^0 = 2,650 (2,858) cal/Mol·Grad, (H_0^0 — H_0^0) = 291,74 (313,40) cal/Mol, (S^0 — S_0^0) = 1,4033 ± 0,005 (1,5640 ± 0,01) cal/Mol·Grad, (H^0 — H_0^0)/T = 0,9785 (1,0511) u. — (F^0 — H_0^0)/T = 0,4248 (0,5129). Unter Heranziehung von Literaturwerten wurden folgende thermodynam. Funktionen berechnet: Bldg. von B_2O_3 nach 2 B (kr) + 3/2 O_2 (g) = B_2O_3 (kr) ($\Delta H^0_{298,16}$ = —302,0 ± 3,4 kcal; $\Delta S^0_{298,16}$ = —63,43 ± 0,1 Entropieeinheiten; $\Delta F^0_{298,16}$ = —283 ± 3,4 kcal; ΔH^0_{298} = —300,5 ± 3,4 kcal), Bldg. von H_3BO_3 nach B (kr) + 3/2 H_2 (g) + 3/2 O_2 (g) = H_3BO_3 (kr) (—260,23 ± 3,5; —100,56 ± 0,1; —23,03 ± 3,5; —233,87 ± 3,5) u. Hydratation von B_2O_3 nach B_2O_3 (kr) + 3 H_2O (g) = 2 H_3BO_3 (kr) (—42,21 ± 0,11; —105,75; —13,68 ± 0,1; —16,18). Die Darst. des zu den Unterss. benötigten I u. II erfolgte durch therm. Zers. von reinem *Diboran* in einem Quarzrohr bei 700° (II) u. Kristallisation des erhaltenen Prod. durch kurzzeitiges Erhitzen gepreßter Zylinder auf 1700° (I). (J. Amer. chem. Soc. **73.** 1112—17. März 1951. Columbus, O., Ohio State Univ., Cryogenic Labor. and Dep. of Chem.) Karutz. 151

Eugene C. Kerr, Nathan C. Hallett und **Herrick L. Johnston,** *Wärmekapazitäten anorganischer Festkörper bei tiefen Temperaturen.* 6. Mitt. *Die Wärmekapazität von Dekaboran, $B_{10}H_{14}$, von 14—305° K.* (5. vgl. vorst. Ref.) Die zwischen 14 u. 305° K von $B_{10}H_{14}$ gemessene C_p-Kurve zeigt zwischen 50 u. 100° K einen leichten Buckel. Die experimentellen Daten können durch eine Kombination von Einstein- u. Debye-Funktionen, C_p = 2 D (145/T) + 8 E_1 (358/T) + 44 E_2 (812/T) + 14 E_3 (2100/T), sehr gut wiedergegeben werden. Folgende thermodynam. Funktionen für $B_{10}H_{14}$ werden angegeben: $C^0_{p298,16}$ = 52,42 cal/Mol·Grad, $S^0_{298,16}$ = 42,475 ± 0,1 cal/Mol·Grad, (H^0 — H_0^0) = 6806,9 cal/Mol, (H^0 — H_0^0)/T = 22,830 u. — (F^0 — H_0^0)/T = 19,645. (J. Amer. chem. Soc. **73.** 1117—19. März 1951.) Karutz. 151

Herrick L. Johnston und **Thomas W. Bauer,** *Wärmekapazitäten anorganischer Festkörper bei tiefen Temperaturen.* 7. Mitt. *Wärmekapazität und thermodynamische Funktionen von Li_2O. Thermodynamik des Systems Li_2O–H_2O.* (6. vgl. vorst. Ref.) Vff. haben erstmalig die Wärmekapazität von Li_2O von 16—340° K gemessen. Folgende Werte wurden — teils durch graph. Integration — für T = 298,16° K erhalten: C_p^0 = 12,927 cal/Mol·Grad, H^0 — H_0^0 = 1732,2 cal/Mol, (H^0 — H_0^0)/T = 5,810 cal/Mol·Grad, S^0 = 9,056 cal/Mol·Grad u. — (F^0 — H_0^0)/T = 3,246 cal/Mol·Grad. Für die Dissoziationswärme von *LiOH* nach 2 LiOH (kr) = Li_2O (kr) + H_2O (g) wurde ein im Temperaturbereich 25—1000° anwendbarer Ausdruck, ΔH^0 = 35,186 — 0,501 T — 0,010835 T^2 — 373,56 (1000/T), entwickelt. Daraus erhielten Vff. die Gleichungen ΔC_p^0 = —0,501 — 0,02167 T + 0,37356 $(1000/T)^2$ u. $\Delta F^0/T$ = 35,186/T + 1,1536 log T + 0,010835 T + 0,18678 $(1000/T)^2$ + I. I ergab sich zu —45,758. Die thermodynam. Funktionen für obige Dissoziations-Rk. betragen ΔH^0_{25} = 32821 ± 113 cal, ΔF^0_{25} = 22731 u. ΔS^0_{25} = 33,85 cal/Mol·Grad. Eine Berechnung von ΔS^0_{25} mit Hilfe des dritten Hauptsatzes der Thermodynamik führte zu einem sehr gut übereinstimmenden Wert. Es werden weiterhin die thermodynam. Funktionen der Rkk. Li (kr) + ½ H_2 (g) + ½ O_2 (g) = LiOH (kr) [ΔH^0_{25} = —116589 ± 90 cal; ΔS^0_{25} = —36,60 ± 0,13 Entropieeinheiten; ΔF^0_{25} = —105676 ± 130 cal/Mol], Li (kr) + 3/2 H_2 (g) + O_2 (g) = LiOH·H_2O (kr) [—188926 ± 120; —85,49 ± 0,15; —163437 ± 160], 2 Li (kr) + ½ O_2 (g) = Li_2O (kr) [—142567 ± 160; —28,85 ± 0,13; —133965 ± 210], LiOH (kr) = Li^+ (Normalzustand) + OH^- (N.) [—5076 ± 30; —10,26 ± 0,23; —2016 ± 40] u. Li (kr) + H^+ (aq.) = Li^+ (aq.) + ½ H_2 (g) [—66706 ± 100; 11,37 ± 0,40; —70096 ± 220] angegeben. Die Entropie des Li^+ im Normalzustand beträgt S^0_{25} = 2,46 ± 0,34 Entropieeinheiten, u. das Oxydationspotential von Li ist E^0 = 3,0383 ± 0,0010 int. V. (J. Amer. chem. Soc. **73.** 1119—22. März 1951.) Karutz. 151

Gordon B. Skinner und **Herrick L. Johnston,** *Wärmekapazitäten anorganischer Festkörper bei tiefen Temperaturen.* 8. Mitt. *Wärmekapazität von Zirkonium zwischen 14 und 300° K.* (7. vgl. vorst. Ref.) An Hafnium-freiem Zr (0,025 Mol-% Hf) werden zwischen 14 u. 300° K Messungen der wahren spezif. Wärme ausgeführt. Für einen Geh. von 0,67 Mol-% Fe wird korrigiert. Das zerkleinerte Zr wurde 15 Min. lang bei 800° getempert. Die Ergebnisse, sowie berechnete, äquidistante Werte der wahren spezif. Wärme, der Entropie u. der Enthalpie sind tabellar. dargestellt. Abweichungen von früheren Messungen Todds werden durch eine Verunreinigung des von Todd verwendeten Zr mit N u. O gedeutet. Die Standard-Entropie des Zr ergibt sich zu 9,29 ± 0,04 cal/Grad·g-Atom. (J. Amer. chem. Soc. **73.** 4549—50. Okt. 1951. Columbus, O., Ohio State Univ., Cryogenic Labor. and Dep. of Chem.) Wittig. 151

Jih-Heng Hu und **Herrick L. Johnston,** *Wärmekapazitäten anorganischer Festkörper bei tiefen Temperaturen.* 9. Mitt. *Wärmekapazität und thermodynamische*

Eigenschaften von Kupfer(I)-oxyd zwischen 14 und 300° K. (8. vgl. vorst. Ref.) Da Ag_2O bei ca. 35° K eine Umwandlung 2. Ordnung zeigt, wurde der gleiche Effekt bei Cu_2O vermutet. Messungen an einem durch Fällung aus einer FEHLINGschen Lsg. erhaltenen Präp. (99,80%) zeigen, daß am Cu_2O eine solche Umwandlung nicht beobachtet werden kann. Die gemessenen Werte der wahren spezif. Wärme sowie berechnete, äquidistante Werte dieser Größe, der Entropie u. der Enthalpie sind tabellar. dargestellt. Die Standard-Entropie ergibt sich zu 22,44 ± 0,07 cal/Grad·Mol. (J. Amer. chem. Soc. **73.** 4550—51. Okt. 1951.) WITTIG. 151

Eugene C. Kerr, Elis B. Rifkin, Herrick L. Johnston und **John T. Clarke,** *Calorimetrie kondensierter Gase. 2. Mitt. Wärmekapazität von Orthodeuterium zwischen 13,1 und 23,6° K, Schmelz- und Siedepunkte, Schmelz- und Verdampfungswärmen. Dampfdrucke von flüssigem Orthodeuterium.* (1. vgl. C. **1954.** 4552.) Nach einer bereits früher (l. c.) beschriebenen calorimetr. Meth. wurden die Wärmekapazitäten C_p von festem u. fl. 97,8%ig. Orthodeuterium (I) zwischen 13° K u. dem Kp. bei 23,59° K gemessen. Die Gewinnung des I wird kurz beschrieben. Der Tripelpunkt wurde bei 18,63 ± 0,01° K u. einem Druck von 12,75 Int. cm gefunden. Die Schmelzwärme ergab sich zu 47,07 ± 0,1 cal/Mol, die Verdampfungswärme im Kp. zu 293,93 ± 0,5 cal/Mol. Die Dampfdrucke von I vom Tripelpunkt bis zum Kp. wurden gemessen u. lassen sich durch die Gleichung log p (mm) = 4,70099 — (56,7247/T) + 0,02478 T wiedergeben. Die Entropie im idealen Gaszustand bei 23,59° K u. 1 at ergab sich zu 21,43 ± 0,09 Entropieeinheiten. (J. Amer. chem. Soc. **73.** 282—84. Jan. 1951. Columbus, O., Ohio State Univ., Cryogenic Labor. and Dep. of Chem.) KARUTZ. 151

John T. Clarke, E. B. Rifkin und **H. L. Johnston,** *Calorimetrie kondensierter Gase. 3. Mitt. Wärmekapazität, Schmelzwärme, Verdampfungswärme, Dampfdruck und Entropie von Diboran zwischen 13° K und dem Siedepunkt (180,32° K).* (2. vgl. vorst. Ref.) Vff. bestimmten die Molwärme von sehr reinem Diboran zwischen 14 u. 177° K. Die Dampfdrucke des fl. Diborans wurden zwischen 112 u. 176° K gemessen. Die Ergebnisse entsprechen der Gleichung $\log_{10} P_{(mm)}$ = 8,1110 — 870,95 T — 2,221·10^{-3} T. Der Tripelpunkt wurde zu 108,30° K, der n. Kp. zu 180,32° K bestimmt. Für die Schmelzwärme ergab sich ein Wert von 1069,0 cal/Mol. Die Verdampfungswärme betrug 3412 cal/Mol, während sich aus den Dampfdruckmessungen ein weniger genauer Wert von 3422 cal/Mol ergab. Die Entropie des Gases beim Kp. betrug 49,43 ± 0,10 Entropie-Einheiten, der Wärmeinhalt beim n. Kp. 6520 cal/Mol. (J. Amer. chem. Soc. **75.** 781—85. 20/2. 1953. Columbus, O., Ohio State Univ., Cryogenic Labor. and Dep. of Chem.) WASSERROTH. 155

Ellis B. Rifkin, E. C. Kerr und **Herrick L. Johnston,** *Calorimetrie kondensierter Gase. 4. Mitt. Wärmekapazität und Dampfdruck von gesättigtem flüssigem Diboran oberhalb des Siedepunktes.* (3. vgl. vorst. Ref.) Vff. bestimmten mittels eines ausführlich beschriebenen Hochdruckcalorimeters die Molwärmen von fl. Diboran entlang der Dampfdruckkurve u. die Dampfdrucke zwischen 170 u. 288° K. Die Temperaturabhängigkeit des Dampfdruckes läßt sich durch die einfache Gleichung $\log_{10} p_{mm}$ = 8,1251 — 870,68/T — 0,002339 T wiedergeben, von der die Abweichungen unterhalb von 230° K 1% u. zwischen 230 u. 288° K 2—3% betragen. Mit Hilfe des 3. Gasgesetzes u. der BERTHELOTschen Gleichung wurden die Entropien zwischen 180,68 u. 230° K berechnet. Die Entropie des idealen Gases bei 230° K u. 1 at beträgt 51,93 Entropie-Einheiten. Die so berechneten Entropien weichen um ca. 0,5 Einheiten von den durch WEBB, NEU u. PITZER (J. chem. Physics **17.** [1949.] 1007) auf statist. Wege ausgerechneten ab, wofür Vff. eine Erklärungsmöglichkeit geben. (J. Amer. chem. Soc. **75.** 785—88. 20/2. 1953.) WASSERROTH. 155

Jih-Heng Hu, David White und **Herrick L. Johnston,** *Calorimetrie kondensierter Gase. 5. Mitt. Wärmekapazitäten, latente Wärmen und Entropien des Fluors von 13—85° K; Umwandlungs-, Schmelz-, Verdampfungswärme und Dampfdrucke der Flüssigkeit.* (4. vgl. vorst. Ref.; vgl. auch C. **1953.** 5985.) Die Wärmekapazitäten C_p (cal/Mol·Grad) von Fluor wurden im Temperaturbereich von 13,89—81,32° K bestimmt u. werden graph. mit den von KANDA (Bull. chem. Soc. Japan **12.** [1937.] 473) gefundenen Werten verglichen. Die Kurve des festen F_2 verläuft von 13—45,55° K normal. Bei 45,55 ± 0,02° K liegt ein Umwandlungspunkt 1. Ordnung mit der Umwandlungswärme 173,90 ± 0,04 cal/Mol. Der F. des reinen F_2 liegt bei 53,54 ± 0,02° K. Die Wärmekapazität des fl. F_2 durchläuft ein Minimum vor dem stetigen Anstieg. Die Schmelzwärme beträgt 121,98 ± 0,5 cal/Mol; die Verdampfungswärme hat bei 84,71° K u. 738 mm den Wert 1563,98 ± 3 cal/Mol. Der zwischen dem F. u. 89,4° K gemessene Dampfdruck des fl. F_2 wird durch die Gleichung $\log_{10}$P(mm) = 7,08718 — 357,258/T — 1,3155·10^{13}/T^8 wiedergegeben. Aus dieser Gleichung errechnet sich der n. Kp. zu

85,02 ± 0,02° K u. der Dampfdruck beim Tripelpunkt (53,54° K) zu 1,66 mm. Die thermodynam. Funktionen S, $(H - H_0)/T$ u. $-(F - H_0)/T$ wurden für Tempp. zwischen 0 u. 85° K bestimmt. Die Entropie des F_2 im idealen Gaszustand bei 85,02° K beträgt 39,58 ± 0,16 Einheiten u. stimmt gut mit den aus spektroskop. Messungen gewonnenen Werten von HAAR u. BECKETT (Nat. Bur. of Standards Rep. 1435 [1952]) u. von COLE, FARBER u. ELVERUM JR. (C. **1953**. 1295) überein. (J. Amer. chem. Soc. **75**. 5642—45. 20/11. 1953.) FORCHE. 155

M. I. Schachparonow, *Über die thermodynamischen Eigenschaften von flüssigen Zweikomponentensystemen.* Für die Abhängigkeit des Aktivitätskoeff. einer Komponente von der Konz. in der Zweikomponentenlsg. gilt $\ln f_{a_i} = k_i N_j^{\gamma_i}$ wenn k_i den von Temp. u. Druck oder Vol. abhängigen Koeff., γ_i eine Konstante bedeutet. Es gibt 4 Haupttypen der Abhängigkeit des Aktivitätskoeff. von der Konz. in den Zweikomponentensystemen: 1. $k = 0$; 2. $\gamma > 2$; 3. $\gamma = 2$; 4. $1 < \gamma < 2$. Außerdem gibt es einen 5., nicht näher behandelten Typ mit einer komplizierten Abhängigkeit. Er kommt in den Systemen H_2O (1)–HCl (2), H_2O (1)–NaCl (2), H_2O (1)–LiJ (2) u. a. vor. Für alle Haupttypen werden Beispiele angeführt. (Журнал Физической Химии [J. physik. Chem.] **25**. 231—38. Febr. 1951. Moskau, Lomonossow-Univ., Physikal. Inst.) LEBTAG. 155

Masao Atoji und **William N. Lipscomb**, *Wechselwirkungen von regellos ungeordneten Molekülen.* Es wurden einige Verallgemeinerungen von früheren theoret. Ausdrücken von LENNARD-JONES u. DEVONSHIRE (Proc. Roy. Soc. [London], Ser. A **163**. [1937.] 53; **165**. [1938.] 1) für die mittlere Energie der Wechselwrkg. zwischen zwei regellos ungeordneten Moll. hergeleitet u. auf die Wechselwirkungen in einem Molekülgitter ausgedehnt. Mit Anwendung der erhaltenen Ausdrücke wurden die Verdampfungswärmen von CCl_4, $SiCl_4$, $SnCl_4$, *Methan*, Cl_2, Br_2 u. J_2 bei ihren Kpp. berechnet u. in guter Übereinstimmung mit den experimentellen Werten gefunden. Diskutiert wurde ferner die Anwendung der Theorie auf die Sublimationswärme einer regellosen festen Substanz (*Hexachloräthan*). (J. chem. Physics **21**. 1480—86. Sept. 1953. Minneapolis, Minn., Univ., School of Chem.) GOTTFRIED. 155

F. H. Spedding und **J. P. Flynn**, *Integrale Lösungswärmen einiger Trichloride der Seltenen Erden.* Die integralen Lösungswärmen in W. bei 25° in Abhängigkeit von der Molarität lassen sich durch die Gleichung ΔH (kcal/Mol) $= a + b\, m^{1/2} + c\, m$ ausdrücken, worin m die Molarität bedeutet. Die entsprechenden Werte sind für $LaCl_3$: a = —32,933, b = 6925 u. c = —5640 (0,08145), für $PrCl_3$: a = —35,672, b = 6925, c = —5774 (0,09351), $SmCl_3$: a = —39,932, b = 6925, c = —8949 (0,09163), $GdCl_3$: a = —42,992, b = 6925, c = —4027 (0,06350), $ErCl_3$: a = —49,792, b = 6925, c = —7873 (0,06812), $YbCl_3$: a = —51,638, b = 6925, c = —5433 (0,08815), YCl_3: a = —48,690, b = 6925, c = —5223 (0,08451). Die eingeklammerten Zahlen bedeuten die höchste untersuchte Molarität. (J. Amer. chem. Soc. **76**. 1477—80. 20/3. 1954. Ames, Io., Iowa State Coll., Inst. of Atom. Res. and Dep. of Chem.) CRAMER. 156

Philip F. Kurz, *Untersuchung der Stabilität von Flammen mit gemischten Brennstoffen, Kohlenwasserstoffen, Wasserstoff und Schwefelwasserstoff.* Die Unters. von H_2–Luft-, *Propan* (I)–Luft- u. I–H_2–Luft-Gemischen ergab, daß sich bei Strömungsgeschwindigkeiten der Luft von 25—42 ft/Sek. gut entwickelte Flammen bilden. Steigender Zusatz von H_2 erweitert den Stabilitätsbereich der I–H_2-Flamme, steigende Zufuhr von I verschmälert den Bereich. Bin. KW-stoffgemische (z. B. I–*Propylen*, I–*Äthan*) verhalten sich ähnlich. Ggw. von H_2S hemmt die Verbrennung von KW-stoffen. (Ind. Engng. Chem. **45**. 2072—78. Sept. 1953. Columbus, O., Batelle Mem. Inst.) OPPERMANN. 157

G. K. Adams, **W. G. Parker** und **H. G. Wolfhard**, *Radikalreaktionen des Stickoxyds in Flammen.* Vff. untersuchten die Verbrennung in solchen Systemen, in denen *NO* oder NO_2 als Oxydanten wirken. Es werden die Radikale beschrieben, die bei solchen Rkk. entstehen können, u. die möglichen Reaktionsgleichungen diskutiert. Bei H_2 + NO-Flammen ist wahrscheinlich, daß die Verbrennungsgeschwindigkeit v durch die Zersetzungsgeschwindigkeit des NO bestimmt wird. Hier tritt höchstens v bei maximaler Flammentemp. auf, während bei $H_2 + O_2$-Flammen das höchste v bei H_2-reichen Flammen beobachtet wird. Hieraus wird geschlossen, daß H keine Rolle in der Rk. spielt. Das nach der Brennermeth. für stöchiometr. H_2 + NO-Gemische bestimmte v betrug 30 cm/Sek., u. der minimale Brennerdurchmesser, bei dem noch eine Flamme aufrechterhalten werden kann, betrug 15 mm, während er sonst allg. um 1 mm beträgt. Als Temp. wurde nach der Meth. der Linienumkehr 3090° K bestimmt. Die Aktivierungsenergie liegt über 50 kcal, was Vff. aus der großen Temperaturerniedrigung bei Zugabe von Ar oder N_2 schließen. NH-Emissionsbanden fehlen. Vff. beschreiben ferner *NH_3*/NO-Flammen, NO/KW-stoff-Flammen (*Acetylen, Äthan*), H_2/NO_2-Flammen u. Zersetzungsflammen des *Äthylnitrats*, in denen 0,1—1% *Bleitetraäthyl* die Bldg. von N_2 verhindert. Die Verbrennungsgeschwindigkeit fällt dabei um den Faktor 3. Analysenergebnisse werden angegeben. (Discuss Faraday Soc. **14.** 97—103. 1953. London, Min. of Supply.) ROEDER. 157

G. H. N. Chamberlain, D. E. Hoare und **A. D. Walsh,** *Die Wirkungsweise des Bleitetraäthyls als Inhibitor von Verbrennungsprozessen.* Vff. untersuchten die Wrkg. von *Bleitetraäthyl* (I) auf die Oxydation von KW-stoff (II)–O_2-Gemischen bei Tempp. zwischen 300 u. 600°. I wurde zunächst zusammen mit gasförmigen II in den Reaktionsraum eingelassen. Anschließend wurde statt I PbO in Form von Pulver oder Kügelchen in das Reaktionsgefäß gegeben. Aus den Ergebnissen schließen Vff., daß I bei der Oxydation zunächst einen koll. PbO-Nebel bildet u. daß dieses PbO durch Oberflächen-Rk. eine Zerstörung der Ketten verursacht u. dadurch als Inhibitor wirkt. Die weiteren Verss. werden deshalb in einem PbO-bedeckten Quarzgefäß durchgeführt. Es wurden die Oxydation von *CH_4*, *Isopropyläther* u. *Ae.* u. die Rk. von *H_2* bzw. *CO* mit O_2 mit u. ohne Ggw. von PbO untersucht. Die verschied. Möglichkeiten des Abbruchs von Kettenverzweigungen werden eingehend diskutiert. Es ergibt sich, daß die Wrkg. von PbO in erster Linie auf einer Zerstörung von HO_2- bzw. auch HCO_3-Radikalen beruht, d. h. die Inhibition durch PbO ist im allg. beschränkt auf solche Bedingungen, bei denen die sek. Oxydation von Aldehyden für die Kettenverzweigungen eine Rolle spielt. (Discuss. Faraday Soc. **14.** 89—97. 1953. Leeds, Univ., Dep. of Chem.) ROEDER. 157

L. Petermann, *Verwendung phosphorescierender Stoffe zum Nachweis von Ultraschall.* Ein phosphorescierender Schirm wird nach vorheriger Anregung dem Ultraschall ausgesetzt. Durch die mit der Absorption des Ultraschalls im Schirm verbundene Temperaturerhöhung wird der Schirm je nach der Intensität verschieden stark ausgeleuchtet. Durch Auflegen des Schirmes auf eine photograph. Platte wird aus der Schwärzung die Struktur des Schallfeldes ersichtlich. Die untere Grenze der noch nachweisbaren Intensität liegt bei 0,1 Watt/cm². (Helv. physica Acta **24.** 596—99. 31/12. 1951. Lausanne, E. P. U. L.) FALKENHAGEN. 159

A_5. Kolloidchemie. Grenzschichtforschung.

G. A. H. Elton, *Oberflächenspannung von festen Substanzen.* Eine Berechnung der Oberflächenspannung γ einer festen Substanz gegen Luft in einem Syst. fest/fl./gasförmig läßt sich aus der empir. Regel von ANTONOFF berechnen unter der Voraussetzung, daß alle 3 Phasen gegenseitig gesätt. sind. Werden die Berechnungen für mehrere verschied. Fll. ausgeführt, so ist der Wert für γ nur dann eine Konstante, wenn die Sättigung der reinen festen Substanz mit den verschied. Fll. keine oder die gleiche Veränderung in der Oberflächenenergie verursacht. Vf. prüft die Gültigkeit der ANTONOFFschen Regel, indem er den Kontaktwinkel in den gegenseitig gesätt. Systemen von organ. Fll.–W.–Luft mißt, z. B. *Acetophenon*–W., *Diphenyläther*–W., *n-Octadecan*–W., *n-Hexadecan*–Wasser. (J. Colloid Sci. **7.** 450—51. Aug. 1952. London, Battersea Polytechn., Chem. Dep.) JÄGER. 166

Ss. M. Awetikjan und **D. O. Goldberg,** *Einfluß der Natur und der Konzentration des Emulgators auf die Stabilität von Bitumen–Wasser-Emulsionen.* Die Stabilität der 25%ig. Bitumen–dest. W.-Emulsion wird bei 130° für Bitumen u. 80° für W. u. 30 Min. Mischzeit bei 1200 U/Min. in Ggw. von *Na-Oleat* (I), *Na-Stearat* (II), *Na-Naphthenat* (III), *Na-Benzoat* (IV) u. *Na-Phthalat* (V) untersucht. Schon 0,0035nI schützt die Emulsion vor der Entmischung, während bei II die gleiche Wrkg. bei 0,35n eintritt. Innerhalb eines Emulgatortyps steigt die Stabilität der Emulsion mit zunehmendem Mol.-Gew. an. In äquimol. 0,023n III-Lsgg. steigt die Entmischung von 1,6 auf 20,8% an, wenn das Mol.-Gew. von 394 auf 216 gesenkt wird, u. beim Mol.-Gew. 193 bleibt die Emulgierung völlig aus. Mit steigendem Mol.-Gew. von III gleichen sich die emulgierenden Wirkungen einander an. Zur Gewinnung gleich stabiler Emulsionen ist ein höherkonz. III mit höherem Mol.-Gew. zu verwenden als bei I. Das von TICHOMIROWA u. PIPIK mitgeteilte höhere Emulgiervermögen von III gegenüber I im Syst. Bzn.–W. ist mit der Verschiedenheit der emulgierten Substanz zu erklären. — 0,008nIV liefert eine grobdisperse unstabile Emulsion. Erst bei 0,04nIV wird sie stabil. Oberhalb 0,06nIV wird die Stabilität der Emulsion stark verschlechtert. Die Konz. 0,04n kann als Sättigungsgrenze für IV in der Oberflächenschicht angenommen werden. Das Emulgiervermögen von I ist viel geringer als bei IV, bedingt durch die Ggw. einer 2. Carboxylgruppe, welche die Hydrophilität des Mol. erhöht. Bei sonst gleichen Bedingungen ist das Emulgiervermögen von der Mol.-Struktur abhängig.

Die Ggw. einer 2. Doppelbindung erhöht das Emulgiervermögen der Fettsäureseifen. Bei nahe beieinander liegendem Mol.-Gew. nimmt das Emulgiervermögen in der Reihe aromat. Säure → Naphthensäure → Fettsäure ab. (Коллоидный Журнал [Colloid J.] **12.** 401—07. Nov./Dez. 1950.) LEBTAG. 166

Raymond A. Brown, John B. Shumaker jr., Serge N. Timasheff und **John G. Kirkwood,** *Experimentelle Untersuchung der Fraktionierung im Elektrophorese-Konvektions-Apparat.* KIRKWOOD u. Mitarbeiter (C. **1951.** II. 497. 2844) geben eine Theorie der Elektrophoresekonvektion für ein Mehrkomponentensystem. Diese Gleichungen werden in zahlreichen Versuchsreihen mit Mischungen aus vorgereinigtem *γ-Globulin* u. *Albumin* geprüft u. mit der Theorie annähernd in Übereinstimmung befunden. Abweichungen erklären sich dadurch, daß die Präpp. in Wirklichkeit nicht völlig rein waren. (J. Amer. chem. Soc. **74.** 460—62. 20/1. 1952. Pasadena, Calif., California Inst. of Technol.) TIEDEMANN. 168

A. A. Trapesnikow und **G. W. Belugina,** *Einfluß der Behandlung von Aluminiumseifen mit Elektrolyten auf die Viscosität ihrer Oleogele.* Die Annahme, daß die von der *Al-Naphthenseife* (I) adsorbierten H- u. OH-Ionen die verdickenden Eigg. beeinflussen, wird dadurch bestätigt, daß das p_H der Lsg. sich erhöht, wenn bei p_H 9 u. 20° gefällte I (36% überschüssige Lauge) in verschied. konz. $Al_2(SO_4)_3$ (II) oder H_2SO_4 gebracht wird. Dies erfolgt durch Adsorption von H^+ aus der Lsg. durch I zur Neutralisation der bei der Fällung adsorbierten OH-Ionen. Werden bei 20 u. 80° bei p_H 5, 7, 9 (36% Laugenüberschuß) gefällte I 30 Min. mit konz. II behandelt, gewaschen u. bei 105° getrocknet, so wird die Viscosität der Oleogele bei p_H 5 u. 80° stark gesenkt, sonst stark erhöht. Zusatz von 2% Na-Seife erhöht die Viscosität der Oleogele um 8—40mal. Der Einfl. des Elektrolyten wird bei Zusatz von Na_2HPO_4 u. *Weinsäure* während der I-Herst. u. zum Oleogel bestätigt. (Доклады Академии Наук СССР [Ber. Akad. Wiss. UdSSR] [N. S.] **94.** 97—100. 1/1. 1954. Inst. für physikal. Chem. der Akad. der Wiss. der UdSSR.) LEBTAG. 172

E. Glueckauf, *Adsorption von zwei Arten von monomolekularen Schichten auf nichteinheitlichen Oberflächen.* 1. Mitt. *Adsorptionsisothermen.* Ausgehend von der Annahme, daß die Dichte der Adsorptionsstellen mit positiven Adsorptionsenergien exponentiell mit der Adsorptionsenergie abfällt, entwickelt Vf. Adsorptionsisothermen für die bin. Adsorption in Form von Integralgleichungen. Die Lsg. dieser Integralgleichungen wird durch Integration zwischen 0 u. ∞ vereinfacht. Es werden 2 Typen partieller Isothermen erhalten u. ihr Verlauf mit der Bedeckung der Oberfläche u. der Dampfdrucke diskutiert. (Trans. Faraday Soc. **49.** 1066—79. Sept. 1953. Harwell, Didcot, Berks., Atomic Energy Res. Establ.) WOELK. 176

W. B. Innes, *Betrachtung eines komplexen Adsorbats als eine einzige Phase.* Kurze Einwände zur Theorie von HILL (vgl. C. **1950.** I. 1452; II. 975) über dessen Auffassung eines Mehrfachschichtenadsorbates als eine einzige Phase auf Grund der klass. Theorie von GIBBS. (J. Colloid Sci. **7.** 447—48. Aug. 1952. Stamford, Conn., American Cyanamid Comp., Stamford Res. Labor.) JÄGER. 176

Terrell L. Hill, *Bemerkungen zu der vorstehenden Notiz von W. B. Innes.* (Vgl. vorst. Ref.) Vf. weist nach, daß seine Auffassung wohl in Einklang zu der GIBBSschen Theorie zu bringen ist. (J. Colloid Sci. **7.** 449—50. Aug. 1952. Bethesda, Md., Naval Med. Res. Inst.) JÄGER. 176

H. Grasshof, *Erdalkalieinfluß auf das Adsorptionsvermögen von Aluminiumoxyd gegenüber Kupferchlorid.* Vf. stellte fest, daß die Adsorption von Kupferchlorid an Al_2O_3 durch Kationenaustausch durch Zusatz von Ca oder Mg (in Form von $CaCO_3$ oder $Mg(OH)_2$, d. h. nicht gegen Farbstoffe austauschfähig) erheblich erhöht werden kann. Unabhängig von dieser Austausch-Rk. wurde als prim. Vorgang eine physikal. bzw. chem. Adsorption beobachtet. (Angew. Chem. **66.** 294—95. 7/6. 1954. Eschwege, Fa. M. Woelm, Chem. Labor.) KARUTZ. 176

C. E. Marshall und **Wm. J. Upchurch,** *Die freie Energie des Kationenaustausches am Beispiel der Beziehungen zwischen Pflanzenwurzel und Substrat.* Für die Best. der Änderung der freien Energie beim Ionenaustausch zwischen 2 koll. Systemen werden 3 Verff. angegeben, nämlich 1. das potentiometr. Verf., das die Aktivitätskoeffizienten liefert; 2. Best. durch einen geringen Austausch unter gleichzeitiger Beteiligung von 2 Ionen u. 3. durch Einstellung des Ionengleichgewichtes, Abtrennung u. chem. oder physikal. Analyse. Es werden die Eigg. eines Kationenaustauschers, *Amberlite IR–120*, bzgl. der Ionen *K*, *Ca* u. *H* angegeben, u. es wird gezeigt, daß der Ionenaustauscher sich ausgesprochen polyfunktionell zeigt, — die Bindungsenergien für K^+ liegen in einem Bereich zwischen <500 u. 3400 cal/Mol. In Wachstumsunterss. an Sojabohnen werden verd. Suspensionen von Amberlite IR–120, Wyoming-*Bentonit* u. Putnam-*Ton* mit den Lsgg. der Chloride u. Bicarbonate von K u. Ca verglichen.

Dabei ergibt sich, daß die Aufnahme eines bestimmten Kations zum Teil durch die Änderungen der freien Energie bei der Rk. zwischen der sauren Pflanzenwurzel u. dem Ionenaustauscher geregelt wird; es wurden dabei deutliche Unterschiede in der Ionenaufnahme bei Änderungen der freien Energie von 3000 cal/Mol beobachtet. (J. physic. Chem. **57.** 618—21. Okt. 1953. Columbia, Mo., Univ. of Missouri, Dep. of Soils.) Hentschel. 177

C. W. Davies und **G. D. Yeoman**, *Quellungsgleichgewichte an einigen Kationenaustauschharzen.* Es wird die Aufnahme von W. u. Elektrolyten (HCl, KCl) an Ionenaustauschern mit verschied. Vernetzungsgrad (Polystyrolharz mit Divinylbenzol) in Abhängigkeit vom Vernetzungsgrad analyt. verfolgt. Bei diesen Systemen kann man die gequollenen Harzaustauscher mit hinreichender Genauigkeit als eine konz. wss. Mischung vollständig dissoziierter Elektrolyte auffassen. Nach Anbringen einer kleinen Korrektur werden die Aktivitätskoeffizienten für den Elektrolyt in der Harzphase abgeleitet; diese stimmen mit den Werten überein, wie man sie für wss. Elektrolytlsgg. nach der Formel von Harned berechnen kann. (Trans. Faraday Soc. **49.** 968—74. Aug. 1953. Aberystwyth, Edward Davis Chem. Labor.) Hentschel. 178

A_6. Strukturforschung.

H. Friedburg und **W. Paul**, *Optische Abbildung mit neutralen Atomen.* Vff. zeigen, daß ein Magnetfeld auf einen Strahl aus paramagnet., neutralen Atomen für $M < 0$ (M = magnet. Quantenzahl) wie eine Sammellinse u. für $M > 0$ wie eine Zerstreuungslinse wirkt. Auf diese Weise ist eine opt. Abb. möglich. Ergebnisse (Stromverteilung in der Bildebene mit u. ohne Magnetfeld) werden für einen Strahl aus *K*-Atomen mitgeteilt; hierbei wurde eine starke Fokusierung des Atomstrahles erzielt. (Naturwissenschaften **38.** 159—60. April 1951. Göttingen, Univ., II. Physikal. Inst.) Fuchs. 181

Adolphe Jean Rose, *Herstellung von symmetrischen Debye-Scherrer-Halbdiagrammen mit durchfallender Strahlung und gefiltertem Röntgenlicht.* Beschreibung einer Meth. zur Verdoppelung der Dispersion einer üblichen Röntgenkamera. Die zu untersuchende Probe wird nicht im Mittelpunkt der Kamera, sondern an deren Peripherie angebracht. (C. R. hebd. Séances Acad. Sci. **235.** 74—76. 7/7. 1952.) Gottfried. 181

Marcel Tournier, *Die physikalischen Eigenschaften der Kristalle und ihre Symmetrie.* Vf. zeigt theoret., wie man mit Hilfe der Tensor- u. Matrizenrechnung in den verschied. Kristallklassen die Phänomene der Pyroelektrizität, dielektr. Susceptibilität, Piezoelektrizität u. Elastizität ausdrücken kann. (Cahiers de Physique **1953.** Nr. 44. 44—73. Juli. Paris, École sup. de Phys. et Chim.) Gottfried. 190

Kurt Lehovec, *Elektronische Energiezustände von Verunreinigungen in nichtmetallischen Kristallen.* (Sitzungsbericht.) Das Potential um eine Verunreinigung in einem Kristall kann man in 2 Teile einteilen: 1. Innerhalb einer Kugel mit dem Radius der Verunreinigung nähert sich das Potential dem Kernpotential der freien Verunreinigung, mit Ausnahme einer additiven Konstante u. 2. ist außerhalb dieser Kugel das Potential das period. Gitterpotential mit einem überlagerten coulombähnlichen Feld, das durch die effektive Ladung der Verunreinigung u. die Gitterpolarisation bestimmt ist. Demgemäß kann man 2 Typen von Wellenfunktionen für ein an die Verunreinigung gebundenes Elektron unterscheiden, u. zwar ψ_1-Funktionen, die Bahnen der Verunreinigung im freien Raum gleichen u. nahezu vollständig innerhalb der oben erwähnten Kugel lokalisiert sind, u. ferner ψ_2-Funktionen, welche wasserstoffähnlichen Bahnen gleichen u. sich bis weit über die Kugel erstrecken. Ein rohes Kriterium für die Existenz von ψ_1-Funktionen beruht auf Energieniveaus der freien Verunreinigung u. der Gitterenergie oder auf dem Radius der freien Verunreinigung u. dem in dem Gitter verfügbaren Raum. ψ_1-Funktionen existieren nicht in kovalenten Kristallen, jedoch in Ionenkristallen. ψ_2-Funktionen existieren immer. Eine gegebenenfalls auftretende ψ_1-Funktion stellt den Grundzustand dar, während ψ_2-Funktionen angeregte Zustände sind. Zum Schluß wird die Bedeutung des (ψ_1, ψ_2)-Zustandes für ein Zweielektronenproblem diskutiert. (Physic. Rev. [2] **91.** 228. 1/7. 1953. Sprague Electric. Co.) Gottfried. 190

W. Shockley, *Versetzungen und Kantenzustände in der Kristallstruktur des Diamanten.* (Sitzungsbericht.) In der Kristallstruktur des Diamanten kann die Extrahalbebene von Atomen einer Kantenversetzung mit dem Gleitvektor auf einer (1 1 1)-Ebene entweder mit unterbrochenen Bindungen parallel zu der [1 1 1]-Richtung oder in tetraedr. Richtungen hierzu enden. Im ersteren Fall ist eine Trennung in Teilversetzungen nicht möglich, während sie im letzteren Fall nur auf Kosten von Störungen übernächster Nachbarn auftreten kann. An der Kante der Extrahalbebene kann ein eindimensionales Band von „Kantenzuständen“ analog zweidimensionalen Oberflächenzustandsbanden auftreten. Wie für Oberflächenzustände bestehen Bedingungen, nach denen diese Kantenzustände teilweise gefüllt sind u. so verursachen, daß jede Versetzung ein eindimensional entarteter Elektronengasleiter wird. Je nach der „Arbeitsfunktion“ könnten solche Versetzungsanordnungen Korngrenzen vom n- oder p-Typ bilden. Sie können auch einen Beitrag zu den bei sehr tiefen Tempp. beobachteten anomalen großen nichtlinearen Leitfähigkeiten liefern. (Physic. Rev. [2] **91.** 228. 1/7. 1953. Bell Telephone Labor.) GOTTFRIED. 190

R. V. Pound, *Hinweise auf Kristallstörstellen aus dem Kernmagnetismus.* Vf. berichtet über Hinweise auf Gitterstörungen bei der Unters. des Kernparamagnetismus. U. a. werden erörtert die Einflüsse von durch Röntgenstrahlen erzeugten magnet. Zentren in *LiF* sowie eine Versuchsanordnung, die die starke Anisotropie der resultierenden Relaxationszeit als Funktion der Kristallorientierung demonstriert. Ferner werden Intensitätsmessungen der Resonanzen von ^{79}Br, ^{81}Br u. ^{127}J in *KBr* u. *KJ* sowie der Einfl. von Gitterstörungen in diesen Substanzen beschrieben. Vf. schließt aus seinen Ergebnissen, daß eine mittlere elektr. Quadrupolwechselwrkg. selbst in Kristallen mit offensichtlich kub. Symmetrie existieren muß, u. gibt eine Abschätzung der Störstellendichte an. Abschließend werden einige Beobachtungen über Linienverbreiterungen bei der reinen Quadrupolresonanz mechan. verformter Kristalle mitgeteilt. (J. physic. Chem. **57.** 743—48. Nov. 1953. Cambridge, Mass., Harvard Univ., Lyman Labor. of Physics.) R. STEIN. 190

W. E. Wallace und **R. A. Flinn,** *Schottky-Fehlordnung in festen Lösungen.* Vff. diskutieren zusammenfassend das Auftreten verstärkter SCHOTTKY-Fehlordnung in festen Lsgg., bes. am Beispiel des Syst. *KCl–KBr*, auf Grund neuerer Veröffentlichungen verschied. Autoren. — 15 Literaturzitate. (Nature [London] **172.** 681—82. 10/10. 1953. Pittsburgh, Pa., Univ., Dep. of Chem.) R. STEIN. 190

Jules de Launay, *Gitterdynamik kubisch raumzentrierter und flächenzentrierter metallischer Elemente.* Vf. behandelt die kub. raum- u. flächenzentrierten einatomigen Metalle als ein in das Elektronengas eingebettetes Ionengitter. Durch Modifizierung der BORN-v. KÁRMÁNschen Gitterdynamik werden Beziehungen zwischen den dynam. Parametern u. den elast. Konstanten erhalten. Weiter wird der Beitrag der Leitungselektronen zur therm. Bewegung untersucht, wobei Vf. zwei Extremfälle unterscheidet: 1. Unabhängigkeit des Elektronengases von der therm. Bewegung der Ionen; 2. Teilnahme des Elektronengases an der therm. Bewegung. Für beide Fälle werden die entsprechenden Beziehungen angegeben. Ferner wird die DEBYEsche charakterist. Temp. im T^3-Gebiet der Atomwärme für beide Fälle analyt. berechnet unter der Annahme, daß die Abweichung der elast. Konstanten vom isotropen Zustand nicht zu groß ist. (J. chem. Physics **21.** 1975—86. Nov. 1953. Washington, D. C., Naval Res. Labor.) R. STEIN. 190

G. Borrmann, *Die übernormal durchdringende Röntgenstrahlung im Bragg-Fall der Interferenz.* Vf. beobachtete auf dem Diagramm einer von Spaltebenen begrenzten *Kalkspat*-Platte, die im divergenten Strahlenbündel einer Röhre mit Fe-Antikathode so aufgestellt war, daß die Reflexion der FeK_α-Strahlung an der zur opt. Achse senkrechten Ebene in zweiter Ordnung im BRAGG-Fall stattfindet, an 2 Interferenzen ein Überwechseln vom BRAGG- zum LAUE-Fall. Alle übrigen Linien waren LAUE-Fälle. (Naturwissenschaften **38.** 330. Juli 1951. Hechingen, Max-Planck-Ges., Forschungsstelle für Spektroskopie.) GOTTFRIED. 195

M. L. Korolew, *Struktur und Eigenschaften von stickstoffhaltigem Chrom und Ferrochrom.* Gefüge- u. Mikrohärteunterss. an mit N_2 angereichertem metall. Cr (97% Cr; 2,5% N_2) u. Ferrochrom (0,05% C; 70,42% Cr; 0,93% N_2) im bei 500—1000° geglühten Zustand lassen die Ggw. einer nadelförmigen Komponente erkennen, die als chem. Verb. von Cu u. N angesprochen werden muß. Diese Nitridphase besitzt im Ausgangszustand eine sehr hohe Härte (1800—2000 H_B), die mit steigender Glühtemp. bis zu 600° stark abfällt, um dann wieder steil anzusteigen u. bei 900° Glühtemp. ein Maximum (ca. 1800 H_B) zu erreichen. Die Härte der erheblich weicheren Grundmasse (185 bis 412 H_B) nimmt zunächst bis zu einem ersten Maximum bei 600° Glühtemp. zu, fällt dann bis auf etwa den Anfangswert ab u. erreicht dann wieder ansteigend ihren Höchswert (840 H_B) bei 900° Glühtemperatur. Es ist anzunehmen, daß der erste Härteanstieg der Grundmasse mit einer Ausscheidung von nicht näher definierten Nitriden zusammenhängt, während das Zusammentreffen des Härtehöchstwertes bei 900° Glühtemp. mit dem Härteanstieg der nadeligen Komponente bei gleicher Temp. auf eine Umwandlung der Nitridphase hinweist. (Известия Академии Наук СССР, Отделение Технических Наук [Nachr. Akad. Wiss. UdSSR, Abt. techn. Wiss.] **1953.** 1465—70. Okt.) EHMCKE. 197

H. Raether, *Untersuchung des Ordnungszustandes der Gold–Kupfer-Legierung $AuCu_3$ mittels Elektroneninterferenzen.* Ausführliche Wiedergabe der C. **1952.** 3618 referierten Arbeit. (Z. angew. Physik **4.** 53–59. Febr. 1952. Hamburg, Univ., Inst. für angewandte Physik.) GOTTFRIED. 197

B. M. Rowinski und **W. G. Ljutzau,** *Poisson-Koeffizient bei der Relaxation der Spannungen.* Auf Grund von Relaxationsverss. mit Proben aus Rein-Cu u. Rein-Al u. theoret. Überlegungen wird gefolgert, daß der Wert der POISSONschen Kennzahl bei der mechan. Prüfung durch die Höhe der angelegten Belastung u. die Relaxationseigg. des Werkstoffes bestimmt wird. Eine krit. Betrachtung der im Schrifttum enthaltenen Angaben über den POISSON-Koeff. ist daher am Platze. (Известия Академии Наук СССР, Отделение Технических Наук [Nachr. Akad. Wiss. UdSSR, Abt. techn. Wiss.] **1953.** 1471–74. Okt.) EHMCKE. 200

Harry Lipson and William Cochran, The determination of crystal structures. [New York: Macmillan. 1954. (354 S. m. Abb., Diagr.) $ 8,—.

A₇. Gleichgewichte. Kinetik.

A. I. Brodski und **L. W. Ssulima,** *Sauerstoffisotopenaustausch in Lösungen von Phosphorsäuren.* Für die Geschwindigkeitskonstante $10k^3 \cdot$ Std.$^{-1}$ u. die Halbperiode (nachst. in Klammern) des O-Austausches zwischen mit schwerem O-Isotop angereichertem W. u. Säure bzw. deren Salz wurden folgende Werte ermittelt: H_3PO_2 (**I**) bei 40°: >60 (<0,2); H_3PO_3 (**II**) bei 63°: 2,3 (6,5); H_3PO_4 (**III**) bei 100°: 0,23 (70); NaH_2PO_2 bei 100°: 1,3 (10); Na_2HPO_3 bei 100°: Kein Austausch in 10 Std.; Na_3PO_4, Na_2HPO_4, NaH_2PO_4, K_2HPO_4 u. KH_2PO_4 bei 100°: Kein Austausch in 150 Stunden. Bei allen Säuren verlief der Austausch sehr viel rascher als in den Salzen. Es ergaben sich die Reihen: **I** > **II** > **III** u. Hypophosphit ≫ Phosphit, Phosphat. Die Ergebnisse werden damit erklärt, daß die polarisierten, formell als doppelt anzusehenden Bindungen $\overset{+}{P}-\overset{-}{O}$ in den Säuren die Wasseranlagerung unter Bldg. der O-Form erleichtern, wodurch der Austausch gefördert wird. (Доклады Академии Наук СССР [Ber. Akad. Wiss. UdSSR] [N. S.] **92.** 589–92. 21/9. 1953. Pissarshewski-Inst. für physikal. Chem. der Akad. der Wiss. der UkrSSR.) LEBTAG. 221

Milton Kahn und **Arthur J. Freedman,** *Schneller Austausch zwischen Jod und Zinn(IV)-jodid in Kohlenstofftetrachlorid bei 0°.* Vff. untersuchen bei dunkelrotem Licht unter Verwendung von ^{131}J den schnellen Austausch zwischen SnJ_4 u. Jod in CCl_4 bei 0°. Nach dem Vers. wird das SnJ_4 durch Fällen mit Pyridin vom Jod abgetrennt. Es ergibt sich, daß vollständiger Austausch in weniger als 7 Sek. (Minimalzeit für Durchführung der chem. Trennung) erfolgt. Vff. vermuten, daß gegebenenfalls eine Rk., wie sie zwischen mehrwertigen Metallhalogeniden u. Halogenen in organ. Lösungsmitteln bekannt ist, bei diesem schnellen Austausch eine Rolle spielt. — Der durch Zugabe von Pyridin zur Reaktionsmischung gebildete Nd. enthält 2 Mole J_2 pro Mol SnJ_4. (J. Amer. chem. Soc. **76.** 929–30. 5/2. 1954. Albuquerque, N. Mex., Univ. of New Mexico, Dep. of Chem.) GEDSCHOLD. 221

Philip George und **D. H. Irvine,** *Metall-Sauerstoffbindungen und Koordinationskomplexe mit tetragonal-pyramidaler Konfiguration.* Es ist anzunehmen, daß Fe in oxydierten Fe-Myoglobinkomplexen 4bindig auftritt; es sollte sich hierbei um einen Koordinationskomplex des hypothet. FeO^{2+}-Ions handeln, in dem kovalente oktaedr. d^2sp^3-Komplexe mit 4 Fe—N-Bindungen in der Ebene des Porphyrinringes u. 2 Bindungen senkrecht dazu zwischen Fe u. dem Protein bzw. Fe u. O vorliegen. Demgegenüber kann jedoch gezeigt werden, daß im Fall der entsprechenden V-Komplexe ohne Beteiligung des Lösungsm. eine tetragonal pyramidale Konfiguration vorliegt, was auch für eine Reihe anderer derartiger Verbb. zutrifft. (Nature [London] **173.** 1148–49. 12/6. 1954. Cambridge, Univ., Dep. of Colloid Sci.) SIEWERT. 223

K. B. Jatzimirski, *Über die Veränderung der freien Energie und der Entropie bei Komplexbildungsreaktionen.* Aus der Entropie der Anionen vom Typ RO_n^{x-} in wss. Lsg. wird geschlossen, daß die Entropie der gleichtypigen Komplexionen (gleiche Zahl der Addenden u. gleiche Ladung) innerhalb der Reihe nur vom Radius abhängig ist. Die Differenz zwischen Wärmeeffekt u. freier Energie bei gleichtypiger Komplexbldg. ist konstant. Die Beständigkeit der Komplexionen mit vorwiegendem Kovalenztyp wird bestimmt von der Differenz zwischen Ionisationspotential des Zentralatoms u. Hydratationswärme des entstehenden Ions. Aus der Gegenüberstellung der aus den Stabilitätskonstanten ermittelten Änderungen der freien Energie u. der Differenz zwischen Ionisationspotential u. Hydratationswärme für die Thiosulfat-, Halogen- u. Rhodanidkomplexe der 2wertigen Ionen ergibt sich für die Beständigkeit der Komplexe die Reihe: $Hg^{2+} > Cd^{2+} > Pb^{2+} > Zn^{2+} > Ni^{2+}$. Für die Addenden ergibt sich nach der abnehmenden Beständigkeit die Reihe: $S_2O_3^{2-} - J^- - Br^-, CNS^- - Cl^-$. (Журнал Физической Химии [J. physik. Chem.] **25.** 221—23. Febr. 1951. Iwanowo, Chem.-Technol. Inst., Lehrstuhl für analyt. Chem.) Lebtag. 223

G. Mattock, *Die komplexbildenden Eigenschaften des Zinns, Germaniums und Titans mit einigen Dicarbonsäuren.* Auf Grund der in der Literatur angegebenen unterschiedlichen Befunde bzgl. der Komplexbldg. zwischen Sn(IV), Ge(IV) u. Ti(IV) mit *Weinsäure* (I) untersuchten Vff. diese elektrometr., polarometr. u. polarographisch. Diesen Unterss. nach bilden die drei Metalle Komplexe vom Typ Me: I = 1:1 u. 1:2. Sn bildet bei höheren I-Konzz. auch die 1:4-Kombination, während für Ge u. Ti der 2:1-Typ nachgewiesen werden konnte. Entsprechende Ergebnisse wurden mit *Malein-* u. *Bernsteinsäure* als Komplexpartner erhalten. Beim Ti wird das Vorliegen von Mehrkernkomplexen (z. B. 2:3 usw.) wahrscheinlich gemacht. Alle Komplexe stehen miteinander im Gleichgewicht, u. die verschied. Typen herrschen je nach den Bedingungen in den Lsgg. vor. Quantitative Aussagen über die Komplexbldg. konnten auf Grund der kompliziert ablaufenden Hydrolyse-Rkk. nicht gemacht werden. Vff. diskutieren den Ablauf einer der Hydrolyse nachfolgenden Aggregation durch intermol. Kondensation, wodurch das beobachtete Auftreten von koll. Lsgg. der Komplexe erklärt werden kann. (J. chem. Soc. [London] **1954.** 989—97. März. London, Walthamstow, South-West Essex Techn. Coll.) Plust. 223

A. B. Sdanowski, *Über den Auflösungsmechanismus natürlicher Salze.* Nach früheren Verss. des Vf. (Журнал Физической Химии [J. physik. Chem.] **20.** [1946.] 869) ist der Koeff. der Lösungsgeschwindigkeit von *Halit* (I) u. *Sylvin* (II) in den eigenen verschied. konz. Lsgg. konstant, in Fremdlsgg. mit der Viscosität der Endlsgg. veränderlich. Es wird gezeigt, daß die Kinetik der I- u. II-Auflösung in Lsgg. von $MgCl_2$, $CaCl_2$, NaCl + KCl + $MgCl_2$ bei 25° einer reinen Diffusionsauflösung nachst. Gleichung gehorcht: $k_\nu \eta = \beta D_0 \eta_0 = B$, wenn β u. B Konstanten, D_0 u. η_0 Diffusionskoeff. bzw. Viscosität, entsprechend der gesätt. Lsg. eines Salzes, bedeuten. Für die Auflösung von I u. II bei verschied. absol. Tempp. T gilt: $k_\nu \eta$ = const. T. Dies beweist den Diffusionscharakter der I- u. II-Auflösung bei 0—100°. (Журнал Физической Химии [J. physik. Chem.] **25.** 170—80. Febr. 1951. Leningrad, Allunions Wiss. Forschungsinst. für Halurgie.) Lebtag. 224

B. W. Lintschewski und **A. M. Ssamarin,** *Löslichkeit von Sauerstoff in Eisen–Chrom- und Eisen–Chrom–Nickel-Schmelzen.* (Vgl. C. **1953.** 7492.) Vff. untersuchten an Fe–Cr-Schmelzen mit Cr-Gehh. bis zu 24% u. Fe–Cr–Ni-Schmelzen mit bis 20% Cr u. 22% Ni die Gleichgewichtsverhältnisse im Syst. Gas (H_2 + H_2O-Dampf)–Metall-Oxyd bei 1625 u. 1710°. Es wurden chem., metallograph. u. röntgenograph. Unterss. an den schnell erkalteten Versuchsblöcken u. den anod. isolierten nichtmetall. Einschlüssen durchgeführt, die Zus. der Gasatmosphäre aus den jeweiligen Partialdrucken des H_2 u. H_2O-Dampfes errechnet. Auf Grund der experimentellen Ergebnisse u. thermodynam. Berechnungen wird festgestellt: Die Oxydationsprodd. vom Cr im fl. Fe sind in Abhängigkeit vom Cr-Geh. der Schmelze $FeO \cdot Cr_2O_3$, Cr_2O_3 u. CrO. Die entsprechenden Gleichgewichtsverhältnisse wurden durch folgende Gleichungen charakterisiert: a) bei Cr-Gehh. bis 6% $FeO \cdot Cr_2O_{3(f.)} + 4\,H_{2(g.)} = Fe_{(fl.)} + 2\,[Cr] + 4\,H_2O_{(g.)}$; $\varDelta F^0 = 336000 - 167{,}06$ T; $\lg K_I = -73440/T + 36{,}50$; b) bei Cr-Gehh. 6—16% $Cr_2O_{3(f.)} + 3\,H_{2(g.)} = 2\,[Cr] + 3\,H_2O_{(g.)}$; $\varDelta F^0 = 248810 - 125{,}4$ T; $\lg K_{II} = -54380/T + 27{,}41$; c) bei Cr-Gehh. über 16% $[CrO] + Cr_2O_{3(f.)} + 4\,H_{2(g.)} = 3\,[Cr] + 4\,H_2O_{(g.)}$; $\varDelta F^0 = 232190 - 126{,}91$ T; $\lg K_{III} = 50750/T + 27{,}74$. Es werden hierbei, wie im folgenden, mit K die Gleichgewichtskonstante, mit $\varDelta F^0$ die „Änderung der freien Reaktionsenergie", mit T die absol. Temp. bezeichnet. Die Oxydations-Rkk. des im fl. Fe gelösten Cr in Abhängigkeit vom Cr-Geh. der Schmelze werden durch nachst. Gleichungen dargestellt: a) bei Cr 0—6% $FeO \cdot Cr_2O_{3(f.)} = Fe_{(fl.)} + 2\,[Cr] + 4\,[O]$; $\varDelta F^0 = 485960 - 239{,}02$ T; $\lg K_{Cr(0-6)} = 106220/T + 52{,}24$; b) bei Cr 6—16%; $Cr_2O_{3(f.)} = 2\,[Cr] + 3\,[O]$; $\varDelta F^0 = 361280 - 179{,}37$ T; $\lg K_{Cr(6-16)} = -78970/T + 39{,}21$; c) bei Cr über 16% $[CrO] + Cr_2O_{3(f.)} = 3\,[Cr] + 4\,[O]$; $\varDelta F^0 = 382150 - 198{,}87$ T; $\lg K_{Cr(>16)} = -83530/T + 41{,}28$. Durch Cr-Gehh. über 16%, wie auch durch Zusätze von Ni zur Fe–Cr-Schmelze wird die Löslichkeit des O_2 in derselben erhöht. (Известия Академии Наук СССР, Отделение Технических Наук [Nachr. Akad. Wiss. UdSSR, Abt. techn. Wiss.] **1953.** 691—704. Mai.) Ehmcke. 224

J. Calvin Giddings und **Henry Eyring,** *Gleichgewichtstheorie unimolekularer Reaktionen.* Vff. diskutieren die Bedeutung u. Größe des Transmissionskoeff. $\varkappa$ für unimol. Rkk. im Rahmen der Übergangszustandstheorie. Allg. ist $\varkappa$ danach als Mittelwert individueller $\varkappa_i$-Werte für Reaktionsfolgen über jeden möglichen Quantenzustand des aktivierten Komplexes aufzufassen u. daher temperatur- u. druckabhängig.

Für Zerss. (Reaktionsfolge $A + A \underset{k_{-1}}{\overset{k_1}{\rightleftharpoons}} A_\varepsilon^* + A$; $A_\varepsilon^* \xrightarrow{k_\varepsilon} A^{\ddagger} \rightarrow B + C$) u. Isomerisierungen von Äthylenverbb. bzw. Diphenylen ($A \rightleftharpoons A^* \rightleftharpoons A^+ \rightleftharpoons B^+ \rightleftharpoons B^* \rightleftharpoons B$) leiten Vff. Ausdrücke für $\varkappa$ bzw. k_ε ab, bes. berücksichtigt werden dabei die Desaktivierungsprozesse. — Die Behandlung unimol. Rkk. nach der Übergangszustandstheorie erlaubt die Best. von Reaktionsgeschwindigkeiten mit Hilfe der Methoden der statist. Mechanik, aus den Molekularkonstanten zu bestimmende Koeffizienten sind dabei die $\varkappa$, die in der Mehrzahl der Fälle ~ 1 zu setzen sind. (J. chem. Physics **22.** 538—42. März 1954. Salt Lake City, Ut., Univ.) KRESZE. 225

D. D. Eley, *Die Kinetik von unimolekularen Prozessen in kondensierten Phasen, einschließlich der Adsorption.* Für die Kinetik von unimol. Vorgängen in einer kondensierten Phase, die infolge der mol. Wechselwrkg. eine im Laufe der Rk. wachsende freie Aktivierungsenergie besitzen, wird die Beziehung abgeleitet: $\log [c(t) - c(\infty)] = \gamma[c(t) - c(\infty)]/6\,RT{-}At + \text{const.}$; dabei bedeuten $c(t)$ bzw. $c(\infty)$ die Konz. zur Zeit t bzw. am Gleichgewicht, γ = Oberflächenspannung, $A = kT/h$ (in der Schreibweise von EYRING), c kann auch z. B. die Dehnung (bei Dehnungsvorgängen) oder die bedeckte Oberfläche (bei Adsorptionserscheinungen) darstellen. Diese Gleichung läßt sich auf die verschied. Vorgänge (elast. u. magnet. Fließvorgänge bei Festkörpern, ferner Desorption u. aktivierte Adsorption) anwenden. Dagegen versagt sie bei der Anwendung auf dielektr. mit Aufladungen verknüpfte Prozesse. (Trans. Faraday Soc. **49.** 643—49. Juni 1953. Bristol, Univ., Chem. Dep.) FUCHS. 225

Tucker Carrington und **Norman Davidson,** *Stoßwellen in der chemischen Kinetik: Die Dissoziationsgeschwindigkeit von N_2O_4.* Vff. beschreiben eine neue quantitative Meßmeth. durch Stoßwellen, bei der Rkk. mit Halbwertszeiten von weniger als 5 μsec verfolgt werden können. Die in einer Ebene einheitlich vordringenden Stoßwellen werden dadurch erzeugt, daß ein Diaphragma zwischen zwei Gasräumen von verschied. Drucken entfernt wird. Dadurch findet eine Temperaturerhöhung statt, u. die Translations- u. Rotationsenergie des Gases paßt sich der neuen Temp. innerhalb einer Zeitspanne von nur wenigen Zusammenstößen an. So können chem. Rkk., die durch einen Temperaturwechsel hervorgerufen u. die von einer Änderung in der Lichtabsorption begleitet werden, photoelektr. registriert werden. Die Dissoziationsgeschwindigkeit von N_2O_4 bei Ggw. eines großen Überschusses von N_2 oder CO_2 wurde nach dieser Meth. im Temperaturbereich von —20 bis +28° bei Gesamtdrucken von 0,5—7 at bestimmt. Bis zu 1 at zeigt die Dissoziation eine Abhängigkeit von dem indifferenten Gas u. folgt dem Gesetz 2. Ordnung $-d(N_2O_4)/dt = k(N_2O_4)\cdot(N_2)$; $k = 2{,}0\cdot10^{14}\exp(-11000/RT)$ Liter·Mol^{-1}·sec^{-1}. Bei höheren Gesamtdrucken nimmt die Abhängigkeit vom indifferenten Gas ab u. die Rk. wird mit einer Dissoziationskonstanten $k = 10^{16}\exp(-13000/RT)$ sec^{-1} monomolekular. Innerhalb der Fehlergrenzen gibt CO_2 die gleichen Ergebnisse wie N_2. (J. physic. Chem. **57.** 418—27. April 1953. Pasadena, Calif., California Inst. of Technol., Gates and Crellin Labor. of Chem.) BUTSCHAK. 225

J. H. Thomas, *Gasphasenreaktionen von Stickstoffdioxyd.* 2. Mitt. *Die Oxydation von Glyoxal.* (1. vgl. C. **1953.** 4987.) Die Oxydation von *Glyoxal* (I) mit *NO_2* (II) in der Gasphase wurde zwischen 160 u. 210° untersucht. Die Reaktionsgeschwindigkeit ist nahezu proportional $p_I \cdot p_{II}$; die Geschwindigkeitskonstante ergibt sich zu $k = 10^{8,9}\exp(-19{,}8/RT)$ Liter/Mol·Sekunde. Die Reaktionsprodd. sind NO, CO, CO_2, H_2O u. Glyoxylsäure. Folgender Mechanismus wird angenommen: $C_2H_2O_2 + NO_2 \rightarrow$ HOC·CO· + HNO_2; HOC·CO· + $NO_2 \rightarrow$ HOC·COO· + NO; HOC·CO· + $NO_2 \rightarrow$ 2 CO + HNO_2; HOC·COO· + $NO_2 \rightarrow CO_2$ + CO + HNO_2; HOC·COO· + $C_2H_2O_2 \rightarrow$ HOC·COOH + HOC·CO·; 2 $HNO_2 \rightarrow H_2O$ + NO + NO_2. (Trans. Faraday Soc. **49.** 630 bis 635. Juni 1953. Cardiff, Univ. Coll., Chem. Dep.) FUCHS. 225

Henri Guérin und **Jean Adam-Gironne,** *Über die Kinetik der Bildung von Schwefelkohlenstoff.* Die Geschwindigkeit der Bldg. von CS_2 aus S u. Zuckerkohle (98,4% C; 0,60% H_2; 0,75% O_2; 0,25% Asche; spezif. Oberfläche 30 m²/g) wird bei 770, 800, 840, 860 u. 900° untersucht. In diesem Temperaturgebiet kann die Bildungsgeschwindigkeit des CS_2 durch den Ausdruck $kp/(1 + k'p)$ wiedergegeben werden, in dem p der S-Partialdruck u. k bzw. k' temperaturabhängige Konstanten sind. (C. R. hebd. Séances Acad. Sci. **238.** 583—85. 1/2. 1954.) M. SCHENK. 225

B. Anorganische Chemie.

R. Flatt, G. Brunisholz und **M. Jaunin,** *Beitrag zur Untersuchung des quinären Systems $Ca^{2+}-NH_4^+-H^+-NO_3^--PO_4^{3-}-H_2O$.* 10. Mitt. *Die Lösungen, die gleichzeitig bei 25° an Monocalciumphosphat und einem Nitrat gesättigt sind.* (9. vgl. C. **1954.** 6905.)

Vff. bestimmen in diesem Syst. die Zus. von Lsgg., die bei 25° mit je 2 Bodenkörpern im Gleichgewicht stehen, u. zwar mit *$CaH_4(PO_4)_2 \cdot H_2O$* (I) + *$Ca(NO_3)_2 \cdot 4H_2O$* (VI); I + *$5Ca(NO_3)_2 \cdot NH_4NO_3 \cdot 10H_2O$* (II); I + *$Ca(NO_3)_2 \cdot NH_4NO_3 \cdot 3H_2O$* (III); I + *$Ca(NO_3)_2 \cdot NH_4NO_3$* (IV) u. mit I + *$NH_4NO_3$* (V). Ferner werden zwei 4-Salzpunkte (invariante Punkte) aufgefunden: Die Lsg. mit der Zus. 31,30 Ca^{2+}, 26,70 NH_4^+, 42,00 H^+, 57,94 NO_3^-, 42,06 Äquiv.-% PO_4^{3-} u. 71,09 Mol H_2O steht im Gleichgewicht mit **I + II + III + IV**, u. die Lsg. mit 33,01, 38,90, 28,09, 70,78, 29,22 Äquiv.-% u. 68,90 Mol H_2O mit **I + III + IV + V**. Die Zus. der Lsgg., die mit folgenden 3 Bodenkörpern im Gleichgewicht stehen (3-Salzlinien), werden ebenfalls beschrieben: **I + II + VI; I + II + III; I + II + IV; I + III + IV; I + II + V; I + IV + V; II + III + IV** u. **III + IV + V**. Zwei Diagramme wurden nach den in den früheren Mitt. entwickelten Gesichtspunkten konstruiert, aus denen die Löslichkeit bei Sättigung an I u. einem Nitrat ersichtlich sind. Im 1. werden die Konzz. in g Äquiv./100 g Äquiv. gelöster Elektrolyte u. im 2. in g Äquiv./100 g Äquiv. gelöster Nitrate angegeben. — Anwendungsbeispiele werden besprochen. (Helv. chim. Acta **37.** 282—99. 1/2. 1954. Lausanne, Univ., Labor. de Chim. minérale et analyt.) MOSLÉ. 238

R. Flatt, *Beitrag zur Untersuchung des quinären Systems Ca^{2+}–NH_4^+–H^+–NO_3^-–PO_4^{3-}–H_2O.* 11. Mitt. *Interpolationsmethode, um in dem vierdimensionalen Diagramm die Koordinaten von an zwei festen Phasen gesättigten Lösungen aufzustellen.* (10. vgl. vorst. Ref.) Diskussion der Ergebnisse der vorst. Mitt. in bezug auf die Meth. der graph. Darstellung. (Helv. chim. Acta **37.** 299—306. 1/2. 1954.) MOSLÉ. 238

R. Flatt, J. Wilhelm, G. Brunisholz und **G. Fell,** *Beitrag zur Untersuchung des quinären Systems Ca^{2+}—NH_4^+—H^+—NO_3^-—PO_4^{3-}—H_2O.* 12. Mitt. *Das quaternäre System Ca^{2+}—H^+—NO_3^-—PO_4^{3-}—H_2O bei 25°.* (11. vgl. vorst. Ref.) In diesem quaternären Syst. stehen in den Gebieten der leichtlösl. Salze folgende Bodenkörper mit der Lsg. im Gleichgewicht: *$Ca(NO_3)_2 \cdot 4H_2O$* (I), *$Ca(NO_3)_2 \cdot 3H_2O$* (II), *$Ca(NO_3)_2 \cdot 2H_2O$* (III), *$Ca(NO_3)_2$* (IV), *$CaH_4(PO_4)_2 \cdot H_2O$* (V), *$CaHPO_4 \cdot 2H_2O$* bzw. *$CaHPO_4$* (VI). Es werden die 2-Salzlinien **V + VI; V + I; V + IV; I + II; II + III; III + IV** u. die invarianten Punkte **V + VI + I; V + VI + II; V + II + III; V + III + IV**, sowie die Einsalzgebiete festgelegt. Die Ergebnisse werden tabellar. mitgeteilt u. ein Diagramm nach den in den früheren Mitt. niedergelegten Methoden für diese Gebiete konstruiert. (Helv. chim. Acta **37.** 607—19. 15/3. 1954.) MOSLÉ. 238

I. Shapiro und **H. G. Weiss,** *Der erste Schritt in der Hydrolyse von Pentaboran.* Bei der Hydrolyse von Pentaboran mit dem „gebundenen W." des Silicagels treten Zwischenprodd. auf (vgl. C. **1953.** 5626). Vff. weisen mit einem Massenspektrographen nach, daß der erste Schritt in einer Abspaltung von BH_3 mit anschließender Entw. von H_2 besteht. (J. Amer. chem. Soc. **76.** 1205. 20/2. 1954. Pasadena, Calif., U. S. Naval Ordnance Test Stat., Chem. Div.) H.-J. BECHER. 258

G. B. Alexander, *Die Polymerisation von monomerer Kieselsäure.* Die Polymerisation von monomerer Kieselsäure verläuft in 0,1 mol. Lsg. bei 1,90° ober- u. unterhalb von p_H 3,2 verschieden, u. zwar bei niedrigem p_H mit der Quadratwurzel aus der Zeit, wobei man eine verhältnismäßig homogene Molekülgrößenverteilung erhält. Oberhalb von p_H 3 verläuft die Polymerisation hingegen rascher, bei p_H 6 sogar augenblicklich. Man erhält in diesen Fällen eine mehr heterogene mol. Struktur. Es wurde ferner gefunden, daß die Polymerisationsgeschwindigkeit mit steigender Temp. u. Konz. sowie durch Zufügen bestimmter Katalysatoren zunimmt. Am stärksten katalyt. wirken F-Ionen, denn zur Verdoppelung der Polymerisationsgeschwindigkeit genügt hiervon bei p_H 2,9 u. 1,90° ein Zusatz im Verhältnis 1:10^6. — Das Durchschnitts-Mol.-Gew. wurde kryoskop., die Molekülgrößenverteilung durch Depolymerisationsverss. in Ggw. von Molybdänsäure bestimmt. Monomere u. polymere Kieselsäuren sind sehr schwache Säuren, denn sie tragen bei Zugabe zu sauren Lsgg. nicht zu deren p_H-Wert bei. (J. Amer. chem. Soc. **76.** 2094—96. 20/4. 1954. Wilmington, E. I. du Pont de Nemours & Co., Grasselli Chem. Dep., Exper. Stat.) H. REUTHER. 261

W. P. Blidin, *Untersuchung der heterogenen Gleichgewichte in den Systemen LiCl—RbCl—H_2O und LiCl—CsCl—H_2O.* Bei der Best. der Löslichkeitsisothermen der Systeme LiCl—RbCl—H_2O u. LiCl—CsCl—H_2O bei 25 u. 40° konnten im 1. Syst. die Verbb. *$RbCl \cdot 2LiCl \cdot 4H_2O$* (I) u. *$3RbCl \cdot LiCl \cdot 2H_2O$* (II), im zweiten Syst. *$2CsCl \cdot LiCl \cdot 4H_2O$* (III) nachgewiesen werden. **I** u. **III** sind weniger hygroskop. als LiCl u. werden durch A.–Ae.-Gemische zers., während **II** nur sehr wenig durch diese angegriffen wird. (Известия Академии Наук СССР, Отделение Химических Наук [Nachr. Akad. Wiss. UdSSR, Abt. chem. Wiss.] **1953.** 814—19. Sept./Okt. Hydrochem. Inst. der Akad. der Wiss. der UdSSR.) KLEVER. 273

I. R. Beattie, *Die Reaktion zwischen Wasser und glasigen Silicaten.* Vf. beschreibt eine App. zur Unters. der Rk. zwischen W. u. Glaspulvern verschied. Zus. (unterschiedliche Gehh. an SiO_2, CaO, Na_2O, Al_2O_3 u. B_2O_3), die eine sofortige Abführung der Reaktionsprodd. gestattet. Dadurch werden störende Neben-Rkk. vermieden. Die Messungen zeigen, daß die vorherrschende Rk. die Diffusion von Na-Ionen aus dem Glas unter gleichzeitiger Bldg. einer äquivalenten Menge Hydroxylionen ist. Vf. diskutiert den möglichen Mechanismus dieser Rk. u. vermutet, daß der geschwindigkeitsbestimmende Schritt die Wanderung der Na-Ionen durch das Glas ist. Aus der Beziehung $\ln_D = \ln_{Do} - E_a/RT$ werden die scheinbaren Aktivierungsenergien in Abhängigkeit vom Na-Geh. des Glases berechnet. Für ein Glas mit 15,9% Na_2O, 72,6% SiO_2, 10,2% CaO u. 1,3% Al_2O_3 erhält Vf. für den integralen Diffusionskoeff. des Na-Ions $2{,}4 \cdot 10^{-14}$ cm²/sec bei 100° u. für die scheinbare Aktivierungsenergie 23 kcal/g. Der Einfl. der chem. Zus. des Glases auf die Diffusion der Na-Ionen wird diskutiert. (Trans. Faraday Soc. **49.** 1059—65. Sept. 1953. Aberdeen, Marischal Coll.) WOELK. 274

Lucjan Czerski und **Emil Zieliński,** *Untersuchungen über die Konstitution gefällter Cadmiumsulfide.* Das aus Lsgg. von *CdS* (I) in 1—10%ig. H_2SO_4 (II) bei 100° gefällte orangefarbene β-I besteht aus Kristallen mit starken Fehlern, infolge Geh. an W. u. SO_4^{2-}. Das Kristallwasser verdampft zwischen 180 u. 450°, das als Einschluß vorhandene $CdSO_4 \cdot H_2O$ tritt oberhalb 450° in Rk., O^{2-} bleibt im Gitter, II verdampft. Die Menge der Fremdelemente im Gitter wird auf 3,5—6,6% geschätzt. Unter dieser Voraussetzung berechnete Dichtewerte stimmen mit den experimentell bestimmten (4,51 bzw. 4,71 bei 1 bzw. 10% II) befriedigend überein. (Roczniki Chem. [Ann. Soc. chim. Polonorum] **26.** 134—42. Juni 1952. Kraków, Akad. Górn.-Hutn., Zakł. Chem. Górn., Inst. Górnictwa.) R. K. MÜLLER. 289

G. B. Porter, *Tetramethylammoniumamalgam.* Bei der Zers. des Tetramethylammoniumamalgams wurden unter Anwendung der PANETHschen Methodik (Ber. dtsch. chem. Ges. **62.** [1929.] 1335) mit Te-Spiegeln bei vermindertem Druck geringe Konzz. an Methylradikalen in den Zersetzungsprodd. festgestellt. (J. chem. Soc. [London] **1954.** 760—61. Febr. Shrivenham, Wilts., Royal Military Coll. of Sci.) WANNAGAT. 290

Vasudeva K. Iya und **Jean Loriers,** *Verwendung von Aminopolyessigsäuren zur Reinigung von Scandium durch Ionenaustausch.* Reindarst. von Sc aus Mineralien ist wegen des Geh. an Seltenen Erden schwierig. Ionenaustauschchromatographie führt zum Ziel. Aminopolyessigsäuren erweisen sich hierbei als Komplexbildner der bisher verwendeten Citronensäure überlegen, liefern vor allem Eluate höherer Konzentration. Vff. berichten über Ergebnisse mit *Nitrilotriessigsäure* (I) u. *Äthylendiamintetraessigsäure* (II) an einer mit Kationenaustauscher *Dowex 50* gefüllten Kolonne von 15 cm Länge u. 3 cm Durchmesser (es werden bis zu 15 g rohes Oxyd aufgenommen). Man regeneriert mit HCl, adsorbiert die salzsaure Lsg. des Minerals bei p_H 1,8, wäscht mit NH_4Cl-Lsg. durch u. eluiert anschließend mit 20 g/Liter NH_4-Salz von I, dem Essigsäure bis p_H 4 zugesetzt ist, oder mit Na-Salz von II, dem etwas CH_3COONH_4 zugesetzt ist. Sc erscheint vor den Verunreinigungen im Ablauf. Eluieren von unten nach oben begünstigt die Trennung. Zur Kontrolle der Reinheit wurde die magnet. Susceptibilität gemessen. (C. R. hebd. Séances Acad. Sci. **237.** 1413—15. 30/11. 1953.) HELFFERICH. 299

John R. Ferraro, Leonard I. Katzin und **George Gibson,** *Das System Thoriumnitrat–Wasser–Salpetersäure bei 25° und die Hydrate des Thoriumnitrats.* Die stabilen Hydrate des $Th(NO_3)_4$ bei 25° sind das *Pentahydrat* (I) u. das *Tetrahydrat* (II). In dem tern. Syst. $Th(NO_3)_4$—H_2O—HNO_3 liegt die Zus. der invarianten Lsg. des Paares I–II bei 17,70% W. u. 28,67% $Th(NO_3)_4$, die des Paares II–wasserfreies Salz bei 5,10% W. u. 21,13% $Th(NO_3)_4$. Die Kristalle von I werden beschrieben als klare u. transparente, pyramidale Kristalle, abgestumpft durch basale Pinakoide, biaxial positiv u. stark doppelbrechend. II ist feinkristallin. Für die wasserfreien Kristalle ergab sich aus dem Dreiecksdiagramm (Extrapolation der nach der Meth. des „feuchten Bodenkörpers" erhaltenen Verbindungslinie) die Zus. $Th(NO_3)_4 \cdot 2HNO_3$. Röntgenograph. Unterss. erwiesen diesen Stoff als ident. mit einem NO_2-Additionsprod. des $Th(NO_3)_4$, das auf anderem Wege erhalten worden war. Ein anderes wasserfreies Thoriumnitrat bei Raumtemp. herzustellen, gelang nicht. Bei Verss., höhere Hydrate herzustellen, erhielt man Prodd., die auf Grund von Röntgenunterss. im wesentlichen aus I bestanden u. daneben Hydrolysenprodd. u. Einschlüsse von Mutterlaugen enthielten. Auch die Existenz niederer Hydrate bei Raumtemp., speziell des Dihydrats, konnte nicht nachgewiesen werden. (J. Amer. chem. Soc. **76.** 909—11. 5/2. 1954. Lemont, Ill., Argonne National Labor., Chem. Dep.) UMLAND. 324

Ja. A. Fialkow und **Ja. B. Burjanow,** *Über die Komplexverbindungen von PCl_5 mit Aluminium- und Eisenchlorid.* Die therm. Analyse des Syst. PCl_5 (I)-$AlCl_3$ (II) ergab die gleiche Zus. des Dystektikums u. Eutektikums wie bei Fischer u. Sübermann (Z. allg. anorg. Chem. **235.** [1938.] 377), jedoch mit anderen FF.: 345 u. 52° gegenüber früher 380 u. 25°. Der Komplex $PCl_5 \cdot AlCl_3$ (III) wurde erstmalig durch Zusammenschmelzen der Lsgg. von I u. II in Chlf. erhalten. Kryoskop. ergab sich in Nitrobenzol für III das Mol.-Gew. 179,7—203,2. Aus der Ionenüberführung wird geschlossen, daß III die Form $[PCl_4]^+[AlCl_4]^-$ zukommt. Der Komplex $PCl_5 \cdot FeCl_3$ (IV) wurde wie III dargestellt, jedoch als Lösungsm. CCl_4 verwendet. Mol.-Gew. in Nitrobenzol: 165,4—184,0; F. 332°. Aus der Elektronenüberführung in IV-Nitrobenzol ist zu schließen, daß IV in $[PCl_4]^+$ u. $[FeCl_4]^-$ dissoziiert. Das Eutektikum von I-$FeCl_3$ schm. bei 98° u. besteht, ebenso wie das Eutektikum von I-II, zu 33 Mol-% aus I. Die beiden untersuchten Komplexe gehören zu jenen Halogensalzen, bei denen JCl, $AlCl_3$ oder $FeCl_3$ die Rolle eines Halogenanhydrids spielen. (Доклады Академии Наук СССР [Ber. Akad. Wiss. UdSSR] [N. S.] **92.** 585—88. 21/9. 1953. Inst. für allg. u. anorgan. Chem. der Akad. der Wiss. der UkrSSR.) Lebtag. 354

R. C. Croft, *Trennung der wasserfreien Chloride des Eisens und Aluminiums durch Bildung von Graphitkomplexen.* Entgegen den Befunden von Rüdorff u. Schulz (Z. anorg. Chem. **245.** [1940.] 121) stellte Vf. die Existenz von *Graphit* (I)-$AlCl_3$ (II)-Komplexen sicher. Diese bilden sich aus den Komponenten durch Erhitzen auf 250 bis 350° während 4—24 Std. im geschlossenen Gefäß u. enthalten 23% II. Aus den Komplexen läßt sich II prakt. weder durch Extraktion (8n HCl) noch durch Sublimation entfernen. Die Bindung des II zwischen den I-Schichten ist schwächer als die des $FeCl_3$ (III). Aus dieser unterschiedlichen Bindung erklärt sich auch, daß entgegen dem III-I-Komplex im II-I-Komplex ein Teil des II hydrolysiert werden kann, wie das Zurückbleiben eines Al_2O_3-Skelettes nach dem Verbrennen des I (800°) anzeigt. Durch III erfolgt keine Verdrängung des II im Komplex. Dagegen bildet sich aus I mit gleichen Mengen II u. III ein gemischter Komplex, aus dem mit HCl höchstens 2—3% beider Chloride herausgelöst werden können. Wird dieser gemischte Komplex jedoch auf 250—300° erhitzt, erfolgt durch langsame Sublimation des II Anreicherung von III im Komplex. Von den von Rüdorff u. Schulz beschriebenen Komplexen mit 60—72% u. 31—37% $FeCl_3$ nimmt Vf. an, daß der zweite Komplex das Zersetzungsprod. des ersten darstellt. Zum Schluß diskutiert Vf. die mögliche Anwendung der Komplexbldg. auf die industrielle Chlorierung von Fe-haltigem Al. (J. appl. Chem. **2.** 557—62. Okt. 1952. Melbourne, Commonwealth Sci. and Ind. Res. Organization, Div. of Ind. Chem.) Plust. 354

R. C. Croft, *Die Reaktion zwischen Eisen(III)-oxyd und wasserfreiem Aluminiumchlorid.* Berechnungen nach zeigt die Rk. $Fe_2O_{3(f)} + Al_2Cl_{6(g)} \rightleftharpoons 2\,FeCl_{3(f)} + Al_2O_{3(f)}$ zwischen 25 u. 285° einen thermodynam. günstigen Verlauf. Die berechneten Gleichgewichtskonstanten (K) ändern sich von $2{,}5 \cdot 10^{55}$ (25°) auf $2{,}5 \cdot 10^{25}$ (285°). Experimente zeigten, daß die genannte Rk. bei 200° langsam, im Temperaturbereich von 250—350° jedoch sehr schnell verläuft. Bei 250° erfolgt 57,4%ig., bei 280° 77,3%ig. Umsatz. Daraus vom Vf. errechnete Gleichgewichtskonstanten liegen weit unter den thermodynam. berechneten. Für diese Diskrepanz macht Vf. das Einschließen u. Bedecken des Fe_2O_3 durch $FeCl_3$ unterhalb des Tripelpunktes (285°) verantwortlich. Oberhalb des Tripelpunktes ist eine derartige Beeinflussung der Rk. nicht möglich. Bei 300—350° beträgt der Umsatz 100%. (J. appl. Chem. **2.** 562—65. Okt. 1952. Melbourne, Commonwealth Sci. and Ind. Res. Organization, Div. of Ind. Chem.) Plust. 354

F. M. Page, *Die Reaktion zwischen Eisen(III)- und Thiosulfat-Ionen.* 1. Mitt. *Die Bestimmung des Absorptionsspektrums des instabilen Eisen(III)-Thiosulfat-Komplexes.* Bei der Red. von Ferrisalzen durch Thiosulfat tritt eine starke Violettfärbung auf, die dem Thiosulfatferriion $FeS_2O_3^+$ (I) zugeschrieben wird. Unter Verwendung von $Fe(NO_3)_3$ u. $Na_2S_2O_3$ wurde das relative Absorptionsspektr. von I zwischen 4000 u. 7000 Å aufgenommen. Ferner wurde der Extinktionskoeff. von I für $\lambda = 5893$ Å zu 120 ± 2 bestimmt. Dabei wurde die Konz. der Reaktionsteilnehmer durch Messen der EMK. der Konzentrationskette: $Pt\,|\,(Fe^{3+}/Fe^{2+})\,||\,(Fe^{3+}/Fe^{2+}, S_2O_3^{2-}, \text{Komplex})\,|\,Pt$ erhalten. Auf diese Weise läßt sich die jeweilige Konz. von I leicht opt. bestimmen. (Trans. Faraday Soc. **49.** 635—43. Juni 1953. Welwyn, Herts., Imp. Chem. Ind., Butterwick Res. Labor. Frythe.) Fuchs. 354

R. G. Austin, Aids to inorganic chemistry. 2nd ed. Baltimore: Williams & Wilkins. 1954. (468 S.) $ 2,25.

Arnold Frederik Holleman, Lehrbuch der Chemie. T. 1. Berlin: de Gruyter. 1953. 1. Anorganische Chemie. Von **Egon Wiberg.** 32. u. 33. sorgfält. durchges. u. verb. Aufl. (XXIV + 635 S. m. 166 Fig.) DM 28,—.

C. Mineralogische und geologische Chemie.

A. I. Perelman, *Zur Frage der geochemischen Bedingungen der Bildung von rotfarbigen Formationen.* Auf Grund des vorliegenden Materials (15 Literaturhinweise) über die Bldg. der roten Gesteine der Kreide u. des Tertiärs in Asien kommt Vf. zum Schluß, daß diese bei trockenem Klima, jedoch nach vorangegangener feuchter Periode u. ruhigen tekton. Bedingungen, entstehen, wenn eine intensive chem. Verwitterung u. die Bldg. einer genügend mächtigen roten Siallit- oder Allitrinde gewährleistet ist. Als Relikte der feuchten Periode sind die Fe-Hydroxyde anzusehen, während Gips, $CaCO_3$ u. die leichtlösl. Salze den klimat. Bedingungen der Rotgesteinsbldg. entsprechen. (Доклады Академии Наук СССР [Ber. Akad. Wiss. UdSSR] [N. S.] **94.** 297—300. 11/1. 1954. Inst. für geol. Wiss. der Akad. der Wiss. der UdSSR.) Lebtag. 378

N. I. Chitarow, *Die Chloride von Natrium und Calcium als mögliche Quellen der Bildung saurer Lösungen unter Tiefenbedingungen.* Die Rk. zwischen *NaCl* (**I**) bzw. *$CaCl_2$* (**II**) u. verschied. Mineralien bei verschied. Temp., jedoch bei konstantem Druck des Gases oder Dampfes (200 at) beim Durchsickern von **I** oder **II** durch das Mineral wurde im Diffusionsautoklaven untersucht. Bei 300° u. höher führten 0,12n Lsgg. von **I** u. **II** in Ggw. von SiO_2 (Quarz) zu sauren Lsgg., bes. mit **II**. Die größte p_H-Abnahme wurde bei 400° beobachtet. **I** + *Granodiorit* führte zu fast neutralen Lsgg., die nur oberhalb 380° das p_H 2,7 annahmen. Die Rk. zwischen **II** u. *Oligoklas-Albit* führte bis 300° zu einer fast neutralen Lösung. Bei weiterer Temperaturerhöhung nahm das p_H stark ab u. erreichte bei 400° den Wert 2,9. Wurden Granodiorit oder *Quarzporphyr* mit W. bzw. 0,25n **I**-Lsg. oder *Kupfersandstein* mit W. aus einem Bohrloch (~2000 m) im Autoklaven eine gewisse Zeit unter bestimmter Temp. gehalten, so führte die Ggw. von **I** zu einer sauren Lsg. u. zu viel K, SiO_2 u. Ca. Ähnliches beobachtete man mit Bohrwasser. Die Verss. zeigen, daß in Ggw. von W. durch die Rk. zwischen **I** bzw. **II** u. Quarz, Feldspat sowie diese enthaltenden Gesteinen bei erhöhtem Druck u. bei verhältnismäßig niedriger Temp. saure Lsgg. entstehen. Die Ergebnisse werden in ihrer Bedeutung für die geolog. Vorgänge diskutiert. (Доклады Академии Наук СССР [Ber. Akad. Wiss. UdSSR] [N. S.] **94.** 519—21. 21/1. 1954. Leningrad, Allunions Wiss. Geol. Forschungsinst.) Lebtag. 378

H. Leitmeier, *Die Entstehung der Spatmagnesite in den Ostalpen.* Nach ausführlicher Behandlung der verschied. Probleme u. Ansichten über die Bldg. der ostalpinen Spatmagnesite vertritt Vf. eine Theorie, die mit den Erfahrungen am Syst. $CaO-MgO-CO_2-H_2O$ u. mit den Naturbeobachtungen am besten übereinstimmt. Danach sind die Spatmagnesite aus prävarist. oder präalpid., metasomat. *Dolomit*-Bildungen aus paläozoischen Carbonatgesteinen durch Mg-Lsgg. hervorgegangen. Diese Bldg. kann sich an schon längst vorhandenem oder prävarist. eben gebildetem *Kalkstein* abgespielt haben. Die Ausprägung von Dolomit u. Magnesit geschah durch Diagenese oder durch später erfolgte, schwache, varist. oder alpid. epizonale Metamorphose. (Tschermaks mineralog. petrogr. Mitt. [3] **3.** 305—31. Dez. 1953. Wien, Univ., Mineralog.-Petrograph. Inst.) Hiller. 378

M. A. Shukow, *Über die Genesis eines Bleierzvorkommens.* Aus der geol. Struktur u. der Mineralisationsart des Pb-Erzvork. im Kalkstein des nordwestlichen Balchaschgebietes wird geschlossen, daß diese Pb-Erze durch postmagmat. aufsteigende Lsgg. entstanden sind. (Вестник Академии Наук Казахской ССР [Nachr. Akad. Wiss. KasachSSR] **11.** 109—13. Jan. 1954.) Lebtag. 378

F. L. Stillwell, *Das Vorkommen von Goldantimonid in den Antimonadern von Costerfield, Victoria.* Das von Graham u. Kaiman erstmalig beschriebene (Res. Rep.-MD 99 of Dep. of Mines & Technical Survey, Ottawa) Goldantimonid „*Aurostibit*" (**I**) aus den antimonführenden Golderzen der North West Territories u. von Kearns (Ontario) ist röntgenograph. (Pulverdiagramm) ident. mit dem synthet. *$AuSb_2$* (**II**), das Pyritstruktur besitzt. In Costerfield, Victoria, Australien, wurde ein Au-Antimonid (**III**) als feinste Einschlüsse in Antimonglanz u. als eutekt. Kristallisationsprod. mit Au gefunden. Es ist mkr. u. durch chem. Rkk. mit **II** ident.; **III** ist hydrothermaler Entstehung über 360°. Antimonglanz wurde unter 360° gebildet. Gangart ist Quarz. Erzmineralien sind *Arsenopyrit, Pyrit,* helles gelbes Au sowie als prim. Dissoziationsprod. von **III** ein mattes, rost- bis kupferrotes, schwammiges Au, *Chalkopyrit* u. *Sphalerit.* (Australas. Inst. Mining Metallurgy, Proc. [N. S.] **164/65.** 77—91. Jan./Juni 1952.) Löffler. 380

P. Kokkoros, *Antlerit aus Lavrion. Eventuelle Identität des Arnimits mit Antlerit.* Der Antlerit, $Cu_3(OH)_4[SO_4]$, aus Laurion besteht aus sehr feinen, durchsichtigen, nach der c-Achse kurz prismat. Kristallen, ca. 70 μ lang u. 20 μ dick. Sie zeigen die Formen (1 1 0), (0 1 0) u. (0 0 1). Die opt. Achsen stehen fast senkrecht auf (1 1 0). n_α = b (gelblichgrün), n_β = c (grün), n_γ = a (grün), 2 V = 52,5°. Gitterkonstanten a = 6,02, b = 12,00, c = 8,04 kX. Die d-Werte der Pulveraufnahmen fallen in den stärkeren Reflexen mit den von FRONDEL angegebenen d-Werten des Arnimit zusammen. Arnimit ist daher unter Umständen aus der Liste der Mineralarten zu streichen. (Tschermaks mineralog. petrogr. Mitt. [3] **3**. 295—97. Dez. 1953. Thessaloniki, Griechenland, Univ., Mineralog. Inst.) HILLER. 380

P. Kokkoros und **K. Vassiliadis**, *Röntgenkristallographie von Hydrocerussit.* Hydrocerussit wird untersucht u. mit synthet. Material verglichen. Analyse des synthet. Materials: PbO 86,6; CO_2 11,4%. Es ergaben sich folgende Gitterkonstanten der rhomboedr. Zelle a = 8,45 kX u. α = 36°4'. Der Hydrocerussit wird ferner verglichen mit ebenfalls für Hydrocerussit gehaltenem hexagonalem Material aus histor. Bleischlacken von Laurion. Es zeigt sich, daß letzteres eine einfache hexagonale Zelle mit a = 5,23 u. c = 29,40 kX besitzt u. mit dem Mineral Hydrocerussit strukturell nicht ident. ist. (Tschermaks mineralog. petrogr. Mitt. [3] **3**. 298—304. Dez. 1953. Thessaloniki, Griechenland, Univ., Mineralog. Inst.) HILLER. 380

K. P. Timergasin, *Über die Bedeutung der Auffindung von Jaspilit im westlichen Baschkirien.* Das aufgefundene *Jaspilit* (I)-Gerölle besitzt eine höhere Susceptibilität als die darunterliegenden krist. Gesteine des Vorkambriums u. die Decksedimente des mittleren Devons. Die I-haltigen Konglomerate gehören nach Ansicht des Vf zur unteren Schicht der oberen Baulinstufe. Dieses Vork. von I unmittelbar über den. vorkambr. Biotitgneisen erklärt die starke magnet. Anomalie in Westbaschkirien u. setzt diese vorkambr. Gebilde in Beziehung zu ähnlichen Gebilden der russ. Plattform u. des Westurals. (Доклады Академии Наук СССР [Ber. Akad. Wiss. UdSSR] [N. S.] **91**. 931—33. 1/8. 1953. Baschkir. Zweigstelle der Akad. der Wiss. der UdSSR.) LEBTAG. 380

Je. W. Gromowa, *Die mineralogische Zusammensetzung der Sedimente des Dondeltas.* Die wichtigsten klastogenen Komponenten der Fraktion >0,01 mm der Sedimente im Dondelta sind *Quarz* u. *Feldspat*. Von untergeordneter Bedeutung sind *Glaukonit, Muskovit* u. organogener *Calcit*. Accessor. kommen Epidot, Rutil, Turmalin, Disthen vor, Sillimanit, Staurolith, Hornblende, Granat in sehr geringen Mengen, Sphen, Brookit, Apatit u. Picotit sehr selten. Die undurchsichtigen Mineralien, die 40% der Schwerfraktion ausmachen, sind durch *Ilmenit, Magnetit, Pyrit* u. *Limonit* vertreten. Die kolloiddisperse Fraktion enthält *Montmorillonit, Monothermit, Illit, Kaolinit, Hydrogoethit*, Quarz u. Calcit. (Доклады Академии Наук СССР [Ber. Akad. Wiss. UdSSR] [N. S.] **91**. 393—95. 11/7. 1953.) LEBTAG. 385

Jiří Paclt, *Ein System der Caustolite.* Vf. gibt ein Syst. der Caustolite, das in seiner Haupteinteilung der alten Klassifikation der Kaustobiolite von Potonié entspricht: Humolite, Sapropelite, Liptobiolite. (Tschermaks mineralog. petrogr. Mitt. [3] **3**. 332—47. Dez. 1953. Bratislava.) HILLER. 385

Walter Zwicker, *Beiträge zur Kenntnis moldanubischer Ganggesteine.* Vf. beschreibt 4 moldanub. Ganggesteine petrograph. u. mineralog. u. klassifiziert sie chemisch. Es handelt sich um: *Gabbro–Dioritporphyrit* aus Wieselburg an der Erlauf, *Syenitporphyr* von der Straße Marbach an der Donau-Hilmanger, *Dioritporphyrit* aus Edelsreith u. *Hornblende–Granodioritporphyrit* (Nadeldiorit) aus dem Pesenbachtal im Mühlviertel. (Tschermaks mineralog. petrogr. Mitt. [3] **3**. 356—375. Dez. 1953. Wien, Univ., Petrograph. Inst.) HILLER. 385

N. Ss. Spiro, I. Ss. Gramberg und **Z. L. Wowk**, *Über die genetische Klassifizierung natürlicher Wässer.* Die chem. Zus. des W. verschied. Meere, Seen, Flüsse, Ozeane u. Erdöllagerstätten wird in ein Diagramm eingetragen, das folgende Systeme umfaßt: 1. NaCl, $NaHCO_3$, Na_2CO_3, Na_2SO_4, H_2O; 2. NaCl, Na_2SO_4, $MgCl_2$, $MgSO_4$, H_2O ($2 NaCl + MgSO_4 \rightleftarrows Na_2SO_4 + MgCl_2$); 3. NaCl, $MgCl_2$, $CaCl_2$, H_2O. Für jede Art des W. wird ein streng spezif. Feld erhalten. Ein 2. Diagramm enthält die chem. Zus. von wss. Auszügen einiger Schlämme des Schwarzen Meeres u. verschied. Seen sowie verschied. Böden. Die Diagramme ermöglichen eine natürliche Klassifikation der Wässer, eine Verfolgung ihrer chem. Veränderungen u. die Best. der Richtung der Metamorphoseprozesse. (Доклады Академии Наук СССР [Ber. Akad. Wiss. UdSSR] [N. S.] **93**. 531—34. 21/11. 1953. Wiss. Forschungsinst. für Geol. der Arktis.) LEBTAG. 393

Je. I. Lukjanowa, *Über die Salze des Ssarakamysch-Kessels.* Aus der Mineralzus. der durch die Flüsse Gorljuk-Bulak u. Darjalyk dem Ssarakamyschkessel zugeführten Wässer wird geschlossen, daß die Salzanreicherung in den dortigen Seen immer mehr zunimmt. (Доклады Академии Наук СССР [Ber. Akad. Wiss. UdSSR] [N. S.] **92**. 769—71. 1/10. 1953. Kurnakow-Inst. für allg. u. anorgan. Chem. der Akad. der Wiss. der UdSSR.) LEBTAG. 393

R. S. A. Beauchamp, *Sulfate in afrikanischen Inlandgewässern.* Bericht über den SO_4^{2-}-Geh. afrikan. Inlandsflüsse u. Seen. Abgesehen von einigen geolog. oder abwasserchem. bedingten Fällen ist der SO_4^{2-}-Geh. der Flüsse relativ klein u. der der Seen infolge Verbrauch des S für den Aufbau organ. Substanzen noch kleiner. Aus einem Vgl. der SO_4^{2-}-Gehh. u. der Tendenz verstärkter Planktonbldg. scheint hervorzugehen, daß im Gegensatz zum P, der bereits in allerkleinsten Mengen verstärktes Wachstum hervorruft, der zum Aufbau organ. Materie in etwa gleicher Menge erforderliche S erst bei größerem Angebot nutzbar gemacht werden kann. (Nature [London] **171**. 769—71. 2/5. 1953. Uganda, Jinja, East African Fisheries Res. Organ.) NIEMITZ. 393

W. A. Macfadyen, *Sulfate in afrikanischen Inlandgewässern.* In Ergänzung der Arbeit von BEAUCHAMP (vgl. vorst. Ref.) teilt Vf. mit, daß wohl das größte *Gips-Anhydrit*-Vork. der Welt sich im östlichen Teil von Brit.-Somaliland befindet. Die dortigen Vorfluter haben daher extrem hohe Sulfatgehh., nicht selten über 2000 bis 3000 mg/Liter. In dem Dorf Eik hat das Brunnenwasser mit einem SO_4^{2-}-Geh. von 4400 mg/Liter u. einem Gesamtgeh. an gelösten Salzen mit ca. 10000 mg/Liter wohl mit den größten Salzgeh. aller Trinkwässer auf der Erde. (Nature [London] **172**. 595. 26/9. 1953. Tenterden, Kent, Hope's Grove.) NIEMITZ. 393

P. P. Woronkow, *Besonderheiten der Entstehung der chemischen Zusammensetzung von Oberflächengewässern in verschiedenen geographischen Zonen.* Vf. behandelt die Mineralisationsbedingungen u. die chem. Zus. der Oberflächengewässer der Wald-, Steppen- u. Wald-Steppen-Zone. (Доклады Академии Наук СССР [Ber. Akad. Wiss. UdSSR.] [N. S.] **94**. 293—96. 11/1. 1954. Leningrad, Hydrol. Inst.) LEBTAG. 393

Orsini Cecil Smith, Identification and qualitative chemical analysis of minerals. 2nd. ed. New York: Van Nostrand. 1953. (394 S. m. Abb., Diagr.) $ 7,50.

Emanuel Kayser, Abriß der Geologie. 7. verb. Aufl. von **Roland Brinkmann**, 2 Bde. Bd. 2. Stuttgart: Enk. 1954. 2. Historische Geologie. (VII + 359 S. m. 70 Abb. u. 58 Taf.) DM. 35.—.

D. Organische Chemie.

D_1. Allgemeine und theoretische organische Chemie.

C. R. Mueller, *„Unified-orbital"-Behandlung von Äthylen.* Unter Benutzung von SLATERschen A.O.'s φ (exponentielle Ladung 3,18) berechnet Vf. die Eigg. der σ- u. π-Bindungen von *Äthylen.* Für die Eigenfunktionen $\psi_1 = \varphi_a + \lambda\varphi_b$ bzw. $\psi_2 = \lambda\varphi_a + \varphi_b$ ergibt sich nach der Variationsrechnung als λ-Parameter im Fall der σ-Elektronen $\lambda = 1{,}00$, bei den π-Elektronen $\lambda = 0{,}282$. Danach sind die σ-Bindungen wahre Mol.-Zustände, die π-Bindungen jedoch — im Gegensatz zu den Annahmen der A.O.-Theorie — weitgehend lokalisiert. Die Bindungsenergien berechnet Vf. zu 128 (σ) u. 90 kcal (M.O.-Meth.) bzw. zu 69 u. 75 kcal (A.O.-Meth.). Für die π-Bindung ergibt sich nach der „halblokalisierten A.O."-Meth. 163 kcal. — Die Säkulargleichung zur Berechnung der Polarisierbarkeiten α enthält bei dem Verf. des Vf. die Austauschintegrale in jedem Matrixelement, der Gesamtwert von α steht in guter Übereinstimmung mit dem Experiment, nach der Berechnung ist jedoch 90% von α Anteil der π-Bindung. Die überraschend kleine Polarisierbarkeit der σ-Bindung (0,24 cm^3) wird durch den Einfl. der sp^2-Hybridisierung erklärt. — Für Elektronenverteilung, α-Werte, Bindungs- u. Anregungsenergien E liefert die von Vf. benutzte „unified orbital"-(halblokalisierte Bahn-) Meth. andere u. — bes. für E — bessere Ergebnisse als die M.O.- u. A.O.-Verfahren. Vf. weist daher auf die Notwendigkeit hin, frühere Berechnungen zu überprüfen. (J. chem. Physics **22**. 120—22. Jan. 1954. Lafayette, Ind., Purdue Univ., Chem. Dep.) KRESZE. D 10

Saburo Nagakura und **Jiro Tanaka,** *Die Beziehung zwischen Energieniveaus von Substituenten und Elektronenwanderungseffekten in einigen monosubstituierten Benzolen.* Aus den Ionisationspotentialen u. den nahen UV-Spektren bestimmten Vff. die höchsten besetzten (H_B, H_S) u. die niedrigsten freien Elektronenniveaus (V_B, V_S) von Bzl. bzw. verschied. Substituenten (Cl, Br, J, SH, OH, NH_2, NO_2, CHO, $COCH_3$, COOH, $CH=CH_2$). Aus der relativen Höhe dieser Niveaus ergibt sich, daß substituierte Benzole in drei Gruppen eingeteilt werden können: (1) $|V_S—H_B| < |V_B—H_S|$ (m-dirigierende Moll.); (2) $|V_S—H_B| > |V_B—H_S|$ (o, p-dirigierende Moll.); (3) $|V_S—H_B| \approx |V_B—H_S|$ (Styrol). Durch die Wechselwrkg. zwischen H_B u. V_S, wie sie in den sub-

stituierten Benzolen vorliegt, ergeben sich bei diesen Moll. die Niveaus W_n u. W_e, die für einige Beispiele nach der LCAO-Meth. in Näherung berechnet werden. Die W_n u. W_e sind angegeben für *Nitrobenzol, Acetophenon, Benzaldehyd, Benzoesäure, Phenol* u. *Anilin*. Es zeigt sich, daß im Fall (1) das wandernde Elektron vom Kern in den Substituenten „fließt"; Umgekehrtes gilt für (2), während im Fall (3) die beiden Einflüsse etwa gleich stark sind. Den Unterschied der Ionisationspotentiale zwischen den m- u. den o, p-dirigierenden Moll. deuten Vff. auf Grund der Wechselwrkg. von H_B mit H_S oder V_S; die bei m-dirigierenden Moll. beobachteten Absorptionsbanden in der Region 2300—2600 Å entsprechen dem Übergang zwischen 2 Niveaus, die durch Wechselwrkg. zwischen V_S u. H_B zustande kommen. — UV-Spektr. von Acetophenon. (J. chem. Physics **22**. 236—40. Febr. 1954. Tokyo, Univ., Inst. of Sci. and Technol.)
J. ROTHE. D 114

Gerald Branch und **Jerome F. Thomas**, *Reaktionen von p-Dimethylaminochalkonen mit Acetanhydrid*. Vff. berichtigen frühere Schlüsse über den Ursprung der UV-Banden von [*p-Dimethylaminobenzal*]-*acetophenon* u. *Benzal-p-dimethylaminoacetophenon* (vgl. KATZENELLENBOGEN u. BRANCH, C. **1948**. I. 1291). Demnach sind die Banden bei 425 u. 396 mμ (in H_2SO_4) auf die zweifach geladenen Kationen zurückzuführen. Die Banden bei 483 u. 490 mμ (in Acetanhydrid–H_2SO_4) stammen dagegen von den acetylierten chinoiden Strukturen der einfach geladenen Kationen $C_6H_5(CH_3COO)C{=}CH{-}CH{=}C_6H_4{=}\overset{+}{N}(CH_3)_2$ u. $(CH_3)_2\overset{+}{N}|{=}C_6H_4{=}C(OOCCH_3){-}CH{=}CH{-}C_6H_5$, deren benzoide Formen Banden bei 294 u. 315 mμ hervorrufen. (J. Amer. chem. Soc. **76**. 2176—77. 20/4. 1954. Berkeley, Calif., Univ. of Calif., Chem. Labor.)
J. ROTHE. D 118

J. B. Birks, *Szintillationen an Naphthalin-Anthracen-Kristallen*. Naphthalin (I)-*Anthracen* (II)-Mischkristalle mit ~9% II lassen sich leicht in größeren Exemplaren erhalten u. zeigen bei α-Erregung einen ~4 mal größeren Impuls als reine I-Kristalle bei Verwendung von Multipliern mit Sb–Cs-Kathode (Typ 5311). Durch Trennung der dem I u. II zukommenden Impulsgrößen durch entsprechende Lichtfilter (Fluorescenzgebiet für I 3100—3700 Å, für II 4000—5000 Å) bei Mischkristallen verschied. Zus. läßt sich zeigen, daß im Empfindlichkeitsbereich des Multipliers keine neue Fluorescenzkomponente auftritt. Die durch den Zusatz von II im Fluorescenzbereich von I unterdrückte Strahlung erscheint quantitativ im Fluorescenzbereich von II. Dieses Resultat ist in Übereinstimmung mit der „exciton-Theorie" (vgl. BOWEN u. Mitarbeiter, Proc. Physic. Soc., Sect. A **62**. [1949.] 26). (Proc. physic. Soc., Sect. A **63**. 1044—46. 1/9. 1950. Glasgow, Univ., Dep. of Nat. Philos.) EICHHOFF. D 118

Peter G. Dayton, *Die Absorption einiger Pyrazole* (*Derivaten von β-Dicarbonylverbindungen*) *im mittleren Ultraviolett*. Es wird im mittleren UV der Anstieg der Absorption für folgende Pyrazolderivv. graph. wiedergegeben: *Pyrazol, 3-Methyl-, 1.3.5-Trimethyl 3.5-Dimethyl-, 3-Methyl-5-tert.-butyl-, 1-Phenyl-3-tert.-butyl-* ($C_{13}H_{16}N_2$, $Kp._{760}$ 268°, $Kp._{18}$ 152°, aus PAe. F. 75—76°), *1-Phenyl-3-methyl-5-tert.-butyl-* (C_{14}·$H_{18}N_2$, $Kp._{758}$ 272°, $Kp._{14}$ 153°, aus PAe. F. 85°), *1-Phenyl-3.5-dimethyl-, 1-Phenyl-3.4.5-trimethyl-, 3-Phenyl-, 3.5-Dimethyl-, 3-tert.-Butyl-* ($C_7H_{12}N_2$, $Kp._{760}$ 214°, $Kp._{15}$ 115°, F. 53—55°) u. *3-Methyl-5-tert.-butylpyrazol* ($Kp._{760}$ 225°, aus verd. A., F. 169 bis 171°), *3.5-Dimethyl-, 3-Methyl-5-tert.-butyl-* ($C_9H_{15}ON_3$, aus PAe., F. 113—114°), *3-tert.-Butylpyrazolcarbonamid-(1)* ($C_8H_{13}ON_3$, aus Ae. oder PAe., F. 93°), *Ester der 3.5-Dimethylpyrazolcarbonsäure-(4), Pyrazolcarbonsäure-(3), 1-Phenyl-3.5-dimethylpyrazolcarbonsäure-(4), Ester der 3-Phenylpyrazolcarbonsäure-(5)*. Der bathochrome Effekt der Substituenten auf die Absorption des Pyrazolringes wächst in der Reihenfolge: Pyrazol, Alkylpyrazol, Pyrazolcarbonsäure, Phenylpyrazol, Phenylpyrazolcarbonsäure. (C. R. hebd. Séances Acad. Sci. **236**. 2515—17. 29/6. 1953.)
GOUBEAU. D 118

Y. Dorta-Schaeppi, H. Hürzeler und **W. D. Treadwell**, *Über die Stöchiometrie und Extinktion gelöster Alizarinlacke von Kationen der Titanreihe*. Es wurde zur Ermittlung der stöchiometr. Zus. der in Lsg. befindlichen Komplexe bei den Farblacken (Gemische aus Alizarinsulfonsäure [I] u. einem geeigneten einfachen Salz des Kations) die Extinktion als Funktion der Zus. des Gemisches ermittelt. Man erhält für die Dissoziationskonstanten der Lacke mit $Ti^{4+} = 2{,}7 \cdot 10^{-5}$; $Zr^{4+} = 2{,}8 \cdot 10^{-6}$; $Hf^{4+} = 2{,}1 \cdot 10^{-6}$; $Th^{4+} = 2{,}8 \cdot 10^{-7}$. Diese u. der Lack mit Sn zeigen ein Verhältnis Me^{4+}: I = 1:1, während der Al-Lack der stöchiometr. Zus. 1:2 entspricht. — Während die Lackbldg. mit Zr, Hf, Th sehr vollständig u. gleichartig ist, zeigen die Lacke von Sn u. Ti eine bedeutend weniger vollständige Komplexbldg., die beim Sn überdies in 2 Stufen zu verlaufen scheint, u. zwar mit größerer Vollständigkeit als beim Ti u. Al. Diese zweistufige Bldg. des Sn-Lackes könnte unter vermehrter Inanspruchnahme der

Hydroxylgruppen der I erfolgen. — Zur Prüfung der Existenzgebiete der Farblacke wurden äquimol. Gemische der Metallsalze mit Alizarin hergestellt. Die konstant bleibende Extinktion E_{5780} im p_H-Bereich 4—10 zeigte eine nur durch die Bldg. von inneren Komplexen erklärbare Stabilität sowohl bei Komplexen mit Al^{3+} (E_{5780} [bei d = 5 cm] = 1,20, Konz. c = 10^{-3}mol.), Ti^{4+} (E = 0,56—0,64, c = $8\cdot10^{-5}$mol.), Zr^{4+} (E = 0,9—0,95, c = $8\cdot10^{-5}$mol.), Hf^{4+} (E = 0,80, c = $8\cdot10^{-5}$mol.), Th^{4+} (E = 0,85, c = $4\cdot10^{-5}$mol.). I besitzt einen K_S-Wert von $7,3\cdot10^{-9}$; die Verschiebung der Extinktion beim Übergang vom sauren ins alkal. Gebiet besteht im Auftreten von zwei Maxima, von denen das erste bei 5600 Å offenbar der Neutralisation des der Carbonylgruppe benachbarten Hydroxyls, das bei 6000 Å der Neutralisation des zweiten Hydroxyls entspricht. — Die Verschiebung des Maximums der Extinktion bei der Lackbldg. betrug bei den gleichartigen Komplexen der Titanreihe unabhängig vom Radius der beteiligten Kationen ca. 1000 Å, welcher im Sinne der Absorptionstheorie von KUHN etwa dem Zuwachs durch eine konjugierte aromat. Doppelbindung entspricht. Das ermöglichte die rechner. Best. der Quantenzustände, die die Extinktion im sichtbaren Gebiet bedingen. Nach KUHN erscheint das erste Maximum der Extinktion bei λ_{max} $637\cdot n^2/N$ (n = Zahl der konjugierten Bindungen der Atomkette des Elektronengases, N = Zahl der π-Elektronen). Aus den entsprechenden Formelbildern wurden die n- u. N-Werte abgelesen u. die daraus berechneten Maxima mit den gefundenen verglichen: Für I-Säureform ergibt sich mit n = 7, N = 8, Maximum [berechnet] 3900 Å, [gefunden] 4200 Å; für Lacke der Zr-Reihe mit n = 9, N = 10, 5160 Å, 5200 Å; für I-Salzform mit n = 10, N = 11, 5800 Å, 5600 Å (Hauptmaximum), 6000 Å (Nebenmaximum); für den Ferrikomplex den Benzhydroxamsäure mit n = 9, N = 10, 5160 Å, 5100 Å. (Helv. chim. Acta **34.** 797—805. 2/5. 1951. Zürich, ETH, Labor. für anorg. Chem.) BANKWITZ. D 118

E. E. Ferguson, R. L. Hudson, J. Rud Nielsen und **D. C. Smith,** *Schwingungsspektren von fluorierten aromatischen Verbindungen.* 3. Mitt. *1.4-Difluorbenzol.* (Vgl. FERGUSON, C. **1954.** 3657.) Es wurden die Infrarotabsorptionsspektren von gasförmigem u. fl. *1.4-Difluorbenzol* zwischen 2—22 bzw. 2—38 μ, sowie das RAMAN-Spektr. der fl. Phase bei einer Erregerwellenlänge von 4358 Å untersucht. Die relativen Intensitäten u. die Depolarisationsverhältnisse der intensiveren RAMAN-Banden sind in einer Tabelle wiedergegeben. Es wurde eine vollständige Zuordnung der Grundschwingungsfrequenzen durchgeführt u. die Spektren eingehend diskutiert. Berechnet wurden die Frequenzen der nichtebenen Schwingungen unter Zugrundelegung von für verwandte Moll. bestimmten Kraftkonstanten. Die berechneten Werte der 7 akt. Frequenzen hatten eine mittlere Abweichung von 8% von den beobachteten. (J. chem. Physics **21.** 1457—63. Sept. 1953. Norman, Okla., Univ., Dep. of Phys., u. Washington, D. C., Naval Res. Labor.) GOTTFRIED. D 120

E. E. Ferguson, L. R. Hudson, J. Rud Nielsen und **D. C. Smith,** *Schwingungsspektren von fluorierten aromatischen Verbindungen.* 4. Mitt. *1.2.4.5-Tetrafluorbenzol.* (3. vgl. vorst. Ref.) Untersucht wurden die Infrarotabsorptionsspektren von gasförmigem u. fl. *1.2.4.5-Tetrafluorbenzol* zwischen 2—22 μ sowie das RAMAN-Spektr. der fl. Phase bei einer Wellenlänge von 4358 Å. Die Versuchsergebnisse einschließlich der Zuordnungen der Grundschwingungsfrequenzen sind tabellar., die Infrarotspektren graph. wiedergegeben. Die berechneten Frequenzen der 7 akt. nichtebenen Schwingungen stimmten mit den beobachteten Werten innerhalb 3% überein. (J. chem. Physics **21.** 1464—69. Sept. 1953.) GOTTFRIED. D 120

E. E. Ferguson, R. L. Collins, J. Rud Nielsen und **D. C. Smith,** *Schwingungsspektren von fluorierten aromatischen Verbindungen.* 5. Mitt. *1.3-Difluorbenzol.* (4. vgl. vorst. Ref.) Es wurde das Infrarotabsorptionsspektr. von fl. *1.3-Difluorbenzol* zwischen 2—22 μ untersucht. Von der gasförmigen Phase konnten die Konturen der starken Infrarotbanden zwischen 5—22 μ beobachtet werden. Weiter wurde das RAMAN-Spektr. der fl. Phase bei der Erregerwellenlänge 4358 Å photographiert. Die Versuchsergebnisse sind tabellar. u. zum Teil graph. wiedergegeben. Die vollständige Zuordnung der Grundschwingungsfrequenzen ist in den Tabellen enthalten. (J. chem. Physics **21.** 1470—74. Sept. 1953.) GOTTFRIED. D 120

D. C. Smith, E. E. Ferguson, R. L. Hudson und **J. Rud Nielsen,** *Schwingungsspektren von fluorierten aromatischen Verbindungen.* 6. Mitt. *Fluorbenzol.* (5. vgl. vorst. Ref.) Untersucht wurden die Infrarotabsorptionsspektren von gasförmigem u. fl. *Fluorbenzol* zwischen 2—22 bzw. 2—38 μ sowie das RAMAN-Spektr. der fl. Phase mit der Wellenlänge 4358 Å. Die Versuchsergebnisse sind tabellar. u. graph. zusammengestellt, die Zuordnung der Grundschwingungen ist angegeben. (J. chem. Physics **21.** 1475—79. Sept. 1953.) GOTTFRIED. D 120

E. E. Ferguson, R. L. Hudson, J. Rud Nielsen und **D. C. Smith,** *Schwingungsspektren von fluorierten aromatischen Verbindungen.* 7. Mitt. *1.2.4-Trifluorbenzol.* (6. vgl. vorst. Ref.) Es wurde das Infrarotabsorptionsspektr. von fl. *1.2.4-Trifluorbenzol* zwischen 2—22 μ untersucht. Tabellar. sind die Wellenzahlen der beobachteten Absorptionsmaxima sowie die relativen Intensitäten der Banden zusammengestellt; mit aufgenommen in die Aufstellung sind die beobachteten RAMAN-Frequenzen für diese Verb. mit ihren Intensitäten u. Depolarisationsverhältnissen der stärkeren RAMAN-Linien. Eine vollständige Zuordnung der beobachteten Frequenzen wird gegeben. (J. chem. Physics **21.** 1727—30. Okt. 1953.) GOTTFRIED. D 120

E. E. Ferguson, Louis Mikkelsen, J. Rud Nielsen und **D. C. Smith,** *Schwingungsspektren von fluorierten aromatischen Verbindungen.* 8. Mitt. *1.4-Bis-[trifluormethyl]-benzol.* (7. vgl. vorst. Ref.) Zwischen 2—22 μ wurde das Infrarotabsorptionsspektr. von fl. *1.4-Bis-[trifluormethyl]-benzol* untersucht. Die beobachteten Absorptionsmaxima mit ihren relativen Intensitäten sowie die RAMAN-Frequenzen u. die Depolarisationsverhältnisse der stärkeren RAMAN-Banden sind in einer Tabelle zusammengestellt. Bei der Deutung der Spektren wurden zuerst die Zuordnungen für die Skelettgrundschwingungen durchgeführt, wobei ein Modell der Symmetrie V_h zugrunde gelegt wurde, wonach die CF_3-Gruppen als Punkte angenommen wurden. Hierauf wurden die Zuordnungen für die CF_3-Schwingungen durchgeführt, die noch zusätzlich 18 Normalschwingungen lieferten. Die Spektren zeigten keine Koinzidenzen von starken Infrarot- u. RAMAN-Banden. Vier mittelstarke RAMAN-Banden, welche mit mittleren oder starken Absorptionen koinzidieren, sind Deformationsschwingungen der CF_3-Gruppen zuzuschreiben. Dies zeigt an, daß die Näherungsannahme eines Symmetriezentrums für das Mol. richtig ist. (J. chem. Physics **21.** 1731—35. Okt. 1953.) GOTTFRIED. D 120

E. E. Ferguson, R. L. Hudson, J. Rud Nielsen und **D. C. Smith,** *Schwingungsspektren von fluorierten aromatischen Verbindungen.* 9. Mitt. *p-Fluortoluol.* (8. vgl. vorst. Ref.) Das Infrarotabsorptionsspektr. von fl. *p-Fluortoluol* wurde zwischen 2—38 μ, das der gasförmigen Verb. außerdem im NaCl- u. KBr-Gebiet untersucht. Tabellar. sind die Wellenzahlen der beobachteten Absorptionsmaxima, der relativen Bandenintensitäten sowie die RAMAN-Frequenzen u. die Polarisationsverhältnisse angegeben. Bei der Bezeichnung der Grundfrequenzen wurde für das Mol. angenähert die Symmetrie V_h angenommen. Eine größere Anzahl von Banden konnte wegen der großen Zahl von Koinzidenzen auf verschied. Weise gedeutet werden. Bei einem Vgl. der Grundschwingungen des Mol. mit denen des p-Difluorbenzols u. p-Xylols zeigte sich eine bemerkenswert enge Beziehung. (J. chem. Physics **21.** 1736—40. Okt. 1953.) GOTTFRIED. D 120

W. M. Heston jr., A. D. Franklin, E. J. Hennelly und **C. P. Smyth,** *Mikrowellenabsorption und Molekülstruktur in Flüssigkeiten.* 5. Mitt. *Messung der Dielektrizitätskonstante und Verluste an Lösungen mit niedrigen Verlusten.* (4. vgl. C. **1951.** II. 2572.) Für verd. Lsgg. in unpolaren Lösungsmitteln wird wegen der hier geringen dielektr. Verluste eine neue Meßtechnik ausgearbeitet. Die Spannungsverhältnisse der stehenden Welle im Wellenleiter werden an einem Schlitz gemessen. Als Beispiel werden Messungen an *Äthylbromid* in *n-Hexadecan* (Molenbruch 0,02—0,08) bei 1,277, 3,22, 5,59 u. 10 cm u. 577 m bei 20, 30 u. 40° gebracht. Hier sind DK. u. dielektr. Verlust lineare Funktionen der Konzentration. (J. Amer. chem. Soc. **72.** 3443—47. Aug. 1950. Princeton, N. J., Univ., Frick Chem. Labor.) A. REUTER. D 121

A. D. Franklin, W. M. Heston jr., E. J. Hennelly und **C. P. Smyth,** *Mikrowellenabsorption und Molekülstruktur in Flüssigkeiten.* 6. Mitt. *Dielektrische Relaxation von vier organischen Halogeniden und Campher in verschiedenen Lösungsmitteln.* (5. vgl. vorst. Ref.) Nach der l. c. beschriebenen Meth. werden im Konzentrationsbereich von 0,00—0,07 Molenbruch u. 0, 20, 40 u. 60° gemessen die DK. u. die dielektr. Verluste von *Äthylbromid* in *Bzl.*, *Heptan* (**I**), *Cyclohexan* (**II**) u. *Hexadecan* (**III**), von *n-Octylbromid* in **I**, **II** u. **III**, von *tert.-Butylchlorid* in **I** u. **II**, von *α-Bromnaphthalin* in **I** u. *Campher* in **II**. Bei der ausführlichen Auswertung der Meßdaten werden statt der DK. oder der Verluste die Werte der Neigungen der DK.-Kurven gegen die Konz. in die theoret. u. empir. erweiterten DEBYE-Formeln eingesetzt. Die Relaxationszeiten der polaren Moll. sind in den reinen Fll. länger als in verd. Lsgg. gleicher Viscosität u. wachsen mit zunehmender Viscosität des Lösungsm., jedoch nicht so stark, wie nach der DEBYE-Theorie erwartet wurde. (J. Amer. chem. Soc. **72.** 3447—54. Aug. 1950.) A. REUTER. D 121

Harry H. Wasserman und **Joyce B. Brous,** *Stereospezifische Reaktionen der Diphenacylhalogenide.* Zur Konfigurationsbest. der Diphenacylbromide (vgl. C. **1953.** 8065) führten Vff. folgende Umsetzungen aus: β-Diphenacylbromid (**I**, X = Br) reagierte unter milden Bedingungen mit Anilin (**IV**) zu einem Anilinoderiv. (**III**), das beim Stehen in Ggw. von HCl in ein Gemisch von *3-Oxy-* u. *3-Chlor-1.2.4-triphenylpyrrol* überging. Wurde α-Diphenacylbromid (**II**, X = Br) in gleicher Weise mit **IV** umgesetzt, entstand sofort *3-Brom-1.2.4-triphenylpyrrol* (vgl. WIDMANN [1913]). **III** bildete sich auch aus **I** (X = Cl), hingegen reagierte **II** (X = Cl) unter den angewandten Bedingungen nicht, hier wurde nur ein unidentifiziertes Prod., F. 124—128°, isoliert. — Wurde **II** (X = Br oder Cl) mit Hydrazin umgesetzt, so konnte *3.5-Diphenylpyridazin* isoliert werden, aus **I** (X = Br oder Cl) entstand bei analoger Rk. *2.4-Diphenylpyrrol*. Aus diesen Rkk., deren Einzelschritte bes. in stereochem. Richtung diskutiert wurden, folgte, daß in **I** die cis- u. in **II** die trans-Anordnung der C_6H_5- u. C_6H_5CO-Gruppe am Epoxyring vorliegt. — Das Infrarotspektr. von **III** ist angegeben.

V e r s u c h e (FF. korr.): *β-Diphenacylchlorid* (**I**, X = Cl), F. 151—153°, *2.4-Dinitrophenylhydrazon*, $C_{22}H_{17}O_5N_4Cl$, aus A.-Chlf., F. 183° (Zers.), orangefarbene Kristalle. — *β-Diphenacylbromid* (**I**, X = Br), F. 161—162,5°, *2.4-Dinitrophenylhydrazon*, $C_{22}H_{17}O_5N_4Br$, aus A.-Chlf., F. 178° (Zers.), orangefarbene Nadeln. — *α-Diphenacylchlorid* (**II**, X = Cl), *2.4-Dinitrophenylhydrazon*, $C_{22}H_{17}O_5N_4Cl$, aus A., F. 203° (Zers.), orangefarbene Nadeln. — *α-Diphenacylbromid* (**II**, X = Br), F. 136—137,5°. — *3-Brom-1.2.4-triphenylpyrrol*, $C_{22}H_{16}NBr$, F. 140—141° (A.), a) aus **II** (X = Br) u. **IV** durch Erhitzen; 77% (Ausbeute); b) aus **II** (X = Br) u. **IV** in W. durch 3std. Kochen; 41%. — *Anilinoderiv. von* **I** (*1-Phenyl-1-anilinomethyl-2-benzoyläthylenoxyd*, **III**), $C_{22}H_{19}O_2N$, F. 119—120° (A.), aus **I** (X = Br) bzw. **I** (X = Cl) u. **IV** in W. durch 3std. Kochen unter Rühren, Nadeln; 80 bzw. 41%. — *3-Chlor-1.2.4-triphenylpyrrol*, $C_{22}H_{16}NCl$, F. 144,5—146° (Chlf.-A.), durch 13std. Stehen von 3 g **III** in mit HCl gesätt. Eisessig, gelbe Nadeln; 590 mg; daneben *3-Oxy-1.2.4-triphenylpyrrol*, F. 114 bis 132°, gelbgrüne Nadeln; 140 mg. *Acetylderiv.*, $C_{24}H_{19}O_2N$, F. 133—134°. — *3.5-Diphenylpyridazin*, $C_{16}H_{12}N_2$, F. 144—145° (A.), aus **II** (X = Br oder Cl) u. Hydrazinhydrat (**V**) in A. durch ½std. Kochen, Nadeln; 65% (Rohausbeute bei **II**, X = Cl). — *2.4-Diphenylpyrrol*, $C_{16}H_{13}N$, F. 179—180° (A.), aus **I** (X = Br oder Cl) u. **V** in A. durch ½std. Kochen; 33 bzw. 31%. (J. org. Chemistry **19**. 515—21. April 1954. New Haven, Conn., Yale Univ., Sterling Chem. Labor.) L. FISCHER. D 123

Günther O. Schenck und **Klaus G. Kinkel**, *Zur Frage des Ausbleichens von fluorescierenden Farbstoffen im Licht.* Vff. beobachten 2 verschied. photochem. Ausbleichvorgänge von photosensibilisierenden Farbstoffen, wie *Eosin* (**I**) oder *Methylenblau* (**II**), bei Anwesenheit von Acceptoren (A), wie *Mono-* u. *Polyolefinen* u. deren Derivv., in alkoh. Lsg.: 1. Bei Abwesenheit von O_2 entfärbt sich die belichtete Lsg. nach Art u. Menge von A mehr oder weniger rasch. Nach Vff. bildet sich zuerst ein phototropisomeres Diradikal $Sens_{rad}$, das unter Dehydrierung von A in die Leucoverb. Sens·H_2 übergeht. $Sens_{norm}$ kann mittels O_2 wieder zurückgebildet werden. 2. Bei Anwesenheit von O_2 wird O_2 verbraucht u. AO_2 gebildet. Sehr viel später als bei 1. tritt mit einem Anteil von ca. 1‰ die sek. Bleich-Rk. ein, die zu einer irreversiblen, oxydativen Zerstörung des Farbstoffs führt. Da die Geschwindigkeit des oxydativen Bleichens mit Art u. Menge von A variiert, aber mit der Belichtung u. O_2-Aufnahme ansteigt, kommt dafür nur AO_2 in Frage. Dies wird an Lsgg. von **I** u. **II** mit *Endoperoxyden* oder H_2O_2 unter N_2 u. Belichtung bewiesen. Diese bleichen rasch oxydativ aus, während mit O_2 starke Hemmung eintritt. Zur Anreicherung von AO_2 ist daher O_2 u. $Sens_{norm}$ notwendig, da im letzteren Fall Autoxydation erfolgt. Vff. halten es für möglich, daß die Lichtbeständigkeit des *Chlorophylls* teilweise ähnlich wie bei **I** u. **II** durch O_2-Anlagerung an ein phototrop-isomeres Diradikal erklärt werden kann. (Naturwissenschaften **38**. 503. Nov. 1951. Göttingen, Univ., Organ.-Chem. Inst.) ZANKER. D 125

F. H. Field, *Die Dissoziation von Cyclopropan durch Elektronenstoß.* Mit einem WESTINGHOUSE LV-Massenspektrographen wurden die Appearancepotentiale P folgender durch Elektronenstoß (75 eV) aus *Cyclopropan* (**I**, Kp. ca. —33°) entstandener Ionen bei ca. 75° gemessen: $C_3H_6^+$(P=) 235 ± 2 (kcal), $C_3H_5^+$ 279 ± 2, $C_3H_4^+$ 282 ± 2, $C_3H_3^+$ 324 ± 2, $C_3H_2^+$ 318 ± 5, C_3H^+ 346 ± 12, C_3^+ 286 ± 12, $C_2H_3^+$ 308 ± 2, $C_2H_2^+$ 314 ± 2, CH_3^+ 390 ± 5, CH_2^+ 427 ± 5 u. CH^+ 588 ± 14. Offenbar erfolgt durch Elektronenstoß eine Ionisierung des **I** unter Ringöffnung, die Bildungswärme des vermutlich entstehenden Ionenradikals $^+CH_2CH_2CH_2\cdot$ wird zu 241 kcal/Mol abgeschätzt. Für die Umwandlung von **I** in C_2H_4 u. CH_2 wird ein Energiebedarf ΔH von 77 kcal/Mol errechnet, woraus die C–C-Bindungsdissoziationsenergie in **I** zu wenigstens 50 kcal/Mol abgeschätzt wird. Überraschend ist die Übereinstimmung der Bildungswärmen eines Ions aus verschied. Muttersubstanzen. Diskussion über die Rolle der Aktivierungsenergie bei Dissoziationen vielatomiger Moll. durch Elektronenstoß. (J. chem. Physics **20**. 1734—39. Nov. 1952. Austin, Tex., Univ., Dep. of Chem.) GNAUCK. D 131

Aubrey P. Altshuller, *Dielektrizitätskonstanten, Polarisationen und Dipolmomente einiger Alkylbenzole.* Für die KW-stoffe *Bzl., Toluol, Äthylbenzol, o-, m-* u. *p-Xylol, Propylbenzol, Isopropylbenzol, 1.2-, 1.3-* u. *1.4-Methyläthylbenzol, 1.2.3-, 1.2.4-* u. *1.3.5-Trimethylbenzol, Butylbenzol, Isobutylbenzol, sek.-* u. *tert.-Butylbenzol, 1.2-, 1.3-* u. *1.4-Diäthylbenzol, 1-Methyl-4-isopropylbenzol, 1.3-Dimethyl-5-äthylbenzol, Tetralin, 1.3-* u. *1.4-Methyl-tert.-butylbenzol, 1-Methyl-3.5-diäthylbenzol* u. *1.3.5-Triäthylbenzol* wurden die DKK. bei 20 u. 30° bestimmt u. folgende Größen berechnet: Molpolarisation, die Mol.-Refrr. R_D u. R_∞ u. die nach ONSAGER gewonnenen Polarisationen P_D u. P_∞. Die Atompolarisationen ergaben sich als Funktion der Anzahl der C-Atome der Seitenketten u. wurden mit auf anderem Wege gefundenen Werten verglichen. Ferner wurden die Dipolmomente der Verbb. nach ONSAGER (mit u. ohne Korrektur für Atompolarisation), nach ALTSHULLER (J. physic. Chem. **57.** [1953.] 538) u. nach KIRKWOOD ermittelt, wobei die letzten am besten mit Dipolmessungen im Gaszustand übereinstimmen. (J. physic. Chem. **58.** 392—95. Mai 1954. Washington, D. C., Lewis Flight Propulsion Labor.) MOISAR. D 132

Daniel Berg und **Andrew Patterson jr.,** *Die Leitfähigkeit bei hohen Feldstärken von wässerigen Glycinlösungen bei 25°* (vgl. C. **1954.** 6690) Leitfähigkeitsmessungen reiner *Glycin*-Lsgg. von Konzz. 0,6 u. 1,644 mol. bei Feldstärken bis zu 200 kV/cm u. 25° ergeben einen positiven $\Delta\lambda/\lambda_0$-Wert, der mit der Konz. ansteigt. So wurden in 1,644 mol. Lsg. erhalten: $\Delta\lambda/\lambda_0 = 1{,}8\%$ für 50 kV/cm u. $\Delta\lambda/\lambda_0 = 3{,}92\%$ für 100 kV/cm. Als bestimmend für den Effekt wird die saure Ionisationsstufe des I erkannt mit $K = 4{,}47 \cdot 10^{-3}$. Bei c = 1,644 mol. treten auch geringe interion. Wechselwrkgg. auf. Die Differenzen zwischen den Ergebnissen der Vff. u. denen von WIEN (Physik. Z. **32.** [1931.] 545) u. BLÜH u. TERENTIUK (C. **1951.** II. 781) werden durch die verschied. experimentellen Voraussetzungen erklärt. (J. Amer. chem. Soc. **75.** 1482—84. 20/3. 1953. New Haven, Conn., Yale Univ., Dep. of Chem.) GABRIELE GÜNTHER. D 138

L. I. Antropow, *Zur Theorie der Elektroreduktion organischer Verbindungen.* Es wird die Theorie der Elektrored. organ. Verbb. in bezug auf ihre Mängel besprochen. Die Rk. ist ein heterogen-katalyt. Prozeß unter Adsorption der organ. Moll. an der Kathode, wobei der Einfl. des Potentials auf die Adsorption zu berücksichtigen ist. Wesentlich ist nicht nur die Größe der Überspannung des H, sondern auch die Natur des Vorgangs. Es sind 2 Kathodengruppen zu unterscheiden. Zur 1. Gruppe gehören Pt u. Ni; hier erfolgt die Red. durch atomaren H, der von der Kathodenoberfläche adsorbiert wird; zur 2. Gruppe gehören Kathoden vom Typ Hg u. Zn; hier erfolgt die Red. durch H-Ionen, die in der elektr. Doppelschicht aktiviert sind. Bei Anwendung der Kathoden der 1. Gruppe darf sich die Geschwindigkeit der Red. nicht bei Änderung des p_H ändern. Diese Gruppe ist für die Red. ungesätt. Verbb. (Doppel- u. Dreifachbindungen) geeignet, während die 2. Gruppe polare Verbb. (Aldehyde u. Ketone) reduziert. Für die Beziehung zwischen kathod. Stromdichte (D), Potential (ε) u. Oberflächenkonz. (C′) der organ. Verb. entwickelt Vf. für die Red. mit atomarem H die Formel $\varepsilon = \text{const} - [RT/2\alpha F] \cdot \ln[D/(k_1 + k_2 C')]$, aus welcher andere bekannte Formeln als Partialfälle folgen. Endlich wird auf die Rolle des Potentials der Null-Ladung bei diesen Rkk. hingewiesen: Nicht nur die Größe der Überspannung bestimmt den Elektroreduktionsprozeß, sondern auch die Größe der Abweichung des Kathodenpotentials vom Potential der Nulladung des Kathodenmetalls. In diesem Zusammenhang wird das Entstehen einfacher oder bimol. Reaktionsprodd. sowie der Einfl. des Lösungsm. betrachtet. (Журнал Физической Химии [J. physik. Chem.] **24.** 1428—36. Dez. 1950. Erewan, Polytechn. Inst., Lehrstuhl für physikal. Chem. u. Chem. Inst. der Akad. der Wiss. der ArmSSR, Labor. für Elektrochem.)
V. WILPERT. D 141

Gilm Kamai und **K. I. Kusmin,** *Parachor einiger Ester der äthylenglykolarsenigen Säure.* Für einige *Alkylester* (Alkyl = Methyl bis Octyl) der *äthylenglykolarsenigen Säure* (*cycl. Arsenigsäureglykolester*; I, vgl. C. **1954.** 6723) wurde der Parachor (P) ermittelt. Die Abweichungen von den auf Grund der Standardwerte berechneten Werten lassen irgendwelche spezif. strukturelle Besonderheiten des Mol. vermuten. Gute Übereinstimmung von gefundenen u. berechneten Werten läßt sich erreichen, wenn die Korrektur für jede CH_2-Gruppe gleich dem Doppelten der Korrektur für Parallelität, das ist $-2 \cdot 2{,}2$, gesetzt wird, ohne daß indessen hiermit eine Aussage über die Gestalt des Mol. verbunden werden kann. — I-*Methylester,* $Kp._{11}$ 51—53°; $D.^{20}{}_0$ 1,5824; n_D^{20} 1,4850; γ_{20} (Oberflächenspannung in dyn/cm) 34,8; P = 254,7. I-*Äthylester,* $Kp._{11}$ 60—62°; $D.^{20}{}_0$ 1,4723; n_D^{20} 1,4788; γ_{20} 31,3; P = 289,2. I-*Propylester,* $Kp._{12}$ 74—75°; $D.^{20}{}_0$ 1,3949; n_D^{20} 1,4760; γ_{20} 30,8; P = 327,7. I-*Hexylester,* $Kp._{18}$ 127,5—129,5°; $D.^{20}{}_0$ 1,2924; n_D^{20} 1,4752; γ_{20} 31,3; P = 432,1. I-*Octylester,* $Kp._{4,5}$ 123,5—124°; $D.^{20}{}_0$ 1,2389

n_D^{20} 1,4748; γ_{20} 31,2; P = 504,3. (Журнал Общей Химии [J. allg. Chem.] **24** (**86**). 128—30. Jan. 1954. Kasan, Chem.-Technol. Kirow-Inst.) R. KNOBLOCH. D 148

L. A. Day und **E. R. Ward,** *Beziehung zwischen Struktur und Schmelzpunkt in aromatischen Verbindungen.* Vff. untersuchten die von HOLLER (vgl. C. **1949.** I. 871) an einer größeren Anzahl von disubstituierten Benzolen festgestellte Beziehung zwischen der Struktur u. den FF., u. zwar auf der Basis zweidimensionaler Symmetrie. Es wurde gefunden, daß 92 von 97 p-Verbb. den höchsten F. besaßen. Teilt man die disubstituierten Benzole in p- u. o–m-Verbb. auf, dann ergibt sich für den Verlauf der FF., daß p > o, m ist. — Bei einer Reihe von monosubstituierten Pyridinen zeigten die γ-Isomeren in 7 von 6 Fällen den höchsten F.; für diese Fälle ist $\gamma > \beta > \alpha$. Weiter wurden ca. 45 Serien oder 500 verschied. disubstituierte Naphthaline der Betrachtung unterzogen. Allg. gültige Regeln konnten hier nicht aufgestellt werden. (Research **3.** 580—81. Dez. 1950. Leicester, Coll. of Technol. and Commerce, Chem. Dep.) GOTTFRIED. D 150

W. N. Broatch, A. C. McEwan und **C. F. H. Tipper,** *Der Oberflächeneffekt bei der Oxydation von Cyclopropan.* (Vgl. MCEWAN u. TIPPER, Proc. Roy. Soc. [London], Ser. **A 220.** [1953.] 266.) Vff. untersuchen den Einfl. des Verhältnisses Oberfläche: Vol. des Reaktionsgefäßes auf die langsame Verbrennung von *Cyclopropan* bei 410—440° sowie die Abhängigkeit der Oxydationsgeschwindigkeit von verschied. anorgan. Salzüberzügen (K_2HPO_4, $MnCl_2$, KCl, PbO) auf den Gefäßwänden u. von zugesetzten Inertgasen (He, Ne, Ar, Kr, CO_2, N_2). Die Versuchsergebnisse werden diskutiert u. von Vff. die früher aufgestellte Vermutung (l. c.), daß HO_2-Radikale eine wichtige Rolle bei der Oxydation spielen u. daß der Kettenabbruch eine Wand-Rk. ist, bestätigt. Der Salzeinfl. auf die Oxydationsgeschwindigkeit ist qualitativ der gleiche wie bei der Knallgas-Rk. an (oder über) der 2. Explosionsgrenze. (Trans. Faraday Soc. **50.** 576—80. Juni 1954. Edinburgh, Chem. Dep.) G. WINKLER. D 157

I. L. Fabelinski und **O. A. Schusstin,** *Streuung der Schallgeschwindigkeit in einigen organischen Flüssigkeiten.* Zur experimentellen Nachprüfung der von LEONTOWITSCH u. MANDELSTAM (Журнал Экспериментальной и Теоретической Физики [J. exp. theoret. Physik] **7.** [1937.] 438) aufgestellten Relaxationstheorie der Schallabsorption in Fll. wurde die Ultraschallgeschwindigkeit aus der Feinstruktur der RAYLEIGH-Streuung in *Bzl.*, *Toluol* (**I**) u. CCl_4 (**II**) bei 20° bestimmt. Es ergab sich eine Streuung von 10,4% für Bzl., 16% für **II**, keine Streuung für **I.** Aus den Ergebnissen wird geschlossen, daß bei **I** die Frequenz $\sim 10^{10}$ Hz außerhalb des Relaxationsgebietes des 2. Viscositätskoeff. liegt. Setzt man in **I** die Relaxationszeit des 2. Viscositätskoeff. etwa gleich dem in Bzl., so ergibt sich eine Dispersion von $\simeq$0,08%, die nach dem angewandten Verf. nicht nachweisbar ist. (Доклады Академии Наук СССР [Ber. Akad. Wiss. UdSSR] [N. S.] **92.** 285—88. 11/9. 1953. Physik. Lebedew Inst. der Akad. der Wiss. der UdSSR.) LEBTAG. D 159

Cristóbal S. Martin Pérez und **Teresa Santos Molero,** *α-Monoglyceride, ihr Einfluß auf die Oberflächenspannung des Systems Öl–Wasser.* Die α-Monoglyceride (**A**) der 6 gesätt. n. Carbonsäuren mit kleinstem Mol.-Gew. wurden möglichst rein hergestellt, ihr Geh. nach POHLE u. MEHLENBACHER (J. Amer. Oil Chemists' Soc. **27.** [1950.] 54) mit H_5JO_6 bestimmt, u. zwar, außer dem *Monoformin* (**II**, Reinheit 58,5%), über die Acetonderivv. der **A** durch deren Verseifung mit 10%ig. Essigsäure. Aus dem Acetonmonoacetin (Kp.$_{5,5}$ 86°), -propin (Kp.$_6$ 99—100°), -butyrin (Kp.$_7$ 105°), -valerin (Kp.$_6$ 101—102°) u. -capronin (Kp.$_7$ 124—126°) wurden erhalten *α-Monoacetin* (**III**, 97,1%), *-propin* (**IV**, 97,2), *-butyrin* (**V**, 96,9%), *-valerin* (**VI**, 97,3%) u. *-capronin* (**VII**, 96,8%). Außerdem wurden *α-Monoricinolein* (**VIII**, 98,0%, F. 31,0°) aus Ricinolsäuremethylester mit Glycerin u. Molekulardest. des erhaltenen Gemisches sowie zum Vgl. die schon untersuchten *Monocaprylin*, *-laurin*, *-palmitin*, *-stearin* u. *-olein* nach bekannten Verff. hergestellt. **II**—**IV** sind unbegrenzt in W. lösl., wss. **VII**-Lsg. opalisiert leicht von 5% an, die Opalescenz der **A** nimmt mit der Kettenlänge zu, die höheren Glieder sind unlösl. u. lassen sich nur noch in warmem W. etwas dispergieren. Umgekehrt verhält sich die Löslichkeit in Ölen: So beträgt bei 70° die Löslichkeit in Erdnußöl (**I**) des **III** 0,7%, des **IV** 1,5%, des **V** 3,6%, nimmt aber bei den höchsten Gliedern wieder ab. Die Oberflächenspannung ist bei 20° von **III** 42,2, **IV** 38,75, **V** 34,30, **VI** 31,75, **VII** 29,63 u. bei 35° von **VIII** 24,6 dyn/cm. Sie nimmt also hier ebenfalls mit der Kettenlänge ab. Die Grenzflächenspannung der in **I** zu verschied. Konzz. gelösten **A** wurde bei 70° gegen W. untersucht. Daraus ergab sich, daß die Oberflächenaktivität des Syst. **I**–W. für **III** u. **IV** prakt. Null ist, mit Verlängerung der **A**-Kette bis zu einem beim α-Monocaprylin erreichten Maximum ansteigt, dann etwas abnimmt u. für die Glieder mit C_{10}—C_{18} konstant wird. Doch ist **VIII** stärker akt. als die gesätt. u. einfach ungesätt. **A** mit gleicher C-Zahl. Die maximale Oberflächenaktivität wird anscheinend durch ein optimales Gleichgewicht zwischen den lipophilen u. hydrophilen Charakteren der polaren u. nichtpolaren Teile der Moll. bedingt. (An. Real Soc. españ. Física Quím., Ser. B **49.** 723—32. Nov. 1953. Madrid, Inst. de Física aplicada „Leonardo Torres Quevedo".) Metzener. D 166

A. H. Ellison, H. W. Fox und **W. A. Zisman,** *Benetzung von festen, mit fluorierten Substanzen überzogenen Oberflächen durch Flüssigkeiten mit Wasserstoffbindungen.* Es wird die Benetzbarkeit adsorbierter Monofilme der *ω-Monohydroperfluorundecansäure* (I) untersucht, die an dieser Oberfläche mit ihren CHF_2-Gruppen gewonnenen Ergebnisse werden mit früheren an adsorbierten Filmen von *Perfluordecansäure* (II) mit CF_3-Gruppen (vgl. Schulman u. Zisman, J. Colloid Sci. **7.** [1952.] 465 u. früher) sowie an dem festen *Polytetrafluoräthylen* (III) mit CF_2-Gruppen verglichen. Für „n." Fll., das heißt solche, bei denen nur van der Waalssche Adhäsionskräfte beteiligt sind, erhält man für die Kontaktwinkel an CHF_2-Oberflächen größere Werte als an CF_2-Oberflächen u. fast ebenso große wie an CF_3-Oberflächen. Alkohole, Säuren u. Amine ergeben an CHF_2- u. CF_3-Oberflächen anomal kleine Kontaktwinkel; aber allein die Amine geben an III kleine Kontaktwinkel. Man kann dies mit der Fähigkeit dieser polaren Fll. zur Bldg. von Wasserstoffbrückenbindungen mit den F-haltigen Oberflächenfilmen erklären. Ester, die kein geeignetes H-Atom besitzen, verankern sich nur an der CHF_2-Oberfläche (welche die erforderlichen H-Atome liefern kann); Alkohole u. Säuren geben mit den CHF_2- u. CF_3-Oberflächen Wasserstoffbindungen. Prim. Amine können sich mit allen drei Arten der fluorierten Oberfläche wegen ihrer Fähigkeit, „doppelte Wasserstoffbindungen" zu bilden, verankern. Man kann diese Benetzungserscheinungen als weitere neue Beispiele für die „asymm. Wasserstoffbindung" nach Pauling auffassen. — Im einzelnen wurden untersucht: *n-Hexan, -Octan, -Decan, -Dodecan, -Tetradecan* u. *-Hexadecan, Trikresylphosphat, Tetra-[phenyl, kresyl]-silicat, Benzylphenylundecanoat, Bis-[2-äthylhexyl]-phthalat, Hexamethylenglykol-(1.6)-bis-[2'-äthylhexanoat], Butter-, Valerian-, Heptyl-, Capryl-* u. *Pelargonsäure, n-Butyl-, -Amyl-, -Heptyl-, -Octyl-, -Decylalkohol, n-Butyl-, -Amyl-, -Heptyl-, -Octylamin, W., Glycerin, Arochlor 1248, Hexachlorbutadien, tert.-Butylnaphthalin.* (J. physic. Chem. **57.** 622—27. Okt. 1953. Washington, D. C., Naval Res. Labor.) Hentschel. D 176

Masao Kakudo, P. Nobutami Kasai und **Takeo Watase,** *Kristallstruktur von Silanolen und ihre Infrarotspektren.* Es wurden röntgenograph. untersucht: *Diallylsilandiol* (I), *Bis-[dimethyloxysilyl]-methan* (II) u. *Tetramethyldisiloxandiol-(1.3)* (III). I bildet flachprismat., monokline Kristalle mit der Elementarzelle a = 14,59 KX; b = 4,94 KX; c = 13,37 KX; β = 114° 30′; Raumgruppe P 2_1/a; Z = 4. **II** tritt in rhomb. Nadeln auf u. hat die Zelldimensionen a = 14,50 KX; b = 11,31 KX; c = 6,14 KX; Raumgruppe P 2_1 2_1 2_1; Z = 4. **III** krist. in monoklinen Nadeln mit den Zellabmessungen a = 21,28 KX; b = 5,86 KX; c = 8,46 KX; β = 111° 00′; Z = 4; Raumgruppe P 2_1/a. Die Struktur von **I** ist ähnlich der von Diäthylsilandiol (vgl. Kakudo u. Watase, Technol. Rep. Osaka Univ. **2.** [1952.] 50), während die Diole **II** u. **III**, die an beiden Enden des Mol. OH-Gruppen haben, eine Kettenstruktur besitzen, gegenüber der Schichtstruktur der Alkyldisilandiole. Die kürzesten OH—OH-Abstände in Diäthylsilandiol sind 2,56 u. 2,64 Å. Auf Grund der Infrarotabsorptionsspektren der O—H-Bindung u. dieser Hydroxylabstände muß angenommen werden, daß in dem Kristall die OH-Assoziation nach dem obenst. Bild erfolgt.

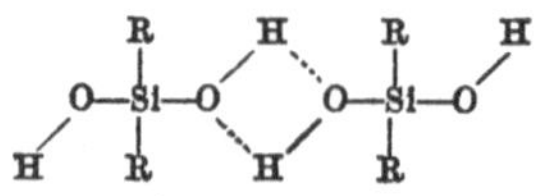

(J. chem. Physics **21.** 1894—95. Okt. 1953. Osaka, Univ., Fac. of Engng., Dep. of Appl. Chem.) Gottfried. D 195

H. J. Dothie, *Eine vorläufige kristallographische Untersuchung von 1.4-Dithian.* Tafelförmige Kristalle von 1.4-Dithian wurden aus CS_2 oder Ae., nadelförmige Kristalle aus einem Gemisch von CS_2 u. Ligroin erhalten. Die goniometr. Vermessung ergab monokline Symmetrie mit dem Achsenverhältnis a : b : c = 1,438 : 1 : 1,242; β = 92° 2′ Unter Zugrundelegung einer anderen Aufstellung erhält man a : b : c = 1,85 : 1 : 1,243; β = 129° 25′. Drehkristallaufnahmen ergaben, wenn man als Nadelachse die b-Achse nimmt, die Dimensionen a = 10,09 Å; b = 5,46 Å; c = 6,74 Å; β = 130° 22′; a : b : c = 1,85 : 1 : 1,23. Raumgruppe ist C_{2h}^5 — P 2_1/a; Z = 2; berechnete D. 1,24. Da die Raumgruppe vier allg. Lagen enthält, muß das Mol. ein Symmetriezentrum besitzen. Bei der anderen Aufstellung erhält man a = 7,69 Å; b = 5,46 Å; c = 6,74 Å; β = 91° 32′; a : b : c = 1,41 : 1 : 1,23. Raumgruppe ist in diesem Fall P 2_1/n. Die Netzebenenabstände u. Intensitäten eines Pulverdiagramms sind tabellar. angegeben. (Acta crystallogr. [Copenhagen] **6.** 804—05. 10/10. 1953. London, Government Chem. Dep.) Gottfried. D 195

Je. N. Silberman, *Bestimmung des kritischen Punktes eines ternären Gemisches mit einem Paar teilweise mischbarer Flüssigkeiten. System Wasser–Benzol–Hexamethylenimin.* Vf. untersucht die Gleichgewichtsverhältnisse im tern. Syst. $H_2O–C_6H_6–C_6H_{13}N$ bei 20°. Das Syst. hat einen scharf ausgeprägten Zerfallspunkt. Die Zus. am höchsten Punkt der Gleichgewichtskurve ist: H_2O 27,4%, C_6H_6 23% u. $C_6H_{13}N$ 49,6%. Die Zus. am krit. Punkt: H_2O 77,8%, C_6H_6 2,1%, $C_6H_{13}N$ 20,1%. Die Zus. am krit. Punkt wurde durch eine besondere graph. Interpolation in einem rechtwinkligen Koordinatensyst. bestimmt. Dabei wird die Gleichgewichtskurve von $C_6H_{13}N$ gegen den Logarithmus der C_6H_6-Konz. aufgetragen, u. die konjugierte Kurve, die die $C_6H_{13}N$-Konz. anzeigt, über dem gleichen Logarithmus dargestellt. Der Schnittpunkt beider Kurven ergibt den krit. Punkt. (Журнал Физической Химии [J. physik. Chem.] **26.** 1458–61. Okt. 1952.) ADOLPHI. D 221

Norman C. Li, Oscar Gawron und Gloria Bascuas, *Stabilität von Zinkkomplexen mit Glutathion und oxydiertem Glutathion.* Vff. berichten über Verss. zur Best. der Bildungskonstanten von Komplexverbb. des Zn mit *Glutathion* (**I**) u. oxydiertem **I** (**II**) mittels der Meth. von BJERRUM. Die für die Berechnungen dieser Konstanten aus den bei 25° u. einer konstanten Ionenstärke von 0,15 durchgeführten p_H-Messungen notwendigen Gleichungen einschließlich derer, die zur Berechnung der Säuredissoziationskonstanten der einzelnen Gruppen der Peptide erforderlich sind, werden abgeleitet u. die Gleichgewichtskonstanten der 1 : 1-Komplexe (Zn : **I** bzw. Zn : **II**) zu log K_1 = 8,30 u. 7,22 angegeben. An Hand einer Diskussion der Ergebnisse wird gezeigt, daß beim Zn–**I**-Komplex das Zn wahrscheinlich durch das S-Atom u. die Aminogruppe koordinativ gebunden ist, während in dem Zn–**II**-Komplex die Koordination durch die Aminogruppe u. die α-Carboxylatgruppe erfolgt. (J. Amer. chem. Soc. **76.** 225–29. 5/1. 1954. Pittsburgh, Pa., Duquesne Univ., Dep. of Chem.) NIEMITZ. D 223

Daniele Sette, *Nochmals über den Zustand des Formaldehyds in wässerigen Formaldehydlösungen.* (Vgl. auch C. **1949.** E. 1195.) Gegenüber Einwänden von BACCAREDDA (Ricerca sci. **20.** [1950.] 321) hält Vf. seine Behauptung über die Bldg. von Assoziationsprodd. des Formaldehyds im Ultraschallfeld bei Anstieg der Kompressibilität aufrecht. (Ricerca sci. **20.** 996–97. Juli 1950. Rom.) HENTSCHEL. D 224

D. E. Pearson, J. F. Baxter und J. C. Martin, *Hammetts Sigma-Konstanten bei gewissen elektrophilen Reaktionen.* Vff. untersuchten kinet. die BECKMANNsche Umlagerung von substituierten *Acetophenonoximen* u. stellten fest, daß unter Verwendung der HAMMETTschen σ-Werte p-Methoxy-, p-tert.-Butyl- u. p-Chlor-substituierte Verbb. nicht die HAMMETTsche Gleichung erfüllen. Es wird der Mechanismus von PEARSON u. BALL (J. org. Chemistry **14.** [1949.] 118) u. CRAM (C. **1953.** 8557), die nebenst. positiv geladenen Übergangszustand vermuten, der Deutung zugrunde gelegt. Wegen ihrer E-Effekte kommen dann hier, wie Vff. vermuten, p-OCH_3 u. p-Cl in elektrophilen Rkk. stärker negative, wegen ster. Wrkg. p-tert.-Butyl weniger negative σ-Werte („$σ_e$") zu:

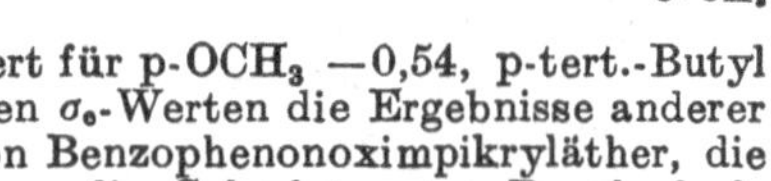

$σ_e$-Wert für p-OCH_3 –0,54, p-tert.-Butyl –0,128 u. p-Cl +0,10. Vff. zeigen, daß mit diesen $σ_e$-Werten die Ergebnisse anderer Autoren über die BECKMANNsche Umlagerung von Benzophenonoximpikryläther, die Pinakolinumlagerung, die aromat. Substitution u. die Solvolyse von Benzhydrylchloriden mit der HAMMETTschen Gleichung besser in Einklang zu bringen sind. Folgende Oxime (0,52 Mol/Liter) wurden zwischen ca. 30 u. 71° in 95,4%ig. H_2SO_4 umgelagert [in ( ) F., korr. Aktivierungsenergie E in kcal/Mol, Aktivierungsentropie $ΔS^{+}$ in e. u.]: *p-Methylacetophenonoxim* (88,0–88,8°; 26,38; 0,32), *p-tert.-Butylacetophenonoxim* (111–111,8°; 26,31; 0,04), *Acetophenonoxim* (59,1–59,7°; 26,99; 0,76), *p-Chloracetophenonoxim* (98,2–98,8; 27,41; 1,43), *Benzophenonoxim* (–; 25,31; 1,92), *p-Methoxyacetophenonoxim* (86,0–88,0°; 18,65; –17,9) u. *p-Nitroacetophenonoxim* (174,5–175°; 29,92; 2,9). Die monomol. Rk. wurde gravimetr. durch Best. des nicht umgelagerten Ketons als 2.4-Dinitrophenylhydrazon (vgl. l. c.) verfolgt. — *p-tert.-Butylacetophenon,* E. 18,01°, a) durch FRIEDEL-CRAFTS-Rk. nach NEWMAN u. BOOTH (J. Amer. chem. Soc. **67.** [1945.] 154), b) durch Acetylieren der GRIGNARD-Verb. von p-Brom-tert.-butylbenzol [F. 15,3°]; n_D^{25} 1,5191. (J. org. Chemistry **17.** 1511–18. Nov. 1952. Nashville, Tenn., Vanderbilt Univ., Furman Chem. Labor.)
GNAUCK. D 225

R. Bognár, I. Farkas und I. Békési, *Umsetzungen monoarylierter und symmetrisch diarylierter Harnstoffderivate.* Vorläufige Mitt. der Ergebnisse von Unterss. über die Umwandlung monosubstituierter Harnstoffe (*Phenylharnstoff* u. Derivv.) in disubstituierte Harnstoffe durch Erwärmen über den F. (vgl. auch KURZER, C. **1950.**

II. 530). Es wird festgestellt, daß die Umwandlungsgeschwindigkeit von Temp., Zeitdauer der Rk., Mengenverhältnissen der Reaktionsteilnehmer u. nicht zuletzt von der Stellung u. Beschaffenheit der aromat. Substituenten abhängig ist. So gelingt die Umwandlung leicht u. quantitativ, wenn der aromat. Phenylring Substituenten 1. Ordnung in p-Stellung trägt (*Cl-*, *Br-*, *CH_3-*), während bei Substituenten 2. Ordnung diese erheblich langsamer verläuft. Desgleichen untersuchen Vff. die Umwandlung symm. Diarylharnstoffe in Monoarylharnstoffe durch Erhitzen mit Harnstoff über den Schmelzpunkt. Z. B. wurde aus symm. Di-[p-sulfamylphenyl]-harnstoff in guter Ausbeute *p-Sulfamylphenylharnstoff* (I) dargestellt. Es wird festgestellt, das die aus der Umwandlung von *Diphenyl-*, *Di-*[*p-tolyl*]- u. *Di-*[*p-chlorphenyl*]-*harnstoff* entstandenen monosubstituierten Harnstoffe trotz wiederholter Reinigung ca. 15—20° niedriger schm. als die auf anderem Wege dargestellten Verbb., wohingegen die Acetylderivv. n. FF. besitzen. Vff. werfen in diesem Zusammenhang die Frage auf, ob es sich um Derivv. des Isoharnstoffs handeln könnte. Abschließend diskutieren Vff. die möglichen Reaktionsmechanismen der Umwandlungsreaktionen. — Untersucht wurden außer den bisher angegebenen Verbb. die Rkk. von I, *m-Sulfamylphenyl-*, *o-Tolyl-*, *m-Chlorphenyl-* u. *4-Diphenylylharnstoff* sowie von *Di-m-sulfamylphenyl-* u. *Di-p-nitrophenylharnstoff*. (Acta chim. Acad. Sci. hung. **3**. 255—59. 1953. Debrecen, L. Kossuth Univ., Inst. für Organ. Chem.) LEHWALD. D 225

Harlan L. Goering und **Alfred C. Olson**, *Die Umlagerung von trans-Dekalyl-(9)-perbenzoat und -per-p-nitrobenzoat in Methanol und wässerigem Methanol.* Vff. untersuchten die Umlagerung von *trans-Dekalyl-(9)-perbenzoat* (I) bzw. *-per-p-nitrobenzoat* (**II**) in Methanol u. wss. Methanol, die zu Estern der Formel **IV** (**IVa**: Ar = C_6H_5; **IVb**: Ar = p-NO_2—C_6H_4) führt. Bei Zusatz von Li-p-Nitrobenzoat in Konz. bis 1,55 $Mol \cdot l^{-1}$ zur Umlagerung von I entstand ausschließlich **IVa**, bei Zusatz von Li-Benzoat zur Umlagerung von **II** ausschließlich **IVb**; dies zeigt, daß bei der Rk. kein Anionenaustausch stattfindet, die Umlagerung vielmehr intramol. verläuft. Neben der Umlagerung findet teilweise Solvolyse statt; so entstand z. B. aus I in Methanol neben 76% **IVa** 19% Benzoesäure (**III**). **IVa** bzw. **IVb** bilden dagegen unter den Umlagerungsbedingungen keine **III** bzw. p-Nitrobenzoesäure. Vff. nehmen als geschwindigkeitsbestimmenden Schritt die Bldg. eines Zwischenprod. **V** an, das am besten als Ionenpaar bezeichnet wird u. keine freien „klass." Ionen enthält (vgl. dazu z. B. WINSTEIN u. HECK, C. **1954**. 3435).

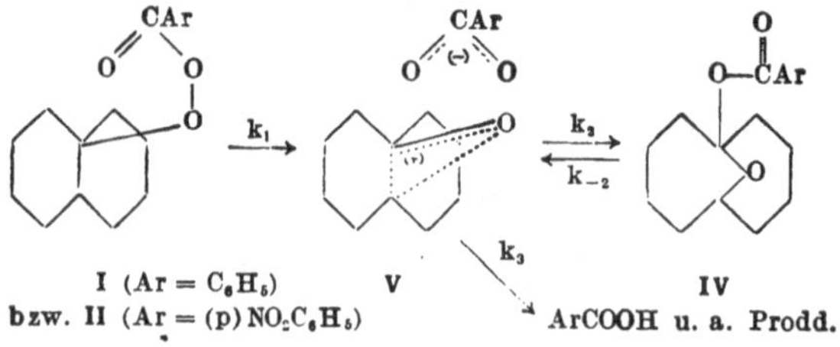

Aus **V** bilden sich gleichzeitig **IV** u. die Prodd. der Solvolyse. Eine Meth. zur Best. von k_1 für die Rk. von I aus der laufenden u. der Endkonz. (A_∞) der entstehenden **III** wird angegeben; aus den k_1-Werten in absol. Methanol zwischen 0 u. 50,03° ergibt sich $\Delta H^{\neq} = 23{,}1 \pm 0{,}5$ kcal, $\Delta S^{\neq} = -0{,}9 \pm 1{,}7$ $cal \cdot Mol^{-1} \cdot Grad^{-1}$ in Übereinstimmung mit den Ergebnissen von BARTLETT u. KICE (C. **1954**. 4126). — k_1-Werte in 75%ig. Methanol: bei 20,11° $16-19 \cdot 10^{-5}$ sec. Wegen der geringeren Löslichkeit von **II** konnten entsprechende Messungen bei der Rk. von **II** nicht vorgenommen werden; die spezif. Geschwindigkeitskonstante k_1 wurde für die Temp. 20° auf $2{,}7 \pm 1 \cdot 10^{-4}$ sec^{-1} geschätzt. Das Verhältnis Umlagerung : Solvolyse wird aus der Anfangskonz. des Peresters PE_0 u. A_∞ bestimmt: $k_2/k_3 = (PE_0 - A_\infty)/A_\infty$; es nimmt mit steigender Temp. u. mit wachsender Ionenstärke des Lösungsm. ab. Der Wert für A_∞ ist nicht konstant, sondern nimmt langsam zu, ein Zeichen dafür, daß eine langsame Sekundär-Rk. unter weiterer Bldg. von Säure stattfindet; kinet. Messungen zeigen, daß dieses nur teilweise auf Methanolyse von **IV** zurückzuführen ist. Vff. halten die Bldg. eines anderen Umlagerungsprod., vielleicht **VI**, für möglich (nach der gemessenen Zunahme von A_∞ zu ca. 5%), das dann langsam solvolysiert. Weitere Möglichkeiten des Reaktionsverlaufs ohne Bldg. von **V** werden diskutiert.

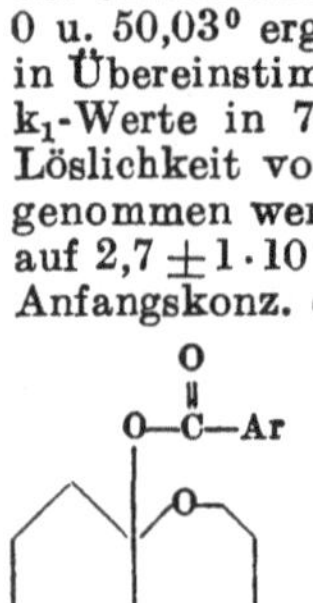

VI

V e r s u c h e: (FF. korr.) *trans-Dekalyl-(9)-hydroperoxyd*, F. 95—96°, nach CRIEGEE (C. **1945**. I. 649); 2—4% (Ausbeute); Darstellungsverss. nach COPE u. HOLZMAN (C. **1951**. II. 2873) waren erfolglos. — *trans-Dekalyl-(9)-perbenzoat* (I), F. 66,4—67,8° (PAe.), aus vorst. Verb. u. Benzoylchlorid in Pyridin (2³/₄ Std. bei 0°); 71%. — *trans-Dekalyl-(9)-per-p-nitrobenzoat* (**II**), gibt klare Schmelze, wenn in ein Bad von 100° oder darüber gebracht; analog I, Reinigung vgl. Original. — *11-Oxabicyclo-*

[4.4.1]-undecyl-(1)-benzoat (**IVa**), F. 97,3—97,8°; durch Kochen von **I** in Methanol. — *11-Oxabicyclo-[4.4.1]-undecyl-(1)-p-nitrobenzoat* (**IVb**), F. 128—129°, analog aus **II**. — UV-Spektren von **IVa** u. **IVb** in 95%ig. A.; Analyse der **III**-p-Nitrobenzoesäuregemische mittels UV-Spektren oder F.-Diagramms. — Produktverteilung der Umlagerung von **I**: 58,1 g **I** in 600 cm³ Methanol → 43,7 g **IVa**, 4,8 g **III** u. 8,0 g neutrale, nicht weiter untersuchte Öle, wahrscheinlich *11-Oxabicyclo-[4.4.1]-undecen-(1)* (Infrarotspektr.), vielleicht auch *Methyl-[11-oxabicyclo-[4.4.1]-undecyl-(1)]-äther* u. *2-Oxabicyclo-[5.4.0]-undecyl-(1)-benzoat* (**VI**). (J. Amer. chem. Soc. **75**. 5853—59. 5/12. 1953. Madison, Wis., Univ., Labor. of Organ. Chem.) J. ROTHE. D 225

A. F. Rekaschewa und **G. P. Mikluchin**, *Untersuchung der Wege der Wasserstoffwanderung bei einigen Oxydoreduktionsreaktionen.* 1. Mitt. Inhaltlich ident. mit den C. **1952**. 1626 u. **1953**. 3550 referierten Arbeiten. (Журнал Общей Химии [J. allg. Chem.] **24** (**86**). 96—106. Jan. 1954. Pissarshewski-Inst. für physikal. Chem. der Akad. der Wiss. der UkrSSR.) R. KNOBLOCH. D 225

Charles N. Satterfield und **Leslie C. Case**, *Reaktion zwischen Aldehyd und Wasserstoffperoxyd in wässeriger Lösung. Kinetik der Anfangsreaktion.* Vff. untersuchen die Kinetik der Rk. zwischen *Acetaldehyd* (**I**), *Formaldehyd* (**II**) bzw. *Propionaldehyd* (**III**) u. wss. H_2O_2 bei 0 u. 25°; es wird eine Abhängigkeit 1. Ordnung in bezug auf H_2O_2 u. $^2/_3$. Ordnung in bezug auf den Aldehyd gefunden (Aktivierungsenergie für **I** 14 kcal/Mol). Die Rk. verläuft vollkommen homogen, wird durch Säure katalysiert u. zeigt keinen Radikalcharakter; die Reaktionsgeschwindigkeit nimmt zu in der Reihenfolge **II** < **I** < **III**; es hat den Anschein, als ob H_2O_2 nur mit der unhydratisierten Form des Aldehyds reagiert. Die Ergebnisse werden von Vff. diskutiert; die Abhängigkeit $^2/_3$. Ordnung von Aldehyd wird der Existenz von Polymeren in Lsg. zugeschrieben. (Ind. Engng. Chem. **46**. 998—1001. Mai 1954. Cambridge, Mass., Inst. of Technol., Dep. of Chem. Engng.) G. WINKLER. D 225

J. R. Dunn und **William A. Waters**, *Die Verzögerung der Benzaldehydautoxydation.* 5. Mitt. *Die Wirkungen einiger Chinone.* (4. vgl. C. **1953**. 5003.) Es wurde die verzögernde Wrkg. von 15 Chinonen auf die Kinetik der durch Benzoylperoxyd (**II**) initiierten Autoxydation von Benzaldehyd (**I**) untersucht, wobei nur Chinone (Ch) mit hohem Redoxpotential wirksame Inhibitoren waren. Nur bei Ch ähnlicher Struktur konnte eine Proportionalität zwischen Verzögerungswrkg. u. Redoxpotential festgestellt werden. Nachst. Zahlenangaben bedeuten: a) $\log_{10}$ „Wirksamkeit", worunter der reziproke Wert der erforderlichen Molzahl an Ch verstanden wird, die zur Verminderung der O_2-Aufnahme auf 1 ml/Min. (korr. auf Normalbedingungen) durch 10 ml **I** (enthaltend 1,5 g Benzoesäure + 0,05 g **II**) bei 60° führt; b) die gesamte Aktivierungsenergie E in kcal/Mol (Messungen zwischen 50 u. 75°); c) E der Kettenabbruchs-Rk. in kcal/Mol; d) Redoxpotential in (+) V bei 25° in A. + n HCl; Werte in [] abgeschätzt, für **V** u. **VI** vermutlich zu hoch! *p-Benzochinon* (**III**; 0,6053; 24,5; 3,0; 0,711), *Toluchinon* (0,7701; —; —; 0,653), *p-Xylochinon* (0,6607; —; —; 0,579), *2.5-Diäthoxybenzochinon* (0,4330; —; —; 0,480), *Chloranil* (**IV**; 1,1928; 27,6 ± 1,0; 3,0; 0,703), *1.4-Naphthochinon* (0,7300; —; —; 0,492), *2-Methyl-1.4-naphthochinon* (0,5453; 27,8 ± 0,9; 3,0; 0,422), *Phenanthrachinon* (1,1139; 22,8 ± 0,2; 9,0; 0,471), *Chrysenchinon* (1,0942; 52,2 ± 0,6; 6,0; 0,465), *4.4'-Diphenochinon* (3,1173; 28,0; —; 0,954), *3.3'-Dimethyl-4.4'-diphenochinon* (2,9076; —; —; [0,84]), *3.3'.5.5'-Tetramethyldiphenochinon* (2,3560; 27,0; 4,0; [0,73]), *3.5.3'.5'-Tetramethyl-4.4'-stilbenchinon* (2,5514; 26,4 ± 0,9; 5,0; [0,63]), *5.5'-Di-tert.-butyl-3.3'-dimethylstilbenchinon* (**V**; 2,2041; —; —; [0,58]) u. *3.5.3'.5'-Tetra-tert.-butylstilbenchinon* (**VI**; 2,0176; 23,5; 8,0; [0,54]). Die Anfangsgeschwindigkeit der Autoxydation von **I** war in der Regel proportional [**I**] u. dem Ausdruck (1/[Ch] — K), wobei die Konstante K klein oder gleich Null war. Sie wird einer geringen Zers. der Ch durch Spuren von Benzopersäure oder anderer Verunreinigungen nach der nullten Ordnung zugeschrieben. Die hohe Wirksamkeit von **IV** gegenüber **III** wird den elektronenanziehenden Cl-Substituenten zugeschrieben, wodurch die Affinität der Chinonsauerstoffatome gegenüber freien Radikalen erhöht wird, entsprechend wird die entgegengesetzte Wrkg. von Alkylgruppen erklärt. Die weitere starke Herabsetzung der Wirksamkeit bei o-dialkylsubstituierten Verbb. wird einer ster. Behinderung der Rk. $C_6H_5CO\cdot + Ch \rightarrow C_6H_5CO{-}Ch\cdot$ (die von $C_6H_5CO\cdot + C_6H_5COCh\cdot \rightarrow C_6H_5CO{-}Ch{-}COC_6H_5$ gefolgt wird) zugeschrieben. Die kinet. Messungen wurden in beschriebener Weise durchgeführt.

V e r s u c h e : *p-Benzochinon* (**III**), F. 112,5° (PAe.). — *p-Xylochinon*, F. 123°, aus p-Xylidensulfat nach KEHRMANN u. STILLER [1912]. — *2-Methyl-1.4-naphthochinon*, F. 105,5° (Methanol). — *Phenanthrachinon*, F. 208° (Bzl.), aus Phenanthren. — *Chrysenchinon*, F. 236° (Eisessig), nach GRAEBE u. HÖNIGSBERGER [1900]. — *4.4'-Diphenochinon*, aus Bzl., F. 160° (Zers.), aus Benzidin mit PbO_2. — *3.3'-Di-*

methyl-4.4'-diphenochinon, $C_{14}H_{12}O_2$, aus Bzl. F. 165° (Zers.), aus o-Tolidin u. PbO_2. — *3.5.3'.5'-Tetramethyldiphenochinon*, F. 203—204° (Zers.). — *3.5.3'.5'-Tetramethyl-4.4'-stilbenchinon*, aus Xylol, F. 218—220° (Zers.), durch Oxydation von Mesitol mit Silberoxyd. — *5.5'-Di-tert.-butyl-3.3'-dimethyl-4.4'-stilbenchinon* (**V**), $C_{24}H_{30}O_2$, F. 225° (PAe.), durch Erwärmen von 6-tert.-Butyl-2.4-dimethylphenol unter Schütteln mit Silberoxyd auf 50° (4 Std.), dann Kochen. — *3.5.3'.5'-Tetra-tert.-butylstilbenchinon* (**VI**), F. 302° (PAe.), analog vorst. Verb. aus 2.6-Di-tert.-butyl-4-methylphenol. (J. chem. Soc. [London] **1953**. 2993—98. Okt. Oxford, Dyson Perrins Labor.) GNAUCK. D. 225

F. J. Lopez Aparicio und **William A. Waters**, *Eigenschaften und Reaktionen freier Alkylradikale in Lösung.* 5. Mitt. *Eine Untersuchung der Reaktionen von 2-Cyanpropyl-(2)-Radikalen mit Chinonen.* (4. vgl. C. **1953**. 3861.) Es wird das Verh. verschied. Chinone (Ch.) gegenüber 2-Cyanpropyl-(2)-Radikalen (Bldg. durch therm. Zers. von α.α'-Azoisobutyronitril) in Toluol geprüft, wobei (außer der Rekombination der Radikale zu *Tetramethylsuccinonitril* [**I**], F. 166—167°) Hydrochinondiäther, Hydrochinonmonoäther u. vermutlich $CH_3C(CN) = CH_2$ entstehen (vgl. BICKEL u. WATERS, Recueil Trav. chim. Pays-Bas **69**. [1950.] 1490). Je nach der Menge der verschied. Prodd. kann auf die Reaktionsfähigkeit der Ch. u. der zuerst gebildeten Aryloxyradikale R—Ch. geschlossen werden. Die Prodd. wurden gravimetr. bestimmt, wobei die Hydrochinonmonoäther durch Einw. von Alkali, **I** durch Wasserdampfdest. abgetrennt wurden u. der Rückstand als Hydrochinondiäther angesprochen wurde. Im einzelnen wurden untersucht [in () Rohausbeute in % an Monoäther, Diäther, reinem **I**, sowie Redoxpotential P des Ch. in nHCl-haltigem wss. A.] *2.5-Diacetoxybenzochinon* (**II**, 23; 32; 18,0; —), *Toluchinon* (**III**, 31; 46; 26,0; 0,653 V), *2.6-Dimethylbenzochinon* (**IV**, 8,6; 41; 37,6; 0,600 V), *2.5-Dimethylbenzochinon* (**V**, 5,9; 35; 47,5; 0,579 V), *Thymochinon* (**VI**, 1,0; 32; 49,2; 0,589 V), *2.5-Diäthoxybenzochinon* (**VII**, 2,3; 26; 57,8; 0,480 V), *2.5-Di-tert.-butylbenzochinon* (**VIII**, reagierte nicht; 0,554 V), *Durochinon* (**IX**, —; —; 67,0; 0,466 V), *2.3-Dichlornaphthochinon* (**X**, —; 9,0; 66,8; 0,499 V), *1.4-Naphthochinon* (**XI**, —; 19; 47,0; 0,492 V), *Phenanthrachinon* (**XII**, —; 20; 49,0; 0,471 V) u. *Anthrachinon* (**XIII**, —; —; 78,6; 0,150 V), wobei in der angegebenen Folge die Reaktionsfähigkeit gegenüber den Radikalen parallel mit P abnimmt. Ch. mit einem P < +0,45 V scheinen nicht mehr zu regieren. Die geringe Reaktionsfähigkeit von **VIII** u. **X** wird der ster. Hinderung der neben den O-Atomen befindlichen großen Gruppen zugeschrieben; so erfolgt auch die Titration von **VIII** mit $TiCl_3$ viel langsamer als von ster. ungehinderten Chinonen. — Die Rk. mit **XI** ergab außerdem wenig kernsubstituierte Verb.: *2-[2'-Cyanpropyl-(2')]-1.4-naphthochinon* (**XIV**), dessen Struktur durch Vgl. des UV-Spektr. mit dem von **XI** u. durch red. Acylierung zum *Lacton* von *4-Acetoxy-2-[2'-carboxypropyl-(2')]-naphthol-(1)* (**XV**) erhärtet wurde. Die Oxydation von **XIV** ergab Phthalsäure. Auch die Rkk. mit **V** u. **VI** ergaben wenig **XV**-analoge Verbb.; Vff. vermuten, daß deren Bldg. u. die der Hydrochinondiäther über nebenst. mesomere Formen der Radikale nach nebenst. Schema verlaufen. Die Ausbeute an Hydrochinonmonoäther läßt sich, wie im Falle von **V** gezeigt wurde, stark steigern, wenn nicht reines **V**, sondern dieses in Mischung mit dem

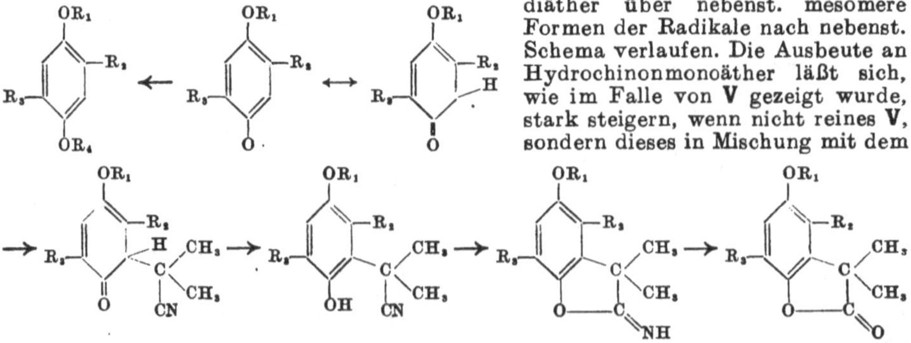

entsprechenden Hydrochinon mit 2-Cyanpropyl-(2)-Radikalen zur Rk. gebracht wird. Andererseits wurde dabei kein Hydrochinondiäther, sondern das Lacton u. das durch doppelte Kernsubstitution entstandene Dilacton (**XXVI**) erhalten.

Versuche: **III** ergab: a) *2-Methylhydrochinondi-[2'-cyanpropyl-(2')-]-äther* (**XVI**), $C_{15}H_{18}O_2N_2$, F. 51—52° (wss. A.); hieraus: *2-Methylhydrochinondi-[2'-carboxypropyl-(2')]-äther*, $C_{15}H_{20}O_6$, F. 121—122° (wss. A.); b) einen *2-Methylhydrochinon-2'-cyanpropyl-(2')-äther* (nicht isoliert), *Monobenzoat*, $C_{18}H_{17}O_3N$, F. 83—84° (CH_3OH); hieraus durch Umesterung mit absol. A. u. HCl in absol. Dioxan bei 0° das *Iminoätherhydro-*

chlorid, $C_{13}H_{19}O_3N \cdot HCl$, F. 124—125° (Eisessig–Ae.), das durch Erhitzen über den F. einen *2-Methylhydrochinon-2'-carbamylpropyl-(2')-äther*, $C_{11}H_{15}O_3N$, F. 146—147° (verd. CH_3OH), ergab. — *2-Methylhydrochinondibenzoat*, $C_{21}H_{16}O_4$, F. 124°. — **IV** ergab: *2.6-Dimethylhydrochinondi-[2'-cyanpropyl-(2')]-äther*, $C_{16}H_{20}O_2N_2$, F. 59° (CH_3OH); hieraus *2.6-Dimethylhydrochinondi-[2'-carboxypropyl-(2')]-äther*, *S-Benzylthiuronium-salz*, F. 175—179°. — **V** lieferte a) *2.5-Dimethylhydrochinondi-[2'-cyanpropyl-(2')]-äther* (**XVII**), $C_{16}H_{20}O_2N_2$, F. 84° (PAe.), hieraus α) durch alkal. Hydrolyse *2.5-Dimethylhydrochinondi-[2'-carboxypropyl-(-2')]-äther*, F. 145—146°, β)$_4$mit HCl + A. in absol. Dioxan bei 0° das **XVII**-*Diiminoätherhydrochlorid*, $C_{20}H_{32}O$ $N_2 \cdot 2$ HCl, F. 252 bis 254° (Zers.; Essigsäure–Ae.), dieses ergab beim Erhitzen (30 Min.) in A. *2.5-Dimethylhydrochinondi-[2'-carbäthoxypropyl-(2')]-äther* (**XVIII**), $C_{20}H_{30}O_6$, F. 69—70° (CH_3OH), entstand auch aus 2-Methylhydrochinon u. Äthyl-α-bromisobutyrat durch Einw. von $NaOC_2H_5$ in A. am Rückfluß; hieraus *2.5-Dimethylhydrochinondi-[2'-carboxypropyl-(2')]-äther*, $C_{16}H_{22}O_6$, F. 146° (wss. A.); b) *2-[2'-Carboxypropyl-(2')]-4-[2''-cyanisopropoxy]-3.6-dimethylphenollacton* (**XIX**), $C_{16}H_{19}O_3N$, F. 105—106° (PAe.); c) *4-[2'-Cyanisopropoxy]-2.5-dimethylphenol*, $C_{12}H_{15}O_2N$, F. 111° (50%ig. A.) (*Benzoat*, $C_{19}H_{19}O_3N$, F. 64° [A.]; *Iminoätherhydrochlorid* [**XX**], $C_{14}H_{21}O_3N \cdot HCl$, F. 117—118° [Zers.; Essigsäure–Ae.]), ergab mit $FeCl_3$ bei 100° **V**, F. 126°. — Aus **VI** entstand a) *2-Methyl-5-isopropylhydrochinondi-[2'-cyanpropyl-(2')]-äther*, $C_{18}H_{24}O_2N_2$, F. 50° (wss. CH_3OH); b) *2-[2'-Carboxypropyl-(2')]-4-[2''-cyanisopropoxy]-3*(oder *6*)*-methyl-6-*(oder *3*)*-isopropylphenollacton* (**XXI**), $C_{18}H_{23}O_3N$, F. 64°. — **II** (F. 150—152°) ergab: *2.5-Diacetoxyhydrochinondi-[2'-cyanpropyl-(2')]-äther*, $C_{18}H_{20}O_6N_2$, F. 146—147° (A.), der daneben entstandene entsprechende Monoäther zers. sich an der Luft. — **VII** (F. 183° [CH_3OH]) führte zu: a) *2.5-Diäthoxyhydrochinondi-[2'-cyanpropyl-(2')]-äther* (**XXII**), $C_{18}H_{24}O_4N_2$, F. 108° (A.) (*Diiminoätherhydrochlorid*, $C_{22}H_{36}O_6N_2 \cdot 2$ HCl, F. 204 bis 206° [Essigsäure–Ae.]), hieraus *2.5-Diäthoxyhydrochinondi-[2'-carboxypropyl-(2')]-äther*, $C_{18}H_{26}O_8$, F. 143° (A.); b) *2.5-Diäthoxyhydrochinonmono-[2'-cyanpropyl-(2')]-äther* (**XXIII**), $C_{14}H_{19}O_4N$, ist dimorph; F. 172—173° (prismat. Nadeln), F. 83—84° (kurze Prismen); *Benzoat*, $C_{21}H_{23}O_5N$, F. 66° (A.). — **XI** ergab a) 1,3% *1.4-Di-[2'-cyanisopropoxy]-naphthalin*, $C_{18}H_{18}O_2N_2$, F. 108° (A. oder CH_3OH); b) 2,7% *2-[2'-Cyanpropyl-(2')]-1.4-naphthochinon* (**XIV**), $C_{14}H_{11}O_2N$, gelbe Platten vom F. 105—106° (CH_3OH), ergab mit Zn-Staub u. wenig Triäthylamin in Acetanhydrid beim Erhitzen bis zur Entfärbung: *4-Acetoxy-2-[2'-carboxypropyl-(2')]-naphthol-(1)-lacton* (**XV**), $C_{16}H_{14}O_4$, F. 133° (A.). — **X** (F. 193°) ergab: *2.3-Dichlor-1.4-di-[2'-cyanisopropoxy]-naphthalin*, $C_{18}H_{16}O_2N_2Cl_2$, F. 134° (A. u. verd. Essigsäure). — **XII** bildete *9.10-Di-[2'-cyanisopropoxy]-phenanthren* (**XXIV**), $C_{22}H_{20}O_2N_2$, F. 147—148° (CH_3OH), das durch alkal. Hydrolyse *9-[2'-Cyanisopropoxy]-10-[2''-carbamylisopropoxy]-phenanthren*, $C_{22}H_{22} \cdot O_3N_2$, F. 305—310° (Zers.; A.) ergab. **XXIV**-*Monoiminoätherhydrochlorid*, $C_{24}H_{26}O_3N_2 \cdot$ HCl, F. 143—145° (Zers.; Eisessig–Ae.), ergab bei 150° vorst. *Monoamid* u. *Verb.* $C_{18}H_{15}O_2N$ (**XXV**, cycl. Imid?), F. 214—216° (A.). — *3.6-Di-[2'-carboxypropyl-(2)]-2.5-dimethylhydrochinondilacton* (**XXVI**), $C_{16}H_{18}O_4$, F. 224° (PAe.), aus **V**, p-Xylohydrochinon u. α.α'-Azoisobutyronitril 30 Min. in Toluol erhitzen; daneben *2-[2'-Carboxypropyl-(2')]-4-[2''-cyanisopropoxy]-3.6-dimethylphenollacton*, F. 105—106°; hieraus *4-[2'-Cyanisopropoxy]-2.5-dimethylphenol*, F. 110—111° (50%ig. A.). — *1.2.4.5-Tetraacetoxybenzol* (?), F. 205—208°, aus **XXII** durch Erwärmen mit Acetylpyridiniumchlorid 3 Std. auf 200—220°. — *Durochinon* (**IX**), F. 109—110°, aus Durol. — *2.5-Di-tert.-butylbenzochinon* (**VIII**), $C_{14}H_{20}O_2$, F. 153° (A.), aus 2.5-Di-tert.-butylhydrochinon mit $FeCl_3$ in alkoh. HCl. — Die charakterist. Infrarotbanden von **XV**–**XXI** u. von **XXIII**–**XXVI** sowie die UV-Maxima von **XI**, 2-Methyl-1.4-naphthochinon u. **XIV** sind angegeben. (J. chem. Soc. [London] **1952**. 4666—74. Dez. Oxford, Dyson Perrins Labor.) GNAUCK. D 225

Stanley J. Cristol und **Arthur Begoon**, *Mechanismen von Eliminierungsreaktionen. 7. Mitt. Die alkalische Dehydrohalogenierung von Chlor- und Brommaleat und -fumarat.* (6. vgl. C. **1954**. 4363.) Vff. untersuchten die Kinetik der alkal. Halogenwasserstoffabspaltung von Anionen der *Chlorfumarsäure* (**I**; F. 190—191°), *Bromfumarsäure* (**II**; F. 183—184°), *Chlormaleinsäure* (**III**; F. 109,5—110°, durch Hydrolyse des Anhydrids) u. *Brommaleinsäure* [**IV**; F. 128—130° (Nitromethan)] in W. u. 54,2%ig. Äthanol. Die Rk. ist 1. Ordnung sowohl bzgl. des organ. Halides als auch bzgl. OH^-; die Geschwindigkeitskonstante k ändert sich nicht bei Variation der Konzz. von OH^- bzw. organ. Anion, wenn die Ionenstärke μ konstant bleibt. Hieraus sowie aus der Änderung von k bei verschied. Ionenstärken u. aus der Anwendung der BRÖNSTEDTschen Gleichung folgt, daß der geschwindigkeitsbestimmende Schritt der Rk. sich zwischen dem bivalenten Anion u. OH^- abspielt. Folgende Werte für das Prod. der Ladungen der Reaktionsteilnehmer wurden erhalten: **I** +1,6; **II** +1,9; **III** +1,3; **IV** +1,7 ±0,2.

Es ergeben sich folgende Werte für die Aktivierungsenergie [kcal·Mol^{-1}; 1. Wert in W., $\mu = 0{,}10$; 2. Wert in 54,2%ig. A., $\mu = 0{,}11$]: **I** 21,4, 25,3; **II** 17,5, 20,8; **III** 25,7, 26,2; **IV** 23,5, 24,2; aus den interpolierten k-Werten folgen als Aktivierungsentropien für 70° $\triangle S^{+}_{70°}$ [cal·Mol^{-1}·Grad^{-1}; Werte wie vorst.]: **I** −13, −1; **II** −19, −8; **III** −5, −3; **IV** −6, −4. Die Ergebnisse werden unter elektrostat. Gesichtspunkten u. im Hinblick auf die Unterschiede der Reaktionsmechanismen bei trans- u. cis-Abspaltung diskutiert. Berechnungen der elektrostat. Abstoßung führen zu Voraussagen über den Reaktionsverlauf, die den experimentellen Befunden widersprechen; Vff. schließen daraus, daß allg. der Einfl. elektrostat. Abstoßung auf die Aktivierungsenergie von Eliminierungs-Rkk., zumindest in Lösungsmitteln genügend hoher DK., gering ist. Auf Grund der Bindungsenergien schätzen Vff., daß die Rk. $RC{=}CRX^- \rightarrow RC{\equiv}CR + X^-$ mit 10 kcal·Mol^{-1} für X = Cl, mit 19 kcal·Mol^{-1} für X = Br exotherm verläuft. (J. Amer. chem. Soc. **74.** 5025—29. 20/10. 1952. Boulder, Colo., Univ., Dep. of Chem.) J. ROTHE. D225

Stanley J. Cristol und **William P. Norris,** *Mechanismen von Eliminierungsreaktionen.* 8. Mitt. *Die spontane Zersetzung von Salzen von β-Halogensäuren.* 1. Mitt. *trans-m-Nitrozimtsäuredibromid.* (7. vgl. vorst. Ref.) Durch Behandeln von trans-m-Nitrozimtsäuredibromid (**I**) mit CH_3COONa in absol. A. bilden sich *cis-m-Nitro-β-bromstyrol* u. *cis-β-[m-Nitrophenyl]-glycidsäureäthylester* (**IV**). Um die Bldg. von **IV** zu erklären, wird intermediäres Auftreten von cis-α-Brom-β-[m-nitrophenyl]-β-propiolacton angenommen, das dann zu threo-α-Brom-β-[m-nitrophenyl]-β-oxypropionsäureester solvolysiert wird; aus diesem entsteht unter HBr-Abspaltung **IV**, wobei sich die Konfiguration am α-C-Atom umkehrt. *cis-β-[m-Nitrophenyl]-glycidsäure* (**III**) wird durch Hydrolyse von **IV** sowie durch HOBr-Anlagerung an cis-m-Nitrozimtsäure u. Epoxydbldg. erhalten. trans-Addition von HOBr an trans-m-Nitrozimtsäuremethylester (**VI**) gibt *erythro-α-Brom-β-[m-nitrophenyl]-β-oxypropionester* (**V**); **V** wird auch erhalten durch Anlagerung von HOBr an das Na-Salz der trans-m-Nitrozimtsäure u. Veresterung. Direkte HBr-Abspaltung aus **V** führt zu *trans-β-[m-Nitrophenyl]-glycidsäuremethylester* (**II**), der auch zugänglich ist durch HBr-Abspaltung der Bromhydrinsäure u. anschließende Veresterung. Die Stereochemie der angeführten Umsetzungen sowie der Mechanismus der Zers. von Salzen von β-Halogensäuren wird diskutiert. Vff. nehmen an, daß die Bldg. von Olefinen bei der letztgenannten Rk. stereospezif. erfolgt u. daß das gelegentlich beobachtete Auftreten beider Isomeren auf Isomerisierung des Primärprod. beim Kochen oder bei der Aufarbeitung zurückzuführen ist. So entsteht aus trans-p-Nitrozimtsäuredibromid u. $NaHCO_3$ in W.-Aceton bei

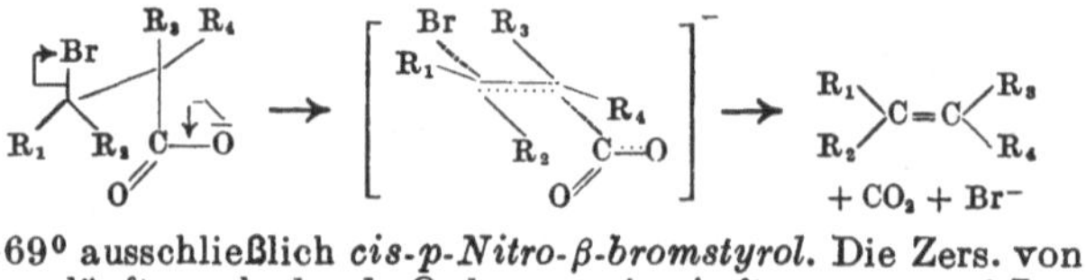

69° ausschließlich *cis-p-Nitro-β-bromstyrol.* Die Zers. von Salzen von β-Halogensäuren verläuft nach der 1. Ordnung, ein Auftreten von β-Lactonen als Zwischenprodd. ist unwahrscheinlich (vgl. JOHANSSON u. HAGMAN, Ber. dtsch. chem. Ges. **55.** [1922.] 647). Vff. schlagen obenst. Reaktionsmechanismus vor, der diese Voraussetzungen berücksichtigt.

V e r s u c h e: *cis-m-Nitro-β-bromstyrol,* $C_8H_6O_2NBr$, F. 7,5—8,5° (Ae.), aus **I** u. CH_3COONa in 99,5%ig. A. (5std. Kochen), anschließend Chromatographie an $Al_2O_3(CCl_4)$; 64% (Ausbeute); daneben *cis-β-[m-Nitrophenyl]-glycidsäureäthylester* (**IV**), $C_{11}H_{11}O_5N$, F. 94—94,5° (CCl_4), durch Eluieren mit $CHCl_3$; 15%. — *cis-β-[m-Nitrophenyl]-glycidsäure* (**III**), $C_9H_7O_5N$, F. 155—157° (Zers.; Bzl. oder Chlf.); aus **IV** u. alkoh. NaOH (2 Std. bei n. Temp.); 45%. *Benzylammoniumsalz,* $C_{16}H_{16}O_5N_2$, F. 126 bis 127° (Essigester). — *threo-α-Brom-β-[m-nitrophenyl]-β-oxypropionsäure,* $C_9H_8O_5$·NBr, F. 127—128° (Chlf.); aus cis-m-Nitrozimtsäure (F. 155—156°), K_2CO_3 u. Br_2 in W. (0°); 63%; daraus durch kurzes Kochen mit wss. Na_2CO_3 **III** (95%). — *erythro-α-Brom-β-[m-nitrophenyl]-β-oxypropionsäuremethylester* (**V**), $C_{10}H_{10}O_5NBr$, F. 101—102° (Cyclohexan oder CCl_4) aus 2,07 g **VI** u. Br_2 in wss. $AgNO_3$–H_2SO_4 (zunächst n. Temp., dann 10 Min. bei 50°); 1,66 g (roh). Daneben 0,23 g des *Nitrats,* $C_{10}H_9O_7N_2Br$, F. 133—134° (Cyclohexan); Oxydation mit $KMnO_4 \rightarrow$ m-Nitrobenzoesäure. — *erythro-α-Brom-β-[m-nitrophenyl]-β-oxypropionsäure,* $C_9H_8O_5NBr$, F. 124—125° (Chlf.), aus Na-trans-m-Nitrocinnamat u. Br_2–$AgNO_3$ in wss. $NaHCO_3$ (1 Std. bei n. Temp.); 50%. Veresterung mit Methanol–H_2SO_4 (3 Std. Kochen) → **V**; 88%. — *trans-β-[m-Nitrophenyl]-glycidsäure,* $C_9H_7O_5N$, F. 139—140° (Bzl.); aus vorst. Säure durch Kochen mit wss. Na_2CO_3; 76%. *Äthylester,* $C_{11}H_{11}O_5N$, F. 58—59° (Cyclohexan–CCl_4); aus dem *Ag-Salz* vorst. Säure (93%) u. C_2H_5J (30 Min. Kochen); 100%. *Methylester* (**II**), $C_{10}H_9O_5N$, F. 98,5—99° (Methanol), analog; 62%. **II** auch durch 15 Min. Kochen von

V u. CH_3COONa in Methanol; 90%. — *cis-p-Nitro-β-bromstyrol*, F. 48—49° (PAe.); aus trans-p-Nitrozimtsäuredibromid u. $NaHCO_3$ in W.-Aceton (3 : 1), 5std. Kochen bei 69°; 37% (roh). — *trans-m-Nitrozimtsäuremethylester*, F. 123—124°, aus der Säure u. Methanol; 93%. — *cis-m-Nitrozimtsäure*, F. 155—156°, nach WOLLRING [1914]. (J. Amer. chem. Soc. **75.** 632—36. 5/2. 1953.) J. ROTHE. D 225

Stanley J. Cristol und **William P. Norris,** *Mechanismen von Eliminierungsreaktionen. 9. Mitt. Die spontane Zersetzung von Salzen von β-Halogensäuren.* 2. Mitt. *trans-Zimtsäuredibromid.* (8. vgl. vorst. Ref.) 155 g trans-Zimtsäuredibromid (I) lieferten nach 6std. Kochen mit CH_3COONa in absol. A. ein Gemisch aus *cis-* (**II**) u. *trans-β-Bromstyrol* [F. —17 bis —10°; 58% (Gesamtausbeute)]; daneben 0,7 g *β-Phenylglycidsäureäthylester*, $C_{11}H_{12}O_3$, F. 18—19° (Methanol), Kp.$_1$ 104—105° sowie 1 g halogenhaltiger Substanz, Kp.$_1$ 137—140°. Durch 8std. Kochen von **I** mit $NaHCO_3$ in Aceton wurde dagegen reines **II** [F. —7 bis —6° (Methanol), Kp.$_2$ 55—56°, 84% roh] erhalten. Für die nichtstereospezif. Abspaltung werden zwei Mechanismen erwogen: 1. zunächst geschwindigkeitsbestimmende Ionisierung der β-C-Halogenbindung unter Bldg. des Dipolions $C_6H_5C^+HCHBrCOO^-$, das dann CO_2 abspaltet, 2. Umlagerung der erythro-Form von **I** in die threo-Form, aus der anschließend die Abspaltung stattfindet. (J. Amer. chem. Soc. **75.** 2645—46. 5/6. 1953.) J. ROTHE. D 225

Stanley J. Cristol und **Delbert D. Fix,** *Mechanismen von Eliminierungsreaktionen.* 10. Mitt. *Deuteriumaustausch bei basenkatalysierter HCl-Abspaltung aus β-Benzolhexachlorid.* (9. vgl. vorst. Ref.) Vff. behandelten *β-Benzolhexachlorid* (**I**; F. 308 bis 309° [Zers.]) mit C_2H_5ONa in deuteriertem A. [enthaltend ca. 75% C_2H_5OD [durch 2std. Erhitzen von $(C_2H_5O)_3Al$ u. D_2O bei 50°; bis 93% Ausbeute; Infrarotspektr.] unter solchen Bedingungen, daß bei der Hälfte des **I** HCl-Abspaltung eintrat (28½ Std. bei 43,6°; Geschwindigkeitskonstante der alkal. HCl-Abspaltung von **I** in absol. A. bei 43,6°: $k = 12{,}0 \cdot 10^{-5}$ Liter·sec^{-1}·Mol^{-1}). Der D-Geh. des zurückgewonnenen, gereinigten **I** wurde massenspektroskop. zu 0,079 ± 0,002 At.-% bestimmt, d. h. $^1/_{150}$ der Moll. des **I** waren markiert. Vff. schließen daraus, daß die Rk. über ein Carbanion verläuft: $\beta\text{-}C_6H_6Cl_6 + C_2H_5O^- \rightleftarrows C_6H_5Cl_6^- + C_2H_5OH$ (1); $C_6H_5Cl_6^- + C_2H_5OD \rightarrow C_6H_5DCl_6 + C_2H_5O^-$ (2); $C_6H_5Cl_6^- \rightarrow C_6H_5Cl_5 + Cl^-$ (3); $C_6H_5Cl_5 + 2\,C_2H_5O^- \xrightarrow{\text{schnell}} C_6H_3Cl_3 + 2\,C_2H_5OH + 2\,Cl^-$ (4); $C_6H_5Cl_6^- + C_2H_5OH \rightarrow \delta\text{-}C_6H_6Cl_6 + C_2H_5O^-$ (5). Die Abspaltung des ersten HCl-Mol. [(1) u. (3)] ist der geschwindigkeitsbestimmende Schritt. (J. Amer. chem. Soc. **75.** 2647—48. 5/6. 1953.) J. ROTHE. D 225

Frank P. Hudson, Russell R. Williams jr. und **William H. Hamill,** *Bremsung „heißer" Methylradikale bei der Photolyse von Methyljodid.* (Vgl. SCHULTZ u. TAYLOR, C. **1951.** II. 206.) Vff. photolysierten *CH_3J* (**I**) mit dem Licht einer Hanovia SC 2537-Lampe u. filterten durch Corning 7910-Glas. Nicht kondensierbare Prodd. wurden mit einem Massenspektrometer analysiert. Bei konstanter Lichtabsorption wurde der Anteil des gebildeten Methans in reinem **I** u. in **I** + Ne (6fach so hoher Druck wie **I**) zwischen 25—100° von der Temp. unabhängig gefunden. Der Effekt der bremsenden Gase am Anteil der Methanbldg. wurde untersucht: Abnehmendes Verhältnis **I**: Bremsstoff (Moderator) hat einen regulären Abfall in der Geschwindigkeit v der Produktbldg. zur Folge. In allen Fällen scheint es so, daß v sich Null bei unendlicher Verdünnung durch den Moderator nähert. Bei Verwendung von geschmolzenem Silicat anstatt von Corning 7910-Glas war CO_2 als Moderator nicht so wirkungsvoll; dies mag durch Bldg. noch energiereicherer Radikale wegen Absorption der 1849Å-Hg-Linie der Resonanzlampe eintreten. — Vff. glauben, daß die vergleichbaren Effekte verschied. Moderatoren die Möglichkeit eines spezif. chem. Effektes ausschließen u. die Hypothese der Ggw. „heißer" Radikale (mit großer überschüssiger kinet. Energie) stützen. (J. chem. Physics **21.** 1894. Okt. 1953. Notre Dame, Ind., Univ., Dep. of Chem.) MINSINGER. D 226

Margaret I. Christie, *Die Bildung von Formaldehyd bei der Photooxydation von Aceton.* Es wurden die Rkk. zwischen O_2 (p_{O_2} zwischen 17 u. 5000·10^{-3} mm) u. den durch Photolyse ($\lambda = 3130$ u. 3020 Å) von *Aceton* (**I**) ($p_I = 130$ mm) bei 120 u. 175° gebildeten Radikalen untersucht. Die Quantenausbeuten für die Bldg. von *Formaldehyd* (**II**) wurden colorimetr. ermittelt. Es entsteht 1 Mol. **II** neben 1 Mol. CO oder CO_2 pro CH_3-Radikal. Als Mechanismus wird vorgeschlagen: $CH_3 + O_2 + \mathbf{I} \rightarrow \mathbf{II} + H_2O + \cdot CH_2COCH_3$, wobei nicht angenommen wird, daß diese Rk. in einem Schritt abläuft. Danach würden dann die Acetonylradikale für die Bldg. von CO u. CO_2 verantwortlich sein. Unter Benutzung von $^{14}CH_3 \cdot CO \cdot ^{14}CH_3$ konnte gezeigt werden, daß der größte Teil des CO_2 von den endständigen C-Atomen stammt. (J. Amer. chem. Soc. **76.** 1979—81. 5/4. 1954. Cambridge, England, Univ. of Rochester, Dep. of Chem.) L. FISCHER. D 226

N. S. Kotelkow, *Katalytische Eigenschaften einiger aktivierter Kohlen.* Die Dehydrierung von *Isopropylalkohol* verläuft bei 300—400° mit verschied., auf eine Ni–Cr-Spirale aufgetragenen akt. Kohlen ohne Neben-Rkk. zu H_2 u. CH_3COCH_3. Für die Abhängigkeit der Geschwindigkeitskonstanten von 1/T wurde Gültigkeit der ARRHENIUSschen Gleichung gefunden. Von den untersuchten akt. Kohlen (vgl. C. **1951.** II. 2511) zeigten die aus den Abfällen der Furfurolerzeugung stammenden höhere Aktivität (Aktivierungsenergie 10000 cal/Mol bei 2maliger Aktivierung) als die sich bei der Zers. organ. Verbb. an einer Ni-Cr–Spirale bildenden „Dendritkohlen" (vgl. Журнал Прикладной Химии [J. angew. Chem.] **15.** [1942.] 139) oder die zur Adsorption von Giftgasen dienenden Kohlen (Aktivierungsenergien 16900 bzw. 15600 cal/Mol). Es ergab sich Parallelität zwischen den katalyt. Eigg. der Kohlen u. ihrer früher festgestellten Fähigkeit zur Adsorption von Methylenblau u. der Benetzungswärme von Benzol. (Журнал Прикладной Химии [J. angew. Chem.] **25.** 337—41. März 1952. Ssaratow, Landwirtschaftl. Inst., Lehrstuhl für Chem.)
WÖRFFEL. D 227

James G. Young und **Walter H. Hartung,** *Palladiumkatalysatoren.* 7. Mitt. *Einfluß des Verhältnisses Metall: Träger und die Gegenwart anderer Edelmetalle.* (6. vgl. C. **1954.** 3904.) Vff. untersuchen die Hydrierung von *Chinon* (**I**) u. *Nitrobenzol* mit reinem Pd in Abhängigkeit vom Verhältnis Metall: Träger. Der Verlauf der Hydrierkurven für ein Substrat wird merklich beeinflußt durch eine Veränderung dieses Verhältnisses (alle anderen Reaktionsbedingungen werden sorgfältig konstant gehalten); das optimale Verhältnis ist je nach Substrat verschieden (vgl. 6. Mitt.). Zur Erklärung wird angenommen: es ändern sich mit der Trägermenge a) der Wert für n in den „$(Pd)_n$-Deposites", b) der Zwischenraum zwischen den „Deposites" u. c) die Gitterstruktur der Pd-Atome. — Die Zugabe der anderen Platinmetalle zu dem Pd-Kohlekatalysator ruft eine Promotor- oder Inhibitorwrkg., je nach Substrat, hervor: Die Red. von **I** wird durch Zugabe aller Metalle gefördert, die Red. von *Benzaldehyd* verlangsamt; *Piperonaloxim* wird mit Pd–Ru besser als mit reinem Pd, mit Pd–Pt u. Pd–Ir wesentlich schlechter hydriert. — Die Ergebnisse sind graph. wiedergegeben. (J. org. Chemistry **18.** 1659—63. Dez. 1953. Chapel Hill, N. C., Univ., School of Pharm.)
G. WINKLER. D 227

D_2. Präparative organische Chemie. Naturstoffe.

O. C. Dermer und **Paul W. Solomon,** *Ausdehnung der Tollens-Kondensation.* Vff. wenden die Oxymethylierung u. folgende Red. von Carbonylverbb. nach TOLLENS u. WIEGAND [1891] auf monosubstituierte Acetaldehyde an u. erhalten in geringer Ausbeute die erwarteten Triole der Form $X—C(CH_2OH)_3$. Die Rk. wird in wss. Medium durch Zugabe von Emulgatoren erleichtert. Untersucht wurden: Methoxy-, Äthoxy- u. n-Propoxyacetaldehyd, Phenylacetaldehyd, n-Capronaldehyd (**I**), n-Octanal, n-Decanal (**II**) u. Citronellal (**III**). Chloracetaldehyd ergab nur einen Sirup, während **III** mit wss. HCHO nicht reagierte. In A. ergaben **I**, **II** u. **III** mit HCHO Ätheralkohole des Typs $X—C(CH_2OH)_2CH_2OC_2H_5$. Diacetyl ergab in 8%ig. Ausbeute *2.2.5.5-Tetrakis-[oxymethyl]-hexantetrol-(1.3.4.6)*, das nur als *Tribenzylidenderiv.*, $C_{31}H_{34}O_8$, F. 172,5 bis 173,5° (korr., aus 2-Äthoxyäthanol), isoliert werden konnte, Vers. zur Rückspaltung mißlang. Campher reagierte ebenfalls nicht mit HCHO. Einw. von $SOCl_2$ u. Pyridin auf die niederen 2-Alkoxy-2-oxymethylpropandiole-(1.3) gab Mischungen chlorierter Prodd., es konnte aber nur *1.3-Dichlor-2-chlormethyl-2-methoxypropan* rein dargestellt werden.

V e r s u c h e (FF. korr.): *Methoxyacetaldehyd*, Kp. 88—95° (wss. Azeotrop), durch Verdampfen von 10% W. enthaltendes 2-Methoxyäthanol u. Leiten über Cu bei 300—330°; 16% (Ausbeute). — *Äthoxyacetaldehyd*, Kp. 90—110° (wss. Azeotrop), analog Vorst.; 8—13%. — *n-Propoxyacetaldehyd*, $Kp._{105}$ 60—80°, durch Überführung von Glycerin-α-monochlorhydrin in Glycerin-α-n-propyläther ($Kp._9$ 109—114°; 41%) u. Oxydation mit Pb(IV)-Acetat; 72%. — Die polyoxymethylierten Verbb. wurden nach folgenden Reaktionswegen gewonnen: a) 37%ig. Formalin, Carbonylverb., W. u. CaO (Mol.-Verhältnis 3 : 1 : 50 : 0,5) wurden unter 40° 7—30 Std. gerührt; b) wie a), jedoch Zugabe von 2%ig. Aerosol OT-Lsg., Rk. bei 50°; c) 37%ig. Formalin u. Aldehyd wurden in A. gerührt u. mit KOH in 90%ig. A. behandelt (Mol.-Verhältnis 3 : 1 : 1 : 10), Rk. unter 50°. *2-Methoxy-2-oxymethylpropandiol-(1.3)* (**V**), $Kp._{10-12}$ 168—170°, F. 69,2—69,5° (2-Äthoxyäthanol); n_D^{27} 1,4820; $D.^{27}_4$ 1,2609; 15% (a). — *2-Äthoxy-2-oxymethylpropandiol-(1.3)*, $Kp._{10-12}$ 181°, F. 80,5—81,0° (Chlf.); 24% (a). — *2-n-Propoxy-2-oxymethylpropandiol-(1.3)*, $Kp._{10-12}$ 173—175°; n_D^{27} 1,4698; $D.^{27}_4$ 1,1448; 10% (a). — *2-Phenyl-2-oxymethylpropandiol-(1.3)*, $Kp._{10-12}$ 208—212°, F. 84,5—85,5°

(Chlf.); 5% (a). — *2-n-Butyl-2-oxymethylpropandiol-(1.3)*, $Kp._{10-12}$ 173°, F. 63—64° (Acetonitril); 17% (b) bzw. 9% (c). — *2-n-Hexyl-2-oxymethylpropandiol-(1.3)*, $Kp._{10-12}$ 175—180°, F. 68,0—68,8° (Bzl.); 7% (b). — *2-n-Octyl-2-oxymethylpropandiol-(1.3)*, $Kp._{10-12}$ 190—200°, F. 72,0—73,0° (Bzl.); 6% (b). — *2-[1.5-Dimethylhexen-(5)-yl]-oxymethylpropandiol-(1.3)* (**IV**), $Kp._8$ 173—210°, F. 55,5—56,0° (Bzl.); 5% (c u. Zugabe überschüssigen Alkalis nach 27 std. Stehen bei n. Temp. u. 4 Std. am Rückfluß, dann weitere 30 Min. Kochen). — *2-n-Butyl-2-äthoxymethylpropandiol-(1.3)*, $Kp._{10-12}$ 137 bis 142°; n_D^{23} 1,4526; $D.^{23}_4$ 0,9742; 3% (c). — *2-n-Octyl-2-äthoxymethylpropandiol-(1.3)*, $Kp._{10-12}$ 182—185°; n_D^{23} 1,4562; $D.^{23}_4$ 0,9345; 7% (c). — *2-[1.5-Dimethylhexen-(5)-yl]-2-äthoxymethylpropandiol-(1.3)*, $Kp._8$ 161—164°; n_D^{23} 1,4748; $D.^{23}_4$ 0,9734; 16% (c u. analog **IV**). — *1.3-Dichlor-2-chlormethyl-2-methoxypropan*, $C_5H_9OCl_3$, F. 59,0—59,2° (A.), aus **V**, Pyridin u. $SOCl_2$ (Mol.-Verhältnis 1 : 3 : 3). (J. Amer. chem. Soc. **76.** 1697—99. 20/3. 1954. Stillwater, Okla., A. u. M. Coll., Dep. of Chem.) GNAUCK. 460

Fritz Kröhnke und **Konrad Ellegast**, *Selektives Bromieren von Methylketonen und Bromierungen mit Bromketonen.* Vff. diskutieren das Gleichgewicht $RCOCH_3 + Br_2 \rightleftharpoons RCOCH_2Br + HBr$, bzw. analog für $RCOCH_2Br$ u. $RCOCHBr_2$, bei der Bromierung von Methylketonen (vgl. KRÖHNKE B. **69.** [1936.] 921). Die Lage des Gleichgewichts ist von Natur des Lösungsm., HBr-Konz. u. Temp. wenig abhängig; jedoch ändert sie sich etwas mit der Natur des Methylketons. — Die Arbeit beschäftigt sich ferner mit der selektiven Bromierung von fettaromat. Ketonen; allg. gilt: Bromierung in der Seitenkette von Methyl- u. Methylenketonen werden durch tropfenweise Zugabe von Br_2 zur verd., gekühlten Lsg. des Ketons in Eisessig u. durch Anwesenheit von HBr, $AlBr_3$ ($AlCl_3$) u. durch UV-Licht begünstigt. Immer sind neben ω-Monobromverb. auch ω-Dibromverb. u. eine ihr gleichmol. Menge an unverändertem Keton vorhanden. Kernbromierungen werden durch Abfangen des entstehenden HBr mit Kaliumacetat begünstigt. In Ausnutzung des oben beschriebenen Gleichgewichts sollten selektive Bromierungen mit Bromketonen möglich sein. Mit ω-Tribromacetophenon (**I**) wurde eine Reihe substituierter Acetophenone ω-bromiert; ferner gelang ω-Bromierung von Polynitrotoluolen; in o-Stellung mononitrierte Toluole ließen sich jedoch nicht in der Methylgruppe bromieren. — Bei der Bromierung von (Cyclo)-Olefinen in der Allylstellung wurde aus Cyclohexen *3-Bromcyclohexen* neben *Cyclohexendibromid* erhalten.

V e r s u c h e: Bromierung von 4-Methoxyacetophenon (**IV**, vgl. BUU-HOÏ u. Mitarbeiter C. **1951.** II. 2191) mit Br_2 in Chlf. (bzw. Eisessig), isoliert: *4-Methoxy-ω-bromacetophenon*, [*4-Methoxyphenacylbromid*] 50% (28%), *3-Brom-4-methoxy-ω-bromacetophenon* [*3-Brom-4-methoxyphenacylbromid* (**II**)] 12% (16%) u. *4-Methoxy-ω.ω-dibromacetophenon* [**III**, $C_9H_8O_2Br_2$, aus A. F. 93—94°, 12% (36%)]. Dibromierung mit 2 Mol Br_2 in Eisessig oder Chlf., isoliert: 50% **III** u. 30% **II**. — Kernbromierung in Eisessig mit entwässertem Kaliumacetat u. Br_2: *3-Brom-4-methoxyacetophenon*, $C_9H_9O_2Br$, F. 87—88° (Ligroin), 95% nach 10 std. Stehen bei 20°. — Bromierung mit ω-Tribromacetophenon (**I**): Alle Phenacylbromide u. Benzylbromide wurden als Pyridiniumsalze gewonnen: *4-Bromphenacylpyridiniumbromid*, F. 229°, aus 4-Bromacetophenon u. **I**, 1/2 Std. bei 85°, 91% (Ausbeute). — Analog: *4-Nitrophenacylpyridiniumbromid*, F. 246°, aus 4-Nitroacetophenon, 80%. — *4-Methoxyphenacylpyridiniumbromid*, F. 204°, aus **IV**, 1/4 Std., 86%. — *2.4-Dimethoxyphenacylpyridiniumbromid*, F. 219°, aus 2.4-Dimethoxyacetophenon, 4 Std. bei 100°, 62% (bei 85°: nach 2 Std. keine Ausbeute). — *4-Nitrobenzylpyridiniumbromid*, F. 218—219°, aus 4-Nitrotoluol u. **I**, 7 Std. bei 160°, 71% (bei 100° nach 2 Std. keine Ausbeute). — *3.5-Dinitrobenzylpyridiniumbromid*, $C_{12}H_{10}O_4N_3Br$, F. 259° (Zers.), aus 3.5-Dinitrotoluol, 5 Std. bei 160°, 68% (bei Zusatz von Dibenzoylperoxyd [**V**] in 2 Std. bei 140°: 66%). — *2-Chlor-4-nitrobenzylpyridiniumbromid*, $C_{12}H_{10}O_2N_2ClBr$, F. 229°, aus 2-Chlor-4-nitrotoluol, 5 Std. bei 160°, 89%. — *2.4.6-Trinitrobenzylpyridiniumbromid*, $C_{12}H_9O_6N_4Br$, F. 173° (Zers.), aus 2.4.6-Trinitrotoluol, 6 Std. bei 160°, 54% (bei Zusatz von **V** in 3 Std. bei 140°: 73%). — *2.4-Dioxy-3.5-dibromacetophenon*, F. 174°, aus 2.4-Dioxyacetophenon u. **I** in Eisessig, 25 Std. bei 85°, 65% (nach 5 Std. bei 85°: 35%). (Chem. Ber. **86.** 1556 bis 1562. 1953. Säckingen (Baden), Forschungsinst. Dr. A. Wander A.G.)

MINSINGER. 460

Friedrich Weygand und **Hans Grisebach**, *Methylierung von Stilböstrol mit Diazomethan in Gegenwart von* $^{14}C_{(1)}$*-n-Propanol.* (Vgl. C. **1953.** 1160.) Vff. führen nach der Vorschrift von MUSTAFA (C. **1952.** 374) die Rk. von 0,5 g Stilböstrol mit CH_2N_2 in einem Gemisch von n-Propanol $^{14}C_{(1)}$-n-Propanol (**I**) durch u. erhalten 250 mg des *Stilböstroldimethyläthers* (F. 122°), 25 mg einer Fraktion vom F. 121° u. 5 mg vom F. 116°. Niedriger schm. Fraktionen wurden nicht gefunden. Alle Fraktionen waren völlig inakt.; im Gegensatz zu den Angaben von MUSTAFA ist also **I** nicht in das Reaktionsprod. eingegangen, u. es bleibt nur die Erklärung, daß MUSTAFA ein von Diazopropan verunreinigtes Diazomethan verwendete. (Angew. Chem. **64.** 643. 7/12. 1952. Heidelberg, Univ., Chem. Inst.) LEHWALD. 480

Roger Barré und **Léopold Favreau,** *Reduktion des Oxalsäurediäthylesters durch $LiAlH_4$.* Die Red. von Oxalsäurediäthylester mit $LiAlH_4$ in Ae. liefert nach den üblichen Methoden *Äthylenglykol,* isoliert als *Dibenzoat* (F. 73°); 78% Ausbeute. (C. R. hebd. Séances Acad. Sci. **235.** 1404. 1/12. 1952.) LIEBIG. 570

S. Searles und **C. F. Butler,** *Reaktionen von Alkoholen und Phenolen mit Trimethylenoxyd.* Vff. untersuchen die Einw. von Alkoholen auf Trimethylenoxyd (**II**) in Ggw. katalyt. Mengen starker Säuren, Basen oder Wasser. Die Rk. zwischen **II** u. Phenolen wird nur durch Basen katalysiert. Es entstehen die betreffenden *Monoalkyl-* (bzw. *aryl*)*-äther* von Trimethylenglykol. **II** ähnelt in seinem Verh. also dem Äthylenoxyd, jedoch ist **II** etwas weniger reaktionsfähig. — Mit $NaOCH_3$ in Abwesenheit von Methanol oder mit absol. A. allein reagiert **II** nicht, was die Wichtigkeit der Wasserstoffbindung A. → Oxyd als einen Intermediärzustand der Rk. beweist (LOWRY-Mechanismus). — Eine Synth. für **II**, von Trimethylenchlorbromid (**I**) ausgehend, wird beschrieben.

Versuche (FF. u. Kpp. korr.): *3-Chlorpropylacetat,* $Kp._{20}$ 68—72°, durch Kochen von **I** in Eisessig während 3—4 Std. unter Rühren u. Zugabe von K-Acetat während 2 Std.; n_D^{60} 1,4325, 67% (Aubeute), daneben 10,6% **I** ($Kp._{20}$ 48—53°, n_D^{20} 1,4720) zurück, *3-Chlorpropanol-(1)* (**III**; $Kp._{20}$ 60—64°, n_D^{20} 1,4465; 3%), *3-Brompropylacetat* ($Kp._{20}$ 78—82°, n_D^{20}, 1,4473; 1%) u. *Trimethylendiacetat* ($Kp._{20}$ 97—102°; 16%). — *Trimethylenoxyd* (**II**), $Kp._{745}$ 47°, aus vorst. Verb. nach SEARLES (C. **1952.** **2164**); **44%**; oder direkt aus dem rohen Estergemisch; 20—25% (bezogen auf **I**). — *3-Methoxypropanol-(1),* $Kp._{8-9}$ 42—44°, $Kp._{14}$ 47—48°, durch Zugabe von **II** zu einer methanol. Lsg. von $NaOCH_3$ u. 16std. Erhitzen im geschlossenen Gefäß auf 175°; 64%, daneben ein Prod. vom $Kp._{12}$ 95—105°; oder aus 0,14 Mol **II** u. Methanol in Ggw. von 0,005 Mol H_2SO_4 durch 1—16std. Erwärmen auf 25—45°; 63—69%; n_D^{20} 1,4110—4116, Oberflächenspannung (in Dyn/cm² bei 28°) 30,8. *Allophanat,* $C_6H_{12}O_4N_2$, F. 129—129,5°. — *3-Äthoxypropanol-(1),* $Kp._9$ 58—59°, durch 24std. Erhitzen von **II** mit A./W. (4:1) im geschlossenen Gefäß auf 190°, 25%; daneben ein Prod. vom $Kp._{10}$ 97—106°; oder durch 48std. Behandeln von 0,15 Mol **II** mit A. in Ggw. von 0,005 Mol H_2SO_4 bei 25°; 58,6%; n_D^{20} 1,4149, Oberflächenspannung der wss. Lsg. (0,04—5,13 Mol) 69,0—38,0. *Allophanat,* $C_7H_{14}O_4N_2$, F. 118—118,5°. — *3-[n-Propoxy]-propanol-(1),* $C_6H_{14}O_2$, $Kp._{10}$ 66—67°, $Kp._8$ 61—62°, durch Zugabe von 0,14 Mol **II** zu Propanol u. 0,25 ml 95%ig. H_2SO_4 unter Rühren während 20 Min. u. Eiskühlung, 18 Std. Stehenlassen bei Zimmertemp.; 55,4%; daneben vermutlich ein *Polyglykoläther* ($Kp._8$ 105—116°; 1,3 g); oder aus Propanol u. **II** in Ggw. von 0,05 Mol n-C_3H_7ONa durch 8std. Erhitzen auf 175°; 45,0%; n_D^{20} 1,4211. *Allophanat,* $C_8H_{16}O_4N_2$, F. 120,5—121°. — *3-[Isopropoxy]-propanol-(1),* $C_6H_{14}O_2$, $Kp._9$ 59,5—60°, $Kp._8$ 56—57°, aus Isopropanol in Ggw. von 0,005 Mol H_2SO_4 durch 2½std. Erhitzen auf 83°; 43,2%; oder in Ggw. von iso-C_3H_7ONa; 37,8%; n_D^{20} 1,4158—1,4162. *Allophanat,* $C_8H_{16}O_4N_2$, F. 126°. — *3-[n-Butoxy]-propanol-(1),* $Kp._{10}$ 78—79°, aus **II** u. n-Butanol mit H_2SO_4 durch 18std. Behandeln bei 25°; n_D^{20} 1,4243; 45,0%. *Allophanat,* $C_9H_{18}O_4N_2$, F. 110 bis 111°. — *3-[tert.-Butoxy]-propanol-(1),* $C_7H_{16}O_2$, $Kp._9$ 60—61°, aus **II** u. tert.-Butanol in Ggw. von H_2SO_4 durch 4std. Erhitzen auf 145°; n_D^{20} 1,4185, 35,6%. *Allophanat,* $C_9H_{18}O_4N_2$, F. 149,5—150°. — *3-Benzyloxypropanol-(1),* $Kp._2$ 111—114°, aus **II** u. Benzylalkohol in Ggw. von p-Toluolsulfonsäure durch 66std. Behandeln bei 25°; n_D^{25} 1,5189; 23,2%. *Allophanat,* F. 117—118°. — *3-[3-Phenylpropoxy]-propanol-(1),* aus **II** u. Hydrozimtalkohol in Ggw. von H_2SO_4 durch 80std. Behandeln bei 25°; n_D^{25} 1,5108; 25,9%. *Allophanat,* F. 111—112°. — *3-Phenoxypropanol-(1),* $Kp._{21-22}$ 145—150°, aus **II** u. Phenol in Ggw. von W. durch 4std. Erhitzen auf 150° im geschlossenen Gefäß; 2,4%, 88,5% Phenol zurück; oder in Ggw. von NaOH; 43,3%; n_D^{20} 1,5229—1,5295. *p-Nitrophenylurethan,* $C_{16}H_{16}O_5N_2$, F. 104,5—106°. — *3-[α-Naphthoxy]-propanol-(1),* F. 66—67°, aus **II** u. α-Naphthol in Ggw. von NaOH; 32,5%. *p-Nitrophenylurethan,* $C_{20}H_{18}O_5N_2$, F. 113,4—114,1°. — *3-[β-Naphthoxy]-propanol-(1),* F. 99—100° (Bzl.), aus **II** u. β-Naphthol wie vorst.; 27,0%. *p-Nitrophenylurethan,* $C_{20}H_{18}O_5N_2$, F. 137,8—138,3°. — *1-Chlorpropanol-(2),* Kp. 125—130°, durch katalyt. Hydrierung von 79 g Epichlorhydrin in absol. A. mit MOZINGO-Ni-Katalysator bei 90 at u. 125° während 2 Std.; n_D^{20} 1,4377, 12,2 g; daneben 15,3 g Gemisch von **III** u. β-Chlorpropionaldehyd. (J. Amer. chem. Soc. **76.** 56—58. 5/1. 1954. Manhattan, Kans., Northwestern Univ. u. State Coll., Chem. Labors.) G. WINKLER. 570

Georges Darzens und **Maxence Meyer,** *Neue Methode der Darstellung der α-Bromacetale.* Paraldehyd reagiert in peroxydfreiem Ae. selbst bei Belichtung kaum mit Br_2, dagegen sehr leicht in peroxydhaltigem Ae. oder in Ggw. von Benzoylperoxyd, der entstehende HBr bleibt in Ae. gelöst. *Bromacetaldehyddiäthylacetal*, Kp.$_{18}$ 66—67°, Kp. 170° (leichte Zers.): Techn. Paraldehyd in peroxydhaltigem Ae. unter Rühren mit Br_2 versetzen (1 Std.), absol. A. zusetzen (zwei Schichten), nach 12 Std. mit Soda u. Eis versetzen u. wie üblich aufarbeiten; 85% Ausbeute. (C. R. hebd. Séances Acad. Sci. **236.** 292—94. 19/1. 1953.) LIEBIG. 670

A. K. Barbour, H. D. Mackenzie, M. Stacey und **J. C. Tatlow,** *Die Reaktionen von hochfluorierten organischen Verbindungen.* 3. Mitt. *Eine Heptafluoradipinsäure und ihre Derivate.* (2. vgl. BARLOW u. TATLOW, C. **1953.** 2908.) Die Fluorierung von Bzl. in der Dampfphase über CoF_3 liefert ein Gemisch aus fluorierten Cyclohexanen mit 1—4 Wasserstoffatomen (vgl. C. **1954.** **9025**). Wenn dieses Gemisch mit neutralem wss. $KMnO_4$ bei ca. 100° oxydiert wird, entsteht im wesentlichen eine *Heptafluoradipinsäure* (I) mit noch unbekannter Struktur, die über das Dianiliniumsalz gereinigt werden kann. I ist, wie die anderen hochfluorierten Carbonsäuren, stark hygroskop. u. geht an feuchter Luft schnell in ein Dihydrat über. Als starke Säure bildet sie mit organ. Basen, wie Anilin, Toluidin, m-Aminobenzotrifluorid, krist. Salze. Veresterung liefert den Diäthylester. Das Säurechlorid erhält man mit PCl_5, aber nicht mit $SOCl_2$. Das Säureamid läßt sich aus der Säure oder aus dem Diester mit NH_3 gewinnen. Die Red. des Diäthylesters mit $LiAlH_4$ führt zu dem entsprechenden *Heptafluorhexandiol-(1.6)* (II), dessen alkal. Oxydation ein Gemisch aus Heptafluoradipinsäure (I) u. Tetrafluorbernsteinsäure liefert. Die Hydroxylgruppen von II lassen sich mit $ZnCl_2$—HCl, $SOCl_2$ oder PCl_5 nicht gegen Cl austauschen. Die Umsetzung des Ag-Salzes von I mit J_2 liefert eine *Pentafluorglutarsäure.*

Versuche: Beim Überleiten von 87,9 g Benzoldampf (44 g/Std.) über 3 kg auf 150° erhitztes CoF_3 entstehen 160—200 g Fluor-KW-stoffe. — *Heptafluoradipinsäure* (I), $C_6H_3O_4F_7$, F. 131—133°; durch 24 std. Kochen von 50 g der vorst. Fluor-KW-stoffe mit 50 g $KMnO_4$ u. 200 cm³ W. unter Rückfluß, Abdest. des Nichtumgesetzten (26 g), Versetzen des Rückstands mit 300 cm³ W. u. 30 cm³ konz. H_2SO_4, Behandlung mit SO_2, Ausäthern, Dest. bei 15 mm (100°) u. Reinigung der rohen Säure (13,5 g; 20 bis 30%, berechnet auf den eingesetzten, bzw. 47—75%, berechnet auf umgesetzten Fluor-KW-stoff) über das Dianiliniumsalz. *Hydrat*, F. 50°. *Dianiliniumsalz* (III), $C_{18}H_{17}\cdot O_4N_2F_7$, F. 198—200° (Aceton–Chlf.); aus 7,2 g roher I in 30 cm³ Ae. mit 4,6 cm³ Anilin; 5,8 g. *Bis-m-trifluormethylaniliniumsalz*, $C_{20}H_{15}O_4N_2F_{13}$, F. 172—174° (A.-Chlf.); 55%. *Bis-o-methylaniliniumsalz*, $C_{20}H_{21}O_4N_2F_7$, F. 182—184°; 50%. *Ag-Salz*, $C_6HO_4\cdot F_7Ag_2$; aus wss. I u. Ag_2CO_3 bei 100°; 50%. *Diäthylester*, $C_{10}H_{11}O_4F_7$, Kp.$_{60}$ 185°, Kp.$_{21}$ 126—127°, $D._4^{25}$ 1,379, n_D^{20} 1,369; durch 26 std. Kochen von 20 g I, 60 cm³ A. u. 0,3 cm³ konz. H_2SO_4; 19 g. *Säurechlorid*, $C_6HO_2Cl_2F_7$, Kp. 138°; durch $^1/_2$std. Kochen von 10 g I mit 17 g PCl_5; 5,6 g. *Säureamid*, $C_6H_5O_2N_2F_7$, F. 205—206° (wss. A.); durch 1 std. Einleiten von NH_3-Gas in 33,1 g des Diäthylesters in 100 cm³ Ae. u. Eindampfen; 13,6 g, oder durch 20 Min. lange Behandlung von 1,21 g des Säurechlorids in 20 cm³ Ae. mit NH_3; 0,48 g. *Dianilid*, $C_{18}H_{13}O_2N_2F_7$, F. 164° (A.); aus 4,54 g des Säurechlorids in 10 cm³ Ae. u. 5,34 cm³ Anilin; 49%. *Bis-N-cyclohexylamid*, $C_{18}H_{25}O_2N_2F_7$, F. 196°. — *Heptafluorhexandiol-(1.6)* (II), $C_6H_7O_2F_7$, Kp.$_{15}$ 139—140°, F. 25—30°; durch tropfenweises Einrühren einer Lsg. von 10 g I-Diäthylester in 25 cm³ Ae. in eine Lsg. von 2,5 g $LiAlH_4$ in 40 cm³ Ae., 2 std. Kochen, Zugabe von 50 cm³ W. u. 7 cm³ konz. H_2SO_4, Ausäthern u. Vakuumdest.; 6,5 g. *Dibenzoat*, $C_{20}H_{15}O_4F_7$, F. 74° (PAe.); 60%. — *Tetrafluorbernsteinsäure*, $C_4H_2O_4F_4$, Kp.$_{15}$ 158°, Kp.$_{38}$ 171°, F. 116° nach mehrstd. Trocknen über P_2O_5 bei 60°/15 mm; durch Oxydation von 18,6 g II mit alkal. $KMnO_4$; 10,7 g. *Dianiliniumsalz*, $C_{16}H_{16}O_4N_2F_4$, F. 222° (A.-Chlf.). — *Dianiliniumpentafluorglutarat*, $C_{17}H_{17}O_4N_2F_5$, F. 183° (A.-Chlf.); durch Erhitzen eines Gemisches aus 80 g I-Ag-Salz u. 50 g J_2; 9%. (J. appl. Chem. **4.** 341—46. Juli 1954. Edgbaston, Birmingham, Univ., Chem. Dep.) FORCHE. 820

Nakuleswar Kundu, *Einige organische Verbindungen des Goldes mit langkettigen Fettsäuren.* Höhere *α-Mercaptofettsäuren* wurden durch Umsetzen der Na-Salze von α-Bromfettsäuren mit $C_2H_5OCS_2K$ (I), Ansäuern u. Einw. von NH_3 dargestellt u. in ihre Goldsalze übergeführt, die auf Toxizität u. physiol. Wrkg. untersucht werden sollen.

Versuche: *α-Bromstearinsäure* (II), F. 60—62° (PAe.), aus 10 g Stearinsäure mit rotem P u. Br_2; 10 g (Ausbeute). *α-Brompalmitin-, -myristin-* u. *-laurinsäure* wurden analog dargestellt. *α-Mercaptostearinsäure*, F. 72—75° (PAe.), aus II, Na_2CO_3 u. I in W.-A. durch 48 std. Stehenlassen, Ansäuern mit HCl, Auflösen der halbfesten M. in 30%ig. alkoh. NH_3, nach weiteren 48 Std. Erhitzen der Lsg. auf dem Wasserbad, Ansäuern mit HCl, Einw. von Zn (2—3 Std.) u. Extrahieren mit Ae; *Au-Salz*, $C_{18}H_{35}O_2\cdot SAu$, aus der alkoh. Lsg. der Säure + H_2SO_4 mit alkoh. $AuCl_3$-Lsg.; amorphe Masse. — *α-Mercaptopalmitinsäure*, F. 66—69°, analog; *Au-Salz*, $C_{16}H_{31}O_2SAu$. —

α-Mercaptomyristinsäure, F. 59—64°; *Au-Salz*, $C_{14}H_{27}O_2SAu$. — *α-Mercaptolaurinsäure*, F. 52—65°; *Au-Salz*, $C_{12}H_{23}O_2SAu$. (J. Indian chem. Soc. **29**. 523—24. Juli 1952. Calcutta, Univ. Coll. of Sci. & Technol.) Margarete Velder. 850

J. D. Chanley, Stella Kalichstein und **E. M. Gindler**, *Langkettige aliphatische Semicarbazide*. Vff. stellen aus Säurechloriden über die Azide u. Isocyansäureester bzw. in einem Fall aus dem entsprechenden Amin über den Carbaminsäureester langkettige *Semicarbazide* dar, die wahrscheinlich als Carbonylreagentien an Oberflächen angewendet werden können, da sie dort einen monomol. Film bilden. Die entsprechenden *Ketonsemicarbazone* sind in PAe. löslich.

Versuche: *4-Heptadecylsemicarbazid* (I), $C_{18}H_{39}ON_3$, F. 100—100,5° (A. oder CH_3OH), durch langsame Zugabe von 11 g Stearoylchlorid in Aceton zu 3,31 g NaN_3 in wss. Aceton bei 5—15°, 1 std. Kochen des nur wenig feuchten Azids (17 g [Ausbeute]) in Bzl. u. Zugabe von wasserfreiem Hydrazin; 9 g roh, 5 g rein. — *4-Pentadecylsemicarbazid*, $C_{16}H_{35}ON_3$, F. 100—101° (CH_3OH oder A.), ebenso aus Palmitoylchlorid. — *2-Methyl-4-heptadecylsemicarbazid*, $C_{19}H_{41}ON_3$, F. 83—84° (absol. A.), ebenso aus Heptadecylisocyanat mit wasserfreiem Methylhydrazin, wobei HCl in die benzol. Lsg. eingeleitet wird, das Hydrochloridgemisch in A. gelöst u. mit viel verd. NaOH zers. wurde; 60%. — *N-Octadecylcarbaminsäureäthylester*, $C_{21}H_{43}O_2N$, F. 67—68° (A.), durch ½std. Zugabe von Chlorkohlensäureäthylester in Ae. zu 13,5 g Octadecylamin (F. 53,2°) in Ae., dann 1½Std. von NaOH u. Chlorkohlensäureäthylester (insgesamt 5,4 g) in Ae.; 13,3 g. — *4-Octadecylsemicarbazid*, $C_{19}H_{41}ON_3$, F. 104—106° (A.), durch 22 std. Erhitzen von 3 g vorst. Verb., 0,43 ml wasserfreiem N_2H_4 u. absol. A. auf 130° im Rohr u. Behandeln mit Ae.; 0,26 g; aus der äther. Schicht wird durch Einleiten von HCl *Octadecylaminhydrochlorid*, $C_{18}H_{40}NCl$, erhalten; F. 159—161° (A.); 0,6 g; die noch verbleibende äther. Lsg. lieferte 1,8 g Carbamat zurück. — *Benzaldehyd* (II)-*Heptadecylsemicarbazon*, $C_{25}H_{43}ON_3$, F. 79—79,5° (CH_3OH), aus 1 g I u. 0,67 g II in CH_3OH + wenig Eisessig; 1 g. — II-*Pentadecylsemicarbazon*, $C_{23}H_{39}ON_3$, F. 73—74° (A.). — II-[*2-Methyl-4-heptadecylsemicarbazon*], $C_{26}H_{45}ON_3$, F. 100—101° (CH_3OH). — *Formaldehydheptadecylsemicarbazon*, $C_{19}H_{39}ON_3$, F. 66—68° (CH_3OH). — *Cyclohexanon* (III)-*4-Heptadecylsemicarbazon*, $C_{24}H_{47}ON_3$, F. 66—67° (CH_3OH); 80%. — III-*4-Pentadecylsemicarbazon*, $C_{22}H_{43}ON_3$, F. 62—63° (CH_3OH). — III-[*2-Methyl-4-heptadecylsemicarbazon*], $C_{25}H_{49}ON_3$, F. 44—48°. — *Cholestenon-4-heptadecylsemicarbazon*, $C_{45}H_{81}ON_3$, F. 78—80° (Essigester + CH_3OH). (J. Amer. chem. Soc. **75**. 5113—14. 20/10. 1953. New York, N. Y., Mount Sinai Hosp., Dep. of Chem.) Nitzschke. 880

H. Morren, S. Trolin, H. Strubbe und **E. Grivsky**, *Äther mit quaternären Ammoniumfunktionen*. Auf der Suche nach curarewirksamen Stoffen, die vom Organismus rasch zu inakt. Substanzen abgebaut werden können, synthetisieren Vff. Verbb. der allg. Formel $Hal^-[(R)_3N^+-(CH_2)_n-X-(CH_2)_m-N^+(R)_3]Hal^-$. Sie benutzen dabei folgende Verff.: Umsatz von ω.ω'-Dihalogenäthern mit Trialkylamin oder, bei Synth. gemischt quaternärer Ammoniumverbb., zunächst mit Dialkylamin u. dann mit Halogenalkyl; Kondensation von Acrylonitril mit 2-Dialkylaminoäthanol mittels Na-Methylats, Red. der CN-Gruppe, Alkylierung u. Quaternisierung; Umsatz von ω.ω'-Dihalogenalkylen bzw. ω.ω'-Dihalogenäthern mit Na-2-Dialkylaminoäthylat u. Quaternisierung. Die Darst. der arylhaltigen Verbb. erfolgte ausgehend von den p.p'-Diphenolen über die Phenolate, deren Umsatz mit 1-Dialkylamino-2-chloräthan, anschließend Quaternisierung. Die *1.2-Bis-[p-oxyphenyl]-alkane* wurden durch Entmethylierung (KOH u. Diäthylenglykol) der durch Hydrierung der Stilbenderivv. erhaltenen p.p'-Dimethoxyverbb. dargestellt. — Pharmakodynam. Eigg. der dargestellten Verbb. vgl. Levis u. Mitarbeiter (C. **1953**. 3917).

Versuche: *5.5'-Dibromdi-n-pentyläther*, $C_{10}H_{20}OBr_2$, $Kp._{1,5}$ 135—137°. 14 g Na in 310 g Pentandiol-(1.5) lösen, Überschuß abdest. (160 g). Rückstand in absol. Butanol lösen u. langsam bei 100° 320 g Dibrompentan (I) zutropfen, 2 Std. kochen, im Vakuum Butanol u. I ($Kp._2$ 68°) abdest., wss. HBr–H_2SO_4 zusetzen, 6 Std. bei 100° halten u. rektifizieren; 25 g Ausbeute, daneben 143 g I zurück. — *5.5'-Bis-[dimethylamino]-di-n-pentyläther* (II). *Bis-methobromid*, $C_{16}H_{38}ON_2Br_2$, F. 155—156° (A.–Aceton), aus vorst. Verb. u. Trimethylamin (III) in 20%ig. A., 3 Std. kochen. *Bis-methochlorid*, $C_{16}H_{38}ON_2Cl_2$, F. 197—198°, aus 5.5'-Dichlordipentyläther mit III in 20%ig. A. in 12 Std. bei 110° im verschlossenen Rohr; sehr hygroskopisch. — *5.5'-Dijoddi-n-pentyläther*, $C_{10}H_{20}OJ_2$, $Kp._{1,5}$ 160—165°, aus dem Dichloräther mit NaJ (6 Std. Rückfluß); 60%. — *4.4'-Dijoddi-n-butyläther*, $Kp._3$ 152—154°, aus dem Dichlorderiv. wie vorst.; 65%. — *2.2'-Bis-[dimethylamino]-diäthyläther-bis-methobromid*, $C_{10}H_{26}O\cdot N_2Br_2$, F. 300°, aus 2.2'-Dibromdiäthyläther. —*3.3'-Bis-[dimethylamino]-di-n-propyläther-bis-methobromid*, $C_{12}H_{30}ON_2Br_2$, F. 254—255°, wie vorst. aus 3.3'-Dibromdi-n-propyläther. — *4.4'-Bis-[dimethylamino]-di-n-butyläther-bis-methojodid*, $C_{14}H_{34}ON_2\cdot$

J_2, F. 170°. — II-*Bis-methojodid*, $C_{16}H_{38}ON_2J_2$, F. 162—163°. — *5.5' Bis-[diäthylamino]-di-n-pentyläther-bis-äthojodid*, $C_{22}H_{50}ON_2J_2$, F. 204°. — *5.5'-Bis-[diäthylamino]-di-n-pentyläther*, $C_{18}H_{40}ON_2$, Kp.$_{0,6}$ 140—142°, aus 5.5'-Dichlorid-n-pentyläther u. Diäthylamin in absol. Bzl. im geschlossenen Rohr, 8 Std. bei 160°; 75%. *Bis-methojodid*, $C_{20}H_{46}ON_2J_2$, F. 168°, sehr hygroskopisch. — *6.6'-Dichlordi-n-hexyläther*, $C_{12}H_{24}OCl_2$, Kp.$_1$ 129—130°, aus 6-Chlorhexanol-(1), 3 Std. bei Ggw. von konz. H_2SO_4 in sd. Toluol; 45%. — *6.6'-Bis-[dimethylamino]-di-n-hexyläther-bis-methojodid*, $C_{18}H_{42}ON_2J_2$; vorst. Verb. mit III in das Bis-methochlorid (stark hygroskop.) überführen u. dieses mit NaJ in absol. A. 1/2 Std. kochen, filtrieren, eindampfen, in A./Chlf. (1:4) lösen u. mit Toluol fällen; extrem hygroskopisch. — *2.3'-Bis-[dimethylamino]-äthyl-n-propyläther*, Kp.$_{24}$ 95°; Acrylsäurenitril u. Dimethylaminoäthanol in Ggw. von Na-Methylat einige Std. bei 25° halten, wenig konz. H_2SO_4 zusetzen, filtrieren, Filtrat dest., das 3-[2-(Dimethylamino)-äthoxy]- propionitril (Kp.$_{21}$ 122—123°) unter Druck mit RANEY-Ni hydrieren u. das 3-[2-(Dimethylamino)-äthoxy]-propylamin (Kp.$_{24}$ 90—91°) mit Formaldehyd–HCOOH methylieren. *Bis-methojodid*, $C_{11}H_{28}ON_2J_2$, F. 207—208°. — *1.5-Bis-[2-(dimethylamino)-äthoxy]-pentan*, Kp.$_{10}$ 125—130°; 2-dimethylaminoäthanol in Toluol unter gutem Rühren mit $NaNH_2$ versetzen, bis zum Ende der NH_3-Entw. kochen, abkühlen u. mit I 2 Std. erhitzen; 30%. *Bis-methojodid*, $C_{15}H_{36}O_2N_2J_2$, F. 145°. — *1.3-Bis-[2-(dimethylamino)-äthoxy]-propan*, Kp. 142—145°, wie vorst. aus 1.3-Dibrompropan; 20%. *Bis-methojodid*, $C_{13}H_{32}O_2N_2J_2$, F. 72°. — *2.2'-Bis-[2-(dimethylamino)-äthoxy]-diäthyläther*, Kp.$_{13}$ 88—90°, wie vorst. aus 2.2'-Dichlordiäthyläther; 20%. *Bis-methojodid*, $C_{14}H_{34}O_3N_2J_2$, F. 107°. — *α-n-Hexyldesoxyanisoïn*, $C_{22}H_{28}O_3$, Kp.$_{0,35}$ 195—199°, aus Desoxyanisoïn, Na-Äthylat u. n-Hexylbromid; 40%. — *α.α'-Di-n-hexyl-4.4'-dimethoxystilben* (IV), $C_{28}H_{40}O_2$, Kp.$_{0,3}$ 190—193°; vorst. Verb. mit Hexyl–MgBr umsetzen u. das Carbinol mit $KHSO_4$ dehydratisieren; 85%. — *α.α'-Di-n-hexyl-4.4'-dioxystilben* (V), $C_{26}H_{36}O_2$, F. 122—123°; KOH u. Diäthylenglykol auf 220° erhitzen, unter N_2 bei 170° IV zusetzen, nach 4 Std. bei 220° bei 170° W. zusetzen, ansäuern u. mit Bzl. oder Ae. extrahieren; 40%. — *1.2-Bis-[4-methoxyphenyl]-pentan*, Kp.$_{0,25}$ 164—166°; α-n-Propyl-4.4'-dimethoxystilben in A. oder Essigester mit RANEY-Ni bei 120 at in 3 Std. bei 130° hydrieren; 92%. — *1.2-Bis-(4-oxyphenyl)-pentan*, F. 83,5—84°, durch Entmethylierung vorst. Verb. wie bei V; 55%. Analog wurden erhalten: *1.2-Bis-[4-oxyphenyl]-propan*, F. 171—172,5°; 20%. — *1.2-Bis-[4-oxyphenyl]-butan*, F. 99,5—100,5°, aus der *Dimethoxyverb.* (Kp.$_{0,5}$ 155—156°; 94%); 80%. — *1.2-Bis-[4-oxyphenyl]-3-methylbutan*, F. 101—102°, aus der *Dimethoxyverb.* (Kp.$_{0,3}$ 148—150°; 80%); 35%. — *1.2-Bis-[4-oxyphenyl]-n-hexan*, F. 74—76°, aus der *Dimethoxyverb.* (Kp.$_{0,02}$ 145—150°; 94%); 62%. — Die erhaltenen Diphenole wurden unter N_2 u. Kühlung mit Na-Alkoholat in A. umgesetzt, dann frisch dest. 2-Dimethylaminoäthylchlorid (VI; oder auch bei Na-Alkoholatüberschuß VI-Hydrochlorid) zusetzen, 2 Std. kochen, filtrieren, eindampfen, in Bzl. aufnehmen, Benzollsg. eindampfen, Rückstand in A. aufnehmen, mit CH_3J umsetzen (1 Std. Rückfluß) u. filtrieren. Hiernach wurden erhalten: *p.p'-Bis-[2-dimethylaminoäthoxy]-diphenyl-bis-methojodid*, $C_{22}H_{34}O_2N_2J_2$, F. 240°. — *p.p'-Bis-[2-dimethylaminoäthoxy]-diphenylmethan-bis-methojodid*, $C_{23}H_{36}O_2N_2J_2$, F. 241°. — *p.p'-Bis-[2-dimethylaminoäthoxy]-stilben-bis-methojodid*, $C_{24}H_{36}O_2N_2J_2$, F. 300°. *α-Methylverb.*, $C_{25}H_{38}O_2N_2J_2$, F. 245°. — *α-Äthylverb.*, $C_{26}H_{40}O_2N_2J_2$, F. 154°. *α-Isopropylverb.*, $C_{27}H_{42}O_2N_2J_2$, F. 205°. *α-n-Propylverb.*, $C_{27}H_{42}O_2N_2J_2$, F. 214°. *α-n-Butylverb.*, $C_{28}H_{44}O_2N_2J_2$, F. 219°. *trans-α.α'-Diäthylverb.*, $C_{28}H_{44}O_2N_2J_2$, F. 255°. *cis-α.α'-Diäthylverb.*, $C_{28}H_{44}O_2N_2J_2$, F. 183°. *α.α'-Di-n-butylverb.*, $C_{32}H_{52}O_2N_2J_2$, F. 226°. *α.α'-Di-n-hexylverb.*, $C_{36}H_{60}O_2N_2J_2$, F. 182°. — *1.2-Bis-[p-(2-dimethylaminoäthoxy)-phenyl]-äthan-bis-methojodid*, $C_{24}H_{38}O_2N_2J_2$, F. 254°. *1-Methylverb.*, $C_{25}H_{40}O_2N_2J_2$. F. 175°. *1-Äthylverb.*, $C_{26}H_{42}O_2N_2J_2$, F. 171°. *1-Isopropylverb.*, $C_{27}H_{44}O_2N_2J_2$, F. 137°. *1-n-Propylverb.*, $C_{27}H_{44}O_2N_2J_2$, F. 167°. *1-n-Butylverb.*, $C_{28}H_{46}O_2N_2J_2$, F. 180°. *1.2-Diäthylverb.*, $C_{28}H_{46}O_2N_2J_2$, F. 250°. (J. Pharmac. Belgique [N. S.] 7. 295—307. Juli/Aug. 1952. Bruxelles, Union Chim. Belge, Div. Pharm., Labor. de Chim. Organ.) LIEBIG. 920

F. Weygand und **E. Csendes**, *N-Trifluoracetylaminosäuren*. 1. Mitt. DL-Alanin, Glycin u. DL-Valin setzen sich mit Trifluoressigsäureanhydrid (I) im mol. Verhältnis zu den beständigen N-Trifluoracetylderivv. der Aminosäuren, $F_3C \cdot CONHCH(R)–COOH$, um. Letztere lassen sich im Vakuum sublimieren, sind etwas stärkere Säuren als die N-Acetylaminosäuren, werden durch Lauge aber viel leichter als diese hydrolysiert. — Mit I-Überschuß erhält man neben den Trifluoracetylderivv. auch fruchtartig riechende, im Vakuum destillierbare Verbb., vermutlich die gemischten Anhydride $F_3C \cdot CONHCH(R)–COOCOCF_3$, die sich leicht zu den Trifluoracetylaminosäuren u. Trifluoressigsäure zersetzen.

Versuche: *N-Trifluoracetyl-DL-alanin*, $C_5H_6O_3NF_3$, F. 116,5—117°; durch 1/2std. Erwärmen von 4 g DL-Alanin mit 6,4 cm³ I auf 65°, Vertreiben der Trifluoressigsäure im Vakuum u. Extraktion des Rückstands mit Ae.; 93,4% (Ausbeute bezogen auf umgesetzte Aminosäure); aus Bzl. lange Nadeln u. rechteckige Tafeln; sehr leicht lösl. in W., A., Glykol, Aceton, Essigester u. Dioxan, schwer lösl. in Petroläther. — *N-Trifluoracetylglycin*, $C_4H_4O_3NF_3$, F. 116°. — *N-Trifluoracetyl-DL-valin*, $C_7H_{10}O_3 \cdot NF_3$, F. 110°. (Angew. Chem. **64**. 136. 7/3. 1952. Heidelberg, Univ., Chem. Inst.)

FORCHE. 950

Friedrich Weygand und **Erich Leising**, *N-Trifluoracetylaminosäuren.* 2. Mitt. (1. vgl. vorst. Ref.) Aminosäuren setzen sich mit 2 Mol Trifluoressigsäureanhydrid (**I**) zu gemischten Anhydriden aus N-Trifluoracetylaminosäure u. Trifluoressigsäure um. Aus Glycin bildet sich das gemischte Anhydrid $F_3C \cdot CONHCH_2COOCOCF_3$ (**II**). Dieses setzt sich mit Anilin zu *N-Trifluoracetylglycinanilid* (**V**) u. mit Glycinäthylester zu *N-Trifluoracetylglycylglycinäthylester* (**VI**) um; dagegen tritt bei der Rk. von **II** mit Glycinbenzylester Disproportionierung in das *symm. N-Trifluoracetylglycinanhydrid* (**VII**) u. **I** ein, wobei sich **I** mit Glycinbenzylester unter Bldg. von *Trifluoressigsäurebenzylester* umestert. **VII** ist auch direkt durch Zugabe von Triäthylamin zu **II** erhältlich. Es läßt sich mit Anilin oder Glycinäthylester zu **V** bzw. **VI** umsetzen. — Das aus dl-Alanin mit 2 Mol **I** erhaltene gemischte Anhydrid gibt dieselben Rkk. wie die Glycinverbindung. Bei der Umsetzung von *l*-Alanin mit 2 Mol **I** tritt Racemisierung ein, nicht jedoch bei Umsetzung mit 1 Mol **I**, die zu *N-Trifluoracetyl-l-alanin* (**IV**) führt. So läßt sich aus **IV** nach der klass. Säurechloridmeth. das *N-Trifluoracetyl-l-alaninanilid* in opt.-akt. Form gewinnen. — Aus *l*-Glutaminsäure entsteht mit 2 Mol **I** ohne Racemisierung das innere *N-Trifluoracetyl-l-glutaminsäureanhydrid* (**VIII**). Es gibt mit Anilin *N-Trifluoracetyl-l-glutaminsäure-1-anilid*, welches sich über das gemischte Anhydrid mit Trifluoressigsäure in *N-Trifluoracetyl-l-glutaminsäure-1.5-dianilid* überführen läßt. — Mit p-Aminobenzoesäure lassen sich dieselben Umsetzungen wie mit den aliphat. Aminosäuren durchführen. — Der N-Trifluoracetylrest dieser Verbb. läßt sich mit verd. Laugen leicht abspalten. — Die ERLENMEYERsche Azlactonsynth. von Aminosäuren (Kondensation eines Acylglycins mit Benzaldehyd in Ggw. von Na-Acetat u. Essigsäureanhydrid) läßt sich nicht auf **III** übertragen. Mit Benzaldehyd, **I** u. Na-Trifluoracetat erhält man nicht das zu erwartende *2-Trifluormethyl-4-benzaloxazolon-(5)* (**X**), sondern eine Verb., die sich beim Erhitzen mit Essigsäureanhydrid oder **I** nicht verändert, von verd. Laugen in Benzaldehyd, Trifluoressigsäure u. Glycin übergeführt u. von verd. H_2SO_4 zu **III** u. Benzaldehyd gespalten wird, u. auf Grund ihres chem. Verh. u. ihres Ultrarotspektr. *5-Oxo-2-phenyl-3-trifluoracetyloxazolidin* sein muß. **X** entsteht in sehr geringer Menge beim Erhitzen von **III** mit Benzaldehyd, Na-Trifluoracetat u. **I** im Bombenrohr auf 150°.

Versuche: *N-Trifluoracetylglycin* (**III**), $C_4H_4O_3NF_3$, F. 120—121°; durch Zugabe von 2,1 cm³ **I** zu 1 g gekühltem Glycin; nach Aufhören der heftigen Rk. Erwärmen auf ca. 80°, Abkühlen zur Kristallisation, Absaugen der gebildeten Trifluoressigsäure, Aufnehmen des Rückstands in 20 cm³ sd. Bzl., Abkühlen zur Kristallisation u. Reinigung durch Sublimation bei 0,05 Torr u. 90° Badtemp.; 90—95% (Ausbeute). — *N-Trifluoracetyl-dl-alanin*, F. 120,5°; ebenso aus dl-Alanin u. **I**; 85%. — *N-Trifluoracetyl-l-alanin* (**IV**), $C_5H_6O_3NF_3$, F. 66°, $[\alpha]_D^{20}$ $-60{,}5 \pm 1°$ (c = 1,95 in W.); 90%, zuweilen geringer. — *N-Trifluoracetylglycinäthylester*, $C_6H_8O_3NF_3$, F. 51,5° (PAe.); durch Umsetzung von 1 g Glycinäthylester in 10 cm³ wasserfreiem Tetrahydrofuran mit 1,5 cm³ **I**. — *N-Trifluoracetylglycinanilid* (**V**), $C_{10}H_9O_2N_2F_3$, F. 176,5—177° (Bzl.); durch Zugabe von 4,2 cm³ **I** zu 1 g Glycin unter guter Kühlung, nach Abklingen der heftigen Rk. Erwärmen bis zur vollständigen Auflösung. (Bldg. von **II**), Zugabe eines kleinen Überschusses an Anilin (2 Mol) unter Eiskühlung, Erwärmen auf 30° u. Eingießen in W.; nahezu 100%, oder aus **VII** u. der berechneten Menge Anilin; fast 100%, oder durch Erhitzen von mit Bzl. überschichtetem **III** mit $SOCl_2$ bis zum Kp. des Bzl., Abdampfen des Bzl. im Vakuum bei 30°, Versetzen des zurückgebliebenen Säurechlorids mit etwas Bzl. u. überschüssigem Anilin u. kurzes Erwärmen; 70%. — *N-Trifluoracetyl-dl-alaninanilid*, $C_{11}H_{11}O_2N_2F_3$, F. 170° (Bzl.); nach den vorst. beschriebenen Methoden aus dl-Alanin; ca. 100%. — *N-Trifluoracetylglycylglycinäthylester* (**VI**), $C_8H_{11}O_4N_2F_3$, F. 145° (Bzl.); aus **VII** u. 2 Äquivalenten Glycinäthylester; 60%. — *N-Trifluoracetylglycinanhydrid* (**VII**), $C_8H_6O_5N_2F_6$, F. 158°; durch Zugabe von wasserfreiem Triäthylamin unter Eiswasserkühlung zu **II** u. 5 Min. Erwärmen im sd. Wasserbad. — *N-Trifluoracetyl-dl-alaninanhydrid*, durch Umsetzung von 1 g dl-Alanin mit 2 Äquivalenten **I**, Zugabe von 5 cm³ Triäthylamin, 5 Min. Erwärmen u. Zugabe von 30 cm³ Eiswasser; ca. 90%. Aus *l*-Alanin erhält man infolge Racemisierung die gleiche Verbindung. — *N-Trifluoracetyl-dl-alanylglycinäthylester*, $C_9H_{13}O_4N_2F_3$, F. 116—117° (Bzl.); nach den für die Darst. von **V** beschriebenen Verff.; 55%. — *N-Trifluoracetyl-l-alaninanilid*, $C_{11}H_{11}O_2N_2F_3$, F. 174° (Bzl.), $[\alpha]_D^{20}$ $-51{,}5 \pm 1°$ (c = 1,03 in Chlf.); aus

III über das Säurechlorid. — *Trifluoressigsaurer Glycinäthylester*, $C_4H_9O_2N \cdot C_2HO_2F_3$, F. 135° (Tetrahydrofuran); aus äquimol. Mengen Glycinäthylester u. Trifluoressigsäure. — *N-Trifluoracetyl-l-glutaminsäureanhydrid* (VIII), $C_7H_6O_4NF_3$, F. 70° (Chlf.), $[\alpha]_D^{20}$ −38,5 ± 1° (c = 1,29 in Tetrahydrofuran); durch Übergießen von 2 g bei 120° scharf getrockneter *l*-Glutaminsäure mit 6 cm³ I, Zugabe von 50 cm³ absol. Ae., Abdekantieren von dem Nichtumgesetzten, 2 std. Abkühlen im Eisschrank u. Zugabe von 100—200 cm³ PAe.; 75%. — *N-Trifluoracetyl-l-glutaminsäure*, $C_7H_8O_5NF_3$, F. 192° (W.), $[\alpha]_D^{20}$ −23,8 ± 1° (c = 2,47 in W.); aus VIII u. W.; 76%. — *N-Trifluoracetyl-l-glutaminsäure-1-anilid*, $C_{13}H_{13}O_4N_2F_3$, F. 160—162° (W.), $[\alpha]_D^{20}$ −38,15 ± 1° (c = 1,03 in Tetrahydrofuran); aus 2,3 g VIII in 5 cm³ Tetrahydrofuran u. 1 cm³ Anilin; 75%. — *N-Trifluoracetyl-l-glutaminsäure-1.5-dianilid*, $C_{19}H_{18}O_3N_3F_3$, F. 217—218° (A. + W.), $[\alpha]_D^{20}$ + 9,5 ± 1° (c = 1,26 in Tetrahydrofuran); aus 1 g der vorst. Verb. in 5 cm³ Tetrahydrofuran u. 0,5 cm³ Trifluoressigsäure u. Zugabe von 0,5 cm³ Anilin, oder über das Säurechlorid. — *N-Trifluoracetyl-p-aminobenzoesäure*, $C_9H_6O_3NF_3$, F. 285° (Eisessig); aus p-Aminobenzoesäure in Ae. u. I; 95%. — *N-Trifluoracetyl-p-aminobenzoylchlorid* (IX), $C_9H_5O_2NClF_3$, F. 114° (Bzl.); aus vorst. Säure u. $SOCl_2$ in Bzl.; 93%. — *N-Trifluoracetyl-p-aminobenzoesäureanilid*, $C_{15}H_{11}O_2N_2F_3$, F. 246—249° (A. + W.); aus IX in Tetrahydrofuran u. Anilin; 91%. — *4-[N-Trifluoracetyl-p-aminobenzoylamino]-benzoesäureäthylester*, $C_{18}H_{15}O_4N_2F_3$, F. 278° (A.); aus IX in Tetrahydrofuran u. p-Aminobenzoesäureäthylester; 87%. — *N-Trifluoracetyl-p-aminobenzoylglycinäthylester*, $C_{13}H_{13}O_4N_2F_3$, F. 176—177° (A. + W.); aus IX u. Glycinäthylester; 83%. — *N-Trifluoracetyl-p-aminobenzoylglycin*, $C_{11}H_9O_4N_2F_3$, F. 234—235° (Zers., W.); aus vorst. Ester u. NaOH; 86%. — *N-Trifluoracetyl-p-aminobenzoyl-l-glutaminsäurediäthylester*, $C_{18}H_{21}O_6N_2F_3$, F. 147° (A. + W.), $[\alpha]_D^{20}$ −11,1 ± 1° (c = 1,15 in A.); aus IX u. *l*-Glutaminsäurediäthylester; 84%, oder aus p-Aminobenzoyl-*l*-glutaminsäurediäthylester u. I. — *5-Oxo-2-phenyl-3-trifluoracetyloxazolidin*, $C_{11}H_8O_3NF_3$, F. 130—131°; durch 1 std. Kochen von 1 g Glycin, 0,5 g Na-Trifluoracetat u. 1 cm³ Benzaldehyd mit 6 cm³ I auf dem Wasserbad, nach Erkalten Eingießen in 50 cm³ kaltes W., Auflösen der erstarrten M. in wenig Tetrahydrofuran, Fällen mit W. u. Vakuumsublimation bei 0,005 Torr u. 120° Badtemp.; 65—75%. — *2-Trifluormethyl-4-benzaloxazolon-(5)* (X), $C_{11}H_6O_2NF_3$, F. 91°; durch 1 std. Erhitzen von 1 g Glycin, 0,5 g Na-Trifluoracetat, 1 cm³ Benzaldehyd u. 10 cm³ I im Bombenrohr auf 150°, Abdampfen von überschüssigem I u. Essigsäure u. Vakuumsublimation des Rückstands bei 0,005 Torr u. 120° Badtemp.; sehr geringe Menge einer orangefarbenen Substanz, unlösl. in W., lösl. in fast allen organ. Lösungsmitteln. — *Trifluoressigsäurebenzylester*, $C_9H_7O_2F_3$, $Kp._{760}$ 173—174°; aus I in Tetrahydrofuran u. Benzylalkohol. (Chem. Ber. **87.** 248—56. 1954. Heidelberg, Univ., u. Tübingen, Univ., Chem. Inst.) FORCHE. 950

Frederick H. Radke, Ralph B. Fearing und **Sidney W. Fox**, *Optische Spaltung von Glutaminsäure mit 1-Oxy-2-aminobutan.* Unsubstituierte *DL-Glutaminsäure* (DL-I) wurde mit Hilfe von akt. *1-Oxy-2-aminobutan* [akt. II; erhalten durch Spaltung von rac. II mit (+)-Weinsäure (III) oder L-I] in die opt. Antipoden gespalten. Die diastereomeren Salze erhöhen gegenseitig ihre Löslichkeit. Mit der gleichen Meth. wurde auch *Formyl-DL-phenylalanin* gespalten; *L-Asparaginsäure* (L-VII) entstand aus der inakt. Form mit (−)-II nur mit 70%ig. opt. Reinheit. Da einbas. Aminosäuren, wie Leucin, Phenylalanin, Valin, nicht mit II reagieren, können diese von unsubstituierten zweibas. Säuren wie I mittels II getrennt werden.

Versuche: *(−)-1-Oxybutan-2-ammoniumhydrogen-L-tartrat*, $C_8H_{17}O_7N \cdot H_2O$, F. 102,5—103°, Nadeln (W.-A.); aus III u. DL-II in W. (Kühlen); $[\alpha]_D^{23}$ + 10,5° (c = 5, W.); > 74% (Ausbeute). — *(−)-1-Oxy-2-aminobutan* [(−)-II], $Kp._{13}$ 80°, $Kp._{1,5}$ 54°; aus vorst. Salz u. $Ca(OH)_2$ bei p_H 10,6 in W. bzw. 70%ig. Methanol; $D.^{26}$ 0,9390; $[\alpha]_D^{26}$ −9,92°; 68 bzw. 83° (Reinheit: 92%). — *(−)-1-Oxybutanammonium-(2)-hydrogen-D-glutamat* (IV), $C_9H_{20}O_5N_2$, F. 146—147°; aus DL-I u. (−)-II in W.-A. (bei 60° bis zum Lösen der I); $[\alpha]_D^{22}$ −3,3° (c = 5, W.); 51—79%. — Aus dem Filtrat das *L-Glutamat* (V), $C_9H_{20}O_5N_2$, F. 115—117°; $[\alpha]_D^{22}$ −9,7° (c = 5, W.); 20—36%. — *D-Glutaminsäure* (D-I), aus IV in wss. HCl (p_H 3,16) mit Zusatz von A.; $[\alpha]_D^{33}$ −31,0° (c = 5, 6 n HCl); 96%. — *L-Glutaminsäure* (L-I), aus V wie vorst.; $[\alpha]_D^{23}$ + 31,0° (c = 2, 6 n HCl); 97%. — Spaltung von DL-II mit L-I bei 70° in wss. A. → *(+)-1-Oxybutanammonium-(2)-hydrogen-L-glutamat* (VI), $C_9H_{20}O_5N_2$, F. 146—147°; $[\alpha]_D^{22}$ + 3,2° (c = 5, W.); 64—81%. — Aus der Mutterlauge 63% V. — *(+)-1-Oxy-2-aminobutan* [(+)-II], aus VI in wss. HCl (p_H 3,2) mit Zusatz von A. (→ 97% L-I), dann Zerlegen des (+)-II-*Hydrochlorids* mit $Ca(OH)_2$ u. NH_3 oder mit alkoh. NaOH bei p_H 10,6; $[\alpha]_D^{25}$ + 9,7°; 61%. — *(+)-1-Oxybutanammonium-(2)-hydrogen-D-glutamat*, F. 98—104°; aus D-I u. II in wss. A.; $[\alpha]_D^{29}$ + 9,5° (c = 3, W.); 24% (roh), daneben

78% IV. — *Salz aus* (—)-II *u.* L-VII, F. 128—132°; aus 6,65 g DL-VII u. (—)-II in wss. A. bei 60°; 2,4 g. — Saure Hydrolyse wie oben → *L-Asparaginsäure* (L-VII), $[\alpha]_D^{22}$ +10,0° (c = 2,69, 6nHCl); 1,2 g. — *Formyl-DL-phenylalanin*, F. 168°. — (—)-*1-Oxybutanammonium-(2)-formyl-D-phenylalaninat*, $C_{14}H_{22}O_4N_2$, F. 129—130°, Rosetten (n-Butanol); aus 165 g vorst. Verb. u. (—)-II in n-Butanol–Bzl.–Skellysolve D; $[\alpha]_D^{29}$ —52,5° (c = 4,4, 95% ig. A.); 40 g. — Aus dem Filtrat 20 g des *L-Phenylalaninats*, $C_{14}H_{22}O_4N_2$, F. 106—107° (n-Butanol–Bzl.); $[\alpha]_D^{29}$ +42,7° (c = 1,6, 95% ig. A.). — *D-Phenylalanin*, $[\alpha]_D^{29}$ +35,1° (1% ig in W.), u. *L-Phenylalanin*, $[\alpha]_D^{29}$ —35,0° (1% ig. in W.), aus den Salzen mit ca. 2—3nHCl, dann Hydrolyse der Formylverbb. nach FISCHER u. SCHOELLER [1907]. (J. Amer. chem. Soc. **76.** 2801—03. 20/5. 1954. Ames, Io., State Coll., Chem. Labor.) J. ROTHE. 950

A. D. Petrow und **L. L. Schtschukowskaja**, *Synthese und Eigenschaften von Allylsilanen: α-Naphthyltriallylsilan, Cyclohexyltriallylsilan, n-Butyltriallylsilan und Tri-n-butylmonoallylsilan.* Die *Allylsilane* vom Typ $(CH_2{=}CH{-}CH_2)_x \cdot SiR_{4-x}$ haben Bedeutung, da aus ihnen Polymerisationsprodd. bzw. Copolymerisationsprodd. mit Vinylverbb. (Styrol, Vinylchlorid, Acrylaten) gewonnen werden können. Vff. beschreiben 4 neue Allylsilane sowie eine neue Synth. für das bereits bekannte *Tetraallylsilan* (American Cyanamid Company, A. P. 2 381 793 [1945]).

Versuche: *α-Naphthyltriallylsilan*, $C_{19}H_{22}Si$, $Kp._{10}$ 194—195°; aus α-Naphthyltriäthoxysilan u. Allylmagnesiumbromid (I) (1 : 4 Mol) in Ae. unter anschließendem Erhitzen in Ligroin (Fraktion vom Kp. 130—160°); $D.^{20}_4$ 0,9928; n_D^{20} 1,5872; 60% (Ausbeute). — *Cyclohexyltriallylsilan*, $C_{15}H_{26}Si$, $Kp._{13}$ 127—129°; analog Vorst. aus Cyclohexyltriäthoxysilan; $D.^{20}_4$ 0,8659; n_D^{20} 1,4790; 42%. — *n-Butyltriallylsilan*, $C_{13}H_{24}Si$, $Kp._{11}$ 108°; aus n-Butyltrichlorsilan u. I in Ae.; nach Verjagen des Lösungsm. 1 Std. auf dem sd. Wasserbad; $D.^{20}_4$ 0,8200; n_D^{20} 1,4722; 54%. — *Tri-n-butylallylsilan*, $C_{15}H_{32}Si$, $Kp._{12}$ 145°; aus Tri-n-butylchlorsilan u. I; $D.^{20}_4$ 0,8031; n_D^{20} 1,4534; 74%. — *Tetraallylsilan*, $C_{12}H_{20}Si$, $Kp._{10}$ 90,5°; aus $SiCl_4$ u. Allylmagnesiumjodid; das Reaktionsprod. wurde abdest., ohne die Reaktionsmasse mit NH_4Cl-Lsg. zu zerlegen; $D.^{20}_4$ 0,8345; n_D^{20} 1,4840; 37%. — *Tri-n-butylchlorsilan*, $(n\text{-}C_4H_9)_3SiCl$, $Kp._8$ 124,5°; Herst. nach WHITMORE u. Mitarbeitern (J. Amer. chem. Soc. **68.** [1946.] 1380); $D.^{20}_4$ 0,8760; n_D^{20} 1,4471; 74,2%. — *Hexa-n-butyldisiloxan*, $(C_4H_9)_6Si_2O$, $Kp._{12}$ 198—200°; $D.^{20}_4$ 0,8553; n_D^{20} 1,4455. (Известия Академии Наук СССР, Отделение Химических Наук [Nachr. Akad. Wiss. UdSSR, Abt. chem. Wiss.] **1952.** 564—65. Mai/Juni. Inst. für organ. Chem. der Akad. der Wiss. der UdSSR.) H. v. PEZOLD. 980

W. Ss. Abramow und **N. A. Iljina**, *Reaktion von dialkylphosphorigen Säuren mit Aldehyden und Ketonen.* 6. Mitt. *Ester der α-Oxypropylphosphonsäuren.* (5. vgl. C. **1954.** 2602.) Aus dialkylphosphorigen Säuren (I) u. Propionaldehyd (II) wurden *α-Oxypropylphosphonsäuredialkylester* hergestellt. Es wird angenommen, daß von den 2 tautomeren Formen $(RO)_2P\!\!\begin{smallmatrix}\nearrow O\\ \searrow H\end{smallmatrix}$ u. $(RO)_2P\text{-}OH$ die letztere reagiert. Beide Formen sind von ARBUSOW u. Mitarbeitern (C. **1947.** **705**) bei dipropyl- u. dibutylphosphoriger Säure (III) nachgewiesen worden. In Übereinstimmung damit verläuft die Rk. um so leichter u. vollständiger, je größer das Alkyl ist, während bei dimethylphosphoriger Säure (IV) die kleinste Ausbeute erhalten wurde u. der Katalysator in größerer Menge zugegen sein muß.

Versuche: Zu einem äquimol. Gemisch von I u. II läßt man in mehreren Anteilen CH_3ONa-Lsg. so lange zufließen, wie noch Temperaturerhöhung erfolgt. Hierzu sind bei 11 g IV ca. 1 ml, bei II u. diisobutylphosphoriger Säure 1—2 Tropfen notwendig. Mit höherem Alkyl tritt bei der Dest. des Reaktionsprod. teilweise Zers. ein. *α-Oxypropylphosphonsäuredialkylester* $(RO)_2P(=O)CH(OH)C_2H_5$: $R = CH_3$, $Kp._1$ 116—117°; $D.^{20}_4$ 1,1834; n_D^{20} 1,4413; 25,8% (Ausbeute). $R = C_2H_5$, $Kp._{1,5}$ 120—121°; $D.^{20}_4$ 1,0955; n_D^{20} 1,4360; 52,5%. $R = iso\text{-}C_3H_7$, $Kp._2$ 112—113°; $D.^{20}_4$ 1,0299; n_D^{20} 1,4295; 48%. $R = C_3H_7$, $Kp._1$ 126—128°; $D.^{20}_4$ 1,0454; n_D^{20} 1,4365; 30,6%. $R = C_4H_9$, $Kp._1$ 130—132°; $D.^{20}_4$ 1,0241; n_D^{20} 1,4382; 43,4%. $R = iso\text{-}C_4H_9$, $Kp._2$ 139 bis 140°; $D.^{20}_4$ 1,0150; n_D^{20} 1,4378; 71,5%. $R = CH_2{=}CHCH_2$, $Kp._1$ 129—130°; $D.^{20}_4$ 1,0961; n_D^{20} 1,4600; 49,4%. (Журнал Общей Химии [J. allg. Chem.] **24** (**86**). 124—27. Jan. 1954. Kasan, Chem.-Technol. Kirow-Inst.) R. KNOBLOCH. 980

M. Balasubramanian und **V. Baliah**, *Synthese von β-Aminosulfonen und α,β-ungesättigten Sulfonen.* Es wurde versucht, MANNICH-Rkk. mit Dimethyl-, Diäthyl-, Dipropyl- u. Dibutylsulfon, Benzaldehyd u. NH_3 oder Aminen durchzuführen, um

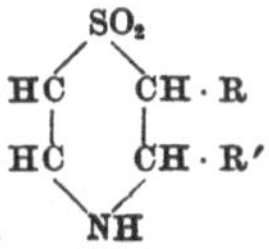
A

Verbb. vom Typ **A** darzustellen, doch diese Verss. mißlangen. Benzylphenylsulfon u. Bis- u. Tris-[benzolsulfonyl]-methan ließen sich ebenfalls nicht kondensieren. Benzol- (**I**) u. p-Toluolsulfonylessigsäure (**II**) reagierten dagegen mit aromat. Aldehyden u. NH_3 oder prim. aliphat. Aminen unter Decarboxylierung u. Bldg. von *β-Aminosulfonen* (**B**; $R \cdot SO_2 \cdot CH_2 \cdot CHR' \cdot NHR''$). Gleichzeitig wurden *α.β-ungesätt. Sulfone* (**C**; $R \cdot SO_2 \cdot CH{=}CH \cdot R'$) gebildet. War die Reaktionsdauer länger als 5—15 Min., so stieg die Ausbeute an **C** auf Kosten der an **B**. Das zuerst gebildete **B** zers. sich zu **C**, denn beim Kochen von 2-Amino-2-phenyläthyl-p-tolylsulfon in Eisessig wurde *1-Phenyl-2-[p-toluolsulfonyl]-äthylen* erhalten. Aliphat. Aldehyde, wie CH_2O, Acetaldehyd, n-Butyr- u. Isobutyraldehyd, ließen sich nicht mit **II** u. NH_3 kondensieren. Chloral gab eine Aldolkondensation unter Bldg. von *3.3.3-Trichlor-2-oxypropyl-p-tolylsulfon*. Sek. Amine, wie Piperidin u. Diäthylamin, ließen sich ebenfalls nicht kondensieren. α-[p-Toluolsulfonyl]-propionsäure (**IV**) reagierte langsamer u. mit kleineren Ausbeuten als **II**.

Versuche: *Phenylmercapto-bis-[benzolsulfonyl]-methan*, F. 177,5—178,5°, durch 6std. Kochen von 4,2 g Bis-[benzolsulfonyl]-methan u. 3,6 g Phenylbenzolthiolsulfonat mit $NaOC_2H_5$ in A.; Nadeln aus Eisessig; 3,8 g (Ausbeute). — *Tris-[benzolsulfonyl]-methan*, F. 215—217° (Essigsäure), aus vorst. Verb. mit H_2O_2 in Essigsäure; 64%. — Zur Darst. der **B** u. **C** wurden je 0,02 Mol **I** bzw. **II**, Aldehyd u. Ammoniumacetat (**III**) oder aliphat. Amin 5—15 Min. in Eisessig gekocht, dann wurde die Lsg. gekühlt, mit Ae. versetzt, nach 1 Std. die äther. Schicht abgetrennt, das **B** mit HCl-Gas als Hydrochlorid gefällt u. nach 1—2 Tagen abfiltriert. Folgende **B**-*Hydrochloride*, $R \cdot SO_2 \cdot CH_2 \cdot CHR' \cdot NHR'' \cdot HCl$ (alle als Nadeln aus A. oder A. + Ae.), wurden erhalten (in [ ] die Ausbeute an **C**): R = Phenyl: *R' = Phenyl, R'' = H*, $C_{14}H_{15} \cdot O_2NS \cdot HCl$, F. 190—193°; 27 [21]%. — *R' = 3.4-Methylendioxyphenyl, R'' = H*, $C_{15}H_{15}O_4NS \cdot HCl$, F. 213—215° (Zers.); 30 [19]%. — *R' = o-Methoxyphenyl, R'' = H*, $C_{15}H_{17}O_3NS \cdot HCl$, F. 211—213°; 20 [28]%. — *R' = p-Chlorphenyl, R'' = H*, $C_{14}H_{14} \cdot O_2NClS \cdot HCl$, F. 213—215°; 24 [28]%. — *R' = o-Nitrophenyl, R'' = H*, $C_{14}H_{14}O_4N_2S \cdot HCl$, F. 225—228° (Zers.); 7 [10]%. — *R' = m-Nitrophenyl, R'' = H*, $C_{14}H_{14}O_4N_2S \cdot HCl$, F. 217—219°; 21[14]%. — *R' = Thienyl-(2), R'' = H*, $C_{12}H_{13}O_2NS_2 \cdot HCl$, F. 210—212° (Zers.); 14[0]%. — *R' = Phenyl, R'' = Benzyl*, $C_{21}H_{21}O_2NS \cdot HCl$, F. 179—181°; 10 [27]%. — Mit *R' = p-Tolyl* wurde kein **B**, sondern nur **C** erhalten; [17]%. — R = p-Tolyl: *R' = Phenyl, R'' = H*, $C_{15}H_{17}O_2NS \cdot HCl$, F. 204—206°; 23 [25]%. — *R' = 3.4-Methylendioxyphenyl, R'' = H*, $C_{16}H_{17}O_4NS \cdot HCl$, F. 213 bis 214° (Zers.); 22 [15]%. — *R' = o-Methoxyphenyl, R'' = H*, $C_{16}H_{19}O_3NS \cdot HCl$, F. 220 bis 222°; 19 [23]%. — *R' = p-Methoxyphenyl, R'' = H*, $C_{16}H_{19}O_3NS \cdot HCl$, F. 231 bis 232°; 19 [12]%. — *R' = p-Chlorphenyl, R'' = H*, $C_{15}H_{16}O_2NClS \cdot HCl$, F. 206 bis 209°; 19 [31]%. — *R' = o-Nitrophenyl, R'' = H*, $C_{15}H_{16}O_4N_2S \cdot HCl$, F. 237 bis 239° (Zers.); 18 [5]%. — *R' = m-Nitrophenyl, R'' = H*, $C_{15}H_{16}O_4N_2S \cdot HCl$, F. 219 bis 220°; 25 [20]%. — *R' = p-Tolyl, R'' = H*, $C_{16}H_{19}O_2NS \cdot HCl$, F. 195—197,5°; 25 [22]%. — *R' = Thienyl-(2), R'' = H*, $C_{13}H_{15}O_2NS_2 \cdot HCl$, F. 196,5—198,5° (Zers.); 15 [20]%. — *R' = Phenyl, R'' = Methyl*, $C_{16}H_{19}O_2NS \cdot HCl$, F. 185—188°; 8 [35]%. — *R' = m-Nitrophenyl, R'' = Methyl*, $C_{16}H_{18}O_4N_2S \cdot HCl$, F. 203—205°; 30 [48]%. — *R' = Phenyl, R'' = Äthyl*, $C_{17}H_{21}O_2NS \cdot HCl$, F. 199—200°; 21 [54]%. — *R' = m-Nitrophenyl, R'' = Äthyl*, $C_{17}H_{20}O_4N_2S \cdot HCl$, F. 208—210°; 23 [41]%. — *R' = Phenyl, R'' = Allyl*, $C_{18}H_{21}O_2NS \cdot HCl$, F. 177—178,5°; 13 [43]%. — *R' = m-Nitrophenyl, R'' = Allyl*, $C_{18}H_{20}O_4N_2S \cdot HCl$, F. 210—213°; 33 [62]%. — *R' = Phenyl, R'' = Butyl*, $C_{19}H_{25}O_2NS \cdot HCl$, F. 185—188°; 9 [60]%. — *R' = m-Nitrophenyl, R'' = Butyl*, $C_{19}H_{24}O_4N_2S \cdot HCl$, F. 195—198°; 14 [70]%. — *R' = Phenyl, R'' = Octyl*, $C_{23}H_{33}O_2NS \cdot HCl$, F. 169—171°; 11 [61]%. — *R' = m-Nitrophenyl, R'' = Octyl*, $C_{23}H_{32}O_4N_2S \cdot HCl$, F. 197—199°; 19 [53]%. — *R' = Phenyl, R'' = Benzyl*, $C_{22}H_{23}O_2NS \cdot HCl$, F. 194 bis 195,5°; 36 [64]%. — *R' = 3.4-Methylendioxyphenyl, R'' = Benzyl*, $C_{23}H_{23}O_4NS \cdot HCl$, F. 205—206°; 27 [30]%. — *R' = m-Nitrophenyl, R'' = Benzyl*, $C_{22}H_{22}O_4N_2S \cdot HCl$, F. 207—209,5°; 10 [56]%. — Durch Behandlung der Hydrochloride in A. mit NH_4OH wurden folgende *freien Basen* **B** erhalten: *R = Phenyl, R' = p-Chlorphenyl, R'' = H*, $C_{14}H_{14}O_2NClS$, F. 98—99°; aus A. + W. Nadeln. — *R = p-Tolyl, R' = m-Nitrophenyl, R'' = H*, $C_{15}H_{16}O_4N_2S$, F. 97—98°; gelbe Nadeln aus W. + CH_3OH. — *R = p-Tolyl, R' = m-Nitrophenyl, R'' = Methyl*, $C_{16}H_{18}O_4N_2S$, F. 108,5—109,5°; Prismen aus CH_3OH. — Aus der äther. Mutterlauge der **B**-Hydrochloride wurden durch Eindampfen, Aufnehmen in CH_3OH u. Umkristallisieren aus A. oder CH_3OH folgende **C**, $R \cdot SO_2 \cdot CH{=}CHR'$, erhalten: R = Phenyl: *R' = Phenyl*, $C_{14}H_{12}O_2S$, F. 74 bis 74,5°. — *R' = 3.4-Methylendioxyphenyl*, $C_{15}H_{12}O_4S$, F. 107—108°. — *R' = o-Methoxyphenyl*, $C_{15}H_{14}O_3S$, F. 93—94°. — *R' = p-Chlorphenyl*, $C_{14}H_{11}O_2ClS$, F. 129,5 bis 130°. — *R' = o-Nitrophenyl*, $C_{14}H_{11}O_4NS$, F. 130—132°. — *R' = m-Nitrophenyl*, $C_{14}H_{11}O_4NS$, F. 145—146°. — *R' = p-Tolyl*, $C_{15}H_{14}O_2S$, F. 135,5—136,5°. — R = p-Tolyl: *R' = Phenyl*, $C_{15}H_{14}O_2S$, F. 120,5—121°. — *R' = 3.4-Methylendioxyphenyl*, $C_{16}H_{14}O_4S$, F. 114—114,5°. — *R' = o-Methoxyphenyl*, $C_{16}H_{16}O_3S$, F. 81—82°. — *R' = p-Methoxyphenyl*, $C_{16}H_{16}O_3S$, F. 100°, erweicht bei 88°. — *R' = p-Chlorphenyl*, $C_{15}H_{13}O_2ClS$, F. 151—153°. — *R' = o-Nitrophenyl*, $C_{15}H_{13}O_4NS$, F. 158,5—160°. — *R' = m-Nitrophenyl*, $C_{15}H_{13}O_4NS$, F. 146—147°. — *R' = p-Tolyl*, $C_{16}H_{16}O_2S$, F. 154 bis 155°. — *R' = Thienyl-(2)*, $C_{13}H_{12}O_2S_2$, F. 132,5—133,5°. — *p-Tolyl-3.3.3-trichlor-2-oxypropylsulfon*, $C_{10}H_{11}O_3Cl_3S$, F. 127—129°, durch ½std. Kochen von 4,28 g **II**, 1,54 g **III** u. 2,86 g Chloral in Eisessig; rhomb. Kristalle aus Bzl.; 0,72 g. — *2-Amino-1-methyl-2-phenyläthyl-p-tolylsulfonhydrochlorid*, $C_{16}H_{19}O_2NS \cdot HCl$, F. 235—240° (Zers.). durch 1 std. Kochen von **IV**, Benzaldehyd u. **III** in Eisessig; Nadeln aus A. + Ae.; 7%; daneben *1-Methyl-2-phenyl-1-[p-toluolsulfonyl]-äthylen*, $C_{16}H_{16}O_2S$, F. 118,5—119,5° (A.); 11,8%. — *2-Amino-1-methyl-2-[m-nitrophenyl]-äthyl-p-tolylsulfonhydrochlorid*, $C_{16}H_{18}O_4N_2S \cdot HCl$, F. 245—254° (Zers.), aus **IV**, m-Nitrobenzaldehyd u. **III**; Nadeln aus A.; 16%; daneben *1-Methyl-2-[m-nitrophenyl]-1-[p-toluolsulfonyl]-äthylen*, $C_{16}H_{15}O_4NS$, F. 132—133°, fahlgelbe Platten aus CH_3OH; 10%. (J. chem. Soc. [London] **1954**. 1844—47. Juni. Annamalainagar, South India, Annamalai Univ.) CLEVE. 1090

A. W. Kirssanow und **Je. A. Abrashanowa**, *Amidierung von Carbonsäuren durch Phosphorsäureamide.* Bei der Rk. des Trianilids (**I**) der Phosphorsäure (**II**) mit p-Nitrobenzoesäure (**III**) wurde **III**-*Anilid* erhalten. Analog reagierte **I** mit anderen Carbonsäuren. Die Umsetzung verlief nach dem allg. Schema $PO(NHC_6H_5)_3 + RCO_2H \rightarrow RCONHC_6H_5 + HOPO(NHC_6H_5)_2$. Die Verss., eine analoge Umsetzung mit dem Tri-p-toluidid u. Dianilid von **II** oder mit $C_6H_5SO_2N{=}P(NH_2)_3$ („Triamid der Phenylsulfonimidophosphorsäure"), $C_6H_5SO_2NHP({=}O)(NH_2)OH$ („Monoamid der Phenylsulfonamidophosphorsäure") u. ähnlichen Verbb. durchzuführen, verliefen negativ, da keine Rk. eintrat.

Versuche: 0,002 Mol der betreffenden Carbonsäure werden mit 0,002 Mol **I** in 5 ml Pyridin 5 Std. auf 120—125° (Badtemp.) erhitzt. Erhalten werden aus **III** 90,9% *p-Nitrobenzanilid*, aus Essigsäure 83,1% *Acetanilid*, aus Propionsäure 78,1% *Propionsäureanilid*, aus Stearinsäure 90,6% *Stearinsäureanilid*, aus Phenylessigsäure 88,5% *Phenylacetanilid* u. aus Benzoesäure 88,9% *Benzanilid*. (**Журнал Общей Химии** [J. allg. Chem.] **24** (**86**). 120—22. Jan. 1954. Dnepropetrowsk, Metallurg. Stalin-Inst., Lehrstuhl für organ. Chem.) R. KNOBLOCH. 1210

C. A. Miller und **Loren M. Long**, *Anticonvulsiva.* 4. Mitt. *Eine Untersuchung von substituierten α-Phenylsuccinimiden.* (3. vgl. J. Amer. chem. Soc. **75**. [1953.] 373.) Kondensation von Aldehyden oder Ketonen mit Cyanessigester führte zu *α-Cyancinnamaten*, die mit KCN *α.β-Dicyanpropionate* ergaben. Rk. mit konz. HCl oder $HCl-CH_3COOH$ lieferte *substituierte Bernsteinsäuren*, deren *Aminsalze* durch Dest. in die entsprechenden *Imide* übergeführt wurden. Einige der dargestellten Verbb. besitzen anticonvulsive Wrkg., die jedoch geringer ist als die des *5.5-Diphenylhydantoins* (*Dilantins*).

Versuche: *α-[p-Chlorphenyl]-bernsteinsäure*, $C_{10}H_9O_4Cl$, F. 204—206° (60%ig. A.), durch Zugabe von wenig Piperidin zu p-Chlorbenzaldehyd u. Methylcyanacetat in A., Abkühlen auf 30°, Zugabe von wss. KCN, kurzes Erhitzen der klaren Lsg. auf dem Dampfbad, Zugabe von W. u. 12n HCl, 18std. Kochen, Aufnehmen in 10%ig. NaOH u. Fällen mit 12n HCl; 76% (Ausbeute). — *α-Cyan-β-[o-chlorphenyl]-β-methylacrylsäureäthylester*, $C_{13}H_{12}O_2NCl$, Kp.$_{0,9}$ 137°, aus [o-Chlorphenyl]-methylketon u. Cyanessigester nach COPE u. Mitarbeitern (C. **1942**. II. 2021); 84%. — *α-[o-Chlorphenyl]-α-methylbernsteinsäure*, $C_{11}H_{11}O_4Cl$, F. 204—205° (50%ig. A.), durch Zugabe von 1 Mol KCN zu 0,76 Mol vorst. Verb. in 50%ig. A., Erwärmen auf dem Dampfbad, Zugabe von W. u. 12n HCl (Kongorot), 40std. Kochen des *α.β-Dicyan-β-[o-chlorphenyl]-buttersäureäthylesters* mit 12n HCl, Abgießen der wss. Schicht, erneutes 40std. Kochen mit 12n HCl, Aufnehmen des Prod. in 10%ig. NaOH, Ausziehen mit Ae., Einstellen auf p_H 7 u. Ansäuern des Filtrats mit 12n HCl; 80 g. — *α-[o-Chlorphenyl]-succinimid*, $C_{10}H_8O_2NCl$, F. 133—135°, durch Zugabe von o-Chlorphenylbernsteinsäure zu NH_4OH, Erhitzen, bis eine Innentemp. von 200° erreicht ist, u. Aufnehmen in heißem A.; 84%. — Analog wurden nachst. *Succinimide* der nebenst. Formel dargestellt:

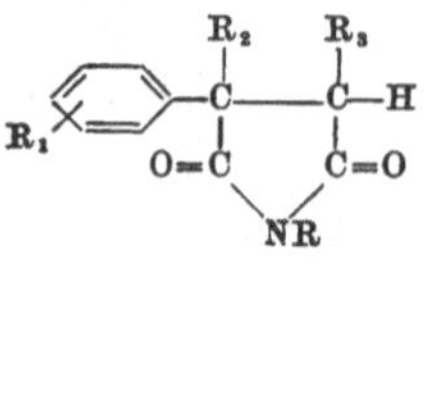

R = R_2 = R_3 = H, *R_1 = o-CH_3*, $C_{11}H_{11}O_2N$, Kp.$_{0,6}$ 176—180°, F. 80—83°; 36%. — *R = CH_3*, *R_1 = o-CH_3*, *R_2 = R_3 = H*, $C_{12}H_{13}O_2N$, Kp.$_{0,6}$ 143°; 87%. — *R = C_2H_5*, *R_1 = o-CH_3*, *R_2 = R_3 = H*, $C_{13}H_{15}O_2N$, Kp.$_{2,9}$ 160—161°; 67%. — *R = C_3H_5*, *R_1 = o-CH_3*, *R_2 = R_3 = H*, $C_{14}H_{15}O_2N$, Kp.$_{0,3}$ 142°; 63%. — *R = iso-C_3H_7*, *R_1 = o-CH_3*, *R_2 = R_3 = H*, $C_{14}H_{17}O_2N$, Kp.$_{2,6}$ 157 bis 158°; 63%. — $R=R_2=R_3=H$, $R_1=o\text{-}OH$, $C_{10}H_9O_3N$, F. 207—209°; 44%. — $R=CH_3$, $R_1=o\text{-}OH$, $R_2=R_3=H$, $C_{11}H_{11}O_3N$, F. 136—138°; 57%. — $R=R_2=R_3=H$, $R_1=p\text{-}OH$, $C_{10}H_9O_3N$, F. 204—205°; 61%. — $R=CH_3$, $R_1=p\text{-}OH$, $R_2=R_3=H$, $C_{11}H_{11}O_3N$, F. 158—159°; 78%. — $R=C_2H_5$, $R_1=p\text{-}OH$, $R_2=R_3=H$, $C_{12}H_{13}\cdot O_3N$, F. 167—168°; 60%. — $R=R_2=R_3=H$, $R=p\text{-}CH_3O\text{—}$, $C_{11}H_{11}O_3N$, F. 135 bis 137°; 73%. — $R=CH_3$, $R_1=p\text{-}CH_3O$, $R_2=R_3=H$, $C_{12}H_{13}O_3N$, F. 125—126°; 75%. — $R=C_2H_5$, $R_1=p\text{-}CH_3O$, $R_2=R_3=H$, $C_{13}H_{15}O_3N$, F. 53—55°; 70%. — $R=iso\text{-}C_3H_7$, $R_1=p\text{-}CH_3O$, $R_2=R_3=H$, $C_{14}H_{17}O_3N$, F. 60—62°; 72%. — $R=CH_3$, $R_1=o\text{-}Cl$, $R_2=R_3=H$, $C_{11}H_{10}O_2NCl$, F. 127—129°; 82%. — $R=C_2H_5$, $R_1=o\text{-}Cl$, $R_2=R_3=H$, $C_{12}H_{12}O_2NCl$, $Kp._{1,1}$ 156°, F. 56—58°; 70%. — $R=C_3H_5$, $R_1=o\text{-}Cl$, $R_2=R_3=H$, $C_{13}H_{12}O_2NCl$, F. 57—59°; 73%. — $R=iso\text{-}C_3H_7$, $R_1=o\text{-}Cl$, $R_2=R_3=H$, $C_{13}H_{14}O_2NCl$, F. 74—76°; 54%. — $R=R_2=R_3=H$, $R_1=p\text{-}Cl$, $C_{10}H_8O_2NCl$, F. 130—132°; 55%. — $R=CH_3$, $R_1=p\text{-}Cl$, $R_2=R_3=H$, $C_{11}H_{10}O_2\cdot NCl$, F. 107—109°; 51%. — $R=C_2H_5$, $R_1=p\text{-}Cl$, $R_2=R_3=H$, $C_{12}H_{12}O_2NCl$, F. 50 bis 52°; 38%. — $R=C_3H_5$, $R_1=p\text{-}Cl$, $R_2=R_3=H$, $C_{13}H_{12}O_2NCl$, F. 61—63°; 46%. — $R=iso\text{-}C_3H_7$, $R_1=p\text{-}Cl$, $R_2=R_3=H$, $C_{13}H_{14}O_2NCl$, F. 77—79°; 48%. — $R=R_3=H$, $R_1=o\text{-}Cl$, $R_2=CH_3$, $C_{11}H_{10}O_2NCl$, F. 152—155°; 79%. — $R=R_2=CH_3$, $R_1=o\text{-}Cl$, $R_3=H$, $C_{12}H_{12}O_2NCl$, F. 120—122°; 74%. — $R=C_2H_5$, $R_1=o\text{-}Cl$, $R_2=CH_3$, $R_3=H$, $C_{13}H_{14}O_2NCl$, F. 81—82°; 70%. — $R=R_3=H$, $R_1=p\text{-}Cl$, $R_2=CH_3$, $C_{11}H_{10}O_2NCl$, F. 146—148°; 33%. — $R=R_2=CH_3$, $R_1=p\text{-}Cl$, $R_3=H$, $C_{12}H_{12}O_2NCl$, F. 86—87°; 52%. — $R=C_2H_5$, $R_1=p\text{-}Cl$, $R_2=CH_3$, $R_3=H$, $C_{13}H_{14}O_2NCl$, $Kp._2$ 156—158°; 60%. — $R=C_3H_5$, $R_1=p\text{-}Cl$, $R_2=CH_3$, $R_3=H$, $C_{14}H_{14}O_2NCl$, $Kp._{1,1}$ 163—164°; 63%. — $R=R_2=H$, $R_1=o\text{-}Cl$, $R_3=CH_3$, $C_{11}H_{10}\cdot O_2NCl$, F. 130—132°; 45%. — $R=R_3=CH_3$, $R_1=o\text{-}Cl$, $R_2=H$, $C_{12}H_{12}O_2NCl$, F. 127—129°; 42%. (J. Amer. chem. Soc. **75.** 6256—58. 20/12. 1953. Detroit, Mich., Parke, Davis & Co., Res. Labors.) HILDEGARD BAGANZ. 1220

Lloyd N. Ferguson, Richard R. Holmes und **Melvin Calvin,** *Über die Kolbe-Schmitt-Reaktion.* Bei der Carbonisierung des *o-Fluorphenols* liefert das Li-Salz die o- u. p-Säure im Verhältnis 1:0, das Na-Salz im Verhältnis 3:2 u. das K-Salz im Verhältnis 1:3. (J. Amer. chem. Soc. **72.** 5315. Nov. 1950. Berkeley, Calif., Univ., Dep. of Chem.) FAASS. 1250

Loren M. Long und **N. Jenesel,** *Chloramphenicol (Chloromycetin). Verwandte Verbindungen.* Vff. haben auf bereits ausgearbeitetem Wege (vgl. J. Amer. chem. Soc. **71.** [1949.] 2469. 2473) das *o-* u. *m-Nitroisomere* (**I**) des *rac. Chloramphenicols* dargestellt; der von BUU-HOI u. KHÔI (C. R. hebd. Séances Acad. Sci. **229.** [1949.] 1343) für **I** angegebene F. wird nur bei langer Hydrolyse des Vorprod. erreicht, wobei ein nicht analysenreines Prod. entsteht; analysenreines **I** schm. bei 135—136°. — Die UV-Absorptionsspektren der 3-Nitrostellungsisomeren in W. sind angegeben.

Versuche: *α-Acetamido-o-nitroacetophenon* (**I**), $C_{10}H_{10}O_4N_2$, F. 131—132°, aus o-Nitroacetophenon durch Bromierung u. Rk. mit Hexamethylentetramin; 71%. — Ebenso *α-Acetamido-m-nitroacetophenon*, $C_{10}H_{10}O_4N_2$, F. 142—143°; 72%. — *α-Acetamido-β-oxy-o-nitropropiophenon* (**II**), $C_{11}H_{12}O_5N_2$, aus **I** u. 36—38%ig. wss. Formaldehyd in Methanol bei Ggw. von $NaHCO_3$ u. Soda in W. bei 35°; F. 126—127° (Bzl. + Isooctan); 81%. — Ebenso *α-Acetamido-β-oxy-m-nitropropiophenon*, $C_{11}H_{12}\cdot O_5N_2$, F. 160—162°; 78%. — *dl-threo-2-Acetamido-1-[o-nitrophenyl]-propandiol-(1.3)* (**III**), $C_{11}H_{14}O_5N_2$, aus **II** mit Al-Isopropylat in Isopropanol; nach teilweiser Abdest. des Isopropanols Zusatz von W., $^1/_4$std. Kochen, Ausziehen des bei Extraktion erhaltenen Rückstandes mit heißem 80%ig. Isopropanol, Eindampfen u. Aufnehmen in Essigester, F. 187—188°; 19%. — *dl-threo-2-Acetamido-1-[m-nitrophenyl]-propandiol-(1.3)*, $C_{11}H_{14}O_5N_2$, F. 172—173°; 28%. — *dl-threo-2-Dichloracetamido-1-[o-nitrophenyl]-propandiol-(1.3)*, $C_{11}H_{12}O_5N_2Cl_2$, aus **III** nach 1std. Hydrolyse mit 5%ig. HCl, Extraktion des mit 20%ig. NaOH alkal. gemachten Filtrats mit Essigester, Einengen im Vakuum, Rk. mit Dichloressigsäuremethylester in sd. Methanol, Zusatz von $ClCH_2\cdot CH_2Cl$ u. Konz.; F. 125—126° (W.); 52%. — *dl-threo-2-Dichloracetamido-1-[m-nitrophenyl]-propandiol-(1.3)*, $C_{11}H_{12}O_5N_2Cl_2$, F. 135—136°; 61%. (J. Amer. chem. Soc. **72.** 4299—4300. Sept. 1950. Detroit, Mich., Parke, Davis & Co., Res. Labors.) KLEEBERG. 1320

Wilhelm Dirscherl, Hans Traut und **Heinz Breuer,** *Vorversuche zur Synthese eines optisch aktiven Girard-Reagens.* Durch aufeinanderfolgende Rk. von rac. Dimethyl-[β-phenylisopropyl]-amin mit Chloressigsäuremethylester u. Hydrazinhydrat wurde *Dimethyl-[β-phenylisopropyl]-ammonium-N-essigsäurehydrazid* dargestellt, das ein asymm. C-Atom besitzt u. mit Steroidketonen wie GIRARD-Reagens T reagiert.

Versuche: *Dimethyl-[β-phenylisopropyl]-amin*, $Kp._{13}$ 99—100°, $Kp._{0,2}$ 53°, durch 45std. Erhitzen von Phenylaceton, Dimethylformamid u. 85%ig. HCOOH auf

140°; 45% (Ausbeute). — *Dimethyl-[β-phenylisopropyl]-ammoniumchlorid-N-essigsäurehydrazid*, $C_{13}H_{22}ON_3Cl$, F. 188° (korr.; A.), durch 4std. Kochen vorst. Verb. mit Chloressigsäuremethylester in A. u. Zutropfen zu 83,5 %ig. $N_2H_4 \cdot H_2O$ in A.; 46%. (Chem. Ber. **86**. 1380—82. 1953. Bonn/Rh., Univ., Physiol.-chem. Inst.) v. der Horst. 1350

Gennady M. Kosolapoff, *Eine neue Phosphinsäuresynthese*. Durch Rk. von Dichlorphosphinen mit Alkoholen lassen sich *Monoester von Phosphonigsäuren* nach $RPCl_2$ + 2 ROH → RP(OR)OH darstellen, deren Na-Salze mit akt. organ. Halogeniden zu *Phosphinsäureestern* nach RP(OR)ONa + R'X → RR'P(O)OR + NaX reagieren.

Versuche: *Phenyldichlorphosphin* (**I**), $Kp._{12}$ 94°, aus Bzl. u. PCl_3 in Ggw. von $AlCl_3$ durch 2std. Kochen; 60—65% (Ausbeute). — *Monoäthylbenzolphosphonit*, $Kp._1$ 98—99°, aus **I** u. A. u. anschließend Vakuumdest.; das Prod. besitzt einen durchdringenden, widerlichen Geruch. — *Monobutylbenzolphosphonit* (**II**), geruchlose Fl., $Kp._3$ 149°, n_D^{29} 1,5045, $D.^{29}_4$ 1,0695, wie vorst. mit Butanol; 70—75%. — *Phenylbutylphosphinsäure*, viscoses Öl, aus **II** u. Na in Toluol, anschließend Rk. mit n-Butylbromid u. mehrstd. Hydrolyse mit konz. HCl; Reinigung durch Lösen in NaOH u. Fällen mit HCl; 84%. Das *Pb-Salz* ist ein unlösl. Pulver. — *Methylphenylphosphinsäure*, F. 133—134°, wie vorst. mit CH_3J; 81%. (J. Amer. chem. Soc. **72**. 4292—93. Sept. 1950. Auburn, Ala., Polytechn. Inst., Ross Chem. Labor.) Zimmer. 1380

A. W. Kirssanow und **Ju. M. Solotow**, *Tribromphosphazosulfonaryle*. Die Na-Salze von Arylsulfochloramiden reagieren mit PBr_3 unter Abscheidung von NaCl u. Bldg. von „*Tribromphosphazosulfonarylen*", $ArSO_2N{=}PBr_3$. Immer bilden sich nicht untersuchte Nebenprodd. u. etwas Br_2. Die erhaltenen Verbb. sind gut krist., haben schwachen Geruch, schm. unter Zers. u. sind an feuchter Luft unbeständig.

Versuche: 0,02 Mol des im Vakuumexsiccator bei Zimmertemp. über konz. H_2SO_4, dann P_2O_5 getrockneten Na-Salzes des Arylsulfochloramids in 100—200 ml CCl_4 werden mit 20 ml 1 mol. Lsg. von PBr_3 in CCl_4 10—15 Min. gerührt u. 1 Std. auf dem Wasserbad gekocht; man filtriert heiß u. läßt kristallisieren; zum Umkristallisieren eignet sich CCl_4. „*Tribromphosphazosulfonphenyl*", $C_6H_5O_2NBr_3SP$, F. 94—97°; Prismen; 71,6% (Ausbeute). — „*Tribromphosphazosulfon-o-tolyl*", $C_7H_7O_2NBr_3SP$, F. 148—151°; Nadeln; 85,4%. — „*Tribromphosphazosulfon-p-tolyl*", $C_7H_7O_2NBr_3SP$, F. 138—141°; Prismen; 79%. — „*Tribromphosphazosulfon-α-naphthyl*", $C_{10}H_7O_2 \cdot NBr_3SP$, F. 157—159°; Prismen; 70,5%. — „*Tribromphosphazosulfon-β-naphthyl*", $C_{10}H_7O_2NBr_3SP$, F. 150—153°; Prismen; 66,1%. (Журнал Общей Химии [J. allg. Chem.] **24** (**86**). 122—24. Jan. 1954. Dnepropetrowsk, Metallurg. Stalin-Inst., Lehrstuhl für organ. Chem.) R. Knobloch. 1380

James W. Curry, *Darstellung von o-Cyanzimtsäureäthylester und o-Carbäthoxyzimtsäurenitril*. 1.2-Naphthochinon-1-oxim (**I**) u. 1.2-Naphthochinon-2-oxim (**II**) wurden mit Benzolsulfochlorid (**III**) in Pyridin (**IV**) zu den *Benzolsulfosäureestern der Oxime* (**V** bzw. **VI**) umgesetzt. Durch Erhitzen von **V** bzw. **VI** in A. tritt Aufspaltung des Naphthalinringes ein, u. zwar entsteht aus **V** *o-Cyanzimtsäureäthylester*, aus **VI** *o-Carbäthoxyzimtsäurenitril*, beide in der *trans*-Form. Die Identifizierung erfolgte durch die Infrarotspektren.

Versuche (FF. korr.): *1.2-Naphthochinon-1-oximbenzolsulfonat* (**V**), $C_{16}H_{11} \cdot O_4NS$, F. 86,5—89°, Erstarren u. erneuter F. 139,5—141,5° (Zers.), aus **I** u. **III** in **IV**; nach Abklingen der Rk. Zugabe von W.; aus Chlf.-CCl_4 gelbe Nadeln; 26% (Ausbeute). — *1.2-Naphthochinon-2-oximbenzolsulfonat* (**VI**), F. 118—121° (Zers.), analog aus **II**; aus CCl_4 gelbe Platten; 54%. — *o-Cyanzimtsäureäthylester*, $C_{12}H_{11}O_2N$, F. 76—77°, durch Kochen von **V** mit 95%ig. A.; aus A. Nadeln; 57%. — *o-Carbäthoxyzimtsäurenitril*, $C_{12}H_{11}O_2N$, F. 45—46°, wie vorst. aus **VI**; aus verd. A. Nadeln; 79%. (J. Amer. chem. Soc. **75**. 5740—41. 20/11. 1953. Urbana, Ill., Univ., Noyes Chem. Labor.) Löffler. 1620

Herman Pines, H. G. Rodenberg und **V. N. Ipatieff**, *Synthese von Cyclobutan durch die Entoxymethylierungsmethode*. Durch Red. von Cyclobutancarbonsäure (**I**) mit $LiAlH_4$ zu *Cyclobutylmethanol* u. katalyt. Entoxymethylierung kann *Cyclobutan* mit 57% Ausbeute (bezogen auf **I**) gegenüber 39% nach der Meth. von Cason u. Way (C. **1949**. E. 1203) dargestellt werden. Nebenprod. ist *n-Butan*.

Versuche: *Cyclobutylmethanol*, Kp. 142—143,5°, aus **I** u. $LiAlH_4$ in Ae.; n_D^{20} 1,4450; 76% (Ausbeute). — *Cyclobutan*, aus vorst. Verb. mit einem Ni-Katalysator im Autoklaven bei 100 at H_2 u. 154° in 5 Std.; 75%, daneben 21% *n-Butan*. (J. Amer. chem. Soc. **75**. 6065. 5/12. 1953. Evanston, Ill., Northwestern Univ., Dep. of Chem., Ipatieff High Pressure and Catalyt. Labor.) Eberhardt. 1810

A. K. Barbour, H. D. Mackenzie, M. Stacey und **J. C. Tatlow,** *Die Reaktionen von hochfluorierten organischen Verbindungen. 4. Mitt. Einige Polyfluorcyclohexane und abgeleitete Verbindungen.* (3. vgl. C. **1954.** 9015.) Das durch Dampfphasenfluorierung von Bzl. mit CoF_3 bei 150° l. c. erhaltene Prod. stellt ein sehr kompliziert zusammengesetztes, zwischen 50 u. 140° sd. Fluor-KW-stoffgemisch dar. Die Trennung wird dadurch erschwert, daß die tiefersd. Substanzen mit dem nichtumgesetzten Bzl. Azeotrope bilden; aus diesen läßt sich das Bzl. durch Nitrierung entfernen. Isoliert wurden das bei 63° sd. *Undekafluorcyclohexan* (**I**) u. ein bei 78° sd. *Dekafluorcyclohexan* (**II**), vermutlich die 1H.3H-Verbindung. Die zwischen 96 u. 106° sd. Substanzen sind hauptsächlich *Nonafluorcyclohexane* u. die zwischen 112 u. 135° sd. Prodd. *Oktafluorcyclohexane.* — Die fluorierten Cyclohexane spalten bei der Behandlung mit Alkali HF ab u. geben die entsprechenden Olefine. **I** geht in *Perfluorcyclohexen* über, welches sich zu *Perfluoradipinsäure* oxydieren läßt. Aus **II** entsteht bei relativ milder Behandlung ein *Nonafluorcyclohexen* (**III**); bei energ. Alkalibehandlung bildet sich das Diolefin C_6F_8, vermutlich ein Isomerengemisch. Das durch Br_2-Anlagerung an **III** erhältliche *Dibromnonafluorcyclohexan* spaltet mit wss. KOH HBr u. HF ab u. liefert *3-Bromnonafluorcyclohexen-*(1) u. *Dibromoktafluorcyclohexen.* — Die $KMnO_4$-Oxydation der höchstsd. Anteile des Fluorcyclohexangemisches von der Benzolfluorierung liefert *Hexafluoradipinsäure.*

Versuche: *Undekafluorcyclohexan* (**I**), C_6HF_{11}, Kp. 62,5—63,5°, F. 49°, n_D^{50} 1,275. — *Dekafluorcyclohexan* (**II**), $C_6H_2F_{10}$, Kp. 77,5—78,0°, F. 39—40°, n_D^{45} 1,291. — *Perfluorcyclohexen,* C_6F_{10}, Kp. 54°, n_D^{16} 1,292; durch 2std. Kochen von 18,7 g **I** mit 10 g KOH in 15 cm³ W.; 16,4 g (Ausbeute). — *Perfluoradipinsäure,* $C_6H_2O_4F_8$, F. 133—134° (Bzl.); durch Oxydation vorst. Verb. mit wss. $KMnO_4$ im Schüttelautoklaven bei 100°; 90%. *Dianiliniumsalz,* $C_{18}H_{16}O_4N_2F_8$, F. 210—212° (Aceton–Chlf.). *Diamid,* $C_6H_4O_2N_2F_8$, F. 237—238° (wss. A.). — *Nonafluorcyclohexen* (**III**), C_6HF_9, Kp. 71—72°, n_D^{16} 1,310; durch 7std. Kochen von 18,6 g **II** mit 7 g KOH u. 17,5 cm³ W. unter Rückfluß; 15,1 g. — *Oktafluorcyclohexadien,* C_6F_8, Kp. 58 bis 62°, n_D^{21} 1,321; durch 6std. Kochen von 5,03 g **III** mit 10 g KOH u. 10 cm³ W.; 1,82 g. — *Dibromnonafluorcyclohexan,* $C_6HBr_2F_9$, Kp. 156—158°, n_D^{10} 1,399; aus 26,1 g **III** u. 65 cm³ Br_2 im UV-Licht in 45 Std.; 15,3 g. — Bei mehrstd. Erhitzen von 12,2 g der vorst. Verb. mit wss. KOH entstehen 3,4 g *3-Bromnonafluorcyclohexen-*(*1*), C_6BrF_9, Kp. 116—118°, u. 1,9 g *Dibromoktafluorcyclohexen,* $C_6Br_2F_8$, Kp. 135—136°. — *Hexafluoradipinsäure,* $C_6H_4O_4F_6$, F. 135—136° (Bzl.); durch Oxydation der zwischen 124 u. 134° sd. Fluorcyclohexanfraktion mit wss. $KMnO_4$. *Dianiliniumsalz,* $C_{18}H_{18}O_4 \cdot N_2F_6$, F. 187—188°. *Di-o-toluidiniumsalz,* $C_{20}H_{22}O_4N_2F_6$, F. 214—215°. *Diamid,* $C_6H_6O_2N_2F_6$, F. 190° (W.); durch 10 Min. langes Kochen einer Lsg. von 0,62 g des Dianiliniumsalzes in 5 cm³ A. mit 1 cm³ Fluorsulfonsäure, Gießen in W., Extraktion des Diesters mit Ae. u. Einleiten von NH_3; 0,11 g. (J. appl. Chem. **4.** 347—51. Juli 1954. Edgbaston, Birmingham, Univ., Chem. Dep.) FORCHE. 1810

Nelson J. Leonard und **Gene C. Robinson,** *Tropolone durch Isomerisierung.* 1. Mitt. *3.7-Dibenzyltropolon.* Wird 3.7-Dibenzylidencycloheptandion-(1.2) (**II**) bei 60° mit HBr in Essigsäure behandelt, entsteht *3.7-Dibenzyltropolon* (**I**); $HClO_4$, H_2SO_4 u. HCl in Essigsäure katalysieren die Isomerisierung nicht. Offenbar handelt es sich bei der durch HBr katalysierten Rk. um eine Radikal-Rk., denn in dem Reaktionsgemisch vorhandenes Benzoylperoxyd erleichtert die Isolierung von **I**, u. Antioxydantien (Hydrochinon, p-Thiokresol) vermindern die Ausbeute wesentlich. Neben **I** entstehen mindestens 3 noch nicht näher untersuchte Produkte. Die wahrscheinlich prim. Addition von HBr an **II** wird diskutiert. — Auf unabhängigem Wege wurde **I** aus α.α'-Dibenzylpimelinsäurediäthylester dargestellt, dessen Acyloinringschluß *3.7-Dibenzylpimeloin* (**IV**) liefert, welches zu *3.7-Dibenzylcycloheptandion-*(*1.2*) (**III**) oxydiert wurde, das mit Br_2 in Eisessig **I** gab; bei der letzten Stufe ist *3.7-Dibrom-3.7-dibenzylcycloheptandion* (**V**) Zwischenprod., von dem ein Isomeres bei der Bromierung von **III** in CCl_4 erhalten wurde, das andere bei Bromierung von **IV** in Essigsäure; durch die Infrarotspektren u. Modellbetrachtungen konnte dem niedrigerschm. die trans- u. dem höherschm. die cis-Konfiguration zugeordnet werden, wie näher ausgeführt wird. trans-**V** gibt mit HBr in Essigsäure leicht **I**; dieses ist außerdem zugänglich durch Bromierung von **III** mit N-Bromsuccinimid u. Erhitzen des instabilen, partiell bromierten Prod. in Essigsäure. — Die UV-Spektren von **I** u. **II** in Cyclohexan, die Infratospektren von **I** u. **II** in Chlf. u. von cis- u. trans-**V** in Nujol werden angegeben u. erläutert.

Versuche (FF. korr.): Nach 12std. Erhitzen von 2.6-Dibenzylidencyclohexanon mit der gesätt. Lsg. von HBr in Eisessig u. Acetanhydrid auf 70° unter Feuchtigkeitsausschluß u. Verdünnen entsteht *2.6-Dibenzylphenylacetat,* F. 75—77° (wss. Essigsäure); 84% (Ausbeute). — *3.7-Dibenzylidencycloheptandion-*(*1.2*) (**II**),

$C_{21}H_{18}O_2$, F. 189—190°, durch 6std. Erhitzen von Cycloheptandion-(1.2) mit Benzaldehyd u. etwas Piperidin in absol. A. auf dem Dampfbad u. Verdünnen mit A.; aus A., dann Aceton gelbe Nadeln; 34%. — *3.7-Dibenzyltropolon* (I), $C_{21}H_{18}O_2$, F. 118 bis 119°, durch Zugabe von **II** u. etwas Benzoylperoxyd zu mit HBr gesätt. CH_3COOH bei 30°, 11std. Erhitzen auf 60°, Gießen in W., Ausziehen mit Chlf., Eindampfen u. Aufnehmen in PAe.; aus CH_3OH Nadeln; 46%. — *3.7-Bis-[α-brombenzyl]-3.7-dibrom-cycloheptandion-(1.2)* (**VI**), $C_{21}H_{18}O_2Br_4$, F. 190° (Zers.), durch Zugabe von Br_2 in CCl_4 zu **II** in Chlf., Eindampfen u. 7std. Erhitzen des Öls in Eisessig auf 60°; aus n-C_4H_9Br blaßgelbe Prismen. Beim Kochen mit Methyläthylketon wird **II** zurückgebildet; **VI** konnte nicht in ein Tropolon umgewandelt werden. — *α.α'-Dibenzylpimelinsäure-diäthylester*, $C_{25}H_{32}O_4$, Kp.$_{1,8}$ 210—215°, durch Zugabe von Benzylmalonsäurediäthylester zu Na in absol. A., langsame Addition von Trimethylenbromid in der Siedehitze, mehrstd. Kochen, Eindampfen des Filtrats, 2std. Erhitzen des Rückstandes mit CH_3COOH + halbkonz. H_2SO_4, Verdünnen mit W., Ausäthern, Abdest. u. Verestern mit A., Toluol u. wenig H_2SO_4, Abdest., 18std. Kochen mit A., Eingießen in Eiswasser u. Ausäthern; n_D^{20} 1,5172; 14%. — *α.α'-Dibenzylpimelinsäure*, $C_{21}H_{24}O_4$, F. 135—137° (Cyclohexan); Nadeln. — *3.7-Dibenzylpimeloin* (**IV**), $C_{21}H_{24}O_2$, Kp.$_{1,4}$ 200 bis 210°, durch 13std. Zugabe vorst. Esters in Xylol zu Na in sd. Xylol unter N_2, 7std. Erhitzen u. Zugabe von Essigsäure + Ae.; n_D^{20} 1,5684; 87%; mit $FeCl_3$ olivgrün. — *3.7-Dibenzylcycloheptandion-(1.2)* (**III**), $C_{21}H_{22}O_2$, Kp.$_{1,3}$ 210—215°, durch 2std. Kochen von **IV** u. Cu-Acetat in 70%ig. CH_3COOH, Verdünnen mit W. u. Ausäthern; n_D^{20} 1,5832; 86%; erstarrt zu einer gelben Masse. In einem Fall wurden neben 60% **III** 30% einer farblosen, isomeren *Verb.* $C_{21}H_{22}O_2$, F. 98—100° (Ae.), in Nadeln erhalten, die wahrscheinlich die Keto–Enol-Form von **III** ist. — Nach Zugabe von Br_2 zu **III** in Essigsäure, 8std. Erhitzen auf 55°, Gießen in W. u. Ausziehen mit Chlf. wurde **I** erhalten; 82%. — *trans-3.7-Dibrom-3.7-dibenzylcycloheptandion-(1.2)* (trans-**V**), $C_{21}H_{20}$·O_2Br_2, F. 130—133° (PAe.), durch 1½std. Rk. von **III** u. Br_2 in CCl_4, Eindampfen u. Ausziehen mit sd. PAe.; 8%. — *cis-3.7-Dibrom-3.7-dibenzylcycloheptandion-(1.2)* (cis-**V**), $C_{21}H_{20}O_2Br_2$, F. 159—160,5° (Zers.), durch 10std. Erhitzen von **IV** in Essigsäure mit Br_2 auf 60°, Gießen in W., Ausziehen mit Chlf., Eindampfen u. Aufnehmen in CH_3OH; aus CH_3OH Nadeln; 29%. — Nach 12std. Erhitzen von trans-**V** in Essigsäure–HBr auf 60° wird **I** erhalten; 65%. — 1std. Kochen von **III** mit N-Bromsuccinimid u. etwas Benzoylperoxyd in CCl_4, Eindampfen des Filtrats, Aufnehmen in PAe. (wobei der erste Extrakt verworfen wird) u. Eindampfen liefert das rohe bromierte Prod., welches 14 Std. in Essigsäure auf 60° erhitzt wurde u. dann rohes **I** ergab. — Die Infrarotmaxima von **II**—**IV**, cis- u. trans-**V** u. von **VI** werden angegeben. (J. Amer. chem. Soc. **75.** 2143—47. 5/5. 1953. Urbana, Ill., Univ. of Illinois, Noyes Chem. Labor.)

NITZSCHKE. 1980

Nelson J. Leonard und **James W. Berry**, *Tropolone durch Isomerisierung.* 2. Mitt. *Substituierte 3.7-Dibenzyltropolone.* (1. vgl. vorst. Ref.) Ebenso wie 3.7-Dibenzylidencycloheptandion-(1.2) (**I**) lassen sich auch substituierte 3.7-Dibenzylidencycloheptandione-(1.2) in die entsprechenden *3.7-Dibenzyltropolone* umlagern, jedoch im Gegensatz zu **I** nur schlecht mit HBr–Eisessig (vgl. vorst. Ref.), gut dagegen mit Pd-Kohle in Triäthylenglykol; Pd-Kohle ohne Lösungsm. bewirkte die Isomerisierung nur in einigen Fällen u. in geringerer Ausbeute. — Die UV- u. Infrarotspektren aller dargestellten Cycloheptandione u. Tropolone werden tabellar. angegeben; die Cycloheptandione haben fast die gleichen Absorptionsmaxima im langwelligen UV wie die entsprechenden *Chalkone* (Tabelle). — *3.7-Difurfurylidencycloheptandion-(1.2)* ließ sich nicht zu einem Tropolonderiv. umlagern; *3.7-Bis-[m.p-dimethoxybenzyliden]-cycloheptandion-(1.2)* lieferte nur ein nicht kristallisierendes Öl, das mit $FeCl_3$ eine Grünfärbung gab.

Versuche (FF. korr.): Folgende Cycloheptandione-(1.2) wurden durch 4std. Kochen von Cycloheptandion-(1.2) mit dem entsprechenden Aldehyd u. etwas Piperidin in absol. A. dargestellt: *3.7-Bis-[p-methylbenzyliden]-*, $C_{23}H_{22}O_2$, F. 172 bis 172,5° (A.–Aceton); gelbe Prismen; 18% (Ausbeute). — *3.7-Bis-[p-methoxybenzyliden]-*, $C_{23}H_{22}O_4$, F. 176—177°, aus Aceton gelbe Prismen; 14%. — *3.7-Bis-[o-chlorbenzyliden]-*, $C_{21}H_{16}O_2Cl_2$, F. 233—235°, gelbe Prismen aus Methyläthylketon–Essigester; 15%. — *3.7-Bis-[p-nitrobenzyliden]-*, $C_{21}H_{16}O_6N_2$, F. 276—277° (CH_3NO_2), gelbe Prismen; 29%. — *3.7-Bis-[m.p-dimethoxybenzyliden]-*, $C_{25}H_{26}O_6$, F. 176—177°, gelbe Platten aus Aceton; 8%. — *3.7-Difurfuryliden-*, $C_{17}H_{14}O_4$, F. 171—171,5°, gelbe Prismen aus Aceton; 28%. — *3.7-Dibenzyltropolon*, F. 118—119°, aus **I** a) durch $1^1/_4$std. Erhitzen mit 10%ig. Pd-Kohle auf 250° bei 17 mm u. Sublimation bei 250°/0,3 mm; aus CH_3OH Nadeln; 80%; b) durch $1^1/_2$—3std. Erhitzen mit 10%ig. Pd-Kohle in Triäthylenglykol auf 280°, Verdünnen des Filtrats mit W. u. Ausziehen mit heißem Cyclohexan; 90%. — Nach letzterem Verf. wurden folgende Tropolone gewonnen, wobei jedoch mit Ae. ausgezogen wurde: *3.7-Di-[p-methylbenzyl]-*, $C_{23}H_{22}O_2$, F. 116—118°, cremefarbene Nadeln aus CH_3OH; 83%, 80% ohne Lösungsm., 36% mit HBr–Eisessig. — *3.7-Di-[p-methoxybenzyl]-*, $C_{23}H_{22}O_4$, F. 101,5—102,5°, aus Cyclohexan cremefarbene Nadeln; 67%, ohne Lösungsm. 56%. — *3.7-Di-[o-chlorbenzyl]-*, $C_{21}H_{16}O_2Cl_2$, F. 109—112°, aus CH_3OH hellbraune Nadeln; 25%, mit HBr–Eisessig ebenfalls 25%, doch isomere Verbindungen. — *3.7-Di-[p-nitrobenzyl]-*, $C_{21}H_{16}O_6N_2$, F. 222,5—223°, wurde ebenso dargestellt, jedoch in heißem Cyclohexan aufgenommen; cremefarbene Nadeln aus Tetrahydrofuran–CH_3OH; 30%, mit HBr–Eisessig 15%. (J. Amer. chem. Soc. **75.** 4989—91. 20/10. 1953.) NITZSCHKE. 1980

I. Elphimoff-Felkin und **B. Tchoubar,** *Über die Darstellung von 1-Phenylcyclohexancarbonsäure und ω-Benzoylcapronsäure aus [1-Oxycyclohexyl]-phenylketon.* [1-Oxycyclohexyl]-phenylketon (I) gibt mit wasserfreiem KOH eine dimere Verb. **II**, die auch aus [1-Chlorcyclohexyl]-phenylketon dargestellt werden kann. Die Konst. von **II** ergibt sich aus ihren chem. Eigg. u. dem Mol.-Gewicht. **II** bildet mit KOH in der Kälte *ω-Benzoylcapronsäure*, mit wasserfreier Ameisensäure *1-Phenylcyclohexylcarbonsäure-[1'-benzoylcyclohexyl]-ester* (**III**), mit wss. Säuren wahrscheinlich **IV**, das ebenfalls mit wasserfreier HCOOH **III** ergibt. **II** zerfällt in wss. KOH in **I**, während **III** mit wasserfreier KOH in Dioxan, nicht aber mit Säure, zu *1-Phenylcyclohexancarbonsäure* u. **I** verseift wird. **II** führt mit CH_3MgBr in Butyläther unter Abgabe eines Mols CH_4 (vermutlich aus gebildetem **I**) zu *1-Phenyl-1-[1'-oxycyclohexyl]-äthanol*, das auch direkt aus **I** mit CH_3MgBr oder aus **I** mit HCOOH über *[1-Benzoylcyclohexyl]-formiat* durch Einw. von CH_3MgBr entsteht. Die Red. von **II** mit Na in A. ergibt *Phenyl-[1-oxycyclohexyl]-carbinol*. Die Umlagerungen werden im Zusammenhang mit der FAWORSKI-Umlagerung diskutiert.

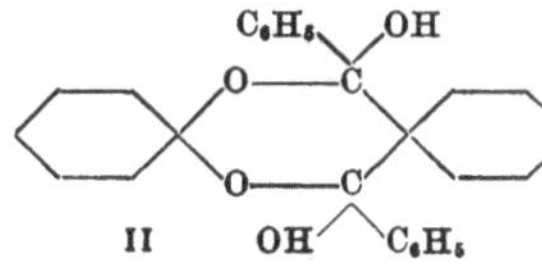
II

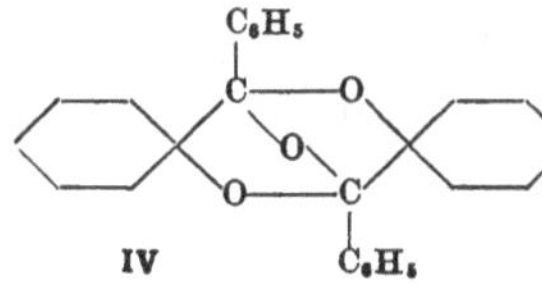
IV

Versuche: **II**, $C_{26}H_{32}O_4$, Kp.$_5$ 250°, F. 160° (Bzl.–PAe.) bzw. (·1 C_2H_5OH), F. 110° (A.). [1-Chlorcyclohexyl]-phenylketon oder **I** in Ae. 24 Std. mit vorher geschmolzenem, gepulvertem KOH rühren, dann in Überschuß von verd. HNO_3 bei 0° geben. — *1-Phenyl-1-[1'-oxycyclohexyl]-äthanol*, $C_{14}H_{20}O_2$, F. 104° (95%ig. A.), aus **I** oder **II** u. Überschuß von CH_3MgBr in Butyläther. — *Phenyl-[1-oxycyclohexyl]-carbinol*, $C_{13}H_{18}O_2$, F. 100° (50%ig. A.), a) aus **II** in absol. A. u. Na (oder mit Na-Alkoholat 10 Min. kochen), später Zugabe von W., b) aus **I** mit Na u. A. oder durch Hydrierung mit PtO_2. — *ω-Benzoylcapronsäure*, F. 85° (verd. A.), aus **I** oder **II** in Dioxan, 4—5 Std. mit KOH am Rückfluß. — **IV**, $C_{26}H_{30}O_3$, F. ca. 80°, aus **II** mit verd. Säuren. — *1-Phenylcyclohexylcarbonsäure-[1'-benzoylcyclohexyl]-ester* (**III**), $C_{26}H_{30}O_3$, F. 134—135° (95%ig. A.), aus **II** oder **IV** mit wasserfreier HCOOH, 12 Std. am Rückfluß. — Die UV-Absorptionsspektren von **I**, **II** u. **III** zwischen 2200 u. 3750 Å sind angegeben. (Bull. Soc. chim. France, Mém. [5] **19.** 551—55. Mai/Juni 1952. C. N. R. S., Fac. de Méd., Labor. de Chimiothérapie et de Pharmacodyn.) GNAUCK. 2010

Max Mousseron und **Magdeleine Canet,** *Über einige alicyclische Cyanhydrine und ihre Derivate.* Vff. beschreiben die Darst. verschied. *trans-Cyanhydrine* aus 1.2-Epoxycyclohexan (**IV**) u. Nitrilen in Ggw. von $NaNH_2$ u. ihre Umwandlung in *Oxycarbonsäuren* u. *Aminoalkohole*. Desaminierung von trans-2-[β-Aminoäthyl]-cyclohexanol (**II**) liefert unter Ringschluß *Hexahydrocumaran* (**III**), während die niederen Homologen neben den entsprechenden Diolen Carbonylverbb. liefern.

Versuche: *2-[Cyanmethyl]-cyclohexanol* (**I**), Kp.$_5$ 130°, aus **IV** in Bzl., Acetonitril u. $NaNH_2$; Hydrolyse → *trans-2-Oxycyclohexylessigsäure*, F. 106°. — *2¹-Methyl-2-cyanmethylcyclohexanol*, Kp.$_5$ 140°, F. ~20°, wie vorst. mit Propionitril; Hydrolyse→ *2¹-Methyl-2-carboxymethylcyclohexanol*, F. 90°. — *2¹-Phenyl-2-cyanmethylcyclohexanol*, Kp.$_{0,06}$ 165°, aus Benzylcyanid; Hydrolyse → *2¹-Phenyl-2-carboxymethylcyclohexanol*, F. 160°. — *1-Cyan-1-[2'-oxycyclohexyl]-cyclohexan*, Kp.$_5$ 160°, F. 89—90°, mit Cyancyclohexan. — *trans-2-[β-Aminoäthyl]-cyclohexanol* (**II**), Kp.$_{24}$ 142°, F. 65°, aus **I** durch Red. mit A./Na; *Hydrochlorid*, F. 106—107°. Desaminierung von **II** mit $NaNO_2$ liefert *2-[β-Oxyäthyl]-cyclohexanol*, F. 99—100°, u. *Hexahydrocumaran* (**III**), Kp.$_{24}$ 64°, $D.^{25}$ 0,956, n_D^{25} 1,4640. — *1-Brom-2-[β-bromäthyl]-cyclohexan*, Kp.$_4$ 100°, $D.^{25}$ 1,615, n_D^{25} 1,510, aus **III** mit HBr in CH_3COOH bei 120°. (C. R. hebd. Séances Acad. Sci. **232.** 637—38. 12/2. 1951.) FROHLOFF. 2050

J. F. Carson, *Reaktion von Acetoin und Oxyacetaldehyd mit Cyclohexylamin.* Die Lsg. von Acetoin in Cyclohexylamin (**I**) gibt unter O_2-Ausschluß nach einigen Tagen ein Öl, das sich an der Luft oxydiert. Aus den Oxydationsprodd. ließen sich *Cyclohexyl-*

aminacetat u. *Diacetyl-bis-[cyclohexylimin]* (II) isolieren. Analog gab Oxyacetaldehyd mit I *Glyoxal-bis-[cyclohexylimin]* (III). II bzw. III ließen sich sauer zu Diacetyl bzw. Glyoxal u. I hydrolysieren u. unter Aufnahme von 2 Mol H_2 zu öligen Diaminen reduzieren. Die UV-Absorption von II u. III ähnelt der von konjugierten Dienen. Glyoxal u. I konnten zu III kondensiert werden, während aus Diacetyl u. I nur sehr wenig II erhalten wurde. Glyoxal u. n-Butylamin oder Isopropylamin gaben nur dunkle Öle, dagegen entstand aus Acetoin u. Anilin wenig *Diacetyldianil.*

Versuche: *Diacetyl-bis-[cyclohexylimin]* (II), $C_{16}H_{28}N_2$, F. 81,5—82,5° (Methanol), aus 10 g Acetoin (krist. Dimeres) u. 30 g wasserfreiem I, 3 Tage unter N_2; nach Abdest. von überschüssigem I resultierte farbloses Öl, das in Bzl. einige Min. trockenem O_2 ausgesetzt u. 3 Tage stehengelassen wurde: 3,5 g *Cyclohexylaminacetat*, $C_8H_{17}O_2N$, F. 143,5—145° (Zers., Bzl.) als breite Nadeln. Aus der Mutterlauge II, glänzende Platten; 23% (Ausbeute). — Dest. einer Lsg. von II in A. + 6 n HCl gab *Diacetyl*, isoliert als *Bis-2.4-dinitrophenylhydrazon*, u. aus dem Rückstand I, isoliert als *p-Toluolsulfonamid*, $C_{13}H_{19}O_2NS$, F. 85,7—86,4° (Methanol–W.); Nadeln. — *Glyoxal-bis-[cyclohexylimin]* (III), F. 149—150° (leichte Zers.). a) 1,4 g Glykolaldehyd (krist. Dimeres) u. 10 g wasserfreies I 8 Std. geschüttelt, über Nacht stehengelassen, Überschuß an I abdest., farblosen Rückstand in Hexan gelöst: Bei —20° krist. III, glänzende Platten; 1,6 g; b) wss. Lsg. von Glyoxal (33%ig.) zur Lsg. von I in A. bei 0° geben, über Nacht stehenlassen u. auf —20° kühlen; 77%. (J. Amer. chem. Soc. **75.** 4337—38. 5/9. 1953. Albany, Calif., Western Reg. Res. Labor.) Manthey. 2110

Walther Awe und **Irmgard Reinecke,** *Über die reduzierende Einwirkung von Organomagnesium-Verbindungen auf asymm.-Diaryltrichloräthane vom Typus des DDT.* Bei der Rk. von CH_3MgJ mit α.α-Diphenyl-β.β.β-trichloräthanen, die in den p-Stellungen durch Methyl-, Methoxygruppen oder Chloratome substituiert sind, entsteht neben *Methan* u. *HCl* ein Gemisch von entsprechend *p-substituiertem α.α-Diphenyl-β.β-dichloräthan, 1.1.4.4-Tetraphenyl-2.3-dichlorbuten-(2)* u. *Stilben.* Variation der Grignard-Verb. oder des Lösungsm. geben im wesentlichen das gleiche Ergebnis. Verwendung von überschüssigem Grignard-Reagens verändert die Zus. der Mischung zugunsten des Stilbens. Nach Ansicht der Vff. ist die Rk. nur möglich, wenn man zunächst die Abspaltung von HCl zur entsprechenden Äthylenverb. u. eine reduzierende Wrkg. der Grignard-Verbb. annimmt. Aus 3,5 g α.α-Bis-[p-chlorphenyl]-β.β.β-trichloräthan (DDT) entstehen mit 0,01 Mol Grignard-Verb. 2,3 g *α.α-Bis-[4-chlorphenyl]-β.β-dichloräthan* (I), F. 111°, 0,11 g *1.1.4.4-Tetrakis-[p-chlorphenyl]-2.3-dichlorbuten-(2)* (II), F. 227°, u. Spuren *p.p'-Dichlorstilben* (III), mit 0,2 Mol Grignard-Reagens 2,1 g I, 0,27 g II u. wenig III, mit 0,3 Mol 0,42 g I, 0,36 g II u. 1,8 g III, F. 178°. (Vgl. auch C. **1954.** 765.) (Experientia [Basel] **6.** 185—86. 15/5. 1950. Braunschweig, TH, Pharmazeut.-chem. Inst.) Lehwald. 2210

David J. Beaver, Roland S. Shumard und **Paul J. Stoffel,** *Darstellung und bakteriostatische Eigenschaften von substituierten Trisphenolen.* Eine Reihe von *Trisphenolen* wurde durch Kondensation von 2.6-p-substituierten Phenoldialkoholen mit substituierten Phenolen dargestellt. Die Phenoldialkohole wurden nach der Meth. von Auwers [1907] erhalten. Einige der dargestellten Trisphenole besitzen geringe fungistat. u. bakteriostat. Wrkg. gegen grampositive Kokken.

Versuche (FF. korr.): *2-Oxymesitylen-α^1.α^3-diol* (I), $C_9H_{12}O_3$, F. 130,4 bis 131,1°, durch Zugabe von wss. NaOH zu p-Kresol u. 40%ig. CH_2O, 3tägiges Stehen bei 30—40°, Aufnehmen in heißem W. u. Ansäuern mit wss. CH_3COOH (1:1); Prismen aus Essigester; 94% (Ausbeute). — *5-Chlor-2-oxy-m-xylol-α^1.α^3-diol* (II), $C_8H_9O_3Cl$, F. 160,4° (Zers.), Darst. nach Openshaw u. Robinson (J. chem. Soc. [London] **1946.** 149 u. C. **1946.** I. 54); 90,5%, Platten. — *5-Chlor-2-oxy-4-methyl-m-xylol-α^1.α^3-diol,* F. 135,1—136°, aus 4-Chlor-m-kresol; Prismen aus Essigester; 49,7%. — *5-tert.-Butyl-2-oxy-m-xylol-α^1.α^3-diol,* $C_{12}H_{18}O_3$, Darst. nach Strating u. Backer (Recueil Trav. chim. Pays-Bas **62.** [1943.] 57); 37,2%. — *5-Nonyl-2-oxy-m-xylol-α^1.α^3-diol,* $C_{17}H_{28}O_3$, n_D^{25} 1,4963; 70%. — *α^2.α^6-Bis-[6-oxy-m-tolyl]-mesitol,* $C_{23}H_{24}O_3$, F. 216,3—216,9°; durch Zugabe von konz. HCl zu 0,1 Mol I u. 0,6 Mol p-Kresol, Zugabe von Heptan bei 40—50° u. 1std. Rühren bei gleicher Temp. (Meth. A); Prismen aus Essigester; 89,9%. — *4-Chlor-α^2.α^6-bis-[5-chlor-4-oxy-m-tolyl]-2.6-xylenol,* $C_{22}H_{19}O_3Cl_3$, F. 172,0—172,6°, durch Zugabe von konz. H_2SO_4 zu 0,05 Mol II u. 0,3 Mol 6-Chlor-o-kresol in Eisessig, 2std. Erhitzen auf 80° u. Behandlung mit Bzl. (Meth. B); Platten aus 50%ig. A.; 65%. — *4-Chlor-α^2.α^6-bis-[3.5-dichlor-2-oxyphenyl]-2.6-xylenol,* $C_{20}H_{13}O_3Cl_5$, F. 185,8—186,2°, durch Zugabe von II zu 2.4-Dichlorphenol, konz. H_2SO_4 u. Eisessig bei 85—90°, 8std. Erhitzen auf 90°, 2 Std. auf 70—80°, Neutralisation mit Soda u. Filtration (Meth. C); Prismen aus Eisessig; 16%. — Nachst. Trisphenole

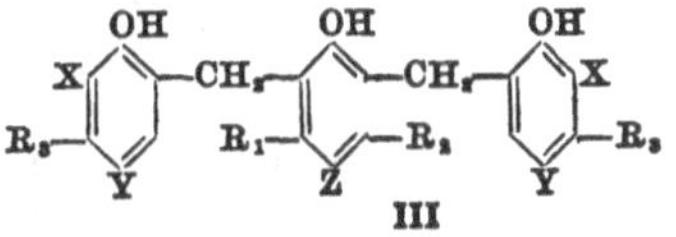

III

der Formel **III** wurden nach den jeweils in Klammern angegebenen Methoden dargestellt: ($R_1 = R_2 = R_3 = H$, wenn nicht anders angegeben): *X*=*Y*=*Z* = *CH_3*, $C_{25}H_{28}O_3$, F. 187,4—187,8°, (A.), 0,2 (Std. Reaktionsdauer), Platten aus Toluol; 41,2%. — *X* = *H*, *Y* = *Cl*, *Z* = *CH_3*, $C_{21}H_{18}O_3Cl_2$, F. 237,2 bis 237,7° (Toluol) (A), 2,0; 77%. — *X*=*Z* = *H*, *Y* = R_1 = R_2 = *CH_3*, $C_{24}H_{26}O_3$, F. 191,8 bis 192,4°, (A), 0,2; Nadeln aus Toluol; 51%. — *X*=*Z* = *CH_3*, *Y* = *Cl*, $C_{23}H_{22}O_3Cl_2$, F. 231,8—232,4°, (A), 2,0; Prismen aus Essigester; 67,3%. — *X* = *H*, *Y*=*Z* = *Cl*, $C_{20}H_{15}O_3Cl_3$, F. 233,9—234,4°, (A), 0,5; Granulat aus Toluol; 73,5%. — *X* = *CH_3*, *Y*=*Z* = *Cl*, $C_{22}H_{19}O_3Cl_3$, F. 194,8—195,3°, (A), 0,4; Prismen aus Essigester; 62,4%. — *X* = *H*, *Y* = *Br*, *Z* = *Cl*, $C_{20}H_{15}O_3ClBr_2$, F. 236,7—237,2°, (A), 0,2; Prismen aus 75%ig. CH_3COOH; 49,6%. — *X*=R_1 = *CH_3*, *Y*=*Z* = *Cl*, $C_{23}H_{21}O_3Cl_3$, F. 168,1 bis 168,6°, (A), 0,5; Nadeln aus 50%ig. A.; 65,1%. — *X* = *H*, *Y*=*Z* = *Cl*, $R_3 = CH_3$, $C_{22}H_{19}O_3Cl_3$, F. 236,0—237,0°, (A), 0,2; Nadeln aus Toluol; 8,5%. — *X* = *H*, *Y* = *CH_3*, *Z* = *C_4H_9*, $C_{26}H_{30}O_3$, F. 137,6—138,1°, (A), 0,3; Platten aus Heptan; 61,3%. — *X*=*Z* = *Cl*, *Y* = *C_4H_9*, $C_{28}H_{31}O_3Cl_3$, F. 166,5—167,0°, (B), 3,0; Prismen aus 75%ig. A.; 42,4%. — *X*=*Z* = *CH_3*, *Y* = *C_4H_9*, $C_{31}H_{40}O_3$, F. 195,8—196,4°, (A), 0,5; Platten aus Toluol; 71,5%. — *X*=*Z* = *Cl*, *Y* = *CH_3*, $C_{22}H_{19}O_3Cl_3$, F. 150,1—150,8°, (B), 0,5; Granulat aus Essigester; 36,1%. — *X*=*Z* = *CH_3*, *Y* = *C_4H_9*, **OH in Stellung R_3**, $C_{31}H_{40}O_3$, F. 138,8—139,5°, (A), 0,2; Prismen aus Heptan; 18,0%. — *X* = *Benzyl*, *Y*=*Z* = *Cl*, $C_{34}H_{27}O_3Cl_3$, F. 181,5—182,1°, (B), 3,0; Prismen aus Toluol; 2,0%. — *X* = *H*, *Y* = *NO_2*, *Z* = *Cl*, $C_{20}H_{15}O_7N_2Cl$, F. 273—274° (unkorr.), (C), 0,5; Granulat aus Toluol; 11,0%. — *X* = *H*, *Y* = *α-Cumyl*, *Z* = *CH_3*, $C_{39}H_{40}O_3$, F. 219,5—220,2°, (A), 0,2; Nadeln aus Toluol; 9,8%. — *X* = *CH_3*, *Y* = *Cl*, *Z* = *Nonyl*, $C_{31}H_{38}O_3Cl_2$, F. 139,4—139,8°, (A), 0,2; Platten aus Heptan; 33,2%. (J. Amer. chem. Soc. **75**. 5579 bis 5581. 20/11. 1953. St. Louis, Miss., Monsanto Chem. Co., Res. Labors.)

Hildegard Baganz. 2260

J. M. van der Zanden und **G. de Vries**, *Polymerisation von Methylchavicol: Mit Hydratation gekoppelte Dimerisierung*. 2. Mitt. (1. vgl. Recueil Trav. chim. Pays-Bas **70**. [1951.] 647.) Es werden *3-[α-p-Methoxyphenylpropyl]-4-methoxyphenyläthylcarbinol*, *-4-methoxybenzylmethylcarbinol* (**II**) u. *γ-[3-(α-p-Methoxyphenylpropyl)-4-methoxyphenyl]-propanol* dargestellt. Die beiden Racemate von **II** waren ident. mit den beiden aus Methylchavicol durch Behandlung mit H_2SO_4 erhaltenen Dimerisierungsprodd. (l. c.).

Versuche: *3-[α-p-Methoxyphenylpropyl]-4-methoxyphenyläthylcarbinol*, $C_{20}H_{26}O_3$, F. 53—54° (PAe.), aus 3-[α-p-Methoxyphenylpropyl]-4-methoxybenzoesäure (**I**; F. 149—150°) durch Verwandeln mit $SOCl_2$ in absol. Bzl. in das *Säurechlorid*, mehrfaches Vakuumabdampfen unter Benzolzusatz u. Zufügen des Rückstandes in benzol. Lsg. zu $CdCl_2 + C_2H_5Br + Mg$ in Ae.; nach Beendigung der durch Erwärmen eingeleiteten Rk. Red. des gebildeten *3-[α-p-Methoxyphenylpropyl]-4-methoxyphenyläthylketons* ($C_{20}H_{24}O_3$, F. 81—82° [PAe.]; *2.4-Dinitrophenylhydrazon*, $C_{26}H_{28}O_6N_4$, F. 114°, dunkelrote Kristalle aus A.) mit $LiAlH_4$ in Ae.; direkte Red. des Ketons mit Al-Isopropylat ohne Isolierung blieb unbefriedigend. — *p-Oxyphenylessigsäure*, durch Nitrierung von Benzylcyanid zu *p-Nitrobenzylcyanid*, Verseifung zu *p-Nitrophenylessigsäure*, Red. zu *p-Aminophenylessigsäure*, Diazotierung u. Verkochen; 70% (Ausbeute). *Äthylester*, F. 39—40° (Bzl. + PAe.), $Kp._{17}$ 185—190°, $Kp._{0,23-0,28}$ 143—148°; 86%. — *p-Allyloxyphenylessigsäureäthylester*, $C_{13}H_{16}O_3$, $Kp._{0,6-0,5}$ 124—126°, aus vorst. Ester durch 6std. Kochen mit K_2CO_3 u. Allylbromid in Aceton; n_D^{17} 1,510; 86%. *Freie Säure*, $C_{11}H_{12}O_3$, F. 68—69°. — *3-Allyl-4-oxyphenylessigsäureäthylester*, $Kp._{0,6}$ 144 bis 146°, aus 9,3 g vorst. Ester durch 5std. Erhitzen auf 200—220° u. Abdest.; n_D^{17} 1,527; 8,2 g. *Freie Säure*, *Hemihydrat*, $Kp._{0,4}$ 173—175°, aus dem Ester in Bzl. durch Schütteln mit 2n Alkali; n_D^{17} 1,558; hygroskopisch. — *3-Allyl-4-methoxyphenylessigsäuremethylester*, $Kp._{15}$ 167—170°, a) aus 5 g vorst. Säure u. $(CH_3)_2SO_4$ in 2n Alkali; 3,4 g; b) aus 20,4 g vorst. Säure mit CH_3J u. $NaOC_2H_5$; 15,1 g. *Freie Säure*, $Kp._{0,6}$ 150 bis 155°, n_D^{17} 1,538. — *3-Propenyl-4-methoxyphenylessigsäure*, $C_{12}H_{14}O_3$, F. 85—86° (Bzn.), $Kp._{0,6}$ 175°, aus 2,7 g vorst. Säure durch 3std. Kochen mit 20%ig. KOH bei 115—120°; 1,5 g; die letzten beiden Stufen können auch zusammen durchgeführt werden: Aus 15,5 g entstehen dann 14,1 g. — *3-[α-p-Methoxyphenylpropyl]-4-methoxyphenylessigsäure* (**III**), $C_{19}H_{22}O_4$, F. 100—101° (verd. A.), aus 1,5 g vorst. Verb. durch Kondensation mit Anisol; 1 g. — *3-[α-p-Methoxyphenylpropyl]-4-methoxyphenyläthylalkohol*, $C_{19}H_{24}O_3$, F. 68—69° (PAe.), aus **III** mit $LiAlH_4$. *p-Nitrobenzoylderiv.*, $C_{26}H_{27}O_6N$, F. 101,5—102,5° (PAe.). — *3-[α-p-Methoxyphenylpropyl]-4-methoxybenzylmethylketon*, $Kp._{0,4}$ 190°, aus 2 g **III** über das *Säurechlorid* mit CH_3MgJ u. $CdCl_2$ in Ae.;

1,1 g. *2.4-Dinitrophenylhydrazon*, $C_{26}H_{28}O_6N_4$, F. 47—48°, orangefarben. — *3-[α-p-Methoxyphenylpropyl]-4-methoxybenzylmethylcarbinol* (II), *1. Racemat*, F. 93—94° (PAe.), aus 0,8 g vorst. Verb. durch Kochen mit absol. A. + Na, Zufügen von W., Abdampfen des A., Aufnehmen in Ae., Abdampfen u. Dest. bei 190—195°/0,3 mm; 0,3 g. Daneben ein *2. Racemat* vom F. 75—76°; die beiden Racemate zeigen keine F.-Depression mit den aus Methylchavicol durch H_2SO_4-Behandlung dargestellten. — *1-[p-Methoxyphenyl]-1-[2'-methoxy-5'-propylphenyl]-propan*, $C_{20}H_{26}O_2$, F. 25—26°, a) aus 3,1 g vorst. 1. Racemats durch Erwärmen mit Bzl., Pyridin u. $SOCl_2$ bis zur Beendigung der SO_2-Entw., Zufügen von W., Abdest. des Bzl., Aufnehmen des entstandenen Chlorids in absol. A. u. Zufügen von Na unter Rühren, dann von W., Abdampfen des A. u. Ausäthern; 2,5 g; b) analog aus dem 2. Racemat. — *3-[α-p-Methoxyphenylpropyl]-4-methoxybenzylalkohol*, $C_{18}H_{22}O_3$, F. 67—67,5° (PAe.), aus 2,4 g I u. $LiAlH_4$ in Ae., Zers. mit W. u. Ansäuern; 2,3 g. — *γ-[3-(α-p-Methoxyphenylpropyl)-4-methoxyphenyl]-propanol*, $C_{20}H_{26}O_3$, F. 30—32°, aus 2,3 g vorst. Verb. in Bzl. durch Einleiten von HBr unter Kühlung, Stehen, Abtrennen des gebildeten W., Vakuumabdampfen, Kondensation des entstandenen *Bromids* mit Na-Malonsäurediäthylester, 4tägiges Stehen unter Wasserausschluß, Behandeln des Prod. mit A. + KOH, Abdampfen des A., Zufügen von W., Ausziehen mit Ae., Ansäuern der wss. alkal. Lsg. u. Ausäthern; aus der gebildeten *β-[3-(α-p-Methoxyphenylpropyl)-4-methoxyphenyl]-propionsäure* (F. 83—84° [Bzl.]; 0,9 g) durch Red. mit $LiAlH_4$. (Recueil Trav. chim. Pays-Bas **71.** 879—89. Aug. 1952. Groningen, State Univ., Organ. Chem. Labor.) LEHWALD. 2270

William O. Jones, *Cyclooctatetraenderivate*. 2. Mitt. *Kondensation von Cyclooctatetraen mit Phenol*. (1. vgl. C. **1954**. 3013.) Konz. HCl u. BF_3–Essigsäure sind wirksame Katalysatoren bei der Rk. zwischen *Cyclooctatetraen* (I) u. *Phenol* (II), $SnCl_2$, $AlCl_3$, $ZnCl_2$ u. H_2SO_4 sind weniger gut wirksam. 3 Mol II reagieren mit 1 Mol I, die Rk. verläuft am besten bei 20—50°. Die entstehende Verb. (III) konnte nicht krist. erhalten werden; sie bildet einen *Methyläther* u. mit Chloressigsäure ein *Phenoxyessigsäurederiv.*, wobei nachgewiesen werden kann, daß III nur eine freie OH-Gruppe enthält; ferner wird eine *Trinitroverb.* gebildet u. tritt schnell Rk. ein mit 8 Mol Cl_2. III wird, wie aus allen Verss. hervorgeht, eine Verb. der vorst. allg. Konst. sein.

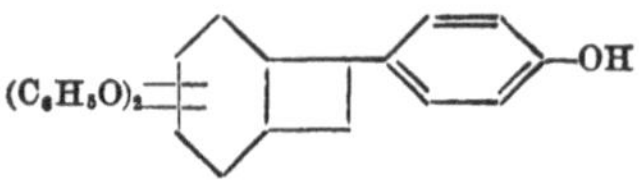

V e r s u c h e: **III**, F. 125—130°, durch 18std. Rühren von 20,8 g I mit 113 g II u. etwas konz. HCl bei n. Temp. u. Dampfdest. als blaßrosafarbener Rückstand; 62 g (Ausbeute); bei der Dest. bei 0,8 mm scheint die Verb. nicht beständig zu sein; bei 70° tritt bei n. Druck heftige Rk. ein unter Harzbildung. — **III**-*Methyläther*, aus 10 g III mit Dimethylsulfat; F. 50—55°; 10 g; 5 g geben bei sodaalkal. $KMnO_4$-Oxydation 0,5 g *Anissäure*, F. 182—184°. Mit Chloressigsäure entstand aus III ein unreines *Phenoxyessigsäurederiv.*, F. 120—140°. — **III**-*Trinitroverb.*, $C_{26}H_{23}O_9N_3$, F. 140—150°, aus 19 g III u. rauchender HNO_3 in Essigsäure; Reinigung durch Chromatographie des Na-Salzes in wss. Lsg. an Al_2O_3; aus Chlf. blaßgelbes Pulver. — Ebenso wie mit II kondensiert sich I auch mit *o-* u. *p-Chlorphenol*, wobei 10 Std. bei 55° umgesetzt wurde, unter Bldg. eines alkalilösl. schwarzen Prod. mit F. 150—170° bzw. eines dunkelbraunen, in Alkali unlösl., F. 60—70°. — Nach Umsetzung von 270 g *Resorcin* mit 52 g I in Essigsäure bei 20—28° in Ggw. von BF_3–Essigsäure u. Dampfdest. schieden sich aus dem Rückstand nach Ansäuern 63 g einer festen M. ab, die in Sodalsg. gut lösl. war. (J. chem. Soc. [London] **1953.** 2500—01. Aug. London, Brit. Oxygen Co. Ltd.) NITZSCHKE. 2950

Norman G. Gaylord, James H. Crowdle, William A. Himmler und **Henry J. Pepe**, *Trimethylenoxyde*. 1. Mitt. *Reaktion von 2-Chlorhexanol-(4) und 1-Phenyl-3-chlorbutanol-(1) mit Alkali*. Vff. beschreiben die Darst. von *1-Methyl-* u. *1-Methyl-3-äthyltrimethylenoxyd* aus den entsprechenden Chlorhydrinen mit Alkali. *1-Phenyl-3-chlorbutanol-(1)* (IV) lieferte unter den angewandten Reaktionsbedingungen nicht das erwartete substituierte Trimethylenoxyd, sondern u. a. das *Dimere von Phenylbutadien*. — Der Reaktionsmechanismus der für die Entstehung der Nebenprodd. verantwortlichen Spaltungs-Rk. wird diskutiert.

V e r s u c h e: *β-Chlorbutyraldehyd* (I), aus Crotonaldehyd in Ae. durch Einleiten von HCl unterhalb —10°, geht rasch in das Trimere über. — *2-Chlorhexanol-(4)* (II), Kp.$_{1,6}$ 51—53°, durch Zugabe der äther. Lsg. von I zu Äthyl-MgBr in Ae. während 2 Std. bei Tempp. <0°; n_D^{25} 1,4419, D^{25}_4 0,9734; 42,6% (Ausbeute). — *2-Chlor-4-acetoxyhexan*, Kp.$_{1,8}$ 56°, durch Zugabe (30 Min.) von Acetylchlorid zu II u. 15 Min. Kochen; n_D^{25} 1,4300, D^{25}_4 1,0102; 68,5%. — *1-Phenyl-3-chlorbutanol-(1)* (IV), Kp.$_1$ 106 bis 107°, aus I u. Phenyl-MgBr wie II; n_D^{25} 1,5315, n_D^{30} 1,5293, D^{30}_4 1,1007; 55%; *α-Naphthylurethan*, $C_{21}H_{20}O_2NCl$, F. 141—142°. — *1-Phenyl-3-chlorbutylacetat*,

$Kp._{1,2}$ 107—108°; 74%. — *1-Methyl-3-äthyltrimethylenoxyd*, $C_6H_{12}O$, Kp. 98—99°, aus einem Gemisch von **II** u. feingepulvertem KOH unter Rühren bei Zimmertemp. unter heftiger exothermer Rk. innerhalb 15—30 Min., nach 2 Std. bei 75—100° 1—2std. Erhitzen auf 130°; n_D^{25} 1,3972, $D.^{25}_4$ 0,8157; Infrarotspektr.: sehr starke Bande bei 10,2 μ, starke bei 8,2 μ; 25,2%; daneben *Hexen-(2)-ol-(4)* [Kp. 134—135°, n_D^{25} 1,4300, $D.^{25}_4$ 0,8367; 25,2%; *Phenylurethan*, $C_{13}H_{17}O_2N$, F. 79—80° (PAe.)], *Propylen* [**III**; *1.2-Dibrompropan*, $Kp._{756}$ 141°, $Kp._{36}$ 53—54°, F. —55°, n_D^{20} 1,5198; 21,08%] u. *Propionsäure* [Kp. 141°, n_D^{20} 1,3879; 18,4%; *p-Bromphenacylester*, F. 62—64°; *Amid*, F. 78—79°]. — Vermutlich *Dimeres von Phenylbutadien*, $Kp._1$ 158—163°, [aus einem Gemisch von 1 Mol **IV** u. 2 Mol feingepulvertem KOH unter heftiger exothermer Rk., 2 Std. bei Tempp. $<80°$ unter Rühren, anschließend 1std. Erwärmen auf 125°; n_D^{20} 1,5990, viscoses Öl; 33%; daneben 20% **III**, *Benzylalkohol* [$Kp._9$ 92°, n_D^{20} 1,5388; 14%; *α-Naphthylurethan*, F. 133—134°; *3.5-Dinitrobenzoat*, F. 112—113°], *Biphenyl* [$Kp._1$ 75—85°, F. 69°; 11 g]; 12% *Benzoesäure* u. große Mengen Harzprodukte. — *β-Chlorpropionaldehyd*, durch Einleiten von HCl in eine äther. Lsg. von Acrolein unterhalb —10°. — *4-Chlorbutanol-(2)*, $Kp._2$ 48—50°, aus vorst. Verb. u. Methyl-MgJ; 33%. — *4-Chlor-2-acetoxybutan*, $Kp._{11}$ 68—70°, aus vorst. Verb. u. Acetanhydrid durch 30 Min. Schütteln in Ggw. katalyt. Mengen H_2SO_4, anschließend 1,5std. Kochen; 83%. — *1-Methyltrimethylenoxyd*, Kp. 59—60°, durch Zugabe vorst. Verb. zu einem Gemisch von NaOH/KOH ist wenig W. bei 160° während 45 Min. unter Rühren u. Erhöhung der Temp. auf 220° innerhalb 1 Std.; n_D^{25} 1,3886; 68%. (J. Amer. chem. Soc. **76**. 59—61. 5/1. 1954. Buffalo, N. Y., Canisius Coll., Dep. of Chem.) G. WINKLER. 3040.

Ju. K. Jurjew, G. Ja. Kondratjewa und **N. K. Ssadowaja**, *Umwandlung von 3.3-Dimethylfuranidin in 3.3-Dimethylthiophan und 3.3-Dimethylpyrrolidin.* 40. Mitt. (39. vgl. C. **1954**. 533.) In Fortsetzung früherer Arbeiten über die katalyt. Umwandlung von alkylierten Furanidinen in die entsprechenden Thiophane u. Pyrrolidine wird die Umsetzung von 3.3-Dimethylfuranidin (**I**) mit H_2S zu *3.3-Dimethylthiophan* u. mit NH_3 zu *3.3-Dimethylpyrrolidin* durchgeführt. **I** ist bisher in der Literatur nicht beschrieben. Die von BLANC (Bull. Soc. chim. France, Mém. **33**. [1906.] 879) in geringer Menge u. mit schlecht stimmenden Analysenzahlen erhaltene Verb., die von ihm als **I** angesehen wurde, hat andere Eigenschaften.

Versuche: *α.β-Dicyan-β-methylbuttersäureäthylester*, $C_9H_{12}O_2N_2$, $Kp._{22}$ 152 bis 156°; durch Anlagerung von HCN an das Kondensationsprod. von Cyanessigester u. Aceton; $D.^{20}_4$ 1,0486; n_D^{20} 1,4382. — *α.α-Dimethylbernsteinsäure*, F. 139—140°; durch Verseifung vorst. Verb.; 75% (Ausbeute). *Diäthylester*, $C_{10}H_{18}O_4$, $Kp._{15}$ 101°; $D.^{20}_4$ 0,9936; n_D^{20} 1,4233; 62%. — *2.2-Dimethylbutandiol-(1.4)*, $C_6H_{14}O_2$, $Kp._8$ 117°; aus vorst. Verb. durch Red. mit Na in A.; $D.^{20}_4$ 0,9739; n_D^{20} 1,4513; 63%. — *3.3-Dimethylfuranidin* (**I**), $C_6H_{12}O$, $Kp._{750}$ 98—99°; aus vorst. Verb. durch Dest. in Ggw. von Al-Silicat; $D.^{20}_4$ 0,8455; n_D^{20} 1,4121; Mol.-Refr. ($[MR]_D$) 29,44; 95%. — *3.3-Dimethylthiophan*, $C_6H_{12}S$, $Kp._{755}$ 144—145°; durch Leiten von **I** über Al_2O_3 im H_2S-Strom bei 350°; $D.^{20}_4$ 0,9374; n_D^{20} 1,4861; $[MR]_D$ 35,55; 73%. *Verb.* mit $HgCl_2$, F. 148°. — *3.3-Dimethylpyrrolidin*, $C_6H_{13}N$, $Kp._{760}$ 110—111°; durch Leiten von **I** über akt. Al_2O_3 im NH_3-Strom bei 325°; $D.^{20}_4$ 0,8422; n_D^{20} 1,4386; $[MR]_D$ 30,95; 41%. *Pikrat*, $C_{12}H_{16}O_7N_4$, F. 158°. (Журнал Общей Химии [J. allg. Chem.] **23** (**85**). 844—46. Mai 1953. Moskau, Lomonossow-Univ.) G. MEIER. 3051

J. Cymerman-Craig und **J. W. Loder**, *Mögliche Thiophen-Chemotherapeutica.* 3. Mitt. *Einige 5-substituierte Thienyl-(2)-sulfide und -sulfone.* (2. vgl. C. **1953**. 1327.) Zur Unters. auf antibakterielle Wrkg. im Vgl. mit den isosteren p-Alkylsulfonylbenzylaminen wurde eine Reihe von *Alkyl-5-aminomethylthienyl-(2)-sulfonen* aus 2-Phthalimidomethylthiophen (**I**) über die *5-Sulfinsäure* (**III**) hergestellt. Die Substitution in 2.5-Stellung wurde auf 2 voneinander unabhängigen Wegen bewiesen: a) Synth. von *5-Aminomethylthienyl-(2)-methylsulfon* (**VII**) aus 2-Chlormethylthiophen (**V**) u. aus Methylthienyl-(2)-sulfon (**X**); b) Herst. von 5-Methylsulfonylthiophen-2-aldehyd aus 2-Aminomethylthiophen (**II**) u. aus Methylthienyl-(2)-sulfid (**XV**). Es wurde eine verbesserte Meth. zur Herst. von **XV** mit einer Gesamtausbeute von 60%, bezogen auf 2-Jodthiophen, entwickelt.

Versuche: *2-Phthalimidomethylthiophen* (**I**), $C_{13}H_9O_2NS$, F. 125,5—126°, Kristalle aus Chlf., Nadeln aus A., a) durch Erwärmen von **V** in Dimethylformamid (**VI**) u. Phthalimid-K auf 90° u. Extraktion des mit W. versetzten Reaktionsgemisches mit Chlf.; 94% (Ausbeute); b) durch ³/₄std. Kochen von **II** u. Phthalsäureanhydrid in Bzl.; 71%. — *5-Phthalimidomethylthiophen-2-sulfinsäure* (**III**), $C_{13}H_9O_4NS_2$, F. 117 bis 118° (Zers.), am Licht dunkelnd, durch 2std. Erwärmen von 5-Phthalimidomethylthiophen-2-sulfonylchlorid (**IV**) in einer wss. Lsg. von $Na_2SO_3 \cdot 7H_2O$ auf 70° bei p_H 8—9 (mit $NaHCO_3$) u. Extraktion des mit 18n H_2SO_4 ausgeschiedenen Öls mit

Äthylacetat; zers. sich in H_2SO_4-Lsg. oder bei 95° zu I. — Alkyl-5-phthalimidomethylthienyl-(2)-sulfone, durch Kochen einer wss.-alkoh. Lsg. des Na-Salzes von **III** mit dem entsprechenden Alkylhalid: *Methyl-*, $C_{14}H_{11}O_4NS_2$, F. 185—185,5°, Nadeln aus A.; 75%. — *Äthyl-*, $C_{15}H_{13}O_4NS_2$, F. 115—116°; 72%. — *n-Amyl-*, $C_{18}H_{19}O_4NS_2$, F. 101—101,5°; 72%. — Alkyl-5-aminomethylthienyl-(2)-sulfonhydrochloride, durch ca. 1std. Erwärmen vorst. Verbb. mit absol. A. u. Hydrazinhydrat, Zugabe von überschüssiger HCl, Erwärmen (5 Min.) u. Eindampfen im Vakuum, Lösen des Rückstandes in NaOH-Lsg., Ae.-Extraktion nach K_2CO_3-Zusatz u. Sättigen des Extrakts mit HCl: *Methyl-*, $C_6H_9O_2 \cdot NS_2 \cdot HCl$, F. 213—214°, Nadeln aus A.; 85%. *Freie Base* (**VII**), $C_6H_9O_2NS_2$, F. 56°, aus Ae. Nadeln. *Pikrat*, F. 183—184°, aus A. gelbe Prismen. — *Äthyl-*, $C_7H_{11}O_2NS_2 \cdot HCl$, F. 196—197°; 84%. *Pikrat*, F. 172—173° (Zers.), aus A. Nadeln. — *n-Amyl-*, $C_{10}H_{17}O_2NS_2 \cdot HCl$, F. 206—207°; 85%. Die Verbb. sind ohne Wrkg. auf Mikroorganismen. — *Bis-[5-acetamidomethylthienyl-(2)]-disulfid* (**VIII**), $C_{14}H_{16}O_2N_2S_4$, F. 157—157,5°, aus A. gelbe Platten, durch 22std. Stehenlassen eines Gemisches aus 5-Acetamidomethylthiophen-2-sulfonylchlorid (**IX**), Essigsäure u. HJ, Entfärben mit $Na_2S_2O_3$, Zugabe von Na_2CO_3 u. Neutralisation mit NaOH. — Verss. zur Darst. von *5-Acetamidomethylthiophen-2-sulfinsäure* analog **III** durch Red. von **IX** führten zu **VIII**. — *Bis-[5-phthalimidomethylthienyl-(2)]-disulfid*, $C_{26}H_{16}O_4N_2S_4$, F. 166—167°, Kristalle aus A., durch 3tägige Red. von **IV** mit HJ in Essigsäure; 93%. — Chlormethylierung von **X**, a) durch Behandeln einer Lsg. von **X** in Eisessig bei 0° mit $SnCl_4$ u. Chlormethylmethyläther, Erwärmen in 2 Std. auf 95° u. 8 Std. auf 100° u. Ae.-Extraktion des Gemisches ergab ein dunkles Öl mit positiver Cl^--Rk.; 1std. Erwärmen des Öls mit Phthalimid-K in **VI** auf 90° u. Chloroformextraktion des mit W. versetzten Gemisches gab nach Reinigung u. Dest. des Extrakts ein viscoses Öl, das mit heißem Ae. u. A. extrahiert wurde; nach dem Abdampfen verblieb ein durch Kristallisation nicht zerlegbares Gemisch von *Monophthalimidomethylverbb.* (**XI**), F. 160 bis 174°. Extraktion des in A. u. Ae. unlösl. Rückstandes mit sd. Aceton gab *4(?).5-Bis-[pthalimidomethyl]-thienyl-(2)-methylsulfon*, $C_{23}H_{16}O_6N_2S_2$, F. 226—226,5°, Nadeln. Durch Erhitzen von **XI** mit A. u. Hydrazinhydrat wurde **VII** erhalten u. in das Pikrat übergeführt; ein 2. Pikrat, F. 194—196° (Zers.), unlösl. in A., konnte nicht identifiziert werden. b) Ein **XI**-ähnliches *Gemisch* (F. 165—173°) wurde durch 6tägige Behandlung eines gepulverten Gemisches aus **X** u. *N-Oxymethylphthalimid* (**XII**) erhalten. — ***5-Methylsulfonylthiophen-2-aldehyd***, F. $>$100°, a) aus einem Gemisch von **VII**·HCl, Hexamin, CH_2O (40% ig) u. Essigsäure durch 2std. Kochen bei p_H 1, Verdünnen mit W. u. Ae.-Extraktion als wasserlösl. Körper; 15%; b) aus einer Lsg. von **XIV** in Acetanhydrid mit wenig konz. H_2SO_4, Eingießen in eine $NaHCO_3$-Lsg., Lösen des abgeschiedenen Öls in Essigsäure u. 3/4std. Erhitzen auf 100° mit H_2O_2. *2.4-Dinitrophenylhydrazon*, $C_{12}H_{10}O_6N_4S_2$, F. 276—277°, orangebraune Nadeln aus 2-Äthoxyäthanol. — *Methylthienyl-(2)-sulfid* (**XV**), Kp.$_{22}$ 80—82°, Kp.$_{764}$ 182°, unangenehm riechende Fl.; Thienyl-(2)-MgJ-Lsg. in Ae. gibt, 3/4 Std. mit frisch sublimiertem S gekocht, eine klare gelbe Lsg., die nach Zusatz von CH_3J über Nacht unter N_2 gehalten, nach 10std. Kochen mit NH_4Cl-Lsg. zers. u. mit Ae. extrahiert wird; 60%. — *Methylthienyl-(2)-sulfon* (**X**), F. 46,5—47°, Platten aus wss. A., aus **XV** u. H_2O_2 (30% ig) durch 3/4std. Erwärmen in Essigsäure u. Ae.-Extraktion. Ein Gemisch von **XV** u. **XII**, in absol. A. 3 Std. mit $KHSO_4$ erhitzt, ergab nur *N-Äthoxymethylphthalimid* (F. 81—83°, Nadeln aus PAe.). — *5-Jodthienyl-(2)-methylsulfid*, schweres Öl, aus **XV** in Bzl. durch abwechselnden Zusatz von gelbem HgO u. J_2 u. Extraktion des festen Reaktionsprod. mit Äther. — *5-Jodthienyl-(2)-methylsulfon* (**XVI**), $C_5H_5O_2JS_2$, F. 84—84,5°, Nadeln aus wss. Methanol, aus vorst. Verb. in Essigsäure durch 3/4std. Erwärmen mit H_2O_2 u. Verdünnen mit Eiswasser; 63%. — *5-Cyanthienyl-(2)-methylsulfon* (**XVII**), $C_6H_5O_2NS_2$, F. 137—137,5°, Platten aus A., durch 2½std. Kochen von **XVI** u. $Cu_2(CN)_2$ in Pyridin, Dest., Extrahieren des Rückstandes mit sd. Bzl. u. des Benzolrückstandes mit sd. A. u. Chromatographie des Chloroformauszuges aus dem A.-Rückstand an Al_2O_3. — *5-Methylsulfonylthiophen-2-carbonsäure*, $C_6H_6O_4S_2$, F. 201—202°, Platten aus W., a) durch 3std. Kochen von **XVII** mit 10% ig. NaOH-Lsg. u. Ansäuern; 80%; b) durch 3/4std. Erhitzen von **XIII** mit H_2O_2 (30% ig) auf 100°; 76%. *Methylester*, $C_7H_8O_4S_2$, F. 118°, Prismen aus Methanol, mit CH_2N_2. — *5-Methylmercaptothiophen-2-aldehyd* (**XIV**), $C_6H_6OS_2$, F. 26°, Nadeln aus PAe., aus **XV** in **VI** durch Zutropfen von $POCl_3$ bei 0—5°, Eingießen des Gemisches nach 24 Std. in eiskalte gesätt. Na-Acetatlsg. u. Ae.-Extraktion; Kp.$_{0,3}$ 86°. *Oxim*, $C_6H_7ONS_2$, F. 80,5°, cremefarbene Nadeln aus wss. Methanol. *Semicarbazon*, $C_7H_9ON_3S_2$, F. 186°, aus A. gelbe Platten. *Thiosemicarbazon*, $C_7H_9N_3S_3$, F. 144—145°, gelbe Nadeln aus Methanol. *2.4-Dinitrophenylhydrazon*, $C_{12}H_{10}O_4N_4S_2$, F. 215—216°, dunkelrote Platten aus

Toluol. — *5-Methylmercaptothiophen-2-carbonsäure* (**XIII**), $C_6H_6O_2S_2$, F. 106°, Nadeln aus Methanol, aus **XIV** u. methylalkoh. KOH durch 24std. Stehenlassen, 1std. Erhitzen auf 100°, Lösen der Salze in W. u. Ansäuern; 62%. (J. chem. Soc. [London] **1954**. 237—42. Jan. Sydney, Univ., Organ. Chem. Dep.) SCHULENBURG. 3071

C. A. Grob und **H. Utzinger,** *Die Tautomerie der α-Amino- und α-Oxypyrrole. Untersuchungen in der Pyrrolreihe.* 6. Mitt. (5. vgl. C. **1953**. 6677.) Für die von Vff. aus Aminomethylenbernsteinsäuredinitrilen dargestellten *α-Aminopyrrole* (vgl. GROB u. u. ANKLI, C. **1953**. 6030) wurde die Aminostruktur **B** gegenüber der Iminodihydrostruktur **A** bevorzugt. Da jedoch die analogen α-Oxypyrrole richtiger als α-Pyrrolone (**II**) zu formulieren sind (vgl. GROB u. ANKLI, Helv. chim. Acta **32**. [1949.] 2010), untersuchen Vff. die Tautomerieverhältnisse am *2-Amino-4-cyanpyrryl-(1)-acetaldehyddiäthylacetal* (**I**). **I** ist im Vakuum unzers. haltbar, während es sich an der Luft rötlich verfärbt. Die Fichtenspan-Rk. ist positiv, mit EHRLICHs Reagens gibt es eine intensive Rotfärbung. **I** verbraucht die einer prim. Aminogruppe entsprechende Menge $NaNO_2$ u. gibt ein Pikrat sowie ein Acetyl- u. Benzoylderiv., was für die Struktur **B** spricht. Gegen die Struktur **A** ist anzuführen, daß **I** beim Erhitzen mit NaOH kein NH_3 abspaltet. Das UV-Spektr. von **I** kann mangels einer Verb. gesicherter Struktur zur Strukturbest. nicht herangezogen werden, jedoch gibt das Infrarotspektr. die für die NH_2-Gruppe sowie für die —CH=CH—CH=CH—-Gruppierung charakterist. Linien, so daß **I** wie auch sein analog untersuchtes Acetylderiv. gemäß Struktur **B** zu formulieren sind. Nach den aus Verbrennungswärmen abgeleiteten Bindungsenergien sind die Keto- u. Ketimidform gegenüber der Enol- u. Enaminform um ca. 16 kcal stabiler. Das Überwiegen der Aminform **B** in **I** dürfte sich durch die Resonanzstabilisierung des Pyrrolringes, die **B** erzwingt, erklären. Der Resonanzenergiegewinn aus der Amidinstruktur **A** dürfte dagegen geringer sein. In **II** ist die Ketogruppe jedoch gleichzeitig Teil eines konjugierten Säureamidsyst., dessen Resonanzenergie größer als die des Pyrrolringes sein dürfte. Die Aminostruktur ist auch beim 2-Aminopyridin u. -thiazol begünstigt. Vff. versuchten weiter, durch Ringschluß des *2-Amino-4-cyanpyrryl-(1)-acetaldehyds* (**III**) das *6-Cyan-3.4-dihydroimidazolo-[1.2:a]-pyrrol* (**IV**) darzustellen. Die Hydrolyse von **I** unter verschied. Bedingungen liefert jedoch entweder **I** unverändert zurück oder führt zu dunklen, amorphen Prodd., aus denen keine definierte Verb. isolierbar ist. Intermediär entsteht hierbei **III**, wie die TOLLENS-Rk. zeigt. **III** kondensiert sich entweder intermol. oder gebildetes **IV** polymerisiert sich zu amorphen Produkten.

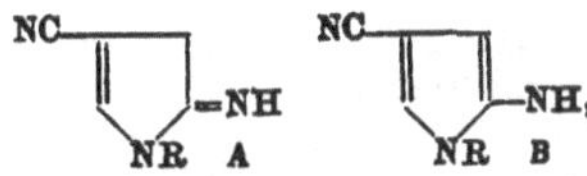

IV 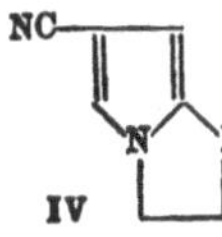

Versuche (FF. korr., KOFLER-Block): *β.β-Diäthoxyäthylaminomethylenbernsteinsäuredinitril*, $C_{11}H_{17}O_2N_3$, Öl (Hochvakuumdest. bei 175°/0,02 mm), aus je 0,1 Mol K-Salz des Oxymethylenbernsteinsäuredinitrils, β-Aminoacetaldehyddiäthylacetal u. Eisessig in A., 10 Min. Kochen u. 15 std. Stehen bei 20°, Abdestillieren des A. im Vakuum, Aufnehmen des Rückstandes in Essigester u. Abtrennen des K-Acetats; 67% (Ausbeute). — *1-[β.β-Diäthoxyäthyl]-2-amino-4-cyanpyrrol* (**I**), $C_{11}H_{17}O_2N_3$, F. 65—66° (Hochvakuumdest. bei 110—120°/0,04 mm), aus der alkoh. Lsg. von 14,88 g vorst. Verb. mit alkoh. $NaOC_2H_5$-Lsg. durch 10 Min. Stehen, Versetzen mit Eisessig, Abdampfen des A. im Vakuum, Verteilung des Rückstandes zwischen Ae. u. W. u. Extrahieren des Ae. mit 2n HCl, Alkalisieren mit Na_2CO_3-Lsg. u. Ausäthern; 89%. *Pikrat*, $C_{17}H_{20}O_9N_6$, F. 118—119° (A.). *N-Acetylderiv.*, $C_{13}H_{19}O_3N_3$, F. 97—98° (Ae.-PAe.); 95%. *N-Benzoylderiv.*, $C_{18}H_{21}O_3N_3$, F. 123—130° (Essigester). Die Hydrolyse von **I** mit konz. HCl bei —12° für 5 Std., Versetzen mit wss. Na-Acetat, Extraktion mit Ae. u. Abdampfen gibt ein klares, gelbes Öl, das sich nach einigen Min. rötlich färbt u. allmählich zu einer dunklen, amorphen, in Ae. unlösl. M. erstarrt. — *2-Acetamido-4-cyanpyrryl-(1)-acetaldehyd*, $C_9H_9O_2N_3$, F. 154—160° (Essigester), durch Eintragen von 530 mg des N-Acetylderiv. von **I** in auf —15° gekühlte konz. HCl; nach 5 Std. mit wss. Na-Acetat versetzen, mit Chlf. extrahieren, den Extrakt im Vakuum eindampfen u. den Rückstand nach Trocknen mit Methanol anreiben; 0,45 g. *p-Nitrophenylhydrazon*, $C_{15}H_{14}O_3N_6$, F. 238—242° (A.-W.). — *1-[β-Oxyäthyl]-2-amino-4-cyanpyrrol*, $C_7H_9ON_3$, F. 55—56° (Chlf.), aus einer alkoh. Suspension von 4,38 g des K-Salzes des Oxymethylenbernsteinsäuredinitrils durch Eintragen von 1,83 g Aminoäthanol unter N_2, dann mit Eisessig versetzen u. 30 Min. bei 48° rühren; Eindampfen im Vakuum bei 45° u. Extraktion mit einem Ae.-Aceton-Methylenchlorid-Gemisch. Das daraus erhältliche orangefarbene Öl (*β-Oxyäthylaminomethylenbernsteinsäuredinitril*) krist. nicht u. zers. sich bei der Hochvakuumdestillation. 5,53 g des Rohöls werden in A. mit alkoh. $NaOC_2H_5$ versetzt u. nach 10 Min. mit Essigsäure neutralisiert; Eindampfen im Vakuum, Verteilen des Rückstandes zwischen

Essigester–W. u. Aufarbeitung der oberen Schicht mit anschließender Hochvakuumdest. ($Kp._{0,05}$ 170°) liefert die Verb. als rotes, zähfl. Öl. — *1-[β-Acetoxyäthyl]-2-acetamido-4-cyanpyrrol*, $C_{11}H_{13}O_3N_3$, F. 141—142° (Essigester), aus vorst. Verb.; 78%. (Helv. chim. Acta **37.** 1256—65. 15/6. 1954. Basel, Univ., Organ.-chem. Anstalt.) RUSKE. 3081

Raymond Delaby, Pierre Chabrier und **Simone Danton,** *Über einige Eigenschaften des β-Benzoylacrylsäurehydrazonhydrazids.* Die Einw. von Jod–Jodharnstoff auf β-Benzoylacrylsäurehydrazonhydrazid (I) (vgl. C. R. hebd. Séances Acad. Sci. **233.** [1951.] 1367) in Ggw. von Na_2CO_3 bei 60° liefert unter N_2- u. CO_2-Entw. *3-Phenyl-4-jodpyrazol*, F. 135—136°, gelb, das sich bei gleichen Reaktionsbedingungen auch aus β-Benzoylacrylsäurehydrazon bildet. I-*Tetraacetylderiv.*, F. 172°, durch 2std. Kochen von **I** mit Acetanhydrid. I-*Dibenzoylderiv.*, F. 246—247°. (C. R. hebd. Séances Acad. Sci. **234.** 2541—42. 23/6. 1952.) LIEBIG. 3122

Guglielmo Stagno d'Alcontres und **Giovanna Fenech,** *Über Nitriloxyde.* Mitt. 9a. *Nitriloxyde und ungesättigte Ketone.* (8. vgl. Gazz. chim. ital. **82.** [1952.] 823.) Nach früheren Verss. der Vff. reagieren Nitriloxyde, bes. Benzonitriloxyd (**I**), $C_6H_5C{\equiv}N \rightarrow O$, mit ungesätt. Verbb. unter Bldg. von *3-Phenyl-Δ^2-isoxazolinen.* Es wird nun die Rk. mit ungesätt. aromat. Ketonen untersucht.

Versuche: 4 g p-Nitrobenzalaceton liefern mit der äther. Lsg. von **I** 6 g rohes *3-Phenyl-4-acetyl-5-[p-nitrophenyl]-Δ^2-isoxazolin* (**II**), $C_{17}H_{14}O_4N_2$, F. 146—147° (A.). *Semicarbazon*, $C_{18}H_{17}O_4N_5$, F. 182—183° (A.). *Dinitrophenylhydrazon*, $C_{23}H_{18}O_7N_6$, F. 202—203° (CH_3COOH). Aus der Mutterlauge von **II** wird die isomere Verb. *3-Phenyl-4-[p-nitrophenyl]-5-acetyl-Δ^2-isoxazolin*, $C_{17}H_{14}O_4N_2$, F. 110—110,5°, erhalten; Prismen. *Semicarbazon*, $C_{18}H_{17}O_4N_5$, F. 228—229°. *Dinitrophenylhydrazon*, $C_{23}H_{18}O_7N_6$, F. 233—234° (CH_3COOH). — Aus **I** u. 3,5 g p-Nitrobenzalacetophenon entstehen 4,7 g *3-Phenyl-4-benzoyl-5-[p-nitrophenyl]-Δ^2-isoxazolin*, $C_{22}H_{16}O_4N_2$, F. 160—161° (A.) (*Dinitrophenylhydrazon*, F. 210—211° [Eisessig]); daneben entsteht eine isomere *Verb.*, F. 126—129° (*Dinitrophenylhydrazon*, $C_{28}H_{20}O_7N_6$, F. 150—151°). — Aus **I** u. 2,5 g o-Nitrobenzalacetophenon werden 3,7 g *3-Phenyl-4-benzoyl-5-[o-nitrophenyl]-Δ^2-isoxazolin*, $C_{22}H_{16}O_4N_2$, F. 131,5—132°, erhalten; Prismen aus Bzl.–Ligroin. — Mit 4 g Benzalpinakolin liefert **I** 5,85 g *3.5-Diphenyl-4-trimethylacetyl-Δ^2-isoxazolin*, $C_{20}H_{21}O_2N$, F. 116—117° (CH_3OH). *Dinitrophenylhydrazon*, $C_{26}H_{25}O_5N_5$, F. 198°. — **I** u. 4,4 g Furfurylidenaceton geben 3,7 g *3-Phenyl-4-acetyl-5-furfuryl-Δ^2-isoxazolin*, $C_{15}H_{13}O_3N$, F. 112—113° (CH_3OH). *Semicarbazon*, $C_{16}H_{16}O_3N_4$, F. 206—207° (A.). *Dinitrophenylhydrazon*, $C_{21}H_{17}O_6N_5$, F. 174—175°, Prismen aus CH_3COOH. (Acta ci. venezolana **4.** 95—99. Mai/Juni 1953. Caracas, Inst. de Med. Exp., u. Messina, Ist. di Chim. Farmaceut.) ALTPETER. 3132

Silvio J. Viron und **Alfred Taurins,** *Die Nitrierung von 2-Nitraminothiazolen und 2-Acetamidothiazolen.* Bei der Nitrierung von 2-Nitramino- bzw. 2-Acetamidothiazolen mit HNO_3-Acetanhydrid tritt eine Nitrogruppe in 3-Stellung ein; die Verbb. reagieren dabei also in der tautomeren Nitrimino- bzw. Acetimidoform.

Versuche: *2-Nitramino-5-nitrothiazol* (**I**), F. 167° (Zers.); aus 10 g 2-Aminothiazol u. Nitriersäure (2 Std. bei 0—5°), danach Zers. der überschüssigen HNO_3 mit A. unterhalb 20°; 9,1 g (Ausbeute). — Nitrierung von 5 g **I** (99—100%ig. HNO_3 + Acetanhydrid, 2½ Std. bei $<5°$) → *2-Nitrimino-3.4.5-trinitro-Δ^4-thiazolin* (**II**), $C_3O_8N_6S$, F. 121—123° (Zers.; Eisessig oder Bzl.); 5,45 g. — *4-Methyl-2-nitramino-5-nitrothiazol*, F. 184—185° (Zers.; gelbe Platten aus Eisessig); aus 2-Amino-4-methylthiazol analog **I**; 69%. — Nitrierung von 5 g vorst. Verb. wie **II** → *3.5-Dinitro-4-methyl-2-nitrimino-Δ^4-thiazolin*, F. 98° (Zers.; zers. sich auch bei Umkristallisationsverss.); 2,1 g. — *3.5-Dinitro-2-äthoxy-4-methyl-2-nitramino-Δ^4-thiazolin*, $C_6H_9O_7N_5S$, F. 141—142° (Zers.; wss. A.); aus vorst. Verb. u. wss. Äthanol. — Analog: *3.5-Dinitro-2-methoxy-4-methyl-2-nitramino-Δ^4-thiazolin*, $C_5H_7O_7N_5S$, F. 133—134° (Zers.; wss. Methanol). — *2-Acetamido-5-methylthiazol*, F. 225°; 94%. — Nitrierung von 5 g vorst. Verb. ähnlich **II** → *2-Acetamido-3.4-dinitro-2-oxy-5-methyl-Δ^4-thiazolin*, F. 151,5 bis 152° (Essigester–Bzl.); 13%. — Nitrierung von 5 g 2-Acetamido-5-bromthiazol ähnlich **II** → 3,7 g *2-Acetamido-5-brom-3.4-dinitro-2-oxy-Δ^4-thiazolin*, F. 119—120°, Nadeln (Bzl.). — *3.5-Dinitro-2-imino-Δ^4-thiazolin*, $C_3H_2O_4N_4S$, F. 172° (Zers.; Nadeln); durch 30 Min. Kochen von 1 g vorst. Verb.; 0,6 g. — Nitrierung von 1 g vorst. Verb. ähnlich **II** → 0,6 g **II**. — *2-Acetamido-5-nitrothiazol*, F. 264—265°; aus 2-Acetamidothiazol ähnlich **II**; 45,5%. (Canad. J. Chem. **31.** 885—93. Okt. 1953. Montreal, Quebec, Can., McGill Univ., Organ. Chem. Labor.) J. ROTHE. 3142

R. Thiers und **A. van Dormael,** *Heterocyclische Malonamide und Malonamate.* Die Rk. von Malonester (**I**) oder Chlorformylessigester (**II**) mit heterocycl. Basen

R—N=C—NH_2 führt zu heterocycl. substituierten Malonamidsäureestern bzw. Malondiamiden. Auch asymm. substituierte Malondiamide wurden erhalten. Einige der dargestellten Verbb. können als Farbkuppler in der Farbphotographie verwendet werden. Versuche: Malonamidsäureäthylester: *N-[4-Methylthiazolyl-(2)]-*, F. 138—139° (A.), aus 17,1 g 2-Amino-4-methylthiazol (**IV**) u. **I** (2 Std. bei 180°); 9 g (Ausbeute). *Hydrochlorid*, F. 91—93°, aus 11,4 g **IV** u. **II** in Bzl. (2 Std. kochen); 10 g. — *N-[4-Phenylthiazolyl-(2)]-* (**VII**), F. 166—168° (A.), aus 12,9 g 2-Amino-4-phenylthiazol (**VI**) u. **I** (3 Std. bei 170°); 9,5 g. — *N-[Benzthiazolyl-(2)]-* (**III**), F. 184—185° (A.), aus 40,8 g 2-Aminobenzthiazol (**VIII**) u. **I** (1 Std. bei 170°); 32 g. — *N-[Benzoxazolyl-(2)]-*, F. 122—123° (25%ig. A.), aus 5 g 2-Aminobenzoxazol (**V**) u. **II** in Bzl. (1 Std. kochen); 1,5 g. — *N-[Pyridyl-(2)]-*, *Hydrochlorid*, F. 129—131° (Chlf.), aus 4,7 g 2-Aminopyridin u. **II** in Bzl. (1 Std. kochen); 3,8 g. — Malondiamide: *N.N'-Bis-[benzoxazolyl-(2)]-*, F. 236—238° (A.), aus 6 g **V** u. **I** (30 Min. bei 200°); 1 g. — *N.N'-Bis-[3-methylbenzthiazolyliden-(2)]-*, F. 262—263° (A.), aus 2-Imino-3-methyl-2.3-dihydrobenzthiazol (**IX**) u. **I** (1 Std. bei 170°). —*N.N'-Bis-[4-methylthiazolyl-(2)]-*, F. 229—230° (A.), aus 5,7 g **IV** u. **I** in A. in Ggw. von $NaOC_2H_5$ (3 Std. kochen); 3,2 g. — *N.N'-Bis-[4-phenylthiazolyl-(2)]-*, F. 261—262° (A.), aus 12,9 g **VI** u. **I** in A. in Ggw. von $NaOC_2H_5$ (5 Std. kochen); 1 g neben 8,5 g **VII**. — *N.N'-Bis-[benzthiazolyl-(2)]-*, F. 235—236° (absol. A.), a) aus 15 g **VIII** u. 16 g **I** wie vorst. (0,8 g neben 7 g **III**; 5 g **VIII** zurück); b) wie a), aber 8 g **I** (3 Std.; 16,5 g); c) aus 9 g **VIII** u. **I** in Xylol in Ggw. von Pyridin (45 Min. kochen; 1,8 g neben 2 g **III**); d) aus 12,5 g **III** u. 7,7 g **VIII** in Xylol–Toluol in Ggw. von Pyridin (7½ Std. kochen; 6,7 g; daneben 3 g **III** zurück). — *N-[Benzthiazolyl-(2)]-N'-[4-phenylthiazolyl-(2)]-*, F. 246—247° (A.), aus 8,8 g **III** u. **VI** in Xylol in Ggw. von Pyridin (6 Std. kochen); 7 g. — *N-[Benzthiazolyl-(2)]-N'-[3-methylbenzthiazolyliden-(2)]-*, F. 242—243° (Pyridin), aus 6,6 g **III** u. **IX** wie vorst. (4½ Std.); 4,5 g. — *N-[Benzthiazolyl-(2)]-N'-[5-chlorpyridyl-(2)]-*, F. 223—224° (Xylol), aus 8,8 g N-[5-Chlorpyridyl-(2)-malonamidsäureäthylester u. 5 g **VIII** wie vorst. (5 Std.); 4,5 g. — *N-[Benzthiazolyl-(2)]-malonamidanilid*, F. 233 bis 234° (Dioxan), aus 6,6 g **III** u. Anilin wie vorst. (4½ Std.); 5 g. (Bull. Soc. chim. belges **61**. 245—52. 31/7. 1952. Mortsel-Antwerpen, N. V. Gevaert Photo-Producten, Diensten voor Scheikundig Onderzoek.) J. ROTHE. 3142

F. E. Smith, *Tetrazoliumsalz*. Zusammenfassung; 59 Literaturzitate. (Science [Washington] **113**. 751—54. 29/6. 1951. London, Pal Chem. Ltd.) NITZSCHKE. 3184

Robert M. Herbst und **William L. Garbrecht,** *Die Acylierung einiger 5-Aminotetrazolderivate*. 5-Aminotetrazol (**I**) liefert mit Benzylchlorid in wss.-alkoh. K_2CO_3-Lsg. *1-Benzyl-5-amino-* (**II**) u. *5-Benzylaminotetrazol* (**III**). Acetylierung von **III** mit Acetanhydrid in essigsaurer Lsg. gibt ein Monoacetylderiv., das nach der Hydrolyse mit wss. NaOH, K_2CO_3 oder HCl **II** liefert. Das gleiche Deriv. entsteht bei der Acetylierung von **II**. Hydrierung des Acetylderiv. mit Pd-Kohle gibt *5-Acetylaminotetrazol* (**IV**), so daß bei der Acylierung von **III** Umlagerung der Benzylgruppe eingetreten sein muß. Das Acetylderiv. ist demnach das *1-Benzyl-5-acetylaminotetrazol* (**V**). Die Acetylierung von in wss. K_2CO_3 gelöstem **III** in der Kälte führt zu einem zweiten Acetylderiv., das im Gegensatz zu **V** nicht in wss. K_2CO_3 lösl. ist, u. aus dem mit kalter verd. NaOH oder warmer 20%ig. HCl **III** zurückerhalten wird. 1std. Erhitzen auf 100° führt es in **V** über; die Benzylgruppe ist katalyt. nicht abspaltbar. Daraus folgt die Struktur eines *1-Acetyl-5-benzylaminotetrazols* (**VI**), jedoch ist die Möglichkeit einer 2-Stellung der Acetylgruppe nicht ausgeschlossen, aber nach den Rkk. nicht sehr wahrscheinlich. Für diese Umlagerungen kommen zwei Mechanismen in Frage, die Bldg. intermediärer Guanylazide oder die Bldg. einer N-Brücke zwischen $N_{(2)}$ u. $C_{(5)}$ des Tetrazolringes, wobei Vff. der zweiten Möglichkeit den Vorzug geben. Die Isomerisierungen können Gleichgewichts-Rkk. sein, wobei das Gleichgewicht weitgehend zur 1-Alkyl-5-acylaminostruktur verschoben ist, was auch aus der größeren Negativität der Acetylgruppe folgt. *5-Äthylamino-* u. *1-Äthyl-5-aminotetrazol* liefern ebenfalls das gleiche Acetylderiv., das *1-Äthyl-5-acetylaminotetrazol* (**VII**). Analog gibt **III** nach der Benzoylierung in Pyridin *1-Benzyl-5-benzoylaminotetrazol*, nach der Carbäthoxylierung in wss. K_2CO_3 *1-Carbäthoxy-5-benzylaminotetrazol*. Wahrscheinlich erfolgt die Acylierung der 5-Alkylaminotetrazole zuerst in 1-Stellung, worauf eine Umlagerung zu 1-Alkyl-5-acylaminotetrazolen eintritt. **V** u. **VII** verhalten sich bei der potentiometr. Titration als schwache einbas. Säuren, die Stärke von **IV** ist ~10000mal größer, was auf das H-Atom in 1-(oder 2-)Stellung des Tetrazolringes zurückgehen dürfte, während die Acidität von **V** u. **VII** auf das H-Atom der Aminogruppe zurückführbar ist.

Versuche (FF. korr.): *1-Benzyl-5-aminotetrazol* (**II**), $C_8H_9N_5$, F. 190—191° (50%ig. Isopropanol), durch Zufügen von 1 Mol Benzylchlorid in A. zu einer Lsg. von 1 Mol wasserfreiem **I** in W. mit 0,5 Mol K_2CO_3, 3std. Kochen, Verdünnen mit W.,

Absaugen u. Extrahieren mit Bzl., den Rückstand in 10%ig. NaOH aufnehmen, wobei **II** unlösl. zurückbleibt, das mit sd. W. aus dem Rückstand extrahiert wird; 29 g (Ausbeute). — *5-Benzylaminotetrazol* (**III**), $C_8H_9N_5$, F. 186—187° (50%ig. Isopropanol), aus der NaOH-Lsg. vorst. Verb. durch Ansäuern mit HCl (Kongorot); 14 g. — *1-Benzyl-5-acetylaminotetrazol* (**V**), $C_{10}H_{11}ON_5$, F. 108—109° (Äthylacetat–PAe.), aus 2 g **II** in Acetanhydrid durch 2 std. Kochen, Verdünnen mit Eisessig–W. (10:1) u. Eindampfen auf dem Wasserbad; 2,2 g, oder analog aus 1 g **III**; 1,1 g. — *5-Acetylaminotetrazol* (**IV**), F. 268° (Zers.), Blättchen aus W., durch Hydrierung von 5,4 g **V** in absol. A. mit Pd-Kohle unter leicht erhöhtem Druck bei Zimmertemp., aus dem Filtrat 0,4 g, aus dem Katalysator durch Extraktion mit sd. W. 2,4 g. — *1-Acetyl-5-benzylaminotetrazol* (**VI**), $C_{10}H_{11}ON_5$, F. 106—108° (Bzl.–PAe.), aus 8,7 g **III** in W. u. 20,7 g K_2CO_3 durch Eintropfen von Acetanhydrid unter Schütteln u. Kühlung mit Eis u. Aufnehmen in Bzl.; 9,0 g. Geht durch 1 std. Erhitzen auf dem Wasserbad in **V** über. Analoge Hydrierung von 5,4 g **VI** wie bei **V** liefert 2,9 g **III**. — *1-Benzyl-5-benzoylaminotetrazol* $C_{15}H_{13}ON_5$, F. 108—109° (Cyclohexan), aus 1,8 g **III** in Pyridin durch überschüssiges Benzoylchlorid unter Kühlung. Hydrolyse mit 20%ig. HCl liefert **II**. — *1-Carbäthoxy-5-benzylaminotetrazol*, $C_{11}H_{13}O_2N_5$, F. 59—61° (Äthylacetat–Cyclohexan), aus 1,8 g **III** in 10%ig. wss. K_2CO_3-Lsg. u. überschüssigem Chlorameisensäureäthylester unter Kühlung; 1,3 g. — *1-Äthyl-5-acetylaminotetrazol* (**VII**), $C_5H_9ON_5$, F. 99—100° (Äthylendichlorid–PAe.), durch 6 std. Kochen von 10 g 1-Äthyl-5-aminotetrazol in Acetanhydrid, Verdünnen mit A. u. Eindampfen auf dem Wasserbad, Aufnehmen in Bzl. u. Fällen mit PAe., weiteres 5 std. Kochen des Rohmaterials mit Acetanhydrid u. Eindampfen; 9,4 g, oder aus 1 g 5-Äthylaminotetrazol wie vorst.; 1,3 g. Hydrolyse mit HCl liefert *1-Äthyl-5-aminotetrazol*, F. 147—148°. (J. org. Chemistry **18**. 1283—91. Okt. 1953. East Lansing, Mich., State Coll., Kedzie Chem. Labor.) RUSKE. 3184

Ernest L. Eliel, Richard T. McBride und St. Kaufmann, *Abnorme Tschitschibabin-Reaktionen. Die Kondensation von Phenylacetaldehyd und Homoveratrumaldehyd mit Ammoniak.* Homoveratrumaldehyd (**I**; 3.4-Dimethoxyphenylacetaldehyd) kondensiert sich schon in sd. A. mit NH_3 zu *3.5-Diveratrylpyridin* (**II**). Die n. TSCHITSCHIBABIN-Rk. sollte *2-Homoveratryl-3.5-diveratrylpyridin* (**III**) ergeben. **III** konnte nur in einem Fall rein bei der Rk. von **I** mit NH_3 im Autoklaven erhalten werden. Die Kondensation von Phenylacetaldehyd (**IV**) mit NH_3 im Autoklaven führte immer zu *3.5-Diphenylpyridin* (**V**). Die Bldg. einer **V** äquivalenten Menge Toluol bei dieser Rk. läßt die intermediäre Bldg. von 2-Benzyl-3.5-diphenyl-1.2-dihydropyridin (entstanden aus 3 Mol **IV** u. 1 Mol NH_3) vermuten, das unter Abspaltung von Toluol zu **V** weiterreagieren kann. Ein analoger Reaktionsverlauf wird auch bei anderen anomalen TSCHITSCHIBABIN-Kondensationen vermutet, während der von TSCHITSCHIBABIN (J. prakt. Chem. [2] **107**. [1924.] 122) vorgeschlagene Mechanismus angezweifelt wird. Die Struktur von **II** wird u. a. durch Oxydation des Methojodids zu *Veratrumsäure* (2 Mol Säure auf 1 Mol **II**) u. durch Ätherspaltung mit HBr u. nachfolgende Oxydation zu *Pyridindicarbonsäure-(3.5)* bewiesen. **V** wird auch aus 2.4-Diphenylglutarsäure (über deren *Anhydrid* → *Imid* → *3.5-Diphenylpiperidin*) dargestellt. Für die abweichenden Eigg. des **V** von BENARY u. BITTER (Ber. dtsch. chem. Ges. **61**. [1928.] 1057) wird keine Erklärung gegeben. Die leichte Kondensierbarkeit von **I** wird durch dessen enol. Charakter erklärt [OH-Bande im Infrarot, Oxydation zu Veratrumaldehyd bzw. einer Verb. [*3.4-$(CH_3O)_2C_6H_3 \cdot CH(CHO)]_2O$* (?; *Disemicarbazon*, $C_{22}H_{28}O_7N_6$, F. 180 bis 180,5°) an Stelle der erwarteten Säure].

Versuche: *Methyleugenolglykol*, $Kp._{0,25-0,35}$ 170—173° (leichte Zers.), durch Zugabe von 29%ig. H_2O_2 während 40 Min. bei 5—10° zur Lsg. von 178 g Eugenolmethyläther in 85%ig. HCOOH unter Rühren, 11 g Methyleugenol zurück; 85,5 g (Ausbeute). — *3.4-Dimethoxyphenylacetaldehyd* (**I**), $Kp._{0,3}$ 125—128°, aus vorst. Verb. durch Oxydation mit Pb-Tetraacetat in Chlf.; *Dinitrophenylhydrazon*, F. 169—169,5°. — *3.5-Diveratrylpyridin* (**II**; *3.5-Bis-[3.4-dimethoxyphenyl]-pyridin*), $C_{21}H_{21}O_4N$, F. 173 bis 174°, durch Einleiten von trockenem NH_3 während 1 Std. in die sd. Lsg. von 45,5 g **I** in absol. A.; Reinigung über das Hydrochlorid; Blättchen; 5,66 g (roh). *Hydrochlorid*, F. 216—217° (Zers.). *Methojodid*, $C_{22}H_{24}O_4NJ$, F. 252—253° (Zers.; Eisessig). *Methochlorid*, $C_{22}H_{24}O_4NCl$, F. 247,5—248,5° (Zers.; A./Ae.), a) aus dem Jodid durch Kochen der wss. Lsg. mit AgCl; b) durch Kondensation von **I** mit Methylamin wie bei **II**. — Vers. der erschöpfenden Methylierung durch Kochen von **II**-Methojodid mit Ag_2O in W., Filtrieren, Sublimation des konz. Filtrats bei 0,2 mm u. Behandeln des Sublimats mit wss. HCl gab **II**·HCl. — **II** auch durch Rk. in Methanol oder Xylol oder fl. NH_3 mit NH_4-Acetat oder wss. NH_4OH unter Druck. — *Veratrumsäure*, F. 178—180°, aus **II**-Methojodid durch Kochen mit $AgNO_3$, Abfiltrieren des AgJ u. Oxydation mit $KMnO_4$ bei 85°. — *Dinitrodiveratrylpyridin*, $C_{21}H_{19}O_8N_3$, F. 210—211,5°

(A.), durch Kochen einer Suspension von **II** in W. mit HNO_3 (D. 1,42) während 5 Std.; gelbe Kristalle; 39,5%. — *Pyridindicarbonsäure-(3.5)*, F. 321—321,5° (Zers.). **II** wurde in Eisessig mit 48%ig. HBr während 90 Min. gekocht, zur Trockene gebracht, die phenol. Substanz aus W. mit $NaHCO_3$-Lsg. gefällt u. die Suspension der Fällung in W. + NaOH mit $KMnO_4$ oxydiert; Reinigung über das Ag-Salz; 6,6%. *Dimethylester*, F. 81,5—82,5°. — *2-Homoveratryl-3.5-diveratrylpyridin* (**III**), $C_{30}H_{31}O_6N$, F. 159,5 bis 160,5°, durch Erhitzen von **I** + einer kalt gesätt. Lsg. von NH_3 in absol. A. im Autoklaven während 6 Std. auf 180—190°/520 lbs./sq.in.; bei anderen Verss. wurde nur **II** bzw. ein Gemisch von **II** + **III** erhalten. *Pikrat*, F. 174—176°. — Entmethylierung von **III** mit HBr u. Oxydation mit $KMnO_4$ gab eine *Säure* [*Pyridintricarbonsäure-(2.3.5)*?], Zers. bei 110—125°, nach 30 Min. Erhitzen auf 125—130° F. 299 bis 302° (Zers.). — Partielle Oxydation von **III** durch Kochen in Aceton/W. u. Zusatz von $KMnO_4$ unter Rühren gab *2-Veratroyl-3.5-diveratrylpyridin* (?), $C_{30}H_{29}O_7N$, F. 183—184° (A.), Infrarotspektr. zeigt CO-Bande bei 6,05 μ. — *3.5-Diphenylpyridin* (**V**), $C_{17}H_{13}N$, F. 136—137° (A.), durch Erhitzen einer mit NH_3 gesätt. Lsg. von 100 g **IV** in absol. A. auf 230—235°/1150 lbs./sq.in. im Autoklaven, 6 Std. Schütteln; 13,1% (bessere Ausbeuten durch Zusatz von Isobutyraldehyd oder bas. Fe-Acetat zur Reaktionsmischung). Daneben 11,6% *Toluol*, Kp. 110,5—111,5° (*2.4-Dinitrotoluol*, F. 69 bis 70°). *Pikrat*, $C_{23}H_{16}O_7N_4$, F. 204,5 bis 205,5° (A.). *Methojodid*, F. 202—203°, Nadeln. *Hydrochlorid*, F. 194—195° (Aceton/PAe.). **V** ließ sich mit $KMnO_4$ in wss. Aceton nicht oxydieren. Oxydation in verd. H_2SO_4 gab wenig *Benzoesäure*. Nitrierung von **V** gab ein Gemisch von Nitroderivv., daraus nicht identifizierte Säuren. — *Diastereoisomere 2.4-Diphenylglutarsäureanhydride*, $C_{17}H_{14}O_3$, F. 142,5—143,5° (Bzl./PAe.) u. F. 95,5—96,5°, aus 2.4-Diphenylglutarsäure {Darst. nach SOUTHER (J. Amer. chem. Soc. **46**. [1924.] 1304) aus Phenylmalonsäurediäthylester u. CH_2J_2, Diastereoisomerengemisch, F. ca. 156°} durch Kochen mit Acetanhydrid; 47,8% + 22,1%. — *2.4-Diphenylglutarimid, Stereoisomerengemisch*, $C_{17}H_{15}O_2N$, F. 166—168° (A.), durch Erhitzen vorst. Verb. u. Ammoniumcarbonat auf 160—165° während 30 Min.; 71%. — *3.5-Diphenylpiperidin*, $Kp._{0,1}$ 140 bis 142°, $Kp._{0,2}$ 149—150°, a) durch Red. vorst. Verb. in Tetrahydrofuran mit $LiAlH_4$; 17,6%; b) aus **V** in n-Butylalkohol mit Na bei 70—80°, dann Erhitzen auf 145°, bis alles Na gelöst ist, dann Kühlen; 66,9%. *Diastereoisomere p-Toluolsulfonamide*, $C_{24}H_{25}O_2NS$, F. 243—244° (A.) u. F. 198—199° (Gemisch, F. 200—210°). — **V**, aus vorst. Verb. mit Pd-Kohle (30 Min. 250—260°, dann 15 Min. 275°); 38—52%. (J. Amer. chem. Soc. **75**. 4291—96. 5/9. 1953. Notre Dame, Ind., Univ., Chem. Dep.) MANTHEY. 3231

Friedrich Cramer und **Werner Krum**, *Zur Konstitution des α-Pyridoins*. (Vgl. Angew. Chem. **65**. [1953.] 212 u. C. **1954**. 7846.) α-Pyridoin (**II**) liegt in alkal. wie auch neutraler u. schwach saurer Lsg. als reines Endiol vor. Die Endiolform wird durch Ausbldg. innermol. Wasserstoffbrücken von den OH-Gruppen zu den N-Atomen des Pyridinrings stabilisiert. Die Wasserstoffbrücken sind sehr stabil u. ändern das reakt. Verh. des Acyloins in entscheidender Weise. Vff. führen die Rk. mit Benzoylchlorid an, die Endioldibenzoat (**IV**) liefert; **II** reagiert nicht mit Diazomethan, Methyljodid u. p-Toluolsulfonsäuremethylester. Red. führt nach allen Methoden nur zu 1.2-Di-[pyridyl-(2)]-glykol (**IX**). Titration mit TILLMANNs Reagens gibt positive Reaktion. — Die sehr empfindlichen K-Endiolate des Pyridoins u. Furoins wurden isoliert.

V e r s u c h e : *Pyridoinkaliumendiolat* (**I**), $C_{12}H_8O_2N_2K_2$, aus **II** u. K in absol. A.-Bzl., blutrote Kristalle. *Furoinkaliumendiolat*, $C_{10}H_6O_4K_2$, analog **I**. — *1.2-Dibenzoxy-1.2-di-[pyridyl-(2)]-äthen* [*Pyridoindibenzoat*] (**IV**), $C_{26}H_{18}O_4N_2$, F. 190° (Aceton), a) aus **I** u. Benzoylchlorid (**III**) in absol. Ae., 10 Min.; 8 g (Ausbeute); b) aus **II** u. **III** in absol. Pyridin. *Monojodmethylat*, $C_{27}H_{21}O_4N_2J$, F. 152° (Zers.). — *1.2-Dibenzoxy-1.2-di-[furyl-(2)]-äthen* (*Furoindibenzoat*), $C_{24}H_{16}O_6$, F. 210° (Aceton + Essigester bzw. Bzl.), Darst. wie **IV** aus Furoin (**V**) u. **III**. — *1.2-Diacetoxy-1.2-di-[pyridyl-(2)]-äthen* [*Pyridoindiacetat*] (**VI**), $C_{16}H_{14}O_4N_2$, F. 154°, aus **I** in Ae. u. Acetanhydrid (**VII**). — *1-Acetoxy-2-oxo-1.2-di-[pyridyl-(2)]-äthan* [*Pyridoinmonoacetat*], $C_{14}H_{12}O_3N_2$, F. 119° (Methanol), a) aus **II** in Pyridin u. **VII**; b) aus **II** in **VII** auf dem Wasserbade. — *1.2-Diacetoxy-1.2-di-[furyl-(2)]-äthen* [*Furoindiacetat*], $C_{14}H_{12}O_6$, F. 204° (Methanol), a) wie **VI** mit **V**; b) aus **V** in Pyridin mit **VII** unter Kühlung. — *Pyridoinphenylhydrazon*, $C_{18}H_{16}ON_4$, hellgelbe Kristalle aus Butanol, F. 138° (Rohprod. F. 150°!), aus **II** (1 Mol) u. Phenylhydrazin (**VIII**) (1 Mol) in Eisessig, 2½ Std. gekocht (wenn nur ½ Std. erwärmt wird, verschiebt sich Ausbeute zugunsten eines Prod. mit F. 165°, ist nicht Osazon); 45%. — *Pyridoinosazon* [*Pyridil-bis-phenylhydrazon*], $C_{24}H_{20}N_6$, F. 168° (Butanol), a) aus **II** (1 Mol) u. **VIII** (3 Mol) in Eisessig, 3 Std. gekocht; 70%; b) aus Pyridil (1 Mol) u. **VIII** (2 Mol) in Eisessig, ½ Std. gekocht. — *Hydropyridoin* (*1.2-Di-[pyridyl-(2)]-glykol*; **IX**), F. 154° (A.), aus **II** in Eisessig mit Zn-Staub auf dem

Wasserbade; 56%. *Di-p-toluolsulfonmethylat*, $C_{28}H_{32}O_8N_2S_2$, F. 237° (A./Essigester), aus **IX** in Bzl. u. p-Toluolsulfonsäuremethylester, 30 Min. gekocht. *Dibenzoat* (*1.2-Dibenzoxy-1.2-di-[pyridyl-(2)]-äthan* (**X**), $C_{26}H_{20}O_4N_2$, F. 181° (Bzl./A.), aus **IX** u. **III** in Pyridin. — *Di-p-toluolsulfonmethylat von* **X**, $C_{42}H_{40}O_{10}N_2S_2$, F. 155°, aus **X** wie oben. — *4.5-Di-[pyridyl-(2)]-oxazolon*, $C_{13}H_9O_2N_3$, violettrote Nadeln aus Butanol, F. 216°, aus **II** u. Harnstoff in absol. Eisessig, 2 Std. gekocht; 72%. — Titration mit TILLMANNs Reagens: *Benzoin* p_H 7 kein Verbrauch, mit NaOH 76,9% Endiol; **V** p_H 7 kein Verbrauch, mit NaOH 80,6% Endiol; **II** essigsauer 93,3%, p_H 7 94,8% u. mit NaOH 98,3% Endiol. (Chem. Ber. **86.** 1586—92. 1953. Heidelberg, Univ., Chem. Inst.) MINSINGER. 3231

R. Long und **K. Schofield,** *Einige Eigenschaften und Reaktionen von Chinolin-5.8-chinonen.* Die früher (C. **1954.** 7874) beschriebenen 6- u. 7-Alkylchinolin-5.8-chinone geben in alkoh.-sodaalkal. Lsg. mit H_2O_2 die entsprechenden *6.7-Epoxyde*, während das Epoxyd aus Chinolin-5.8-chinon (**I**) nicht isoliert werden konnte. Mit konz. H_2SO_4 werden die Epoxyde in die *6-Alkyl-7-oxy-* bzw. *7-Alkyl-6-oxychinolinchinone* übergeführt. Durch katalyt. Hydrierung von 6.7-Epoxy-6.7-dihydro-7-methylchinolin-5.8-chinon (**II**) entstand eine grüne Lsg., die an der Luft rot wurde u. aus der sich *6-Oxy-7-methylchinolin-5.8-chinon* isolieren ließ. Bei längerer Hydrierung entsteht wahrscheinlich *5.6.8-Trioxy-7-methylchinolin.* Durch Einw. von HCl auf **I** erhält man je nach den Bedingungen *6.7-Dichlor-5.8-dioxychinolin* (**IV**) oder *6* (oder *7*)*-Chlor-5.8-dioxychinolin* (**V**); die Anwesenheit des *7* (oder *6*)*-Isomeren* ergibt sich aus der Bldg. eines zweiten Diacetats. Das Dibromid von **I** konnte nicht rein erhalten werden. Anilin reagiert mit **I** zu den Isomeren *6-* u. *7-Anilinochinolin-5.8-chinon.* Die UV-Spektren von **I** u. seinen Derivv. wurden aufgenommen u. werden im Vgl. mit den Spektren der analogen Naphthochinonderivv. diskutiert.

Versuche: *7-Methyl-6.7-epoxy-6.7-dihydrochinolin-5.8-chinon* (**II**), $C_{10}H_7O_3N$, F. 123—124° (aus Ae. Nadeln), aus 7-Methylchinolin-5.8-chinon (**III**) in A. mit 30%ig. H_2O_2 in wss. Sodalsg., Gießen auf Eis u. Ae.-Extraktion; 80% (Ausbeute). Beim Kühlen des unverdünnten Reaktionsgemischs krist. **II** als *Hemihydrat*, F. 118—120° (Ae.); 55%. — *6-Methyl-6.7-epoxy-6.7-dihydrochinolin-5.8-chinon*, $C_{10}H_7O_3N$, F. 149 bis 150° (Ae.), analog; 72%. — *7-Propyl-6.7-epoxy-6.7-dihydrochinolin-5.8-chinon*, $C_{12}H_{11}O_3N \cdot {}^3/_4\ H_2O$, F. 87° (Ae.); 83%. — *6-Butyl-6.7-epoxy-6.7-dihydrochinolin-5.8-chinon*, $C_{13}H_{13}O_3N \cdot {}^3/_4\ H_2O$, F. 64—65° (Ae.-PAe.); 95%. — *7-Methyl-6-oxychinolin-5.8-chinon*, $C_{10}H_7O_3N$, F. 230—235° (Zers.), a) durch 5tägiges Stehen von **II** mit konz. H_2SO_4, Verdünnen mit W., Zugabe von NH_4OH u. Extraktion mit Chlf.; aus Bzl. gelbbraune Platten; 65%; b) durch 30std. Schütteln von **II** in CH_3OH mit Pd-Kohle unter H_2, Filtration u. Einengen. — *7-Propyl-6-oxychinolin-5.8-chinon*, $C_{12}H_{11}O_3N$, F. 149—150°, wie vorst. a); aus Ae.-PAe. gelbe Nadeln; 70%. — *6-Butyl-7-oxychinolin-5.8-chinon*, $C_{13}H_{13}O_3N$, F. 116—117°, aus Ae.-PAe. gelbe Blätter; 63%. — *5.6.8-Trioxy-7-methylchinolin*, $C_{10}H_9O_3N$, F. 240° (Zers.), bei 100std. Hydrierung von **II**. — *6.7-Dichlor-5.8-dioxychinolin* (**IV**), $C_9H_5O_2NCl_2$, F. 157—158°. 0,5 g **I** in CCl_4 wurden einige Min. mit HCl-Gas behandelt; nach mehrtägigem Stehen wurden Kristalle isoliert, die nach der Analyse die Zus. $C_9H_5O_2NCl_2 \cdot 0{,}5\ HCl \cdot 1{,}5\ H_2O$ hatten, Zers. bei 200°; die wss. Lsg. dieser Kristalle gab bei mehrwöchigem Stehen an der Luft **IV**; 0,25 g. — 2 g **I** wurden 5 Min. mit konz. HCl gekocht, beim Abkühlen schied sich ein Gemisch von *Hydrochloriden* $C_9H_6O_2NCl \cdot {}^1/_2\ H_2O$ ab, aus dem *6*(oder *7*)*-Chlor-5.8-dioxychinolin* (**V**), $C_9H_6O_2NCl$, F. 164°, eine Kristallfraktion vom F. 150—162° u. eine vom F. 148—158° isoliert wurden. Aus der zweiten wurden durch Acetylierung *5.8-Diacetoxy-6* (oder *7*)*-chlorchinolin*, $C_{13}H_{10}O_4NCl$, F. 130—131°, ident. mit dem Acetylierungsprod. von **V**, u. *5.8-Diacetoxy-7*(oder *6*)*-chlorchinolin*, F. 159—161°, erhalten. — *6-Chlor-5.8-dioxy-7-methylchinolin*, $C_{10}H_8O_2NCl$, F. 167—168°, aus **III** mit konz. HCl (5 Min. kochen), nach einigen Tagen Abscheidung als *Hydrochlorid*, F. 225° (Zers.), *Diacetat*, $C_{14}H_{12}O_4NCl$, F. 209—210°. — Bromierung von **I** in CCl_4 gab einen gelben Körper, F. ca. 240° (Zers.), neben anderen Prodd., Bromierung von **III** leicht verunreinigtes *6.7-Dibrom-6.7-dihydro-7-methylchinolin-5.8-chinon*, $C_{10}H_7O_2NBr_2$, F. 120°. — *6-* u. *7-Anilinochinolin-5.8-chinon*, durch ½std. Kochen von **I** u. Anilin in A., nach 24 Std. Zugabe von CH_3COOH u. W.; fraktionierte Kristallisation aus A. gab das *schwererlösl. Isomere*, $C_{15}H_{10}O_2N_2 \cdot H_2O$, F. 212°, u. das *leichterlösl. Isomere*, $C_{15}H_{10}O_2N_2 \cdot {}^1/_4\ H_2O$, F. 180—182°. — *6-Anilino-7-methylchinolin-5.8-chinon*, $C_{16}H_{12}O_2N_2$, F. 167 bis 169°, aus **III**. *Hydrat*, $C_{16}H_{12}O_2N_2 \cdot H_2O$, F. 180°. — *6-Anilino-7-propylchinolin-5.8-chinon*, $C_{18}H_{16}O_2N_2 \cdot {}^1/_4\ H_2O$, F. 157—158°. (J. chem. Soc. [London] **1953.** 3919—24. Dez. Exeter, Washington Singer Labors.) M. THIEL. 3231

Werner Herz und **Lin Tsai,** *Schwefelanaloge von Isochinolinen und β-Carbolinen.* 3. Mitt. *Die Pomeranz-Fritsch-Reaktion.* (2. vgl. C. **1952.** 2840.) Die aus Thiophen-2-

bzw. -3-aldehyd u. Aminoacetal (I) entstehenden SCHIFFschen Basen (II bzw. III) lassen sich in Ggw. von H_2SO_4 nur in geringer Ausbeute, besser mit einem Polyphosphorsäure–$POCl_3$-Gemisch zu *Thieno-[2.3:c]-* bzw. *-[3.2:c]-pyridin* cyclisieren; ebenso wurden *Thianaphtheno-[3.2:c]-* bzw. *-[2.3:c]-pyridin* dargestellt, wobei hier die Cyclisierung durch H_2SO_4 gar nicht mehr bewirkt wird. — Die UV-Maxima der 4 Verbb. werden angegeben.

Versuche: *Thenyliden-(2)-aminoacetaldehyddiäthylacetal* (II), $C_{11}H_{17}O_2NS$, Kp.$_{1,9}$ 115—118°, durch 2std. Erhitzen von Thiophen-2-aldehyd mit I u. Zugabe von Ae.; n_D^{23} 1,5231; 86% (Ausbeute). — *Thenyliden-(3)-aminoacetaldehyddiäthylacetal* (III), $C_{11}H_{17}O_2NS$, Kp.$_3$ 128°, ebenso aus 11,2 g Thiophen-3-aldehyd u. 14 g I; n_D^{23} 1,5179; 20,5 g. — *Thianaphthenyliden-(2)-aminoacetaldehyddiäthylacetal* (IV), $C_{15}H_{19}O_2NS$, F. 45—46°, aus Thianaphthen-2-aldehyd; Kp.$_{0,2}$ 155—161°; Reinigung durch Sublimation bei 110—125° Badtemp./0,5 mm; 78%. — *Thianaphthenyliden-(3)-aminoacetaldehyddiäthylacetal* (V), $C_{15}H_{19}O_2NS$, Kp.$_1$ 162—165°; n_D^{23} 1,5711; 83%. — *Thieno-[2.3:c]-pyridin*, C_7H_5NS, F. 54—55°, a) durch Zugabe von 3 g II zu kalter H_2SO_4, dann von H_2SO_4 + $POCl_3$, 1½std. Erhitzen auf 160°, Verdünnen mit W., Ausäthern, Alkalisieren, erneutes Ausäthern u. Rk. mit Pikrinsäure als *Pikrat*, $C_{13}H_8O_7N_4S$, Zers. bei 207,5—208,5°; 102 mg; b) durch Zugabe von 10 g II zu $POCl_3$ + Polyphosphorsäure (1 : 20) bei 120°, ½std. Erhitzen, Gießen in Eiswasser, Ausäthern, Alkalisieren, Sättigen mit $(NH_4)_2SO_4$ u. Vakuumsublimation bei 70° Badtemp./0,5 mm; 225 mg roh; daneben bei 130—140° Badtemp. 90 mg einer *Verb.* vom F. 142—144°. — *Thieno-[3.2:c]-pyridin*, C_7H_5NS, F. 42—43°, wie vorst. aus 2,3 g III in Polyphosphorsäure–$POCl_3$ (15 : 1), 10 Min. bei 120—130°; 150 mg; Reinigung durch Sublimation bei n. Temp. u. 0,25 mm. *Pikrat*, $C_{13}H_8O_7N_4S$, F. 224,5°, aus 3 g III mit H_2SO_4 wie oben; 201 mg. — *Thianaphtheno-[2.3:c]-pyridin*, F. 96—98°, durch 20 Min. Erhitzen von 1,3 g IV mit Polyphosphorsäure–$POCl_3$ (30 : 1) auf 150—160°; 240 mg; Reinigung durch Kristallisation aus Ae.–PAe., dann Sublimation bei 0,2 mm. Das *Pikrat* zers. sich bei 256°. — *Thianaphtheno-[3.2:c]-pyridin*, F. 71—71,5°, ebenso aus 1,6 g V, 20 Min. bei 90—100°; 0,2 g; aus PAe. Nadeln. *Pikrat*, $C_{17}H_{10}O_7N_4S$, F. 248°. (J. Amer. chem. Soc. 75. 5122—23. 20/10. 1953. Tallahassee, Fla., Florida State Univ., Dep. of Chem.) NITZSCHKE. 3231

Hermann Stetter und **Karl Heinz Steinacker**, *Über Verbindungen mit Urotropinstruktur. 5. Mitt. Über die Maskierung von Carboxygruppen durch Orthoesterbildung mit cis-Phloroglucit.* (4. vgl. C. **1954.** 3027.) Vff. zeigen die präparative Bedeutung des Schutzes von Carboxylgruppen bei GRIGNARD-Rkk. durch Orthoesterbldg. mit cis-Phloroglucit (I) am Beispiel des *Halborthobernsteinsäuretetraäthylesters*. Dieser liefert durch Umesterung mit I *β-[2.4.10-Trioxaadamantyl-(3)]-propionsäureäthylester* (II), der mit C_6H_5MgBr oder m-Tolylmagnesiumbromid zu *1-Oxy-1.1-diphenyl-* (III) bzw. *1-Oxy-1.1-di-[m-tolyl]-3-[2.4.10-trioxaadamantyl-(3)]-propan* reagiert. Die Verseifung dieser Verbb. liefert *γ.γ-Diphenyl-* bzw. *γ.γ-Di-[m-tolyl]-butyrolacton*. Bei Umsatz von II mit α-Naphthylmagnesiumbromid entsteht infolge ster. Hinderung nur *1-[α-Naphthyl]-3-[2.4.10-trioxaadamantyl]-propanon-(3)*, das sich zu *3-[α-Naphthyl]-propanon-(3)-carbonsäure-(1)* verseifen läßt.

Versuche: *Halborthobernsteinsäuretetraäthylester*, $C_{12}H_{24}O_5$, Kp.$_{18}$ 127—128°: In die äther. Lsg. gleichmol. Mengen absol. A. u. β-Cyanpropionsäureäthylester bei 5—10° die gleichmol. Menge HCl einleiten, nach mindestens 2tägigem Kühlen den *salzsauren Iminoäther* (82% [Ausbeute]) absaugen, diesen in absol. A. 2 Tage bei ca. 30° aufbewahren, abkühlen, NH_4Cl entfernen u. aufarbeiten; $n_D^{22,8}$ 1,414$_2$; 79%. — *2-[2.4.10-Trioxaadamantyl-(3)]-propionsäureäthylester* (II), $C_{12}H_{18}O_5$, F. 50° (PAe.) (zugeschmolzenes Rohr): Vorst. Verb. mit I u. wenig BF_3 in absol. A. 24 Std. stehenlassen, mit wasserfreiem K_2CO_3 versetzen, im Vakuum zur Trockene abdest. u. mit absol. Ae. extrahieren; leichtlösl. in A., Ae., Bzl., Aceton, Chlf. u. Dioxan, schwer in W. u. Ligroin; 71%. — *1-Oxy-1.1-diphenyl-3-[2.4.10-trioxaadamantyl-(3)]-propan* (III), $C_{22}H_{24}O_4$, F. 164° (Ligroin), aus II u. C_6H_5MgBr in n. GRIGNARD-Rk.; Reaktionsprod. in NH_4Cl–Eiswasser geben; wenig lösl. in A., Löslichkeiten sonst wie II; 82%. — *1-Oxy-1.1-di-[m-tolyl]-3-[2.4.10-trioxaadamantyl-(3)]-propan*, $C_{24}H_{28}O_4$, F. 131°; 80%. — *1-[α-Naphthyl]-3-[2.4.10-trioxaadamantyl-(3)]-propanon-(3)*, $C_{20}H_{20}O_4$, F. 185°, aus Naphthylmagnesiumbromid u. II in Ae.–Bzl.; leichtlösl. in Bzl., Aceton, Chlf., CCl_4, schwer in W., A., Ae.; 94%. — *γ.γ-Diphenylbutyrolacton*, $C_{16}H_{14}O_2$, F. 91°, aus III mit der 6fachen Menge 2 n H_2SO_4 in 1 Std.; 97%; durch Fällen der H_2SO_4 mit $Ba(OH)_2$ läßt sich I prakt. vollständig zurückgewinnen. — *γ.γ-Di-[m-tolyl]-butyrolacton*, $C_{18}H_{18}O_2$, F. 101°; leicht lösl. in Ae., Bzl., Chlf., lösl. in A., Aceton, Dioxan, schwer lösl. in W. u. Ligroin; 90%. — *3-[α-Naphthyl]-propanon-(3)-carbonsäure-(1)*, $C_{14}H_{12}O_3$, F. 131—132°; 75%. (Chem. Ber. 87. 205—09. 1954. Bonn, Univ., Chem. Inst.) LIEBIG. 3252

Glenn S. Skinner und **Donald J. Lyman,** *Glycylderivate von Aminobarbitursäuren.* Aus *5-Halogen-* bzw. *5-Halogenalkyl-5-äthylbarbitursäuren* werden mit Glycinäthylester (I) die entsprechenden *Carbäthoxymethylaminoderivv.*, mit NH_3 die *Aminoverbb.* erhalten; letztere wurden über die *Chloracetylderivv.* in die *Glycylverbb.* umgewandelt, die als Dipeptide aufgefaßt werden können, in denen ein Aminosäurerest durch den Aminobarbitursäurerest ersetzt ist. Bemerkenswert ist die geringe Reaktionsfreudigkeit der *5-Chlormethyl-5-äthylbarbitursäure* (**II**), während im Gegensatz dazu bei der Rk. der *5-[β-Bromäthyl]-5-äthylbarbitursäure* (**X**) mit **I** sogar beide H-Atome der NH_2-Gruppe ersetzt werden. Die *5-Amino-5-äthylbarbitursäure* (**VII**) reagiert mit Chloracetylchlorid nur unter dem Einfl. von Trimethylamin. *5-Äthyl-5-methoxymethylbarbitursäure* gibt bei Rk. mit rauchender HBr nur die *Oxyverb.*, nicht 5-Äthyl-5-brommethylbarbitursäure. — Über die pharmakol. Eigg. von **II**—**IV** wird kurz berichtet.

V e r s u c h e (FF. korr.): *Chlormethyläthylmalonsäurediäthylester* (**V**), $C_{10}H_{17}O_4Cl$, $Kp._{18}$ 125—126,5°, durch Umsetzung von Äthylmalonsäurediäthylester mit Na in Bzl., dann mit 2 Mol Bromchlormethan unter Kühlung u. anschließend 12 Std. bei 70°; n_D^{25} 1,4346, $D.^{25}$ 1,0921; 56% (Ausbeute). — Folgende 5 - Ä t h y l b a r b i t u r s ä u r e n wurden dargestellt: *5-Brom-* (**VI**), nach COX u. Mitarbeitern (C. **1931.** II. 1576); 40%. — *5-Chlormethyl-* (**II**), $C_7H_9O_3N_2Cl$, F. 247—247,5°, durch Kondensation von **V** mit Harnstoff in A. mittels $NaOC_2H_5$ (8 Tage); lange Nadeln aus W.; 60%. — *5-Äthoxymethyl-*, F. 167—168° (A.), neben **II** (31%) bei 15tägiger Reaktionszeit; 11,5%. — *5-[β-Bromäthyl]-* (**X**), (vgl. C. **1947.** E. 364); Darst. bei tiefstmöglicher Temp., um Ringspaltung zu verhindern; 92%. — *5-Oxymethyl-*, $C_7H_{10}O_4N_2$, F. 170—171° (A.), durch Spaltung von 6 g Methoxymethylverb. mit rauchender HBr bei 45°; 2,7 g. — *5-Aminomethyl-* (**IX**), $C_7H_{11}O_3N_3$, F. 233—235° (A.), aus **II**, NaJ u. alkoh. NH_3 in 5 Tagen bei 70°; 81% (der umgesetzten Menge). — *5-Amino-* (**VII**), F. 214—216°, aus **VI** u. alkoh. NH_3 in 3 Tagen bei 60°; 56%. — *5-[β-Aminoäthyl]-* (**VIII**), vgl. l. c.; 83%. — *5-Chloracetylamino-*, $C_8H_{10}O_4N_3Cl$, F. 196,5—198°, aus **VII** u. $ClCOCH_2Cl$ in Ggw. von $(CH_3)_3N$; 95% (der umgesetzten Menge). — *5-Chloracetylaminomethyl-*, $C_9H_{12}O_4N_3Cl$, F. 221—222° (W.), aus **IX** u. $ClCOCH_2Cl$ in NaOH; 92% (der umgesetzten Menge). — *5-[β-Chloracetylaminoäthyl]-*, $C_{10}H_{14}O_4N_3Cl$, F. 202—203°, ebenso aus **VIII**; 70%. — *5-[β-Glycylaminoäthyl]-*, $C_{10}H_{16}O_4N_4$, F. 210—212° (Zers.) (A.), aus vorst. Verb. mit alkoh. NH_3; 62%. — Ebenso *5-Glycylamino-* (**III**), $C_8H_{12}O_4N_4$, F. 210—212° (Zers.); 51%. — *5-[Glycylaminomethyl]-*, $C_9H_{14}O_4N_4$, F. 228—230° (Zers.); 70%. — *5-[Acetylglycylamino]-*, $C_{10}H_{14}O_5N_4$, F. 200—201,5° (Zers.) (W.), aus **III** mit Acetanhydrid in Bzl.; 96%. — Analog *5-[Acetylglycylaminomethyl]-*, $C_{11}H_{16}O_5N_4$, F. 225—227° (Zers.); 97%. — *5-[β-Acetylglycylaminoäthyl]-*, $C_{12}H_{18}O_5N_4$, F. 203—204° (Zers.); 95%. — *5-[Carbäthoxymethylamino]-* (**IV**), $C_{10}H_{15}O_5N_3$, F. 185—187°, aus **VI** u. **I**·HCl in A. mit $NaOC_2H_5$ in 64 Std.; 28%. *Anilid*, $C_{14}H_{16}O_4N_4$, F. 213—214° (A.), aus vorst. Verb. mit Anilin. — *5-[Carbäthoxymethylaminomethyl]-*, $C_{11}H_{17}O_5N_3$, F. 180—182° (A.), aus **II** u. **I**·HCl; 22% (der umgesetzten Menge). — $\left[OC{<}{NHCO \atop NHCO}{>}C{<}{(C_2H_5) \atop CH_2CH_2-}\right]_2 NCH_2COOC_2H_5$, $C_{20}H_{29}O_8N_5$, F. 163—165° (A.), aus 7,89 g **X** u. 8,38 g **I**·HCl mit C_2H_5ONa in A.; 1,8 g. *Anilid*, $C_{24}H_{30}O_7N_6$, F. 197—199°. (J. Amer. chem. Soc. **75.** 5909—11. 5/12. 1953. Newark, Del., Univ., Chem. Dep.) GOMPPER. 3272

Carl Tabb Bahner, Bill Stump und **Mary Emma Brown,** *Ein Triazolopyrimidinanalogon des 6-Mercaptopurins. 7-Mercapto-1-vic.-triazolo-[d]-pyrimidin,* $C_4H_3N_5S$, bei 262° Dunkelfärbung, bei ca. 272° Zers., aus 7-Oxy-1-vic.-triazolo-[d]-pyrimidin (vgl. ROBLIN JR. u. Mitarbeiter, J. Amer. chem. Soc. **67.** [1945.] 290) u. P_2S_5 in sd. Pyridin; Kristalle aus Methanol; 10% Ausbeute. UV-Absorption vgl. Original. (J. Amer. chem. Soc. **75.** 6301—02. 20/12. 1953. Jefferson City, Tenn., Carson-Newman Coll., Dep. of Chem.) GOMPPER. 3272

Carl Tabb Bahner und **Dorothy Ellis Bilancio,** *5-Mercapto-7-oxy-1-γ-triazolo-[d]-pyrimidin. 5-Mercapto-7-oxy-1-γ-triazolo-[d]-pyrimidin,* $C_4H_5O_2N_5S$ (Hydrat), aus 2-Mercapto-4.5-diamino-6-oxypyrimidin in H_2SO_4 mit $NaNO_2$ bei 40°; Suspendieren in sd. W. u. Zugabe von NH_4OH; Zers. bei 265° (Aceton); in mit $NaHCO_3$ gepufferter Lsg. werden pro Mol 4 Atome Jod aufgenommen; selbst bei 110° u. 0,1 mm wird 1 Mol Kristallwasser festgehalten; UV-Spektr. (mμ): p_H 1: λ_{max} 242, 270, 294, λ_{min} 255, 278; p_H 6,5: λ_{max} 238, 288, λ_{min} 219, 253; p_H 10: λ_{max} 232, 276, λ_{min} 252; p_H 11: λ_{max} 277, λ_{min} 250; die Verb. bewirkt eine 65%ig. Red. des Wachstums von *L. casei* bei 0,005 mg/ml, was durch Pteroylglutaminsäure oder Adenin aufgehoben wird. (J. Amer. chem. Soc. **75.** 6038. 5/12. 1953. Jefferson City, Tenn., Carson-Newman Coll., Dep. of Chem.) GOMPPER. 3272

J. W. Cook und **Leon Hunter,** *Die Reaktion von o-Nitranilin mit Naphthyl-(1)-amin.* Die von WOHL u. LANGE [1910] bei der Umsetzung von o-Nitranilin mit Naphthyl-(1)-amin in Ggw. von $ZnCl_2$ bei 150° erhaltene Verb. ist *3-Amino-1.2-benzophenazin.* Die Konst. ergab sich aus dem Abbau zu *1.2-Benzophenazin* u. einer unabhängigen Synth. nach FISCHER u. HEPP [1890].

Versuche: *3-Amino-1.2-benzophenazin,* $C_{16}H_{11}N_3$, F. 289—291° (Xylol, dann A. u. Vakuumsublimation), nach WOHL u. LANGE (l. c.); goldgelbe Nadeln; λ_{max} 4650, 3090, 2750, 2520, 2380 Å (log ε = 4,05, 4,49, 4,37, 4,40, 4,43 in A.). — *1.2-Benzophenazin,* F. 140—143°, durch Diazotieren vorst. Verb. mit Nitrosylschwefelsäure in Pyridin u. Red. der Diazoverb. mit unterphosphoriger Säure. (J. chem. Soc. [London] **1953.** 4183. Dez. Glasgow, Univ.) GOLD. 3272

Charles H. Tilford und **M. G. Van Campen jr.,** *Diuretica. α.α-disubstituierte Piperidyl-(2)-äthanole und 3.3-disubstituierte Oktahydropyrid-[1.2:c]-oxazine.* Durch Kondensation von α-Picolin (**I**) mit Ketonen in Ggw. von $LiNH_2$ oder C_6H_5Li wurden *α.α-disubstituierte β-[Pyridyl-(2)]-äthanole* dargestellt u. zu den entsprechenden *β-[Piperidyl-(2)]-äthanolen* hydriert, letztere gaben mit CH_2O *3.3-disubstituierte,* mit anderen Aldehyden *1.3.3-trisubstituierte Oktahydropyrid-[1.2:c]-oxazine* (**A**), die ihrerseits mit wss. HCOOH oder katalyt. zu *1-substituierten β-[Piperidyl-(2)]-äthanolen* red. wurden. Weitere Verbb. dieser Art wurden durch Hydrierung der quaternären Salze der β-[Pyridyl-(2)]-äthanole u. durch Rk. von 1-Methyl-2-phenacylpiperidin mit GRIGNARD-Verbb. erhalten. Die Darst. von 3-[1-Phenylcyclohexyl]- u. 3.3-Di-tert.-butyloktahydropyrid-[1.2:c]-oxazin gelang nicht. — Die diuret. Wrkg. der Verbb. wurde an Ratten untersucht, als bes. wirksam erwiesen sich die *β-[1-Alkylpiperidyl-(2)]-äthanole* u. die **A** mit 2 Aryl- oder Cycloalkylsubstituenten, z. B. *α.α-Diphenyl-β-[1-methylpiperidyl-(2)]-äthanol* u. *3-Phenyl-3-cyclohexyloktahydropyrid-[1.2:c]-oxazin.* Die fungistat. Wirksamkeit wurde gegenüber *C. albicans, C. neoformans, N. asteroides, M. audouini, T. rubrum, T. mentagrophytes, T. tonsurans, H. capsulatum* u. *B. dermatidis* geprüft, sie erreicht ein Maximum bei den *α-Alkyl-α-phenyl-β-[piperidyl-(2)]-äthanolen* mit ca. 8 C-Atomen in der Alkylgruppe.

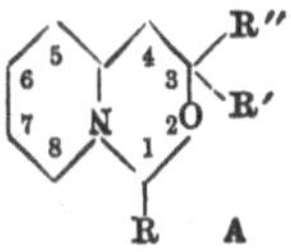

A

Versuche (FF. korr.): *Cycloheptylphenylketon,* $Kp._{0,2}$ 115—117°, aus der Mg-Verb. von Cycloheptylbromid u. Benzonitril in Ae. u. Zers. mit NH_4Cl-Lsg.; n_D^{25} 1,5405; 31% (Ausbeute). *2.4-Dinitrophenylhydrazon,* $C_{20}H_{22}O_4N_4$, F. 170—171°. — Analog: *Phenylbicyclo-[2.2.1]-hepten-(5)-yl-(2)-keton,* $Kp._{0,5}$ 107—110°, aus 3-Cyan-1.4-endomethylencyclohexen-(5); n_D^{25} 1,5650; 51%. — *Phenyl-4-methylcyclohexylketon,* $C_{14}H_{18}O$, F. 47—48°, $Kp._{14}$ 159—162°; 81%. *2.4-Dinitrophenylhydrazon,* $C_{20}H_{22}O_4N_4$, F. 181—183°. — *Phenylcyclohexylketon* (**II**), F. 57—60°, $Kp._{18}$ 164—165°; 71%. — *Phenylcyclohexen-(3)-ylketon,* $Kp._{18}$ 165—170°; n_D^{25} 1,5572; 64%. *2.4-Dinitrophenylhydrazon,* $C_{19}H_{18}O_4N_4$, F. 170—171°. — *Phenylcyclopentylketon,* $Kp._{12}$ 142 bis 144°; 70%. — *Phenylhexylketon,* $Kp._{14}$ 148—151°, aus Cyclohexyl-MgBr u. Önanthonitril; 90%; daneben *trimeres Önanthonitril,* wahrscheinlich *2.6-Dihexyl-5-pentyl-4-aminopyrimidin, Hydrochlorid,* $C_{21}H_{39}N_3 \cdot HCl \cdot H_2O$, F. 132—134°; die *freie Base* ist ölig. — *Dihexylketon,* F. 29—31°, $Kp._{11}$ 130—133°; 45%. — *Äthyloctylketon,* $Kp._{12}$ 125—127°; 48%. *Semicarbazon,* F. 87°. — *Cyclohexylhexylketon,* $Kp._{11}$ 130 bis 136°, aus der Mg-Verb. von Cyclohexylbromid u. Heptansäurechlorid in Ae. bei —15 bis —20°; 52%. — *Phenyl-[1-methyl-3-isopropylcyclopentyl]-keton,* $Kp._{0,12}$ 118 bis 120°, wie vorst.; n_D^{25} 1,5220; 72%. *2.4-Dinitrophenylhydrazon,* F. 142—144°. — Meth. A: *α.α-Diphenyl-β-[pyridyl-(2)]-äthanol,* $C_{19}H_{17}ON$, F. 152—153° (CH_3OH, Bzl.), durch 16—20 std. Kochen von **I** u. Benzophenon mit $LiNH_2$ u. Gießen in W.; 85%; *Hydrochlorid,* F. 221—222°. — Meth. B: *α-Cyclohexyl-α-phenyl-β-[pyridyl-(2)]-äthanol,* $C_{19}H_{23}ON$, F. 107—109°, aus Picolyllithium (aus **I**, Li-Draht u. Brombenzol in Ae.) u. **II** in Ae. bei —20° u. Zers. mit NH_4Cl-Lsg.; 80%; *Hydrochlorid,* F. 179—181°; *Methobromid,* $C_{20}H_{26}ONBr$, F. 222—223° (Zers.); 60%. — Meth. C: *9-[Pyridyl-(2)-methyl]-fluorenol-(9),* $C_{19}H_{15}ON$, F. 84—86° (Ae.-PAe.), wie Meth. B mit Fluorenon in Toluol (8 std. Erhitzen auf 115—120°); 37%; *Hydrochlorid,* F. 167—169°. — Analog nach den in [ ] angegebenen Methoden nachst. β-[Pyridyl-(2)]-äthanole: *α-Phenyl-α-[p-tolyl]-,* $C_{20}H_{19}ON$, F. 117—119°, [A]; 73%; *Hydrochlorid,* F. 206 bis 207°. — *α-Phenyl-α-[p-äthoxyphenyl]-,* $C_{21}H_{21}O_2N$, F. 122—124°, [A]; 68%; *Hydrochlorid,* F. 169—170°. — *α-Phenyl-α-[p-chlorphenyl]-,* $C_{19}H_{16}ONCl$, F. 111—112°, [A]; 70%; *Hydrochlorid,* F. 213—215°; *Methobromid,* $C_{20}H_{19}ONClBr$, F. 202—204° (Zers.); 38%. — *α-Phenyl-α-bicyclo-[2.2.1]-hepten-(5)-yl-(2)-,* $C_{20}H_{21}ON$, F. 111—113°, [B]; 85%; *Hydrochlorid,* F. 183—184°. — *α-Phenyl-α-cycloheptyl-,* $C_{20}H_{25}ON$, F. 78—79°, [B]; 68%; *Hydrochlorid,* F. 184—186°. — *α-Phenyl-α-[4-methylcyclohexyl]-,* $C_{20}H_{25}ON$,

F. 120—121°, [B]; 82%; *Hydrochlorid*, F. 165—167°. — *α-Phenyl-α-[1-methyl-3-isopropylcyclopentyl]-*, *Hydrochlorid*, $C_{22}H_{29}ON \cdot HCl$, F. 205—207°, [B]; 44%. — *α-Phenyl-α-cyclopentyl-*, $C_{18}H_{21}ON$, F. 87—89°, [B]; 67%; *Hydrochlorid*, F. 193—194°. — *α-Phenyl-α-undecyl-*, $C_{24}H_{35}ON$, F. 66—68°, [B]; 77%; *Hydrochlorid*, F. 142—144°. — *α-Phenyl-α-octyl-*, $C_{21}H_{29}ON$, F. 57—59°, [B]; 84%; *Hydrochlorid*, F. 142—144°. — *α-Phenyl-α-hexyl-*, $C_{19}H_{25}ON$, F. 74—75°, [B]; 73%; *Hydrochlorid*, F. 149—150°. — *α-Phenyl-α-pentyl-*, $C_{18}H_{23}ON$, F. 75—77°, [B]; 84%; *Hydrochlorid*, F. 122—124°. — *α-Phenyl-α-isopropyl-*, *Hydrochlorid*, $C_{16}H_{19}ON \cdot HCl$, F. 209—211°, [B]; 46%. — *α.α-Bis-[p-tolyl]-*, $C_{21}H_{21}ON$, F. 137—139°, [A]; 25%; *Hydrochlorid*, F. 197—198°. — *α.α-Bis-[p-methoxyphenyl]-*, $C_{21}H_{21}O_3N$, F. 111—112°, [A]; 80%; *Hydrochlorid*, F. 207 bis 208° (Hydrolyse in W. → *Bis-[p-methoxyphenyl]-keton*); *Methobromid*, $C_{22}H_{24}O_3 \cdot NBr$, F. 205—208° (Zers.); 40%. — *α-[p-Methoxyphenyl]-α-[m-bromphenyl]-*, $C_{20}H_{18} \cdot O_2NBr$, F. 106—107°, [A]; 34%; *Hydrochlorid*, F. 139—143°; *Methobromid*, $C_{21}H_{21}O_2 \cdot NBr_2$, F. 209—210° (Zers.); 12%; daneben eine Verb. vom F. 281—283°. — *α.α-Bis-[p-dimethylaminophenyl]-*, $C_{23}H_{27}ON_3$, F. 190—192°, [A]; 34%; *Trihydrochlorid*, F. 160—163°, hygroskopisch. — *α.α-Dicyclohexyl-*, $C_{19}H_{29}ON$, F. 66—67°, [B]; 60%; *Hydrochlorid*, F. 195—197°; *Methobromid*, $C_{20}H_{32}ONBr$, F. 210—212° (Zers.); 79%. — *α-Cyclohexyl-α-hexyl-*, *Hydrochlorid*, $C_{19}H_{31}ON \cdot HCl$, F. 148—150° (Zers.), [B]; 57%. — *α-Cyclohexen-(3)-yl-*, *Hydrobromid*, $C_{13}H_{17}ON \cdot HBr$, F. 71—74°, aus **I** u. 1.2.5.6-Tetrahydrobenzaldehyd, [B], hygroskop.; 72%. — *α-Äthyl-α-octyl-*, *Hydrochlorid*, $C_{17}H_{29}ON \cdot HCl$, F. 90—93°, [B]; 44%. — *α.α-Diheptyl-*, *Hydrochlorid*, $C_{21}H_{37}ON \cdot HCl$, F. 95 bis 97°, [B]; 81%. — *α.α-Dihexyl-*, *Hydrochlorid*, $C_{19}H_{33}ON \cdot HCl$, F. 95—96°, [B]; 55%. — *α.α-Diisobutyl-*, *Hydrochlorid*, $C_{15}H_{25}ON \cdot HCl$, F. 156—157°, [B]; 33%. — *α.α-Di-tert.-butyl-*, $C_{15}H_{25}ON$, F. 63—65°, [B]; 73%; *Hydrochlorid*, F. 214—216°. — *1-[Pyridyl-(2)-methyl]-indanol-(1)-hydrochlorid*, $C_{15}H_{15}ON \cdot HCl$, F. 143—144°, [B]; 20%. — *1-[Pyridyl-(2)-methyl]-acenaphthenol-(1)-hydrochlorid*, $C_{18}H_{15}ON \cdot HCl$, F. 166 bis 167°, [C]; 40%. — *9-[Pyridyl-(2)-methyl]-xanthenol-(9)*, $C_{19}H_{15}O_2N$, F. 108 bis 110°, [C]; 66%. — *1-[Pyridyl-(2)-methyl]-2-cyclohexylcyclohexanol*, $C_{18}H_{27}ON$, F. 92 bis 93°, [B]; 39%; *Hydrochlorid*, F. 210—212°. — *1-[Pyridyl-(2)-methyl]-2-[p-methoxyphenyl]-cyclohexanol*, $C_{19}H_{23}O_2N$, F. 85—87°, [B]; 77%. — *2-[Pyridyl-(2)-methyl]-d-borneol*, $C_{16}H_{23}ON$, F. 67—68°, [B]; 91%; *Hydrochlorid*, F. 196—197°. — *2-[Pyridyl-(2)-methyl]-dl-fenchylalkohol*, $C_{16}H_{23}ON$, F. 110—111°, [B]; 35%. — *α.α-Diphenyl-β-[6-methylpyridyl-(2)]-äthanol*, $C_{20}H_{19}ON$, F. 122—124°, [A]; 72%; *Hydrochlorid*, F. 220—222°; *Methobromid*, $C_{21}H_{22}ONBr$, F. 214—216° (Zers.); 45%. — *α.α-Diphenyl-β-[pyridyl-(3)]-äthanol*, *Hydrochlorid*, $C_{19}H_{17}ON \cdot HCl$, F. 256—257°; 7%; *Methobromid*, $C_{20}H_{20}ONBr$, F. 250—251° (Zers.); 2%. — *α.α-Diphenyl-β-[pyridyl-(4)]-äthanol*, $C_{19}H_{17}ON$, F. 122—124°, [A]; 70%; *Hydrochlorid*, F. 265—266°; *Methobromid*, $C_{20}H_{20} \cdot ONBr$, F. 213—215° (Zers.); 86%. — 2-Benzoylpyridin u. Desoxybenzoin ließen sich nicht nach [A], Anthron nicht nach [A], [B] u. [C], Thioxanthon u. 2.4-Dichlorbenzophenon nicht nach [C] umsetzen, aus letzterem entstand nach [A] ein nicht identifiziertes Hydrochlorid vom F. 177—179°. — Nachst. Pyridyl-(2)-methylketone u. -ester wurden nach MUELLER u. HAMILTON (J. Amer. chem. Soc. **65.** [1943.] 1017) mit C_6H_5Li an Stelle von KNH_2 dargestellt: *α-[Pyridyl-(2)]-propiophenon*, $C_{14}H_{13}ON$, F. 66—68°; *Hydrochlorid*, F. 200—202°; 35%; *Methobromid*, $C_{15}H_{16}ONBr$, F. 163 bis 165° (Zers.); 50%. — *2-[α-Phenylphenacyl]-pyridin*, *Hydrochlorid*, $C_{19}H_{15}ON \cdot HCl$, F. 173—176°; 52%; *Methobromid* (**IV**), $C_{20}H_{18}ONBr$, F. 216—218° (Zers.); 74%. — *α-Picolylcyclohexylketon*, *Hydrochlorid*, $C_{13}H_{17}ON \cdot HCl$, F. 133—135°; 31%; *2.4-Dinitrophenylhydrazonhydrochlorid*, $C_{19}H_{21}O_4N_5 \cdot HCl$, F. 188—189°; *Methobromid*, $C_{14}H_{20} \cdot ONBr$, F. 196—198° (Zers.); 77%. — *α-Picolylpyridyl-(2)-keton*, $C_{12}H_{10}ON_2$, F. 87 bis 88°; 38%; *Dimethobromid*, $C_{14}H_{16}ON_2Br_2$, F. 192—193° (Zers.); 7%. — *α-Picolyl-[1-phenylcyclohexyl]-ketonhydrochlorid* (**V**), $C_{19}H_{21}ON \cdot HCl$, F. 197—198°, aus 1-Phenylcyclohexancarbonsäureäthylester; 50%. — *Pyridyl-(2)-essigsäuremethylester*, $C_8H_9 \cdot O_2N$, Kp.$_{12}$ 115—117°; 39%; *Methobromid*, $C_9H_{12}O_2NBr$, F. 127—128° (Zers.); 86%. — *2-Phenacylpiperidin* (**VI**), *Hydrochlorid*, $C_{13}H_{17}ON \cdot HCl$, F. 167—169° (Äthylacetat + Isopropanol), durch Hydrierung von 2-Phenacylpyridinhydrochlorid nach MUELLER u. HAMILTON (l. c.); *Semicarbazonhydrochlorid*, $C_{14}H_{20}ON_4 \cdot HCl$, F. 217—218°. — *1.α-Dimethyl-2-phenacylpiperidin* (**VII**), *Hydrobromid*, $C_{15}H_{21}ON \cdot HBr$, F. 138—140°, wie vorst.; 45%. — *Cyclohexyl-[1-methylpiperidyl-(2)-methyl]-keton*, *Hydrochlorid*, $C_{14}H_{25}ON \cdot HCl$, F. 171—173°, wie vorst. oder aus **III** u. Cyclohexyl-MgBr in sd. Toluol; 85%; *Hydrobromid*, $C_{14}H_{25}ON \cdot HBr$, F. 175—177°; 94%. — *1-Methylpiperidyl-(2)-essigsäuremethylester* (**III**), *Hydrobromid*, $C_9H_{17}O_2N \cdot HBr$, F. 133—135°; 88%. — Hydrierung von **IV** in CH_3OH in Ggw. von PtO_2 lieferte *N-Methylpiperidinhydrobromid* ($C_6H_{13}N \cdot HBr$) u. *Desoxybenzoin* (F. 53—55°). — *1-Phenylcyclohexyl-[piperidyl-(2)-methyl]-ketonhydrochlorid*, $C_{19}H_{27}ON \cdot HCl$, F. 188—190°, durch Hydrierung von **V** in CH_3OH in Ggw. von PtO_2 u. Erwärmen auf 75°; beim Abkühlen krist. zunächst *α-[1-Phenylcyclohexyl]-β-[piperidyl-(2)]-äthanolhydrochlorid* [$C_{19}H_{29}ON \cdot HCl$, F. 317—318° (Zers.)] u. beim Einengen der Mutterlaugen das Keton; 77%. — *α-[1-Phenylcyclohexyl]-β-[piperidyl-(2)]-äthanol*, $C_{19}H_{29}ON$, F. 80—81° (CH_3OH) u. F. 97—98° (wahrscheinlich 2 Racemate). — *α-[1-Phenylcyclohexyl]-β-[1-methylpiperidyl-(2)]-äthanol*, $C_{20}H_{31}ON$, F. 75—76°; *Hydrochlorid*, F. ~100°, hygroskopisch. — Nachst. substituierte β-[P i p e r i d y l - (2)] - ä t h a n o l e wurden durch Hydrierung der entsprechenden Pyridyläthanolhydrochloride bzw. Picolylketonhydrochloride in CH_3OH in Ggw. von PtO_2 dargestellt: *α.α-Diphenyl-*, $C_{19}H_{23}ON$, F. 190—192°; *Hydrochlorid*, F. 202—203°; 85%. — *α-Phenyl-α-[p-tolyl]-*, $C_{20}H_{25}ON$, 2 Racemate, F. 165 bis 166° u. F. 181—183°; *Hydrochloride*, F. 213—215° u. F. 211—212° (Zers.); 80%. — *α-Phenyl-α-[p-äthoxyphenyl]-*, $C_{21}H_{27}O_2N$; *Hydrochlorid*, F. 133—135° (nach 6 monatigem Aufbewahren bei Raumtemp. unter Verschluß F. 166—168°); 30%. — *α-Phenyl-α-[p-chlorphenyl]-*, $C_{19}H_{22}ONCl$; *Hydrochlorid*, F. 235—236°; 48%. — *α-Phenyl-α-[bicyclo-[2.2.1]-heptyl-(2)]-*, $C_{20}H_{29}ON$; *Hydrochlorid*, F. 241—242°; 58%. — *α-Phenyl-α-cycloheptyl-*, $C_{20}H_{31}ON$, F. 84—86°; *Hydrochlorid*, F. 190—193°; 90%. — *α-Phenyl-α-[4-methylcyclohexyl]-*, $C_{20}H_{31}ON$; *Hydrochlorid*, F. 208—210°; 42%. — *α-Phenyl-α-cyclohexyl-*, $C_{19}H_{29}ON$, F. 130—132°; *Hydrochlorid*, F. 206—208°; 96%. — *α-Phenyl-α-[1-methyl-3-isopropylcyclopentyl]-*, $C_{22}H_{35}ON$; *Hydrochlorid*, 2 Racemate, F. 241 bis 243° u. F. 227—228°; 86%. — *α-Phenyl-α-cyclopentyl-*, $C_{18}H_{27}ON$; *Hydrochlorid*, F. 183—185°; 77%. — *α-Phenyl-α-undecyl-*, $C_{24}H_{41}ON$; *Hydrochlorid*, F. 134—136°; 89%. — *α-Phenyl-α-octyl-*, $C_{21}H_{35}ON$; *Hydrochlorid*, F. 151—153°; 68%. — *α-Phenyl-α-hexyl-*, $C_{19}H_{31}ON$; *Hydrochlorid*, F. 167—168°; 74%. — *α-Phenyl-α-pentyl-*, $C_{18}H_{29}$·ON; *Hydrochlorid*, F. 164—166°; 72%. — *α-Phenyl-α-isopropyl-*, $C_{16}H_{25}ON$; *Hydrochlorid*, F. 215—216°; 53%. — *α.α-Bis-[p-tolyl]-*, $C_{21}H_{27}ON$; *Hydrochlorid*, F. 209 bis 210°; 87%. — *α.α-Bis-[p-methoxyphenyl]-*, $C_{21}H_{27}O_3N$; *Hydrochlorid*, F. 177—179° bzw. F. 138—140° (CH_3OH–Ae.); 75%. — *α-[p-Methoxyphenyl]-α-[m-bromphenyl]-*, $C_{20}H_{24}O_2NBr$; *Hydrochlorid*, F. 134—137°; 38%. — *α.α-Dicyclohexyl-*, $C_{19}H_{35}ON$; *Hydrochlorid*, F. 260—262°; 70%. — *α-Cyclohexyl-α-hexyl-*, $C_{19}H_{37}ON$; *Hydrochlorid*, 2 Racemate, F. 132—134° u. F. 179—181°; 91%. — *α-Cyclohexyl-*, $C_{13}H_{25}ON$; *Hydrochlorid*, F. 218—219°; 44%. — *α-Äthyl-α-octyl-*, $C_{17}H_{35}ON$; *Hydrochlorid*, F. 159—160°; 10%. — *α.α-Diheptyl-*, $C_{21}H_{43}ON$; *Hydrochlorid*, F. 57—58°; 54%. — *α.α-Dihexyl-*, $C_{19}H_{39}ON$; *Hydrochlorid*, F. 76—77°; 43%. — *α.α-Diisobutyl-*, $C_{15}H_{31}ON$; *Hydrochlorid*, F. 156—158°; 91%. — *α.α-Di-tert.-butyl-*, $C_{15}H_{31}ON$; *Hydrochlorid*, F. 247 bis 249°; 98%. — *α-[Pyridyl-(2)]-α-phenyl-*, $C_{18}H_{22}ON_2$, F. 181—183°, aus **VI** u. Pyridyl-(2)-Li; 45%. — *α-[Thienyl-(2)]-α-phenyl-*, $C_{17}H_{21}ONS$, F. 163—165°, wie vorst. mit Thienyl-(2)-Li; 25%. — *1-[Piperidyl-(2)-methyl]-indanol-(1)*, $C_{15}H_{21}ON$; *Hydrochlorid*, F. 224—225°; 48%. — *9-[Piperidyl-(2)-methyl]-fluorenol-(9)*, $C_{19}H_{21}ON$; *Hydrochlorid*, F. 250—252°; 73%. — *1-[Piperidyl-(2)-methyl]-acenaphthenol-(1)*, $C_{18}H_{21}ON$; *Hydrochlorid*, F. 197—198°; 74%. — *9-[Piperidyl-(2)-methyl]-xanthenol-(9)*, $C_{19}H_{21}O_2N$; *Hydrochlorid*, F. 193—195°; 60%; konnte nicht in ein Oxazin übergeführt werden. — *1-[Piperidyl-(2)-methyl]-2-cyclohexylcyclohexanol*, $C_{18}H_{33}ON$; *Hydrochlorid*, F. 249—250°; 57%. — *1-[Piperidyl-(2)-methyl]-2-[p-methoxyphenyl]-cyclohexanol*, $C_{19}H_{29}O_2N$; *Hydrochlorid*, F. 223—224°; 77%. — *2-[Piperidyl-(2)-methyl]-d-borneol*, $C_{16}H_{29}ON$; *Hydrochlorid*, F. 302—303°; 85%. — *2-[Piperidyl-(2)-methyl]-dl-fenchylalkohol*, $C_{16}H_{29}ON$, F. 86—87°; *Hydrochlorid*, F. 269—270°; 52%. — *α.α-Diphenyl-β-[6-methylpiperidyl-(2)]-äthanol*, $C_{20}H_{25}ON$; *Hydrochlorid*, F. 235—237°; 30%. — *α-Phenyl-β-[piperidyl-(2)]-propanol-(1)*, $C_{14}H_{21}ON$; *Hydrochlorid*, F. 268—270°; 50%. — *α.β-Diphenyl-β-[piperidyl-(2)]-äthanol*, $C_{19}H_{23}ON$; *Hydrochlorid*, 2 Racemate, F. 225 bis 258° u. F. 248—250° (Zers.); 64%. — *α.α-Diphenyl-β-[piperidyl-(3)]-äthanol*, $C_{19}H_{23}ON$, F. 107—109°; *Hydrochlorid*, F. 198—201°; 95%. — *α.α-Diphenyl-β-[piperidyl-(4)]-äthanol*, $C_{19}H_{23}ON$; *Hydrochlorid*, F. 266—267°; 85%. — Nachst. substituierte **O** k t a h y d r o p y r i d - [1. 2 : c] - o x a z i n e (**A**) wurden durch 7—16 std. Kochen der Piperidyläthanole oder deren Hydrochloride in CH_3OH mit Formalin bzw. den entsprechenden Aldehyden dargestellt u. als freie Basen durch Verdünnen mit W. oder als Hydrochloride durch Einengen u. Zugabe von Äthylacetat isoliert: *3.3-Diphenyl-*, $C_{20}H_{23}ON$, F. 77—79°; *Hydrochlorid*, F. 224—226°; 75%; *Methobromid*, $C_{21}H_{26}ONBr$, F. 272—273° (Äthylacetat + Isopropanol); 67%. — *3-Phenyl-3-[p-tolyl]-*, $C_{21}H_{25}ON$; *Hydrochlorid*, F. 140—141°; 61%. — *3-Phenyl-3-[p-äthoxyphenyl]-*, $C_{22}H_{27}O_2N$; *Hydrochlorid*, F. 210—212°; 55%. — *3-Phenyl-3-[p-chlorphenyl]-*, $C_{20}H_{22}$·ONCl; *Hydrochlorid*, F. 232—234°; 39%. — *3-Phenyl-3-bicyclo-[2.2.1]-heptyl-(2)-*, $C_{21}H_{29}ON$; *Hydrochlorid*, F. 210—212°; 71%. — *3-Phenyl-3-cycloheptyl-*, $C_{21}H_{31}ON$; *Hydrochlorid*, F. 270—272°; 75%. — *3-Phenyl-3-[4-methylcyclohexyl]-*, $C_{21}H_{31}ON$; *Hydrochlorid*, F. 273—275°; 53%. — *3-Phenyl-3-cyclohexyl-*, $C_{20}H_{29}ON$; *Hydrochlorid*,

F. 268—269°; 93%; *Methobromid*, $C_{21}H_{32}ONBr \cdot 1/2 H_2O$, F. 272—274° (Zers.); 80%. — *3-Phenyl-3-[1-methyl-3-isopropylcyclopentyl]-*, $C_{23}H_{35}ON$; *Hydrochlorid*, 2 Racemate, F. 191—193° u. ein *Hydrat* $C_{23}H_{35}ON \cdot HCl \cdot H_2O$ vom F. 122—124°; 98%. — *3-Phenyl-3-cyclopentyl-*, $C_{19}H_{27}ON$; *Hydrochlorid*, F. 238—240°; 67%. — *3-Phenyl-3-undecyl-*, $C_{25}H_{41}ON$; *Hydrochlorid*, F. 212—213°; 79%. — *3-Phenyl-3-octyl-*, $C_{22}H_{35}ON$; *Hydrochlorid*, F. 226—228°; 92%. — *3-Phenyl-3-hexyl-*, $C_{20}H_{31}ON$; *Hydrochlorid*, F. 235 bis 236°; 94%. — *3-Phenyl-3-pentyl-*, $C_{19}H_{29}ON$; *Hydrochlorid*, F. 244—246°; 66%. — *3-Phenyl-3-isopropyl-*, $C_{17}H_{25}ON$; *Hydrochlorid*, F. 273—274°; 97%. — *3-Phenyl-3-[pyridyl-(2)]-*, $C_{19}H_{22}ON_2$, F. 149—150°; 61%. — *3.3-Bis-[p-tolyl]-*, $C_{22}H_{27}ON$; *Hydrochlorid*, F. 236—238°; 87%. — *3.3-Bis-[p-methoxyphenyl]-*, $C_{22}H_{27}O_3N$; *Hydrochlorid*, F. 218—220°; 63%. — *3-[p-Methoxyphenyl]-3-[m-bromphenyl]-*, $C_{21}H_{24}O_2NBr$; *Hydrochlorid*, F. 135—138°; 60%. — *3.3-Dicyclohexyl-*, $C_{20}H_{35}ON$; *Hydrochlorid*, F. 272—273°; 95%. — *3-Cyclohexyl-3-hexyl-*, $C_{20}H_{37}ON$; *Hydrochlorid*, F. 250—251°; 49%. — *3-Cyclohexyl-*, $C_{14}H_{25}ON$; *Hydrochlorid*, F. 173—175°; 65%. — *3-Äthyl-3-octyl-*, $C_{18}H_{35}ON$; *Hydrochlorid*, F. 190—192°; 80%. — *3.3-Diheptyl-*, $C_{22}H_{43}ON$; *Hydrochlorid*, F. 206—207°; 81%. — *3.3-Dihexyl-*, $C_{20}H_{39}ON$; *Hydrochlorid*, F. 229 bis 230°; 76%. — *3.3-Diisobutyl-*, $C_{16}H_{31}ON$; *Hydrochlorid*, F. 244—245°; 96%. — *Spiro-indan-[1′:3]-*, $C_{16}H_{21}ON$; *Hydrochlorid*, F. 290—292°; 86%. — *Spiro-fluoren-[9′:3]-*, $C_{20}H_{21}ON$; *Hydrochlorid*, F. 242—244°; 98%. — *Spiro-acenaphthen-[1′:3]-*, $C_{19}H_{21}ON$; *Hydrochlorid*, F. 230—232°; 83%. — *Spiro-[2′-cyclohexylcyclohexan]-[1′:3]-*, $C_{19}H_{33}ON$; *Hydrochlorid*, F. 281—282°; 80%. — *Spiro-[2′-(p-methoxyphenyl)-cyclohexan]-[1′:3]-*, $C_{20}H_{29}O_2N$; *Hydrochlorid*, F. 235—236°; 24%. — *Spiro-d-camphan-[2′:3]-*, $C_{17}H_{29}ON$; *Hydrochlorid*, F. 246—248°; 85%. — *Spiro-dl-fenchan-[2′:3]-*, $C_{17}H_{29}ON$; *Hydrochlorid*, F. 288—290°; 70%. — *3.3-Diphenyl-8-methyl-*, $C_{21}H_{25}ON$; *Hydrochlorid*, F. 266—267°; 48%. — *3-Phenyl-4-methyl-*, $C_{15}H_{21}ON$; *Hydrochlorid*, F. 188—190°; 16%. — *3.4-Diphenyl-*, $C_{20}H_{23}ON$; *Hydrochlorid*, F. 192—195°; 94%. — *1-Methyl-3.3-diphenyl-*, $C_{21}H_{25}ON$; *Hydrochlorid*, F. 139—141°; 53%. — *1-Äthyl-3.3-diphenyl-*, $C_{22}H_{27}ON$, F. 91—92°; *Hydrochlorid*, F. 161—164°; 63%. — *4.4-Diphenyl-1-aza-3-oxabicyclo-[4.2.2]-decan*, $C_{20}H_{23}ON$; *Hydrochlorid*, F. 277—278°; 71%. — Die Darst. von 1.3-Diphenyl-, Spiro-cyclohexan-[1′:1]-3.3-diphenyl- u. 1-[p-Methoxyphenyl]-3.3-diphenyloktahydropyrid-[1.2:c]-oxazin gelang nicht. — Die nachst. α.α-disubstituierten β-[1-Alkylpiperidyl-(2)]-äthanole wurden dargestellt aus 1-Methyl-2-phenacylpiperidin u. Grignard-Verbb. [Meth. D] bzw. Organo-Li-Verbb. [Meth. E], aus **VII** u. C_6H_5Li [Meth. F], aus **III** u. Grignard-Verbb. [Meth. G], durch Hydrierung der substituierten β-Pyridyläthanolmethobromide [Meth. H], durch reduktive Alkylierung der α.α-disubstituierten β-[Piperidyl-(2)]-äthanole in Ggw. eines Hydrierungskatalysators [Meth. I] oder in Ggw. von HCOOH [Meth. J] bzw. durch Red. der Oktahydropyrid-[1.2:c]-oxazine mit HCOOH [Meth. K]: β-[1-Methylpiperidyl-(2)]-äthanole: *α.α-Diphenyl-*, $C_{20}H_{25}ON$, F. 121—123°; *Hydrochlorid*, F. 239—240°, [D]; 50%; [K]; 75%; [I]; 50%; aus Butanon–CH_3OH wurde ein *Polymorphes* vom F. 219—221° erhalten; *Methobromid*, $C_{21}H_{28}ONBr$, F. 181—182°, u. ein *Polymorphes* vom F. 229—230° (Zers.); 75%. — *α-Phenyl-α-[p-tolyl]-*, $C_{21}H_{27}ON$, F. 96—97°; *Hydrochlorid*, F. 205—207°, [K]; 55%. — *α-Phenyl-α-[p-äthoxyphenyl]-*, $C_{22}H_{29}O_2N$; *Hydrochlorid*, F. 173—174°, [D]; 20%. — *α-Phenyl-α-[p-chlorphenyl]-*, $C_{20}H_{24}ONCl$; *Hydrochlorid*, F. 163—165°, [D]; 28%. — *α-Phenyl-α-[m-chlorphenyl]-*, $C_{20}H_{24}ONCl$; *Hydrochlorid*, F. 185—188°, [D]; 22%. — *α-Phenyl-α-benzyl-*, $C_{21}H_{27}ON$; *Hydrochlorid*, F. 230—231°, [D]; 47%. — *α-Phenyl-α-[bicyclo-[2.2.1]-heptyl-(2)]-*, $C_{21}H_{31}ON$; *Hydrochlorid*, F. 237—239°, [K]; 62%. — *α-Phenyl-α-[4-methylcyclohexyl]-*, $C_{21}H_{33}ON$; *Hydrochlorid*, F. 166—168°, [K]; 60%. — *α-Phenyl-α-cyclohexyl-*, $C_{20}H_{31}ON$; *Hydrochlorid*, F. 191—193°, [K]; 77%; *Hydrobromid*, F. 150—155°, [H]; 60%. — *α-Phenyl-α-[1-methyl-3-isopropylcyclopentyl]-*, $C_{23}H_{37}ON$; *Hydrochlorid*, 2 Racemate, F. 188—190° u. F. 245—247° (Zers.), [I]; 52%. — *α-Phenyl-α-cyclopentyl-*, $C_{19}H_{29}ON$; *Hydrochlorid*, F. 142—144°, [K]; 65%. — *α-Phenyl-α-undecyl-*, $C_{25}H_{43}ON$; *Hydrochlorid*, F. 82—84°, hygroskop., [K]; 73%. — *α-Phenyl-α-octyl-*, $C_{22}H_{37}ON$; *Hydrochlorid*, F. 91—93°, [K]; 59%. — *α-Phenyl-α-hexyl-*, $C_{20}H_{33}ON$; *Hydrochlorid*, F. 110 bis 112°, [K]; 82%. — *α-Phenyl-α-pentyl-*, $C_{19}H_{31}ON$; *Hydrochlorid*, F. 145—147°, [K]; 50%. — *α-Phenyl-α-isopropyl-*, $C_{17}H_{27}ON$; *Hydrochlorid*, F. 181—183°, [K]; 48%. — *α-Phenyl-α-[thienyl-(2)]-*, $C_{18}H_{23}ONS$, F. 100—101°; *Hydrochlorid*, F. 160—162°, [E]; 32%. — *α-Phenyl-α-[furyl-(2)]-*, $C_{18}H_{23}O_2N$; *Hydrochlorid*, F. 238—240°, [D]; 10%. — *α-Phenyl-α-[pyridyl-(2)]-*, $C_{19}H_{24}ON_2$, F. 104—106°, [E]; 50%. — *α-Phenyl-α-[piperidyl-(2)]-*, $C_{19}H_{30}ON_2$; *Hydrochlorid*, F. 191—193°, aus vorst. Verb. durch Hydrierung in Ggw. von alkoh. HCl; 70%. — *α.α-Bis-[p-tolyl]-*, $C_{22}H_{29}ON$; *Hydrochlorid*, F. 214 bis 216°, [K]; 91%. — *α.α-Bis-[p-methoxyphenyl]-*, $C_{22}H_{29}O_3N$; *Hydrobromid*, F. 202 bis 204°, [H]; 50%. — *α.α-Bis-[p-chlorphenyl]-*, $C_{20}H_{23}ONCl_2$; *Hydrochlorid*, F. 190

bis 193°, [G]; 19%. — *α.α-Dicyclohexyl-*, $C_{20}H_{37}ON$; *Hydrobromid*, F. 180—183°, [H]; 63%. — *α-Cyclohexyl-α-hexyl-*, $C_{20}H_{39}ON$; *Hydrochlorid*, F. 121—124°, [K]; 33%. — *α-Cyclohexyl-*, $C_{14}H_{27}ON$; *Hydrochlorid*, F. 147—149°, [K]; 73%. — *α-Äthyl-α-octyl-*, $C_{18}H_{37}ON$; *Hydrochlorid*, F. 117—119°, [K]; 67%. — *α.α-Diheptyl-*, $C_{22}H_{45}ON$; *Hydrochlorid*, F. 59—60°, hygroskop., [K]; 58%. — *α.α-Dihexyl-*, $C_{20}H_{41}ON$; *Hydrochlorid*, F. 83—85°, hygroskop., [J]; 72%. — *α.α-Diisobutyl-*, $C_{16}H_{33}ON$; *Hydrochlorid*, F. 103 bis 105°, [K]; 43%. — *α.α-Di-tert.-butyl-*, $C_{16}H_{33}ON$; *Hydrochlorid*, F. 245—246°, [J]; 50%. — *9-[1-Methylpiperidyl-(2)-methyl]-fluorenol-(9)*, $C_{20}H_{23}ON$, F. 115—116°; *Hydrochlorid*, F. 213—214°, [K]; 50%. — *1-[1-Methylpiperidyl-(2)-methyl]-2-cyclohexylcyclohexanol*, $C_{19}H_{35}ON$; *Hydrochloridmonohydrat*, F. 248—250°, [K]; 77%. — *1-[1-Methylpiperidyl-(2)-methyl]-2-[p-methoxyphenyl]-cyclohexanol*, $C_{20}H_{31}O_2N$; *Hydrochlorid*, F. 215—216°, [K]; 50%. — *2-[1-Methylpiperidyl-(2)-methyl]-d-borneol*, $C_{17}H_{31}$·ON; *Hydrochlorid*, F. 212—214°, [K]; 75%. — *2-[1-Methylpiperidyl-(2)-methyl]-dl-fenchylalkohol*, $C_{17}H_{31}ON$; *Hydrochlorid*, F. 258—259°, [K]; 50%. — *α.α-Diphenyl-β-[1.6-dimethylpiperidyl-(2)]-äthanol*, $C_{21}H_{27}ON$; *Hydrobromid*, F. 198—199°, [H]; 60%. — *α.β-Diphenyl-β-[1-methylpiperidyl-(2)]-äthanol*, $C_{20}H_{25}ON$, F. 137—139°; *Hydrochlorid*, F. 99—100°, hygroskop., [K]; 66%. — *α.α-Diphenyl-β-methyl-β-[1-methylpiperidyl-(2)]-äthanol*, $C_{21}H_{27}ON$, F. 134—138°, [F]; 48%. — *α.α-Diphenyl-β-[1-methylpiperidyl-(3)]-äthanol*, $C_{20}H_{25}ON$; *Hydrobromid*, F. 166—168°, [H]; 70%. — *α.α-Diphenyl-β-[1-methylpiperidyl-(4)]-äthanol*, $C_{20}H_{25}ON$; *Hydrobromid*, F. 213—214°, [H]; 60%. — *α.α-Diphenyl-β-[1-äthylpiperidyl-(2)]-äthanol*, $C_{21}H_{27}ON$; *Hydrochlorid*, F. 193 bis 195°, [I]; 24%. — *α.α-Diphenyl-β-[1-propylpiperidyl-(2)]-äthanol*, $C_{22}H_{29}ON$; *Hydrochlorid*, F. 229—230°, [I]; 48%. (J. Amer. chem. Soc. **76**. 2431—41. 5/5. 1954. Cincinnati, O., William S. Merrell Co., Dep. of Organ. Chem., Res. Labors.)

SPAETH. 3282

Henry M. Fales und **Roderick A. Barnes**, *9-Methyl-3.9-diazatricyclo-[3.3.1.2^{3,9}]-undecan.* Durch Rk. von 9-Methyl-3.9-diazabicyclo-[3.3.1]-nonan (I) mit Äthylenbromid (II) entsteht *9-Methyl-3.9-diazatricyclo-[3.3.1.2^{3,9}]-undecanbromid* u. nicht die nach der Analyse ebenfalls mögliche 3- bzw. 9-Vinylverb. von I oder ein durch eine Äthylenbrücke verbundenes Dimeres von I. Bei Verwendung von überschüssigem II u. bei höherer Temp. wird nach Zugabe von Li-Pikrat die Verb. III erhalten.

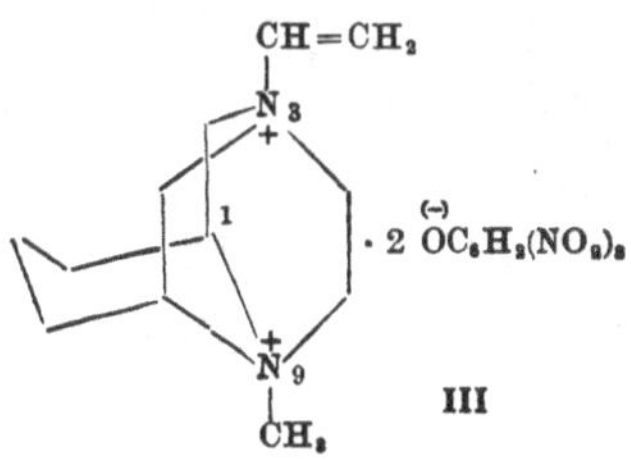

III

Versuche (FF. auf dem KOFLER-Block): *9-Methyl-3.9-diazabicyclo-[3.3.1]-nonan* (I), $C_8H_{16}N_2$, F. 62—65° (evakuierte Capillare), durch Zugabe von starkem Alkali zu einer konz. wss. Lsg. von I-Hydrochlorid, schnelles Aufnehmen in Ae., Eindampfen u. Sublimieren bei 70° u. 15 mm; kurze Prismen. *Carbonat*, F. 69 bis 70° (Zers.), durch Absorption von CO_2 u. W. aus der Luft. *Dihydrojodid*, $C_8H_{18}N_2J_2$, bis 280° nicht zersetzlich (W.). *N-Pikrylpikrat*, $C_{20}H_{20}O_{13}N_8$, F. 263—266° (Zers.; Dimethylformamid–A.), durch Rk. von I in A. mit viel Pikrylchlorid, mehrstd. Stehen u. Zugabe einer konz. Li-Pikratlösung. — *9-Methyl-3.9-diazatricyclo-[3.3.1.2^{3,9}]-undecanpikrat*, $C_{16}H_{21}O_7N_5$, F. 275—280° (Zers.), durch Erhitzen von I-Carbonat in Toluol, Zugabe von II zu der gekühlten Lsg., mehrtägiges Stehen bei 40°, Entfernen von Toluol u. dem Überschuß von II u. Zugabe einer bas. Li-Pikratlsg.; aus Formamid–Isobutanol oder Dimethylformamid–A. hellgelbe, lange Nadeln; ca. 64% (Ausbeute); oder durch Rk. des aus I u. II bei anschließendem Eindampfen u. Zugabe von A. erhaltenen *Bromids*, $C_{10}H_{19}N_2Br \cdot H_2O$, F. 243—247° (A.–Essigester oder feuchtes Isobutanol), das auch bei 100° u. 0,005 mm das Kristallwasser nicht abgibt, mit wss. Li-Pikrat. Das Pikrat bildet mit zusätzlicher Pikrinsäure ein *Salz*, Zers. bei 225—230° unter Abspaltung von Pikrinsäure (Dimethylformamid–A.). — Durch 20 Min. Kochen von 1,44 g I-Carbonat mit einem großen Überschuß von II u. Zugabe von bas. Li-Pikrat entstehen 0,925 g der Verb. III, $C_{24}H_{26}O_{14}N_8$, Zers. bei 272—280°, aus Dimethylformamid–Isobutanol seidige, gelbe Nadeln; verbindet sich nicht mit zusätzlicher Pikrinsäure. (J. Amer. chem. Soc. **76**. 1947—48. 5/4. 1954. New Brunswick, N. J., State Univ. of New Jersey, Rutgers Univ., School of Chem.)

BUCHTA. 3292

Lester P. Kuhn, *Ultrarotspektren von Kohlenhydraten.* 79 Ultrarotspektren von 2—15 μ von Zuckern, Zuckerestern u. Cellulosederivv. werden aufgenommen u. in Abbildungen gebracht. In der kurzen Erläuterung wird auf die Möglichkeit, funktionelle Gruppen u. isomere Strukturen zu erkennen u. zu identifizieren, an Hand einiger Beispiele hingewiesen. Untersucht werden: *D-Mannose*, *D-Glucose*, *D-Glucuronsäure*, *D-Glucaltriacetat-(3·4.6)*, *D'-Methoxy-D-oxymethyldiglykolaldehyd*, *Saccharoseoktanitrat*, *D-Ribose*, *L-Arabinose*, *D-Xylose*, *D-Galaktose*, *α-D-Glucose*, *D-Sorbose*, *D-Rhamnose*, *D-Fucose*,

Maltose, Melibiosemonohydrat, Cellobiose, Trehalose, D-Lactose, Raffinose, Erythrit, Xylit, Mannit, Sorbit, Fucit, Isoinosit, Dulcit, Arabino-γ-lacton, Glucono-δ-lacton, 1-Methyl-α-D-galakturonsäuremethylester, D-Gluco-α-heptonolacton, Methyl-β-D-xylosid, Methyl-α-D-mannosid, Methyl-α-D-galaktosidmonohydrat, Methyl-β-D-galaktosid, Methyl-α- u. -β-D-glucosid, α- u. β-D-Glucosepentaacetat, α-Cellobioseoktaacetat, α-Cellotriosehendekaacetat, α-Cellotetraosetetradekaacetat, Methyl-α- u. -β-D-glucosidtetraacetat, Methyl-β-D-galaktosidtetraacetat, Lävoglucosantriacetat, α-L-Arabinosetetraacetat, Sorbithexaacetat, Mannithexaacetat, 3-Methyl-D-glucosetetraacetat, Lactosedekaacetat, D-Galaktosedimethylacetal- u. -diäthylmercaptalpentaacetat, L-Rhamnosediäthylmercaptaltetraacetat, D-Glucosediäthylmercaptalpentabenzoat, 3-Methyl-D-glucose u. deren *Tetrabenzoat, 2.3.4.6-Tetramethyl-D-galaktose, -glucose, -mannose, Methyltetramethyl-D-glucosid* u. *-α-D-mannosid, Methyl-2.3.6-triäthyl-β-D-glucosid, Lävoglucosan, D-Galaktose-* u. *D-Mannoseoxim, L-Rhamnose-* u. *D-Galaktosediäthylmercaptal, 1.2.5.6-Diisopropylidenglucofuranose, 1.2-Isopropylidenglucofuranose, D-Glucosamin-HCl, Kojisäure, Nitrocellulose, Polyglucuronsäurenitrat, Methylcellulose, Celluloseacetat, 6-Tritylcellulose, -2.3-bis-phenylurethancellulose* u. *-celluloseacetat.* (Analytic. Chem. **22.** 276—83. Febr. 1950. Aberdeen Proving Ground, Md., Ballistic Res. Labors.) A. REUTER. 3400

B. Helferich, A. Doppstadt und A. Gottschlich, *Synthesen von Glykosiden im homogenen Medium.* (Vorl. Mitt.) Im Gegensatz zum Pyridin bilden 2.6-Lutidin (**I**) u. 2.4.6-Kollidin (**II**) mit Acetohalogenosen keine quaternären Glykosylpyridiniumbasen u. können deshalb zur Bindung des bei der Rk. zwischen Acetohalogenosen u. Alkoholen entstehenden Halogenwasserstoffs dienen. So entsteht aus Acetobromglucose u. Methanol in Ggw. von **I** bzw. **II** bei Zimmertemp. in mäßiger Ausbeute *Tetraacetylmethyl-β-d-glucosid* (**III**). Daneben treten acetylierte freie Zucker auf, die sich teils direkt, teils nach Reacetylierung als α- oder *β-Pentaacetyl-d-glucose* isolieren lassen. Diese Rk. verläuft mit einigen anderen Alkoholen oder Phenolen analog. Bei Zusatz von geeigneten, im Reaktionsgemisch lösl. Salzen, bes. von $HgBr_2$, $Hg(CN)_2$ u. Hg(II)-Acetat, das mit **II** eine kristalline, auch in Chlf. lösl. Additionsverb. bildet, verläuft die Rk. schneller u. einheitlicher (bis zu 85% Ausbeute an **III**). Isopropylalkohol bildet in Abwesenheit von Hg-Salzen in der Hitze nicht das n. O-Glucosid, sondern zu über 50% die Triacetylverb. eines Orthoessigsäureesters, in dem die Hydroxyle 1 u. 2 der Glucopyranose u. das OH eines Isopropanols mit Orthoessigsäure verestert sind. — Aus 2-Trichloracetyl-3.4.6-triacetyl-1-chlor-β-d-glucopyranose bzw. 3.4.6-Triacetyl-1-chlor-β-d-glucopyranose läßt sich in Ggw. von **II** in Methanol bei Zimmertemp. in fast 70%ig. Ausbeute *Methyl-α-D-glucopyranosid* gewinnen, ohne daß dabei gleichzeitig reduzierende acetylierte Zucker entstehen. Diese Meth. läßt sich auch auf andere Alkohole anwenden. (Naturwissenschaften **40.** 441—42. Aug. 1953. Bonn, Univ., Chem. Inst.) WILLENBERG. 3400

E. Vis und P. Karrer, *Neue Synthese des 3-Desoxy-4.6-benzyliden-α-methyl-D-glucopyranosids.* Das aus 2.3-Ditosyl-4.6-benzyliden-α-methyl-D-glucopyranosid (I) durch Red. mit $LiAlH_4$ dargestellte *3-Desoxy-4.6-benzyliden-α-methyl-D-glucopyranosid* (**II**) ist mit der von PRINS (C. **1946.** I. 483) aus 3-Desoxy-α-methyl-D-glucopyranosid erhaltenen Verb. identisch. Der Beweis erfolgte durch Abspaltung der Benzylidengruppe u. Rebenzalierung. Als Nebenprod. wurde eine wahrscheinlich mit *4.6-Benzyliden-α-methyl-D-glucopyranosid* ident. Substanz gefunden. — Die Bldg. von **II** aus **I** könnte über ein komplexes Alkoholat u. ein Epoxyd verlaufen.

Versuche: *2.3-Ditosyl-4.6-benzyliden-α-methyl-D-glucopyranosid* (**I**), F. 149° (Toluol/Amylalkohol, feine Nadeln bei schneller Kristallisation), F. 157—157,5° (grobe Kristalle bei langsamer Kristallisation), aus 4.6-Benzyliden-α-methyl-D-glucopyranosid mit Tosylchlorid in Pyridin bei 0°, weiter 6 Std. bei 17° u. 2½ Tage bei 35°, darauf Behandlung mit W. u. $NaHCO_3$-Lsg.; $[\alpha]_D^{21}$ +11,6 ±2° (c = 0,97; Chlf.); 82% (Ausbeute). — *3-Desoxy-4.6-benzyliden-α-methyl-D-glucopyranosid* (**II**), $C_{14}H_{18}O_5$, F. 186,5—187,5° (Essigester/PAe. u. A.), sublimiert bei 0,02 Torr u. 120—130° Badtemp., durch 16std. Kochen von **I** mit $LiAlH_4$ in Tetrahydrofuran, Zugabe von Essigester u. dann von Ae. u. Seignettesalzlsg., Ausschütteln mit Ae., Einengen, Zugabe von PAe. u. Sublimation der rohen Kristalle; $[\alpha]_D^{20}$ +126,9 ±2°; KELLER-KILIANI-Rk. negativ; 77% (roh). — *4.6-Benzyliden-α-methyl-D-glucopyranosid* (?), F. u. Misch-F. mit authent. Material 158—161°, im Rückstand (11,5 mg) bei der Vakuumsublimation von 96 mg rohem **II**, woraus ca. 6 mg kristallisierten. — *3-Desoxy-α-methyl-D-glucopyranosid,* durch 30 Min. Kochen von 1,3 g **II** mit p-Nitrophenylhydrazinhydrochlorid in Methanol, Kochen mit Aceton, Zugabe von W., Entfernung des Cl^- aus dem ausgeätherten Filtrat, Eindampfen, Extraktion mit Aceton u. nochmaliges Eindampfen; Sirup; gab mit Benzaldehyd u. $ZnCl_2$ 580 mg **II**. — *2-Tosyl-3-desoxy-4.6-benzyliden-α-methyl-D-glucopyranosid,* F. 123—124° (Aceton u. Essigester/PAe.), durch Tosylierung von **II**; $[\alpha]_D^{20}$ +60,1 ±2° (c = 2,694; Chlf.). (Helv. chim. Acta **37.** 378—81. 1/2. 1954. Zürich, Univ., Chem. Inst.) WILLENBERG. 3400

Lawrence M. White und **Geraldine E. Secor,** *Kristalline* D-*Fructose-2.4-dinitrophenylhydrazone.* Das *2.4-Dinitrophenylhydrazon* der D-*Fructose* konnte als *Dioxan-* oder *Pyridinsolvat* krist. erhalten werden. Dioxan u. Pyridin sind mit wassergesätt. N_2 bzw. mit Aceton u. N_2 entfernbar. Freie Fructose kann mit Benzaldehyd in der üblichen Weise zurückerhalten werden.

Versuche (FF. korr.): D-*Fructose-2.4-dinitrophenylhydrazondioxansolvat,* $C_{12}H_{16}O_9N_4 \cdot C_4H_8O_2$, F. 176—178° (Zers.), aus D-Fructose, 2.4-Dinitrophenylhydrazin u. wss., angesäuertem Dioxan durch Schütteln bei Raumtemp. u. Abfiltrieren unter N_2; $[\alpha]_D^{26}$ —35,4° (c=1 in Pyridin); 82% (Ausbeute). — D-*Fructose-2.4-dinitrophenylhydrazonpyridinsolvat,* $C_{12}H_{16}O_9N_4 \cdot C_6H_5N$, F. 173—175° (Zers.), aus vorst. Verb. in Pyridin bei Raumtemp. u. Zugabe von 95%ig. A.; $[\alpha]_D^{26}$ —34,7° (c=1 in Pyridin); 91,6%. (J. Amer. chem. Soc. **75.** 6343—44. 20/12. 1953. Albany, Calif., Western Reg. Res. Labor.) ROSSOW. 3400

Paul De Graeve, *Darstellung von Cymarin aus Strophantus Kombé. Cymarin* [**I**; $C_{30}H_{44}O_9$, F. 132—140° (Methanol); α+37,5° (c=2,5 in Chlf.)] kann aus entfettetem Samen (**S**) von Strophantus Kombé autofermentativ (durch Strophantobiase), z. B. in Ggw. von wss. Bleiacetat (**II**) in guter Ausbeute gewonnen werden (4 Tage bei 37°; Ausbeute: 23,5 g **I** aus 1 kg **S**); eine Bldg. von Allocymarin (**III**) (durch Allomerase) findet prakt. nicht statt. Bei Verwendung von W. mit etwas Toluol an Stelle von **II** erreicht die **I**-Ausbeute (insgesamt 23—25 g) bereits nach 8—15 Std. ihr Maximum; bei längerer Einw. verschwindet das **I** unter Bldg. von **III.** (Bull. Soc. chim. France, Mém. [5] **21.** 449—50. April 1954. Paris, Établ. Nativelle, Serv. de rech.) J. ROTHE. 3450

P. G. J. Louw, *Das Herzgiftglykosid aus Urginea rubella Baker.* 2. Mitt. *Hydrolyse von Rubellin und Prorubellidin.* (1. vgl. Onderstepoort J. veterin. Sci. animal Ind. **22.** [1949.] 313.) Bei der Hydrolyse von *Rubellin* (**I**) wird außer *Prorubellidin* (**II**) (vgl. C. **1950.** I. 875) eine *Zuckersäure* bzw. deren *Ba-Salz* isoliert. Der R_F-Wert des Salzes (Papierchromatogramm mit W.-Phenol) beträgt 0,14—0,16. Der Ba-Geh. (38,90 bzw. 39,20%) entspricht dem einer Dicarbonsäure $C_6H_8O_8Ba$ (39,77% berechnet). Da in **I** keine freie Carboxylgruppe nachzuweisen ist, liegt die Zuckersäure wahrscheinlich als *Dilacton* vor. Die freie Säure konnte ebensowenig wie das Lacton, das Chinin-, Cinchonin- oder Brucinsalz krist. dargestellt werden. Bei der Hydrolyse von **II** werden keine krist. Prodd. erhalten. Das Hydrolysat gibt positive Rk. auf Kohlenhydrate, bildet aber kein krist. Osazon. Beim Papierchromatogramm (W.-Phenol) zeigt sich eine Verb. mit dem R_F-Wert 0,28. Die *Acetylderivv.* von **I** u. **II** werden beschrieben.

Versuche: *Prorubellidin* (**II**), $C_{30}H_{38}O_{11}$, F. 267—268° (Zers.), durch schwefelsaure oder salzsaure Hydrolyse aus 10 g Rubellin (**I**), $C_{36}H_{48}O_{16}$; durchsichtige Plättchen aus Äthylacetat; Ausbeute 7,35 g; MOLISCH-Test positiv, LIEBERMANN-Test rot→blau→grün→braun. *Hexaacetylderiv.*, $C_{42}H_{50}O_{17}$, F. 275—280° (Zers.), Prismen aus CH_3OH; $[\alpha]_D^{24}$ —66,39 (Chlf.). — *Hexaacetylrubellin,* $C_{48}H_{60}O_{22} \cdot H_2O$, F. 270—272 (Zers.), Prismen aus CH_3OH; $[\alpha]_D^{22}$ +32,19 (Chlf.). — *Na-Salz einer Zuckersäure,* $C_6H_8O_8Na_2$, aus dem alkoh. Auszug des neutralisierten, eingedampften HCl-Hydrolysats von **I**, nachdem **II** quantitativ entfernt wurde; hygroskop. Pulver. — *Ba-Salz,* $C_6H_8O_8Ba$, aus dem H_2SO_4-Hydrolysat von **I** nach Entfernung von **II** durch Fällen mit A.; nichtkrist. Pulver. (Onderstepoort J. veterin. Res. **26.** Nr. 1. 141—48. Mai 1953. Onderstepoort Labor.) U. BAUMANN. 3450

M. N. Kolossow, L. I. Metreweli und **N. A. Preobrashenski,** *Synthetische Untersuchungen in der Reihe der Indolderivate.* 4. Mitt. *Synthese von Esermethol, Homoesermethol und Homoeserolin.* (3. vgl. Журнал Общей Химии [J. Chim. gén.] **23** (**85**). [1953.] 1922.) 1.3-Dimethyl-3-[β-aminoäthyl]-5-methoxyindolinon-(2) (**I**) wurde in *1.3-Dimethyl-3-[β-methylaminoäthyl]-5-methoxyindolinon-(2)* (**II**) übergeführt, das bei der Red. mit Na in Butanol unter Ringschluß *rac.-Esermethol* (*rac.-Eserolinmethyläther;* **III**) lieferte. **III** wurde in das *Chlormethylat* umgewandelt u. dieses in alkal. Medium oxydiert; hierbei wurde *1.3-Dimethyl-3-[β-dimethylaminoäthyl]-5-methoxyindolinon-(2),* ident. mit einem synth. Präp., gewonnen. Da der Verlauf der Oxydations-Rk. für Verbb. mit dem tricycl. Syst. von Eserin charakterist. ist, erscheint die Konst. von **III** gesichert. Eine Verb., der die Konst. von **III** zugeschrieben wird, ist von KING u. Mitarbeitern (J. chem, Soc. [London] **134.** [1932.] 1433; **1934.** 1416) erhalten, aber mit abweichenden Eigg. beschrieben worden; da aber die Konst. nicht begründet wurde, ist die Identität mit **III** anzuzweifeln. — Aus dem Methoxymethyläther von 1.3-Dimethyl-3-[γ-methylaminopropyl]-5-oxyindolinon-(2) (**IV**) ließ sich durch Ringschließung analog Vorst. u. Verseifung *Homoeserolin* (*1.3.1'-Trimethyl-5-oxypiperidino-[2'.3':*

2.3]-indolin; **V**), ein Ringhomologes von Eserolin, erhalten. Der aus **IV**-Methyläther durch Ringschließung erhaltene **V**-*Methyläther* (*Homoesermethol*) konnte durch die üblichen Verseifungsmittel nicht in **V** übergeführt werden, da untrennbare Gemische entstanden. Es ist beabsichtigt, **III** u. **V** weiter in rac. Eserin u. Homoeserin umzuwandeln, um diese mit dem natürlichen Eserin in bezug auf physiolog. Aktivität zu vergleichen.

V e r s u c h e: *1.3-Dimethyl-3-[β-methylaminoäthyl]-5-methoxyindolinon-(2)* (**II**), *Hydrojodid*, $C_{14}H_{21}O_2N_2J$, F. 198°; man läßt 5,3 g Benzaldehyd auf 11,5 g **I** 2 Std. bei Zimmertemp. einwirken, erhitzt 1/4 Std. auf dem Wasserbad, dest. das Reaktionswasser im Vakuum ab, erhitzt das entstandene *Benzylidenderiv.* von **I** mit CH_3J (2 Anteile von 9 u. 2 g) 2 Std. auf dem Wasserbad, dest. überschüssiges CH_3J ab, hydrolysiert das *Jodmethylat* des *Benzylidenderiv.* nach Zusatz von 50 ml 90%ig. A. durch Abdest. der Hauptmenge des A. u. fällt **II**-*Hydrojodid* mit Ae.; aus A. Kristalle; 15,7 g (Ausbeute). *Pikrat,* F. 178—179°; aus dem Hydrojodid mit Pikrinsäure. — *rac. Esermethol* (**III**), $C_{14}H_{20}ON_2$, Kp.$_9$ 166,5°; durch Behandeln von 17 g **II**-Hydrojodid mit 70 g Na in sd. Butanol; 8,5 g. *Hydrochlorid,* $C_{14}H_{21}ON_2Cl$, F. 190—191°; aus Alkohol. *Hydrojodid,* $C_{14}H_{21}\cdot ON_2J$, F. 167°; aus Alkohol. *Pikrat,* F. 150°; aus A. orange Kristalle. *Verb.* mit *Pikrinsäuremethyläther,* F. 175—177°; orangefarben. — *1.3-Dimethyl-3-[β-dimethylaminoäthyl]-5-methoxyindolinon-(2)* („*Dehydroesermetholmethin*"); aus **III** durch Behandeln mit CH_3J u. AgCl u. Oxydation mit $K_3[Fe(CN)_6]$ in alkoh. KOH. *Hydrochlorid,* F. 198 bis 199°. *Pikrat,* F. 170—171°. — *1.3-Dimethyl-3-[γ-benzalaminopropyl]-5-methoxyindolinon-(2),* $C_{21}H_{24}O_2N_2$, F. 113,5—114°; aus 1.3-Dimethyl-3-[γ-aminopropyl]-5-methoxyindolinon-(2) u. Benzaldehyd in Bzl.; aus CH_3OH Kristalle; 96%. — *1.3-Dimethyl-3-[γ-methylaminopropyl]-5-methoxyindolinon-(2),* Kp.$_8$ 198—200°; aus vorst. Verb. u. CH_3J unter anschließender Hydrolyse des entstehenden Jodmethylats mit sd. 90%ig. A.; Isolierung als *Hydrojodid;* die freie Base ist ein Öl; 88%. *Hydrojodid,* $C_{15}H_{23}O_2N_2J$, F. 156—156,5°; aus Alkohol. *Pikrat,* F. 180—180,5°; aus A. gelbe Kristalle. — *Homoesermethol* (*1.9.11-Trimethyl-6-methoxypiperid-[2.3:b]-indolin*), $C_{15}H_{22}ON_2$, F. 68 bis 69°; Kp.$_6$ 161—162°; durch Behandeln vorst. Verb. oder ihres Hydrojodids mit Na in sd. Butanol; aus eiskaltem Ae. Kristalle; 70%. *Hydrobromid,* $C_{15}H_{23}ON_2Br$, F. 159,5 bis 160°; aus Alkohol. *Hydrojodid,* $C_{15}H_{23}ON_2J$, F. 161—161,5°; aus Alkohol. *Pikrat,* F. 146—147°; aus A. rote Kristalle. — *1.3-Dimethyl-3-[γ-methylaminopropyl]-5-oxyindolinon-(2)* (**IV**); durch 2std. Erhitzen des Hydrojodids vorvorst. Verb. mit 50%ig. HBr unter N_2 auf 135—140° (Badtemp.); 99,6%. *Hydrobromid,* $C_{14}H_{21}O_2N_2Br$, F. 247 bis 248°; aus Wasser. *Pikrat,* F. 206—207°; aus A. gelbe Kristalle. — *1.3-Dimethyl-3-[γ-methylcarbomethoxyaminopropyl]-5-oxyindolinon-(2),* $C_{16}H_{22}O_4N_2$, F. 115,5—116,5°, Kp.$_{0,35}$ 225—226°; aus **IV** u. Chlorkohlensäuremethylester in KOH bei maximal 5°; nicht phenolartige Verbb. werden mit Ae. extrahiert; hierauf wird mit HCl angesäuert u. mit Chlf. extrahiert; aus Ae. + CH_3OH Kristalle; 84%. — *1.3-Dimethyl-3-[γ-methylaminopropyl]-5-methoxymethoxyindolinon-(2),* $C_{16}H_{24}O_3N_2$, Kp.$_1$ 184°; man verdampft ein Gemisch vorst. Verb. (26,5 g) u. CH_3ONa-Lsg. zur Trockne, behandelt den Rückstand in Toluol mit CH_3OCH_2Cl unter sehr langsamer Temperatursteigerung von —10° auf 20°, wobei der *Methoxymethyläther* vorst. Verb. erhalten wird; dieser wird mit methanol. KOH auf dem Wasserbad erhitzt; D.$^{24}_{20}$ 1,1218; n_D^{24} 1,5335; 12,2 g. *Pikrat,* F. 140—141°; aus Alkohol. — *Homoeserolinmethoxymethyläther,* $C_{16}H_{24}O_2N_2$, Kp.$_1$ 145°; aus vorst. Verb. u. Na in sd. Butanol; D.$^{20}_{20}$ 1,0964; n_D^{20} 1,5438; 74%. *Pikrat,* F. 126,5 bis 127,5° (Zers.); aus A. dunkelgelbe Kristalle. — *Homoeserolin* (*1.9.11-Trimethyl-6-oxypiperid-[2.3:b]-indolin;* **V**), $C_{14}H_{20}ON_2$; aus vorst. Verb. durch Erhitzen mit Phloroglucin—HCl auf 70—75° nach CLOWES u. TOLLENS (Ber. dtsch. chem. Ges. **32.** [1899.] 2841); sd. unter 0,02 mm bei 160° (Badtemp.); glasartige M.; 27%. (Журнал Общей Химии [J. allg. Chem.] **23** (**85**). 2027—34. Dez. 1953. Moskau, Lomonossow-Inst. für feinchem. Technol.) R. KNOBLOCH. 3500

Neal L. McNiven und **John Read,** *Untersuchungen in der Menthonreihe.* 18. Mitt. *Pyrolyse von* (—)-*Menthylacetat.* (17. vgl. C. **1952.** 5896.) Während bei früheren Unterss. (vgl. VAN PELT u. WIBAUT, Recueil Trav. chim. Pays-Bas **60.** [1941.] 55 u. FRANK u. BERRY, J. Amer. chem. Soc. **72.** [1950.] 2986) angenommen wurde, daß das bei der Pyrolyse von (—)-*Menthylacetat* erhaltene (+)-*p-Menthen-(3)* (**I**) kein (+)-p-Menthen-(2) enthielt, konnten Vff. nach der Meth. von HÜCHEL u. TAPPE (Liebigs Ann. Chem. **537.** [1939.] 113) nachweisen, daß das Pyrolyseprod. ($[\alpha]_D^{15}$ + 116,9° [homogen], D.$^{20}_4$ 0,8108, n_D^{20} 1,4509) aus 65,5% **I**, 34% (+)-*trans-p-Menthen-(2)* u. 0,5% *rac. p-Menthen* besteht. (J. chem. Soc. [London] **1952.** 2067—69. Juni. St. Andrews, Scotland, Univ., Coll. of St. Salvator and St. Leonard.) LINDENBERG. 3600

J. J. Zeehuisen, *Chloralverbindungen von Citronellal und Isopulegol.* Vf. isolierte aus Lsgg. von 1 Teil *Citronellal* in 1—4 bzw. von 1 Teil *Isopulegol* in 2—4 Teilen 80% ig.

Chloralhydrat durch Ansäuern mit HCl krist. Ndd., deren Bldg. durch den Säuregrad der Mischungen, durch das Verhältnis der Komponenten u. durch den Reinheitsgrad beeinflußt wurde. Die neuen Verbb. wurden als *Citronellalderiv.* (I) u. *Isopulegolderiv.* (II) identifiziert, beide der Zus. $C_{12}H_{21}O_3Cl_3$, prakt. unlösl. in W., leicht lösl. in A., sie geben beide nach Ansäuern mit H_3PO_4 u. Dampfdest. reines *Isopulegol* u. schm. unter Gasentwicklung. I krist. aus Bzl. in kleinen Plättchen, wobei Wasserabscheidung zu beobachten ist. Daher variieren auch die FF. mit der Zahl der Umkristallisationen bei I von F. 130—134° (einmal) bis F. 147—149° (dreimal), bei II (große stenglige Kristalle aus Bzl.) von F. 130—132° bis F. 129—137°. Misch-F. von I u. II 127—128°. Strukturformeln für I u. II werden vorgeschlagen. Beide Verbb. besitzen keine spezielle pharmakol. Wirkung. Ihre Wrkg. entspricht ihrem Chloralgehalt. (J. sci. Res. **1.** 9—10. 1952. Bogor, Labor. for Chem. Res.) LINDENBERG. 3600

H. R. Schenk, H. Gutmann, O. Jeger und **L. Ruzicka,** *Zur Kenntnis der Diterpene.* 62. Mitt. *Über eine neue, ergiebige Partialsynthese des Ambreinolids.* (61. vgl. BROSSI u. JEGER, C. **1954.** 8356.) Das für die Herst. von Ambrariechstoffen als Zwischenprod. wichtige Lacton *Ambreinolid* (I) wurde aus dem im Holz von Dacrydium biforme enthaltenen Diterpenalkohol *Manool* (II) dargestellt. — Das bei milder $KMnO_4$-Oxydation von II entstehende *Keton* $C_{18}H_{30}O$ hat die Konst. III u. ist sicher ident. mit dem von HOSKING (vgl. C. **1936.** I. 4440) beschriebenen Keton, für das die Formel $C_{17}H_{28}O$ u. die Konst. IV vorgeschlagen wurde. NaOJ-Abbau von III liefert die Säure V (in der die Lage der Doppelbindung durch O_3-Abbau des Methylesters zu VI bewiesen wurde), welche bei der katalyt. Hydrierung dieselbe Säure VII liefert wie sie aus I über VIII entsteht (vgl. C. **1946.** I. 207). Mit $HCOOH-H_2SO_4$ oder $CH_3COOH-H_2SO_4$ cyclisiert V zu I. — Die Infrarotspektren von I, III, V u. VI sind angegeben u. werden diskutiert.

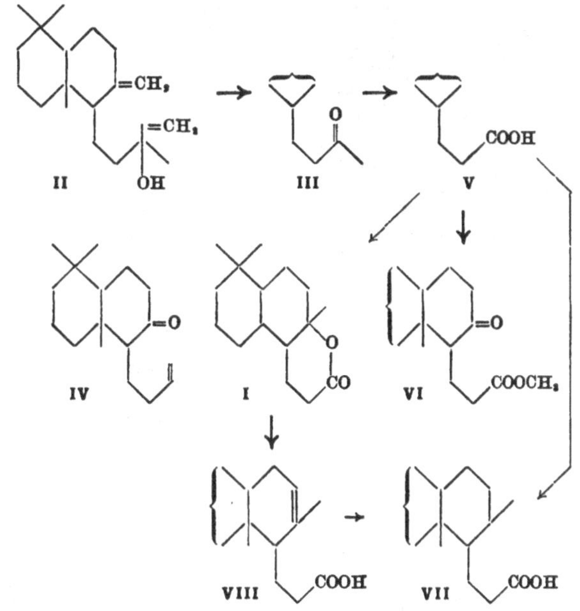

V e r s u c h e (FF. korr. u. in einer im Hochvakuum evakuierten Capillare bestimmt; opt. Drehungen in Chlf. im dm-Rohr): *Keton* III, $C_{18}H_{30}O$, Kp.$_{0,12}$ 114—115°, durch 12 std. Zugabe von 7,70 g $KMnO_4$ zu 7,04 g II in Aceton, Eindampfen der Lsg., Vereinigen des Rückstandes mit dem Braunstein, Schütteln mit Na_2SO_3, 2 n H_2SO_4 u. Ae. bis zur Lsg., 1 std. Kochen der Neutralprodd. (5,56 g [Ausbeute]) mit GIRARD-Reagens T in A. u. Eisessig, Gießen in kalte Sodalsg. (3,01 g II, F. 41—43,5°, werden nach Chromatographie der nichtketon. Anteile an Al_2O_3 u. Eluierung mit PAe.-Bzl. [1:1] zurückgewonnen), Überführen des keton. Anteils (2,1 g) in das *Semicarbazon* ($C_{19}H_{33}ON_3$, F. 191,5—193°, Nadeln aus wss. CH_3OH, 2,2 g) u. Zers. von 2,08 g mit Oxalsäure u. W. bei 3½ std. Erhitzen; $[\alpha]_D$ + 37° (c = 1,05); 1,62 g. *2.4-Dinitrophenylhydrazon,* $C_{24}H_{34}O_4N_4$, F. 144—145° (CH_2Cl_2–CH_3OH); gelbe Nadeln. — *Ungesätt. Säure* V, $C_{17}H_{28}O_2$, F. 108,5—109° (50%ig. A.), durch gleichzeitige Zugabe von KJ-J_2-Lsg. u. wss. KOH zu III in Dioxan; $[\alpha]_D$ + 47° (c = 0,56); 90%; aus dem Neutralteil wurde *Jodoform* isoliert; F. 116—117°. — *Ketomethylester* (VI), $C_{17}H_{28}O_3$, durch CH_2N_2-Veresterung von 155 mg V, 3 std. Ozonisierung des V-Methylesters in Chlf., mehrstd. Stehen des nach dem Abdampfen erhaltenen Rückstandes in Essigester u. Eisessig mit Zn-Staub u. Filtration der Neutralteile durch Al_2O_3; 155 mg. *2.4-Dinitrophenylhydrazon,* $C_{23}H_{32}O_6N_4$, F. 115—115,5°, aus CH_3OH gelbe Blättchen. — *Gesätt. Säure* VII, $C_{17}H_{30}O_2$, F. 131°, durch Hydrierung von V mit vorhydriertem Pt-Katalysator in Essigester; aus A.-W. Nadeln; $[\alpha]_D$ + 39° (c = 0,30; 0,5 dm-Rohr). — *Ambreinolid* (I), $C_{17}H_{28}O_2$, F. 139—140°, a) durch portionsweise Zugabe von V zu Eisessig + konz. H_2SO_4, Gießen auf Eis nach 2 Std., Ausäthern, Chromatographie der Neutralprodd. (99%) u. Eluierung mit PAe.–Bzl. (1:1); aus CH_2Cl_2–PAe. feine Nadeln; $[\alpha]_D$ $+31^0$ ($c = 1{,}02$); b) durch 1 std. Erwärmen von **V** mit konz. H_2SO_4 + konz. HCOOH auf 60^0; 78%. (Helv. chim. Acta **35.** 817—24. 2/5. 1952. Zürich, ETH., Organ.-chem. Labor.) NITZSCHKE. 3600

J. F. McGhie und **J. F. Cavalla**, *Reduktion von Ketonen in der Lanosterinreihe.* Vorl. Mitt. zu den C. **1953.** 9175 u. 9176 referierten Arbeiten. (Chem. and Ind. **1950.** 744—45. 18/11.) SCHORRE. 3700

B. Camerino, C. G. Alberti und **A. Vercellone**, *Selektive Reduktion der Carbonylgruppe in Stellung 3 von Steroiden durch Hefe.* Durch Einw. gärender Hefe wurde Pregnan-3.11.20-trion (**I**) zu *Pregnan-3α-ol-11.20-dion,* Allopregnan-3.11.20-trion (**II**) zu *Allopregnan-3α-ol-11.20-dion* u. Allopregnan-11α-ol-3.20-dion (**III**) zu *Allopregnan-3β-11α-diol-20-on* reduziert. Die Red. der $C_{(3)}$-Carbonylgruppe gelang nicht, wenn die 11α-Oxygruppe verestert war, an $C_{(4)}$ eine konjugierte Doppelbindung vorlag oder $C_{(17)}$ die Dioxyacetonseitenkette trug.

Versuche (Drehungen in Chlf. bei 27^0 in 1%ig. Lsg.): Zu einer Suspension von 20 g Preßhefe, 40 g Rohrzucker u. 300 cm^3 W. wurde nach 1 Std. eine Lsg. des Steroids in A. zugetropft, nach je 48 std. Gärung bei $27—30^0$ wurden erneut je 20 g Hefe u. 40 g Zucker in 300 cm^3 W. zugegeben. Nach 6 tägiger Gärung wurde filtriert u. das Filtrat mit Chlf. extrahiert. Die bei 80^0 getrocknete Hefe wurde mit Aceton extrahiert u. der Acetonrückstand mit Chlf. ausgeschüttelt. — *Pregnan-3α-ol-11.20-dion,* F. $169—171^0$, aus 0,5 g **I**; aus Aceton–Ae. 0,3 g, $[\alpha]_D$ $+103 \pm 4^0$. *3-Acetat,* F. $132—134^0$, $[\alpha]_D$ $+135 \pm 4^0$. — *Allopregnan-3α-ol-11.20-dion,* $C_{21}H_{32}O_3$, F. $160—165^0$, aus 0,5 g **II**, aus Ae. 0,22 g; $[\alpha]_D$ $+93 \pm 4^0$. *Acetat,* $C_{23}H_{34}O_4$, F. $140—145^0$ (Aceton–Ae.). — *Allopregnan-3β.11α-diol-20-on,* F. $179—181^0$, a) aus 0,5 g **III** wie vorst.; 300 mg; $[\alpha]_D$ $+62 \pm 4^0$; b) aus 0,6 g **III** in Pyridin mit $NaBH_4$ in W.; 250 mg. *Diacetat,* F. $165—168^0$. (Helv. chim. Acta **36.** 1945—48. 1/12. 1953. Milano, Soc. An. „Farmaceutici Italia", Labor. Sperim. e di Ric.) SCHORRE. 3750

Dorothea Heyl, Eileen Luz, Stanton A. Harris und **Karl Folkers**, *Chemie des Vitamins B_6.* 10. Mitt. *Einige Homologe der Vitamin-B_6-Gruppe.* (9. vgl. C. **1954.** 792.) In Analogie zu der von HARRIES u. WILSON (J. Amer. chem. Soc. **63.** [1941.] 2526) durchgeführten Synth. von 2-Äthyl-3-oxy-4.5-bis-[oxymethyl]-pyridin (**I**) stellten Vff. das *Isobutyl-* u. das *n-Amylhomologe* her. Die aus **I** mit MnO_2 erhaltene *4-Formyl-*Verb. wurde als *Oxim* (**II**) isoliert u. in das Monoäthylacetal **III** übergeführt.

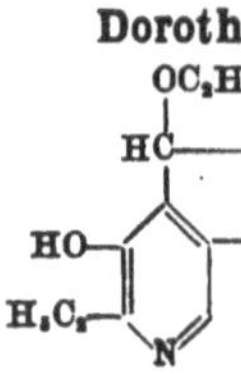

III

Versuche: *2-Isobutyl-4-methoxymethyl-5-cyan-6-oxypyridin,* $C_{12}H_{16}O_2N_2$, F. $204—205^0$ (A.), aus 1-Methoxy-6-methylheptandion-(2.4) (Kp.$_{24}$ 113^0, n_D^{29} 1,4596). — *2-Isobutyl-3-nitro-4-methoxymethyl-5-cyan-6-oxypyridin,* $C_{12}H_{15}O_4N_3$, F. $167—168^0$ (A.). — *2-Isobutyl-3-nitro-4-methoxymethyl-5-cyan-6-chlorpyridin,* $C_{12}H_{14}O_3N_3Cl$, F. 42 bis 43^0 (PAe.). — *2-Isobutyl-3-oxy-4.5-bis-[oxymethyl]-pyridinhydrochlorid,* $C_{11}H_{18}O_3 \cdot NCl$, F. $213—214^0$ (W.). — *1-Methoxynonandion-(2.4),* $C_{10}H_{18}O_3$, Kp.$_{28}$ 138^0, aus Methoxyessigsäuremethylester u. Methyl-n-amylketon; n_D^{25} 1,4602. — *2-n-Amyl-4-methoxymethyl-5-cyan-6-oxypyridin,* $C_{13}H_{18}O_2N_2$, F. $131—132^0$ (absol. A.). — *2-n-Amyl-3-nitro-4-methoxymethyl-5-cyan-6-oxypyridin,* $C_{13}H_{17}O_4N_3$, F. $161—162^0$ (A. u. verd. A.). — *2-n-Amyl-3-nitro-4-methoxymethyl-5-cyan-6-chlorpyridin,* $C_{13}H_{16}O_3N_3Cl$, F. 42 bis 43^0 (PAe.). — *2-n-Amyl-3-oxy-4.5-bis-[oxymethyl]-pyridinhydrochlorid,* $C_{12}H_{20}O_3 \cdot NCl$, F. $186—187^0$ (A. mit einer Spur HCl). — *Oxim des 2-Äthyl-3-oxy-4-formyl-5-oxymethylpyridins* (**II**), $C_9H_{12}O_3N_2$, F. $225—226^0$ (W.–A. u. A.), aus **I**·HCl mit MnO_2 u. H_2SO_4 analog der Darst. von Pyridoxaloxim nach HEYL (C. **1948.** E. 415); 50% (Ausbeute). — *Monoäthylacetal des 2-Äthyl-3-oxy-4-formyl-5-oxymethylpyridinhydrochlorids* (**III**), $C_{11}H_{16}O_3NCl$; F. $132—133^0$ (A. mit etwas HCl), aus **II** analog der Darst. des Monoäthylacetals aus Pyridoxaloxim nach HARRIS, HEYL u. FOLKERS (J. Amer. chem. Soc. **66.** [1944.] 2088); 39%. (J. Amer. chem. Soc. **75.** 4079—80. 20/8. 1953. Rahway, N. J., Merck and Co., Inc., Res. Labors.) SCHORRE. 3800

Dorothea Heyl, Eileen Luz, Stanton A. Harris und **Karl Folkers**, *Chemie des Vitamins B_6.* 11. Mitt. *Homologe des 4-Desoxypyridoxins.* (10. vgl. vorst. Ref.) Vff. stellen aus 2-Äthyl- (**I**), 2-Isobutyl- (**II**) u. 2-n-Amyl-3-nitro-4-methoxymethyl-5-cyan-6-chlorpyridin (**III**) auf üblichem Wege *2-Äthyl-* (**IV**), *2-Isobutyl-* (**V**) u. *2-n-Amyl-3-oxy-4-methyl-5-oxymethylpyridinhydrochlorid* her. **IV** u. **V** wurden auch durch Hydrogenolyse von 2-Äthyl- (**VI**) bzw. 2-Isobutyl-3-oxy-4.5-bis-[oxymethyl]-pyridinhydrochlorid (**VII**) gewonnen.

Versuche: *2-Äthyl-3-oxy-4-methyl-5-oxymethylpyridinhydrochlorid* (**IV**), $C_9H_{14}O_2NCl$, F. $178—179^0$ (A.). a) **I** wurde in HCl-haltiger Lsg. in Ggw. von Pd-Kohle

unter 2—3 at H_2 geschüttelt, die vom Katalysator abfiltrierte Lsg. im Vakuum eingeengt, der ölige Rückstand mit 40—42% ig. HBr behandelt u. die Lsg. eingeengt; das so erhaltene rohe *2-Äthyl-3-amino-4-brommethyl-5-aminomethylpyridindihydrobromid* [F. 217—220° (Zers.); 76% (Ausbeute)] wurde in W. mit $PdCl_2$ unter 2—3 at H_2 geschüttelt, die vom Katalysator abfiltrierte Lsg. eingeengt u. mit AgCl einige Std. geschüttelt; nach Filtration wurde die *2-Äthyl-3-amino-4-methyl-5-aminomethylpyridindihydrochlorid* enthaltende Lsg. verd., auf 85° erwärmt, mit $NaNO_2$ u. dann mit 12 n HCl versetzt, im Vakuum eingeengt, mit $NaHCO_3$ versetzt u. 2 Tage kontinuierlich mit Chlf. extrahiert; der nach Abdampfen des Chlf. erhaltene Rückstand gab mit alkoh. HCl **IV**; 35%. b) **VI** in verd. HCl wurde mit Pd-Kohle 1 Std. unter 2—3 at H_2 geschüttelt, die Lsg. eingeengt, mit $NaHCO_3$ versetzt u. mit Chlf. extrahiert; 29%. — *2-Isobutyl-3-oxy-4-methyl-5-oxymethylpyridinhydrochlorid* (**V**), $C_{11}H_{18}O_2NCl$, F. 163—165°, a) analog **IV** nach a) aus **II** über *2-Isobutyl-3-amino-4-methyl-5-aminomethylpyridindihydrobromid* [F. 211—213° (Zers.); 69%] u. *2-Isobutyl-3-amino-4-methyl-5-aminomethylpyridindihydrobromid*; 28%; b) aus **VII** analog **IV** nach b); 27%. — *2-n-Amyl-3-oxy-4-methyl-5-oxymethylpyridinhydrochlorid*, $C_{12}H_{20}O_2NCl$, F. 125,0—125,5° (A.), analog **IV** nach a) aus **III** über *2-n-Amyl-3-amino-4-brommethyl-5-aminomethylpyridindihydrobromid* (F. 215—218°; 37%); 53%. (J. Amer. chem. Soc. **75.** 4080—81. 20/8. 1953.)
SCHORRE. 3800

Torger Bruun, Carl Monthei Haug und **Nils Andreas Sörensen,** *Synthese des trans-Lachnophyllumesters.* Die oyxdative Kupplung von Pentin-(1) (**II**) mit Penten-(3)-in-(1)-ol-(5) (**III**) lieferte nur 12,7% des gesuchten assymm. Kupplungsprod., *Decen-(2)-diin-(4.6)-ol-(1)* (**VI**); 79% des eingesetzten **III** wurden in *Decadien-(2.8)-diin-(4.6)-diol-(1.10)* (**IV**), 23% des **II** in *Decadiin-(4.6)* (**V**) verwandelt. **VI** wurde nach der Meth. von BOWDEN u. Mitarbeitern (J. chem. Soc. [London] **1946.** 39) zur Carbonsäure oxydiert u. diese ohne Isolierung mit Diazomethan in den *trans-n-Decen-(2)-diin-(4.6)-säuremethylester* (***trans*-I**; *trans-Lachnophyllumester*) übergeführt. Merkwürdigerweise schm. trans-**I** niedriger als der natürliche cis-**I** (vgl. WILJAMS u. Mitarbeiter, **Журнал Прикладной Химии** [J. allg. Chem.] **5.** [1935.] 1195).

V e r s u c h e: *Decen-(2)-diin-(4.6)-ol-(1)* (**VI**), $C_{10}H_{12}O$, F. 39—40°, durch Schütteln von 3,5 g **II** u. 4,1 g **III** mit einer Lsg. von NH_4Cl (112,4 g), Cu_2Cl_2 u. konz. NH_4OH (2 cm³) in W., Zugabe von $FeCl_3$ (5,9 g) u. 6 std. Durchleiten von Luft; die Trennung von **V** (0,8 g) u. **IV** (3,2 g) erfolgte durch fraktionierte Dest. bei 0,001 mm u. 70—80° (Luftbad). **VI** (0,977 g) krist. sofort, aus PAe. Nadeln. *3.5-Dinitrobenzoat*, $C_{17}H_{14}O_6N_2$, gelbe Nadeln aus PAe., F. 105,5—106°. — Hydrierung von **VI** ergab *n-Decanol-(1)*; *3.5-Dinitrobenzoat*, F. 54—55°. — ***trans-n-Decen-(2)-diin-(4.6)-säuremethylester*** (***trans*-I**), $C_{11}H_{12}O_2$, F. 18,5—19°, durch Oxydation von **VI** in Aceton mit CrO_3 u. H_2SO_4 bei 20°, Extraktion des Prod. mit Ae. u. Veresterung mit Diazomethan; Kp.$_{0,001}$ 50—55° (Luftbad); kurze Nadeln aus Pentan bei —10°. — Hydrierung von **I** ergab *Caprinsäuremethylester*, daraus *Caprinsäureamid*, F. 94—95°. — Die UV-Spektren von **I** u. **VI** sind graph. wiedergegeben. (Acta chem. scand. **4.** 850—55. 1950. Trondheim, Norges TH., Inst. for Organ. Kjemi.)
POMMER. 3950

Jarl Gripenberg, *Flavanone aus dem Kernholz von Larix decidua Mill. (L. europea D C.).* — Vf. isolierte aus einem Acetonauszug von *Lärchenholz* (Larix decidua) durch chromatograph. Trennung ein *Dihydrokämpferol* u. ein *Dihydroquercetin.* Letzteres erwies sich ident. mit dem *Taxifolin* (**II**) aus *Pseudotsuga taxifolia* (vgl. PEW, J. Amer. chem. Soc. **70.** [1948.] 3031), während das erstere als *3-Oxynaringenin* (*Aromadendrin*; **I**) erkannt wurde, welches auch im Holz von *Nothofagus dombeyi* (vgl. PEW, l. c.), *Eucalyptus spp.* u. *Cercidiphyllum japonicum* (dort als *Katuranin* bezeichnet) aufgefunden wurde. Zur Charakterisierung wurden beide Verbb. in ihre *Acetate* übergeführt. Der Geh. an beiden Flavanonen beträgt in lufttrockenem Holz ca. 0,7%, wobei das Verhältnis von **I** zu **II** annähernd 2:1 ist.

V e r s u c h e: *Aromadendrin* (**I**), $C_{15}H_{12}O_6$, F. 237—239° (Chlf.-A.), durch 48 std. Acetonextraktion des gepulverten Holzes, Eindampfen, Gießen in Ae., mehrfaches Ausschütteln mit Sodalsg., Ansäuern, Abfiltrieren des Nd., Reinigen durch Lösen in wenig Ae. u. Fällen mit Leichtbenzin, wobei die ersten Anteile verworfen werden, Lösen in Chlf.-A. (9:1), Chromatographie an Cellulose u. Eluierung mit dem gleichen Gemisch aus den ersten Fraktionen; $[\alpha]_D^{20}$ +45° (c = 0,93 in 50% ig. wss. Aceton). ***Tetraacetat,*** $C_{23}H_{20}O_{10}$, F. 133—135° (CH_3OH oder Ae.). — *Taxifolin* (**II**), $C_{15}H_{12}O_7$, F. 238—240°, aus den letzten Fraktionen des Eluates; schwachgelbe Kristalle aus Chlf./A.; $[\alpha]_D^{20}$ +51° (c = 0,98 in 50% ig. wss. Aceton). *Pentaacetat*, $C_{25}H_{22}O_{12}$, F. 129—130° (Methanol). (Acta chem. scand. **6.** 1152—56. 1952. Helsingfors, Finnland, Inst. of Technol., Dep. of Chem.)
KÜHNEL. 3950

D_3. Makromolekulare Chemie.

E. A. Guggenheim und **M. L. McGlashan,** *Die Bestimmung des Molekulargewichts von Makromolekülen aus Messungen des osmotischen Drucks.* Vff. beschreiben eine neue Meth. zur Best. des Mol.-Gew. hochmol. nichtpolarer Verbb. aus Messungen des osmot. Drucks an Lsgg. in nichtpolaren Lösungsmitteln. Dieses Verf. wird an Messungen von BAWN u. Mitarbeitern (Trans. Faraday Soc. **46.** [1950.] 862) an Lsgg. von *Polystyrol* in Toluol nachgeprüft. Die so erhaltenen Mol.-Geww. weichen von den von BAWN bestimmten ab. Dieser Befund wird erörtert. (Trans. Faraday Soc. **48.** 206—11. März 1952. Reading, Univ., Dep. of Chem.) SCHÄFF. 4000

A. Ss. Kusminski und **N. G. Chitrowa,** *Kinetik der Oxydation von Polyisobutylen.* Bei der Oxydation von *Polyisobutylen* (I) tritt zu Beginn der Induktionsperiode ein Verlust an dem als Inhibitor zugesetzten Phenyl-β-naphthylamin ein, der zwischen 110 u. 130° von 20 auf 25% zunimmt; gleichzeitig nimmt das Mol.-Gew. des **I** ab; nach 6 bzw. 20—25 Std. kommen beide Erscheinungen zum Stillstand. Es wird angenommen, daß bei autokatalyt. Oxydation die höhermol. Fraktionen reaktionsfähiger sind als die niedrigermol. u. therm. Kettenspaltung erleiden. Bei *Butylkautschuk* (**II**) erfolgt neben dem Zerfall der C—C-Ketten auch Oxydation der Doppelbindungen, die Geschwindigkeitskonstanten bei 130° sind $K_{C-C} = 1{,}06 \cdot 10^{-7}$ (Mol/Liter·Sek.) bzw. $K_{C=C} = 0{,}14 \cdot 10^{-7}$, während bei I $K_{C=C} = 1{,}8 \cdot 10^{-7}$ bei 110° gefunden wird. Für den Mechanismus der Oxydation des **I** wird ein Schema angegeben, das als Einzelstufen die Einleitung der Oxydation mit Bldg. von Peroxyden als Zwischenprodd., die Entw. der Kette, den Kettenabbruch u. sek. Rkk. umfaßt. Beim Erhitzen im Hochvakuum mit geringer O_2-Konz. erleiden **I** u. **II** Strukturänderungen. (Журнал Общей Химии [J. allg. Chem.] **22** (**84**). 1506—16. Sept. 1952. Wiss. Forsch.-Inst. für Kautschukind.) R. K. MÜLLER. 4010

R. J. Kokes, A. R. DiPietro und **F. A. Long,** *Gleichgewichtssorption einiger organischer Verdünnungsmittel bei Polyvinylacetat.* (Vgl. C. **1954. 5313.**) Für Polyvinylacetat (I), Mol.-Gew. ca. 170000, werden bei 30, 40 u. 50° die Werte für die Sorption im Gleichgewicht bei *Aceton, Bzl.* u. *Propylalkohol* sowie bei 40° für *Propylchlorid, Allylchlorid, Propylamin* u. *Isopropylamin* bestimmt, wobei die Werte für den Volumenanteil v_1 zwischen 0,02—0,2 lagen. Die Ergebnisse werden an Hand der Theorie von FLORY-HUGGINS über die Lsgg. hochpolymerer Stoffe diskutiert. Der in dieser Theorie benutzte Parameter χ_1 ist im Gegensatz zu den Forderungen derselben von der Konz. an Verdünnungsmittel fast unabhängig. Für die Systeme I–Aceton u. I–Propylalkohol besteht lineare Abhängigkeit zwischen χ_1 u. 1/T. Für beide Systeme ergibt sich, daß der Entropiebeitrag zu χ_1 von gleicher Größenordnung wie der Beitrag aus der Mischungswärme ist. (J. Amer. chem. Soc. **75.** 6319—21. 20/12. 1953. Ithaca, N. Y., Cornell Univ.) HENTSCHEL. 4010

C. S. Marvel und **Herman Wexler,** *Addition von Dithiolen an Dibenzalketone.* Die Polyaddition von *Hexamethylendithiol* (I) an *Dibenzalaceton* (vgl. C. **1953.** 8098) u. ihre weitere Anwendbarkeit wird näher untersucht. Die Rk. erfolgt am besten in Bzl. bei 30° mit Piperidin als Katalysator, wobei die Verwendung genau äquimol. Mengen der Monomeren für den Polymerisationsgrad sehr wesentlich ist. Über die Endgruppen läßt sich nichts Bestimmtes aussagen, das Ultrarotspektr. zeigt weder olefin. Doppelbindungen noch Mercaptanendgruppen an. Die Dimercaptanaddition an *Dibenzalcyclohexanon* (**II**), *3.3'-Dinitrodibenzalaceton, Octadien-(1.7)-dicarbonsäure-(1.8)-diäthylester, 1.6-Diphenylhexadien-(1.5)-dion-(3.4)* u. *Acetylendicarbonsäuredimethylester* wird versucht. Nur bei der Rk. von I mit II erhält man ein Polymeres niederen Molekulargewichts.

Versuche: *Dibenzalaceton–Hexamethylendithiol* (I)-*Polymeres,* $[-S(CH_2)_6S-CH(C_6H_5)CH_2COCH_2CH(C_6H_5)-]_n$, $C_{23}H_{28}OS_2$, durch 24std. Rk. gleichmol. Mengen der Komponenten u. etwas Piperidin in Bzl. bei 30° unter N_2 u. Fällen mit CH_3OH. — Ebenso das I-*Dibenzalcyclohexanon* (II)-*Polymere,* $C_{26}H_{32}OS_2$. (J. Amer. chem. Soc. **75.** 6318—19. 20/12. 1953. Urbana, Ill., Univ. of Illinois, Noyes Chem. Labor.) EBERHARDT. 4010

E. Benk, *Über Polyvinylpyrrolidon.* Kurze Übersicht über die chem. u. physikal. Eigg. des *Polyvinylpyrrolidons,* auch im Vgl. zu Polyvinylalkohol u. polyacrylsaurem Na, sowie über seine pharmazeut. u. kosmet. Verwendungsmöglichkeiten. Ohne Literaturangaben. (Chemiker-Ztg. **78.** 41—42. 20/1. 1954. Reutlingen/Württ.) RUSKE. 4010

Eugène Neuzil und **Raymond Jensen,** *Coazervatbildung wasserlöslicher, nicht ionisierter Polymerer.* Beim „Aussalzen" von *Polyoxyäthylenglykol* (I) vom Mol.-Gew. 6000 mit gesätt. $(NH_4)_2SO_4$-Lsg. tritt eine echte Coazervatbldg. (CB) auf. Die hierzu notwendige Salzkonz. ist höher bei geringer I-Konz. u. geringem Mol.-Gewicht. Der

p_H-Einfl. scheint gering, dagegen die des Salzes ausschlaggebend. Mit steigender Temp. nimmt die zur CB benötigte Mindestmenge an Salzlsg. ab. Dieses im Gegensatz zu dem Befund von DERVICHIAN (Research **2.** [1949.] 210) stehende Verh. wurde auch bei der CB von *Polyvinylpyrrolidon* gefunden. Der Temperatureinfl. wird auf eine besondere Hydratation des I zurückgeführt, dessen O-Atome der Gruppe $-CH_2-O-CH_2-$ dank ihrer 2 nicht abgesätt. Elektronendubletts H_2O mittels intermediärer H-Bindungen zurückhalten, die energet. schwach sind u. durch die erhöhten therm. Bewegungen bei steigender Temp. zerstört werden. (C. R. hebd. Séances Acad. Sci. **237.** 519—20. 7/9. 1953.) WALTER SCHULZE. 4010

W. I. Iwanow und **B. A. Sacharow,** *Die Verteilungsfunktionen des Molekulargewichtes der Cellulose und ihrer Derivate.* Vff. behandeln zusammenfassend an Hand von Beispielen aus der Literatur die Frage einer quantitativen Beurteilung der Polymolekularität von Cellulose u. deren Derivv. durch Auswertung der Verteilungsfunktion des Mol.-Gewichtes. Die verschied. Möglichkeiten einer formelmäßigen u. graph. Darst. der Verteilungsfunktion werden eingehend behandelt. (Бумажная Промышленность [Papier-Ind.] **29.** Nr. 2. 5—10. März 1954. Inst. für organ. Chem. der Akad. der Wiss. der UdSSR.) ULMANN. 4050

A. L. Saidess und **I. G. Stojanowa-Ssinitzkaja,** *Über den Ordnungsgrad der Struktur von Hydratcellulosefilmen.* Wie natürliche Ramiecellulose gibt auch ein aus Cuproxamlsg. gegossener *Hydratcellulosefilm* bei elektronograph. u. röntgenograph. Unters. Diagramme, die auf das Vorliegen von geordneten Gebieten mit mikrokristallinem Aufbau hinweisen. (Доклады Академии Наук СССР [Ber. Akad. Wiss. UdSSR] [N. S.] **92.** 601—02. 21/9. 1953. Wiss. Zentralforschungsinst. für die Lederschuhind.) ULMANN. 4050

F. Ss. Scherman und **P. W. Koslow,** *Löslichkeit von faserigem Cellulosetriacetat und von Produkten seiner teilweisen heterogenen Verseifung in Gemischen von Methylenchlorid mit Alkoholen.* Viscositätsmessungen bei 10—30° ergaben, daß faserige *Triacetylcellulose* (I) u. ein mit Hilfe von n HNO_3 gewonnenes Verseifungsprod. mit 60,12% gebundener Essigsäure in Gemischen von Methylenchlorid mit Methanol (5—20%) oder Butanol (5—10%) gut lösl. ist. Ein Verseifungsprod. mit nur 56,6% Essigsäure löste sich dagegen nur in einem kleinen Intervall eines Gemisches mit Methanol, wobei hochviscose Lsgg. erhalten wurden; Gemische mit nur wenig (5—10%) Butanol gaben nicht fließende Lösungen. Das beste Lösungsm. für I ist Methylenchlorid mit 10—20% Methanol. (Журнал Прикладной Химии [J. angew. Chem.] **26.** 524—31. Mai 1953.) ULMANN. 4050

A. A. Freiman, W. A. Bartaschew, L. I. Schagalowa, W. W. Ganneman, G. P. Marowa und **Je. L. Owtschinnikowa,** *Stabilisierung von Cellulosetriacetatfilmen gegen thermooxydative Zerstörung.* Die Alterung der Filme aus *Cellulosetriacetat* (I) in Ggw. von O_2 wird wahrscheinlich hauptsächlich durch destruktive Oxydation hervorgerufen. Oberhalb 100° werden größere Mengen O_2 aufgenommen, wobei CO u. CO_2 frei werden. Infolge der Kettenbrüche sinkt das Mol.-Gew. merklich ab. Der Vgl. der Oxydationsvorgänge beim nicht stabilisierten u. stabilisierten Film zeigte, daß ein Teil des O_2 zur Oxydation des Stabilisators verbraucht wird. Die destruktive Oxydation von I wird bei Zugabe des Stabilisators gebremst, wodurch die O_2-Aufnahme u. CO + CO_2-Entw. verlangsamt werden. Gute stabilisierende Eigg. zeigten bei 140° Phenyl-α- u. -β-naphthylamin (**II** bzw. **III**), während Pyrogallol sich als ungeeignet erwies.

Versuche: 5 g I wurden in einer mit O_2 oder N_2 gefüllten Ampulle 1000 Std. auf 80° erhitzt. In N_2 wurde das Mol.-Gew. des nicht stabilisierten I (102000) kaum verändert; in O_2 sank es auf 84900 ab, während bei einer mit 1% **II** stabilisierten Probe das resultierende Mol.-Gew. 97400 betrug. Eine CO_2-Entw. wurde kaum beobachtet. Ähnliche Verss. bei 140° führten zu folgenden Ergebnissen. Der stabilisierte Film zeigte nach 2000 std. Erhitzen in N_2 keine wesentliche Veränderungen. In O_2 erlitt das nicht stabilisierte I starke Alterung u. zerfiel zu Pulver; das Mol.-Gew. betrug nur 23,8% des ursprünglichen. Die mit 2% **II** bzw. **III** stabilisierten Filme zeigten dagegen einen guten Widerstand; die CO_2-Entw. war bedeutend geringer; das Mol.-Gew. sank nur auf 61% des ursprünglichen ab. (Журнал Прикладной Химии [J. angew. Chem.] **25.** 626—33. Juni 1952. Leningrad, Kinoingenieurinst., Labor. für Technol. der Kinofilmgrundlage.) DAWYDOFF. 4050

Alexander Horović und **Dragoslav Pawlović,** *Die Abhängigkeit der Viscosität von Carboxymethylcellulose vom Substitutionsgrad.* Viscosimetr. Unterss. von wss. Lsgg. von *Carboxymethylcellulose* mit Substitutionsgraden von 0,2—2,0 ergab eine [η]-Kurve, die mit wachsender Substitution erst stark ansteigt, durch ein Maximum bei ca. 0,7 geht, um nach einem Minimum erneut anzusteigen. Zur Erklärung dieses Verh. nehmen Vff.

an, daß durch Einführung von Substituenten in das Makromol. der Cellulose die Oberfläche rauher („gebrochen") wird, wodurch sie dem Fließen einen größeren Widerstand entgegensetzt. Bei höheren Substitutionsgraden wird die Oberfläche wieder glatter, infolgedessen die Viscosität absinkt. Dem wirkt aber ein Ansteigen der Dimension der Moll. entgegen, was zu einem erneuten Viscositätsanstieg führt. Auch mit dem Einfl. der veränderten Hydratationseigg. der Cellulosemoll. infolge verschied. Substitution ist zu rechnen. (Гласник Хемиског Друштва Београд [Ber. chem. Ges. Belgrad] **18.** 567—77. 1953. Belgrad, Serb. Akad. der Wiss., Inst. für Chem.) ULMANN. 4050

R. E. Neiman, *Über die Anomalie der Wärmeausdehnung von Eialbuminlösungen.* Natives *Eialbumin* (I) wurde in doppelter Verdünnung mit Phosphatpuffer (p_H 6,2) auf die Abhängigkeit des therm. Ausdehnungskoeff. α von der Temp. untersucht. Es zeigte sich eine stark ausgeprägte Anomalie: bei 35° erreichte α ein Maximum, das auch bei der irreversiblen Wärmedenaturierung von I nicht verschwand. Da im untersuchten Temperaturbereich Gelatinierung oder Entmischung fehlten, ist anzunehmen, daß die erstmalig nachgewiesene α-Anomalie von I mit mol. Strukturwandlungen der Makromoll. von I zusammenhängt. (Доклады Академии Наук СССР [Ber. Akad. Wiss. UdSSR] [N. S.] **92.** 615—16. 21/9. 1953. Woronesh, Univ.) LEBTAG. 4070

Bruce L. Larson und **Robert Jenness,** *Charakterisierung von Sulfhydrylgruppen und die Kinetik der Denaturierung von kristallinem β-Lactoglobulin in der Hitze.* Vff. untersuchten den Einfl. der Denaturierung von natürlichem *Lactoglobulin* (I) mittels Guanidin oder durch Hitzebehandlung auf die Reaktivität der SH-Gruppen (1- oder 2%ig. Lsgg. in Phosphatpuffer, p_H 6,6 oder 6,9). Einige Vergleichsbestimmungen wurden mit krist. Eialbumin durchgeführt. Während die SH-Gruppen im nicht behandelten I nur mit J_2 in saurer Lsg. reagieren, sind sie nach der Hitzebehandlung zu maximal 75% der Oxydation durch mol. O_2 zugänglich; noch weitgehender reagierten sie mit anderen Reagentien (o-Jodosobenzoat, Jodacetamid, Cu^{2+}). Die Zahl der gebildeten akt. (oxydierbaren) SH-Gruppen ist von der Dauer u. Temp. der Hitzebehandlung abhängig; als Maß für den Aktivierungsgrad benutzten Vff. den Verlust an o-Jodosobenzoat–J_2-Titer. Vff. konnten mit dieser Meth. der Kinetik der Proteindenaturierung folgen, die nach der 1. Ordnung verläuft. Folgende Geschwindigkeitskonstanten $k' \cdot 10^4$ [sec^{-1}] sind angegeben: 0,46 (bei 64,3°); 1,11 (67,2°); 2,69 (69,8°); 7,30 (72,0°); 14,59 (74,6°); daraus folgt eine Aktivierungsenergie von 80600 cal/Mol. (J. Amer. chem. Soc. **74.** 3090—93. 20/6. 1952. St. Paul, Minn., Univ., Div. of Agric. Biochem.) J. ROTHE. 4070

R. K. Burkhard, *Reaktionen zwischen den Aminobenzoationen und Serumalbumin.* Vf. untersucht die Verdrängung von Methylorange aus der Bindung an Rinderserumalbumin durch m- u. p-Aminobenzoesäure. Während nach früheren Verss. mit o- u. p-Aminobenzoesäure (vgl. KLOTZ, C. **1946.** I. 1437) die o-Verb. eine stärkere Verdrängungswrkg. zeigt als die p-Verb., haben nach den vorliegenden Unterss. die m- u. p-Verb. gleiche Verdrängungswirkungen. (J. Amer. chem. Soc. **75.** 229—30. 5/1. 1953. Manhattan, Kans., Kansas State Coll., Dep. of Chem.) NEHRING. 4070

André Beaune und **Roger Periat,** *Enzymatische Gewinnung von Peptonen, Proteolysaten und Autolysaten unter zweckmäßigen, die Mikrofloraentwicklung ausschaltenden Bedingungen.* Bei der enzymat. Hydrolyse von eiweißhaltigem Material kann durch Zugabe eines flüchtigen Antisepticums (Chlf., Toluol) in Verbindung mit den beiden Antibioticis *Penicillin* (I) u. *Streptomycin* (II) zum Ansatz die Entw. von Mikroorganismen prakt. vollständig ausgeschaltet werden. Das Verf. eignet sich zur laboratoriumsmäßigen wie techn. Darst. von Peptonen (III), Autolysaten (IV) u. Proteolysaten (V), wobei der wss. Suspension des Gewebematerials 2—4‰ Chlf., 5000—10000 E.-‰ I sowie 5—10 mg-% II zugesetzt werden u. das Gemisch bei der Gewinnung von III 24 bis 48 Std., von IV 2—10 Tage (u. länger), von V 5—7 Tage bei 40° in Ggw. von Frisch- oder Gefrierpankreas bzw. Pankreatin in einem sterilen Gefäß bebrütet wird. Die derart gewonnenen III-, IV- u. V-Präpp. haben am isolierten Meerschweinchendarm sowie auf den arteriellen Blutdruck des in Chloralosenarkose befindlichen Hundes keine Wrkg., das heißt sie sind von unerwünschten, aus dem Bakterienstoffwechsel herrührenden Abbauprodd. von Aminosäuren frei. (C. R. hebd. Séances Acad. Sci. **232.** 896—97. 26/2. 1951.) K. MAIER. 4070

A. G. Ward, *Die physikalischen Eigenschaften von Gelatinelösungen und -gelen.* Zusammenfassender Überblick über neuere Forschungsergebnisse zur Kolloidchemie der Gelatine, wobei bes. die Bedeutung des isoion. (isoelektr.) Punktes, der Mol.-Gew.-Verteilung u. eines noch ungeklärten gelbildenden Faktors hervorgehoben wird. (Brit. J. appl. Physics **5.** 85—90. März 1954. London, Gelatine and Glue Res. Assoc.) HENTSCHEL. 4070

Norman K. Freeman, Frank T. Lindgren, Yook C. Ng und **Alex V. Nichols,** *Infrarotspektren einiger Lipoproteine und verwandter Lipoide.* Unter Hinweis auf frühere Unterss. über die Differenzierung von Lipoproteinen (LINDGREN u. Mitarbeiter, C. **1952.** 554) durch eine spezielle Ultrazentrifugiertechnik, wonach die Blutserumlipoproteide klassifiziert werden können, werden weitere Verss. unter Charakterisierung der hergestellten Fraktionen mittels Infrarotspektren durchgeführt. Darst. der Lipoproteide (I) in der früher beschriebenen Art u. Weise. Zur Ausschaltung der starken Infrarotabsorption durch W. werden die unter Umständen entsalzten Präpp. der I auf einer Silberchloridplatte bei Zimmertemp. getrocknet; teilweise findet die Technik des Überdeckens mit Mineralöl Anwendung, teilweise diejenige der Prüfung zwischen Silberchloridplatten; die Spektren werden mit dem BAIRD ASSOCIATES-Modell B-Spektrometer aufgenommen; untersucht werden als Vergleichssubstanzen β_1-Lipoprotein, Eialbumin, Dimyristoyllecithin, Eilecithin, Sphingomyelin, Cholesterin, Cholesterylpalmitat, raffiniertes Salatöl. Aus den tabellar. u. graph. dargestellten Ergebnissen wird an Hand der Infrarotspektren der Vergleichssubstanzen sowie der bekannten Infrarotabsorption charakterist. Atomgruppierungen abgeleitet, daß im I-Spektr. die relativen Intensitäten der Estercarbonylbande sowie einiger starker Proteinbanden als roher Hinweis auf das vorliegende Verhältnis Lipoid : Protein benutzt werden können. Andere Absorptionsbanden stehen mit denjenigen in Wechselwrkg., die auf konstituierenden Moll. beruhen. Durch Intensitätsmessungen der Banden in geeigneter spektraler Position ist es möglich, eine approximative Best. der charakterist. Moll. sowie eine rohe Analyse von Lipoidgemischen durchzuführen; krit. Betrachtungen über die Fehler u. die erforderliche Verbesserung dieses Verfahrens. (J. biol. Chemistry **203.** 293—304. Juli 1953. Berkeley, Calif., Univ., Div. of Med. Phys., Donner Labor. u. Radiat. Labor.) TÄUFEL. 4070

Nathan O. Kaplan und **Margaret M. Ciotti,** *Das 3-Acetylpyridinanaloge des DPN.* Ähnlich der Bldg. des Isonicotinsäurehydrazidanalogen des Diphosphopyridinnucleotids (I) wird sein *3-Acetylpyridinanaloges* (II) durch Einw. von Schweinehirndiphosphopyridinnucleotidase (III) auf I u. 0,1 mol. 3-Acetylpyridin (IV) fast quantitativ gewonnen u. aus saurem Aceton isoliert. II erleidet analog I durch III Spaltung unter Bldg. von *Adenosindiphosphatribose* u. IV, dessen Absorptionsspektr. aufgenommen u. mit dem des bei der Spaltung von I erhaltenen Nicotinamids verglichen wird. — Neurospora-III greift II nicht an; letzteres wird aber durch krist. Hefealkoholdehydrogenase enzymat. red., da das Oxydations–Red.-Potential von II dem Alkoholsyst. näher als das von I liegt. III kann in Anwesenheit von Nicotinamid die Umwandlung von II in I katalysieren. — Nach Impfen von Mäusen mit IV wird Anwesenheit von II im Gehirn nachgewiesen, dessen Bldg. wahrscheinlich der Grund für den bei Ggw. von IV auftretenden Mangel an Nicotinamid ist. Bakterien scheinen im allg. keine III des Tiergewebetyps zu enthalten, wodurch erklärt ist, daß IV nicht hemmend auf das Bakterienwachstum wirkt. Über weitere chem. Eigg., enzymat. Aktivität u. Pharmakologie von II wird später berichtet werden. (J. Amer. chem. Soc. **76.** 1713—14. 20/3. 1954. Baltimore, Md., Johns Hopkins Univ., McCollum-Pratt Inst.) BUCHTA. 4090

E. Biologische Chemie. Physiologie. Medizin.

E_1. Allgemeine Biologie und Biochemie.

F. Weinfurtner und **A. Janoschek,** *Treffergesetz und biologische Analyse.* Die Bedeutung des Treffergesetzes für die Unters. biol. Vorgänge wird diskutiert. Vff. stellen es als Grenzfall des Massenwirkungsgesetzes dar. Sie gehen vor allem auf die Frage der Zahl der Treffbereiche ein u. ihre Beziehung zum Aufbau der Zelle (diploid, haploid). Die Reaktionsabläufe sollten in ihrer Abhängigkeit von der Zeit u. von der Wirkungsintensität (Konz.) untersucht werden. (Brauwissenschaft **1953.** 65—71. Mai. Beilage zu: Brauwelt, Ausg. B. München-Weihenstephan, TH, Inst. für Gärungstechnik u. für Gärungsphysiol.) WIEDEMANN. 4100

G. Dunlop, *Spurenelemente und Ernährung.* 1. Mitt. *Molybdän.* Übersichtsbericht über die Bedeutung des Spurenelementes *Mo* für das Tier- u. Pflanzenwachstum. Mo ist bei der Pflanze für die N-Produktion erforderlich. Durch geeignete Düngung kann das im Boden vorhandene Mo mobilisiert u. von der Pflanze ausgenutzt werden. (Agriculture [London] **61.** 55—59. Mai 1954. Stratford-on-Avon, Grassland Res. Stat.) PATZSCH. 4100

Wolfgang Dittrich und **Gerhard Schubert,** *Der Wirkungsmechanismus schneller Elektronen in biologischer Materie.* Nach allg. Bemerkungen über die Bedeutung verchied. Typen energiereicher Strahlen für die Medizin wird zusammenfassend über die biol. Wrkg. schneller Elektronen (Energie > 1 MeV) berichtet. Im Vgl. mit 200 kV-Röntgenstrahlen ergibt sich für die Betatronelektronenstrahlung (6 MeV) ein Wirkungsverhältnis von 0,3 bis ca. 1,5 je nach bestrahltem biol. Objekt. Im Durchschnitt sind die Elektronen weniger wirksam, u. zwar bes. bei solchen Rkk., die durch die Wrkg. schwerer Treffer (große Ionisationsgruppen) ausgelöst werden. Bevorzugt durch die 6 MeV-Elektronen werden dagegen solche Rkk. bewirkt, bei denen schon die Wrkg. kleiner Treffer (kleinste Ionisationsgruppen) zur Auslösung genügt. An Hand zahlreicher Verss. an Pflanzen u. Tieren werden diese Gesetzmäßigkeiten aufgezeigt. (Strahlentherapie **92.** 532—54. 1953. Hamburg-Eppendorf, Univ., Frauenklinik.) Reusse. 4100

Pascual Jordan, *Zum gegenwärtigen Stande der Treffertheorie der biologischen Strahlenwirkungen.* Vf. diskutiert die Gültigkeit der „Treffertheorie" von Timofeyeff, Lea u. ihre Unabhängigkeit davon, ob die Strahlung direkt oder über Umsetzungen im W. wirkt. Als qualitatives Kriterium der Eintreffer-Rk. wird die Unteilbarkeit oder Unstetigkeit des Vorgangs herausgestellt, die bei den Gen-Mutationen erfüllt ist. Der Sättigungseffekt, der über die Größe des empfindlichen Bereichs, die bei 10^{-5} cm liegt, Auskunft gibt, wird diskutiert u. mit der Existenz zellkernähnlicher Gebilde bei Bakterien in Zusammenhang gebracht. Für Chromosomenbrüche scheinen mehrere Ionisationen notwendig zu sein. Die Weglänge, die die aktivierten Partikel des W. zurücklegen, dürfte nicht mehr als 10 Atomradien betragen. (Die Medizinische **1953.** 1513—15. 21/11. Hamburg.) Wiedemann. 4100

Justus F. Lehmann, J. F. Herrick und **Frank H. Krusen,** *Die Wirkungen von Ultraschall auf Chromosomen, Zellkerne und andere Zellstrukturen in Pflanzengeweben.* Vff. beschreiben Verss. mit Ultraschall (US) an Wurzelspitzen von Allium cepa. Die US-Wrkg. auf Chromosomen, Zellkerne u. a. beruht sowohl auf einem Wärmeeffekt, der durch Abkühlung rückgängig zu machen war, als auch auf Cavitation. Ob die Cavitation in der Zelle selbst auftritt oder im Pflanzengewebe, war nicht zu entscheiden; aber sie wurde mit US-Intensitäten in therapeut. Größenordnung hervorgerufen. (Arch. physic. Med. Rehabilitat. **35.** 141—48. März 1954. Rochester, Minn., Mayo Foundat. u. Mayo Clinic.) Dossmann. 4150

H. Gärtner und **K. Peters,** *Einfluß der Dosis und Dosisleistung von Röntgenstrahlen und schnellen Elektronen auf die Mitosenhäufigkeit in Gewebekulturen.* An Hühnerherzfibroblasten wurde die Mitosenhäufigkeit nach Bestrahlung mit Dosiswerten von 250—4000 r schneller Elektronen (ca. 10 MeV) bei gleicher Dosisleistung (1000 r/min.) bestimmt u. mit entsprechenden Meßergebnissen an 200 kV-Röntgenstrahlen gleicher Dosis u. Dosisleistung verglichen. Bis zu einer Dosis von 3000 r zeigen die Dosiseffektkurven für die Elektronen eine geringere Wrkg. als für Röntgenstrahlen, bei 4000 r besteht kein Unterschied mehr in der Wrkg., wenn die Dosisleistung konstant 1000 r/Min. oder 40 r/Min. beträgt. Der Einfl. der Dosisleistung ist bei beiden Strahlenarten unterschiedlich, vermutlich eine Folge der verschied. Ionisationsdichte beider Strahlenarten. (Strahlentherapie **92.** 555—62. 1953. Tübingen Univ., Frauenklinik.) Reusse. 4150

Friedrich Ludwig, *Über den histologischen Nachweis einer α-Strahlen emittierenden Substanz durch Fluorescenzphänomene.* 1. Mitt. Zur Lokalisierung von radioakt. markierten Fetten in histolog. Schnitten empfiehlt Vf. Behandlung der Schnitte mit einem Radiofluorochrom (I; *Pyrenyl-(3)-β-acrylsäure*). Da die durch α-Strahlen hervorgerufene Scintillation nur in krist. I zu beobachten ist, wird I auf den Schnitten durch Photodimerisation (intensive UV-Bestrahlung) zur Kristallisation gebracht. — 25 Literaturangaben. (C. R. hebd. Séances Acad. Sci. **236.** 751—53. 16/2. 1953.) Krusen. 4150

Friedrich Ludwig, *Über den histologischen Nachweis einer α-Strahlen emittierenden Substanz durch Fluorescenzphänomene.* 2. Mitt. (1. vgl. vorst. Ref.). Der histolog. Schnitt wird in einer elektrophoret. Kammer mit einer koll. wss. Lsg. von *Pyrenyl-(3)-β-acrylsäure* (I) (1 Teil gesätt. alkoh. I-Lsg. mit 4 Teilen W. versetzen) behandelt. Während der 6 Std. dauernden Elektrophorese werden die Fettelemente des Schnittes mit I durchsetzt. Danach wird der auf dest. W. schwimmende Schnitt mit einer starken UV-Lampe 12—15 Std. bestrahlt. In einem Mikroskop mit großer numer. Öffnung ist dann bei völliger Dunkelheit die durch α-Strahlen angeregte Scintillation der in den Fettkörpern befindlichen I gut zu erkennen. (C. R. hebd. Séances Acad. Sci. **236.** 972—74. 2/3. 1953.) Krusen. 4150

A. W. Bernheimer, *Differenzierung von Ribonucleinsäuren durch Hemmung der Streptokokkendesoxyribonuclease.* Es wurde die Beeinflussung der depolymerisierenden Wrkg. von *Streptokokkendesoxyribonuclease* (I) der Lancefield-Gruppe *A* auf

Thymusdesoxyribonucleinsäure durch *Ribonucleinsäuren* (**II**) verschied. Herkunft untersucht. Rohe u. gereinigte **II**-Präpp., die aus einer Reihe von Bakterien (Zerkleinerung: Ultraschall oder Kugelmühle) hergestellt waren, hemmten **I** teilweise, während **II** aus Säugerpankreas u. -leber, Tabakblättern, Weizenkeimen u. Hefe inakt. waren. 2 Präpp. von Tabakmosaikvirusnucleinsäuren ähnelten hinsichtlich der Hemmwrkg. den Bakterien-**II**, waren jedoch nur in relativ hohen Konzz. wirksam. Vf. nimmt an, daß in der lebenden Substanz möglicherweise 2 qualitativ verschied. Ribonucleinsäuretypen vorkommen: in Bakterien u. vielleicht in einigen Viren eine hemmende Form, in Säugergewebe u. Pflanzen eine nichthemmende. (Biochem. J. **53.** 53—56. Jan. 1953. New York, N. Y., Univ., Coll. of Med., Dep. of Microbiol.) K. Maier. 4150

Giuseppe Grampa und **Pierre Dustin jr.**, *Die kombinierte Anwendung von Aminopterin und Colchicin und nucleare Anomalien: Experimentelle Untersuchungen am Mäusedarm.* Mäusen wurden intraperitoneal 8—10 mg *Aminopterin* (**I**) u. 1,5 mg *Colchicin*(**II**)/kg injiziert. Dadurch war es möglich, die durch **I** hervorgerufenen cytolog. Veränderungen während der cytostat. u. der darauf folgenden regenerativen Periode zu untersuchen. — Einige der abnorm großen Mitosen mit Zerstörungen am Chromosomenapp. scheinen gegen **II** widerstandsfähiger als andere Zellen zu sein u. besitzen eine mehr oder weniger n., manchmal plurizentrale Spindel. Durch photometr. Messung nach Feulgen-Färbung wurde nachgewiesen, daß die großen Mitosen keinen erhöhten Desoxyribonucleinsäurengeh. aufweisen u. selten polyploid sind. (Tumori **39.** 63—71. Jan./Febr. 1953. Bruxelles, Univ., Labor. d'anatomie pathol.; Pavia, Univ., Ist. dei anatomie e istol. patol.) Ludolphy. 4150

John J. Biesele, Ruth E. Berger, Marilyn Clarke und **Lester Weiss**, *Die Wirkung von Purinen und anderen chemotherapeutischen Agentien auf Struktur und Funktion des Zellkerns.* Die Induktion von Chromosomenschädigungen u. Mitosestörungen durch chem. Mittel wurde in Zwiebelwurzelspitzen u. in Gewebekulturen von Mäuseembryohaut, sowie von Mäusesarkom *180* untersucht. Chromosomenveränderungen fanden sich in Wurzelspitzen nicht nur nach Behandlung mit *Methyl-bis-[2-chloräthyl]-amin* u. *2.4.6-Tris-[äthylenimino]-symm.-triazin*, sondern auch nach Einw. von Verbb. mit nur einer reaktionsfähigen Gruppe/Mol., wie *2-Äthylenimino-4.6-dimethoxy-symm.-triazin* u. *Äthylenimin. 2.3-Epoxypropanol-(1)* induzierte in Mäusegewebekulturen Chromosomenbrüche u. -verknüpfungen. Von den 3 untersuchten methylierten *Xanthinen* war *8.8'-Äthylendiaminoditheophyllin* hinsichtlich der Erzeugung von Chromosomenabweichungen in Mäusegewebekulturen am wirksamsten. *2.6-Diaminopurinlactat* u. *Adeninsulfat* riefen in diesen Kulturen Chromosomenbrücken u. -brüche hervor, wobei ersteres bei wesentlich kleineren Konzz. als *Adenin* (**I**) wirksam war. Beide Purine zeigten in bestimmten Konzz. an Sarkom *180*-Kulturen gegenseitig antagonist. mitot. Effekte. *2-Chloradenin*, das in vitro gegenüber Sarkom *180* eine große selektive Toxizität entfaltet, bewirkte keine Chromosomenbrüche. *7-Methyladenin* bewirkte solche, *2-Methyladenin* u. *9-Methyladenin* nicht. *2-Aminopurin* rief in beiden Mäusegeweben Chromosomenabbruch u. -verknüpfung, ferner in Embryohautkulturen multipolare Mitosen u. progressive Verzögerung der Metaphase hervor. Die Fähigkeit eines Purins zur Auslösung von Chromosomenbrüchen stand in keiner engen Beziehung zur selektiven Toxizität des Purins gegenüber Sarkom *180*-Zellen. *Adenosin* (**II**) u. *Hefeadenylsäure* erzeugten, verglichen mit gleichen **I**-Konzz., keine Chromosomenbrücken u. -brüche. **I** bewirkte eine Verzögerung der Metaphase. Von einer Anzahl untersuchter *Purinnucleoside* rief *2.6-Diamino-9-β-D-ribofuranosylpurin* (**III**) eine mäßige Zahl von Chromosomenbrüchen hervor, während die übrigen relativ unwirksam waren. Mit **III** in Verbindung mit **II** behandelte Sarkom *180*-Kulturen zeigten verzögerte Metaphasen, die ohne anaphas. Trennung in Ruhekerne mit doppelter Chromosomenzahl übergehen. Die Ergebnisse werden im Hinblick auf den bekannten Purinstoffwechsel u. die Möglichkeit diskutiert, daß Purine bei den durch die verschied. zellfremden Agentien hervorgerufenen Mitosestörungen die unmittelbar wirksamen Stoffe darstellen. (Exp. Cell. Res., Suppl. **1952.** 279—303. New York, N. Y., Sloan-Kettering Inst. of Cancer Res.) K. Maier. 4150

H. A. Fisher, *Hormone, Glykogen und Vermehrung der Hautzellen.* Bemerkungen zu einer Veröffentlichung u. einem Vortrag von Bullough (Biol. Rev. Cambridge philos. Soc. **27.** [1952.] 133) über die energet. Verhältnisse bei der Mitose u. die Zusammenhänge zwischen Hormonen, Glykogen u. Vermehrung der Hautzellen u. kurze Inhaltswiedergabe. (Soap, Perfum. Cosmet. **25.** 1277. Dez. 1952.) K. Maier. 4150

Hans Lettré und **Ernst Hartwig,** *Vergleich ringgeschlossener und ringoffener Verbindungen vom Colchicintyp auf ihre antimitotische Wirkung.* Zum Vgl. mit dem antimitot. wirksamen *Colchinolmethyläther* wurde das analoge ringoffene α-[*3-Methoxy-*

phenyl]-γ-[3.4.5-trimethoxyphenyl]-propylamin dargestellt, das bis 60 γ/cm³ bei Fibroblasten keine mitosehemmende Wrkg. zeigt. Das dem von COOK synthetisierten *N-Acetyl-2.3.4.7-tetramethoxy-9-aminomethyl-9.10-dihydrophenanthren* analoge ringoffene *β-[3-Methoxyphenyl]-γ-[3.4.5-trimethoxyphenyl]-propylamin* war mit 60 γ/cm³ antimitot. inaktiv. Strukturell analoge ringgeschlossene u. ringoffene Verbb. verhielten sich in ihrer antimitot. Wirksamkeit nicht analog. Die antimitot. Aktivität der Derivv. der *Stilbylamin*-Gruppe ist nicht durch die strukturelle Übereinstimmung mit dem Colchicin bedingt, sondern stellt die eines selbständigen Typs von Mitosegiften dar.

Versuche: *3.4.5.3'-Tetramethoxychalkon*, F. 143° (A.); durch Kondensation äquimol. Mengen von 3.4.5-Trimethoxybenzaldehyd u. m-Methoxyacetophenon in alkoh. Lsg. mit $NaOCH_3$. — *α-[3-Methoxyphenyl]-γ-[3.4.5-trimethoxyphenyl]-propylaminoxalat*, $C_{19}H_{25}O_4N \cdot C_2H_2O_4$, F. 50°; vorst. Verb. katalyt. zum Dihydrochalkon hydrieren, dieses in das nichtkrist. *3.4.5.3'-Tetramethoxydihydrochalkonoxim* überführen, 2,5 g Oxim in 50 cm³ absol. Ae. zu Suspension von 1,7 g $LiAlH_4$ in 100 cm³ absol. Ae. geben (N_2), 15 Std. zum Sieden erhitzen, kalt 4,3 cm³ Essigester, dann 6 cm³ W. zusetzen, Amin aus Filtrat mit verd. HCl ausschütteln, alkal. stellen, in Ae. überführen, Ae.-Rückstand in absol. Ae. lösen, mit äther. Oxalsäurelsg. fällen, Nd. aus Methanol mit absol. Ae. umfällen; 1,3 g. — *4.3'-Dimethoxychalkon*, F. 54°; aus Anisaldehyd u. m-Methoxyacetophenon; hellgelbe Nadeln. — *α-[3-Methoxyphenyl]-γ-[4-methoxyphenyl]-propylaminoxalat*, $C_{17}H_{21}O_2N \cdot C_2H_2O_4$, F. 100°; vorst. Verb. katalyt. zum Dihydrochalkon hydrieren, dieses in das Oxim (ölig) überführen, das mit $LiAlH_4$ zum Amin red. wird; Isolierung als Oxalat; farbloses Pulver; mit 50 γ/cm³ antimitot. unwirksam. — *α-[3-Methoxyphenyl]-3.4.5-trimethoxyzimtsäurenitril*, $C_{19}H_{19}O_4N$, F. 114°; durch Kondensation äquimol. Mengen 3.4.5-Trimethoxybenzaldehyd u. m-Methoxybenzylcyanid in alkoh.-alkal. Lsg.; schwachgelbliche Nadeln (Ae.–Cyclohexan). — *β-[3-Methoxyphenyl]-γ-[3.4.5-trimethoxyphenyl]-propylaminoxalat*, $C_{19}H_{25}O_4N \cdot C_2H_2O_4$, F. 50°; durch katalyt. Hydrierung vorst. Nitrils in Eisessig unter Zusatz von konz. H_2SO_4; hygroskop. Pulver. — *α-[m-Methoxyphenyl]-p-methoxyzimtsäurenitril*, $C_{17}H_{15}O_2N$, F. 68°; durch Kondensation von Anisaldehyd mit m-Methoxybenzylcyanid; Blättchen (A.); stark mitosehemmende Wirkung. — *β-[3-Methoxyphenyl]-γ-[4-methoxyphenyl]-propylaminoxalat*, $C_{17}H_{21}O_2N \cdot C_2H_2O_4$, F. 160° (Zers.); durch katalyt. Hydrierung vorst. Nitrils in Eisessig + konz. H_2SO_4; keine mitosehemmende Wirkung. (Hoppe-Seyler's Z. physiol. Chem. **291**. 164—68. 24/11. 1952. Heidelberg, Univ., Inst. für exp. Krebsforschung.) K. MAIER. 4150

C. Sirtori und **G. V. Russenberger**, *Histochemische Untersuchung der Myoblastome mit der Hotchkiss-McManus-Reaktion.* Myoblast. gekörnte Zellen (von 4 Zungen, 1 Brust) werden im Bild gezeigt u. beschrieben. Die HOTCHKISS-MCMANUS-Rk. wies bei granulierten Zellen von Zungen- bzw. Mammamyoblastom auf Glucoproteide der Granula hin. Sie war nach vorhergehender enzymat. Verdauung mit gereinigtem Hodenextrakt (*Jalovis*, VISTER) unverändert positiv, u. auch die Speichelprobe ließ keine Änderung erkennen. Vermutungen über die histogenet. Abstammung der Zellen von Muskelzellen werden angestellt. (Tumori **39**. 13—20. Jan./Febr. 1953. Milano, Ist. naz. per lo studio e la cura dei tumori.) LUDOLPHY. 4160

M. F. Skopitschenko, *Störung der Leberfunktion in Beziehung zum Stickstoffumsatz bei Krebs innerer Organe.* Als Test der Leberfunktion wird der *Amino-N* (**I**)- u. *Harnstoff* (**II**)-Spiegel im Blut u. Harn nach peroraler Verabreichung von 25 g Glykokoll verwendet. Der Maximalwert des **I** in Blut u. Serum liegt bei Krebskranken höher, wird langsamer erreicht u. fällt langsamer wieder ab als bei Gesunden. Im Harn werden innerhalb 5 Std. im Durchschnitt bei gesunder Leber 246 mg **I** ausgeschieden, bei den meisten Fällen von Krebs 386,5 mg; es tritt also hier massivere u. länger anhaltende Aminoacidurie ein. Umgekehrt ist der **II**-Spiegel (nach 5 Std.) von 4,6 bis 6,6 g (Durchschnitt 5,8 g) in der Norm bei Krebskranken auf 3,9 g im Mittel herabgesetzt. Die durch Krebs verursachte Störung des N-Stoffwechsels wird auf eine Störung der desaminierenden Funktion der Leber zurückgeführt. (Медичний Журнал (Киев) [Mediz. J. (Kiew)] **23**. Nr. 6. 60—67. 1953. Kiew, Med. Inst., Hospitaltherap. Klinik.) R. K. MÜLLER. 4160

H.-G. Bode, **D. Hampel** und **B. Markus**, *Weitere Erfahrungen in der Geschwulstbehandlung mit schnellen Elektronen.* Unter Anwendung einer früher beschriebenen Arbeitstechnik (vgl. C. **1950**. II. 181) wurden Unterss. über den Verlauf der spezif. Dosis in dem mit schnellen Elektronen (6 MeV) bestrahlten biol. Objekt angestellt. Die photograph. Best. der spezif. Dosis ergibt eine Abhängigkeit vom bestrahlten Material. Die Höhe des Dosismaximums unter der Oberfläche ist bei leichtatomigen Stoffen (Paraffin, Holz) geringer als bei schweratomigen (S, KCl). Mit steigender Strahlenenergie ergibt sich bei 4—5 MeV Elektronenenergie bei den leichten Elementen ein Höchstwert für das Dosismaximum, während bei S u. KCl noch immer ein Anstieg festgestellt wird. Die Konsequenzen aus diesen Beobachtungen für die Tumortherapie, bes. für die anzuwendende Technik der Bestrahlung, werden erläutert u. Behandlungserfolge bei verschied. Hautgeschwülsten (Basaliome, Lippencarcinome, Lymphknotenmetastasen) mitgeteilt. (Strahlentherapie **92.** 563—75. 1953. Göttingen, Univ., Hautklinik.) REUSSE. 4160

Helmut Martin und **Alfred Kaufmann,** *Kombinierte Chemo- und Strahlentherapie bei metastasierenden Seminomen.* Vff. berichten über 2 Fälle von metastasierendem Seminom, die radiolog. u. chem. behandelt wurden u. deren einer ad exitum kam, während der andere seit 6 bzw. 7 Jahren beschwerdefrei ist. Die Bestrahlung erfolgte mit insgesamt ca. 5500 bzw. 9000 r, daneben wurden *Eleudron, Cholinchlorid, Äthylurethan* u. *Stickstofflost* in individuell dosierter Menge gegeben. Bei einem 3. Patienten wurden mit gutem Heilerfolg *Sulfathiazol, Ronicol* u. *Urethan* ohne gleichzeitige Bestrahlung gegeben. (Strahlentherapie **92.** 402—11. 1953. Frankfurt/M., Univ., II. Med. Klin. u. Patholog. Inst.) REUSSE. 4160

J. Wolf und **A. A. Loeser,** *Testosterontherapie bei Frakturen und gewissen malignen und nichtmalignen Knochenkrankheiten.* Die Medikation von täglich 50—100 mg *Testosteronpropionat* (I) intramuskulär u. 1—4 mal täglich 25 mg I lingual neben der üblichen chirurg. Versorgung in 22 Fällen von Frakturen bei älteren Patienten führte zu schnellerer u. besserer Verheilung der Bruchstellen. In einigen weiteren Fällen von patholog. Frakturen bei PAGETscher Krankheit u. bei Enchondrom, von seniler Osteoporose, juveniler Osteochondritis u. Knochenmetastasen bei Mamma- u. Schilddrüsencarcinom war I ebenfalls von günstiger Wrkg. auf die Knochenschäden. In den meisten Fällen wurde Anstieg der alkal. Serumphosphatase u. der urinalen 17-Ketosteroidexkretion sowie in Fällen von mikrocyt. Anämie Zunahme der Erythrocyten- u. Hämoglobinwerte beobachtet. Unerwünschte Nebenerscheinungen (Hirsutismus, Stimmänderungen, Ödeme u. Akne) traten nur selten u. in schwachem Ausmaß auf. (J. clin. Endocrinol. Metabolism **14.** 107—09. Jan. 1954. London, St. Giles Hosp.) KRUSEN. 4160

Kho Lien-Keng, *Erfahrungen mit moderner Leukämiebehandlung bei Kindern.* Beobachtungen an 64 Fällen von kindlicher Leukämie ergaben, daß die bei unbehandelten Fällen durchschnittlich 11,5 Wochen betragende Überlebenszeit durch Bluttransfusionen (B.) mit oder ohne *Antibiotica* (I) auf 19 Wochen, durch B., I u. *Aminopterin* (II) auf 25 Wochen u. durch B., I, II u. *ACTH* oder *Cortison* auf 35,3 Wochen im Mittel erhöht werden konnte. — 46 Literaturangaben. (Ann. paediatrici [Basel] **182.** 202—17. April 1954. Amsterdam, Univ., Pediatric Clin.) KRUSEN. 4160

Claude A. Villee, Biology. 2nd ed. Philadelphia: Saunders 1954. (670 S. m. Abb.) $ 6,50.
Charles Oberling, Le Cancer. Paris: Gallimard. 1954. (383 S.) fr. 850,—.

E_2. Enzymologie. Gärung.

P. F. Ceccaldi, *Die Histochemie der Enzyme.* Kurzer Überblick. (Rev. gén. Sci. pures appl. Bull. Soc. philomath. **60.** 336—43. 1953. Paris, Fac. de Méd., Labor. de Biol.) ITZEROTT. 4200

Carl G. Baker und **Herbert A. Sober,** *Anwendung der Ionenaustauschchromatographie bei der enzymatischen Spaltung von Aminosäuren.* Rac. Aminosäuren, die als N-Acylderivv. (I) oder als Amidderivv. (II) vorliegen, werden durch Acylase I u. Acylase II oder durch Carboxypeptidase asymm. hydrolysiert. Die nach der enzymat. Verseifung erhaltenen freien *l*-Aminosäuren werden von den nicht hydrolysierten d-Aminosäurederivv. durch die Kationenaustauscher *Dowex 50* bzw. *Amberlite XE 64* getrennt. Dowex 50 wird verwendet zur Trennung von *Alanin, Methionin, Valin, Asparaginsäure, Serin, Ornithin* u. *Isovalin.* Amberlite XE 64 wird verwendet zur Trennung von *Prolin, Histidin* u. *Arginin.* Die nichthydrolysierten I der d-Aminosäuren werden mit W. eluiert u. die freien *l*-Aminosäuren anschließend mit 0,12 bis 5 n HCl von der Säule gewaschen. Die nichthydrolysierten II der d-Aminosäuren werden dagegen auf dem schwächeren Kationenaustauscher Amberlite XE 64 festgehalten u. nach dem Durchlaufen der *l*-Aminosäuren anschließend mit schwacher Säure eluiert. Die Meth. ist anwendbar bei 0,3—1,0 g enantiomorph vorliegender Aminosäuren. (J. Amer. chem. Soc. **75.** 4058—60.) BRINCKMANN. 4200

Marie A. Fischer, Ellen Purvis Coulter und **Michael J. Costello,** *Wirkungen von Röntgenbestrahlung und Cysteininjektion auf die Enzymsysteme der Rattengewebe.* Best. der Wirksamkeit von Enzymen, wie *Succinoxydase* (I), *Adenosintriphosphatase* (II) *Lactase* (III) u. *Cytochromoxydase* (IV) in Niere, Leber u. Milz bei unbehandelten u. mit *l-Cystein* (**V**) injizierten Ratten nach Röntgengesamtbestrahlung mit letalen Dosen (800 r). Auf die **II**-, **III**- u. **IV**-Wrkg. hat Gesamtbestrahlung u. **V**-Injektion keinen Einfl., dagegen wurde die **I**-Aktivität in der Milz durch Bestrahlung red., blieb aber n. in Niere u. Leber. Die Hemmung der **I**-Aktivität der Milz konnte durch intraperitoneale **V**-Injektion, 875 mg/kg, vor u. nach der Bestrahlung der Ratten verhindert werden. (Proc. Soc. exp. Biol. Med. **83.** 266—68. Juni 1953. Pittsburgh, Univ., School of Med., Dep. of Physiol. Chem.) DOSSMANN. 4200

Britton Chance, *Die Kinetik der in Gegenwart von Chlorit oder Hypochlorit gebildeten Peroxydasekomplexe.* Zusatz von *Chlorit* (**I**) zu *Meerrettichperoxydase* (**II**) leitet anscheinend die gleiche Reaktionsfolge wie *Peroxyd* ein, d. h. Bldg. von *Komplex I* (**III**) u. Übergang in *Komplex II* (**IV**). Die für halbmaximale Bldg. der **II**-Komplexe erforderliche Menge an freiem **I** oder *Hypochlorit* (**V**) beträgt jedoch mehr als das 100fache der benötigten freien H_2O_2-Menge. **III** ist nicht in merklichen Konzz. feststellbar, da **I** auch als Elektronendonator wirkt u. den Übergang **III** → **IV** beschleunigt. Der aus **I** gebildete **IV** weist gegenüber *Nitrit* die gleiche Reaktionsfähigkeit wie der aus Peroxyd auf, so daß die Komplexe als ident. anzusehen sind. Mit **V** ist die Bldg. eines **III** u. der Übergang in **IV** gut zu beobachten. Bei Unters. der Reaktionsfähigkeit dieses **IV** gegenüber Donatoren war noch keine genaue quantitative Auswertung möglich. Jedoch verhalten sich die mittels **V** erhaltenen Komplexe qualitativ wie die mit Peroxyd hergestellten. (Arch. Biochem. Biophysics **41.** 425—31. Dez. 1952. Philadelphia, Pa., Univ. of Pennsylvania, Johnson Res. Found.) K. MAIER. 4210

S. Dagley und **E. A. Dawes,** *Dissimilation von Citronensäure durch Extrakte von Aerobacter aerogenes.* In zellfreien Extrakten von Aerobacter aerogenes konnten Vff. eine starke *Oxalessigsäuredecarboxylase* (**I**)-Aktivität nachweisen. Auf Zusatz von Citrat erfolgt unter CO_2-Entw. eine Bldg. von Pyruvat, wobei Oxalacetat als Intermediärprod. entsteht u. auch nach Zusatz von 0,04 Mol dl-Äpfelsäure zur Hemmung von **I** nachweisbar ist. Die Rk., die aus 1 Mol Citrat je 1 Mol Acetat, Pyruvat u. CO_2 bildet, kann zu 83% durch 0,1 Mol NaF gehemmt werden. Die durch Dialyse stark red. **I**-Aktivität kann durch Zusatz von Mg^{2+} wiederhergestellt werden. (Biochem. J. **55.** XVI. Sept. 1953. Leeds, Univ., Dep. of Biochem.; Glasgow, Univ., Dep. of Biochem.) KRUSEN. 4210

S. Dagley und **E. A. Dawes,** *Enzymatische Bestimmung von Citronensäure.* Aerobacter aerogenes wird bei 37° unter anaeroben Bedingungen in einem Medium gezüchtet, das je Liter 9 g Trinatriumcitrat·2 H_2O, 1 g $(NH_4)_2SO_4$, 2 g KH_2PO_4 u. 0,2 g $MgSO_4 \cdot 7 H_2O$ enthält. 10 g der daraus gewonnenen Zellmasse werden ausgepreßt, zentrifugiert u. mit Phosphatpuffer auf 60 ml aufgefüllt. 1 ml der zu untersuchenden, *Citronensäure* (**I**) enthaltenden Lsg. werden mit 1 ml Phosphatpuffer (p_H 7,0; 0,4 g/Liter $MgSO_4 \cdot 7 H_2O$ enthaltend) u. 1 ml des verd. Zellextraktes bei 37° für 15 Min. inkubiert. Nach Zusatz von 3 ml 10%ig. Trichloressigsäure wird die gebildete Brenztraubensäure nach der Meth. von FRIEDEMANN u. HAUGEN (J. biol. Chemistry **147.** [1943.] 415) bestimmt. Bis zu einem Geh. von maximal $6 \cdot 10^{-4}$ Mol **I** in den 3 ml des inkubierten Gemisches besteht eine lineare Relation zwischen dem **I**-Geh. u. den Absorptiometerwerten. Ggw. von Asparagin-, Glutamin-, Bernstein-, Äpfel- u. Fumarsäure, von Serin, Glycin, Alanin u. Phenylalanin stört nicht. (Biochem. J. **55.** XXXV—XXXVI. Dez. 1953. Leeds, Univ., Dep. of Biochem.; Glasgow, Univ., Dep. of Biochem.) KRUSEN. 4210

K. Harrison, *Aktivierung von Fumarhydrogenase durch Ferroion.* Die durch Dialyse hervorgerufene Abnahme der Fumarhydrogenaseaktivität kann durch Zusatz von Fe^{2+} wieder rückgängig gemacht werden, woraus die Notwendigkeit der Anwesenheit von Fe^{2+} im Fumarat–Succinat-Syst. abgeleitet wird. (Nature [London] **172.** 509. 12/9. 1953. Cambridge, Univ., Dep. of Biochem.) KRUSEN. 4210

F. Bergmann, M. Wurzel und **E. Shimoni,** *Die enzymatische Hydrolyse von Säureanhydriden.* Esterasen (Est.) werden stark durch Tetraäthylpyrophosphat gehemmt, indem eine stabile Verb. der Form Enzym—P=O(OR)₂ entsteht. Die analoge Form hierzu, Enzym—C=O(R), wird schnell gespalten u. ist als Hydrolysezwischenprod. aufzufassen (BERGMANN u. Mitarbeiter, C. **1951.** I. **3056**). ALDRIDGE u. DAVISON (C. **1953.** 7832) zeigten, daß Anhydridbindungen schneller durch Est. gespalten werden als Ester. Vff. beschreiben die Best. der enzymat. Hydrolyse von Carbonsäureanhydriden mit einer 2-Phasenmeth. im WARBURG-Apparat. Das Anhydrid wurde in Toluol gelöst u. mit einer wss. Esteraselsg. geschüttelt. Direkte Best. war nicht möglich. Mit der 2-Phasenmeth. wurde, colorimetr. verfolgt, die Veresterung von Cholin mit Carbonsäureanhydriden durch Acetylcholinesterase durchgeführt.

V e r s u c h e: Enzympräpp.: *Leberesterase* aus Hundeleber, gereinigt durch $(NH_4)_2SO_4$-Fraktionierung (BERGMANN u. SHIMONI, C. **1952.** 7672). Bei Verdünnung

1:100 u. 0,43 μMol Diacetin als Substrat wurden 5,3 μMol CO_2/cm³/Std. in Freiheit gesetzt. *Acetylcholinesterase* (I) aus dem elektr. Organ von *Torpedo marmorata.* Bei Verdünnung 1:40000 u. $3,3 \cdot 10^{-3}$ mol. Acetylcholin (II) als Substrat werden 6 μMol/cm³/Std. hydrolysiert. I aus *Elektrophorus elektricus* hydrolysiert in Verdünnung 1:1200 6,6 μMol II/cm³/Stunde. Manometr. Best. im WARBURG-Gerät: Pufferlsg. 0,1 mol. NaCl, 0,026 mol. $NaHCO_3$ u. 0,04 mol. $MgCl_2$; p_H 7,3; Gasphase 95% Luft, 5% CO_2; Konz. der Anhydride in folgender Verdünnung: Essigsäure 1:100, Propionsäure 1:100, Buttersäure 1:10. Colorimetr. Best. nach HESTRIN (Biochim. biophysica Acta [Amsterdam] **4.** [1950.] 310). (Biochem. J. **55.** 888—91. Dez. 1953. Jerusalem, Israel, Hebrew Univ., Hadassah Med. School, Dep. of Pharmacol.) BRATFISCH. 4210

Daniel I. Arnon, *Die Glycerinaldehydphosphatdehydrogenase grüner Pflanzen.* Das Vork. von *Glycerinaldehydphosphatdehydrogenase* (I), dem die reversible Red. von *Phosphoglycerat* (II) zu *Triosephosphat* katalysierenden Enzym, wurde in reifen grünen Blättern (Zuckerrübe, Spinat, Sonnenblume, Tabak) untersucht, da II ein wichtiges Prod. der Photosynth. u. die Ausgangsverb. für die Kohlenhydratsynth. darstellt. Als I-Quelle diente Acetontrockenpulver aus Blättern in synthet. Nährlsgg. gewachsener Pflanzen. Der Pulverextrakt enthielt *Aldolase, Isomerase* u. I. Während I aus Hefe u. Muskel *Diphosphopyridinnucleotid* (III)-spezif. ist, oxydiert I aus dem Acetonpulverextrakt *Glycerinaldehyd-3-phosphat* (IV) mit III oder *Triphosphopyridinnucleotid* (V) nach: $IV + H_2PO_4^- + III^+$ oder $V^+ \rightleftharpoons 1.3\text{-}II + III_{red}$ oder $V_{red} + H^+$. Ob in der grünen Zelle III oder V als Coenzym dient, ist noch ungeklärt. Blatt-I ist mehr im Cytoplasma als im Chloroplasten lokalisiert. (Science [Washington] **116.** 635—37. 5/12. 1952. Berkeley, Calif., Univ. of California, Div. of Plant Nutrit.) K. MAIER. 4210

Kathleen Heald und **C. Long,** *Die enzymatische Phosphorylierung von d-Ribose.* Kulturen von Escherichia coli konnten *d-Ribose* (I) als alleinige C-Quelle verwerten. In zellfreien Enzymsystemen wurde I nur nach Zusatz von je 0,005 Mol Adenosintriphosphat u. Mg^{2+} umgesetzt. Es konnte darin durch Ausfällung mit Ba^{2+} bei p_H 8,3 u. Umfällung mit A. das Ba-Salz eines Ribosephosphates erhalten werden, das durch verschied. Rkk. als Ba-Ribose-5-phosphat identifiziert wurde. (Biochem. J. **55.** XV. Sept. 1953. Aberdeen, Univ., Dep. of Biol. Chem.) KRUSEN. 4210

Leah Bloch-Frankenthal, *Die Rolle des Magnesiums bei der Hydrolyse von Natriumpyrophosphat durch anorganische Pyrophosphatase.* Vf. verfolgte colorimetr. die enzymat. Hydrolyse von $1,345 \cdot 10^{-3}$ mol. $Na_4P_2O_7$ bei 37° u. Ggw. von $MgCl_2$ (0,26—$10,3 \cdot 10^{-3}$ mol.), p_H 7—7,2 (Veronal–Acetat-Puffer); $MgCl_2$ setzt das p_H von $Na_4P_2O_7$-Lsgg. herab. Das Enzym wurde durch Elution von Rattenbluterythrocyten gewonnen; es katalysierte nicht die Hydrolyse von Glycerophosphat oder Thiaminpyrophosphat bei gleichen Reaktionsbedingungen. Die Hydrolysengeschwindigkeit v ist der Konz. von $MgCl_2$ u. der des Enzyms proportional; die Kurven v gegen die Konz. von $MgCl_2$ u. die Herabsetzung des p_H der $Na_4P_2O_7$-Lsg. gegen die Konz. von $MgCl_2$ verlaufen ähnlich, die optimale Aktivität des Enzyms liegt bei p_H 7,1. Die Anfangsgeschwindigkeit v_0 gegen die Anfangskonz. an $P_2O_7^{4-}$ aufgetragen, erfüllt die Gleichung von MICHAELIS u. MENTEN (Biochem. Z. **49.** [1913.] 333), wenn die Konz. von $MgCl_2$ u. die von $Na_4P_2O_7$ so variiert werden, daß das Verhältnis Konz. $MgCl_2$/Konz. $Na_4P_2O_7$ konstant ist; $K_m = 5,4 \cdot 10^{-4}$. Vf. vermutet, daß das eigentliche Substrat für die Hydrolyse weder $Na_4P_2O_7$ noch $(HP_2O_7)^{3-}$ ist, sondern $(MgP_2O_7)^{2-}$. (Biochem. J. **57.** 87—92. Mai 1954. Jerusalem, Israel; Hebrew Univ., Hadassah Med. School, Cancer Res. Labor., Dep. of Radiol.) GNAUCK. 4210

Th. A. Veeıkamp und **G. Smits,** *Die Art der Einwirkung von Beryllium auf alkalische Phosphatase.* Vff. untersuchten die Wirkungsart von Be-Salzen auf alkal. Phosphatase (I) in vitro. Be-Salze hemmen I in niederen Konzz., maximal bei optimaler Enzymaktivität (p_H 9,6). Be-Salze können bei p_H <12,5 nur als Hydroxyd existieren. Best. der I-Aktivität erfolgte nach KROON (Enzymologia [Amsterdam] **11.** [1944.] 186). Unters. der Be-Wrkg. erfolgte im folgenden Syst.: 0,5 ml Veronal/HCl-Puffer, 0,1 ml I (phosphatfrei), 0,1 ml Substrat (4 mg Na-β-Glycerophosphat) u. 0,1 ml W. oder $BeCl_2$ ($8 \cdot 10^{-4}$ mol.); p_H 9,6. Bei gesonderter Zugabe von $BeCl_2$ zum Puffer u. anschließender Filtration u. Vereinigung mit der Restreaktionslsg. wurde keine Hemmung beobachtet. Vff. sind der Ansicht, daß die Be-Wrkg. in vivo in keiner Beziehung zur I-Hemmung durch Be^{2+} in vitro steht, sondern durch seine tox. Wrkg. zu erklären ist. (Nature [London] **172.** 589—90. 26/9. 1953. Amsterdam, Univ., Histolog. Labor.) BRATFISCH. 4210

Kurt Linhardt und **Klaus Walter,** *Die Bestimmung der Serumphosphatase im klinischen Laboratorium.* Vff. diskutieren verschied. Verff. zur Best. der *Serumphos-*

phatase u. beschreiben die von HUGGINS u. TALALAY (J. biol. Chemistry **159.** [1945.] 399) angegebene Methode. (Röntgen- u. Laboratoriumsprax. **7.** 113—21. April 1954. Nürnberg, Städt. Krankenhaus.) KRUSEN. 4210

John H. Pazur, *Die Hydrolyse von Amylotriose und Amylotetraose durch Speichelamylase.* Durch papierchromatograph. Trennung u. nachfolgende Zuckerbest. mit Diphenylamin zeigt Vf., daß *Amylotetraose* (**I**) durch *Speichelamylase* (**II**) rasch in *Maltose* (**III**) gespalten wird, während nur geringe Mengen *Amylotriose* (**IV**) u. *Glucose* (**V**) entstehen. Die Hydrolysenkonstante für die **I**-Spaltung in 2 Moll. **III** beträgt 0,82/Std., für die Hydrolyse in **IV** u. **V** 0,18/Stunde. **IV** wird durch **II** dagegen nur sehr langsam in **III** u. **V** gespalten, hierfür beträgt die Konstante 0,013/Stunde. **III** wird durch **II** nicht angegriffen. Demnach besitzt **II** die Fähigkeit, terminale Glucosidbindungen von Amylooligosacchariden zu hydrolysieren.

Versuche: Darst. von **I**: 6 g Amylodextrin (durch kalte Hydrolyse von Stärke mit H_2SO_4 erhalten; spezif. Drehung $+190^0$, Mol.-Gew. 3600) werden in 200 ml W. gelöst u. mit 2 ml filtriertem Speichel versetzt. Nach 30 Min. wird **II** durch Erhitzen inaktiviert, 10 ml einer 6%ig. Hefesuspension zugesetzt u. 72 Std. vergoren. Im Filtrat wird **I** von **IV** durch Papierchromatographie getrennt. **I**: Mol.-Gew. 666, spezif. Drehung $+167^0$. Darst. von **IV**: 6 g Amylodextrin in 200 ml W. lösen, 2 ml Speichel zusetzen, nach 6 Std. inaktivieren u. 72 Std. mit 10 ml Hefesuspension vergären. **IV** an Aktivkohle adsorbieren, mit 15%ig. A. eluieren, eindampfen u. mit Aceton fällen. **IV**: Mol.-Gew. 504, spezif. Drehung $+157^0$. (J. biol. Chemistry **205.** 75—80. Nov. 1953. Lincoln, Univ. of Nebraska, Dep. of Agric. Chem.) KRUSEN. 4210

Kurt H. Meyer, P.-F. Spahr und **Ed. H. Fischer,** *Reinigung, Kristallisation und Eigenschaften der Getreide-β-Amylase.* 22. Mitt. *über die amylolytischen Enzyme.* (21. vgl. C. **1952.** 6071.) Zur Reindarst. von *β-Amylase* (**I**) werden 4 kg frisch gemahlenes Mehl 8 Std. lang mit 6 Litern W. behandelt. Der Extrakt wird mit Essigsäure auf p_H 3,7 gebracht u. zur Inaktivierung von α-Amylase 6 Tage bei 0^0 gehalten. Durch 5malige Fällung mit verschied. Mengen gesätt. $(NH_4)_2SO_4$-Lsg. (**II**) u. NaCl enthaltender **II** u. 2malige Umfällung mit Aceton werden schließlich 250 mg reine **I** erhalten, deren Kristallisation aus konz. wss. Lsg. mit **II** u. NaCl bei niedrigen Tempp. gelingt. Die Reinheit ist elektrophoret. nachweisbar. **I** enthält 14,3% N u. besitzt eine Aktivität von 1450 mg Maltose pro mg N. **I** ist sehr leicht wasserlösl., wirksam zwischen p_H 2,2 u. 9,3 mit einem Optimum bei p_H 5,3. Wss. **I**-Lsgg. erleiden bei 20^0 während 20 Std., **I**-Suspensionen in **II** bei Kaltlagerung während 6 Monaten keine Aktivitätsverluste. Die Aktivität steigt mit der Temp. bis zu 50^0 u. nimmt darüberhinaus sehr schnell ab. Die Aktivierungsenergie liegt für Tempp. zwischen 0 u. 20^0 bei 13000, zwischen 0 u. 20^0 (20 u. 50^0) bei 13000 (9300) cal/Mol. Ca- u. Cl-Ionen sind ohne Einfl., während Cu u. Hg wegen der in **I** enthaltenen SH-Gruppen inhibitor. wirken. Das Absorptionsmaximum von **I** liegt bei 280 mμ. (Helv. chim. Acta **36.** 1924—36. 1/12. 1953. Genève, Univ., Labor. de Chim. organ.) KRUSEN. 4210

R. Kourilsky, R. Richou und **Mme. R. Richou,** *Untersuchungen über mikrobielle Diastasen. Über den Einfluß von Hitze auf die diastatischen Eigenschaften von Filtraten von Proteus- und Pseudomonas aeruginosa-Kulturen.* Die diastat. Aktivität von Kulturfiltraten von Proteus wird durch 30 Min. dauerndes Erhitzen auf 80^0 wesentlich weniger geschädigt als diejenige von Ps. aeruginosa. Bei 100^0 wird die Diastase bei beiden zerstört. Vff. konnten außerdem beobachten, daß die Belüftung der Kulturen mit einem Gemisch aus 90% Luft u. 10% O_2 bei gleichem Wachstum eine verminderte Bldg. von diastat. Aktivität gegenüber mit n. Luft belüfteten Kulturen zur Folge hat. (Vgl. auch C. **1954.** 6512. 8826.) (C. R. Séances Soc. Biol. Filiales **147.** 401—02. März 1953. Paris, Inst. Nat. d'Hygiène.) KRUSEN. 4210

R. Kourilsky, R. Richou und **J. Schlaepfer,** *Untersuchungen über bakterielle Fermente. Über das Vorkommen gelatinolytischer Stoffe im Kulturfiltrat von Proteus.* (Vgl. auch vorst. Ref.) In den 7 Tage alten *Proteus*-Kulturen kann im Filtrat titrierbare gelatinolyt. Wrkg. nachgewiesen werden. (C. R. Séances Soc. Biol. Filiales **147.** 18—19. Jan. 1953.) H. P. FIEDLER. 4210

Harry Malmgren, *Charakteristik von Testikel-Hyaluronidase. Hyaluronidase*-Präpp. verschied. Reinheitsgrades wurden miteinander verglichen bzgl. Aktivität, elektrophoret. Eigg., Sedimentation, Diffusion, Mol.-Gew., analyt. Daten u. viscositätssenkender Wirksamkeit. Letzte steht während der ersten Abbauphasen in linearer Beziehung zu $d(1/\eta_{sp})/dt$. Der Reinigungsgrad der reinsten untersuchten *Hyaluronidase* war 1:3000, ihr isoelektr. Punkt bei p_H 6,5 (elektrophoret. einheitlich). Sedimentationskonstante $S = 1{,}2$ (für $c \to 0$), der Diffusionskoeff. ca. $1 \cdot 10^{-6}$ c.g.s., das Mol.-Gew. hieraus ca. 11000—14000; Geh. an Kohlenhydraten 2%, S 0,2%; papierchromatograph. nachweisbar: Asparaginsäure, Serin, Glutaminsäure, Glykokoll, Threonin, Alanin, Prolin, Tyrosin, Valin, Phenylalanin, Leucin, Isoleucin, Lysin; Anwesenheit von Proteasen, Phosphatasen, Cholinesterasen wurde ausgeschlossen. (Biochim. biophysica Acta [Amsterdam] **11.** 524—29. Aug. 1953. Upsala, Biochem. Inst.) GIBIAN. 4210

A. B. Roy, *Die Sulfatase der Ochsenleber.* 1. Mitt. *Der komplexe Charakter des Enzyms.* Rohe *Sulfatase* (I)-Präpp. zeigen eine ausgeprägt anomale Substratkonz.-Reaktionsgeschwindigkeits-Kurve, die auf Ggw. mehrerer Enzyme hinweist. Aus einem wss. Extrakt eines Acetontrockenpulvers aus Ochsenleber wurden durch fraktionierte Acetonfällung zwei verschied. I-Fraktionen (**IA, IB**) erhalten. Die p_H-Optima von **IA** u. **IB** in 0,15 mol. Acetatpuffer u. *2-Oxy-5-nitrophenylsulfat* (*Nitrobrenzcatechinsulfat,* **II**) als Substrat waren 4,7 u. 5,7, die optimale Substratkonz. für **IA** ca. 0,003 mol. **II.** Bei **IB** wurde eine direkte Proportionalität zwischen Enzymkonz. u. Reaktionsgeschwindigkeit gefunden. Ein großer Teil der I-Aktivität war in Wasserhomogenaten unlösl. u. in den Mitochondrien (ca. 70%) lokalisiert. Als Substrat diente das *Di-K-Salz* von **II,** $C_6H_3O_7NSK_2 \cdot 2\,H_2O$, gelbe Kristalle; aus 70 g KOH u. 70 g K_2SO_5 in 1 Liter W. u. 30 g p-Nitrophenol, 48 Std. bei 37°, Ansäuern auf p_H 4, Ae.-Extraktion, Einengen der alkalisierten wss. Lsg. im Vakuum (300 cm³), Eingießen in 2 Vol. Aceton, Filtrateindampfrückstand 3 mal aus W. umkrist.; Ausbeute ca. 3 g. (Biochem. J. **53.** 12—15. Jan. 1953. Edinburgh, Dep. of Biochem.) K. MAIER. 4210

H. F. Martin und **F. G. Peers,** *Haferlipase.* Vff. konnten zunächst nachweisen, daß das für die Fettzers. in Hafermehl verantwortliche Enzym nicht aus subepidermalen Pilzmycellen des Getreidekornes, sondern aus dem Korn selbst stammt. Diese *Haferlipase* (I) scheint überwiegend im Pericarp des Kornes lokalisiert zu sein. I ist an die opalescierenden Bestandteile des wss. Extraktes von Hafermehl gebunden. Die Reinigung von I kann durch wiederholtes Gefrieren, Auftauen u. Zentrifugieren der erhaltenen Suspension bis zu einer 2000fachen Anreicherung erreicht werden. Das p_H-Optimum liegt bei 7,4, die optimale Temp. bei 37—38°. Bei der Verwendung von *Tributyrin* (II) als Substrat wurde eine MICHAELIS-MENTENsche Konstante von $K_m = 0{,}006$ Mol festgestellt. Hochgereinigte I enthält 6,7% N u. 0,5% P. Bei der Einw. von I auf II wird nur 1 Mol Buttersäure je Mol II abgespalten. Mono- u. Dibutyrine werden durch I nicht hydrolysiert. — 38 Literaturangaben. (Biochem. J. **55.** 523—29. Okt. 1953. St. Albans, Hearts., Cereals Res. Stat.) KRUSEN. 4210

D. K. Myers und **B. Mendel,** *Untersuchungen über Aliesterasen und andere lipidhydrolysierende Enzyme.* 1. Mitt. *Hemmung der Esterasen und Acetoacetatbildung der Leber.* Die *Aliesterasen* (I) der Rattenleber werden durch verschied. Phosphorsäureester, wie z. B. *p-Nitrophenylphosphat* (*E 600*), stark gehemmt. I sind in vivo durch intramuskuläre Injektionen von *Tri-o-kresylphosphat* selektiv hemmbar. I u. *Phospholipase* (II) werden durch 10^{-2} mol. *Atoxyl* (III) zu 60—70% gehemmt. Die II-Aktivität wird weder durch Phosphatderivv. (**IV**) noch durch III-Konzz., die I hemmen, merklich beeinflußt. *Acetoacetat* (**V**)-Bldg., I-Aktivität u. *Phospholipid*-Hydrolyse der Leber werden durch III in ähnlicher Weise gehemmt. Selektive I-Hemmung in vitro oder in vivo durch **IV** ist auf die V-Bldg. oder O_2-Aufnahme von Leberschnitten ohne Einfluß. Die Versuchsergebnisse geben keinerlei Hinweis auf eine wesentliche Funktion von I im n. Lipidstoffwechsel der Rattenleber u. sprechen für die allg. angenommenen Theorien bzgl. der Lipidoxydation in der Leber. Der Verlauf der Lipidoxydation umfaßt als 1. Stufe eine *Phospholipin*-Hydrolyse, als 2. die Oxydation der abgespaltenen freien Fettsäuren. (Biochem. J. **53.** 16—25. Jan. 1953. Amsterdam, Univ., Pharmacotherap. Labor.) K. MAIER. 4210

M. K. Gaitonde und **D. Richter,** *Die Aufnahme von ^{35}S aus L-Cystin in Hirngewebe.* ^{35}S-markiertes *L-Cystin* (I; aus Hefe) wurde in Glucose–Phosphat–RINGER-Lsg. zusammen mit Rattenhirnschnitten oder -homogenaten bebrütet (3 Std., 37°, 5% CO_2, 95% O_2). Anschließend wurden durch Zusatz von Trichloressigsäure sowie durch Extraktion mit sd. A.–Chlf.-Gemisch (1:1) Fraktionen von säurelösl. Substanzen, Lipiden u. Proteinen erhalten u. deren *S*-Geh. nach Oxydation als Benzidinsulfat bestimmt. Die Best. der Radioaktivität zeigte, daß mehr markiertes I in die Protein- als in die Lipidfraktion eingebaut worden war. Jedoch entfernte wiederholte Behandlung mit Thioglykolsäure ca. 60% der Aktivität der Proteinfraktion, d. h. dieser Anteil beruhte auf einer Kombination von I u. Protein durch Bldg. von S–S-Bindungen. Ein kleiner Teil der Aktivität von Lipidextrakten kam Lipoprotein zu, wobei der markierte *S* hauptsächlich mit dem Lipidanteil desselben verknüpft war. (Biochem. J. **51.** XXXIX. Aug. 1952. Cardiff, Whitchurch Hosp.) K. MAIER. 4210

Sidney Udenfriend, Carroll T. Clark und **Elwood Titus,** *5-Oxytryptophandecarboxylase: Ein neuer Weg des Tryptophanstoffwechsels.* Aerobe Incubation von *Trypto-*

phan (I), *Tryptamin* (II) oder *5-Oxytryptophan* (III) mit Homogenaten von Hunde- u. Meerschweinchenniere lieferte nur mit III *5-Oxytryptamin* (IV), das nach Reinigung durch UV-Spektr. u. Papierchromatographie identifiziert wurde. Das hierbei wirksame Enzym (V) wurde durch Extraktion in Phosphatpuffer (p_H 6,7) aus Acetontrockenpräpp. von Meerschweinchenniere partiell gereinigt. *7-Oxytryptophan* oder *Tyrosin* wurden von Nierenextrakt ebenfalls nicht decarboxyliert. Die Ggw. von V, *5-Oxytryptophandecarboxylase,* die spezif. die III-Decarboxylierung katalysiert, deutet darauf hin, daß III eine Zwischenstufe der Biosynthese von IV darstellt: I $\xrightarrow{+(O)}$ III $\xrightarrow{-CO_2}$ IV. Da bislang in Geweben keine I-Decarboxylaseaktivität nachgewiesen werden konnte, ist es unwahrscheinlich, daß der Abbau von I zu IV über II verläuft. (J. Amer. chem. Soc. **75.** 501—02. 20/1. 1953. Bethesda, Md., Nat. Inst. of Health, Nat. Heart Inst., Labor. of Chem. Pharmacol.) K. MAIER. 4210

I. Banga, *Wärmekontraktion von Kollagen und sein Abbau durch Elastase.* Vf. stellt fest, daß kollagene Fasern (aus Rattenschwänzen) nach Behandlung mit W. bei 70° (5—10 Min.) oder mit Essigsäure bei 60° (5 Min.) durch *Elastase* abgebaut werden. Offenbar wird durch die therm. Denaturierung der die Fasern umgebende Mantel aus *Mucopolysacchariden* zerstört, der den Angriff der *Elastase* abgehalten hat. Das erhaltene „Kollagenolysat" verhält sich ähnlich wie das durch Elastinabbau gewonnene „Elastinolysat" hinsichtlich Eiweißfällung u. Dialyse. Die stark reduzierende Eig. läßt auf einen Kohlenhydratgeh. von 10—20% schließen. Während des Abbaus lösen sich die Amidbindungen der Aminodicarbonsäuren (*Asparagin-* u. *Glutaminsäure*). Pro g Kollagen konnten 1,1—1,2 Mol COOH nachgewiesen werden. Außerdem entsteht zunächst eine Komponente, die das ungefähre Mol.-Gew. 10000—20000 hat, die nach der Inaktivierung des Fermentes weiter in Prodd. mit dem Mol.-Gew. 2000 zerfällt. — An die Arbeit schließt sich eine Zustimmung von **D. A. Hall, R. E. Turnbridge** u. **G. C. Wood** (Leeds, Univ., Dep. of Med.) an. (Nature [London] **172.** 1099—1100. 12/12. 1953. Budapest, Univ., First Dep. of Pathol., Anat. and Exp. Cancer Res.) U. BAUMANN. 4210

Jennifer M. Moyle, *Intracelluläre Verteilung von Rhodanese im Herzmuskel.* Vf. wies nach, daß Herzmuskel nur ca. 10% der *Rhodanese* (I)-Aktivität ($HCN + Na_2 \cdot S_2O_3 \rightarrow HCNS + Na_2SO_3$) von Leber enthält. Während die Leber-I überwiegend in den Mitochondrien lokalisiert ist, ist I in den diesen entsprechenden Sarkosomen des Herzens kaum nachweisbar; sie findet sich zu gleichen Teilen in den Myofibrillarkernen u. im Sarkoplasma. (Nature [London] **172.** 508—09. 12/9. 1953. Cambridge, Univ., Dep. for Biochem.) KRUSEN. 4210

Irving Lieberman und **Arthur Kornberg,** *Enzymatische Synthese und Zerfall eines Pyrimidins, der Orotsäure.* 1. Mitt. *Dihydroorotsäuredehydrogenase.* Vff. beschreiben Isolierung u. partielle Reinigung von *Dihydroorotsäuredehydrogenase* (I) durch Extraktion eines anaeroben Bodenbakteriums, das durch Anreicherung einer Kultur mit *Orotsäure* (II) isoliert wurde. I katalysiert die Rk.: orotsaures Salz + DPNH (red. Diphosphopyridinnucleotid) + $H^+ \rightleftharpoons$ dihydroorotsaures Salz (III) + DPN. III wurde in krist. Form isoliert. Das Maß der II-Red. ist abhängig von der DPNH-Konzentration; optimales p_H 6,4—6,5. Die Rk. wird bei Verwendung einer gereinigten I durch 0,002—0,007 mol. Cysteinlsg. aktiviert, nicht aber bei Verwendung eines zellfreien I-Extraktes. Die Oxydation von III gelingt nur mit Hilfe eines DPNH entfernenden Systems. Zur Unterstützung des Wachstums von *Lactobacillus bulgaricus 09* (IV), einem Organismus, der II u. *Ureidobernsteinsäure* zur Synth. von Nucleinsäurepyrimidinen benutzt, war III gleich wirksam wie II. Das Schmelzprod. von Maleinsäure u. Harnstoff, das die gleiche Elementarzus. wie III besitzt, war inert gegenüber I u. wirkte als Wachstumsfaktor für IV; ferner unterschieden sich sein UV-Spektr. u. seine chem. Eig. von denen von III. Vff. besprechen die Bedeutung der Dihydropyrimidine im Pyrimidinstoffwechsel.

Versuche: Best. der *Dihydroorotsäuredehydrogenase* (I): Die Bldg. von DPNH erfolgt durch Glucose + DPN $\xrightarrow{\text{Glucosedehydrogenase}}$ Gluconat + DPNH + H^+. Testsyst.: 0,1 ml $MgCl_2$ (0,15 mol.), 0,1 ml K-Phosphatpuffer (1 mol.; p_H 6,1), 0,04 ml Na-Orotat (0,01 mol.), 0,2 ml Cystein (0,1 mol.; p_H 7,0), 0,03 ml DPN (0,001 mol.), 0,2 ml Glucose (1 mol.), 250 Einheiten Glucosedehydrogenase, 3 ml I. Die Abnahme der opt. Dichte von Na-Orotat wird bei 280 mμ verfolgt. Eine I-Einheit/cm³ besitzt eine Lsg., die innerhalb von 6 Min.-Intervallen eine Abnahme der opt. Dichte um 0,100 bewirkt. Darst. von I: Isolierung des anaeroben Bacteriums aus dem Francisco Bay-Schlamm. Wachstumsmedium: 2% Trypton, 0,05% Difcohefeextrakt, 0,2% Orotsäure, 0,05% Na-Thioglykolat. Zur Aufrechterhaltung der anaeroben Bedingungen Pyrogallol—

Na_2CO_3-Abschluß. — Zellfreier Extrakt (22,8 Einheiten/mg Protein) durch Zentrifugieren (ca. 10000 g). Der Extrakt wird mit 2 mol. Acetatpuffer (p_H 6,0) auf p_H 6,5 eingestellt. Reinigung bei 0—2° mit 1%ig. Protaminsulfatlösung. I wird gefällt u. löst sich schwer wieder auf in 0,5 mol. Na-Citratpuffer, p_H 6,0 (26,5 Einheiten/mg Protein). — Ammonsulfatfraktionierung (ca. 60% Sättigung): 84,1 Einheiten/mg Protein. — Saure Ammonsulfatfraktionierung (p_H 4,2): 175 Einheiten/mg Protein (40% Ausbeute, bezogen auf Extrakt). Eine weitere Reinigung läßt sich erzielen durch Adsorption an Ionenaustauscher Dowex-1 u. Elution mit Phosphatpuffer. (Biochim. biophysica Acta [Amsterdam] **12.** 223—34. Sept./Okt. 1953. St. Louis, Mo., Washington Univ., School of Med., Dep. of Microbiol.; Bethesda, Md., Nat. Inst. of Health.) BRATFISCH. 4210

J. Ramsey Bronk, E. Newton Harvey und **F. H. Johnson,** *Die Wirkungen hydrostatischen Drucks auf luminescierende Extrakte des Muschelkrebses Cypridina.* Die Wrkg. hydrostat. Drücke von ca. 5000 lbs./sq.in. auf die Luminescenz von Gemischen von *Cypridina-Luciferin* (**I**) u. *-Luciferase* (**II**) (*C. Hilgendorfii*) hängt von dem **I**-Reinheitsgrad u. der Herstellungsweise von **II** ab. Bei Verwendung von hochgereinigtem **I** u. durch Fällung hergestellter **II** beeinflußt der Druck die während der **I**-Oxydation beobachtete Geschwindigkeitskonstante oder die Luminescenz-Rk. nicht, ehe sich eine beträchtliche Menge von spontan oxydiertem **I** angesammelt hat. Druck steigert dann zwischen 14 u. 44° reversibel die Lichtintensität. Der positive Druckeffekt erklärt sich durch eine Gleichgewichtsverschiebung der nicht luminescierenden Umwandlung (**I** ⇌ oxydiertes **I**) [illegible]h links, wodurch Zunahme der **I**-Konz. erfolgt. **I**-Oxydation durch **II** bei der höheren [illegible]-Konz. hat verstärkte Lichtemission zur Folge. Bei Verwendung roher **I**- u. **II**-Präpp. bewirkt Druck, bes. bei höheren Tempp., reversibel Zunahme der Lichtintensität, sobald die Rk. gemessen werden kann. Verss. mit partiell gereinigtem **I** u. durch Dialyse gereinigter **II** ergaben unter bestimmten Bedingungen unter Druck Abnahme der Lichtintensität bei niederen Tempp. u. Zunahme bei höheren. Bei verschied. Substraten (für das gleiche Enzym), Ggw. von Inhibitoren oder Beteiligung vieler Geschwindigkeitskonstanten u. Gleichgewichte ist die Voraussage von Druckeffekten auf biol. Systeme schwierig. (J. cellular comparat. Physiol. **40.** 347—65. Dez. 1952. Princeton, Univ., Biol. Labors.) K. MAIER. 4210

John Maxwell Anderson, *Wirkung von Ultraschallbestrahlung auf Wachstum und Gärung der Hefe Saccharomyces cerevisiae.* Bei der Frequenz von 1 MHz wurden Proben junger u. alter Kulturen von S. cerevisiae, die in Pufferlsg. von n. opt. Dichte suspendiert waren, kontinuierlichem Ultraschall (US) u. US-Impulsen ausgesetzt. Durch US wird unter den angegebenen Versuchsbedingungen bei jungen Kulturen die CO_2-Produktion im Verlauf 1 Std. nach Beschallung merklich reduziert. Die Wrkg. kontinuierlicher Beschallung ist größer als die von Impulsschall. Die relative Wachstumsgeschwindigkeit, die nach der Zunahme der opt. Dichte beurteilt wird, war bei jungen Kulturen durch US in der Wachstumsphase red. u. der Anfangszustand verzögert. Bei älteren Kulturen ist prakt. kein Einfl. durch US festzustellen. Therm. Effekte durch US waren nicht der Grund der Hemmung. (Biochim. biophysica Acta [Amsterdam] **11.** 122—37. Mai 1953. Providence, R. I., Brown Univ., Arnold Biol. Labor.) DOSSMANN. 4270

Hans Guthenberg, Lennart Enebo und **Evald Sandegren,** *Die Stickstoffassimilation bei Brauhefe. Versuche mit „markierter" Asparaginsäure.* Mit dl-Asparaginsäure (**I**) mit ^{14}C in der β-Carboxylgruppe als einziger N-Quelle wird Hefe vom Typ Saccharomyces carlsbergensis gezüchtet. Hierbei werden 58% der **I** decarboxyliert; im Extrakt finden sich 54% der ursprünglichen Aktivität, davon 70% an Carboxyl-C gebunden. Der 46% der Aktivität enthaltende Extraktionsrückstand (**II**) enthält keine nachweisbaren freien COOH-Gruppen, was auf gute Trennung von den niedrigmol. N-Verbb. hindeutet. Nach Säurehydrolyse werden 20% der Aktivität des **II** in freien COOH-Gruppen gefunden. Diese Befunde lassen auf Proteinsynth. aus **I** schließen. (Svensk Bryggeritidskr. **69.** 81—88. Febr. 1954. Stockholm, Kgl. Tekn. Högskola, Inst. f. jäsningslära.)
R. K. MÜLLER. 4270

Friedrich Weygand, Rolf Junk und **Dieter Leber,** *Adenylthiomethylpentose.* Die qualitative u. quantitative Best. von *Adenylthiomethylpentose, Adenin-(9)-[5'-methylthio-5'-desoxy-β-d-ribofuranosid]* (**I**) in verschied. Hefen ergab, daß nur die Bierhefen beträchtliche Mengen enthalten (getrocknete Löwenbräuhefe 60 mg/100 g). *^{35}S-Methionin* wird von *Sacch. cerevisiae* zum Aufbau von **I** verwertet. Bei Züchtung von *Torula utilis* in Ggw. von wenig *^{35}S-Sulfat* in sonst *S*-freier Nährlsg. konnte papierchromatograph. ^{35}S-**I** nachgewiesen werden. Die **I**-Isolierung aus frischer Bierhefe (1 kg) erfolgte durch 3 std. Extraktion mit heißem W. (1 Liter), Zentrifugieren, Konzentrieren auf halbes Vol. (Vakuum), Fällen gelöster Proteine mit Aceton (3 Liter), Einengen der zentrifugierten Lsg. (auf 200 cm^3), Gegenstromverteilung in 12 Scheidetrichtern (obere

Phase 75 cm^3 wassergesätt. Butanol, untere 225 cm^3 butanolgesätt. W.), wobei Fraktion 8 u. 9 direkt u. Fraktion 4—7 nach nochmaliger 12stufiger Verteilung (I in Fraktion 5′—9′) nach Eindampfen (Vakuum) aus wenig heißem W. krist. I lieferten; Ausbeute 180 mg. (Hoppe-Seyler's Z. physiol. Chem. **291.** 191—96. 24/11. 1952. Heidelberg, Univ., Chem. Inst.) K. MAIER. 4270

E_3. Mikrobiologie. Bakteriologie. Immunologie.

Marie-Louise Hirsch und **G. N. Cohen,** *Aminosäureverwertung beim Bakterienwachstum.* 1. Mitt. *Peptidverwertung durch eine leucinabhängige Escherichia coli-Mutante.* Das Wachstum der *Leucin* (**Ia**)-abhängigen *E. coli-Mutante* (Stamm *ML 328 c*) wird durch Ggw. von *L-Isoleucin* (I), *L-Valin* (II), *DL-Methionin* u. *DL-Norleucin* im Kulturmedium gehemmt, während *D*-I u. *D*-II indifferent sind. Die *L*-I-Hemmung ist kompetitiv. Die Wachstumshemmung der Mutante durch *L*-I u. *L*-II wird durch Zusatz von *L-Leucylglycin* oder *Glycyl-L-leucin* nichtkompetitiv unterdrückt. *DL-Alanylglycin*, *Glycylglycin*, *Glycylglycylglycin*, *Glycyl-L-tyrosin* u. *Glycyl-L-tryptophan* hoben die Wachstumshemmung durch *L*-I nicht auf. Verschied. Erklärungsmöglichkeiten der Versuchsergebnisse werden diskutiert. Die Ggw. von die untersuchten Peptide (III) hydrolysierenden Peptidasen in der Mutante erscheint mit einer Verwertung von III vor deren Hydrolyse, z. B. durch Transpeptisierungs-Rkk., nicht unvereinbar. Die Mutante benötigte unter den Versuchsbedingungen für halbmaximales Wachstum $7 \cdot 10^{-6}$ mol. *L*-**Ia** oder *α-Keto-γ-methyl-n-valeriansäure*, während mit 10^{-4} mol. *α-Oxy-γ-methyl-n-valeriansäure* nur schwache Entw. stattfand. (Biochem. J. **53.** 25—30. Jan. 1953. Garches, France, Inst. Pasteur, Labor. de Chim. Bactérienne, Centre Nat. de la Rech. Sci.) K. MAIER. 4310

Joanne M. Ravel, Barbara Felsing und **William Shive,** *Die Hemmung der Asparaginsäureverwertung bei der Threoninsynthese durch Glutaminsäure.* Der Bedarf an *Asparaginsäure* (I) oder *Threonin* (II) für das Wachstum von *Leuconostoc dextranicum 8086* in einem *Glutaminsäure* (III) enthaltenden Medium beruht auf einer kompetitiven Hemmung der I-Verwertung zur II-Biosynth. durch III. Bei Verwendung von *Glutamin* an Stelle von III erfolgt Wachstum ohne I oder II. L-III u. L-I waren jeweils annähernd doppelt so wirksam wie die DL-Verbindungen. *Lysin*, das für sich unwirksam ist, setzte die für das Wachstum in Ggw. von III erforderliche II-Menge herab. *Homoserin* zeigte nur $^1/_{20}$ der II-Wirksamkeit. *Oxalessigsäure* (**IV**) u. deren Vorstufen, z. B. *Brenztraubensäure*, $NaHCO_3$, sowie in schwächerem Maße *α-Ketoglutarsäure*, heben die Hemmung nichtkompetitiv auf. Das deutet darauf hin, daß diese Verbb. in die Endprodd. der gehemmten Rk., ohne vorherige Umwandlung in I selbst, umgewandelt werden können. Möglicherweise kann auch ein Konjugat oder ein Deriv. von I als Zwischenstufe der Biosynth. aus I, **IV** oder deren Vorstufen dienen. (J. biol. Chemistry **206.** 791—96. Febr. 1954. Austin, Tex., Univ. of Texas, Biochem. Inst. u. Dep. of Chem., u. Clayton Found. for Res.) K. MAIER. 4320

Thea Houtermans, *Kritische Diskussion der Argumente für die Interpretation der Inaktivierung von Bakterien durch Strahlen als Eintreffervorgang.* Vf. behandelt krit. die Argumente, die für die Deutung der Inaktivierung von Bakterien als Eintrefferprozeß angeführt werden, u. zwar: den exponentiellen Verlauf der Inaktivierungskurven, die Temperaturabhängigkeit, die Ionisierungsdichte entlang der Bahn des ionisierenden Teilchens u. die morpholog. Struktur. Es wird gezeigt, daß lediglich die anfängliche Neigung der Inaktivierungskurven keine andere Deutung als die durch einen Eintreffervorgang zuläßt. (Strahlentherapie **92.** 423—36. 1953. Göttingen, Univ., Hygiene-Inst.) REUSSE. 4330

C. A. Lawrence, L. E. Brownell und **J. T. Graikoski,** *Die Wirkung der ^{60}Co-γ-Strahlung auf Mikroorganismen.* Bei einer Dosisleistung von 79000 rep/Std. wurden verschied. Mikroorganismen mit ^{60}Co-γ-Strahlung behandelt. *Proteus vulgaris* u. *Escherichia coli* wurden in NaCl-Lsg. suspendiert, in Pyrexröhrchen bestrahlt u. ca. 1 Std. danach auf Nährböden weiter beobachtet. Die Auszählung ergab, daß nach einer Gesamtdosis von 71000 rep mehr als 99%, nach ca. 290000 rep 100% der Organismen letal geschädigt sind. Bei sporenbildenden Mikroorganismen, wie *Bacillus subtilis*, ist vollständige Abtötung erst mit nahezu $2 \cdot 10^6$ rep möglich. Zur Sterilisierung von roher Kuhmilch sind $1{,}7 \cdot 10^6$ rep erforderlich. Bei *Aspergillus niger* u. *Penicillium notatum* wird 100%ig. Letalität mit 340000 bzw. 255000 rep erzielt. Bei einer Hefezellenkultur (*Saccharomyces cerevisiae*) auf Maltoseagar beträgt die Letaldosis in Übereinstimmung mit Beobachtungsergebnissen an einer 210 kV-Röntgenstrahlung 340000 rep. Bei Protozoen (*Trichomonas foetus*) konnte bei Dosen bis zu 400000 rep eine unmittelbare Letalwrkg. nicht beobachtet werden, dagegen erweist sich die Fähigkeit zur Vermehrung oberhalb 320000 rep als stark verringert. (Nucleonics **11.** Nr. 1. 9—11. Jan. 1953. Ann Arbor, Mich., Univ. of Michigan, Michigan Memorial Phoenix Proj.) REUSSE. 4330

Louise J. Daniel und **Louise F. Gray,** *Molybdäntoxizität bei Lactobacillus leichmannii.* Das Wachstum von L. leichmannii wird durch 0,2% Mo gehemmt. Durch steigende Mengen von *Vitamin* B_{12} (I; 0,2—100 γ) wird diese inhibitor. Wrkg. vermindert oder aufgehoben, so daß mit 100 γ I bei 0,8% Mo nur eine ca. 15%ig. Hemmung eintritt. In gleicher Weise hemmen Cystein, Glutathion oder BAL, vermutlich durch komplexe Bindung des Mo an SH-Gruppen, die tox. Wrkg. von Mo. (Proc. Soc. exp. Biol. Med. **83.** 487—90. Juli 1953. Ithaca, N. Y., Cornell Univ., Dep. of Biochem. and Nutrit.; A. R. A., US Plant, Soil and Nutrit. Labor.) KRUSEN. 4330

K. Daecke, *Beitrag zur Bestimmung des bakteriostatischen Effektes schwer löslicher Sulfonamide.* Zwecks Entw. einer Meth. zur Prüfung der bakteriostat. Wrkg. schwer lösl. *Sulfonamide,* z. B. von *Phthaloylsulfanilamidothiazol* (*Taleudron;* **I**), wurde **I** unter Erwärmen in verd. NaOH, $NaHCO_3$-Lsg., Bouillon u. Galle gelöst, wobei die Menge des gelösten **I** vom Alkaligeh. abhing, u. die Lsgg. im Vgl. mit solchen in modifiziert hergestellter Verdauungsbrühe nach LIEBERMEISTER (2 Tage Pepsinverdauung in beträchtlich saurem, 3 Tage Trypsinverdauung in alkal. Milieu) im Hemmplattentest in verschied. Konzz. gegenüber 2 *Coli*-Stämmen verschied. Empfindlichkeit geprüft. Als Vgl. diente das wasserlösl. Sulfonamid *Sulfathiazol* (**II**). **I** zeigte in gleicher Konz., je nach Vorbehandlung, verschied. Hemmwerte, die unter denen von **II** lagen (Verdauungsbrühe $^1/_8$—$^1/_2$, verd. NaOH $^1/_{64}$—$^1/_{16}$, Bouillon u. $NaHCO_3$ $^1/_{64}$). *Sulfaguanidin* wies einen Hemmeffekt auf, der annähernd dem des in verd. NaOH gelösten **I** entsprach. Für Routineempfindlichkeitsbestimmungen von Keimen gegenüber **I** dient eine 4%ig. Lsg. in 84 Teilen W. u. 16 Teilen n-NaOH (p_H 7,6; Loch- bzw. Plättchentest) mit **II**-Parallelversuch. (Klin. Wschr. **30.** 810—11. 1/9. 1952. Darmstadt, Kinderkrankenhaus Eleonorenheim, u. Städt. Krankenanstalten, Pathol.-bakteriol. Inst.) K. MAIER. 4330

Robert K. Hoffman, Bernard F. Surkiewicz, L. A. Chambers und **Charles R. Phillips,** *Baktericide Wirkung von Movidyn.* Untersucht wurde die Einw. von *Movidyn* (**I**; koll. stabilisiertes Ag-Präp.) auf Escherichia coli, Serratia marcescens, Salmonella typhosa, Micrococcus pyogenes var. aureus 209 u. Bacillus globigii unter Berücksichtigung von Temp. u. Konzentration. Weitere Verss. mit $AgNO_3$ (zum Vgl.) u. über die chem. Inaktivierung von **I**. (Ind. Engng. Chem. **45.** 2571—73. Nov. 1953. Frederick, Md., Camp Detrick, Chem. Corps. Biol. Labor.) BOYE. 4330

Cecil W. Chambers, Leslie A. Chambers und **Paul Kabler,** *Neues Desinfektionsmittel mit kolloidalem Silber. Einwirkung der umgebenden Faktoren auf die baktericide Wirkung.* Das untersuchte Präp. enthält ca. 30% metall. Ag von einer mittleren Korngröße von 75 Å, stabilisiert mit Gelatine. Es zeigt bei günstigen Bedingungen (p_H 8,5 bis 9,0; Temp. 22—25°) ausgezeichnete baktericide Wrkg. in Konzz. unter 0,1 mg/Liter. Bei p_H 6—6,5 sind höhere Konzz. erforderlich. Bei niederen Tempp. (2—5°) wird die antibakterielle Wirksamkeit stark vermindert u. durch geeignete Mengen *l*-Cystin aufgehoben. Die Verss. wurden an E. coli C-45 durchgeführt. (Ind. Engng. Chem. **45.** 2569—71. Nov. 1953. Cincinnati, O., Environmental Health Center.) BOYE. 4330

Georges Le Moan, *Der Widerstand von Bakterien gegenüber Antibioticis.* Es wird über die Theorien der natürlichen Auswahl u. der Anpassung, über die Unterschiede zwischen empfindlichen u. widerstandsfähigen Stämmen, über die Dauerhaftigkeit der Gewöhnung u. den gegenseitigen Widerstand gegenüber Antibioticis berichtet. (Ann. pharmac. franç. **11.** 383—92. Mai 1953.) BOYE. 4340

Y. Chabbert, *Irrtümer beim Empfindlichkeitstest auf Antibiotica.* Da die Empfindlichkeit eines Bakterienstammes gegenüber *Antibioticis* (**I**) keine Konstante ist, bedürfen die verschied. Variablen, die das Ergebnis beeinflussen, einer Festlegung; dazu gehören Kulturmedium, p_H, Impfmaterial, Auswahl eines Teststammes bekannter Empfindlichkeit, Beobachtungszeit u. anderes. **I**, deren Aktivität als benachbart bezeichnet wird, sind durch ihre in vitro-Wrkg. nicht zu vergleichen; auf diesem Wege gelingt nur die Ausschaltung inakt. **I**. Die Parallelität zwischen den in vitro- u. in vivo-Ergebnissen ist aber von prakt. Wert. (Presse méd. **62.** 565. 14/4. 1954. Paris, Inst. Pasteur.) DOSSMANN. 4340

Nathan H. Sloane, *Biologische Aktivität eines Metaboliten von p-Aminobenzoesäure in einem oxydierenden System.* Vf. zeigte, daß ein *p-Aminobenzoesäuremetabolit* (**I**) die durch Aureomycin u. Terramycin bewirkte Hemmung der Oxydation von Anilin zu p-Aminophenol durch Zellen von Mycobacterium smegmatis teilweise wieder aufhebt. **I** scheint demnach bei dieser Oxydation als Cofaktor oder Cosubstrat wirken zu können, da eine Inaktivierung der Antibiotica nicht nachgewiesen werden konnte. Die

durch 2.4-Dinitrophenol bewirkte Hemmung der Oxydation kann durch **I** nicht beeinflußt werden. **I** wurde durch Kulturen von M. smegmatis, das in Ggw. von 0,1% p-Aminobenzoesäure gezüchtet wurde, in einer Menge von 0,5 mg/Liter erhalten. **I** ist eine bas., krist. Substanz mit einer freien aromat. Aminogruppe im Mol.; Reinigung durch Verteilung zwischen W. u. Äthylacetat; krist. aus W., Äthylacetat, Chlf.–PAe. oder heißem Methanol; Zus. $C_{14}H_{14}N_2 \cdot \frac{1}{2} H_2O$, F. 198—199°, Mol.-Gew. 219, UV-Absorptionsmaxima bei 258 u. 295 mμ. Die Lsg. des **I**-Hydrochlorids in A. zeigt nur ein Absorptionsmaximum bei 255 mμ. (J. Amer. chem. Soc. **75.** 6352—53. 20/12. 1953. Pearl River, N. Y., Amer. Cyanamid Comp., Lederle Labor. Div.)
KRUSEN. 4340

Rudolf Landenberger, *Hemm- und Wuchsstoffe bei Pseudomonas fluorescens.* Die Kultur-Fl. von *Ps. fluorescens* enthält ein Farbstoffgemisch, das papierchromatograph. in 2 Komponenten (**I** u. **II**) von verschied. R_F-Werten u. unterschiedlicher Fluorescenz zerlegt wurde. **II** fördert das Wachstum von *Bac. subtilis* u. *Bac. megatherium* u. ist mit *Lactoflavin* identisch. **I** hemmt die Entw. beider Organismen u. enthält neben dem eigentlichen Hemmstoff auch noch Farbstoffkomponenten. (Z. Naturforsch. **7b.** 630—32. Nov. 1952. Stuttgart, TH, Bot. Inst. Mikrobiol. Labor.) K. MAIER. 4340

M. E. Mackay, A. A. Miles, M. Schachter und **D. L. Wilhelm,** *Empfänglichkeit des Meerschweinchens für pharmakologisch wirksame Faktoren seines eigenen Serums.* Durch Verdünnung des Serums, durch Alterung oder durch Serumfraktionierung isolierten Vff. 6 Faktoren aus dem Serum von Meerschweinchen, die die Permeabilität beeinflussen, den Blutdruck senken u. Antihistaminwrkg. haben. Diese Faktoren besitzen hohes Mol.-Gew., sind wirksam in der homologen Species u. sogar am gleichen Tier, von dem das Serum stammt, u. können durch Verdünnen oder Serumfraktionierung aktiviert werden. Vielleicht kommt ihnen eine natürliche Rolle bei Schädigungen des Säugetiergewebes zu. (Nature [London] **172.** 714—16. 17/10. 1953. London, Lister Inst. of Preventive Med.) K. BÖHM. 4370

K. W. Essen und **A. Lembke,** *Neue experimentelle Studien über das Virus der Hepatitis epidemica.* Das Hepatitisvirus wurde erneut aus Stuhl gezüchtet. Es fanden sich wieder die 180 mμ großen E-Körperchen, die einen 2phasigen Aufbau bzgl. der Massendichte mit Diplo- u. Tetradenformen zeigen. Auch das Verh. der Eihautkulturen war wie früher. (Schweiz. Z. allg. Pathol. Bakteriol. **16.** 289—98. 1953. Eutin.)
SCHÖNBERG. 4374

J. Úri und **G. Szabó,** *Die Hemmung des Wachstums von Dermatophyten durch 8-Oxychinolin.* Die fungistat. u. fungicide Wrkg. von *8-Oxychinolin* (**I**) wurde in vitro an 10 pathogenen (*Epidermophyton, Achorion gypseum, A. Schönleini, Microsporon, Trichophyton gyps. I* u. *II* u. *gyps. asteriodes, T. cerebriforme, T. violaceum, T. violaceum var. nigr.*) u. 4 apathogenen (*Penicillium, Actinomyces, Cladosporium, Trichotecium*) Stämmen auf fl. u. festen Nährboden, die gutes Wachstum ermöglichten, untersucht. Die fungistat. **I**-Konz. gegenüber pathogenen Hautpilzen betrug 4—5 γ/cm³ im fl. u. 5—10 γ/cm³ auf festem Medium, während bei den nichtpathogenen Stämmen erst 10—25 im fl. bzw. 25 γ/cm³ im festen Medium Wrkg. zeigten. Eine fungicide Wrkg. war ebenfalls feststellbar. Eine 0,5%ig. **I**-Lsg. zerstörte in 30—60 Min. die meisten Pilzsporen, wobei der Effekt bei pathogenen Stämmen deutlicher ist. Die **I**-Wrkg., bei der eine Chelatbldg. (Metallkomplex) eine Rolle spielt, konnte durch *Zn-, Fe-* u. *Co*-Ionen aufgehoben werden. (Acta physiol. Acad. Sci. hung. **3.** 425—29. 1952. Debrecen, Med. Univ., Pharmacol. Inst.) K. MAIER. 4380

Max A. Lauffer and Kenneth M. Smith, eds. Advances in virus research. V. 1. New York: Acedemic Press. 1953. (374 S. m. Abb.) $ 8,—.

E₄. Pflanzenchemie. Pflanzenphysiologie. Pflanzenpathologie.

W. T. Ukrainski, *Die chemische Zusammensetzung der Wurzelmasse mehrjähriger Futterpflanzen und ihre Zersetzung nach dem Umbruch der Grasnarbe.* Bei den untersuchten Pflanzenarten erwies sich die Wurzelmasse der Korntrespe als am reichsten an Ascheelementen (16,31%), während die Wurzelmasse der Esparsette (**I**) sich durch bes. hohen Geh. an P_2O_5 (0,40—0,43%) kennzeichnete. Kleine Wurzeln von Luzerne (**II**) u. **I** enthalten mehr Ascheelemente als große. Der N-Geh. in den Wurzeln von **I** u. **II** nimmt mit dem Alter der Pflanzen ab, dagegen bleibt er mit ca. 1% in den Wurzeln der mehrjährigen Gräser ziemlich konstant. Gemenge aus **II** u. Korntrespe liefert mehr Wurzelmasse u. dadurch auch mehr organ. M. im Boden als die übrigen mehrjährigen Gräser. Nach 2jährigem Anbau der Leguminosen wurde eine fast 100%ig. Erhöhung des N- u. P_2O_5-Geh. in der oberen 40 cm-Bodenschicht erzielt. Die Zers. der Wurzelmasse von **II** im Boden verläuft langsamer als die von mehrjährigen Nichtleguminosen

u. I. (Доклады Всесоюзной ордена Ленина, Академии Сельскохозяйственных Наук имени В. И. Ленина [Ber. Allunions landwirtsch. (Lenin-Orden) Lenin-Akad.] **18.** Nr. 9. 16—21. 1953. Landw. Asow-Schwarzmeer-Inst.)

M. GORDIENKO. 4410

I. I. Kolossow, *Die Anwendung des Phosphorisotopen ^{32}P zur Untersuchung der Rolle einzelner Wurzeln und Teile des Wurzelsystems bei der Ernährung der Pflanze.* An der Pferdebohne wurden mittels ^{32}P die Physiologie der Wurzeln in Abhängigkeit vom wechselnden Bedarf der wachsenden Pflanze untersucht u. daraus prakt. Folgerungen für die Mineraldüngung gezogen. (Известия Академии Наук СССР, Серия Биологическая [Nachr. Akad. Wiss. UdSSR, biol. Ser.] **1954.** Nr. 1. 95—109. Jan./Febr. Timirjasew-Inst. für Pflanzenphysiol. der Akad. der Wiss. der UdSSR.)

A. JACOB. 4450

W. I. Merenowa und **A. M. Kusin,** *Die Untersuchung der unmittelbaren Aufnahme des Kohlenstoffes organischer Düngemittel durch die Pflanzen.* Aus pflanzlichen Substanzen bestehende Düngemittel, die durch einen Geh. an radioakt. C gek. waren, lassen erkennen, daß lösl. u. unlösl. organ. Substanz mit verschied. Geschwindigkeit aufgenommen wird. Die Aufnahme von C erfolgt gleichzeitig über CO_2, das aus den organ. Bestandteilen der Düngemittel unter Mitwrkg. der Bakterienflora des Bodens gebildet wird, sowie durch unmittelbare Aufnahme der organ. Bestandteile des Gründüngers. Die unmittelbare Aufnahme von niedrigermol. lösl. Stoffen, wie Zucker, Aminosäuren u. organ. Säuren, erfolgt mit großer Intensität. Nach Eintritt in die Pflanze wandeln sich diese Stoffe rasch in kompliziertere organ. Verbb. um. Diese Umwandlung erfolgt rascher im Licht, was dafür spricht, daß an ihnen der photosynthet. App. beteiligt ist. (Доклады Академии Наук СССР [Ber. Akad. Wiss. UdSSR] [N. S.] **94.** 573—76. 21/1. 1954. Inst. für biol. Phys. der Akad. der Wiss. der UdSSR.)

A. JACOB. 4470

G. P. Harris, *Der Einfluß von Aminosäuren auf das Wachstum von isolierten Haferkeimlingen.* Es wurde der Einfl. von *Aminosäuren* auf das Wachstum von isolierten Haferkeimlingen untersucht. Die Aminosäuren wurden einzeln oder in Kombination mit *Phenylalanin* oder *Valin* angewendet. Die einzelnen Aminosäuren zeigten — mit Ausnahme von Arginin — einen hemmenden Einfluß. In Kombination mit Valin oder Phenylalanin lagen die Wachstumswerte in den meisten Fällen zwischen denen, die die beiden jeweiligen Aminosäuren allein angewandt hervorbrachten. (Nature [London] **172.** 1003. 28/11. 1953. Otago, New Zealand, Univ. of Otago, Dep. of Bot.)

HEYNS. 4480

G. E. Blackman und **R. C. Robertson-Cuninghame,** *Der Einfluß des p_H-Wertes auf die Phytotoxizität von 2.4-Dichlorphenoxyessigsäure auf Lemna minor.* Unter konstanten Außenfaktoren wächst *Lemna minor* im p_H-Bereich 4,6—6,1 gleichmäßig gut. In Ggw. von 2.4-Dichlorphenoxyessigsäure (I) wird das Wachstum bei $p_H < 5$ zunehmend verschlechtert. Die DL_{50} von **I** wurde bei p_H 6,1 mit 45,7%, bei p_H 5,6 mit 18,6%, bei p_H 5,1 mit 0,81% u. bei p_H 4,6 mit 4,5% ermittelt. Die p_H-Abhängigkeit der Toxizität besteht auch bei Dinitro-o-kresol u. wird als eine Folge des schwachen Säurecharakters beider Substanzen angesehen. (New Phytologist **52.** 71—75. Febr. 1953. Oxford, Univ., Dep. Agric.) SPEYER. 4485

R. Pohl, *Über die Wuchsstoffwirkung beim Streckungswachstum des Sprosses.* Unterss. über die Wuchsstoffwrkg. von *Indolylessigsäure* im Avenasproß. Zellstreckung u. Permeabilität ändern sich bis zu einer Konz. von 100 γ/Liter proportional mit der Konzentration. Hohe Wuchsstoffgaben wirken über fermentative Prozesse, verschiedenartiges Verh. erklärt. (Naturwissenschaften **40.** 110—11. Febr. 1953. Freiburg, Univ., Bot. Inst.) BEINERT. 4485

D. E. Meyer, *Tumorartige Zellwucherung bei einem Lebermoos.* In hyperton. Nährlsg. ausgesäte Sporen eines Lebermooses keimten zu verzweigten Schläuchen aus. Nach einer Übertragung auf Agar entstanden kegelförmige Häufchen von undifferenzierten Zellen. (Naturwissenschaften **40.** 297—98. Mai 1953. Berlin-Dahlem, Bot. Museum.) BEINERT. 4490

Luis F. Martorell und **Ishver S. Bangdiwala,** *Die Beeinflussung des Saccharosegehaltes von Zuckerrohr durch Befall mit dem Mottenbohrer Diatraea saccharalis (Fabricius).* Die Auswertung der Ergebnisse von über 1000 Analysen ergab bestimmte Beziehungen zwischen dem *Saccharose* (**I**)-Geh. u. dem prozentualen Befall von Zuckerrohr mit Diatraea saccharalis (FABRICIUS). Es wurden gefunden für das ganze Zuckerrohr: $y = 13,22 - 0,03549\,x$, für die Spitzen $y = 9,33 - 0,03904\,x$, für die mittleren Anteile $y = 15,05 - 0,05333\,x$ u. für die Basen $y = 14,67 - 0,02573\,x$, worin y = % **I**-Geh. u. x = prozentualer Schädlingsbefall sind. (J. Agric. Univ. Puerto Rico **38.** 22—37. Jan. 1954. Rio Piedras, Univ. of Puerto Rico, Agric. Exp. Stat.) KRUSEN. 4490

H. A. Ssatarowa, *Der Einfluß chemischer Stimulatoren auf die Veränderungen der kolloid-chemischen Eigenschaften des Protoplasmas und die Aktivität der Peroxydase in den Kartoffelknollen.* Verss. mit 3 Kartoffelsorten ergaben, daß durch Behandeln der Knollen mit *Äthylenchlorhydrin* (I) oder *Thioharnstoff* (II) die Viscosität des Protoplasmas vermindert wird. Die Exosmose der Elektrolyte u. organ. Stoffe aus den Zellen des Knollenparenchyms wird dadurch stark intensiviert, die elektr. Leitfähigkeit erhöht. Bei der Einw. von I u. II wird die Lipoidschicht auf der Protoplasmaoberfläche zerstört, wodurch der O_2-Zutritt erleichtert wird. Die Hydrophilie des Protoplasmas nimmt zu. Als Folge der veränderten Dispersität der Biokolloide nimmt die Durchlässigkeit des Protoplasmas zu. Die Aktivität der Peroxydase wird durch Behandlung der Knollen mit I oder II stark erhöht. (Доклады Академии Наук СССР [Ber. Akad. Wiss. UdSSR] [N. S.] **93.** 1119—22. 21/12. 1953. Timirjasew-Inst. für Pflanzenphysiol. der Akad. der Wiss. der UdSSR.) LEBTAG. 4495

Friedrich Pichler, *Physiologisch-chemische Untersuchungen mit Weizensteinbrandsporen.* 1. Mitt. *Katalasenaktivität.* Ausgehend von der Frage, ob die *Katalaseaktivität* (I) von gebeizten Steinbrandsporen Aufschluß über den fungiciden Wert des angewandten Präp. geben kann, stellte Vf. Unterss. über die I unter verschied. Bedingungen an. Wärme, Gifte u. Alterung (bis zu 22 Jahren) bewirkten eine Aktivitätssteigerung. Durch Wasserbehandlung wird die I beträchtlich, dagegen durch Beizung mit Hg-Präpp. weit weniger gemindert, wobei in geringeren Konzz. sogar eine Steigerung festzustellen ist. Die Wirksamkeit eines Präp. hängt nicht vom Hg-Geh., sondern offensichtlich von der Hg-Ionenkonz. ab. Zwischen Keimkraft u. I besteht kein Zusammenhang. Da die I von den verschied. Faktoren so stark beeinflußt wird, ist sie für die Beurteilung eines Beizmittels wertlos. (Pflanzenschutzberichte [Wien] **12.** 73—87. April 1954. Wien, Bundesanst. für Pflanzenschutz.) HANS THIELE. 4495

E₅. Tierchemie. Tierphysiologie. Tierpathologie.

F. W. Jennings, I. M. Lauder, W. Mulligan und **G. M. Urquhart,** *Einige Anwendungen radioaktiver Isotope in der tiermedizinischen Forschung.* Antigen–Antikörper-Rkk., Blutvolumenbestimmungen bei Haustieren, Unterss. an Serumproteinen. (Veterin. Rec. **66.** 155—60. 13/3. 1954. Glasgow, Univ., Veter. School.) ZAESCHMAR. 4500

R. M. Forbes, A. E. Cooper und **H. H. Mitchell,** *Die Zusammensetzung des erwachsenen menschlichen Körpers, ermittelt durch chemische Analyse.* Unters. des Leichnams eines 46 jährigen Mannes ergab: 55,13% W., 19,44% Ae.-Extrakt, 18,62% Protein (N·6,25), 5,43% Asche, 1,907% Ca u. 0,925% P. Die Werte für einzelne Organe werden mitgeteilt. (J. biol. Chemistry **203.** 359—66. Juli 1953. Chicago, Ill., Univ. of Illinois, Dep. of Anat.; Urbana, Ill., Div. of Animal Nutr.) KRUSEN. 4510

R. Vierling, *Die Bedeutung der Hyaluronsäure im Bindegewebe für die Konstitution der Tiere.* (Vgl. HEIM, C. **1954.** 5544.) Unters. des Geh. an *Mucopolysacchariden* (I) am Unterhautbindegewebe (Metacarpo- bzw. Metatarsophalangealgelenk) von Rindern. Von verschied. Methoden erwies sich nur der turbidimetr. Nachw. nach LANGECKER (C. **1953.** 8115) als brauchbar. Der I-Geh. war geschlechtsabhängig: Er war bei ♀ > ♂ > Kastraten. Die Zusammenhänge zwischen Hyaluronsäure–Hyaluronidase u. den Östrogenen u. dem Wasserhaushalt des Organismus werden diskutiert. (Z. Tierzücht. Züchtungsbiol. **62.** 109—30. Dez. 1953. München, Univ., Inst. für Tierzucht.) GIBIAN. 4520

Hajime Masamune, Zensaku Yosizawa und **Tyuiti Isikawa,** *Mucosin und Mucoitin.* (Vorl. Mitt.) Aus vergleichenden Unterss. der Perjodsäureoxydation von *Acetylmucosinmethylester* u. *Mucoitin* (I; Nabelschnur-*Hyaluronsäure*) wird auf eine Pyranosestruktur von I geschlossen. (Tohoku J. exp. Med. **55.** 166. 25/2. 1952. [Orig.: engl.]) GIBIAN. 4520

Konrad Büttner, *Diffusion von Wasser und Wasserdampf durch die menschliche Haut.* Es werden Beobachtungen beschrieben, nach denen W. u. Wasserdampf auch von außen durch die Haut diffundieren können. Die Diffusionswiderstände betragen bei trockener Haut 0,05 m^2h (mm Hg)/g. Bei Wasserdampfdrucken über 22 mm Hg kommt es zu einer Dampfdiffusion in die Haut von über 20 g/m^2h. Bei Eintauchen der Hand in 20%ig. NaCl-Lsg. gehen 200 g/m^2h W. aus der Haut u. 50 g/m^2h hinein. Das Diffusionsgleichgewicht besteht bei 6%ig. NaCl-Lösung. Gleichartige Beobachtungen wurden für KCl u. Glucose gemacht. (Naturwissenschaften **40.** 392. Juli 1953. Los Angeles, Calif.) KRUSEN. 4550

B. und P. Chauchard, H. Mazoué und **R. Lecoq,** *Chronaximetrische Untersuchungen über den Wirkungsort der Hormone.* Nach chronaximetr. Messungen greift die

Hormonwrkg., deren Mechanismus noch wenig bekannt ist, an mehreren Stellen des neuromuskulären App. an. Jedes wirkt sowohl auf die nervösen Zentren als auch auf die Sympathicusnervenfasern u. die Eingeweidemuskulatur. Untersucht wurde die Wrkg. der *Hypophysenhormone*, von *Thyroxin* u. *Parathormon*, der *Pankreashormone* (*Insulin, Vagotonin, Lipocain, Centropnein*), *Nebennierenrindenhormone* (*Desoxycorticosteron, Cortison*) u. Sexualhormone (*Follikulin, Progesteron, Testosteron*). (J. de Physiol. **44.** 237—38. 1952. Paris, École prat. des Hautes Études, Neurophysiol., et Hôpital de Saint-Germain-en-Laye, Labor.) K. MAIER. 4558

Ebel, R. Fontaine und **P. Mandel,** *Wirkung von Follikulin auf die Calciumbilanz bei einer Diät, die das Minimum des Calciumbedarfs deckt.* An weiblichen Ratten wurde der Einfl. von *Follikulin* (I) auf den Ca-Stoffwechsel bei einer Diät, welche das Minimum des Ca-Bedarfs eben deckt, untersucht. Vff. fanden, daß schon geringe I-Dosen bei ihren Versuchsbedingungen eine Retention von Ca u. P bewirken. Die Ausscheidung durch den Darm ist bei beiden Elementen red., während die Ausscheidung im Harn für P vermindert, für Ca gering erhöht ist. (C. R. Séances Soc. Biol. Filiales **147.** 508—11. März 1953. Strasbourg, Fac. de Méd., Labor. de Chimie biol., u. Labor. de la Clin. chirurg. A.) WOLFGANG ALBRECHT. 4559

K. P. Sak, *Über den Nervenmechanismus der Leukocytenreaktion bei Einführung von Synöstrol.* Bei weißen Mäusen führt subcutane Injektion von *Synöstrol* (0,1 cm^3 1%ig. Öllsg.) in 24 Std. zu allg. Leukocytose, die einige Tage anhält. Im Pentothalschlaf (24 Std.) wird 24 Std. nach der 1. Injektion starke Leukopenie festgestellt. Wenn der Pentothalschlaf nach 24 Std. unterbrochen wird, entwickelt sich die Leukocytose, die offenbar durch Pentothal gehemmt wird. (Медичний Журнал (Киев) [Mediz. J. (Kiew)] **23.** Nr. 6. 14—17. 1953. Bogomoletz-Inst. für exp. Biol. u. Pathol., Labor. für exp. Endokrinol.) R. K. MÜLLER. 4559

John B. Storer und **Phyllis Sanders,** *Wirkung von Hypophysenextrakten auf durch Bestrahlung hervorgerufene testikulare Atrophie bei Ratten.* Besprechung von Verss. an ausgewachsenen bzw. noch nicht geschlechtsreifen Ratten zur Behebung von experimentellen Bestrahlungsschäden an den Testis durch Verabreichung von *Gonadophysin* (I; SEARLE), einem Extrakt aus Schafshypophysen mit Wrkg. auf Follikel u. Corpus luteum. Bestrahlt wurden der ganze Tierkörper mit 500 r oder nur die Testis mit 800 r in 3 Dosen, dann I-Injektion 2mal wöchentlich in den ersten 4—6 Wochen oder nach der 8.—16. Woche nach der Röntgenbestrahlung. Bei den Ratten wird durch I die Atrophie der Testis leicht vergrößert u. die Regeneration verhindert. (Proc. Soc. exp. Biol. Med. **83.** 259—62. Juni 1953. Los Alamos, N. Mex., Univ. of California, Los Alamos Sci. Labor.) DOSSMANN. 4560

W. Boels, *Die Wirkung des Somatotrophins Li auf die Niere und das Myocard der Ratte.* Vf. verabreichte Ratten, die durch vorherige einseitige Nephrektomie u. durch Zuführung 1%ig. Salzlsg. sensibilisiert worden waren, täglich 3 mg *somatotropes Hormon Li* u. fand nach 20 Tagen in der Niere vasculäre u. glomeruläre Schädigungen. Im Myocard wurden gleichzeitig fibrinoide Nekrosen in Arteriolen u. an Gruppen der Herzfasern Erscheinungen hyaliner Entartung festgestellt, deren Bedeutung diskutiert wird. (C. R. Séances Soc. Biol. Filiales **147.** 355—57. Febr. 1953. Gand, Univ., Labor. d'Anat. pathol.) K. BÖHM. 4560

Paul Chauchard, Henriette Mazoué und **Raoul Lecoq,** *Chronaximetrische Untersuchung über die Wirkung des Hypophysensomatotrophins.* Die Chronaxie nach Injektion von *Somatotrophin* wird kürzer im Vgl. zu der nach Injektion eines Gesamtextraktes aus dem Hypophysenhinterlappen gemessenen. *Somatotrophin* gehört zu den acidot. Hormonen u. wirkt gegenteilig wie *ACTH, Cortison, Gonadotrophin* u. der Vitamin-B-Komplex. Die Wrkg. von *Thyroxin, Desoxycorticosteron* u. Vitamin C wird nicht gestört. (C. R. hebd. Séances Acad. Sci. **237.** 1552—54. 9/12. 1953.) U. BAUMANN. 4560

Edwin A. Popenoe, John G. Pierce, Vincent du Vigneaud und **H. B. Van Dyke,** *Die oxytocische Aktivität gereinigten Vasopressins.* Stark gereinigte *Vasopressin* (I)-Präpp. enthalten neben pressor. u. antidiuret. Aktivität noch eine oxytocische, während gereinigtes *Oxytocin* (II) weder eine pressor. noch eine antidiuret. Wirksamkeit aufweist. Je 100 E. I-antidiuret. Aktivität werden ca. 5 II-E., gemessen am isolierten Rattenuterus, oder ca. 13—15 E., gemessen durch Blutdrucksenkung beim Küken, gefunden. (Proc. Soc. exp. Biol. Med. **81.** 506—08. Nov. 1952. New York City, Cornell Univ., Med. Coll., Dep. of Biochem., u. Columbia Univ., Coll. of Phys. and Surg., Dep. of Pharmacol.) K. MAIER. 4560

R. Q. Pasqualini, *Geschlechtsbedingte Unterschiede in der chloridausscheidenden Wirkung von Pitressin bei der Ratte.* Es wurde die *Chlorid*-Ausscheidung bei 78 männlichen u. 89 weiblichen Ratten nach Verabreichung von 5% des Körpergewichtes W. oder 0,9% ig. NaCl-Lsg. (Magensonde) untersucht. Injektion von 1 vasopressor. Einheit *Pitressin* (I) rief bei männlichen u. weiblichen Tieren eine vergleichbare Oligurie hervor, während die Chloridausscheidung nur bei ersteren zunahm. Nach Zuführung einer NaCl-Lsg. steigerte I die Chloridausscheidung weder bei Männchen noch bei Weibchen, wenn auch diejenige der ersteren doppelt so hoch war wie die der weiblichen Tiere. Bei einem größeren antidiuret. Effekt von I ist die chloridausscheidende Wrkg. geringer. (C. R. Séances Soc. Biol. Filiales **146.** 591—94. April 1952. Inst. nacional de Endocrinologia.) K. MAIER. 4560

Jean E. Carr, John B. Conn und **Thomas G. Wartman,** *Die Bindung von Metallionen durch ACTH: eine zur biologischen Aktivität in Wechselbeziehung stehende Eigenschaft.* Polarograph. Unterss. ergaben, daß *ACTH* in saurer Lsg. *Zn-*, *Cu-*, *Mn-*, *Co-* u. *Ni*-Ionen bindet, *Bi-*, *Pb-* u. *Sn*-Ionen dagegen nicht. Unter bestimmten Bedingungen besteht zwischen dem Grad der *Zn-* u. *Cu*-Bindung u. der im Rattentest gemessenen adrenocorticotropen Aktivität eine Wechselbeziehung. Da die Bindung durch niedrigen p_H begünstigt wird, ist anscheinend keine COOH-Gruppe beteiligt. Es wird eine Meth. zur Best. der *ACTH*-Aktivität durch polarograph. Messung des Zn-Bindungsvermögens angegeben, wobei Standardpräp. u. Untersuchungsproben nach übereinstimmenden Verff. hergestellt sein müssen. *Salmin* u. *Dihydrostreptomycin* binden ebenfalls, bei niedrigem p_H stärker, *Zn*-Ionen. Diese Verbb. u. *ACTH* enthalten alle *Guanidin*-Reste. Falls letztere bei der *Zn*-Bindung beteiligt sein sollten, müssen hierbei noch weitere strukturelle Eigenheiten mitspielen, da z. B. *Arginin* allein kein *Zn* bindet. (Science [Washington] **116.** 566—68. 21/11. 1952. Rahway, N. J., Merck & Co., Inc., Res. & Development Div.) K. MAIER. 4560

Irving I. Geschwind und **Choh Hao Li,** *Einfluß der Hypophysenentfernung und des adrenocorticotropen Hormons auf ein Enzymsystem der Säugetiere.* Das von KNOX u. MEHLER beschriebene, Tryptophan abbauende Enzymsyst. steigert nach intraperitonealer Injektion großer Dosen von d-Tryptophan seine Aktivität aufs 5—10fache. Hypophysenfreie Ratten zeigen bei intraperitonealer Injektion von Tryptophan am 4. bzw. 14 Tage nach Entfernung der Hypophyse nur noch $^2/_3$ bzw. $^1/_3$ der n. gesteigerten Enzymaktivität. Während bei Ratten durch Nebennierenektomie der Tryptophanabbau nicht beeinflußt wird, kann er durch Injektion von adrenocorticotropem Hormon beschleunigt werden. (Nature [London] **172.** 732—33. 17/10. 1953. Berkeley, Calif., Univ. of California, Dep. of Biochem., Hormone Res. Labor.) FAUST. 4560

Kurt Lange, Lawrence Slobody und **Ruth Strang,** *Behandlung des Nephritissyndroms mit periodischer ACTH- oder oraler Cortisontherapie. ACTH* (100 mg/Tag), während 7 Tagen verabfolgt, bewirkt in den meisten Fällen nur eine zeitlich begrenzte klin. Besserung der Symptome. Wird ACTH dagegen über einen Zeitraum von 5 bis 8 Wochen an 3 aufeinanderfolgenden Tagen einer jeden Woche gegeben, so tritt eine langandauernde Besserung ein. Die Verss. mit der period. Therapie wurden so lange fortgesetzt, bis der Serum-Komplementspiegel sich auf den durchschnittlichen Normal- oder auf einen hohen Wert stabilisiert hatte. Verss. mit einer kombinierten Therapie: Anfangsbehandlung mit ACTH u. period. Weiterbehandlung mit Cortison haben zu Ergebnissen geführt, die eine Anwendung dieser Therapie erfolgreich erscheinen lassen. (Proc. Soc. exp. Biol. Med. **82.** 315—17. Febr. 1953. New York, N. Y., Med. Coll.; Research Unit, Dep. of Med. and Pediatr., Metropol Hosp.) BRAUKMANN. 4560

W. G. D. Caldwell, *Behandlung des Stevens-Johnson-Syndroms mit ACTH.* Behandlung einer 54jährigen Patientin mit STEVENS-JOHNSON-Syndrom (Erythema exsudativum multiforme) zunächst erfolglos mit Antihistaminmitteln, dann 6stündlich je 25 mg *ACTH* (I) 4 Tage lang, danach 20 mg alle 8 Std. für 3 Tage, am 8. Tage 10 mg alle 8 Std. (intramuskulär). Schon nach 12 Std. deutliche Besserung, nach 10 Tagen prakt. geheilt. Der Erfolg von I spricht für eine allerg. Ursache dieser Krankheit. (Lancet **264.** 1127—28. 6/6. 1953. Southampton, Royal South Hants Hosp.) L. BERGER. 4560

F. Leibetesder, *Die Wirkung von Adrenalin und Noradrenalin auf die Kreislaufbelastungsprüfung. Arterenol* (I) u. *Adrenalin* (II) wurden in ihrer Wrkg. auf die Kreislaufbelastungsprüfung nach DELIUS u. REINDELL am Menschen untersucht. I führt im Stehen wie II zu einem Anstieg des Blutdrucks, wobei II dessen Amplitude vergrößert, I nicht. Nach Belastung wird unter I der Blutdruck wesentlich konstanter gehalten als unter II oder im Vorversuch. Nach II hält die Belastungstachycardie länger an als im Vorvers.; I verursacht eine rasche Frequenzabnahme. Im EKG. keine sicheren Veränderungen der Nachschwankung. Bei über der Hälfte aller Fälle traten aber nach I u. II Rhythmusstörungen auf. (Z. Kreislaufforsch. **43.** 90—98. Febr. 1954. Innsbruck, Med. Univ.-Klinik.) JORDAN. 4561

Ernest W. Page und **Mary Beth Glendening,** *Einfluß der Schwangerschaft auf durch NaCl und Desoxycorticosteron hervorgerufene Hypertonie.* Bei durch NaCl u. *Desoxycorticosteronacetat* (60 oder 70 mg subcutan implantiert) hervorgerufener Hypertonie wurden bei Ratten Konzeption, Eiimplantation oder n. Geburt nicht beeinflußt. Im letzten Drittel der Schwangerschaft wurde vorübergehend erhöhte Proteinurie beobachtet, am Ende kein Blutdruckabfall. (Proc. Soc. exp. Biol. Med. **82.** 466—68. März 1953. San Francisco, Calif., Univ. of California, School of Med., Dep. of Obstetr. and Gynecol.) BROSEMANN. 4561

D. Cordier und **G. Pérès,** *Vergleich der Wirkung von Cortison und von Desoxycorticosteron-β-D-glucosid auf durch den Höhensonnenschock hervorgerufene Störungen der intestinalen Resorption von Glucose.* Bei Ratten, die in einer Höhe von 1800 m mit der unteren Körperseite bis zu 50 Min. der Sonnenbestrahlung ausgesetzt werden (28 bis 31°), wird die intestinale *Glucose*-Resorption aus einer 20%ig. Lsg. von sonst 47% der verabreichten Menge auf 37% vermindert. Werden den Tieren 2 Std. vor Versuchsbeginn 2,5 mg *Cortison* oder *Desoxycorticosteron-β-D-glucosid* subcutan appliziert, so bleibt diese Resorptionsverminderung aus. Auch geraten so behandelte Tiere nach 50—60 Min. dauernder Sonneneinstrahlung nicht in den komatösen Zustand mit anschließendem Exitus, wie er bei nichtbehandelten Ratten auftrat. (C. R. Séances Soc. Biol. Filiales **147.** 1410—12. Aug./Sept. 1953. Lyon, Fac. des Sci., Labor. de Physiol. générale; Terrasses, Hautes-Alpes, Stat. exp.) KRUSEN. 4561

B. Krewer, *Ergebnisse der Hydrocortisontherapie bei Erkrankungen des Kollagensystems.* In 30 Fällen rheumat. Erkrankungen konnte Vf. durch intraartikuläre, periartikuläre, intrasynoviale u. perikapsuläre Injektionen von *Hydrocortisonacetat* in 2,5%ig. Suspension gute Erfolge erzielen. (Presse méd. **62.** 543. 10/4. 1954. Paris, Clichy, Hôp. Beaujon.) KRUSEN. 4561

Emanuel Schwartz, *Orale Hydrocortisonbehandlung von Bronchialasthma und Heufieber.* Die Behandlung von 39 Fällen von Bronchialasthma mit täglichen peroralen Dosen von 40—80 mg *Hydrocortison* führte in 25 Fällen zu guter u. in 10 zu mäßiger Besserung der Symptome, 4 Fälle wurden nicht beeinflußt. Von 10 Heufieberfällen wurden bei gleicher Therapie 9 gut u. 1 mäßig gebessert. In 9 Fällen traten Nebenerscheinungen (Schweißausbrüche, Tachycardie, Schwindel u. Kopfschmerzen) auf, die in 2 Fällen zum Absetzen der Therapie zwangen. (J. Allergy **25.** 112—19. März 1954. New York, N. Y., State Univ. of New York, Coll. of Med.) KRUSEN. 4561

A. Moszkowska und **P. Leroy,** *Durch Cortisoninjektionen hervorgerufene histologische Veränderungen der Rattenschilddrüse nach Ovariektomie und Adrenalektomie. Cortison* (I) ruft bei den entsprechend vorbehandelten Tieren eine Hyperplasie des Epithels der Schilddrüsenbläschen hervor. Das Auftreten größerer Mengen thyreotropen Hormons als Ursache hierfür scheint durch I angeregt zu werden. (C. R. Séances Soc. Biol. Filiales **147.** 9—13. Jan. 1953.) H. P. FIEDLER. 4561

Antoine D'Iorio und **G. W. E. Plaut,** *Wirkungen von thyreotoxischen Substanzen und Vitamin B_{12} auf den Adrenalingehalt der Nebennieren.* Verss. mit jungen Ratten ergaben, daß ein Zusatz thyreotox. Materials (0,3% getrocknete Schilddrüse bzw. 0,1% jodiertes Casein) zu einer Casein–Saccharose- oder einer Sojamehldiät den *Adrenalin* (I)-Geh. der Nebennieren um ca. 50% reduzierte. Durch orale oder parenterale Zuführung von krist. *Vitamin B_{12}* (II) gelang eine teilweise Wiederherst. des I-Spiegels der Nebennieren thyreotox. Tiere. Die günstige Wrkg. von II auf den I-Geh. ging seiner wachstumsfördernden Eigg. nicht einfach parallel. Vff. nehmen an, daß II möglicherweise bei der Methylierung von *Arterenol* zu I beteiligt ist. (Arch. Biochem. Biophysics **41.** 153—57. Nov. 1952. Madison, Wis., Univ. of Wisconsin, Inst. for Enzyme Res. and Dep. of Biochem.) K. MAIER. 4562

E. M. McGirr und **James H. Hutchison,** *Untersuchungen mit radioaktivem Jod beim nichtendemischen Kretinismus mit Kropfbildung.* 12 Patienten mit nichtendem. Kropf u. Kretinismus wurden mittels ^{131}J (I) untersucht. Der große Anteil von I, der dabei im Serum gefunden wurde, könnte zur Annahme einer Thyreotoxicose führen, während die Ausscheidung im Urin an eine Unterfunktion der Schilddrüse denken läßt. Die Schilddrüse nimmt das anorgan. I aus dem Serum auf, führt es in eine organ. Form über, die dann im Blut wiedergefunden wird, aber nicht ident. mit *Thyroxin* ist. Diese Verb. unbekannter Struktur läßt sich in der Butylalkoholfraktion des Serums nachweisen. Die Unfähigkeit, *Thyroxin* zu bilden, scheint bei diesen Fällen eine familiäre Störung zu sein. (Lancet **264.** 1117—20. 6/6. 1953. Glasgow, Royal Infirmary and Royal Hosp. for Sick Children.) L. BERGER. 4562

G. L. Mills, *Beobachtungen über die Zusammensetzung und Aktivität von partiell aryliertem Insulin.* Es wurde die Anwendung von *2.4.5-Trinitrotoluol* (I) zur Darst. markierter *Insulin* (II)-Derivv. untersucht. Zur Herst. des *Dinitrotolyl*-Deriv. wurden ca. 100 mg krist. II in ca. 10 cm^3 W., dem einige Tropfen Pufferlsg. zugesetzt waren, gelöst, A. bis zur 70%ig. Konz., sowie ca. 50 mg I u. tropfenweise Pufferlsg. bis zur Sättigung zugegeben, bei 18—37° 3—24 Std. stehengelassen, mit W. verd., A. u. überschüssiges I mit Ae. extrahiert, der p_H-Wert der wss. Phase auf den isoelektr. Punkt eingestellt u. der gelbe Nd. abzentrifugiert. Die endständigen *Glykokoll-NH_2*-Gruppen von II reagieren schneller als *Phenylalanin* u. *Lysin*. Die Rk. mit allen freien NH_2-Gruppen u. mit den phenol. des Tyrosins ist deutlich p_H-abhängig. Durch Unterbrechen der Rk. nach bestimmter Zeit ließen sich wasserlösl. II-Derivv. mit der gesamten oder teilweisen ursprünglichen Aktivität darstellen. Die Aktivität von partiell aryliertem II hängt von der Zahl der maskierten NH_2-Gruppen ab u. fällt stark ab, wenn mehr als 2 Reste eingetreten sind. Die Verteilung der maskierten *NH_2*-Gruppen in derartigen Dinitrotolylderivv. deutet darauf hin, daß die freien NH_2-Gruppen für die Hormonwrkg. von II nicht unbedingt erforderlich sind. (Biochem. J. **53**. 37—40. Jan. 1953. London, Middlesex, Hosp., Med. School; Courtauld Inst. of Biochem.) K. MAIER. 4564

N. T. Kowalewa, *Über die Bildung von „Antirenin" bei langer intravenöser Zufuhr von Renin an Hunde.* In 460 Verss. an 5 Hunden wurde festgestellt, daß bei langer systemat. intravenöser Zufuhr von *Renin* (I) bei den meisten Tieren ein areaktiver Zustand gegenüber der pressor. Wrkg. von I zu individuell verschied. Zeitpunkten eintritt. Dieser Zustand ist vom Auftreten von *Antirenin* im Blut begleitet. Dies ist als eine der Abwehr-Rkk. des Organismus anzusehen, bei welchen das Zentralnervensyst. eine entscheidende Rolle spielt. Bei Unterbrechung der I-Zufuhr hört der areaktive Zustand auf; er kehrt bei erneuter I-Zufuhr in kürzeren Abständen wieder. (Архив Патологии [Arch. Pathol.] **15**. Nr. 6. 38—43. Nov./Dez. 1953. Inst. für Therapie der Akad. der med. Wiss. der UdSSR, Pathophysiol. Labor.) LEBTAG. 4569

J. E. Kench und **C. S. Papastamatio**, *Eine Untersuchung über congenitale Porphyrie.* Bei einer schwangeren Patientin (25 Jahre) mit congenitaler Porphyrie ergab die Unters. nach Entbindung: Fötalblut bei der Geburt 256 u. 306 γ *Porphyrin* (I)/ 100 cm^3 Erythrocyten u. Plasma, mütterliches Blut 544 u. 774; Mekonium 9,65 mg I, bestehend aus etwa gleichen Mengen Porphyrinen mit 8, 6, 4, 3 u. 2 Carboxylgruppen, ferner *Uroporphyrin* (nicht in mütterlichen Fäces); Urin des Neugeborenen 140 γ I am 2. Tag, später null; Brustmilch kein I. Die Placenta ist demnach für I permeabel. Sie werden jedoch rasch vom Fötus ausgeschieden. Unters. der Gewebe nach dem während einer 2. Schwangerschaft erfolgten Tod der Patientin ergab in Mekonium, Urin u. Fäces Ggw. vieler I-Zwischenstufen. In der Leber waren papierchromatograph. I mit 8,7, 6, 4, 3 u. 2, in der Milz I mit 2—8 Carboxylgruppen nachweisbar. (Biochem. J. **51**. XLI—XLII. Manchester, Royal Infirmary and Univ., Dep. of Haematol.) K. MAIER. 4572

H. Messerli, *Untersuchungen über Eiweißmangel als Ursache der Hämochromatose.* Eine experimentelle Unters. an Ratten zeigt, daß Eiweißmangel, kombiniert mit einer massiven Eisenzufuhr, eine Form von Hämosiderose hervorruft, die keine morpholog. Zeichen einer Hämochromatose besitzt. Die Eisenablagerung ist ident. mit der einer gewöhnlichen Hämosiderose. Eiweißmangel kann nicht als ätiolog. Ursache einer Hämochromatose angesehen werden. (Int. Z. Vitaminforsch. **25**. 225—40. 1954. Bern, Univ., Pathol. Inst.) BENISCHKE. 4572

A. Ermans, *Messung des Phosphoraustausches zwischen Plasma und Erythrocyten durch den „Auswanderungskoeffizienten" von ^{32}P.* 10 ml heparinisiertes Blut werden 1 Std. lang mit 100 mC ^{32}P als Na_2HPO_4 bei 37° gehalten (Thermostat) u. langsam gerührt. Danach wird 5 Min. mit 2400 Umdrehungen/Min. zentrifugiert, das Plasma entfernt, die Erythrocyten in Serum aufgeschwemmt u. diese Suspension, die $^1/_3$ der anfänglichen Aktivität enthält, intravenös injiziert. In Abständen von 1—20 Std. werden 70 Std. lang Blutproben entnommen u. die Aktivität der Erythrocyten gemessen. Bei monologarithm. graph. Darst. (log der Aktivität gegen Zeit) ergibt sich für die Aktivitätsabnahme der Erythrocyten eine Gerade, aus der sich folgende Funktion ableiten läßt: $S = \log \text{Aktivität } t_1 - \log \text{Aktivität } t_2/t_2 - t_1 \cdot 2{,}3 - K$. Darin sind: S = „Auswanderungskoeff.", t_1 u. t_2 = Zeit in Min., K = konstanter Abnahmekoeff. für $^{32}P = 0{,}34 \cdot 10^{-4}$. Bei 20 Personen wurden S-Werte von $2{,}8—5{,}3 \cdot 10^{-4}$ gefunden. (C. R. Séances Soc. Biol. Filiales **147**. 1525—27. Aug./Sept. 1953. Bruxelles, Univ., Hôp. Brugman, Labor. des Isotopes; Inst. Interuniv. des Sci. nucl.) KRUSEN. 4573

A. Ermans, *Änderungen des Phosphoraustausches von Erythrocyten bei verschiedenen Stoffwechselzuständen der Ratte.* Mit dem beschriebenen Verf. (vgl. vorst. Ref.) wurde der durchschnittliche „Ausscheidungskoeff." von ^{32}P aus Erythrocyten von n. Ratten zu $S = 6{,}8 \cdot 10^{-4}$ ($\pm 0{,}53 \cdot 10^{-4}$) bestimmt. Wurden die Tiere dagegen vor dem Vers. 30 Tage lang mit täglich 25 mg *Propylthiouracil* behandelt, so wurde ein Mittelwert von $S = 5{,}9 \cdot 10^{-4}$ ($\pm 0{,}28 \cdot 10^{-4}$) gefunden, nach einmaliger Injektion von 6 mg/kg *Thyroxin* 72 Std. vor dem Vers. ein solcher von $S = 8{,}1 \cdot 10^{-4}$ ($\pm 0{,}37 \cdot 10^{-4}$). (C. R. Séances Soc. Biol. Filiales **147.** 1528—30. Aug./Sept. 1953.) KRUSEN. 4573

Asher Woldow, James E. Chapman und **John M. Evans,** *Fett-Toleranz bei Arteriosklerotikern: Heparinwirkung auf die Lipämie, die Lipoproteine und γ-Globuline.* Coronarsklerotiker haben gegenüber Gesunden eine stärkere u. länger anhaltende alimentäre Lipämie u. einen erhöhten Lipoproteingeh. (Fettdiät). *Heparin* oder *heparinähnliche* Substanzen wirken bei intravenöser Zufuhr dieser Entw. entgegen u. beschleunigen die Lipämieclearance. Dabei kommt es zu einer Verminderung der γ-Globulinfraktion. Das Globulin spielt also offenbar eine Rolle im neutralen Fettstoffwechsel, vielleicht auch ein Heparinmangel bei Fettstoffwechselstörungen. (Amer. Heart J. **47.** 568—79. April 1954. Washington, D. C., Univ., School of Med., Dep. of Med.) JORDAN. 4574

John B. Field, *Die Wirkung von Salicylsäure auf durch Dicumarol erzeugte Hypoprothrombinämie beim Hund und bei der Ratte.* Vf. stellt fest, daß *Acetylsalicylsäure* (**I**), die durch das *Dicumarol* (= *3.3'-Methylen-bis-[4-oxycumarin]*; **II**) beim Hund u. bei der Ratte hervorgerufene Hypoprothrombinämie verstärkt, wenn **I** nach Applikation von **II** gegeben wird, u. bereits seine antikoagulierende Wrkg. entfaltet hat. Das gleiche Ergebnis tritt auch bei gleichzeitiger Verabfolgung von **I** (Dosis: 100 mg/kg) u. **II** (10—15 mg/kg) auf. Dagegen wird die Hypoprothrombinämie stark abgeschwächt oder unterdrückt, wenn hohe Dosen **I** (1 g/kg) gleichzeitig mit **II** (7,5—15 mg/kg) per os gegeben werden oder **II** nach erfolgter vorheriger 7tägiger Behandlung mit niedrigen **I**-Dosen (100 mg/kg) verabfolgt wird. Es wird vermutet, daß die **I**-Wrkg. auf durch **II** erzeugte Hypoprothrombinämie darauf beruht, daß bei der Entgiftung von großen Mengen **I** in vivo Abbauprodd. entstehen, die sich anhäufen u. somit die Wrkg. des Antikoagulans hemmen. (Science [Washington] **117.** 499—501. 8/5. 1953. Madison, Wis., Univ., Coll. of Agricult., Dep. of Biochem., u. Los Angeles, Calif. Univ. of South Calif., School of Med., Dep. of Med.) FAHRNLAENDER. 4574

H. Hüsselmann, *Speicherungserscheinungen beim Menschen nach Periston.* Nach Besprechung der bislang bekannten Speicherungserscheinungen nach *Periston*-Infusionen beim Menschen u. Tier berichtet Vf. über eigene Befunde beim Säugling, Kleinkind u. bei Erwachsenen, wobei auf den Ablagerungsort hingewiesen wird. Die Speicherungsphänomene setzen anscheinend in Form einer Bldg. von *Coacervaten* ein, wobei es sich vorwiegend um einen elektr. Ladungsaustausch u. eine Wasserverschiebung zwischen *Kollidon* (**I**) u. Eiweiß handeln dürfte. Eindeutige Gewebsspeicherungen von **I** lassen sich meist erst nach 2—3 Wochen nachweisen, wenn durch Wasserentzug eine Denaturierung des Plasmaeiweißes u. eine enge Verknüpfung mit **I** zu unlösl. Aggregaten erfolgt sind. — Die Möglichkeit von Speicherungsschäden wird diskutiert. (Klin. Wschr. **30.** 801—08. 1/9. 1952. Hamburg, Allg. Krankenhaus St. Georg.) K. MAIER. 4576

Stig Wahlqvist, *Über Flüssigkeitsbilanz und Flüssigkeitstherapie.* Übersicht über die Grundlagen der Anwendung von Infusionslsgg., Flüssigkeitsbilanz, Resorption, Verteilung, Ausscheidung; Elektrolytzus.; Zus. des Blutplasmas; Flüssigkeitstherapie: präoperative Therapie (Flüssigkeitsbilanzprobe, Bluttransfusionen, Maßnahmen bei Alkalose, Acidose u. Dehydratation), Therapie in der operativen Phase, postoperative Therapie (Maßnahmen bei K-Mangel, Anämie u. Hypoproteinämie). (Farmac. Revy **53.** 201—11. 18/3. 1954.) R. K. MÜLLER. 4576

Irene E. Broadbent, R. V. Brooks und **W. Klyne,** *Einige Lipoidfraktionen aus dem Urin von Bullen und trächtigen Kühen.* Aus dem Butanolextrakt des Urins von Bullen u. trächtigen Kühen wurden keine Steroide isoliert. In einer Fraktion wurde *5-Oxy-cis-tetrahydrojonol* (*4-3'-Oxybutyl-3.3.5-trimethylcyclohexanol*) gefunden. (Biochem. J. **55.** VI—VII. Aug. 1953. London, Postgraduate Med. School.) U. BAUMANN. 4577

Seizo Katsunuma, *Die Behandlung der menschlichen Anencephalie.* Bei Frauen mit einer oder mehreren Anencephaliemißgeburten konnte Vf. bei erneuten Graviditäten durch Verabreichung von täglich 3—5 g *koll. Fe* u. $Ca_3(PO_4)_2$ während der ganzen Gravidität die Geburt n. Kinder erreichen. (C. R. Séances Soc. Biol. Filiales **147.** 1537—38. Aug./Sept. 1953. Nagoya, Japan, Univ.) KRUSEN. 4583

J. Verne, P. Desclaux, A. Soulairac und **M. Delsol,** *Untersuchung der Wirkung von p-Oxypropiophenon auf das Thyreostimulin und die Schilddrüsenfunktion der Kaulquappe von Rana temporaria.* Bei der Kaulquappe von *R. temporaria* besteht hinsichtlich der Metamorphose von Kontroll- u. mit *β-Oxypropiophenon* (I) behandelten Tieren prakt. kein Unterschied. I übt eine relativ große tox. Wrkg. aus. Die Metamorphose mit *Thiouracil* (II) bzw. mit I + II behandelter Tiere ist gleich stark verzögert. Nach diesen Ergebnissen scheint I die thyreotrope Hypophysenaktivität von *R. temporaria*, im Gegensatz zu den bei Säugetieren gemachten Beobachtungen, nicht direkt zu beeinflussen. (C. R. Séances Soc. Biol. Filiales **146.** 836—38. Juni 1952. Paris, Sorbonne, Labors. de Biol. méd. et d'Embryol. de la Fac. de Méd. et de Psychophysiol.) K. Maier. 4583

A. P. Jansen und **B. C. P. Jansen,** *Die Riboflavinausscheidung im Urin während der Schwangerschaft.* Die *Riboflavin* (I)-Ausscheidung von n. u. schwangeren Frauen zeigte keine Unterschiede bei täglicher I-Aufnahme von <1 mg oder >2 mg je Tag. Bei den Zwischenwerten schieden n. Frauen mehr I aus. Daraus wird auf einen I-Bedarf von 2 g/Tag während der Schwangerschaft geschlossen. Er ist am höchsten während der letzten 6 Monate. (Int. Z. Vitaminforsch. **25.** 193. 1954. Amsterdam, Univ., Netherland Inst. of Nutrit. and Labor. of Physiol. Chem.) Benischke. 4587

M. N. Meissel, *Die Gewinnung von Riboflavin (Vitamin B_2) auf mikrobiologischem Wege.* Die Riboflavin (I)-bildenden Mikroorganismen werden unmittelbar auf Getreideprodd., darunter auch Kleie, gezüchtet, um dadurch Nahrungs- u. Futterkonzentrate zu gewinnen. Diese enthalten auf 1 g durchschnittlich 3—4 mg I, außerdem weitere *Vitamine,* darunter auch B_{12}. 1 g Konzentrat genügt bei Verfütterung auf Geflügelfarmen für 10—12 Hühner. (Вестник Академии Наук СССР [Nachr. Akad. Wiss. UdSSR] **24.** Nr. 3. 62—63. März 1954.) Ulmann. 4587

J. M. Cooperman, W. L. Marusich, J. Scheiner, L. Drekter, E. de Ritter und **S. H. Rubin,** *Eine kritische Untersuchung der biologischen Aktivität von L-Lyxoflavin. L-Lyxoflavin* (I) kann bei der Ernährung von *Lactobacillus casei* u. der Ratte beschränkt *Riboflavin* (II) ersetzen. In beiden Fällen scheint die I-Aktivität vom relativen I:II-Verhältnis abzuhängen. Bei Küken rufen große I-Gaben kleine Gewichtszunahmen hervor, die jedoch auch durch gleiche II-Dosen bewirkt werden. Nach den derzeitigen Erkenntnissen ist I nicht als ein neues Vitamin anzusehen. (Proc. Soc. exp. Biol. Med. **81.** 57—62. Okt. 1952. Nutley, N. Y., Hoffman-La Roche, Nutrit. Labors.) K. Maier. 4587

W. Neuweiler und **H. Fischer,** *Über das Vitamin B_6 in der Frauenmilch.* Der Geh. an *Vitamin B_6* liegt bei der Frauenmilch 15—20 γ-%, bei Kuhmilch bei ca. 190 γ-%. Ältere Frauenmilch (ca. 14 Tage nach der Geburt) hat einen höheren Geh. (20—40 γ-% mehr). Nach einmaliger Belastung (per os mit *Benadon* Roche) steigt der Geh. in der Frauenmilch bis zur dreifachen Höhe an, um nach 9 Std. auf leicht erhöhte Werte abzusinken. Bei fortgesetzter Belastung nehmen die Werte wieder vom dritten Tage an ab. (Int. Z. Vitaminforsch. **25.** 205—09. 1954. Bern, Univ., Frauenklinik, u. Liebefeld, Eidg. milchwirtschaftl. u. bakteriol. Versuchsanstalt.) Benischke. 4587

Walter Kircher, *Untersuchungen über die Wirksamkeit des Vitamins B_6 (Pyridoxin) bei diphtherischen Lähmungen.* Von 51 Meerschweinchen, denen nach der Meth. von Rumon, Debré u. Uhry eine Diphtherietoxindosis verabfolgt wurde, die zu lokalen Paresen führt, wurden 25 mit *Vitamin B_6* (I; *Benadon* Roche) behandelt. Es zeigte sich, daß nur bei ganz leichten Lähmungen die Funktion so weit gebessert werden kann, daß die Parese nicht in Erscheinung tritt. 8 Tiere wurden mit sonst zu tödlichen Lähmungen führenden Toxindosen versehen. 4 Tiere davon wurden mit I behandelt. Aus dem Ergebnis wurde geschlossen, daß es durch I-Behandlung in einzelnen Fällen gelingen kann, einem Tier mit sonst tödlich verlaufender Lähmung über die gefährliche Zeit hinüberzuhelfen. Es ist hieraus zu schließen, daß durch I bei diphther. Lähmungen eine deutliche Besserung der Funktion zu erzielen ist. Die Wrkg. besteht offensichtlich in einer Hebung des Muskeltonus u. Anregung der Funktion noch nicht ausgefallener Muskelfasern. An 37 Kindern wurden Erfahrungen gesammelt, die eine günstige, symptomat. Wrkg. zeigen. 2 Fälle werden ausführlich besprochen. (Int. Z. Vitaminforsch. **25.** 175—85. 1954. Graz, Univ., Kinderklinik.) Benischke. 4587

Ernst Stangl, *Studien über den Einfluß der Pantothensäure auf den Blutzucker des Menschen.* Zur Klärung der Funktion der Pantothensäure (I) im Kohlenhydratstoffwechsel wurde bei 20 Personen vor u. 30 Min. nach intravenöser Injektion von *Panthenol* (*Bepanthen* Roche) der Nüchternblutzucker (II) nach der Meth. von Hagedorn u. Jensen bestimmt. Danach senkt I den II-Geh. in Höhenklima. In der Ebene reagieren die Diabetiker mit einer Senkung, n. Versuchspersonen zeigen einen Anstieg des **II**-Gehaltes. Darunter war auch ein Fall von Diabetes insipidus. Man vermutet einen Einfl. der **I** auf die β-Zellen des Pankreas. (Int. Z. Vitaminforsch. **25.** 135–38. 1954. Innsbruck, Univ., Med. Klinik.) BENISCHKE. 4587

A. Giroud, G. Lévy und **J. Lefebvres,** *Untersuchungen über den Pantothensäurespiegel normaler Muttertiere und Föten und von Muttertieren mit Vitaminmangel.* Da die Leber empfindlich auf Ernährungsfaktoren anspricht, wurde sie zur Unters. eines ausgeglichenen *Pantothensäure* (**I**)-Haushaltes von Ratten u. deren Föten (21. Tag der Trächtigkeit) herangezogen. Bei einer täglichen Versorgung mit 150 γ **I** enthielt die Leber der Muttertiere 90 (63–137) γ **I**/g, die der Embryonen 33,2 (26 bis 48) γ **I**/g. Der Geh. bei Embryonen des gleichen Muttertieres zeigte nur geringe individuelle Schwankungen u. war im übrigen vom mütterlichen Zustand abhängig. Die Unterschiede bei den einzelnen Muttertieren sind größer u. werden wahrscheinlich durch die Zus. der jeweiligen Darmflora beeinflußt, wie Verss. unter Zusatz von Antibioticis andeuten. Bei **I**-freier Fütterung (26 Tage lang, begonnen 6 Tage vor der Befruchtung) sank der **I**-Geh. um 40% auf 52 (40–60) γ/g. Hierbei trat stets Spontanabort ein. (Int. Z. Vitaminforsch. **25.** 148–53. 1954.) BENISCHKE. 4587

A. Giroud, G. Lévy und **J. Lefebvres,** *Führt ein Mangel an Folsäure bei der trächtigen Ratte sekundär zu einem Mangel an Pantothensäure?* Bei trächtigen Ratten wurde durch eine entsprechende Diät u. Unterdrückung der intestinalen Synth. ein Mangel an *Folsäure* hervorgerufen. Gleichzeitig damit wurde der Geh. der *Pantothensäure* in der Leber vermindert. (Int. Z. Vitaminforsch. **25.** 153–57. 1954. Paris, Fac. de Méd., Labor. de Chim. biol., Labor. d'Embriol., u. École des Hautes Études, Labor. de Physiol. de la Nutrit.) BENISCHKE. 4587

R. Karlin und **R. Wolff,** *Vorkommen von Vitamin B_{12} im Blutserum einiger Säugetiere.* Zur *Vitamin B_{12}* (**I**)-Best. werden 3 ml durch Erhitzen bei p_H 5,1 enteiweißtes Serum mit 2 Tropfen Essigsäure, 2 Tropfen Acetatpuffer (p_H 5,1) u. 0,2 ml einer 10%ig. KCN-Lsg. von p_H 5,1 versetzt u. 24 Std. im Dunkeln stehengelassen. Dann wird auf 15 ml aufgefüllt, 2 Min. in ein sd. Wasserbad gehalten u. 6 Min. in einen Autoklaven von 120° verbracht. In der erhaltenen Lsg. wird **I** mikrobiol. mit Lactobacillus leichmannii bestimmt. Folgende Durchschnittswerte wurden erhalten: Pferd 3,16 γ/ml (Standardabweichung 0,73 γ/ml), Rind 0,34 (0,16), Schaf 4,50 (2,99), Ziege 1,43 (0,85), Schwein 0,32 (0,14), Kaninchen 43,2 (30) u. Meerschweinchen 1,44 (0,73). (C. R. Séances Soc. Biol. Filiales **147.** 1387–89. Aug./Sept. 1953. Nancy, Fac. de Méd., Labor. de Chim. biol.; Lyon, Inst. bactériol.) KRUSEN. 4587

Abraham Leviton und **Robert E. Hargrove,** *Mikrobiologische Vitamin-B_{12}-Synthese durch Propionsäurebakterien.* Alle Species des Genus *Propionibacterium* bilden, wenn auch in verschied. Mengen, *Vitamin B_{12}* (**I**)-akt. Substanzen in Konzz., die den durch andere Organismen erzeugten gleichkommen oder diese übertreffen. Die Vergärung von *Milchsäure* (**II**) zu *Propionsäure, Essigsäure* u. CO_2 erfolgt in Zeiten, die denen der meisten industriellen Gärungen entsprechen. Die **I**-Bldg. erfolgt anaerob u. aerob, jedoch nicht bei Belüftung. Bei der Vergärung von Lactaten in Rührgefäßen wurden innerhalb 40–72 Std. 1,3–1,7 mg **I**/Liter, im Schüttelkolben bis zu 3,0 mg/Liter erhalten. Die Verss. wurden mit *P. freudenreichii* (*ATCC 6207*) bei 30° durchgeführt. Bei der Vergärung von *Lactose* durch *P. freudenreichii* u. *L. casei* (*ATCC 7469*) in Symbiose betrug die **I**-Ausbeute nach 312 Std. 4,3 mg. *Glucose* ist, gewichtsmäßig betrachtet, **II** als Substrat überlegen, jedoch sind die bei **II**-Vergärung erhaltenen Bakterienzellen reicher an **I**-akt. Substanzen. Die Hitzelabilität der letzteren deutet auf einen beträchtlichen Anteil von *Vitamin B_{12b}* an der Gesamtaktivität hin. (Ind. Engng. Chem. **44.** 2651–55. Nov. 1952. Washington, D. C., U. S. Dep. of Agric., Agric. Res. Administ., Bur. of Dairy Ind.) K. MAIER. 4587

Kenneth Marsh, *Vitamin B_{12} und Lungentuberkulose.* Vf. berichtet von erfolglosen Verss., bei tuberkulösen Patienten mit *Vitamin B_{12}* (**I**)-Injektionen Appetitsteigerung u. Gewichtszunahme zu erzielen. Auch Verabreichung von **I** + *Pepton* blieb erfolglos. (Brit. J. Tubercul. Diseases Chest **48.** 151–54. April 1954. London, Camberwell Chest Clinic.) DOSSMANN. 4587

Julius Sigurjonsson, *Vergleich zwischen den Plasmawerten und dem Ausfall der Sättigungsprobe bei verschiedener Größenordnung der Vitamin-C-Einnahme.* Die Unterss. wurden in verschied. Jahreszeiten an Schülern ausgeführt. Die Best. der *Ascorbinsäure* (**I**) im Blutplasma ergab 0,57 mg/100 cm³ im Herbst, 0,31 im Winter, 0,16 im Frühling u. 0,11 im Sommer. Die tägliche Zufuhr betrug in den entsprechenden Jahreszeiten 40–50, 25–30 u. 20–23 mg pro Kopf (Herbst, Winter, Frühling). Bei einer Belastung von 700 mg **I** pro 70 kg Körpergewicht trat die Sättigung nach 2 Tagen bei der Herbstgruppe auf, bei den anderen Gruppen einen Tag später. Die Sättigungsprobe als Maßstab für die Körperreserven an I ist mit so vielen Fehlerquellen behaftet, daß ihr nur für Massenunterss. ein orientierender Wert zukommt. Die Plasmawerte erlauben eine bessere Abschätzung. (Int. Z. Vitaminforsch. **25.** 186—93. 1954. Reykjavik, Univ., Abt. für Hygiene.) BENISCHKE. 4587

K. Aterman, R. J. Boscott und **W. T. Cooke,** *Die Bedeutung von p-Oxyphenylessigsäure im Urin. p-Oxyphenylessigsäure* (I) tritt im Urin von Menschen u. Meerschweinchen auf, deren Vitamin-C-Bedarf nicht gedeckt ist. Nach Verabreichung von *Vitamin C* wird I nicht mehr ausgeschieden, während die Ausscheidung von ca. 15 anderen aromat. Säuren nicht beeinflußt wird. (Biochem. J. **55.** XVII—XVIII. Sept. 1953. Birmingham, Univ., Dep. of Anatomy and Med.) U. BAUMANN. 4587

Nikša Allegretti, *Pankreasinselzellen und Ascorbinsäure beim Meerschweinchen.* Der Einfl. von Ascorbinsäure (I) u. C-Hypovitaminose auf Körpergewicht, Zahnschutz u. das Verhältnis der β- zu den α-Zellen im Pankreas von Meerschweinchen wurde untersucht. Die Tiere, die die kleinste tägliche Dosis von I erhalten hatten, zeigten die größte Abnahme an Körpergewicht, den geringsten Zahnschutz u. das niedrigste β/α-Zellenverhältnis, wenn sie 3 Wochen skorbutogen gefüttert wurden. Der Mechanismus der Hypertrophie des Inselgewebes wird diskutiert. (Int. Z. Vitaminforsch. **25.** 125—35. 1954. Zagreb, Jugoslavien, Univ., Inst. of Physiol. Med. Fac.) BENISCHKE. 4587

G. Mouriquand und **V. Edel,** *Über die C-Hypervitaminose.* Während die Zufuhr von 101 g *Ascorbinsäure* (I) in 160 Tagen bei männlichen u. weiblichen nichtgraviden Meerschweinchen keine nachteiligen Folgen hatte, wurden bei weiblichen graviden Tieren durch täglich 250 mg I Totgeburten u. nachfolgende Infertilität hervorgerufen. (C. R. Séances Soc. Biol. Filiales **147.** 1432—34. Aug./Sept. 1953.) KRUSEN. 4587

G. Mouriquand, V. Edel und **R. Chighizola,** *Veränderung des vestibulären chronologischen Index der Ascorbinsäure unter Luftabschluß.* Wie für Thiamin, Pyrimidin- u. Thiazolderivv., 2-Aminopyridin, die meisten anderen B-Vitamine, Nicotinsäureamid u. das Hydrazid der Isonicotinsäure wird auch für *Ascorbinsäure* durch Einw. von Luft (1—52 Tage) eine konstante Umkehr der vestibulären Chronaxie hervorgerufen. Die Ursache dieser Umkehr ist unbekannt. (Int. Z. Vitaminforsch. **25.** 199 bis 202. 1954.) BENISCHKE. 4587

G. Mouriquand und **V. Edel,** *Über das Anhalten der antiskorbutischen Wirkung von der Luft ausgesetzter Ascorbinsäurelösung trotz Umkehr der vestibulären Chronaxie.* An mit skorbuterzeugender Diät gefütterten Ratten wurde die Wrkg. von der Luft ausgesetzter *Ascorbinsäure* (I) im Gegensatz zu nicht belüfteter I untersucht. Ebenso wie Thiamin verliert die I ihre antiskorbut. Wirksamkeit durch Luftaussetzung nicht, trotz Umkehr der vestibulären Chronaxie. Das Ergebnis wurde durch klin. Beobachtungen bestätigt. (Int. Z. Vitaminforsch. **25.** 240—42. 1954.) BENISCHKE. 4587

W. Neuweiler, *Vitamin-D_2-Hypervitaminose und Schwangerschaft.* Meerschweinchen wurde zum gewöhnlichen Futter eine tägliche Dosis von 3 Tropfen *Vitamin D_2* „WANDER" (~1200 I.E.) mehrere Monate lang gegeben. Die Fertilität nahm gegenüber den Kontrolltieren ab, die Zahl der Jungen dagegen zu. Die Mortalität war relativ hoch, bis 48%. (Int. Z. Vitaminforsch. **25.** 203—05. 1954. Bern, Univ., Frauenklinik.) BENISCHKE. 4587

J. Weits, *Ein in Heu vorkommender, die Wirkung von Vitamin D hemmender Faktor.* Die Regressionslinie, die die Beziehung zwischen Heilung rachit. Ratten u. Logarithmus der Dosis reinen *Vitamins D* (I) wiedergibt, zeigte manchmal einen höheren Regressionskoeff. als die analoge Regressionslinie von untersuchtem Heufett (II). Der Unterschied der Regressionskoeffizienten der Standard- u. II-Regressionslinien war signifikant, so daß in II die Ggw. eines I-hemmenden Faktors (III) anzunehmen ist. Bei Ratten, die II bzw. II + I (0,3 I. E.) in Erdnußöl erhielten, konnte die zusätzliche I-Dosis niemals vollständig im biol. Heileffekt nachgewiesen werden. Der Verlust betrug 20—50%. Die antagonist. Wrkg. von III des Heues beruht nicht auf verringerter Resorption oder Zerstörung von I im Verdauungstrakt, sondern setzt im Organismus nach der I-Aufnahme aus dem Darm ein. III ist ziemlich stabil, in Ae. u. PAe. lösl. u. resistent gegen Verseifung. (Nature [London] **170.** 891. 22/11. 1952. Wageningen, Agric. Univ. Coll., Labor. of Animal Physiol.) K. MAIER. 4587

Paul György, Gilbert Cogan und **Catharine S. Rose,** *Die beim neugeborenen Kind verfügbare Vitamin-E-Menge.* Erythrocyten neugeborener Kinder werden durch verd. H_2O_2-Lsgg. hämolysiert. Die Hämolyse kann durch *Vitamin E* (I) in vitro oder in vivo verhindert werden. Erhält die Mutter während der letzten Schwangerschaftswoche hohe Tagesdosen I (500 mg eines *Tocopherol*-Gemisches), so bleibt der Hämolysetest beim Neugeborenen unverändert positiv. Die menschliche Placentaschranke ist demnach für I sehr schwer überwindbar. (Proc. Soc. exp. Biol. Med. **81.** 536—38. Nov. 1952. Pennsylvania, Univ., School of Med., Dep. of Pediatrics.) K. MAIER. 4587

K. L. Blaxter und **G. A. M. Sharman,** *Vorbeugung und Behandlung der muskulären Dystrophie bei Rindern.* Die bei saugenden Kälbern auftretende Muskeldystrophie führen Vff. auf Grund ihrer Verss. auf einen Mangel an *Vitamin E* (I) zurück. Bes. tritt diese Krankheit bei Kälbern auf, die im Frühjahr von Kühen geboren werden, die seit dem Herbst im Stall stehen. In vergleichenden Reihen ergab sich, daß 25% der Tiere, die nicht mit I behandelt wurden, befallen wurden. (Nature [London] **172.** 1006—07. 28/11. 1953. Inverness, North of Scotland Coll. of Agric., Vet. Invest. Labor., u. Kirkhill, Ayr., Hannah Dairy Res. Inst.) L. BERGER. 4587

S. Nobile, *Die Bestimmung der Vitamine in Nahrungsmitteln.* Biol., mikrobiol., chem. u. physikal.-chem. Methoden zur Best. der Vitamine in den Nahrungsmitteln werden besprochen. 4 schemat. Tabellen geben einen schnellen Überblick über Vork. u. die Extraktions- u. Bestimmungsmöglichkeiten der *Vitamine A, D, E,* B_1, B_2, *C* u. *Nicotinsäureamid.* — 34 Literaturangaben. (Int. Z. Vitaminforsch. **25.** 243—52. 1954. Bâle, Suisse, F. Hoffmann-La Roche & Cie., S. A., Labor. du Depart. des Vitamines.) BENISCHKE. 4587

Plutarco Naranjo, *Histaminschock und Vitamine. Vitamin* B_1, B_{12}, *C, K* u. *B-Komplex* schützten selbst in hohen Dosen Meerschweinchen nicht gegen den durch Inhalierung von *Histamin* (I)-Aerosol erzeugten I-Schock. B_{12} u. *C* zeigten bei Blutdruckverss. an Katzen u. Meerschweinchen sowie am isolierten Meerschweinchenileum keinerlei Antihistaminwirkung. In hohen Dosen riefen B_{12} u. *C* eine Entspannung der Darmstreifen, jedoch keine Verringerung der I-Empfindlichkeit hervor. (Proc. Soc. exp. Biol. Med. **81.** 111—13. Okt. 1952. Quito, Ecuador, Life Labors.) K. MAIER. 4587

Jack Pinsky und **E. Geiger,** *Beeinflussung der Histidinresorption im Darm der Ratte durch Tryptophan.* Ggw. von *L-Tryptophan* (I) setzt bei der Ratte die Geschwindigkeit der *L-Histidin* (II)-Resorption durch den Darm herab, während die von I bei gleichzeitiger Ggw. von II unbeeinflußt bleibt. *DL-Phenylalanin* u. *L-Arginin* beeinflussen die Aufnahme von I oder II anscheinend nicht merklich. (Proc. Soc. exp. Biol. Med. **81.** 55—57. Okt. 1952. Los Angeles, Calif., Univ. of California, School of Med., Dep. of Physiol. and Pharmacol.) K. MAIER. 4594

R. F. Glascock und **W. G. Duncombe,** *Biologische Fraktionierung von Wasserstoffisotopen in der Brustdrüse und anderen Geweben.* Das Körperwasser lactierender Ratten wurde mit *Deuterium* u. *Tritium* (ca. 2,5% D_2O, 1 μC TOH/cm³) markiert u. der Isotopenspiegel durch Trinkwasser der gleichen Zus. 2 Wochen lang aufrechterhalten. Mutter- u. Jungtiere wurden getötet u. das *T/D*-Verhältnis in *Fettsäuren* (I) verschied. Organe bestimmt (*T/D* des Trinkwassers als Einheit). *T/D* war in den meisten Fällen beträchtlich niedriger als das des Trinkwassers (Brustdrüse u. Körperfett der Jungtiere 0,8). Das mütterliche Körperfett enthielt so wenig Isotope, daß *D* nicht genau bestimmbar war, während mütterliches Leberfett in einigen Fällen relativ mehr *T* als Brustdrüsenfett aufwies. Der Einbau von *T* in I scheint um ca. 20% niedriger als der von *D* zu sein, u. wahrscheinlich besteht der gleiche Unterschied auch zwischen der *D*- u. *H*-Aufnahme. (Biochem. J. **51.** XL. Aug. 1952. Reading, Univ., Nat. Inst. for Res. in Dairying.) K. MAIER. 4596

Ella S. Haugaard und **Niels Haugaard,** *Die Wirksamkeit des hyperglykämisch-glykogenolytischen Faktors auf den Fettstoffwechsel der Leber.* Die *Fettsäure*(I)-Synth. aus radioakt. Glucose u. Fructose wird durch den hyperglykäm.-glykogenolyt. Faktor (HGF.) durchschnittlich um ca. 30% vermindert. Die Ketonbldg. wird in Ggw. des HGF. vermehrt, ohne durch Zusatz von Acetat beeinflußt zu werden. HGF. fördert die Oxydation von I u. hemmt die Fettsäuresynthese. Die Ursachen für die Wrkg. des HGF. werden diskutiert. (J. biol. Chemistry **206.** 641—45. Febr. 1954. Philadelphia, Pa., Univ., John Herr Musser Dep. of Med. Res.) BENISCHKE. 4596

Aaron Bendich, *Untersuchungen über den Nucleinsäurestoffwechsel.* Nach einem Überblick über den charakterist. Aufbau der *Nucleinsäuren* (I), die biol. Herkunft einzelner Atome, der Basen, Nucleoside u. Nucleotide derselben, sowie die Art der Internucleotidbindung berichtet Vf. über die Erneuerung von I u. die Frage der I-Biosynth. betreffende neue Untersuchungsergebnisse. Fütterungsverss. mit *¹⁵N-Adenin* (II) bei partiell hepatektomierten Ratten deuten auf eine untere „halbe Lebensdauer" der *Desoxyribonucleinsäure* (III)-Fraktion von ca. 50, der *Pentosenucleinsäure* (IV) von ca.

8 Tagen u. damit auf eine beträchtliche biochem. Stabilität des **II** der Rattenleber bei Neuwachstum des Gewebes hin. Bei n. ausgewachsenen Ratten stammten nach 5tägiger **II**-Verfütterung 22% des **IV–II** u. 9% des **IV**-*Guanins* aus zugeführtem **II**, während die Menge der aus **II** gebildeten **III**-Purine nur ca. $^1/_{70}$ des **IV–II**-Wertes ausmachte. **II** ist demnach für **III**-Purin eine ungünstige Vorstufe, bzw. im nichtwachsenden Lebergewebe erfolgt nur beschränkt Neusynth. von **III**. Zur Fraktionierung von Gewebenucleinsäuren wurde eine einfache Meth. entwickelt. Nach intraperitonealen Injektionen von *^{14}C-Formiat* (**V**) bei Ratten fand sich in *Cytosin* u. *Uracil* von **III** u. **IV** der inneren Organe prakt. keine Aktivität. Aus den ^{14}C-Retentionswerten (24 Tage; 10%) berechnet sich für die **III**- wie **IV**-Fraktion eine Halblebensdauer von ca. 7 bis 8 Tagen, wobei jedoch für die Einzelorgane möglicherweise beträchtliche Unterschiede bestehen. Nach GOLDTHRAIT (unveröffentlicht) geht der Einbau von **V** in **III** der Rattenorgane der mitot. Aktivität derselben parallel. Verss. mit ^{14}C-**V** an partiell hepatektomierten Ratten zeigten, daß sich regenerierendes Lebergewebe eine wesentlich langsamere Umwandlung von **III** als von **IV** aufweist. Das gleiche gilt für n. Leber u. Milz. Bei den Unterss. wurde **III** mit 0,87%ig. NaCl-Lsg. in zwei Fraktionen zerlegt, die gewisse Unterschiede der Aktivität aufwiesen. — 67 Literaturangaben; Diskussion. (Exp. Cell Res., Suppl. **1952.** 181—99. New York, N. Y., Sloan-Kettering Inst. for Cancer Res.) K. MAIER. 4596

Elaine Kerner und **W. W. Westerfeld,** *Der Einfluß der Diät auf die durch die Leber bewirkte Alkoholoxydation.* Die A.-Oxydation durch die Leber der jungen, entwöhnten Ratte ist nur halb so groß wie bei der erwachsenen; sie kann durch Verabreichung einer eiweißreichen Diät um 50—70% erhöht werden. Eiweißfreie Diät senkt die A.-Oxydationsaktivität um ca. 85%. Bei erwachsenen Ratten verhalten sich die Werte ebenso. Während 7 Tage langes völliges Hungern den A.-Oxydationswert um 50% senkte, nahm dieser nach 2 Wochen langem 50%ig. Nahrungsentzug nur um ca. 20% ab. Die manometr. A.-Oxydationsmessung im Leberhomogenat wird beschrieben. (Proc. Soc. exp. Biol. Med. **83.** 530—32. Juli 1953. Syracuse, N. Y., State Univ. of New York, Med. Coll.) KRUSEN. 4596

Roger M. Herriot, Ed., Symposium of nutrition: the physiological role of certain vitamins and trace elements Oxford: U. Pr. 1954. (298 S. m. Abb.) 48 s.

E₆. Pharmakologie. Therapie. Toxikologie. Hygiene.

Klaus Graeve, *Rhythmusstörungen des Herzens durch therapeutische Röntgenbestrahlung.* Vf. berichtet über zwei Patienten, die wegen thorakaler Tumoren Röntgenbestrahlungen des linken Thoraxraumes mit 1200—1600 r erhielten. Danach kam es zu absol. Arrhythmie des Herzens, die sich nach Behandlung mit *Chinidin* rasch zurückbildete. Als Ursache wird der funktionelle bzw. vegetative Reiz im Sinne einer erhöhten Vaguswrkg. angesehen. In beiden Fällen bestand Disposition zu einer Arrhythmie auf Grund einer vorher vorhandenen Schädigung der Herzmuskulatur. (Strahlentherapie **92.** 444—48. 1953. Heide/Holstein, Kreiskrankenhaus Norderdithmarschen, Röntgenabt.) REUSSE. 4601

G. Barth, W. Börner, G. Veith und **F. Wachsmann,** *Vergleich der letalen Dosis bei Ganzkörperbestrahlung von Ratten mit 190 kV-Röntgenstrahlen und 15MeV-Elektronen.* Junge Ratten wurden teils mit Röntgenstrahlen (190 kV, Filter: 2,5 mm Al, FHA 13 cm), teils mit schnellen Elektronen von 15 MeV derart bestrahlt, daß der gesamte Körperstamm homogen durchstrahlt wurde. Die Dosisleistung betrug bei Röntgenbestrahlung 1500 r/Min., bei den Elektronen 200 r/Minute. Die aufgenommenen Letalitätskurven zeigen, daß die Elektronen etwas weniger wirksam sind als die Röntgenstrahlen, das Dosisäquivalent beträgt ca. 0,8. Die histolog. Unters. verschied. Gewebe (Niere, Nebenniere, Dünndarm, Leber, Milz) zeigt kleine Unterschiede, die jedoch zu wenig signifikant sind, um daraus Schlüsse auf Elektivitätsverschiebungen ziehen zu können. (Strahlentherapie **92.** 649—53. 1953. Erlangen, Univ., Med. Klinik u. Patholog. Inst., u. Siemens-Reiniger-Werke, Elektronenschleuderlabor.) REUSSE. 4601

G. Barth, G. Katrakis und **F. Wachsmann,** *Vergleiche der Reaktionen von Kaninchenhaut bei fraktionierter Bestrahlung mit 60 kV-Röntgenstrahlung und 5MeV-Elektronen.* Kaninchen wurden teils mit 60 kV-Röntgenstrahlen, teils mit schnellen Elektronen von 5 MeV bestrahlt. Da nur oberflächliche Komplexe bestrahlt wurden (Ohren u. Glutäalfelder), konnte der wenig unterschiedliche Dosisabfall im Gewebe vernachlässigt werden. Die Dosisleistung betrug 230 r/Min. (Röntgenstrahlen) bzw. 1000 r/Min. (Elektronen). Im ersten Fall betrugen die Gesamtdosen 200—500 r, im zweiten 285 bis 715 r. Es wurde 5mal je Woche, insgesamt 15mal bestrahlt. Die Verss. ergaben, daß bis zu 150 Tage nach der Bestrahlung Unterschiede im Verlauf u. in der Stärke

der Rkk. nicht auftreten. Der gleiche Befund wird auch bei Einzelbestrahlungen festgestellt. (Strahlentherapie **92.** 644—48. 1953. Erlangen, Univ., Med. Klinik.)
REUSSE. 4601

F. Nödl, *Über Gewebeveränderungen der menschlichen Haut nach Einwirkung von schnellen Elektronen.* Nach Bestrahlung verschiedenartiger menschlicher Hautkomplexe mit schnellen Elektronen (1500 r, 2 MeV, 500 oder 1000 r/Min. bzw. 2000 r, 4 MeV, bzw. 2500 r, 4,5 MeV) wurden die eingetretenen histolog. Veränderungen beobachtet. Sämtliche Bestrahlungen erfolgten einseitig. An Gefäßen u. Nerven reiches Gewebe zeigt wie bei Röntgenstrahlen erhöhte Reaktionsbereitschaft. Schon 10 Min. nach der Bestrahlung zeigen sich Alterationen im Oberhautgewebe. Entsprechende Veränderungen nach Röntgenbestrahlung treten erst nach mehr als 24 Std. in Erscheinung. Auch der zeitliche Ablauf der Gewebe-Rkk. zeigt gegenüber Röntgenschäden Unterschiede. Ausgesprochene Spätschäden (Beobachtungen bis zu $2^1/_4$ Jahren nach Bestrahlung) zeigen ähnliche Struktur wie bei Röntgenstrahlen. (Strahlentherapie **92.** 576—89. 1953. Göttingen, Univ., Hautklinik.) REUSSE. 4601

E. Burger, *Intrauterine Beta-Strahlenbehandlung mit Hilfe von radiostrontiumhaltigem Gummi.* (Vorl. Mitt.) Für die Behandlung gutartiger genitaler Blutungen mit β-Strahlen empfiehlt Vf. ein Gummibläschen, das in Form u. Ausdehnung dem Uteruscavum angepaßt ist. In die Wand der Blase ist ^{90}Sr eingebaut, sie wird vaginal eingeführt u. von außen her mit Fl. derart gefüllt, daß sie sich der Uteruswand fest anlegt. Je größer die Uterushöhle ist, um so mehr Fl. muß eingeführt werden, u. um so kleiner ist die pro cm^2 abgegebene Strahlenmenge. Die Bestrahlung mit β-Strahlen erlaubt die Radiotherapie des Uterusinnern bei voller Erhaltung der ovariellen Funktion. (Strahlentherapie **92.** 654—57. 1953. Tübingen, Univ., Frauenklinik.)
REUSSE. 4601

Hermann Goecke, *Beitrag zur medikamentösen Behandlung spastischer Zustände bei der Strahlentherapie abdomineller Tumoren.* Zur Überwindung der nach therapeut. Bestrahlungen mitunter auftretenden spast. Zustände im Abdomen wurde die Wrkg. eines vagotropen Ganglienblockers, des *Hyoscin-n-butylbromids* (Handelsname: *Buscopan*; I) erprobt. Bei 36 Patienten, vorwiegend mit abdominellen Carcinomen, wurden mehrfach 0,01 g I als Dragées, Suppositorien oder durch Injektion gegeben. Ähnlich wirkenden Belladonnapräpp. gegenüber zeigt I den Vorzug, keine Nebenwirkungen aufzuweisen u. nicht tox. zu sein. (Strahlentherapie **92.** 412—15. 1953. Bochum-Langendreer, Knappschaftskrankenhaus, Röntgen–Radium-Abt.)
REUSSE. 4601

Margaret K. Deringer, Thelma B. Dunn und **W. E. Heston,** *Ergebnisse der Chloroformeinwirkung auf Mäuse des Stammes C3H.* Ausgehend von den bei einer zufälligen Chloroformeinw. gemachten Beobachtungen, stellen Vff. mit Mäusen (Stamm C3H) Verss. an, in denen gezeigt wird, daß die Einw. einer 5mg/Chlf. Liter enthaltenden Luft bei steigender Dauer (1—3 Std.) zu zahlreichen Todesfällen führt, allerdings nur bei männlichen Tieren. Von weiblichen Tieren kamen nur wenige ad exitum. 8 Monate alte Tiere waren gegenüber Chlf. empfindlicher als 2 Monate alte. Bei allen dem Chlf. ausgesetzten männlichen Tieren, nicht bei weiblichen, traten schwere Nierenschäden auf, die histolog. näher beschrieben werden. Bei verschied. Stämmen wurden auch unterschiedliche Empfindlichkeiten gegenüber Chlf. festgestellt. (Proc. Soc. exp. Biol. Med. **83.** 474—79. Juli 1953. Bethesda, Md., Nat. Cancer Inst.; Nat. Inst. of Health.)
KRUSEN. 4607

A. Schöberl, *Über die Thioglykolsäurebehandlung von Haaren und die Wiedererzeugung von Disulfidgruppen.* Unterss. an Haaren von Mensch, Schaf u. Pferd ergaben, daß es nach Kaltwellbehandlung mit *Thioglykolsäure* (I) zu einer Erhöhung des S-Geh. um 10—23% u. teilweise auch zu einem geringen Anstieg des *Cystin*-Geh. kommt. Es ist demnach eine adsorptive oder chem. Bindung von I an die Haarsubstanz anzunehmen. Möglicherweise kommt es unter dem Einfl. der H_2O_2-Nachbehandlung zur Bldg. von S—S-Bindungen aus SH-Gruppen von Cysteinresten u. SH-Gruppen noch vorhandener I. Es müßte dann in Hydrolysaten so behandelter Haare das asymm. Disulfid $HOOC-CH(NH_2)-CH_2-S-S-CH_2-COOH$ vorhanden sein, was nach dem Nachw. von alkalilabilen S—S-Gruppen als wahrscheinlich anzusehen ist. (Naturwissenschaften **40.** 390—91. Juli 1953. Hannover, Tierärztl. Hochschule, Chem. Inst.) KRUSEN. 4607

C. O. Siebenmann und **A. Zubrys,** *Bildung „Heinzscher Körperchen" durch ein Thiosemicarbazon.* Bei 4 Gruppen von Albinomäusen (16—18 g), die zusammen mit n. Diät 200, 100, 50 u. 25 mg *p-Acetylaminobenzaldehydthiosemicarbazon* (I)/g Futter 4 Wochen lang erhielten, zeigten vital mit Nilblausulfat gefärbte Blutfilme die Ggw. dunkel-

blauer rundlicher, an den Erythrocyten haftender Gebilde von den morpholog. u. färber. Eigg. der sogenannten „HEINZschen Körperchen“ (II), die durch zahlreiche Anilinderivv. u. andere chem. Verbb. hervorgerufen werden. Die Zahl von **II** nahm mit der verfütterten **I**-Menge ab. Das *4-Oxy-* u. *4-Äthylsulfonyl*-Deriv. des *Benzalthiosemicarbazons* rief bei Mäusen keine **II**-Bldg. hervor. Bereits die Verfütterung von einmal 3—5 mg *4-Aminobenzaldehydthiosemicarbazon* löste **II**-Bldg. aus, so daß diese anscheinend durch die freie NH_2-Gruppe in 4-Stellung zur CO-Gruppe ausgelöst wird. Bei Verfütterung (mittels Magenschlauches) von 12 mal 20 mg **I**, *p-Aminosalicylsäure* (**III**) u. *Phenothiazin* (**IV**) innerhalb 18 Tagen bewirkten **I** eine geringfügige Anämie mit 11,42 ±0,46 % Hämoglobin (Kontrollen 13,25 ±0,31) u. Bldg. zahlreicher **II**, **IV** eine stärkere Anämie (8,87 ±0,14) u. Bldg. großer **II**, **III** keine merkliche Anämie oder **II**-Bildung. Im Blut **I**- u. **IV**-behandelter Mäuse war spektroskop. Methämoglobin nachweisbar. 3—4 mg *Isonicotinoylhydrazid*/20 g Maus gab keine **II**-Bildung. (Nature [London] **169.** 505—06. 22/3. 1952. Toronto, Can., Univ., Connaught Med. Res. Labors.)
K. MAIER. 4607

David Kritchevsky, Arden W. Moyer und **Walter C. Tesar,** *Squalenfütterung bei experimenteller Atherosklerose.* 7 Wochen lange Verfütterung eines 3% *Squalen* enthaltenden Futters mit 9% Öl an Kaninchen führte zu keinen wesentlich stärkeren atherosklerot. Erscheinungen als 9% Öl allein. 3% Cholesterin riefen dagegen bei allen Versuchstieren atherosklerot. Symptome hervor. (Arch. Biochem. Biophysics **44.** 241. Mai 1953. Pearl River, N. Y., American Cyanamid Co., Lederle Labor. Div.)
KRUSEN. 4607

Thomas J. Haley und **Murray Bassin,** *Stoffwechsel und Ausscheidung mehrerer Flavonoidverbindungen im Urin.* Es wurde die Umwandlung u. Ausscheidung von *Rutin* (I), *Hesperidin, Hesperidinmethylchalkon, Naringin* u. *Phloracetophenon* (II) bei Ratten nach subcutaner Injektion von 100 mg/Tier untersucht. Während **II** großenteils frei oder gebunden im Urin erscheint, werden die Flavonoide, mit Ausnahme von **I**, wahrscheinlich im Körper zerstört oder in andere Verbb. übergeführt, die durch die angewandten Nachweismethoden nicht erfaßt wurden. **I** wird teilweise zerstört u. teilweise als *Sulfat* u. *Glucuronid*, wie normalerweise Phenole, im Urin ausgeschieden. (Proc. Soc. exp. Biol. Med. **81.** 298—300. Okt. 1952. Los Angeles, Calif., Univ. of California, School of Med., Atomic Energy Project, Div. of Pharmacol. and Toxicol.)
K. MAIER. 4607

Bernhard Patzig unter Mitarbeit von **Wolfram Block,** *Zur Auffassung des schizophrenen Prozeßgeschehens nach Tierversuchen mit ^{14}C-radioaktivem Mescalin.* Da *Mescalin* (I) der Schizophrenie ähnliche Halluzinationen hervorruft u. der **I**-Stoffwechsel der Maus dem des Menschen annähernd entspricht, wurde Mäusen **I** mit ^{14}C zugeführt. Es fanden sich nur geringe Mengen **I** im Gehirn, größere in Leber (17%) u. Nieren (29%). Etwa 0,03% **I** wurde in Lebereiweiß eingebaut. An die Beziehung zwischen Leber u. Gehirn, auch bei anderen Krankheiten (z. B. WILSON-Cirrhose, WESTPHAL-STRÜMPELLsche Erkrankung, Kernikterus der Neugeborenen), wird erinnert. (Naturwissenschaften **40.** 13—17. Jan. 1953. Marburg/Lahn, Max-Planck-Inst. für Hirnforsch.)
BROSEMANN. 4607

Bernh. Schmidt, *Experimentelle Untersuchungen zur Frage der Einwirkung von „Tutogen“-Präparaten auf den Organismus.* Unterss. mit den Schaumfeuerlöschmitteln *Tutogen N* (*Alkylnaphthalinsulfonsäure* [I], Eiweißspaltprodd. [II], *Ligninsulfonsäure* [III; mit Alkali neutralisiert], *Tutogen E* (Fettsäuren, **II**, **III**, $ZnCl_2$, mit NH_3 alkalisiert), *Tutogen 43* (**I**, **III**, $AlCl_3$, bis zur schwachsauren Rk. mit Alkali versetzt) u. *Tutogen U* (Fettsäuren, **II** aus Hornmehl, **III**, $ZnCl_2$, mit NH_3 alkalisiert) (alle von FARBWERKE HOECHST AKT.-GES.) in 3—5%ig. wss. Lsgg. ergaben bei Besprühung u. Inhalation (Kaninchen u. Meerschweinchen) keine tox. Schäden. Beim Menschen verursachte das Einatmen der Präpp. N, E u. 43 nur kurzzeitige, leichte Schleimhautreizungen. (Z. Hyg. Infektionskrankh. **139.** 115—20. 1954. Frankfurt/M., Univ., Hyg. Inst.)
KRUSEN. 4607

M. M. Epstein und **W. W. Frolkiss,** *Der Einfluß der Phytoncide des Knoblauchs und synthetischer Senföle auf das System Acetylcholin–Cholinesterase.* Die *Phytoncide* (I) des Knoblauchs u. synthet. *Allylsenföl* (II) hemmen die Aktivität der *Cholinesterase* im Blutserum u. im Herzmuskel. Am isolierten Froschherzen wird negative chronotrope u. inotrope Wrkg. beobachtet, wie sie für einen Vaguseffekt kennzeichnend ist. Atropin hebt die Wrkg. von **II** auf. Nach Einführung von **I** u. **II** in den Lymphsack nimmt die Erregbarkeit des Nervus vagus u. die Reflexdauer (beim Spinalfrosch) zu. Offenbar wirken **I** (verd. 1 : 2 bis 1 : 40) u. **II** (1 : 2000, 1 : 5000, 1 : 10000) auf den Acetylcholinstoffwechsel ein. (Медичний Журнал (Киев) [Mediz. J. (Kiew)] **23.**

Nr. 6. 73—76. 1953. Kiew, Med. Bogomoletz-Inst., Lehrstuhl für Biochem. u. n. Physiol.) R. K. MÜLLER. 4608

Philip Y. Paterson, William L. Pand, Joel Warren und **Marvin L. Weil,** *Encephalitiserzeugende Eigenschaften von rohen und mit Protamin behandelten Kaninchen- und Mäusehirnsuspensionen.* Vff. stellten in gepufferter (p_H 7,4) physiol. NaCl-Lsg. aus rohem Kaninchen- oder Mäusehirn eine unzentrifugierte 20%ig. Suspension her. Diese verursachte injiziert bei mehr als 50% von 99 Meerschweinchen akute Encephalomyelitis. Die encephalitiserzeugende Eig. beider Hirngewebstypen wird durch niedrige Zentrifugationsgeschwindigkeit verringert, aber nicht aufgehoben. Protaminsulfat schlägt die encephalitiserzeugende Aktivität beider Hirnmaterialien größtenteils, vielleicht sogar völlig nieder. (Proc. Soc. exp. Biol. Med. **83.** 278—81. Juni 1953. Washington, D. C., Army Med. Serv. Graduate School, Dep. of Virus and Rickettsial Diseases, u. Dep. of Bacteriol.) K. BÖHM. 4609

José Bellingi, Carlos Fossati, Néstor O. Guillones und **Carlos Schweid,** *Lokalbehandlung der Lungentuberkulose auf endobronchialem Wege mit einer wässerigen Lösung von Isonicotinsäurehydrazid.* Neben der oralen Medikation wurden 100 mg 1%ig. *Isonicotinsäurehydrazid* endobronchial 7 Patienten mit offener Lungentuberkulose gegeben. Besserung des Befindens, des Röntgenbildes u. des Sputums (bei 5 Patienten negativer Sputumbefund nach Behandlung). (Semana méd. **103** (**60**). 133—44. 30/7. 1953.) GERBER. 4610

S. Moeschlin, H. Austrian und **H. Sonnenberg,** *Kombinationstherapie der experimentellen Tuberkulose (H 37 Rv) mit Isoniazid (INH) plus Streptomycin.* Bericht über Verss. an 80 Meerschweinchen mit experimenteller Tuberkulose. Je 20 Tiere erhielten über 65 Tage *Streptomycin* (**I**) allein, *INH* (**II**) allein bzw. **I** + **II**, 20 Kontrollen. Mit einer minimal akt. **II**-Dosis von 0,4 mg/kg u. einer subtherapeut. **I**-Dosis von 2 mg/kg war deutlich eine additive Wrkg. von **I** + **II** nachzuweisen. (Schweiz. med. Wschr. **84.** 170—71. 30/1. 1954. Zürich, Univ., Med. Klinik.) DOSSMANN. 4610

Ferdinand Hegemann, *Über die Anreicherung und Ausscheidung von Sulfonamiden und antibiotischen Mitteln in den menschlichen Gallenwegen.* Bericht über Verss. an Personen mit gesundem Leber—Gallengang-Syst. u. Mindestbilirubin-Geh. von 25 mg% auf Anreicherung u. Ausscheidung von *Badional* (**I**), *Supronal* (**II**), *Penicillin* (**III**), *Streptomycin* (**IV**) u. *Terramycin* (**V**) in den Gallenwegen. Bei Verabreichung von dreimal 3,3 g **I** u. **II** wurden 1,4 bzw. 19,8 mg% in der Galle wiedergefunden, bei Applikation von täglich zweimal $1{,}2 \cdot 10^6$ E. **III** 26 E./cm³, 1,5 g **IV** 2,2 E./cm³ u. 1 g **V** 59,5 γ/cm³. Danach sind **II, III** u. **V** gegen alle für das jeweilige Medikament empfindlichen Keime als sehr wirksam zu bezeichnen. Nach Angabe der Keimempfindlichkeit dürften Staphylokokken, Streptokokken u. Enterokokken mit **III** u. **V**, Coli u. Salmonella nur mit **V** zu bekämpfen sein. (Verh. dtsch. Ges. inn. Med. **59.** 423—26. 1953.) DOSSMANN. 4611

Austin H. Kutscher, Stanley L. Lane und **Ralph Segall,** *Die klinische Toxizität von Antibioticis und Sulfonamiden. Eine vergleichende Literaturübersicht über 104672 systematisch behandelte Fälle.* Tabellar. Übersicht mit 489 Literaturangaben. (J. Allergy **25.** 135—50. März 1954. New York, N. Y., Columbia Univ., Fac. of Med., School of Dental and Oral Surg.) KRUSEN. 4611

André-C. François, André-M. Leroy und **S. Zelmen Zelter,** *Antibiotica und Verdauungsvorgänge bei Wiederkäuern.* Bericht über Verdauungsverss. in vitro an einem Substrat aus getrockneten Luzernen (29 g) in 250 cm³ Magensaft von Wiederkäuern + 200 cm³ Pufferlsg. zur Best. des Einfl. von *Antibioticis.* Untersucht wurden Zusätze von *Aureomycin* (**I**) 0,25—2,0 mg, *K-, Na-* u. *Procain—Penicillin-Salzen* 0,25—4 mg, ferner je 2 mg *Chloramphenicol, Didromycine, Streptomycin* (**II**), *Bacitracin* im Vgl. zu Kontrollversuchen. **I** u. **II** werden durch den Wiederkäuermagensaft nicht inaktiviert, durch **I** wird die Cellulosespaltung um 35% grsenkt. durch **II** nur geringe Beeinflussung, auch auf die hydrolysierbaren Zucker. Die anderen Antibiotica haben prakt. keinen Einfl. auf die biol. Spaltung des untersuchten Substrats. (C. R. hebd. Séances Acad. Sci. **236.** 2547—49. 29/6. 1953.) DOSSMANN. 4611

Raul Ceroni und **Jorge I. Huberman,** *Penicillin buccal in der Behandlung des Scharlachs.* Es wurde buccal 3mal täglich 200000 E. *Penicillin* 8 Tage lang gegeben. 25 Fälle wurden behandelt. Schnellerer Fieberabfall, seltener Komplikationen als bei den Unbehandelten. Die intramuskuläre Penicillinbehandlung bietet keinen sicheren Vorteil. (Semana méd. **103** (**60**). 583—85. 22/10. 1953.) GERBER. 4611

Marcos Meeroff, *Antibiotica in der Behandlung der ikterischen Erkrankungen.* Bei Virushepatitis u. Lebercoma glaubt Vf. in einigen Fällen Erfolge mit *Aureomycin* gesehen zu haben. Gute Ergebnisse bei biliären Infektionen. (Semana méd. **103** (**60**). 565—79. 22/10. 1953.) GERBER. 4611

Boris Malamud, *Keratoconjunctivitis epidemica. Ihre Behandlung.* Es wird *Aureomycin*, 0,5 % ig. kombiniert mit *Cortison* 0,25 % ig. stündlich ins Auge instilliert, empfohlen. (Semana méd. **102** (**60**). 707—10. 21/5. 1953.) GERBER. 4611

Gaudenz Miller, *Differenzierung der Aureomycindosierung.* Bei unkomplizierten Infektionen, deren Erreger auf *Aureomycin* (**I**) stark empfindlich ist, genügt im allg. eine Dosis von 1 g/Tag, die einen wirksamen Blutspiegel von 1 γ/ml bedingt u. im allg. keine tox. Rkk. auslöst. Es werden aber Fälle besprochen, bei denen eine Erhöhung der **I**-Dosis auf 2 g/Tag notwendig wird. (Praxis [Bern] **43.** 247—50. 25/3. 1954. St. Gallen, Kantonsspital.) DOSSMANN. 4611

—, *Keuchhustenbehandlung mit antibiotischen Mitteln.* Vergleichende Reihenunters. von *Chloramphenicol* (**I**) u. *Aureomycin* (**II**). Eine Kontrollgruppe erhielt ein indifferentes Mittel. **I** u. **II** zeigten keine unterschiedliche Wrkg., bes. bei den frischen Fällen war der Erfolg deutlich, wenn auch nicht sehr stark. Die Befreiung von den Erregern durch **I** oder **II** bewirkt beim Keuchhusten keine klin. Besserung, da anscheinend ein durch die Infektion begonnener Prozeß auch ohne Erreger weiterläuft. Daher ist **I** u. **II** nur bei ganz frischen Fällen anzuwenden, wobei auch nur mit einer Milderung der Schwere des Krankheitsbildes zu rechnen ist. (Lancet **264.** 1109—12. 6/6. 1953.) L. BERGER. 4611

R. E. Mancini und **C. Hass**, *Lokale Wirkung der Hyaluronidase beim paraartikulären Ganglion.* Histolog. Befunde bei operativ entfernten paraartikulären Ganglionknoten. Wird zuvor *Hyaluronidase* lokal injiziert, so kann eine Verminderung der Schleimsubstanz u. kollagenen Fasern beobachtet werden. (Semana méd. **103** (**60**). 837—42. 10/12. 1953. Buenos Aires, Inst. Reg. de Endocrinol.) P. G. SCHEURLEN. 4614

Joseph Rebhun und **Samuel M. Feinberg**, *Die Wirkung von Epinephrin und Aminoxydaseinhibitor (Marsilid) auf Anaphylaxie beim Meerschweinchen.* Das bei mit *Ovalbumin* (**I**) sensibilisierten Meerschweinchen durch Inhalation von **I**-Spray hervorgerufene Asthma oder der durch **I**-Injektion verursachte anaphylakt. Schock werden durch vorherige Applikationen von *Epinephrin* wesentlich vermindert, wobei Infusion wirksamer als Injektion gleicher Mengen war. Intraperitoneale Verabreichung von 50 mg *Marsilid* (*1-Isonicotinoyl-2-isopropylhydrazin*) pro kg hatte keinen Einfl. auf die anaphylakt. Erscheinungen. — 33 Literaturangaben. (J. Allergy **25.** 104—11. März 1954. Chicago, Ill., North Western Univ., Med. School, Dep. of Med.) KRUSEN. 4625

Peter Schäfer, *Erfolgreiche Homotransplantation der Haut durch Antihistamin-Salicylat-Behandlung.* Unter Verabreichung von täglich 4—5 mal 2,25 mg *Rodismin* (*N'-Benzyl-N'-phenyl-N.N-diäthyläthylendiamin*; DEUTSCHE HYDRIERWERKE RODLEBEN) subcutan konnte die Nekrotisierung von Homotransplantaten von Bauchhaut bei Ratten um einige Tage verzögert werden. Ähnlich wirkten täglich 3—4 mal 10 mg *Na-Salicylat* intraperitoneal. Wurden dagegen beide Substanzen kombiniert verabreicht, so heilten 40% der Transplantate gegenüber 5% bei unbehandelten Tieren ein. Es kommt dabei aber zu einer starken Blutgerinnungshemmung, so daß zahlreiche Tiere nach den Injektionen verbluten. (Naturwissenschaften **40.** 392—93. Juli 1953. Berlin-Buch, Humboldt-Univ., Pharmakol. Inst.) KRUSEN. 4625

N. P. Waschetko und **W. Ss. Koslowski**, *Der Einfluß einer tiefen Narkose auf den Gehalt an Calcium in Blutserum, Haut und Knorpel bei intravenöser Zufuhr von Calciumchlorid.* In tiefer Ae.-Narkose intravenös zugeführtes $CaCl_2$ (**I**; 2,5 ml 10 % ig. Lsg. + 300 mg $MgCl_2$ zwecks Verhütung des Ca-Todes) verursacht keine wesentlichen Veränderungen des Blut-Ca. Am n. Kaninchen kommt es nach intravenöser Zufuhr von **I** zu einer Zunahme des Ca in der Haut um 4,8, in der Muskulatur um 1,9, im Knorpelgewebe des Proc. xiphoideus um 37 u. des Ohrknorpelgewebes um 31 mg%. In tiefer Ae.-Narkose durchgeführte **I**-Injektionen bewirken keine wesentlichen Änderungen des Ca-Geh. in der Haut u. im Muskel, wohl aber eine starke Zunahme von Ca im Knorpelgewebe. Nach Hyperämisierung des Ohrs mit Xylol wächst der Ca-Geh. im Ohrgewebe im Vgl. zu den Kontrollen um 9,8 mg% an. Bei Kaninchen mit experimenteller Knochenfraktur enthält der Callus 5771 mg% Ca. Wird die Haut über der Fraktur täglich 15 Tage mit Dichloräthan eingerieben oder täglich für 10 Min. mit der Sollux-Lampe bestrahlt, so steigt der Ca-Geh. des Callus auf 6840 bzw. 6466 mg% an. Die akt. Hyperämie fördert somit die Aufnahme von Ca durch Gewebe. Hingegen hat die Ausschaltung des Zentralnervensyst. keinen wesentlichen Einfl. auf die Ca-Retention. (Физиологический Журнал СССР, имени И. М. Сеченова [Ssetschenow J. Physiol. UdSSR] **40.** 76—81. Jan./Febr. 1954. Kiew, Ukrain. Wiss. Forschungsinst. für Orthopädie u. Traumatol.) RENTZ. 4627

S. N. Pawlowskaja, *Analgesie der zweiten Geburtsperiode durch örtliche Anästhesie des Nervus pudendalis mit Lupicain.* Die bes. bei Erstgebärenden oft lange u. schmerzhafte 2. Geburtsperiode wird durch Einw. von *Lupicain* (I, 1 : 2000) auf den Nervus pudendalis (beiderseitig je 50 cm^3) in 97% der behandelten Fälle günstig beeinflußt. Die Anästhesiewrkg. von I setzt rascher ein (5 Min.) u. hält länger an als bei Novocain. Die Wehentätigkeit wird nicht verlangsamt. (Акушерство и Гинекология [Geburtshilfe u. Gynäkol.] **1954.** Nr. 1. 14–16. Jan./Febr. Kriegsmed. Kirow-Akad.) R. K. MÜLLER. 4627

R. Larkin, *Mephenesin bei Rheumatismus.* Durch täglich 8—12 Tabletten *Mephenesin* (*Tolserol*) konnte Vf. in Fällen von Rheumatismus Verminderung der Beschwerden erreichen, ohne daß Nebenerscheinungen auftraten. (Lancet **266.** 157–58. 16/1. 1954. Liverpool.) KRUSEN. 4627

R. Amstein, *Erfahrungen mit Butazolidin bei der Behandlung der chronischen Polyarthritis rheumatica in der Praxis.* Vf. bespricht kurz den Wert von *Irgapyrin* u. *Butazolidin* (I) sowie die Verabreichungsart u. berichtet über 2 Fälle mit Polyarthritis, die mit I bzw. I mit Salicylpräpp., wie *Emissiv*, günstig beeinflußt wurden. Zusätzliche *Cortison*-Verabreichung wird im allg. abgelehnt. Nach Vf. ist meist mit I u. Au-Therapie auszukommen. (Schweiz. med. Wschr. **84.** 180–81. 30/1. 1954. Luzern). DOSSMANN. 4627

Mario Dimitar Gospodinoff, *Die Wirkung des Irgapyrins bei Influenza.* Bei 25 von 50 Patienten mit Influenza wurden *Irgapyrin* (GEIGY) angewandt u. gute Erfolge erzielt. Allg. wurde die Fieberperiode verkürzt. (Gazz. int. Med. Chirurg. **59** (**58**). 210–12. 28/2. 1954. Castel di Sangro, Ospedale Dono Svizzero.) P. G. SCHEURLEN. 4627

Manfred Morari, *Klinische Erfahrungen mit einem Depotanalgeticum.* Vf. konnte durch Verwendung eines Depot-Vehiculum (Gelatine u. eine nicht genannte Substanz, die kurz nach der Beimischung die Gelatine verfestigt) die durchschnittliche Wirkungsdauer von 20 mg *Heptadon* (*Hoechst 10 820*) von 7–8 Std. auf 18 Std. erhöhen. Störungen wurden nicht beobachtet. (Wiener klin. Wschr. **65** ([N. F.] **8.**) 165–66. 20/2. 1953. Graz, Univ., Frauenklinik.) DAUTZENBERG. 4627

B. Streitmann, *Die Novocainbehandlung des Ekzems.* Bericht über den vermutlichen Wirkungsmechanismus des *Novocains* bei Ekzemerkrankungen. (Z. Haut- u. Geschlechtskrankh. **16.** 143–46. 1/3. 1954. Wien-Klosterneuburg, Heilanst.) FAHRNLAENDER. 4627

A. Decortis und **J. Lecomte,** *Wirkung des 4560 R.P. auf den Peptonschock des Hundes und des Schweins.* Vff. untersuchten am Hund u. Schwein die Wrkg. von *4560 R.P.* = *Largactil* (I), das adrenolyt., sympathicolyt., gangliopleg., leicht antihistamin. u. anticholinerg. auf den Pepton (II)-Schock wirkt. Nach intravenöser Zufuhr von II tritt beim Schwein eine Hypotension sowie Erythem auf, die vaskulären Rkk. sind denen beim Hund vergleichbar u. wahrscheinlich durch Histaminfreisetzung verursacht. I verkürzt die Dauer des II-Schocks beim Hund u. Schwein. (C. R. Séances Soc. Biol. Filiales **147.** 1640–42. Okt. 1953. Liège, Univ., Inst. de Clin. et de Pathol. méd.) K. BÖHM. 4628

H. Bergstermann, A. Kerschensteiner und **J. Schmidt,** *Untersuchungen der analgetischen und spasmolytischen Eigenschaften des Hyodons.* Bei pharmakol. Unterss. zeigte *Salicylamid* (I) einen stärkeren analget. Effekt als *Acetylsalicylsäure.* Die spasmolyt. Wrkg. von *Benzilsäurebenzylester* (II) am isolierten Kaninchendarm war gegenüber $BaCl_2$ halb so stark, gegenüber *Acetylcholin* doppelt so stark wie die von *Papaverin.* Auch die Histaminkontraktion ließ sich mit II aufheben. Am Meerschweinchen ließen sich Dorylkrämpfe durch II intravenös verhindern. — Bei klin. Prüfung an 124 Patienten zeigte *Hyodon* (PHARMAZELL, Raubling; 1 Tablette enthält 0,2 g I, 0,2 g *Phenacetin,* 0,03 g *Coffein* u. 0,02 g II) sehr gute analget. Wirkung. (Münchener med. Wschr. **95.** 122–23. 16/1. 1953. München, Univ., Med. Poliklinik.) DAUTZENBERG. 4628

F. Brücke, H. Klupp und **O. Kraupp,** *Pharmakologische Eigenschaften des Hexamethylen-bis-carbaminoylcholins* (*Imbretil*) *und anderer verwandter Polymethylen-bis-carbaminoylcholine.* Polymethylen-bis-carbaminoylcholine der allg. Struktur $(CH_3)_3\cdot\overset{+}{N}CH_2CH_2OOC-NH-(CH_2)_x-NH-COOCH_2CH_2\overset{+}{N}(CH_3)_3$ werden von beiden Cholinesterasetypen nicht angegriffen u. erwiesen sich in der pharmakol. Prüfung (Katze, Hund) als neuromuskulär lähmende Stoffe von starker u. langanhaltender Wirkung. Diese erreicht beim Hexamethylenderiv. (*BC 16*; *Imbretil*; ÖSTERR. STICKSTOFFWERKE, Linz; I) u. Oktamethylenderiv. (*BC 9*; II) ihr Maximum. Die Verbb. gehören zum Wirkungstyp des C_{10}, wirken jedoch wesentlich stärker. Das Verhältnis zwischen neuromuskulär wirksamer Grenzdosis u. der blutdrucksteigernden Dosis beträgt für I 1 : 30. In vitro erwiesen sich die Verbb. als Cholinesterase (III)-Inhibitoren. II wirkt wie Physostigmin. In vivo fehlten III-Hemmwirkungen. Der Nachw. der Ausscheidung von I im Harn von Katzen erfolgte biol. durch Vgl. der kontrakturauslösenden Wrkg. einzelner Harnportionen mit Lsgg. von bekanntem I-Geh. am Froschrectus. Nach 8 Std. waren 74,5% I ausgeschieden. (Wiener klin. Wschr. **66** ([N. F.] **9**). 260—62. 16/4. 1954. Wien, Univ., Pharmakol. Inst.) H. WUNDERLICH. 4628

Hans Brücke und **Herta Reis,** *Über ein hochwirksames Muskelrelaxans aus der Reihe der Polymethylen-bis-carbaminoylcholinester.* Aus einer Reihe von Estern der allg. Struktur $(CH_3)_3\overset{+}{N}CH_2CH_2COO-NH-(CH_2)_x-NH-COOCH_2CH_2\overset{+}{N}(CH_3)_3$ (ÖSTERR. STICKSTOFFWERKE, Linz) wurden die Hexamethylen- (I; *BC 16*), Oktamethylen- (II; *BC 9*) u. Undekamethylenverb. (III; *BC 12*) klin. als Muskelrelaxantia erprobt. II u. III zeigten Nebenwirkungen. I erwies sich in 150 Operationen als brauchbar. I wirkt pro Gewichtseinheit 3—4 mal stärker als d-Tubocurarin u. ist frei von Nebenwirkungen auf Blutdruck u. Herzaktion. Intubation wird durch I ebenso gut wie durch *Lysthenon* (ÖSTERR. STICKSTOFFWERKE, Linz; IV) erleichtert. Dosierung: 0,05—0,07 mg/kg Körpergewicht für ½—1 Std. Operation, darüber 0,08—0,10 mg/kg. Die Dosierungskurve steigt bei 0,125—0,13 mg/kg steil an. Höhere Dosierungen verlangen langdauernde künstliche Atmung. An Stelle von Nachinjektionen empfehlen Vff. bei abnehmender Erschlaffung Übergang zu IV. IV wird durch I potenziert. Die zur Narkose verwendete *Kemithal*-Menge konnte unter I weit herabgesetzt werden. Ein Antidot ist für I nicht bekannt. (Wiener med. Wschr. **104.** 283—86. 3/4. 1954. Mürzzuschlag, Landeskrankenhaus.) H. WUNDERLICH. 4628

Günter Vieck, *Prostigmin zur Therapie von Lähmungszuständen bei Hunden.* Der Vers., Lähmungen beim Hund, meist nach Staupe, mit *Prostigmin* günstig zu beeinflussen, führte bei leichten Lähmungen zu Besserung, die mit physikal. Therapie bis zur Heilung geführt werden konnte, bei schweren Lähmungen jedoch nur zu vorübergehender Besserung. Nebenwirkungen wurden durch gleichzeitige Atropingabe verhindert. (Dtsch. tierärztl. Wschr. **57.** 382—84. 1/12. 1953. Hannover, Tierärztl. Hochsch., Klinik für kleine Haustiere.) DAUTZENBERG. 4628

Kai Kjeldgaard, *Curare und Stoffe mit muskelentspannender Wirksamkeit.* Überblick über die Pharmakologie des *Curare* u. die curareähnlich wirkenden Stoffe (teilweise mit Nebenwirkungen, wie Nicotin- u. Muscarinwrkg.) in der Klassifizierung in heterocycl., Alkylammonium-, Alkylarylammoniumverbb. u. andere Stoffe. — 6 Literaturhinweise. (Farmac. Tid. **64.** 3—5. 2/1. 21—29. 9/1. 1954.) R. K. MÜLLER. 4628

J.-F. Cier und **M. Tanche,** *D-Tubocurarin und Blutdruckregelung.* Die Wrkg. von *D-Tubocurarin* (I) auf den arteriellen Druck wurde am Hund in verschied. Lagen (horizontal, vertikal) untersucht. Beim Normaltier ist die orthostat. bedingte Hypotension gering. Nach intravenöser Applikation von I (300—500 mg/kg) wird bei horizontaler Lage der Blutdruck kaum gesenkt, während bei Orthostase schwerste Hypotension auftritt, welche durch Druck auf das Abdomen gebessert werden kann, Druck auf die Carotiden bleibt jetzt wirkungslos. I beeinträchtigt danach den arteriellen Druck kaum u. läßt die vasomotor. Reflexe bestehen, während die Regulationsmechanismen, welche bei stat. Veränderungen in Kraft treten, stark betroffen werden. (J. de Physiol. **45.** 74—75. 1953. Lyon, Fac. de Méd., Inst. de Physiol.) WOLFGANG ALBRECHT. 4628

G. Burger, *Gegenüberstellung verschiedener hypertoniesenkender Präparate und ihre Wirkung.* In einer Unters. wurde das Knoblauch–Chlorophyll–Theobromin-Präp. *Dynamol,* ferner *Raupina* (BOEHRINGER), *Rivadescin* (GIULINI), das *Menolysin* (KALI-CHEMIE), *Antihyperton* (FRANKFURTER ARZNEIMITTEL G. M. B. H.), *Dilatol* (TROPON-WERKE), *Nirason* (RAVENSBURG) u. *Pacyl* (DIWAG) verglichen. Alle Präpp. zeigten einen mehr oder minder deutlichen blutdrucksenkenden Effekt, wobei charakterist. Unterschiede im zeitlichen Einsetzen dieser Wrkg. beobachtet wurden, nach denen sich die therapeut. Verwendung richtet. Von allen Präpp. hatte man den Eindruck, daß bei guter Überwachung des Blutdrucks mit kleinen Dosen auch auf lange Dauer eine Niveausenkung der Druckwerte erhalten werden konnte. (Med. Klin. **49.** 746—47. 30/4. 1954. Berlin-Mariendorf, DRK-Krankenanstalt Marienheim.) JORDAN. 4630

Alfred Lauerburg, *Die orale Behandlung des Hochdrucks mit Pendiomid.* Der Ganglienblocker *Pendiomid* vermag auch bei peroraler Applikation den Hypertonus jeder Pathogenese zu senken. Nach 3—4 Wochen etwa tritt der therapeut. Effekt auf u. hält über Monate nach Absetzen dieser auch ambulant durchführbaren Therapie an. Nebenwirkungen wurden bei der angegebenen Dosierung (3—4 mal täglich 20 Tropfen) nicht gesehen. Die parenterale Applikation soll jedoch wegen ihres Gefahrenreichtums der Klinik vorbehalten bleiben. (Ärztl. Wschr. **9.** 328—30. 2/4. 1954. Beuel/Bonn, St. Josef-Hosp., Inn. Abt.) JORDAN. 4630

K. Junghannss, *Die Behandlung des Glaukoms mit Eustigmin. Eustigmin* (synthet. Prostigmin) wirkt als Antagonist von Atropin u. Homatropin, ohne die Akkommodationslähmung aufzuheben, u. senkt teilweise den intraocularen Druck. (Dtsch. Gesundheitswes. **9.** 629—31. 20/5. 1954. Erfurt, Städt. Augenklinik.) ZEMKE. 4630

M. McGregor, M. Zion und **T. H. Bothwell,** *Orale Hyderginbehandlung der Hypertension.* Mit sublingualen Gaben von *Hydergin* konnte bei 20 Hypertonikern im Placebo-Kontrollvers. über längeren Zeitraum keine signifikante Änderung des Blutdrucks oder entscheidende Besserung der Symptomatik erzielt werden. (South African med. J. **28.** 292—94. 3/4. 1954. Johannesburg, Univ. Witwatersrand, Dep. of Med. Gen. Hosp.) JORDAN. 4630

Fritz Lasch, *Über die Beeinflussung der Nierenclearance durch Hyderginbehandlung.* p-Aminohippursäureclearance (Nierendurchblutung) wurde in ca. 50% der untersuchten Hypertoniker u. Nierenkranken, zum Teil signifikant gesichert, unter *Hydergin*-Dauerbehandlung erhöht gefunden, wobei ein signifikanter Blutdruckabfall bei den Fällen unter essentieller Hypertonie zustande kam. Die Inulinclearance (Glomerulusfiltrat), die Filtrationsfraktion u. das Rückresorbat blieben unter Hydergin unverändert. (Cardiologia [Basel] **24.** 155—66. 1954. Villach, Landeskrankenhaus, Med. Abt.) JORDAN. 4630

Kermit L. Pines und **George A. Perera,** *Die Wirkung von Thiocyanat auf die Na-Ausscheidung von Personen mit normalem und erhöhtem Blutdruck.* Eine 4tägige *Thiocyanat* (**I**)-Zufuhr bewirkte bei Personen mit erhöhtem Blutdruck (ohne weitere Komplikationen) u. auf konstanter Diät eine geringe, aber statist. signifikante *Na*-Diurese. Obwohl bei Personen mit n. Blutdruck geringfügige, nichtsignifikante Unterschiede nach **I** beobachtet wurden, nehmen Vff. an, daß diese der Ggw. einiger weniger leicht reagierender u. vielleicht zu erhöhtem Blutdruck neigender Personen zuzuschreiben waren. Die Umwandlung von **I** in *Cyanid* (**II**) in vivo wurde bestätigt. Die durch **I** hervorgerufene *Na*-Ausscheidung ist möglicherweise eine Komponente der depressor. **I**-Wrkg., die vielleicht direkt oder über gebildetes **II** zustande kommt. (Proc. Soc. exp. Biol. Med. **81.** 149—51. Okt. 1952. New York, N. Y., Columbia Univ., Coll. of Phys. and Surg., Dep. of Med., u. Presbyterian Hosp.) K. MAIER. 4630

D. Quivy und **Th. Gayet-Hallion,** *Über die Neutralisation der durch eine organische Quecksilberverbindung ausgelösten Herzstörungen beim Hund durch Dimercaptopropanol. Novurit* oder *Mercurophyllin* (**I**) 25 mg/kg, intravenös eingespritzt, bewirken beim Hund nach wenigen Min. tödliche ventriculäre Fibrillation. Gibt man mit **I** zusammen eine adäquate Dosis von *BAL*, so überleben die Tiere, die Störungen sind gemildert, u. das EKG. ist 15 Min. nach der Injektion der sonst tödlichen Dosis von **I** normal. (C. R. Séances Soc. Biol. Filiales **147.** 1572—74. Okt. 1953. Labor. de Physiol. pathol. de l'École practique des Hautes-Études.) K. BÖHM. 4634

O. Piccinelli, *Die Anwendung moderner Leberextraktpräparate, kombiniert mit Vitaminen der B-Gruppe, bei Leberkrankheiten.* Bericht über die Wrkg. des *Perhepar-B-Komplexes* (RICHTER) bei akuten u. chron. Lebererkrankungen. (Minerva med. [Torino] **45.** I. 576—82. 28/2. 1954. Pavia, Univ., Ist. di Clin. Med. Gen.) P. G. SCHEURLEN. 4640

R. V. Walley, *Behandlung von hepatischem Coma mit Natriumglutamat.* In einem Fall von hepat. Coma konnte Vf. durch intravenöse u. perorale Medikation von *Na-Glutamat* vorübergehend wesentliche Besserung des Zustandes erreichen, ohne jedoch den wegen fortgeschrittenen Leberschadens später eintretenden Exitus vermeiden zu können. (Lancet **266.** 157. 16/1. 1954. Bristol, Ham Green Hosp.) KRUSEN. 4640

E.-C. Tremblay, *Behandlung von Trichomonasvaginitiden mit intrauterinen und intravaginalen Injektionen von Lipiodol.* In 4 Fällen konnte Vf. durch einmalige intrauterine Injektion u. intravaginale Tamponade von *Lipiodol* Trichomonadeninfektion beseitigen. (Presse méd. **62.** 547. 10/4. 1954. Paris.) KRUSEN. 4649

L. de Blieck, K. Bos und **H. J. W. Keidel,** *Chemotherapeutische Untersuchung bei der Darmcoccidiose der Küken mit Nitrofurazon, Sulfamezathin, Sulfachinoxalin und Nitrophenid.* Nach dem intermittierenden Verordnungsschema von MERCK hatte die Applikation von *Sulfachinoxalin* bei der künstlichen Infektion mit Eimeria tenella bei Küken eine günstige Wirkung. Auch bei der Anwendung von *Nitrofurazon* 1 : 9000 wurden nicht unbefriedigende Ergebnisse erzielt. *Nitrophenid* (*Megasul*; LEDERLE) war am wenigsten wirksam. (Tijdschr. Diergeneeskunde **79.** 323—26. 1/5. 1954. Utrecht, Rijksuniv., Inst. voor Tropische en Protozoaire Ziekte, Facult. der Veeartsenijkunde, Hoogland Inst. voor Moderne Veevoeding „de Schothorst".) PATZSCH. 4649

L. de Blieck, F. C. Kraneveld, H. Hoogendoorn und **N. Zwiep,** *Einige weitere Untersuchungen über die kurative Wirkung von Nitrofurazon und Sulfachinoxalin bei der Infektion mit Eimeria tenella.* Eine künstliche Infektion mit Eimeria tenella bei 3 Wochen alten weißen Leghornküken mit einer Mortalität von 42,5 % wurde durch *Nitrofurazon* im Futter (1 : 4500; 48 Std. nach Infektion beginnend über 7 Tage) bezwungen. Auch *Sulfachinoxalin* hatte dieselbe Wrkg., wenn es 3 Tage zu 0,1 (%), 3 Tage ohne, 2 Tage zu 0,05, 3 Tage ohne u. 2 Tage zu 0,05 oder 7 Tage lang ununterbrochen zu 0,06 im Futter gegeben wurde. (Tijdschr. Diergeneeskunde **79.** 327—32. 1/5. 1954. Utrecht, Rijksuniv., Inst. voor Tropische en Protozoaire Ziekten, Facult. der Veeartsenijkunde; Weesp, Philips-Roxane, Labor.) PATZSCH. 4649

Walter Otto, *Erfahrungen bei der Behandlung von infizierten Oberflächenwunden mit einem Milchsäurebakterien-Reinkulturpräparat.* Bericht über zweijährige günstige Erfahrungen mit dem Milchsäurebakterien-Reinkulturpräparat *Nekrosept* (Dr. G. HENNING GMBH., Hamburg u. Berlin) bei infizierten Oberflächenwunden in der sept. Chirurgie (Ulcus cruris, großflächige Verbrennungen, infizierte Hautabschürfungen, Nackenkarbunkel). (Dtsch. med. Wschr. **77.** 1511—13. 28/11. 1952. Langen bei Frankfurt/M., Kreiskrankenhaus.) W. BRANDT. 4660

K. H. Schuster und **E. Wolff,** *Hautschutz zur Verhütung von Berufsdermatosen.* Bericht über die Hautschutzsalbe *Ederma* (**I**; MERZ & CO., Frankfurt/M.) bei 26 Berufsdermatosen. **I** besteht aus Fett u. Eiweiß, in 21 Fällen gute Abheilung durch **I** u. kein Auftreten von Recidiven innerhalb von 4 Monaten. (Z. Haut- u. Geschlechtskrankh. **16.** 211—12. 1/4. 1954. Hamburg.) DOSSMANN. 4661

S. van Creveld und **Ph. Arons,** *Weitere Erfahrungen in einem besonderen, mit Dihydrotachysterin behandelten Fall von renaler Osteoporose mit Aminoacidurie.* Bericht über einen Fall von mit Aminoacidurie kombinierter renaler Osteoporose bei einem Knaben, der zunächst als DEBRÉ-DETONI-FANCONI-Syndrom diagnostiziert wurde. Erfolgreiche Behandlung mit ***Dihydrotachysterin.*** (Ann. paediatrici [Basel] **182.** 191—202. April 1954. Amsterdam, Univ., Children's Clin.) KRUSEN. 4670

W. Hallermann, *Fortschritte der Therapie in der Augenheilkunde.* Zusammenfassender Bericht über Anwendung von Aristamid u. Ladogal, Ophthopen u. Aureomycin, Acetylcholin, ACTH u. Cortison, Conteben, PAS u. Vigantol in der Augenklinik. Supronal-Augensalbe wird abgelehnt. (Therapiewoche **4.** 211—13. Febr. 1954. Freiburg/Br., Univ., Augenklinik.) ZEMKE. 4670

Rudolf Ehrenberg, Hanna Breitbach und **Johannes Schmier,** *Über die Verbesserung der Lernfähigkeit durch Phosphatzufuhr von längerer Dauer.* Unter Recresalzufuhr (NaH_2PO_4) konnte bei Versuchspersonen objektiv eine Verbesserung der Lernfähigkeit nachgewiesen werden. (Naturwissenschaften **40.** 112. Febr. 1953. Göttingen, Univ., Univ., Physiol. Inst.) BROSEMANN. 4670

Adolf A. Müller, *Nitrose-Gasvergiftung und Lungentuberkulose.* Nach einer Inhalationsvergiftung mit *nitrosen Gasen,* die zu akutem schwerem Lungenödem u. akutem Cor pulmonale führte u. durch Aderlaß, O_2-Inhalationen u. Gaben von Penicillin u. Elkosin beherrscht werden konnte, kam es zur Exacerbation einer bis dahin klin. nicht manifesten Tuberkulose. Trotz sofort begonnener Chemotherapie (PAS, Conteben, Neoteben) trat nach 3 Wochen ein hämatogener Streuschub auf, der jedoch durch 10 g Streptomycin aufgefangen wurde. (Ärztl. Wschr. **9.** 359—61. 9/4. 1954. Marburg/Lahn, Univ., Med. Klinik.) KRUSEN. 4675

Alan H. Penington, *Kampfstoffe und chronische Lungenkrankheiten.* Medizin. Aspekte der chem. Kriegführung werden besprochen u. über 3 Fälle von chron. Bronchitis berichtet, von denen 2 vermutlich auf Kampfstoffeinwirkung während des 1. Weltkrieges zurückzuführen sind. (Med. J. Australia **41.** I. 510—16. 3/4. 1954. Melbourne.) KRUSEN. 4675

J. Wyllie, *Auftreten von Bleivergiftung in einer Familie durch Verbrennen von Akkumulatorengehäusen.* Bericht über 3 Fälle mit Pb-Vergiftung in einer Familie, von denen einer tödlich verlief, hervorgerufen durch laufendes Einatmen des Rauches von verheizten ausrangierten Akkumulatorgehäusen. Nachw. eines grauen Nd. auf dem Holz mit 90 % $PbSO_4$. Die Erscheinungen bestanden in Bauchkrämpfen mit Erbrechen, Parese; Nachw. von Pb im Zahnfleisch. (Canad. med. Assoc. J. **70.** 287—90. März 1954. Kingston, Ontario, Queen's Univ., Dep. of Preventive Med.) DOSSMANN. 4675

F. Sabon und **R. Monnet,** *Tödlich verlaufene Vergiftungen mit Schwefelwasserstoff an Bord eines Tankschiffes.* Vff. berichten über eine akute H_2S-Vergiftung, die während der Entleerung u. Reinigung von Tanks bei 4 Personen den Tod herbeiführte. Als Todesursache wurden Cyanose u. Lungenödem festgestellt. Die Vergiftung selbst entstand durch tox. Mengen (bis 8 mg/Liter) H_2S, die in den Tankgasen nachgewiesen wurden. Auch das im Tank vorgefundene W. enthielt bis 85 mg H_2S/Liter (p_H 5,6).

Die H_2S-Bldg. wird der Einw. von Säuren oder Zersetzungsprodd. organ. Substanzen auf den am Boden des Tanks abgelagerten braunen FeS-haltigen Schlamm zugeschrieben. (Arch. Maladies profess. Méd. Travail Sécurité soc. **15.** 147—48. 1954. Alger, Labor. de Pharm. Chim. et de Toxicol., Fac. de Méd. et de Pharm.) FAHRNLAENDER. 4675

M. Jöhnk, *Über Phosphorvergiftung.* Allg. Ausführungen. (Dtsch. tierärztl. Wschr. **61.** 144—47. 1/4. 1954. Berne, Oldenburg.) KRUSEN. 4675

P. Delmas-Marsalet, J. Verdeau und **Loiseau,** *Neuropsychische Formen der Tetrachlorkohlenstoffvergiftung. Über einen Vergiftungsfall durch einen Feuerlöscher.* Vff. beschreiben eine CCl_4-Vergiftung bei einem 26jährigen Patienten. Es werden innerhalb von 3 Tagen Erbrechen u. Kopfschmerzen, Schmerzen in der Lebergegend u. Oligurie beobachtet. 14 Tage nach der CCl_4-Einw. treten epilept. Anfälle u. ton.-clon. Krämpfe auf, in den symptomfreien Zeiten zeigt sich Somnolenz. Als Therapie wird 30%ig. *Glucoselsg.* (2 mal je 40 cm^3 intravenös) u. gegen epilept. Anfälle *Gardenal,* kombiniert mit *Calcibronat* (20 cg intravenös) gegeben. Die lange Latenzperiode, nach der die neuropsych. Erscheinungen auftreten, wird der langsamen Resorption von CCl_4 durch die Lipoidsubstanzen der Gehirnzellen u. Ganglien zugeschrieben, während CCl_4 auf Leber, Darm u. Nieren sofort einwirkt. (Arch. Maladies profess. Méd. Travail Sécurité soc. **15.** 21—25. 1954. Bordeaux.) FAHRNLAENDER. 4675

Luise Zippel und **Hedda Radmann,** *Zwei „Ticarda"-Vergiftungen im Kindesalter.* Bericht über 2 Vergiftungsfälle bei Kleinkindern durch Überdosierung von *Ticarda* (1% *Diphenyldimethylaminoäthylbutanonhydrochlorid,* 2% *Suprifen*; n. Dosis: 2 mal 4—6 Tropfen) mit 4—5 ml. Es kam zu tiefer Bewußtlosigkeit, Atemstillstand, schwachem Puls u. reflexlosen, sehr engen Pupillen. Erfolgreiche Therapie in moribundem Zustand durch künstliche Beatmung mit O_2 u. CO_2, Pervitin (0,005—0,015 subcutan), Lobelin u. Sympatol. (Samml. Vergiftungsfällen, Arch. Toxikol. **14.** 401—03. 1953. Hamburg, Kinderkrankenhaus Bergfelde; Eilbek, Kinderabt. des AK.) KRUSEN. 4675

A. Illchmann-Christ und **O. Pribilla,** *Zur Problematik der Antabus-Alkoholreaktion unter besonderer Berücksichtigung der tödlichen Zwischenfälle.* Vff. diskutieren zunächst Wirkungsmechanismus, Symptomatik u. Pharmakodynamik der A.–Antabus-Rk., bes. die bisher beschriebenen dabei aufgetretenen Todesfälle, u. berichten dann ausführlich über eine durch heimliche Beibringung von 1,38 g *Disulfiram* („*Bonibal*") u. nachfolgenden Genuß von 630 ml Wermutwein mit 10% A. eingetretene A.–Antabus-Rk. mit letalem Ausgang. Bei postmortaler Unters. wurden im Blut 0,14% A., 0,294% Acetaldehyd u. 43,2 mg% K bestimmt u. durch UV-Spektroskopie das Absorptionsmaximum des Cu-Komplexes von *Disulfiram* bei 272 mμ nachgewiesen. Die autopt. erhobenen patholog.-anatom. Befunde werden ausführlich beschrieben u. diskutiert. — 55 Literaturangaben. (Samml. Vergiftungsfällen, Arch. Toxikol. **14.** 406—35. 1953. Kiel, Univ., Inst. für gerichtliche u. soziale Med.) KRUSEN. 4675

Wilhelm Pfannenstiel, *Neuere Untersuchungsergebnisse über die Giftigkeit von Chlordan.* Übersichtsref. mit 14 Literaturangaben. (Desinfekt. u. Gesundheitswes. **46.** 71—72. Mai 1954. Marburg/Lahn.) KRUSEN. 4675

Johannes Leonhardt, *Tödliche Vergiftung mit Insekticid E 605 (forte).* Bericht über die suicidale Vergiftung eines 16jährigen Mädchens mit ca. 1 ml *E 605 forte.* Nach Autopsie wurden hochgradige Blutfülle u. starkes Lungen- u. Hirnödem festgestellt. Mit der Meth. nach KAISER u. LANG (C. **1954.** 7715) wurden im gemeinsamen Preßsaft von Milz u. Leber 17,5 mg%, im isoliert gewonnenen Organextrakt der Milz 22,5 mg% *E 605* gefunden. (Samml. Vergiftungsfällen, Arch. Toxikol. **14.** 395—400. 1953. Tübingen, Univ., Pathol. Inst.) KRUSEN. 4675

M. G. Jullien, *Chronische gewerbliche Kohlenoxydvergiftung und Sinistrose.* Vf. beobachtete bei einem 32jährigen Bergarbeiter nach einer Stollenexplosion kurze Bewußtlosigkeit, 3 Monate später Anämie u. einen CO-Geh. im Blut von 1 ml/100 ml. Während die klin. Symptome der chron. CO-Vergiftung im Verlauf von stationärer Behandlung restlos schwanden, hielten subjektive Beschwerden, wie Kopfschmerzen, Schwindel, Asthenie, außerdem Gewichtsabnahme, weiter an. Es entwickelte sich ein depressiver Zustand mit Sinistrose. (Ann. Méd. légale Criminol. **33.** 211—14. Aug./Sept. 1953.) KRUSEN. 4681

Emil Weglorz, *Benzolvergiftungen.* Übersicht über die tox. Eigg. des Bzl., die Vergiftungsmöglichkeiten in Gasfabriken u. Kokereien u. ihre Vermeidung u. den Verlauf u. die Behandlung von Benzolvergiftungen. — 9 Literaturhinweise. (Gaz, Woda Techn. sanit. **27.** 220—21. Aug. 1953.) R. K. MÜLLER. 4681

L. Roche und **A. Brune**, *Hygiene der Pentachlorphenole und ihrer Natriumsalze.* Bemerkungen über Toxizität u. gewerbliche Vergiftungsmöglichkeiten. (Usine nouv. **10.** Nr. 10. 59–60. 11/3. 1954. Lyon, Inst. de Méd. de Trav.) KRUSEN. 4681

W. Schneider, H. Hoffmann und **R. Hatton**, *Über die Hautreizwirkung von Waschpulvern.* Bericht über Durchführung von a) Epicutantesten u. b) Waschverss. an Versuchspersonen mit dem „Gerippe" von Waschpulvern, bestehend aus 45% Soda, 1% $MgSO_4$, 8% Wasserglas, 2% Relatin (HENKEL)-Tylose HBR (KALLE) u. W. ad 100, ferner mit 10%ig. Zusätzen von *Witolat* (**I**), *Mersolat* (**II**), *MarlonE* (**III**), *Alkylarylsulfonat* (**IV**), *OA. conc.* (**V**), *Waro 1016* (**VI**) u. *Sapogen B neu* (**VII**). a) ergab nur geringe Reizwirkungen, mit b) folgende Reihenfolge (abnehmende Verträglichkeit): **I, VI, V, II, III, IV, VII.** Offenbar werden Komponenten mit größerer Kettenlänge besser vertragen. Hautreizwirkungen von reinem Alkali sind relativ gering. Besprechung der Inkongruenz von b) mit a), jahreszeitliche Einflüsse bei b), Zunahme der Empfindlichkeit mit der Zeit u. anderes. (Z. Haut- u. Geschlechtskrankh. **16.** 193–202. 1/4. 1954. Tübingen, Univ., Hautklinik u. Augsburg, Städt. Hautklinik.) DOSSMANN. 4681

Gottlieb Ruepp, Therapeutisches Taschenbuch für Ärzte und Studierende. Bearb. v. **Ernst Baasch, Walther Bruckhardt, Max Francillon** u. a. 2. Aufl. Bern, Stuttgart: H. Huber. 1954. (655 S.) fr. 16,—.

F. Pharmazie. Desinfektion.

L. Rosenthaler, *Die Geruchsreaktionen des 6. Deutschen Arzneibuches.* Geruchs-Rkk. können nicht objektiv charakterisiert werden u. sind häufig unspezifisch. Daher werden chem. Nachweise vorgeschlagen für Acetylgruppe, Anilin in Acetanilid, Lobelin, Milchsäure, Sulfonalgruppe, Trichloressigsäure u. Zimtsäure in Benzoesäure. (Pharmaz. Ztg. verein. Apotheker-Ztg. **89.** 495–96. 5/7. 1953.) ULEX. 4750

A. A. Miles, *Die Britische Pharmakopoe 1953. Biologische Beschreibungen und Standards.* Bei einer Reihe von Substanzen kann auf eine biol. Standardisierung nicht verzichtet werden. Zu diesen Stoffen gehören z. B. Digitalis, Heparin, Antibiotica, Antitoxine, Insulin, D-Tubocurarin, Dimercaprol u. Vitamine. (Pharmac. J. **172** ([4] **118**). 129–30. 13/2. 1954.) ULEX. 4750

K. R. Capper, J. Carmichael und **R. F. Montgomerie**, *Britischer Veterinärcodex. Zusammenfassender Überblick.* (Pharmac. J. **172** ([4] **118**). 61–63. 23/1. 1954.) ULEX. 4750

—, *Britischer Veterinärcodex. Vorschriften und Standards.* Nach kurzem Gesamtüberblick u. allg. wirtschaftlichen Betrachtungen wird auf die zu Gruppen zusammengefaßten Vorschriften (**A. G. Fishburn**) eingegangen u. die Probleme der Standardisierung (**D. C. Garratt**) von Tierarzneimitteln werden besprochen. (Pharmac. J. **172** ([4] **118**). 110–11. 6/2. 127–28. 13/2. 1954.) ULEX. 4750

Bo Sundberg, *Über die Anwendung pulverisierter Substanzen in der Rezepturarbeit. Einige Gesichtspunkte und Genauigkeitsforderungen.* An im Mörser hergestelltenPulvergemischen von Strychninnitrat + Milchzucker (1 : 9) u. von As_2O_3 + NaCl + Coffein + Glycerin (0,1 : 0,9 : 10 : 9) wird festgestellt, daß die Pulver auch nach längerem Verreiben noch Siebrückstände u. ungleichmäßige Verteilung der tox. Substanzen aufwiesen. Es wird Zentralisierung der Herst. solcher Verreibungen u. ihre analyt. Kontrolle empfohlen. (Farmac. Revy **53.** 165–75. 4/3. 1954. Göteborg, Apoteket Enhörningen.) R. K. MÜLLER. 4766

G. E. Trease und **W. C. Evans**, *Rauwolfia serpentina und andere Arten.* Es werden einige Charakteristika (makroskop., mkr., Kork, Rinde u. Phloem, Holz) von Wurzeln von *Rauwolfia*-Arten (*serpentina, canescens, micrantha, densiflora, perakensis*) besprochen. Weiter wird über Alkaloide der Pflanzen berichtet. (Pharmac. J. **172** ([4] **118**). 351–53. 1/5. 1954.) BOYE. 4782

Betty P. Jackson und **J. M. Rowson**, *Die Alkaloidbiogenese in tetraploidem Stramonium.* Der Alkaloidgeh. in Wurzeln u. oberird. Teilen von diploiden u. tetraploiden Exemplaren von Datura Stramonium u. D. tatula wird verglichen. Es werden Pfropfbastarde hergestellt aus diploiden Tomaten (2 n t) auf diploiden Daturaarten (2 n s), ferner 2 n t auf 4 n s, 4 n t auf 2 n s, 4 n t auf 4 n s u. 2 n s auf 2 n t. Tetraploidie wird erzeugt durch Colchicinbehandlung der diploiden Samen. Zur Best. der Gesamtalkaloide diente die Meth. nach ALLPORT u. WILSON (Quart. J. Pharm. Pharmacol. **12.** [1939.] 399). Tetraploide d-Pflanzen zeigen gegenüber den diploiden einen Alkaloidzuwachs von maximal 286% in den oberird. Teilen. Bei Pflanzen 2 n s auf 2 n t trat in der Chimäre weder in der Wurzel noch im Pfropf Alkaloid auf. Im Falle 2 n t auf 2 n s wurde Alkaloid in n. 2 n s-Menge gebildet. Die Wurzeln tetraploider Pflanzen enthielten das Dreifache an Alkaloid als die diploider Pflanzen. Die Chimären s auf s zeigen, daß es sich der Alkaloidgeh. in Unterlage u. Pfropfling nach der Chromosomenzahl der Unterlage richtet. Einige Beispiele lassen aber auch einen Einfl. des Pfropflings auf die Unterlage erkennen. In t auf 4 n s-Chimären wird der Alkaloidgeh. offenbar durch den t-Pfropfling herabgedrückt. — 19 Literaturangaben. (J. Pharmacy Pharmacol. **5.** 778—93. Okt. 1953. Museum of the Pharmac. Society of Great Britain.) FRESENIUS. 4782

Johannes Arends, *Über Sirupe auch im Hinblick auf das DAB 7.* Der Name Sirup leitet sich vom arab. siruph, sirab, scharab oder scherbet ab (Bedeutung: Trank bzw. Zuckersaft). Gesätt. Zuckerlsgg. (63—65%ig) sind gut haltbar. Zuckerärmere Sirupe sollten mit 0,1% Nipagin konserviert werden. Ausführliche Darst. der Bereitung von Sirupus Rubi Idaei. (Pharmaz. Ztg. verein. Apotheker-Ztg. **89.** 942—43. 25/12. 1953. Bochum.) ULEX. 4790

Ernst Jensen, *Cremor sulfamethizoli 2,5%.* Als *Sulfamethizol* (**I**)-Salbe wird folgendes Gemisch empfohlen: 25 g **I** werden in 150 g dest. W. + 110 g 1nNaOH unter Erwärmen gelöst, mit 1nHCl gegen Phenolphthalein neutralisiert u. mit dest. W. auf 647,5 g aufgefüllt. Die auf 80° erwärmte Lsg. wird mit einem auf dem Wasserbad geschmolzenen Gemisch von 50 g Cetylan + 50 g Monostearin + 250 g Erdnußöl verrührt, auf 30—35° abgekühlt u. nach Durchgang durch eine Emulgiermaschine mit 2,5 g Aetheroleum lavandulae versetzt, dann sofort in Tuben abgefüllt. (Farmac. Tid. **63.** 715. 26/9. 1953.) R. K. MÜLLER. 4792

Kai Kjeldgaard, *Helminthen und Anthelminthica.* Übersicht: Klassifizierung der Helminthen u. Beschreibung der einzelnen Arten; Beschreibung u. Kennzeichnung der Wrkg. der verschied. Typen der Anthelminthica. — 42 Literaturhinweise. (Farmac. Tid. **64.** 33—36. 16/1. 41—50. 23/1. 57—65. 30/1. 1954.) R. K. MÜLLER. 4806

E. Jølk Hansen und **Bodil Jerslev,** *Untersuchungen über die Konstitution von Pikrotoxin.* 1. Mitt. *Über den Aufbau von Pikrotoxin aus seinen Bestandteilen Pikrotoxinin und Pikrotin. Mit einigen Bemerkungen zur Identifizierung des Pikrotoxins.* Die Röntgenunters., F.- u. Taupunktkurve bestätigen den Aufbau von *Pikrotoxin* (**I**) aus *Pikrotoxinin* (**II**) u. *Pikrotin* (**III**), mit denen **I** keine Mischkristalle bildet. **I** u. **II** haben den gleichen F. (200—207°); mit Luminal zeigen die 3 Stoffe folgende Misch-FF.: **I** 152°, **I** + **III** 153°, **I** + **II** 148°, **II** 152°, **III** 167°. **I** u. **II** lassen sich dadurch unterscheiden, daß aus der Lsg. in NaOH **II** nach kurzer Zeit mit HCl nicht mehr ausfällbar ist, wohl aber **I**. Die Probe ist auch mkr. ausführbar: Etwa 1 mg **I** wird auf dem Objektträger in 1 Tropfen 1nNaOH gelöst, die Lsg. mit Mikrobrenner bis zum Gelbwerden erhitzt u. mit 1 Tropfen 2nHCl angesäuert; der reichliche Nd. (**I**) besteht aus kleinen, nadelförmigen Kristallen vom F. 248—253° (Erwärmen unter dem Mikroskop 5°/Min.). (Dansk Tidsskr. Farmaci **28.** 25—33. Febr. 1954. Kopenhagen, Danmarks farm. Hojskole, Org.-kem. Afd.) R. K. MÜLLER. 4806

Edmund Hayes und **Margaret A. Petitpierre,** *Isomerisierung von Vitamin A durch Hitze.* Gewöhnlich beträgt das Verhältnis von aus Fischen gewonnenem Vitamin A (*trans–trans*-Konfiguration) zu *Neovitamin A* (**I**) (*trans–cis*-Konfiguration) 2:1. Vff. stellten jedoch auch zum Teil erhebliche Abweichungen fest. Sie führen dies auf die bei der Gewinnung u. Raffinierung oft angewandte Hitze zurück. Es gelang ihnen bei einem Thunfischleberöl, das nur 12,2% seines Vitamin-A-Geh. als **I** enthielt, durch 12std. Erhitzen auf 100° in Ampullen unter N_2 den **I**-Anteil auf 35% zu erhöhen. Ähnlich war das Ergebnis auch mit synthet. Vitamin-A-Palmitat-Konzentrat. — Auf Ungenauigkeiten, die sich bei der spektrophotometr. Bestimmungsmeth. nach der Brit. Pharmakopöe ergeben, wird hingewiesen. (Pharmac. J. **171** ([4] **117**). 132. 22/8. 1953.) SPITALER. 4808

H. Partington und **C. E. Waterhouse,** *Die Stabilität von Aneurinhydrochlorid in pharmazeutischen Zubereitungen.* Pulver u. nicht überzogene Tabletten, die außer *Aneurinhydrochlorid* (**I**) in verschied. Kombinationen Lactose, Ca-Phosphat, Fe^{3+}-Phosphat, Mn-Lactat, $CuSO_4$, Ca-Gluconat, Co-Lactat, Nicotinsäure, $MgCO_3$, Akazie, Stärke u. Talk enthielten, wurden nach jahrelanger Aufbewahrung auf ihren Geh. an **I** untersucht. In diesen relativ trockenen Gemischen ist **I** bei p_H 4 lange Zeit haltbar. In Zuss. von p_H 4—5 tritt bald nach der Herst. ein Verlust bis 10% ein. Bei höherem p_H steigt der Verlust an. Er beträgt bei p_H 6,5 nach mehreren Jahren 33%. Steigt das p_H weiter an, so verschwindet gegebenenfalls das gesamte Vitamin. Der Einfl. von Schwermetallen, bes. Cu, auf den Vitaminverlust ist gering. (J. Pharmacy Pharmacol. **5.** 715—22. Okt. 1953. Southport, Bob Martin Ltd.) FRESENIUS. 4808

Enzo Barbaro, *Das Problem der Kombination von Antibiocitis.* Diskussion der Wirkungen (summierte, potenzierte oder störende) bei Kombination mehrerer Antibiotica auf Grund von Literaturberichten. Es werden die Kombinationen *Penicillin* (**I**)/

Streptomycin (II), I mit *Chloramphenicol* (III), *Aureomycin* (IV) oder *Terramycin*(V), II mit III, IV oder V u. III, IV u. V untereinander betrachtet. — 44 Literaturangaben. (Boll. chim. farmac. **92.** 221—26. Juni 1953.) Endrass. 4810

E. Canals, R. Marignan und **Y. Maury,** *Physikalisch-chemische Untersuchungen der Penicillinlösungen.* 1. Mitt. *Prüfung im Ultramikroskop. Dialyse.* Vff. untersuchten Lsgg. der Na-, K-, Procain-, Chininverbb. u. des Hydrojodids des Diäthylaminoäthylesters des *Benzylpenicillins* bzgl. der Frage, ob diese echte oder koll. Lsgg. sind. Die Beobachtung mit monochromat. Licht (435,8 mμ) auf Tyndall-Effekt u. ergänzende spektrograph. Unterss. auf Polarisation des gestreuten Lichts waren deutlich positiv. Im Ultramikroskop waren einige Teilchen, je nach Verb. mehr oder weniger, mit Brownscher Bewegung erkennbar. Die Dialyse ergab relativ hohe Werte für die Dialysekoeffizienten, was auf echte Lsgg. schließen läßt. Es wird vermutet, daß die Lsgg. einen Grenzfall darstellen, ähnlich dem der koll. Elektrolyte. (Trav. Soc. Pharmac. Montpellier **13.** 71—74. 1953. Montpellier, Fac. Pharmac., Labor. de Phys.) Endrass. 4810

E. Canals, R. Marignan und **Y. Maury,** *Physikalisch–chemische Untersuchungen der Penicillinlösungen.* 2. Mitt. *Oberflächenspannung, Leitfähigkeit, Viscosität.* (1. vgl. vorst. Ref.) Die Best. der Oberflächenspannung der untersuchten *Penicillin*-Lsgg. ergab ein Fallen der Werte mit der Zeit. Aus Leitfähigkeitsmessungen wurden Kurven $\Lambda = f(\sqrt{C})$ erhalten, die bei Berücksichtigung des Bereiches niedriger Konzz. denen schwacher Elektrolyte ähneln, aber mit fallender Konz. nicht so hohe Werte erreichen. Viscositätsmessungen an Lsgg. der Na- u. K-Verbb. nach Baumé ergaben nur geringe Unterschiede gegen die von Wasser. Vff. schließen aus den gesamten Ergebnissen, daß die wss. Lsgg. der untersuchten *Benzylpenicillin*-Verbb. einen Dispersionszustand besitzen, der an der Grenze koll. u. echter Lsgg. ist. (Trav. Soc. Pharmac. Montpellier **13.** 75—79. 1953.) Endrass. 4810

V. Würtzen, *Der Einfluß verschiedener Faktoren auf die Haltbarkeit wässeriger Bacitracinlösungen.* (Vgl. C. **1954.** 606.) *Bacitracin* (I) ist in Substanz absol. haltbar. Die Lsgg. erleiden im Sonnenlicht binnen 6 Tagen Verluste von 20—35%. Der Einfl. von O_2 erscheint sekundär. Bei Aufbewahrung an diffusem Tageslicht ist der Endwert nach 75—90 Tagen unabhängig vom überstehenden Luftvol. u. von wiederholtem Öffnen der Flasche. Bei Aufbewahrung unter Lichtausschluß bei 20° nimmt die I-Konz. nur dann auf 75% (in 1 Monat) ab, wenn das Gefäß wiederholt geöffnet u. Lsg. entnommen wird. Bei Ersatz der Luft durch N_2 beträgt der Verlust am Licht 7%, bei Lichtausschluß 10% innerhalb 3 Monaten. Nordihydroguajaretsäure ist als Antioxydans unwirksam, *p-Phenylendiamin* (II) bei Lichtausschluß gut wirksam (Verlust 10% in 3 Monaten), unter N_2 sind p-Aminophenol (u. -hydrochlorid) u. II etwa gleich wirksam. (Dansk Tidsskr. Farmaci **28.** 34—46. Febr. 1954. Kopenhagen, Apoteket „Rosen".) R. K. Müller. 4810

J. C. Parkinson, *Fortschritte in der Sterilisierung.* Es werden die Möglichkeiten der „kalten" Sterilisierung mit UV-Licht u. Röntgenstrahlen sowie die beiden Wege zur Erzeugung raschbewegter Elektronen besprochen. (Pharmac. J. **172** ([4] **118**). 349. 1/5. 1954.) Boye. 4832

—, *Sterilisation durch Bestrahlung.* Für eine Sterilisation durch radioakt. Bestrahlung müssen folgende Forderungen gestellt werden: Sterilwerden des bestrahlten Prod.; keine Schädigungen für Mensch u. Material; ferner soll das Verf. schnell u. ohne Schwierigkeiten, frei von Zufällen u. rationell sein. (Pharmac. J. **172** ([4] **118**). 132. 13/2. 1954.) Ulex. 4832

Hermann Neumann und **Hans Köhler,** *Vorschlag eines neuen Verfahrens zur Herstellung und Entnahme von Injektionslösungen.* 1. Mitt. Vff. beschreiben eine sterilisierbare Glasapp. (Abb.) u. ein damit durchzuführendes einfaches Verf. zur Herst. u. Entnahme steriler Injektionslösungen. (Pharmaz. Ztg. verein. Apotheker-Ztg. **90.** 342—43. 22/4. 1954. Mainz-Mombach, Stadtapotheke.) Schulenburg. 4832

Bernh. Schmidt, *Die Herstellung keimfreier Lösungen im Apothekenbetrieb durch Filtration.* Zur Herst. keimfreier Lsgg. in Apotheken wurden geprüft: 1. Seitz-EKS-Filter (Asbestfilter) mit den Geräten nach Manteufel, Größe 3 u. 6, u. nach Uhlenhuth, Größe 6. 2. Membranfilter „mittel" nach Zsigmondy mit Gerät „Steffi 4". 3. Jenaer Ganzglasbakterienfilter „17 G5 mittel". Alle genannten Geräte waren geeignet. Sichere pyrogenfreie Filtration nur mit Asbestfilter möglich. Geschultes Personal ist Voraussetzung. (Pharmaz. Ztg. verein. Apotheker-Ztg. **89.** 491—95. 5/7. 1953. Frankfurt/M., Hygien. Inst.) Ulex. 4832

Annemarie Benesch, *Zur Hände-Entkeimung vor geburtshilflich-gynäkologischen Laparotomien bei Fleischfressern.* Angabe von verschied. Handwasch- u. Desinfektionsmethoden mit *Sublimat* (I)- u. *Valvanol* (II)-Seife u. Desinfektions-Fll., wie 1%ig. I-, 1%ig. II-, ½%ig. *Trypaflavin*- u. 4%ig. *Acivet-Bengen*-Lsg.; durch Beimpfung von Nährböden wird nachgewiesen, daß auf der entkeimten Hand u. im Nagelbett des Operateurs Staphylokokken bzw. aerobe Bakterien vorhanden sind, die aber bei Bauchoperationen sich nicht pathogen auswirken, denn die mit so entkeimten Händen ausgeführten Operationen an 6 Hündinnen u. 6 Katzen verliefen komplikationslos. (Zbl. Veterinärmed. **1.** 383—406. März 1954. Wien, Tierärztl. Hochschule, Lehrkanzel für Bakteriol. u. Tierhygiene, u. Lehrkanzel für Geburtshilfe u. Gynäkologie der Haustiere.) DOSSMANN. 4832

M. Carlassare, *Bestimmung des Alkoholgehaltes in pharmazeutischen Präparaten.* (*Bericht für die Studienkommission für die italienische Pharmakopoe.*) Vf. ändert die Meth. der A.-Best. in pharmazeut. Präpp. mittels Chlf. nach WINKLER (Pharmaz. Zentralhalle Deutschland **72.** [1931.] 641) dahin ab, daß er auch für niedrige A.-Gehh. mit 60%ig. A. arbeitet. Seine Arbeitsweise ist folgende: a) In ein Reagensglas werden 2 ml Chlf. gegeben, darauf 9,5—9,8 ml 60%ig. A. zugesetzt, gut vermischt, mit der Hand angewärmt u. so lange 60%ig. A. zugegeben, bis die Mischung klar ist. Das Glas wird dann in ein Wasserbad von 20° gesetzt, worauf sich das Gemisch trübt. Es wird erneut 60%ig. A. zugefügt, bis das Gemisch bei 20° klar wird u. bleibt. b) Diese Probe wird mit Chlf., dem 2 ml W. zugesetzt wurden, wiederholt. Für a) wurden 10 ml, für b) 15,70 ml A. verbraucht. In einem Koordinatensyst. werden auf der Abscisse die A.-Gehh. in %, auf der Ordinate die ml 60%ig. A. aufgetragen. Vf. trägt auf der Ordinate im Abscissenabschnitt 0% den Wert von b) = 15,70 ml, im Abscissenabschnitt 60% den Wert 8 [aus Wert von a)] verringert um 2 ml (W.!) ab u. verbindet beide Punkte durch eine Gerade. Dasselbe wird mit den halben Werten durchgeführt. Das so erhaltene Diagramm ist dann für alle Proben gültig, die mit denselben Mengen Chlf. u. 60%ig. A. ausgeführt werden. (Boll. chim. farmac. **92.** 199—210. Juni 1953.) ENDRASS. 4880

K. H. La Roche, *Zur Prüfung von Diphenhydraminum.* Es wird eine Prüfungsvorschrift für das in verschied. Form als Arzneimittel dienende Diphenhydramin gegeben. Als einziges nicht im DAB. 6 verzeichnetes Reagens wird Ammoniumreineckat benötigt. (Pharmaz. Ztg. verein. Apotheker-Ztg. **90.** 365—66. 29/4. 1954. Köln, Hageda Akt.-Ges.) FRESENIUS. 4880

H. Böhme, *Chromatographische Verfahren bei Wertbestimmungen alkaloidhaltiger Drogen.* Das Verh. von Alkaloidsalzen in wss. bzw. methanol. Lsg. auf Al_2O_3-Säulen wird theoret. erörtert. Die Erfahrungen mit den vom Vf. u. Mitarbeitern beschriebenen Methoden zur Best. des Morphins im Opium u. des Colchicins in Semen Colchici unter Zuhilfenahme chromatograph. Reinigungsverff. werden mitgeteilt. — 15 Literaturangaben. (Dtsch. Apotheker-Ztg. **94.** 365—67. 6/5. 1954. Marburg/Lahn.) FRESENIUS. 4880

Knoll Akt.-Ges. Chemische Fabriken, Ludwigshafen/Rh. (Erfinder: **August W. Forst, Heinrich Thies,** München, und **Gerhard Schenck,** Berlin), *Gewinnung von Wirkstoffen aus Blüten von Arnica montana,* dad. gek., daß man als Alkaloidfällungsmittel Hg-Chlorid verwendet, das Filtrat der Fällung nach Beseitigung des überschüssigen Fällungsmittels mittels H_2S eindampft, die Wirkstoffe durch Fällung mit J_2–KJ abtrennt u. sie aus dem erhaltenen Nd. nach Entfernung des J_2 gewinnt. (**D. B. P. 909 936** Kl. 12p vom 3/11. 1942, ausg. 26/4. 1954. Anmeldung bekanntgemacht 20/8. 1953. **Zusatz zu D. R. P. 744 283; C. 1944. II. 479.**) MÜLLER-MEININGEN. 4783

Sharp & Dohme, Inc. (Erfinder: **Frank S. Crossley,** Philadelphia, **Arthur C. Cope, Bryn Mawr,** Pa., und **Walter H. Hartung,** Baltimore, Md., V. St. A.), *Primäre und sekundäre Δ^1-Alkenylmalonsäureester oder -cyanessigsäureester* der Formeln R_3—C(R_2)=C(R_1)—C(COOH, COOR_5)—R_4 oder R_3—C(R_2)=C(R_1)—C(CN, COOR_5)—R_4 (R_1, R_2 u. R_3 = H oder Alkyl, wobei mindestens 1 R = Alkyl, R_4 = beliebiger KW-stoffrest, R_5 = Alkyl), erhält man durch Kondensation eines Alkyl-, Cycloalkyl-, Aryl- oder Aralkylsalzes, bes. eines Halogenides, mit einem Alkylidenmalonsäure- oder -cyanessigsäureester, zweckmäßig in Ggw. eines Alkalimetalls oder Alkaliamides oder eines isomerisierend wirkenden Stoffes, wie Alkalialkoholat. — Aus 1-n-Propylbutylidencyanessigsäuremethylester + Diäthylsulfat (im Verhältnis 1:10 bis 11) in Ggw. von Na-Äthylat in Ae. zuerst bei 0° u. dann 8—14std. Erhitzen → (*1-n-Propyl-Δ^1-butenyläthyl*)-*cyanessigsäuremethylester,* $Kp._4$ 117—119°. — Allylbromid + (1-n-Propylbutyliden)-cyanessigsäuremethylester + Na-Äthylat → (*1-n-Propyl-Δ^1-n-butenyl*)-*allylcyanessigsäuremethylester,* $Kp._4$ 125—126°. — Isopropylidencyanessigsäureäthylester + Allylbromid → (*Δ^1-Isopropenylallyl*)-*cyanessigsäureäthylester.* — *1-Methyl-Δ^1-butenyläthylcyanessigsäureäthyl-* u. *isopropylestergemisch,* $Kp._{14}$

129—133°. — *(1-Methyl-Δ^1-butenyl)-propylcyanessigsäureäthyl-* u. *-isopropylestergemisch,* Kp.$_{12}$ 129—141°. — *n-Δ^1-Butenyläthylmalonsäurediäthylester,* Kp.$_{2-3}$ 104 bis 107°. — Isopropylidenmalonsäurediäthylester + Diphenylmethylbromid → *Δ^1-Isopropenyldiphenylmethylmalonsäurediäthylester,* F. 89,5—90,5°. Die Verbb. können auch folgende Δ^1-Alkenylreste enthalten: n-Propenyl; Isopropenyl; Butenyl; n- oder Isopentenyl; -hexenyl; $\Delta^{1,3}$-Butadienyl; 1.3-Dimethyl-*$\Delta^{1,7}$-octadienyl*; 1-Methyl-Δ^1-n-propenyl; 1-n-Propenyl-Δ^1-n-butenyl; 1-n-Butyl-Δ^1-n-pentenyl. — Zwischenprodd., bes. für *Δ^1-Alkenylbarbitur-* u. *-thiobarbitursäuren.* (**D. B. P. 898 897** Kl. 12o vom 3/8. 1938, ausg. 7/12. 1953. Anmeldung bekanntgemacht 16/4. 1953.) KRAUSS. 4807

May & Baker Ltd., übert. von: **Harry James Barber,** Dagenham, England, *Herstellung von Hexamethylen-1.6-bis-trimethylammoniumbitartrat* (**I**). Man erwärmt z. B. 116 (g) Hexamethylendiamin, 466 Na_2CO_3 u. 800 cm³ W. auf 60°, gibt innerhalb 1½ Std. 830 Dimethylsulfat zu (Temp. $< 90°$), rührt 2 Std. bei dieser Temp., kühlt auf 20°, gibt 1200 cm³ Aceton (**II**) zu, kühlt auf 0°, filtriert den Nd. ab, wäscht ihn mit 150 **II**, verd. Filtrat u. Wasch-Fl. mit 4 Liter W., erhitzt unter Rückfluß auf 60°, gibt ein Gemisch aus 388 2.2-Dioxy-1.1-binaphthylmethan-3.3-dicarbonsäure (**III**), 80 NaOH u. 5 Liter W. zu, kocht 10 Min. unter Rückfluß u. läßt über Nacht abkühlen. Das erhaltene **III**-Salz wird abfiltriert, 2 mal mit je 75 cm³ **II** in 425 cm³ W. gewaschen, bei 100° getrocknet, in 4 Liter sd. W. gelöst, langsam zur sd. Lsg. 300 Weinsäure in 1 Liter W. gegeben, heiß filtriert, Nd. 2 mal mit je 1 Liter heißem W. gewaschen, Filtrat u. Waschwasser auf dem Wasserbad zu dickem Sirup eingedampft, der sich bei Anrühren mit 1500 cm³ A. granulieren läßt. Nach Entfernen des A. erhält man 400 **I**-Monohydrat, das man aus 700 cm³ CH_3OH umkrist.; Zers. bei 185—188°. — **III** kann man aus seinem Salz zurückgewinnen. — **I** ist ein *Therapeuticum* mit „ganglionic blocking"-Aktivität. (**A. P. 2 661 370** vom 18/10. 1951, ausg. 1/12. 1953. E. Prior. 27/10. 1950.) MÜLLER-MEININGEN. 4807

Farbwerke Hoechst Akt.-Ges., vormals Meister Lucius & Brüning (Erfinder: **Heinrich Jensch**), Frankfurt/M., *Phenylguanyldihydrazone* (**I**), die bei *protozoischen Infektionen* wirksam sind u. sich von aliphat., vicinalen Dioxoverbb. ableiten, deren Phenylkern durch eine der Gruppen $-C(:NH)NH_2$, $-NH\cdot C(:NH)NH_2$ oder $-CH{=}N\cdot NH\cdot C(:NH)NH_2$ substituiert ist, erhält man durch Kondensation eines Monophenylhydrazons einer aliphat., vicinalen Dioxoverb., das im Kern eine der genannten Gruppen enthält, mit Aminoguanidin (**II**). Es werden dargestellt die **I** aus **II** u. *Brenztraubenaldehyd-1-p-* (bzw. *-m-*) *guanylphenylhydrazon* [*Dihydrochlorid,* F. $>300°$ bzw. 273° (Zers.)]; aus **II** u. *Diacetylmono-p-* (bzw. *-m-*) *guanylphenylhydrazon*; aus **II** u. *Pentan-2.3-dion-3-p-guanylphenylhydrazon* [*Dihydrochlorid,* F. 244° (Zers.)]; aus **II** u. *Hexen-(1)-dion-(4.5)-4-p-guanylphenylhydrazon* [*Dihydrochlorid,* F. 230° (Zers.)]; aus **II** u. *Brenztraubenaldehyd-1-p-guanidinophenylhydrazon* [*Dihydrochlorid,* F. 276° (Zers.)]; aus **II** u. *Brenztraubenaldehyd-1-p-(guanylhydrazonoformyl)-phenylhydrazon* [*Dihydrochlorid,* F. 266° (Zers.)]; aus **II** u. *Brenztraubenaldehyd-m-(guanylhydrazonoformyl)-phenylhydrazon* [*Dihydrochlorid,* F. 150° (Zers.)]. (**D. B. P. 871 891** Kl. 12o vom 25/7. 1950, ausg. 26/3. 1953. Anmeldung bekanntgemacht 7/8. 1952.) BRÖSAMLE. 4807

Ernst A. H. Friedheim, V. St. A., *Verminderung der Toxizität von Antimonverbindungen.* Nur noch sehr wenig giftige Sb-Verbb. mit ionisierbarem Sb^{III} erhält man durch Behandlung solcher Sb-Verbb. [z. B. Brechweinstein, Antimonylnatriumcitrat (**I**), Antimonylpyrogallolnatriumthioglykolat] mit 1.2-Dioxybenzol-3.5-disulfonsäure (**II**) oder mit 2—10, vorzugsweise 3,5 Mol eines in W. lösl. Salzes dieser Säure. Die Prodd. können außerdem eine das p_H regelnde Substanz enthalten. — Z. B. stellt man aus $^1/_{10}$ Mol **I** u. W. eine 10%ig. Lsg. her, versetzt sie mit $^3/_{10}$ Mol Na-Salz von **II** u. neutralisiert das Ganze mit $^3/_{10}$ Mol $NaHCO_3$. Durch Verdampfen des W. im Vakuum erhält man das Prod. in fester Form. (**F. P. 1 015 130** vom 12/1. 1949, ausg. 27/8. 1952.) OPPERMANN. 4807

Knoll Akt.-Ges. Chemische Fabriken, Ludwigshafen/Rh. (Erfinder: **Ferdinand Dengel,** Mannheim, und **Kurt Kraft,** Heidelberg), *4-Aminobenzolsulfonamide* $HNR-C_6H_4-SO_2-NH-CHR'-SO_3H$ (R = H, Alkyl; R' = H, Alkyl, Aralkyl). Aminoalkylsulfonsäuren werden in Ggw. säurebindender Mittel mit Benzolsulfonsäurehalogeniden, die in 4-Stellung eine maskierte oder in Form der Nitro- oder Nitrosogruppe präformierte Amino- oder Monoalkylaminogruppe enthalten, kondensiert, u. der in 4-Stellung befindliche Rest wird in bekannter Weise in die Amino- oder Monoalkylaminogruppe übergeführt. — Aus Aminomethansulfonsäure (**I**) u. 4-Acetylaminobenzol-1-sulfonsäurechlorid in wss. A. in Ggw. von Na_2CO_3 zuerst unter Kühlung, dann bei 50° u. anschließender Abspaltung der Acetylgruppe mit 4n HCl auf dem Wasserbad → *4-Aminobenzolsulfonylaminomethansulfonsäure* (**II**). — 4-Nitrobenzolsulfonsäurechlorid + **I** → 4-Nitrobenzolsulfonylaminomethansulfonsäure, $O_2NC_6H_4\cdot$

$SO_2NHCH_2SO_3$ → II. — 4-Acetylmethylaminobenzolsulfonsäurechlorid + I → 4-Acetylmethylaminobenzolsulfonylaminomethansulfonsäure → $H_3CNHC_6H_4SO_2 \cdot NHCH_2-SO_3H$. (**D. B. P. 899 940** Kl. 12o vom 30/5. 1941, ausg. 17/12. 1953. **Zusatz zu D. R. P. 743748; C. 1947. 356.**) KRAUSS. 4807

Farbenfabriken Bayer, Leverkusen, *Sulfonamidderivat*, das in W. mit neutraler Rk. leicht lösl. ist. Man läßt etwa äquimol. Mengen von 4-Aminobenzolsulfothioharnstoff, 4-Aminomethylbenzolsulfonamid u. Zimtaldehyd u. die doppelt mol. Menge $NaHSO_3$ aufeinander einwirken. Farbloses Kristallpulver. (**Schwz. P. 287 028** vom 10/12. 1949, ausg. 16/3. 1953.) BRÖSAMLE. 4807

Ciba Akt.-Ges. (Erfinder: **Max Hartmann** und **Jean Druey,** Riehen), Basel, Schweiz, *Wasserlösliche, parenteral und rektal chemotherapeut. wirksame p-Aminobenzolsulfonamidderivate* erhält man durch Rk. von in der $-SO_2NH$-Gruppe durch einen polyheteroatomig-heterocycl. Rest substituierten p-Aminobenzolsulfonamiden mit Salzen der Glyoxylsäure (**I**), der freien Säure oder mit in diese bzw. in ihre Salze überführbaren Verbb., u. gegebenenfalls Umwandlung in wasserlösl. Salze. — Na-Glyoxylat gibt in W. bei 80° mit 2-(p-Aminobenzolsulfonamido)-thiazol (**II**) ein Pulver; *Ca-Salz*, leicht lösl. in warmem Wasser. — **I** + 2-(p-Aminobenzolsulfonamido)-5-äthylthiodiazol. — 6-(p-Aminobenzolsulfonamido)-2.4-dimethylpyrimidin + **I.** — **II** + **I**-Äthylesterhalbacetal → Prod., F. > 300°. Die Verbb. haben vermutlich folgende Konstitutionen: $R-NH-SO_2-C_6H_4-N=CHCOOH$, $R-NH-SO_2-C_6H_4-NH-CHOH-COOH$ oder $R-NH-SO_2-C_6H_4-NH-CH(COOH)-NH-C_6H_4-SO_2-NH-R$ (R = polyheteroatomig-heterocycl. Rest). (**D. B. P. 863 804** Kl. 12p vom 5/11. 1943, ausg. 19/1. 1953. Schwz. Priorr. 14/4., 7/6. u. 22/10. 1943.) KRAUSS. 4807

Merck & Co., Inc., N. J., übert. von: **James Maurice Sprague,** Drexel Hill, Pa., V. St. A., *sek.-Alkylsulfonamidobenzoesäuren* dienen zur *Erzielung hoher Blutkonzentrationen bei Penicillin* u. *p-Aminosalicylsäure*. — *1-Methyl-1-butansulfonylchlorid* (**I**). Man setzt 2-Brompentan mit Thioharnstoff zu *S-2-Pentylisothioharnstoffhydrobromid* um, löst in NaOH, dann in Essigsäure u. leitet Cl_2 ein; $Kp._9$ 90—95°. — *p-Carbäthoxy-1-methyl-1-butansulfonanilid* (**II**). Aus **I** u. p-Aminobenzoesäureäthylester in Pyridin; F. 86—88°. — *p-Carboxy-1-methyl-1-butansulfonanilid*, aus **II** u. NaOH, F. 119—121°. — Analog: *p-Carboxy-1-äthyl-1-propansulfonanilid*, F. 125—127°. — *p-Carboxy-1.3-dimethyl-1-butansulfonanilid*, F. 156—157,5°. — *p-Carboxy-1-methyl-1-pentansulfonanilid*, F. 162—164°. — *p-Carboxycyclohexansulfonanilid*, F. 174—176°. — *p-Carboxy-1-methyl-1-hexansulfonanilid*, F. 171—173°. — *p-Carboxy-1-methylheptansulfonanilid*, F. 161—163,5°. — *p-Carboxy-1-propyl-1-butansulfonanilid*, F. 130—132°. (**A. P. 2 656 381** vom 21/10. 1950, ausg. 20/10. 1953.) LANGER. 4807

Smith, Kline & French Laboratories, Philadelphia, übert. von: **Paul N. Craig,** Elkins Park, und **Fred P. Nabenhauer,** Philadelphia, Pa., V. St. A., *Bis-(substituierte) Phenylalkylamino-Verbindungen* der Formel **A**, worin m = 2 oder 3, n = 1—6, R = H oder niederes Alkyl u. W eine Alkylengruppe mit höchstens 14 C-Atomen, die auch durch einen Phenylenrest, ein O-, S- oder N-Atom unterbrochen sein kann, wirken auf den Blutdruck *hyper-* oder *hypotensiv*.

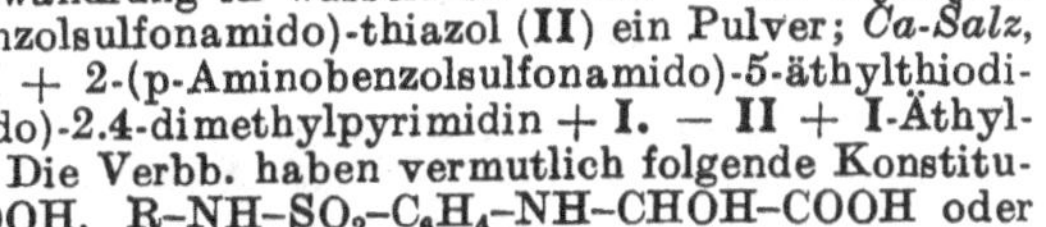

A

— *1.3-Bis-(3.4-dimethoxyphenäthylamino)-propan* (**I**). Aus 3.4-Dimethoxyphenäthylamin u. Trimethylendibromid in warmem Alkohol. *Dihydrobromid*, F. 250—253°. — *1.3-Bis-(3.4-dimethoxyphenäthylamino)-propan*. Beim Kochen von **I** mit konz. HBr u. H_3PO_2. *Dihydrobromid*, F. 206—207°. — Analog: *1.6-Bis-(3.4-dioxyphenäthylamino)-hexandihydrobromid*, F. 272—273°. *1.6-Bis-[2-(3.4-dioxyphenyl)-isopropylamino]-hexandihydrobromid*, F. 264—267°. *1.6-Bis-[2-(3.4-dimethoxyphenyl)-isopropylamino]-hexandihydrochlorid* existiert in 2 Formen: F. 256—257° u. F. 226—227°. — *1.7-Bis-(3.4-dioxyphenäthylamino)-heptandihydrochlorid*, F. 198—199°. — *1.8-Bis-(dioxyphenäthylamino)-octandihydrobromid*, F. 253 bis 254°. — *1.4-Bis-(3.4-dioxyphenäthylaminomethyl)-benzoldihydrobromid*, F. 295 bis 298°. — *1.6-Bis-(3.4.5-trioxyphenäthylamino)-hexandihydrobromid*, *1.6-Bis-(3.4-dioxybenzylamino)-hexandihydrobromid*, F. 234—235°. — *1.8-Bis-(3.4-dioxybenzylamino)-octandihydrobromid*, F. 239—240°. — *1.5-Bis-(3.4-dimethoxyphenäthylamino)-pentandihydrochlorid*, F. 251—254°. — *1.5-Bis-(dioxyphenäthylamino)-pentandihydrobromid*, F. 218—220°. — *1.6-Bis-(3.4-dioxyphenäthylamino)-1.6-diäthylhexandihydrobromid*. — *1.6-Bis-(N-methyl-3.4-dioxyphenäthylamino)-hexandihydrobromid*. — *1.7-Bis-[β-(3.4-dioxyphenäthyl)-amino]-4-oxaheptandihydrobromid*. — *1.7-Bis-[N-äthyl-β-methyl-β-(3.4-dioxyphenyl)-äthylamino]-4-thiaheptandihydrobromid*. — *N.N-Bis-[γ-(3.4-dioxyphenäthylamino)-propyl]-äthylamintrihydrobromid*. — *1.10-Bis-[β-(3.4-dioxyphenylisopropyl)-amino]-decandihydrobromid*. — *N.N-Bis-[β-(3.4-dioxyphenäthylamino)-äthyl]-ben* *zylamintrihydrobromid.* — *1.7-Bis-(3.4-dioxyphenäthylamino)-heptandihydrochlorid.* (**A. P. 2 653 977** vom 29/12. 1951, ausg. 29/9. 1953.) LANGER. 4807

Upjohn Co., übert. von: **John B. Wright** und **Edward H. Lincoln,** Kalamazoo, Mich., V. St. A., *Aminoketone* der Formel Ar·CO·C(R)(O·Ar)·CH_2·tert.-Amin, worin R = H oder einen KW-stoffrest u. Ar einen aromat. Rest bedeuten, entstehen aus einem sek. Amin durch Rk. mit CH_2O oder Paraformaldehyd u. einem α-Aryloxyalkylarylketon. — *Lokalanästhetica* u. *Spasmolytica.* — *β-Diäthylamino-α-phenoxypropiophenon.* Beim Kochen von Diäthylaminhydrochlorid, wenig HCl, Paraformaldehyd u. Alkohol. *Hydrochlorid,* F. 128—129°. — Analog: *β-Dimethylamino-α-phenoxypropiophenonhydrochlorid,* F. 153—154°. — *β-Piperidyl-α-phenoxy-p-n-propoxypropiophenonhydrochlorid,* F. 88—90°. — *β-Diäthylamino-α-(p-chlorphenoxy)-propiophenonhydrochlorid,* F. 104,5—105,5°. — *β-Diäthylamino-α-phenoxy-p-n-propoxypropiophenonhydrochlorid,* F. 89—91°. — *β-Dimethylamino-α-(p-n-propoxyphenoxy)-propiophenonhydrochlorid,* F. 152,5—154°. — *β-Dimethylamino-α-methyl-α-phenoxypropiophenonhydrochlorid,* F. 188—189,5°. — *β-Diäthylamino-α-(o-methoxyphenoxy)-propiophenonhydrochlorid,* F. 116—117,5°. — *β-Diäthylamino-α-methyl-α-phenoxypropiophenonhydrochlorid,* F. 134,5—135,5°. — *β-Dimethylamino-α-phenyl-α-phenoxypropiophenonhydrochlorid,* F. 150—152°. — *β-Dimethylamino-α-methyl-α-phenoxy-3.4-dibenzyloxypropiophenonhydrochlorid,* F. 172—173°. (**A. P. 2 655 542** vom 17/4. 1952, ausg. 13/10. 1953.) LANGER. 4807

William R. Warner & Co., Inc., V. St. A. (Erfinder: **Ulrich V. Solmssen** und **Frederick Leonard**), *Herstellung von Antihistaminverbindungen.* Sie werden hergestellt, indem man folgende Verbb. miteinander reagieren läßt: Ein 2-Thienylmethylhalogenid, eine Verb. von der allg. Formel R_1NH_2 (R_1 = Phenyl, Naphthyl, Benzyl, Thienyl, Pyridyl oder Piperidyl) u. ein R_2 Alk-Halogenid. Hierin bedeuten Alk ein Alkylenradikal mit 2—4 C-Atomen u. R_2 ein Dialkylaminoradikal, bei welchem die Gesamtzahl der C-Atome in den Alkylgruppen nicht größer als 6 ist, oder ein substituiertes oder nichtsubstituiertes Pyridyl-, Piperidyl- oder Pyrimidylradikal. Das R_2-Radikal ist mit dem Alkylenradikal durch ein N-Atom verbunden. Man erhitzt z. B. eine Suspension von 8,2 (Teilen) N.N-Dimethyl-N'-(2-pyridyl)-äthylendiamin u. 2,2 $NaNH_2$ in 65 Toluol 3 Std. auf 100°, versetzt das Reaktionsprod. nach u. nach mit 7,6 2-Thienylmethylchlorid in 8,6 Toluol u. kocht die M. weitere 2 Stunden. Man erhält, nach Behandlung mit W., Extraktion mit Ae. u. Entfernung des Toluols u. des Ae. durch Dest. bei 0,45 mm Druck, ein gelbes, bei 125—135° sd. Öl, welches mit alkoh. HCl ein festes Prod., das *N.N-Dimethyl-N'-(2-pyridyl)-N'-(2-thienylmethyl)-äthylendiaminmonohydrochlorid,* F. 162—163°, bildet. Es besitzt eine ausgesprochene *Antihistaminwirkung.* Ferner werden folgende Verbb. genannt: *N.N-Dimethyl-N'-(phenyl)-propylendiamin-(1.2),* $Kp._3$ 98—102°; *N.N-Dimethyl-N'-(phenyl)-N'-(2-thienylmethyl)-propylendiamin-(1.2),* $Kp._5$ 181—185°; *2-(2'-Thienylmethyl)-aminopyridin,* F. 73—76°; *N.N-Dimethyl-N'-(2-pyridyl)-N'-(2-thienylmethyl)-trimethylendiamin;* *N.N-Dimethyl-N'-(phenyl)-N'-(2-thienylmethyl)-äthylendiamin,* $Kp._2$ 161—179°, n_D^{24} 1,584—1,585 (des reinen aus dem Monohydrochlorid hergestellten Diamins); *Monohydrochlorid,* F. 185—186°; *N-(2-Thienylmethyl)-anilin,* $Kp._{12}$ 174—177°, F. 37—39°; *Hydrochlorid,* F. 170—171°; *N-(β-Piperidinoäthyl)-N-(2-thienylmethyl)-anilin,* $Kp._5$ 215—218°; *Monohydrochlorid,* F. 187—188°; *N.N-Dimethyl-N'-(2-thienylmethyl)-trimethylendiamin,* $Kp._3$ 158—161°, n_D^{25} 1,5761—1,5768; *Monohydrochlorid,* F. 138—139°. Die Hydrochloride dienen zur Herst. *pharmazeut. Präparate.* (**F. P. 1 015 569** vom 4/5. 1948, ausg. 15/10. 1952. A. Prior. 10/5. 1947.) OPPERMANN. 4807

Bruno Böttcher (Erfinder: **Bruno Böttcher** und **Fritz Bauer**), Kronach, *Schwefelhaltige, organische Verbindungen* erhält man durch Rk. von organ., bes. ionisierbaren Metallverbb. mit Sulfoniumverbb. mit einer nicht enolisierbaren Thioketogruppe, zweckmäßig in wss. Lösung. — Salicylsäure gibt in wss. NaOH mit 5-Thion-3-(p-methoxyphenyl)-1.2-dithioldimethylsulfat-Verb. I, gelbes, in W. u. organ. Lösungsmitteln schwer lösl. Pulver, das in vitro in Verdünnung von 1:10000 das Wachstum von *Staphylokokken* u. *Streptokokken* vollständig unterdrückt u. in 1:100000 noch hemmt. 10 mg per os wirken bei der Maus nicht toxisch. Ferner werden umgesetzt: 5-Thion-3-(p-methoxyphenyl)-1.2-dithiol (**IV**) + 1.2.5-sulfosalicylsaures Na (**II**), F. 225 bis 227° (Zers.). — 5-Thion-3-phenyl-

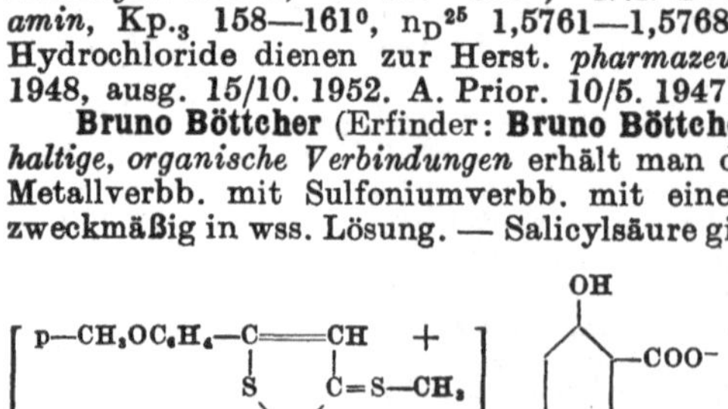

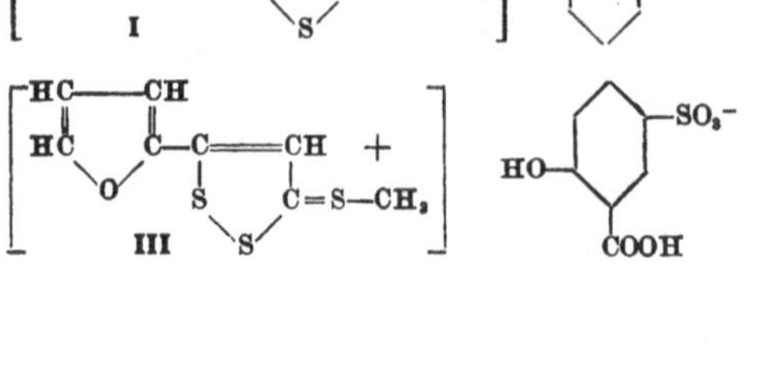

1.2-dithiol + II. — 5-Thion-3-(2'-furyl)-1.2-thiol + II → III. — IV + 1-Oxy-2-amino-phenyl-4-arsenoxyd, F. 177—178°. — IV + Thioharnstoff. — IV + 3.3'-Diamino-4.4'-dioxyarsenobenzol, F. 200° (Zers.). — IV + V, F. 219—221° (Zers.). —

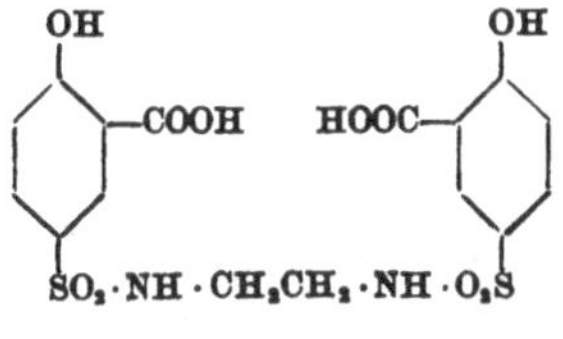

V

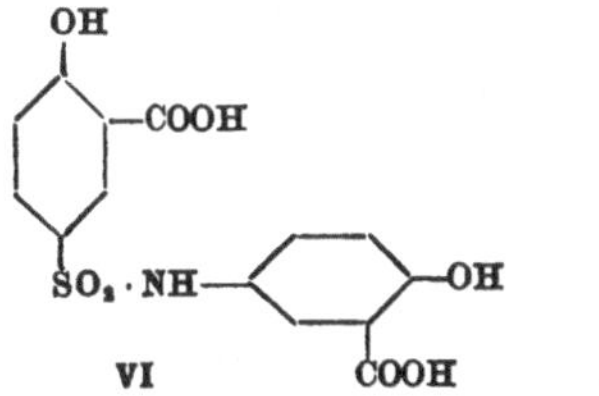

VI

IV + VI, Zers. über 200°. — N-Methyl-2-thiochinolon + Na-Salicylat. — IV + bernsteinsaures K. — *Therapeutica.* (**D. B. P. 865 903** Kl. 12o vom 20/4. 1950, ausg. 5/2. 1953.) KRAUSS. 4807

J. R. Geigy Akt.-Ges., Basel, Schweiz, *1-Phenyl-2-allyl-3-methyl-4-isopropyl-5-pyrazolon,* F. 84°, erhält man durch Alkylierung von 1-Phenyl-3-methyl-4-isopropyl-5-pyrazolon in Ggw. eines organ. Lösungsm., wie Aceton, u. einer alkal. Verb., wie NaOH oder K_2CO_3. — *Arzneimittel.* (**Schwz. P. 289 198** vom 17/5. 1950, ausg. 16/6. 1953.) SIEVERS. 4807

Wellcome Foundation Ltd. (Erfinder: **Frederick Charles Copp**), London, England, *Herstellung von 2-Aminopyridinverbindungen* der Formel I, in der R^1 = H oder eine Acylgruppe u. R^2 = NO_2 oder Cl ist, u. deren Salzen, dad. gek., daß ein 5-Nitropyridin mit einem Cl oder Br in der 2-Stellung oder 5-Chlor-2-brompyridin mit Diäthanolamin in Ggw. eines Mineralsäure bindenden Mittels umgesetzt u. gegebenenfalls das 5-substituierte 2-Di-(oxyäthyl)-aminopyridin mit einem Acylierungsmittel zur Rk. gebracht wird, worauf die erhaltenen Verbb. mit Säuren in Salze übergeführt werden können. Z. B. aus 2-Chlor-5-nitropyridin das *2-Di-(oxyäthyl)-amino-5-nitropyridin,* gelbe Kristalle, F. 104—105°; aus 2-Brom-5-chlorpyridin das *5-Chlor-2-di-(oxyäthyl)-aminopyridinhydrochlorid,* F. 141—142°, die Base wird unter 20° fest; aus 2-Di-(oxyäthyl)-amino-5-nitropyridin u. Essigsäureanhydrid das *2-Di-(acetoxyäthyl)-amino-5-nitropyridin,* gelbe Nadeln, F. 93°. *Mittel gegen Amöbenruhr* von geringer Giftigkeit für Warmblüter. (**D. B. P. 908 020** Kl. 12p vom 18/10. 1951, ausg. 1/4. 1954. Anmeldung bekanntgemacht 6/8. 1953. E. Prior. 19/10. 1950. **E. P. 700 757** vom 19/10. 1950, ausg. 9/12. 1953.) SCHINDLER. 4807

I 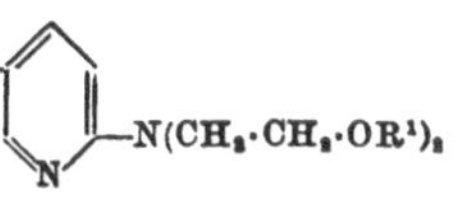

Cilag Akt.-Ges., Schaffhausen, Schweiz, *1-[2'-Brompropen-(2')-yl]-4.4-diäthylpiperidion-(2.6),* $Kp._{0,01}$ 128°, erhält man durch Rk. von Diäthylglutarsäureamid mit 2-Bromallylbromid in Ggw. von Na-Alkoholat in 59%ig. Ausbeute. Leicht lösl. in organ. Lösungsmitteln, unlösl. in Wasser. — *Analgeticum.* (**Schwz. P. 289 201** vom 24/8. 1950, ausg. 16/6. 1953.) SIEVERS. 4807

Laboratoires Français de Chimiothérapie, Paris, Frankreich, *Nicotinaldehyd-thiosemicarbazon,* F. 227—230° (Zers.), erhält man z. B. durch Rk. von Nicotinaldehyd (I) in A. mit Thiosemicarbazid in 50%ig. A. bei n. Temperatur. I läßt sich durch alkal. Zers. des symm. Hydrazids der Nicotin- u. der Benzolsulfonsäure darstellen. — *Tuberkulostaticum.* (**Schwz. P. 290 144** vom 21/5. 1951, ausg. 16/7. 1953. F. Prior. 17/8. 1950.) SIEVERS. 4807

J. R. Geigy Akt.-Ges., Basel, Schweiz, *Thiosemicarbazone heterocyclischer Aldehyde* erhält man durch Rk. von Thiosemicarbazid (I) u. einkernigen, gegebenenfalls substituierten heterocycl. Aldehyden mit mindestens 1 N-Atom als Ringglied oder deren reaktionsfähigen funktionellen Derivaten. — Pyridin-4-aldehyd in A. + I in heißem W., 1 Std. auf dem Wasserbad unter Rückfluß erwärmt → *Pyridin-4-aldehyd-thiosemicarbazon,* F. 232—234°; (-thiosemicarbazon = *ts*). — *2-Pyrrolaldehyd-ts,* F. 204°. — *6-Dimethylaminopyridin-3-aldehyd-ts,* F. 230—232°. — *6-Diäthylaminopyridin-3-aldehyd-ts,* F. 214—216°; (alle FF. unter Zers.). — *Pyridin-3-aldehyd-ts,* F. 222—223°. — *Tuberkulostatica.* (**Schwz. PP. 290 451** vom 9/8. 1950, ausg. 1/8. 1953, u. **293 018, 293 019, 293 020, 293 021, 293 022** u. **293 023** [Zusatz-Patente] vom 9/8. 1950, ausg. 1/12. 1953.) SIEVERS. 4807

American Cyanamid Co., New York, N. Y., V. St. A., *5-(4'-Methylphenylimino)-9-(di-n-propylamino)-benzo[a]phenoxazin* (I), F. ca. 178—179°, erhält man durch Erhitzen von 9-Di-n-propylamino-benzo[a]-phenoxazoniumnitrat mit p-Toluidin in A. u. Überführung in die freie Base mit Alkali. I-Nitrat zeigt in alkoh. Lsg. eine blaugrüne

Farbe mit einem Absorptionsmaximum bei ca. 660 mμ; nach Zusatz von Alkali schlägt die Farbe nach rot um (λ_{max} = 531 mμ). — *Wirksam gegen Tuberkelbazillen* bei geringer Toxicität u. Fähigkeit zur Bldg. resistenter Stämme, verglichen mit Streptomycin. (**Schwz. P. 290 139** vom 9/8. 1950, ausg. 16/7. 1953. A. Prior. 10/8. 1949.)
Sievers. 4807

Raymond Pierre Quelet, Seine, und **Jean Gavarret,** Gironde, Frankreich, *Herstellung von Homoveratrumsäure.* Man kondensiert Veratrol mit Chloral, hydrolysiert das gebildete Trichlorcarbinol u. hydriert die entstandene Carbinolsäure. Ein Gemisch von 148 (Gewichtsteilen) wasserfreiem Chloral u. 138 in 200 PAe. gelöstem Veratrol wird in kaltem W. abgekühlt u. mit 30 Teilen $AlCl_3$ in kleinen Portionen versetzt. Nach 3std. Rühren wird das Reaktionsgemisch 12 Std. bei n. Temp. stehengelassen, dann mit 200 zerstoßenem Eis u. 30 HCl versetzt u. nach Entfernung des PAe. mit Bzl. extrahiert. Man erhält 200 *Trichlormethyl-3.4-dimethoxyphenylcarbinol,* F. 144°. 285 Gewichtsteile des Carbinols löst man in 1500 Volumenteilen 95%ig. A., kühlt die Lsg. auf 0° ab, versetzt sie langsam mit einer kalten Lsg. von 225 Gewichtsteilen KOH in 200 Teilen W. u. 1000 Volumenteilen 95%ig. A. u. beläßt das Reaktionsgemisch 3 Tage lang bei einer Temp. unterhalb von 15°. Man erhält 130 Teile *α-Oxyhomoveratrumsäure,* F. 105°, welche man in 2,5% reine H_2SO_4 enthaltender Essigsäure löst. Die Lsg. versetzt man mit Pd-Schwarz u. red. die Carbinolsäure bei n. Temperatur. Man gewinnt 90—95% der theoret. Ausbeute an *Homoveratrumsäure,* F. 99°. Diese dient zur Herst. von *Papaverin.* (**F. P. 990 288** vom 3/5. 1949, ausg. 19/9. 1951.)
Oppermann. 4807

William R. Warner & Co., Inc., V. St. A. (Erfinder: **Otto Schwarzkopf** und **Hans Julius Calmmann**), *Herstellung von Vitamin A.* Zur Herst. des Vitamins red. man einen Vitamin A-Säurealkylester (Formel **A**) mit Li-Al-Hydrid. Z. B. versetzt man in Ggw. von N_2 4,04 cm³ einer äther. Lsg. von Li-Al-Hydrid, hergestellt aus Li-Hydrid u. $AlCl_3$, unter Eiskühlung in 10 Min. mit 236,3 mg in 5 cm³ wasserfreiem Ae. gelöstem Vitamin A-Säuremethylester, hergestellt aus Vitamin A-Säure u. Diazomethan, rührt das Reaktionsgemisch 16 Std. bei n. Temp. u. erhitzt es 30 Minuten. Dann löst man unter Kühlung mit Eis nach Zusatz von 2 cm³ O_2-freiem W. das entstandene Al-Hydrat in einer gesätt. O_2-freien Lsg. von K-Na-Tartrat u. extrahiert die wss. Schicht dreimal mit 50 cm³ Hexan, welches 30 mg einer 34%ig. Lsg. von Tocopherolen in Baumwollsaatöl enthält. Die vereinigten Extrakte wäscht man mit wss. NaOH-Lsg. u. W. neutral, trocknet die organ. Lsg. mit Na_2SO_4, filtriert sie u. entfernt das Lösungsm. bei n. Temp. im Vakuum. Das ausgeschiedene Vitamin A nimmt man mit 10 cm³ Hexan auf u. reinigt es chromatograph. mittels schwach akt. Tonerde. (**F. P. 1 015 458** vom 23/8. 1948, ausg. 13/10. 1952. A. Prior. 5/9. 1947.)
Oppermann. 4809

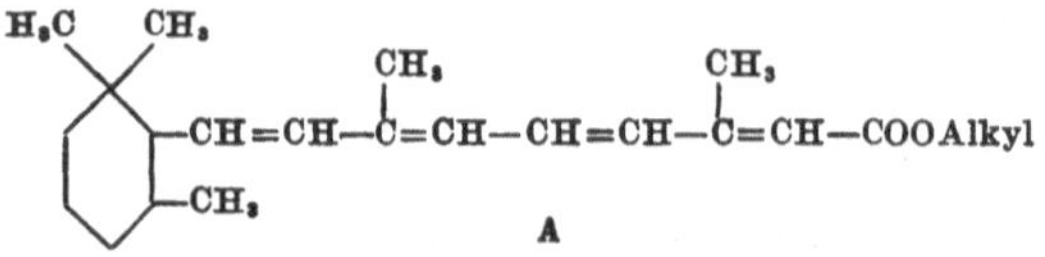

A

Schering Akt.-Ges., Berlin (Erfinder: **Hans Eysenbach,** Berlin-Zehlendorf), *Diazoketone* entstehen durch gleichzeitige Einw. von Carbonsäurehalogeniden bzw. -anhydriden u. wss. Alkalien auf N-Nitrosoalkylamine in einem Lösungsm., das nur sehr geringes oder kein Lösungsvermögen für W. oder wss. Alkalien besitzt. Zweckmäßig wird das spezif. Gewicht der verwendeten schwach konz. KOH durch Zusatz indifferenter Salze, bes. K_2CO_3, erhöht. — Nitrosomethylharnstoff gibt in Methylenchlorid bei —15° nach Zusatz von KOH mit Acetoxyätiocholensäurechlorid *Diazopregnenolonacetat,* F. 146°, $[\alpha]_D$ +65,2° (Äthylenchlorid). — *Zwischenprodukte.* (**D. B. P. 875 659** Kl. 12o vom 2/10. 1942, ausg. 4/5. 1953.)
Krauss. 4809

Upjohn Co. (Erfinder: **Robert Harold Levin** und **A. Vern McIntosh jr.**), Kalamazoo, Mich., V. St. A., *Bisnorchola-4.6-dien-3-on-22-al,* $C_{22}H_{30}O_2$, der Formel **I** erhält man durch selektive Oxydation von Isoergosteron mit 1—1,25 Mol O_3 bei ca. —80 bis +30°, bes. —30 bis —70°, in Ggw. eines Lösungsm. (Methylenchlorid) u. reduktive Zers. des Ozonids, z. B. mit Zn-Eisessig; UV-Absorptionsmaximum 282 mμ; 2.4-Dinitrophenylhydrazon, F. 215—223°. — *Zwischenprod.* zur Herst. von Bis-norcholen-3-on-22-al, Progesteron, androgenen u. östrogenen Hormonen. (**D. B. P. 900 934** Kl. 12o vom 17/8. 1951, ausg. 4/1. 1954. Anmeldung bekanntgemacht 19/11. 1953. A. Prior. 9/9. 1950.)
Krauss. 4809

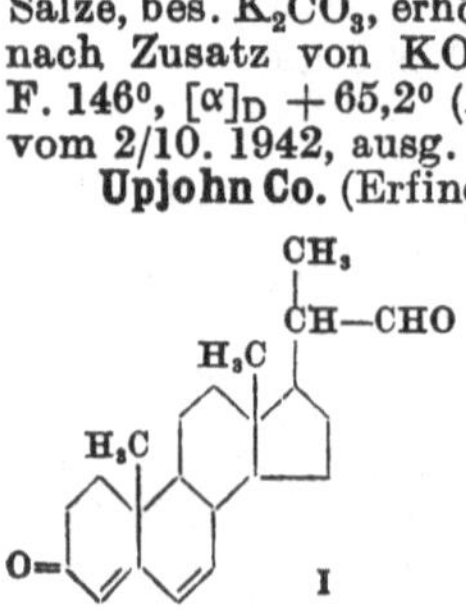

I

Glaxo Laboratories Ltd., England, *Herstellung von 2.6-Dihalogendiphenyläthern.* Man behandelt einen in Eisessig u./oder in sirupartiger Phosphorsäure gelösten Diaminodiphenyläther mit konz. H_2SO_4 u. einem Nitrit ($NaNO_2$, Amylnitrit) u. zers. die gebildete doppelt diazotierte Verb. in Ggw. von W. mit einem Halogenid (z. B. KJ, CuCl, CuBr). Z. B. schüttelt man eine Lsg. von 8 (Teilen) 3.5-Dinitro-4-(4'-methoxyphenoxy)-benzylhydantoin in Eisessig bei n. Temp. in einer H_2-Atmosphäre in Ggw. von mit Pd imprägnierter Holzkohle, bis kein H_2 mehr absorbiert wird. Die von der Holzkohle befreite Eisessiglsg. versetzt man mit einer eisgekühlten Lsg. von 3 $NaNO_2$ in 70 konz. H_2SO_4, gießt das Ganze nach 1 std. Rühren in etwas Harnstoff enthaltendes Eiswasser u. die entstandene Lsg. sofort in eine Lsg. von 20 KJ in Wasser. Nach Stehen über Nacht kocht man die abgeschiedene dunkle M. mit KJ-Lsg., löst sie in Aceton u. reinigt sie mit Tonerde. Das gebildete *3.5-Dijod-4-(4'-methoxyphenoxy)-benzylhydantoin* schm. bei 212°, Ausbeute 66%. Weiterhin werden angegeben: *3.5-Dijod-4-(4'-oxyphenoxy)-benzylhydantoin*, F. 258—260°; *3.5-Dijod-4-(4'-methoxyphenoxy)-benzoesäure methylester*, F. 148—149°, *3.5-Dijod-4-(4'-methoxyphenoxy)-toluol*, F. 102—104°; *3.5-Dichlor-4-(4'-methoxyphenoxy)-benzylhydantoin*, F. 212—213°; *3.5-Dibrom-4-(4'-methoxyphenoxy)-benzylhydantoin*. F. 220—222°; *l-3.5.-Dijod-4-(4'-methoxyphenoxy)-N-acetylphenylalanin*, F. 138—139°, $[\alpha]_D$ —40°. Die eine Alaningruppe oder eine in die Alaningruppe überführbare Gruppe enthaltenden Jodverbb. können für die *Thyroxinsynthese* verwendet werden. (**F. P. 989 971** vom 30/6. 1949, ausg. 17/9. 1951.) OPPERMANN. 4809

Mathieson Chemical Corp., Baltimore, Md., übert. von: **William Braker,** Newark, **William A. Lott,** Maplewood, und **Andrew Ellis O'Keeffe,** Woodbridge, N. J., V. St. A., *Reinigen von Antibioticis* mit wasserlösl. Salzen von in W. unlösl. organ. Säuren, bes. höheren Fettsäuren. Nach den Beispielen werden Streptomycin (**I**) enthaltende Kulturlsgg. oder **I**-Hydrochlorid, **I**-Sulfat oder Dihydro-**I**-sulfat mit Na-Laurat umgesetzt. Das Reaktionsprod. kann unmittelbar als Therapeutikum verwendet oder z. B. mit $Ba(OH)_2$ u. H_2SO_4 in das reine **I**-Sulfat übergeführt werden. (**A. P. 2 631 143** vom 19/7. 1947, ausg. 10/3. 1953.) SCHINDLER. 4811

United States of America, übert. von: **Erwin Schwenk** und **Gerhard Adalbert Fleischer,** Montclair, N. J., V. St. A., *Ammoniumpenicillin* erhält man durch Extraktion von Kultur-Fll. mit Chlf., Behandeln des Extraktes mit schwachalkal. Pufferlsg., Ansäuern u. Extraktion mit einem mit W. nicht mischbaren Lösungsm. für Penicillin u. Zusatz von Bzl., worauf trockenes NH_3-Gas eingeleitet wird. Das sich bildende Ammoniumpenicillin wird abgetrennt u. im Vakuum getrocknet. (**A. P. 2 625 544** vom 6/1. 1942, ausg. 13/1. 1953.) SCHINDLER. 4811

Wyeth, Inc., übert. von: **Joseph Lester Szabo,** Drexel Hill, und **William F. Bruce,** Havertown, Pa., V. St. A., *Herstellung von Penicillinsalzen substituierter Alkylendiamine*, bes. solche folgender allg. Formeln: $R\text{-}NH(CH_2)_nNH_2$; $R\text{-}NH(CH_2)_nNH\text{-}R_1$ u. $RR_1N(CH_2)_nNH_2$, worin R u. R_1 aliphat., aromat., alicycl. oder heterocycl. Gruppen mit oder ohne Ringsubstituenten bedeuten; n = vorzugsweise 2—12. Nach den Beispielen werden aus den Komponenten erhalten: *N-Mono-benzyläthylendiamin-dipenicillin*. Schaumbldg. von 124—191°; *N-Mono-(p-oxyphenyl)-äthylendiamin-dipenicillin*, F. 131°; *N.N'-Dibenzyläthylendiamin-dipenicillin*, F. ab 110° zu klarer Fl. bei 135°; *N.N'-Dipiperonyläthylendiamin-dipenicillin*; *N.N'-Difurfuryläthylendiamin-dipenicillin*. Tabellen über weitere geeignete Verbb. u. Salze mit Penicillin. Geeignet als *Therapeutica* mit prolongierter Wrkg. u. zur Isolierung von Penicillin aus der Kulturflüssigkeit. (**A. P. 2 627 491** vom 15/7. 1950, ausg. 3/2. 1953.) SCHINDLER. 4811

Merck & Co., Inc., Rahway, N. J., übert. von: **Thomas D. Nunheimer,** Elkton, Va., V. St. A., *Nährflüssigkeit für die Streptomycinerzeugung*, bestehend aus den übrigen Kohlehydraten u. Nährsalzen u. als N-Quelle u. Aktivatoren Weizengluten u. „Corn steep liquor", gegebenenfalls mit Zusatz von Ricinussamenmehl u. „destillers solubles". (**A. P. 2 628 931** vom 25/8. 1950, ausg. 17/2. 1953.) SCHINDLER. 4811

Heyden Chemical Corp., New York, N. Y., übert. von: **Robert B. Peet,,** Branford, Conn., V. St. A., *Reines kristallisiertes Dihydrostreptomycinsulfat* (**I**). Streptomycinsulfat wird in wss. Lsg. mit H_2 in Ggw. von PtO bei 20—25° u. 10 lbs./sq. in. zu **I** hydriert. Dann gibt man zur wss. Lsg. von **I** das gleiche Vol. Methanol, dann Impfkristalle u. erhöht langsam den Methanolgeh. bis auf 80%. Die Kristallisation erfolgt zweckmäßig bei 50°. (**A. P. 2 640 054** vom 10/8. 1949, ausg. 26/5. 1953.) KRAUSS. 4811

G. Analyse. Laboratorium.

C. E. Childs und **V. A. Moore,** *Modifizierter Poth-Kohlendioxydgenerator.* Beschreibung eines leicht zu reinigenden u. bequem zu beschickenden CO_2-Generators nach POTH, bes. Mikro-DUMAS-Bestimmungen. (Analytic. Chem. **25.** 204. Jan. 1953. Detroit, Mich., Parke, Davis & Co.) WEITBRECHT. 5006

E. M. Abrahamson, *Apparat zur Reinigung durch Sublimation.* Für die Sublimation von J_2, *2-Naphthol, Naphthalin* u. As_2O_3 im schwachen Luftstrom beschreibt Vf. eine einfache Schliffapp., bei der das Sublimat nicht in den Sublimationskolben zurückfallen kann. (Analytic. Chem. **25.** 203. Jan. 1953. New York, N. Y.)
WEITBRECHT. 5006

Charles Mader und **George Mader jr.,** *Automatische Abfüllvorrichtung gleicher Volumenanteile.* Beschreibung der Anordnung, bei der eine Siphonpipette durch ihre Füllung einen Hg-Schalter betätigt. Der so eingeschaltete Motor besorgt nach Entleeren der Pipette das Auswechseln der Auffanggefäße für die Fraktionen. (Analytic. Chem. **25.** 1423. Sept. 1953. Stillwater, Okla., A. and M. College, Agricultural Chem. Res. and Dewey, Okla.) GOTTFRIED. 5014

Don C. Iffland, *Universalapparat zur kontinuierlichen Extraktion einer wässerigen Lösung mit Lösungsmitteln, die dichter als Wasser sind.* Bei dem beschriebenen App. handelt es sich um einen abgeänderten WEHRLIschen Extraktionsapp. (vgl. WEHRLI, Helv. Chim. Acta **20.** [1937.] 927), der mit einer neuen u. leicht einstellbaren Vorr. für den Rücklauf des Lösungsm. ausgestattet ist. (Analytic. Chem. **25.** 1577—78. Okt. 1953. Morgantown, W. Va., Univ., Dep. of Chem.) GOTTFRIED. 5034

Erich Heftmann und **David F. Johnson,** *Abgeänderter Hershberg-Wolf-Extraktionsapparat.* Es wird ein etwas abgeänderter HERSHBERG-WOLFscher Extraktionsapp. (vgl. HERSHBERG u. WOLF, J. Biol. Chemistry **133.** [1940.] 667) beschrieben, welcher bes. zur Extraktion von Sterinen aus Urin mittels Chlf. benutzt wird. (Analytic. Chem. **25.** 1578. Okt. 1953. Bethesda, Md., Nat. Inst. of Arthritis and Metabolic Diseases.)
GOTTFRIED. 5034

Je. N. Nikitin, *Neues an der Apparatur zur Sorptionsmessung.* Die ausführlich beschriebene App. vereinigt in sich Elemente des McLEOD-Manometers, des U-förmigen Manometers, der Gasbürette u. der thermostat. Flasche für das Adsorbens. Im Unterschied zu den üblichen Geräten enthält sie keine Capillarverbindungen. Die Wrkg. beruht auf der üblichen Messung der Druckänderung nach Einführung des Sorbens. Die optimalen Größen der Quarzspirale für Sorptionswaagen werden berechnet. Es zeigt sich, daß eine größere Genauigkeit weniger durch Verringerung der Fadendicke als durch Heraufsetzung des Durchmessers der Spiralewindung erzielt wird. (Известия Академии Наук СССР, Отделение Химических Наук [Nachr. Akad. Wiss. UdSSR, Abt. chem. Wiss.] **1953.** 629—34. Juli/Aug. Inst. für Silicatchem. der Akad. der Wiss. der UdSSR.) LEBTAG. 5048

D. M. Young und **J. A. Morrison,** *Eine Apparatur zur Herstellung von NaCl-Kristallen mit großer spezifischer Oberfläche.* Es wird eine Anordnung zur Herst. von NaCl-Kristallen mit der mittleren Teilchengröße 0,01—1 μ in Mengen bis zu 0,8 g/Std. beschrieben. NaCl wird in einem Ofen verdampft u. mit einem turbulenten N_2-Strom in ein Rohr geblasen, wo es elektrostat. (7,5 kV/45 mm) gefällt wird. Das erhaltene feinverteilte NaCl ist sehr feuchtigkeitsempfindlich. Die Verteilung der Teilchengröße ist ziemlich breit. (J. sci. Instruments **31.** 90—92. März 1954. Ottawa, Nat. Res. Lab., Div. of Pure Chem.) H. C. WOLF. 5048

Erich Menzel, *Mehrfacher mikroskopischer Lichtschnitt.* Vf. beschreibt einige Änderungen an dem von NAUMANN (vgl. Bl. Untersuch.- u. Forsch.-Instrumente **16.** [1942.] 25) entwickelten Sichtschnittverf. mit einem Objektiv. Aufnahmen von Stufen auf einer Glimmoberfläche mit einer apochromat. Ölimmersion der Apertur ließ Stufen von 0,1 μ Tiefe noch sicher erkennen; Ausmessung im Komparator ergab einen Fehler von 50%. (Naturwissenschaften **38.** 332—33. Juli 1951. Tübingen, Univ., Physikal. Inst.)
GOTTFRIED. 5056

E. O. Rowland, *Eine schnelle Methode zur Herstellung von Gesteinsdünnschliffen.* Es wird eine neue Maschine beschrieben, mit der 3 Gesteinsdünnschliffe gleichzeitig angefertigt werden können. (Mineralog. Mag. J. mineralog. Soc. **30.** 254—58. Dez. 1953. London, Univ., King's Coll., Dep. of Geol.) HILLER. 5058

Stanley S. Ballard, *Optische Kristalle und Polarisationsfilme.* (Sitzungsbericht.) Übersicht über neuere Unterss. zur Best. der opt., mechan. u. therm. Eigg. opt. Kristalle sowie die Entw. in der Herst. u. die Eigg. von Polarisationsfiltern für das Sichtbare u. Infrarot. (J. Physique Radium **14.** 51 S—52 S. Dez. 1953. Tufts College, Polaroid Corp.) EICHHOFF. 5063

D. Malé, *Über die gleichzeitige Bestimmung der optischen Konstanten und der Dicke dünner absorbierender Schichten.* (Vgl. C. **1954.** 5455.) Wiedergabe von graph. Darstellungen, mit welchen für verschied. Brechungsindices u. Extinktionen aus den gemessenen Reflexionsfaktoren in Luft u. Glas u. der Durchlässigkeit ein Wert für die Schichtdicke erhalten wird, welcher durch Vgl. mit der aus dem Gewicht der Schicht bestimmten Schichtdicke die wirkliche Raumerfüllung einer dünnen Schicht ergibt. (J. Physique Radium **14.** 58 S—59 S. Dez. 1953.) Eichhoff. 5063

—, *Zirkonium-Bogenlampe.* Kurzer Bericht über eine Zr-Bogenlampe, die in freier Luft brennt. Das Zr dient in fl. Form bei 6500° F als Elektrode. Der Lichtstrom beträgt 20000 Lumen, das Spektr. ist kontinuierlich vom Ultrarot bis zum UV, so daß die Lampe als ergiebige Lichtquelle u. a. für UV-Mikroskope verwendet werden kann. Die Farbtemp. liegt bei 3600° K. (Electronics **23.** Nr. 2. 184—88. Febr. 1950.) Reusse. 5063

Aymé Cornu, *Quantitative spektrochemische Analyse durch den Spektrographen ohne Spalt.* Es wird zunächst der spaltlose Spektrograph beschrieben, bei dem sich an der Stelle des Spaltes ein vertikaler, polierter, zylindr. Körper befindet, welcher bei Bestrahlung mit der Lichtquelle einen feinen, geradlinigen, vertikalen Brennfleck liefert. Hierauf setzt Vf. das Prinzip der automat. Unters. auseinander, beschreibt den Gang der Analyse u. führt eine Reihe von Beispielen an, aus denen die Brauchbarkeit der neuen Anordnung hervorgeht. (Cahiers de Physique **1953.** Nr. **44.** 74—80. Juli. Nr. **45.** 1—28. Sept. Lyon, Univ., Fac. des Sci.) Gottfried. 5063

J. A. Sirs, *Die Konstruktion von Thermoelement-Transformatoren für Infrarotsysteme mit zerhacktem Strahl.* Bemerkungen zu der Arbeit von Robinson, C. **1954.** **614.** (J. sci. Instruments **30.** 142. April 1953. Cambridge, Univ., Colloid Sci. Labors.) Eichhoff. 5063

T. S. Robinson, *Die Konstruktion von Thermoelementtransformatoren für Infrarotsysteme mit zerhacktem Strahl.* Entgegnung zu den Bemerkungen von Sirs (vgl. vorst. Ref.). (J. sci. Instruments **30.** 142. April 1953. London, Univ., King's Coll.) Eichhoff. 5063

Philip W. West, *Bei der Entwicklung von Tüpfelproben angewandte Methoden.* Überblick über die verschied. Methoden der Tüpfelanalyse, bei denen möglichst spezif. u. empfindliche Reagentien verwendet werden sollen. Folgende Reaktionstypen stehen zur Verfügung: 1. Farbstoffbldg. (Methylenblau aus p-Dimethylphenylendiamin u. H_2S); 2. reduzierende organ. Verbb. mit Farbänderung (Oxydation von Benzidin zu der blauen halbchinoiden Form); 3. Adsorptionsverbb. (Jodstärke-Rk.); 4. Rk. bas. Farbstoffe mit sauren Oxyden (Al^{3+} mit Alizarin); 5. Bldg. von Farblacken; 6. Überführung von Farbstoffen in die Leukoform (Methylenblau u. Sulfid, katalysiert durch die Ggw. von Se); 7. Einführung einer chromophoren Gruppe in für Großvolumenfällung geeignete Reagentien (p-Dimethylaminoazophenylarsonsäure zum Nachw. von Zr-Verbb.); 8. Bldg. innerkomplexer Salze; 9. Bldg. von polynuclearen oder Netzwerkverbb. (p-Rosanilin u. Pd); viele dieser Reagentien sind nicht spezifisch. Jedoch gelingt es vielfach, durch Wahl geeigneter Versuchsbedingungen, wie p_H-Einstellung, Oxydation oder Red. von störenden Stoffen, Wahl eines geeigneten Mediums oder geeignete Substituierungen in den ursprünglichen Reagentien, spezif. Rkk. zu erhalten. (Analyst **77.** 611—17. Nov. 1952. Baton Rouge, La., Univ., Coates Chem. Labors.) Schlegel. 5065

J. A. Lewis, *Ausgewählte Literatur über Polarographie.* Die einzelnen Anwendungsgebiete werden in alphabet. Reihenfolge unter Anführung der entsprechenden Literatur gebracht. (Ind. Chemist **29.** 172—79. April 1953.) P. Eckert. 5066

Wiktor Kemula, *Chromato-polarographische Untersuchungen.* 1. Mitt. *Allgemeine Betrachtungen und Apparatbeschreibung.* (Vorl. Mitt.) Vf. verbindet eine chromatograph. u. eine polarograph. App., wobei das Hg-Niveau über dem Auslauf der letzteren gegenüber dem Auslauf der ersteren in verschied. Höhe (0—20 cm) eingestellt werden kann. Die polarograph. Analyse der Eluate ermöglicht die Unters. kleinster Fraktionen mit automat. Registrierung der Stromstärke bei konstanter Spannung. So werden nach diesem Verf. geringe Spuren Ni in Co-Salzen bei Verwendung von nur 10^{-5} g Substanz quantitativ bestimmt. Ein weiteres Anwendungsbeispiel ist die vollständige Trennung von Cu^{2+} u. Co^{2+} bei einem Verhältnis 100:1. (Roczniki Chem. [Ann. Soc. chim. Polonorum] **26.** 281—87. 1952. Warszawa, Uniw., Zakł. Chem. nieorgan.) R. K. Müller. 5066

Marion K. Birmingham und **K. A. C. Elliott,** *Anwendungen der Henderson-Hasselbalch-Gleichung auf einfache und gemischte Puffer-Lösungen. Mit einer Anmerkung bezüglich Konstanten für Bicarbonatpuffer und Anwendungsbeispielen auf Untersuchungen mit Warburg-Manometern.* Auf Grund von Literaturangaben scheinen folgende Konstanten für Bicarbonat- u. prim.-sek. Phosphatpuffersysteme die verläßlichsten zu sein: pK' für Bicarbonatpuffer in mammal. Ringer-Lsg.: 6,08 bei 25°, 6,02 bei 38°; pK' für

Bicarbonat in RINGER-Lsg. + 0,02 mol. Phosphatbicarbonat-Lsg.: 6,06 bei 25°, 6,00 bei 38°; pK' für Serum: 6,12 bei 25°, 6,09 bei 38°; pK' für RINGER-Phosphat-Lsg.: 6,8, durch Temperaturwechsel wenig verändert. — Löslichkeitskoeff. von CO_2 in H_2O: 0,76 bei 25°, 0,54 bei 38°; in RINGER-Lsg.: 0,74 bei 25°, 0,53 bei 38°. Ferner werden Methoden zur Berechnung des p_H u. Säure–Base-Umschlages, CO_2-Entw. u. Temperatureffekte aufgezeigt. Die Beispiele zum WARBURG-Manometer illustrieren den Effekt eines zweiten Puffers auf die Manometerverhältnisse in CO_2-gepufferten Medien. (Canad. J. med. Sci. **30.** 403—16. Okt. 1952. Montreal, Quebec, McGill Univ., Dep. of Neurology and Neurosurgery, u. Montreal Neurolog. Inst.) ZAESCHMAR. 5066

Donald E. Campbell, *Modifizierte Karl-Fischer-Titrationszelle.* Beschreibung eines verbesserten Titrationsgefäßes mit auswechselbaren Elektroden, Verlegung des Entlüftungsstutzens, der auch zum Einfüllen von Fll. u. zur Aufnahme des Trockenrohrs dienen kann, magnet. Rührung u. Anbringen eines Ablaßhahns am Boden des Gefäßes. (Analytic. Chem. **25.** 203—04. Jan. 1953. Troy, N. Y., Rensselaer Polytechn. Inst., Walker Labor.) WEITBRECHT. 5066

Robert C. Brasted, *Schwefelsäurekonzentration als Variable bei der Permanganat-Oxalat-Titration.* Vf. überprüft den Einfl. der H_2SO_4-Konz. auf die manganometr. Oxalatbestimmung. Nach den tabellar. mitgeteilten Ergebnissen erweist sich die Titration als unabhängig bis zu einer Endkonz. der Lsg. von 4 mol. H_2SO_4. (Analytic. Chem. **25.** 673—74. April 1953. Minneapolis, Minn., Univ. of Minnesota.) WEITBRECHT. 5066

a) Elemente und anorganische Verbindungen.

H. Malissa und **F. F. Miller,** *Über die Verwendung von disubstituierten Dithiocarbamaten in der Mikroanalyse.* 1. Mitt. Vff. untersuchen die Verwendbarkeit disubstituierter Dithiocarbamate für die Mikroanalyse, die Empfindlichkeit der Rkk. u. ihre Eignung als Grundlage für quantitative Trennungen. Die Reagentien sind sehr leicht aus sek. bzw. prim. Aminen mit CS_2 u. NaOH in alkoh. Lsg. herzustellen. Als sek. Amine werden verwendet: *Diäthylamin*, das *Dinatriumsalz der Diphenylamin-4.4'-disulfonsäure*, als prim. Amine *Indol* u. *p-Aminosalicylsäure*. Auch Oxime reagieren in der beschriebenen Weise. Die absol. Empfindlichkeit wurde wie üblich durch Tüpfeln auf der Porzellan-, der Glastüpfelplatte, dem Tüpfelpapier oder im Spitzröhrchen bei p_H 2, 4, 6, 8 u. ca. 14 festgestellt. Die Verbb. reagieren mit folgenden Metallen: V, Cr, Mo, W, U, Mn, Re, Fe, Co, Ni, Ru, Rh, Pd, Os, Ir, Pt, Cu, Ag, Au, Zn, Cd, Hg, Ga, In, Tl, Ge, Sn, Pb, As, Sb, Bi, Se u. Te. Die zum Teil charakterist. gefärbten Ndd. flocken in den meisten Fällen gut aus u. sind leicht filtrierbar bzw. zentrifugierbar. Zum Teil sind die Dithiocarbamate in organ. Lösungsmitteln gut lösl. u. aus der wss. Phase extrahierbar. Bzgl. der Einzelheiten muß auf das Original verwiesen werden. (Mikrochem. verein. Mikrochim. Acta **40.** 63—75. 1952. Graz, TH., Inst. für Mikrochem. u. Geochem.) SCHLEGEL. 5100

F. Feigl und **W. A. Mannheimer,** *Notiz zum Nachweis von Hydrazin in der Tüpfelanalyse.* Bringt man Hydrazin in schwach mineralsaurer Lsg. mit einer gesätt. wss. Lsg. von Salicylaldehyd zusammen, so entsteht *Salicylaldazin* (**I**), eine SCHIFFsche Base, nach: $H_2N\text{-}NH_2 + 2\,C_6H_4(OH)CHO \rightarrow 2\,H_2O + C_6H_4(OH)CH{=}N{-}N{=}CH(OH)\cdot C_6H_4$. Der entstandene Nd. von **I** kann durch seine intensiv gelbe *Fluorescenz* im UV identifiziert werden. Lsgg. von **I** in Chlf., Ae., CCl_4 usw. fluorescieren nicht. Günstig für die Durchführung der Rk. ist die Tatsache, daß der Salicylaldehyd (Kp. 190°) bereits bei Zimmertemp. einen ausreichenden Dampfdruck besitzt, um in der Gasphase reagieren zu können. — Zur Durchführung der Rk. bringt man einige Tropfen Salicylaldehyd in einen Porzellantiegel u. bedeckt ihn mit einem Scheibchen Filtrierpapier, auf das ein Tropfen der mit Alkaliacetat in 0,5 n CH_3COOH gepufferten Probelsg. gesetzt wird. Je nach der vorhandenen Menge Hydrazin zeigt der Fleck sofort oder erst nach einigen Min. im UV intensiv gelbe Fluorescenz, die auch beim Einlegen des Papiers in verd. HCl, H_2SO_4 oder CH_3COOH nicht verschwindet. — Erfassungsgrenze: 0,1 γ Hydrazin; Grenzkonz.: 1:500000. — Beim Nachw. von 10 γ Hydrazin neben NH_2OH erscheint die Fluorescenz nach 1—2 Min. langer Einwrkg. von Salicylaldehyddampf; bei kleineren Mengen Hydrazin neben viel NH_2OH tritt die Rk. erst nach 10 bis 15 Min. auf. Zur Entfernung des gebildeten Salicylaldoxims, das die Fluorescenz von **I** löscht, badet man das Filtrierpapier in W. oder verd. CH_3COOH. Auf diese Weise lassen sich noch 0,1 γ Hydrazin neben 5000 γ NH_2OH nachweisen. (Mikrochem. verein. Mikrochim. Acta **40.** 50—52. 1952. Rio de Janeiro, Brasilien, Minist. da Agricult., Labor. da Produção Mineral.) SCHLEGEL. G 243

E. Treiber, H. Koren und **W. Gierlinger,** *Beitrag zur colorimetrischen Bestimmung von Sulfidionen.* Vff. geben zunächst einen Überblick über die aus der Literatur bekanntgewordenen Farb-Rkk. u. über die Bldg. koll., gefärbter Metallsulfide, die sich zur colorimetr. Best. von H_2S eignen. Ferner wurde untersucht, wieweit sich die Absorptionskurven der gebildeten Farbstoffe bzw. Sulfidsole quantitativ vermessen lassen, u. auf diese Weise die Empfindlichkeit der Rkk. u. der optimale Wellenlängenbereich für die Durchführung der colorimetr. Messungen festgestellt. — (a) Farb-Rkk.: Nach der verbesserten Meth. von KLEINERT u. TREIBER gibt *Ammoniummolybdat* bei Ggw. von H_2S eine Blaufärbung von ausreichender Empfindlichkeit. Das optimale Spektralgebiet für die Messung liegt zwischen 800 u. 900 mμ. — Die halbquantitative Best. mit *Nitroprussid–Na* ist wenig empfindlich u. ihre rotviolette Färbung sehr unbeständig. — Außerordentlich empfindlich ist die *Methylenblau*-Meth. nach FISCHER, von der verschied. Ausführungsformen wiedergegeben werden. Absorptionsmaximum 503 mμ. Der theoret. Extinktionswert wird prakt. nicht erreicht, wohl infolge gleichzeitiger Bldg. von Methylenrot. — Nachw. von H_2S mit einer J-Verb. von Methylenblau nach KUHLBERG u. mit BINDSCHEDLERs Grün nach WRIGHT u. Mitarbeitern können als Abarten der FISCHERschen Meth. betrachtet werden. — *Kakothelin* ergibt nach ROSENTHALER mit H_2S eine Farbänderung von Gelb nach Lila, die vorzugsweise in der Wärme auftritt; Bandenschwerpunkt bei ~515 mμ. — (b) *Metallsulfidsole*: Vff. untersuchen eingehender die Sulfidsole von Pb, Ag, Pd, Bi u. Cu, wobei sie als Schutzkolloide Gummi arabicum, Tylose KN 600 oder „Kollidon" verwenden. *PbS*-Sole koagulieren auch bei Zusatz von Tylose rasch u. geben keine konstante Absorption. Sie sind daher zur genauen quantitativen Colorimetrie ungeeignet. — *Ag_2S*-Sole sind sehr stabil u. über 6 Std. haltbar. Verwendet wurden sehr verd. Alkalisulfidlsgg. mit Zusätzen von <0,05 n $AgNO_3$- bzw. komplexen K–Ag-Acetatlsgg. ohne Schutzkolloide. — Zur Bldg. von *PdS*-Sol wird eine ca. 0,02%ig. $PdCl_2$-Lsg. in 0,005 n HCl benutzt, der Triäthanolamin bis zu p_H 8 sowie einige ml 1%ig. Tyloselsg. zugefügt werden. Infolge Komplexbldg. verblaßt die intensive Gelbfärbung u. das Sol läßt sich bei befriedigender Haltbarkeit gut colorimetrieren. — Als sehr empfindlich u. spezif. erwiesen sich die *Bi_2S_3*-Sole, die zum Unterschied von den meisten anderen koll. Metallsulfiden kein freies H_2S adsorbiert enthalten. Sie wurden daher bes. eingehend untersucht. Ein brauchbares Reagens beschränkter Haltbarkeit hat folgende Zus.: Man löst 0,220 g $Bi(NO_3)_3 \cdot 5 H_2O$ in 25 ml einer 3,2%ig. Mannitlsg. vollständig auf, fügt 8 ml reines Glycerin u. dann 36 ml filtrierte 2,5%ig. Gummi arabicum-Lsg. hinzu u. füllt mit einem Essigsäure–Na-Acetatpuffer (6 Volumenteile 0,2 mol. Na-Acetatlsg. u. 1 Volumenteil 0,2 mol. Essigsäure) auf 100 ml auf. Nach 12 std. Stehen filtriert man u. erhält opt. klare Lsgg., die nur einen geringen natürlichen TYNDALL-Effekt besitzen. Die größte Farbtiefe stellt sich bei Ggw. von H_2S nach weniger als 10 Min. ein u. bleibt über 2 Std. konstant. Vff. konnten mit geeigneten Meßmethoden bis zu ~5 γ S^{2-} herab in 100 ml Reagenslsg. nachweisen. — Auch *CuS*-Sole sind sehr stabile Kolloide, die kein oder nur wenig Schutzkoll. benötigen. (Mikrochem. verein. Mikrochim. Acta **40**. 32—41. 1952. Graz, Univ., Inst. für theoret. u. physikal. Chem.) SCHLEGEL. G 253

Maurice Codell und **George Norwitz**, *Colorimetrische Bestimmung kleiner Mengen Bor in Titan-Legierungen.* Die colorimetr. Best. ist die zuverlässigste Meth. zum Nachw. kleiner B-Mengen in Ti-Legierungen. Als geeignetes Reagens wird *1.1-Dianthramid* (**I**) beschrieben, das mit Borat einen Farbkomplex liefert. Da Ti die Best. stört, muß B vorher abgetrennt werden. Das geschieht durch Dest. des Methylborats aus schwefelsaurer Lsg., der H_2O_2 zugesetzt ist, um die vollständige Oxydation aller Boride zu Boraten sicherzustellen. Durch Kochen der Lsg. in Ggw. eines $FeSO_4$-Katalysators wird anschließend das H_2O_2 zerstört. Für die Durchführung des Trennverf. wird eine Destillationsapp. beschrieben. Die Heizung des Destillationskolbens soll mit einem Trikresylphosphatbad vorgenommen werden, da bei direkter Heizung mit Bunsenbrenner infolge Okklusion durch Ti-Ndd. die Trennung leicht unvollständig wird. Die Dest. wird in 3 Abschnitten durchgeführt: Zuerst geht hauptsächlich W. über, dann dest. ein W.–Methanol-Gemisch u. schließlich dest. Methylborat. Das Destillat wird alkal. gemacht, zur Trockne eingedampft, mit konz. H_2SO_4 aufgenommen u. mit **I** versetzt. Die Absorption wird bei 620 mμ gemessen. Das Verf. wird geprüft für B-Gehh. von 0,0004—0,1%. Elemente, die in n. Ti-Legierungen vorkommen, stören nicht. (Analytic. Chem. **25**. 1446—49. Okt. 1953. Philadelphia, Pa., Pitman-Dunn Labor., Frankford Arsenal.) SCHÖTTLER. G 258

M. W. Mallett, **A. F. Gerds** und **C. B. Griffith**, *Bestimmung von Wasserstoff in Magnesium, Lithium und Magnesium–Lithium-Legierungen.* Vff. berichten über zwei zur H-Best. in Mg, Li u. ihren Legierungen geeignete Verff., bei denen die entwickelte Gasmenge gemessen u. ihr H_2-Geh. im Orsat bestimmt wird. Während die Warmextraktion im Vakuum bei 500° infolge der starken Metallverdampfung u. Rk. der

Metalldämpfe mit Wasserresten fehlerhafte Resultate gibt, kann man H_2 im Vakuum bei 650—800° aus den in verschweißten Stahlkapseln eingeschlossenen Proben extrahieren u. messen. Erheblich schneller arbeitet die Sn-Schmelzmethode. Bringt man nämlich die Probe im Vakuum bei 450° in geschmolzenes u. entgastes Sn, so wird in kurzer Zeit (ca. 1 Std.) der gesamte H_2-Geh. frei. Die tabellar. mitgeteilten Ergebnisse zeigen bei einer Genauigkeit von $\pm 10\%$ die Brauchbarkeit der Methoden, vor allem für Mg u. Mg–Li-Legierungen. Die Rk. von Fe mit Mg–Li-Legierungen u. die Diffusion von Li in Fe werden diskutiert. Die Wrkg. der Luft auf Li u. Mg–Li-Legierungen wird experimentell nach dem Sn-Schmelzverf. bestimmt. (Analytic. Chem. **25.** 116—19. Jan. 1953. Columbus, O., Batelle Mem. Inst.) Weitbrecht. G 282

C. A. Wamser, Edward Bernsohn, R. A. Keeler und **John Onacki,** *Bestimmung von Radium in Rückständen.* Vff. beschreiben eine rasche Aufschlußmeth. für Ra-haltige Gangart u. andere, *Ba, Pb,* SiO_2, *Oxyde* u. *Sulfate* enthaltende Rückstände in Verbindung mit einem radiometr. Verfahren. Danach wird 0,5 g der Probe in Pt-Tiegeln mit 10 ml 85%ig. H_3PO_4 u. 3—5 ml 48%ig. HF aufgeschlossen, anschließend bei Rotglut bis zur Bldg. einer klaren Fl. erhitzt u. nach dem Abkühlen in 50 ml W. gelöst. Ein aliquoter Teil mit ca. 10^{-8} bis 10^{-10} g Ra wird mit ca. 0,05 ml 1,5 mol. $BaCl_2$-Lsg. versetzt. Daraus können durch Zugabe von 7 ml einer Mischung von 12 n HCl–Ae. (6 : 1) die Verbb. $BaCl_2 \cdot H_2O$ u. $RaCl_2 \cdot H_2O$ gefällt werden, deren α-Aktivität in bekannter Weise gemessen wird. Die an verschied. Proben erhaltenen Resultate werden tabellar. mitgeteilt u. zeigen die Brauchbarkeit der Methode. Diskussion der Aufschlußvorgänge in kondensierter Phosphorsäure u. des Einfl. der Selbstabsorption auf die Genauigkeit. (Analytic. Chem. **25.** 827—28. Mai 1953. Jersey City, N. J., Vitro Corp. of America.) Weitbrecht. G 286

Kurt Theurer und **Thomas R. Sweet,** *Bestimmung von kleinen Zinkmengen in Aluminiumlegierungen. Schnellelektrogravimetrische Methode unter Verwendung der Isotopenverdünnungstechnik.* Um die Schwierigkeiten der elektrogravimetr. Zn-Best., Verluste an Zn durch Mitfällung oder mechan. Flüssigkeitsverlust bei der Entfernung von störenden Elementen oder durch unvollständige kathod. Fällung zu vermeiden, verdünnen Vff. mit radioakt. ^{65}Zn die Versuchslsg. u. bestimmen nach der Elektrolyse die spezif. Aktivität des Niederschlages. Zur Aufstellung der linearen Eichkurve — Zn-Gewicht gegen reziproke spezif. Aktivität — gibt man 10 ml der radioakt. Zn-Lsg. zu Lsgg. mit verschied. Zn-Geh. u. schlägt das Zn aus alkal. Lsg. an einer Cu-Elektrode nieder. Die Aktivität des Nd. wird mit einem Geiger-Zählrohr gemessen. Eine Korrektur der Kurve entsprechend der Halbwertszeit des ^{65}Zn von 250 Tagen ist notwendig. Zur Best. von 0,02—2,0% Zn in Al-Legierungen löst man in 15%ig. NaOH, verd. u. oxydiert in schwefelsaurer Lsg. mit H_2O_2. Nach dem Dekantieren wird der Rückstand mit HNO_3 gelöst, u. die vereinigten Fll. werden mit radioakt. Zn-Lsg. versetzt. Nach Zugabe von Cupferron wird abzentrifugiert, alkal. elektrolysiert, der Nd. in Säure gelöst, Spuren Cu mit Al-Folie entfernt, das Zn nochmals elektrolyt. niedergeschlagen u. die spezif. Aktivität gemessen. Die von 2 Al-Legierungen mit 2,5—8% Cu, 0,6—1,0% Mn, 0,04—0,2% Fe u. 0,019—1,5% Zn mitgeteilten Ergebnisse zeigen die Brauchbarkeit der Methode. (Analytic. Chem. **25.** 119—21. Jan. 1953. Columbus, O., Ohio State Univ.) Weitbrecht. G 288

Duncan G. Foster, *Die Bestimmung von Zink in Messing durch Elektrolyse mit kontrolliertem Potential.* Als eine zuverlässige u. rasche Bestimmungsmeth. für Zn, bes. in Messing, erweist sich nach Verss. des Vf. die elektrolyt. Abscheidung mit kontrolliertem Kathodenpotential. Durch die Abtrennung des Cu nach Torrance u. des Pb u. Sn nach Lingane enthält die Zn-Lsg. Dinatriumtartrat, Bernsteinsäure, Harnstoff, NaCl u. Hydrazinchlorhydrat. Zur Elektrolyse des Zn neutralisiert man mit NaOH, macht die Lsg. 1 mol. an NH_4Cl u. stellt sie mit konz. NH_4OH auf p_H 9 ein. Zur Elektrolyse wählt man zunächst das polarograph. bestimmte Kathodenpotential von —1,40 V, gegen Ende der Abscheidung erhöht man auf —1,50 V. Die tabellar. mitgeteilten Ergebnisse an Standardlsgg. u. 5 Messingproben mit 7,7—36,7% Zn zeigen die Brauchbarkeit des Verf., das auch in Ggw. von Fe Anwendung finden kann. (Analytic. Chem. **25.** 669—70. April 1953. Swarthmore, Pa., Swarthmore Coll.) Weitbrecht. G 288

E. G. Brown und **T. J. Hayes,** *Die komplexometrische Bestimmung von Zink in Gegenwart von großen Mengen Magnesium.* Der Endpunkt der Titration von Zn in Ggw. von Mg mit *Dinatriumdihydrogenäthylendiamintetraacetat* (Komplexon III) ist nur bis zum Verhältnis Zn : Mg = 1 : 3 (bzw. auch 3 : 1) erkennbar. Für das Verhältnis Zn : Mg = 1 : 25 mußte Zn mit KCN in den *Zinkcyananionenkomplex* (I) übergeführt werden. Das Mg wird mit Hilfe eines Na^+-gesätt. (mit NaOH) Kationenaustauschers (*Amberlite IR–120*) weitgehend zurückgehalten, während I die Säule quantitativ

passiert. Die passierende Lsg. ist gerade alkalisch. In saurem Medium zers. sich I (schon durch H-Amberlit IR–120). Um die Zn^{2+}-Ionen wieder aus I in Freiheit zu setzen, wird mit HCl angesäuert, mit Formaldehyd versetzt u. gekocht. Die abgekühlte Lsg. wird mit NaOH neutralisiert, auf p_H 6,8 gepuffert (Malonsäure–Malonat-Puffer) u. mit Solochromschwarz als Indicator titriert. (Analytica chim. Acta [Amsterdam] **9.** 408–14. Nov. 1953. Liverpool, Brit. Enka Ltd., Res. and Developm. Dep.)
KÜSSNER. G 288

Maurice Codell und **George Norwitz,** *Colorimetrische Bestimmung kleiner Mengen Aluminium in Titanlegierungen.* Die direkte colorimetr. Best. von Al in Ti-Legierungen mit *Aluminon* (I) ist ohne Trennungsverf. wegen Störung durch Ti bei der Bldg. des I-Farbkomplexes nicht möglich. Vff. empfehlen die Abtrennung von Ti mit *Cupferron* (II). Im Filtrat der Lsg. wird II durch $HClO_4$ (III) zerstört, darauf die III abgetrieben u. der Al–I-Komplex entwickelt. Der Ti–II-Nd. enthält außerdem die Elemente Fe, W u. V, deren störende Einflüsse somit gleichfalls ausgeschaltet sind. Geringe Mengen Cr beeinflussen die I-Färbung nicht. Falls jedoch mehr als 1% Cr vorhanden ist, soll dies als CrO_2Cl_2 abgedampft werden, indem zu der rauchenden III-Lsg. HCl zugesetzt wird. P in Mengen über 0,1% bewirkt zu niedrige Ergebnisse, sonstige, in handelsüblichen Ti-Legierungen vorkommende Elemente stören nicht. (Analytic. Chem. **25.** 1437–38. Okt. 1953. Philadelphia, Pa., Pitman-Dunn Labor., Frankford Arsenal.)
SCHÖTTLER. G 294

C. J. Delbecq, L. E. Glendenin und **P. H. Yuster,** *Bestimmung von Thallium durch Radioaktivierung. Anwendung auf Kaliumjodid.* Um bis zu 0,1 µg Tl in KJ bestimmen zu können, verwenden Vff. die Radioaktivierung von ^{203}Tl durch therm. Neutronen. Gemessen wird die langlebige β-Strahlung von ^{204}Tl. Die 3 Tage im Atomreaktor bestrahlte Tl-haltige KJ-Probe wird nach einigen Tagen, wenn die kurzlebige Strahlung von ^{206}Tl vollständig abgeklungen ist, in 10 ml 1nH_2SO_4 gelöst u. mit 2 ml 1%ig. Tl-Sulfatlsg. versetzt. Nach der Red. von J_2 mit SO_2 wird TlJ abzentrifugiert u. wieder in 10 ml 4nHCl unter Zugabe von einigen Tropfen 30%ig. H_2O_2 gelöst. Tl läßt sich dann mit HCl-gesätt. Ae. extrahieren u. aus der äther. Lsg. durch Verdampfen in Ggw. von H_2SO_4 in eine wss. Lsg. überführen. Nach Red. mit SO_2 wird wieder TlJ gefällt, getrocknet u. gewogen. Die Aktivität der Probe wird in einem β-Proportionalzähler gemessen. Nach Korrektur auf die Ausbeute kann der Tl-Geh. aus einer analog hergestellten Eichkurve bestimmt werden. Die tabellar. mitgeteilten Ergebnisse zeigen bis 1 µg Tl eine Genauigkeit von ±5%. Die Störungen in Ggw. von Te sowie die Anwendung der Meth. zur Best. von Tl in Zn werden diskutiert. (Analytic. Chem. **25.** 350–51. Febr. 1953. Chicago, Ill., Argonne Nat. Labor., Chem. Dep.)
WEITBRECHT. G 297

Carlo Ferrari, *Beitrag zur Kenntnis des Phosphormolybdänblaus.* Die *Phosphormolybdänsäure* (I) entsteht in wss. Lsg. auch bei H_2SO_4-Konzz., die ein Auftreten der *Silicomolybdänsäure* (II) ausschließen würden u. die zur Verhinderung der Bldg. des sogenannten reinen *Molybdänblaus* (III) erforderlich sind. In wss. Lsg. bestehen 2 Formen von I, eine gelbe u. eine farblose. Acidität u. Temp. haben großen Einfl. auf das Gleichgewicht. Die durch SO_3 in der Kälte entfärbten Lsgg. färben sich wieder bei Temperaturerhöhung. Für die Bldg. der I darf die gut definierte Grenze (50–60 ml nH_2SO_4 je 60 mg MoO_3) nicht überschritten werden, während II nach ihrer Bldg. gegen SO_3 unempfindlich ist. Die Herst. von III mit definierten u. konstanten Farbkurven gelingt einzig durch Einw. des Reagenses von FISKE u. SUBBAROW (Lsg. von 1.2.4-Aminonaphtholsulfosäure [IV] in $NaHSO_3$ + Na_2SO_3-Lsg.), *Ascorbinsäure* (V)- oder *Hydrazinsulfat* (VI)-Lsg., die nur auf die gelbe Form von I wirken, während *$SnCl_2$* wegen seiner Einw. auf beide Formen ungleichmäßige Prodd. liefert. Die Red. durch **IV, V** oder **VI** verläuft auch in der Kälte schnell; doch erreicht der Farbkomplex seinen Endzustand in der Kälte erst nach vielen Std., auf dem Wasserbad nach wenigen Minuten. Vor Erreichung des Endzustands kann die Farbe von III durch $SnCl_2$ noch verändert werden, nachher nicht mehr. Die für III nach Erreichung des Endpunkts prakt. unschädlichen H_2SO_4-Mengen zerstören die gelöste, nicht red. I völlig. Aus wss. Lsg. entstehen mit $SnCl_2$ mindestens 2 Formen von III, die den im Gleichgewicht befindlichen von I entsprechen u. eine verschied. Zus. mit völlig verschied. Farbkurven besitzen. Außerdem handelt es sich vor Erreichung des Endzustandes um weitere Formen des III, die sich umlagern. Für die s p e k t r o m e t r. B e s t. d e r P h o s p h o r s ä u r e als III sind folgende Bedingungen zu beachten: 1. Benutzung eines Mo-Reagenses mit einem Verhältnis zwischen Molybdat u. H_2SO_4, das die Bldg. von reinem III verhindert, das der H_3PO_4 aber eine die quantitative Bldg. von I ermögliche Molybdänsäuremenge bietet, 2. Erzeugung eines III von definitiver u. konstanter Zus. durch Reduktionsmittel, bes. **VI**, die einzig auf die gelbe Form von I einwirken, 3. Arbeiten in der Wärme. (Gazz. chim. ital. **81.** 795—818. Okt. 1951. Bologna, Univ., Ist. di Chim. agraria.) FÖRSTER. G 336

W. N. Carson jr., *Coulometrische Bestimmung von Uran.* Für die automat. u. manuelle coulometr. Titration von U mit Fe^{3+} bei 95° beschreibt Vf. eingehend eine geeignete Schliffapp., deren Indicatorsyst. aus 2 Pt-Drähten, durch 1,1—1,3 μA polarisiert, besteht. Als Generatorsyst. dient ein Glasrohr, von außen mit der Pt-Anode umwickelt, unten durch eine aus Na-Silicatlsg. + H_2SO_4 gebildete Silicagelbrücke abgeschlossen, darüber die Pt-Kathode in 1 n H_2SO_4. Die durch Erhitzen mit HBr bzw. HBr + Br_2 zur Entfernung von oxydierenden oder reduzierenden Substanzen wie NO_3^-, $Cr_2O_7^{2-}$, MnO_4^-, $HCOO^-$, $C_2O_4^{2-}$, S^{2-}, SO_3^{2-} vorgereinigte U-Lsg. wird unter Durchleiten von CO_2 oder N_2 durch einen Pb-Reduktor in das Titrationsgefäß eingefüllt u. mit HBr-haltiger $FeBr_2$-Lsg. nachgespült. Nach dem Erhitzen auf 95° wird Fe^{2+} elektrolyt. bei konstantem Strom bis zum Umschlag der Indicatorelektrode oxydiert. Aus dem FARADAYschen Gesetz ergibt sich die U-Menge. Kontrollbestimmungen von 0,014—7 mg U als *U-Bromid*, U_3O_8 oder UO_2Cl_2 zeigen die Brauchbarkeit des Verfahrens. Während Al, Co, Mg, Mn, Hg, Ni, NO_3^-, PO_4^{3-}, Na_2SiO_3, SO_4^{2-}, Zn, Zr, $HCOO^-$, $C_2O_4^{2-}$, S^{2-}, SO_3^{2-}, NH_4^+ u. HSO_3NH_2 entweder gar nicht stören oder durch die Vorbehandlung beseitigt werden, geben Bi, BO_3^{3-}, Ca, Cl^-, Cu, Au u. Pd bereits im Pb-Reduktor Ndd. u. stören deshalb die Rk. nicht. Dagegen treten durch unvollkommene Red. bzw. Ausfällung in der Reduktorsäule bei Sb, As, Cr, F, Mo, Pt, Sn, Ti, V, J^- u. W teilweise nichtstöchiometr. Störungen auf. Die Ergebnisse sowie die Beseitigung störender Ionen werden diskutiert. (Analytic. Chem. **25.** 466—70. März 1953. Richland, Wash., General Electric Co.) WEITBRECHT. G 339

F. Krleža, *Die Trennung des Calciums und Magnesiums von Eisen in Gegenwart von Phosphaten.* Um Fe^{3+} als Phosphat u. Hydroxyd zu fällen, dabei aber die Erdalkalien in Lsg. zu halten, setzt Vf. einer sd. 10%ig. NH_4NO_3-Lsg. die durch Ausprobieren ermittelte Menge frischdest. NH_4OH zu, dann tropfenweise die Probelsg.; beim Ende der Fällung soll das p_H 6,9—7,0 betragen. Man läßt dann die Lsg., mit einem Uhrglas bedeckt, 20 Min. bei 60° stehen, gibt währenddessen 3 mal je 100 cm^3 0,5%ig. NH_4NO_3-Lsg. unter Umrühren zu, filtriert u. wäscht den Nd. mit 0,5%ig. NH_4NO_3-Lösung. Ca^{2+} u. Mg^{2+} werden im Filtrat bestimmt. Das Verhältnis $Fe_2O_3 : P_2O_5$ soll mindestens 4 : 1 betragen. (Arhiv Kemiju [Arch. Chim.] **25.** 97—100. 1953. Zagreb, Prir.-mat. Fak., Fiz.-kem. Inst.) R. K. MÜLLER. G 354

Joseph L. Walter und **Henry Freiser**, *Analytische Anwendungsmöglichkeiten der Reaktionen von Eisen (II)- mit 2-(2-Pyridyl)-benzimidazol und 2-(2-Pyridyl)-imidazolin.* Vff. untersuchten die Rk. von *2-(2-Pyridyl)-benzimidazol* (**I**) u. *2-(2-Pyridyl)-imidazolin* (**II**) mit verschied. Kationen. Beide Reagentien bilden mit Fe^{2+} einen purpurroten Komplex, der zur colorimetr. Best. von Fe^{2+} dienen kann. Der Einfl. der H^+-Ionenkonz. in der Reagenskonz. auf die Extinktion wurde untersucht. Das Absorptionsmaximum des mit **I** gebildeten Komplexes liegt für p_H 5,7 bei 490 mμ u. des mit **II** gebildeten Komplexes für p_H 9 bei 560 mμ. Der Fe-Komplex von **I** kann mit Isoamylalkohol extrahiert werden, ebenso der Komplex von **II**, wenn vorher $NaClO_4$ hinzugefügt wird. Die Best. des Fe^{2+} mit **I** wird von Ag^+, Hg^{2+} u. Tartrat gestört. Beim Komplex aus **II** stören Hg^{2+}, Ag^+ u. alle Kationen die bei p_H 9 Hydroxyde bilden. Fast alle anderen Kationen u. Anionen stören bei einem Geh. bis zu 600 μg/ml die Best. nicht. (Analytic. Chem. **26.** 217—21. Jan. 1954. Los Angeles, County Air Pollution Control District.) HACKSTEIN. G 354

Hamed M. El-Badry und **Cecil L. Wilson**, *Die gravimetrische Bestimmung von Blei, Silber und einwertigem Quecksilber im Mikrogrammbereich.* Die Best. der Elemente Pb als $PbSO_4$, Ag als AgCl u. einwertigen Hg als HgCl erfolgt in Mengen von 10 μg mit einer Genauigkeit von ca. ±1%. Die Fällungen werden in sorgfältig getrockneten Mikrotiegeln in einer Flüssigkeitsmenge von 200 μl vorgenommen, im Tiegel zentrifugiert u. nach Entfernung der überstehenden Fl. noch 2 mal mit dest. W. gewaschen. Nach sorgfältiger Trocknung wird auf einer Quarzfadenmikrowaage gewogen, wobei Pt-Drähte verschied. Länge mit einem Gewicht von 100 μg/cm als Gegengewichte dienen. (Analyst **77.** 596—601. Nov. 1952. Belfast, Queen's Univ.) SCHLEGEL. G 359

b) Organische Verbindungen.

R. Pallaud, *Einige Betrachtungen über die qualitative, funktionelle organische Analyse.* Kurzer Überblick über die Möglichkeiten zur qualitativen Best. organ. Verbb. entweder auf Grund ihres physikal.-chem. Verh. oder durch Rk. ihrer funktionellen Gruppen. (Chim. analytique [4] **34.** 194—99. Sept. 1952.) FRETZDORFF. 5364

J. Dadlez und **Z. Stolzman,** *Oxydation von Methylalkohol in einer Mischung von Kaliumbichromat und Schwefelsäure bei 60°.* Die Oxydation von *Methanol* (I) mit Bichromat in schwefelsaurer Lsg. bei 60° geht nach zwei Reaktionsgleichungen vor sich: bevorzugt nach $CH_3OH + 3\,O \rightarrow CO_2 + 2\,H_2O$, u. daneben nach $CH_3OH + 2\,O \rightarrow HCOOH + H_2O \rightarrow CO + 2\,H_2O$. Vff. errechnen aus den Analysenergebnissen als Grammäquivalent G. für I 6,1 [Rechenfehler (?), im Durchschnitt wurden jeweils 64,9% I zu CO_2 u. 35,1% zu CO oxydiert, korr. Wert für G. 6,25; d. Referent]. (Bull. Soc. Amis Sci. Lettres Poznań, Sér. C. Nr. 2. 6—11. 1951. Poznań, Med. Acad., Inst. of Pharmacol. and Inst. of Physiol. Chem.) Borchardt. G 560

C. W. Ballard und **P. G. W. Scott,** *Photometrische Bestimmung von Isonicotinsäurehydrazid und von γ-Picolin.* Die Meth. zur Best. von *Isonicotinsäurehydrazid* (I) u. *γ-Picolin* (II) beruht auf der Pupurfärbung mit 1-Chlor-2.4-dinitrobenzol (III). Zur Best. gibt man zu einer Lsg. von ca. 0,1 mg I oder II in 5 cm^3 wasserfreiem A. 5 cm^3 5%ig. Lsg. von III in wasserfreiem A., kocht 10 Min. im Wasserbad, kühlt ab, fügt 25 cm^3 Methylalkohol hinzu, filtriert u. mißt die opt. D. bei 560 mμ für II u. bei 530 mμ für I. Die Eichkurven sind nahezu linear, die Reproduzierbarkeit beträgt ca. ±2% für II u. ±3% für I. Die Purpurfärbung geben nicht 2.6-Lutidin, α- u. β-Picolin, Pyridin, Isonicotinsäure u. Isonicotinsäureäthylester. (Chem. and Ind. **1952.** 715. 19/7. Dagenham, May & Baker Ltd.) Gottfried. G 3231

Louis Fauconnet und **Kurt Kreis,** *Die Papierchromatographie und ihre Anwendung auf die Untersuchung der Digitalisheteroside.* Mit verschied. Lösungsmittelsystemen aus Bzl., Dichlormethan, Methanol, Aceton u. W. werden bei absteigendem Verf. im eindimensionalen Papierchromatogramm die Purpurea- u. Lanataheteroside u. Genine getrennt. Die App. gestattet die gleichzeitige Entw. von 4 Chromatogrammen mit je einem anderen Lösungsmittelsystem. Nach Besprühen mit Trichloressigsäure in Chlf. u. Trocknen bei 105° werden die einzelnen Substanzen an der je nach der Trocknungszeit unterschiedlichen UV-Fluorescenzfarbe erkannt. Die Papierchromatographie gestattet die Trennung auch aus Rohextrakten der Blätter der Digitalisarten, die eine halbquantitative Bewertung ermöglicht. Bisher nicht beschriebene, stärker hydrophile Heteroside konnten festgestellt werden. (Bull. Soc. vaudoise Sci. natur. **65.** 347—56. 1952. Lausanne, Univ.) Fresenius. G 3450

Francesco Toffoli, *Riptographische Analyse.* 3. Mitt. (2. vgl. Gazz. chim. ital. **74.** [1944.] 207.) (Gazz. chim. ital. **81.** 834—46. Okt. 1951. Roma, Ist. super. di Sanità, Labor. di Chim. e Biol. — C. **1952.** 4823.) Förster. G 3500

Henry A. Walens, Arthur Turner jr. und **Monroe E. Wall,** *Die Verwendung von Schwefelsäure zum Nachweis und zur Bestimmung von Steroidsapogeninen.* Steroidsapogenine geben in 94%ig. H_2SO_4 charakterist. Absorptionsmaxima im Bereich zwischen 220 u. 440 mμ, die zum Nachw. u. zur Best. verwertet werden können. Lage der Absorptionsmaxima (in mμ): *Chlorogenin*: 270, 330, 415. *Diosgenin*: 271, 415, 514. *Desoxydiosgenin*: 271, 312. *Gitogenin*: 272, 308. *Hecogenin*: 276, 350, 396. *Desoxyhecogenin*: 268, 348, 394. *Hecogenon*: 269, 347. *Kammogenin*: 233, 272, 349. *Kryptogenin*: 280, 383. *Manogenin*: 276, 348, 400, 468. *Markogenin*: 270, 308. *Rockogenin*: 273, 379. *Samogenin*: 270, 308. *Sarsasapogenin*: 271, 310. *Desoxysarsasapogenin*: 272, 308. *Sarsasapogenon*: 267, 310. *Smilagenin*: 272, 312. *Desoxysmilagenin*: 273, 308. *Smilagenon*: 268, 310. *Tigogenin*: 270, 312. *Desoxytigogenin*: 274, 296. *Yuccagenin*: 240, 268, 405. (*Cholesterin*: 308, 416.) Best. von Einkomponentenproben: 0,1 bis 5,0 mg Probe werden in 10 ml 94 Vol.-%ig. H_2SO_4 gelöst; die Lsg. wird 16 Std. auf 40° erwärmt. Aus der bei 250 mμ gegen 94%ig. H_2SO_4 gemessenen Absorption (Schichtdicke 1 cm) ergibt sich der %-Gehalt. Die einzelnen Eichkurven verlaufen geradlinig. Best. bin. Gemische: Man verfährt wie oben, bestimmt jedoch zusätzlich die Absorption bei 350 mμ. Aus den angegebenen Absorptionskoeffizienten bei 250 u. 350 mμ errechnen sich nach Aufstellung entsprechender Gleichungen die %-Gehalte. Die Reproduzierbarkeit beträgt ±2%. — Zur qualitativen Unters. eines aus 13 der am häufigsten vorkommenden Steroidsapogenine bestehenden Gemisches wird ein Analysengang mitgeteilt. Dieser umfaßt eine chromatograph. Trennung der Mono- u. Dioxyverbb. an Al_2O_3 oder „Florisil" unter Verwendung von Bzl.–Chlf.- u. Bzl.–A.-Gemischen als Eluierungsmitteln, die Unters. der Spektren in 94%ig. H_2SO_4 u. die Best. der FF.; allerdings kann die Meth. nicht auf rohe Gemische angewendet werden. (Analytic. Chem. **26.** 325—29. Febr. 1954. Philadelphia, Pa., Eastern Reg. Res. Labor.) K. F. Müller. G 3700

d) Medizinische und toxikologische Analyse.

Karl Sellier, *Kritische Untersuchungen zur quantitativen spektrometrischen CO-Bestimmung.* Die von Oettel (Klin. Wschr. **17.** [1938.] 1019) angegebene Meth. der photometr. CO-Best. im Blut wird kritisiert. Der Quotient (Q) der Extinktion E 530 zu E 570 ist nach OETTEL 0,93, wobei es sich um red. Blut handeln soll. Tatsächlich aber ist Q für O_2-Hämoglobin (Hb) 0,90, für Hb 1,25 u. für CO-Hb 1,30. Der Wert von 0,93 wurde mit einem subjektiven Photometer ermittelt u. wird nun photoelektr. auf 0,90 korrigiert. Wie theoret. abgeleitet u. experimentell bewiesen wird, ist die von OETTEL vorgenommene lineare Interpolation unzulässig. (Klin. Wschr. **31.** 1006—08. 1/11. 1953. Bonn, Univ., Inst. für gerichtl. Med.) FRESENIUS. 5727

Clyde A. Dubbs, *Bestimmung von Deuterium.* Um auch in kleinen Mengen von biol. Material D sicher bestimmen zu können u. um gleichzeitig den durch Adsorption an den Glaswänden hervorgerufenen „Erinnerungseffekt" zu vermeiden, vereinfacht Vf. die von GRAAF u. RITTENBERG benutzte Zn-Reduktionsapp. in eingehend beschriebener Weise u. verwendet zur Red. statt Zn-Granalien Zn-Staub auf Asbest. Die Analyse des H_2–D_2-Gasgemischs kann massenspektrograph. oder densitometr. erfolgen. Es gelingt, die Reduktionszeit auf 20 Min. bei 400° abzukürzen u. den Erinnerungseffekt sehr klein zu halten. Die an *Serum* u. *Urin* mit 0,1 % D_2O erhaltenen tabellar. mitgeteilten Ergebnisse zeigen eine Standardabweichung von $\pm$0,004%. (Analytic. Chem. **25.** 828—29. Mai 1953. Los Angeles, Calif., Veterans Adminstr. Center.) WEITBRECHT. 5732

D. G. Arnott und **J. Wells-Cole,** *Eine Schnellmethode zur Extraktion von radioaktivem Jod aus Urin.* Vff. verbessern die Meth. von PURVES (C. **1952.** 5292) zur Entfernung von radioakt. Jod aus Urin. Es wird dabei ein auf besondere Weise hergestelltes AgCl verwendet, welches sich jedoch nicht in allen Fällen als gleich gut wirksam erweist. Diese Tatsache wird zum Teil auf die Ggw. mehr oder minder großer Mengen proteingebundenen Jods zurückgeführt, welches von der verwendeten Austauschkolonne nicht extrahiert wird. Die Verbesserung der Meth. beruht auch darauf, daß, wenn der Urin baldmöglichst nach der Sammlung mit wss. HNO_3 unter Verwendung von Bromphenolblau als Indicator auf ein p_H von 2,8 eingestellt wird, sich Kochen u. Filtrieren des Urins erübrigen u. die Extraktion des Jods gegebenenfalls 24—72 Std. aufgeschoben werden kann. (Nature [London] **171.** 269—70. 7/2. 1953. London, Postgraduate Med. School of London.) GEDSCHOLD. 5732

T. H. J. Huisman, *Ein Verfahren zur quantitativen Bestimmung des Gehaltes des Urins an den verschiedenen Aminosäuren.* Die chromatograph. Trennung von Aminosäuren (I) nach dem Verf. von STEIN u. MOORE (C. **1952.** 4666; **1953.** 6513) wird im einzelnen beschrieben. Man bringt das I-Gemisch in eine mit einem Kationenaustauscher gefüllte Säule, wobei jede Komponente durch die Lsg. einer stärkeren Base aus der Säule verdrängt wird. Die abfließende Fl. wird in verschied. Fraktionen aufgefangen u. untersucht. (Chem. Weekbl. **49.** 109—14. 14/2. 1953. Groningen, Univ., Labor. voor Kindergeneeskunde.) WESLY. 5732

Gerhardt-Otfried Müller, Praktikum der quantitativen chemischen Analyse. 3. verb. Aufl. Leipzig: Hirzel. 1954. (X + 407 S. m. 48 Abb.) DM 13,50.

J. A. Radley and **J. Grant,** Fluorescence analysis in ultraviolet light. 4th edn. London: Chapman & H. 1954. (560 S.) 52 s. 6 d.

Kurt Thinius, Anleitung zur Analyse der Lösungsmittel. Leipzig: Barth. 1953. (86 S. m. 7 Abb.) DM 4,50.

H. Angewandte Chemie.

I. Allgemeine chemische Technologie.

Farbwerke Hoechst, vormals Meister Lucius & Brüning (Erfinder: **Michael Erlenbach** und **Adolf Sieglitz**), Deutschland, *Selbst erhärtende Kittmasse auf der Grundlage von Wasserglas.* Z. B. vermischt man 4 (Gewichtsteile) Dimethyloxalat mit einem Pulver aus 92 Quarz u. 4 Kaolin. Vor Gebrauch stellt man aus 100 g dieses Pulvers mit 30 cm^3 einer Na-Wasserglaslsg. (600 Centipoise bei 20°) eine Paste her. Im Verlauf von ca. 30 Min. beginnt die Paste zu erhärten u. ist im Verlauf von 3 Tagen vollständig fest. (**F. P. 1 029 947** vom 20/12. 1950, ausg. 8/6. 1953. D. Prior. 20/12. 1949.) BEWERSDORF. 5811

Directie van de Staatsmijnen in Limburg, Heerlen, Holland, *Herstellung von Kationenaustauschern* aus C enthaltenden Stoffen unter Erhitzen in einer O_2-Atmosphäre auf 80—450° u. Hydrolyse des Reaktionsprod. in alkal. Lösung. Als O_2-haltiges Gas werden Stickstoffoxyde, z. B. HNO_3-Dämpfe u. bes. NO (10 Vol.-%), verwendet. Die entweichenden Stickstoffoxyddämpfe werden in z. B. H_2SO_4 adsorbiert, durch Erhitzen hieraus wiedergewonnen u. zurückgeführt. (**E. P. 695 232** vom 20/3. 1951, ausg. 5/8. 1953. Holl. Prior. 21/3. 1950. **Zusatz zu E. P. 678 486; C. 1953. 8175.**) REICHELT. 5827

Rudolf Kürth, Wohnort unbekannt, *Schwimmaufbereitung von Mineralien.* Zur Verbesserung der Wirksamkeit der Schwimmittel werden diese ionisiert unter Erregung von Überschußladungen in diesen Mitteln. Eine bleibende Ionisierung erreicht man mit Kurzwellen u. Ultrakurzwellen. So werden durch diese Behandlung unter den Schäumern Heptylalkohol, Terpene u. Camphan u. unter den Sammlern Heptylsäure, Kresol u. Kaliumäthylxanthat in ihrer Wirksamkeit erhöht. (**D. B. P. 888 531** Kl. 1c vom 24/7. 1943, ausg. 3/9. 1953.) W. HAUSWALD. 5829

Gebert & Cie. (Erfinder: **Franz Gebert**), Rapperswil, Schweiz, *Kunststoff-Filtermaterial.* Mit Aldehyden kondensierbare, wasserlösl. Stoffe, die mit W. Schaum bilden, z. B. sulfonierte Phenole bzw. Phenolcarbonsäuren mit gesätt. oder ungesätt. Alkyl- bzw. Alkoxygruppen mit mindestens 8 C-Atomen, alkylierte Harnstoffderivv. mit mindestens 12 C-Atomen, werden zusammen mit Aldehyden u. W. aufgeschäumt, worauf der erstarrte Schaum einem Trockenprozeß unterzogen u. zerkleinert wird; durch Druckbehandlung wird dem zerkleinerten Material die gewünschte Porengröße gegeben. (**D. B. P. 898 440** Kl. 12d vom 29/7. 1951, ausg. 30/11. 1953. Anmeldung bekanntgemacht 12/3. 1953. Schwz. Prior. 9/4. 1947.) DEMMLER. 5831

Dirk van der Made, Putterchoek, und **Pieter Smit,** Santpoort, Holland, *Filtrieren von Flüssigkeiten,* wobei die Fl. in Aufwärtsrichtung durch die Filtermasse (**I**) in eine in die M. eingebettete Entnahmevorr. (**II**) geleitet wird. Die Teilchengröße der M. nimmt vom Boden zur Spitze ab. Die in der Nähe der Spitze angeordnete **II** ist von einer solchen Menge **I** umgeben, daß weder vom Boden noch von der Spitze noch von den Seiten unfiltrierte Fl. in die **II** gelangen kann. — Vorrichtung. (**E. P. 692 704** vom 14/2. 1950, ausg. 10/6. 1953. Holl. Prior. 24/2. 1949.) REICHELT. 5831

Ruhrchemie Akt.-Ges. (Erfinder: **Friedrich Schnur**), Oberhausen-Holten, *Behandlung von Gasen mit Flüssigkeiten* zwecks Absorption von Gasbestandteilen, Durchführung chem. Rkk., Entgasen von Absorptionslösungen. Die Aufenthaltszeiten des Gases u. der Fl. sind bei inniger Durchmischung beider Medien (mehrstufige Gegenstromführung) in jeder Stufe angenähert proportional dem Absorptions- oder Reaktionswiderstand des Gases u. der Flüssigkeit. Die Umwälzung geschieht durch die Strömungsenergie des Gases oder durch Rührvorrichtungen. — Weitere Vorrichtungsansprüche. (**D. B. P. 882 539** Kl. 12c vom 24/8. 1950, ausg. 9/7. 1953.) HEINSEN. 5849

William H. Schechter, Lawrence, Kans., und **Elliott D. Osgood,** Washington, D. C., V. St. A., *Herstellung poröser, wasserfreier Lithiumhydroxydgranalien.* Krist. $LiOH \cdot H_2O$ mit einem Wassergeh. von ca. 40—45% wird unter hohem Druck zu Kuchen oder Formstücken gepreßt, die in Granulatoren oder dgl. zerkleinert werden. Nach Absiebung des Feinmaterials werden die Granalien ca. 1—2 Std. bei ca. 100 bis 150° getrocknet u. entwässert. Die harten, staubfreien, porösen Granalien weisen eine Ro-Tap-Härtezahl von ca. 90—100 auf u. eignen sich zur *Absorption von CO_2*, bes. in Ventilatoren von Unterseebooten. Weder die Granalien selbst noch das daraus gebildete Li_2CO_3 sind hygroskopisch. (**A. P. 2 629 652** vom 3/4. 1946, ausg. 24/2. 1953.) KARST. 5849

Robert André Marcel Rongeray, Seine, Frankreich, *Reinigen komprimierter Gase.* Das Gas wird gegen die Seitenwand eines Behälters geblasen; durch die plötzliche Ablenkung werden die fl. Bestandteile abgeschieden u. fließen an der Wand herunter. Die festen Stoffe werden durch übereinander angeordnete Siebbleche zurückgehalten. — Zeichnung. (**F. P. 1 027 706** vom 15/11. 1950, ausg. 18/2. 1953.) HOLM. 5851

Pfeifer & Langen, Zweigniederlassung Euskirchen (Erfinder: **Gerhard Weidenfeld**), Euskirchen/Rhld., *Regelung der Umlaufmenge in Verdampfern* mit senkrechten, außenbeheizten Rohrbündeln u. mittlerem oder seitlich angeordnetem Zirkulationsrücklauf (**I**), dad. gek., daß die aus den Heizrohren herauskochende Fl. je nach Steighöhe (**II**) u. Turbulenz (**III**) in 2 Teilströme unterteilt wird, von denen der eine, nämlich die Fl. geringer **II** u. **III**, unmittelbar in den benachbarten **I** übertritt u. der andere, nämlich die Fl. größerer **II** u. **III**, größtenteils nach außen abgeleitet wird. — Abbildungen. (**D. B. P. 861 543** Kl. 12a vom 6/12. 1949, ausg. 5/1. 1953.) HEINSEN. 5865

Ruhrchemie Akt.-Ges. (Erfinder: **Heinrich Tramm**), Oberhausen-Holten, *Druckdestillation.* Das leichtsd. Kopfprod. der eigenen Kolonne wird teilweise zur Erleichterung u. Verbesserung der Aufkochung im unteren Teil der Destillationskolonne in das aufzukochende Bodenprod. zurückgeführt. (**D. B. P. 871 297** Kl. 12a vom 13/5. 1942, ausg. 23/3. 1953.) HEINSEN. 5865

Georges Servan Cantacuzène und **Carmen Marguerite Cantacuzène,** geb. **Skeletti,** Seine, Frankreich, *Verdampfen von Flüssigkeiten.* Man läßt die Fll. in dünner Schicht geheizte Wände hinabrinnen. — Vorrichtung. (**F. P. 1 040 559** vom 15/9. 1949, ausg. 16/10. 1953.) OPPERMANN. 5865

Reaction Products Co., übert. von: **Homer D. Merrill** und **Conrad J. Gaiser,** Berkeley, Calif., V. St. A., *Gewinnung rieselfähiger Kristalle,* z. B. von $CuSO_4$, $MgSO_4$, NaCl. Man sprüht 2—5 Gew.-% W. über die ausgebreiteten Kristalle u. bringt dieses so angefeuchtete Material in einen wasser- u. dampfdichten Behälter, in dem es unter Druck aufbewahrt wird. (**A. P. 2 624 500** vom 11/5. 1950, ausg. 6/1. 1953.) NEBELSIEK. 5869

Aktieselskabet Niro Atomizer, Hellerup, Dänemark, *Herstellung von Pulver durch Zerstäubungstrocknung.* Man vermindert den Luftgeh. der Fl. während der Zerstäubungstrocknung durch Einw. von Zentrifugalkräften u. verhindert gleichzeitig den Zutritt von Luft von Beginn der Einw. der Zentrifugalkräfte bis zu der Stelle, an der die Zerstäubung tatsächlich eintritt. (**Dän. P. 74 821** vom 29/12. 1949, ausg. 13/10. 1952.) JÜRGEN SCHMIDT. 5875

Ultrakust-Gerätebau Dr.-Ing. Oswald Raudszus, Rumannsfelden, *Vorrichtung zur Emulsionsherstellung mit Ultraschall.* Sie besteht aus einem zur Aufnahme der zu emulgierenden Stoffe dienenden, durch Trennwände, die parallel zur abstrahlenden Fläche des Ultraschallerzeugers verlaufen, in flache Kammern, welche für die Behandlung der Stoffe im Durchlaufverf. miteinander in Verbindung stehen, unterteiltem Gefäß, wobei die Dicke der Trennwände einem ganzzahligen Vielfachen einer halben Wellenlänge u. ihr gegenseitiger Abstand dem ganzzahligen Vielfachen einer Viertel Wellenlänge entspricht. Die Kammern mit dem stärksten Ultraschallfeld werden zuletzt durchlaufen. Es kann auch ein nach zwei entgegengesetzten Seiten arbeitender Ultraschallerzeuger in der Mitte des Gefäßes angeordnet sein. — Zeichnungen. (**Schwz. P. 291 182** vom 31/5. 1951, ausg. 1/9. 1953. D. Prior. 4/3. 1949.) MATTHAES. 5879

Siemens & Halske Akt.-Ges., Berlin und München (Erfinder: **Fritz Lieneweg** und **Alfred Naumann,** Karlsruhe), *Selbsttätige Regelung der Neutralisation von stark sauren oder alkalischen Flüssigkeiten.* Die zu neutralisierende Fl. durchströmt mehrere Behälter, in denen das Neutralisationsmittel zugesetzt wird, wobei der Zusatz in einem oder mehreren der ersten Behälter nach der elektr. Leitfähigkeit u. in der oder den letzten Stufen bzw. Behältern nach dem p_H-Wert der Fl. geregelt wird. Es kann der Zusatz auch in einer oder mehreren, zweckmäßig der letzten Stufe, sowohl nach der elektr. Leitfähigkeit als nach dem p_H-Wert geregelt werden, wobei die Regelung jeweils durch diejenige Meßgröße gesteuert wird, die bei dem Zustand der Fl. die größere Empfindlichkeit ergibt. — Vorrichtung. (**D. B. P. 887 800** Kl. 12g vom 15/12. 1939, ausg. 27/8. 1953.) MATTHAES. 5887

Kurt Hess (Erfinder: **Kurt Hess,** Rubi, Allgäu, und **Wladimir Philippoff**), *Druckflüssigkeiten für tiefste Temperaturen,* bestehend aus Lsgg. von hochpolymeren kettenförmigen KW-stoffen, z. B. *Polymethylenen, -isobutylenen,* in solchen nichtpolymeren, niedrigmol., die bei den Anwendungstempp. fl. bleiben, z. B. Toluol, Xylol, Cyclohexan, Tetra- u. Dekahydronaphthalin. — Diagramm. (**D. B. P. 902 072** Kl. 23c vom 20/12. 1941, ausg. 18/1. 1954.) DREWS. 5893

Henkel & Cie. G. m. b. H., Düsseldorf (Erfinder: **Werner Scherff,** Hilden), *Behandlung von Flüssigkeiten mit gasförmigen Stoffen.* Gase, Dämpfe oder Nebel werden durch Einleiten in das Innere eines im wesentlichen flüssigkeitsfreien, rotierenden, oben offenen, am Umfang mit Öffnungen versehenen u. teilweise in die Fl. tauchenden Hohlkörpers in der Fl. verteilt. Die Gas–Fl.-Mischung kann durch eine im Innern des ganz oder teilweise aus durchsichtigem Material bestehenden Hohlkörpers befindliche Lichtquelle bestrahlt werden. Die Vorr. dient bes. zum Lösen von HCl oder NH_3 in W., zum Einleiten von CO_2 in NaOH u. zu Chlorierungen. — Bzl. $\rightarrow$ *Hexachlorcyclohexan.* — *Cyclohexanol* (+ Benzoylperoxyd) $\rightarrow$ *2.2.6.6-Tetrachlorcyclohexanon,* F. 82—83°. — n-Decylalkohol + NOCl $\rightarrow$ *n-Decylnitrit,* $Kp._{12}$ 105—108°. — Camphen + HCl $\rightarrow$ *Camphenchlorhydrat,* F. 125—127°. — Acetophenon + Essigsäureanhydrid + BF_3 $\rightarrow$ *Benzoylaceton.* — Säurechloride + NH_3 $\rightarrow$ *Säureamide.* — Diamine + $COCl_2$ $\rightarrow$ *Diisocyanate.* — Vorr., Zeichnungen. (**D. B. P. 863 656** Kl. 12o vom 8/6. 1950, ausg. 19/1. 1953.) KRAUSS. 5897

Wagner-Biro Akt.-Ges. (Erfinder: **Roland Kemmetmüller**), Wien, *Verfahren und Vorrichtung für physikalische und chemische Einwirkung von Gasen, Dämpfen und anderen Medien aufeinander in rasch fließenden Strömungsfeldern.* Der Gasstrom wird in Teilströme zerlegt, von denen jeder durch mehrfach zwischengeschaltete Siebe oder Prallflächen zur Turbulenz gebracht wird. An Stellen hoher Turbulenz werden (der) die anderen Stoffe, wie Fll. oder feste feinverteilte Stoffe, zugeführt u. das entstehende Gemisch in ein Zentrifugalkraftfeld, z. B. einen Cyclon, übergeführt, wo sich Gas u. zugefügte Stoffe trennen. Verf. dient zum Kühlen, Kondensieren, Gasreinigen u. Eindampfen von Fll.; z. B. wird Luft unter Beimengung eines feinpulverisierten Trockenmittels getrocknet. — Zeichnung. (**E. P. 694 130** vom 10/6. 1951, ausg. 15/7. 1953. Oe. Prior. 11/1. 1950.) Matthaes. 5903

Standard Oil Development Co., Elizabeth, N. J., V. St. A., *Verfahren und Vorrichtung für Reaktionen von Gasen mit feinverteilten pulverförmigen Stoffen.* In einem Reaktionsbehälter mit einer oberen Einfüllöffnung für die Feststoffe, der durch eine Anzahl übereinander angeordneter, mit einem Überlaufwehr versehenen Lochplatten in eine Anzahl von Kontakträumen unterteilt ist, fließen die in dichter Schicht auf den Lochplatten befindlichen durch von unten eintretende Reaktionsgase fluidisierten Teilchen durch Fallschächte von Platte zu Platte abwärts, bis sie durch ein Fallrohr den Reaktionsbehälter verlassen. Um ein Mitreißen von Gas durch die abwärts strömenden Teilchen zu verhindern, sind die Überlaufwehre in einem Winkel von 30—60° einwärts nach der Mitte des Reaktionsbehälters zu geneigt, oder bei senkrechten Borden erfolgt der Überlauf nicht über die obere Kante, sondern durch eine Öffnung in den Borden. — Zeichnungen. (**E. P. 698 586** vom 24/9. 1951, ausg. 21/10. 1953. A. Priorr. 14/11. u. 16/12. 1950.) Matthaes. 5903

Standard Oil Development Co., Delaware, übert. von: **Walter A. Wurth,** Cranford, **Homer Z. Martin** und **Charles E. Jahnig,** Roselle, N. J., V. St. A., *Regenerieren eines Katalysators,* der z. B. beim Isomerisieren, Hydrieren, Dehydrieren, Alkylieren, Aromatisieren oder der CO-Hydrierung Anwendung gefunden hat. Sie erfolgt im Wirbelschichtverf., wobei ein Teil (35—80%) des regenerierten Katalysators aus dem oberen Teil des Regenerators in den unteren Teil des Gefäßes zurückgeleitet wird. — Zeichnungen. (**A. P. 2 619 473** vom 14/5. 1946, ausg. 25/11. 1952.) G. König. 5905

Standard Oil Development Co., Del., übert. von: **Henry O. Mottern,** Bloomfield, und **Wesley N. Philo,** Cranford, N. J., V. St. A., *Geformter Katalysator.* Der aus Fe, Zn, Cu, Al oder Mg bestehende stabförmige oder gebogene, z. B. ringförmige Katalysatorträger weist bes. in regelmäßigen Abständen ringförmige Verdickungen auf. Als akt. Schicht werden z. B. Metalloxyde, -sulfide, Phosphorsäure, Bauxit usw. aufgebracht. (**A. P. 2 644 800** vom 1/6. 1949, ausg. 7/7. 1953.) Matthaes. 5905

Shell Development Co., San Francisco, Calif., V. St. A., übert. von: **George Cornelis Adriaan Schult** und **Jan Jacob Bernard van Eijk van Voorthuysen,** Amsterdam, Holland, *Nickelkatalysator.* Zur Herst. eines noch bei ca. 1000° nicht sinternden Ni-Katalysators wird das z. B. aus $Ni(NO_3)_2$-Lsg. ausgefällte $Ni(OH)_3$ nach Abfiltrieren u. Auswaschen in Na_2SiO_3-Lsg. suspendiert, mit HNO_3 im Gemisch mit SiO_2-Gel ausgefällt, wobei das Verhältnis SiO_2:Ni mindestens 1:1 sein soll, dann wird zwecks Überführung in Ni-Montmorillonit (I) der Nd. mit W. unter Druck, bes. unter Zusatz von 0,8—1,5 (Teilen) NaOH auf 4 SiO_2, bei 100° behandelt u. bei mindestens 425° so lange calciniert u. red., bis wenigstens die Hälfte des **I** zu Ni red. ist. Ist SiO_2:$Ni(OH)_3$ größer als 4:3, enthält also der Katalysator freie SiO_2, so wird er vor dem Calcinieren mit Al-Salzlsg. imprägniert u. mit HF behandelt, wobei 0,1—5% F, bezogen auf Al_2O_3, im Katalysator enthalten sein sollen. (**A. P. 2 658 875** vom 19/3. 1951, ausg. 10/11. 1953.) Matthaes. 5905

Standard Oil Development Co., Elizabeth, N. J., V. St. A., *Temperaturregelung in Wirbelschichten.* Die in einem Reaktionsgefäß im Kontakt mit einem oder mehreren Wärmeaustauschern stehende Wirbelschicht wird zu ihrer Temperaturregelung in ihrem Spiegel gehoben u. gesenkt, z. B. indem die Zu- u. Abflußgeschwindigkeit der Feststoffe entsprechend reguliert wird, wobei ein Wärmeaustauschmittel, z. B. W. von konstanter Temp., durch den Austauscher fließt. Wärmeaustausch u. Rk. können auch in getrennten Gefäßen erfolgen. Das Verf. dient z. B. zur katalyt. Umwandlung von KW-stoffen u. zum Regenerieren von *Katalysatoren* durch Abbrennen des C mit oxydierenden Gasen. — Zeichnungen. (**E. P. 695 338** vom 18/9. 1951, ausg. 5/8. 1953. A. Priorr. 27/10. u. 23/12. 1950.) Matthaes. 5905

Ruhrchemie Akt.-Ges. (Erfinder: **Otto Roelen**), Oberhausen, *Abriebarme Zerkleinerung fadenartig ausgeformter Massen,* bes. bei der Herst. von *Katalysatoren.* Die Massen durchlaufen in langfädigem Zustand mit einem Feuchtigkeitsgeh. von 6,5—10% eine Schleudermühle, in der sie gekörnt werden. Durch die Einhaltung dieser krit. Feuchtigkeitsgrenzen kann der Staubanfall u. Abrieb wesentlich verringert werden. Das Verf. dient zur Herst. von Katalysatoren guter Kontaktaktivität u. bei Farbstoffen u. Chemikalien zur Erzielung gut lösefähiger u. dosierbarer Produkte. (**D. B. P. 882 243** Kl. 12g vom 11/8. 1942, ausg. 6/7. 1953.) Matthaes. 5905

Helmut Stapf, Grundlagen-Chemie für technische Berufe. 7. u. 8. verb. Aufl. Leipzig: Fachbuchverl. 1953. (XI + 270 S. m. 140 Abb. u. 2 Taf.) DM 6,80.

III. Elektrotechnik.

Accumulatoren-Fabrik Akt.-Ges., Hagen (Erfinder: **Freimut Peters**), *Herstellen von negativen Elektroden für alkalische Akkumulatoren.* Die akt. M., welche aus einem oxydarmen Metall, z. B. Cd mit 5—30% Oxyden, u. den üblichen Spreizmitteln u. inakt. Stoffen besteht, wird in Formen bei höheren Drucken u. Zimmertemp. zu einem festen, porösen Körper, z. B. Platten, gepreßt, in dem die an den elektrochem. Prozessen nicht beteiligten Metalle u. Stoffe ein leitendes zusammenhängendes Gerüst bilden. Zur Stromableitung wird der Körper in einen metall. Rahmen eingefügt, u./oder es wird eine Einlage in Form von Drähten, gelochten Blechen oder dgl., z. B. aus Ni, beim Pressen eingefügt. An Stelle des metall. Cd können der akt. M. auch Pulver aus Ni, Pb, Sn, Zn oder Ag zugefügt werden. (**D. B. P. 904 299** Kl. 21b vom 9/10. 1951, ausg. 18/2. 1954.) LAASS. 5971

Soc. des Accumulateurs Fixes et de Traction, Seine, Frankreich, *Negative Elektrode für alkalische Sammler.* Auf ein gegebenenfalls an einen Rahmen angelötetes feines vernickeltes Gewebe als Träger wird kalt ein trockenes pulveriges Gemisch von mkr. feinem, dendrit. Cu mit Fe u. gegebenenfalls Cd mit einem Druck von 1—3 t/cm^2 aufgepreßt, so daß ein fester, poröser Elektrodenkörper entsteht. Das Cu-Pulver wird elektrolyt. als Nd. bei großer Stromdichte oder durch Ausfällen aus Lsgg. von Cu-Salzen durch pulveriges Al, das Fe-Pulver bes. durch Red. von Fe_3O_4 bei 500^0 mit H_2 oder CO hergestellt. Der Cu-Geh. des Gemisches ist 20—80, bes. 50%. Ein mit einer solchen Elektrode ausgerüsteter Sammler zeigt bei geringer Ladespannung gute Eigg. bei Kälte u. bei starken Entladungen. (**F. P. 1 029 523** vom 14/12. 1950, ausg. 3/6. 1953.) B. SCHMIDT. 5971

André Touzot, Loire, Frankreich, *Sammlerelektroden.* Damit in der gelochten Umhüllung der einzelnen Elektrode sich keine Gasblasen fangen u. die akt. M., ohne durch Löcher von größerem Durchmesser zerbröckeln zu können, fest an ihren Träger gedrückt wird, wird auf die gelochten, gegebenenfalls gewellten oder verstrebten umhüllenden Platten aus Polyvinylchlorid elektrodenseitig ein weiches Gewebe aus Polyvinylharzfäden mit einem elektrolytfesten Polyvinylklebstoff befestigt. — 13 Zeichnungen. (**F. P. 1 026 543** vom 26/10. 1950, ausg. 28/4. 1953.) B. SCHMIDT. 5971

Pedro Petroni, Brasilien, *Mikroporöse Kautschukplatte.* Man gibt zu der Kautschukmischung 20—50% einer feingepulverten Mischung von Silicagel mit 3—10% Bimsstein, zieht zu 2 mm starken Platten aus, vulkanisiert bes. mit überhitztem Wasserdampf u. verwendet die Platten als *Akkumulatorenscheider.* (**F. P. 1 037 282** vom 18/5. 1951, ausg. 15/9. 1953. Bras. Prior. 14/3. 1951.) PANKOW. 5971

Bureau Technique Gautrat (S. à r. l.), Seine, Frankreich, *Abgedichteter alkalischer Stromsammler.* Zur Absorption des sich beim Laden entwickelnden überschüssigen H_2 dient eine Wasserstoffelektrode aus Pt, Pd oder Rh, die als Hilfselektrode gegenüber der positiven Hauptelektrode des Sammlers negativ geschaltet ist, u. zwar über einen innerhalb oder außerhalb des Sammlergehäuses untergebrachten, besonderen, kleinen, für sich abgedichteten, alkal. Stromsammler von sehr geringer Kapazität mit positiver Ni- u. negativer Cu- oder Ag-Elektrode. — 6 Zeichnungen, davon 2 Schaubilder von den Abhängigkeiten zwischen H_2-Absorption, Druck, Strom u. Spannungsgefälle in der Hilfsanordnung. (**F. P. 1 030 672** vom 23/11. 1950, ausg. 16/6. 1953.) B. SCHMIDT. 5971

Sylvania Electric Products, Inc., New York (Erfinder: **Keith Huestis Butler,** Marblehead, Mass.), V. St. A., *Herstellung hitzebeständiger fluorescierender Stoffe* durch Mischen u. Erhitzen von sek. Ca-Phosphat, Ca-Carbonat u./oder Sr-Carbonat, Ca-Fluorid u./oder Ca-Chlorid, Sb-Trioxyd u. Mn-Carbonat. — Tabelle, Intensitätskurve. (**D. B. P. 859 783** Kl. 22f vom 3/10. 1950, ausg. 15/12. 1952. A. Prior. 7/5. 1948.) NEBELSIEK. 5975

Marconi's Wireless Telegraph Co. Ltd., London, England (Erfinder: **G. B. Banks**), *Gitter für Elektronenröhren.* Das Gitter besteht aus einem Kern aus Ni- oder Cu-Draht, der mit Rh überzogen ist u. auf dem dann ein Überzug aus Au angebracht ist. (**Schwed. P. 134 650** vom 27/7. 1946, ausg. 26/2. 1952. E. Prior. 27/7. 1945.) JÜRGEN SCHMIDT. 5975

General Electric Co. Ltd., London, England, *Herstellung eines Leuchtstoffes* von der Zus. 3 $Me_3(PO_4)_2 \cdot 1 Me^1L_2$. Man unterwirft Halogenphosphate, die an Stelle von Sb oder Sb-Verbb. Bi oder Bi-Verbb. enthalten, unter Zuschlag von Mn oder Mn-Verbb. einer Hitzebehandlung. — Verwendung in *elektr.* Vorr., die durch Strahlung die Luminescenz anzuregen vermögen. (**D. B. P. 859 345** Kl. 22f vom 26/11. 1949, ausg. 15/12. 1952. E. Prior. 3/5. 1943. **Zusatz zu D. B. P. 849 881; C. 1953. 134.**) NEBELSIEK. 5975

Auergesellschaft Akt.-Ges. (Erfinder: **Walerij Jermolajew**), Berlin, *Herstellung von Leuchtstoffen für Leuchtröhren oder Entladungslampen* durch Verwendung von in langen Fällungszeiten durch Eintropfen aus verd. Ca-Salz-, z. B. $CaCl_2$ oder $Ca(NO_3)_2$, u. Ammoniumphosphatlsgg. gewonnenen Ca-Orthophosphaten. (**D. B. P. 859 781** Kl. 22f vom 28/7. 1950, ausg. 15/12. 1952.) NEBELSIEK. 5975

Siemens-Schuckertwerke Akt.-Ges., Berlin und Erlangen (Erfinder: **Bourland T. Langford,** Forest Hills, Wilkinsburg, V. St. A.), *Cu_2O-Gleichrichter*. Die wirksame Oberfläche trägt eine gutleitende Schicht aus einer Pb–Sn-Legierung, prakt. einer eutekt. Legierung mit ca. 63 (%) Sn u. ca. 37 Pb, die mit einer dünnen Graphitschicht unterbettet sein kann. (**D. B. P. 891 301** Kl. 21g vom 25/1. 1939, ausg. 28/9. 1953. A. Prior. 6/5. 1938.) KESSEL. 5977

Robert Bosch G. m. b. H. (Erfinder: **Walter Dorn**), Stuttgart, *Selbstheilender elektrischer Kondensator*. Als Tränkmittel dient ein Stoff, der weder selbst noch mit seinen Zersetzungsprodd. das Dielektrikum angreift u. beim Durchschlag mehr Gase bildet als hochschm. Paraffine. Der gasbildende Stoff ist prakt. koll.-dispers einem üblichen Tränkmittel beigemengt. Er besteht z. B. aus *Alkali-* oder *NH_4-Carbonaten* oder *-Bicarbonaten* oder höheren Metalloxyden, deren niedrigere Oxydationsstufen gute Nichtleiter sind. (**D. B. P. 890 682** Kl. 21g vom 27/3. 1943, ausg. 21/9. 1953.) KESSEL. 5983

IV. Wasser. Abwasser.

John R. Baylis, *Waschen und Unterhaltung von Filtern.* Die durch Schlammzusammenballung beim Filtern u. Sandaufwirbelung beim Spülen auftretenden Schwierigkeiten, Ratschläge zu ihrer Vermeidung u. sonstige Anregungen zur Filterpflege werden besprochen. (J. Amer. Water Works Assoc. **46.** 176–86. Febr. 1954. Chicago, Dep. of Water and Sewers.) MÜHLMEISTER. 6016

Willem Rudolfs und **William D. Hanlon,** *Farbe gewerblicher Abwässer.* 3. Mitt. *Farbe suspendierter Feststoffe und Anwendungen für Abwasserfarbcharakteristiken.* Mit Hilfe der in früheren Mitteilungen (2. vgl. C. **1952.** 4672) beschriebenen spektro- u. filterphotometr. Methoden untersuchen Vff. die Möglichkeit, den Einfl. des Geh. eines gewerblichen Abwassers an suspendierten Feststoffen oder der Trübung auf die Farbe annähernd zu messen u. die Auswrkg. auf den Vorfluter nach der gleichen Meth. abzuschätzen bzw. umgekehrt den Geh. des Vorfluters an gewerblichem gefärbtem Abwasser zu ermitteln. Die unmittelbare Anwendung der in den vorangegangenen Mitteilungen erläuterten gewerblichen Abwasserfarbcharakteristiken auf die Bedingungen im Vorfluter ist nicht möglich, jedoch lassen diese sich ausdehnen auf Messungen mit längeren Lichtabsorptionszellen, die für Flußwasserstandards geeignet erscheinende Werte liefern. An Hand einiger Beispiele, wie dem von Sulfitablaugenabwasser, wird die Meth. näher erläutert. (Sewage ind. Wastes **24.** 1502–08. Dez. 1952. New Brunswick, N. J., Rutgers Univ.) NIEMITZ. 6036

A. L. Abbott, *Kathodischer Schutz einer zum Meere führenden Abwasserleitung.* Nach einleitenden allg. Bemerkungen über den kathod. Schutz werden die besonderen Verhältnisse für den vorliegenden Fall ausführlich besprochen. (South African ind. Chemist **7.** 233–39. Dez. 1953.) SPINDLER. 6036

Harold R. Murdock, *Einige Angaben zur Giftigkeit von Metallen in Abwässern auf Fische.* Angaben über die für die Giftwrkg. nötigen Konzz., p_H u. sonstigen Bedingungen u. Wiedergabe einer Tabelle über Verss. mit Stichlingen. (Ind. Engng. Chem. **45.** 99 A–102 A. Dez. 1953.) MÜHLMEISTER. 6038

—, *Synthetische Reinigungsmittel und ihr Einfluß auf die biologische Oxydation. Versuche in den Abwasseranlagen der Halifax-Corporation.* Versuchstropfkörper, 183 cm hoch, 15,3 cm Durchmesser, u. Belüftungsbecken, 2 Liter Inhalt, wurden mit häuslichem Abwasser beschickt u. mit steigenden Mengen von Na–Alkyl-Aryl-Sulfonaten (*Santomerse 1*) u. nichtionogenen Äthylenoxydkondensaten (*Lissapol N*) versetzt. Die Verss., die im einzelnen beschrieben u. deren Ergebnisse in 2 Tabellen aufgeführt werden, zeigten, daß die Verschlechterung der Rk. im Tropfkörpersyst. u. beim Belebtschlamm durch die synthet. Reinigungsmittel allein u. in Mischung bereits bei einem Geh. von 10 mg/Liter im geklärten, entsprechend 20 mg im rohen Abwasser beginnt u. mit steigendem Zusatz scharf zunimmt. Diese Konzz. werden in einzelnen Fällen schon heute, bei weiterer Zunahme des Verbrauchs verbreitet erreicht. Sie verursachen Schäumen des Abflusses. (Surveyor munic. County Engr. **112.** 893–94. 19/12. 1953.) MÜHLMEISTER. 6044

R. N. Golowatyi, *Konzentrierung von Blei in wässerigen Lösungen durch Behandlung mit Kationiten.* Zur Best. sehr kleiner Mengen Pb in W. empfiehlt Vf. eine vorausgehende Anreicherung des Pb unter Verwendung eines *Wofatitharzes* industrieller Herkunft. Besitzt das zu untersuchende W. ein $p_H < 3$, so ist vor der Filtration bis zur neutralen oder schwach alkal. Rk. zu neutralisieren. (Гигиена и Санитария [Hyg. u. Sanitätswes.] **1951.** Nr. 11. 55—56. Nov. Lwow, Iwan Franko-Univ.) RENTZ. 6060

H. O. Hettche, *Die Bestimmung von Chlordioxyd im Wasser.* Zur ClO_2-Best. in W. soll die ClO_2-Testlsg. durch Eintropfen von gesätt. $NaClO_2$-Lsg. in gesätt. NH_4-Persulfatlsg. u. Übertreiben des gebildeten ClO_2 mittels O_2 in bidest. W. erfolgen. Die erhaltene Lsg. enthält 2 Vol. ClO_2; 20 ml einer 1:100 verd. Lsg. verbrauchen nach Zugabe von 5 ml einer mit einigen Tropfen 50% ig. H_2SO_4 angesäuerten alkoh. KJ-Lsg. (7 g KJ in 8 ml W. lösen, mit A. auf 100 ml bringen) 10 ml n/100 $Na_2S_2O_3$. Die Farbentw. mit o-Tolidin (1 g mit 100 ml HCl der D. 1,19 u. W. zu 1 Liter lösen) folgt dem BEERschen Gesetz, wenn die Reagensmischung nach rascher Erhitzung auf ca. 76° 2 Min. bei dieser Temp. gehalten u. dann schnell abgekühlt wird. Die untere Erfassungsgrenze liegt bei 10 γ/Liter. Für höhere Mengen können Farbscheibencolorimeter verwendet werden. Der störende Einfl. von Fe kann durch Zusatz von 1 Tropfen 2% ig. $Na_4P_2O_7$-Lsg. zu 20 ml W. aufgehoben werden. (Z. Hyg. Infektionskrankh. **138.** 94—100. 1953. Hamburg, Hyg. Inst., Untersuchungsanst. für Städtehyg.) KRUSEN. 6060

G. Lipps und **P. Gaertner,** *Über die colorimetrische Bestimmung von aktivem Chlor in entkeimtem Wasser.* Es wird über Erfahrungen mit den Methoden zur colorimetr. Cl-Best. mittels o-Tolidin (**I**) u. Dimethyl-p-phenylendiamin·HCl (**II**) berichtet. Nach dem amerikan. Einheitsverf. wird bei der Meth. **I** 1 mg **I**/1—10 μg Cl angewendet u. bei einem p_H von 0,3—1,3 in der Mischung von Prüfwasser u. Reagens gearbeitet. Man erhält so dem BEERschen Gesetz folgende Farblösungen. Die Cl-Best. nach der Meth. **II** gelingt am besten, wenn man die von KOLTHOFF (Chem. Weekbl. **23.** [1926.] 203) vorgeschlagene Konz. von 0,4 g **II**/100 ml auf 2% erhöht u. statt 7,4% ig. nur 5—6% ig. HCl zur Lsg. verwendet. Auf 100 ml W. kommen 0,4 ml Reagens. (Z. analyt. Chem. **139.** 188—90. 1953. Berlin-Friedenau, Zeiss Ikon A.-G., Goerzwerk.) FRESENIUS. 6060

Z. Błaszkowska und **J. Kucharski,** *Aus Arbeiten über die Anwendung von Kationiten des Ionenaustausches bei der Wasseruntersuchung.* Es wird gezeigt, daß man mit gutem Erfolg *Kationite* zur Härtebest. von Wässern verwenden kann. Es wurden 100 cm^3-Büretten mit 20 g Kationit „*Escarbo*" gefüllt u. die (vorher mit 0,1 n HCl gegen Methylorange neutralisierten) Wasserproben in Mengen von 100 cm^3 durch die Bürette mit einer Geschwindigkeit von höchstens 8 cm/Min. hindurchgelassen. Dabei werden Ca u. Mg zurückgehalten, u. eine äquivalente H-Menge wurde im Filtrat frei. Der Kationit wurde mit 20 cm^3 dest. W. bis zum Verschwinden der sauren Rk. nachgewaschen u. die H-Menge mit 0,1 n NaOH im Filtrat titriert. Die erhaltenen Ergebnisse stimmten befriedigend mit dem gewichtsanalyt. oder nach WARTHA-PFEIFER bestimmten Härtegrad überein. Das Verf. ist daher als Schnellverf. geeignet; eine Kolonne (20 g Kationit) reicht theoret. für 22 Wasserproben vom mittleren Härtegrad 15° aus, bevor eine Regeneration (durch 7-, 5- u. 3% ig. HCl) notwendig wird; mit 10 solchen Kationitsäulchen können 180 Serienbestimmungen ohne Regeneration durchgeführt werden, wobei koll. u. gefärbte Beimengungen nicht stören, jedoch keine größeren Mengen Alkaliionen zugegen sein dürfen. (Przemysł chem. **7** (**30**). 41—45. Jan. 1951. Hauptinst. für industrielle Chemie.) v. WILPERT. 6062

V. Anorganische Industrie.

H. Rufener jr., *Fabrikation und Eigenschaften des Sauerstoffes.* Vortrag. (Z. Schweisstechn. Zürich **44.** 99—104. Mai 1954. Bern.) WINIKER. H 239

Ss. I. Wolfkowitsch und **M. G. Gabrijelowa,** *Herstellung von Calciumfluorid und Fluorwasserstoffsäure aus Silicofluorwasserstoffsäure.* Ungar. Übersetzung der C. **1954.** 4692 referierten Arbeit. (Magyar Kémiai Folyóirat [Ung. Z. Chem.] **58.** 317—19. Okt. 1952.) PLANK. H 246

M. W. Kellogg Co., Jersey City, übert. von: **William B. Johnson,** Far Hills, N. J., V. St. A., *Herstellung von Wasserstoff aus Wasserdampf,* der in einer Oxydationszone in Ggw. von feinverteiltem, fluidisiertem, metall. Material bei Tempp. <1100° F in H_2 umgesetzt wird. Das oxydierte Kontaktmaterial wird in seiner Gesamtheit in einer 1. Reduktionszone u. nur zu einem kleinen Teil in einer 2. Reduktionszone mit CO red., wobei das in einem Generator bei 1800—2200° F erzeugte CO zum Erhitzen des Wasserdampfes dient. — Zeichnung. (**A. P. 2 656 255** vom 2/2. 1949, ausg. 20/10. 1953.) DEMMLER. H 238

Edmund J. Ryan, Miami, Fla., V. St. A., *Polymerisieren von Sauerstoff.* O_2, der mit einem inerten Gas oder Halogen gemischt sein kann, wird bei 100—800° F u. 10—100 lbs./sq.in. zunächst mit ultraviolettem Licht von 2000—4800 Å bestrahlt u. bei gleichen Temperatur- u. Druckverhältnissen der Einw. einer Hochspannungsentladung von 11000—18000 V ausgesetzt. Das behandelte Gas soll außer O_3 höhere Polymere des O_2 enthalten. — Zeichnung. (**A. P. 2 637 688** vom 7/2. 1950, ausg. 5/5. 1953.) Demmler. H 239

Air Reduction Co., Inc., New York, N. Y., V. St. A., *Stabilisieren von flüssigem Ozon*, indem ein nicht mehr als 20 Gewichtsteile flüchtige oxydierbare organ. Verunreinigungen pro Million aufweisendes, freien O_2 enthaltendes Gas ozonisiert u. der O_3 verflüssigt wird. Die Menge der Verunreinigungen wird als CO_2 berechnet u. durch Verbrennung über Katalysatoren, wie CuO, Pt-Schwamm, bei Tempp. zwischen 600 u. 1000° auf das obige Mindestmaß gebracht. — Zeichnung. (**E. P. 703 209** vom 18/12. 1951, ausg. 27/1. 1954. A. Prior. 19/1. 1951.) Demmler. H 239

Food Machinery & Chemical Corp., Wilmington, Del., übert. von: **Kenneth W. MacFadyen**, Avenel, und **Ned E. Jaffa**, Roselle, N. J., V. St. A., *Herstellung von Wasserstoffsuperoxyd.* Die Rk. zwischen BaO_2, CO_2 u. W. wird unter einem CO_2-Druck von wenigstens 125 lbs./sq.in., bei Tempp. unter ca. 26°, z. B. bei 10—20°, u. in Ggw. einer solchen Menge einer Phosphorsäure durchgeführt, daß ihr P_2O_5-Geh. wenigstens 0,10 Gew.-% des bei der Rk. gebildeten $BaCO_3$ beträgt. Es werden Ausbeuten $>$89% erzielt. (**A. P. 2 661 268** vom 7/5. 1946, ausg. 1/12. 1953.) Demmler. H 241

Buffalo Electro-Chemical Co., Inc., Buffalo, N. Y., V. St. A., *Herstellung von Wasserstoffsuperoxyd* durch Red. u. Oxydation wenigstens einer die Gruppe I enthaltenden Verb., wobei diese Verb. in einem Lösungsmittelgemisch für ihre Chinon- u. Hydrochinonform gelöst ist u. das Gemisch einen organ. disubstituierten Ester der H_3PO_4, z. B. Dikresylphenylphosphorsäureester, enthält. (**Schwz. P. 290 882** vom 25/10. 1950, ausg. 17/8. 1953. A. Prior. 9/3. 1950.) Demmler. H 241

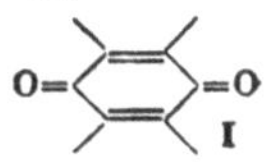

I

Buffalo Electro-Chemical Co., Inc., Buffalo, N. Y., V. St. A., *Herstellung von Wasserstoffsuperoxyd* durch Red. von alkylierten Anthrachinonen, z. B. 2-Äthylanthrachinon, u. Reoxydation. Das Lösungsmittelgemisch für das Anthrachinon bzw. das Anthrahydrochinon enthält außer z. B. Bzl. oder Dimethylnaphthalin wenigstens einen organ. trisubstituierten Ester der H_3PO_4, z. B. Tributylphosphat, Diphenyloctylphosphat, Trikresylphosphat. (**Schwz. P. 290 883** vom 15/11. 1950, ausg. 17/8. 1953. A. Prior. 9/3. 1950.) Demmler. H 241

E. I. du Pont de Nemours & Co., Wilmington, Del. V. St. A., *Herstellung von Wasserstoffsuperoxyd* im Kreisprozeß aus alkylierten u. tetrahydroalkylierten Anthrachinonen bzw. Gemischen davon über die entsprechenden Anthrahydrochinone. Als Lösungsm. wird sowohl in der Reduktions- als auch in der Oxydationsstufe eine Mischung angewendet, die aus wenigstens 20 Vol.-% eines prim. oder sek. Nonylalkohols bzw. Gemischen davon u. wenigstens 20 Vol.-% monomethyl- oder dimethylsubstituierten Naphthalinen bzw. Gemischen davon besteht, z. B. aus 25—75 Vol.-% Nonylalkohol u. 75—25 Vol.-% substituiertem Naphthalin. (**E. P. 686 567** vom 28/9. 1950, ausg. 28/1. 1953. A. Prior. 5/11. 1949.) Demmler. H 241

Phillips Petroleum Co., übert. von: **Russell K. Simons**, Bartlesville, Okla., V. St. A., *Ammonsulfatgewinnung* durch Verwendung mehrerer hintereinander geschalteter Verdampfer u. Kristallisatoren. Man bringt W., NH_4 u. H_2SO_4 in solchen Mengen zusammen, daß ein p_H von 2,5—1,5 aufrecherhalten wird. Wenn die dabei entstandenen $(NH_4)_2SO_4$-Kristalle ein bestimmtes Maß erreicht haben, trennt man sie ab u. verwendet die Mutterlauge im Kreislauf. (**A. P. 2 656 248** vom 21/10. 1949, ausg. 20/10. 1953.) Nebelsiek. H 243

American Zinc, Lead & Smelting Co., St.-Louis, Mo., V. St. A., *Abtrennen von Fluor*, das sich in Form seiner Verbb. wie SiF_4, H_2SiF_6, HF in Abgasen der Düngemittel-, Stahl- u. Al-Fabrikation befindet, indem die Gase mit zerkleinertem natürlichem $MgSiO_3$, gegebenenfalls unter Zusatz von W., in Kontakt gebracht werden u. $MgSiF_6$ gebildet wird. (**Schwz. P. 289 677** vom 9/10. 1950, ausg. 1/7. 1953. A. Prior. 28/10. 1949.) Demmler. H 246

Hermann Frischer, New York, N. Y., V. St. A., *Herstellung von Chlor.* Ein Gemisch aus Chlorid, z. B. NaCl, u. HNO_3 wird erhitzt u. das aus Cl_2, N-Oxyden, HNO_3- u. Wasserdämpfen bestehende Gasgemisch mit 83—100%ig. H_2SO_4 zwecks Entfernung des Wasserdampfes sowie zur Vermeidung der Bldg. von NOCl behandelt,

worauf das verbleibende Gemisch in Cl_2, N-Oxyde u. HNO_3 getrennt wird. — Zeichnung. (**E. P. 702 003** vom 11/7. 1951, ausg. 6/1. 1954. A. Prior. 14/7. 1950.)
DEMMLER. H 247

Addage Ltd., London, übert. von: **Cyril Harry Evans**, Cambridge, England, *Herstellung von Chlordioxyd.* Die einer 1. Reaktionszone getrennt zugeführten Ströme einer wss. Lsg. von Chlorat u. einer Säure werden im 1. Reaktionsgefäß gemischt u. so lange, z. B. ½ Min., miteinander umgesetzt, bis die gesamte Wärmeentw. erfolgt ist; in einer 2. Reaktionszone wird die ClO_2-Entw. während 4—6 Min. unter indirekter Heizung auf 120—160° F zu Ende geführt. Aus beiden Reaktionszonen wird das ClO_2 kontinuierlich abgeführt. — Zeichnungen. (**A. P. 2 654 656** vom 11/5. 1950, ausg. 6/10. 1953. E. Prior. 24/5. 1949.) DEMMLER. H 247

Soc. d'Électro-Chimie, d'Électro-Métallurgie & des Aciéries Électriques d'Ugine, Paris, Frankreich, *Reinigen von wasserlöslichen Chloriten,* bes. $NaClO_2$, die nach der Rk. $4ClO_2 + C + 4NaOH \rightarrow 4NaClO_2 + CO_2 + 2H_2O$ hergestellt sind, von organ. u. anorgan. Verunreinigungen. Die wss. Lsg. eines Chlorites wird mit einer wasserlösl. Verb. eines Erdalkalimetalles, das ein At.-Gew. zwischen 87 u. 138 aufweist, z. B. mit $BaCl_2$, behandelt, der Nd. abfiltriert u. die Lsg. eingedampft. (**Schwz. P. 290 581** vom 17/5. 1951, ausg. 1/8. 1953. A. Prior. 25/5. 1950.) DEMMLER. H 247

Allied Chemical & Dye Corp., New York, N. Y., übert. von: **Joseph W. Donegan,** New Brunswick, N. J., V. St. A., *Herstellung von A-Kohle.* Teer oder Pech wird mit einem aromat. Lösungsm. (I) behandelt. Die unlösl. Teile werden abgetrennt, mit I gewaschen, granuliert u. mit W. übergossen. Man erhitzt auf ca. 100°, bis die Wasserdämpfe kein I mehr enthalten, calciniert das dadurch von I befreite Granulat u. aktiviert anschließend. — Abbildung. (**A. P. 2 624 712** vom 9/2. 1951, ausg. 6/1. 1953.)
ZÜRN. H 260

Siemens & Halske Akt.-Ges., Berlin-München (Erfinder: **Paul Ludwig Günther** und **Georg Rosenberger,** Karlsruhe), *Herstellung von alkalifreiem Kupferoxyd,* bes. zur Verwendung zur Herst. von *Heißleitern.* Eine Cu-Lsg., bes. neutrale $Cu(NO_3)_2$-Lsg., wird mit so viel NH_4OH unter Erwärmen versetzt, daß das Cu als bas. Salz ausfällt. (**D. B. P. 904 770** Kl. 12n vom 20/4. 1951, ausg. 22/2. 1954.) NEBELSIEK. H 358

Antonio Rebuffat, Italien, *Synthetische Zeolithe, Ionenaustauscher bzw. Katalysatoren.* Ton, Kaolin oder Mergel wird mit CaO oder $Ca(OH)_2$ gekocht u. anschließend mit W. ausgewaschen. Die Menge CaO oder $Ca(OH)_2$ richtet sich jeweils nach der Zus., welche die Prodd. aufweisen sollen. Die erhaltenen Ca-Zeolithe werden mit Alkalilsgg., wie Na- oder K-Salzen, in Alkalizeolithe (Ionenaustauscher) umgewandelt. Wählt man zur Umwandlung NH_4-Salze u. entfernt aus dem Prod. NH_3, erhält man Katalysatoren. Durch Behandeln mit Cu-Salzen erhält man Cu-Zeolithe, die hoch wirksame fungicide Eigg. besitzen. (**F. P. 971 701** vom 16/9. 1948, ausg. 22/1. 1951. It. Prior. 17/11. 1947.)
WITTHOLZ. 6151

G. Martin and **W. Francis.** Industrial and manufacturing chemistry. Pt. 2; Inorganic. 6th edn. 2 vols. London: Technical Pr. 1954. Vol. 1. (624 S. m. Abb.) Vol. 2. (512 S. m. Abb.) each vol. 70 s.

VI. Silicatchemie. Baustoffe.

I. R. Beattie, *Die Reaktionen zwischen Glas und Wasser.* Es werden eingehend die in der Literatur bekannten Methoden zur Unters. der Rkk. zwischen Glas u. W. diskutiert. Die vom Vf. entwickelte App. besteht aus einem in einem Kolben an einem Rückflußkühler hängenden Filtertiegel, in dem sich das zu untersuchende Glaspulver bekannter Oberfläche befindet. Es wird von unten von Wasserdampf durchströmt, die Analyse erfolgt durch Rücktitration des Kolbeninhalts. (J. Soc. Glass Technol. **37.** Trans. 240—48. Okt. 1953. Sheffield, Univ., Chem. Dep.) WOELK. 6200

A. Rivière, *Die neuen Fortschritte in der Kenntnis toniger Mineralien. Keramische und geologische Bedeutung.* Vf. bringt einen gedrängten Bericht über letzte Ergebnisse fremder u. eigener Unterss. an tonigen Mineralien, in dem die Nomenklatur des Petrologenkongresses, Amsterdam [1950], zugrunde gelegt wurde. Die verschied. Untersuchungsverff., die zur Erkennung der oft sehr spezif. Eigg. der verschied. Tonmineralien dienen können, werden besprochen u. bes. die richtige Anwendung der Kristallanalyse durch Röntgenstrahlen oder Elektronenmikroskopie u. therm. Analyse an entsprechenden Beispielen erläutert. Vf. teilt die tonigen Mineralien nach strukturellen Erwägungen in 1. die phylit. u. 2. die fibröse Klasse ein. Vf. unterscheidet bes. Strukturen vom Tetraeder (Si, O)- u. Oktaeder (Al)-Typ, dann die kaolin. Gruppe mit einer 1. (Kaolin, Dickit, Nakrit u. feuerfeste Mineralien) u. 2. Untergruppe (Halloysite, Metahalloysite u. die an SiO_2 bzw. $Al(OH)_3$ reichen Tonmineralien [Hyperverbb.]).

Die Möglichkeiten der Best. einzelner Tonmineralgruppen werden besprochen. Elektronenmkr. Abb. von Kaolinit (Lamellenform) u. Halloysit (Röhrchenform). (Bull. Soc. franç. Céram. **1951.** 11—19. Jan./März.) WINGCHEN. 6208

C. G. Bergeron, *Beziehungen zwischen Bläschenbildung von Emails und Fischschuppenbildung.* Verss. zeigen, daß die Bläschen im Email, welche die Fischschuppenbldg. verhindern, diejenigen sind, welche in der 0,001 in. starken, unmittelbar am Fe angrenzenden Emailschicht vorhanden sind. Das Vol. der Bläschen, das nötig ist, um die Fischschuppenbldg. zu verhindern, hängt von der Art des Stahls u. des Emails ab. (J. Amer. ceram. Soc. **36.** 373—76. 1/11. 1953. Milwaukee, Wis., A. O. Smith Corp.) MARKHOFF. 6212

W. Eckhoff, *Wirkung von Leitungswasser im Emailschlicker.* Der Einfl. von Regen- (**I**) u. Leitungswasser (**II**) im Mühlenversatz auf die Schwebefähigkeit des Emailschlickers (**III**) wurde untersucht. In **II** sowie in Cl_2- u. $CaCl_2$-haltigem dest. W. setzen sich die Feinstteilchen des **III** schnell ab. Bleche, die mit dem mit **I** aufgemahlenen **III** hergestellt worden waren, trugen nach dem Brand eine einwandfreie Emailschicht, während diese bei Verwendung von **II** viele Durchschüsse aufwies. (Ber. dtsch. keram. Ges. e. V. Ver. dtsch. Emailfachleute e. V. **29.** 422—23. Dez. 1952. Bad Oeynhausen.) STEINER. 6212

—, *Zur Entfärbung keramischer Massen mittels Kobaltverbindungen.* Es wird die Entfärbung mittels Fritten oder lösl. Salzen beschrieben. (Glas-Email-Keramo-Techn. **5.** 50—51. Febr. 1954.) SCHÜTZ. 6212

Charles M. Riley, *Beziehung zwischen chemischen Eigenschaften und Auftreibung bei Tonen.* Vf. untersucht die Ursachen der therm. Dissoziationen bzw. Umsetzungen u. der damit verbundenen Gasentwicklungen, die beim Brennen von Tonen u. Eruptivgesteinen zum Treiben führen u. zur Herst. von Leichtbauprodd. ausgenutzt werden können. Als wesentlich für das Auftreiben werden die chem. Zus. (nicht die mineral.) u. bes. die begleitenden Substanzen angesehen, die entweder selbst dissoziieren oder so mit anderen reagieren, daß bei oder über den F.-Tempp. Gase frei werden. Die Wrkg. der Tempp., der F.-Tempp. u. der Viscositätsbedingungen werden erörtert. Im einzelnen werden die therm. Dissoziations- bzw. Umsetzungsvorgänge bei Anwesenheit von Hämatit, Pyrit, Dolomit (Entw. von O_2; von S-Dämpfen u. SO_2; von CO_2) u. von Illit (Entw. von H_2O) sowie die Meth. besprochen u. ein Diagramm mit Ergebnissen der Prüfung der Gasentw. bei Quarzen, Graniten, Gneisen, Syeniten, Dioriten u. von Diabas u. Gabbro wiedergegeben. (Brit. Clayworker **60.** 105—107. 15/7. 1951. Minneapolis, Minn., Univ., Dep. of Geol.) WINGCHEN. 6216

Roland R. van der Beck und **J. O. Everhart,** *Das Schwinden von Tonkörpern beim Brennen und bei der Abkühlung.* Inhaltlich ident. mit der C. **1954.** 4696 referierten Arbeit. (Brit. Clayworker **60.** 337—41. 15/3. 1952.) WINGCHEN. 6216

K. Carr, R. W. Grimshaw und **A. L. Roberts,** *Die Konstitution der feuerfesten Tone.* 4. Mitt. *Die Konstitution einiger Feuertone aus Yorkshire.* (3. vgl. C. **1954.** 8882.) Die untersuchten Tone sind in der Zus. nicht sehr unterschieden u. enthalten bes. Kaolinmineralien, Quarzsand u. einen hydratisierten Glimmer. Es werden die Ergebnisse der Unters. ausführlich mitgeteilt. (Trans. Brit. ceram. Soc. **51.** 334—44. Juni 1952.) K. SEIDEL. 6216

G. R. Finlay, *Neue feuerfeste Stoffe — Carbide, Boride, Nitride, Silicide.* Vf. gibt an Hand der Literatur einen Überblick über die bisher bekannten Boride, Silicide u. Nitride der Metalle u. Metalloide (Tabellen) u. ihrer Herstellungsverfahren. — 21 Literaturzitate. (J. electrochem. Soc. **99.** 58C—60C. März 1952. Chippawa, Ontario, Can., Norton Comp.) DICKHAUT. 6218

L. A. Schwarzman, O. A. Petschenew und **P. L. Grusin,** *Anwendung des Verfahrens der radioaktiven Indicatoren zur Untersuchung der Diffusion in feuerfesten Massen.* Feuerfeste Ziegel aus Magnesit, Chrommagnesit u. Dinas wurden mit einer dünnen Schicht Fe_2O_3 unter Zusatz von ^{59}Fe bedeckt u. 40—100 Std. erhitzt. Nach Entfernen der aufgestreuten Schicht wurde der Ziegel in mehreren Arbeitsgängen abgeschmirgelt u. durch Messung der Radioaktivität der abgeschmirgelten Schichten die Eindringtiefe der Fe-Atome u. die dabei auftretenden Gesetzmäßigkeiten bestimmt. — Es zeigte sich, daß das Eindringen des Fe eine Diffusionsgleichung, der Temperaturkoeff. ein Exponentialgesetz befolgt. Die Messung der Fe-Diffusion D bei 1120—1330° ergab, daß Dinas den höchsten D-Wert besitzt u. demnach am stärksten von Fe-haltigen Schlacken angegriffen wird; Magnesit ist beständiger, dann folgt Chrommagnesit. (Огнеупоры [Feuerfeste Mater.] **17.** 465—69. Okt. 1925. Inst. für Metallkunde u. Metallphys. des Zentr. Wiss. Forschungsinst. für Eisenmetalle.) v. WILPERT. 6218

A. Gunzenhauser und **H. N. Norton,** *Die Verteidigung stellt große Anforderungen an neue keramische Stoffe für die Elektronenröhrentechnik.* Vff. geben einen Überblick über die in den letzten 5 Jahren erfolgte Herst. u. Bewährung von neuen keram. Stoffen für verschied. Geräte mit bes. großen Anforderungen an Hochspannungs- u. Hochfrequenzisolation u. an therm. u. mechan. Beständigkeiten. Es werden die piezoelektr. Titanate besprochen ($BaTiO_3$ mit DK. 1350—1600 bei Raumtemp., piezoelektr. von —20 bis +120°; Ba–Sr-Titanate mit DK. bis 10000; bimorphes $BaTiO_3$ u. eine Pb-Zirkonat/Ba-Zirkonat-Mischung). Die guten Eigg. des ferromagnet. Ferrites (gepreßte Mischung von Mn u. Fe-Oxyd) als Halbleiter (mit spezif. Widerstand von 10^4—10^9 Ohm-cm u. linearer Q-Wertabnahme zwischen Raumtemp. u. ca. 140°), seine Mängel, u. die Vorzüge von Pb-Glasteilen (in Fernseh- u. Röntgengeräten, in Elektronenröhren mit SnO_2-Filmüberzug u. a.) werden mitgeteilt. Die Entw. u. Verwendung von Transistoren aus Ge oder Si als Halbleiter für Röhrenersatz u. von vielseitig geformten keram. Bauelementen in der Radioindustrie werden kurz beschrieben. Die elektr. u. physikal. Eigg. von Cordierit werden denen von Quarz (geschmolzen), Steatit, Porzellan u. Zirkon gegenübergestellt; ebenso die von Ba-, Ca-, Sr- u. $MgTiO_3$ denen von TiO_2 (Angabe der F-Werte: 2700, 1825, ~1660, 1830 u. 1825° F) (2 Tabellen). Die Verwendung von Bor, C u. Steatit für verschied. röhrentechn. Zwecke wird erwähnt. (Ceram. Ind. **57.** 60—64. Juli 1951.) WINGCHEN. 6220

Shoichiro Nagai und **Yasushi Fukumori,** *Untersuchungen über Magnesiazement, hergestellt unter Benutzung von Meerwassermagnesia.* 1. Mitt. Die Erhärtungsfestigkeit von Magnesiazement, hergestellt durch Mischung von leicht gebrannter Magnesia, erhalten durch Calcinieren von Meerwasser-$Mg(OH)_2$, Bitterwasser (22—24° Bé) aus Salzablaugen sowie von Dolomit–Magnesiazement aus leicht (700—750°) gebranntem Dolomit (**I**) u. leicht (750—800°) gebrannter Magnesia (**II**) aus Meerwasser-$Mg(OH)_2$ wurde bestimmt. 10—30% **I** u. 10—20% Gips zu **II** ergaben guten Mg-Zement. Freies schädliches $Ca(OH)_2$ wird duch äquivalente $MgSO_4$-Zugabe ausgeschaltet. — 6 Tabellen. (J. ceram. Assoc., Japan [Yogyo Kyokai Shi] **61.** 266—69. 28/6. 1953. Tokyo, Univ. [Orig.: japan., Auszug: engl.]) SCHULER. 6222

Shoichiro Nagai und **Toshio Manabe,** *Untersuchung über das Auswertungsverfahren der Aktivität von Beimischungen zum Portlandzement.* 1. Mitt. Die Beurteilung des Einfl. lösl. Bestandteile auf *Zement* durch die Festigkeitsprüfung von Mörtel bis zu 4 Wochen ist nicht ausreichend; sie muß durch die Best. der lösl. Bestandteile bei 50° usw. nach FLORENTIN ergänzt werden, um Schlüsse auf Dauerfestigkeit zu erlauben. — 5 Literaturangaben. (J. ceram. Assoc., Japan [Yogyo Kyokai Shi] **61.** 115—17. 28/3. 1953. Tokyo, Univ. [Orig.: japan.]) SCHULER. 6222

Robert E. Curtiss, *Zementrohstoffe bei Yankton, Süd-Dakota (USA).* Beschreibung des Vork. u. Angaben der Zus. des Materials. (Proc. South Dakota Acad. Sci. [51] **30.** 142—146. 1/12. 1951. Vermillion, S. D., Geol. Survey.) BÄR. 6222

Alb. Nicol, *Einige Untersuchungen über die Korrosion; Möglichkeiten ihrer Verhütung und Bekämpfung.* Einfl. von Pilzkulturen, CO_2-Gas, Sulfaten u. Alkali auf den Zementanteil des Betons. Bekämpfung durch Zusätze. — Literaturnachweis. (Silicates ind. **17.** 208—13. Juni/Juli. 252—54. Aug./Sept. 1952.) SCHÜTZ. 6224

H. Eigen, *Leistung, Koksverbrauch und Überwachung von Kalkschachtöfen.* Betrachtet werden: der Koksverbrauch je t Kalk, die tägliche Kalkerzeugung je m^3 Ofenraum, Menge, Zus. u. Temp. des Abgases, die Überwachung des Kalkschachtofens. Der betriebsstatist. spezif. Koksverbrauch Z in kg Koks je t Kalk wird auf die Formel $Z = Mbg + F/10\ H$ zurückgeführt, mit dem Mindestkoksverbrauch $M = 1000\ X_{min}/H_u$, dem Beschickungsfaktor $b = 1 + 0{,}718\ c/(0{,}982 - 0{,}326\,n - 0{,}718\,c)$ u. dem Gebläsefaktor $g = (100 - kf)/(100 - ef)$. Hierin ist X_{min} der Mindestwärmeaufwand in kcal je kg Kalk; H_u der untere Koksheizwert in kcal/kg; c der CO-Faktor, das ist das Verhältnis $CO/(CO_2 + CO)$ im Verbrennungsgas; n das Luftverhältnis; f das Verhältnis der Gebläsestillstandszeit zur Kalenderzeit; k, e in % der Rückgang des stündlichen Koksabbrandes bzw. der stündlichen Kalkerzeugung bei Gebläsestillstand, verglichen mit Gebläsebetrieb; F der bei intermittierendem Betrieb zwischen zwei Ziehpausen vom Feuer zurückgelegte Weg in mm; H die nutzbare Ofenhöhe in m. Eine optimale spezif. Ofenleistung wird erreicht, wenn n auf 1,05—1,10, c auf 0 u. g auf 1,0 gehalten werden. (Zement-Kalk-Gips **3.** 251—62. Nov. 1950. Remscheid-Lennep.) TRAUSTEL. 6226

W. W. Konstantinow, *Über die Rolle der Prozesse der Hydratation, Kristallisation und Trocknung bei der Erhärtung von Baugips.* Auf das Erhärten von *Gips* sind in den ersten 2 Tagen Hydratation u. Kristallisation von Einfluß. Bei Ausschluß von Trocknungsmöglichkeit nimmt dann in den folgenden 8 Tagen die anfangs zunehmende

Festigkeit ab. Beim n. Trocknungsprozeß nimmt die Festigkeit des Gipses weiter zu u. erreicht nach ca. 8 Tagen ein Maximum. (Вестник Академии Наук Казахской ССР [Nachr. Akad. Wiss. KasachSSR] **10.** Nr. 12. 90—95. Dez. 1953.)
v. SCHROEDER. 6226

B. Butterworth, *Die praktische Bedeutung der Prüfung von Tonwaren auf lösliche Salze.* Die Auswitterungsprobe gibt als maximal zulässige Gehh. in Backsteinen an: $CaSO_4 < 0,5\%$, $MgSO_4$ + Alkali $\lesseqgtr 0,05\%$. (Trans. Brit. ceram. Soc. **52.** 174—78. April 1953.) SCHÜTZ. 6228

Goro Yamaguchi, *Untersuchung über die Mineralzusammensetzung von Chromit- und Chromit–Magnesia-Ziegeln durch Trennung mit schweren Flüssigkeiten.* Chromit- u. Chromit–Magnesia-Ziegel wurden nach Pulvern durch schwere Fll. (D. 2,82—4,65) getrennt u. chem., mkr. u. röntgenolog. untersucht. In beiden Ziegelarten waren die Fraktionen mit D. über 3,5 Spinelle bzw. vom Typ $(Mg, Fe)O(Al, Cr)_2O_3$. Die leichteren Fraktionen des Chromit–Magnesia-Ziegels bestanden aus *Forsterit*, die von Chromitziegeln waren glasig. Bei den Spinellen lag der Wert für R niedriger als R_3O_4 entsprechend. Das Zerbersten wird als eine Zerstörung des Kristallgitters aufgefaßt, das durch die Rk. des unvollkommenen Spinells mit FeO (aus der Fe-reichen Schlacke) zwecks Ausbildung des vollkommenen Spinells verursacht wird. (J. ceram. Assoc., Japan [Yogyo Kyokai Shi] **61.** 251—53. 28/6. 1953. Tokyo, Univ. [Orig.: japan.])
SCHULER. 6228

R. S. Young, D. A. Benfield und **G. B. Dauncey,** *Wasserlösliche Pasten für Diamantpulver.* Viele Handelsprodd., deren Zus. meist angegeben ist, wurden auf ihre Brauchbarkeit zur Bereitung von Diamantpulverschleifmitteln u., wenn erfolgversprechend, auch ihre Mischungen untersucht. Als bestes Medium erwies sich *Carbowax 1500*, ein *Polyäthylenglykol* (**I**) der UNION CARBIDE AND CARBON CO., das beim Schleifen nicht trocknet, der zu polierenden Fläche gut anhaftet, wasserlösl. u. farblos ist. Mischungen von verschied. **I** u. Carbowaxen erwiesen sich gleichfalls als brauchbar, ferner in *Äthylenglykol* (**II**) dispergierte *Peg 42* (**I**-Monostearat) u. *Diglykolstearat S* der GLYCO PRODUKTS CO. u. *Nonex 29* (**I**-400-Monostearat), der GENERAL METALLURGICAL & CHEMICAL LTD., ferner die in **II** oder Propylenglykol dispergierten *MYRJ 45* (Polyoxyäthylenstearat) u. *Tween 61* (Polyoxyäthylensorbitmonostearat) der ATLAS POWDER CO. u. Mischungen von verschied. Polyglykolen ohne u. mit Nonylphenol + Äthylenoxyd der JEFFERSON CHEMICAL CO. Bei vielen anderen Prodd. wird die Ursache ihres Versagens angegeben. Die farblosen Pasten werden mit öllösl. Farbstoffen gefärbt, die mit W. wieder abwaschbar sind u. je nach der Farbe zur Kennzeichnung der Teilchengröße des Diamantpulvers benutzt werden. (Ind. Engng. Chem. **45.** 402—04. Febr. 1953. Johannesburg, South Africa, Ind. Distributors Ltd., Diamond Res. Labor.) METZENER. 6238

E. B. Allison und **P. Murray,** *Die Sedimentation aus konzentrierten Suspensionen in Abhängigkeit von der Teilchengröße.* Konz. Suspensionen muß man als eine Aufwärtsströmung von Fl. in einer porösen körnigen Schicht betrachten. Es gilt die Gleichung: $v = g \cdot e^3 \cdot \Delta P / 5 \cdot S^2 \cdot (1 - e)^2 \eta L$, wobei v scheinbare Fließgeschwindigkeit in cm/Sek., g Gravitationskonstante, e Porosität der Schicht, S spezif. Oberfläche der Substanz, η Viscosität in Poise, L Schichtdicke bedeuten. Die danach bestimmten spezif. Oberflächen liegen ca. 30% unter denen mit der Gaspermeabilitätsmeth. bestimmten Werten u. ebenfalls sehr wesentlich unter denen mit der N_2-Absorptionsmeth. bestimmten Werten. — Literaturnachweis. (Trans. Brit. ceram. Soc. **52.** 204—12. April 1953.) SCHÜTZ. 6240

Fr. Hegemann und **H. Zoellner,** *Über die quantitative spektrochemische Gesamtanalyse von Silicaten.* 3. Mitt. (2. vgl. C. **1953.** 6116.) Besprechung der Arbeitsverff. für die verschied. Elektrodenarten u. die verwendeten Spektrallinien für die in höherer Konz. enthaltenen Elemente. Bei der Meth. mit Analysenscheibe wird BaO zur Stabilisierung der Brenntemp. zugemischt, wobei Ba oder Sr als Bezugselement dient. Bei der Alkalianalyse dient Li, bei der Übersichtsaufnahme, in der auch die Spurenbest. erfolgt, dient Cd als Bezugselement. Diskussion der einzelnen Elemente sowie der analyt. Fehlergrenzen. (Glas-Email-Keramo-Techn. **3.** 367—72. 15/10. 1952. München, TH, Forschungsst. für Geochem. am Mineralog. Geolog. Inst.) FROST. 6240

Fr. Hegemann und **H. Zoellner,** *Über die quantitative spektrochemische Gesamtanalyse von Silicaten.* 4. Mitt. (Schluß). (3. vgl. vorst. Ref.) Für 20 glasbildende Elemente werden die Analysenbereiche u. die verwendeten Spektrallinien angegeben. Zur Beurteilung des Verf. sind drei Beispiele angeführt: Best. von Li_2O, As_2O_3 u. Cr_2O_3. Vergleichende analyt. Alkalibestimmungen mittels chem., spektralanalyt. u. flammenphotometr. Methode. (Glas-Email-Keramo-Techn. **3.** 415—18. 15/11. 1952.)
FROST. 6240

Wiegand Braun, *Kurzverfahren zur vergleichenden Reihenuntersuchung von Tonen für feuerfeste und keramische Zwecke.* Vf. berichtet über sein abgekürztes Verf. zur Unters. von Süßwassertonen (Westerwald, Pfalz u. Eifel), mit dem die teuren u. zeitraubenden chem. u. rationellen Analysen auf ein Mindestmaß beschränkt werden können. Bei diesem Verf., das sich in 1½—2 Std. durchführen läßt u. sich für Reihen-(Lagerstätten)- u. Waggonunterss. eignet, werden durch Aufschlämmung in H_2O u. Siebung durch 10000-Maschensieb die tonigen Bestandteile entfernt. Die Rückstände, die dem Ton das wesentliche Gepräge geben, werden zur Identifizierung u. Klassifizierung verwendet (organ. Substanzen, Eisenkies, Sandkörner u. -staub aus Gesteinstrümmern). Einzelheiten der Probenahme u. des Untersuchungsganges werden mitgeteilt. Die Probe wird nach Best. des Trocken- u. Glühverlustes u. gegebenenfalls nach Zugabe von Spuren Ammoniak oder Essigsäure in H_2O aufgeschlämmt u. nach der Siebung getrocknet u. gewogen. Dann erfolgt die mkr. Beurteilung der Rückstandsbestandteile durch Vgl. mit Testpräpp. (bzw. mit 3 Streupräpp.) nach Menge u. Korngröße, nach gleicher oder ungleicher, kristalliner oder amorpher Körnung sowie nach Farbe u. Form der Körnchen. Weiter werden andere Angaben über Gruppentypen, Untersuchungsschema u. Ersetzbarkeit von Tonen durch Tone anderer Herkunft gemacht. (Ber. dtsch. keram. Ges. e. V. Ver. dtsch. Emailfachleute e. V. **28.** 343—49. Juli 1951.) Wingchen. 6248

S. Akaiwa, *Über die Bestimmung von freiem Calciumhydroxyd in abgebundenem Zement.* 2. Mitt. Um sek. Rkk. des *CaO* bzw. $Ca(OH)_2$ (**I**), wie sie bei der bisher üblichen Best. (550°, 30 Min.) zu erwarten sind, zu vermeiden, wird die *Zement*-Probe zur Spaltung des **I** in einem 10 mm Hg-Vakuumofen auf 450° erhitzt. Bei der anschließenden Best. nach dem calorimetr. oder Glycerinverf. ergeben sich gegenüber dem alten Verf. um ca. 3% höhere Werte. Erörterung der Änderungen bei verschied. Abbindezeiten. (J. ceram. Assoc., Japan [Yogyo Kyokai Shi] **61.** 155—58. 28/4. 1953. [Orig.: japan.]) Schuler. 6252

J. F. Clements und **Vyse,** *Ein neuer Apparat zur Bestimmung der Wärmeleitfähigkeit von feuerfesten Materialien.* Die hier beschriebene neue App. zur Messung der Wärmeleitfähigkeit feuerfester Materialien ist für Höchsttempp. bis 1250 bzw. 1400° eingerichtet. Die Fehlerquellen werden diskutiert u. einige Messungen bekanntgegeben. (Trans. Brit. ceram. Soc. **53.** 134—55. Febr. 1954.) K. Seidel. 6256

D. G. Beech und **D. A. Holdridge,** *Über die Prüfung von Tonen für die Ziegelindustrie.* Es wird eine Übersicht über die vor Verarbeitung der Tone notwendigen Unterss. gegeben, die bes. in chem. Schnellanalysen, mineralog. Unterss. u. wichtigen physikal. Prüfungen bestehen. (Trans. Brit. ceram. Soc. **53.** 103—33. Febr. 1954.) K. Seidel. 6256

VII. Agrikulturchemie. Schädlingsbekämpfung.

N. G. Sacharow, L. Ss. Dotzenko, W. P. Dubrowski, W. L. Leontjew und **I. B. Rewut,** *Verfestigung von Sandböden durch Bitumenemulsionen.* Zur Verfestigung von Flugsandböden bringt man auf die Oberfläche des Sandes eine Bitumen (**I**)-Emulsion. Nach Verdunsten des W. verbinden die **I**-Teilchen die einzelnen Sandkörner. **I** ist ein chem.-mikrobiol. träger Stoff, der keine schädliche Wrkg. auf die Pflanzen ausübt. Die mit **I** behandelten Flächen bedecken sich mit einem dichten Pflanzenwuchs, da **I** auch die Wasser- u. Wärmeverhältnisse der verfestigten Sande verbessert. (Лесное Хозяйство [Forst-Wirtsch.] **6.** Nr. 4. 6—11. April 1953.) A. Jacob. 6302

E. M. Schmurowa, *Einfluß des Bodenbildungsprozesses auf die Ansammlung und Zusammensetzung organischer und mineralischer Verbindungen des Phosphors in Böden.* In den untersuchten Böden (mittlerer Rasenpodsolboden [**I**], grauer Waldsteppeboden [**II**] u. schwere lehmige Schwarzerde [**III**]) steigt der gesamte P-Geh. von **I** nach **III**. Der Geh. an P im Humus steigt im Profil des Bodens mit zunehmender Tiefe an. In allen Böden sowie in allen Bodenhorizonten dominiert der alkalilösl. Anteil an organ. P-Verbb. (Nucleide u. ihre Derivv.). Der Geh. an wasserlösl. Phosphaten ist in allen untersuchten Böden nur gering; **III** enthält größere Mengen von Ca- u. Mg-Phosphat als **I**. (Вестник Московского Университета, Серия Физико-Математических и Естественных Наук [Nachr. Moskauer Univ., physik.-mathemat. u. naturwiss. Ser.] **8.** Nr. 2. 129—37. Febr. 1953. Moskau, Univ., Lehrstuhl für Bodenkunde.) M. Gordienko. 6304

John C. Cain und **Damon Boynton,** *Beziehung zwischen Düngung, Schnitt und Blattfleckenerscheinungen und dem Verhalten von italienischen Pflaumen in West New York.* Ertragsausfälle durch verminderten Fruchtansatz u. vorzeitigen Fruchtabfall bei „italien. Pflaumen“ im Westen des Staates New York sind in erster Linie auf das Auftreten einer Blattfleckenkrankheit zurückzuführen. Durch N- u. K-Düngung konnten die Erträge nur verhältnismäßig wenig beeinflußt werden. Auch zeigten die Blattanalysen (N, P, K, Mg, Mn, Cu, Zn) von Pflaumen mit Ertragsdepressionen keine wesentlichen Unterschiede zu den normalen. Weder die schlechte Wasserführung des Bodens noch die mangelhafte Fremdbestäubung konnte für die Ertragsausfälle als entscheidend angesehen werden. (Proc. Amer. Soc. horticult. Sci. **59.** 53—60. Juni 1952. Geneva u. Ithaca, N. Y., Cornell Univ.) W. GRÜTZ. 6304

F. H. Leavitt, *Ammoniak in der Landwirtschaft.* Die Methoden der Düngung mit wasserfreiem NH_3 u. die Leistungsfähigkeit der entsprechenden Maschinen werden beschrieben. (Agric. Chemicals **8.** Nr. 6. 36—38. Juni 1953. Shell Chem. Corp.) W. LORENZ. 6304

E. G. Fisher, *Die Gründe für die Anwendung von Harnstoff-Blattspritzungen als Stickstoffdüngung beim McIntosh-Apfel.* Vf. gibt eine Zusammenfassung seiner fünfjährigen Unterss. über die N-düngende Wrkg. von Harnstoff (**I**)-Spritzungen bei Apfelbäumen. Bei **I**-Spritzungen der Blätter sind die Ertragssteigerungen fast ebenso groß wie bei äquivalenter N-Düngung des Bodens. Je später die **I**-Spritzung erfolgt, um so größer ist die N-Wirkung. Ende Juni vorgenommene Spritzungen erhöhen die Erträge, können sich aber nachteilig auf die Ernteerträge des folgenden Jahres auswirken. **I**-Blattspritzungen wirken schneller u. besser als **I**-Düngung des Bodens, ihre Wrkg. ist der von gewöhnlicher N-Dügung gleich oder überlegen, jedoch vorübergehend. (Proc. Amer. Soc. horticult. Sci. **59.** 91—98. Juni 1952. Ithaca, N. Y., Cornell Univ.) W. GRÜTZ. 6304

James A. Cook und **Damon Boynton,** *Einige Faktoren, die die Absorption von Harnstoff durch McIntosh-Apfelblätter beeinflussen.* Es wurde beobachtet, daß die Blattunterseite den Harnstoff (**I**) schneller, die Oberfläche jedoch gleichmäßiger absorbierte. Der Quotient N absorbiert Unterseite/N absorbiert Oberseite betrug 2 Std. nach der Spritzung 10,5, während er 72 Std. danach nur noch 1,7 betrug. Folgende **I**-Mengen wurden aufgenommen: nach 8 Std. 63%, nach 24 Std. 80%, nach 48 Std. 85%. Bei einer gleichzeitigen Behandlung der Blätter mit Sucrose wurde die **I**-Aufnahme herabgedrückt u. wurden Nekrosen verhindert, die bei Konzz. über 1% auftreten können. Durch Vergrößerung der Benetzungsfähigkeit der Blätter mittels 0,1% *Tween 80* wurde die **I**-Absorption um 200—300% erhöht, während eine vorherige Lichtbehandlung ohne Einfl. blieb. Der p_H-Wert hatte ebenfalls keinen Einfluß. Gesamt-N-Analysen der Blätter ergaben, daß die nichtlösl. N-Fraktion nur unwesentlich vergrößert wurde. **I** wird bei längerer Absorptionsdauer von den Blättern weitergeleitet. (Proc. Amer. Soc. horticult. Sci. **59.** 82—90. Juni 1952. Ithaca, N. Y., Cornell Univ.) W. GRÜTZ. 6304

Damon Boynton, R. M. Smock und **L. C. Anderson,** *Kurzfristige Wirkung von Nicht-Leguminosen-Mulchmaterial und mineralischem Stickstoff allein und kombiniert auf das Verhalten von McIntosh-Apfelbäumen. Ein Fortschrittsbericht.* Um die Wrkg. von Nicht-Leguminosen-Mulch (**I**) allein u. zusammen mit mineral. N in einem Feldvers. zu prüfen, wurden folgende Behandlungen vorgenommen: 0, 100, 200 lbs. **I**; 0,33, 0,66 lbs. Natriumnitrat. Den höchsten Chlorophyll- u. N-Geh. der Blätter, sowie das stärkste Sproßwachstum wurden im ersten Versuchsjahr bei der mineral. N-Düngung festgestellt, während im zweiten Versuchsjahr eine deutliche Wrkg. des **I** festgestellt wurde. Die Wirkungen beider Behandlungen addierten sich. (Proc. Amer. Soc. horticult. Sci. **59.** 103—10. Juni 1952. Ithaca u. Geneva, N. Y., Cornell Univ.) W. GRÜTZ. 6304

A. W. Peterburgski, *Der Einfluß einer direkten Kalkung der Böden auf den Ernteertrag und die Eigenschaften von Flachs.* Bei Gefäßverss. mit Podsolboden bewirkte Kalkung eine Steigerung der Erträge, ohne die Faserqualität des Flachses zu verschlechtern. Feldverss., bei denen eine direkte Kalkung mit einer um 4—5 Jahre zurückliegenden verglichen wurde, bestätigten die Möglichkeit einer erfolgreichen Kalkung im Anbaujahr des Flachses. B hatte bei diesen Verss. keine Wirkung. (Известия Тимирязевской Сельскохозяйственной Академии [Nachr. Landwirtsch. Timirjasew-Akad.] **1953.** Nr. 1. 133—52.) A. JACOB. 6304

Ss. N. Tumanowski, *Die Kalkung saurer Böden im Nichtschwarzerdegebiet des europäischen Teiles der UdSSR.* Die Ertragssteigerungen bei Kalkung der Böden der Nichtschwarzerdezone zu Futterkulturen u. mehrjährigen Gräsern zeigen, daß nur durch die Kalkung die übrigen Maßnahmen zur Erhöhung der Erträge voll wirksam werden. (Достижения Науки и Передового Опыта в Сельском Хозяйстве [Errungenschaften Wiss. u. fortschr. Erfahrung Landwirtsch.] **1952.** Nr. 12. 16—19. Dez. Verwaltung der Zentralsowchosen der RSFSR.) M. GORDIENKO. 6304

A. F. Camp, *Zur Frage der Spurenelemente.* Zur Behebung des Mangels an Cu, Zn u. Mn im Boden wird die Anwendung von Lsgg. der entsprechenden Sulfate oder ihrer mit Kalk neutralisierten Lsgg. in Form von Spritzlsgg., gegebenenfalls gemeinsam mit Nährlsgg. oder Bordeauxbrühe empfohlen. Nicht minder wichtig ist, um Pflanzen gegen Insekten- u. Pilzbefall widerstandsfähig zu machen, das Vorhandensein von Mo, B u. Mg. Die Anwendung in Form der Spritzlsgg. muß für jede Pflanzenart individuell erfolgen u. ist meist vom p_H-Wert des Bodens abhängig. Zur Behebung des Fe-Mangels im Citrusbau wird *Sequestrene* u. *Versene*, die das Eisen in komplexer, aber wasserlösl. Form enthalten, empfohlen. Beide Verbb. geben mit den Bodenphosphaten keine unwirksamen Verbindungen. (Agric. Chemicals **8.** Nr. 6. 50—52. Juni 1953. Lake Alfred, Fla., Univ., Citrus Exp. Stat.) W. LORENZ. 6304

A. E. Murneek, *Pflanzenwachstumsregulatoren während der Befruchtungs- und Nachbefruchtungsperiode.* Vf. gibt eine kurze Übersicht über den Stand der Forschung auf dem Gebiet der Pflanzenhormone (**I**), bes. über die Wirkungsweise der **I** bei der generativen Vermehrung. Die Vielseitigkeit der synthet. Wuchsstoffe wird umrissen u. am Beispiel der Naphthylessigsäure gezeigt, daß verschied. Konzz. ein u. desselben Wuchsstoffs ganz entgegengesetzte Wirkungen auf Fruchtansatz, Fruchtabfall, -reife u. -güte haben können. **I** beeinflussen nicht nur die Ausbreitung des Gewebes der Pflanzen, sondern deren gesamten Stoffwechsel. — 51 Literaturhinweise. (Proc. Amer. Soc. horticult. Sci. **59.** 207—17. Juni 1952. Columbia, Mo., Univ. of Missouri.) W. GRÜTZ. 6312

John C. Dunegan, *Neue Präparate und Methoden zur Bekämpfung von Obstkrankheiten.* Es wird die Verwendung, Anwendung u. Aufwandmengen folgender Fungicide zur Bekämpfung der verschied. Pilzerkrankungen auf Obstbäumen besprochen: *Ferbam, Zineb* (Zn-Äthylen-bis-dithiocarbamat), *Nabam* (Dinatriumäthylen-bis-dithiocarbamat), *Ziram* (Zn-Dimethyldithiocarbamat), *Manzate* (Mn-Äthylen-bis-dithiocarbamat), *Captan* (N-Trichlormethylthiotetrahydrophthalimid), *Glyodin* (= *Crag 341 SC*, Glyoxalidinacetat), *Dichlone* (= *Phygon*, 2.3-Dichlor-1.4-naphthochinon), Phenyl–Hg-Verbb. u. verschied. Antibiotica (Streptomycin, Terramycin u. bes. Actidion). (Agric. Chemicals **9.** Nr. 1. 38—39. Jan. 1954. Beltsville, Md., Dep. of Agric., Bur. of Plant Ind., Soils u. Agric. Engng.) W. LORENZ. 6312

Dean S. Hubbell, *Kupferfungicid.* Die Wrkg. von *Robertson Fungicide* (**I**); ROBERTSON COMP., Pittsburgh, Pa.), das sich als bes. geeignetes Kupferspritzmittel erwies, wird mit tribas. Kupfersulfat u. Ziram verglichen. **I** ist ein Prod., das feinverteiltes Kupfer als Kern enthält, der von Kupfer(I)-oxyd eingehüllt ist. **I** ist von kleiner Teilchengröße, wobei 95% unter 5 Mikron liegen. Die physikal. Eigg. von **I** werden beschrieben. Es ist mit W. u. organ. Lösungsm. leicht netzbar u. dispergierbar. Die Adhäsion ist besser als bei anderen Fungiciden. **I** ist gegen Pflanzen nicht toxischer als andere Kupferverbb. oder organ. Funigicide. (Agric. Chemicals **8.** Nr. 6. 54—55. Juni 1953. Pittsburgh, Pa., Univ., Mellon Inst. of Ind. Res.) W. LORENZ. 6312

A. M. Ankudinow, *Die Krankheiten der Lärche und ihre Bekämpfung.* Beim Befall der Lärche durch verschied. Pilzerreger ist das Spritzen mit Kupferkalk- oder Schwefelkalkbrühe bzw. einem Gemisch beider in den meisten Fällen von Erfolg. (Лесное Хозяйство [Forst-Wirtsch.] **6.** Nr. 7. 81—82. Juli 1953.) A. JACOB. 6312

P. J. Clark und **H. Jacks,** *Arsen- und Bleirückstände an Äpfeln.* An Äpfeln, die 6—7mal mit einer Lsg. von 1,5 pounds/100 gallons $PbAsO_4$ gespritzt worden waren, wurden 1,1—3,9 p.p.m. As_2O_3 u. 2,6—8,5 p.p.m. *Pb* gefunden. Es wurden damit in den meisten Fällen die gesetzlichen Grenzen von 1,5 p.p.m. As_2O_3 u. entsprechend 3,0 p.p.m. Pb überschritten. Vff. fordern, nicht mehr wie bisher bis 4 Wochen vor der Ernte zu spritzen, sondern die letzte Behandlung Ende Dezember vorzunehmen. (New Zealand J. Sci. Technol., Sect. B **35.** 311—14. Jan. 1954. Wellington, Dominion Labor.; Auckland, Dep. of Sci. and Ind. Res.) KRUSEN. 6312

H. M. Stone, P. J. Clark und **H. Jacks,** *Quecksilberrückstände an Tomaten.* Von Gewächshaustomatenpflanzen, die gegen Cladosporium fulvum in Abständen von 1—2 Wochen bis zu 18mal mit einem 0,56% *Phenyl-Hg-Salicylat* enthaltenden Mittel gespritzt worden waren (40 ml/5000 Kubikfuß), geerntete Tomaten hatten auf den Schalen 0,020—0,043 p.p.m. *Hg*, berechnet auf das Gewicht der Tomaten. Ein Wert von 0,05 p.p.m. sollte nicht überschritten werden. (New Zealand J. Sci. Technol., Sect. B **35.** 301—06. Jan. 1954. Wellington, Dominion Labor.; Auckland, Dep. of Scient. and Ind. Res.) KRUSEN. 6312

Charles G. Dobrovolny und **W. T. Haskins,** *Die Wirkungen von Böden und Sonnenlicht auf verdünnte Lösungen von Natriumpentachlorphenolat.* Vff. stellen fest, daß die Wirksamkeit des Molluscici des *Na-Pentachlorphenolat* (**I**) durch schlammige Böden

u. Sonnenlicht stark erniedrigt wird. Die Verss. werden durchgeführt mit verschied. schlammhaltigen Böden, die mit W. gesätt. werden, in dem zuvor Planorbisschnecken gelebt haben, u. es werden bei einem p_H von 7,2 10 p.p.m. I zugesetzt. Die Versuchstemp. beträgt 57—33°. In den meisten Fällen wird I durch Einw. des Bodens nach 4—24 Std. unwirksam gemacht. Sandiger Lehm u. Sand dagegen zeigen nur geringe Wrkg. auf I. Sonnenlicht zers. I (Temp. nicht über 38°, Konz. 10 p.p.m.) bereits nach einer Einwirkungsdauer von 8 Std. vollständig. Es wird angenommen, daß I durch die koll. organ. Partikel des Schlammes adsorbiert u. zers. wird, denn auch starkes Rühren der mit I versetzten Bodensuspension führt zur Abnahme der Wirksamkeit von I. (Science [Washington] **117.** 501—02. 8/5. 1953. Bethesda, Md., U. S. Publ. Health Serv., Nat. Inst. of Health.) FAHRNLAENDER. 6312

—, *Perthane.* Unter *Perthane* (I) (ROHM u. HAAS CORP., Philadelphia) wird 1.1-Dichlor-2.2-bis-(p-äthylphenyl)-äthan als neues Insekticid in den Handel gebracht. I ist wenig tox. (DL_{50} Ratte peroral ca. 8170 mg/kg) u. wird in seiner akuten u. chron. Toxizität mit anderen Insekticiden verglichen. I dient bes. zur Bekämpfung verschied. Heuschreckenarten. (Agric. Chemicals **8.** Nr. 6. 47. Juni 1953.) W. LORENZ. 6312

M. N. Goguadse, *Thiophos — ein neues Mittel gegen den Traubenwickler.* In *Thiophos* wird ein Mittel gegen den Traubenwickler empfohlen, das besser als DDT u. Hexachloran wirkt. Der Geruch verfliegt nach einigen Tagen. Der Geschmack des Mostes wird nicht beeinflußt. Der Nachteil besteht darin, daß es auch nützliche Insekten tötet. (Виноделие и Виноградарство СССР [Weinbereit. Weinbau UdSSR] **12.** Nr. 2. 45—46. Febr. 1952. Inst. für Weinbau u. Weinbereitung der Akad. der Wiss. der GrusSSR.) G. REICHARDT. 6312

H. Riehm, *Bodenuntersuchungen in Deutschland und ihre Bedeutung für die praktische Landwirtschaft.* Vortrag über die Methoden u. die prakt. Auswertung der chem. Bodenunterss. auf Kalk-, K- u. PO_4'''-Bedarf in Deutschland. (Maataloustieteellinen Aikakauskirja [J. sci. agric. Soc. Finland] **25.** 171—84. 1953. Augustenberg/Baden-Württ.) BECKMANN. 6324

Mario Milone und **Enzo Borello,** *Einfluß von Verunreinigungen auf die infrarotspektroskopische Analyse von technischem Hexachlorcyclohexan.* Um den Einfl. einiger Nebenprodd., die bei der Chlorierung von Bzl. entstehen, auf die quantitative Best. von γ-Hexachlorcyclohexan (I) mittels Infrarotspektroskopie zu ermitteln, werden die Infrarotspektren von Monochlor- u. o- u. p-Dichlorbenzol, α- (II) u. β-Heptachlor- u. α- u. β-Oktachlorcyclohexan aufgenommen u. wird ein Verf. beschrieben, das die quantitative Best. von I in techn. Prodd. durch Korrektur nach den Gehh. an α-Hexachlorcyclohexan u. II gestattet. (Chim. analytique [**4**] **34.** 189—92. Sept. 1952.) FRETZDORFF. 6328

Pechiney Comp. de Produits Chimiques & Électrométallurgiques, Paris (Erfinder: **Honoré Thibon, Paul Soudan,** Aix en Provence, und **Maurice Beja,** Paris), Frankreich, *Herstellung von Aluminiumoxyd und einem als Düngemittel geeigneten Calciumphosphat* aus natürlichem Al-Phosphat (I). Man unterwirft I einer Röstung bei ca. 500° u. verarbeitet das Röstprod. unter Zusatz von Kalk in üblicher Weise nach dem BAYER-Verfahren. (**D. B. P. 872 201** Kl. 12m vom 1/4. 1951, ausg. 30/3. 1953. F. Prior. 21/5. 1947.) NEBELSIEK. 6283

Wintershall Akt.-Ges., Kassel, und **John Clifford Holgate Ellis,** London, England, *Düngemittel,* enthaltend Mg u. N im Verhältnis von 1:2—3, bes. 1:2,3, u. gegebenenfalls Mg, N u. P im Verhältnis 1:(2—3):0,8, das im wesentlichen aus einfachen u. Doppelsulfaten oder Phosphaten besteht. Es kann durch Vermischen der Komponenten in Mischtrommeln, durch Kristallisation der heißen gesätt. Lsgg. unter Kühlung oder durch Eindampfen der Lsgg. hergestellt werden. Beispiele: 318 (kg) $(NH_4)_2 \cdot SO_4$ u. 127 $MgSO_4$ (Mg:N = 1:2,6) u. 303 NH_4-Schönit, 185 $(NH_4)_2SO_4$ u. 287 Superphosphat (Mg:N:P = 1:2,5:0,8). K- u. Ca-Salze oder Spurenelemente können den Gemischen noch zugesetzt werden. Die Düngemittel sind Cl- u. nitratfrei u. dienen bes. zur Chlorophyll- u. Phytinbldg. in Pflanzen. Ergebnisse aus Feldversuchen. (**E. P. 703 440** vom 29/5. 1951, ausg. 3/2. 1954.) KARST. 6291

Allied Chemical & Dye Corp., New York, N. Y., übert. von: **Mearl A. Kise,** Portsmouth, Va., V. St. A., *Kunstharzdünger* mit in W. unlösl. N-Geh. erhält man im kontinuierlichen Verf., indem eine wss. Lsgg. vom p_H 0,9—1,7 mit einem Geh. von 15 bis 30% eines Gemisches aus 2,5—4 (Mol) Harnstoff u. 1 CH_2O während 30—90 Min. einer Temp. von 25—40° ausgesetzt wird, worauf das ausgefallene Harz abgetrennt u. die Mutterlauge in das Verf. zurückgeführt wird. Die Ausgangsverbb. werden der Lauge im Maß des Verbrauches nachgesetzt. — 2 Reaktionsschemata. (**A. P. 2 644 806** vom 14/9. 1950, ausg. 7/7. 1953.) MÖLLERING. 6293

Chemische Werke Albert (Erfinder: **Rüdiger Lothar von Reppert**), Wiesbaden, *Behandlung stark staubender Düngemittel durch Einwirkung von Klärschlamm*, dad. gek., daß die stark stäubenden Düngemittel, z. B. Kalkstickstoff, Dolomitmergel, Dolomitbranntkalk, Düngekalke, Thomasmehl, Glühphosphate, feinkrist. Kalisalze u. Camaphos, mit auf 30—40% Wassergeh. mechan. entwässertem oder luftgetrocknetem, zweckmäßig ausgefaultem Klärschlamm vermischt werden, worauf das Gemisch vermahlen wird. Zusatzmengen an Klärschlamm 5—20%. Die Düngemittel können ohne Verpackung lose verladen werden. (**D. B. P. 908 860** Kl. 16 vom 26/3. 1952, ausg. 12/4. 1954. Anmeldung bekanntgemacht 13/8. 1953.) KARST. 6295

John Ray, Fardell Manor bei Ivybridge, England, *Herstellung von Düngemitteln*. Organ. Düngestoffe, z. B. Humus, Blutmehl, Knochen, Fischabfälle u. dgl., werden mit anorgan. Stoffen, z. B. Rohphosphaten, Superphosphat, $CaCO_3$, Kaliverbb., $(NH_4)_2SO_4$, fl. NH_3 oder $CaCN_2$, innig vermischt. Die M. wird dann so fein gemahlen, daß sie durch ein 100-Maschensieb geht, in einem Drehrohrofen 10 Min. auf ca. 65° erhitzt, mit ca. 2—8% elektr. vorerhitztem S vermischt u. in Säcke abgefüllt. Durch die Einw. der Bodenbakterien sollen die Pflanzennährstoffe des Gemisches in pflanzenaufnehmbare Form übergeführt werden. (**E. P. 705 730** vom 12/12. 1951, ausg. 17/3. 1954.) KARST. 6295

William Georg Alfred Christensen, Glostrup, Dänemark, *Herstellung von Kompost für Gartenbau oder Landwirtschaft*. Filterpressenkuchen von der Penicillinherst. oder andere Rückstände von der Herst. von Antibiotica werden in gewaschenem oder ungewaschenem Zustand mit Torfmull (Sphagmus) in kleinen Haufen bei 45—60° ca. 6—10 Wochen einer Vergärung in Ggw. von Thermophilbakterien unterworfen, wobei das Mischungsverhältnis von Torf (75% Trockensubstanz) zu den Rückständen (24% Trockensubstanz) ca. 1:1—1:13 beträgt. Hohe Ertragssteigerungen. (**E. P. 701 234** vom 21/8. 1951, ausg. 23/12. 1953. Dän. Prior. 25/8. 1950.) KARST. 6295

Monsanto Chemical Co., St. Louis, Mo., übert. von: **Costas H. Basdekis**, Longmeadow, Mass., V. St. A., *Bodenverbesserungsmittel*, bestehend aus einem pulverigen Gemisch der Ca-Salze von Polyacrylsäure u. einer in W. lösl. Na-Verb., die in Ggw. von W. unlösl. Ca-Verbb. ergibt, wie NaOH, Na_2CO_3, $NaHCO_3$, Na_2SO_4 oder Na-Silicat. Geeignet sind auch die Ca-Salze hydrolysierter Polyacrylnitrile. (**A. P. 652 381** vom 23/8. 1952, ausg. 15/9. 1953.) MÖLLERING. 6305

U. S. Rubber Co., New York, N. Y., übert. von: **John C. R. Warren**, Elmira, und **Marshall Kulka**, Guelph, Canada, *Herstellung von 2.4-Dichlorphenoxyessigsäure* (I) durch Rk. von 2.4-Dichlorphenol-Na (II) mit CH_2Cl–COONa (III). Man gibt z. B. zur Lsg. von 326 (Teilen) 2.4-Dichlorphenol in 1000 Monochlorbenzol 85 festes NaOH u. erhitzt unter Rückfluß, gibt nach Beendigung der Neutralisation eine warme Lsg. von 95 CH_2Cl–COOH in 500 **IV** innerhalb 15 Min. zur sd. **II**-Lsg. u. erhitzt 1 Std. weiter, säuert dann mit verd. H_2SO_4 an u. kühlt auf 150° ab, wobei 93% **I** ausfallen. — Zeichnung. (**A. P. 2 651 659** vom 31/1. 1952, ausg. 8/9. 1953.) MÜLLER-MEININGEN. 6313

Uddeholms Aktiebolag, Uddeholm, Schweden, *Herstellung von Aryloxycarbonsäuren*. Man erhitzt z. B. 1000 (g) 2.4-Dichlorphenol mit 750 cm³ einer Lsg. von 315 NaOH in 1 Liter W. u. 700 cm³ W. auf 98°, gibt nach 1 Std. 765 CH_2Cl–COOH (I), gelöst in 700 cm³ W., zu u. trennt hiervon gleichzeitig NaOH obiger Konz. derart ab, daß das p_H der Lsg. konstant 10,5 (Sb-Elektrode) beträgt. Nach 3 Std. u. einem Gesamtverbrauch von 1015 cm³ NaOH-Lsg. erhält man durch Abkühlen der Lsg. *2.4-dichlorphenoxyessigsaures Na*. — Aus 4 Chlor-3-methylphenol erhält man mit **I** *4-chlor-2-methylphenoxyessigsaures Na*. (**E. P. 697 468** vom 18/10. 1950, ausg. 23/9. 1953. Schwed. Prior. 19/12. 1949.) MÜLLER-MEININGEN. 6313

Monsanto Chemical Co., St. Louis, Mo., übert. von: **Arthur H. Schlesinger**, Dayton, O., V. St. A., *Unkrautvernichtungsmittel*, bestehend aus einer Öl-in-W.-Emulsion eines p-Cyclohexylphenylalkylketons, in dem der Alkylrest 1—4 C-Atome enthält. Man gewinnt ein solches Keton z. B. durch Rk. eines Cyclohexylbenzols mit einem Acylhalogenid oder Säureanhydrid in Ggw. eines FRIEDEL-CRAFTS-Katalysators. Die tox. Menge des Ketons in der Emulsion beträgt ca. 0,1—0,2 Gew.-%. — Beispiele: p-Cyclohexylacetophenon, p-Cyclohexylpropiophenon, p-Cyclohexylbutyrophenon, p-Cyclohexylisobutyrophenon u. p-Cyclohexylvalerophenon. (**A. P. 2 661 273** vom 19/8. 1952, ausg. 1/12. 1953.) NEBELSIEK. 6313

Monsanto Chemical Co., St. Louis, Mo., übert. von: **David T. Mowry** und **Arthur H. Schlesinger**, Dayton, O., V. St. A., *Unkrautvernichtungsmittel*, bestehend aus einer Öl-in-W.-Emulsion eines Chinolinderiv. der Formel I, in der R ein Alkyl- oder Alkoxyrest mit 1—5 C-Atomen ist. Die tox. Menge des I in der Emulsion beträgt 1,0 bis 2 Gew.-%. Man stellt erst eine Lsg. von I in einem organ. Lösungsm. her u. fügt diese zu W., das ein Emulgiermittel enthält. I erhält man durch Rk. von Aceton mit 4-Alkoxy- oder 4-Alkylanilin. — Beispiele für I: 6-Methoxy-2.2.4-trimethyl-1.2-dihydrochinolin, 6-Äthoxy-2.2.4-trimethyl-1.2-dihydrochinolin, 6-Isopropyl-2.2.4-trimethyl-1.2-dihydrochinolin, 6-Butoxy-2.2.4-trimethyl-1.2-dihydrochinolin, 6-n-Amyloxy-2.2.4-trimethyl-1.2-dihydrochinolin, 6-tert.-Amyl-2.2.4-trimethyl-1.2-dihydrochinolin u. 1.2-Dihydro-2.2.4.6-tetramethylchinolin. (**A. P. 2 661 277** vom 12/9. 1952, ausg. 1/12. 1953.) NEBELSIEK. 6313

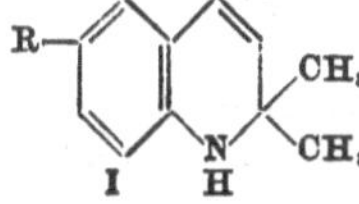
I

Scientific Oil Compounding Co., Inc., Chicago, Ill., V. St. A., *Fungicide Mischung,* bestehend aus einer in W. unlösl. Metallseife einer Carbonsäure, einem Phenol u. einer in W. unlösl. (Erd- oder Schwer-) Metallverb. des Chinolins. — Aus 100 (Teile) 2-Äthylcapronsäure u. 60 Ni-Acetat durch Erhitzen u. Verdampfen der Essigsäure erhaltenes Ni-Äthylcapronat wird mit 100 Nonylphenol u. 58 Cu-8-Chinolinat bei 171° zu einer klaren Lsg. verrührt, die mit Toluol verd. werden kann. (**E. P. 703 463** vom 21/1. 1952, ausg. 3/2. 1954. A. Prior. 17/2. 1951.) MÖLLERING. 6313

Roger Samuel, Seine, Frankreich, *Herstellung von insekticiden und fungiciden Mitteln.* Man läßt von einer Trägersubstanz (z. B. Bentonit, Kaolin oder analoge Substanzen) eine ölige Lsg. oder Emulsion, welche insekticide oder fungicide Substanzen (z. B. Pyrethrin, Dichlordiphenyltrichloräthan, Hexachlorcyclohexan) enthält, absorbieren. — Z. B. vermischt man 20% Pyrethrin mit 20% Erdöl u. 60% Kerosin u. verrührt 20 Teile dieser Fl. mit 80% Bentonit zu einem sich fettig anfühlenden Pulver. (**F. P. 990 227** vom 10/2. 1949, ausg. 19/9. 1951.) OPPERMANN. 6313

Firestone Tire & Rubber Co., übert. von: **Grant Crane** und **Kenneth C. Eberly,** Akron, O., V. St. A., *1.1-Dichlorbutadien-(1.3)* (I). Trichlorbrommethan wird mit Propylen unter Bestrahlung mit Licht von 2500—5000 Å in 1.1.1-Trichlor-3-brombutan, F. —56 bis —55°; $Kp._{18}$ 86—88,5°; n_D^{25} 1,5040; $D.^{20}$ 1,660, u. dieses mit $FeCl_3$, $FeCl_2$, HgCl, CdCl, $ZnCl_2$ oder $ZnSO_4$ bei 150—250° in I, F. —82°; $Kp._{100}$ 47,5°; n_D^{20} 1,5027; $D.^{20}_4$ 1,177 übergeführt. Es läßt sich zu kautschukartigen Polymeren bzw. mit Styrol, Acrylnitril, Butadien, Vinylacetat u. Vinylidenchlorid polymerisieren. — Zwischenprod. u. *Insekticid.* (**A. P. 2 581 925** vom 9/10. 1948, ausg. 8/1. 1952.) KRAUSS. 6313

Dow Chemical Co., übert. von: **Robert P. Ruh,** Midland, Mich., V. St. A., *Fluorhaltige ungesättigte alicyclische Äther* (I) (R = KW-stoffrest mit höchstens 4 C-Atomen) erhält man durch Kondensation von 1.2-Dichlor-3.4.4-tetrafluorcyclobuten (II) mit gesätt. Alkoholen in Ggw. von Alkalimetallen, deren Hydroxyden, Salzen oder Alkoholaten. — II + Methanol + KOH → *2-Chlor-3.3.4.4-tetrafluor-1-cyclobuten-1-ylmethyläther,* $Kp._{748}$ 116,1°; n_D^{25} 1,3752; $D.^{25}$ 1,4484; Mol.-Refr. 30,13. — *2-Chlor-3.3.4.4-tetrafluorcyclobuten-1-ylallyläther,* Kp. 113,2°; n_D^{25} 1,3861; $D.^{25}$ 1,337; Mol.-Refr. 38,04. Ferner können die Äther von: *A., Propanol, Äthylenglykol, Propylenglykol, Butylenglykol, Methallylalkohol* u. *Glycerin* hergestellt werden. — *Räuchermittel mit geringer Toxizität für Warmblüter.* (**A. P. 2 613 228** vom 2/6. 1950, ausg. 7/10. 1952.) KRAUSS. 6313

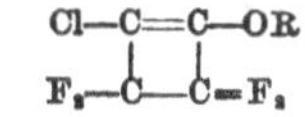
I

Food Machinery & Chemical Corp., Wilmington, Del., übert. von: **John A. Pianfetti,** South Charleston, **Dwight Williams,** Charleston, W. Va., und **Max Y. Seaton,** Greenwich, Conn., V. St. A., *Hexachlorcyclohexan* (I). Man leitet eine Mischung aus Cl_2 mit überschüssigem Bzl. (0,25:1—3:1) unter Rühren durch eine von einer Kühl-Fl. umströmte, mit aktin. Licht bestrahlte Reaktionszone bei 10—80°, bes. 40—60°, bis kein freies Cl_2 mehr vorhanden ist. Nach dem Verjagen des Bzl., zuletzt im Vakuum, wird das geschmolzene I abgekühlt u. der Kuchen zerkleinert. — Vorr., Zeichnung. (**A. P. 2 607 723** vom 6/1. 1948, ausg. 19/8. 1952.) KRAUSS. 6313

Koninklijke Industrieele Mij. voorheen Noury & van der Lande N. V., Holland, *Chlorieren von Benzol und Benzolderivaten.* Man chloriert sie ohne Lichteinw. mit fl. Chlor in Ggw. von akt. Chlor. Ein solches Cl-Gemisch erhält man durch Elektrolyse einer Cl^--Ionen enthaltenden Lsg. oder durch Chlorieren in Ggw. von organ. Peroxyden, HgO, NH_4OH- oder NaOH-Lsg. oder von in W. schwer oder unlösl. Ca u./oder Mg-Verbb. (z. B. Kreide, Mergel, techn. $CaCl_2$). — Z. B. leitet man in ein Gemisch von 175 (Teilen) Bzl., 670 Eis u. 10,5 HClO (gelöst in 127 W.) 15 Min. fl. Chlor ein. Man erhält 259 *1.2.3.4.5.6-Hexachlorcyclohexan,* F. 100—180°, mit 14,9% *Gammexan.* (**F. P. 1 000 835** vom 23/11. 1949, ausg. 18/2. 1952. Holl. Prior. 20/12. 1948.) OPPERMANN. 6313

Soc. pour la Protection de l'Élevage (Erfinder: **M. Confino** und **P. Bousset**), Frankreich, *Trennung von γ-Hexachlorcyclohexan aus dem Isomerengemisch* durch Lösen in einem organ. Lösungsm. in der Wärme, Abkühlen u. Auskristallisieren. Trennung der großen γ-Kristalle von den kleinen Kristallen der Isomeren durch Sieben, z. B. durch ein 80 Maschensieb. — 1200 (g) eines Hexachlorcyclohexans, welches ca. 40% von dem γ-Isomeren enthält, werden in der Wärme in 500 Trichloräthylen gelöst. Man läßt ruhig stehen u. abkühlen u. weitere 80—100 Std. stehen. Das Kristallprod. wird von der Mutterlauge getrennt u. danach gesiebt. Das grobe Kristallprod. (275 g) enthält 75—80% γ-Isomeres. Das Gemisch von Mutterlauge u. Feinkristallprod. (208 g) enthält noch 9—10% γ-Isomeres. Die Mutterlauge wird in der nächsten Charge wieder mit frischem Hexachlorcyclohexan aufgearbeitet. (**F. P. 1 001 764** vom 2/12. 1949, ausg. 27/2. 1952.) M. F. MÜLLER. 6313

Anton Philip Weber, Bennekom, Holland, *Bekämpfungsmittel für pflanzenschädliche Organismen, besonders für die Erreger von Kartoffelkrankheiten.* Landwirtschaftliche Kulturböden oder Saatgut, Zwiebeln, Knollen oder dgl. werden mit ca. 0,05%ig. Emulsionen, Dispersionen oder Gemischen von Benzylhalogeniden, -cyaniden oder -thiocyaniden mit festen, pulverigen oder granulierten Trägerstoffen behandelt. — Beispiele: *Benzylchlorid, p-Nitrobenzylchlorid* oder Gemische der o-, m- u. p-Isomere desselben, die durch Nitrierung von Benzylchlorid erhalten werden, *p-Brombenzylchlorid, p-Nitrobenzylchlorid, m-Cyanbenzylthiocyanid, ω.ω'-Dichlor-1.4-dimethylbenzol, ω-Chlor-ω¹-cyan-1.2-dimethylbenzol* u. *p-Nitroxylylbromid.* Als Trägerstoffe sind Bodenverbesserungs- u. Düngemittel bes. geeignet. Die Verbb. dienen bes. zur Bekämpfung der Eier, Cysten u. Larven von *Heterodera rostochiensis Wollenweber, Heterodera Schachtii Schmidt* u. *Heterodera Marioni (Cornu).* (**E. P. 703 107** vom 22/8. 1951, ausg. 27/1. 1954. Holl. Prior. 22/8. 1950.) KARST. 6313

Henry Lowe Brownback, Norristown, Pa., V. St. A., *Mittel zum Schutz von Bäumen und Pflanzen.* Pflanzliche Öle, z. B. Lein-, Ricinus-, Baumwollsaat-, Sojaöl oder andere trocknende oder halbtrocknende Öle oder Fette, werden 4—5 Std. auf ca. 200—210° unter Durchblasen von Luft erhitzt, wobei die flüchtigen Anteile ausgetrieben werden. Die M. wird dann gekühlt u. während der Kühlung mit 0,5—1,5% einer die Oxydation u. Polymerisation verhindernden Substanz, z. B. α-Phenylnaphthalin, Hydrochinon, J_2, versetzt. Füllstoffe, z. B. Marmor-, Kork- oder Sägemehl, in Mengen von 28—75% Verdünnungsmittel, z. B. A., CCl_4 u. Propylalkohol, Antiseptica, Hormone, Insekticide, u. Parasitenbekämpfungsmittel, können mit der M. vermischt werden. Die Pasten dienen bes. zum Schutz von Obstbäumen gegen Schädlinge. (**E. P. 700 308** vom 20/11. 1951, ausg. 25/11. 1953. F. Prior. 11/12. 1950.) KARST. 6313

Deutsche Gold- und Silberscheideanstalt vormals Roessler, Frankfurt/M., *Gasförmige Räuchermittel.* Gasförmige oder leicht vergasbare Insekticide, z. B. *HCN, Äthylenoxyd, Methylbromid, Acrylnitril, Phosphin, Trichloracetonitril, Chlorpikrin, Methylformiat,* CS_2 u. fl. *chlorierte KW-stoffe,* werden mit Stimulationsmitteln, z. B. *Nicotin,* $C_6H_6Cl_6$, *organ. Phosphorsäure-* oder *Thiocyansäureestern, organ. Aminen, Aldehyden* oder *Ketonen,* in Mengen von 10^{-5}—10^{-9} g/Liter vermischt. Die Mittel sind bes. zur Bekämpfung von Wanzen, Läusen, Fliegen, Korn- u. Reiskäfern, Ratten u. Mäusen in Möbeln, Kleidung, Korn, Nahrungsmitteln u. Tabak in geschlossenen Räumen geeignet. (**E. P. 704 208** vom 13/12. 1951, ausg. 17/2. 1954. D. Prior. 27/1. 1951.) KARST. 6313

VIII. Metallurgie. Metallographie. Metallverarbeitung.

M. P. Despujols, *Über ein neues Aufbereitungsverfahren.* Die Vorgänge bei der gravimetr. Aufbereitung von Mineralien werden im einzelnen beschrieben u. mathemat. gedeutet. Ein Gerät zur gravimetr. Aufbereitung wird beschrieben. (Rev. Ind. minérale **34.** 441—51. Juni 1953.) WESLY. 6360

Y. Nakano, *Das metallische Titan.* Vortrag über *metall. Ti.* u. dessen Legierungen, sowie deren Bearbeitung, Darst. in Pulverform, Geschichte, Industrie in Japan u. USA u. deren Aussichten. (J. electrochem. Soc. Japan **21.** 323—26. Juli 1953. [Orig.: japan.]) SCHULER. 6448

J. A. Logan, *Vorzüge der induktiven Niederfrequenzerhitzung.* Neben einer sehr schnellen Aufheizung von *Stahl-, Al-* u. *Mg*-Knüppeln auf Warmverarbeitungstemp., z. B. zum Strangpressen, hat das induktive Niederfrequenzerhitzungsverf. noch den Vorzug der Erreichung einer genauen u. gleichmäßigen Temp. u. damit einer Gütesteigerung für sich. Gegenüber dem induktiven Hochfrequenzerhitzungsverf. wird beim Niederfrequenzverf. eine größere Wärmedurchdringung in dem zu behandelnden Werkstück erreicht. (Iron Age **172.** Nr. 26. 69—72. 24/12. 1953. Youngstown, V. St. A., Magnethermic Corp.) HOCHSTEIN. 6492

Adalbert Rühenbeck, *Ein bemerkenswerter Schadensfall beim Hartlöten von Temperguß.* Das C-Konzentrationsgefälle zwischen einem nicht ausreichend weiß getemperten

Tempergußstück u. einem C-armen Teil, z. B. aus Einsatzstahl, führt beim Hartlöten zu einer relativ schnellen C-Diffusion, so daß der C-arme Teil stark versprödet. (Werkstatt u. Betrieb **86.** 294. Juni 1953. Karlsruhe.) HOCHSTEIN. 6504

R. V. Riley und **J. Dodd,** *Schweißstab aus Gußeisen zum Schweißen von Gußeisen mit Kugelgraphit.* Mit Schweißstäben aus weiß erstarrtem *Gußeisen* mit 3,4 (%) *C*, 3,5 *Si*, 0,02 *Mn*, 0,03 *P*, 0,01 *S* u. 0,2 *Ce* (zugesetzt) ließen sich mit der Acetylen–O_2-Flamme dichte Schweißraupen mit Zugfestigkeiten bis zu 40 kg/mm² aufbringen. (Foundry Trade J. **93.** 555—60. 13/11. 1952. Staveley Iron and Chemical Co. Ltd.) HOCHSTEIN. 6506

J. J. Obrzut, *Neuer korrosionsbeständiger Überzug schützt Kühler aus Gußeisen.* Der unter der Bezeichnung *Kolmetal* von der EMJAY MAINTENANCE ENGINEERS, Rutherford, N. J., entwickelte Überzug besteht aus einer Mischung von Al-Pulver u. einer plast. Trägermasse, wobei der Al-Geh. 85% der gesamten M. beträgt. Der Überzug ist flexibel, festhaftend u. sehr beständig. — Abbildungen. (Iron Age **172.** Nr. 26. 76—77. 24/12. 1953.) MARKHOFF. 6516

R. Dow und **J. E. Stareck,** *Rißfreies Chrom aus Bädern vom selbstregulierenden schnellarbeitenden Typ.* Zusammenfassender Bericht über die Eigg. rißfreier Chromüberzüge auf Grund eigener Arbeiten. Es wird u. a. eingegangen auf die Struktur, die Beständigkeit gegen Wärmespannungen, das Korrosionsverh., die Härte, Niederschlagsgeschwindigkeit, den Einfl. von Zugspannungen u. auf Ermüdungsprüfung. — Diskussion. (Plating **40.** 987—96. Sept. 1953. Detroit, Mich., United Chromium, Inc.) SPINDLER. 6518

R. Dow und **J. E. Stareck,** *Rißfreies Chrom.* Vgl. vorst. Ref. (Metal Ind. [London] **83.** 342—44. 23/10. 1953.) MARKHOFF. 6518

R. A. Balbierz und **H. D. Burgess,** *Vergleich zwischen fluorid- u. sulfathaltigen Hartverchromungsbädern.* Vff. führten Vergleichsverss. zwischen einem neu entwickelten fluoridhaltigen Hartverchromungsbad u. den bekannten SO_4-haltigen Bädern durch. Es wurden Fluoridbäder mit 250 u. 258 (g/Liter) Salzgeh. u. SO_4-haltige Bäder mit 250 CrO_3 u. 0,25 SO_4 bzw. mit 400 CrO_3 u. 0,4 SO_4 untersucht. Streufähigkeit, Abscheidungsgeschwindigkeit u. Nutzeffekt an der Kathode waren in allen Fällen bei den Fluoridbädern größer. Die Härte der Schichten war gleich, beim Abscheiden bei 50° war sogar die Härte der Schichten aus Fluoridbädern höher. Die Herabsetzung der Wechselfestigkeit gegenüber nichtplattiertem Stahl ist bei Cr-Schichten aus Fluoridbädern geringer. Wichtig ist, daß das Fluoridbad genügend gerührt wird. — Schrifttumsangaben. (Iron Age **172.** Nr. 17. 126—30. 22/10. 1953. Wichita, Kans., Engineering Process Unit Boeing Airplane Co.) VIER. 6518

N. Majchert Planeta und **J. Kalinowska,** *Der chemische Korrosionsschutz des Zinks und seiner Legierungen.* Es wurden Korrosionsschutzverss. mit verschied. Zn-Legierungen (Zn-Blech, verzinktes Fe-Blech, „Znal"-Proben, z. B. Znal 61, enthaltend 6% Al, 1% Cu) nach 2 verschied. Verff. durchgeführt: Chromatisieren (nach CRONAK, vgl. SILMAN, Chemical and Electroplated Finishes 1948, sowie OLLARDs Handbook of Industrial Electroplating 1948) durch Eintauchen (15 Sek.) in eine Lsg. von $Na_2Cr_2O_7$ (200 g/Liter) u. konz. H_2SO_4 (9 cm³/Liter) bei 20°, sowie Phosphatieren durch Behandlung der Blechproben mit 3%ig. Phosphatlsg. bei 98°. Die schutzbehandelten Bleche wurden dann der Korrosion (durch 3%ig. NaCl-Lsg.) ausgesetzt u. das erste Zeichen der Korrosion beobachtet. — Es zeigte sich, daß beide Verff. den Korrosionsschutz nicht gewährleisten, daß jedoch Anwendung beider Verff. nacheinander sich durch bedeutend besseren Erfolg empfiehlt: erst Phosphatieren, dann Chromatisieren — das letztgenannte Verf. am besten nach der Meth. der Elektrogranodisation (ausführlich darüber MEYER u. PLANETA, Przemysł chem. **7 (30).** [1951.] 241). (Przemysł chem. **7 (30).** 556—59. Sept. 1951. Haupt-Inst. für industrielle Chem.) v. WILPERT. 6538

C. W. Roberts, *Interkristalline Korrosion bei Zink-Aluminium-Gußlegierungen.* Zn-Legierungen mit bis 20% Al u. mit Zusätzen von *Cu, Mg, Pb, Sn, Cd, Bi* u. *Mn* wurden im Gußzustand dem Angriff einer Luft/Wasserdampf-Atmosphäre bei 95° ausgesetzt. Die interkristalline Korrosion ist auf die Zn-reiche α-Phase beschränkt u. wird verstärkt, wenn gleichzeitig auch die Al-reiche β-Phase vorhanden ist. Der Angriff wird durch Ggw. geringer Gehh. an Pb, Sn, Cd u. Bi erhöht; geringe Mg-Zusätze verringern ihn. Cu erhöht die Beständigkeit der Zweiphasenlegierungen. — Schrifttumsangaben u. Diskussion. (J. Inst. Metals **81.** 301—09. Febr. 680. Aug. 1953. Avonmouth, Imp. Smelting Corp. Ltd.) APEL. 6538

H. Holness und **T. K. Ross,** *Untersuchungen über die Korrosion von Metallen, verursacht durch wässerige Lösungen oberflächenaktiver Stoffe.* 1. Mitt. *Kupfer.* Es werden drei verschied. Wässer verwendet: Londoner Leitungswasser, dest. W. u. durch

Zeolithe weichgemachtes Leitungswasser. Die meisten der untersuchten anionakt. Stoffe bedeckten das Cu mit einem wasserabstoßenden Film, z. B. prim. u. sek. *Na-Alkylsulfate* u. *Na-Alkylarylsulfonate*, aber nicht *sulfoniertes Ricinusöl, Triäthanolaminlaurylsulfat* u. *Na-Di-n-octylsulfosuccinat*. Kationakt. Stoffe geben keinen wasserabstoßenden Film, z. B. *Cetyltrimethylammoniumbromid, Cetylpyridiniumbromid*. Nur *Triäthanolamin* korrodierte Cu in größerem Maße. Die Wrkg. von nichtionenakt. Stoffen ist nicht eindeutig. Der Einfl. von Na_2SO_4, *KBr*, O_2 u. *K-Oleat* wird untersucht. — 32 Literaturzitate. (J. appl. Chem. **1**. 158—69. April 1951.) J. FISCHER. 6538

T. K. Ross und **H. Holness**, *Untersuchungen über die Korrosion von Metallen, verursacht durch wässerige Lösungen von oberflächenaktiven Stoffen.* 2. Mitt. *Flußstahl.* (1. vgl. vorst. Ref.) Die Verss. ergaben im einzelnen: sulfoniertes Ricinusöl verhindert die Korrosion durch reines W., ebenso *sek.-Na-Alkylsulfat, Na-Alkylarylsulfonat, Na-Di-2-äthylhexylsulfosuccinat* u. *Triäthanolamin. Triäthanolaminlaurylsulfat* verursacht nur bei einer Konz. von 0,1% geringere Korrosion als reines W., während *prim.Na-Alkylsulfat, Cetyltrimethylammoniumbromid* u. *Cetylpyridiniumbromid* stärkere Korrosion zur Folge haben. Außer dem sulfonierten Ricinusöl verursachen alle untersuchten Zusätze stärkere Korrosion als K-Oleatlösungen. Leitungswasser bzw. weiches W. verhält sich ähnlich wie reines W.; in einigen Fällen ist dest. W. bes. aggressiv. Der p_H-Wert des verwendeten W. u. die Darst. der Lsgg. ist ohne großen Einfluß. (J. appl. Chem. **2**. 520—26. Sept. 1952. Birmingham, Univ., Chem. Engng. Dep.) J. FISCHER. 6538

N. E. Promisel und **G. S. Mustin**, *Korrosionsverhütung bei Marineflugzeugen.* Die große Anzahl von Korrosionsschutzmaßnahmen beim Betrieb von Flugzeugen wird eingehend behandelt. Hierzu gehören z. B. richtige Wärmebehandlung zur Vermeidung der Spannungskorrosion, Vermeidung galvan. Berührung, elektrochem. Isolation, Fernhalten von W. u. Feuchtigkeit, organ. u. anorgan. Überzüge (bes. geeignet ist Zn-Chromat), Plattierung mit Cr, Ni, Sn, Cd u. in manchen Fällen die Verwendung von Molybdändisulfid. Manche der augenblicklich vorhandenen Schwierigkeiten können durch Verwendung von Ti u. Ti-Legierungen behoben werden. (Corrosion [Houston] **7**. 339—53. Okt. 377—89. Nov. 1951. Washington, D. C., Bur. of Aeronautic, Dep. of Navy.) TÖDT. 6538

Distillers Co. Ltd., Edinburgh, Schottland, übert. von: **Reginald Harold Hall**, Sutton, England, *Schäumer für die Erzflotation.* Zur Erhöhung der Erzkonz. setzt man der Erztrübe als Schäumer ein Gemisch zu, das aus einer Alkoxyesterverb. der Formel **I** u. einer Dioxanverb. der Formel **II** besteht. R_1, R_2 u. R_3 sind Alkylradikale, wie Methyl oder Äthyl, R_4, R_5, R_6, R_7 Isopropoxyradikale u. n = 2—8. Alkoxyesterverbb. sind z. B. *Äthyl-4:4-diäthoxybutan-1-carboxylat* oder *Äthyl-5:5-diäthoxypentan-1-carboxylat.* Als Dioxanverb. kommt z. B. *2:3:5:6-Tetraisopropoxy-1:4-dioxan* in Betracht. Das neue Schaummittel kann zusammen mit andern bekannten Schäumern verwendet werden. (**A. P. 2 657 800** vom 25/6. 1951, ausg. 3/11. 1953. E. Prior. 5/7. 1950.) W. HAUSWALD. 6363

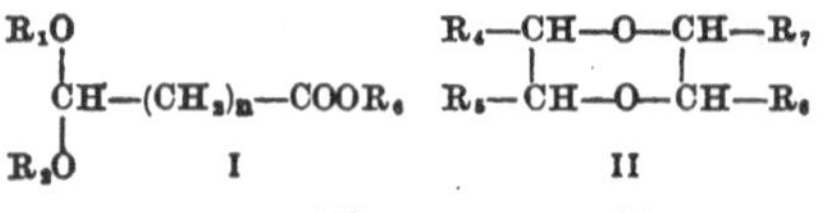

Max Paschke, Aachen (Erfinder: **Max Paschke**, Aachen, **Fritz Lange**, Bochum und **Walter Schreiber**, Wattenscheid), *Betrieb von Gießereischachtöfen.* Als Brennstoff wird an Stelle eines n. Gießereikokses ein an sich bekannter, aus feinkörnigem Koks, z. B. Koksgrus, Grudekoks oder Torfkoks, mit gemahlener Fettkohle u./oder Teer oder ähnliche geeigneten Bindemitteln durch Formpressen u. Verkoken hergestellter, synthet. Koks verwendet, welcher eine Porigkeit von weniger als 40%, vorzugsweise von 30% u. darunter, aufweist. Der feinkörnige Koks kann auch ganz oder teilweise durch entwässerten Torf oder sonstige feinstückige, hochkohlenstoffhaltige Stoffe ersetzt werden. (**D. B. P. 912 453** Kl. 18b vom 11/8. 1951, ausg. 31/5. 1954. Anmeldung bekanntgemacht 22/10. 1953.) HOCHSTEIN. 6371

Österreichisch-Amerikanische Magnesit Akt.-Ges., Radenthein, Kärnten (Erfinder: **Kamillo Konopicky**, Millstatt, Kärnten), *Verlängerung der Lebensdauer basischen Mauerwerks in Stahlschmelzöfen.* Der Ofenatmosphäre werden feinverteilte hochschm. Stoffe, wie Chromerz u./oder Magnesia, einverleibt, die mit dem Eisenoxyd der Ofenatmosphäre reagieren u. hochschm. Verbb. u./oder feste Lsgg. mit hochschm. Stoffen ergeben. (**Oe. P. 176 578** vom 30/8. 1951, ausg. 10/11. 1953.) HANS HOFFMANN. 6371

Ludwig Weber, Berlin, *Herstellung von für die Verhüttung in Hochöfen geeigneten Briketten.* Zwecks Herst. derartiger Brikette unter gleichzeitiger Gewinnung von fl. KW-stoffen, bes. ölreichen Schwelteeren, werden einem Gemisch aus Feinerzen u.

feinkörnigen Brennstoffen Rückstände der Brennstoffhydrierung, der Erdöldest. oder der Teerverarbeitung zugesetzt, worauf die Mischung nach ihrer Brikettierung einer schnellen Erhitzung bis auf ca. 650° unterworfen wird. (**D. R. P. 763 030** Kl. 18a vom 15/7. 1939, ausg. 15/2. 1954.) Hans Hoffmann. 6381

„Sachtleben" Akt.-Ges. für Bergbau und chemische Industrie, Köln (Erfinder: **Adolf Krus,** Büderich bei Düsseldorf), *Erzeugung von Eisen oder Eisenlegierungen oder ähnlich schwer schmelzbaren Metallen.* Die Red. der Erze wird im chargenweise betriebenen Drehflammenofen durchgeführt, in den die mit den Abgasen des Reduktionsofens vorgewärmte Beschickung, welche zugleich auch die schwer schmelzbaren Zuschläge, wie Kalkstein, Dolomit oder dgl. enthält, unmittelbar mit Feuergasen in Ggw. von Reduktionsmitteln red. u. bis zum Schmelzen des Metalles oder der Legierung erhitzt wird. Hierbei wird der Drehofen zweckmäßig unmittelbar an den Reduktionsofen angeschlossen. (**D. B. P. 904 051** Kl. 18a vom 28/11. 1951, ausg. 15/2. 1954. Anmeldung bekanntgemacht 11/6. 1953.) Hans Hoffmann. 6381

Roland Wasmuht, Dortmund, *Herstellung von Gußeisen.* Gußeisen, bes. hochwertiges Gußeisen, wird dadurch hergestellt, daß das Roheisen mindestens teilweise in Form von Granulat gesetzt wird. Vorzugsweise werden hierbei als Brennstoff minderwertige Kokssorten, wie Hochofenkoks, Koksgrus oder dgl. verwendet. Winddruck u. -temp. im Kupolofen werden zweckmäßig der Änderung der Struktur des Beschickungsgutes angepaßt. Bei einer Anpassung der Windzus. an die Änderung der Struktur des Beschickungsgutes kann mit Sauerstoffanreicherung gearbeitet werden. (**D. B. P. 912 698** Kl. 18b vom 22/3. 1950, ausg. 3/6. 1954. Anmeldung bekanntgemacht 22/10. 1953.) Hochstein. 6403

Friedrichshütte Akt.-Ges. (Erfinder: **Kurt Schwindt** und **Otto Lucas**), Herdorf/Sieg, *Verwendung von Gußeisen.* Das im Kokshochofen aus einer Möllerung, durch welche die für einen fertigen hochwertigen Guß verlangte chem. Zus., bes. bzgl. des C-Geh., erhalten wird, mit niedrigerer Windtemp. (250—450°), vorzugsweise aus Erzen, erschmolzene, darauf abgeschlackte u. in einem mit Magnesit gefütterten beheizten Mischer gefüllte sowie nach Aufheizung auf mindestens 1370° ohne nachheriges Umschmelzen zu Gußstücken vergossene Gußeisen wird als Schweißzusatzwerkstoff bzw. als zu verschweißender Grundwerkstoff verwendet. (**D. B. P. 913 656** Kl. 18d vom 4/7. 1951, ausg. 18/6. 1954. Anmeldung bekanntgemacht 4/9. 1952.) Hochstein. 6403

Deutsche Gold- und Silberscheideanstalt vormals Roessler, Frankfurt/M. (Erfinder: **Carl Albrecht,** Kronberg/Taunus), *Aufkohlung von Eisen und Eisenlegierungen über die Gasphase.* Das Aufkohlungsgas wird im Aufkohlungsraum selbst durch Umsetzung von in diesem getrennt von dem aufzukohlenden Gut angeordneten festen KW-stoffhaltigen Mitteln mit O_2-haltigen Gasen oder Gasgemischen, bes. Luft, erzeugt, wobei die das Aufkohlungsgas liefernden festen Mittel nicht mehr als $^1/_5$, vorzugsweise $^1/_{10}$, vom Vol. des Aufkohlungsraumes einnehmen. Zweckmäßig werden als fester, das Aufkohlungsgas liefernder Stoff Formkörper aus Kohle, bes. aus Holzkohle, gegebenenfalls mit Zusatz von geeigneten Aktivatoren, z. B. feinverteilte Metalle der Fe-Gruppe, verwendet. — Abbildungen. (**D. B. P. 912 098** Kl. 18c vom 1/1. 1952, ausg. 24/5. 1954. Anmeldung bekanntgemacht 18/9. 1952.) Hochstein. 6409

Hüttenwerk Oberhausen Akt.-Ges., Oberhausen, *Herstellung von Stahl durch Frischen im Tiegel.* Der Si-Geh. von fl. Stahleisen, das in einem Tiegel-Frischofen eingesetzt ist, wird durch Einblasen von O_2 oder an O_2 angereicherter Luft oder eines O_2 abgebenden Gases erniedrigt. Es wird ein Stahl mit niedrigem N_2-Geh. erschmolzen. (**F. P. 1 042 336** vom 20/9. 1951, ausg. 30/10. 1953. D. Prior. 14/10. 1950.) Hochstein. 6409

Siemens & Halske Akt.-Ges., Berlin und München (Erfinder: **Friedrich Meyer,** Karlsruhe), *Eisenlegierung mit geringem und einstellbarem Temperaturkoeffizienten der Permeabilität.* Es wird eine *Fe–Si–Al*-Legierung mit ca. 9—10 (%) *Si*, 5—6 *Al*, 0,2 bis 1 *Mo*, Rest Eisen als Werkstoff für Massekernespulen, bes. für konstante Schwingkreise u. Filter, verwendet. — Kurvenschaubild. (**D. B. P. 911 139** Kl. 18d vom 17/1. 1943, ausg. 10/5. 1954. Anmeldung bekanntgemacht 6/8. 1953.) Hochstein. 6411

Stahlwerke Röchling-Buderus Akt.-Ges., Wetzlar (Erfinder: **Hans v. Köckritz,** Filschede bei Wengern über Witten), *Herstellung von legiertem Stahl* aus einer die Legierungselemente enthaltenden, im Elektroofen erzeugten Schmelze u. aus der im Siemens-Martin-Ofen erschmolzenen Hauptmenge des Stahles erfolgt derart, daß die gesamte Elektroofenschmelze (Metall u. Feinungsschlacke) in eine Pfanne eingebracht wird, in die dann die im Siemens-Martin-Ofen hergestellte nicht desoxydierte u. von der Schmelzschlacke befreite Stahlschmelze abgestochen wird. (**D. R. P. 760 239** Kl. 18b vom 5/7. 1939, ausg. 22/4. 1954.) HOCHSTEIN. 6411

Karl Malchus, München, *Herstellung von Hartmetall, Edel- und sonstigen Stählen.* In eine *Cu*-Schmelze werden die Komponenten der gewünschten Legierungen unter Steigerung der Temp. eingetragen, worauf der Schmelze *Zn* oder *Cd* zugesetzt wird in einer Menge, die der des Cu entspricht. Nach Abkühlung auf ca. 1100° wird die gebildete Cu–Zn- oder Cu–Cd-Schmelze von dem Regulus der gewünschten Legierung abgegossen. — Beispiel: 1 kg Hartmetall, 150 g Fe, 80 g Cr, 70 g Ni, 60 g Mo, 20 g Mn u. 620 g W werden in 5 kg fl. Cu aufgelöst, wobei die Temp. bis 2200° gesteigert wird. Darauf werden 5 kg vorgewärmtes Zn in die Schmelze eingerührt u. nach Rückgang der Temp. auf 1100° wird die Messingschmelze von dem Hartmetallregulus abgegossen. Die Cu-Schmelze soll die Legierungsbestandteile vor der Einw. des O_2 u. N_2 der Luft schützen. (**D. B. P. 873 445** Kl. 40b vom 26/2. 1951, ausg. 13/4. 1953.) GÖTZE. 6411

Colvilles Ltd., England, *Schweiß- und chromierbare Stahllegierung mit hoher Dauerstandfestigkeit* enthält 0,03–0,02 (%) *C*, 0,05–0,4 *V*, 0,1–1,0 *Mo*, 0,3–1,0 *Mn*, 0,05–0,5 *Ti*, Rest Eisen mit n. Verunreinigungen. Zweckmäßig wird die Legierung nach der Chromierung auf 1050° erhitzt u. durch Luft oder Öl oder W. abgeschreckt. (**F. P. 1 048 723** vom 8/11. 1951, ausg. 23/12. 1953. E. Prior. 10/11. 1950.) HOCHSTEIN. 6411

August Thyssen-Hütte Akt.-Ges., Duisburg-Hamborn (Erfinder: **Willy Oelsen,** Clausthal-Zellerfeld, und **Peter Göbbels,** Hirzenhain (Obhess.), *Aufarbeitung von Vanadinschlacken.* Die Schlacken werden in feinkörnigem Zustand mit Säuren (HCl, HNO_3, H_2SO_4) behandelt u. die so entphosphorten u. die an V angereicherten Rückstände unmittelbar zu V-Legierungen red. oder gegebenenfalls unter Zugabe von Reduktionsmitteln Stahlschmelzen zugegeben. Liegt das V in den Ausgangsstoffen in einer säurelösl. Form vor, so wird es durch Glühen mit SiO_2, Fe-Oxyden, metall. Fe u./oder anderen Reduktionsmitteln in die in Säure wenig lösl. Verbb. des V_2O_3 übergeführt. Das Verf. beruht auf dem Grundgedanken, daß die in den V-Schlacken enthaltenen Phosphate u. Silicate des Ca, des Mn u. des Fe von Säuren sehr leicht gelöst, die spinellartigen Verbb. des V ($FeO \cdot V_2O_3$ u. $MnO \cdot V_2O_3$) dagegen nur sehr wenig angegriffen werden. Das Verf. läßt sich auch auf die Aufarbeitung von Mn-Erzen oder Mn-reichen P-haltigen Schlacken sowie Cr-haltigen Erzen oder Schlacken anwenden. (**D. B. P. 905 321** Kl. 40a vom 7/3. 1942, ausg. 1/3. 1954). APEL. 6411

Gustav Weissenberg, Marburg/Lahn, *Silicium und Siliciumlegierungen für Guß- und Walzerzeugnisse.* Um aus Si u. Si-Legierungen mit Metallen, die weicher sind als Si, z. B. *Cu*, Werkstoffe für Walz- u. Gußzwecke herzustellen, muß der Gesamtgeh. an O_2 unter $^1/_{1000}$ Mol liegen. Die Ausgangsstoffe werden in Pulverform in reinstem H_2 bei einer über der Zerfallstemp. der höchstzerfallenden Silane gesintert u. die Sinterkörper durch Gießen, Walzen, Schmieden oder Ziehen zu Formkörpern verarbeitet. (**D. B. P. 886 663** Kl. 40b vom 18/3. 1941, ausg. 21/9. 1953.) GÖTZE. 6475

Salzgitter Maschinen Akt.-Ges. (Erfinder: **Theodor Hövel**), Salzgitter, *Herstellung von Gegenständen aus selbstschmierendem Metall.* Ein Gemisch aus Metall- u. Graphitpulver wird gesintert u. der Sinterkörper vor der Weiterverarbeitung auf eine Temp. erhitzt, die gleich oder höher ist als die spätere Betriebstemp. des verarbeiteten Metalles, u. darauf wieder abgekühlt. Diese Wärmebehandlung, die mehrere Male wiederholt werden kann, hat zur Folge, daß der Ausdehnungskoeff. bei der späteren Erwärmung bei höheren Tempp. wieder seinen n. Wert annimmt, wie der bei Tempp. unter 200°. (**D. B. P. 897 924** Kl. 40d vom 8/10. 1950, ausg. 26/11. 1953.) GÖTZE. 6475

Th. Goldschmidt, Akt.-Ges., Essen (Erfinder: **Karl Büche,** Treibach, Kärnten (Österreich) und **Ottokar Smetana,** Essen), *Umsetzung pulverförmiger Metalle oder Metallverbindungen mit Gasen zu ebenfalls pulverförmigen Metallverbindungen bzw. Metallen.* Die umzusetzenden festen Stoffe werden zwischen 2 gasdurchlässigen konzentr. u. geometr. ähnlichen Flächen, z. B. aus Drahtsieben, Asbestgeweben oder porösen Massen, eingefüllt u. die Gase in radialer Richtung durch diese Flächen zu- bzw. abgeführt. Die als Feststoffbehälter dienenden gasdurchlässigen konzentr. Flächen können mit Heiz- oder Kühlvorr. versehen sein. Das Verf. wird angewandt zur Red. von Metalloxyden sowie bei der Oxydation, Nitrierung u. Chlorierung von Metallen. — 2 Abbildungen. (**D. B. P. 887 938** Kl. 12g vom 26/2. 1942, ausg. 27/8.1953.) MATTHAES. 6475

Rudolf Kürth, vertr. durch **Gertrud Mollentin,** geb. **Kürth,** Berlin, *Metallpulver für Sinterzwecke.* Um Legierungen aus mehreren Komponenten auf dem Sinterwege herzustellen, ist es wichtig, den Kristallen, Kristalloiden, Staubpartikeln u. dgl. eine bestimmte Lage zueinander oder zur Arbeitsfläche oder zur Oberfläche im Bindemittel zu verleihen. Das wird erreicht, indem die Kristalle u. dgl. dem Kraftfeld elektr. Kurzwellen, bes. dem intensiven Kraftlinienbündel zweier Kondensatoren, gegebenenfalls unter äußerem Druck, ausgesetzt werden. (**D. B. P. 891 453** Kl. 40b vom 25/7. 1940, ausg. 28/9. 1953.) GÖTZE. 6475

Siemens & Halske Akt.-Ges., Berlin und München (Erfinder: **Walther Dawihl**, Saarbrücken), *Werkstoff für große Rauhigkeit bei guter Festigkeit aufweisende Körper.* Es wird ein gesintertes Pulvergemisch verwendet, das aus 5—50% Metalloxyden, Rest Eisen oder Eisenlegierungen mit der Maßgabe besteht, daß die Metalloxyde im gesinterten Erzeugnis in unveränderter oder höchstens anred. Form, d. h. in Form sauerstoffärmerer Oxydationsstufen, vorliegen. Das gesinterte Gemisch eignet sich zur Herst. von Fußbodenplatten, Kurbelgriffen, Kupplungs- oder Bremsbackenbelägen. Zweckmäßig bestehen die Metalloxyde aus Oxyden von *Fe*, *Mn* oder *Cr*. Der Rest des Pulvergemisches besteht vorzugsweise aus einer zunderfesten oder säurefesten Eisenlegierung oder einer *Fe–Si*-Legierung. (**D. B. P. 896 360** Kl. 18d vom 20/3. 1943, ausg. 12/11. 1953.) HOCHSTEIN. 6475

Goetzewerke Friedrich Goetze Akt.-Ges., Burscheid bei Köln (Erfinder: **Max Adolf Müller**, Köln), *Kolbenringe* aus 2 oder mehreren Schichten verschied. Metalle mit gesinterter Laufflächenschicht werden in der Weise hergestellt, daß die Metalle in Pulverform so schichtenweise zusammengefügt werden, daß eine Schicht des einen Metalls den Rückenteil des Kolbenrings, eine andere Schicht eines zweiten Metalls den Laufflächenteil des Kolbenrings bildet. Dabei kann so vorgegangen werden, daß die Pulver in eine Matrize, die durch bewegliche Trennwände in mehrere den Schichten entsprechende Kammern unterteilt ist, eingefüllt u. zusammen vorgepreßt werden. Für den Rückenteil des Kolbenrings kann ein *Stahlpulver* mit Zusätzen von *Cr*, *W*, *Co*, *Mo*, *Ti* u./oder *C* verwendet werden. Die Laufflächen bestehen aus einem Pulver aus *Gußeisen*, *Bronze*, *Leichtmetall* oder dgl., gegebenenfalls in Mischung mit *Graphit*. (**D. B. P. 890 130** Kl. 40b vom 8/7. 1944, ausg. 17/9. 1953.) GÖTZE. 6475

Aktiengesellschaft für Unternehmungen der Eisen- und Stahlindustrie, Essen (Erfinder: **Walther Dawihl**, Saarbrücken), *Hartmetall-Legierungen für Werkzeuge und Arbeitsgeräte.* Ein Gemisch von *Mo*-Pulver mit *C* in einer auf *MoC* berechneten Menge mit *WC* u./oder *TiC* in Mengen von mindestens 10 wird zweckmäßig in kohlender Atmosphäre oder im Vakuum auf 1600°, zweckmäßig jedoch auf 2000° erhitzt. Die Legierungen können noch bis 10 Hilfsmetalle, wie Fe, Ni oder Co, enthalten. An Stelle von MoC kann auch die Verb. Mo_2C mit so viel C, als zur Bldg. von MoC nötig ist, dem Ausgangsgemisch zugesetzt werden. (**D. B. P. 900 615** Kl. 40b vom 13/8. 1940, ausg. 28/12. 1953.) GÖTZE. 6477

Jacques Glayman und **René Tournier**, Frankreich, *Elektrolyt zur Erzeugung glänzender Nickelniederschläge* besteht aus einem üblichen Ni-Elektrolyt, dem 3 oder 4 Metalle der *Fe*-, der *Zn*-Gruppe u. der Schwermetalle, wie *Sn*, *Pb*, zugesetzt sind, welche imstande sind, tern. oder quaternäre Legierungs-Ndd. mit mindestens 90% Ni zu bilden. — Beispiel: 150 (g/Liter) $NiSO_4$, 10 NaCl, 25 $MgSO_4$, 8 $(NH_4)_2SO_4$, 0,2$ZnSO_4$ u. 4 $MoCl_3$. (**F. P. 1 035 891** vom 18/4. 1951, ausg. 1/9. 1953.) MARKHOFF. 6521

Wean Engineering Co., Inc., Warren, Ohio, V. St. A. übert. von: **Raymond John Wean**, *Elektrolytisches Verzinken.* Als Elektrolyt wird ein saurer, *Zn* u. *Ti* enthaltender Elektrolyt verwendet. (**E. P. 697 196** vom 11/5. 1951, ausg. 16/9. 1953. A. Prior. 18/11. 1950.) MARKHOFF. 6523

Poor & Co., Chicago, übert. von: **Allan E. Chester**, Highland Park, Ill., V. St. A., *Elektrolytische Erzeugung von Zinküberzügen aus sauren Zinksulfatbädern.* Zur Elektrolyse wird ein asymm. Wechselstrom verwendet, der durch Überlagerung von Gleichstrom mit Wechselstrom erhalten wird. Gleichmäßiger Überzug. — Diagramme u. Zeichnung. (**A. P. 2 651 610** vom 17/7. 1950, ausg. 8/9. 1953.) MARKHOFF. 6523

René Candillon, Frankreich, *Elektrolytisches Erzeugen glänzender Zinkniederschläge.* Die Ndd. wurden aus einem Elektrolyten erhalten, der $Zn(CN)_2 \cdot 2\ KCN \cdot SO_2K_2$ oder $Zn(CN)_2 \cdot 2\ NaCN \cdot SO_2Na_2$ enthält u. dem als Glanzmittel ein Gemisch folgender Stoffe zugesetzt ist: $Zn(CN)_2$, *KCN* oder *NaCN*, *NaOH*, MoO_3 u. einem oder mehrere der Verbb., wie *Heliotropin*, *Terpineol*, *Menthol*, *Terpin* oder *Borneol*. (**F. P. 1 043 837** vom 13/10. 1951, ausg. 12/11. 1953.) MARKHOFF. 6523

August Scherb, Frankreich, *Elektrolytisches Erzeugen eines Zinküberzuges von hohem Glanz.* Als Elektrolyt wird eine Lsg. aus $Zn(CN)_2$, $(2\ KCN \cdot K_2SO_3)$, $Zn(CN)_2$, *NaCN*, *NaOH*, MoO_3, H_3BO_3 u. $Na_2SO_3 \cdot 7\ H_2O$ verwendet. (**F. P. 1 024 410** vom 8/9. 1950, ausg. 1/4. 1953.) MARKHOFF. 6523

Siemens-Schuckertwerke Akt.-Ges., Deutschland, *Verzinnen und Löten* bes. von *Al*, das unter dem Einfl. von Schall- oder Ultraschallschwingungen vorgenommen wird,

wird mit reinem *Sn* oder einem *Sn* mit einem Zusatz bis zu 10% *Pb* vorgenommen. (**F. P. 1 041 983** vom 6/9. 1951, ausg. 28/10. 1953. D. Prior. 28/4. 1951.) VIER. 6525

Paul Rudolf Howald, Frankreich, *Entrostungsmittel* besteht aus 80(%) W., 18 H_3PO_4, 1,5 *Pyrogallussäure* u. 0,5 *Bismarckbraun.* Das Mittel löst den Rost unter Bldg. einer Phosphatschutzschicht auf. (**F. P. 1 031 433** vom 26/1. 1951, ausg. 23/6. 1953.) MARKHOFF. 6533

Soc. Continentale Parker, Frankreich, *Phosphatierungslösung* besteht aus einem sauren Schwermetallphosphat u. einem Oxydationsmittel, dem eine schwach reduzierende Puffersubstanz (2,5—12 g/Liter) zugesetzt ist. Die Lsg. arbeitet bei einem p_H-Wert von 3,95—4,40. Als Puffersubstanz wird z. B. Na-Tartrat oder -Citrat verwendet. Die Einstellung des p_H-Wertes erfolgt z. B. mit NH_3, Hydrazin, Triäthanolamin. Feinkristalline Phosphatschichten. (**Schwz. P. 295 084** vom 20/8. 1951, ausg. 16/2. 1954. F. Prior. 8/9. 1950.) MARKHOFF. 6533

Metallgesellschaft Akt.-Ges., Frankfurt/M., *Erzeugen von Phosphatüberzügen auf Metallen, insbesondere Eisen, Stahl und Zink.* Es wird eine Phosphatlsg. verwendet, deren p_H-Wert derart eingestellt ist, daß bei einer Temp. von höchstens 50° mindestens 90% Phosphat enthaltende Schichten gebildet werden. — Beispiel: eine saure Ca-Phosphatlsg., die 4 (g/Liter) *Ca* u. 24 P_2O_5 enthält, ergibt mit NaOH auf einen p_H-Wert von 2,6 gebracht, bei 98° nach 1 Std. auf Tiefziehblech befriedigende Überzüge. (**Schwz. P. 294 030** vom 13/3. 1942, ausg. 4/1. 1954. D. Prior. 11/3. 1941.) MARKHOFF. 6533

Metallgesellschaft Akt.-Ges. (Erfinder: **Gerhard Roesner, Ludwig Schuster** und **Robert Krause**), Frankfurt/M., *Herstellung von Phosphatüberzügen auf Metallen.* Die Phosphatierungslsg. enthält neben Phosphaten, wie *Zn-Phosphaten, Nitrate* u. *Nitrite.* Die Lsg. ist bes. für die Behandlung von Fe u. Stahl geeignet. (**D. B. P. 907 966** Kl. 48d vom 21/3. 1939, ausg. 1/4. 1954. Anmeldung bekanntgemacht 7/3. 1940.) MARKHOFF. 6533

A. U. Seybolt and **J. E. Burke**, Procedures in experimental metallurgy. New York: Wiley. 1953. (351 S., Diagr.) $ 7,—.

—, Die Metallurgie der Ferrolegierungen. Hrsg. v. **Robert Durrer** u. **Georg Volkert**. Berlin, Göttingen, Heidelberg: Springer-Verl. 1953. (VII + 409 S. m. 188 Abb.) DM 72,—.

IX. Organische Industrie.

Farbwerke Hoechst Akt.-Ges. vormals Meister Lucius & Brüning (Erfinder: **Arthur Wolfram** und **Willi Selle**), Frankfurt/M., *Kondensationsprodukte* aus aromat. KW-stoffen mit Säurehalogeniden, Halogenalkylen, Halogenaralkylen oder Olefinen. Als Kondensationsmittel wird HCl (gasförmig), unter Anwendung von Überdruck verwendet. — Aus Naphthalin u. Benzoylchlorid (**I**) erhält man im Autoklaven bei 140° *Naphthylphenylketon* u. *1.5-Dibenzoylnaphthalin;* aus m-Xylol (**II**) u. **I** ein gelbes Öl vom $Kp._7$ 158—220°; aus Cumol u. **I** ein hellbraunes Öl vom $Kp._7$ 155—202°; aus Äthylbenzol u. **I** ein gelbes Öl vom $Kp._{3,5}$ 132—140°; aus **II** u. CH_3COCl ein Öl vom $Kp._8$ 91—108°; aus **II** u. $ClCH_2COCl$ ein Öl vom $Kp._6$ 110—142°; aus **II** u. Allylchlorid ein *Allyldimethylbenzol* vom $Kp._5$ 152—188°; aus **II** u. $C_6H_5CH_2Br$ ein *Benzyldimethylbenzol* vom $Kp._2$ 120—197°; aus **II** u. Äthylen ein *Äthyldimethylbenzol* vom $Kp._4$ 38 bis 95°. (**D. B. P. 911 975** Kl. 12o vom 17/12. 1942, ausg. 24/5. 1954. Anmeldung bekanntgemacht 31/1. 1952.) BRÖSAMLE. 6581

Merck & Co., Inc., Rahway, N. J., V. St. A., *Gewinnung wasserfreier, im wesentlichen nichtflüchtiger, fester, organischer Verbindungen aus ihren wässerigen Lösungen.* Man gibt zur wss. Lsg. ein hydrophobes Lösungsm., das nur die Verunreinigungen, nicht aber die abzutrennende Verb., löst, dest. das W. azeotrop ab u. erhält aus der zurückbleibenden Suspension die Verb. in wasserfreier Form. Als hydrophobe Lösungsmittel dienen: Xylol, Toluol, Bzl., „Solvesso" (toluolreiche Petroleumfraktion), Tetrachloräthan, Chlorbenzol, Chlf., Äthylendichlorid, n-Butanol, Isobutanol, Pentanole, Methyläthylketon, Dipropylketon. — Rohvitamin C (95%ig) wird in W. gelöst u. über Tierkohle bei 60° filtriert. Die wss. Lsg. wird dann mit Toluol im Vakuum azeotrop destilliert. Die Vitamin-C-Toluol-Suspension wird gekühlt, filtriert u. mit Isoamylalkohol gewaschen, wodurch man 99,8%ig. *l-Ascorbinsäure* erhält. In weiteren Beispielen werden gereinigt: *3-Carboxy-4-oxybenzolsulfonsäure, l-Sorbose, Aminothiazol.* (**E. P. 645 253** vom 1/5. 1946, ausg. 25/10. 1950. A. Prior. 16/5. 1945.) KRAUSS. 6599

Socony-Vacuum Oil Co., Inc., New York, N. Y., übert. von: **Daniel T. McDonald jr.** und **Thomas H. King,** Dallas, Tex., V. St. A., *Abscheidung leichter Kohlenwasserstoffe aus Hochdruckgasen.* Um eine schwere Gasfraktion (**I**) u. einen leichten Gasfraktionsrückstand (II) aus einer Gasmischung unter Druck abzutrennen, behandelt man diese in einer ersten Absorptionsstufe mit einem Absorptionsöl (III), das mit den Komponenten des II gesätt. ist, vermindert den Druck über dem III nach der Behandlung mit der Gasmischung, wobei eine Gasphase (IV) abgetrennt wird, die II enthält. Man behandelt IV mit einem mageren Absorptionsöl, um daraus Anteile der I zu entfernen, die zusammen mit II abgeschieden wurden. Man gewinnt den Rückstand der IV u. streift das Absorptionsöl ab, nachdem man es mit IV in Berührung gebracht hat, um daraus Anteile an I u. II zu entfernen. Einen Teil des abgestreiften Absorptionsöles leitet man zurück, um es mit IV in Berührung zu bringen; den Rest leitet man ebenfalls zurück u. bringt mit dem gewonnenen Rückstand der IV in Berührung, um das Absorptionsöl mit Bestandteilen des II zu sättigen. Man erhöht den Druck über dem im wesentlichen gesätt. Absorptionsöl (V) mindestens auf den Druck der Gasmischung, bringt V mit der Gasmischung in der 1. Absorptionsstufe in Berührung, gewinnt I aus der Abstreifstufe u. II aus der 1. Absorptionsstufe wieder. — Zeichnung. (**A. P. 2 608 270** vom 1/7. 1950, ausg. 26/8. 1952.) UNGER. H 500

Edeleanu G. m. b. H. (Erfinder: **Alfred Hoppe** und **Werner Fischer**), Frankfurt/M. *Kontinuierliche Wiedergewinnung von Lösungsmittelgemischen* (I), z. B. niedrigsd. *Chlor-KW-stoffen*, dad. gek., daß zwecks Ausdampfung von I, deren Bestandteile in nahe beieinander liegenden Siedebereichen sd., dem ersten unter Kondensatordruck arbeitenden Verdampfer (II) ein unter höherem Druck arbeitender Verdampfer (III) nachgeschaltet wird, wobei die Brüden aus III zur Beheizung von II benutzt werden. (**D. B. P. 871 742** Kl. 12a vom 5/11. 1943, ausg. 26/3. 1953.) HEINSEN. H 500

Firestone Tire & Rubber Co., übert. von: **Kenneth C. Eberly**, Akron, **Robert J. Reid**, Canal Fulton, O., V. St. A., *Mono-, Di-, Tri- und Tetrachlorbutadiene.* 2—3 (Voll.) 1.3-Butadien werden mit 3 Cl_2 in 1—3 eines inerten Gases 0,25—4 Sek. auf 350—450° bei n. Druck erhitzt u. das Gasgemisch wird rasch abgekühlt. — Vorr., Zeichnung. (**A. P. 2 581 929** vom 6/12. 1948, ausg. 8/1. 1952.) KRAUSS. H 520

Dow Chemical Co., Midland, Mich., übert. von: **Howard W. Hill**, Concord, und **Eldred L. Dance**, Pittsburg, Calif., V. St. A., *Chloräthylene* erhält man durch Dehydrochlorierung der gesätt. Polychloräthane mit mindestens 3 Cl an einem C-Atom in fl. Phase in Ggw. von ca. 0,05—1 (%) wasserfreiem $FeCl_3$. — 1.1-Trichloräthan → *Vinylidenchlorid* (= 1.1-Dichloräthylen); Ausbeute 93%. — Mischung aus 1.1.2.2- u. 1.1.1.2-$C_2H_2Cl_4$ → *Trichloräthylen* C_2HCl_3. (**A. P. 2 593 451** vom 25/6. 1947, ausg. 22/4. 1952.) KRAUSS. H 520

Dow Chemical Co., übert. von: **James L. Amos**, Midland, Mich., V. St. A., *Vinylidenchlorid* erhält man durch Erhitzen von 1.1.2-Trichloräthan mit 200—1000, bes. 300—600 Mol-% fl. NH_3 in fl. Phase bei 0—100°, bes. 40—75°, unter Eigendruck. — 2 Diagramme, Vorr., Zeichnung. (**A. P. 2 610 214** vom 5/3. 1949, ausg. 9/9. 1952.) KRAUSS. H 520

Deutsche Gold- und Silberscheideanstalt vormals Roessler, Frankfurt/M. (Erfinder: **Heinrich Brendlein**, Wolfgang bei Hanau), *Herstellung von Methanol* aus Alkylestern der Ameisensäure durch Red. mittels H_2 unter erhöhtem Druck u. Verwendung von Cr- u. Cu-haltigen Katalysatoren, dad. gek., daß man die Reaktionskomponenten bei mittleren Drucken von ca. 20—50 at u. hohen Durchsätzen in der Größenordnung von 15 Mol Ester/Liter Kontakt u. Std. über oxyd. Katalysatoren leitet, welche Cr u. Cu in etwa atomarem Verhältnis, mindestens aber im Verhältnis von 1 Cr auf 10 Cu, vorteilhaft in Form von Kupferchromit, u. gegebenenfalls geringe Mengen oxyd. Verbb. der Erdalkalien enthalten. (**D. B. P. 902 375** Kl. 12o vom 27/11. 1942, ausg. 21/1. 1954.) G. KÖNIG. H 560

Comp. Française de Raffinage (Soc. An.), Seine, Frankreich, *Hydratation von Olefinen.* Man läßt H_2SO_4 auf fl. Olefine einwirken. — Z. B. bringt man 100 kg/Std. eines 35% Propylen enthaltenden Propan–Propylen-Gemisches im fl. Zustand in Kontakt mit 210 kg/Std. 70%ig. H_2SO_4 bei 50°. Das Reaktionsprod. ergibt nach der Dekantation 68,5 kg/Std. 5% Propylen enthaltenden KW-stoff u. 255 kg H_2SO_4-Hydratations-Fl. (I). Die Dest. der I unter Zusatz von 28 kg/Std. W. ergibt 50 kg/Std. *Isopropanol* u. 0,5 kg/Std. *Isopropyläther*. Analog wird *tert.-Butanol* aus einem Gemisch von Butan, Isobutan, n-Butylen u. Isobutylen erhalten. — Vorrichtung. (**F. P. 1 013 313** vom 27/2. 1950, ausg. 28/7. 1952.) OPPERMANN. H 560

Badische Anilin- & Soda-Fabrik Akt.-Ges. (Erfinder: **Kurt Pilch**), Ludwigshafen/Rh., *Abtrennung höhermolekularer Alkohole* aus Gemischen mit KW-stoffen durch Extraktion mit Lösungsmitteln, dad. gek., daß man als Lösungsm. (I) zunächst verd. wss. Lsgg. O-haltiger organ. Stoffe verwendet, dann in einer 2. Stufe den nichtgelösten Teil der Gemische mit einem konzentrierteren I extrahiert u. den hierbei gelösten Teil, gegebenenfalls zusammen mit diesem I, zur 1. Extraktionsstufe zurückführt. (**D. B. P. 902 376** Kl. 12o vom 17/4. 1943, ausg. 21/1. 1954.) G. KÖNIG. H 560

Ruhrchemie Akt.-Ges., Oberhausen-Holten (Erfinder: **Otto Liethen,** Duisburg, und **Walter Rottig,** Oberhausen), *Verfahren zur Herstellung von Gemischen ungesättigter und gesättigter Äther* durch Zers. von Acetalen bei 100—300° u. 1—20 atü unter anschließender Dest. nach D. B. P. 840 092, dad. gek., daß die Acetalzers. in Destillationsblasen ohne Fraktionierkolonne durchgeführt wird, zweckmäßig unter Zusatz von 0,01—0,5% eines Polymerisationsverzögerers (Hydrochinon); Ausbeute quantitativ. (**D. B. P. 903 457** Kl. 12o vom 14/7. 1951, ausg. 8/2. 1954. Anmeldung bekanntgemacht 28/5. 1953. **Zusatz zu D. B. P. 840092; C. 1953. 8455.**) KRAUSS. H 560

Soc. des Usines Chimiques Rhône-Poulenc, Seine, Frankreich (Erfinder: **Raymond Étienne Paul** und **Serge Tchelitcheff**), *Herstellung von Äthern mit Doppelbindung in γ-Stellung.* Man erhält sie durch Erhitzen (vorzugsweise zum Sieden) eines annähernd mol. Gemisches eines Acetals mit einer Substanz mit einer endständigen Methylengruppe in Ggw. eines Metallsalzätherats als Katalysator. — Z. B. erhitzt man 10 Std. 41 (g) Methylencyclopentan (I) u. 59 Diäthylacetal (II) in Ggw. von 2 BF_3-Ätherat. Man erhält 40 g *1-(2'-Äthoxypropyl)-cyclopenten,* Kp.$_{20}$ 75—76°; D.$^{20}_{4}$ 0,874; n_D^{20} 1,4489. Ferner werden angeführt: *3-Äthyl-5-äthoxyhexen-(2),* Kp. 170—171°; D.$^{21}_{4}$ 0,812; n_D^{21} 1,4286, aus II u. 2-Äthylbuten-(1) (III); *1-(2'-Äthoxypropyl)-cyclohexen,* Kp.$_{20}$ 93—94°, aus II u. Methylencyclohexan; *3-Äthyl-5-äthoxyocten-(2),* Kp.$_{20}$ 92 bis 93°, aus dem Diäthylacetal des Butyraldehyds u. **III**; *2-[Cyclopentenyl-(1')]-methyltetrahydropyran,* Kp.$_{20}$ 109—110°, aus I u. 2-Äthoxytetrahydropyran. Diese Äther dienen als Lösungs- u. Plastifizierungsmittel in der Kunststoffindustrie sowie zur Herst. von Arzneimitteln u. werden auch in der Riechstoffindustrie verwendet. (**F. P. 1 013 862** vom 6/3. 1950, ausg. 5/8. 1952.) OPPERMANN. H 560

Badische Anilin- & Soda-Fabrik, Deutschland, *Herstellung von sauerstoffhaltigen Verbindungen* aus den sauren Oxydationsrückständen, welche bei der Oxydation von hydroaromat. KW-stoffen, z. B. von Cyclohexan, mit O_2 oder O_2-haltigen Gasen entstehen, durch partielle katalyt. Hydrierung, so daß das Endprod. noch O enthält. — Die sauren Oxydationsrückstände von der Oxydation von Cyclohexan mit Luft bei 150° u. 10 at Druck, welche SZ. 175, VZ. 602, OH-Zahl 93 u. Mol.-Gew. 370 besitzen, werden unter einem H_2-Druck von 300 at bei 280° über einen mit Cr aktivierten Cu-Katalysator mit Bimssteingrundlage geleitet. Das Hydrierungsprod. hat SZ. 1, VZ. 12, OH-Zahl 563 u. Mol.-Gew. 130. Es enthält 30 (Teile) Cyclohexanol u. 65 eines Diolgemisches (Kp.$_{0,05}$ 99—112°), welches 78 (%) *Hexandiol-1.6,* 17 *Pentandiol-1.5,* 5 *Butandiol-1.4* u. 1 eines Rückstandes, welcher die EZ. 176 besitzt u. nicht ohne Zers. destillierbar ist. (**F. P. 1 001 302** vom 12/4. 1946, ausg. 22/2. 1952.) M. F. MÜLLER. H 570

Shell Refining & Marketing Co. Ltd. und **L. N. Goldsbrough,** England, *Verfahren und Vorrichtung zur kontinuierlichen Hydrolyse der sauren Gemische von Mono- und Dialkylsulfaten,* wobei mindestens in zwei in Reihe geschalteten Reaktionskammern gearbeitet wird. — In der ersten Kammer wird das Monoalkylsulfat ganz oder größtenteils verseift, worauf das Reaktionsgemisch in die zweite Kammer gelangt u. sich dort in zwei Schichten trennt. Die untere wss. Schicht scheidet sich schnell ab u. fließt ab. Die obere ölige Schicht wird in der zweiten Kammer mit Wasserdampf dest., wobei der Alkohol abdest. u. gleichzeitig das vorhandene Dialkylsulfat u. der nicht verseifte Anteil des Monoalkylsulfats verseift werden. — Zeichnung. (**F. P. 998 364** vom 31/10. 1949, ausg. 17/1. 1952. E. Prior. 2/11. 1948.) M. F. MÜLLER. H 590

Soc. An. des Manufactures des Glaces et Produits Chimiques de Saint-Gobain, Chauny & Cirey, Frankreich, *Herstellung von monomerem und polymerem Glykolsulfit.*

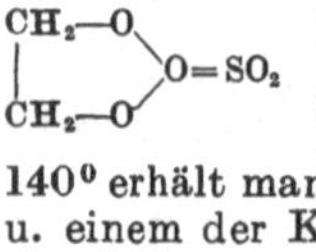

Man stellt aus Äthylenoxyd u. SO_2 bei niedriger Temp. (z. B. 0°) die nebenst. Oxoniumverb. her u. läßt auf diese bei Tempp. von 0—10° ein prim., sek., tert. Amin oder Pyridin katalyt. einwirken. Durch Erhitzen des hierbei gebildeten viscosen polymeren Glykolsulfits auf 140° erhält man monomeres Glykolsulfit. Man kann auch ein Gemisch von Äthylenoxyd u. einem der Katalysatoren (z. B. Diäthylanilin) mit SO_2-Gas behandeln, wobei sich ebenfalls polymeres Glykolsulfit bildet. (**F. P. 1 011 225** vom 30/12. 1948, ausg. 20/6. 1952.) OPPERMANN. H 590

Chemische Werke Hüls G. m. b. H. (Erfinder: **Walter Franke, Wilhelm Dietrich, Heinrich Weber,** Marl, und **Wolfgang Thiele,** Bergisch-Gladbach), *Ungesättigte, schwefelhaltige Verbindungen.* Man lagert an organ. Amine mit 2 dreifachen C-Bindungen (Dialkylaminopentadiine, Tetraalkyldiaminohexadiine, Dialkylaminohexadiinole, die entsprechenden Carbonsäuren u. ihre funktionellen Derivv.) Mercaptane (Thiophenole,

Thiokresole, Thionaphthole, Mercaptocarbonsäuren u. deren Derivv.) an. — Aus 5-Diäthylaminopentadiin-(1.3) (I) u. Benzylmercaptan bei 50° in Methanol → $C_{16}H_{21}NS$ hellgelbes, beim Stehen rotwerdendes Öl, $Kp._1$ 161°. — 1.6-Bis-diäthylaminohexadiin-(2.4) + Benzylmercaptan → $C_{21}H_{32}N_2S$, schwachgelbes Öl, $Kp._{0,5}$ 175—178°. — I + Oxäthylmercaptan → $C_{11}H_{19}ONS$, $Kp._{0,01}$ 125—130°; D. 1,037. — I + β-Mercaptobuttersäure-n-methylester → $C_{14}H_{23}O_2NS$, $Kp._{0,01}$ 104—106°; $D.^{20}{}_4$ 1,0198; + β-Mercaptobuttersäure-n-butylester →, $Kp._{0,01}$ 135—142°. — Zwischenprodukte. (**D. B. P. 902 011** Kl. 12o vom 18/7. 1943, ausg. 18/1. 1954.) Krauss. H 600

Chemische Werke Hüls G. m. b. H. (Erfinder: **Wilhelm Dietrich** und **Heinrich Weber**), Marl, *S-haltige Carbonsäureester* erhält man durch Kondensation von H_2S in Ggw. geringer Mengen wasserfreier Alkalisulfide oder Alkaliverbb., die unter den Reaktionsbedingungen ohne Bldg. von W. in Alkalisulfide übergehen, mit ungesätt. Estern, die in der Alkohol- oder in der Alkohol- u. Carbonsäurekomponente mindestens 1 C=C-Bindung enthalten (Vinylacetat, -oleat, -stearat, -benzoat, Allyl-, Crotyl-, Oleylalkohol, Vinylmethylcarbinol, Citronellol). — Buttersäureallylester + H_2S in Ggw. von Na_2S bei 140° → *Di-(γ-oxypropyl)-sulfiddibuttersäureester*. — Zwischenprodd. zur Herst. von Textilhilfs-, Weichmachungs-, Heilmitteln oder Farbstoffen. (**D. B. P. 891 693** Kl. 12o vom 14/12. 1943, ausg. 1/10. 1953.) Krauss. H 600

Standard Oil Co., übert. von: **Wayne A. Proell,** Chicago, Ill., und **Chester E. Adams,** Highland, Ind., V. St. A., *Herstellung von Alkylmercaptobernsteinsäuren.* Man erhitzt eine wss. Lsg. eines Alkalimaleinats, Alkalilauge u. ein niedermol., wasserlösl. Lösungsm., z. B. A., mit einem nicht tert. Alkyldisulfid, z. B. Methyldisulfid, in Ggw. von Alkalisulfid auf 50—150°. Die nach Verdünnen des Reaktionsprod. erhaltene wss. Phase wird angesäuert u. getrocknet. Man erhält das Alkalisalz z. B. von *2-(1-Methylmercapto)-bernsteinsäure.* Analog die n-Butyl-, n-Amyl-, Isoamyl- usw. Verbindungen. Verwendung als Zwischenprodd. zur Herst. von Rhodaminfarbstoffen, Verbb. mit höheren Alkylresten als *Antirostmittel für Schmieröle* u., wie z. B. *2-(1-Tridecylmercapto)-bernsteinsäure,* als *Wasch-, Netz-* u. *Dispergiermittel.* (**A. P. 2561673** vom 3/12. 1949, ausg. 24/7. 1951.) Lüttgen. H 600

Usines de Melle (Soc. An.), Deux-Sèvres, Frankreich, *Herstellung von Aldehyden und Ketonen.* Man dehydriert prim. oder sek. Alkohole bei weniger als 300 mm Hg, vorzugsweise weniger als 150 mm Hg, bei 200—300° in Ggw. eines Cu-Kieselgurkatalysators u. gegebenenfalls in Ggw. von Wasserdampf. — Z. B. leitet man über einen 50% Cu u. 50% Kieselgur enthaltenden Katalysator bei 225° u. 190 mm Hg 7,2 kg/Std. Dampf von 96%ig. Äthylalkohol. Man erhält auf diese Weise: 97% *Acetaldehyd,* 1,05 Essigsäure, 0,26 Äthylacetat u. 1,7 Gas (ohne H_2). In analoger Weise erhält man *Aceton* aus Isopropanol, *Äthylcapronaldehyd* aus Äthylhexanol, *Cyclohexanon* aus Cyclohexanol. (**F. P. 1 012 622** vom 29/12. 1949, ausg. 15/7. 1952.) Oppermann. H 650

Standard Oil Development Co., V. St. A. (Erfinder: **Cecil H. Hale**), *Herstellung von sauerstoffhaltigen organischen Verbindungen.* Zur Herst. von Aldehyden u. Alkoholen behandelt man Olefine (z. B. Äthylen, Propylen, Hexen, Hepten, Butadien, Pentadien) mit einem 0,5—2 Voll. H_2/Vol. CO enthaltenden H_2–CO-Gasgemisch in Ggw. eines Co-Katalysators (z. B. Co-Naphthenat) u. gegebenenfalls eines Alkohols als Verdünnungsmittel, welcher 1 C-Atom mehr als das Olefin enthält, bei ca. 105,4—316,2 at u. ca. 65—232°. Die gebildeten Reaktionsprodd. führt man in eine Destillationszone über, wo sie bei ca. 1—17,5 at u. ca. 100—205° in Ggw. von 1—10% H_3PO_4 oder H_2SO_4 hydrolysiert u. mit Wasserdampf dest. werden. Die Rkk. vollziehen sich nach folgenden Gleichungen: $R\cdot CH:CH_2 + CO + H_2 \rightarrow R\cdot CH_2\cdot CH_2\cdot CHO$ u. $R\cdot CH_2\cdot CH_2\cdot CHO + H_2 \rightarrow R\cdot CH_2\cdot CH_2\cdot CH_2\cdot OH$. — Vorrichtung. (**F. P. 1 000 970** vom 2/12. 1949, ausg. 18/2. 1952. A. Prior. 2/3. 1949.) Oppermann. H 670

Deutsche Gold- und Silberscheideanstalt vormals Roessler, Frankfurt/M. (Erfinder: **Herman Leyerzapf,** Gießen), *Herstellung von leicht löslichen, nicht polymeren, festen Formaldehydprodukten.* Wss.-alkoh., bes. wss.-methanol. Lsgg. von CH_2O werden unter extrem vorsichtigen Bedingungen [z. B. in einer Eindampfkolonne von großem Durchmesser im Öl- oder Wasserbad, unter Vermeidung einer größeren Temperaturdifferenz (<25°, z. B. 5°) zwischen Inhalt u. Wandung u. bei <80°] im Vakuum, z. B. <150 Torr, eingeengt, die Konzentrate geschmolzen, z. B. bei 105—125°, u. die Schmelze wird in Schuppenform zum Erstarren gebracht oder gelöst bzw. mit Alkoholen umgesetzt. Als wss.-methanol. Lsg. kann vorteilhaft die bei der CH_2O-Herst. anfallende sogenannte Kühler-Fl. [z. B. 45 (%) CH_2O, 35 CH_3OH u. 20 W.] verwandt werden. Die Prodd. sind stabiler, besser lösl. (auch in organ. Lösungsmitteln) u. geben mit *Harnstoff, Thioharnstoff, Guanidin* usw. haltbarere *Vorkondensate* als Paraformaldehyd (**I**). Bei den neuen Prodd. handelt es sich vermutlich um Ketten mit 6 bis 7 CH_2O-Moll., während **I**-Schuppen meist erheblich >12 Kettenmoll. haben. (**D. B. P. 884 947** Kl. 12o vom 2/8. 1951, ausg. 30/7. 1953.) HEROLD. H 670

Imperial Chemical Industries Ltd., London, England (Erfinder: **Douglas Cecil Rogers**), *Carbonsäuren und ihre Derivate sowie Ketene der Formel* (R_1, R_2) C=CO (R_1 u. R_2=H, substituiertes oder unsubstituiertes Alkyl, Aryl, frei von —OH, —SH, >NH) u. *deren Dimere* erhält man durch Oxydation von Acetylenen der Formel R_1—C≡C—R_2 mit Stickoxyd bei nicht über 500°, bes. 200—300°, u. mindestens 20 at, bes. 100—500 at, zweckmäßig in Ggw. eines Oxydationskatalysators u. eines inerten Lösungsm. (Bzl., Cyclohexan, Äther u. Ketone). — 1-Hexin gibt mit Stickoxyd im Druckgefäß bei 300° u. 500 at *Butinketen.* Setzt man Verbb. mit einem ersetzbaren H, z. B. A., zu, so bildet sich *Äthylcaproat.* — Phenylacetylen + A. → *Äthylphenylacetat*, bzw. + NH_3 → *Phenylacetamid.* — 5-Decin + A. → *Nonan-5-carbonsäureäthylester*, Kp. 110—114°. — Diphenylacetylen → *Äthyldiphenylacetat.* — Acetylen + A. → *Äthylacetat.* — *Diphenylketen.* — 4-Oxy-1-butin → *γ-Butyrolacton.* — *Phenylessigsäure.* — 1-Heptin + Cyclohexylamin → *n-Heptancyclohexylamin.* (**E. P. 668 309** vom 13/4. 1949, ausg. 12/3. 1952.) KRAUSS. H 710

Zschimmer & Schwarz vormals Chemnitz, Brilon (Erfinder: **Willy Weiss**, Hamburg, und **Kurt Rackemann**, Ludwigshafen/Rh.), *Gewinnung von klebenden und fadenziehenden Gemischen fettsaurer Salze*, dad. gek., daß man Carbonsäuregemische (höchstens 10 C), die bei der Oxydation von Paraffin-KW-stoffen anfallen, teilweise mit Oxyden oder Hydroxyden mehrwertiger Metalle, z. B. $Ca(OH)_2$, BaO, $MgCO_3$, ZnO, PbO oder Salzen dieser Metalle mit flüchtigen aliphat. Carbonsäuren umsetzt. — Austauschstoffe für Harzöle bei Herst. von Lacken u. Firnissen, Leimungsmittel für die Papierherst., Bindemittel zur Herst. von Werkstoffen aus Lederabfällen. (**D. B. P. 909 340** Kl. 12o vom 11/4. 1941, ausg. 15/4. 1954. Anmeldung bekanntgemacht 19/2. 1953.) MÜLLER-MEININGEN. H 800

Krupp Treibstoffwerk G. m. b. H., Deutschland, *Oxydation von Paraffinen.* Man oxydiert die Paraffine bei steigender Temp. (110—140°) in Ggw. von 2—10% säurefreien, nichtflüchtigen, Peroxyde enthaltenden paraffin. KW-stoffen als Katalysatoren, wie sie sich zu Beginn der Paraffinoxydation bilden. (**F. P. 1 002 561** vom 23/10. 1946, ausg. 7/3. 1952.) OPPERMANN. H 810

Krupp Treibstoffwerk G. m. b. H., Deutschland, *Oxydation von Paraffinen*, bes. KW-stoffen der FISCHER-TROPSCH-Synth. (Kp. 320—450°). Man oxydiert sie mit O_2 oder Luft bei 120° u. 2 at Druck in An- oder Abwesenheit von Katalysatoren bis zu einer SZ. von ca. 30. Dann erhöht man den Gesamtdruck bei prakt. gleichbleibendem O_2- oder Luftdruck durch Einleiten von N_2 oder CO_2 auf 5—6 at u. ebenso auf 10—12 at, wenn das Oxydationsprod. die SZ. 50—60 aufweist. Die Oxydation wird bis zur SZ. 95 fortgeführt. (**F. P. 1 004 340** vom 8/4. 1947, ausg. 28/3. 1952.) OPPERMANN. H 810

Dow Chemical Co., übert. von: **Edgar C. Britton** und **John C. Vander Weele**, Midland, Mich., und **John E. Livak**, Union, S. C., V. St. A., *Herstellung von aliphatischen α, γ-Dihalogenmonocarbonsäuren.* Man leitet Cl_2 oder Br_2 in ein 80—150° heißes Gemisch aus PCl_3 u. dem Lacton einer γ-Oxymonocarbonsäure, z. B. der γ-Oxybuttersäure oder γ-Oxyvaleriansäure. Ausbeute ca. 85% der Theorie. *α-γ-Dichlorbuttersäure*, Kp. 112—114°. (**A. P. 2 557 779** vom 7/11. 1946, ausg. 19/6. 1951.) LÜTTGEN. H 810

Zschimmer & Schwarz vormals Chemnitz, Brilon (Erfinder: **Willy Weiss**, Hamburg), *Herstellung von beständigen wässerigen Lösungen fettsaurer Salze*, bes. von Zn, Cu, Ba u. Mg, dad. gek., daß die entsprechenden Metallsalze mit Hilfe von NH_3 u./oder organ. N-Basen in Lsg. gebracht u. die erhaltenen Lsgg. gegebenenfalls weiter mit W. verd. werden. — Beispiele für vorlauffettsaures Zn. (**D. B. P. 910 888** Kl. 12o vom 24/7. 1941, ausg. 6/5. 1954. Anmeldung bekanntgemacht 19/3. 1953.) MÜLLER-MEININGEN. H 810

Soc. des Produits Chimiques de Clamecy (Soc. An.), Nièvre, Frankreich, *Katalysator zur Herstellung von Estern, insbesondere Methylformiat.* Man stellt durch Schmelzen von 100 (Teilen) Al u. 10—100 Cu eine Legierung her u. gießt sie in dünnem Strahl in eine Fl. (z. B. W.). Die gebildeten hohlen Granula behandelt man zur Herst. einer porösen Oberfläche mit einer chem. Substanz (z. B. NaOH- oder KOH-Lsg.), welche das Al auflöst, wäscht sie mit W. u. bewahrt sie unter Ausschluß von Luft auf. — Zur Herst. von Methylformiat leitet man Methanoldämpfe bei 180—250° über diesen Katalysator. Man kann auf diese Weise auch andere Ester durch Dehydrierung der entsprechenden Alkohole gewinnen. (**F. P. 1 000 505** vom 15/2. 1946, ausg. 13/2. 1952.) OPPERMANN. H 810

Comp. de Produits Chimiques et Électrométallurgiques Alais, Froges et Camargue, Seine, Frankreich, *Herstellung von organischen Säuren und ihren Estern.* Man stellt die Säuren durch Hydrolyse von Estern, die Ester durch Alkoholyse anderer Ester (Umesterung) her, wobei man als Katalysator einen unlösl. organ. Anionenaustauscher [z. B. Furfurol-m-Phenylendiaminharz, CH_2O–Aminoäthylen-Harnstoffharz (II)] verwendet. Z. B. versetzt man 100 (Gewichtsteile) rohe geschmolzene Cocosnußbutter mit 35 Anionenaustauscher (z. B. mit **II**) u. 400—600, vorzugsweise 500, absol. A. u. erhitzt das Ganze $1^1/_2$—2 Stunden. Dann dest. man den überschüssigen A. ab, trennt durch Dekantation in der Wärme den Anionenaustauscher vom Destillationsrückstand u. rektifiziert diesen im Vakuum zur Gewinnung des gebildeten *Äthyllaurats.* Analog erhält man *Methyllaurat, Salicylsäure* u. *Amylalkohol* (aus Amylsalicylat) u. *Linalool* (aus Lavendelöl). (**F. P. 1 011 938** vom 28/4. 1949, ausg. 1/7. 1952.)
OPPERMANN. H 810

Distillers Co. Ltd., Edinburgh (Erfinder: **Richard Norman Lacey,** Hedon, Hull), England, *Isopropenylacetat* erhält man durch Erhitzen von Keten mit Aceton im Mol.-Verhältnis 0,5—0,9, bes. 0,7—0,8, auf 60—100°, bes. 60—75°, unter prakt. n. Druck in fl. Phase bei Ggw. von 0,1—5, bes. 0,5—2% eines Enolisierungskatalysators (H_2SO_4, $ClSO_3H$, $POCl_3$, Sulfoessigsäure, Methionsäure, Äthylschwefelsäure), wobei man das Reaktionsgemisch durch mindestens 2 Zonen leitet, die durch einen Überlauf für das fl. Reaktionsprod. u. eine vom Gasraum der 1. Zone unter den Flüssigkeitsspiegel der 2. Zone führende mit Tiefkühlung versehene Gasleitung verbunden sind. Ausbeute 93%. — Vorr., Zeichnung. (**D. B. P. 908 017** Kl. 12o vom 26/1. 1952, ausg. 1/4. 1954. Anmeldung bekanntgemacht 9/7. 1953. E. Prior. 30/1. 1951.) KRAUSS. H 810

Dr. Alexander Wacker Ges. für elektrochemische Industrie G. m. b. H., München, *Herstellung von Vinylestern bzw. -äthern* durch Anlagern von organ. Säuren bzw. Alkoholen an Acetylen in Ggw. von mit Metallsalzlösungen getränkten porösen Trägern. Diese werden oberflächlich kurz getrocknet u. dann mit einem, vorzugsweise im Kreislauf geführten warmen Gasstrom zweckmäßig im Reaktionsofen fertig getrocknet u. anschließend wird die Rk. eingeleitet. Dadurch wird das Auskristallisieren der Metallsalze auf der Trägeroberfläche verhindert. — Gekörnte Aktivkohle (3 mm) wird mit gesätt. Zn-Acetatlsg. getränkt, oberflächlich getrocknet u. dann mit N_2 bei 100—150° behandelt u. zur Herst. von *Vinylacetat* verwendet. Lebensdauer über 3000 Stunden. (**Schwz. P. 291 504** vom 16/7. 1943, ausg. 16/9. 1953. D. Prior. 17/7. 1942.)
KRAUSS. H 810

American Cyanamid Co., New York, übert. von: **Jaqueline Osborne,** New Rochelle, N. Y., V. St. A., *Reines Acrylnitril* (**I**). Die Reinigung von mit W. gesätt., durch Wasserabspaltung aus Äthylencyanhydrin gewonnenem **I**, wird zuerst mit einem Entfärbungsmittel (aktiviertem Al_2O_3, Oxyden von Mg, Ca, Ba, Talkum, Fullererde, Bimsstein, Glaspulver, Sand, Aktivkohle, wie „Nuchar", „Darco", „Norit", „Superfiltchar") u. dann mit einem Kationenaustauscher (z. B. sulfonierten Mischpolymeren aus Divinylbenzol u. Styrol) vorgenommen, wobei man dem Entfärbungsbett ein gleiches Vol. entmineralisiertes W. während des Durchflusses zusetzt. — Tabelle. (**A. P. 2 622 097** vom 13/11. 1950, ausg. 16/12. 1952.) KRAUSS. H 810

Colgate-Palmolive-Peet Co., Jersey City, N. J., V. St. A., *Kationische oberflächenaktive Aminoalkylenmonoamide* (**I**). Man setzt ein Alkylenpolyamin oder Polyalkylenpolyamin mit einer Carbonsäure oder einem Carbonsäureester um u. trennt **I** durch Einleiten von CO_2 ab, wobei ein **I**-CO_2-Additionsprod. ausfällt, während gleichzeitig entstandenes Alkylendiamid bzw. Polyalkylenpolyamid in Lsg. bleibt. — Man erhitzt Diäthylentriamin (**II**) mit Cocosnußfettsäuremethylester (**III**) auf 120—180°, kühlt auf n. Temp. u. leitet CO_2 ein, wobei das CO_2-Additionsprod. des Monoamids ausfällt. Man befreit dieses durch Erhitzen an der Luft auf 100—110° von CO_2. — Analoge Prodd. aus: **II** u. Essigsäure; **II** u. Tallölfettsäuren; Triäthylentetramin u. Stearinsäure; Äthylendiamin (**IV**) u. **III**; **IV** u. Laurinsäure. (**E. P. 670 326** vom 7/9. 1948, ausg. 16/4. 1952. A. Prior. 8/9. 1947.) LANGER. H 810

Monsanto Chemical Co., St. Louis, Mo., übert. von: **Rudolph L. Heider,** Dayton, O., V. St. A., *Dialkylacylamide* erhält man durch Erhitzen eines Tris-(dialkylamido)-phosphates (Alkyl mit 1—2 C-Atomen) mit einer aliphat. Carbonsäure mit 1—5 C-Atomen im Überschuß. — Durch Erhitzen von Tris-(dimethylamido)-phosphat (hergestellt aus Dimethylamin + $POCl_3$ in Toluol bei 100°, $Kp._1$ 76°; n_D^{25} 1,4570) mit Eisessig unter 100 mm Hg u. Rückfluß in einer Destillationskolonne entsteht *Dimethylacetamid,* $Kp._{80}$ 96°; n_D^{25} 1,4358, in 73,5%ig. Ausbeute nach dem Reaktionsschema: $O{=}P[N\cdot(CH_3)_2] + CH_3COOH \rightarrow CH_3CON(CH_3)_2 + O{=}P[N(CH_3)_2]_2\text{-}OH$. — *Dimethylformamid.* — *Dimethylpropionamid.* (**A. P. 2 603 660** vom 20/7. 1949, ausg. 15/7. 1952.)
KRAUSS. H 810

Lonza Elektrizitätswerke und Chemische Fabriken Akt.-Ges., Basel, *Herstellung von Dicarbonsäuren,* welche 5—40 Gew.-% Ester der *3-Ketopimelinsäure* enthalten, durch Carbonylierung von C_2H_2 bei mehr als 50 at, bes. 200—400 at, u. bei Tempp. unter 120°, bes. 80—100°. Als Katalysator dient z. B. RANEY-Kobalt. (**Oe. P. 177 767** vom 12/11. 1951, ausg. 10/3. 1954. Schwz. Prior. 7/7. 1951.) M. F. MÜLLER. H 820

Soc. An. des Manufactures des Glaces et Produits Chimiques de Saint-Gobain, Chauny & Cirey, Seine, Frankreich, *Werkstoffe für Apparaturen für chemische Prozesse, bei denen sich Maleinsäure bildet.* Zur Vermeidung von Korrosionen durch Maleinsäure, welche sich z. B. als Nebenprod. bei der Herst. von Phthalsäureanhydrid durch katalyt. Oxydation von Naphthalin bildet, stellt man die bei hoher Temp. mit Maleinsäure in Berührung kommenden Apparaturteile aus 99,5%ig. Al oder aus Al–Si-Legierung (Alpax) her. (**F. P. 1 000 513** vom 18/2. 1946, ausg. 13/2. 1952.) OPPERMANN. H 820

Farbenfabriken Bayer Akt.-Ges. (Erfinder: **Josef Ebersberger**), Leverkusen, *Herstellung von mindestens zwei Cyangruppen enthaltenden Carbonsäuren,* dad. gek., daß Acrylnitril (**I**) an freie α-Cyancarbonsäuren in wss. alkal. Medium bei mäßig erhöhter Temp. angelagert wird. — Man neutralisiert z. B. eine Lsg. von 189 (Gewichtsteilen) $CH_2(Cl)$-COOH in 240 W. mit 110 Na_2CO_3, gibt etwa die Hälfte einer Lsg. von 98 NaCN in 200 W. u. nach Aufhören des Temperaturanstiegs die restliche Hälfte zu. Wenn die Temp. ohne Kühlung auf 35° gefallen ist, setzt man 200 n-NaOH zu u. läßt 223 **I** innerhalb $2^1/_2$ Std. bei 50—60° zutropfen; man rührt $1^1/_2$ Std. bei dieser Temp. u. ca. 12 Std. bei n. Temp. nach, säuert mit verd. H_2SO_4 an u. erhält *1.3.5-Tricyanpentan-3-carbonsäure* $(NC\text{-}CH_2\text{-}CH_2)_2C(CN)COOH$. Hydrolyse mit HCl → *Pentan-1.3.5-tricarbonsäure,* F. 111,5—112°. — Zwischenprodd. zur Herst. von Weichmachern, Kunststoffen, pharmazeut. Prodd., Textil- u. Färbereihilfsmitteln. (**D. B. P. 909 809** Kl. 12o vom 7/6. 1951, ausg. 26/4. 1954. Anmeldung bekanntgemacht 11/9. 1952.)
MÜLLER-MEININGEN. H. 840

Farbenfabriken Bayer Akt.-Ges., Leverkusen (Erfinder: **Hans Schmidt,** Wuppertal), *Polyoxymonocarbonsäuren* erhält man durch Oxydation von reduzierenden Zuckern in wss.-alkal. Lsg. mit O_2, der ganz oder teilweise durch Luft ersetzt sein kann, wobei man geringe Mengen von Nitro-, Nitrosoverbb. oder Farbstoffen der Thiazin-, Oxazin- oder Azinreihe, bes. Methylenblau, zusetzt. (**D. B. P. 815 644** Kl. 12o vom 21/10. 1948, ausg. 1/2. 1954.) MÜLLER-MEININGEN. H 850

Deutsche Gold- & Silberscheideanstalt vormals Roessler, Frankfurt/M. (Erfinder: **Rudolf Wendlandt,** Langelsheim, **Gerhard Hoffmann,** Waldshut, und **Ursula Berg** geb. **Feige,** Neuss), *Katalytische Anlagerung von Blausäure HCN an Carbonyl- und/oder Kohlenstoffmehrfachverbindungen enthaltende organische Stoffe,* z. B. Aldehyde oder Ketone, dad. gek., daß die fl. Reaktionsteilnehmer über große, katalyt. wirkende Flächen bzw. an ihnen entlang geleitet werden, wobei die jeweils mit der Reaktions-Fl. in Berührung befindliche Katalysatormenge mindestens $^1/_{10}$, bes. mehr als $^1/_5$, der gleichzeitig in der Katalysatorzone befindlichen Flüssigkeitsmenge beträgt. Man verwendet als Katalysatoren 1- oder 2-bas., wasserfreie oder wasserhaltige Alkali- oder Erdalkalisalze von H_3PO_4 oder H_3AsO_4 oder deren Gemische u. stark verd. HCN-haltige Gase, bes. Gasmischungen mit $<30\%$ Vol.-%HCN, die man ohne Vorkonz. in den unteren Teil der Reaktionskolonne einführt. — Zeichnung. (**D. B. P. 908 016** Kl. 12o vom 3/6. 1942, ausg. 1/4. 1954. Anmeldung bekanntgemacht 13/8. 1953.)
MÜLLER-MEININGEN. H 850

Permutit Co. Ltd., London, England, *Kaliumbitartrat* erhält man durch Behandlung weinsäurehaltiger wss. Lsgg., z. B. von Destillationsrückständen, Abfällen von Weintrauben u. dgl., mit Ionenaustauschern u. Auswaschen derselben mit K_2CO_3-Lösung. (**E. P. 641 786** vom 1/8. 1946, ausg. 23/10. 1950. A. Prior. 25/8. 1945.)
MÜLLER-MEININGEN. H 850

Corn Products Refining Co., New York, N. Y. (Erfinder: **Robert A. Reiners,** Chicago, Ill.), V. St. A., *Herstellung von Alduronsäuren* (**I**) *oder deren Derivaten,* dad. gek., daß eine wss. Lsg. eines Aldosederiv. (**II**), dessen Aldehydgruppe durch eine Acetalbindung geschützt ist u. das eine freie prim. Alkoholgruppe (**III**) enthält, z. B. 1.2-Isopropylidenglucose, ein Methyl- oder Äthylglucosid oder Saccharose, in Ggw. eines Katalysators, wie Pt, Pd oder deren Mischungen, mit einem O_2-haltigen Gas, wie Luft, bei Raumtemp. bis zu einer Temp. unterhalb der Zersetzungstemp. des **II** oder des aus diesem entstehenden **I**-Deriv., bes. bei 40—120°, so lange behandelt wird, bis ein beträchtlicher Anteil der **III** des **I**-Deriv. zur COOH-Gruppe oxydiert ist, wobei das p_H der Lsg. während der Rk. zwischen 4—11 gehalten wird. Das erhaltene **I**-Deriv. kann an ein säurebindendes Harz adsorbiert u. dann von diesem abgetrennt werden. (**D. B. P. 886 305** Kl. 12o vom 13/8. 1950, ausg. 13/8. 1953. A. Prior. 19/8. 1949.)
MÜLLER-MEININGEN. H 860

Soc. An. des Manufactures des Glaces et Produits Chimiques de Saint-Gobain, Chauny & Cirey, Seine, Frankreich, *Herstellung von chlorierten Urethanen.* Man erhält sie durch Einw. von $SOCl_2$ auf vom Glykol sich ableitende Urethane. Man versetzt z. B. 47 (g) $SOCl_2$ nach u. nach mit 40 Glykoldiäthylcarbamat $(C_2H_5)_2N\cdot COO\cdot CH_2\cdot CH_2\cdot OH$. Es bildet sich die Verb. $(C_2H_5)_2N\cdot COO\cdot CH_2\cdot CH_2Cl$, Kp.$_{15}$ 106—107°, Ausbeute 89,8%. Aus $SOCl_2$ u. Glykolmorpholincarbamat erhält man $O\langle{CH_2—CH_2 \atop CH_2—CH_2}\rangle N\cdot COO\cdot CH_2\cdot CH_2Cl$, F. 40°, Ausbeute 92,5%. Weitere Verbb. ($R = COO\cdot CH_2\cdot CH_2Cl$) sind: $NH_2\cdot R$, F. 75°; $C_2H_5NH\cdot R$, Kp.$_{16}$ 115°; $C_3H_7NH\cdot R$, Kp.$_{17}$ 131°; $(CH_3)_2N\cdot R$, Kp.$_{15}$ 92°; $(C_4H_9)_2N\cdot R$, Kp.$_{18}$ 155°; $CH_2\langle{CH_2—CH_2 \atop CH_2—CH_2}\rangle N\cdot R$, Kp.$_{18}$ 141°; $R\cdot NH—CH_2—CH_2—NH\cdot R$, F. 136,5°; $R\cdot N\langle{CH_2—CH_2 \atop CH_2—CH_2}\rangle N\cdot R$, F. 117°. (**F. P. 1 012 579** vom 21/9. 1949, ausg. 15/7. 1952.) OPPERMANN. H 880

Deutsche Gold- & Silberscheideanstalt vormals Roessler (Erfinder: **Otto Bretschneider**), Frankfurt/M., *Gewinnung von Blausäure* aus Alkalicyanid, Alkalicarbonat, C u. feinverteiltes Fe enthaltenden Syntheseprodd. durch Rk. einer wss. Extraktionslsg. dieser Prodd. mit CO_2, wobei die, z. B. durch Eindampfen, aufkonz. Extraktionslsg. bei 150—300°, bes. ca. 200°, mittels CO_2 durch Düsen, Zentrifugalverteiler u. dgl. zerstäubt wird. (**D. B. P. 906 448** Kl. 12k vom 24/6. 1951, ausg. 15/3. 1954.) NEBELSIEK. H 890

Eduard Halm, Bern, Schweiz, *Herstellung von CS_2* aus C-haltigem Material u. S in einem elektr. Schachtofen, in dem die Elektroden übereinander angeordnet sind. Der S wird in geschmolzenem Zustand in der Nähe der oberen Elektrode an mehreren Stellen von außen durch die Ofenwand (I) eingeführt, so daß er an I nach unten fließt, sich hierbei erwärmt u. gleichzeitig I kühlt. — Abbildung. (**Schwz. P. 288 418** vom 14/8. 1950, ausg. 16/5. 1953. **Can. P. 489 739** vom 2/8. 1951, ausg. 20/1. 1953. Schwz. Prior. 14/8. 1950.) ZÜRN. H 890

Hardman and Holden Ltd., England, *Herstellung von Schwefelkohlenstoff.* Kohle, bes. Holzkohle, wird mit Schwefeldämpfen bei 450—550° aktiviert u. dann mit diesen bei Tempp. von 600—650° in Berührung gebracht, wobei die Bldg. von CS_2 rasch u. vollständig erfolgt. (**F. P. 970 984** vom 1/9. 1948, ausg. 11/1. 1951. E. Prior. 10/9. 1947.) WITTHOLZ. H 890

Imperial Chemical Industries Ltd., London (Erfinder: **Anthony Arthur Leonard Challis,** Norton-on-Tees), England, *Herstellung von Konzentraten von Diisopropylamin* aus Mischungen mit W. u. Isopropanol. Man dest. die Mischung in Ggw. eines KW-stoffes oder einer KW-stofffraktion, wobei dieser KW-stoff frei von olefin. oder acetylen. ungesätt. Bindungen sein soll u. zwischen 68—75° siedet. Hierbei wird das W. in Form einer aus KW-stoff, Isopropanol u. W. bestehenden tern. azeotrop. Mischung abdestilliert. (**D. B. P. 907 528** Kl. 12q vom 2/8. 1951, ausg. 25/3. 1954. E. Prior. 4/8. 1950.) LANGER. H 910

Sinclair Refining Co., New York, N. Y., übert. von: **John W. Teter** und **Jerome L. Mostek,** Chicago, Ill., V. St. A. *Herstellung von Biscyanalkylaminen.* Man läßt Monochloralkylcyanide, z. B. 3-Chlorpropionitril, ca. 18 Std. bei 21—25° mit fl. NH_3 unter Druck reagieren, extrahiert das Reaktionsgemisch mit abs. A., erhitzt den Extrakt nach Abdest. des A. 1 Std. auf 200° bei 250 mm Hg u. dest. bei 5 mm Hg das gebildete *Bis-(β-cyanäthyl)-amin,* Kp.$_4$ 165—166°, ab. Analog *Bis-(α-cyanpropyl)-amin* u. *Bis-(γ-cyanpropyl)-amin* aus 2- bzw. 4-Chlorbutyronitril. (**A. P. 2 552 072** vom 1/8. 1945, ausg. 8/5. 1951.) LÜTTGEN. H 910

I. G. Farbenindustrie Akt.-Ges. (Badische Anilin- & Soda-Fabrik), Deutschland, *Herstellung von freien Aminocarbonsäuren.* Man hydrolysiert wss. Lsgg. oder Lsgg. in geeigneten wasserhaltigen Lösungsmitteln von Lactamen dieser Aminocarbonsäuren oder von Salzen dieser Lactame, gegebenenfalls in Ggw. anderer Salze (z. B. Na_2SO_3), unter Verwendung eines Anionen oder Kationen austauschenden synthet. Harzes von hohem Molekulargewicht. Z. B. kocht man 113 (Teile) Caprolactam 5 Std. mit einem Gemisch von 250 W. u. 60 konz. H_2SO_4 u. schüttelt die entstandene ε-Aminocapronsäure-Sulfatlsg. dreimal mit je 300 eines aus m-Phenylendiamin u. CH_2O hergestellten Ionenaustauschers. Man konz. das Filtrat u. gewinnt 125 *ε-Aminocapronsäure,* F. 199—200° Ausbeute 95,5%. (**F. P. 1 001 576** vom 3/6. 1946, ausg. 25/2. 1952.) OPPERMANN. H 950

Stuart Co., Pasadena, übert. von: **Henry S. Hess,** Los Angeles, Calif., V. St. A., *Abtrennung kristallisierter Aminosäuregemische von natürlichen Proteinen.* Aus den durch Hydrolyse von Naturproteinen, wie Casein, Hefe, Reis-, Weizenprotein, z. B. mit H_2SO_4 gewonnenen Lsgg., werden die Aminosäuren oder ihre Salze als krist. Gemisch abgetrennt, indem 1 (Vol.) der Lsg. mit 1—5 eines indifferenten polaren organ. Lösungsm. versetzt wird, das sich mit dem Lösungsm. der Aminosäuren mischt u. einen höheren Kp. hat. Aus dem Gemisch wird das W., z. B. durch Dest., abgetrennt, die Aminosäuren hinterbleiben nach Dest. des organ. Lösungsm. im Vakuum als krist. Gemisch. Geeignete organ. Lösungsmittel sind Äthyllactat, Aceton, Acetonylaceton, Acetylpiperidin, Diacetonalkohol, γ-Butenylglykol, Glykolmethyl- u. -äthyläther. (**A. P. 2 605 284** vom 9/9. 1946, ausg. 29/7. 1952.) MATTHAES. H 950

American Cyanamid Co., New York, übert. von: **Coy Webster Waller**, Pearl River, N. Y., und **John Christie Paterson**, Westfield, N. J., V. St. A., *γ-Glutaminsäuremonoalkylester*. Man behandelt Glutaminsäure (**I**) mit einem aliphat. Alkohol ca. $^1/_4$—6 Std. in Ggw. einer wasserfreien Mineralsäure (100%ig. H_2SO_4) bei 0—65°, bes. 20—30°, u. unterbricht die Veresterung durch Zusatz eines alkal. Mittels (Amine, Alkoholate). — Aus **I** u. wasserfreier, alkoh. HCl bei 20—25° u. Zusatz von Diäthanolamin nach 55 Min. →*γ-Glutaminsäuremonoäthylester*, F. ca. 190°, Ausbeute 74%. — *Monomethylester*, F. 172,6—173,6°. — *n. Propylester*, F. 184,8—185,3°. — *n. Butylester*, F. 176,8—177,3° — *Benzylester*, F. 168—169,5°. — Zwischenprodukte. (**A. P. 2 561 323** vom 21/12. 1948, ausg. 17/7. 1951.) KRAUSS. H 950

National Research Development Corp., London, England, *Organische Phosphorverbindungen*. $C_2H_5 \cdot P(:O)Cl_2$, Kp.$_3$ 33°, durch Rk. von PCl_3 mit C_2H_5Cl in Ggw. von $AlCl_3$ (wasserfrei) u. Zers. der gebildeten Komplexverb. durch milde Hydrolyse. Analog: $CH_3 \cdot P(:O)Cl_2$, F. 33°; *tert.*-$C_4H_9 \cdot P(:O)Cl_2$, F. 110°; $Cl_2CH \cdot P(:O)Cl_2$, Kp.$_6$ 60°; $Cl_3C \cdot P(:O)Cl_2$, F. 160—162°; $ClC_2H_4 \cdot P(:O)Cl_2$, Kp.$_3$ 77°; *iso*-$C_3H_7 \cdot P(:O)Cl_2$, Kp.$_2$ 62°; *Allylphosphonyldichlorid*. (**E. P. 707 961** vom 20/5. 1949, ausg. 28/4. 1954.) BRÖSAMLE. H 980

Union Carbide & Carbon Corp., New York, N. Y., übert. von: **William M. Lanham**, Charleston, W. Va., V. St. A., *Halogenhaltige Phosphorsäureester* erhält man bei der Rk. von Alkylenoxyden der allg. Formel CH_2—CHR (über O verbrückt) (R = H, Alkyl, Chlor- oder Bromalkyl) mit $POCl_3$ oder $POBr_3$ oder deren Derivv. in Ggw. eines Halogenids der Metalle Ti oder Zr bei 20—100°. Als Substituenten in den Phosphoroxychloriden oder Bromiden kommen KW-stoffe oder halogenierte KW-stoffe, die direkt oder durch ein O-Atom an P gebunden sein können, in Frage. Auch Amidoverbb. oder Mono- oder Dialkyl-substituierte Amidoverbb. können als Substituenten auftreten. 1 oder 2 Halogene sind in den Oxyhalogenverbb. durch halogenfreie oder -haltige KW-stoffradikale ersetzt. Die Alkylenoxyde werden vorteilhaft im 5- bis 50%ig. Überschuß angewandt. — Es werden hergestellt: *Tri-(2-chloräthyl)-phosphat*, n_D^{30} 1,4698; *Tri-(dichlorpropyl)-phosphat*; *Tri-(chlorpropyl)-phosphat*, n_D^{30} 1,4608; *p-Nonylphenyl-di-(2-chloräthyl)-phosphat*, n_D^{30} 1,4951; *2-Bromäthyldibutylphosphat*, n_D^{30} 1,4476; *Di-(2-chloräthyl)-(N-äthylhexylamido)-phosphat*, n_D^{30} 1,4649; *Di-(2-chloräthyl)-N.N-diäthylamidophosphat*, n_D^{30} 1,4592, Kp.$_{0,2}$ 78°; *n-Butyl-di-(2-chloräthyl)-phosphat*, Kp.$_{0,2}$ 100°, n_D^{30} 1,4498; *Kresyl-di-(2-chloräthyl)-phosphat*, Kp.$_{0,2}$ 125, n_D^{30} 1,5050; *Di-(2-chloräthyl)-2'-methoxyäthylphosphat*, n_D^{30} 1,4553; *Di-(2-chloräthyl)-benzolphosphonat*, Kp.$_{0,1}$ 150°, n_D^{30} 1,5239; *Di-(2'-chloräthyl)-1-propen-2-phosphonat*, Kp.$_{0,2}$ 78°, n_D^{30} 1,4723; *p-Chlorphenyl-di-(2-chloräthyl)-phosphat*, Kp.$_1$ 150°, n_D^{30} 1,5157; *p-tert.-Butylphenyl-di-(2-chloräthyl)-phosphat*, n_D^{30} 1,5007; *Di-(2-chloräthyl)-2'-phenyläthylphosphat*, Kp.$_{<1}$ 150°, n_D^{30} 1,5051; *2-Chloräthyldiphenylphosphat*, Kp.$_{0,2}$ 150°, n_D 1,5360; *Di-(dichlorpropyl)-phenylphosphat*, n_D^{30} 1,5170; *Di-(2-chloräthyl)-phenylphosphat*, Kp.$_{0,2}$ 150°, n_D^{30} 1,5060, *Di-(2-chloräthyl)-N-butylamidophosphat*, n_D^{30} 1,4699; *2'-Chloräthyl-di-(2.3-dichlorpropyl)-phosphat*, Kp.$_{0,1}$ 160°, n_D^{30} 1,4918. — Verwendung als *Plastifikatoren* u. als flammensichermachendes Mittel sowie als Zwischenprodukt. (**A. P. 2 610 978** vom 2/12. 1949, ausg. 16/9. 1952.) G. KÖNIG. H 980

Monsanto Chemical Co., St. Louis, Mo., übert. von: **Earl W. Gluesenkamp**, Centerville, und **Tracy M. Patrick jr.**, Dayton, Ohio, V. St. A., *Aliphatische Oxophosphonsäurediester* (**I**) erhält man durch Kondensation eines Phosphorigsäurediesters (**II**) mit einem α.β-ungesätt. Keton (**III**) in Ggw. von freie Radikale liefernden Stoffen, wie Peroxyde, Hydroperoxyde, Hydrazinderivv., Tetraäthylblei, nach dem Reaktionsschema.

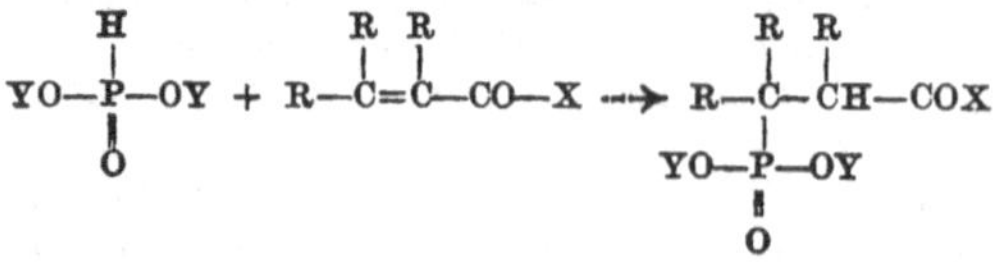

(Y = Alkyl, Cycloalkyl, Aryl, Alkaryl, Aralkyl mit 1—12 C-Atomen, R = H, Alkyl mit 1—8 C-Atomen, X = Alkyl mit 1 bis 8 Atomen oder Alkenyl mit 4—8 C-Atomen). — Aus Diäthylphosphit (**IV**) u. Phoron in Ggw. von Di-tert. butylperoxyd bei 130° nach 20 Std. *Diäthyl-2.6-dimethyl-4-oxo-*

5-hepten-2-phosphonat, $C_{13}H_{25}O_4P$, Kp.$_{0,7}$ 111—114°; n_D^{25} 1,4642. — **IV** + Mesityloxyd + Benzoylperoxyd → *Diäthyl-2-methyl-4-oxopentan-2-phosphonat*, $C_{10}H_{21}O_4P$, Kp.$_1$ 81—86°; n_D^{25} 1,4462. — **IV** + Äthylidenaceton → *Diäthyl-4-oxopentan-2-phosphonat*, $C_9H_{19}O_4P$, Kp.$_{0,8}$ 80—85°; n_D^{25} 1,4507. — *Plastifizierungsmittel* für synthet. Harze, *Zusatzmittel* für *Schmieröle*, *Textilhilfsmittel* u. Zwischenprodd. für oberflächenakt. Mittel u. Pharmaceutica. (**A. P. 2 612 513** vom 25/8. 1950, ausg. 30/9. 1952.) KRAUSS. H 980

Dow Corning Corp., V. St. A. (Erfinder: **Harold Arthur Clark**), *Herstellung von Phenyldichlorsilan*. Man erhitzt Diphenylchlorsilan (**I**) oder ein Gemisch von **I** u. Diphenyldichlorsilan (**II**) mit 0,001—10% $AlCl_3$ auf 150—250° bei einem Druck von weniger als 60 mm Hg. Z. B. erhitzt man 185,5 (g) **I**, 215 **II** u. 0,4 $AlCl_3$ 8 Std. auf 160 bis 163° bei allmählicher Senkung des Druckes bis auf 2,5 mm. Man erhält 35 g zur Hauptsache aus Phenyldichlorsilan, $C_6H_5 \cdot SiHCl_2$, Kp.$_{2,5}$ 53—55°, bestehendes Destillat. Daneben bildet sich etwas Phenylmonochlorsilan, $C_6H_5 \cdot SiH_2Cl$. (**F. P. 1 000 457** vom 30/11. 1949, ausg. 12/2. 1952. A. Prior. 23/2. 1948.) OPPERMANN. H 980

Cassella Farbwerke Mainkur Akt.-Ges. (Erfinder: **Werner Zerweck, Max Schubert** und **Richard Fleischhauer**), Frankfurt/M., *Ersatz der Diazogruppe durch Wasserstoff*, dad. gek., daß man aromat. Diazoverbb. mit einem Abkömmling der Ameisensäure, wie Salzen, Estern oder Amiden, umsetzt. — 10 (Teile) Chlorzink-Doppelsalz von 1-Diazo-2.5-dichlorbenzol werden mit 30 Formamid verrührt u. dann bis zur Beendigung der N-Abspaltung auf dem Wasserbad erwärmt. Man dest. mit Wasserdampf das gebildete *p-Dichlorbenzol* ab. (**D. B. P. 901 175** Kl. 12o vom 25/12. 1943, ausg. 7/1. 1954.) SCHWECHTEN. H 1010

Koppers Co., Inc., Del., übert. von: **Ben Bennett Corson** und **Walter Monroe Kutz**, Pittsburgh, Pa., V. St. A., *Herstellung von Cumol* (**I**) aus Propylen (**II**) u. Bzl. (**III**). In einem mit Rührwerk u. erforderlichenfalls Rückflußkühler für **III** ausgestatteten Kessel werden **III** u. **II**, bevorzugt im Mol.-Verh. größer als 1, z. B. 4, bei 20—80°, bes. 65—80°, mit 80—96%ig. H_2SO_4 als Bodensäure unter kontinuierlichem Zufluß von **III** u. **II** u. Abzug des Reaktionsprod. derart umgesetzt, daß stündlich 1 (Gewichtsteil) **II** + **III** mit ca. 2,2 Bodensäure in Berührung gebracht werden. Je niedriger die H_2SO_4-Konz. ist, um so höher muß die Temp. sein. Erforderlichenfalls wird Überdruck angewandt (z. B. gute Ausbeute auch mit 50%ig. H_2SO_4 bei 150°). Aus dem Reaktionsprod. wird **I** (neben mehrfach alkyliertem Bzl.) abdest., **II** u. **III** werden zurückgeführt. Die Katalysatorsäure ist mindestens $1^1/_2$ Tage brauchbar. Das Verf. ergibt höhere Ausbeute an **I**, sowohl bezogen auf **II** + **III** als auch auf H_2SO_4. (**A. P. 2 572 701** vom 20/9. 1943, ausg. 23/10. 1951.) HEROLD. H 1010

Soc. des Usines Chimiques Rhône-Poulenc (Erfinder: **Michel Marius Mosnier**), Paris, *Gleichzeitige Herstellung von Phenolen und Ketonen bzw. Aldehyden* durch Spaltung von Peroxyden alkylaromat. KW-stoffe, deren Alkylgruppe ein sek. oder tert. C-Atom enthält, mittels verd. H_2SO_4 bei erhöhten Tempp. unter Verwendung des bei der Spaltung entstehenden Phenols als Lösungsmittel. Zur Spaltung werden die Peroxyde der alkylaromat. Homologen des Cumols verwendet. — Aus Cumolhydroperoxyd entstehen *Phenol* u. *Aceton*. p-Cymolperoxyd liefert *p-Kresol* u. *Aceton*. — Isobutylbenzolperoxyd bildet *Phenol* u. *Methyläthylketon*. (**Oe. P. 177 784** vom 17/5. 1952, ausg. 10/3. 1954. F. Priorr. 17/5. u. 3/8. 1951.) M. F. MÜLLER. H 1060

Krebs & Co., Schweiz (Erfinder: **Haussmann**), *Herstellung von Phenol aus Natriumphenolatlösungen*. Man zers. das Na-Phenolat mit einem warmen CO_2-haltigen Gase in Ggw. von einem oder mehreren leicht lösl. Salzen (z. B. NaCl, KCl oder $Na_2 \cdot SO_4$). Als Nebenprod. scheidet sich Alkalibicarbonat aus, welches man filtriert oder zentrifugiert u. dann calciniert. — Vorrichtung. (**F. P. 1 000 760** vom 17/11. 1949, ausg. 15/2. 1952.) OPPERMANN. H 1060

General Electric Co., übert. von: **Robert W. Martin**, Lenox, Mass., V. St. A., *2.4.6-Tris-(oxymethyl)-phenole* (**I**), deren *Äther* u. *Ester*. Die Ba- oder Na-Salze von **I** werden zuerst in bekannter Weise zu **II** veräthert (R = Alkyl, Cycloalkyl, Aralkyl, Alkaryl, Halogenaryl, n = 1—2, Z = H, Na, Ba) u. die Oxymethylolgruppen anschließend mit Alkylenoxyden $R'-CH-CH_2$ (R' = H, ∖O∕ Alkyl, Aryl, Alkoxylalkyl, Alkaryl, Aralkyl, Aryloxyalkyl) oder Alkoholen R''OH (R'' = R, Oxyalkyl, Aminoalkyl) oder mit gesätt. oder ungesätt. aliphat., cycloaliphat.,

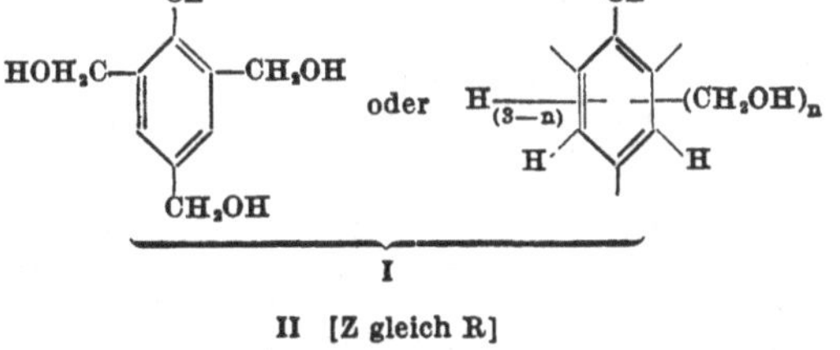

I

II [Z gleich R]

aromat., alkylaromat., aromat.-aliphat. Carbonsäuren umgesetzt. — 0,25 (Mol.) Phenol geben mit 0,945 Formalin in Ggw. von 0,3 NaOH u. 8 Teilen W. bei 40° in 96%ig. Ausbeute 2.4.6-Tris-(oxymethyl)–Na-phenolat; daraus mit CH_3J in Methanol bei 65° *1-Methoxy-2.4.6-tris-(oxymethyl)-benzol*, viscoser, leicht brauner Sirup, OCH_3-Geh. 15,33%. — *1-Allyloxy-tob* [*tob* = -2,4,6-tris-(oxymethyl)-benzol], $C_{12}H_{16}O_4$, D. 1,221, n_D 1,575. — *1-Benzyloxy-tob.* — *1-(2'-Metallyloxy)-tob.* — *1-(2'-Chlorallyloxy)-tob.* — *1-(3'-Chlorallyloxy)-tob.* — *1-Isoamyloxy-tob.* — *1-Butyloxy-tob.* — *1-(2'-Oxyäthyloxy)-tob* gibt mit Äthylenchlorhydrin in Toluol in Ggw. von konz. HCl $C_{17}H_{35}O_5Cl_3$ (sämtliche Oxymethylgruppen sind umgesetzt), Cl-Geh. 25,79. — Ferner wird umgesetzt eine Mischung aus 1-Allyloxymono-, -bis- u. -tris-(oxymethyl)-benzol mit Äthanolamin, Butanol, Äthylenglykol, Methanol. — Die noch freien OH-Gruppen können verestert werden. — *Tri-(acetoxymethyl)-anisol*, $Kp._{1-2}$ 170—180°. — *1-Allyloxy-tob-polyäthylenglykoläther* (mit Äthylen-, Butylen-, Styrol-, Butadienoxyd, Glycidylphenyläther, Glycidylallyläther). — Mischung aus 1-Allyloxy-2- bzw. -4-(oxymethyl)-benzol, 1-Allyloxy-2.6- bzw. -2.4-bis- u. 1-Allyloxy-2.4.6-tris-(oxymethyl-benzol) + Propylenoxyd oder 3.4-Epoxybuten-(1). *1-Methoxy-2.4.6-tris-(acetoxymethyl)-benzol*, VZ. 107. — 1-Allyloxy-*tob* + Polyvinylalkohol oder Polyvinylbutyral. — *1-Allyloxy-2.4.6-tris-(propionoxymethyl)-benzol*, Viscosität 34,2 cP/25°. — *1-Benzyloxy-2.4.6-tris-(propionoxymethyl)-benzol. 1-Benzyl-* bzw. *1-Äthoxy-2.4.6-tris-(acetoxymethyl)-benzol.* — *1-Allyloxy-2.4.6-tris-(butyroxymethyl)-benzol.* — *Mischung* aus *1-Allyloxy-2-* bzw. *-4-(propionoxymethyl)-benzol, 1-Allyloxy-2.4-* bzw. *-2.6-bis-(propionoxymethyl)-benzol. Weichmachungs-, Plastifizierungs-* u. *Modifizierungsmittel* für *Filme, Lacke, Drahtüberzüge, Celluloseester* u. *-äther, Polyvinylchloridharze, wasserabstoßendmachende Zusatzmittel* für in der Kälte u. Wärme härtende *Leime*. (**A. PP. 2 579 330** u. **2 579 331** vom 4/1. 1951, ausg. 18/12. 1951, **2 598 406** vom 4/1. 1951, ausg. 27/5. 1952, **2 606 929, 2 606 934** u. **2 606 935** vom 4/1. 1951, ausg. 12/8. 1952.) KRAUSS. H 1060

Ciba Akt.-Ges., Basel, Schweiz, *Aromatische Sulfonsäurechloride.* Man leitet in eine Mischung aus einem aromat. sulfonsauren Salz u. PCl_3 in einem inerten Lösungsm. mit Kp. über 60° (Dichlorbenzol, Nitrobenzol, Trichlorbenzol) Cl_2 in Abwesenheit von W., zweckmäßig bei 100—130°, ein. — Aus 3-Chlor-5-methyl-6-cyan-1-benzolsulfonsaurem Na in Chlorbenzol bei 70—90° mit Cl_2 → *3-Chlor-5-methyl-6-cyan-1-benzolsulfonsäurechlorid.* — 2-Chlor-3.5-dimethyl-1-benzolsulfonsaures Na → *2-Chlor-3.5-dimethyl-1-benzolsulfonsäurechlorid.* — 2-naphthalinsulfonsaures Na → *2-Naphthalinsulfonsäurechlorid.* — 8-chlor-1-naphthalinsulfonsaures Na → *8-Chlor-1-naphthalinsäurechlorid.* — *3-Äthoxy-6-cyan-1-benzolsulfonsäurechlorid.* — *3-Methoxy-6-cyan-1-benzolsulfonsäurechlorid.* — *Benzolsulfonsäurechlorid.* — Die Verbb. liefern mit Aminen Sulfamide, mit Oxyverbb. Sulfonsäureester, durch Red. mit Fe oder Zn u. W. in Ggw. von Mineralsäure Mercaptane, die mit Chloressigsäure Thioglykolsäuren geben. — Zwischenprodukte. (**Schwz. P. 294 691** vom 25/5. 1951, ausg. 1/2. 1954.) KRAUSS. H 1090

I. G. Farbenindustrie Akt.-Ges., Deutschland, *Herstellung von in β-Stellung durch eine Sulfonamidgruppe substituierten Propionsäurenitrilen.* Man erhält sie durch Umsetzen eines Amids einer organ. Sulfonsäure mit Acrylsäurenitril (I) in Ggw. eines alkal. reagierenden Katalysators (z. B. Alkalimetall, Alkalihydroxyd, Erdalkalioxyd) bei 50—100°. Z. B. tropft man in ein Gemisch von 342 (g) Benzolsulfonmethylamid u. 1,5 NaOH bei 85—90° 110 I ein u. erhitzt nach beendetem Eintropfen noch 1—2 Std. auf 85°. Es entsteht *Benzolsulfonmethylamidopropionsäurenitril*, $C_6H_5\cdot SO_2\cdot N(CH_3)\cdot CH_2\cdot CH_2\cdot CN$, F. 72°. Weitere solche Verbb. sind z. B. $C_6H_5\cdot SO_2\cdot N(CH_2CH_2CN)_2$, F. 92°; dessen *3.4-Dichlorderiv.*, F. 158°, u. *2.4.6-Triisopropylderiv.*, F. 143—145°; ferner *3.4-Dichlorbenzolsulfonmethylamidopropionsäurenitril*, F. 134,5°; *β-Propansulfonmethylamidopropionsäurenitril*, $Kp._{0,7-1}$ 146—148°; *2-Methyl-5-nitrobenzolsulfonmethylamidopropionsäurenitril*, F. 119°. — Die Propionsäurenitrile werden zur Herst. von Arzneimitteln, Insekticiden, Farbstoffen, Prodd. zum Behandeln von Textilien, weichmachenden Mitteln für Cellulose verwendet. (**F. P. 1 013 941** vom 22/10. 1942, ausg. 6/8. 1952.) OPPERMANN. H 1090

Centre National de la Recherche Scientifique, Seine, Frankreich (Erfinder: **H. Pourrat**), *Herstellung von Diallylphthalat.* Man läßt Allylalkohol mit geschmolzenem Phthalsäureanhydrid bei 135° in Ggw. von p-Toluolsulfonsäure (Katalysator) reagieren. Das bei der Rk. entstehende W. bildet mit dem Allylalkohol ein bin. azeotrop. Gemisch, welches man durch Verdampfen in Ggw. eines wasseranziehenden Mittels (z. B. CaC_2) zerstört. Der abgetrennte Allylalkohol geht in den Arbeitsgang zurück. — Vorrichtung. (**F. P. 1 012 528** vom 9/11. 1949, ausg. 11/7. 1952.) OPPERMANN. H 1220

N. V. de Bataafsche Petroleum Mij., Den Haag, Holland (Erfinder: **Sumner Hatch McAllister, Charles Lawrence Raymond** und **Alexander January Cherniavsky**, Emeryville, Calif., V. St. A.), *Reinigung von Diallylphthalat* (I) durch Dampfdest. im Vakuum in einer Destillierkolonne mit aus übereinander angeordneter Trenn-, Heiz-, Rektifizier- u. Kondensationszone. Das rohe **I** wird auf eine wesentlich unterhalb der Zersetzungstemp. liegende Temp. vorgewärmt u. in den oberen Teil der Heizzone eingeführt. Der nicht verdampfte Teil wird teilweise am Boden dieser Zone abgezogen, teilweise wieder erhitzt u. in den oberen Teil der Heizzone zurückgeführt. Am Boden der Trennzone wird unter vermindertem Druck überhitzter Wasserdampf eingeführt. Die hochsd. Anteile werden am Boden der Trennzone u. die niedrigsd. aus der Kondensationszone abgeführt. Als Ausgangsstoff dient ein Gemisch aus monomerem u. polymerem **I**, das auf ca. 150—200° vorerhitzt wird, wobei der Druck in der Kolonne ca. 20—100 mm Hg beträgt. — Vorr., Zeichnung. (**D. B. P. 859 153** Kl. 12o vom 5/9. 1950, ausg. 11/12. 1952. A. Prior. 17/11. 1947.) KRAUSS. H 1220

E. I. du Pont de Nemours & Co., V. St. A. (Erfinder: **Lawton Arthur Burrows, Robert Morris Cavanaugh** und **Wesley Michael Nagle**), *Herstellung von Terephthalsäure.* Man läßt bei Drücken von 14—35 at u. Tempp. von 180—250° ein p-disubstituiertes Bzl. mit 3—60%ig. HNO_3 reagieren. — Z. B. erhitzt man 5 g p-Toluylaldehyd mit 100 g 30%ig. HNO_3 30 Min. auf 190°. Man erhält eine Gesamtausbeute von 71,4% an Reaktionsprodd. mit ca. 90% an Terephthalsäure. Andere geeignete Ausgangsstoffe sind p-Toluylsäure, deren Methylester, α-Nitro-p-xylol, p-Toluylaldehyddiacetal u. p-[Chlormethyl]-toluol. (**F. P. 1 013 800** vom 3/3. 1950, ausg. 4/8. 1952. A. Prior. 9/8. 1949.) OPPERMANN. H 1220

Monsanto Chemical Co., St. Louis, übert. von: **Dorothy J. Harvey**, University City, und **Ferdinand B. Zienty**, Brentwood, Mo., V. St. A., *Gentisinsäure (= 2.5-Dioxybenzoesäure)*, F. 205—206°, erhält man durch Erhitzen von Hydrochinon mit Alkali- oder NH_4-Carbonaten oder Bicarbonaten mit CO_2 auf 175—200° u. mindestens 300 lbs./sq.in. in fl. Phase in Ggw. von mindestens 10 (%) W. u. eines üblichen organ. Lösungsm.; höchste genannte Ausbeute 87%. (**A. P. 2 608 579** vom 20/5. 1949, ausg. 26/8. 1952.) KRAUSS. H 1250

Chemodur G. m. b. H., Deutschland, *Gewinnung von Tyrosin aus Naturseide* (**I**). Der Staub oder die Abfälle von **I** werden mit rauchender HCl gekocht, wobei ein großer Teil der HCl abdestilliert. Die verbleibende M. wird in W. gelöst u. die Lsg. filtriert. Beim Neutralisieren der Lsg. mit Alkalien scheidet sich das rohe Tyrosin ab. Es wird in heißem W. gelöst; die Lsg. wird mit Tierkohle behandelt u. filtriert. Beim Abkühlen der Lsg. krist. das gereinigte Tyrosin. (**F. P. 1 013 494** vom 27/4. 1948, ausg. 29/7. 1952.) M. F. MÜLLER. H 1350

Farbwerke Hoechst Akt.-Ges., vormals Meister Lucius & Brüning, Frankfurt/M.-Höchst, *Herstellung von Oxyphenylserinen* durch Kondensation von Benzyloxybenzaldehyden mit Glykokoll in Ggw. von Alkalihydroxyden u. durch anschließende Abspaltung des Benzylrestes. — Als Benzaldehyde eignen sich z. B. o-, m-, p-Benzyloxybenzaldehyd, 3.4-Di-(benzyloxy)-benzaldehyd, 2.5-Di-(benzyloxy)-benzaldehyd, 3.5-Di-(benzyloxy)-benzaldehyd, 2-Benzyloxy-5-chlorbenzaldehyd, Tribenzyloxybenzaldehyd. — p-Benzyloxybenzaldehyd u. Glykokoll bilden *p-Benzyloxyphenylserin*, F. 205°, welches durch Abspaltung der Benzylgruppe in das *p-Oxyphenylserin* übergeht, F. 195°. — Ebenso erhält man auch *o-Oxyphenylserin*, F. 133—135°, *2-Oxy-5-chlorphenylserin*, F. 195°, *3.4-Dioxyphenylserin*, F. 218—220°. (**Oe. P. 177 770** vom 23/4. 1952, ausg. 10/3. 1954. D. Prior. 9/5. 1951.) M. F. MÜLLER. H 1350

C. H. Boehringer Sohn, Ingelheim/Rh., *Amide von Aminocarbonsäuren und Peptiden* entstehen aus NH_3 oder Aminoverbb. durch Rk. mit aliphat. oder aromat. acylierten Mercaptanen. — *Carbobenzoxyglycinamid.* Man kocht Carbobenzoxythioglycin-S-phenylester mit konz. NH_3, F. 136°.—Analog: *Phthalylalanylanilid*, F. 128°. — *Tri-γ-aminobuttersäureamid.* (**E. P. 699 678** vom 2/4. 1952, ausg. 11/11. 1953. D. Prior. 2/4. 1951.) LANGER. H 1350

Dow Chemical Co., Midland, Mich., V. St. A. (Erfinder: **Stevens S. Drake** und **John L. Lang**), *Stabilisierung von kernchlorierten Styrolen gegen Polymerisation* erfolgt durch Zusatz von 0,05—5, bes. 0,5—2% eines 2.6-Dinitro-4-alkyl- oder -cycloalkylphenols (Alkyl oder Cycloalkyl mit höchstens 6 C-Atomen, wie Methyl, Äthyl, Isopropyl, tert. Butyl, Cyclohexyl). Stabilisiert werden: 2-, 3- u. 4-Chlorstyrol u. deren Mischungen (Tabellen). (**E. P. 673 611** vom 7/9. 1950, ausg. 11/6. 1952.) KRAUSS. H 1410

Farbenfabriken Bayer Akt.-Ges., Leverkusen (Erfinder: **Gustav von Schuckmann**, Krefeld), *Hydrierungskatalysator zur Hydrierung organischer Verbindungen*, bes. in der Gasphase, nach D. B. P. 889 591; C. **1954**. **4040**, bestehend aus Ni, ca. 5 bis ca. 25 (%) Cr-Oxyd u. ca. 5 bis ca. 10 Al_2O_3. — Phenol → *Cyclohexanol.* — Anilin → 70 *Dicyclohexylamin*, 20 *Cyclohexylamin* + 10 *Cyclohexylanilin.* — Benzoesäureäthylester → *Hexahydrobenzoesäureäthylester.* — Acetophenon → *Äthylbenzol.* — Benzophenon → *Diphenylmethan.* — Benzaldehyd → *Toluol.* — Benzylcyanid → *Äthylbenzol* + NH_3. (**D. B. P. 904 529** Kl. 12o vom 7/8. 1942, ausg. 18/2. 1954. **Zusatz zu D. B. P. 889 591; C. 1954. 4040.**) KRAUSS. H 1810

Universal Oil Products Co., Chicago, übert. von: **Carl B. Linn,** Riverside, Ill., V. St. A., *Cycloalkyl-* u. *Cycloalkenylhalogenide* erhält man durch Anlagerung von HCl, HBr u. HJ bei ca. —10 bis ca. +100° an konjugierte oder nichtkonjugierte Polyolefine in Mischung mit cycl. KW-stoffen, bes. von Cyclopentenen der Formel I

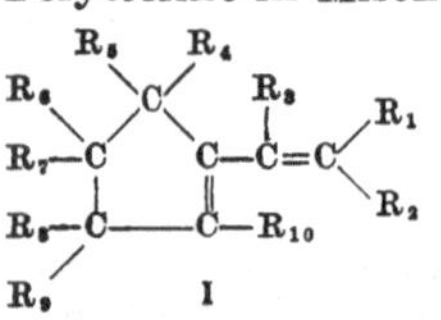

(R_1—R_{10} = H, Alkyl, Alkenyl, Alkpolyenyl, Cycloalkyl, höchstens zwei der Gruppen von R_1—R_4 = H), z. B. mit einem Kp. von 150—450°, einer Br-Zahl von ca. 140, einer Maleinsäureanhydridzahl von ca. 30—90 u. einem Durchschnitts-Mol.-Gew. von ca. 150 bis ca. 1000, zweckmäßig ca. 300, die bei der Polymerisation von Olefinen oder Polyolefinen oder Acetylen-KW-stoffen mit wenigstens 3 C-Atomen in fl. HF als Schlamm anfallen. — Man gibt 268 (Teile) eines Mischpolymeren aus Propylen u. Butylenen (Br-Zahl 132, Durchschnitts-Mol.-Gew. 105, Kp. 28—225°) bei 93,5° in 1 Std. zu 222 fl., wasserfreiem HF u. rührt ½ Stunde. Nach dem Absitzen bildet sich eine gesätt. KW-stoff- u. eine Schlammphase, diese wird nach dem Abtrennen u. Extrahieren mit Pentan mit Eiswasser zers. u. die KW-stoffe dest., Kp. ca. 152—418°, Br-Zahl 178, Maleinsäureanhydridzahl 85, GARDNER-Farbzahl ca. 13—14. In 128 g des HF-Schlammproduktes leitet man in einem Cu-Gefäß bei 25° innerhalb 65 Std. 420 g HCl ein u. zers. anschließend mit Eiswasser. Durch Extraktion der organ. Phase mit Pentan u. Dest. erhält man ein *wasserlösl. Öl,* Durchschnitts-Mol.-Gew. 317, Cl-Geh. 2,3%, HF-Geh. 0,009%. Durch Hydrolyse mit wss. Alkalien entstehen die entsprechenden *Alkohole,* mit NH_3 *Amine,* mit Cyaniden *Nitrile.* — Zwischenprodd. für *Harze* u. *trocknende Öle.* (**A. P. 2 591 841** vom 1/10. 1949, ausg. 8/4. 1952.) KRAUSS. H 1810

Purdue Research Foundation, übert. von: **Earl T. McBee,** West Lafayette, Ind., und **Waldo B. Ligett,** Detroit, Mich., V. St. A., *Perfluoralkylcyclohexane* nebenst. Formel (1—4 X = Perfluoralkyl mit 1—8 C-Atomen, restlichem X = F) erhält man durch

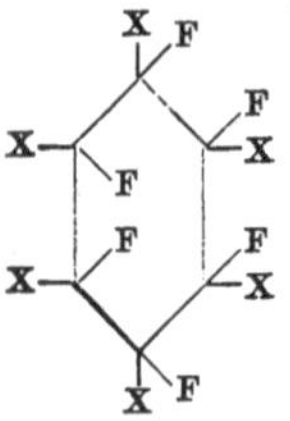

Fluorierung von Alkylbenzolen, Alkylcyclohexanen, Chlor- u. Bromalkylbenzolen u. -alkylcyclohexanen, Arylolefinen u. Cyclohexylolefinen mit Fluorierungsmitteln (AgF_2, PbF_4, CeF_4, MnF_3, CoF_3. — p-Cymol gibt beim Erhitzen mit AgF_2 bei 150—360° nach 15 Std. *Eikosafluor-1-methyl-4-isopropylcyclohexan,* $Kp._{743}$ 143—144°. — Äthylbenzol → *Perfluoräthylcyclohexan* (16 F-Atome). — Isopropylbenzol → *Octadekafluorisopropylcyclohexan,* $Kp._{751}$ 123°. — Diäthylbenzol → *Eikosafluordiäthylcyclohexan,* $Kp._{751}$ 142—142,5°. — Xylole → *Hexadekafluordimethylcyclohexane,* $Kp._{738}$ 100°. — *Perfluormethyl-, Perfluorsek.-amyl-, Perfluor-1.3-diäthyl-5-methyl-, Perfluortetramethyl-, Perfluor-1.3.5-trimethyl-, Perfluorpentamethyl-, Perfluor-n-octyl-, Perfluor-4-n-octyl-1.3.5-trimethyl-, Perfluor-tert.-octyl, Perfluoroctadecylcyclohexan.* — *Lösungsmittel, Schmiermittel* u. *Wärmeübertragungsmittel.* (**A. P. 2 606 212** vom 28/7. 1944, ausg. 5/8. 1952.) KRAUSS. H 1810

Universal Oil Products Co., Chicago, übert. von: **Louis Schmerling,** Riverside, Ill., V. St. A., *Spirocycloalkadiene* u. *-alkane* erhält man durch Kondensation von

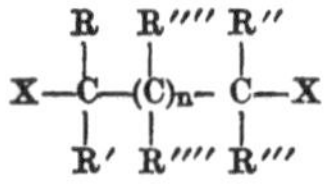

I

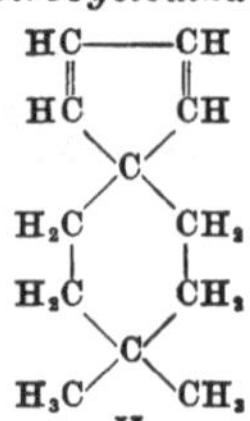

II

Alkalimetallcycloalkadienen mit Dihalogenalkanen der Formel I (R, R', R'', R''' u. R'''' = H u. Alkyl, X = Halogen, n = 1—5) u. anschließende katalyt. Hydrierung. — Aus Cyclopentadien-Na u. 1.5-Dibrom-3.3-dimethylpentan entsteht bei 60° *5.5-(3'.3'-Dimethylpentamethylen)-1.3-cyclopentadien* $C_{12}H_{18}$ (II), $Kp._2$ 43—45°, F. —78°, F. des *Maleinsäureanhydridadduktes* $C_{16}H_{20}O_3$ = 140°; daraus durch Hydrierung in n. Pentan bei 50—75° in Ggw. von Ni auf Diatomeenerde *8.8-Dimethylspiro-4.5-decan* (= *1.1-Tetramethylen-4.4-dimethylcyclohexan*), $C_{12}H_{22}$, $Kp._2$ 57—58°; F. —22°. Die Rk. kann auch mit in fl. NH_3 gelöstem Na durchgeführt werden. (**A. P. 2 563 074** vom 25/7. 1947, ausg. 7/8. 1951.) KRAUSS. H 1810

Sloss-Sheffield Steel & Iron Co., Birmingham, übert. von: **Carl Bordenca,** Homewood, Ala., V. St. A., *Cyclische Aldehyde und Alkohole* erhält man aus aromat. KW-stoffen u. CO u. H_2 bei hohen Drucken (150—1550 lbs./sq.in.) u. bei 150—300° in Ggw. von Co oder Ni, bes. in aktivierter Form u. auf Träger aufgebracht. Alkohole entstehen unter schärferen Bedingungen. — Bzl. mit CO u. H_2 bei 212° u. 2200 lbs./sq.in. in Ggw. frisch red. Co auf Kieselgur, ergibt *Cyclohexanmethanol*, F. des Phenylurethans 79°. Toluol ergibt *Methylcyclohexan* u. *Methylcyclohexanmethanol*. Dieses geht bei der Oxydation in *p-Methylcyclohexancarbonsäure* über, das Amid besitzt F. 195°. (**A. P. 2 619 506** vom 2/3. 1948, ausg. 25/11. 1952.) G. König. H 1870

Imperial Chemical Industries Ltd., London, England, *Alicyclische Amine*. Einen oder 2 Phenylreste u. höchstens noch Alkylreste enthaltende Amine werden kontinuierlich in fl. Phase bei 135—170°, zweckmäßig über 50 at in Ggw. eines körnigen bis stückigen Katalysators hydriert, dessen Teilchen einen Kern aus einer Legierung von Ni bzw. Co mit einem durch Extraktion mit einer lösenden wss. Fl. (Alkalien, NH_3) entfernbaren Metall (Al) u. eine äußere Schicht aus katalyt. wirksamem porigem Ni bzw. Co enthalten. — Aus Anilin + H_2 u. 250 at in Ggw. von porigem Co (Korndurchmesser 0,31—0,63 cm) bei 140—160° → *Cyclohexylamin*, Kp. 134°, u. etwas *Dicyclohexylamin*, Kp. 256°. — Bis-(p-aminophenyl)-methan → *Bis-(p-aminocyclohexyl)-methan*. — Dimethylanilin → *Dimethylcyclohexylamin*. (**Schwz. P. 294 332** vom 19/2. 1949, ausg. 16/1. 1954.) Krauss. H 2110

Dow Chemical Co., übert. von: **Paul A. Wolf**, Midland, und **Clarence L. Moyle**, Clare, Mich., V. St. A., *Dioxydiphenylmethane* der Formel I (R = Benzyl, Chlorbenzyl, Cyclohexyl, X = Cl, H) erhält man durch Kondensation von 1 (Mol) 2-substituiertem 4-Chlorphenol mit 1 Di- oder Trichlorphenol u. 1 CH_2O oder diesen abgebenden Stoffen in Ggw. von H_2SO_4 bei ca. 20—130°. — Aus 2-Cyclohexyl-4-chlorphenol (II), E. 57,1°, 2.4.5-Trichlorphenol u. Paraformaldehyd in Eisessig u. 96%ig. H_2SO_4 anfangs bei 3—15° bis zu 91° → *3-Cyclohexyl-2.2'-dioxy-3'.5.5'.6'-tetrachlordiphenylmethan* (III), aus „Skellysolve“, F. 151,8°. — II + 3.5.6-Trichlorsaligenin, F. 121,5—122°, → III. — II + 3.5-Dichlorsaligenin → *3-Cyclohexyl-2.2'-dioxy-3'.5.5'-trichlordiphenylmethan*, $C_{19}H_{19}O_2Cl_3$, F. 176—176,5°. — *3-(4'-Chlorbenzyl)-2.2'-dioxy-3'.5.5'.6'-tetrachlordiphenylmethan*, $C_{20}H_{13}O_2Cl_5$, F. 156 bis 147,5°. — *3-Benzyl-2.2'-dioxy-3'.5.5'.6'-tetrachlordiphenylmethan*, F. 146—147,5°. — *3-Benzyl-2.2'-dioxy-3'.5.5'.6-tetrachlordiphenylmethan*. *Germicide*, bes. gegen *Staphylococcus aureus*, u. als Zusatzmittel für *Seifen*, *Reinigungsmittel*, *plast. Massen*, *Kautschukwaren*, *Kosmetika*, *Verbandzeug*, *Zahnpulver*, *Salben* u. *Cremes*. (**A. P. 2 616 932** vom 26/6. 1951, ausg. 4/11. 1952.) Krauss. H 2260

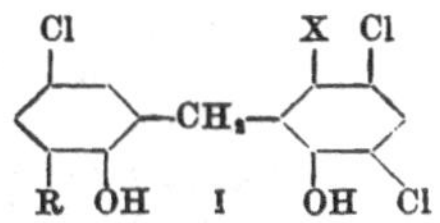

American Cyanamid Co., New York, N. Y., V. St. A., *Abtrennung aromatischer Kohlenwasserstoffe* (*Naphthalin*) von Paraffinen durch extraktive Dest. aus diese enthaltenden Petroleum-KW-stoffen erfolgt in einer Fraktionierzone unter teilweisem Rückfluß im Gegenstrom zu geschmolzenem Phthalsäureanhydrid, in welchem sich die Aromaten lösen u. durch Dest. abgetrennt werden können. — 2 Diagramme. Vorr., Zeichnung. (**E. P. 673 511** vom 3/6. 1949, ausg. 4/6. 1952. A. Prior. 3/6. 1949.) Krauss. H 2700

Farbenfabriken Bayer Akt.-Ges., Leverkusen (Erfinder: **Walter Salzer** und **Ernst Auhagen**, Wuppertal), *Methansulfonate*. Verbb. mit reaktionsfähigem H werden in bekannter Weise mit HCHO u. sek. Aminen zu sogenannten Mannich-Basen u. diese mit schwefeligsauren Salzen umgesetzt. — Aus 2-(Dimethylaminomethyl)-cyclohexanon + $NaHSO_3$ in Methanol unter Erwärmen *Na-Cyclohexanon-2-methylsulfonat*. — Dimethylaminobutanon → *Na-Butan-2-on-4-sulfonat*. — Piperidinopropiophenon → *Ba-Benzoyläthansulfonat*. — 1-Dimethylaminomethyl-2-oxynaphthalin → *Na-2-Oxynaphthalin-1-methansulfonat*. — Zwischenprodukte. (**D. B. P. 902 736** Kl. 12o vom 28/12. 1949, ausg. 28/1. 1954.) Krauss. H 2700

Phillips Petroleum Co., Del., übert. von: **Clarence Jack Thomas**, Bartlesville, Okla., V. St. A., *Äthylenoxyd* (I) erhält man bei der katalyt. Oxydation von C_2H_4 mit anschließender Absorption von I in einem halogenhaltigen Paraffin-, Cycloparaffin- oder aromat. KW-stoff oder halogeniertem Äther mit 4—8 C-Atomen. Der Kp. der Absorptions-Fl. soll zwischen 35—350° liegen. Die Absorption wird unter Bedingungen (0—100° u. bis 200 lbs./sq.in.) durchgeführt, daß ein Teil der Absorptions-Fl. mit den nichtabsorbierten Gasen in den Reaktionsraum zurückgeleitet wird. Dadurch wird die CO_2-Bldg. während der Oxydation unterdrückt. — Zeichnung. (**A. P. 2 622 088** vom 29/6. 1950, ausg. 16/12. 1952.) G. König. H 3030

Daniel-Robert-Urbain-Marie de Fos, Seine, Frankreich, *Herstellung von Furfurol*, Man dest. das Ausgangsmaterial (z. B. Flachsschäbe, Haferspreu) mit HCl unter Zusatz einer den Kp. erhöhenden Substanz, die keinen schädlichen Einfl. auf den Säuregeh. ausübt (z. B. NaCl). Man kann auch H_2SO_4 u. NaCl im Überschuß verwenden, wobei dann durch die Einw. der H_2SO_4 auf einen Teil des NaCl HCl-Bldg. erfolgt.

Auf diese Weise ist es möglich, ohne Überdruck zu destillieren. (**F. P. 1 000 266** vom 23/11. 1949, ausg. 11/2. 1952.) OPPERMANN. H 3061

Badische Anilin- & Soda-Fabrik, Deutschland, *Herstellung von 3.4-Dioxypyrrolidinen.* Zu D. B. P. 805 522; C. **1951**. II. 2112 ist nachzutragen: Man kann auf gleiche Weise wie N-p-Anisyl-3.4-dioxypyrrolidin, das *N-Phenetidyl-3.4-dioxypyrrolidin*, F. 153 bis 155°, u. wie die N-p-Chlorphenylverb. das *N-o-Tolyl-3.4-dioxypyrrolidin*, $Kp._{13}$ 213—215°, herstellen. (**F. P. 1 000 308** vom 24/11. 1949, ausg. 11/2. 1952. D. Prior. 28/5. 1949.) OPPERMANN. H 3081

Ciba Ltd., übert. von: **Ch. Graenacher** und **F. Ackermann**, Basel, Schweiz, *Herstellung von Diimidazolen* der allg. Formel I, worin A ein gegebenenfalls substituierter

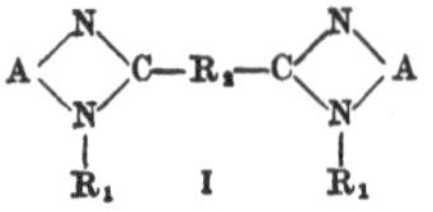

I

aromat. Ring ist, in welchem 2 benachbarte C-Atome an die beiden N-Atome des Imidazolrings gebunden sind; R_1 = H oder Alkyl- oder Aralkylrest, R_2 ist ein zweiwertiger Rest, welcher wenigstens eine Doppelbindung enthält u. welcher mit den >C=N-Doppelbindungen der beiden Imidazolringe eine ununterbrochene Folge von konjugierten Doppelbindungen bildet. — Das Verf. besteht darin, daß geeignete aromat. Diamine umgesetzt werden mit aliphat. Dicarbonsäuren, welche in $\alpha:\beta$-Stellung eine Doppelbindung besitzen, oder mit heterocycl. Dicarbonsäuren, welche in 2:5-Stellung Carbonsäuregruppen enthalten, oder mit deren Halogeniden, Anhydriden oder Estern. — Die Diimidazole sind feste Substanzen, welche in alkoh. Lsg. im UV-Licht eine ausgesprochene *Fluorescenz* zeigen. (**Can. P. 481 651** vom 27/1. 1945, ausg. 11/3. 1952.) M. F. MÜLLER. H 3122

Rohm & Haas Co., übert. von: **Stanley P. Rowland**, Philadelphia, Pa., V. St. A., *Herstellung von β-Succinimidoäthylestern* der Formel I, wobei R^1 = Alkyl-, Aryl-,

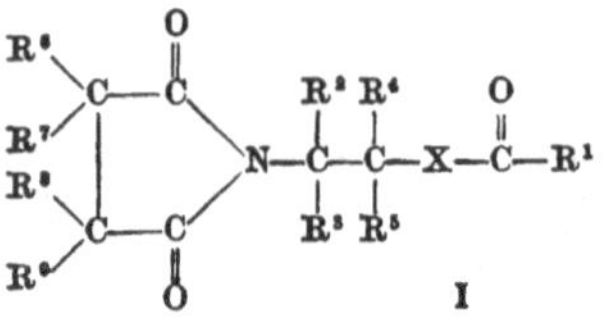

I

Aralkyl-, Alkaryl-, Cyclohexyl- oder ein ein- oder zweifach ungesätt. aliphat. KW-stoffrest mit nicht >17 C-Atomen, R^2, R^3, R^4, R^5 = H, Alkyl-, Aryl-, Aralkyl-, Alkaryl- oder Cycloalkylrest, R^6, R^7, R^8, R^9 = H, Alkyl- oder Alkenylrest, X = S oder O sind, z. B. *β-Succinimidoäthylester* (I) *der Ölsäure*, dad. gek., daß man äquimol. Mengen von Bernsteinsäureanhydrid (II) oder entsprechend substituiertem II mit entsprechend substituierten Azolinen, z. B. 2-Heptadecenyloxazolin, auf 50—250° erhitzt. Analog: I der Linolensäure, I der Thiolinolensäure, I der Laurinsäure, Succinimidoisopropyllinoleat. (**A. P. 2 547 494** vom 17/12. 1949, ausg. 3/4. 1951.) LÜTTGEN. H 3132

Dow Chemical Co., übert. von: **Wesley C. Stoesser**, Midland, und **Edmund H. Sommerfield**, Bay City, Mich., V. St. A., *3-Chlorcumarin*, F. 120—121,5°, erhält man durch Chlorieren von geschmolzenem Cumarin mit Cl_2 im Verhältnis 1 : 1,0 bis 1 : 1,2 bei 70—125° in Abwesenheit von Chlorierungskatalysatoren für den Benzolring; Ausbeute 82,4%. (**A. P. 2 562 873** vom 19/1. 1950, ausg. 31/7. 1951.) KRAUSS. H 3211

Allied Chemical & Dye Corp., übert. von: **Karl H. Engel**, New York, N. Y., V. St. A., *Abtrennung von Isochinolin* aus N-Basengemischen, in denen das Mengenverhältnis von Isochinolin : Chinaldin größer als 2 : 1 ist. Das nahezu wasserfreie Gemisch wird mit einer Menge HCl behandelt, die unterhalb der zur Ausfällung des gesamten Isochinolins erforderlichen liegt. (**Can. P. 487 744** vom 3/11. 1947, ausg. 4/11. 1952. A. Prior. 26/10. 1942.) WITTHOLZ. H 3231

Allied Chemical & Dye Corp., übert. von: **Karl H. Engel**, New York, N. Y., V. St. A., *Abscheidung von Chinaldin.* In ein Gemisch von Chinaldin u. N-Basen vom gleichen Kp., in welchem das Gewichtsverhältnis Chinaldin : Isochinolin ca. 1 : 2 beträgt, wird in wasserfreiem Medium HCl eingeleitet; die an HCl notwendige Menge entspricht der zur Ausfällung des Chinaldins als HCl-Salz theoret. erforderlichen. Das gebildete HCl-Salz wird vom Gemisch abgetrennt. (**Can. P. 487 743** vom 16/10. 1946, ausg. 4/11. 1952. A. Prior. 16/2. 1946.) WITTHOLZ. H 3231

Imperial Chemical Industries Ltd. (Erfinder: **Arthur D. Ainley, Francis H. Swinden Curd** und **Dora N. Richardson**), England, *Herstellung von quaternären Salzen von Pyrimidinderivaten*, bes. von 2-, 4- oder 6-Aminopyrimidinen, welche in weiteren Stellungen als 2-, 4- oder 6-Stellung durch ein Halogenatom oder durch die Gruppe —SR substituiert sind, worin R ein KW-stoffrest ist. — Ein Gemisch von 19,2 (Teilen) 4-Chlor-2-amino-6-methylpyrimidin (I) u. 20 CH_3J wird 6 Std. im geschlossenen Gefäß bei 115—120° erhitzt. Es entsteht dabei das *3-Methojodid* vom *4-Jod-2-amino-6-methylpyrimidin*, F. 260°, u. das *1-Methojodid* von I, F. 261—262°. — Ein Gemisch von 5,2 (Teilen) 4-Chlor-2.6-diaminopyrimidin (II), 9,6 Methyljodid u. 20 β-Äthoxyäthanol wird 5 Std. unter Rückfluß erhitzt. Es bildet sich das *1-Methojodid* von II, F. 297°,

u. das *3-Methojodid* von II, F. 261—262°. — Ebenso wird das 4-Jod-2.6-diaminopyrimidin in das *1-Jodmethylat*, F. 255°, übergeführt. — Die Verb. I wird mit Dimethylsulfat in Nitrobenzollsg. bei 80—90° erhitzt. Es entsteht dabei das *1-Methosulfat* von I, F. 155—157°. Dieses setzt sich mit NaJ in wss. Lsg. bei 85° in das *1-Jodmethylat* um. — 5 (Teile) I, 24 Nitrobenzol u. 7,5 p-Toluolsulfonsäuremethylester werden 4½ Std. bei 90—95° erhitzt. Die entstandene quaternäre NH_4-Verb. wird mit NaJ in das *1-Jodmethylat* von I übergeführt. — Weiter wird hergestellt das *1-Jodmethyl-4-amino-2-methylthio-6-methylpyrimidin*, F. 261°, das *1-Jodmethyl-2-amino-4-methylthio-6-methylpyrimidin*, F. 223—224°. (**F. P. 1 017 750** vom 19/8. 1948, ausg. 18/12. 1952. E. Prior. 22/8. 1947.) M. F. MÜLLER. H 3272

Chimie et Atomistique, Seine, Frankreich (Erfinder: **David Libermann** und **Louis Hengl**), *Herstellung von Naphthylthiouracilen.* Man kondensiert einen naphthylierten β-Ketoester mit Thioharnstoff (I) in Ggw. von Na-Äthylat in alkoh. Medium. — Z. B. versetzt man eine Lsg. von 3,4 g Na in 200 cm³ absol. A. mit 7,9 g I, erhitzt zum Sieden u. gibt in 30 Min. 19,7 g β-Naphthoylessigsäureäthylester hinzu. Nach 7std. Sieden dest. man den A. ab, nimmt den Rückstand mit W. auf u. filtriert. Beim Ansäuern des Filtrats mit HCl fällt *6-[β-Naphthyl]-2-thiouracil* aus, F. 303°. Ferner sind angeführt: *6-[α-Naphthyl]-2-thiouracil*, F. 307°; *6-[β-Naphthylmethyl]-2-thiouracil*, F. 267—268°, aus I u. γ-[β-Naphthyl]-acetessigsäureäthylester; *6-[α-Naphthylmethyl]-2-thiouracil*, F. 288°. Die Thiouracile werden als Antibiotica u. als insekticide Mittel verwendet. (**F. P. 1 012 767** vom 17/12. 1949, ausg. 17/7. 1952.) OPPERMANN. H 3272

Abbott Laboratories, übert. von: **A. W. Weston und K. E. Hamlin jr.,** V. St. A., *Herstellung von Piperazinverbindungen und ihren Salzen* der allg. Formel I, worin R = H oder eine Alkyl- oder Alkanolgruppe mit höchstens 4 C-Atomen, ferner eine Guanyl- oder eine Dialkylaminoalkylgruppe mit bis zu 6 C-Atomen bedeutet. R_2 ist H oder eine Alkylgruppe mit bis zu 4 C-Atomen, R_3 u. R_4 sind einfache oder substituierte Arylgruppen, welche als Substituenten

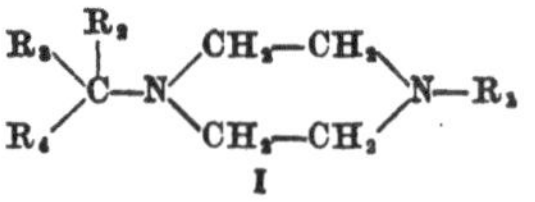

I

einen Aryl-, heterocycl. oder alicycl. Rest. enthalten können. R_1 u. R_2 sind beide Alkylgruppen mit zusammen nicht mehr als 4 C-Atomen. — Ein Gemisch von p-Chlorbenzhydrylchlorid u. N-Methylpiperazin wird in wasserfreiem Xylol gelöst u. nach Zusatz von Na_2CO_3 60 Std. unter Rückfluß erhitzt. Das Reaktionsgemisch wird mehrere Male mit verd. HCl extrahiert u. die sauren Wasch-Fll. werden vereinigt, welche danach mit NaOH alkal. gemacht werden. Das dabei abgeschiedene Öl wird mehrmals mit Ae. extrahiert. Die vereinigten Ätherextrakte werden getrocknet u. durch Einleiten von HCl-Gas die Dihydrochloride gebildet. Man erhält das *N-(p-Chlorbenzhydryl)-N'-methylpiperazindihydrochlorid*, F. 220—221°. *Monohydrochlorid*, F. 223—224°. — In entsprechender Weise erhält man *N-(p-Brombenzhydryl)-N'-methylpiperiazin, 2 HCl*, F. 249—250°. — Aus N-Methylpiperazin u. Benzhydrylchlorid entsteht *N-Benzhydryl-N'-methylpiperazin*, F. 105—108°. *Dihydrochlorid*, F. 258—260°. — In weiteren Beispielen sind folgende Verbb. hergestellt worden: *N-(p-Methoxybenzhydryl)-N'-methylpiperiazin*, Kp.$_{0,7}$ 168—169°, *Dihydrochlorid*, F. 194—195°. — *N-(p.p'-Dichlorbenzhydryl)-N'-methylpiperazin, Dihydrochlorid*, F. 245—246°. — *N-Benzhydryl-N'-(β-oxäthyl)-piperazin, Dihydrochlorid*, F. 229. — *N-Benzhydryl-N'-äthylpiperazin, Dihydrochlorid*, F. 241°. — *N-Benzhydryl-N'-(β-dimethylaminoäthyl)-piperazin, Dihydrochlorid*, F. 255 bis 257°. — *N-(p-Jodbenzhydryl)-N'-methylpiperazin*, Kp. 181°, *Monohydrochlorid*, F. 260—261°. — Aus N-Methylpiperazin (I) u. α-(2-Pyridyl)-benzylchlorid erhält man *N-[α-(2-Pyridyl)-benzyl]-N'-methylpiperazin*, F. 95—97°. — Aus I u. p-Fluorbenzhydrylchlorid entsteht *N-(p-Fluorbenzhydryl)-N'-methylpiperazin*, Kp.$_{0,6}$ 140—141°, *Monohydrochlorid*, F. 230—231°. — I u. p-Methylbenzhydrylchlorid geben *N-(p-Methylbenzhydryl)-N'-methylpiperazin*, Kp.$_1$ 159—160°, *Monohydrochlorid*, F. 228—229°. — I u. α-Cyclohexyl-p-chlorbenzylchlorid bilden *N-(α-Cyclohexyl-p-chlorbenzyl)-N'-methylpiperazin, Dihydrochlorid*, F. 278—279°. — N-Äthylpiperazin u. p-Chlorbenzhydrylchlorid setzen sich um zu *N-(p-Chlorbenzhydryl)-N'-äthylpiperzain, Dihydrochlorid*, F. 227,5—228°. — I u. o-Chlorbenzhydrylchlorid geben *N-(o-Chlorbenzhydryl)-N'-methylpiperazin, Monohydrochlorid*, F. 272—273°. — Weiter sind noch genannt: *N-(α-2-Thienylbenzyl)-N'-methylpiperazin, Dihydrochlorid*, F. 202°, *N-Benzhydryl-N'-n-butylpiperazin, Dihydrochlorid*, F. 248°, *N-(p-Chlorbenzhydryl)-N'-n-butylpiperazin, Dihydrobromid*, F. 253,5—255°, *N-(m-Chlorbenzhydryl)-N'-methylpiperazin, Monohydrochlorid*, F. 249—250°, *N-Benzhydryl-N-'-methylolpiperazin*, *N-(α-2-Thienyl-p-chlorbenzyl)-N'-methylpiperazin, Dioxalat*, F. 216°, *N-(p-Chlorbenzhydryl)-N'-(4-oxy-n-butyl)-piperazin, Dihydrochlorid*, F. 211—212°. — Di-(β-chloräthyl)-methylaminchlorhydrat wird mit K_2CO_3 in Methanollsg. unter Rückfluß, erhitzt u. nach Zusatz von α.α'-Diphenyläthylamin wird unter Rückfluß 18 Std. lang erhitzt. Danach wird abgekühlt u. filtriert. Es entsteht *N-(α-Methylbenzhydryl)-N'-methylpiperazin*, $Kp._{0,7}$, 162—165°, *Dihydrochlorid-Monohydrat*, F. 203—205°. — N-Benzhydrylpiperazin u. S-Methylisothioharnstoffsulfat in sd. A. erhitzt geben *N-Benzhydryl-N'-guanylpiperazinsulfat*, F. 294—295°. — N-(p-Chlorbenzhydryl)-bis-(β-chloräthyl)-aminhydrochlorid u. Methylamin bilden *N-(p-Chlorbenzhydryl)-N-methylpiperazin*, $Kp._{0,1}$ 150 bis 152°, *Monohydrochlorid*, F. 223—224°, *Jodmethylat*, F. 119—120°. — *N-(p-Chlorbenzhydryl)-N'-carbäthoxypiperazin*; *N-Benzhydryl-N'-carbäthoxypiperazin*, F. 114 bis 115°; *N-Carbäthoxy-N'-(4-oxybutyl)-piperazin*, $Kp._{0,4}$ 165—168°, *Monohydrochlorid*, F. 118—119°. — N-Carbäthoxy-N'-n-butylpiperazin wird mit konz. HCl gekocht. Durch Hydrolyse entsteht N-n-Butylpiperazin, $Kp._{747}$ 192—195°. (**F. P. 996 427** vom 30/9. 1949, ausg. 19/12. 1951. A. Priorr. 30/9. 1948 u. 8/4. 1949.) M. F. MÜLLER. H 3272

American Cyanamid Co., übert. von: **Angela A. Goldman** und **Coy W. Waller**, New York, N. Y., V. St. A., *Hertellung von Pteridinperbromiden*. 2-Acetylamino-4-oxy-6-methylpteridin wird mit Brom in Eisessiglsg. bei 60—120° erhitzt. Dabei entsteht das Perbromid. — Ebenso werden andere 2-Acylaminoverbb. bromiert. (**Can. P. 488 138** vom 9/5. 1951, ausg. 18/11. 1952. A. Prior. 11/1. 1951.) M. F. MÜLLER. H 3272

Jeanne Sophie Vallernaud, Frankreich (Erfinder: **E. Bauer**), *Emulgierungs-, Netz-, Reinigungs-, enthärtende, baktericide und insekticide Mittel*, bestehend aus *Oxazinen* u. *Morpholinen*, die man zur Erhöhung ihrer oberflächenakt. usw. Eigg. mit Säuren, z. B. Ameisen-, Essigsäure, zu Salzen umsetzen oder alkylieren, arylieren, aralkylieren, sulfonieren, phosphorylieren kann. Man erhitzt z. B. 1 Mol Laurinsäuremethylester mit 1 Mol Triäthanolamin (**I**) 3 Std. auf 180—200°. Den entstandenen **I**-Ester erhitzt man in Ggw. von 1% Butylnaphthalinsulfosäure auf 230—260°, bis die Abspaltung von 1 Mol H_2O erfolgt ist, u. alkyliert das gebildete Oxazin bei 70—80° mit 1 Mol Dimethylsulfat, wobei man durch Zugabe von wss. Na_2CO_3-Lsg. dafür sorgt, daß das Reaktionsgemisch alkal. bleibt. Das methylierte Prod. besitzt hohe emulgierende u. reinigende Eigenschaften. (**F. P. 1 004 857** vom 23/5. 1947, ausg. 3/4. 1952.) OPPERMANN. H 3282

Ciba Akt.-Ges., Basel, Schweiz, *Herstellung verätherter Formaldehydkondensationsprodukte von mindestens zwei NH_2-Gruppen enthaltenden Amino-1.3.5-triazinen*, bes. des Melamins, wobei das verätherte Kondensationsprod. pro NH_2-Gruppe des Aminotriazins mindestens eine mit einem höheren, mindestens 5 C-Atome aufweisenden Alkohol verätherte Oxymethgruppe enthält, durch Umätherung eines Aminotriazin–Formaldehyd-Kondensationsprod., in welchem pro NH_2-Gruppe des Aminotriazins mindestens eine Oxymethylgruppe mit einem niederen, höchstens 4 C-Atome aufweisenden Alkohol veräthert ist, mit einem höheren Alkohol in Ggw. eines Katalysators saurer Natur. Die in der Wärme vorzunehmende Umätherung wird unter prakt. wasserfreien Bedingungen so lange durchgeführt, bis pro NH_2-Gruppe des Aminotriazins mindestens 1 Mol des niederen Alkohols abgespalten u. zum größten Teil durch Dest., bes. im Vakuum, aus dem Reaktionsgemisch entfernt ist, u. danach wird das Reaktionsgemisch vom Katalysator befreit. Die Umätherung erfolgt z. B. mit einem ungesätt. höheren Alkohol, wie er aus trocknenden Ölen durch Red. erhalten werden kann, bei 100—160° u. gegebenenfalls in Ggw. eines flüchtigen Säureanhydrids, wie Phthalsäure- oder Maleinsäureanhydrid, als Katalysator. — Methoxymethylmelamin (**I**) wird mit Stearylalkohol in Ggw. von 60%ig. unterphosphoriger Säure im Ölbad erwärmt. Dabei bildet sich *Stearyloxymethylmelamin*, welches ca. 4,5 Mol Stearylalkohol pro Mol Melamin ätherartig gebunden enthält. Das Prod. ist ein weißes hartes Wachs, Erweichungspunkt 66°. — In weiteren Beispielen wird **I** mit einem Leinöl–Alkohol-Gemisch oder mit Sojaalkohol oder mit Abietinol umgesetzt. — Die erhaltenen Prodd. dienen als Salbengrundlagen, Gebrauchswachse, Bindemittel aller Art, Lackrohstoffe. (**Oe. P. 177 418** vom 12/11. 1951, ausg. 25/1. 1954. Schwz. Prior. 4/12. 1950.) M. F. MÜLLER. H 3313

Edmund Weidner, Berlin-Charlottenburg, *Beständige, kristalline Mischung aus Hexamethylentetraminthiocyansäure und Ammonsulfat* erhält man durch Rk. von Ammonthiocyanat mit Hexamethylentetramin in Ggw. von konz. H_2SO_4 u. eines Lösungsm. (Alkohole). (**E. P. 663 700** vom 15/12. 1949, ausg. 27/12. 1951. D. Prior. 31/12. 1948.) KRAUSS. H 3344

Imperial Chemical Industries Ltd., übert. von: **Stanley F. Marrian**, London, England, *Herstellung von chloriertem Longifolen* durch Einleiten von trocknem Chlor in Longifolen in Ggw. von wenigen Kristallen Jod unter der Einw. einer Hg-Dampflampe. Man verwendet 3—8 Atome Chlor auf 1 Mol Longifolen. (**Can. P. 488 220** vom 8/5. 1948, ausg. 18/11. 1952.) M. F. MÜLLER. H 3500

Ruhrchemie Akt.-Ges., Deutschland, *Formylieren von Terpenen.* Zur Entfernung von Peroxyden u. von Säuren behandelt man die Terpene zuerst mit einer $FeSO_4$-Lsg. u. mit Alkalicarbonat oder -bicarbonatlsgg. u. setzt sie dann in Ggw. eines Katalysators mit Wassergas um. — Z. B. behandelt man 2 kg von Orangen stammende Terpene ($D.^{20}$ 0,846, n_D^{20} 1,4738, JZ. 362, VZ. 2, Hydroxylzahl 0, Carbonylzahl 12, Mol.-Gew. 141) in Ggw. eines inerten Gases mit 1000 cm^3 einer 500 g $FeSO_4 \cdot 7H_2O$/Liter W. enthaltenden Lsg. portionsweise alle 15 Min., bis sich die $FeSO_4$-Lsg. nicht mehr braun färbt. Dann wäscht man die Terpene unter Ausschluß von O_2 mit 5%ig. Na_2CO_3-Lsg., entfernt das W. u. zerlegt sie durch Dest. in Fraktionen. 500 cm^3 der zwischen 175 bis 176° sd. Fraktion verd. man mit 500 cm^3 Hexan, versetzt die Lsg. mit 50 cm^3 Co–Th–Mg-Kieselgurkatalysator u. formyliert sie bei 138° u. einem Wassergasdruck von 150 at. Dann filtriert man das Reaktionsprod. in Ggw. von N_2, behandelt es mit 1000 cm^3 10%ig. Citronensäure, wäscht es zweimal mit W. u. entfernt das Hexan. Man erhält 500 cm^3 *Terpenaldehyd,* $D.^{20}$ 0,920, n_D^{20} 1,4746, JZ. 124, VZ. 16,6, Hydroxylzahl 22, Carbonylzahl 237, Mol.-Gew. 175. (**F. P. 1 012 213** vom 6/7. 1949, ausg. 7/7. 1952.) Oppermann. H 3600

American Cyanamid Co., übert. von: **R. O. Roblin jr.** und **J. Hechenbleikner**, New York, N. Y., V. St. A., *Herstellung von nitriertem Bornylphenol.* Bornylphenol wird mit H_2SO_4 in Bornylphenylsulfonsäure übergeführt. Die Sulfonsäure wird mit W. verd. u. mit HNO_3 nitriert, wobei bes. *Dinitrobornylphenol* entsteht. (**Can. P. 477 413** vom 19/12. 1940, ausg. 2/10. 1951. A. Prior. 31/1. 1940.) M. F. Müller. H 3600

Ciba Ltd., übert. von: **L. Schibler**, Basel, Schweiz, *Reinigen von technischem, mit Säure gefälltem Casein* durch Emulgieren einer Lsg. des gefällten Caseins, welche wenigstens eine hydrotrope Substanz enthält, mit einem organ. Lösungsm., welches mit W. nicht mischbar ist u. dessen spezif. Gewicht sich von dem spezif. Gewicht der Caseinlsg. wesentlich unterscheidet. Beim Absitzen der Emulsion scheidet sich das organ. Lösungsm., welches die Verunreinigungen aus der Caseinlsg. aufgenommen hat, ab. Außerdem trennt sich eine Schlammstoffschicht von der klaren Caseinlsg. ganz scharf ab, so daß eine Trennung durch Dekantieren leicht möglich ist. Die Caseinlsg. kann vorteilhaft eine Substanz mit einer alkal. Rk. enthalten. (**Can. P. 482 485** vom 8/3. 1943, ausg. 15/4. 1952. Schwz. Prior. 30/3. 1942.) M. F. Müller. H 4070

Soc. Armoricaine des Dérivés Organiques et Minéraux, Frankreich, *Gewinnung von Polypeptiden aus S-haltigen Albuminen.* Man kann leicht S-freie Polypeptide dadurch erhalten, daß man den Albuminen während oder nach der Hydrolyse Salze von Schwermetallen (z. B. Pb, Mn, Fe, Ni u. a.) hinzufügt, wodurch der Sulfidschwefel gebunden wird. — 5 (kg) Raspelspäne von Pferde- oder Rinderhufen, 1 CaO, 0,25 Na_2CO_3 werden in 15 W. zum Sieden erhitzt. Man fügt 0,25 $FeSO_4 \cdot 7\ H_2O$ in 2 W. hinzu u. erhitzt unter dauerndem Rühren 2 Std. bei 2 at. Aus der filtrierten Fl. wird Ca mit 0,1 —0,15 Na_2CO_3 gefällt. Man filtriert, konz. auf 25° Bé u. erhält 10 kg einer braunen viscosen Fl., die z. B. zur Herst. von Kondensationsprodd. mit Fettsäurechloriden dienen kann. (**F. P. 1 010 379** vom 6/8. 1948, ausg. 10/6. 1952.) Heyne. H 4070

Soc. Armoricaine des Dérivés Organiques et Minéraux, Frankreich, *Gewinnung von Polypeptiden aus Fischen und Fischabfällen.* Zerkleinerte Fische bzw. Fischabfälle werden bei erhöhter Temp. u. gegebenenfalls erhöhtem Druck mit KOH oder NaOH (1—3% ihres Gewichtes) behandelt. Nach dem Stehen scheidet sich das Reaktionsprod. in *Fischöl* (**I**) u. eine die Polypeptide enthaltende Rohlauge (**II**). **I** wird gewaschen u. eignet sich zur Verwendung in der Lederindustrie. **II** ist unbegrenzt haltbar u. kann als Ausgangsstoff zur Herst. von *Textilhilfsmitteln,* von *Mörteldichtungsmitteln* verwendet werden, nachdem sie durch Behandeln mit $Ca(OH)_2$ gereinigt wurde. Die gereinigte Lauge kann durch Behandeln mit höheren Fettsäurechloriden in *Polypeptid–Fettsäure-Kondensationsprodd.* übergeführt werden. (**F. P. 1 010 377** vom 6/8. 1948, ausg. 10/6. 1952.) Heyne. H 4070

Hall Laboratories, Inc., Pittsburgh, Pa., übert. von: **Artemy A. Horvath**, Pittsburgh, Pa., V. St. A., *Herstellung einer Proteinpolyphosphatverbindung.* Proteinhaltiges Pflanzenmaterial wird mit einer verd. Lsg. von Polyphosphaten, deren p_H-Wert zwischen 5 u. 9 liegen soll, extrahiert. Man trennt vom Ungelösten u. fällt aus der Lsg. die Polyphosphateiweißverb. durch Ansäuern, wobei der p_H-Wert auf 4,5 u. darunter sinkt. Der Nd. wird gewaschen u. getrocknet. Das in der Extraktionslsg. verwendete Polyphosphat hat ein Molverhältnis von Na_2O zu P_2O_5, das zwischen 0,9 : 1 u. 1,7 : 1 liegt, außerdem enthält die Lsg. neutrale u. alkal. reagierende Salze u. Alkalien. (**Can. P. 481 050** vom 17/2. 1945, ausg. 12/2. 1952. A. Prior. 8/4. 1944.) Heyne. H 4070

X. Färberei. Organische Farbstoffe.

I. G. Farbenindustrie Akt.-Ges., Frankfurt/M. (Erfinder: **Joachim Müller,** Krefeld, und **Emil Krauch,** Neckargemünd), *Färben von Gebilden aus Superpolyamiden oder -urethanen.* Man verwendet zum Färben wss. Dispersionen von α.α'-Diphenylaminoanthrachinonen, die Oxy-, Alkoxy-, Oxyalkoxy-, Amino-, Alkylamino-, Oxyalkylamino-, Polyoxyalkylamino-, Cycloalkylamino- oder Aralkylaminogruppen u. gegebenenfalls noch weitere Substituenten enthalten, z. B. *1.4-Di-(3'-oxyphenylamino)-5-aminoanthrachinon.* (**D. R. P. 767 857** Kl. 8 m vom 17/4. 1941, ausg. 29/3. 1954.) v. Schiller. 7021

Lacrinoid Products Ltd., Essex (Erfinder: **Hans Meyer,** Richmond), England, *Herstellen von Plättmustern mit guter Wasch- und Reinigungsfestigkeit.* Die Plättmusterfarbe wird aus einem Gemisch von 50—95 (Gew.-%) eines lösl., noch nicht ausgehärteten Melamin–Aldehyd-Harzes mit 5—50 eines lösl., noch nicht ausgehärteten Alkydharzes, die z. B. in Butylalkohol u. Xylol gelöst sind, u. einem Farbstoff hergestellt u. auf Papier verdruckt. Auf die mit dem Muster versehene Seite des Papiers wird das zu bemusternde Gewebe u. darauf ein poröses Polster gebracht, das mit einer Beschleunigerlsg., z. B. einer 10%ig. wss. $(NH_4)_2SO_4$-Lsg., getränkt ist. Das Ganze wird von der Seite des Polsters her unter Druck erwärmt, wobei die Harze auf das *Gewebe* übertragen u. dort ausgehärtet werden. (**D. B. P. 898 910** Kl. 15k vom 20/5. 1951, ausg. 7/12. 1953. E. Priorr. 23/5. 1950 u. 20/3. 1951.) Laass. 7023

Imperial Chemical Industries Ltd., London, **Henry Percy Wynne Huggill** und **Alexander Parkinson,** Blackley, Manch., England, *4.5-Diphenylphthalsäuren und deren Anhydride* erhält man durch Erhitzen von Anhydroacetonbenzil (**I**) oder dessen Alkyl-, Aryl-, Alkoxy- oder Halogenderivv. mit Halogenmalein- oder -fumarsäuren, deren Anhydriden oder funktionellen Derivaten. — **I** gibt beim Erhitzen mit Chlormaleinsäureanhydrid auf 165—177° unter CO- u. HCl-Entw. *4.5-Diphenylphthalsäureanhydrid,* F. 152 bis 154°, das beim Verseifen mit 2nNaOH die *Säure* liefert. — 1.2-Di-(p-methylphenyl)-cyclopent-2-en-4-on-1-ol (aus Aceton+p.p'-Dimethylbenzil) → *4.5-Di-(p-methylphenyl)-phthalsäure,* F. 206°. — *4.5-Di-(p-chlorphenyl)-phthalsäure,* F. 182°. — *4.5-Diphenyl-3-methylphthalsäure,* F. 199—201°. — 1.2.3-Triphenylcyclopent-2-en-4-on-1-ol → *3.4.5-Triphenylphthalsäure,* F. 235—236°. — Farbstoffzwischenprodukte. (**E. P. 683 770** vom 16/12. 1949, ausg. 3/12. 1952.) Krauss. 7049

Ciba Soc. An., Schweiz, *Azofarbstoffe.* Zu D. B. P. 821 980; C. **1952.** 2260 sind folgende Farbstoffe mit ihren Farbtönen auf Wolle, nachchromiert (c) oder nachgekupfert (k), nachzutragen: 5-Nitro-2-amino-1-oxybenzol → 1-Oxynaphthalin-4-γ-ketobuttersäure (**I**), bordeaux, c braunviolett, k violett; 5-Nitro-4-chlor-2-amino-1-oxybenzol → **I**, bordeaux, c blau, k blauviolett; 5-Nitro-3-amino-2-oxybenzoesäure → **I**, rot, c u. k bordeaux; 6-Nitro-2-amino-1-oxybenzol-4-sulfonsäure → **I**, blau, c violett, k rotviolett; 2-Aminobenzol-4.6-disulfonsäure → **I**, Cu-Komplexverb. bordeaux. **I**, F. 266, ist erhältlich durch Kondensation von 1-Oxynaphthalin mit Bernsteinsäureanhydrid in Ggw. von $AlCl_3$ in Tetrachloräthan. (**F. P. 1 020 353** vom 16/5. 1950, ausg. 5/2. 1953. Schwz. Priorr. 19/5. 1949 u. 17/3. 1950.) Hoppe. 7053

Ciba Akt.-Ges., Basel, Schweiz, *Chromhaltiger Monoazofarbstoff.* Man setzt einen Monoazofarbstoff der allg. Formel **I** (-Alkyl = Alkylrest mit 1—4 C-Atomen) mit Cr(III)-Salzen in wss. Medium unter Druck u. bei erhöhter Temp. zum Chromkomplex des entsprechenden O.O'-Dioxymonoazofarbstoffes so um, daß dieser je Mol Farbstoff 1 Atom Cr enthält; Wolle aus saurem Bade rotstichig blau. (**Schwz. P. 290 297** vom 6/2. 1951, ausg. 1/8. 1953.) Sievers. 7053

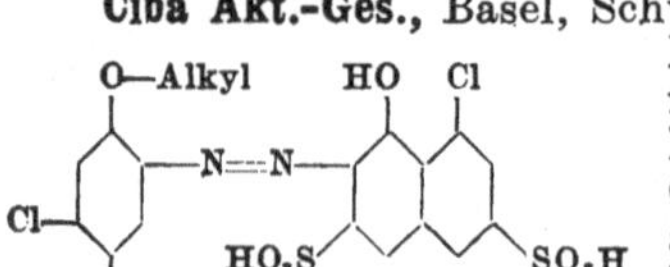

I

Sandoz Akt.-Ges., Basel, Schweiz, *Polyazofarbstoffe.* Man kuppelt die aus 1 Mol 1-Amino-4-(4'-aminobenzyl)-aminobenzol (**I**) durch Tetrazotieren u. Kuppeln mit 1-Oxybenzol-2-carbonsäure (**IV**) u. 1-Amino-2-methoxy-5-methylbenzol (**II**) bzw. 1-Amino-2-methoxy-5-N-acetylaminobenzol (**V**) oder die aus 1 Mol 2-Aminonaphthalin-6.8-disulfonsäure (**VI**) durch Diazotieren u. Kuppeln mit 1-Amino-3-methylbenzol (**VII**), Weiterdiazotieren u. Kuppeln mit **II** hergestellte Zwischenverb. nach Diazotieren mit 1 Mol der Cu-Komplexverb. der Zus. **III** bzw. **IIIa** u. behandelt gegebenenfalls mit Cu-abgebenden Mitteln zur Erhöhung der Echtheit. — I $\langle$ (alkal. 1 → **IV**; sauer 2 → **II**) → **III**; Baum-

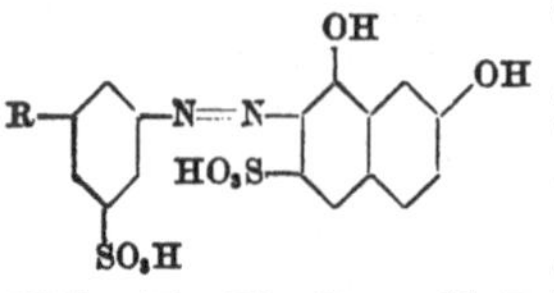

III R = H IIIa R = —SO3H

wolle (**A**) u. Fasern aus regenerierter Cellulose (**G**) gelbstichig khaki; Di-Cu-Komplexverb. **A** u. **G** khaki. — I $\langle$ $\xrightarrow{\text{alkal. 1}}$ IV, $\xrightarrow{\text{sauer 2}}$ V $\rangle$ → III; **A** u. **G** lichtecht gelbstichig khaki. — I $\langle$ $\xrightarrow{\text{alkal. 1}}$ IV, $\xrightarrow{\text{sauer 2}}$ V $\rangle$ → IIIa; **A** u. **G** lichtecht braunstichig khaki. — I $\langle$ $\xrightarrow{\text{alkal. 1}}$ IV, $\xrightarrow{\text{sauer 2}}$ V $\rangle$ → III; **A** u. **G** braunstichig khaki. — VI $\xrightarrow{\text{sauer}}$ VII → II → III; **A** u. **G** braunstichig khaki. (**Schwz. PP. 289 585** vom 21/6. 1950, **289 586** vom 26/6. 1952, **289 587** vom 21/6. 1950, **289 588** vom 26/6. 1952, **289 589** vom 21/6. 1950 u. **289 590** vom 26/6. 1952, alle ausg. 1/7. 1953. **Zusätze zu Schwz. P. 284077; C. 1953. 7184.**) SIEVERS. 7055

Celanese Corp. of America, New York, N. Y., übert. von: **George W. Seymour,** Maplewood, und **Victor S. Salvin,** Irvington, N. J., V. St. A., *1-Amino-2-alkylmercapto-4-oxyanthrachinone* der allg. Zus. **I** (n = ganze Zahl, X = H oder OH), die sich durch eine ausgezeichnete Affinität für Celluloseacetat oder andere Celluloseester oder -äther, die sie in gut licht-, wasch- u. rauchgasechten roten Tönen färben, auszeichnen, erhält man durch Überführen von 1-Amino-2.4-dibromanthrachinon mit einem Gemisch von Bor- u. Schwefelsäure in 1-Amino-2-brom-4-oxyanthrachinon (**II**), Rk. von **II** mit Na_2S zum 1-Amino-2-mercapto-4-oxyanthrachinon (**III**) u. von **III** in alkal. Medium unter Rückfluß mit einem Chlorhydrin, wie Äthylen-, 1.3-Propylen-, 1.4-Butylen-, 1.8-Oktamethylen- oder 1.12-Dodekamethylenchlorhydrin, mit Alkylhalogeniden, wie Methyljodid, Butylbromid oder Laurylchlorid oder mit Dimethylsulfat. Beschrieben ist die Herst. von 1-Amino-2-oxäthyl-, -2-methyl- u. -2-laurylmercapto-4-oxyanthrachinon. (**A. PP. 2 640 061** u. **2 640 062** vom 7/5. 1947, ausg. 26/5. 1953.) ROICK. 7059

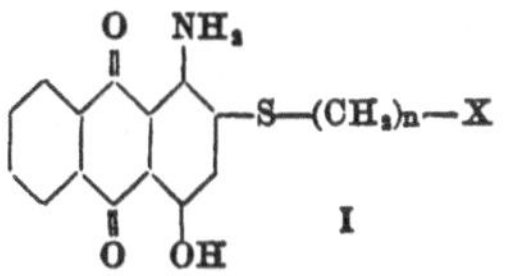

I

XIa. Farben. Anstriche. Lacke. Naturharze.

A. K. Simcox, *Über synthetische Ketone und Alkohole aus Erdöl. Die technische und wirtschaftliche Bedeutung dieser Lösungsmittel für die Lack- und Farbenindustrie.* (Chem. Rdsch. [Solothurn] **5.** 209—11. 1/7. 229—30. 15/7. 240—41. 1/8. 1952. London, Shell Petroleum Co., Ltd.) WINIKER. 7100

H. Preben Johansen, *Schutz von Schiffsböden gegen Korrosion und Bewuchs.* Bei der Korrosion von Metallen in Seewasser spielt der durch Lokalelemente verursachte galvan. Angriff (Bronzeschrauben, Walzhaut usw.) die Hauptrolle; ihm kann durch Anstrich begegnet werden. Aus einer Übersicht über die Fauna u. Flora werden die Anforderungen an die Antifoulingfarben abgeleitet; bei Verwendung von Metallgiften sind die galvan. Verhältnisse zu berücksichtigen. Verschied. Anstrichtypen werden erörtert. (Ingeniøren **62.** 934—39. 28/12. 1953.) R. K. MÜLLER. 7106

I. I. Bardyschew und **R. I. Liwschitz,** *Die Zusammensetzung des Terpentins aus dem Harz der sibirischen Fichte.* Das aus Harz der sibir. Fichte in einer Ausbeute von 28,8% gewonnene Terpentin ($D.^{20}_4$ 0,8770; n_D^{20} 1,4737; $[\alpha]_D$ —27,7°) ergab bei fraktionierter Vakuumdest. α- u. *β-Pinen, Camphen, Bornylacetat, Δ³-Caren* u. *β-Phellandren* (**I**). Möglicherweise kommen auch *Dipenten* u. *β-Myrcen* vor. Nähere Unters. von **I** erbrachte teilweise Abweichungen gegenüber Literaturangaben: $Kp._{20}$ 71°; $D.^{20}_4$ 0,8413; n_D^{20} 1,4868; $[\alpha]_D$ —18,95°. *α-Nitrosit,* F. 102—103°; $[\alpha]_D$ +172° (Chlf.). *α-Nitrosochlorid,* F. 105°. *Tetrabromid* (?), F. 122—123°. — Red. von **I** mit Na in A. ergab *Δ¹-p-Menthen; Nitrosochlorid,* F. 95—96°. (Журнал Прикладной Химии [J. angew. Chem.] **26.** 1304—09. Dez. 1953. Wiss. Zentralforschungsinst. für Forstchem.) ULMANN. 7140

I. I. Bardyschew, *Über das Vorkommen von Camphen in heimischen Terpentinen.* Nach sorgfältiger Fraktionierung des *Terpentins* (**I**) im Vakuum, wobei *Camphen* (**II**) zwischen α- u. β-Pinen übergeht, u. Veresterung der Fraktionen nach BERTRAM u. WALBAUM findet Vf. in gewöhnlichem **I** 1,5—2% **II**, in überdest. „Retorten"-**I** ca. 7% **II**. (Журнал Прикладной Химии [J. angew. Chem.] **26.** 1299—1303. Dez. 1953. Wisss. Zentralforschungsinst. für Forstchem.) ULMANN. 7140

Badische Anilin-& Soda-Fabrik (Erfinder: **Reinhard Buchwald**), Ludwigshafen/Rh., *Herstellung von Bindemitteln für Farben zum Bedrucken von Polyäthylenoberflächen.* Polyäthylen (**I**) wird heiß in organ. Lösungsmitteln, z. B. Bzn., Toluol, Decahydronaphthalin, gelöst. Nach Zusatz von Stabilisierungsmitteln, z. B. Leinölfirnis, Alkydharz, Polyisobutylen, läßt man die heiße Lsg. erkalten, wobei sich eine feine, stabile

Dispersion des I in dem Lösungsm. bildet, die in der Kugelmühle mit Pigmentfarbstoffen ca. 80—100 Std. angerieben eine Farbe für den Tief- oder Schablonendruck ergibt. (**D. B. P. 898 906** Kl. 15k vom 8/2. 1951, ausg. 7/12. 1953.) LAASS. 7097

Pan-American Refining Corp., übert. von: **Leon M. Adams**, Texas City, **Preston L. Brandt**, Galveston, **Robert I. Lee**, La Marque und **Francis T. Wadsworth**, Dickinson, Tex., V. St. A., *Herstellung trocknender Öle aus „Ton"-Polymeren* (gewonnen aus Erdölspaltdestillaten durch Behandlung mit akt. Tonkatalysatoren in der Dampfphase). Man dest. die rohen I u. trennt davon getoppte Polymere [Viscosität 200—1000 SSU (SAYBOLT Universal Seconds) bei 210° F] ab u. dest. sie fraktioniert bei einem absol. Druck von 5—10 mm Hg. Man isoliert so ein trocknendes Öl als Destillat u. ein trocknendes Harz als Bodenfraktion (Erweichungspunkt zwischen 150 u. 300° F nach dem Ring-Kugeltest), löst das Destillat in Erdölbenzin im Verhältnis 0,25 : 1 bis 4 : 1, behandelt die Lsg. mit 5—15 Gew.-% (bezogen auf Destillat) H_2SO_4 (90—100%) 0,5 bis 10 Min. bei 30—200° F. Dabei werden Farbkörper polymerisiert u. die JZ. auf 5—20% gesenkt. Man zieht den Säureschlamm, der die Farbkörper enthält, ab u. behandelt die mit Säure behandelte Lsg. mit akt. Erde, entfernt das Erdölbenzin von der mit Erde behandelten Lsg. u. gewinnt ein trocknendes Öl mit einer ASTM-Farbe < 5. — Zeichnung. (**A. P. 2 569 595** vom 8/11. 1947, ausg. 2/10. 1951.) UNGER. 7097

Hercules Powder Co., Wilmington, Del., übert. von: **Glenwood L. Schertz**, Wilmington, Del., V. St. A., *Synthetische trocknende Öle von Polyvinylalkoholen* (I). Man verestert I mit ungesätt. Fettsäuren mit mindestens 14 C-Atomen durch Erhitzen der Lsg. auf 150—250°. — Z. B. werden 800 (Teile) Phenol (II) u. 88 I auf 160° erhitzt, bis eine klare, homogene Lsg. eintritt, setzt ratenweise 700 entwässerte Ricinusölfettsäure (III) zu u. erhitzt weiter auf 185°, bis II überzudest. beginnt. Nach 4 Std. ist III zugegeben, u. 750 II sind überdest., dabei ist die Temp. auf 235° gestiegen. Nach weiteren 2,5 Std. ist die Veresterung beendet. Der aus 760 bestehende Rückstand wird mit gleichen Teilen Methylalkohol 5 mal extrahiert. Man erhält dabei 358 in Methylalkohol unlösl. Ester (SZ. = 18; VZ. = 170). Durch Verdünnen mit gleichen Teilen Xylol, Zusatz an 0,04% Guajacol u. 0,05% Co-Trockner erhält man einen in 24 Std. hart trocknenden Film. I eignet sich zur Herst. von *Lacken* u. *Anstrichmitteln*. (**A. P. 2 601 561** vom 5/5. 1949, ausg. 24/6. 1952.) SEIZ. 7097

Geo. D. Wetherill Varnish Co., Camden, übert. von: **Edward C. Haines**, Moorestown, V. St. A., *Mischpolymerisation von Vinylmonomeren mit fetten Ölen, Fettsäuren und Harzen.* Man stellt zunächst eine Mischung A: aus 5 (Teilen) Holzöl (I) u. 5 Styrol (I) u. eine zweite Mischung B: aus 2,5 A. u. $^3/_4$ II her. Dann werden zu 5 I bei 204° in CO_2-Atmosphäre 3 A langsam zugesetzt, dann 15—18 Std. bei Raumtemp. belassen, wieder auf 204° erhitzt, weitere 2 A zugesetzt. Nach dem Zusatz von $1^1/_4$ B steigt Temp. auf 325°, Abkühlung auf 210°, Zusatz von 2 B, bei Raumtemp. 16 Std. Lagerung u. Erhitzung auf 204°. Dann werden 2,5 A zugesetzt u. 5 der Gesamtmenge entnommen. Dieselben werden bei Raumtemp. mit 1 II vermischt u. der Hauptmenge bei 204° zugesetzt. Nach 30 Min. wird abgekühlt. An Stelle von I kann Leinöl, an Stelle von II Divinylbenzol treten. Man erhält für *Lacke und Anstriche* geeignete Produkte. (**A. P. 2 602 071** vom 23/3. 1949, ausg. 1/7. 1952.) SEIZ. 7097

Sherwin-Williams Co., Cleveland, O., V. St. A., übert. von: **Leslie Ernest Wakeford** und **Donald Helmsley Hewitt †**, London, England, *Mischpolymerisate.* Gemischte Ester mehrwertiger Alkohole mit nicht mehr als 6 C-Atomen u. Fettsäuren trocknender Öle (I) werden zur Erzielung einer teilweisen Polymerisation erhitzt u. das erhaltene Prod. unter Zusatz von Styrol (II) in Ggw. eines Lösungsm. (III), das genügend Terpentin zur Erhöhung der Lagerfähigkeit u. Klarheit des Lackfilmes enthält, polymerisiert. Als I verwendet man: dehydratisiertes Ricinusöl (IV), Leinöl oder Mischungen beider oder ein Alkydharz aus Glycerin, Leinölsäure u. Phthalsäureanhydrid, als II: mono- u. dicycl. Terpene, Dipenten, Xylol u. dergleichen. Die erhaltenen Prodd. werden zur Herst. von *Lacken* u. *Anstrichmitteln* verwendet. — Z. B. werden 50 (Teile) IV in 95 Xylol gelöst, mit 5 Dipenten u. 50 II vermischt u. 22 Std. unter Rückfluß erhitzt. Man erhält eine klare Lsg., welche einen durchsichtigen Film ergibt. (**A. P. 2 607 749** vom 17/10. 1951, ausg. 19/8. 1952. E. Prior. 28/7. 1942.) SEIZ. 7097

Rheinpreussen Akt.-Ges. für Bergbau und Chemie, Homberg, Niederrhein (Erfinder: **Robert Hügel**, Schweinsberg, Kr. Marburg), *Herstellung gut löslicher Kunstharze aus Dioxyketonen*, die die Struktur von 1.3-Glykolen besitzen, die in 2-Stellung die Gruppe $-CO-CH_2-R$, worin R = H oder Alkyl, enthalten, durch Behandlung mit alkal. Stoffen, zweckmäßig bei erhöhter Temperatur. — Z. B. werden 100 (Teile) 2-Acetyl-2-methylpropandiol-(1.3) mit der doppelten Menge 2 n NaOH gekocht. Es scheidet sich ein Harz ab, das mit verd. Säure u. W. ausgewaschen u. bei 150—180° getrocknet wird. Hellgelbes Prod., lösl. in A., Bzl. u. $CHCl_3$. In entsprechender Weise können zur Harzbldg. herangezogen werden: 2-Acetyl-2-phenylpropandiol-(1.3) u. 2-Propionyl-2-butylpropandiol-(1.3). Die Harze sind verträglich mit Nitrocellulosen u. Weichmachern u. eignen sich für *Lacke* u. *Firnisse*. (**D. B. P. 892 679** Kl. 39c vom 18/11. 1941, ausg. 8/10. 1953.) HERBST. 7097

Farbenfabriken Bayer Akt.-Ges., Leverkusen (Erfinder: **Karl Hamann,** Krefeld-Uerdingen), *Herstellung von Kunstharzen* durch Hydrieren von Kondensationsharzen, dad. gek., daß man als Kondensationsharze die aus fettaromat. Ketonen oder aus Mischungen von fettaromat. Ketonen mit aliphat. oder hydroaromat. Ketonen einerseits u. CH_2O oder CH_2O-abspaltenden Stoffen andererseits bei Ggw. von alkal. Kondensationsmitteln hergestellten Kondensationsharze verwendet. — Z. B. werden 60 (Teile) Acetophenon u. 51 CH_2O (30%) nach Zusatz von 6 konz. KOH 16 Std. zum Sieden erhitzt. Das gebildete Harz wird durch Behandeln mit Wasserdampf u. Waschen mit W. gereinigt u. bei höherer Temp. entwässert. 100 des Harzes (Erweichungspunkt 45—55°, unverträglich mit Leinöl) werden im Vakuum auf 250—260° erhitzt, dann in 500 Butanol gelöst u. über Ni katalyt. hydriert: 88 fast farbloses, wasserklares Harz vom Erweichungspunkt 66°, verträglich mit Standöl u. Leinöl. — *Lackharze.* (**D. B. P. 907 348** Kl. 39c vom 7/11. 1940, ausg. 25/3. 1954. Anmeldung bekanntgemacht 29/7. 1953.) HERBST. 7097

Dynamit-Akt.-Ges. vorm. Alfred Nobel & Co., Troisdorf (Erfinder: **Orville Dafert** und **Walter Freyer,** Düneberg), *Herstellung eines Phthalatharzes*, dad. gek., daß Pentaglycerin (I) oder dessen Derivv. mit Phthalsäure oder Phthalsäureanhydrid (II) so lange erhitzt werden, bis das Erzeugnis eine feste, dem Fichtenharz ähnliche Beschaffenheit aufweist. Zweckmäßig werden 2 (Mol) I mit 3 II bis ca. 180° erwärmt. Das erhaltene Harz ist fest u. erweicht bei ca. 60°. Geeignet zu wetterfesten, in der Hitze nicht brüchig werdenden u. in der Hitze hart bleibenden *Lacken*. (**D. B. P. 905 067** Kl. 39c vom 2/6. 1944, ausg. 25/2. 1954.) HERBST. 7097

Badische Anilin- & Soda-Fabrik Akt.-Ges. (Erfinder: **Heinrich Hopff,** Ludwigshafen/Rh., und **Karl Huttner,** Gendorf), *Harzartige Diurethane* erhält man durch Rk. von aromat. oder hydroaromat. Diisocyanaten mit einwertigen, hydroaromat. Alkoholen im Molverhältnis 1 : 2. — Z. B. werden Cyclohexanol mit asymm. m-Toluylendiisocyanat (I), trans-β-Dekahydronaphthol mit I, β-Dekahydronaphthyldekahydronaphthol (II) mit I, Dihydroabietinol mit I, Di-(p-isocyanatocyclohexyl)-methan (F. 73—74°, $Kp._{28}$ 184—190°) mit II, u. Chlorphenylendiisocyanat mit trans-α-Dekahydronaphthol umgesetzt. Hellfarbige *Harze für Lackindustrie.* (**D. B. P. 907 600** Kl. 39c vom 11/7. 1941, ausg. 25/3. 1954. Anmeldung bekanntgemacht 23/7. 1953.) SCHINDLER. 7097

Kalle & Co., Akt.-Ges., Wiesbaden (Erfinder: **Edgar Krumbein,** Hannover), *Herstellung von Polyamidlösungen*, dad. gek., daß man als Lösungsm. Trichloräthanol (I), gegebenenfalls in Mischung mit Alkoholen u./oder halogenierten KW-stoffen, oder Chloralhydrat in Mischung mit I u./oder Alkoholen u./oder halogenierten KW-stoffen verwendet. — Z. B. werden 60 (Teile) I mit 40 Chlf. gemischt u. in dieser Mischung 15% Polyamid aus Hexamethylendiamin u. Adipinsäure gelöst. Die mit dieser Lsg. ausgestrichenen Filme sind klar. (**D. B. P. 908 067** Kl. 39b vom 7/2. 1941, ausg. 6/5. 1954. Anmeldung bekanntgemacht 25/6. 1953.) HERBST. 7097

État Français (Erfinder: **Forest** und **Brissaud**), *Präparieren von Nitrocellulose.* Man behandelt sie in wss. Suspension mit einem Plastifizierungsmittel, welches durch einen Emulgator in W. emulgiert wird. — Z. B. stellt man eine Emulsion von 20 kg Butylphthalat in 50 Litern W. her unter Zusatz von 500 g eines aus einem Fettalkohol u. Äthylenoxyd erhaltenen Emulgators, versetzt diese Emulsion in ca. ½ Std. mit einer Suspension von 100 kg Nitrocelluloseflocken (N-Geh. 12,2%) in ca. 1000 Litern W. u. erhitzt das Ganze auf 60°. Die auf 20—30° abgekühlte u. abzentrifugierte Nitrocellulose formt man zu Plättchen, welche man bis auf 1% Wassergeh. trocknen läßt. Sie dient bes. zur Herst. von *Lacken* u. läßt sich gefahrlos handhaben. (**F. P. 1 015 587** vom 3/8. 1949, ausg. 15/10. 1952.) OPPERMANN. 7097

E. I. du Pont de Nemours & Co., übert. von: **Daniel E. Strain,** Wilmington, Del., V. St. A., *Butadien–Alkylbenzol–Olefin-Kondensationsprodukte.* Man stellt zunächst ein Kondensationsprod. aus 1.3-Butadien (I) u. einem alkylierten Bzl. her, welches dann in einem weiteren Arbeitsgang mit polymerisierbaren organ. Verbb., wie Vinylacetaten u. -chloriden, Vinylidenchlorid, Vinylalkohol, Styrol u. Methylacrylsäureester, bei Tempp. von 50—300°, bes. bei 150—200°, in Ggw. von Katalysatoren, wie Benzoylperoxyd (III) u. Trichloracetylperoxyd, bei n. Druck polymerisiert. Die so hergestellten Prodd. dienen zur Herst. von *Lacken* u. *Anstrichmitteln.* — Gleiche (Teile) I u. Xylol (II) werden bei 100° mit 1% feinst verteiltem Na bei 21 atü zur Einw. gebracht. Durch Auswaschen wird Na entfernt u. durch fraktionierte Dest. gereinigt. Man erhält ein Reaktionsprod., das 5—7 Mol **I** auf 1 Mol **II** enthält. Eine Mischung aus 150 dieses Prod., 90 Butylmethacrylat u. 1 **III** werden bei 130—137° polymerisiert. Durch Zusatz von 0,1% Pb-, Mn- oder Co-Sikkativ erhält man einen nach 16 Std. klaren, lufttrockenen Film. (**A. P. 2 603 655** vom 20/9. 1949, ausg. 15/7. 1952.) SEIZ. 7097

Pittsburgh Plate Glass Co., übert. von: **Albert E. Junge**, New Kensington, Pa., V. St. A., *Herstellen von durchsichtigen, elektrisch leitenden Schichten auf Glasscheiben*, z. B. für Fahrzeuge. Eine wss. Lsg. von $SnCl_4$ wird auf die auf 800—1250° F erhitzte Blasplatte gespritzt. Dazu werden zwei Spritzpistolen mit obiger wss. Lsg. in einem Winkel von 30—60° u. eine dritte Pistole in der Mitte dazwischen angeordnet, die mittels reiner Luft die Nebel der beiden anderen gegen die sich vorbeibewegende Scheibe schleudert. An Stelle von $SnCl_4$ können andere fl., leicht verdampfbare oder in W. oder organ. Lösungsmitteln lösl. Verbb. verwendet werden, wie $SnBr_3Cl$, $SnBrCl_3$, $SnCl_2J_2$, SnJ_4, Tetraäthyl-Sn, Diäthyl-Sn-Oxyd, Diphenyl-Sn, auch $CdBr_2$, $InCl_3$, $Co(NO_3)_2$ oder $SbCl_5$. — Rezepte von Spritzlsgg. mit Zusätzen. (**A. P. 2 570 245** vom 2/4. 1948, ausg. 9/10. 1951.) LAASS. 7107

Canadian Industries Ltd., Montreal, übert. von: **John Alexander Bilton**, Beloeil Station, und **Gordon Hart Segall**, McMasterville, Can., *Vinylmischpolymerisate*. Die Lsg. einer Mischung aus Acrylsäure (**I**), Styrol (**II**), Methacrylsäure (**III**) u. Glycidylacrylat (**IV**) wird bei 50—75° in Ggw. von Azo-bis-(isobutyronitril) polymerisiert. Das Polymerisat liefert *Anstrichmittel*, welche durch Erhitzen auf 150° in unlösl. Filme übergehen. — Z. B. wird eine Lsg. von 45 (Teilen) **II**, 6 **III**, 9 **IV** u. 40 Methacrylat in 50 Methyläthylketon u. 50 Xylol 24 Std. auf 60° in Ggw. von 3 Benzoylperoxyd polymerisiert. (**A. P. 2 604 463** vom 27/1. 1951, ausg. 22/7. 1952. Can. Prior. 28/4. 1949.) SEIZ. 7107

Impisoco (S. à r. l.), Frankreich, *Überzüge* auf Mauern, Wänden, Decken u. dgl., die neben einem Bindemittel, wie Dextrin, Casein oder trocknendes Öl, einen Wirkstoff enthalten. Dieser Wirkstoff kann ein Desinfiziens, ein *Insekticid*, *Fungicid* oder ein pharmazeut. wirksames Mittel sein. Man kann das Gemisch als Anstrichmittel auftragen oder die einzelnen Bestandteile nacheinander, z. B. wird die Wand mit leimhaltigem Bindemittel bestrichen u. während des Trocknens der Wirkstoff in Pulverform aufgestäubt. (**F. P. 998 026** vom 26/9. 1949, ausg. 14/1. 1952.) WITTHOLZ. 7107

Richard Gubin's Erben, Ing. Hans Gubin und Geschwister, Erstes Wiener Prägefolienwerk, Wien, Österreich, *Herstellung von Bronze- oder Farbfolien für Prägedruckzwecke*, dad. gek., daß auf einem Transportbande eine als Prägeschicht dienende Harzschicht in erweichtem Zustande aufgetragen, mit einem Bronze- oder Farbstaub u. flüchtige Lösungsmittel enthaltenden Lack überzogen u. nach Verdunsten des Lösungsm. vom Transportbande abgezogen, dann für sich allein getrocknet u. einer Schneidevorr. zugeführt wird. — Vorrichtung. (**Oe. P. 172 681** vom 10/4. 1951, ausg. 10/10. 1952.) OPPERMANN. 7107

P. Treuherz, Frankreich, *Undurchlässigmachen flächenförmiger Erzeugnisse*. Papier, Pappe, Gewebe, Leder, Holz u. dgl., in rohem oder in verarbeitetem Zustande, werden nacheinander mit mehreren Filmen überzogen bzw. in mehreren Bädern getränkt, von denen der eine Film bzw. das eine Tränkungsmittel aus natürlichem oder künstlichem Kautschuk besteht, während der andere Film bzw. das andere Tränkungsmittel aus thermoplast. Harzen, z. B. einem Mischpolymerisat aus Polyvinylchlorid u. Polyvinylidenchlorid u. Weichmachern, bestehen kann. Jede Filmschicht bzw. jede Tränkung muß vor der folgenden Behandlung vollkommen getrocknet sein. Die Zahl der Filmschichten bzw. der Tränkungen kann beliebig sein, nur ist dafür zu sorgen, daß die oberste Schicht ein thermoplast. Harz ist. (**F. P. 1 001 784** vom 3/12. 1949, ausg. 27/2. 1952.) GLAFEY. 7107

Carleton Shurtleff Francis jr., West Harwich, Mass., V. St. A., *Dekorative, plastische Massen*. Man bringt auf eine feste, wasserdichte Oberfläche (**I**), z. B. Stein, Metallplatte, Glasplatte, einen dünnen Film aus einer plast. M. (**II**), z. B. einem Vinylharz, auf u. läßt über diese nun schräg gestellte **I** eine organ. Fl. (**III**), z. B. Toluol, Methyläthylketon, fließen. Unter der Einw. von **III** quellen Teile der **II** auf u. bilden ein Relief. Um diese Form der **II** zu erhalten, sorgt man dafür, daß die **III** nicht weiter einwirken kann. Außerdem kann man zusätzlich noch Druck anwenden. (**Schwz. P. 282 807** vom 4/6. 1946, ausg. 1/9. 1952. A. Prior. 20/6. 1945.) NEBELSIEK. 7107

Wabash Pike & Matter Road und **Gustave Walter Borkland**, Marion, Ind., V. St. A., *Ornamente* auf thermoplast. Massen. Man bringt eine aus einer plast. M. bestehende Platte in die gewünschte Form, kühlt ab, so daß sie die Form beibehält u. überzieht die ganze Form oder nur Teile derselben mit einem Überzug (Ornament). Dann erhitzt man nochmals, um die Umstellung der Form in eine flache Platte zu erzielen, wobei der aufgebrachte Überzug ein verdrehtes Muster, etwa entsprechend der Reproduktion der getriebenen Fläche (Form) annehmen wird, u. reproduziert dann jenen abgeplatteten Überzug auf eine 2. Platte der thermoplast. M., um so eine Reproduktion des ursprünglich verzierten, geformten Gegenstandes zu erhalten. — Zeichnungen. (**E. P. 664 167** vom 26/1. 1949, ausg. 2/1. 1952.) NEBELSIEK. 7107

B. F. Goodrich Co., New York, übert. von: **Harry E. Connors**, Fairview Park, und **Arch. L. Hatfield**, Park Forest, Ill., V. St. A., *Wässerige Mischpolymerisatdispersionen* zur Herst. von nicht klebenden, sich nicht werfenden *Filmen* u. *Überzügen*. Ein Tripolymerisat, hergestellt durch Emulsionspolymerisation von 77 (Gewichtsteilen) Vinylidenchlorid (**I**), 11,50 Vinylchlorid (**II**), 11,50 Äthylacrylat, 3 Paraffinöl, 0,70 Na_2HPO_4, 0,30 Na_3PO_4, 0,70 $K_2S_2O_8$, 8 Latex u. 95 W., wird mit einem Tripolymerisat, hergestellt aus 90 **I**, 5 **II**, 5 Methylmethacrylat, 3 Paraffinöl, 0,6 Na_2HPO_4, 0,6 $K_2S_2O_8$, 4 Latex u. 4 W., gegebenenfalls zu gleichen Teilen, vermischt u. mit 1% Carboxymethyl-, Äthylcellulose, Polyacrylsäure oder Polyacrylamid als Verdickungsmittel versetzt. Die zweite Mischungskomponente kann auch ein Mischpolymerisat aus 90 **I** u. 10 Methylmethacrylat sein. In gleicher Weise können auch entsprechende Dispersionen von Tetrapolymerisaten allein verarbeitet werden. (**A. P. 2 636 870** vom 31/3. 1951, ausg. 28/4. 1953.) SALZMANN. 7107

Günter Eiselt, Leverkusen, *Herstellung kunststoffbekleideter Gegenstände*, die nichtmetall. Ursprungs sind. Die Gegenstände, z. B. keram. Platten, Holz, Kunststoffe, Papier oder Gewebe, werden mittels einer Metallspritzpistole mit einer metall. Schicht versehen, auf welche die Kunststoffschicht aufgebracht wird. (**D. B. P. 899 166** Kl. 75c vom 21/8. 1951, ausg. 10/12. 1953.) LAASS. 7107

General Electric Co., New York (Erfinder: **Robert Smith-Johannsen** und **Curtis Stanley Oliver**, Schenectady), V. St. A., *Haftfähigmachen von Silicongummi*. Ein Polysiloxan, z. B. Methylpolysiloxan oder hydrolysiertes Dimethyldichlorsilan, wird mit TiO_2, 0,5—8% Benzoylperoxyd (bzw. tert.-Butylperbenzoat) u. bis zu 0,5% Di-tert.-butyldiperphthalat, -diperadipat, -dipersuccinat, tert.-Butylhydroperoxyd oder Diperbernsteinsäure gemischt. Nach Aufbringen auf die Oberfläche, z. B. Porzellan, Glas, Al, Stahl, Cu, Polychlortrifluoräthylen u. dgl. wird die Mischung Wärme u. Druck ausgesetzt. (**D. B. P. 901 708** Kl. 39b vom 28/10. 1951, ausg. 14/1. 1954. A. Prior. 21/11. 1950.) SALZMANN. 7107

W. C. Heraeus G. m. b. H., Hanau (Erfinder: **Leopold Hiesinger**, Wachenbuchen), *Erzeugung flächenhafter Musterungen auf festen Gegenständen*. Die Oberflächen der Gegenstände werden vor oder während der Beschickung durch Vakuumbedampfung oder Kathodenzerstäubung einer Bekeimung durch Photonen oder elektr. geladene Korpuskeln unterworfen. — Z. B. wird die Oberfläche mit einer dünnen, wss. oder öligen Flüssigkeitsschicht überzogen u. dann in der Vakuumkammer gleichzeitig einem Dampfstrom eines kondensationsfähigen Stoffes u. einer Belichtung ausgesetzt, indem mit Hilfe eines Bildwerfers mit sichtbarem, ultraviolettem oder ultrarotem Licht ein Bild auf die Oberfläche projiziert wird. Die Flüssigkeitsschicht verdampft proportional der auffallenden Lichtintensität, u. auf den zuerst frei werdenden Flächen kondensiert sich mehr Stoff als auf den anderen, so daß ein auf Interferenzfarben oder auf Absorptionsunterschieden beruhendes Bild erzeugt wird. Das Bild wird zusätzlich mit dünnen Schichten aus Siliciummonoxyd bedampft u. mit Kunstharzen überzogen. — An Stelle der Flüssigkeitsschicht können durch Licht zersetzbare Metalloxyde oder -halogenide oder oxydierbare Metalle, z. B. Sb, verwendet werden. — Weitere Beispiele mit nach Art der elektr. Bildübertragung gesteuerten Elektronenstrahlen. (**D. B. P. 899 164** Kl. 75b vom 3/5. 1951, ausg. 10/12. 1953.) LAASS. 7107

Vitex Soc. An. (Anciens Établissements J. Canouet), Frankreich, *Herstellung von Harzen durch Veresterung von Terpentin*, dad. gek., daß man es in Ggw. eines sauren, bas. oder neutralen Katalysators, z. B. H_3BO_3, p-Toluolsulfosäure (**I**), MgO, $ZnCl_2$, Ca-Acetat, mit ein- oder mehrwertigen Alkoholen, z. B. Butanol, Glycerin (**II**), Pentaerythrit, verestert. — Man vermischt z. B. 600 Teile mit Oxalsäure gereinigten u. mit Terpentinöl (**III**) verd. Terpentins mit einem Geh. von 300 Teilen Harzsäuren mit 35 Teilen **II** u. erhitzt langsam auf 190°. Nach Abdest. von W. u. **III** setzt man vorsichtig unter Rühren 6 Teile einer wss. 50%ig. **I**-Lsg. zu u. erhitzt auf 250—265°. Nach 5 Std. dest. man im Vakuum das gebildete sehr klare Harz mit SZ. 5 u. F. 70° ab. (**F. P. 982 201** vom 17/1. 1949, ausg. 7/6. 1951.) OPPERMANN. 7149

Nitrolac (Soc. An.), Frankreich, *Herstellung von trocknenden Abietinsäureestern*, dad. gek., daß man die Säure mit einem mehrwertigen Alkohol [Glycerin (**I**), Pentaerythrit, Sorbit] u. ein oder mehreren Fettsäuren (Öl-, Linolsäure) oder mit einem einwertigen monoolefin. Alkohol (Allyl-, Cinnamylalkohol) oder einer monoolefin. Säure (Ricinolsäure) verestert. An Stelle der Polyalkohole kann man Oxy- u. Polyoxysäuren (Milch-, Wein-, Citronensäure) verwenden. Die Ester u. Polyester dienen zum Modifizieren von I-Phthalatharzen, zur Herst. von 1-Ölsäure-2.3-diabietin-I-ester erhitzt man 96 Teile I von 30° Bé u. 1,6 Teile NaOH auf 150°, setzt nach ½ Std. 240 Teile Ölsäure (II) zu u. erhitzt 1 Std. auf 210°. 200 Teile des gebildeten Mono-II I-Esters verestert man sofort mit 342 Teilen Kolophonium bei 285° mit oder ohne Katalysator in Ggw. eines inerten Gases, bis die SZ. kleiner als 12 ist. (**F. P. 977 124** vom 27/6. 1942, ausg. 28/3. 1951.) OPPERMANN. 7149

Columbia Broadcasting System, Inc., Salem, übert. von: **John F. Rockett jr.** Medford, Mass., V. St. A., *Dickenkontrolle von Lacken* auf Drähten, Kathoden, Erhitzern u. dgl., dad. gek., daß mit dem fortlaufenden Auftragen des Überzuges zugleich eine radioakt. Substanz mit niedriger Halbwertszeit aufgebracht wird u. der Draht durch ein Zählrohr läuft, das mit einer Meßeinrichtung u. diese wiederum mit einer Vergleichsstromquelle verbunden ist. (**A. P. 2 640 788** vom 4/10. 1951, ausg. 2/6. 1953.) SALZMANN. 7159

J. H. Martin and W. M Morgans, Guide to pigments and to varnish and lacquer constituents. London: L. Hill. 1954. (130 S.) 12 s. 6 d.

XIb. Plaste (Kunstharze. Plastische Massen).

O. E. van Lohuizen, *Epoxyharze*. Überblick über Struktur, Herst., Aushärtung u. Anwendungsmöglichkeiten der Epoxyharze. (Plastica [Delft] **10.** 350—52. Juli 1954.) WINIKER. 7176

J. F. Kohlwey jr., *Zahnräder und Lager aus Nylon*. Überblick über die wichtigsten Eigg. von Nylon u. seine maschinelle Bearbeitung nebst Hinweisen für die Konstruktion u. Verwendung daraus hergestellter Zahnräder u. Lager. (Plastica [Delft] **10.** 328—32. Juli. 388—91. Aug. 1954. Arnhem, Alg. Kunstzyde Unie N. V.) WINIKER. 7180

Ignacio Puig, *Die Silicoharze*. Überblick über Herst., Eigg. u. Anwendungen. (Goma [2] **2.** Nr. 18. 6—9. Juni 1954.) WINIKER. 7188

Badische Anilin- & Soda-Fabrik Akt.-Ges., Ludwigshafen/Rh. (Erfinder: **Mathias Quaedvlieg**, Leverkusen), *Reinigung von Paraffinsulfonaten* (**I**). Nach der Abtrennung der unverseifbaren Anteile sowie des NaCl werden die I einer sauren Nachbehandlung, z. B. mit Säure, unterworfen u. anschließend mit oxydierenden Mitteln (H_2O_2, Cl_2) behandelt. — 50%ig. I werden nach Entfernen des NaCl u. des Unverseifbaren mit 10%ig. H_2SO_4 mehrere Std. auf 80—90° erhitzt, dann gibt man bei 40—40° unter Rühren 30%ig. H_2O_2 zu u. stellt nach 3 Std. mit NaOH auf p_H ca. 9 ein. — *Polymerisationsemulgatoren.* (**D. B. P. 902 614** Kl. 12o vom 22/5. 1942, ausg. 25/1. 1954.) KRAUSS. 7171

General Electric Co., übert. von: **Paul T. Etchason** und **Henry F. Jones**, Fort Wayne, Ind., V. St. A., *Polymerisationsbeschleuniger*. Zum Beschleunigen der Polymerisation von monomeren Vinylverbb. u. α-ungesätt. α.β-Polycarbonsäuren, bes. Styrol, Methylmethacrylat, ungesätt. Alkydharzen u. Diallylphthalat, eignen sich O-haltige Derivv. mit einem O-Geh. von mindestens 0,1% („anaerobe Monomere"), die durch Oxydation von Verbb. der nebenst. Formel erhalten werden,

$$H_2C{=}\underset{R'}{C}-\underset{O}{\overset{}{C}}-O-[(CH_2)_m-(CHR'')_p-CHR-O]_n-\underset{O}{C}-\underset{R'}{C}{=}CH_2$$

wobei R = H, CH_3, C_2H_5, CH_2OH u. $-CH_2OCOCR' = CH_2$, R' = H, Cl, CH_3 u. C_2H_5, R'' = H, OH u. $-OCOCR' = CH_2$, m = mindestens 1, n = mindestens 2 u. p = 0 oder 1 sind. Man erhält diese Verbb., wie z. B. oxydiertes Tetraäthylenglykoldimethylacrylat, indem man oberhalb 25° O_2 durch die zu oxydierende Verb. leitet, bis mindestens 0,1% O_2 aufgenommen wurde, u. darauf einige Std. auf ca. 70—80° erhitzt. Analog wird Diäthylen u. Dipropylenglykoldimethylacrylat behandelt. (**A. PP. 2 628 178** u. **2 628 210** vom 29/7. 1950, ausg. 10/2. 1953.) LÜTTGEN. 7171

Universal Oil Products Co., Chicago, übert. von: **Herman S. Bloch**, Chicago, Ill., V. St. A., *Dihydrocarbonperoxyde für Polymerisationsreaktionen*. Zur Steuerung verwendet man Peroxyde der allg. Formel I, worin R u. R_1—R_7 = H, Alkyl, Alkenyl- u. Polyalkenylreste, wobei wenigstens 2 der Gruppen R_3—R_7 KW-stoffreste u. von R, R_1, R_2 u. R_7 wenigstens 2 H sind. Diese Peroxyde dienen zur Einleitung der Polymerisation ungesätt. polymerisierbarer organ. Monomerer u. werden in Mengen von 0,001—5% dieser Di-(Polyencyclopentenylhydrocarbon)-peroxyde

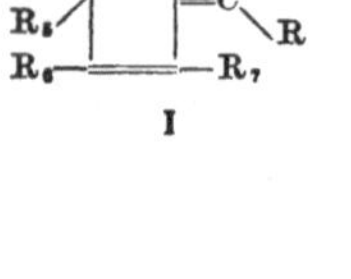

I

verwendet. Gleichzeitig können zur Abschwächung der Rk. HCl, HBr u. HF mitverwendet werden. Die Polymerisation wird bei 50—200°, bes. bei 120°, durchgeführt. (**A. P. 2 603 629** vom 1/10. 1949, ausg. 15/7. 1952.) SEIZ. 7171

François Dufek, Seine Frankreich, *Herstellung von Azodinitrilen.* Man läßt Hydrazinsulfat mit einem Alkalicyanid u. mindestens einem Keton reagieren u. verwandelt das gebildete Hydrazodinitril durch Dehydrieren in die entsprechende Azoverbindung. Z. B. versetzt man unter Rühren eine Lsg. von 51 g Hydrazinsulfat in 250 cm³ W. mit 40 g einer 30%ig. wss. Lsg. von NaCN. Sobald alles Hydrazinsulfat aufgelöst ist, gibt man zu dem Reaktionsgemisch tropfenweise 45 g Aceton bei 25—30° hinzu u. mischt das Ganze über Nacht bei n. Temperatur. Das entstandene *Hydrazodi-(isobutyronitril)* versetzt man mit 500 cm³ W. u. 250 g zerstoßenem Eis u. dehydriert es durch Einleiten von Cl_2 bei weniger als 15°. Man erhält 56 g *Azodi-(isobutyronitril)*, F. 103 bis 104°. Die Azodinitrile finden Verwendung bei der Herst. von plast. Kunststoffen. (**F. P. 1 040 895** vom 20/7. 1951, ausg. 19/10. 1953.) OPPERMANN. 7171

Badische Anilin- & Soda-Fabrik, Ludwigshafen/Rh. (Erfinder: **Hans Krzikalla,** Heidelberg), *Herstellung von Estern aus 1.4-Diolen und aliphatischen Monocarbonsäuren mit mehr als 4 C-Atomen.* Die Komponenten, z. B. Laurinsäure oder Vorlauffettsäuren aus der Paraffinoxydation u. 1.2.4-Trioxybutan, Buten-2-diol-(1.4) oder 1.4-Pentandiol, werden ohne Zusatz von Kondensationsmitteln in mit W. nicht mischbaren, oberhalb 160° sd. organ. Lösungsmitteln, z. B. Dekahydronaphthalin, Diäthylbenzol, erhitzt, bis das entstehende W. abdest. ist. — *Weichmacher für Kunstharze.* (**D. B. P. 850 610** Kl. 12o vom 16/11. 1941, ausg. 25/9. 1952.) LÜTTGEN. 7171

General Electric Co., Schenectady, V. St. A., *Herstellung von neuen Methylphenoläthern,* dad. gek., daß ein Salz eines 2.4.6-Tri-(oxymethyl)-phenols mit einer Verb. der allg. Formel $R-\underbrace{CH-CH_2}_{O}$ umgesetzt wird, worin R ein H-Atom, eine aliphat., alkoxyaliphat., eine durch einen aliphat. Rest substituierte Aryl-, eine Aryl-, eine arylsubstituierte aliphat. oder aryloxyaliphat. Gruppe oder ein halogensubstituiertes Deriv. einer dieser Gruppen bedeutet. Für die Umsetzung wird Propylenoxyd bzw. Äthylenoxyd verwendet. — Aus Phenol u. CH_2O in wss. NaOH entsteht bei 40° eine wss. Lsg. von Mono-, Di- u. Tri-(oxymethyl)-Na-phenolat. Dazu wird der Glycidylallyläther (**I**) gegeben u. 4 Std. unter Rückfluß erhitzt. Beim Umsetzungsprod. hat im Durchschnitt ein Mol. **I** mit je einer OH-Gruppe sowohl der phenol. als auch der Oxymethylgruppe reagiert. — Mit 3.4-Epoxybuten-(1) reagiert 1 Mol. mit jeder OH-Gruppe, u. zwar sowohl jeder phenol. OH-Gruppe als auch jeder Oxymethylgruppe. Man erhält ein schwach viscoses Öl. — Mit Propylenoxyd wird ein viscoses Prod. erhalten, in welchem durchschnittlich drei Moll. Propylenoxyd mit jeder OH-Gruppe der Mischung der Oxymethylphenole reagiert hatten. — Auch andere Oxyde, wie Butylenoxyd, Styroloxyd, Glycidylphenyläther, Glycidylallyläther u. Butadienmonooxyd, können zur Bldg. ähnlicher Verbb. verwendet werden, welche als *Plastifizierungsmittel* für Harze verwendbar sind. — Die neuen Tri-(oxymethyl)-phenoläther zeichnen sich durch Säurebeständigkeit u. leichte Bldg. äußerst stabiler Ester aus. (**Oe. P. 178 627** vom 16/10. 1950, ausg. 25/5. 1954. A. Prior. 18/10. 1949.) M. F. MÜLLER. 7171

Standard Oil Development Co., Del., übert. von: **Fred W. Banes,** Westfield, **David W. Young,** Roselle, und **Alta J. Hund,** Linden, N. J., V. St. A., *Öl- und lichtbeständige Massen.* Als Weichmacher für Polyvinylchlorid oder seine Mischpolymerisate, Polystyrol, Polyvinylalkohol, Phenol-, Melamin- oder Alkydharze wird ein Tripolymeres aus 5—25 (%) Isobutylen, 20—40 C_4—C_6-Diolefin (Butadien, Isopren, Piperylen) u. 45—60 Acrylnitril (bzw. Meth- oder Chloracrylnitril) neben gebräuchlichen Weichmachungsmitteln, Stabilisatoren u. Gleitmitteln verwendet. (**A. P. 2 636 866** vom 29/6. 1949, ausg. 28/4. 1953.) SALZMANN. 7171

Deutsches Hydrierwerk Rodleben VEB, Rodleben (Erfinder: **Hanns Höllerer,** Dessau-Roßlau), *Weichmachungsmittel* für Filmbildner, wie Cellulosederivv. u. Polyvinylverbb., bestehend aus Dipentaerythritestern von Carbonsäuren mit höchstens 10 C-Atomen, wie Dipentaerythrittetraacetat, oder der Hexaester aus Dipentaerythrit u. einem Fettsäuregemisch mit 4—6 oder 7—9 C-Atomen. (**D. P. [DDR] 2 834** Kl. 39b vom 6/8. 1943, ausg. 27/10. 1952 [Wirtschaftspatent].) PANKOW. 7171

Kurt Thinius, Magdeburg, und **Wolfgang Möller,** Roßlau/Elbe, *Lösungs-, Gelatinierungs- und Weichmachungsmittel* für Cellulosederivv., Polyvinylverbb. u. andere Hochpolymere. Man verwendet Ester 2- oder mehrwertiger Alkohole der Formel $HOCH_2 \cdot R \cdot X \cdot R' \cdot CH_2OH$ (R u. R' = Aryl; X = O, S, NH) in erster Linie mit aliphat.

Säuren, auch Naphthensäuren, aromat. oder heterocycl. Säuren. Als Alkohole sind genannt: Bis-(oxymethylphenyl)-oxyd (I), -sulfid, -imin (II), Bis-(oxymethylchlorphenyl)-oxyd, als Säuren: Milch-, Tetrahydrofurancarbon-, Alkoxyessigsäure. — Man löst 5 (Gewichtsteile) Polyvinylchlorid in 125 des Esters aus I u. einem 4—6 C-Fettsäuregemisch (VZ. 360, Viscosität η^{20} 298,7 cP) oder mittelviscose Kollodiumwolle in dem **II**-Caprylat. (**D. P. [DDR] 2918** Kl. 39b vom 9/4. 1950, ausg. 28/11. 1952. [Wirtschaftspatent].) PANKOW. 7171

Columbia-Southern Chemical Corp., Pittsburgh, übert. von: **Irving E. Muskat**, Plainfield, und **Franklin Strain**, Norton Center, V. St. A., *Mischpolymerisat*. Man polymerisiert Ester, deren eine Komponente aus Verbb. mit OH-Gruppen bestehen, welche mindestens 2 durch Säuren veresterbare OH-Gruppen enthalten, u. deren zweite Komponente aus einem Kohlensäureester eines ungesätt. Alkohols, wie Allyl- oder Methallylalkohol besteht, in Ggw. von UV-Licht u. Katalysatoren, wie Peroxyden, in Mengen von 0,1% bei 100°. Die Ester werden in Form einer Lsg. der Monomeren in Aceton, Bzl., Xylol, Dioxan, Toluol u. CCl_4 polymerisiert. — Z. B. läßt man 0,9 (Mol) Phosgen auf 1 Allylalkohol 1 Std. bei 15—20° einwirken, wäscht mit W. aus u. trocknet über $CaCl_2$. Dann werden 2,2 Allylchloroformiat tropfenweise zu einer Lsg. von 1 Äthylenglykol in 2,4 Pyridin zugesetzt. Nach 1 Std. wird mit W. verd., mit verd. HCl bis zur neutralen Rk. ausgewaschen u. getrocknet. Genannt sind: Äthylenglykol-bis-(allylcarbonat), Kp. 118—122°; Äthylen-bis-(methallylcarbonat), Kp. 142°; Triäthylen-bis-(allylcarbonat). Die so hergestellten Verbb. sind *Weichmacher* für Styrol-, Cellulose-, Harnstoff-, Phenol-, Vinyl- u. Acrylsäureharze. (**A. P. 2 592 058** vom 21/2. 1947, ausg. 8/4. 1952. E. Prior. 11/9. 1941.) SEIZ. 7171

Deutsche Hydrierwerke Akt.-Ges., Düsseldorf, *Weichmachungs-, Gelatinierungs- und Quellungsmittel für hochpolymere Stoffe*, bes. linearpolymere Polyester, Polyamide, Polyester–Polyamide oder dgl., sind Carbon- oder Sulfonamide von Di- oder Polyaminen der allg. Formel NHR'·R·NHR'', in der R zweiwertiger organ. Rest, der substituiert u. durch Heteroatome oder Heteroatomgruppen unterbrochen sein kann, u. R' sowie R'' gleiche oder verschied. organ. Reste oder auch H bedeuten, z. B. Hexamethylendiamid von Fettsäuren mit 4—6 C-Atomen oder Tetramethylendiamid von Fettsäuren mit 7—9 C-Atomen. (**D. B. P. 889 071** Kl. 39b vom 21/6. 1942, ausg. 7/9. 1953. **Zusatz zu D. B. P. 865 196; C. 1953. 4125.**) HERBST. 7171

Imperial Chemical Industries Ltd., London, England (Erfinder: **Henry Percy Wynne Huggill, Alexander Parkinson** und **Raymond Deverell-Smith**), *Gefärbte plastische Massen*. Hierfür wird (4.5)-Oktaphenylphthalocyanin-Cu (I) verwendet, das in die Kunststoffe, wie Harnstoff–CH_2O-Harze, Phenol–CH_2O-Harze, Polyäthylen, Polystyrol, Polymethacrylat u. Celluloseacetat, eingearbeitet wird. Man erhält Kunststoffe, die in gelblich-grünen Tönen gefärbt sind. **I** ist erhältlich aus 4.5-Diphenylphthalsäure, Harnstoff, $CuCl_2$, NH_4-Molybdat u. Borsäure. Die Färbungen bluten nicht, sind reib-, licht- u. wärmefest. Zur Erzielung besonderer Tönungen kann das Phthalocyanin in Mischung mit weißen Pigmenten, wie TiO_2, angewendet werden. (**E. P. 696 036** vom 19/12. 1951, ausg. 19/8. 1953.) HERBST. 7171

Universal Oil Products Co., Chicago, übert. von: **Julian M. Mavity**, Hinsdale, Ill., V.St. A., *Phosphorsäurekatalysator*. Die aus einer Phosphorsäure (H_3PO_4, $H_4P_2O_7$, $H_5P_3O_{10}$, auch im Gemisch mit P_2O_5) unter Zusatz festen Trägerstoffes, z. B. Diatomeenerde, Kieselgur, Fullererde, Bentonit, Montmorillonit, säurebehandelter Ton, Al_2O_3, MgO, Kohle, geformten calcinierten Katalysatoren werden mit 1—10 Gew.-% einer hydrolysierbaren Verb. ($SnCl_4$, $TiCl_4$, $ZrCl_4$) behandelt u. bei 100—550° $^1/_4$—10 Std. calciniert, wodurch die Festigkeit des Katalysators erhöht wird. Er dient zur Polymerisierung von Olefinen u. Alkylierung von cycl. Verbindungen. (**A. P. 2 650 201** vom 2/10. 1950, ausg. 25/8. 1953.) MATTHAES. 7173

Universal Oil Products Co., Chicago, übert. von: **Mitchell S. Bielawski**, Berwyn, und **Julian M. Mavity**, Hinsdale, Ill., V. St. A., *Phosphorsäurekatalysator mit Metalloxyden der 4. Gruppe*. Wenigstens 50, bes. 50—75 (Gew.-%) einer Phosphorsäure (H_3PO_4, $H_4P_2O_7$, $H_5P_3O_{10}$, $H_6P_4O_{13}$, auch im Gemisch mit P_2O_5) werden mit 15—49,5% eines SiO_2 enthaltenden Adsorbens, z. B. Diatomeenerde, Kieselgur, Fullererde, Bentonit, Montmorillonit u. nicht mehr als 0,5—10 Oxyd, Hydroxyd oder Salz eines Metalls der 4. Gruppe des Period. Syst., z. B. TiO_2, ZrO_2, ThO_2, vermischt, verformt u. bei 500—1000° F calciniert. Katalysator hoher Festigkeit, wenig korrodierend für Stähle, hochakt., dient z. B. für die *Polymerisierung von Olefinen*. (**A. P. 2 656 323** vom 12/4. 1949, ausg. 20/10. 1953.) MATTHAES. 7173

Sinclair Refining Co., New York, übert. von: **Bernard S. Friedman**, Chicago, Ill., V. St. A., *Mischpolymerisation von Äthylen und Butylen*. Durch Polymerisation dieser Verbb. in Ggw. eines Katalysators aus Holzkohle (Cocosnuß), die mit Co-Oxyd imprägniert ist, bei Tempp. von 75—300° unter Druck zwischen 7 u. 70 kg/cm² erhält man geradkettige Diolefinmischpolymerisate mit 6—10 C-Atomen, welche als Zwischenprodd. bei der Synth. von *Diolefinen* dienen. Kondensationsprodd. dieser Verbb. mit Dimercaptanen werden als *Weichmacher* verwendet. (**A. P. 2 599 249** vom 7/3. 1950, ausg. 3/6. 1952.) Seiz. 7173

Phillips Petroleum Co., Del., übert. von: **Willie W. Crouch,** Bartlesville, V. St. A., *Emulsionspolymerisation ungesättigter Verbindungen.* Olefinmonomere, wie Butadien, Isopren, Chloropren, Methylacrylat, Acrylnitril u. Styrol, werden mit einer wss. Lsg. von SO_2 (I) in W. dispergiert, wobei das Mol-Verhältnis von II:I = 5:1 beträgt, bei p_H 1—2 in Ggw. von Salzen aliphat. u. aromat. Sulfonsäuren (Na-Laurylsulfat, diamylsulfobernsteinsaurem Na, Dodecylaminsulfat), sowie K-Persulfat oder organ. Peroxyden als Katalysatoren bei 0—50° polymerisiert. Durch Koagulation mit A., Waschen, Filtrieren u. Trocknen wird das erhaltene, in Aceton lösl. Harz als weißes Pulver gewonnen. — 46,7 (Teile) 1-Buten, 88,3 **I**, 180 W., 5 alkylbenzolsulfosaures Na u. 0,5 $LiNO_3$ werden bei 25° 4 Std. gerührt, durch Erhitzen, bes. im Vakuum, u. Einleiten von inerten Gasen polymerisiert u. das ungebundene **I** entfernt. Die hergestellten Latices können zum *Imprägnieren von Papier u. Gewebe* sowie als *Anstrichmitttel* verwendet werden. Die trocknen Harze finden für verschied. techn. Zwecke Verwendung. (**A. P. 2 602 787** vom 29/7. 1949, ausg. 8/7. 1952.) Seiz. 7173

Standard Oil Development Co., Del., übert. von: **John J. Kolfenbach,** Somerville, und **Augustus B. Small,** Baton Rouge, La., V. St. A., *Polymerisation von Olefinen bei niederen Temperaturen.* Zur Durchführung der Polymerisation von Isoolefinen, wie Isobutylen, mit Polyolefinen, wie Butadien, bei Tempp. von —20 bis —165° in Ggw. von Friedel-Crafts-Katalysatoren werden kontaktgiftfreie Lösungsmittel (I) verwendet, welche mit einer Lsg. von P_2O_5 (**II**) in einem Phosphatester, wie Tributylphosphat (**III**), behandelt wurden. — Zur Herst. von **I** werden zu 1 (Liter) einer Lsg. von 20 g **II** auf 100 cm³ **III** 10 Methylenchlorid (**IV**) in einer Bombe unter Rühren zugesetzt. Nach dem Verschluß der Bombe wird 8 Std. auf 100° erhitzt, dann **IV** abdest. u. die Dämpfe zur Erzielung von reinem **IV** kondensiert. **II** u. **III** verbleiben als Rückstand in der Bombe. An Stelle von **IV** können auch Methyl-, Äthyl- oder Propylchlorid, Dichloräthan, Dichlordifluormethan, Trichlormonofluormethan so gereinigt werden, u. an Stelle von **II** kann man Triäthyl-, Tri-2-äthylhexyl-, Trinonyl- u. Trilaurylphosphat verwenden. (**A. P. 2 603 626** vom 19/3. 1949, ausg. 15/7. 1952.) Seiz. 7173

Dow Chemical Co., übert. von: **Ralph E. Friedrich,** Midland, und **Giffin D. Jones,** Sanford, Mich., V. St. A., *Di-(methansulfonyl)-peroxyd,* $CH_3-SO_2-O-O-SO_2-CH_3$, erhält man durch Elektrolyse von CH_3SO_2OH in W., z. B. bei 0,2 Amp./cm² zwischen Pt-Elektroden bei 11°. F. 77°, Zers. bei 85°, schlagunempfindlich. *Polymerisationskatalysator,* bes. für *Vinylidenchlorid, Vinylchlorid* u. deren Mischungen in wss. Dispersion. (**A. P. 2 619 507** vom 5/1. 1951, ausg. 25/11. 1952.) Krauss. 7173

N. V. de Bataafsche Petroleum Mij., Den Haag, Holland, *Emulsionspolymerisation ungesättigter Verbindungen.* Die Polymerisation wird in mehreren hintereinandergeschalteten Kammern oder mit Rührwerken ausgestatteten Kesseln in der Weise durchgeführt, daß die Emulsion der Monomeren durch die Kammern gepumpt u. in eine oder mehrere Kammern während der Umsetzung frisches Monomeres in reiner oder emulgierter Form zugesetzt wird. Man erzielt dadurch einen wesentlich höheren Polymerisationsgrad u. benötigt eine geringere Reaktionstemperatur. Die Polymerisation wird in Ggw. von Perschwefelsäure oder eines ihrer in W. lösl. Salze u. einer mol. O_2 absorbierenden Substanz erfolgen. — In eine aus 5 hintereinander geschalteten 2 Liter-Rührwerksautoklaven aus V_2A-Stahl bestehende App. wird eine Emulsion aus 2,5 (%) Na-Cetylsulfat, 0,2 K-Persulfat u. 0,4 Na_2SO_3, welche mit HCl auf p_H 2,5 eingestellt ist, in einer Menge von 15,6 kg pro Std. in den 1. Autoklaven gepumpt u. dort mit Vinylchlorid (I) in einer Menge von 2 kg pro Std. vermischt. In den 2., 3. u. 4. Autoklaven wird eine Emulsion mit einem Geh. an 0,2% Na_2SO_3, welche mit HCl auf p_H 2,5 eingestellt ist, u. **I** unter Druck so zugesetzt, daß 0,67 kg pro Std. **I** auf jeden Autoklaven kommt. Die Temp. beträgt 23°. Die Polymerisationsgeschwindigkeit erreicht 400 g Polymeres pro Liter Suspension in der Std. gegenüber nur 100 g ohne den Zusatz von frischem Monomerem. (**E. P. 634 789** vom 20/2. 1947, ausg. 29/3. 1950. Holl. Priorr. 2/5. 1945 u. 20/2. 1946.) Seiz. 7173

E. I. du Pont de Nemours & Co., Wilmington, Del., übert. von: **Gilbert Pitzl,** Buffalo, N. Y., V. St. A., *Mischpolymerisation von monomerem Vinylidenchlorid* (I) *und Acrylnitril* (**II**). Die Dispersion einer Mischung aus 90 **I** u. 10 **II** in W. unter Zusatz von sulfoniertem Methyloleat (**III**) als Dispergator, von NH_3-Persulfat (**IV**) als Katalysator u. von $NaHSO_3$ (**V**) als Aktivator wird bei 33—35° am Rückflußkühler erhitzt. — Z. B. werden 775 (Teile) W., 3,2 **IV**, 16 **III**, 20 **II** u. 180 **I** unter Rühren bei 33° mit der Lsg. von 0,64 **V** in 25 W. versetzt u. 5—6 Std. erhitzt. Das Polymerisat wird mit $Al_2(SO_4)_3$ koaguliert u. gereinigt. Es ist in Äthylmethylketon (**VI**) bei 70° löslich. Eine Lsg. von 25 Polymerisat in 75 **VI** ergibt ein *Anstrichmittel für Filme* aus regenerierter Cellulose oder Polyvinylalkohol, das einen durchsichtigen, elast. u. harten Film ergibt. (**A. P. 2 606 894** vom 4/11. 1947, ausg. 12/8. 1952.) SEIZ. 7173

E. I. du Pont de Nemours & Co., übert. von: **Henry Shirley Rothrock**, Wilmington, Del., V. St. A., *Mischpolymerisat mit einem Gehalt an Allyloxyessigsäure* (**I**). Eine Lsg. von monomerer **I** u. polymerisierbaren ungesätt. Olefin-KW-stoffen mit 2—4 C-Atomen, wie Vinylacetat (**II**), -chlorid, -propionat, -benzoat u. -trimethylacetat, Styrol, Methylacrylat, Acrylnitril u. -amid, Vinylidenchlorid, 1-Chlor-1-fluoräthylen, Tetrafluoräthylen, Allylacrylat u. -succinat in Bzl., Toluol, Xylol, Dioxan u. Methylisobutylketon oder einer Dispersion dieser Lsg. wird in Ggw. von anorgan. oder organ. Katalysatoren, wie H_2O_2, Benzoylperoxyd (**III**), bei 0—180° polymerisiert. Je nach dem Geh. an **I** erhält man Lsgg., welche zur Herst. von Fäden, Filmen, Klebstoffen, Lacken u. Anstrichmitteln geeignet sind. — Eine Mischung aus 200 (Teilen) **I**, 200 **II** u. 20 **III** wird bei 67—89° unter Rückfluß 2 Std. erhitzt. Das Reaktionsprod. wird mit W. gewaschen u. unter Druck getrocknet. Das erhaltene **I**–**II**-Mischpolymerisat hat eine SZ. 226,8 u. enthält 47% **I**. Gelbe, harzartige, viscose, in Aceton lösl. Verbindung. Durch Erhitzen von 75 dieser Verb. mit 37,2 Allyloxyäthanol u. 100 Xylol bei 134 bis 146° während 15 Std. erhält man eine Verb. (SZ. 18,4), welche nach dem Zusatz von 0,05% Co-Naphthenat einen an der Luft trocknenden Film ergibt. (**A. P. 2 607 760** vom 5/5. 1951, ausg. 19/8. 1952.) SEIZ. 7173

American Cyanamid Co., New York, N. Y., übert. von: **Walter M. Thomas**, Springdale, und **Edward L. Kropa**, Old Greenwich, Conn., V. St. A., *Mischpolymerisate aus 4-Allyloxymethyl-1.3-dioxolanen* (**I**) *und Vinylverbindungen* (**II**). Eine Mischung von **I**, hergestellt aus Glycerinallyläther, CH_2O u. H_3PO_4, sowie von aliphat. u. aromat. **II** wird in Form einer Lsg. oder Emulsion in Ggw. von Persulfaten oder Perboraten, sowie 0,01—0,5% Inhibitoren, wie Phenyl-α-naphthylamin, bei Tempp. von 15—200° polymerisiert. Die Polymerisate werden als *Klebstoffe*, bes. für opt. Gläser, wie Prismen, sowie für Papier, in Mischung mit Cellulose-, Asbest- u. Glasfasern, Holzmehl, Sand, Kreide u. Glimmer zur Herst. von *Kunststoffen* verwendet. — Z. B. wird eine Mischung aus 10 (Teilen) **I**, 10 Äthylacrylat, 20 Bzl., 0,2 Benzoylperoxyd 5 Std. unter Rückfluß erhitzt. Die erhaltene Lsg. dient zur Herst. von *Anstrichen*. (**A. P. 2 601 572** vom 10/8. 1950, ausg. 24/6. 1952.) SEIZ. 7173

Celanese Corp. of America, Del., übert. von: **Richard E. Davies**, Ridgewood, N. J., V. St. A., *Polymeres Methylvinylketon* (**I**). Monomeres **I** wird durch Dest. von Verunreinigungen, wie Vinylacetylen, befreit, dann einer Behandlung mit Luft oder O_2 bei 0—10° während 72—144 Std. unterworfen. Das so gereinigte Monomere wird in Lsg. oder in Emulsionsform in Ggw. von 0,0005—0,001 (Teilen) Katalysator (K-Persulfat, Benzoylperoxyd, H_2O_2) auf 1 **I** polymerisiert. Das polymere **I** ist eine klare, farblose, harte M., die in Aceton lösl. ist u. zur Herst. von farblosen wasserklaren Kunststoffen verarbeitet werden kann. (**A. P. 2 599 616** vom 15/4. 1949, ausg. 10/6. 1952.) SEIZ. 7173

Monsanto Chemical Co., St. Louis, Mo., übert. von: **Joachim Dazzi**, Dayton, O., V. St. A., *S-(2-Aryläthyl)-2-(2-mercaptoäthoxy)-propionitrile*, $ArCH_2CH_2SCH_2CH_2 \cdot OCH_2CH_2CN$ (Ar = Phenyl, Naphthyl, Xenyl, die mit Alkyl bis zu 20 C-Atomen substituiert sein können) erhält man durch Anlagern von Acrylnitril an S-(2-Aryläthyl)-2-mercaptoäthanole (hergestellt durch Kondensation von 2-Mercaptoäthanol mit Styrol oder Vinylaromaten oder -alkylaromaten) in Ggw. von Alkalien, Erdalkalihydroxyden, Alkalicarbonaten, Alkalialkoholaten, Pyridin, quaternären Ammoniumsalzen oder Basen. — Aus S-(2-Phenyläthyl)-2-mercaptoäthanol u. Acrylnitril in Ggw. von Na-Methylat bei 20° → *S-(2-Phenyläthyl)-2-(2-mercaptoäthoxy)-propionitril*, $C_{13} \cdot H_{17}ONS$, $Kp._{1-2}$ 177—185°; n_D^{25} 1,53785. — *S-[2-(4-Tolyl)-äthyl]-2-(2-mercaptoäthoxy)-propionitril*. — *S-[2-(α-Naphthyl)-äthyl]-2-(2-mercaptoäthoxy)-propionitril*. — *S-[2-(4-Xenyl)-äthyl]-2-(2-mercaptoäthoxy)-propionitril*. — *S-[2-(4-Äthylphenyl)-äthyl]-*, *S-[2-(4-n-Octylphenyl)-äthyl]-*, *S-[2-(4-Dodecylphenyl)-äthyl]-2-(2-mercaptoäthoxy)-propionitril*. — *S-[2-(Methyl-α-naphthyl)-äthyl]-2-(2-mercaptoäthoxy)-propionitril*. *Weichmacher* für synthet. *Harze*, bes. für *Vinylchloridpolymere* bei tiefen Temperaturen. (**A. P. 2 617 819** vom 25/4. 1950, ausg. 11/11. 1952.) KRAUSS. 7173

General Electric Co., Schenectady, N. Y., V. St. A., *Verätherungsprodukte von Methylolphenoläthern* aus 2.4.6-Tri-(oxymethyl)-phenoläthern der allg. Formel **I**,

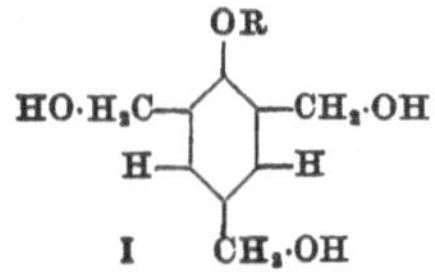

I

worin R eine aliphat., cycloaliphat. oder arylsubstituierte aliphat. Gruppe ist oder ein Halogenderiv. einer solchen Gruppe bedeutet, oder aus Gemischen, welche diese Äther enthalten, durch Rk. mit einem Alkohol, wie Butanol, oder mit Äthylenchlorhydrin (II) oder Äthanolamin. — 15 (Gewichsteile) 1-Allyloxy-2.4.6-tri-(oxymethyl)-benzol, 60 Butanol u. 0,3 konz. HCl werden 2 Std. unter Rückfluß gekocht. Dabei wird eine Oxymethylgruppe pro Mol. veräthert. — Die Reaktionsprodd. mit II ergeben *Plastifizierungsmittel* für Polyvinylchlorid. (**Oe. P. 178 092** vom 16/10. 1950, ausg. 10/4. 1954. A. Prior. 18/10. 1949.) M. F. MÜLLER. 7173

Union Carbide & Carbon Corp., New York, N. Y., übert. von: **Franklin Johnston,** St. Albans, W. Va., V. St. A., *Phosphonverbindungen* der allg. Formel I, $R \cdot R_1 \cdot CX \cdot CHR_2COR_3$, erhält man bei der Umsetzung von Phosphitdiester (II), $(R_4O)_2P(=O)H$, mit einem aliphat., aromat. oder gemischtem Keton, enthaltend mindestens eine C-Doppelbindung in Nachbarschaft zur Ketogruppe bei 0—200° in Ggw. eines Kondensationskatalysators. Inerte Verdünnungsmittel können zugegen sein. In I bedeuten R, R_1 u. R_2 = H, Alkyl, Aralkyl oder Aryl, R_3 = Alkyl, Aryl, Benzyl u. X = $(R_4O)_2 \cdot P(=O)-$, wobei R_4 = Alkyl, Aralkyl, Cycloalkyl, Alkoxyalkyl, Aryloxyalkyl oder Cycloalkoxyalkyl sein kann. Es werden hergestellt: *4-Dibutylphosphonpentanon-2*, $Kp._{2,3}$ 203°, n_D^{30} 1,4503, $D.^{20}$ 1,0630; *4-Phenyl-4-(dicyclohexylphosphon)-butanon-2*, $Kp._{5,5}$ 175°, n_D^{30} 1,5024, $D.^{20}$ 1,142; *4-Phenyl-4-(dibutylphosphon)-butanon-2*, $Kp._{2,4}$ 192°, $n_D^{20,5}$ 1,4896, $D.^{20}$ 1,0545; *2-Phenyl-2-(dibutylphosphon)-äthylphenylketon*, $Kp._{0,5}$ 169°, $n_D^{20,5}$ 1,5365, $D.^{20}$ 1,0930; *2-Phenyl-2-(diäthylphosphon)-äthylphenylketon*, n_D^{30} 1,5767, $Kp._5$ 236°; *2-Phenyl-2-(dibutylphosphon)-propylphenylketon*, $Kp._{0,004}$ 149°; n_D^{30} 1,5572, $D.^{20}$ 1,1048; *4-Methyl-4-(dibutylphosphon)-pentanon*, $Kp._{2,8}$ 158°, n_D^{30} 1,4402, $D.^{20}$ 0,9967; *2.6-Di-(dibutylphosphon)-2.6-dimethylheptanon-4*, $Kp._{4,3}$ 220°; *3.5.5-Trimethyl-3-(dibutylphosphon)-cyclohexanon-1*, $Kp._{2,2}$ 190°, n_D^{30} 1,4590, $D.^{20}$ 1,0180; *6-(Diäthylphosphon)-hexanon-1.5-(Dimethoxyäthylphosphon)-hexanon-3*; *4-Methyl-4-(diphenoxyäthylphosphon)-pentanon-2*; *5-Methyl-4-(dibenzylphosphon)-hexanon-2*; *6-Methyl-6-(dioctylphosphon)-heptanon-4* u. *5-(Dicyclohexylphosphon)-pentanon-3*. Zwischenprodd. u. *Plastifikatoren für synthet. Harze* (Polyvinylchloride oder Mischpolymere aus Vinylchlorid u. Vinylacetat). (**A. P. 2 616 918** vom 5/3. 1949, ausg. 4/11. 1952.) G. KÖNIG. 7173

E. F. Drew & Co., Inc., New York, N. Y., V. St. A., *Weichmacher für Kunstharze* (Polyvinylchlorid, Vinylchlorid–Vinylacetat-Mischpolymerisate), Kautschuk, Nitrilgummi oder Neopren, bestehend aus im wesentlichen neutralen Estern aus einer Mischung von Caprylsäure (80—92 Gew.-%), Caprinsäure (5—15), Capronsäure (0,8—3) u. Laurinsäure (0,1—1,5) mit Polyglykolen mit überwiegend Triäthylenglykolgeh., z. B. mit 75—95 (%) Triäthylenglykol, 4—20 Diäthylenglykol u. gegebenenfalls 1—5 höheren Polyäthylenglykolen. Der Weichmacher verleiht den Kunststoffen schmierend wirkende Eigg. u. hält sie noch bei tiefen Tempp. (—60°) biegsam u. geschmeidig. (**Oe. P. 178 461** vom 23/1. 1952, ausg. 10/5. 1954. A. Prior. 17/4. 1951.) PANKOW. 7173

E. I. du Pont de Nemours & Co., übert. von: **Edward G. Howard jr.**, Wilmington, Del., V. St. A., *Polymerisation ungesättigter Äthylenverbindungen* (I) *bei niederen Temperaturen*. Monomere I werden in wss. Dispersion bei Tempp. von 0—50°, bes. von 25—40°, in Ggw. eines Initiatorsyst., welches Azidionen (II) u. ein Oxydationsmittel, wie Perjodate (III), Hypochlorite, Permanganate, Bromate u. Cerverbb. enthält, polymerisiert. Als I sind genannt: Olefine, Acryl- u. Vinylverbb., Polyfluoräthylene, Butadiene u. Mischungen dieser Verbb.; als II: Azide der Gruppen I, II A u. B, III A, VI A, VII A u. VIII des Period. Syst.; als III verwendet man Salze der Formel: M_4JO_6, M_3JO_5, $M_4J_2O_9$ bzw. MJO_4, worin M = Alkali oder NH_4 bedeuten. — Z. B. werden 12,5 (Teile) Methylmethacrylat, 40 A., 50 W., 0,16 Na-Azid u. 0,29 ($HJO_4 \cdot 2H_2O$) bei 25° 4 Std. polymerisiert. Man erhält 9,5 Polymethylmethacrylat in Pulverform; 76% Ausbeute. (**A. P. 2 594 560** vom 27/4. 1950, ausg. 29/4. 1952.) SEIZ. 7173

Dow Chemical Co., übert. von: **Herbert G. Hornbacher,** Midland, und **Kenneth E. Coulter,** Bay County, Mich., V. St. A., *Reinigung von polymerisationsfreudigen Vinylaromaten*. Die durch Pyrolyse von Diäthylbenzol oder höhermol. Dialkylbenzolen erhaltene Mischung aus Äthylvinylbenzol, Divinylbenzol u. nichtumgesetzten Ausgangsstoffen wird bei n. Druck mit Wasserdampf (Entfernung der niedrigsd. Anteile) in einer Destillationskolonne im Gegenstrom zu einem inerten organ. Lösungsm. (Triäthyl-, Tetraäthyl-, Triisopropylbenzol, -toluol, Diäthylbrombenzol, Äthyldichlorbenzol, Diamylnaphthalin, 1-Chlornaphthalin, deren Mischungen), dessen Kp. wenigstens

10° höher liegt als der der Vinylbenzole, u. in Ggw. eines Polymerisationsverzögerers (2.4-Dichlor-6-nitrophenol) behandelt u. der Destillationsrückstand durch Dest. in die einzelnen Vinylbenzole aufgetrennt. — Vorr., Zeichnung. (**A. P. 2 556 030** vom 21/2. 1949, ausg. 5/6. 1951.) KRAUSS. 7173

Dow Chemical Co., Midland, Mich., V. St. A., *Kittartige Harzmischung*, bestehend aus 70—40 (%) einer fl., polymerisierbaren aromat. Vinylverb. u. 30—60 eines in Bzl. unlösl. (Misch-)Polymerisates eines aromat. Vinyl-KW-stoffs, bes. des Divinylbenzols (**I**), gegebenenfalls im Gemisch mit Styrol (**II**). Der Kitt eignet sich für *elektr. Isolierungen.* — Von einem Mischpolymerisat aus 88 (%) **II**, 7 Monoäthylvinylbenzol u. 5 **I** werden 2 (Teile) zu einem Pulver gemahlen u. mit 2 **II** zu einem Kitt angepastet. Der Kitt härtet bei 50° in 7 Tagen, bei 100° in 2 Tagen. (**E. P. 674 969** vom 4/7. 1949, ausg. 2/7. 1952.) MÖLLERING. 7173

Koppers Co., Inc., übert. von: **John Marshall Grim**, Pittsburgh, Pa., V. St. A., *Polymerisate in Perlenform.* Polymerisierbare Äthylenmonomere (**I**) werden in wss. Suspension mit 0,1—5% in W. schwerlösl. Phosphaten (**II**) mit 0,2—0,005 μ Teilchengröße zusammen mit anion. oberflächenakt. Mitteln (**III**), wie Seifen, bei p_H 6 in Ggw. von Peroxyden, wie Benzoylperoxyd (**IV**), polymerisiert. Als **I** sind genannt: Styrole, o-, p-Chlorstyrole, Äthylvinylbenzole, Vinylnaphthaline, Acrylnitril, Methylmethacrylate. Als **II**: $Ca_3(PO_4)_2$, $2Ca_3(PO_4)_2 \cdot H_2O$, Apatite, $Ca_3(PO_4)_2 \cdot Ca(OH)_2$, sowie die Al-, Mg-, Ba-, Sr-, Zn- u. Cd-Salze. Als **III**: capronsaures Na, Ölsäure u. organ. Sulfate. — Z. B. werden 40 (Teile) W., 0,5 **IV**, 0,008 Na-Oleat, 60 Styrol u. 0,105 **IV** unter starkem Rühren bei 90° u. bei p_H 5,8 90 Std. polymerisiert. Durch Zusatz von konz. HCl wird das Polymerisat in Form von Perlen ausgefällt, zentrifugiert, gewaschen u. getrocknet. (**A. P. 2 594 913** vom 18/11. 1947, ausg. 29/4. 1952.) SEIZ. 7173

Dow Chemical Co., übert. von: **Earl D. Morris** und **Gerald A. Griess**, Midland, Mich., V. St. A., *Polymerisationsprodukte aus Styrol* (**I**) *und Styrol–Butadien-Mischpolymerisaten* (**II**). Eine Mischung aus 98—85 (Teilen) **I**, 1—15 **II** u. 0,5—5 höheren Fettsäuren mit 12 C-Atomen oder deren Estern mit aliphat. Alkoholen mit weniger als 7 C-Atomen wird im Autoklaven zunächst auf 50—100°, dann auf 100—240° erhitzt, worauf die Auspolymerisation bei 175° während 10 Std. in Ggw. von Acetyl- oder Benzoylperoxyd (**III**) durchgeführt wird. — Z. B. werden 45 kg einer Lsg., bestehend aus einer Mischung von 93 (Teilen) **I**, 5 **II**, welche aus 80% Butadien-1.3 u. 20% **I** besteht, 1 an Glycerinstearaten reichem tier. Fett, 1 n-Butylstearat u. 0,02 **III**, im Autoklaven auf 65°, dann 90 Std. auf 175—210° erhitzt, auf 100° abgekühlt u. erneut auf 150° 24 Std. lang erhitzt. Dann überläßt man die Prodd. 72 Std. bei dieser Temperatur. Man erhält weiße, durchsichtige thermoplast. *Harze.* (**A. P. 2 606 163** vom 5/1. 1949, ausg. 5/8. 1952.) SEIZ. 7173

Dow Chemical Co., übert. von: **Robert R. Dreisbach**, Midland, Mich., V. St. A., *Thermoplastische Mischpolymerisate* erhält man durch Erhitzen von 97—99,5 (%) Dimethylstyrol u. 3—0,5 p-Chlorstyrol auf 125° über 4 Tage. Für Preßzwecke wird das Harz gemahlen. (**A. P. 2 620 329** vom 9/4. 1949, ausg. 2/12. 1952.) MÖLLERING. 7173

American Cyanamid Co., New York, N. Y., übert. von: **Edward L. Kropa**, Greenwich, Conn., V. St. A., *Mischpolymerisate von Dimethylstyrolen.* Jeweils verschied. Komponenten von 2.4-(**I**), 2.5-(**II**) u. 3.4-Dimethylstyrol (**III**), o-, m-, p-Methyl-, α-Methyl- u. 2.5-Dichlorstyrol werden gelöst oder in Emulsionsform in Ggw. von organ. Peroxyden oder Ozoniden bei Tempp. von 20—200° polymerisiert. Man erhält in Bzl., Toluol, Chlorbenzol, Xylol, Methyläthylketonen u. Butylacetat lösl. wasserklare, gegen heißes W. beständige Polymerisate, die zur Herst. von Folien, Fäden, Lacken u. Anstrichmitteln zusammen mit natürlichen u. künstlichen Harzen als Emulsion zum Imprägnieren von Papier, Leder u. Textilien sowie als Lederfinish verwendet werden können. — Z. B. wird eine Mischung aus je 1 Teil **I**, **II** u. **III** polymerisiert. — In Abänderung dieses Verf. werden Mischungen aus **I**, **II** u. **III** zusammen mit Acrylnitril oder Alkylestern der Methacrylsäure in derselben Weise polymerisiert. Die erhaltenen Polymerisate sind für dieselben Verwendungszwecke geeignet. (**A. PP. 2 600 782** u. **2 600 783** vom 20/7. 1948, ausg. 17/6. 1952.) SEIZ. 7173

Mathieson Chemical Corp., übert. von: **Roy Chester Feagin**, Flushin, und **David Bandel**, Brooklyn, N. Y., V. St. A., *Mischpolymerisate* aus Dichlorstyrol (**I**)- u. Mischestern aus Olefinpolycarbonsäuren (**II**), z. B. Estern der Malein-, Fumar-, Citracon-, Itacon-, Mesacon-, Chlormalein- u. Aconitsäure. Genannt sind als **II**: Methylallylfumarat, Äthylmethallylitaconat, Isobutylallylmaleat, sek.-Octylallylmaleat, Laurylallylcitraconat, Octadecylallylitaconat, Cyclohexylmethallylfumarat, Tetrahydrofurfurylvinylmaleat, Äthylcrotylmaleat, Undecylallylvinylaconitat, Laurylvinylmonocarboxyaconitat. — Die Polymerisation erfolgt in Ggw. von 0,01—2,0% Benzoyl- oder Lauroylperoxyd als Katalysatoren, gegebenenfalls in Emulsionsform, wobei Ammoniumoleat, Na-Resinat u. quaternäre NH_3-Verbb. als Emulgierungsmittel verwendet werden, durch Erhitzen auf 80° (1—2 Std.), dann auf 100° (1 Stunde). Die erhaltenen Polymerisate dienen zur Herst. von Zahnprothesen, Isolatoren u. ähnlichen Artikeln, auch in Mischung mit Pigmenten u. Füllstoffen, wie Quarz. — Z. B. werden 5 (Teile) Butylallylmaleat u. 94,5 isomeres I in Ggw. von 0,1 Benzoylperoxyd 2 Std. auf 80° u. $1^1/_4$ Std. auf 100° erhitzt. Das erhaltene Harz ist klar u. farblos. (**A. P. 2 603 625** vom 5/9. 1946, ausg. 15/7. 1952.) SEIZ. 7173

Monsanto Chemical Co., St. Louis, Mo., übert. von: **Albert Henry Bowen**, Seattle, Wash., V. St. A., *Trockenmischverfahren zur Herstellung von Styrol–Maleinsäureanhydrid-Mischpolymerisaten* (I). Man netzt feinst pulverisiertes I mit wenig W. so an, daß eine Klumpenbldg. vermieden wird u. vermischt mit geringen Mengen Alkalihydroxyden, NH_3 oder prim., sek., tert. aliphat. Aminen, welche in W. lösl. Salze bilden. Die hergestellten Prodd. dienen zum *Ausrüsten* von Textilien, als *Verdickungs-*, *Emulgier-* u. *Anstrichmittel*, als *Klebstoffe* u. als *Schutzkolloide*. — Z. B. werden 50 (Teile) feingepulvertes I, bestehend aus 52 Styrol u. 48 Maleinsäureanhydrid, mit 22 NaOH (49%ig) gut vermischt, wobei ein Teil des W. durch Reaktionswärme verdampft. Man erhält 66 eines Reaktionsprod., das in W. mit einem p_H 7,3—7,5 leicht lösl. ist. (**A. P. 2 607 762** vom 7/12. 1948, ausg. 19/8. 1952.) SEIZ. 7173

United States Rubber Co., New York, N. Y., übert. von: **Pliny O. Tawney**, Passaic, N. J., V. St. A., *Acetonlösliches Mischpolymerisat.* Eine Mischung Monomerer, bestehend aus Diallylmaleat (I), Styrol (II) u. Allylalkohol (III), in welcher II 0,1—5 Mol u. III 0,3—7 Mol von I beträgt, wird bei Tempp. von 25—120° in Ggw. von 1—15% organ. Peroxyd polymerisiert. — Z. B. werden 100 (Teile) I, 53 II u. 89 III mit 6,13 Benzoylperoxyd erhitzt, dann mit n-Hexan verd. u. das ausgefallene Mischpolymerisat in Aceton gelöst, erneut mit n-Hexan ausgefällt u. im Vakuum getrocknet. Lsgg. der so hergestellten Verbb. können in Mischung mit Farbstoffen zur Herst. von Anstrichen verwendet werden. Desgleichen können die Polymerisate zu Folien, Stangen u. Blöcken verformt werden. (**A. P. 2 606 172** vom 21/5. 1948, ausg. 5/8. 1952.) SEIZ. 7173

Monsanto Chemical Co., St. Louis, Mo., V. St. A., *Wasserlösliche, sulfonierte Polystyrole* erhält man durch Behandeln von Polystyrolen mit einem Mol.-Gew. von ca. 5000—500000 in einem inerten Lösungsm. mit einer Komplexverb. aus Dioxan oder Bis-(β-chloräthyl)-äther u. SO_3 im Mol.-Verhältnis 1,5—3:1 bei —15 bis +10°. Die gebildete Polystyrolsulfonsäure kann dann mit einem Kondensationsprod. aus Formaldehyd u. Harnstoff, Thioharnstoff, Dicyandiamid, Aminotriazin oder einem linearen Superpolyamid durch Erhitzen auf 25—150° in ein unlösl. u. umschmelzbares *Harz* übergeführt werden. Ein Polystyrol mit Mol.-Gew. 65000 gibt nach der Sulfonierung u. Neutralisation ein schwachgelbes, wasserlösl. Prod., das durchschnittlich 1,2 Na-Sulfonatgruppen je Styroleinheit enthält. *Schutzkolloide, Gerb-*, *Verdickungs-* u. *Dispergiermittel.* (**E. P. 683 164** vom 11/8. 1950, ausg. 26/11. 1952. 3 A. Priorr. 11/8. 1949.) KRAUSS. 7173

Monsanto Chemical Co., St. Louis, Mo., übert. von: **Joel Fantl**, Springfield, Mass., V. St. A., *Wasserunlösliche Filme, Fäden* oder dgl. erhält man aus wss. Lsgg. von *Polystyrolpolysulfonsäuren* (I) durch Zusatz von CH_2O. — In 100 (Teilen) W. werden 10 NH_4-Salz einer I (Mol.-Gew. ca. 70000) gelöst u. mit 6,7 CH_2O-Lsg. (37% ig.) versetzt. Aus der Lsg. aufgetrocknete Filme oder in Heißluft von 50° gesponnene Fäden sind in W. unlösl. u. verbrennen zwar in der Flamme, aber brennen nicht von selbst weiter. (**A. P. 2 620 326** vom 29/5. 1951, ausg. 2/12. 1952.) MÖLLERING. 7173

Phillips Petroleum Co., Del., übert. von: **John E. Wicklatz**, Bartlesville, und **James N. Short**, Cincinnati, V. St. A., *Mischpolymerisation von 1.2-Dimethylencyclohexanen* (I). Man polymerisiert I in Mischung mit anderen ungesätt. Verbb. u. geringen Mengen von Paraffin-KW-stoffen in wss. Dispersion in Ggw. von Diazothioäthern, wie Benzoldiazomercaptonaphthalinen, Naphthalindiazomercaptobenzol. — 75 (Teile) I, 25 Styrol, 0,5 prim. Dodecylmercaptan, 180 W., 0,3 K-Persulfat, 5 Seifenflocken werden bei 50° unter Rühren polymerisiert. Der entstandene Latex wird mit A. koaguliert, mit 5 Phenyl-β-naphthylamin stabilisiert u. im Vakuum bei 50° getrocknet. Das gebildete *Harz* ist thermoplast. u. kann zur Herst. von Formkörpern verwendet werden. Ölartige Reaktionsprodd. dienen als *trocknende Öle* u. *Weichmacher*. (**A. P. 2 600 454** vom 15/11. 1948, ausg. 17/6. 1952.) SEIZ. 7173

Shell Development Co., San Francisco, übert. von: **David E. Adelson** und **Hans Dannenberg**, Berkeley, Calif., V. St. A., *Polymere Allylalkylcarbonate* (I). Monomere I der Formel $R-O-\overset{O}{\overset{\|}{C}}-O-R_1$, in welcher R einen Alkylrest u. R_1 einen Allylrest bedeuten, z. B. Methylallyl-, Methylmethallyl-, Äthylallyl-, Äthyläthallyl-, Butylallyl-, Propyl-1.1-dimethyl-2-butenyl-, Pentyl-3-butenyl-, Äthyl-2.5-dimethyl-2-hexenyl-, Hexyl-1-methyl-2-propyl-2-pentenyl-, Decyl-2.4-hexadienyl- u. 2-Methyl-4-propylhexyl-2-butenylcarbonat, werden allein oder in Ggw. von Weichmachern, Cellulosederivv., synthet. Harzen, Stabilisatoren, Füllstoffen u. Pigmenten in Lsg., Dispersion oder Trockenform bei 60—150° in Ggw. von 0,01—5% Katalysatoren, wie Benzoylperoxyd, polymerisiert. Die erhaltenen harzähnlichen Prodd. dienen als Bindemittel für Schichtkörper aus Papier, Holz u. Gewebe, als Klebstoffe zur Herst. von Sicherheitsglas, als Anstrichmittel, Lacke u. Emaillen, als Imprägniermittel für Kleidungsstücke u. zur Herst. von Grammophonplatten. (**A. P. 2 595 214** vom 2/12. 1946, ausg. 6/5. 1952.) SEIZ. 7173

Harvel Corp., Irvington, N. J., V. St. A., *Anacardsäureäther.* Man setzt Acajounußöldestillate (I) mit prim. Mono- oder Polyoxyalkylhalogeniden in Ggw. von Alkalien um. — Prodd. aus I u. Glycerinmonochlorhydrin bzw. Glykolchlorhydrin. — *Kunstharzkomponenten* u. *Weichmacher.* (**E. P. 651 334** vom 28/7. 1947, ausg. 14/3. 1951. 2 A. Priorr. 30/1. 1945.) LANGER. 7177

Westinghouse Electric Corp., übert. von: **Robert F. Sterling**, Pittsburgh, Pa., V. St. A., *Verschäumbarer Kunstharzansatz*, z. B. für *Kühlschrankisolierung*, bestehend aus 70—97 (%) eines hitzehärtbaren, teilweise umgesetzten wss. Reaktionsprod. aus 1 (Mol) Phenol, Kresol, Xylol oder deren Gemischen u. 1—3 Aldehyd (Form-, Acetaldehyd oder Furfuraldehyd bzw. Hexamethylentetramin) u. 5—0,1 netzakt. Schaumstoff (Bernsteinsäuresulfonate, höhermol. Alkyl-, Alkanol-, Alkylarylsulfonate, Polyäthersulfonate), wobei vor der Verarbeitung 25—1 Metall- oder Harnstoffperoxyd zugesetzt u. zur Schaumbldg. u. Aushärtung auf 110—350° erhitzt wird. — 5 Abbildungen. (**A. P. 2 629 698** vom 30/12. 1949, ausg. 24/2. 1953.) MÖLLERING. 7177

Dynamit Akt.-Ges. vorm. Alfred Nobel & Co. (Erfinder: **Hans Pfahler**), Troisdorf, *Herstellung von härtbaren Phenolharzen*, dad. gek., daß man Oxymethylverbb. von Alkyl- u./oder Arylphenolen in Ggw. von Alkali u. mehrwertigen Phenolen umsetzt u. die Reaktionsprodd. mit CH_2O kondensiert. — Z. B. werden 450 (Teile) techn. Xylenol (Kp. 206—225°), 610 CH_2O (30%ig.), 45 NaOH (30%ig.) bei 25—30° bis zum Verschwinden des CH_2O-Geruches kondensiert. Nach 48 Std. gibt man 350 Brenzcatechin zu u. erhitzt noch 30 Min. zum Sieden. Nach Abkühlen wird bei 70—75° ca. eine Std. mit 225 CH_2O (30%ig.) kondensiert u. danach bei 50° im Vakuum entwässert. 1270 bruchhartes Harz. Die verfahrensgemäß erhältlichen härtbaren Harze können zur Herst. von Hartpapieren oder von Preßmassen eingesetzt werden u. lassen sich wie n. Phenol- oder Kresolharze verarbeiten. (**D. B. P. 904 107** Kl. 39c vom 15/10. 1943, ausg. 15/2. 1954.) HERBST. 7177

Chemische Werke Albert (Erfinder: **Felix Schlenker**), Wiesbaden, *Verbesserung der Härtungseigenschaften von Phenolharzen*, dad. gek., daß diese mit Umsetzungsprodd. versetzt werden, die aus metallakt. Verbb. drei- oder höherwertiger Metalle u. tautomer reagierenden Verbb. die eine enol. oder ketol. Hydroxylgruppe zu bilden vermögen, hergestellt u. gegebenenfalls einer Behandlung mit O_2 unterworfen worden sind. So können Umsetzungsprodd. aus Metallalkoholaten (I), bes. Al-Butylat (II), u. Ketosäureestern, bes. Acetessigester (III), ferner solche aus I u. β-Diketonen, bes. Formylacetophenon, oder solche aus Alkoxosäuren oder deren Salzen u. tautomeren Verbb., ferner solche aus Metallhalogeniden, bes. $AlCl_3$, u. tautomer reagierenden Verbb. verwendet werden. Diese Umsetzungsprodd. können zuvor bei erhöhter Temp. mit O_2 oder Luft geblasen werden. Die zu härtenden Phenolharze können nicht härtbare, härtbare oder plastifizierte sein. — Z. B. werden 20 (Teile) einer 70%ig. Resollsg. in A. mit 5,6 eines Prod., das durch Rk. von 500 II mit 280 III hergestellt ist, versetzt. Schon bei n. Temp. wird eine gelartige, in der Wärme leicht formbare M. erhalten. Nach dem Verf. werden für Einbrennharze die Einbrennbedingungen weitgehend gemildert u. der Widerstand der Filme gegenüber Chemikalien, bes. Treibstoffgemischen, erhöht. (**D. B. P. 904 347** Kl. 39b vom 6/6. 1951, ausg. 18/2. 1954.) HERBST. 7177

Süd-West-Chemie G. m. b. H., Neu-Ulm/Donau, und **Richard Hessen**, Bautzen, Sachsen (Erfinder: **Richard Hessen**), *Herstellung von Brenzkatechinaldehydkunstharzen*, durch Kondensation, bes. unter Verwendung von CH_2O, bei verhältnismäßig tiefer Temp. in saurem oder alkal. Medium, dad. gek., daß Brenzcatechin (I) mit wenig CH_2O ($^2/_3$ Mol.) in an sich bekannter Weise in der Kälte oder bei 40—50° nicht überschreitenden Tempp. kondensiert wird. Es wird ein Novolakharz erhalten, das mit Härtungsmitteln u. Füllstoffen verpreßt, für Gerbzwecke verwendet oder in ein härtbares Harz umgewandelt werden kann. — Z. B. werden 100 I, 40 H_2SO_4 (20%ig) u. 50 CH_2O (37%ig) 1 Std. bei 50° kondensiert. Viscoses, zähfl. Harz, lösl. in W., A., Aceton u. Butylacetat, umwandelbar in Resolharz durch Einw. von CH_2O. (**D. B. P. 905 316** Kl. 39c vom 6/2. 1943, ausg. 1/3. 1954.) HERBST. 7177

British Thomson-Houston Co. Ltd., London, England, *Kondensationsprodukte aus Furfurol und Phenolen.* Es werden Gemische aus Kresolen u. Xylenolen, die im wesentlichen ein Kresolgemisch aus o-, m- u. p-Kresol enthalten, in Ggw. von 0,5—15% (des Gewichtes der Phendmischung) Melamin oder eines Methylolmelamins wie Dimethylolamin, als Kondensationsmittel mit Furfurol kondensiert. Es sind hierbei lösl. u. schmelbare Harze erhältlich, die als *Überzugsmittel* u. *plast. Massen*, gegebenenfalls mit verschied. Füllstoffen oder Pigmenten gemischt, verwendbar sind. Sie sind verträglich mit Polyvinylacetalen u. können in Mischungen mit diesen zu *elektr. Isoliermassen* verarbeitet werden. (**E. P. 665 110** vom 18/3. 1948, ausg. 16/1. 1952. A. Prior. 20/3. 1947.) HERBST. 7177

Badische Anilin- & Soda-Fabrik, Deutschland, *Herstellung von Polyestern* durch Rk. von Carbonsäuren mit Hydroxylverbb. in mehreren aufeinanderfolgenden Stufen in Ggw. geringer Mengen organ. Sulfonsäuren als Katalysatoren unter azeotroper Dest. des W. aus dem Reaktionsgemisch. — Für die Veresterung wird z. B. zunächst 1 Mol einer Dicarbonsäure auf 2 Mol einer Dioxyverb. angewandt u. in der 2. Stufe wird der entstandene Diester, welcher noch 2 freie OH Gruppen enthält, mit 2 Mol einer Dicarbonsäure verestert, wobei sich ein höhermol. Polyester bildet. — Man kann z. B. aber auch 1 Mol einer Dioxyverb. mit 2 Mol einer Dicarbonsäure verestern u. der entstandene Diester, welcher noch 2 freie Carboxylgruppen enthält, wird danach mit 2 Mol der Dioxyverb. weiterverestert. — Es folgen danach noch weitere Variationen des Verfahrens. — Als Ausgangsstoffe kommen sowohl von den Carbonsäuren als auch von den OH-Verbb. die aliphat., aromat., cycloaliphat. u. heterocycl. Verbb. in Betracht. Es sind z. B. genannt: Essig-, Benzoe-, Chlorbenzoe-, Bernstein-, Adipin-, Phthal- u. Cyclohexan-1.4-dicarbonsäure. Von den Hydroxylverbb. sind z. B. genannt: Äthylen-, Propylen-, Butylen- u. Hexylenglykol, Dioxydiäthylensulfid, Cyclohexandiol, Resorcin u. Hydrochinon. — 2 Mol Äthylenglykolmonobutyläther u. 2 Mol Sulfonyldibuttersäure (I), $SO_2(CH_2 \cdot CH_2 \cdot CH_2 \cdot COOH)_2$, werden unter Zusatz einer größeren Menge Äthylenchlorid u. einer geringen Menge p-Toluolsulfonsäure verestert, wobei die M. im Sieden gehalten wird u. das gebildete W. abdestilliert. Nach 5 Std. werden 2 Mol Triäthylenglykol u. wieder eine geringe Menge der Sulfonsäure zugegeben u. 3½ Std. verestert. Danach wird 1 Mol I nachgegeben u. 4 Std. nachverestert. Man erhält neutrales *öliges* Esterprod. mit dem Mol.-Gew. 1085. — Zur Herst. von *Emulsionen* u. als *Plastizierungsmittel* für Kunstmassen geeignet. (**F. P. 1 001 538** vom 27/5. 1946, ausg. 25/2. 1952.) M. F. MÜLLER. 7177

United States of America, übert. von: **Morris Zief** und **Elias Yanovsky**, Philadelphia, Pa., V. St. A., *Polymerisation von Polyallyl- und Polymethallyläthern mehrwertiger Alkohole* (I). Durch Polymerisation von I, wie Cellulose, Stärke, Mannit, Pentaerythrit u. Glycerin zusammen mit Estern der Acryl- u. Methacrylsäuren mit gesätt. oder ungesätt. Alkoholen oder Phenolen bei 100° erhält man filmbildende Kunststoffe sowie Anstrichmittel. — Z. B. wird eine Mischung aus Alkylsucrose u. Mannit mit Acryl- oder Methacrylestern im Verhältnis 1 : 1 bei 100° polymerisiert. (**A. P. 2 606 881** vom 8/4. 1949, ausg. 12/8. 1952.) SEIZ. 7177

Shell Development Co., San Francisco, übert. von: **Francis C. Hopper**, Oakland und **Quentin T. Wiles**, Lafayette, Calif., V. St. A., *Mischpolymerisate in Pulverform.* Monomere Ester aus ungesätt. ein- oder mehrwertigen Alkoholen (I), die gegebenenfalls durch aromat., aliphat. oder alicycl. Reste substituiert sein können, u. gesätt. oder ungesätt. Polyoxycarbonsäuren (II) mit gegebenenfalls aliphat., aromat. oder alicycl. Substituenten werden in Ggw. von 1—5% Benzoylperoxyd (III) bei 50—70° bis zur Gelform polymerisiert. Durch Zusatz eines Reduktionsmittels wird die Polymerisation unterbrochen, wobei das erhaltene Prod. aus 94—96% Polymere u. 4—6% Monomere besteht. Nach dem Verdünnen mit Lösungsmitteln, wie Aceton, Methyläthylketon, Methylisobutylketon, wird die 10—30%ig. Lsg. nach dem Zusatz von 1—3% Katalysatoren, wie III, u. gegebenenfalls einem weiteren Zusatz von Stabilisatoren, Weichmachern u. Farbstoffen in einer Trockenkammer in einer auf 80—210° erhitzten Gasatmosphäre (Luft, CO_2, N) versprüht. Man erhält ein Polymerisat in Pulverform mit einem Geh. an Katalysatoren, welches in organ. Lösungsmitteln, wie Aceton, lösl. ist u. zur Herst. von *Lacken, Imprägniermitteln, Bindemitteln* für Schichtkörper, Versteifungsmaterial für Bandagen u. Schuhkappen, sowie von Schutzhelmen u. in Mischung mit Asbest, Holzmehl u. Cellulose zur Herst. von Kunststoffen geeignet ist. (**A. P. 2 595 852** vom 20/6. 1949, ausg. 6/5. 1952.) SEIZ. 7177

Deutsche Gold- und Silberscheideanstalt vormals Roessler, Frankfurt/M., übert. von: **Franz Köhler,** Alsbach, *Harnstoff-Aldehyd-Harze.* Durch Rk. von Harnstoff (I) oder Thioharnstoff (II) mit Aldehyden bei Verdünnung mit W. u. p_H 4,0—6,5 erhaltene Kondensate werden mit CH_2O in Ggw. von bas. Katalysatoren zu unbegrenzt haltbaren, klaren, schwach gefärbten, mit W. mischbaren Prodd. umgesetzt. Durch Erhitzen z. B. auf 100° werden die Prodd. gehärtet. — Vorzugsweise auf 1 (Mol) I u./oder II 0,25—1 Acrolein u. 1,25—3,75 CH_2O. — Beispiel: 30 (Gewichtsteile) I in 20 W. gelöst, 0,5 Eisessig, 7 Acrolein werden 30 Min. auf 50° erwärmt, danach 20 Min. auf 70°, nach Zugabe von 8nNaOH u. 8,75 CH_2O (30%ig) 20 Min. auf 80° erhitzt. Prodd. dienen zur *Knitterfestausrüstung* u. zum *Quellfestmachen von Textilien, Erhöhung der Naß- u. Scheuerfestigkeit von Papier, Verleimen von Sperrholz u. Furnieren* u. als *Gerbmittel.* (**A. P. 2 600 780** vom 23/9. 1949, ausg. 17/6. 1952.) MATTHAES. 7181

Imperial Chemical Industries Ltd., London, England (Erfinder: **Alan White**), *Beständige Harzpasten aus Harnstoff für Kleb- und Imprägnierzwecke,* z. B. von Papier oder Textilien, erhält man durch Rk. eines Gemisches aus Melamin u. 5—35% Harnstoff bei p_H 3—10 mit einer wss. CH_2O-Lsg., worauf man durch Erhitzen im Vakuum den Wassergeh. des Prod. auf 10—40% herabsetzt u. dann mit einem Alkohol mit $<$ 6 C-Atomen, wie Methanol, A., Butyl- oder Amylalkohol, auf die gewünschte Konsistenz einstellt. (**E. P. 683 630** vom 19/1. 1950, ausg. 3/12. 1952.) MÖLLERING. 7181

Farbenfabriken Bayer Akt.-Ges., Leverkusen (Erfinder: **Peter Hoppe,** Troisdorf, **Erwin Weinbrenner** und **Cornelius Mühlhausen,** Leverkusen, und **Karl Breer,** Köln), *Erzeugung poröser oder homogener Kunststoffhalbfabrikate bzw. Fertigartikel auf Polyurethanbasis und Vorrichtung zur Durchführung des Verfahrens.* Zur Erzeugung dieser Kunststoffprodd. in starrer, halbstarrer oder elast. Form werden in gegebenenfalls stabilisierte Polyester–Isocyanat-Kombinationen unmittelbar vor ihrer Verarbeitung Vernetzungsmittel, wie Butylenglykol oder W., u. bzw. oder Beschleuniger, wie tert. Amine, unter Druck eingebracht. Hierbei werden vorteilhaft in das kontinuierlich strömende Polyester–Isocyanat-Vorprod. mittels einer Einspritzpumpe über Düsen intermittierend mit vorzugsweise hohen Drucken die Vernetzer u. bzw. oder Beschleuniger-Fl. eingeimpft u. gegebenenfalls das reaktions- u. treibfähige Mischgut anschließend in einem Raum mit Hilfe eines kontinuierlichen, vorzugsweise tangential in den Raum zugeführten Luftstromes mechan. nachgemischt. Die intermittierende Einimpfung wird vorzugsweise mit hoher Frequenz vorgenommen. — Z. B. werden so 100 (Teile) Polyesterisocyanat aus niedermol. linearen Polyestern u. 1.5-Naphthylendiisocyanat mit 5 eines Gemisches aus W., Emulgator u. Beschleuniger im Verhältnis 2 : 2 : 2 vermengt. Die auf 60° erwärmte Mischung wird vergossen u. härtet bei gewöhnlicher Temp. zu abriebfesten elast. Schaumstoffen mit einem spezif. Gewicht von 0,05—0,3 g/cm³ aus. Die Vorrichtungen werden an Hand schemat. Zeichnungen näher erläutert. Aufführung zahlreicher Verwendungszwecke. (**D. B. P. 901 471** Kl. 39b vom 25/12. 1951, ausg. 11/1. 1954.) HERBST. 7181

B. F. Goodrich Co., New York, N. Y., V. St. A., *N-substituierte Amide von β-Oxycarbonsäuren und/oder N-substituierte Aminocarbonsäuren* erhält man durch Kondensation eines β-Lactons der allg. Formel $(R)_2{-}C{-}C(R)_2{-}CO$ (mit O-Brücke zwischen C und CO) (R = H oder KW-stoffrest) mit aliphat. u. cycloaliphat., nichtsubstituierten, prim. u. sek. Aminen oder deren Substitutionsprodd., wobei kein Substituent eine neutralisierte Säuregruppe ist, oder mit einem cycl., prim., nur C, H u. N enthaltenden prim. Amin oder Hydrazinen oder Amidinen. — 1 (Mol) β-Propiolacton (I) gibt mit 2 Anilin bei 10—30° u. anschließender Vakuumdest. *N-Phenylacrylamid* (polymerisierbar), F. 104—105°, *N-Phenylhydracrylamid* u. *β-N-Phenylaminopropionsäure.* — I + p-Toluidin → *N-(p-Toluyl)-acrylamid,* Kp.$_1$ 145—170°, F. 140—141,5°. — I + o-Phenylendiamin → II, F. 164°. — I + p-Phenylendiamin → *Hydracrylamid,* F. 175—180°. — I + Methylamin → *N-Methylhydracrylamid* → *N-Methylacrylamid,* Kp.$_3$ 84°. — I + Phenylhydrazin → *Hydracrylphenylhydrazid,* F. 141 bis 142°. — I + Dimethylamin → *N.N-Dimethylhydracrylamid* → *N.N-Dimethylacrylamid,* Kp.$_3$ 90—93°, polymerisierbar. — I + Diäthylamin → *N.N-Diäthylhydracrylamid* → *N.N-Diäthylacrylamid,* Kp.$_1$ 70—73°. — I + Morpholin → *N-Carboxyäthylmorpholin,* F. 74—76°. — *Piperidinhydracrylamid.* — *Piperazinmono-* u. *-dihydracrylamid.* — I + Diäthanolamin → *N.N-Di-2-oxyäthyl-β-aminopropionsäure,* F. 108 bis 110°. — I + Glycin → *N-Carboxymethylhydracrylamid.* — I + β-Cyanäthylamin → *N-(β-Cyanäthyl)-hydracrylamid.* — I + β-Chloräthylamin → *N-(β-Chloräthyl)-hydracrylamid.* — I + Aminomethyläthylsulfid → *N-(Äthylthiomethyl)-hydracrylamid.* —

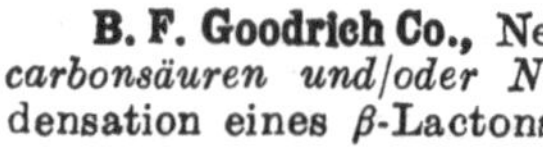

II

I + 2-Pyridylamin → *N-(Pyridyl-2)-hydracrylamid.* — I + Guanidin → *N-Guanylhydracrylamid.* An Stelle von **I** kann β-Isobutyro-, β-Valero-, β-n.-Capro-, α-Äthyl-β-propio-, α-Isopropyl-β-propio-, α-Butyl-β-propio-, β-Methyl-β-valero-, β-Cyclohexyl-β-propio-, β-Phenyl-β-propio-, β-Benzyl-β-propiolacton verwendet werden. — Verwendung zur Herst. von *Polymeren* u. als Zwischenprodukte. (**E. P. 648 886** vom 19/3. 1947, ausg. 17/1. 1951. A. Prior. 21/3. 1946.) KRAUSS. 7181

Imperial Chemical Industries Ltd., übert. von: **Denis Coleman,** Blackley, England, *Katalytische Polymerisation von Anhydro-N-carboxy-α-aminocarbonsäuren* geschieht mit Na- u. K-Salzen von α-Aminocarbonsäuren u. Na- bzw. K-Carbonat, -Bicarbonat oder -Hydroxyd in einem inerten Lösungsm., das höchstens 0,05% W. enthält. — Polymerisation eines Gemisches aus *Anhydrocarboxyphenylalanin* (**I**) u. *Anhydrocarboxy-α-aminoisobuttersäure* (**II**) mittels Phenylalanin-Na (**IV**) in trockenem Benzol. — Analoge Polymerisationen von: **I** + **II** mittels Lysin-Na oder Na_2CO_3; *Anhydrocarboxy-l-leucin* (**III**) + **I** mittels Na_2CO_3; **I** + **II** mittels α-aminoisobuttersaurem Na oder *l*-Leucin-Na; **III** + **I** mittels **IV**. (**A. P. 2 636 877** vom 10/11. 1949, ausg. 28/4. 1953. E. Prior. 18/11. 1948.) LANGER. 7181

Bobingen Akt.-Ges. für Textil-Faser (Erfinder: **Paul Schlack**), Bobingen, *Veränderung der Löslichkeit von linearen Polyamiden,* dad. gek., daß man die Polyamide in Ggw. von lösenden oder wenigstens quellenden Amiden, bes. tert. Amiden, wie N-alkylierten Lactamen, so N-Methyl-α-pyrrolidon (**I**), Dimethylformamid, N.N-Dimethylacetamid, Formylpyrrolidon, Formylmorpholin, Trimethylharnstoff u. N-Methylcarbamidsäuremethylester, mit CH_2O oder solchen abspaltenden Stoffen, erforderlichenfalls unter Druck, so lange erhitzt, bis die gewünschte Löslichkeitssteigerung erreicht ist. Die so behandelten Erzeugnisse können noch einer Hitzehärtung unterworfen werden. — Z. B. wird 1 (Teil) Polyamid aus 60 adipinsaurem Hexamethylendiamin u. 40 ε-Caprolactam mit 2 **I** u. 2 CH_2O (40%ig) 5 Std. auf 90° erwärmt. Die entstandene sirupartige M. wird mit W. durchgearbeitet u. 48 Std. unter W. stehengelassen. Sie erhärtet dabei zu einer porösen, schneidbaren M., die bei 50—60° getrocknet wird, lösl. in Methanol. 20—30%ig. Lsgg. ergeben hochelast., weiche Filme, die durch Nacherhitzen auf 140° unter Versteifung in Methanol wieder unlösl. werden; diese sind dann wasserkochbeständig. (**D. B. P. 905 786** Kl. 39b vom 11/7. 1942, ausg. 4/3. 1954.) HERBST. 7181

Badische Anilin- & Soda-Fabrik Akt.-Ges., Ludwigshafen/Rh. (Erfinder: **Max Hagedorn,** Krefeld), *Herstellung von Lösungen von Mischpolyamiden.* Man erhält bei n. Temp. beständige Lsgg. von Mischpolyamiden, wenn man Mischpolyamide aus Diaminen, Dicarbonsäuren, Aminocarbonsäuren oder deren funktionellen Derivv., bes. ihren Lactamen, einer Cyclohexandifettsäure u. einer dieser äquivalenten Menge eines Diamins in niederen Alkoholen oder Mischungen derselben mit W. u./oder anderen organ. Lösungsmitteln löst. — Z. B. lassen sich von Mischpolyamiden aus 45 (Teilen) adipinsaurem Hexamethylendiamin, 45 ε-Caprolactam u. 12 cyclohexandiessigsaurem Hexamethylendiamin in Alkohol–W.-Mischungen, die noch Zusätze wie CH_2Cl_2 u. Bzl., enthalten können, 20—30%ig. Lsgg. herstellen, die noch nach Tagen völlig klar u. gießfähig sind u. nichtklebende Filme ergeben. (**D. B. P. 894 769** Kl. 39b vom 11/10. 1944, ausg. 26/10. 1953.) HERBST. 7181

Badische Anilin- & Soda-Fabrik Akt.-Ges., Ludwigshafen/Rh. (Erfinder: **Georg Kränzlein †, Hans Keller †, Eva Wegwitz, Johannes Heyna** und **Willy Schumacher,** Frankfurt/M.), *Weichmacher für Superpolyamide und Polyurethane.* Als solche werden am N mono- oder dioxalkylierte organ. Sulfamide verwendet. — Z. B. werden 500 (Teile) Superpolyamid, 500 Methanol, 200 Xylolsulfodiäthanolamid bei 40° bis zur Homogenität geknetet; dann wird unter Aufheizen bis 100° das Lösungsm. verdampft u. die Knetmasse bei 155—160° zu Platten verpreßt. Andere Weichmacher sind Diäthylbenzolsulfodiäthanolamid, N-(β-Oxyäthyl)-benzolsulfonsäureanilid, N-(β-Oxyäthyl)-benzolsulfonsäure- 2.4-dichloranilid), N-(β-Oxyäthyl)-xylolsulfonsäuranilid. (**D. B. P. 895 376** Kl. 39b vom 19/8. 1941, ausg. 2/11. 1953.) HERBST. 7181

Phillips Petroleum Co., Del., übert. von: **Willie W. Crouch** und **John F. Howe,** Bartlesville, Okla., V. St. A., *Mischpolymerisate* aus *Olefinen* u. *SO_2* ergeben bruch- u. splitterfeste sowie für Preßzwecke geeignete Harze durch eine Modifizierung mit Nitrilen, wie Adipinsäure-, Benzoesäure-, Phenyl- oder Diphenylessigsäurenitril, wobei man 5—80 (Teile) auf 100 Harz verwendet. (**A. P. 2 607 752** vom 2/1. 1951, ausg. 19/8. 1952.) MÖLLERING. 7185

Eastman Kodak Co., übert. von: **Delbert D. Reynolds** und **William O. Kenyon,** Rochester, N. Y., V. St. A., *Poly-N-Vinylsulfonamide* (**I**) werden durch Einw. von Polyvinylaminen (**II**) u. ihren Salzen auf organ. Sulfonylchloride (**III**) in Ggw. von

Alkalimetallhydroxyd hergestellt. Als **II** sind genannt: Polyvinylacetat u. -benzoat, als **III**: Verbb. der Formel R_1SO_2Cl, in welchen R_1 eine Alkylgruppe mit 1—4 C-Atomen, eine Arylgruppe mit 6—8 C-Atomen oder eine solche der Naphthalinreihe mit 10—12 C-Atomen bedeutet. — Z. B. werden 8 (g) Polyvinylaminhydrochlorid unter Kühlung mit Eis mit 200 W. verrührt, mit 10 KOH (**IV**) bei 10° versetzt u. nach dem Zusatz von 25 Methansulfurylchlorid (**V**) eine weitere Portion von 10 **IV** bei 10° u. 25 **V** unter Rühren zugegeben u. mit A. verdünnt. Das ausgefällte Harz wird abfiltriert, mit A. gewaschen, mit Methanol im Soxhlet extrahiert u. getrocknet. Nach dem Auflösen des Harzes in W. wird das Filtrat mit einer Aceton-Äther-Mischung (1:1) ausgefällt. Man erhält **I** mit 18,9% S u. 69% **I**-Verbindung. Die Harze dienen zur Herst. von Fäden, Filmen u. Folien. (**A. P. 2 600 806** vom 25/6. 1949, ausg. 17/6. 1952.)
SEIZ. 7185

Rudolf Decker und Hellmuth Holz, München, *Hydrolyse von siliciumorganischen Verbindungen.* Diese werden in feinverteiltem Zustande im fortlaufenden Arbeitsgang mit der strömenden hydrolysierenden Fl. in Berührung gebracht, bis die Umsetzung prakt. vollendet ist. Danach werden zweckmäßig nach Abtrennung des hydrolysierenden Mittels die feinverteilten Verbb. mit dem entgegenströmenden Waschmittel in ein oder mehreren Vorrichtungen im fortlaufenden Arbeitsgang gewaschen. Zur Erleichterung der Trennung der Verbb. vom W. wird gegebenenfalls die D. durch Zusatz der entsprechenden Lösungsmittel erhöht oder erniedrigt. — Aus Dimethylchlorsilan wird z. B. ein *Siloxanöl* gewonnen. — Danach ist es möglich, durch Hydrolyse von Organohalogensilanen in einer kontinuierlichen Arbeitsweise zu *Siliconölen* u. Mischpolymerisaten zu gelangen. — Zeichnung. (**Oe. P. 174 921** vom 31/12. 1951, ausg. 26/5. 1953.)
M. F. MÜLLER. 7189

British Thomson-Houston Co. Ltd., London, England, *Vicsositätsbeständige Polysiloxanöle* mit verringerter Ausbreitungstendenz. Durch Hydrolyse eines Silangemisches der Formel $RR'SiCl_2$ (R = gesätt., R' = ungesätt. organ. Rest) erhaltene Polysiloxane werden mit Thioglykolsäure (**I**) oder deren Estern so umgesetzt, daß das Prod. je 1 Si-Atom 1,95—2,3 organ. Reste u. 20% hiervon als Rest: $-(CH_2)_nSCH_2 \cdot COOR$ enthält (R = organ. Rest, n = nicht angegeben). — 9 (Mol) $(CH_3)_2SiCl_2$ u. 1 Methallyldichlorsilan werden mit Ae.-Eis-Gemisch hydrolysiert. Das isolierte Öl wird 3 Std. mit wss. 78%ig. **I**-Lsg. geschüttelt. Das Öl enthält 1,15% S, wahrscheinlich als $HOOC \cdot CH_2 \cdot S \cdot (CH_2)_3$-Rest. (**E. P. 691 486** vom 8/8. 1950, ausg. 13/5. 1953. A. Prior. 18/8. 1949.)
MÖLLERING. 7189

Armour & Co., übert. von: **George C. Stoecker,** Chicago, und **Havard L. Keil,** Clarendon Hills, Ill., V. St. A., *Protein enthaltende harzartige Kondensate.* Protein (**I**) wird in Ggw. von Essigsäure oder einer anorgan. Säure mit mindestens 10% eines prim. aromat. Amins (**II**) u. mit (bezogen auf 1 Mol **II**) 1 Mol eines Aldehyds zu einem Prod. mit negativer Biuret-Rk. umgesetzt. — In 1000 (Teile) W. werden 100 Leim gequollen, mit 65 HCl versetzt u. auf 25° gekühlt. Man rührt 50 Anilin u. 80 CH_2O-Lsg. (40%ig) ein. Die gelierte M. wird maceriert u. mit einer 5%ig. Sodalsg. behandelt. Der gewaschene, bei 105° getrocknete Nd. ist harzartig u. kann bei 165—175° u. bis 6000 lbs./sq.in. verpreßt werden. (**A. P. 2 630 414** vom 30/7. 1949, ausg. 3/3. 1953.)
MÖLLERING. 7199

Jihočeské Papírny, Český Krumlov, Tschechoslowakei (Erfinder: **Karl Sigmund Nitsche**), *Aufarbeiten von Tallöl.* Man gibt vor, während oder nach der sauren Hydrolyse der Tallölseifen in Tallöl nichtlösl., wasserlösl. Alkali- oder Erdalkalisalze zu u. arbeitet die untere u. obere Schicht der M. in üblicher Weise auf. Die sich bildende mittlere Schlammsicht stellt nach dem Neutralisieren u. etwaigem Zugeben von Füllstoffen einen kalt- oder warm formbaren *Kunststoff* dar. (**E. P. 702 821** vom 16/4. 1949, ausg. 27/1. 1954. 2 Tschech. Priorr. 16/4. 1948.)
LÜTTGEN. 7199

Imperial Chemical Industries Ltd., übert. von: **Henryk Zenftman,** Saltcoats, und **Roy McGillivray,** Old Kilpatrick, England, *Kunstharze aus cyclischen Phosphorsäuredichloriden* der Formel $R-P(:O)Cl_2$, in der R den Cyclohexyl- oder Cyclopentylrest darstellt, erhält man durch deren Rk. mit Dioxyarylen. — Äquimol. Mengen *Cyclohexylphosphonsäuredichlorid* (F. 38°, Kp.$_{16}$ 130°) u. *4.4'-Dioxydiphenyl* oder *Hydrochinon* werden bei 190° (bzw. in Ggw. von 1% metall. Sn bei 145°) umgesetzt. Nach Beendigung der HCl-Entw. erhitzt man noch ca. 20 Std. auf 280° u. erhält nach dem Abkühlen ein strohfarbenes Harz mit Erweichungspunkt 200° u. SZ. 12. Die Harze sind lösl. in Chlf., Cyclohexanon u. in Bzn.-Alkohol-Gemischen u. dann mit Nitrocellulose, Polyvinylharzen oder dgl. mischbar. (**A. P. 2 636 020** vom 4/10. 1949, ausg. 21/4. 1953. E. Prior. 22/10. 1948.)
MÖLLERING. 7199

Dynamit Akt.-Ges. vorm. Alfred Nobel & Co., Troisdorf (Erfinder: **Burckhard Helferich,** Bonn, und **Hans Georg Schmidt,** Troisdorf), *Herstellung von Polykonden-*

sationsprodukten, dad. gek., daß $POCl_3$ mit 2-wertigen Phenolen (I) bis zur Beendigung der HCl-Entw. gegebenenfalls in einer neutralen Atmosphäre erhitzt wird. Die erhaltenen Polykondensate können mit sd. Chlorbenzol oder anderen Lösungsmitteln extrahiert werden, wonach der in Lsg. gegangene Anteil durch Verdampfen des Lösungsm. erhalten werden kann. Ein Teil des Phenols kann durch Pentaerythrit (II) im Verhältnis 1 (Teil) II zu 2 I ersetzt werden. Als Phenole sind z. B. zu verwenden: Hydrochinon, 1.5-Dioxynaphthalin, 4.4'-Dioxydinaphthyl. Die Erzeugnisse sind als *Kunststoffe* u. für *Lacküberzüge* verwendbar. (**D. B. P. 905 318** Kl. 39c vom 3/11. 1951, ausg. 1/3. 1954.) HERBST. 7199

Allgemeine Elektricitäts-Gesellschaft, Berlin (Erfinder: **Rudolf Flötgen,** Kassel), *Erhöhung der Steigfähigkeit von Preßmassen.* Die Preßform oder Teile derselben werden in mechan. Schwingungen, bes. im Frequenzbereich von 30—300 Sek., versetzt. (**D. B. P. 893 714** Kl. 39a vom 26/10. 1941, ausg. 19/10. 1953.) SCHLITT. 7205

„Patelhold" Patentverwertungs- & Elektro-Holding Akt.-Ges., Glarus, Schweiz (Erfinder: **H. Baumgartner**), *Herstellung von Formkörpern, besonders Platten.* Man verleimt die einzelnen Schichten unter Erwärmung mit hochfrequenten Strömen, hierbei werden die Massen, z. B. Papier, Fasern, unter Zusatz eines fl. Bindemittels kontinuierlich Walzen u. gleichzeitig oder unmittelbar anschließend der Hochfrequenzheizung zugeführt. (**Schwed. P. 137 422** vom 1/12. 1945, ausg. 23/9. 1952. Schwz. Prior. 15/12. 1944.) JÜRGEN SCHMIDT. 7205

Semtex Ltd. (Erfinder: **Walter Saul und Frank Sharp**), London, England, *Plastische Masse* zur Herst. von Wandverkleidungen u. Bodenbelag, bestehend aus einer Mischung von z. B. 95 (Teilen) Cumaron–Inden-Harz, 11 Naphthalin–CH_2O-Harz, 1 Vinylchlorid–Vinylidenchlorid-Mischpolymerisat, 1 Trikresylphosphat, 1,5 Ricinusöl, 2 aromat. Mineralölextrakt, 38 Asbest, 28,5 $CaCO_3$ u. 6 Farbpigment. (**E. P. 685 851** vom 25/2. 1950, ausg. 14/1. 1953.) SALZMANN. 7205

Reinhard Stäger, Bern, *Verkleben von weichmacherhaltigen Kunststoffteilen* miteinander oder mit anderen Stoffen (Leder, Gummi, Holz). Man bringt auf die zu verklebenden Teile eine für Weichmacher undurchlässige Schicht aus vernetzten hochpolymeren Stoffen, wie eine akt. Gruppen enthaltende Polyesterharz- oder Vinylharzlsg., der Polyisocyanate zugesetzt sind, u. danach den Klebstoff. Statt der Kunstharzlsg. kann man auch eine Vulkanisationsmittel enthaltende Kautschuklsg. aufbringen. — Man bestreicht weichmacherhaltiges Polyvinylchlorid mit einer 25%ig. aceton. Lsg. eines Vinylchlorid–Vinylacetat (5:1)-Mischpolymerisates, in dem das Vinylacetat zu einem kleinen Teil verseift ist, u. ca. 12% Phenyldiisocyanat. Nach dem Trocknen wird ein Klebstoff aus dem gleichen unverseiften, aber geringe Mengen Acrylsäure enthaltenden Mischpolymerisat als 20%ig. Lsg. aufgebracht, bis zur Bldg. einer klebrigen Schicht eintrocknen gelassen u. mit Leder verpreßt. (**Oe. P. 177 931** vom 20/1. 1951, ausg. 25/3. 1954.) PANKOW. 7205

Wacker-Chemie G. m. b. H., München (Erfinder: **Martin Doriat, Wolfgang Gruber** und **Josef Hackmaier,** Burghausen), *Erhaltung der Haftfähigkeit von Klebschichten beim Verbinden weichgestellter Kunststoffe* mit anderen Kunststoffen, Holz, Leder, Pappe oder dergleichen. Man verwendet weichmacherhaltige Kunststoffschichten, die auf der Klebseite eine weichmacherarme bis weichmacherfreie, aufgerauhte oder Füllstoffe enthaltende, aus reinem Polyvinylchlorid (I) oder aus einem seiner Mischpolymerisate bestehende Sperrschicht aufweisen. Aufkleben von Schuhsohlen aus I. (**D. B. P. 904 467** Kl. 39b vom 13/10. 1951, ausg. 18/2. 1954.) SALZMANN. 7205

Borden Co., New York, N. Y., übert. von: **George Karl Vogelsang,** La Mott, Pa., V. St. A., *Harzartiges Zwischenkondensat zur Imprägnierung oder Verleimung von Papier, Textilien, Sperrholz,* bestehend aus einem Gemisch aus Phenol–Aldehyd-Kondensat u. 50—95% Keton–Aldehyd-Kondensat von niedrigem Mol.-Gew., das noch lösl. ist u. auf Zusatz von Alkali aushärtet. — 100 (Teile) Aceton–CH_2O-Kondensat werden mit 25 fl. Phenol–CH_2O-Kondensat (65% Harzgeh.) bis zur Lsg. verrührt. Dem Lösungsgemisch setzt man vor der Anwendung eine geringe Menge 4-nNaOH zu. (**A. P. 2 629 703** vom 2/6. 1948, ausg. 24/2. 1953.) MÖLLERING. 7205

Sixten Magnus Hjelte, Stockholm, Schweden, *Herstellung von Hartplatten.* Holzfaserplatten werden mit bituminösen Stoffen, z. B. Asphalt, Steinkohlenteer, Teerprodd., Holzteer, Tallölprodd. u. dgl., durchgehend imprägniert u. mindestens so lange einer Wärmebehandlung bei 100—350° unterworfen, bis die leichtflüchtigen Bestandteile, z. B. im Imprägnierungsmittel u. andere, in der Platte befindliche, ausgetrieben sind. Abfallstoffe von der Herst. von Sulfatcellulose („Mesa") können den Faserstoffen zugesetzt werden. Vor der Imprägnierung können die Platten bis zur Verkokung im Warmluftstrom, in Ggw. indifferenter Gase, unter Druck u. Vakuum erhitzt werden u. mit Deckschichten, Farbpigment- oder Metallüberzügen versehen werden. Schieferartige, harte Platten, die feuersicher, luft- u. gasdicht sind. (**Schwz.P. 292 419** vom 28/10. 1950, ausg. 2/11. 1953. Schwed. Prior. 25/11. 1949.) KARST. 7205

Farbwerke Hoechst Akt.-Ges., vormals Meister Lucius & Brüning, Frankfurt/M., (Erfinder: **Fritz Schmidt,** Troisdorf), *Herstellung und Verarbeitung von Kunststoffen aus hochpolymeren Stoffen,* bes. Cellulosederivv., Polymerisaten oder Mischpolymerisaten, indem man diese bei n. oder mäßig erhöhter Temp. mit Äthyleniminderivv. (I), die durch Anlagerung von Äthylenimin an die Doppelbindung der Biscrotonsäureester des 1.3- bzw. 1.4-Butylenglykols oder anderer Diole erhalten werden, als härtbaren Weichmachern vermischt u. in Ggw. von Kontaktmitteln zu Halbfabrikaten, Preßmischungen u. Formkörpern verarbeitet. Es können auch Mischungen von I mit anderen I, bes. solchen, die durch Rk. von Äthylenimin mit anderen ungesätt. Verbb. entstehen, verwendet werden. Herst. von Stäben, Platten, Röhren, Profilen, Klischees, Reliefabformungen u. dergleichen. (**D. B. P. 804 349** Kl. 39b vom 31/12. 1950, ausg. 18/2. 1954.) SALZMANN. 7205

Leopold Vorreiter, Wien, Österreich, *Herstellung von Formkörpern aus Sägespänen.* Man mischt Sägespäne mit in der 5—10fachen Menge W. gelöstem Cellulosexanthogenat, dem ein gesätt. KW-stoff der Heptan- bis Dodekanreihe in Mengen von $^1/_3$ bis $^2/_3$ des W. zugesetzt wird, bei 5—10°, formt u. preßt, etwa bei 90—120°, wobei CO_2 in die Formen eingeführt werden kann. Die Sägespäne werden bei 110—180° getrocknet u. können zur besseren Wasserabweisung mit $Al(OH)_3$, Wachs, Fett oder Harz getränkt werden. Die Preßformen werden mit Wachs oder Fett als Schmiermittel überzogen. (**Oe. P. 175 380** vom 18/10. 1951, ausg. 10/7. 1953.) PANKOW. 7205

Knud Waldemar Nielson, Kopenhagen, Dänemark, *Herstellung von Isolierkörpern,* bes. *Platten, aus Stroh,* dad. gek., daß das gehäckselte Stroh zerquetscht, in höchstens 2%ig. Alkalihydroxydlsg. gekocht, durch Zentrifugieren u. Waschen von der Lsg. befreit, gemahlen u., falls Platten hergestellt werden sollen, vor dem Pressen u. Trocknen nochmals einige Min. in einer schwachen wss. Kalialaunlsg. gekocht wird. (**D. B. P. 902 219** Kl. 55b vom 22/4. 1951, ausg. 21/1. 1954. **E. P. 695 596** vom 27/4. 1951, ausg. 12/8. 1953.) G. VOGEL. 7205

Erik Öman, Stocksund, Schweden, *Herstellung von Faserplatten.* In Stückchen von ca. 15 mm geschnittenes Stroh wird mittels eines Gebläses dicht in einen Kochbottich gepackt u. bei ca. 100° ca. 4—6 Std. mit Kalklsg. behandelt. Für ca. 1000 g lufttrockenes Stroh finden z. B. ca. 150 g Kalkmilch Verwendung. Nach beendetem Kochen wird mehrmals mit W. nachgewaschen. Die gekochte M. wird feinst vermahlen u. dient beim innigen Vermischen mit anderen Faserstoffen, wie Masonit, Holzspänen, als Bindemittel. Es werden Platten geformt, die dann getrocknet werden. (**Oe. P. 175 379** vom 29/12. 1949, ausg. 10/7. 1953. Schwed. Prior. 12/3. 1949.) BEWERSDORF. 7205

Dehtochema, Národní Podnik, Tschechoslowakei, übert. von: **Cyril Vychyta,** *Deckplatten.* Auf eine Unterlage, z. B. Preßholz, bringt man eine Kautschuk- oder Linoleumschicht unter Verwendung eines Bindemittels, das bei der Temp., bei welcher die Deckenschicht aufgebracht wird oder bei welcher man das Fertigprod. trocknet, weich wird oder schm. u. mit der Deckschicht eine feste Bindung gibt. — Man stellt aus Hobelspänen u. Furfurol eine Preßplatte her, auf welche eine Schicht aus einer Mischung von 35% Linoxyn (aus einer Natur- u. Kunstharzmischung mit F. $<$ als die Preß- oder Trockentemp.), 25% Korkmehl, 30% Pigment u. 10% Holzmehl heiß aufgepreßt wird. (**F. P. 1 037 728** vom 25/5. 1951, ausg. 22/9. 1953. Tschech. Prior. 25/5. 1950.) PANKOW. 7205

XII. Kautschuk. Guttapercha. Balata.

William W. Bowler, *Untersuchung der elektrophoretischen Beweglichkeit von frischem Hevealatex.* Zur Unters. der elektr. Ladung der koll. Hevealatexteilchen wurde die elektrophoret. Beweglichkeit u. der Einfl. verschied. Faktoren, wie Alterung, Ionenstärke, p_H-Wert usw., auf diese Beweglichkeit ermittelt. Gleichzeitig wurde die mechan. Stabilität mehrerer Latices gemessen, um zu prüfen, ob eine Beziehung zwischen der Beweglichkeit u. der mechan. Stabilität besteht. Eine eindeutige Beziehung konnte nicht festgestellt werden, jedoch scheint die Teilchenoberfläche eine besondere Rolle zu spielen. Die chem. Unters. der Proteine am Kautschukteilchen u. im Serum kann sicher weitere Aufklärung bringen. (Ind. Engng. Chem. **45.** 1790—94. Aug. 1953. Harbel, Liberia, West-Afrika, Firestone Plantat. Co.) SCHÄFF. 7222

Carlos Devantier, *Töten des (Kautschuk)nervs.* Allg. Ausführungen zur Plastikation des Kautschuks. (Goma [2] **2.** Nr. 18. 9—10. Juni 1954.) WINIKER. 7222

Pascual Mejías y López, *Weiße Faktisse.* Überblick über die Eigg. der wichtigsten handelsüblichen weißen Faktisse. (Goma [2] **2.** Nr. 18. 13—15. Juni 1954.) WINIKER. 7226

W. A. Michailow und **I. M. Landa,** *Eine rationelle Methode zur Aufstellung von Rezepten für Sohlengummi.* Allg. Ausführungen an Hand der Literatur. (Легкая Промышленность [Leicht-Ind.] **12.** Nr. 3. 15—17. März 1952.) ZELLENTIN. 7230

J. Gil Montero, *Der Kautschuk als Straßenbaumaterial.* Allg. Ausführungen. (Goma [2] **2.** Nr. 18. 11—13. Juni 1954.) WINIKER. 7230

N. W. Matzkewitsch und **A. L. Koschtschejew,** *Bewurzelung und Guttaperchaansammlung bei Steckreisern der Spindelbäume.* Während der Bewurzelung der in die Erde eingeschlagenen Triebe des Spindelbaumes sinkt der Geh. an Guttapercha (I) in deren Rinde. Verhältnisse, die die Bewurzelung beschleunigen, vor allen Dingen eine gute Durchlüftung des Bodens durch häufige Lockerung (ca. 2 Jahre lang), steigern auch die I-Ansammlung. (Доклады Академии Наук СССР [Ber. Akad. Wiss. UdSSR] [N. S.] **92.** 1069—72. 11/10. 1953. Forstinst. der Akad. der Wiss. der UdSSR.) ULMANN. 7240

Rubber Stichting, Delft, übert. von: **Gevardus Johannes van Veersen,** Den Haag, Holland, *Herstellen von Cyclokautschuk.* Zu einer 25—80%ig. wss. Kautschukdispersion wird eine kleine Menge (ca. 1,5—10%) eines kationakt. Stabilisators der Formel I oder II gegeben. R_1 = Alkyl, Alkylol, Aralkyl oder Arylalkylol mit >12 C-Atomen; R_2, R_3 u. R_4 = H oder niedere Alkyle, Aralkyle, Aryle oder heterocycl. Reste; u. X = wasserlösl. Säurerest. Dann wird starke H_2SO_4 zugegeben, bis eine Konz. von 60—90% erreicht

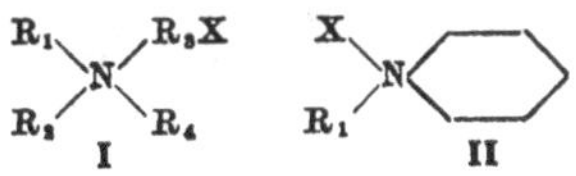

I II

ist, auf eine Reaktionstemp. <140°, bes. 50—120°, ½—10 Std. erhitzt, wobei der Cyclokautschuk als feinteilige Dispersion erhalten wird; er kann ausgefällt, gewaschen u. erneut dispergiert werden. Als Stabilisatoren dienen bes. Cetylpyridiniumbromid oder -chlorid. (**A. P. 2 661 340** vom 8/9. 1950, ausg. 1/12. 1953. Holl. Prior. 31/12. 1947.) OVERBECK. 7223

Phillips Petroleum Co., Del., übert. von: **Walter A. Schulze** und **Willie W. Crouch,** Bartlesville, Okla., V. St. A., *Emulsionspolymerisation.* Zur Beendigung der Polymerisation von ungesätt. KW-stoffen, wie Butadienen (I), Isopren, Arylolefinen, mit Styrol (II), Vinylnaphthalin u. -acetylen, in Emulsionsform, setzt man in Ggw. von Peroxyden bei Tempp. von 0—50° 0,1—1% N-substituierte Dithiocarbamate zu. — Z. B. stellt man eine Mischung aus 75 **I**, 25 **II**, 5 Seife, 0,3 K-Persulfat, 180 W. u. 0,4 Mercaptan (DDM) her u. polymerisiert bei 50° 10 Std. lang. Dann wird die Polymerisation durch den Zusatz von 0,2 Piperidiniumpentamethylendithiocarbamat $CH_2(CH_2)_4N—CS—S—NH_2(CH_2)_4CH_2$ abgestoppt. (**A. P. 2 602 078** vom 18/11. 1947, ausg. 1/7. 1952.) SEIZ. 7225

Phillips Petroleum Co., übert. von: **James E. Troyan** und **Lawrence R. Sperberg,** Phillips, Tex., V. St. A., *Emulsionspolymerisation.* Die Emulsionspolymerisation von 1.3-Butadien–Styrol-Gemischen erfolgt zwischen —30 u. 0° in Ggw. eines Alkalialkylbenzolsulfonats, z. B. der angenäherten Formel $C_{12}H_{25}C_6H_3(CH_3)SO_3Na$, als Emulgator u. unter Zusatz eines Unterbrechers nach 50—85%ig. Polymerisation. Der Polymerisatdispersion werden 1—10% (der Monomeren) einer Alkali–Harz-Seife u. dann ein saurer Koagulator zugesetzt, wobei die frei gewordene Harzsäure in das Koagulat eingeschlossen wird. (**A. P. 2 608 541** vom 28/12. 1948, ausg. 26/8. 1952.) OVERBECK. 7225

Phillips Petroleum Co., Del., übert. von: **William B. Reynolds, John E. Wicklatz** und **Thomas J. Kennedy,** Bartlesville, Okla., V. St. A., *Herstellung von Kunstkautschuk* durch Emulsionspolymerisation eines größeren Anteils Butadien-(1.3) u. kleineren Anteils Styrol bei p_H 9—12 u. bei 10 bis —50° erfolgt in Ggw. einer Alkaliseife als Emulgiermittel, eines Alkylmercaptans mit 8—16 C-Atomen u. unter Verwendung eines Katalysatorgemisches aus 0,1—10 (Millimol je 100 Teile Monomerengemisch) Dimethyl-(chlorphenyl)-hydroperoxydmethan u. 0,1—3 Alkaliferropyrophosphat. (**A. P. 2 638 464** vom 16/12. 1949, ausg. 12/5. 1953.) MÖLLERING. 7225

Texas Co., New York, übert. von: **Robert J. Agnew,** Pawling, N. Y., V. St. A., *Mischpolymerisat,* bestehend aus einer Mischung von 5—35 (Teilen) konjugierten Dienen (**I**), wie Butadien, Iso- u. Chloropren, Piperylen, u. 65—95 eines Polyesters (**II**), der durch Kondensation von zweiwertigen Alkoholen, wie Äthylen-, Diäthylen-, Propylen- u. Vinyläthylglykol, mit ungesätt. zweibas. Säuren oder deren Anhydriden, wie Malein-, Fumar- u. Itaconsäure, hergestellt wurde. — Z. B. werden II in Aceton oder Äthylendichlorid gelöst u. mit einer wss. Dispersion von I vermischt, dann wird bei 20—50° in Ggw. von Benzoylperoxyd 2—12 Std. polymerisiert. Aus dem so hergestellten Polymerisat können unter Druck- u. Wärmebehandlung harte, klare, farblose, gegen Chemikalien beständige Kunststoffe zur Herst. von elektr. Isolierstoffen u. Haushaltsartikeln gewonnen werden. (**A. P. 2 595 625** vom 21/8. 1948, ausg. 6/5. 1952.) SEIZ. 7225

Standard Oil Development Co., übert. von: **William J. Sparks**, Westfield und **Luther B. Turner**, Roselle Park, N. J., V. St. A., *Plastische Masse für elektr. Isolierkörper*, bestehend aus 27,3 (%) *Polystyrol* (Mol.-Gew. 80000—130000), 18,2 *Polyisobutylen* (Mol.-Gew. 100000) u. 54,5 eines zu gleichen Teilen aus beiden Stoffen hergestellten Mischpolymerisats vom Erweichungspunkt 150—170°; Kraftfaktor 0,00045, DK. 2,42, Verlustfaktor 0,00110. Füllstoffe erhöhen die Festigkeit. Gute Verträglichkeit mit Natur- u. Kunstkautschuk. (**A. P. 2 618 624** vom 15/2. 1949, ausg. 18/11. 1952.) SALZMANN. 7225

Phillips Petroleum Co., übert. von: **Charles S. Lynch**, Bartlesville, Okla., V. St. A., *Herstellung heteropolymerer Harze.* Man polymerisiert eine monoolefin. Verb. von höchstens 20 C-Atomen, z. B. 2-Buten oder 1-Octan, mit einem mol. Überschuß an SO_2 u. einem fl. 1.3-Butadienpolymeren, dessen Mol.-Gew. $>$500 u. dessen Viscosität bei 100° $<$10000 SAYBOLT-Turol-Sek. liegt, bei 10—140° F in Ggw. eines Katalysators, der die Rk. von SO_2 u. Monoolefin in Abwesenheit von Licht bewirkt, z. B. $LiNO_3$. (**A. P. 2 625 525** vom 17/11. 1949, ausg. 13/1. 1953.) LÜTTGEN. 7225

Dow Corning Corp., V. St. A., übert. von: **Leslie Jr. Tyler**, *Herstellung von Siloxanelastomeren.* Man erhitzt eine Mischung aus einem benzollösl. Organopolysiloxan (I) mit 10—100 Gew.-% eines kieselsäurehaltigen Füllstoffs mit einem Porenvol. von wenigstens 3 cm^3/g aus SiO_2 mit Organosilylgruppen RR'Si= u. $R_2R'Si$— (R = Alkyl mit wenigstens 5 C-Atomen; R' = R oder Phenyl), wobei das Organosilyl/SiO_2-Verhältnis 0,06—0,6 beträgt u. die Organosilylgruppen mit dem Si des SiO_2 über Si·O·Si-Bindungen verknüpft sind, auf 100—400°, bis ein nichtklebendes, kautschukartiges Prod. entstanden ist, zweckmäßig in Ggw. organ. Peroxyde. I hat bei 25° eine Viscosität von wenigstens 10000 Centistokes, seine organ. Reste bestehen zu wenigstens 50% aus Alkylresten u. ferner Phenyl-, Trifluormethylphenyl- oder Siliconopentylresten [$(CH_3)_3Si \cdot CH_2$—] u. es enthält 1,98—2 organ. Reste pro Si. — Man mischt I aus 3,5 (Mol-%) Phenylmethylsiloxan u. 96,5 Dimethylsiloxan mit 45 Teilen eines Füllstoffes aus $(CH_3)_3Si$— u. SiO_2 im Molverhältnis 0,156 u. mit dem Porenvol. 4,58 cm^3/g, formt 5 Min. unter 4,2 kg/cm^2 Dampfdruck u. heizt 24 Std. auf 250°. (**F. P. 1 036 777** vom 19/3. 1951, ausg. 16/9. 1953. A. Prior. 4/5. 1950.) PANKOW. 7225

Firestone Tire & Rubber Co., Akron, O., V. St. A., *Alterungsbeständige, sich nicht verfärbende Kautschukmassen*, auch aus Butadienmischpolymerisaten mit Vinylverbb. aller Art, erhält man durch Zusatz von 0,1—10% eines Reaktionsprod. von 3—4 (Mol) eines aliphat. Aldehyds (CH_2O, Croton-, Butyl-, Valeraldehyd u. dgl.) u. 6 Alkylphenol, z. B. 2-tert.-Butyl-(bzw. Octyl-)5-methylphenol, 2.4-Di-tert.-butyl-5-methylphenol, als Antioxydationsmittel u. anschließende Vulkanisierung. (**E. P. 689 589** vom 4/7. 1950, ausg. 1/4. 1953.) SALZMANN. 7227

Godfrey L. Cabot, Inc., V. St. A. (Erfinder: **F. Friauf, James W. Edminister** und **Burt B. Beck**), *Herstellung von Ruß, insbesondere Ölruß.* Man verstäubt in eine Verbrennungskammer mittels Luft ein Mineralöl (Mol.-Gew. ca. 225—550, D. [A.P.I.] nicht über 10, Viscosität > 30 Sek. SAYBOLT Universal bei 99°, CONRADSON-C-Rückstand über 1,5, H/C-Verhältnis ca. 0,75—1,25) bei 105—330 m/Sek. in Form eines Nebelkegels (Nebeltröpfchengröße 80—1100 mμ) unter gleichzeitiger Zuführung von Verbrennungsluft u. einem brennbaren Gas. Das Prod. übertrifft als Verstärkungsmittel für *Kautschuk* andere Rußsorten. — Vorrichtung. (**F. P. 1 032 562** vom 19/4. 1950, ausg. 2/7. 1953. A. Priorr. 19/4. 1949 u. 2/2. 1950.) OPPERMANN. 7227

Godfrey L. Cabot, Inc., V. St. A., *Herstellung von Ruß.* Man bläst in eine begrenzte Verbrennungszone eines Gemisches von Luft u. Gas zerstäubtes oder verdampftes Mineralöl ein, wobei das Gas, das Gas u. das Öl oder Gas, Öl u. Luft vorgewärmt sein können. Verwendung in der *Kautschukindustrie.* — Vorrichtung. (**F. P. 1 033 568** vom 9/1. 1951, ausg. 13/7. 1953.) OPPERMANN. 7227

Firestone Tire & Rubber Co., übert. von: **Leland J. Kitchen**, Akron, O., V. St. A., *Terpenalkylphenole* erhält man durch Kondensation eines Dialkylphenols mit einem Terpen in Ggw. eines sauren Katalysators bei 70—130°. — Campher u. 2.4-Dimethylphenol in Toluol in Ggw. von 70%ig. Benzolsulfonsäure bei 129—130° → *2.4-Di-*

methyl-6-isobornylphenol, hochviscose, leicht gelbliche Fl., $Kp._{10}$ 184—195°; n_D^{22} 1,5396; aus PAe., F. 81,6—81,9°. Analog *2.4-Di-sek.-butyl-6-isobornylphenol*, $Kp._3$ 180 bis 205°; n_D^{23} 1,5195 u. *2.4-Dibutyl-6-isobornylphenol*. Als Terpene sind noch geeignet: Fenchene, Bornylen, Tricyclen, Cyclofenchen. — *Stabilisierungsmittel für natürlichen u. synthet. Kautschuk*. (**A. P. 2 647 152** vom 12/7. 1950, ausg. 28/7. 1953.) KRAUSS. 7227

Shell Development Co., San Francisco, Calif., V. St. A., übert. von: **Johan Michael Goppel, Gottfried Ernst Rumscheid** und **Johannes Thomas Hackmann**, Amsterdam, Holland, *Stabilisieren von Reaktionsprodukten aus Kautschuk und SO_2* durch Einw. einer gegebenenfalls warmen Lsg. von Hexamethylentetramin, gegebenenfalls zusammen mit Dicyandiamid, auf das gequollene Material. Gegebenenfalls Nachbehandlung mit einem Aldehyd oder Isocyanat. (**A. P. 2 654 679** vom 26/4. 1949, ausg. 6/10. 1953. Holl. Prior. 18/5. 1948.) OVERBECK. 7227

Crown Zellerbach Corp., übert. von: **William M. Hearon**, Camas, Wash., und **Viron V. Jones**, Hyattsville, Md., V. St. A., *β-Conidendrin*, F. 203—208°; $[\alpha]_D^{25}$ +32,5° (c = 4, Aceton). α-Conidendrin (I), F. 250—255°; $[\alpha]_D^{20}$ —54,4° (c = 3,984, Aceton), wird auf mindestens 5° über den F., aber unterhalb des Zersetzungspunktes, bes. 260—360° bzw. 290—330°, ca. 2—150 Min. erhitzt. Ausbeute quantitativ. *Diacetat*, $C_{24}H_{24}O_8$, F. 201—203°. Die Isomerisierung kann auch durch Einleiten von überhitztem Wasserdampf in geschmolzenes I z. B. bei 270—280° erfolgen. — *Antioxydationsmittel* für *Kautschuk* u. *Nahrungsmittel* u. Zwischenprodukt. (**A. P. 2 610 970** vom 16/9. 1950, ausg. 16/9. 1952.) KRAUSS. 7227

Firestone Tire & Rubber Co., übert. von: **George E. P. Smith jr.**, Akron, O., und **Wendell S. Cook**, Houghton, Mich., V. St. A., *Tetraalkylphenolsulfide* der Formel I (R_1, R_2, R_3, R_4 = Alkyl, x = 1—4, bes. 1—2) erhält man durch Kondensation von Tetraalkylphenolen mit S-Chloriden. — Aus 2.3.5.6-Tetramethylphenol in CCl_4 u. SCl_2 unter Erhitzen → *Bis-(2.3.5.6-tetramethylphenol)-sulfid*, $C_{20}H_{26}O_2S$, dünne Nadeln, F. 236 bis 237°. Ferner können in Sulfide übergeführt werden: 2.3.4-Trimethyl-6-äthyl-; 3.4.5.6-Tetramethyl-; 2.3.5-Trimethyl-6-isopropyl-; 2.6-Di-tert.-butyl-3.5-dimethyl-; 2.3.4.6-Tetramethyl-; 2.3.5.6-Tetraäthyl-; 3.4.5.6-Tetrabutyl-; 2.5-Dimethyl-4.6-diisopropyl-; 4-Methyl-2.3.6-triäthyl-; 2.3.4.6-Tetrabutyl-; 3-Methyl-4.5.6-triäthyl-; 3-Methyl-2.5.6-triisopropylphenol. — *Vulkanisationsmittel* für *Kautschuk*, bes. für Styrol-1.3-Butadien-Mischpolymere. (**A. P. 2 605 288** vom 29/6. 1949, ausg. 29/7. 1952.) KRAUSS. 7229

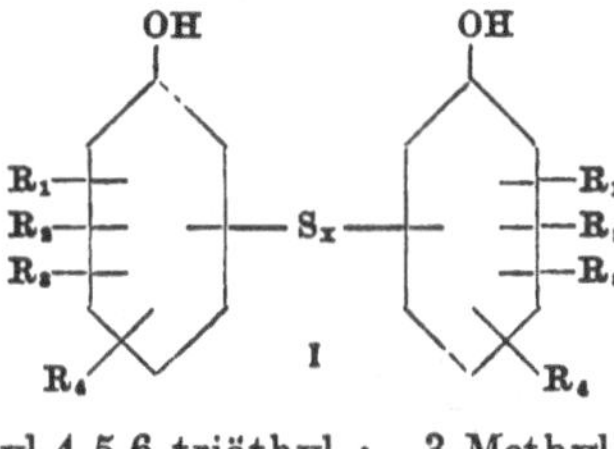

Dow Corning Corp., übert. von: **Chester C. Currie**, Midland, Mich., V. St. A., *Formeneinstreichmittel*, bestehend aus 10—35 (%) fl. Methylpolysiloxan, 2—5 Emulgator, 10—50 Polyäthylenglykol, 5—30 Alkalisalz eines sulfonierten Fettalkohols, 10—25 Silicatpulver u. 15—33 Wasser. Die M. kann mit der 1—50fachen Wassermenge verd. werden. — Bes. geeignet: 10 (Teile) fl. Dimethylpolysiloxan, 1 Octylphenoxypolyäthylenglykol, 2 Dodecyläther von Polyäthylenglykol, 10 Bentonit, 35 Triäthylenglykol, 27 Na-Laurylsulfat u. 15, bes. 5—50, Wasser. (**A. P. 2 586 211** vom 23/8. 1950, ausg. 19/2. 1952.) OVERBECK. 7229

Metallgesellschaft Akt.-Ges. (Erfinder: **Günter Hanke** und **Rudolf Schultz**), Frankfurt/M., *Herstellen von vulkanisierten synthetischen Kautschukdispersionen*. Die Dispersionen erhalten einen Zusatz von, bes. >3%, S oder S-haltigen Verbb., Aktivatoren, z. B. ZnO, zwei oder mehreren Beschleunigern, Dispergatoren u. Stabilisatoren sowie Dithiocarbaminsäure, deren Derivv. oder Salzen. Die M. wird ohne Koagulation, gegebenenfalls unter Druck, vulkanisiert, worauf die überschüssigen Vulkanisiermittel, z. B. durch Zentrifugieren, entfernt werden. (**D. B. P. 898 674** Kl. 39b vom 21/3. 1951, ausg. 3/12. 1953.) OVERBECK. 7229

Siemens-Schuckertwerke Akt.-Ges., Berlin und Erlangen (Erfinder: **Karl Krammer**, Wien), *Vulkanisieren von Kautschukformstücken*. Die unvulkanisierte Kautschukmischung wird vor dem Einbringen in die Preßform durch Einw. eines elektr. Hochfrequenzfeldes, bes. Ultrakurzwellenfeldes, bis zum Erreichen ihrer Vulkanisiertemp. oder zum mindesten annähernd bis zu dieser Temp. ohne Druckanwendung vorgewärmt u. nach Einbringen in die Preßform ausvulkanisiert. (**D. B. P. 901 470** Kl. 39a vom 9/12. 1939, ausg. 11/1. 1954.) SCHLITT. 7229

Soc. Auxiliaire de l'Institut Français du Caoutchouc, Paris, Frankreich, *Herstellen von Kautschukformkörpern*. Ammoniakal. frische Kautschukmilch wird der Einw. von proteolyt. Fermenten, z. B. Pankreasextrakt, ausgesetzt; dann werden 0,5—5% ZnO u. gegebenenfalls Vulkanisiermittel eingemischt, worauf die Mischung in Formen gegossen wird, in denen sie bei n. Temp. koaguliert. (**E. P. 640 569** vom 14/1. 1947, ausg. 26/7. 1950. F. Prior. 31/5. 1946.) OVERBECK. 7231

Soc. Nobel Française, Soc. An., Seine, Frankreich, *Kautschuk-Polyvinylharz-Mischung.* Das nach F. P. 1 014 464; C. **1954.** 4047 gehärtete Vinylharz wird auf der Walze mit einer vulkanisierbaren Kautschuk- oder Kautschukregeneratmischung gemischt, die Platte geformt u. vulkanisiert. Das Polyvinylharz enthält vorteilhaft etwas bas. Pigment, wie ZnO oder $CaCO_3$. Man erhält elast. Massen. — Man mischt einerseits 780 (g) Polyvinylbutyral, 34 Paraffin, 60 Pentachlordiphenyl, 220 Butylphthalat, 40 Trikresylphosphat, 50 $CaCO_3$, 120 Maleinsäureanhydrid u. 10 Chloralhydrat, andererseits 680 Reifenalkaliregenerat, 200 Smoked Sheets, 150 Poudrette-de-Chape-Füllstoff, 270 Ruß, 50 ZnO, 12 S, 2 Butyraldehydanilin, 5 Dibenzothiazyldisulfid, 3 Diäthyldiphenylthiurammonosulfid, mischt beide plast. Massen u. vulkanisiert 10—30 Min. in der Presse bei 140°. (**F. P. 1 014 465** vom 3/12. 1941, ausg. 18/8. 1952.) PANKOW. 7231

Imperial Chemical Industries Ltd., London, *Verbesserung der Haftfestigkeit von Textilmaterialien aus aromatischen Polyestern an Kautschuk.* Man behandelt die hochpolymeren linearen Ester aus $HO(CH_2)_nOH$ ($n > 1$, < 11) u. Terephthalsäure mit einem Farbstoff u./oder Quellmittel, wie sie z. B. in den E. PP. 609 943, 609 945 u. 609 948 angegeben sind, u. bettet dann in Kautschuk. — Man wäscht 5 (Gewichtsteile) Polyäthylenterephthalat-Pneumatikcord bei 60° in einem Bad mit 0,02% Alkylphenol-Äthylenoxyd-Kondensationsprod. u. 0,01% NH_3, trocknet, wäscht mit W. u. arbeitet sie bei 85° in einem Bad aus 0,05 4-Nitro-4'-aminoazobenzol u. 250 W. durch, wäscht nach, trocknet, taucht in eine 3%ig. Lsg. von p.p'-Dicarbimidodiphenylmethan in Methylenchlorid u. trocknet u. vulkanisiert mit einer Kautschukmischung. (**Oe. P. 177 257** vom 13/6. 1952, ausg. 11/1. 1954. E. Prior. 15/6. 1951.) PANKOW. 7231

XIII. Ätherische Öle. Parfümerie. Kosmetik.

Stefan Karas, *Wie wird Weichheit in Kosmeticis erreicht?* Durch feinste Zerkleinerung u. innigste Mischung der Komponenten werden glatte u. weiche kosmet. Präpp. erzielt. Anforderungen an Gesichtskremes u. -puder, Desodorantien, Lippenstifte, Schminken, Make up-Grundlagen u. Augenpräparate. (Amer. Perfumer essent. Oil Rev. **61.** 365—66. Mai 1953.) MÜHLMEISTER. 7284

W. E. Botwright, *Quaternäre Ammoniumverbindungen in Kosmeticis und verwandten Erzeugnissen.* Die meistgebrauchten quaternären NH_4-Verbb., synthet. kation- u. oberflächenakt. Agentien, werden genannt u. ihre keimtötende Wrkg. u. Giftigkeit, Anwendung in Antisepticis u. Desodorantien u. Anforderungen an Emulgatoren u. sonstige Zusätze besprochen. (Amer. Perfumer essent. Oil Rev. **61.** 361—63. Mai 1953. Rohm & Haas Co.) MÜHLMEISTER. 7284

G. S. Kass, *Prüfung von Haarbehandlungspräparaten auf Beständigkeit.* Nach Beispielen für chem., physikal., bakteriolog. u. funktionelle Unbeständigkeit u. Hinweis auf die Grenzen der Schnellprüfungen, Einfl. der Zeit u. Notwendigkeit der prakt. Erprobung werden die Prüfung von Thioglykolat-Kaltwellenpräpp., Shampoons u. Fixativen sowie die Anforderungen an gute Präpp. besprochen. (Amer. Perfumer essent. Oil Rev. **61.** 357—60. Mai 1953. Helene Curtis Ind., Inc.) MÜHLMEISTER. 7294

Hoffmann-La Roche, Inc., Nutley, übert. von: **Walter Kimel,** Highland Park, N. J., V. St. A., *Acetessigsäure-tert.-vinylisopropylester* (**I**), $CH_3COCH_2COOC(CH_3)_2 \cdot CH{=}CH_2$, Kp.$_8$ 84—86°; n_D^{25} 1,4364, erhält man durch Anlagern von Diketen an 2-Methylbuten-(3)-ol-(2) bei 0°. **I** gibt beim Erhitzen unter N_2 *2-Methylhepten-(2)-on-(6)*, Kp.$_{35}$ 83—85°; n_D^{25} 1,4369; *Semicarbazon*, F. 134,5—135,5°; *2.4-Dinitrophenylhydrazon*, F. 86,3°, das sich in Citral, Geraniol oder Pseudojonon überführen läßt. (**A. P. 2 628 250** vom 5/6. 1951, ausg. 10/2. 1953.) KRAUSS. 7277

Louis Renaud, Frankreich, *Salbengrundlage für kosmetische Zubereitungen.* Fettextrakte aus Hirn u. Rückenmark werden in Verbindung mit KW-stoffen, synthet. Wachsen u. dgl. als Salbengrundlage für Hautcreme, Pomaden, Schminken usw. verwendet. Diese Extrakte vermögen bis zu 100% W. aufzunehmen. (**F. P. 989 141** vom 4/2. 1944, ausg. 5/9. 1951.) WITTHOLZ. 7285

Henkel & Cie., G. m. b. H. (Erfinder: **Bernhard Raecke**), Düsseldorf, *Dauerwellverfahren.* Das Haar wird mit einer alkal. Dextroselsg., gegebenenfalls unter Zusatz von niederen Alkoholen u./oder Netzmitteln, behandelt u. dann wie üblich mit oxydierenden oder alkylierenden Mitteln fixiert. — Beispiel: 20 (g) Traubenzucker, 5 NaOH oder 10 cm^3 konz. NH_3 u. 4 $Na_4P_2O_7$ in 100 cm^3 W. lösen u. 0,2 Fettalkohol sulfonat zusetzen. (**D. B. P. 905 193** Kl. 30h vom 22/3. 1949, ausg. 25/2. 1954.) E. PETERSEN. 7285

Procter & Gamble Co., Ivorydale, übert. von: **Robert C. Head**, Glendale, O., V. St. A., *Fixiermittel für Kaltwellen* erhält man durch Mischen eines Oxydationsmittels, wie K- oder $NaBrO_3$ (**I**), mit einer puffernd wirkenden Verb., wie 50—100% (berechnet auf **I**) NaH_2PO_4 (**II**) u. 1—2% Alkalihydroxyd oder -carbonat, mit einem Wassergeh. nicht $>$1%. — Man mischt z. B. 100 (Teile) trockenes **I** mit 50 **II** u. 1 NaOH. Das Gemisch mit einem Wassergeh. von 0,3% ist in einem geschlossenen Gefäß 54 Tage bei 100° F haltbar. Der p_H-Wert der 2%ig. wss. Lsg. bei 25° ist 5,8. (**A. P. 2 633 447** vom 31/8. 1950, ausg. 31/3. 1953.) MÜLLER-MEININGEN. 7285

Pierre J. Bonal und **Armand H. Vergé**, Frankreich, *Unschädliches Haarfärbemittel*, bestehend aus Metall-Protein-Verbb., die durch Umsetzen von Protein, z. B. Casein, mit Ag-Acetat in ammoniakal. Lsg., erhalten sind. Als Rapidfixativ für die Farbe kann $Cu(NO_3)_2$ in Spuren zugegeben werden. (**F. P. 984 535** vom 10/2. 1949, ausg. 6/7. 1951.) WITTHOLZ. 7285

Théodore H. Schaedeli, Frankreich, *Haarfärbemittel*. Die oxydierende Lsg., die erst kurz vor Anwendung mit dem zu oxydierenden Farbstoff gemischt wird, enthält einen Fettalkoholschwefelsäureester oder ein Sulfonat, gegebenenfalls noch weitere Hilfsmittel für das Färben, u. so viel H_2O_2, daß seine Konz. 20% beträgt. (**F. P. 984 425** vom 21/9. 1943, ausg. 5/7. 1951.) WITTHOLZ. 7285

W. Kopaczewski, Les Détersifs en hygiène et cosmétique. Paris: Masson et Cie. (152 S. m. 8 Abb., 14 Taf.) fr. 1800,—.

XIV. Zucker. Kohlenhydrate. Stärke.

H. Goffart, *Gegenwartsfragen zum Rübennematodenproblem*. Nach einem Überblick über die Verbreitung der Rübennematoden u. den Einfl. derselben auf den Ertrag behandelt Vf. den Wirtspflanzenkreis u. die Bekämpfungsmöglichkeiten. Von chem. Bekämpfungsmitteln ist *D–D* zur Entseuchung größerer Flächen im allg. nicht geeignet, doch kommt diesem Mittel in Verbindung mit dem Fruchtwechsel eine gewisse Bedeutung zu. *Systox* hat als Spritzmittel (0,03%) keinen Einfl. auf den Nematodenbefall. Als Gießmittel ist es erst bei einer Konz. wirksam (4 Liter einer 0,5%ig. Lsg./m^2), bei der bereits Pflanzenschädigungen auftreten. — 20 Literaturhinweise. (Zucker **7.** 130—37. 1/4. 1954. Münster/Westf., Biol. Bundesanst., Inst. für Hackfruchtbau.) WINIKER. 7406

J. Dedek und **M. S. Lange**, *Reinigung der Säfte durch Calciumcarbonat*. $CaCO_3$, das durch Umsetzung von $CaCl_2$ mit Na_2CO_3 gewonnen wurde, bewirkt bei Diffusions- u. Vorscheidesäften, die auf p_H 8 eingestellt u. filtriert waren, allein schon einen großen Reinigungseffekt, der an Hand der Menge der gefällten Nichtzuckerstoffe, ihrem Geh. an N_2, ihrer Oxydation mit $KMnO_4$ u. der Saftfarbe verfolgt wurde. (Sucrerie belge **72.** 405—13. 1/15. 6. 1953. Tirlemont, Raffinerie Tirlemontoise.) RUTKOWSKI. 7412

Hans Schlosser, *Verfahrenstechnische Betriebsergebnisse aus der Kampagne 1953*. (Vortrag.) Bericht über in deutschen Zuckerfabriken bzgl. Saftgewinnung, -reinigung u. -filtration gemachte Erfahrungen. (Zucker **7.** 143—53. 1/4. 1954. Braunschweig.) WINIKER. 7412

F. Schneider, *Einige Erfahrungen und Erkenntnisse aus der Kampagne 1953/54*. (Vortrag.) Bericht über in Deutschland gemachte Erfahrungen. Behandelt werden: Virusrüben, Schwemmwassersterilisation, Saftgewinnung, unterteilte Rücknahme, kontinuierliche Diffusion, Saftreinigung, Vorscheidung, Schlammsaftrücknahme, Invertzucker, Entkalkung. Abschließend werden Zuckerhausarbeiten in Dänemark (Verarbeitung des Mittelprod. der Weißzuckerfabriken auf Weißzucker) u. Schweden (Gewinnung von Weißzucker ohne Auflösen des B-Zuckers; schemat. Darst. des Verf.) erwähnt. (Zucker **7.** 137—43. 1/4. 1954. Braunschweig.) WINIKER. 7416

M. Ss. Nitschik, *Einige Besonderheiten der Kristallisation der Saccharose*. Durch Laboratoriums- u. Betriebsverss. zeigt Vf., daß das Optimum für die Bldg. von Kristallkeimen u. für deren lineares Wachstum bei 70°, 580—620 mm Druck u. einer D. von 1,25—1,30 liegt. Durch Einhaltung dieses Optimums beim Verkochen u. Kristallisieren der 1. Füllmasse kann die Kochdauer um 20% vermindert u. die Farbe um 6% verbessert werden. Eine Kühlung der 2. Füllmasse (90—92° Brix) auf 31°

statt wie üblich auf 40° ohne Verdünnung mit W. oder Melasse erhöht die Zuckerausbeute um 6—7%. (Сахарная Промышленность [Zucker-Ind.] **27.** Nr. 2. 19—23. Febr. 1953. Uman, Landwirtsch. Inst.) ECKE. 7416

Robert E. Coleman, *Die Wirkung des Trocknens auf die Keimung von Zuckerrohrstecklingen.* In zweijährigen Verss. im Freiland wurde festgestellt, daß Zuckerrohr, das vor der Pflanzung gelagert hatte, eine größere Keimkraft besaß als frischgeschnittene Stecklinge. Die Zuckerrohrsorten, die weniger rasch invertieren, erwiesen sich in der Keimung besser. Die bei der Lagerung verfügbar werdenden Kohlenhydratmengen unterstützen ein rascheres Wachstum. Es wird gezeigt, daß die Lagerzeit von wenigstens 4 Tagen ein Absinken des Auxinspiegels bedingt. (Sugar Bull. **32.** 87—92. 15/12. 1953. U. S. D. A., Div. of Sugar Plant Investigations, Bur. of Plant Ind., Soils and Agric. Engng.) W. LORENZ. 7440

W. R. Fetzer, E. K. Crosby, C. E. Engel und **L. C. Kirst,** *Einwirkung von Säure und höherer Temperatur auf Dextrose und Dextrosepolymere.* Lsgg. von Dextrose (I) von 10—80% wurden, wie auch verschied. Maisstärkesirupe, bei p_H 1,4—1,5 bis 2 Std. mit H_2SO_5 auf 145° im Autoklaven erhitzt. Gleichgültig, ob Hydrolyse oder Polymerisationskondensationen vorliegen, findet man stets in Abhängigkeit von der Konz. der Trockensubstanz im Sirup ein Gleichgewicht verschied. Zucker. Die Zus. der auf verschied. Art gewonnenen Sirupe ist auf Grund der analyt. Daten ganz ähnlich, wenn nicht identisch. Bei den Rkk. hat man es mit wahren Gleichgewichten zu tun, die durch Zugabe von reiner I zu der Mischung von monomerer u. polymerisierter I beliebig verändert werden können. Das Gleichgewicht für eine bestimmte Substanzkonz. hängt von Temp. u. p_H des Reaktionsgemisches ab. Je höher die Zuckerkonz. ist, desto höher ist der Polymerisationsgrad von I. (Ind. Engng. Chem. **45.** 1075—83. Mai 1953. Clinton, Io., Foods, Inc.) ULMANN. 7442

Soc. d'Études, Recherches et Gérance (S. E. R. G.) und **Maurice Métayer,** Seine, Frankreich, *Gewinnung des Betains aus Schlempe, insbesondere Melasseschlempe.* Man versetzt 1 (Gewichtsteil) Schlempe bei 80—85° mit 1½ A. u. entfernt nach 2—4std. Rühren u. 10—12 Std. Ruhe den A. aus der abgetrennten oberen Schicht. Die zurückbleibende sirupartige M. löst man in einem ihrem Vol. entsprechenden Vol. A. u. leitet durch die Lsg. bei 0° HCl-Gas bis zu einem p_H 2 hindurch. Bei 24std. Stehen in der Kälte scheidet sich Betainhydrochlorid mit 70% Reinheitsgrad ab. (**F.P. 1 016 622** vom 24/4. 1950, ausg. 18/11. 1952.) OPPERMANN. 7419

Farbenfabriken Bayer (Erfinder: **Ernst Messmer**), Leverkusen, *Herstellung von Oxyoxoverbindungen* durch Behandeln alkal.-wss. Lsgg. mit >4% Formaldehyd (I) oder I liefernden Verbb. mittels *Pb-Verbindungen.* Die Konz. des I kann ohne Nachteil auf die handelsüblichen 30% gesteigert werden; man benötigt ca. 0,03 (Mol) NaOH auf 1 I oder entsprechende Mengen KOH, $Ca(OH)_2$, $Ba(OH)_2$ oder dergleichen. Das Pb kann als Oxyd, Hydroxyd oder gelöst als Salz oder Plumbat eingesetzt u. nach der Rk. mittels Alkalisulfid gefällt werden. Wenn salzfreie Endprodd. gewünscht werden, alkalisiert man mit Erdalkalihydroxyd, das mit Oxalsäure oder H_2SO_4 entfernt werden kann. — Zu einer Lsg. von 25 g krist. Bariumoxydhydrat in 1600 cm^3 heißem dest. W. wird eine konz. Lsg. von 2 g Bleizucker u. dann 400 cm^3 I (30%ig) unter Umschwenken zugesetzt. Nach 22std. Erhitzen auf dem Wasserbad ist I restlos umgesetzt. Aus der heißen Lsg. werden Pb u. Ba mit 84,5 cm^3 2nH_2SO_4 gefällt u. abfiltriert; das nochmals nach Zusatz von Tierkohle filtrierte Filtrat wird eingeengt u. gibt einen süß schmeckenden Sirup; Ausbeute an zuckerartiger Substanz: 75% des I. (**D. B. P. 884 794** Kl. 12o vom 23/10. 1942, ausg. 30/7. 1953.) HEROLD. 7447

N. V. W. A. Scholten's, Chemische Fabrieken, Groningen (Erfinder: **Jan Lolkema,** Hoogezand, und **Hendrik Adriaan van Westen,** Amsterdam), Holland, *Hydrolysierende Hydrierung von Polysacchariden,* bes. von *Stärke* u. Stärkederivv., auf katalyt. Wege in wss. Medium zu *Hexit* oder einem Gemisch von isomeren Hexiten, gek. durch die Verwendung eines Hydrierungskatalysators, bes. Ni, der keine oder fast keine alkal. Substanzen enthält. Als Fällungsmittel für den Katalysator verwendet man vorteilhaft NH_4OH, NH_4HCO_3 oder $(NH_4)_2CO_3$. Enthält die Stärke noch Glucose, so wird diese vorerst zu *Sorbit* hydriert. (**D. B. P. 890 946** Kl. 12o vom 8/2. 1944, ausg. 24/9. 1953. Holl. Prior. 25/2. 1943.) G. KÖNIG. 7449

F. Hoffmann-La Roche & Co. Akt.-Ges., Basel, Schweiz, *Elektrolytische Reduktion von Polyoxycarbonsäurelactonen.* Die Red. wird mit Hg als Kathode u. mit dem Salz eines amalgambildenden Metalls, z. B. K, Na, Zn, als Elektrolyt u. bes. in Ggw. von H_3BO_4 bei 10—12° durchgeführt. Die Elektrodenräume sollen durch Diaphragma getrennt, der p_H-Wert im Kathodenraum soll konstant sein. In den Beispielen wird die Red. von d-Arabonsäurelacton u. d-Ribonsäurelacton zu *Ribose* bzw. *Arabinose* beschrieben. (**D. B. P. 843 404** Kl. 12o vom 26/11. 1949, ausg. 7/7. 1952. Schwz. Prior. 10/11. 1944.) LÜTTGEN. 7461

United States of America, übert. von: **Horace S. Isbell,** Washington, D. C., V. St. A., *^{14}C-markierte Polysaccharide* bzw. deren Derivv. erhält man durch Rk., z. B. von Dextranen, mit ^{14}C-Cyaniden, z. B. NaCN, in Ggw. von Na_2CO_3 u. Verseifung der erhaltenen Nitrile, worauf man das Endprod. an Ionenaustauschern adsorbieren u. mit einer Base hieraus auswaschen kann. (**A. P. 2 653 931** vom 25/4. 1951, ausg. 29/9. 1953.) MÜLLER-MEININGEN. 7461

XV. Gärungsindustrie.

L. F. Moissejenko, *Betriebscharakteristik der Heferasse Kachuri-10.* Vf. beschreibt Eigg. u. Arbeitsweise dieser Heferasse, welche zur Herst. von Schaumweinen verwandt wird. Bei höherer Temp. ist ihre Anwendung nicht zu empfehlen. (Виноделие и Виноградарство СССР [Weinbereit. Weinbau UdSSR] **13.** Nr. 5. 8—10. Mai 1953.) ECKE. 7554

A. K. Rodopulo, *Über die Acetamidbildung im Wein.* Vf. wies nach, daß im aldehydhaltigen Wein in Ggw. von Ammoniak (**I**) beim Alkalisieren ein Acetamid (**II**)-Geschmack auftritt, der oberhalb der Acidität 7,5‰ verschwindet, bedingt durch die **II**-Hydrolyse in **I** u. Essigsäure. Zur Beseitigung des **I** ist Ansäuerung mit Weinsäure u. Zugabe von SO_2 (zur Bindung der Aldehyde u. **I**) erforderlich. Bei der Weinprüfung auf **II**-Geschmack muß eine starke Alkalisierung vermieden werden. (Виноделие и Виноградарство СССР [Weinbereit. Weinbau UdSSR] **12.** Nr. 12. 14—16. Dez. 1952. Transkaukas. Zweigstelle des Inst. „Magaratsch".) ECKE. 7554

Ss. W. Durmischidse, W. N. Bukin und **N. N. Jerofejewa,** *Die biologische Untersuchung verschiedener Weinarten.* Die Catechinweine werden in Grusien mit den Trestern vergoren u. abgelagert. Sie enthalten im Gegensatz zu den europäischen Weinen sehr viel Gerbstoffe. Die mit weißen Ratten durchgeführten Verss. zeigten, daß die jungen Catechinweine am meisten capillarverengend wirken. Die biol. Aktivität sinkt beim Altern des Weines. Die nach europäischer Art aus abgepreßtem Most hergestellten Weine wirken bei weitem nicht so gut. Der festigende Einfl. des Weines auf die Capillarwände ist direkt proportional dem Geh. an freien Catechinen. (Доклады Академии Наук СССР [Ber. Akad. Wiss. UdSSR] [N. S.] **88.** 109—12. 1/1. 1953. Inst. für Weinbereit. u. Weinbau der Akad. der Wiss. der GrusSSR, u. Bach-Inst. für Biochem. der Akad. der Wiss. der UdSSR.) ECKE. 7554

W. M. Maltabar, *Kontrolle der Destillation von Weinbrand-Rohsprit.* Die üblichen Kontrollverff. zur richtigen Trennung der Anfangs-, Mittel- u. Endfraktion bei der Dest. von Weinbrand-Rohsprit sind, einzeln genommen, nicht ausreichend; auch ihre gleichzeitige Anwendung verbürgt keine Gewinnung von absol. gleichwertigen Endprodukten. Daher wird eine Probedest. einer geringeren Menge Rohsprit vorgeschlagen sowie die Aufzeichnung der Destillationskurve. Vor der Dest. ist sorgfältig zu mischen u. in der Probe der Geh. an A., flüchtigen Säuren, Aldehyden u. Estern höherer Alkohole zu bestimmen. Diese Best. ist später mit der Mittelfraktion zu wiederholen. Außerdem ist die Geschmacksprobe durchzuführen. (Виноделие и Виноградарство СССР [Weinbereit. Weinbau UdSSR] **11.** Nr. 9. 27—29. Sept. 1951. Kischinew, Zweigstelle des Inst. „Magaratsch".) v. WILPERT. 7596

Erich Walter, *Die Grogprobe, ein Hilfsmittel zur Beurteilung von Rum und Arrak.* Rum- bzw. Arrak–W.-Mischungen mit steigendem Rum- bzw. Arrakgeh. von 2—15% sollen bei 50° verkostet werden. Hierdurch treten fremdartige Geschmacksstoffe deutlicher hervor. Diese Prüfung wird zweckmäßig ergänzt durch eine gesüßte Grogprobe. Zu empfehlen ist dabei auch die Ergiebigkeitsbestimmung. (Alkohol-Ind. **66.** 165—66. 1/4. 1953. Berlin.) KIELHÖFER. 7596

A. K. Rodopulo, *Papierchromatographie der Di- und Tricarbonsäuren des Mostes und des Weins.* Um den Geh. von Most u. Wein an organ. nichtflüchtigen Säuren sowie deren Umwandlungen beim Gärungsprozeß zu bestimmen, benutzt Vf. die Papierchromatographie. Zur Entfernung von Farb- u. Gerbstoffen sowie flüchtigen Säuren wird der Most oder Wein mit Aktivkohle behandelt u. schließlich eingedampft. Nach Ansäuern des Rückstandes wird mit Ae. 90 Std. extrahiert. Die im Extrakt enthaltenen Säuren werden mit W. aufgenommen u. chromatographiert. Identifiziert werden *Oxalsäure* (**I**), *Weinsäure* (**II**), *Citronensäure* (**III**), *Äpfelsäure* (**IV**), *Bernsteinsäure* (**V**), *Fumarsäure* (**VI**). Zur quantitativen Best. werden die Flecken ausgeschnitten u. mit W. extrahiert; die Säuren werden dann wie folgt bestimmt: **II** durch Titration mit 0,01 n Lauge, **III** durch Ermittlung des bei der Oxydation mit HBr u. $KMnO_4$ entstehenden Pentabromacetons, **IV** durch Best. der Fluorescenz mit Orcin oder β-Naphthol, **V** mittels Succinoxydase u. **I** ebenfalls biol. (nicht näher beschrieben). Der untersuchte Most enthält folgende Mengen (in g/Liter): **II** 6,35; **IV** 1,50; **V** —; **III** 0,23; **I** 0,085. Nach Vergärung werden gefunden: **II** 5,85; **IV** 1,10; **V** 0,75; **III** 0,35; **I** 0,087. Bei der Gärung entsteht aus **IV** über Brenztraubensäure **III**, was experimentell nachgewiesen wird. (Виноделие и Виноградарство СССР [Weinbereit. Weinbau UdSSR] **12.** Nr. 8. 8—11. Aug. 1952. Transkaukas. Zweigstelle des Inst. „Magaratsch".) WITTWER. 7606

Overly Biochemical Research Foundation, Inc., übert. von: **James S. Wallerstein** und **Ralph T. Alba**, New York, N. Y., V. St. A. *Schaumverhütung bei biochemischen Prozessen mittels Hefen* oder anderen Mikroorganismen durch enzymat. Abbau eines großen Teiles der Eiweißstoffe zu Polypeptiden mit Hilfe von trypt. Pankreasenzymen vor dem Anstellen mit den entsprechenden Kulturen in schwach alkal. Medium u. unter Verwendung von Toluol als Antiseptikum. (**A. P. 2 572 823** vom 28/9. 1944, ausg. 23/10. 1951.) KETTNER. 7507

Monsanto Chemical Co., St. Louis, Mo., V. St. A., *Mittel zur Bekämpfung oder Verhinderung der Schaumbildung* beim Züchten von Hefen, Schimmelpilzen oder anderen Gärerregern, bestehend aus einem Kondensationsprod. aus 0,75—6 (Mol) Äthylenoxyd mit 1 Abietinsäure. (**E. P. 700 557** vom 23/2. 1951, ausg. 2/12. 1953. A. Prior. 14/7. 1950.) KETTNER. 7507

Borys Korotkyj, Neustadt/Weinstraße, *Abscheidung der weinsauren Salze aus Weinhefegeläger* in fl. oder aufgeschlämmter Form, dad. gek., daß die Weinhefe durch ein bewegtes Sieb hindurchgeführt wird, bei welchem die Siebmaschen im allg. eine unter der Größe der Kristalle, deren Zurückhaltung erwünscht ist, liegende Weite haben. (**D. B. P. 911 126** Kl. 6c vom 3/8. 1951, ausg. 10/5. 1954. Anmeldung bekanntgemacht 1/10. 1953.) KETTNER. 7507

C. F. Boehringer & Söhne G. m. b. H., Mannheim, *Gewinnung proteolytischer und amylolytischer Enzyme* durch Züchten von Schimmelpilzen, wobei das Nährsubstrat einen Zusatz von Fischeiweiß oder dessen Abbauprodd. in Ggw. eines aktivierenden Mittels erhält. (**E. P. 700 876** vom 29/5. 1951, ausg. 9/12. 1953. D. Priorr. 9/6., 15/6. u. 17/6. 1949.) KETTNER. 7509

James Charlton, Parkwood, Johannesburg, Südafrika, *Reinigung und Verwertung von Melasseschlempe* aus der Alkoholgewinnung. Die Schlempe wird von festen Bestandteilen befreit u. mit Torula- oder Moniliaarten, die eine starke Vermehrungsfähigkeit aufweisen u. die Pentosen u. Pentosane wie auch Essig- u. Milchsäure u. ihre Salze zu assimilieren vermögen, unter Belüftung u. unter Zugabe von anorgan. Nährsalzen verheft, die die NH_4-Gruppe in ausreichender Menge enthalten, um die Formoltitration unter 0,5 zu halten. Nach dem Verbrauch der gesamten N-haltigen, organ. Nährstoffe wird die gereinigte Fl. von der Futterhefe abgetrennt. (**A. P. 2 572 447** vom 7/5. 1947, ausg. 23/10. 1951.) KETTNER. 7537

Aktiebolaget Stockholms Bryggerier, Stockholm, Schweden, *Hopfenextraktion bei der Bierbereitung*. Zur Gewinnung der schwerlösl. β-Bittersäure (Bugulon) wird der nach der Extraktion der in W. lösl. α-Bittersäure (Humulon) verbleibende Hopfentreber in einer wss. alkal. Lsg. vom p_H 9—11 (mittels NaOH u./oder Na_2CO_3) suspendiert u. zur Überführung der β-Bittersäure in Weichharz oxydiert (Luft, O_2, H_2O_2) in Ggw. eines anorgan. Katalysators (Oxyd oder Hydroxyd von Cu, Fe, Mn, Cr, Co oder Ni), wonach die Extraktlsg. von den Feststoffen abgetrennt u. der Bierwürze zugesetzt wird. (**E. P. 701 177** vom 20/8. 1951, ausg. 16/12. 1953. Schwed. Prior. 15/12. 1950.) KETTNER. 7551

Václav Salác und **Československé Pivovary, Lihovary a Konservárny**, Prag, Tschechoslowakei, *Hopfenextraktion bei der Bierbereitung*. Zur katalyt. Isomerisation des Humulons wird der Hopfen mit W. oder schwachen Würzen bei n. oder Überdruck (10 atü) gekocht unter Einstellung des p_H, z. B. mit Soda, auf 6,2—7,5, u. anschließend wird nochmals entweder mit dem Hopfen oder nach dessen Abtrennung 10—120 Min. gekocht. Der so gewonnene Hopfenextrakt wird dann mit den Hopfentrebern der Würze beigegeben. (**E. P. 703 648** vom 16/5. 1951, ausg. 10/2. 1954.) KETTNER. 7551

Heinrich Frings K. G., Bonn/Rh., *Oxydative Vergärung von Alkoholen* unter Belüftung, dad. gek., daß die Luft vor Eintritt in den Fesselgärraum durch einen vorgeschalteten, Gärsubstrat enthaltenden Raum geleitet wird. (**Schwz. P. 290 278** vom 27/7. 1951, ausg. 1/8. 1953. Holl. Prior. 18/8. 1950.) KETTNER. 7579

Rudolf Dickscheit, Leitfaden für den Brauer und Mälzer. Leipzig, Fachbuchverl. 1953. (VI + 182 S. m. 65 Bildern) DM 6,50.

Ribereau-Gayon et Peynaud, Conseils pratiques pour la préparation et la conservation des vins. Paris: Ch. Béranger. (132 S.) fr. 400,—.

XVI. Nahrungs-, Genuß- und Futtermittel.

E. Fritsch, *Die Mürbung des Getreidekornes und ihre statischen Grundlagen.* (Müllerei 6. Nr. 43, wiss. Müllerei **1953.** 73—80. 24/10.) HAEVECKER. 7670

H. O. Askew, R. J. Monk, Joyce Hodgson und **G. Ward,** *Biochemische und physikalische Änderungen im Tabakblatt während des Heizkammerprozesses.* Während der Heizkammerbehandlung von Tabakblättern kommt es durch Veratmung zu einem Verlust an Trockensubstanz, daneben zu einer beträchtlichen Herabsetzung des Wassergeh. der Blätter. Bei den Kohlenhydraten tritt bei annähernd gleichen *Saccharose*-Werten (2—3½%) ein starker Abbau von *Stärke* (von ca. 30 auf 5—10%) zugunsten einer wesentlichen Erhöhung der reduzierenden Zucker (von ca. 8 auf 20%), bes. der *Glucose* (von 7 auf 15%) auf. Im Geh. an Gesamt-N treten keine Veränderungen auf, dagegen nimmt der Protein-N in einem Vers. um 25%, im 2. um fast 50% ab, es tritt also eine weitgehende Proteinhydrolyse auf. Von den untersuchten organ. Säuren zeigte Äpfelsäure im Verlauf der Behandlung große Schwankungen, während Citronen- u. Oxalsäure gleich blieben. Bei Asche, p_H-Wert, Nicotin-N, S u. P waren im Verlauf des Prozesses keine wesentlichen Veränderungen zu beobachten. (New Zealand J. Sci. Technol., Sect. B **35.** 344—63. Jan. 1954. Nelson, Cawthron Inst.) KRUSEN. 7734

K. Kalmykow, *Molke als Mittel gegen das Rotwerden der Därme.* Beim Aufbewahren rot gewordene Därme werden in Tonnen gelegt, mit Molke (35—38°) übergossen u. anschließend im Trockenraum bei über 30° für 24—72 Std. stehengelassen, wodurch die Erreger abgetötet werden. Die Molke wirkt gleichzeitig vorbeugend, denn selbst 7 Monate nachher wiesen die so behandelten Därme keine Rötung auf. (Мясная Индустия СССР [Fleisch-Ind. UdSSR] **24.** Nr. 1. 35—36. Jan./Febr. 1953. Charkow, Veterinär-Inst.) RENTZ. 7750

R. Grau und **K. Coretti,** *Versuche mit dem Konservierungsmittel Hydrin.* Verss. mit *Hydrin* (78,91% NaCl, 16,74% Benzoesäure (**I**), 4,13% Na-Benzoat, 0,64% W.) an Dosenwürstchen ergaben, daß 2 Std. nach dem Eindosen u. Kochen bereits durchschnittlich 24,4% der zugesetzten **I** im Wurstbrät nachweisbar waren. Nach 1 Tag waren es 41,8%, nach 3 Tagen 44,0% u. nach 7 Tagen 43,29%. Dieses für **I** beobachtete allmähliche Einstellen eines Gleichgewichtes konnte auch hinsichtlich NaCl-Geh. u. p_H-Wert festgestellt werden. In prakt. Verss. u. Unterss. mit Reinkulturen von Fleischfäulniserregern konnte jedoch gezeigt werden, daß das Mittel in der vorgeschriebenen Konz. (0,5%) eine nur geringe wachstumshemmende Wrkg. besitzt. Höhere Konzz. haben zwar konservierenden Effekt, jedoch sind derartig behandelte Dosenwürstchen nicht mehr genießbar. (Fleischwirtschaft **5.** 305—06. 336—37. Nov./Dez. 1953. Kulmbach, Bundesforschungsanst. für Fleischwirtschaft.) KRUSEN. 7750

D. Ch. Ssattarow, *Die Zusammensetzung der Milch bei Verfütterung der Grünmasse von Wicke und Hafer.* Fütterung mit grüner Wicke wirkte sich auf Menge u. Zus. der Milch günstiger aus als Fütterung mit grünem Hafer. (Животноводство [Tierzucht] **1953.** Nr. 2. 106—07. Juli.) SCHMEISS. 7756

K. W. Markowa, A. D. Altman und **W. Je. Kortschunow,** *Der Einfluß von Grünbeifutter auf die Eigenschaften der Milch.* Durch Verss. wird festgestellt, daß die Beifütterung von Grüngemengen den Fett- u. Eiweißgeh. der Milch erhöht, bes. die Beifütterung von Wickhafer. (Животноводство [Tierzucht] **1953.** Nr. 2. 101—05. Juli.) SCHMEISS. 7756

O. W. Kaufmann und **R. H. Andrews,** *Die Abtötungsrate von psychrophilen Bakterien in Magermilch.* Obwohl die Zahl von Psychrophilen (P.) in roher Milch durch Pasteurisation von 10000 bis 30 Mill./ml auf weniger als 10/ml vermindert wird, tritt doch bei länger als 7 Tage bei 47° F gelagerter Milch durch P. verursachter Verderb auf. Die Z-Werte (aus graph. Darst. des Logarithmus der Abtötung gegen entsprechende Temp. ermittelte Neigung der Abtötungskurve) betrugen für 2 Kulturen 6,7 u. 14,3. Die für 99,999999%ig. Abtötung in Magermilch erforderlichen Zeiten für diese beiden Kulturen betrugen in Sek. bei 121—122,4° F 720 u. 693, bei 118,6° F 1354 u. 1035 u. bei 114,2° F 5868 u. 2230. (J. Dairy Sci. **37.** 317—27. März 1954. Urbana, Ill., Univ. of Illinois, Dep. of Food Technol.) KRUSEN. 7756

M. Kasanski, *Über Wesen und Mechanismus der Butterbildung.* Allgem. Ausführungen. (Молочная Промышленность [Milch-Ind.]] **14.** Nr. 1. 19—26. Jan. 1953. Lett. Landwirtsch. Akad.) SCHMEISS. 7758

Sch. W. Alekssanjan, *Änderungen im Gehalt an Phosphor und Calcium in den Gräsern des Naturschutzgebietes der jungfräulichen Steppe.* Unterss. zeigten, daß sich der Geh. an *CaO* u. P_2O_5 in den Gräsern zum Herbst stark vermindert, so daß er nicht ausreicht, den Bedarf der Tiere (Rindvieh) an diesen Stoffen zu decken. Dies ist die Ursache des schlechten Wachstums der Tiere u. mancher ihrer Erkrankungen. (Кормовая База [Futtermittel-Versorg.] **4.** Nr. 5. 22—25. Mai 1953. Allunions Wiss. Forschungsinst. für Hybridisat. u. Aklimatisier. der Tiere „Askenia Nowa".) M. GORDIENKO. 7782

R. Grau, *Über die Konsistenzmessung bei Fleisch.* Vf. beschreibt eine Reihe von App. zur Fleischkonsistenzmessung u. weist auf die Problematik derartiger Messungen hin. (Fleischwirtschaft **5.** 301—03. Nov. 1953. Kulmbach, Bundesforschungsanst. für Fleischwirtschaft.) KRUSEN. 7850

M. Snigur, *Eine refraktometrische Methode zur Bestimmung des Zuckergehaltes in Eis.* Man erhitzt 10 g Speiseeis (I) mit 1 cm^3 4%ig. $CaCl_2$-Lsg. u. 10 cm^3 dest. W. 8—10 Min. im sd. Wasserbad, kühlt auf 20°, filtriert u. bestimmt den Brechungsindex des wss. Anteils. Da die Relation zwischen n^{20} u. dem Saccharosegeh. etwas unterschiedlich ist, muß für jede der verschied. I-Sorten eine besondere Tabelle zur Berechnung benutzt werden. (Молочная Промышленность [Milch-Ind.] **14.** Nr. 1. 23—25. Jan. 1953.) SCHMEISS. 7856

W. M. Sserenjew, *Schnellmethode zur Bestimmung der Ammoniakmenge in der Silomasse unter Betriebsbedingungen.* Das Verf. beruht darauf, daß beim Durchblasen von Luft durch Lsgg. mit verschied. NH_3 (I)-Geh. die Luftvoll. für die Entfernung gleicher I-Mengen den I-Konzz. umgekehrt proportional sind. Prakt. wird so verfahren, daß 20 cm^3 Silomasse mit 80 cm^3 W. geschüttelt werden. 25 cm^3 Fl. werden mit 1 cm^3 gesätt. K_2CO_3-Lsg. (in Amylalkohol) versetzt u. Luft wird durchgeblasen, deren Vol. gemessen wird. Die Luft geht weiter durch 5 cm^3 0,002 n H_2SO_4-Lsg. + Indicator (Methylenblau + CH_3OH). Aus dem Luftvol. bis zur Grünfärbung ergibt sich der I-Geh. in der Silomasse. (Советская Зоотехния [Sowjet. Tierhaltung] **7.** Nr. 12. 76—80. Dez. 1952.) v. WILPERT. 7866

Roy Paul Robichaux, Chicago, Ill., V. St. A., *Einstellung der Wasserstoffionenkonzentration von flüssigen Lebensmitteln,* wie Milch, Fruchtsäften, Bier oder dgl. während der Vakuumbehandlung. Man nimmt die Korrektur des p_H-Wertes durch gegebenenfalls kontinuierliche Einführung des p_H-korrigierenden Mediums während der Vakuumbehandlung vor. — Vorrichtung. (**E. P. 692 568** vom 10/2. 1949, ausg. 10/6. 1953. A. Prior. 22/12. 1949.) MAASS. 7635

DEHYDAG Deutsche Hydrierwerke G. m. b. H., Düsseldorf (Erfinder: **Winfried Hentrich,** Riehen, Basel, Schweiz, und **Erik Schirm,** Cubatao, São Paulo, Brasilien), *Cyclische Arylensulfocarbonimide* erhält man gemäß D. B. P. 910 780, wobei man als Ausgangsmaterial Ester aus niedermol. aliphat. Alkoholen u. substituierten Benzoesäuren verwendet, die in p-Stellung die Gruppierung —SR tragen, wobei R den Rest —CN, —C(:O)R', —COOR', —COSR', —C(:S)OR', CSSR', —C(:S)NH_2, —C(:NH)NH_2, —C(:NOH)NH_2 oder —C(:N—NH_2)NH_2 u. R' einen KW-stoffrest bedeuten. — Man suspendiert z. B. o-Rhodanbenzoesäuremethylester, S-Acetyl-o-mercaptobenzoesäuremethylester oder Äthylxanthogen-2-carboxy-S-phenylester in o-Dichlorbenzol, läßt bei 0—5° Cl_2 einwirken u. setzt das erhaltene o-Sulfochlorid mit 12%ig. NH_4OH zu *Saccharin* um, das in ca. 90%ig. Ausbeute erhalten wird. (**D. B. P. 913 417** Kl. 12o vom 30/9. 1943, ausg. 14/6. 1954. Anmeldung bekanntgemacht 22/10. 1953. **Zusatz zu D. B. P. 910 780; C. 1954. 6613.**) BRÖSAMLE. 7713

United States of America, übert. von: **Byron H. Webb,** Kensington, Md., und **George P. Walton,** Washington, D. C., V. St. A. *Honig-Milchtrockenprodukt.* Eine Mischung von Trockenmilch oder Trockenmolke wird bei ca. 70° F bis zur Bldg. von Lactose- u. Dextrosekristallen behandelt, auf unter 10% Wassergeh. getrocknet u. pulverisiert. (**A. P. 2 621 128** vom 21/4. 1950, ausg. 9/12. 1952.) KRANZ. 7757

XVII. Fette. Seifen. Wasch- u. Reinigungsmittel. Wachse. Bohnermassen usw.

M. M. Piskur, *Jährlicher Literaturüberblick über Fette, Öle und Seifen.* 2. Mitt. *Bericht des Literaturausschusses.* (1. vgl. C. **1954.** 5197.) Behandelt werden die Kapitel: Physiologie u. Biochemie der Fette, Öle u. Lipoide; Charakteristika u. Zus. von Ölsaaten, tier. Fetten, Fettzubereitungen (Tabelle über Kennzahlen neu untersuchter Prodd.); Reinigungsmittel mit Angaben der Patente. (J. Amer. Oil Chemists' Soc. **30.** 228—46. Juni 1953. Chicago, Ill., Swift and Comp.) TÄUFEL. 7870

D. A. A. Mossel und **F. D. Tollenaar,** *Ernährung und Nahrungsmittel.* 13. Mitt. Übersicht über Zus., Herst., Verderb u. Nährwert von Margarine. — 20 Literaturangaben. (Voeding **13.** 108—12. 15/3. 1952. Utrecht, Centr. Inst. voor Voedingsonderzoek, T. N. O.) WESLY. 7900

J. P. Bolanowski und **D. D. Lineberry,** *Besondere Probleme der Wärmeübertragung in der Nahrungsmittelindustrie.* An Hand eines Querschnittes wird ein Wärmeaustauscher für die Nahrungsmittelindustrie beschrieben, in dem als Übertragungsmedium W., Dampf, Ammoniak u. Salzsole verwendet werden. Konstruktionsmaterial ist, je nach besonderen Erfordernissen, Fe, Ni, oder rostfreier Stahl. Die Rotationsgeschwindigkeit des Umwälzers richtet sich nach den Strömungseigg. des zu verarbeitenden Produkts. Ferner wird über ein 3-Zylinder-Syst. berichtet, das mit Dampf erhitzt u. mit W. u. abschließend mit Ammoniak kühlt. Die Anwendung bei der Herst. von *Schweineschmalz, Backfett* u. *Margarine* sowie zur Konservierung durch kurze Erhitzung auf 280—290° F wird ausführlich besprochen. (Ind. Engng. Chem. **44.** 657—60. März 1952. Louisville, Ky., Girdler Corp., Votator Div.) FREYTAG. 7900

A. P. Antykow, *Die Verwendung von Cellulosecarboxydextrinen in der Seifensiederei.* Durch oxydativen, alkal.-sauren Abbau von ligninfreier Cellulose erhaltene *Cellulosecarboxydextrine* (Gemische verschied. Prodd.) können in der Seifensiederei 10—30% der Fette ersetzen, wobei sich 8—20% an Alkali einsparen läßt. Solche Cellulosedextrinseifen übertreffen in der Schaumbldg. u. in der Güte reine Fettseifen. (Журнал Прикладной Химии [J. angew. Chem.] **26.** 848—53. Aug. 1953.) ULMANN. 7910

H. Holtermann, *Erfahrungen mit Rei als hautschonendes Waschmittel in der Dermatologie.* Bericht über klin. u. experimentelle Unterss. mit dem synthet. Feinwaschmittel *Rei* (REI-CHEMIE, Boppard), einer Kombination von höhermol. Fettsäuren + Alkoholen + Sulfonaten mit schwachsaurem p_H u. hautschonender Wirkung. (Z. Haut- u. Geschlechtskrankh. **16.** 248—52. 15/4. 1954. Bonn/Rh.) DOSSMANN. 7912

McCordall, *Hilfsmittel in der chemischen Reinigung.* Kurze prakt. Hinweise, in deren Verlauf Angaben über die Konz. der verwendeten Seifenlsgg. gemacht werden. Ferner wird die Prüfung von Chemischreinigungsseifen behandelt u. über die Auswertung der Ergebnisse wird diskutiert. (Färber-Ztg. **7.** 100. Mai 1954.) P. ECKERT. 7912

Erkki Peltola und **Yrjö Mälkki,** *Bericht über die Prüfung des Reinigungsmittels „Säästö".* Das fl. Reinigungsmittel *Säästö*, Hersteller OY. TEKNO-PRIMA, Helsinki, wurde in der Verdünnung 1 : 1000 geprüft. p_H 11,8. Die Oberflächenspannung des W. wird nicht erniedrigt. Al u. Sn werden angegriffen. Die Basizität der unverd. Lsg., das Emulgiervermögen u. die Waschwrkg. entsprechen einer Lsg. von 317 g NaOH-Liter. (Karjantoute **36.** 543—44. 2/10. 1953. Jokioinen, Finnland.) BECKMANN. 7912

Giuseppe Bigoni, *Feuchtigkeitsbestimmung. Vergleich der verschiedenen Analysenmethoden.* Vergleichende Verss. zeigten, daß vor allem bei stark trocknenden Ölen u. Fetten mit niederen, flüchtigen Fettsäuren die Meth. der Dest. mit Xylol die zuverlässigsten Werte gibt. (Olii minerali, Grassi Saponi, Colori Vernici **27.** 38—39. März 1950.) GRIMME. 7932

H. V. Claborn und **Herman F. Beckman,** *Bestimmung von 1.1.1.-Trichlor-2.2-bis-(p-methoxyphenyl)-äthan in Milch und Fettstoffen.* Aus dem in n-Hexan gelösten Fett wird Methoxychlor (I) durch Extraktion mit Nitromethan (II) abgetrennt. Nach dem Abdest. des II wird I durch rauchende HNO_3 bei 100° nitriert u. die blaue Farb-Rk. des Nitrierungsprod. mit Na-Methylat zur colorimetr. Best. von I benutzt. DDT u. TDE in kleinen Mengen stören nicht. (Analytic. Chem. **24.** 220—22. Jan. 1952.) FREYTAG. 7932

Märkische Seifen-Industrie, Witten, *Herstellung von zur Ernährung geeigneten synthetischen Fetten durch Oxydation von Kohlenwasserstoffen zu Fettsäuren und Veresterung dieser mit Glycerin.* Man verwendet als zu oxydierende KW-stoffe die bei der Hydrierung von CO anfallenden paraffinartigen Erzeugnisse. (**D. R. P. 767 825** Kl. 53h vom 6/6. 1936, ausg. 26/10. 1953.) MAASS. 7901

Standard Oil Development Co., übert. von: **Egi V. Fasce,** Baton Rouge, La., V. St. A., *Synthese von Fettsäuren.* Durch Hydrieren von CO gewonnene KW-stoffgemische werden nach saurer u. alkal. Wäsche in der fl. Phase mit Luft bei 0—200°, bes. 124°, in Ggw. von Co-Oleat 1—7 Std. oxydiert. — Diagramm. (**A. P. 2 553 364** vom 24/6. 1948, ausg. 15/5. 1951.) LÜTTGEN. 7909

Nuodex Products Co., Inc., Elizabeth, N. J., V. St. A., *Öllösliche Metallseifen* erhält man durch Umsetzen einer Carbonsäure, die öllösl. n. Metallseifen bildet, mit feinverteilten Metallen in Ggw. von W. u. eines Lösungsm. bei über 38°, zweckmäßig in Ggw. von Luft. — Aus Naphthensäure u. feingepulvertem Co in Lackbenzin u. W. entsteht bei 90,6° unter Durchleiten von Luft *Co-Naphthenat. — Co-Tallat, -2-Äthylhexoat. — Mn-2-Äthylhexoat, -Tallat, -Nonanoat, -Naphthenat. — Cu-Oleat, -Naph-*

thenat, -Tallat. — *Fe-Naphthenat, -Tallat,* sowie die entsprechenden *Zn-* u. *Pb-Salze. Trockenstoffe,* bes. für *Druckfarben* u. *Lacke,* u. Stabilisierungsmittel für plast. Stoffe, bes. Vinylpolymerisate, *Cu-Seifen* für *Schädlingsbekämpfung* u. *Holzimprägnierung.* (**D. B. P. 883 606** Kl. 12o vom 23/11. 1951, ausg. 20/7. 1953.) Krauss. 7911

Böhme Fettchemie G. m. b. H., Düsseldorf (Erfinder: **Kurt Burgdorf,** Offenbach), *Herstellung von Ätheralkoholen* der allg. Formel $(RO)_x \cdot$ Alk.$(OH)_y$, dad. gek., daß man Alkalialkoholate oder Alkaliphenolate mit Verbb. Hlg_xAlk.$(COOR')_y$ umsetzt u. das Prod. mit katalyt. erregtem H_2 red., wobei in den Formeln R einen aliphat., hydroaromat. oder cycloaliphat. Rest, Alk. einen mehrwertigen aliphat. Rest, Hlg. Halogen, R' einen Alkylrest, Alkalimetall oder H u. x u. y ganze Zahlen, vorzugsweise von 1—6, bedeuten. In der 1. Stufe kann man auch KW-stoffhalogenide mit Verbb. $(NaO)_x \cdot$ Alk.$(COOR')_y$ umsetzen. — Man erhält aus dem Butoxyessigsäurebutylester den *Butoxyäthylalkohol,* $Kp._7$ 54—58°; der Äthylester der Methylisooctylphenoxyessigsäure ergibt den *Monomethylisooctylcyclohexyläther des Äthylenglykols*; der Butylester der Kresoxyessigsäure ergibt den *Methylcyclohexyloxyäthylalkohol.* Die Decylbutoxyessigsäure liefert den *Monobutyläther des Decyläthylenglykols.* Es werden ferner hergestellt: der *Isopropyläther des Hexyldodecamethylenglykols*; der *Glycerin-β-dodecyläther* u. der *Hexitdodecyläther.* Verwendung als *Zusätze zu Wasch- u. Netzmitteln.* (**D. B. P. 897 244** Kl. 12o vom 24/2. 1938, ausg. 19/11. 1953.) G. König. 7913

Joseph Clodi und Paul Weimelinger, *Reinigungsmittel,* bestehend aus Talg, NaOH, Öl (vorzugsweise Pflanzenöl), Terpentin u. W. u. hat. z. B. die Zus.: 6 (%) Talg, 4 NaOH, 4,5 Öl, 0,5 Terpentin u. 85 Wasser. Man kann das Prod. eindampfen, bis es pastenartige Konsistenz angenommen hat, u. mit anderen Substanzen, z. B. Riechstoffen, versetzen. (**F. P. 1 032 552** vom 16/12. 1949, ausg. 2/7. 1953.) Oppermann. 7917

Colgate-Palmolive-Peet Co., V. St. A. (Erfinder: **Peter T. Vitale**), *Reinigungsmittelkompositionen,* welche empfindliche Metalle wie Al, Fe, Ag nicht angreifen. Man mischt in feuchtem Zustande gut durch wenigstens ein in W. lösl. anionakt. Wasch- oder Reinigungsmittel (wenigstens 10%), welches ein Sulfat oder Sulfonat mit acylierten aliphat. oder alkylierten Acylgruppen darstellt, mit je einem in W. lösl. Alkalitripolyphosphat (wenigstens 20%) $M_5P_3O_{10}$ u. -silicat (1—10%) u. trocknet in der Hitze. Die acylierten aliphat. Sulfonate (mit vorzugsweise 8—22 C-Atomen) können vom Typ der unvollständig mit höheren Fettsäuren veresterten Polyalkohole (wie z. B. der Monoglyceride der Cocosölfettsäure) sein. Die alkylierten Arylsulfonate können ein- oder mehrkernig sein, auch OH-Gruppen haben (z. B. vom Typ Toluol, Phenol, Kresol, Naphthalin, Phenanthren usw.). Man stellt z. B. einen Brei aus ca. 35% festen waschakt. Bestandteilen her, die 90,5% Na-Salze von alkylierten Benzolsulfonaten enthalten, u. versetzt 64 (Teile) des Breies mit 6 NaCl, 23 $Na_5P_3O_{10}$ u. kleinen Mengen Carboxymethylcellulose u. stellt den p_H-Wert mit einer 40%ig. Lsg. von Na-Silicat u. NaOH schließlich auf 9,4 ein. Die Komposition enthält ca. 34% waschakt. Substanzen, ca. 38% $Na_5P_3O_{10}$ u. ca. 3% Na-Silicat, auf die festen Bestandteile bezogen. Beim Trocknen werden 40% Feuchtigkeit abgegeben. Bei den zur Anwendung gelangenden Silicaten (z. B. 3 $Na_2O \cdot 2\ SiO_2 \cdot 11\ H_2O$, $Na_2SiO_3 \cdot 5\ H_2O$, $Na_2O \cdot 2{,}1\ SiO_2$, $Na_2O \cdot 2{,}5\ SiO_2$, $Na_2O \cdot 3\ SiO_2$, $Na_2O \cdot 3{,}3\ SiO_2$, $K_2O \cdot 3\ SiO_2$, $Na_2O \cdot 3{,}9\ SiO_2$) soll das Verhältnis von Si zu Alkalioxyd wie 2 : 1 bis 4 : 1 sein. (**F. P. 1 029 698** vom 7/12. 1950, ausg. 4/6. 1953. A. Prior. 24/12. 1949.) Riepe. 7917

Siemens-Schuckertwerke Akt.-Ges., Berlin und Erlangen (Erfinder: **Karl-Heinz Gnade,** Schwabach), *Erhöhung des Tropfpunktes von Wachsen, Kunstwachsen und wachsähnlichen Stoffen.* Man erhitzt diese, gegebenenfalls in Ggw. von Katalysatoren oder O_2, so lange, z. B. mehrere Wochen, auf 110—130°, über die zunächst eintretende Tropfpunkterniedrigung hinaus, bis die gewünschte Erhöhung erreicht ist. (**D. B. P. 905 188** Kl. 23a vom 19/11. 1944, ausg. 25/2. 1954.) Lüttgen. 7925

XVIIIa. Holz. Cellulose. Zellstoff. Papier. Papierdruck. Celluloid. Linoleum.

W. Howard Rapson, *Ein kontinuierliches Verfahren zur Herstellung von Chlordioxyd.* Bei dem Verf. läuft eine $NaClO_3$-Lsg. in einem Turm über eine keram. Packung dem aufsteigenden SO_2–Luft-Gemisch entgegen. Die H_2SO_4 zum Ansäuern der Lsg. bildet sich durch Oxydation des SO_2. Zur Ableitung der Reaktionswärme ist in dem Turm eine Pb-Kühlschlange angebracht. In einem 2. Turm wird das gebildete ClO_2 mit W. ausgewaschen u. in die Bleiche oder in Vorratstanks gepumpt. Die Ausbeute ist geringer als bei anderen Verff.; die Lsg. enthält noch HCl. Vorteilhaft sind die schnelle Inbetriebnahme u. die geringe Wartung der Anlage. Das Verf. ist bes. für die Papier-

u. Zellstoffindustrie von Interesse. (Pulp Paper Mag. Canada **55.** Nr. 5. 92—96. April 1954. Toronto, Univ.) H. BECKER. 7974

Günther Wittmann, *Das Problem der Flotation in der Papierindustrie und Flotationsmittel.* Der bisher zur Flotation der Abwässer verwendete Harz- u. Hautleim hat den Nachteil einer zu großen Abhängigkeit der Wrkg. vom p_H-Wert, von Zusätzen u. einer längeren Herstellung. Neuere synthet. Prodd., z. B. *Regaton FR*, sind nicht so abhängig u. stören auch nicht bei der Verwendung des flotierten Gutes. Die Verss. wurden in 1 Liter-Meßzylindern, in die das Abwasser u. Flotationsmittel gefüllt wurde, durchgeführt. Nach dem Umschütteln wurden die % Flotiertes nach 2, 5 u. 10 Min., seine Höhe in cm^3 u. die % Bodensatz bestimmt. (Svensk Papperstidn. **57.** 92—95. 15/2. 1954. Norrköping, Saltängens Teknika Fabriks AB.) H. BECKER. 7974

Giuseppe Caminiti, *Ein neues Rotationsfilter in der Papier- und Celluloseindustrie.* Es bestehen gewöhnlich 3 Arbeitsstufen, bei denen eine möglichst vollständige u. wirtschaftliche Trennung der festen Körper von der Fl. notwendig ist: a) am Anfang, wenn das verwandte W. durch Geh. u. Natur von Verunreinigungen für die Arbeitserfordernisse nicht geeignet ist, b) in der Mitte u. c) am Ende, um die Verunreinigung der öffentlichen Gewässer einzuschränken u. gleichzeitig so viel wie möglich von dem wertvollen Material wiederzugewinnen. Alle 3 Probleme werden von dem neuen Rotationsfilter gelöst. An Hand von Zeichungen u. Kurven wird die Arbeitsweise vom allg. u. theoret. Standpunkt erläutert unter besonderer Berücksichtigung der Faserwiedergewinnungs- u. Wasserfiltrationscharakteristiken. (Ind. Carta **7.** 11—16. Febr. 1953.) GROH. 7974

H. G. Cook und **J. N. Turner,** *Schleimkontrolle mit Phenylquecksilberacetat.* Phenyl-Hg-Acetat (I) hat bessere Wrkg. in Schockdosen als bei kontinuierlicher Zugabe. In 4—6 Std. fällt der Anteil an I auf einen gleichbleibend geringen Stand ab. Über 50% des I wird von den Fasern absorbiert, wobei gebleichte u. ungeleimte Fasern die geringste Absorption zeigen. Eine gute Wrkg. gegen Schleim soll auch mit I enthaltenden wasserbeständigen Anstrichen erzielt worden sein. Der chem. u. biol. Nachw. des I wird angegeben. (Proc. techn. Sect., Brit. Paper Board Makers' Assoc. (Inc.) **34.** 479—96. Dez. 1953.) H. BECKER. 7978

R. D. McCarron, *Mannogalaktanzusätze zu Papier.* Die Verwendung von *Mannogalaktan* (I) statt Stärke gibt bessere Festigkeitswerte. Die Herst. u. Verarbeitung der I-Lsg. wird beschrieben. (Pulp Paper Mag. Canada **55.** Nr. 3. 190—200. 1954. Morningtar Nicol Inc.) H. BECKER. 7978

Ludwig Ragossnig, *Die energetische Festigkeit von Natron-Säckepapieren.* 2. Mitt. (1. vgl. Österr. Papier-Ztg. **56.** [1950.] Nr. 11 u. 12.) Behandelt wird der dynam. Festigkeitswert. Die entsprechenden Berechnungsgrundlagen werden angeführt. (Österr. Papier-Ztg. **57.** Nr. 11. 11—13. Nov. Nr. 12. 11. Dez. **1951.** **58.** Nr. 1. 11. Jan. 1952. Betriebslabor. der Natronzellstoff- u. Papierfabrik Frantschach.) P. ECKERT. 7984

Gunnar Gavelin, *Einige Wirkungen von Gasen auf die Eigenschaften von Fasersuspensionen.* Die Anwesenheit von Luft im Kopfkasten hat einen verschlechternden Einfl. auf Blattbldg., Entwässerung, Porosität u. Bedruckbarkeit, so daß die Verwendung von entlüftetem W. oder die Entlüftung des Stoffes empfohlen wird. Die Meth. der Unters. u. der Messung der Entwässerungsgeschwindigkeit werden beschrieben. (Pulp Paper Mag. Canada **55.** Nr. 3. 191—200. 1954. Northeastern Paper Prod. Ltd.) H. BECKER. 7984

H. D. Goeij, *Zum Problem des „Naß-in-Naß"-Drucks.* Vf. diskutiert den Druckvorgang bei Hoch-, Flach- u. Tiefdruck im einzelnen u. die Anwendung des Naß-in-Naß-Druckverf. (N.-i.-N.), d. h. Drucken verschied. Farben neben- oder übereinander ohne vorheriges Trocknen der vorhergedruckten Farben. Infolge der Erhabenheit der Druckelemente kommt beim Hochdruck beim Nebeneinanderdrucken die neue Farbe nicht mit der vorherigen in Berührung. Beim Aufeinanderdrucken preßt die neue Farbe die vorhergedruckte tiefer ins Papier, die obere Farbschicht besteht dann fast nur aus der neu gedruckten Farbe. N.-i.-N.-Druck ist daher bei farbaufsaugendem Papier (z. B. Rotationsdruck) gut. Beim Flachdruck kommt zwar die frisch auf das Papier gedruckte Farbe mit dem Gummizylinder in Berührung, doch ist einerseits dank der rauhen Textur des Flachdruckpapiers der größte Teil der Farbe ins Papier gedrungen u. nur ein kleiner Teil auf ihm, der an das Gummituch abgegeben werden könnte. Da dies aber von dem farbfreien Teil der Flachdruckplatte mit W. befeuchtet wurde, nimmt es die Farbe des vorherigen Druckvorgangs nicht an. Beim Übereinanderdrucken gilt dasselbe wie beim Hochdruck. Das N.-i.-N.-Verf. ist daher auch hier anwendbar. Beim Tiefdruck dagegen kommt die beträchtliche Menge auf dem Papier liegender dünnfl. Farbe mit der folgenden Druckform in Berührung, geht etwa zu ca. $^1/_3$ auf sie über

u. verunreinigt sie. Beim Übereinanderdrucken bleibt dann zuviel der nachfolgenden Farbe im Rasternäpfchen u. vermischt sich längs der Rasterlinien mit der eingedrungenen ersteren Farbe. Daher ist N.-i.-N.-Druck zur Zeit für Tiefdruck wenig geeignet, während bes. Zweifarbendrucke bei Hoch- u. Flachdruck gut ausführbar sind. (Polygraph **3.** 797. 20/11. 1950. Graphisches Lehren und Lernen 11/22.) DU MONT. 7988

B. L. Browning und **L. O. Sell,** *Die Veresterung von Kohlehydraten mit Ameisensäure.* Es wird eine modifizierte Meth. zur Best. der Zugänglichkeit der Hydroxylgruppen in Cellulose durch Veresterung mit Ameisensäure (**I**) beschrieben, wobei das gebildete W. nach KARL FISCHER titriert wird. Verestert wurden Sucrose (23°, 16 Std. oder 51°, 2 Std.), Baumwolle u. Stärke (51°, 18 Std.). Die Veresterung mit **I** ging weiter als bisher beschrieben wurde u. steigt mit dem Verhältnis **I**: Substrat. Die sek. Hydroxyle werden offenbar auch verestert. Die Veresterung von Cellulose erreicht nur 35% der Stärkedaten. (Textile Res. J. **23.** 939—41. Dez. 1953. Appleton, Wis., Inst. Paper Chem.) ZAHN. 8006

Ss. P. Dsheljuk, *Über die Methoden der volumenometrischen Bestimmung von Sulfat in der Kochlauge.* Bei einem Vgl. der verschied. bekannten Bestimmungsmethoden empfiehlt Vf. die Phosphatmeth.; die Chromatmeth. ist ungenau; beim Titrieren mit Soda, das wohl das genaueste Verf. ist, wird zu viel Alkohol benötigt. (Бумажная Промышленность [Papier-Ind.] **28.** Nr. 10. 21—23. Okt. 1953. Neu-Ljalinsk, Cellulose-Papier-Kombinat.) ULMANN. 8006

Bengt Lindberg und **Olof Theander,** *Quantitative Bestimmung der Carbonylgruppen in Oxycellulose mit Natrium–Borhydrid.* Zur Prüfung der Meth. wurden Linters mit HJO_4 (**I**) oxydiert u. aus dem **I**-Verbrauch die Carbonyl (**II**)-Gruppen bestimmt. Mit Na-Borhydrid (**III**) wurden um 3—8% geringere Werte erhalten, was auf Überoxydation oder einen ursprünglichen **II**-Geh. der Linters zurückgeführt werden kann. Bei der Best. an Glucose, Cellobiose u. δ-Gluconlacton war der größte Fehler 1%. Herst. der Oxycellulose mit **I**: 100 mg Linters werden bei 25° mit 5 ml 0,125 mol. **I** in 10 ml W. mit Acetatpuffer bei p_H 4 1—90 Std. oxydiert u. abfiltriert. **II**-Best.: In einem 3fach unterteilten Gefäß wird die Mittelkammer mit ca. 150 mg Substanz u. 3 ml 0,1 mol H_3BO_4-Lsg. gefüllt. In eine Kammer kommen 1 ml 2nH_2SO_4, in die andere 3 ml 0,13 mol. **III** in 0,1 nNaOH. Nachdem das Gefäß an eine Gasbürette angeschlossen ist, läßt man die **III**-Lsg. in die Reaktionskammer fließen u. rührt mit einem Magnetrührer. Nach 2—3 Std. gibt man die H_2SO_4 zu u. wartet unter gelegentlichem Schütteln 30 Min.; einen Blindvers. läßt man unter gleichen Bedingungen parallel laufen u. bestimmt die Differenz H_2·1 mMol H_2 entspricht 1 mMol **II**. (Svensk Papperstidn. **57.** 83—85. 15/2. 1954. Stockholm, Kungl. Tekniska Högskolan, Organ.-kemiska Inst.) H. BECKER. 8008

Carl Breitenmoser, Flums, Schweiz, *Trocknen von Holz.* In einem geschlossenen Raum wird Trocknungsluft ohne Zufuhr von Frischluft u. ohne Abluft im geschlossenen Kreislauf auf ca. 80—100° erwärmt, durch einen Holzstapel getrieben u. zur Abgabe der dabei aus dem Holz aufgenommenen Feuchtigkeit auf ca. 60—80° abgekühlt, bis das Holz den gewünschten Trocknungsgrad erreicht hat. Die Trocknungsluft wird mittels Ventilatoren zum Aufheizen an Heizbatterien vorbeigeblasen u. an Kondenserbatterien vorbei angesogen. Beide Batterien werden mit Heiß- bzw. Kaltwasser gespeist. Risse im Holz werden vermieden. — Vorrichtung. (**Schwz. P. 289 448** vom 23/5. 1952, ausg. 1/7. 1953.) KARST. 7953

Victor Chemical Works, übert. von: **Willard H. Woodstock,** Lincolnshire, Crete, Ill., V. St. A., *C und P enthaltende Additionsverbindungen* gewinnt man bei der Rk. von Alkylenoxyden mit P_2O_5 oder P_2S_5, wobei das Verhältnis Alkylenoxyd : P_2O_5 oder P_2S_5 = 3—7 Mol : 1 Mol betragen soll. Die Rk. wird im nichtwss. Medium ausgeführt. Lösungs- oder Dispersionsmittel können angewendet werden. Temp. z. B. 60—70° bei n. Druck in Abwesenheit von Katalysatoren. Man erhält in W. lösl. Monomere; die Polymeren in W. wenig löslich. Man verwendet die Monomeren zum *Imprägnieren von Faserstoffen, wie Papier u. Holz,* erhitzt anschließend, um die Monomeren zu polymerisieren, u. erhält feuersichere Produkte. Bes. geeignet sind die neuen Additionsverbb. noch als Härtungsmittel für Filme auf Basis CH_2O-Harnstoff. (**A. P. 2 568 784** vom 18/7. 1950, ausg. 25/9. 1951.) G. KÖNIG. 7953

Rütgerswerke Akt.-Ges., Frankfurt/M. (Erfinder: **Wilhelm Krieg †,** Mannheim), *Imprägnieren von Buchenholz.* Saftfrisches Buchenholz oder anderes Holz ähnlichen Aufbaus oder solches mit einer Saftfeuchtigkeit von 90—40% wird vor der eigentlichen Imprägnierung mit öligen Tränkmitteln, wie Steinkohlenteeröl, z. B. nach dem Kesseldruckverf., im Tränkmittel mehrere Std. bei ca. 100° ohne Druck vorbehandelt. Holz mit einem Rohgewicht von > 1100 kg/m³ wird über den gesamten Querschnitt mit Teeröl gut durchimprägniert. (**D. B. P. 898 803** Kl. 38h vom 21/10. 1951, ausg. 3/12. 1953.) KARST. 7953

Dewa Produkte G. m. b. H., Deutschland, *Verwendung von Lignitobitumenton.* Man reinigt den Ton durch Flotation oder Dekantation, verseift mit Alkali, NH_3, Säuren, wie Naphthalinstearindisulfonsäure, u. bleicht oder färbt die M., die nun als solche oder nach Zusatz wss. Emulsionen von Fetten oder Ölen, Siliconen, Butylstearat, Palatinol, Trikresylphosphat zum *Imprägnieren* u. *Konservieren von Holz, Leder, Kunstleder, Linoleum* oder *Xylolith* dienen kann. Der Imprägniermischung können SiF_4, CH_2O oder Salicylsäurederivv. in geringen Mengen zugesetzt werden. — Der gereinigte Ton kann auch fein gemahlen u. mit Füllstoffen (Holzmehl, $BaSO_4$, Farbstoffe) gemischt u. bei 140—180° gepreßt werden, wobei auch zusätzlich Kondensationsmittel, wie CH_2O oder Glyoxal, u./oder Phenoplaste, Aminoplaste, polymere organ. Si-Verbb. zugesetzt werden können. (**F. PP. 1 005 929** u. **1 005 930** vom 17/10. 1947, ausg. 17/4. 1952.) PANKOW. 7953

Kurt Weichert, Marl (Kr. Recklinghausen), *Herstellung von weißem, gegen Radieren und Waschen widerstandsfähigem Papier* oder anderen Schreib- u. Zeichenflächen. Das Papier wird mit einem Gemisch aus W., einem Weichmacher, einem Weißpigment u. einem Bindemittel, bes. Wasserglas, präpariert u. getrocknet. (**D. B. P. 892 112** Kl. 55f vom 2/9. 1951, ausg. 5/10. 1953.) ZIERHOLD. 7987

Monsanto Chemical Co., St. Louis, Mo., übert. von: **Elwood P. Jackson**, Ludlow, Mass., V. St. A., *Modifizierte Melaminharze, besonders für die Papierimprägnierung.* 1 (Mol) Melamin u. 1—6 CH_2O werden in Ggw. von 0,5—2, bes. 1 Salicylsäure auf 40—80° erwärmt, bis eine klare Lsg. erreicht ist, worauf man auf 60—100° unter Rückfluß bei p_H 7—8 erhitzt. Das erhaltene Harz schm., ist in W. noch lösl. u. kann nach Aufbringen in oder auf Papier oder Textilgut durch Erhitzen auf 100—200° ausgehärtet werden. (**A. P. 2 608 546** vom 26/1. 1949, ausg. 26/8. 1952.) MÖLLERING. 7987

Mead Corp., übert. von: **Russell H. Savage**, Chillicothe, O., V. St. A., *Herstellung eines sich nicht rollenden, wasserfesten Mehrfachpapieres*, bes. für *Druckzwecke.* Eine Papierbahn wird mit einem gegen Wachs beständigen Stoff geleimt, einer feuchten Atmosphäre (z. B. durch Dämpfen) ausgesetzt, einseitig mit geschmolzenem mikrokrist. Wachs überzogen u. sofort unter den F. des Wachses gekühlt, wobei W. abgegeben wird. Die mit Wachs überzogene Seite wird unter besonderer Regelung der transversalen Druckes u. des Längszuges sowie des Wassergeh. auf die unbehandelte Seite eines Druckpapieres gepreßt, das auf der anderen Seite mit einer mineral. Streichmasse überzogen ist. Das Prod. ist kaum dicker als zweiseitig gestrichenes Druckpapier u. liegt ebenso flach. — Zeichnung. (**A. P. 2 636 838** vom 14/4. 1947, ausg. 28/4. 1953.) G. VOGEL. 7987

Hercules Powder Co., Wilmington, Del., übert. von: **Edwin J. Barber**, Newport, Del., V. St. A., *Druckpapier.* Verwendung der Dispersion eines Pigmentes in einem Bindemittel, bestehend aus dem wasserlösl. anorgan. Salz einer Carboxymethyloxyäthylcellulose als Überzugsmasse, die 5—15 (Gewichtsteile) Bindemittel auf 100 Pigment enthält. (**A. P. 2 640 791** vom 26/10. 1949, ausg. 2/6. 1953.) ZIERHOLD. 7987

Garlock Packing Co., Palmyra, übert. von: **Leander H. Hills**, Canandaigua, N. Y., V. St. A., *Wasserfestes Zellstoffmaterial*, bes. für *Schuheinlagen, Dichtungen* usw. Der Zellstoffmasse wird eine Dichromatlsg., bes. 0,2 (Teile) Alkalidichromat auf 100 Zellstoff, zugesetzt. Nach der Bahnbldg. wird mit Tierleim geleimt. — Zeichnung. (**A. P. 2 649 372** vom 6/1. 1950, ausg. 18/8. 1953.) G. VOGEL. 7987

Monsanto Chemical Co., St. Louis, Mo., V. St. A., übert. von: **George E. Niles**, *Herstellung eines stickstoffhaltigen wärmehärtbaren Harzes und damit hergestelltes naßfestes Papier.* 1 (Mol) Harnstoff wird in wss.-alkal. Lsg. mit 2—4 CH_2O (**I**) oder **I** in der Hitze entwickelnden Stoffen umgesetzt. Der Lsg. des Methylolharnstoffes (**II**) werden 0,05—0,5, z. B. 0,2, eines wasserlösl. Salzes einer Amino- oder Aminooxysulfosäure des Bzl. oder Naphthalins oder eine aliphat. Aminocarbon- oder -dicarbonsäure mit 1 bis 6 C-Atomen oder deren wasserlösl. Salze oder Additionsverbb. dieser Säuren bzw. Salze mit **I** zugesetzt. Die gebildete Lsg. wird ohne Änderung des Polymerisationsgrades des **II** auf 55—65% Trockenstoff eingedickt, angesäuert u. nach der Kondensation des **II** mit der Sulfo- bzw. Carbonsäure (bis zu einer Viscosität von 5—10 Poise nach GARDNER-HOLDT bei 60% Harztrockensubstanz) alkal. gemacht. Es werden bes. Glykokoll (**III**), Additionsverbb. von **III** oder Asparaginsäure mit **I**, Na-Salze von Sulfanilsäure, 8-Amino-1-naphthol-3.6-disulfo- oder 1-Naphthylamino-3.6.8-trisulfosäure verwendet. Zur Herst. naßfesten Papieres wird der Stoff mit obiger Harzlsg. (0,25—5, bes. 3%, Harz auf Zellstoff bezogen), Säure oder Alaun versetzt u. das Harz im fertigen Papier, z. B. 4 Std. bei 105°, ausgehärtet. (**E. P. 694 330** vom 18/10. 1950, ausg. 15/7. 1953. A. Prior. 29/10. 1949.) G. VOGEL. 7987

Strachan & Henshaw Ltd., Bristol, England (Erfinder: **Donald Charles Baker**), *Herstellung von Wachspapier.* Die Papierbahn wird vertikal zwischen 2 vorgeheizten Walzen, dann zwischen den Wachsauftragwalzen u. anschließend, um Hochglanz zu erreichen, durch eine Fl. (W., Kühlsole) hindurchgeführt. Durch die Vorwärmung der Bahn wird ein glatter Oberflächenüberzug erhalten, der nicht in die Bahn eindringt. — Vorr., Zeichnung. (**E. P. 698 947** vom 25/5. 1951, ausg. 28/10. 1953.) G. VOGEL. 7987

Hans August Geor gGrimm, Diessen/Ammersee, und **Ludwig Georg Adam Lang,** Schotten/Oberhessen, *Herstellung von Zigarettenpapier, Zigarrenumblättern* usw. Dem Stoff oder der Papierbahn werden, bis zu 25% des Trockengewichts, Harze, Wachse, Paraffin u. gegebenenfalls aromat. Stoffe, bes. flüchtige Öle, aus Tabakextrakten einverleibt, so daß das Prod. gegenüber trockenen Tabakblättern je die 2—4fache Menge der beiden Zusatzstoffe enthält. — Beispiel: 100 (kg) Zigarettenpapierstoff werden im Holländer mit 25 einer Lsg. oder Emulsion, die aus einer Schmelze von 5 Tabakextrakt u. 3,55 Ätznatron stammen, gemischt. Nach 40 Min. werden 1 Alaun, sowie Wachs u./oder Paraffin u. die aromat. Stoffe zugemischt. (**E. P. 699 979** vom 19/6. 1951, ausg. 18/11. 1953. D. Prior. 19/6. 1950.) G. VOGEL. 7987

Raoul André Richard, Frankreich, *Undurchlässigmachen von Papier und Pappe.* Man setzt der Papiermasse eine aus einer wasserabweisenden Substanz (Paraffin, Stearin, Natur- oder synthet. Wachse) u. einem lösl. Salz (NaCl, Al-Sulfat) bestehende M. zu, wobei sich das Salz auflöst u. die im fein verteilten Zustand vorliegende, wasserabweisende Substanz von den Cellulosefasern gut absorbiert wird. (**F. P. 1 020 753** vom 23/6. 1950, ausg. 10/2. 1953.) OPPERMANN. 7987

Crown Zellerbach Corp., übert. von: **Robert G. Mispley** und **John R. MacRill,** V. St. A., *Einwickelpapier für Früchte.* Zur Verhinderung von Schimmelbldg. behandelt man das zum Einwickeln usw. von Früchten verwendete Papier, z. B. Seidenpapier, mit einer 25—33%ig. Lsg. von Diphenyl (**I**) in einem Gemisch, das zu 75% aus Paraffinöl u. zu 25% aus Paraffinwachs besteht. Zur Verdeckung des störenden Geruches von **I** setzt man der Lsg. Citronen- u./oder Bergamottöl in einer Menge hinzu, die ca. 1,25 bis 2,75% von **I** beträgt. (**F. P. 1 023 954** vom 10/8. 1950, ausg. 26/3. 1953. A. Prior. 16/8. 1949.) HEYNE. 7987

Harris Seybold Co., Cleveland, O., V. St. A., *Gummi arabicum* (**I**) läßt sich in ein Prod. (**II**) vom p_H 2 überführen, wenn man eine 20%ig. wss. Lsg. von **I** einen Kationenaustauscher passieren läßt, der aus einem sulfonierten Phenol–CH_2O-Harz besteht. **II** kann weiter in Metallsalze übergeführt werden. Das Fe-Salz z. B. kann zur Herst. *lichtempfindlicher Papiere* verwendet werden. (**Schwz. P. 292 793** vom 7/6. 1949, ausg. 16/11. 1953. A. Prior. 19/6. 1948.) BRÖSAMLE. 7987

Metallgesellschaft Akt.-Ges., Frankfurt/M. (Erfinder: **Karl Wedekind** Ahrensburg), *Herstellung von Kautschukklischees.* Als Haftschicht zwischen Klischee u. Unterlage werden weiche Polymerisationsprodd. mit kautschukähnlichen Eigg. verwendet, z. B. Polyisocyanate, Chloropren, chlorierte Mischpolymerisate von Butadien mit Styrol oder Acrylsäurenitril oder hochchlorierte Polyvinylchloride. (**D. B. PP. 902 621** Kl. 151 vom 29/3. 1949 u. **902 622** Kl. 151 vom 4/8. 1949, beide ausg. 25/1. 1954. **Zusätze zu D. B. P. 894 120; C. 1954. 3120.**) LAASS. 7989

Interchemical Corp., New York, N. Y., V. St. A., *Verfahren zum Überziehen frischer Drucke mit geschmolzenem Paraffin oder Wachs,* z. B. von bedruckten Metallen, wasserfesten, durchscheinenden Celluloseblättern oder anderen nicht saugfähigen Werkstoffen. Als Bindemittel für die Druckfarbe wird die Lsg. eines in heißem Paraffin (**I**) unlösl. Filmbildners in einem mit **I** mischbaren Lösungsm. verwendet, dessen Dampfdruck bei 20° unter 0,2 mm liegt. — Z. B. besteht die Druckfarbe aus 14 (Gew.-Teilen) Ruß, 16 Nitrocellulose u. 62 Dimethylphthalat. Die z. B. auf Metall aufgedruckte Farbe trocknet augenblicklich beim Eintauchen in **I**, welches zwischen 93 u. 149° erhitzt ist. (**D. B. P. 902 855** Kl. 15k vom 14/1. 1936, ausg. 28/1. 1954.) LAASS. 7989

Robert André Pecquery, Frankreich, *Fluorescierende Druckfarben für Typographie, Lithographie, Offsetdruck usw.* Je nach dem Grad der Fluorescenz u. dem Farbton der Druckfarbe vermahlt man 1—50% fluorescierendes Pulver („Lumogene") von der betreffenden Farbe u. ZnS, CdS oder SrS mit einem Firnis, z. B. Leinölfirnis. Im übrigen enthält die Druckfarbe die üblichen Bestandteile (Sikkativ, Vaseline usw.). (**F. P. 1 031 209** vom 19/1. 1951, ausg. 22/6. 1953.) OPPERMANN. 7989

Félix Dupeyrou, Basses-Pyrénées, Frankreich, *Herstellung von Faserplatten.* Die Fasermasse aus Holzfasern wird gekrempelt, mit einer Preßwalze plattiert, in einem Klebmittelbad, z. B. einer Vulkanisiermittel enthaltenden Kautschukmilch imprägniert, unter einer Walze erneut gepreßt, getrocknet u. nach erneutem Pressen geschnitten u. vulkanisiert. (**F. P. 56 889** vom 8/9. 1947, ausg. 8/10. 1952. **Zusatz zu F. P. 851 743; C. 1940. II. 3710**). PANKOW. 7993

Hermann Basler, München, *Herstellung von Faser–Span-Gemischplatten.* Man verwendet eine Faserpülpe, die grobstückiges Material, z. B. Abfallspäne, enthält, u. verarbeitet sie zweckmäßig nach Imprägnieren mit Bindemitteln, z. B. 20% Kunstharz, Lacken oder trocknenden Ölen, durch Heißpressen zu Platten. Man nimmt 20—70% grobstückiges Material bei einem Gesamtmahlgrad des Gemisches von 18—40°, bes. 20—25° SCHOPPER-RIEGLER. (**Oe. P. 176 675** vom 25/4. 1949, ausg. 10/11. 1953.) PANKOW. 7993

Hermann Basler, München, *Herstellung von Hartfaserplatten.* Von Feinteilen befreite Grobspäne von ca. 3—6 mm Stärke werden mit 3—6% (des Trockengewichts des Fasermaterials) Natronlauge oder Monosulfit bei 4—6 atü 2—3 Std. gekocht; das Fasermaterial wird heißfeucht in Schlagmühlen gequetscht, den so behandelten Spänen werden bis zu 20% chem. unbehandeltes Fasermaterial u. gegebenenfalls Bindemittel zugesetzt, u. die M. wird fertig gemacht. (**Oe. P. 178 203** vom 25/4. 1949, ausg. 26/4. 1954.) PANKOW. 7993

VEB Silikonchemie (Erfinder: **Richard Müller** und **Erwin Körner**, Radebeul), *Herstellung von Kunstschwämmen aus Viscose.* Als Blähmittel verwendet man Dioxodisiloxan (I). — Man mischt Viscoselsg. mit 1% I, das gegebenenfalls vorher einen Paraffinüberzug erhalten hat, u. erhält bei starker Gasentw. Erwärmung, wodurch die Viscose koaguliert. (**D. P. [DDR] 2 152** Kl. 39b vom 20/10. 1942, ausg. 3/11. 1952 [Wirtschaftspatent].) PANKOW. 8001

Emil Rupp, Chemie und Physik des Flachdrucks. Eine Einführung in d. wissenschaftl. Grundlagen. 3. verb. Aufl. Leipzig: Fachbuchverl. 1953. (136 S. m. 93 Bildern.) DM 5,80.

XVIIIb. Textilfasern.

A. E. Williams, *Silicone in der Textilbehandlung.* Die Silicone gehören zur Gruppe der Organo-Polysiloxane, im Handel unter dem Namen *Drisil 104, 115, 131* bekannt. Auf dem Textilsektor werden sie zum Ausrüsten von Nylon-, Celluloseacetat-, Orlon- u. Terylenewaren verwendet. Sie verleihen dem Gewebe einen weichen, seidigen Griff (der durch synthet. Harze modifiziert werden kann), ohne Einfl. auf den Farbstoff oder dessen Lichtechtheit, machen es wasserfest u. schützen es gegen Beschmutzung (Obst-, Milchflecke usw.). Sie sind nicht geeignet zum Ausrüsten von Baumwolle u. Wolle, da sie eine zu geringe Waschfestigkeit haben bzw. eine zu hohe Behandlungstemp. (160—240°) erforderlich ist. Sie werden als Emulsionslsgg. angewendet, deren Bereitung angegeben wird. (Textile Mercury Argus **130.** 466—71. 12/3. 1954.) SCHOENMANN. 8032

D. R. Gilling und **D. E. J. Samuels**, *Die Struktur der Flachsfaserbündel.* In Bündeln von gerösteten Flachsfasern wurde eine Folge longitudinaler Risse gefunden, welche auf den Bruch von Bindestoffen zwischen Einzelfasern zurückgehen. Eine Probe, z. B. aus 20 Faserbündeln, zerfällt beim Schneiden in 0,5 mm lange Segmente in 40—90 kleinere Stücke, deren Zahl u. Dicke eingehend untersucht wurden. Das Spaltsyst. hängt mit dem Röstgrad, der Dauer des Lagerns u. der Flachssorte zusammen. (J. Textile Inst., Trans. **44.** T609—18. Dez. 1953. H. M. Norfolk Flax Establishment.) ZAHN. 8050

R. Cockburn, L. G. Jagger und **J. B. Speakman**, *Wirkung von Ninhydrin auf Keratin.* Mit Ninhydrin (I) sind in Keratin leicht Querverbb. herzustellen. Nach Behandlung von Wolle mit sd. Lsg. von I bei p_H 4,8 wird nach 15 Min. der Dehnungswiderstand in W. um 25% erhöht. Nach Blockierung der Lysinseitenketten (z. B. durch 1-Fluor-2.4-dinitrobenzol) wird die Reaktionsfähigkeit mit I stark vermindert, ebenso nach Desaminierung des Keratins. Es muß demnach die Verknüpfung über die Aminogruppen eintreten. Die Rk. mit I ist auch wirksam bei geschädigten Fasern, etwa bei solchen, die mit Thioglykolsäure behandelt worden sind. (Nature [London] **172.** 75. 11/7. 1953. Leeds, Univ., Textile Chem. Labor., Dep. Textile Ind.) O. ENGEL. 8060

E. T. L. Voong und **D. J. Montgomery**, *Experimentelle Untersuchung der Steifigkeit und Ungleichmäßigkeit bei der vibroskopischen Bestimmung der Querschnittsfläche von Fasern.* Der Einfl. der Steifigkeit u. Ungleichmäßigkeit von Fäden aus Wolframdraht, Wolle u. Nylon auf die vibroskop. Best. der linearen D. ergab eine Zunahme der natürlichen Frequenzen bei wachsender Steifigkeit in Übereinstimmung mit der Theorie u. Veränderungen der Frequenzen u. Verschiebung der Schwingungsknoten durch die Ungleichmäßigkeit. Bei entsprechender Korrektur liefert die vibroskop. Meth. genaue Werte für die lineare D. der Fäden u. damit ihre M. bzw. die Querschnittsfläche bei bekannter Dichte. (Textile Res. J. **23.** 821—30. Nov. 1953. Princeton, N. J., Textile Res. Inst.) ZAHN. 8060

A. J. Hall, *Schrumpffestes Ausrüsten von Wolle. Versuchsverfahren mit dem Si-Ro-Fix-Prozeß.* Das Verf. besteht in der Bldg. eines gleichmäßigen Nylonfilms auf der Oberfläche der Wollfaser durch Behandlung der Wolle mit einem in A. gelösten N-Methoxymethylderiv. von Nylon u. nachfolgender Hitzeeinw. von ca. 120° oder Behandlung mit verd. H_2SO_4 u. anschließender Neutralisation (Si-Ro-Fix). Die zu diesem Zweck erforderliche Vorreinigung der Wolle, die bisher durch Extraktion mit 95%ig. A. durchgeführt wurde, hat sich als nachteilig für die Filmbldg. erwiesen. Unterss. darüber haben ergeben, daß Spuren von Peroxyd in der Wolle (aus vorangegangener Behandlung mit Ölsäureseife) die Filmbldg. begünstigen. Durch die A.-Reinigung werden diese entfernt. An Stelle von A. wird Tetrachlorkohlenstoff ohne Nachteile verwendet. (Textile Mercury Argus **130.** 514—16. 19/3. 1954.) SCHOENMANN. 8060

Hiroshi Sobue und Kinzo Ishikawa, *Wirkung von Ultraschall auf Hochpolymere.* 6. Mitt. *Viscose.* (5. vgl. C. **1954.** 7201.) Unter dem Einfl. von Ultraschall (560 kHz) erfolgt in konz. *Viscose*-Lsg. keine merkliche Depolymerisation, aber in verd. Lsgg. nahmen der Polymerisationsgrad u. die γ-Zahl ab. Bei hochviscosen Lsgg. erfolgt nach der Reifung eine bemerkenswerte Polymerisationsabnahme. Blasen sind aus hochviscosen Lsgg. schwer durch Ultraschall zu beseitigen. (J. chem. Soc. Japan, pure Chem. Sect. [Nippon Kagaku Zassi] **71.** 103. 105. Febr. 1950. Tokyo, TH. [Orig.: japan.]) SCHULER. 8074

A. N. J. Heyn, *Die Bestimmung der Größe der Mikrokristallite in Reyon mit der Röntgenkleinwinkelmethode.* Verschied. hochorientierte Reyon (I; Fortisan, Fiber G, Cordura, Super Cordura) wurden bei verschied. Quellungsgrad (trocken, in W. u. in weniger als 11%ig. NaOH) auf Röntgenkleinwinkelstreuung untersucht. Es wurden auf den Streukurven Wendepunkte oder Maxima-Minima gefunden, welche als Zwischenpartikelperiodenreflexe in den dichtgepackten Gebieten von I aufgefaßt werden. Die berechneten Durchmesser der Partikel liegen zwischen 36,6 u. 45,9 Å. (Textile Res. J. **23.** 782—87. Nov. 1953. Clemson, S. C., Clemson Agric. Coll., School of Textiles.) ZAHN. 8074

St. Wydrzyckt, *Über die Anwendung von Titandioxyd in der Kunstfaserindustrie.* TiO_2 ist wegen seines hohen Brechungsindex, seiner leichten Dispergierbarkeit, chem. Widerstandsfähigkeit u. Unschädlichkeit gut als Zusatz zu künstlichen (Cellulose-)-fasern zu verwenden, um deren zu hohen Glanz abzuschwächen (bei 1% Geh. bis auf halbmatt, bei 2—3% auf vollmatt). Da dieser Zusatz die Filter der Viscoselsgg. verstopft, wird Mineral-(z. B. Paraffin)öl sowie sulfuriertes Mineralöl zugesetzt. Auch chloriertes Diphenyl „Arochlor“ (mit 19 bis >40% Cl) wird als Zusatz empfohlen, u. zwar (innerhalb weiter Grenzen der Zus. der Mischung) soll die Mischung 0,6% TiO_2 + 4,5% Arochlor bes. günstig sein. Sodann wird das Färben der mit TiO_2 mattierten Seide behandelt (in saurem u. bas. Bad; Red. des TiO_2 zu himmelblauem Ti_2O_3 im UV-Licht; gesteigerte Lichtempfindlichkeit lichtempfindlicher Farbstoffe in Ggw. heller Pigmente), die Wrkg. des Ti-Pigments auf die mechan. Eigg. der Seide (Pigmentanhäufungen; schlechte Reibefestigkeit bei über 2,5% TiO_2). Es folgt die Analyse des Ti-Pigments (einfache Verff. zur Best. von Ti-H_2SO_4 + 30%ig. H_2O_2-Sesquioxyden, CaO, $BaSO_4$), Best. der Korngröße (Sedimentation mit NaOH u. im ANDREASEN-Zylinder) u. Deckkraft (mit Kryptometer). (Przemysł chem. **7** (**30**). 548—55. Sept. 1951.) v. WILPERT. 8074

E. P. Sharman, S. P. Hersh und D. J. Montgomery, *Wirkung von Verstreckungsgrad und Temperatur auf die elektrische Leitfähigkeit von Nylonfäden.* Die elektr. Leitfähigkeit von Nylon (I) wurde bei Verstreckungsgraden von 100—600% u. Tempp. zwischen 6 u. 45° gemessen. Reproduzierbare Ergebnisse setzen ein standardisiertes Waschen u. Konditionieren von I voraus. Die Leitfähigkeit von I nimmt mit steigendem Verstreckungsverhältnis auf 1/3 stärker ab, als bei dem verringerten Feuchtigkeitsgeh. zu erwarten war. Die Formel $\sigma = K \cdot M^a$ gilt nur angenähert in kleinen M-Bereichen (σ = Leitfähigkeit, M = Feuchtigkeitsgeh.). (Textile Res. J. **23.** 793—98. Nov. 1953. Princeton, N. J., Textile Res. Inst., u. Univ., Frick Chem. Labor.) ZAHN. 8080

Jackson A. Woodruff, *Acrilan—Acrylfaser- und Mischgewebe. Acrilan* wird als Stapelfaser (3—5 den.) hergestellt. Die Faser ist hellcremefarbig, hat einen warmen

Griff, ist fest u. knitterfest (physikal. Daten sind angegeben, desgleichen Verh. gegen Chemikalien). Zum Färben werden häufig Wollfarben verwendet. Schwarz u. Blau werden mit direkt ziehenden Acetatfarben echt gefärbt, helle u. mittlere Töne mit schwefelsauren Estern von Küpenfarben. Es wird eine Reihe von Farbstoffen mit Färbevorschriften angeführt für die 100%ig. Acrilanfaser u. für Mischungen mit Viscose u. Wolle. (Canad. Textile J. **71.** Nr. 2. 78—82. 29/1. 1954.) SCHOENMANN. 8080

B. C. M. Dorset, *Acrylnitrile: Herstellung, Eigenschaften und Anwendungen. Eine Übersicht über die wesentlichen Tatsachen der fabrikmäßigen Herstellung und Anwendungen einer chemischen Verbindung, die sich aus dem laboratoriumsmäßigen Rahmen zu einem wichtigen Ausgangsprodukt für die Fabrikation synthetischer Fasern, Textilhilfsmittel und Farbstoffe entwickelt hat.* Nach einem Überblick über die Entw. der Produktionsmethoden bis zur gesponnenen Acrylnitrilfaser, deren Eigg. für sich u. als Mischpolymerisat (mit Vinylchloridacetat) wird die Kondensation von Acrylnitril an Cellulose in der viscosen Lsg. beschrieben, aus der durch Variation der Reaktionsbedingungen verschiedenartige Prodd. resultieren. Die Eigg. dieser Cyanäthylcelluloseäther differieren mit der Anzahl der Cyanäthylgruppen (I) pro Cellulosemolekül. Durch Einführung von drei I erhält man den acetonlösl., wasserunlösl. Triäther zur Darst. für synthet. Fasern. 0,2—0,3 I ergeben in W. quellbare, in NaOH lösl., 0,7—1,0 I in W., Säuren u. Alkalien lösl. Prodd., die für die Ausrüstung brauchbar sind. Durch Verseifung der CN-Gruppe des Cyanäthylcelluloseäthers mit einer I erhält man Carboxyäthylcellulose, die sich als Waschmittelzusatz zur Erhöhung des Schmutztragevermögens eignet. Durch Ankondensieren von Acrylnitril an eine eine OH-Gruppe enthaltende Verb. u. Verseifung der CN-Gruppe besteht die Möglichkeit der Carboxylierung u. somit Herst. von Textilhilfsmitteln. (Textile Manufacturer **80.** 87—91. Febr. 1954.) SCHOENMANN. 8080

George E. Ham und **Paul W. Gann,** *Herstellung färbbarer faserbildender Kompositionen. Reaktion von Acrylnitril–Vinylchloracetat-Copolymeren mit Aminen.* Durch beschriebene Versuchsreihen belegt, zeigen Vff. auf, daß nach dem Emulsionsverf. mit $K_2S_2O_8$ als Initiator polymerisiertes Acrylnitril, bei 5—10% Anteil Vinylchloracetat (I) in spinnbaren Dimethylformamidlsgg. mit stöchiometr. Mengen von vorzugsweise tert. Aminen (Trimethylamin, Pyridin) oder in Faserform bei 8—10% Anteil I mit gasförmigem NH_3, Cyclohexylamin, Diäthylamin bei Tempp. bis 100° behandelt, gute Anfärbbarkeit mit sauren Wollfarbstoffen ergibt. Bei Einw. von prim. u. sek. Aminen auf Spinnlsgg. tritt Gelbldg. ein, die durch Vernetzung des Copolymerisats erklärt wird. Grobe, rauhe Fasern sind besser als feine, glänzende für Aminbehandlung geeignet. Je nach Wahl der Dauer u. Temp. wird weitgehende Umsetzung u. 100%ig. Farbbadausschöpfung erzielt. Farbintensität u. -stabilität sind gegenüber unbehandelten Copolymerisaten erheblich besser, die Festigkeits- u. Dehnungswerte der Fasern werden nicht verschlechtert. (Ind. Engng. Chem. **45.** 2320—23. Okt. 1953. Decatur, Ala., Chemstrand Corp.) H. REICHERT. 8080

—, *Eine neue synthetische Faser „Movil".* Beschreibung einer neuen italien. Polyvinylchloridfaser, ihrer verschied. Typen (N, N-Flocke, T-Flocke, F-Flocke), ihres Verh. beim Färben mit verschied. Farbstoffklassen u. beim Drucken. (Tinctoria [Milano] **50.** 309—13. Aug. 1953.) R. K. MÜLLER. 8080

H. Furuya, *Über die Beziehung zwischen Fasermikrostruktur und Sorptionserscheinungen.* 1. Mitt. *Quellungseigenschaften von Textilfasern.* Den größten Einfl. auf den Quellungsgrad der *Polyvinylalkoholfasern* nach der Eintauchmeth. hat die Temp. der Wärmebehandlung, die Dauer ist fast ohne Einfluß. Feuchte Wärmebehandlung ist schon bei niedriger Temp. ausreichend im Gegensatz zur trocknen. Das Verhältnis der Quellungsgrade nach der Eintauch- u. Dampfsorptionsmeth. ist konstant. Für quantitative Vergleiche muß ein Unterschied beider Verff. berücksichtigt werden. (J. Soc. Textile Cellulose Ind., Japan [Sen-i Gakkaishi] **9.** 54—57. Febr. 1953. Textilindustrie-Labor.) SCHULER. 8080

H. M. Preusser, R. A. O'Connell, A. S. Yeiser und **H. P. Lundgren,** *Ein Einzelfaserfestigkeitsgerät.* Es wird ein schreibtischartiges autograph. Instrument für Präzisionsmessungen des zugelast. Verh. von Einzelfasern, speziell Wolle, in Fll. beschrieben. (Textile Res. J. **24.** 118—22. Febr. 1954. Albany, Calif., Western Reg. Res. Labor.) ZAHN. 8096

A. Robson, *Einige Anwendungen radioaktiver Isotope in der Wollforschung.* Zusammenfassender Bericht über radioakt. Isotope als Strahlungsquellen u. Tracer bei chem. u. physikal. Wolluntersuchungen. Auf die Verwendung von ^{64}Cu für die Mikroschätzung von Aminosäuren sowie auf die Ionendiffusion in Keratin wird bes. eingegangen. (Atomics **4.** 320—24. 330. Dez. 1953. Wool Ind. Res. Assoc.) GERHARD SCHMIDT. 8108

T. Ōkawa, *Wirkung des Stickstoffgehalts auf die viscosimetrische Bestimmung des Polymerisationsgrades von Cellulosefasern. 1. Mitt. Über nichtfraktionierte Versuchsmaterialien.* Gereinigte Baumwollfaser, Holzzellstoff, Cuprammon- u. Viscosereyon wurden mit HNO_3–H_2SO_4–H_2O bis zu ca. 12% N nitriert u. dann mit HNO_3–H_3PO_4–P_2O_5 nachnitriert. Bei der Nachnitrierung wurden Proben auf % N u. Viscosität geprüft u. nach $K_m = 11 \cdot 10^{-4}$ wurde der Polymerisationsgrad berechnet. Er stieg bei Zunahme von 12% N auf 13,5% auf das 1,8fache, bei Viscose im gleichen Fall auf das 1,4fache. K_m variierte beträchtlich mit den % N. (J. Soc. Textile Cellulose Ind., Japan [Sen-i Gakkaishi] **9.** 226—29. Mai 1953. Asahi Chem. Co. [Orig.: japan., Auszug: engl.]) SCHULER. 8112

Ciba Akt.-Ges., Basel, Schweiz, *Herstellung von Derivaten des 4-Methyl-7-äthylaminocumarins* (I). Die Verb. I wird mit einer konz. wss. Na-Formaldehydbisulfitlsg. bei 95—100° erhitzt. Es entsteht ein helles Pulver, welches mit W. eine bläulichfluorescierende Lsg. bildet. Es dient zum opt. Bleichen von Wolle. — Ein gleichartiges Prod. wird erhalten aus 4-Methyl-7-benzylaminocumarin u. Na-Benzaldehydbisulfitlsg. — oder durch Sulfonierung von I mit konz. H_2SO_4 oder H_2SO_4-Monohydrat bei 70—75° oder mit Oleum bei ca. 0°. — 4-Methyl-7-aminocumarin (II) wird mit einer wss. Lsg. eines Alkalisalzes der Monochloressigsäure bei 70—90° umgesetzt. Das gebildete Na-Salz der Carbonsäureverb. ist ein helles Pulver mit gleichen Eigg., wie die vorstehenden Produkte. — Aus II u. einer konz. wss. Na-Furfurolbisulfitlsg. entsteht ein Prod. mit gleichen Eigg., ebenso bei der Kondensation von II mit Formaldehyd u. Thioglykolsäure. — I wird mit $Cl \cdot SO_3H$ sulfoniert u. als Na-Salz die Sulfonsäure isoliert, ebenso 3-Benzyl-4-methyl-7-äthylaminocumarin mit H_2SO_4-Monohydrat sulfoniert u. als Na-Sulfonat gewonnen. — *Opt. Bleichmittel.* (**Schwz. PP. 265 707, 265 708, 265 709, 265 710, 265 711, 265 712, 265 713, 265 714** u. **265 715** vom 14/6. 1946, ausg. 16/3. 1950. **Zusätze zu Schwz. P. 260 835; C. 1949. E. 494.**) M. F. MÜLLER. 8033

Allied Chemical & Dye Corp., übert. von: **Stuart M. Rogers,** New York, N. Y., V. St. A., *Bleichen von Baumwollgewebe.* Das Gewebe wird mit einer wss. Lsg. von Na·OCl, der 0,1—2 g Na-Stannat u. 0,25—1 g NaOH je Liter zugesetzt sind, bei Tempp. von 70—200° F behandelt. Durch Zugabe von frischen NaOCl kann das Bad erneut verwendet werden. (**Can. P. 473 405** vom 22/5. 1944, ausg. 8/5. 1951. A. Prior. 3/9. 1943.) WITTHOLZ. 8033

Unilever Ltd., Port Sunlight, Chester, England, *Waschen von weißen Textilien und Reinigungsmittel dafür.* Man wäscht in einem Bad mit einem Waschmittel u. einer geringen Menge einer substantiven blau fluorescierenden Verbindung. Als solche verwendet man ein Deriv. von Di-(aminobenzoylamino)-stilbensulfonsäure, bei dem mindestens eines der H-Atome der Aminogruppen in den Endringen mit einem organ. Rest substituiert ist, der keine unmittelbar an einen aromat. Kern gebundene Aminogruppe enthält u. der nicht selbst gegen Licht u. Luft empfindlich ist. Geeignet sind z. B. *4.4'-Di-p-methylaminobenzoylaminostilben-2.2'-disulfonsäure, 4.4'-Di-p-benzoylaminobenzoylaminostilben-2.2'-disulfonsäure, 4.4'.-Di-p-ureidobenzoylaminostilben-2.2'.-disulfonsäure* oder deren Salze. (**Dän. P. 74 051** vom 12/4. 1946, ausg. 28./4. 1952. E. Prior. 12/4. 1945.) JÜRGEN SCHMIDT. 8033

Chemische Fabrik Stockhausen & Co., Deutschland, *Verbesserung der Cellulose,* dad. gek., daß man sie mit Fll. behandelt, die folgende Bestandteile enthalten: CH_2O (I), Weinsäure (II), konz. H_2SO_4, Na-Sulfooleat u. W., oder I, NH_4Cl, Milchsäure(III), Sodasalz eines Kondensationsprod. von Stearinsäure u. Taurin, oder Methylalkohol, Vorkondensat von I u. Harnstoff, NH_4Cl, III, alkylnaphthalinsulfonsaures Na oder I, II, $AlCl_3$, W. u. eine hochmol. Sulfosäure. (**F. P. 1 001 471** vom 15/5. 1946, ausg. 25/2. 1952.) OPPERMANN. 8033

Cassella Farbwerke Mainkur, Deutschland, übert. von: **Johann Max Danner** und **Werner Zerweck,** *Herstellung von Amin-Aldehydkondensationsprodukten* aus Harnstoffen oder heterocycl. Aminen mit Oxymethylaldehyden, wie Trimethylolacet-, Dimethylolpropion- oder Methylolisobutyraldehyd, bes. bei p_H über 8. Die erhaltenen wasserlösl. Prodd. können veräthert u. dadurch wasserunlösl. gemacht werden, auch mit Polyesterharzen gemischt werden. Verwendung zum Feuchtigkeits- u. Knitterfestmachen von Geweben, auch unter Zusatz geringer Mengen organ. Säuren; die wasserunlösl. Prodd. dienen zur Herst. von Lacken u. Formkörpern. — Eine schwach alkal. Mischung von 62,6 (Teilen) Acetoguanamin, 304,6 88%ig. Trimethylolacetaldehydlsg. u. 75 W. werden bis zur klaren Lsg. auf 70°, dann 1 Std. auf 80° unter Alkalischhalten erwärmt. Die klare viscose Lsg. kann verd. werden; beim Stehen scheidet sie Kristalle aus. Man löst 184 g des Prod. in 1 Liter W., gibt 8,5 g HCOOH zu, imprägniert Reyongewebe u. kondensiert bei 130°. (**F. P. 1 033 588** vom 18/1. 1951, ausg. 13/7. 1953. D. Prior. 19/1. 1950.) PANKOW. 8033

Farbwerke Hoechst, vormals Meister Lucius & Brüning (Erfinder: **Herbert Bestian**), Frankfurt/M.-Hoechst, *Textilveredlung.* Man *imprägniert* mit einer wss. Lsg. von Verbb. der Formel $R\left(NH-CO-N\langle{}^{CH_2}_{CH_2}\right)_n$, wobei R ein isocycl. Rest u. n = 3 oder 4 ist, trocknet u. fixiert durch Wärme. Die aufgebrachten Tri- oder Tetraharnstoffe erhöhen die Reiß- u. Knitterfestigkeit u. die Krumpfechtheit. Das Gut kann mit Carbamidharzen oder Hydrophobierungs- oder Weichmachungsmitteln vor- oder nachbehandelt werden. Geeignete Verbb. erhält man durch Rk. von isocycl. Tri- oder Tetraisocyansäureestern mit z. B. Äthyleniminen. (**D. B. P. 876 683** Kl. 8k vom 29/2. 1944, ausg. 18/5. 1953.) MÖLLERING. 8037

Louise Victorine Beauchamp, Seine, Frankreich, *Veredeln von Geweben.* Zwecks Erhöhung der Festigkeit u. des Gebrauchswertes, bes. der Maschenfestigkeit, von Textilstoffen, bes. von Wirkwaren, wie Seidenstrümpfen, Tüll oder Voile, versetzt man das letzte Spülwasser mit Gummi- oder Harzlsgg. oder -emulsionen u. trocknet das mit diesem Spülwasser behandelte Gut. Für das Verkleben der Maschen des Textilgutes geeignete Verbb. sind z. B. Methylcellulose, Gummi arabicum, Glucose, Dextrin, Zucker, Agar-Agar, Alkaliresinate, -alginate, -stearate oder -palmitate, Natur- oder Kunstkautschuklatices, Gelatine, Kolophonium, Polyvinylalkohol oder Harnstoff-CH_2O-Kunstharz. — Beispiele. (**F. P. 1 007 477** vom 29/12. 1949, ausg. 6/5. 1952.) RAETZ. 8037

F. Lerebours & Cie., G. m. b. H. (Erfinder: **Maurice Vetu**), Seine-Inférieure, Frankreich, *Knitterfestmachen von Natur- oder Kunstfasern oder Geweben daraus.* Man behandelt das Textilgut, z. B. Leinen oder Baumwollgewebe, vor dem Bleichen u. Färben bei einer Temp. von ca. 75° ca. 4 Std. lang mit NaOH von 25° Bé, spült es in kaltem W., neutralisiert es in einer kalten Lsg., z. B. von HCOOH von 20° Bé, spült es in kaltem W. u. trocknet es. Man erhält so eine geschmeidige u. elast. feste u. knitterfreie Ware von hoher Waschbeständigkeit. (**F. P. 1 008 080** vom 6/1. 1950, ausg. 13/5. 1952.) RAETZ. 8037

Farbenfabriken Bayer, Leverkusen, *Oberflächenimprägnierung von Textilgeweben.* Man imprägniert mit einer wss., z. B. 5%ig Lsg. von Äthylendiamin, trocknet auf 10% Wassergeh. u. überzieht mit der Lsg. eines mit einem Diisocyanat modifizierten Polyesters mit noch freien Isocyanatgruppen, z. B. dem in Bzl. gelösten Diäthylenglykolpolyester der Adipinsäure, der mit Toluylen- oder Hexamethylendiisocyanat modifiziert wurde. (**E. P. 692 045** vom 20/9. 1950, ausg. 27/5. 1953. D. Prior. 23/9. 1949.) MÖLLERING. 8037

Badische Anilin- & Soda-Fabrik (Erfinder: **Fritz Siefert †**), Ludwigshafen/Rh., *Wasserdichte Faserstoffe* erhält man durch Imprägnierung mit einer wss. Paraffindispersion, die bas. Salze von 3- oder 4wertigen Metallen oder saure Gele solcher Metalle enthält u. deren durch Hydrolyse frei werdende Säure durch Zusatz von (Thio-)Harnstoff unschädlich gemacht ist. — Einer Dispersion aus einem sauren Aluminiumoxydgel (I), das durch Einw. von Äthylenoxyd auf eine wss. $AlCl_3$-Lsg. erhalten wird, u. Paraffin setzt man 10%, bezogen auf I, Harnstoff zu. (**D. B. P. 882 241** Kl. 8k vom 9/1. 1940, ausg. 6/7. 1953.) MÖLLERING. 8037

Soc. Agricola Industriale Lombarda, Italien, *Undurchlässigmachen von Textilfasern* aus Baumwolle, Wolle, Acetatreyon, Viscose usw., bes. gegen H_2O. Man imprägniert die entfetteten Fasern mit einer wss. Emulsion von Paraffin, Wachs oder einer Fettsubstanz u. einem Metallsalz u. überzieht sie dann mit einer wss. Emulsion von Acryl- oder Vinylharz (30—200 g Emulsion auf 50% Trockensubstanz), die eine Emulsion von Paraffin (20 Gew.-% bezogen auf Harzemulsion) u. von 20 Gew.-% (bezogen auf Harzemulsion) Plastifizierungsmittel enthält. Nach dem Zentrifugieren u. Trocknen wird das Fasergut bei 90—130° u. 50—60 000 kg Druck kalandriert. (**F. P. 1 019 598** vom 26/12. 1947, ausg. 23/1. 1953.) OPPERMANN. 8037

Soc. Agricola Industriale Lombarda, Italien, *Undurchlässigmachen von pflanzlichen oder tierischen, natürlichen oder synthetischen Textilfasern,* bes. gegen H_2O. Man behandelt sie mit einer wss. Emulsion von Paraffin, Wachs oder Fettsubstanz in Ggw. eines Metallsalzes, trocknet sie u. imprägniert sie dann mit einer wss. Emulsion eines Acryl- oder Vinylharzes (15—100 g Trockensubstanz/Liter Emulsion) unter Zusatz von 1—2 Gew.-% (bezogen auf Harzemulsion) eines Plastifizierungsmittels. (**F. P. 1 019 599** vom 26/12. 1947, ausg. 23/1. 1953.) OPPERMANN. 8037

Linjvyl (Soc. à r. l.), Frankreich, *Undurchlässigmachen von Textilfasern und Geweben gegen nicht korrosiv wirkende Flüssigkeiten,* z. B. Tinte, Kaffee, Wein. Man imprägniert das Textilgut mit einer Emulsion aus 2—10% Paraffin oder synthet. Wachs u. 500—1500 g/Liter eines organ. Komplexsalzes auf Al-, Pb- oder Erdalkalimetallbasis (z. B. Al-Sulfoacetat). Nach der Imprägnierung wird das Gut bei 50—80° getrocknet u. ca. 1/4 Std. auf 100—120° erhitzt. (**F. P. 1 020 608** vom 21/6. 1950, ausg. 9/2. 1953.) OPPERMANN. 8037

Bozel-Malétra Soc. Industrielle de Produits Chimiques, Paris, Frankreich (Erfinder: **R. L. Lehmann** und **J. Lintner**), *Herstellung von in Wasser leicht emulgierbaren Kondensationsprodukten zum Wasserfestmachen von Textilien.* Man behandelt in saurem Medium über 10, bes. 15—20, C-Atome enthaltende einwertige Alkohole mit Carbamiden, bes. Harnstoff, Melamin, Oxyamid, u. anschließend mit Glyoxal u. CH_2O. Hierbei soll nur ein Teil der vorhandenen Methylolgruppen verestert werden. Die Kondensation erfolgt bes. in Ggw. von Emulgiermitteln, wie Fettalkoholsulfonaten. Nach der Kondensation kann noch ein Hilfsemulgiermittel, z. B. auf Äthylenoxydbasis, zugefügt werden. (**Schwed. P. 138 515** vom 25/11. 1948, ausg. 23/12. 1952. F. Prior. 26/4. 1948.) JÜRGEN SCHMIDT. 8037

Badische Anilin- & Soda-Fabrik (Erfinder: **Walter Michelitsch**), Ludwigshafen/Rh., *Flammsicheres Textilgut,* Holz oder dgl. erhält man durch Imprägnierung mit wss. Lsgg. von Gemischen aus Ammonsalzen von starken, nicht oxydierend wirkenden anorgan. Säuren u. wasserlösl., prakt. neutral reagierenden, säurebindenden Verbb., wie Hexamethylentetramin oder Dicyanamid (I). — Z. B. wird ein 1 kg schweres Filtertuch mit der 20%ig. wss. Lsg. eines Gemisches aus 95 (%) Diammoniumphosphat u. 5 I imprägniert. (**D. B. P. 878 792** Kl. 8k vom 26/5. 1940, ausg. 5/6. 1953.) MÖLLERING. 8037

Monsanto Chemical Co., St. Louis, Mo., übert. von: **Morris L. Nielsen** und **Howard K. Nason,** Dayton, O., V. St. A., *Flammenfestmachen, besonders von Cellulosefasern.* Man imprägniert mit einem Gemisch aus einem Phenol- oder Resorcin–CH_2O-Harz u. dem Reaktionsprod. aus 2—4 (Mol) Melamin u. 1 P_2O_5, das durch Erhitzen auf 400° erhalten worden ist. (**A. P. 2 603 614** vom 30/12. 1949, ausg. 15/7. 1952.) MÖLLERING. 8037

Deutsche Gold- und Silberscheideanstalt vormals Roessler (Erfinder: **Wilhelm Schulenburg**), Frankfurt/M., *Schutz von Textilien gegen Pilzbefall und Fäulnis.* Man imprägniert das Gut mit einer Lsg. von Zinkrhodanid (I), gegebenenfalls unter Zusatz von Alaun-, Zr- oder Ti-Salzen u./oder Harnstoff–CH_2O-Vorkondensaten. — Hanfseile werden mit einer wss. 4%ig. I-Lsg., gegebenenfalls unter Zusatz von Netzmitteln, besprüht. — Baumwolldecken werden mit einer Lsg., die 4 (%) I u. 5 $Al_2(SO_4)_3$ enthält imprägniert u. 1 Std. bei 90—100° getrocknet. (**D. B. P. 896 936** Kl. 8k vom 5/9. 1951, ausg. 16/11. 1953.) MÖLLERING. 8037

T. F. Firth & Sons Ltd., Brighouse, und **Imperial Chemical Industries Ltd.,** London (Erfinder: **Alfred Gaunt,** Batley, **Norman Kendall Earle,** Brighouse, und **Herbert John Ross,** Runcorn), England, *Behandlung von Teppichen und Geweben* (I), bes. aus *Wollfasern.* Man entfettet u. reinigt mit einem organ. Lösungsm. (I), behandelt in noch feuchtem Zustand mit einer in I lösl. Schlichte u. entfernt I. Die Behandlung erfolgt bes. auf der Rückseite. — Eine fortlaufende Bahn eines Axminster-Teppichs wird durch Trichloräthylen (II) geführt, geführt, über Schlitzen auf 100% II-Geh. abgesaugt u. in eine II-Lsg., die 35% Ca–Zn-Resinat enthält, eingetaucht. Man trocknet von der Rückseite über Heizwalzen. Es werden ca. 5% Resinat aufgebracht. — Vorrichtung. (**D. B. P. 899 635** Kl. 8k vom 28/7. 1951, ausg. 14/12. 1953. E. Prior. 27/7. 1950.) MÖLLERING. 8061

American Viscose Corp., V. St. A. (Erfinder: **George A. Richter jr.**), *Herstellung von Kunstseide,* dad. gek., daß man ein nicht koagulierend wirkendes Fällbad verwendet, bestehend aus einer wss. Lsg. von 1—20% Essigsäure (I) u. 5—30% Na_2SO_4 (II) oder Na-Acetat oder einem Gemisch von beiden. Man verspinnt z. B. eine Viscose von n. Viscosität mit einem Verhältnis von Cellulose/NaOH, wie 1,05/1, u. einem Salzpunkt (NaCl) von 4,4 in einem wss. Fällbad bei 50°, das 10% (Gew.-%) I u. 10% II enthält. Die Regeneration der Cellulose erfolgt in einer wss. Lsg. von 10—20% H_2SO_4 u. 10—15% II bei 40—50°. (**F. P. 1 018 017** vom 6/4. 1950, ausg. 24/12. 1952. A. Prior. 12/4. 1949.) OPPERMANN. 8075

Phrix-Werke Akt.-Ges., Hamburg (Erfinder: **Erich Torke,** Hamburg, und **Josef König,** Krefeld), *Künstliche hohle Cellulosefäden.* Man gibt der Spinnlsg. 0.5—3.5% einer Luft–Öl-Emulsion zu, welche aus gleichen Teilen von wasserunlösl. Fett, Öl oder Wachs u. einem wasserlösl. Emulgator besteht. (**D. B. P. 896 843** Kl. 29b vom 9/12. 1949, ausg. 16/11. 1953. **Zusatz zu D. B. P. 846 148; C. 1953. 1269**). SALZMANN. 8075

E. I. du Pont de Nemours & Co., Wilmington, Del., übert. von: **Paul W. Morgan,** Kenmore, N. Y., V. St. A., *Veresterung von Cellulose und anderen OH-Verbindungen.* Cellulose, ihre Derivv. (Oxyäthylcellulose), Glycerin, n-Amylalkohol werden mit organ. Säuren (Essig-, Propionsäure) unter Verwendung von CF_3COOH als Katalysator verestert. Man erhält, ausgehend von **I**, hitzebeständige Celluloseester, die ohne bes. Stabilisierung direkt naß oder trocken *versponnen* werden können. (**A. P. 2 629 716** vom 7/7. 1948, ausg. 24/2. 1953.) FABEL. 8077

Robert B. Woodward, Cambridge, Mass., V. St. A., *Fäden und Filme bildende Polypeptide.* In Benzollsg. werden 1 (Mol) *N-Carboxy-L-leucinanhydrid* (**I**) u. *1 N-Carboxy-DL-phenylalanin* in Ggw. von Spuren eines Initiators, z. B. 0,66% W., unter CO_2-Entw. kondensiert. Den Prodd. wird die Formel **II** zugesprochen, wobei R die Gruppen $-CH_2C_6H_5$ oder $-CH_2CH(CH_3)_2$, Z der nicht akt. H des Initiators u. n. mindestens 100 ist. **I** wird erhalten aus L-Leucin mittels Methylchlorformiat als N-Carbmethoxy-L-leucin, das mittels $SOCl_2$ in das Anhydrid umgewandelt wird, F. 76—78°. (**A. P. 2 657 972** vom 6/9. 1952, ausg. 3/11. 1953.) MÖLLERING. 8079

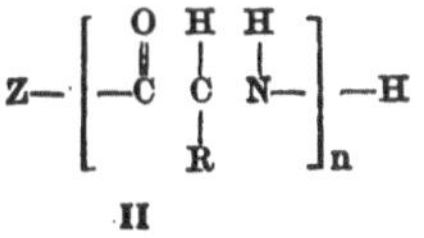

II

Inventa Akt.-Ges. für Forschung und Patentverwertung, Luzern, Schweiz, *Erhöhung des Schmelzpunktes von Garnen aus linearen Polyamiden.* Die z. B. auf Bobinen aufgewundenen Fäden oder Zwirne aus ε-Caprolactam werden in Abwesenheit von W., Quellmitteln, Lösungsmitteln oder Katalysatoren bei 120—180°, bes. 140°, mit trocknen Dämpfen von Aldehyden, bes. CH_2O, z. B. 8 Std. bei 3 at, behandelt. Das äußerlich unveränderte Garn hat nach der Behandlung F. 330°. (**E. P. 698 337** vom 3/8. 1950, ausg. 14/10. 1953. Schwz. Prior. 20/8. 1949.) MÖLLERING. 8081

E. I. du Pont de Nemours & Co., übert. von: **Paul John Culhane**, Wilmington, Del., und **George Moore Rothrock**, Kenmore, N. Y., V. St. A., *Nach dem Spinnen leicht färbbare Mischpolymerisate* erhält man durch Emulsionspolymerisation von 3 Komponenten; z. B. von 54 (Teilen) Vinylchlorid, 5,4 Acrylnitril u. 0,6 2-Vinylpyridin in 180 W., unter Zusatz von 0,6 K-Peroxydisulfat u. 0,6 Na-Laurylsulfat. Die aus der Schmelze gesponnenen *Fäden* sind orientiert u. mit sauren Farbstoffen anfärbbar. (**A. P. 2 636 023** vom 7/9. 1949, ausg. 21/4. 1953.) MÖLLERING. 8081

Soc. Rhodiaceta, Paris, Frankreich, *Trockenspinnen von Polyacrylnitril* (**I**). Eine 130° warme Lsg. von **I** in Dimethylformamid, gegebenenfalls verd. mit Cyclohexanon, wird in einen Schacht gesponnen, dessen Wände auf 150° erwärmt sind u. der frei von Lösungsmitteldämpfen ist. Der die Verdampfung fördernde Strom befindet sich (in Fadenrichtung) in einem ununterbrochenen Kreislauf. Nach dem Austritt aus dem Schacht wird das Lösungsm. in einer weiteren, auf 20° gehaltenen Kammer kondensiert u. die Fäden werden gestreckt. Die Temp. oberhalb des Wiederaufheizers beträgt 100—300°. (**Schwz. P. 291 153** vom 2/8. 1951, ausg. 1/9. 1953. F. Prior. 21/9. 1950.) SALZMANN. 8081

Imperial Chemical Industries Ltd., London, England, *Herstellung hochpolymerer Ester* durch Kondensation von 1.4-Bis-(phenoxymethyl)-benzol-4.′4″-dicarbonsäure(**I**) oder einem ihrer funktionellen Derivv. u. äquivalenten Mengen Äthylenglykol (**II**) u. Entfernen flüchtiger Nebenprodd. u. etwa noch vorhandenen **II** mindestens während der letzten Reaktionsstufen durch Erhitzen, bis Fäden, die aus der Schmelze des Reaktionsprod. gebildet werden, durch Kaltziehen verstreckt werden können. — 4,3 (Teile) **I**, 1,3 **II**, 0,0015 Mg u. 0,015 Li werden $^3/_4$ Std. bei 200° unter Durchleiten von O_2-freiem N_2 erhitzt, dann $^1/_4$ Std. bei 10 mm Hg Druck weitererhitzt u. $5^1/_2$ Std. bei 278° u. 3 mm Hg. Kristalliner Stoff vom F. 220—226°, der aus der Schmelze zu Fäden gesponnen werden kann. Verwendung als *Textilmaterial.* (**Schwz. P. 264 819** vom 22/11. 1946, ausg. 1/2. 1950. E. Prior. 23/11. 1945. **Zusatz zu Schwz. P. 258 594; C. 1950. I. 2182.**) PANKOW. 8081

Phrix-Werke Akt.-Ges., Hamburg (Erfinder: **Hans Egon Krüger**, Berlin), *Herstellung von linearen superpolymeren Kondensationsprodukten*, die sowohl Ester-, als auch Amidbindungen enthalten, dad. gek., daß Dicarbonsäuren $[(COOH(CH_2)_n \cdot (COOH]$ oder ihre Anhydride oder Ester zusammen mit Diaminen $[NH_2 \cdot (CH_2)_n \cdot NH_2]$ u. Aminoalkoholen $[OH \cdot (CH_2)_n \cdot NH]$ zuerst bei n. Druck in Luft oder einem inerten Gas, dann im Vakuum mit oder ohne Katalysatoren solange erhitzt werden, bis der gewünschte Kondensationsgrad erreicht ist. Nach einem Beispiel werden Sebacinsäure, Äthanolamin u. Hexamethylendiamin in N_2 auf 140°, dann bei 0,1 mm Hg auf 200—220° erhitzt. Erweichungspunkt ca. 140°. Aus der Schmelze können *Fäden* gezogen werden. (**D. B. P. 899 553** Kl. 39c vom 8/9. 1939, ausg. 14/12. 1953.) SCHINDLER. 8081

E. I. du Pont de Nemours & Co., V. St. A., übert. von: **K. L. Berry**, *Geformte Gebilde aus wässerigen kolloidalen Dispersionen von Polytetrafluoräthylen.* Eine wss. koll. Dispersion von Polytetrafluoräthylen (**I**) läßt sich unter Druck zu einem Faden mit einer Festigkeit von über 1,75 kg/cm² koagulieren u. anschließend bei einer Temp.

oberhalb 327° sintern, wenn die Dispersion mindestens 5% (Gew.-%) I-Partikel enthält, deren Größe kleiner als 0,1 μ ist. Als Dispergiermittel dient ein Ammonium- oder ein Alkalimetallsalz einer Polyfluoralkansäure der Formel $H(CX_2CX_2)_nCOOH$, worin X Fluor oder Chlor bedeutet, u. mindestens die Hälfte der X-Symbole in jeder Gruppe ($CX_2 \cdot CX_2$) Fluor enthält, u. n eine ganze Zahl zwischen 3 u. 10 ist. Beispiel: Eine wss. Dispersion aus 100 (Teilen) W., 2 eines Na-Salzes eines Säuregemisches der Formel $H(CF_2)_nCOOH$, worin n einen mittleren Wert von 10,6 hat, u. 0,025 Ammoniumpersulfat wird in Ggw. von I bei einem Druck von 3,85 atü 13 Std. gerührt. Es ergibt sich eine Dispersion, welche 47 Teile I enthält. Diese Dispersion wird in ein Koagulierbad, das 0,5% HCl enthält, ausgespritzt. Man erhält einen Faden, der nach Trocknung eine Festigkeit von 4,9 kg/cm² aufweist. (**F. P. 1 023 422** vom 27/7. 1950, ausg. 18/3. 1953. A. Prior. 27/7. 1949.) GLAFEY. 8081

Phrix-Werke Akt.-Ges., Hamburg (Erfinder: **Otto Moldenhauer**, Hamburg, **Wilhelm Irion** und **Richard Pfluger**, Neumünster/Holst.), *ε-Amino-γ-ketocapronsäure.* Man red. ε-Nitro-γ-ketocapronsäure mit H_2 u. Pd. Isolierung über das prim. Oxalat oder als *β-[Isoxazolidyl-(3)]-propionsäure* (I), F. 127°. *Hydrochlorid*, F. 112—115°; *prim. Oxalat*, F. 176°; *sek. Oxalat*, F. 158°. Steht in Lsg. in reversiblem Gleichgew. mit I, in das es beim Stehenlassen der Lsg. übergeht. — Zwischenprod. zur Herst. *vollsynthet. Fasern.* (**D. B. P. 906 697** Kl. 12q vom 8/12. 1951, ausg. 18/3. 1954.) LANGER. 8081

Harry P. Curtis, The testing of yarns and fabrics. 5th edn. London: Pitman. 1954. (XIII + 237 S. m. Abb.) 15 s.

Joseph Merritt Matthews, Matthews' Textile fibers; their physical, microscopic, and chemical properties. 6th ed. prepared by a staff of specialists under the editorship of **Herbert F. Mauersberger**. New York: Wiley. 1954. (1293 S. m. Abb., Diagr.) $ 16,50.

XIX. Brennstoffe. Erdöl. Mineralöle.

L. M. Ssaposhnikow und **W. I. Kassatotschkin**, *Die physikalische Chemie der fossilen Kohlen.* Allg. gehaltener Überblick über die histor. Entw. der Kohleforschung sowie Hinweise auf die Wichtigkeit der physikal.-chem. Unters. fossiler Kohlen, bes. mit Hilfe von Chromatographie, Molekulardest., Molekularspektroskopie, Röntgenographie (DEBYE-SCHERRER-Aufnahmen), Elektronenmikroskopie u. koll.-chem. Methoden. — Beispiele der Anwendung der genannten Verfahren. (Вестник Академии Наук СССР [Nachr. Akad. Wiss. UdSSR] **24.** Nr. 2. 21—26. Febr. 1954.) H. v. PEZOLD. 8126

R. Tille, *Beitrag zur Untersuchung der Kohlenwäsche mit dem Driessen-Zyklon.* Vf. schildert Vorteile u. Arbeitsweise des Kohlenwäschezyklons u. die Best. von allg. physikal. Eigg. der bei der Wäsche benutzten Schwer-Fll. u. bespricht die Wirksamkeit der Reinigung von Kohlen. Die ersten wesentlichen Verss. in Holland mit dem Zyklon (DRIESSEN, Labor. der Staatsmijnen) u. weitere in Frankreich (CERCHAR) werden kurz beschrieben u. die aus eigenen Verss. festgestellten günstigsten Arbeitsbedingungen für den reibungslosen Gang der Reinigung der Feinkohlen (Korngröße 0,52—1,5 mm; 0,28—0,52; 0,12—0,28) mit höchsten organ. Ausbeuten entwickelt. Für die Verss. wurde ein Zyklon nach DRIESSEN mit 0,2—0,3 t/Std. Leistung (Durchmesser 75 mm, Kegelspitzwinkel 24°, überdeckt mit Zylinderrohr von 75 cm Länge) u. mit verstellbarem Durchmesser für die Öffnungen der Kegelspitze u. des Diaphragmas, als Schwertrübemittel für die Kohlensuspension in W. nur Magnetit (D. 5,18) verwendet. Es wird bes. auf die Wichtigkeit der Beziehungen zwischen dem Durchmesser der Zyklonwässerungen u. der Dichte der einlaufenden fertigen Wasch-Fll. (~1,5 kg/Liter) u. der beiden abfließenden Fll. hingewiesen. Die Rolle der Magnetitschicht bei der Teilung der Schwer-Fl. in zwei Fraktionen u. die rechte Wahl des Verhältnisses der Öffnungen des Zyklons zur Erzielung der besten Trennung der festen Stoffe, die mit Ober- (= Kohle) bzw. mit Unterflut (= anorgan. Stoffe) abfließen, wird theoret. u. nach prakt. Verss. erklärt. Weitere experimentelle Angaben u. Daten, Diagramme u. entsprechende physikalisch-mathemat. Gleichungen. (Ann. Mines Belgique **50.** 788 bis 800. Nov. 1951. Brüssel, Freie Univ., Labor. de Préparation Mécanique des Charbons et Minerals.) WINGCHEN. 8134

R. M. Horsley, H. El.-Sinbawy und **H. G. Smith**, *Xanthate bei der Flotation von Kohlen.* Vff. messen die Randwinkel bei der Flotation von Kohlen. Dabei wird gezeigt, daß Xanthate in reinem Zustand keine Sammlereigg. für Kohlen besitzen, dagegen die im Handel erhältlichen Xanthate (K-Äthylxanthat) oder Lsgg. von reinen Xanthaten, die Cu (II)- bzw. Fe(III)-Ionen enthalten, besitzen gute Sammlereigg., Vf. erklärt die Wrkg. dieser Salze mit einer Bldg. von Cu u. Fe-Salzen der Xanthate u. einer darauffolgenden Disproportionierung zum Xanthatsalz mit niedriger Wertigkeit des Metallions zu Cu(I) bzw. Fe(II)-Salz u. zu Dixanthogen. Ferner werden auch die Randwinkel bei der Flotation mit Äthyldixanthogen gemessen. Aus den Verss. folgern die Vff., daß gegebenenfalls die Sammelwrkg. von „reinem" Kaliumäthylxanthat auf der Bldg. von Äthyldixanthogen beruht, das ein sehr guter Sammler für die Kohlen aller Inkohlungsgrade mit Ausnahme der Lignite ist. (Fuel **31.** 302—11. Juli 1952. Departement of Mining, University of Leeds.) H.-G. SCHÄFER. 8134

Robert S. Aries, *Kontinuierliche Holzverkohlung in kleinen Retorten ohne Gewinnung von Nebenprodukten.* Aus der Erkenntnis heraus, daß die bei der Holzverkokung anfallenden Nebenprodd. in anderen Synthesebetrieben billiger anfallen, propagiert Vf. die Holzverkokung von Abfallholz in kleinen, über das ganze Land verteilten Einheiten, von mit Abzügen versehenen Retorten. Vorbild waren die **1936** zuerst in Deutschland von RASCHIG gebauten Retorten, die durch LAMBIOTTE, WENDT, STRUPP, ERI, PROGIL, BROUILLET u. a. verbessert worden sind. — Beschreibung der Arbeitsweise. (J. Forestry **52.** 7—9. Jan. 1954.) K. O. MÜLLER. 8140

D. M. Lissin, *Methodik der Kastenverkokung von Kohlen und Beurteilung des Versuchskoks nach Standard- und anderen Parametern.* Zwecks Vergleichsmöglichkeiten zwischen Versuchs- u. Kokereikoks wird die Methodik der halbindustriellen Kastenverkokung vervollkommnet. Dabei wird der getrommelte Koks (**I**) nach Größe u. Gewicht geordnet. Zur Prüfung der mechan. Eigg. von **I** wird eine Trommel bestimmter Dimension mit 25 Umdrehungen/Min. vorgeschlagen. Etwa der gleiche physikal. Zustand, in dem sich **I** im Hochofen befindet, wird durch die Behandlung des Versuchskoks nach 150 Umdrehungen erreicht. Die Prüfergebnisse erstrecken sich auf einen Komplex von Faktoren, die die Kokseigg. kennzeichnen: Stückgröße im Gesamt- u. Hütten-**I**, Homogenität, Festigkeit, Gasdurchlässigkeit, Zerreibungsfestigkeit. Die durchgeführten Verss. zeigen, daß der Kastenkoks sich in seinen Eigg. vom Kokereikoks etwas unterscheidet. Die vorgeschlagene Meth. gestattet mit Hilfe von empir. Formeln die Versuchsergebnisse auf die einzelnen Parameter bei der Beurteilung des Kokerei-**I** auszuweiten. Eine einheitliche Methodik der Kastenverkokung gibt die Möglichkeit, die optimalen Bedingungen für die Verkokung verschied. Kohlesorten im voraus zu bestimmen u. die Versuchsergebnisse auf breiter Basis zu vergleichen. (Известия Академии Наук СССР, Отделение Технических Наук [Nachr. Akad. Wiss. UdSSR, Abt. techn. Wiss.] **1953.** 1826—46. Dez.) AMBURGER. 8144

Wilhelm Flesch, *Beiträge zur restlosen Vergasung von Feinkohle.* Vortrag. Eingangs wird das WINKLER-Verf. eingehend geschildert u. dann das FLESCH-WINKLER-Verf. sowie das BASF-FLESCH-DEMAG-Verf. beschrieben. Auf die Vorzüge u. Nachteile der einzelnen Verff. wird eingegangen. (Glückauf **90.** 537—43. 22/5. 1954. Ludwigshafen/Rh.) ROSENDAHL. 814

Joseph Grumer, Margaret E. Harris und **Harold Schultz,** *Voraussichtliche Austauschbarkeit von Brenngasen.* Vff. berechnen die Austauschbarkeit von Ölgas oder Propan–Luftgas durch Erdgas. Die Theorie der Stabilität der Brennerflammen wird entwickelt, sowie das Ansaugen von Luft durch das Brenngas. Es wird festgestellt, daß auf Erdgas eingestellte Brenner leichter auf Propan–Luftgas als auf Ölgas umzustellen sind. Gewisse Zusätze können bei Ölgas das Zurückschlagen oder das Abreißen der Flamme vermindern. (Ind. Engng. Chem. **44.** 1554—59. Juli 1952. Pittsburgh, Pa., U. S. Bureau of Mines.) H.-G. SCHÄFER. 8156

M. A. Siron, *Cracken im leeren Ofen.* Eine unbenützbare Kokskammer wurde zur Herst. eines *Ölgases* aus leichtem Heizöl herangezogen. Zus. in %: 2,2 CO_2, 26,6 C_nH_{2n}, 0,6 O_2, 2,4 CO, 20,8 H_2, 29,4 C_nH_{2n+2}, 8,0 N_2, Heizwert im Calorimeter. ca. 8500 Cal. Durch Beimischung von Stadtgas wurde der Heizwert auf 4250 Cal herabgesetzt, was einer Gasausbeute von ca. 1,5 m^3 Gas auf 1 kg Öl entspricht. Das Heizöl kann auch als Waschöl in den Naphthalinwäschern verwendet u. von dort der Crackanlage ständig zugeführt werden. (J. Usines Gaz **75.** 174—78. Juni 1951. Brüssel, Städt. Gaswerk.) STEINER. 8160

Franz Eckert, *Über die Partialdrücke des Naphthalins.* Der Sättigungsdruck von Naphthalin in g/Nm^3 wurde über verschied. $C_{10}H_8$-haltigen Ölen bei Tempp. zwischen 15 u. 30° in geradliniger Abhängigkeit von der Konz. im Öl gefunden; er erreicht im Sättigungspunkt den Wert des reinen Naphthalins. Aus dieser Proportionalität u. den Kurven des Lösungsvermögens verschied. Teeröle für Naphthalin ergeben sich die Teildruckkurven in Abhängigkeit von der Temperatur. An dem nach der Pikratmeth. ermittelten Drücken sind neben dem Naphthalin selbst noch andere pikratbildende Substanzen, vor allem Methylnaphthaline, beteiligt. Diese „Eigentension" bewirkt, daß die

Pikratmeth. zu hohe Werte liefert. (Gas- u. Wasserfach, Ausg. Gas **95.** 200—04. 1/4. 1954. Kiel-Wik, Gaswerk.) SCHUSTER. 8174

T. Niewiadomski, *Kontinuierliche Destillation von Steinkohlenteer.* Es wird die Entw. der Destillationsapp. für Steinkohlenteer sowie die Erkenntnisse auf diesem Gebiet behandelt: Die period. Dest., die kontinuierliche, die kontinuierliche Mehrstufendest. sowie die kontinuierliche Vakuumdest. u. die Dest. mit Wasserdampf. Zum Schluß werden die Besonderheiten des Röhrenofens skizziert, dann die kontinuierliche Rektifikation (Berechnung der Böden u. deren Verminderung durch Steigerung des Phlegmaverhältnisses u. der Bedarf an Wärme. — 12 Literaturangaben. (Przemysł chem. **7** (**30**). 666—75. Nov. 1951.) v. WILPERT. 8176

Peter W. Sherwood, *Extraktion von Flüssigkeiten mit Flüssigkeiten in Raffinerien.* Nach kurzem Überblick über bekannte Verff. wird die Zentrifuge von PODBIELNIAK näher beschrieben. (Chem. Age **70.** 623—25. 13/3. 1954.) ROSENDAHL. 8194

—, *Die „Viscositätsindexverbesserungsmittel".* Von den für Techniker u. Verbraucher wichtigen Zusatzmitteln zur Verbesserung der Viscositätsindices von mineral. Ölen werden vier hochmol. Kettenpolymere besprochen: 1. Das *Paratone* (Mol.-Gew. zwischen 10000 u. 15000; aus KW-stoffen mit 4 C-Atomen hergestellt). 2. Das *Acryloid 150* (das auch den Gefrierpunkt erniedrigt) u. 3. das *Acryloid 710* (beide Acryloide sind polymerisierte Reaktionsprodd. der *Acrylsäure* mit höheren Fettalkoholen; Mol.-Geww. zwischen 5000—20000). 4. Das weniger bekannte *Santodex,* das wahrscheinlich aus *Styrol* u. Olefinen mit 8—12 C-Atomen hergestellt wird (Mol.-Gew. u. Kettenlänge ähnlich wie bei 3 u. 4). Die D. (nach *ARJ*) der vier Verbesserungsmittel, ihre SAYBOLT-Viscositäten bei 100, 188 u. 210° F, die Gefrierpunkte u. Farben (nach *ASTM*) werden angegeben. Die Mittel rufen außer in der Viscosität unter n. Motorbedingungen keine Veränderungen der Eigg. der *Schmieröle* hervor. Starkes Rütteln oder starke Reibung soll den Viscositätsindex bei den Ölen verringern (bis zu 10 Einheiten). Es wird eine Erklärung der Wrkg. der chem. Zusatzmittel gegeben; die notwendigen Eigg. werden diskutiert (polymerer Stoff; hohes Mol.-Gew.; Veränderung [= Verbesserung] der Löslichkeit in Mineralölen zwischen 100 u. 210° F). (Olii minerali, Grassi Saponi, Colori Vernici **28.** 1—3. Jan. 1951.) WINGCHEN. 8220

—, *Diagramm über die absolute Viscosität von Shellbitumen und Shellverschnittbitumen* (*Shelspra und Shelmac*). Tabellen u. Diagramme, aus denen die Temperaturabhängigkeit der Viscosität der Shell-Straßenbaustoffe (Bitumina aus Venezuelarohölen) hervorgeht. (Straßen- u. Tiefbau, Straßenbau u. Straßenbaustoffe **8.** 172. April 1954.) K. O. MÜLLER. 8224

Shoichi Kikkawa, *Über Teerpech.* 7. Mitt. *Über die Durchschnittscharakteristika von Pechölen.* (6. vgl. C. **1953.** 9682.) Das bei der Herst. von Pechkoks anfallende *Pechöl* (**I**) wurde in 10°-Fraktionen (Kp.$_4$ 75—300°) getrennt u. einige physikal. Kennzahlen bestimmt: C/H 12,0—20,8, Mol.-Gew. 128—325, D.$^{30}{}_4$ 1,004—1,2501, n_D^{30} 1,5800—1,705, F. der höchsten Fraktion 172°. ONS-% verhältnismäßig niedrig. Ursprünglich im Pech nicht vorhandenes *Acenaphthen* erscheint im I. Trotzdem anscheinend neue kondensierte Ringe entstanden sind, sind noch Anteile hitzeempfindlicher Körper aliphat. Natur vorhanden. (J. chem. Soc. Japan, ind. Chem. Sect. [Kōgyō Kagaku Zassi] **55.** 113—15. Febr. 1952. Osaka, Univ. [Orig.: japan.]) SCHULER. 8228

B. W. Thomas und **R. L. Martin,** *Zwei erfolgreiche Analysierapparate. Sie erleichtern das Problem der Probenahme für die Untersuchungen bei einem ununterbrochen arbeitenden Verfahren.* Es werden zwei Einrichtungen beschrieben, deren erste dafür bestimmt ist, aus 3 Dampfströmen u. einem Flüssigkeitsgemisch während jeweils 15 Min. Proben zu entnehmen. Die Dampfströme enthalten die gleichen KW-stoffe, jedoch in unterschiedlicher Zusammensetzung. Die Einrichtung bestimmt nur eine Komponente. Da zwischen den Kpp. des leichtesten u. schwersten Bestandteiles große Unterschiede bestanden, wurde dafür Sorge getragen, daß während der Best. keine Fraktionierung stattfindet. Die zweite Einrichtung besteht aus 3 Untersuchungsapparaten, mit der ein Dampfstrom an 3 verschied. Stellen untersucht werden soll. An Hand von 2 Skizzen werden die Schaltschemen für die beiden Einrichtungen beschrieben. (Petroleum Processing **8.** 1511—13. Okt. 1953. Baytown, Tex., Humble Oil and Ref. Co.) ROSENDAHL. 8242

E. R. Quiram, S. J. Metro und **J. B. Lewis,** *Bestimmungen von gasförmigen Kohlenwasserstoffen als Luftverunreinigung.* Die Best. von C_2—C_5-KW-stoffen, die als Verunreinigung der Luft in der Nähe von Raffinerien auftreten können, geschieht durch Adsorption an Kieselgel bei —73° beim Durchleiten der Luft, anschließend Austreiben der gesammelten Luftverunreinigungen im Vakuum u. Analyse mit dem Massenspektrometer. Bei synthet. Mischungen mit 0,08—0,31% verschieden gesätt. u. ungesätt.

KW-stoffe wurden 60% Äthan u. 95% der C_3—C_5-KW-stoffe wiedergefunden. Einzelheiten über die Adsorption u. Desorption der Gase werden mitgeteilt. (Analytic. Chem. **26.** 352—54. Febr. 1954. Linden, N. J., Esso Laboratorien, Versuchsabt., Standard Oil Development Co.) LUCHSINGER. 8242

Anton Lissner, *Zur Bestimmung des Gesamtschwefels in Braunkohlen nach Eschka.* Die Meth. zur Best. des Gesamt-S nach ESCHKA eignet sich für Steinkohlen u. Koks, für Braunkohlen ist ihre Brauchbarkeit umstritten, da beim Erhitzen mit Bunsenbrenner die Kohle teilweise geschwelt wird u. schwefelhaltige Schwelprodd. entweichen. Gleichmäßiges u. allmähliches Erhitzen in elektr. beheizter Muffel auf 750° führt auch bei Braunkohlen zu einwandfreien Resultaten. Gleichzeitig kann hierbei das MgO zum Aufschluß wegfallen. Vf. vergleicht so durchgeführte Analysen mit Analysen, die nach ESCHKA, BRUNCK, SEUTHE, FOERSTER-PROBST, CARIUS u. STAEMMLER ausgeführt wurden. (Bergakademie, Freiberger Forschungsh., Ausg. A **1952.** Nr. 14. 31—34.) H.-G. SCHÄFER. 8244

R. A. Glenn und **Elizabeth D. Olleman,** *Analyse funktioneller Gruppen. Charakterisierung von Kohlehydrierungsprodukten.* Zur Charakterisierung des Neutralöls der Kohlehydrierung werden neben der Elementaranalyse u. der Mol.-Gew.-Best. verwendet: Die Natriumäthylattitrationen, die Perchlorsäuretitration, die Acetylierung, die Acetylierung mit anschließender selektiver Hydrolyse u. die Rk. mit GRIGNARD-Reagens bei 90° u. bei Raumtemperatur. Aus den Daten lassen sich errechnen: Der Geh. an N-Verbb. [prim., sek. (Differenz) u. tert. Amine, N-substituierte [Differenz] u. unsubstituierte Pyrrole], O-Verbb. [nicht gehinderte Phenole, prim. u. sek. Alkohole, Äther (Differenz)] u. KW-stoffen (Differenz). (Analytic. Chem. **26.** 350 bis 52. Febr. 1954. Pittsburgh, Pa., Carnegie Inst. of Technol., Coal Res. Labor.) K. F. MÜLLER. 8246

Firmo Rubio, Gironde, Frankreich, *Brennstoffbrikett.* Teer, Pech u. Unrat werden mit CaO, Seesalz u. Wasserglas bei 80° gemischt, mit flüchtigen organ. verflüssigten Stoffen, wie Naphthalin u. Harz, versetzt u. mit festen Brennstoffen zu einer homogenen Paste verarbeitet. Nach dem Abkühlen werden sie auf ca. $^1/_3$ des Vol. zu Briketts komprimiert. — Zeichnung. (**F. P. 1 020 185** vom 12/6. 1950, ausg. 12/11. 1952.) HOLM. 8137

Badische Anilin- & Soda-Fabrik Akt.-Ges., Ludwigshafen/Rh. (Erfinder: **Walter Knobloch,** Mannheim), *Erzeugung von H_2-CO-Gemischen für Synthesezwecke durch Vergasung von Steinkohlen* im Abstichgaserzeuger mit O_2 u. H_2O-Dampf, mit vorausgehender Schwelung der Kohle im oberen Teil des Gaserzeugers unter Aufrechterhaltung eines Schwelgaskreislaufes durch die Schwelzone (I) u. Vorverbrennung der in die I zurückzuführenden Schwelgase (II) mit O_2. Der Überschuß an II einschließlich des H_2O-Dampfes aus Schwelwasser u. Kohlenfeuchtigkeit, des Schwelteeres u. des Staubes wird dem Unterteil des Gaserzeugers zugeführt. (**D. B. P. 895 204** Kl. 24e vom 8/6. 1943, ausg. 2/11. 1953.) v. HUHN. 8149

Standard Oil Development Co., übert. von: **Walter A. Herbst,** Union, N. J., V. St. A., *Herstellung von Synthesegas* aus unter n. Bedingungen gasförmigen KW-stoffen von niedrigem Mol.-Gew., indem diese in einem Oxydator mit feinverteilten festen O_2-Trägern, wie reduzierbaren Metalloxyden im fluidisierten Zustand oxydiert werden, wobei die Trägerstoffe laufend über ein Klassifiziergefäß, in dem die Teilchen über 300 μ abgetrennt werden, in einen Metalloxydregenerator geleitet u. von hier nach Zumischen der im Klassifiziergefäß abgetrennten u. wieder gemahlenen groben Teilchen ins Reaktionsgefäß zurückgeführt werden. (**A. P. 2 631 933** vom 15/10. 1947, ausg. 17/3. 1953.) DEMMLER. 8153

Chemische Werke Bergkamen Akt.-Ges. (Erfinder: **Bernhard Löpmann** und **Hermann Schwenke,** Kamen), Bergkamen, *Herabsetzen des CO-Gehaltes in Verbrauchsgasen.* Das Gas wird in einer 1. Stufe in bekannter Weise konvertiert, in einer anschließenden Stufe bei n. oder erhöhtem Druck u. 120—160° über an sich bekannte Katalysatoren geleitet u. nach Abscheidung der dabei gebildeten fl. Reaktionsprodd. sowie Kühlung u. Durchströmung eines Absorptionsgefäßes zum Verbraucher geleitet. (**D. B. P. 888 590** Kl. 26d vom 20/5. 1950, ausg. 3/9. 1953.) DEMMLER. 8165

F. J. Collin Akt.-Ges. zur Verwertung von Brennstoffen und Metallen, Dortmund (Erfinder: **Johann Scheuchenstuel** und **Walter Jorde,** Wien), *Entschwefelung von Brenngasen* mittels NH_3-Lsg., dad. gek., daß in der NH_3-Lsg. S suspendiert wird, wobei die z. B. 10—50 (g) NH_3 u. 20—100 S im Liter enthaltende Waschlsg. im Kreislauf geführt u. in einem Abtreiber vom absorbierten H_2S befreit werden kann. (**D. B. P. 906 973** Kl. 26d vom 26/4. 1952, ausg. 18/3. 1954. Anmeldung bekanntgemacht 9/7. 1953. Oe. Prior. 23/12. 1947.) DEMMLER. 8173

Union Oil Co., übert. von: **Paul W. Fischer**, Long Beach, Los Angeles, California, V. St. A., *Bohröle auf Mineralölbasis*, enthaltend Metallseife (I), 0,1—5 Ton, z. B. Bentonit, Montmorillonit, 0,2—10 W. u. 0,2—5 eines trocknenden Öls, z. B. Leinöl, Sojaöl. I ist eine Erdalkaliharzseife, hergestellt aus Alkaliharzseifen, bestehend aus ca. 50 Seife u. Harzsäuren, ca. 7 unverseifter Harzsäuren, 33 unverseifbarer Harzöle u. 10 W., mit äquivalenten Mengen Erdalkalihydroxyden, bes. $Ca(OH)_2$. — Beispiel: 84,1 Leichtpetroleumdestillat, 3,7 Ca-Resinat, 8,0 W., 4,0 Bentonit, 0,2 Sojaöl. (**A. P. 2 623 015** vom 16/10. 1950, ausg. 23/12. 1953.) DREWS. 8191

Petrolite Corp., übert. von: **Melvin De Groote**, University City, Mo., V. St. A., *Emulsionszerstörer*, bestehend aus hydrophilen Syntheseprodd. der Formel I, worin $R''' O(RO)_nR'''$ einen vierwertigen Rest bedeutet, der durch Eliminierung der Hydroxylwasserstoffatome aus dem Tetralol $R'O(RO)_nR'$ erhalten wurde, in dem R'H oder

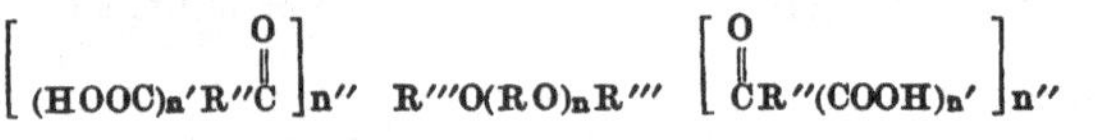

I

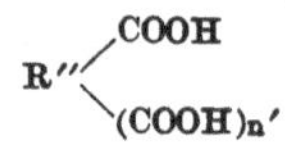

II

ein einwertiges Radikal, abgeleitet von $C_3H_5(OH)_2$, $C_3H_5(OH)\cdot O\cdot C_3H_5(OH)_2$ u. $(RO)_n$ ein 2-wertiges Radikal eines Polypropylenglykols der Struktur $HO(RO)_nH$ bedeuten, bei dem n eine ganze Zahl von der Größe ist, daß das Mol.-Gew. des Polypropylenglykols ca. 750—5000 beträgt; n' ist eine ganze Zahl, nicht größer als 2; n'' ist eine ganze Zahl von 1—3 mit der Einschränkung, daß die Summe aus n'' u. n'' gleich 4 ist. R'' bedeutet den Rest der Polycarbonsäure II. Die Tetralolmuttersubstanz soll vor der Veresterung wasserunlösl. u. kerosinlösl. sein. — Beispiele für Dicarbonsäuren: Diglykol-, Phthal-, Malein-, Bernstein- u. Citraconsäure. (**A. P. 2 626 903** vom 1/12. 1950, ausg. 27/1. 1953.) UNGER. 8191

Petrolite Corp., übert. von: **Melvin De Groote**, University City, Mo., V. St. A., *Emulsionszerstörer*, bestehend aus hydrophilen Syntheseprodd. der Formel $(HOOC)_n''\cdot RC{:}O(OC_3H_6)_nOR'(OC_3H_6)_{n'}C{:}OR(COOH)_{n''}$, in der R' der Rest eines Glycerinäthers vom Propylenglykoläthyläther bedeutet. n u. n' sind Zahlen, deren Summe zwischen 15 u. 80 schwankt. n'' ist eine ganze Zahl nicht über 2; R ist ein Rest einer mehrbas. Säure I, worin n'' die obige Bedeutung hat. Die Dioxymuttersubstanz soll vor der Veresterung wasserunlösl. sein. — Beispiele für Polycarbonsäuren: Phthal-, Malein-, Bernstein-, Citracon- u. Diglykolsäure. (**A. P. 2 626 904** vom 14/12. 1950, ausg. 27/1. 1953.) UNGER. 8191

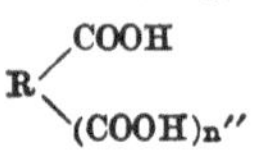

I

Petrolite Corp., übert. von: **Melvin De Groote**, University City, Mo., V. St. A., *Emulsionszerstörer*, bestehend aus einem monomeren sauren Teilester der Struktur I, worin R Hexantriol-1.2.6 u. R' einenPolycarbonsäurerest II bedeuten. n' sind ganze Zahlen 1 u. 2, n eine ganze Zahl zwischen 6 u. 30, wobei n sich mit dem Durchschnitt der Menge Propylenoxyd deckt, die mit dem ursprünglichen Triol $R(OH)_3$ umgesetzt wird. Dieses Triol muß frei sein von Resten mit mindestens 8 zusammenhängenden

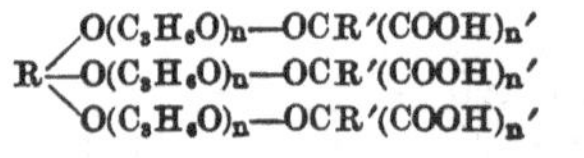

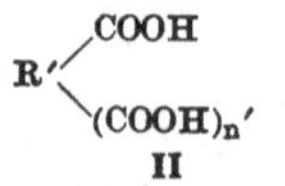

II

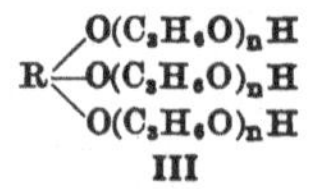

III

C-Atomen. Ferner müssen die oxypropylierten Triole III kerosinlösl. sein u. das durchschnittliche Mol.-Gew. von 1000—10000 haben. — Beispiele für die Dicarbonsäuren: Phthalsäure, Maleinsäure, Bernsteinsäure, Citraconsäure u. Diglykolsäure. (**A. P. 2 626 911** vom 14/5. 1951, ausg. 27/1. 1953.) UNGER. 8191

Petrolite Corp., übert. von: **Melvin De Groote**, University City, Mo., V. St. A., *Emulsionszerstörer*, bestehend aus hydrophilen synthet. Prodd. der Formel $(HOOC)_n''\cdot RCO(OH_6C_3)_nOH_4C_2N(CH_3)-C_2H_4O(C_3H_6O)_{n'}\cdot CO-R(COOH)_{n''}$, worin n u. n' ganze Zahlen bedeuten, deren Summe zwischen 15 u. 80 schwankt; n'' ist eine ganze Zahl nicht über 2 u. R der Rest einer Polycarbonsäure I, worin n'' die obige Bedeutung hat, mit der Voraussetzung, daß die Dioxymuttersubstanz vor der Veresterung wasserunlösl. ist. — Beispiele für Dicarbonsäuren: Phthalsäure, Maleinsäure, Bernsteinsäure, Citraconsäure, Diglykolsäure. (**A. P. 2 626 914** vom 14/5. 1951, ausg. 27/1. 1953.) UNGER. 8191

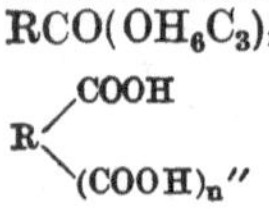

I

Union Oil Co. of California, Los Angeles, Calif., übert. von: **Robert F. Bauer**, Santa Maria, und **John E. Sherborne**, Whittier, Calif., V. St. A., *Behandlung ölhaltiger Formationen aus der Umgebung von Bohrlöchern* durch Trocknen der ölhaltigen Gesteine, Einleiten eines organ. Lösungsm., welches 0,1—5,0 Gew.-% eines Silicone bildenden Reagens (I) (aus alkyl- u. arylsubstituierten Siliconhalogeniden sowie alkyl- u. arylsubstituierten Siliconestern mit 1—20 C-Atomen u. einem Verhältnis der Radikale zum Silicon von 1,2—1,8) enthält. Man läßt I so lange in Berührung mit dem getrockneten Material, bis sich darauf ein Überzug des I gebildet hat, zieht das überschüssige I ab u. gibt W. zu dem Material, um den gebildeten Überzug von I zu zers., wobei sich ein oleophiler Überzug von Siliconpolymeren auf der Oberfläche des ölhaltigen Materials bildet. (**A. P. 2 633 919** vom 19/6. 1948, ausg. 7/4. 1953.) Unger. 8191

Phillips Petroleum Co. übert. von: **Samuel C. Carney,** Bartlesville, Okla., V. St. A., *Berührung von Flüssigkeiten miteinander,* z. B. zur Trennung von verschied. KW-stoffgemischen (Paraffinen–Naphthenen). Man läßt eine leichte Fl. (I) u. eine schwere Fl. (II) im Gegenstrom durch eine Mischzone strömen u. gibt ihnen dabei ein Drehmoment, wodurch sich eine Zwischenschicht zwischen I u. II aufrichtet. Man bringt magnet. Teilchen in die Mischzone u. schaltet von Zeit zu Zeit ein Magnetfeld ein, welches die Teilchen in die Zone von I zieht, von wo sie nach dem Abschalten des Magnetfeldes durch Zentrifugalkraft in die Zone von II gelangen. — Zeichnung. (**A. P. 2 614 064** vom 31/10. 1949, ausg. 14/10. 1952.) Unger. 8195

E. I. du Pont de Nemours & Co., Wilmington, Del., übert. von: **Alvin B. Stiles,** Charleston, W. Va., V. St. A., *Entschwefeln von Kohlenwasserstoffen* erfolgt durch Überleiten bei 300—500° über einen Katalysator, der aus einem Salz der Metalle aus der Gruppe der Alkalien, der Erdalkalien, des Eisens oder Ag u. eines amphoteren Metalles, umfassend V, Cr, Mo, W, besteht u. auf einem porösen Träger aufgebracht ist. Der Katalysator wird mit H_2S oder CS_2 oder niedrigsd. Mercaptanen bei 275 bis 450° u. mäßigen Drucken, vorteilhaft in Ggw. von H_2, vorbehandelt. (**A. P. 2 620 362** vom 7/7. 1948, ausg. 2/12. 1952.) G. König. 8195

Gulf Oil Corp., Pittsburgh, Pa., übert. von: **Jerry McAfee,** Port Arthur, Tex., V. St. A., *Entschwefelung von Kohlenwasserstoffölen* in der Dampfphase mit H_2 in Ggw. von Kontakten aus porösen Trägern mit Metallen oder Oxyden der Fe-Gruppe bei 600 bis 950 °F unter 100—1000 lbs./sq.in./g. Nach Ablagerung kohligen Materials u. von S auf dem Kontakt (I) beendet man den Durchgang, red. den I mit H_2 unter 100 bis 2000 lbs/sq.in./g bei 950—1400° F, wobei kohliges Material in KW-stoffdämpfe übergeht, ohne daß S in H_2S übergeht. Anschließend brennt man den I ab, wobei das kohlige Material meist entfernt wird, u. behandelt neue KW-stofföle mit dem regenerierten I. — Zeichnung. (**A. P. 2 623 006** vom 28/10. 1948, ausg. 23/12. 1952.) Unger. 8195

Air Reduction Co., New York, N. Y., übert. von: **Charles O. Hoover,** Houston, Tex., V. St. A., *Entschwefelung von Kohlenwasserstoffen* durch Oxydation des S zu SO_2, indem man die KW-stoffdämpfe über einen Oxydationskatalysator leitet, der hauptsächlich aus Cuprosulfid besteht, in Ggw. von gasförmigem O_2. Behandlungstemp. 550—950° F. — Zeichnung. (**A. P. 2 640 010** vom 8/11. 1951, ausg. 26/5. 1953.) Unger. 8195

Gulf Research & Development Co., Pittsburgh, Pa., übert. von: **Vincent L. Crawford,** Fox Chapel, Pa., V. St. A., *Hydrierende Entschwefelung* in der Dampfphase unter erhöhtem Druck bei ca. 820—875° F mit H_2 in Ggw. eines Ni-haltigen Katalysators (I) mit 15—25% Ni, berechnet als Oxyd, auf einem porösen Träger, wobei ein Teil des Ni in metall. Form vorliegt. Man beendet die Behandlung, wenn die Regenerierung des Kontaktes erforderlich wird, entspannt, regeneriert den I durch Abbrennen u. red. ihn bei 750—800° F unter Reaktionsdruck mit Dampf u. einem reduzierenden Gas (Verhältnis 4,5:1—28:1). Man steigert die Temp. auf 820—875° F u. setzt die Behandlung mit dem regenerierten u. teilweise red. I fort. (**A. P. 2 646 388** vom 20/4. 1951, ausg. 21/7. 1953.) Unger. 8195

Houdry Process Corp., Wilmington, Del., übert. von: **George R. Bond jr.,** Paulsboro, N. J., V. St. A., *Raffination von Kohlenwasserstoffölen* durch Behandlung mit einer konz. wss. Lsg. von mindestens einem Schwermetallchlorid ($FeCl_3$, $SbCl_3$, $BiCl_3$), die mit einer gesätt. Lauge ($MgCl_2$, $CaCl_2$, NaCl) gestreckt ist. Es scheidet sich ein Schlamm ab, der die Verunreinigungen enthält, u. den man von dem Raffinat abtrennt. Man verwendet 0,1—10 Vol.-% der Behandlungsmischung (4—9 Vol. $MgCl_2$-Lsg. auf 1 Vol. $FeCl_3$-Lsg.). (**A. P. 2 642 382** vom 24/11. 1950, ausg. 16/6. 1953.) Unger. 8195

Texas Co., New York, N.Y., übert. von: **Johan C. D. Oosterhout** und **Thomas C. Roddy jr.,** Port Arthur, Tex., V. St. A., *Entsäuern und Stabilisieren von Kohlenwasserstoffölen* durch Behandlung mit einem organ. Metallsalz, einem p-Phenylendiamin u. einem N-Salicylalaminoalkan, z. B. Cu-Naphthenat + N.N'-Di-sek.-butyl-p-phenylendiamin + N.N'-Disalicylal-1.2-diaminopropan. — Zeichnung. (**A. P. 2 621 147** vom 22/9. 1951, ausg. 9/12. 1952.) UNGER. 8195

California Research Corp., San Francisco, Calif., V. St. A., *Entsäuern von Erdöldestillaten mit Bleisulfid.* Um Emulsionsbldg. zu verhindern, löst man in der PbS-haltigen Behandlungs-Fl. (20—30° Bé NaOH) Na-Sulfonate, die durch Sulfonieren einer SO_2-Extraktfraktion von Leuchtöl (Kp. 400—530° F) u. Neutralisation des Sulfonierungsprod. mit NaOH erhalten wurden. Man setzt 0,15—1,5 Gew.-% der Na-Sulfonate zu. — Zeichnung. (**E. P. 691 934** vom 19/7. 1950, ausg. 27/5. 1953. A. Prior. 23/7. 1949.) UNGER. 8195

Anglo-Iranian Oil Co., London, und **Frederick William Bertram Porter**, Sunbury-on-Thames, England, *Katalytische Entschwefelung von Erdölkohlenwasserstoffen.* Man leitet die KW-stoffe ohne Zusatz von H_2 über einen Katalysator, der Naphthene zu Aromaten dehydriert, organ. S-Verbb. hydriert u. schwefelfest ist, bei höherer Temp. u. unter Druck, wobei das Behandlungsgut vorwiegend in fl. Phase gehalten wird u. durch Dehydrierung der vorhandenen Naphthene genügend H_2 produziert wird, um den organ. gebundenen S zu H_2S zu hydrieren. — Katalysator: Co-Molybdat auf Träger, Temp. 700—800° F, Druck 500—1000 lbs./sq.in. KW-stoff: Leuchtöl oder Gasöl. — Zeichnung. (**E. P. 690 806** vom 22/5. 1950, ausg. 29/4. 1953.) UNGER. 8195

Standard Oil Development Co., V. St. A. (Erfinder: **Raymond Bittner, Channing C. Nelson, John W. Packie, Clark T. Harding, Maurice W. Mayer** und **Richard O. Wright**), *Raffinieren von Erdölfraktionen.* Man zerlegt ein Rohöl in mehrere Fraktionen u. leitet den Destillationsrückstand u. die Dämpfe jeder der Fraktionen oder ihrer Umwandlungsprodd. (erhalten z. B. durch katalyt. oder therm. Reformieren der Benzinfraktion, durch Hydrieren, Spalten oder Spalten u. Hydrieren der Gasölfraktion) derart in einen Fraktionsturm ein, daß der Destillationsrückstand durch die Dämpfe rektifiziert wird. — Vorrichtung. (**F. P. 1 038 656** vom 29/3. 1951, ausg. 30/9. 1953. A. Priorr. 1/4., 1/5. u. 3/6. 1950.) OPPERMANN. 8195

Standard Oil Development Co., V. St. A. (Erfinder: **Norman F. Linn, Henry Ernst jr.** und **Arthur K. Scott**), *Selektive Extraktion von Kohlenwasserstoffdestillaten mit gasförmigem Schwefeldioxyd.* Man extrahiert die Destillate, welche aromat. Verbb. u. Schwefel enthalten, z. B. eine Erdölfraktion, Kp. 163—343°, mit SO_2. Den erhaltenen Extrakt sowie das Raffinat unterwirft man einer fraktionierten Dest. bei 4,6—10,5 at bei einer Temp. von mehr als 176° (Verweilzeit 10 Min.) u. wäscht sie zur Entfernung von SO_2-Spuren mit einer kaust. Fl. von 5—10° Bé. — Vorrichtung. (**F. P. 1 041 761** vom 7/5. 1951, ausg. 27/10. 1953. A. Prior. 1/7. 1950.) OPPERMANN. 8195

Sun Oil Co., Philadelphia, Pa., übert. von: **Ivor W. Mills**, Glenolden, und **Herbert L. Johnson**, Media, Pa., V. St. A., *Molybdänsulfid-Hydrierungskatalysator.* Als Katalysator für die Hydrierung ungesätt. KW-stoffe, wie Olefine u. Acetylen, oder solche enthaltende Mischungen, bes. für die Hydrierung der aromat. Bestandteile von *Erdölfraktionen,* dienen ausgebrauchte Hydrierungskatalysatoren, die mindestens 30% ihrer ursprünglichen Aktivität verloren haben, auf denen 10—25% Molybdändisulfid, z. B. durch Tränkung mit Ammonmolybdat, Einw. von H_2S u. Erhitzen in einer H_2-Atmosphäre, niedergeschlagen sind. Die Katalysatoren zeigen bei hoher mechan. Festigkeit hohe Aktivität. (**A. P. 2 635 081** vom 13/12. 1950, ausg. 14/4. 1953.) MATTAES. 8199

Helmut Hintze, Bogen/Donau, *Treibstoff für Motoren.* Als solcher dient ein Leichtmetallcarbid, bes. CaC_2, u. H_2O_2, dessen H zur Bldg. von KW-stoffen u. dessen O zur Verbrennung dient. (**D. B. P. 904 606** Kl. 46a⁶ vom 6/12. 1940, ausg. 22/2. 1954.) DERSIN. 8205

Ruhrchemie Akt.-Ges. (Erfinder: **Heinrich Tramm**, Mülheim, **Helmut Kolling** Duisburg, und **Walter Rottig**), Oberhausen/Rhld., *Hochwertiges Fliegerbenzin aus Erdölbenzinen.* Man zerlegt das Behandlungsgut in einer Versuchskolonne mit mindestens 45 theoret. Böden (Rücklaufverhältnis 1:20—1:50) in zahlreiche Einzelfraktionen, deren Überladekurven, **Zus. u. physikal. Konstanten man feststellt. Die Fraktionen, deren Überladekurven** u. sonstigen Eigg. oberhalb eines hochwertigen Fliegerbenzins liegen, werden bestimmt u. die Betriebskolonnen werden auf Grund der Zahlenwerte so bemessen, daß sie diese Fraktionen abtrennen. Sie werden zusammengemischt u. als Fliegerbenzin verwendet, während die restlichen Fraktionen Autobenzin ergeben. — Zeichnungen, Kurven. (**D. B. P. 906 485** Kl. 23b vom 25/12. 1943, ausg. 15/3. 1954.) UNGER. 8205

Leo Corp., Chicago, Ill., V. St. A., *Brennstoffe für Motoren, Heizöfen u. dgl.*, bestehend aus einem fl. KW-stoff, z. B. Bzn. oder Kerosin, oder Alkohol mit Zusatz von 0,01—0,085% eines Gemisches lösl. organ. Co- u. Cr-Verbb. im Verhältnis 80 Cozu 20 Cr-Verbb., z. B. Diketonaten, wie Co- oder Cr-Diacetylacetonat. (**Schwz. P. 291 201** vom 8/2. 1949, ausg. 1/9. 1953.) DERSIN. 8205

Studien- und Verwertungs-G. m. b. H., Mülheim/Ruhr (Erfinder: **Franz Fischer**, München, **Helmut Pichler** und **Karl-Heinz Ziesecke**, Mülheim/Ruhr), *Katalytische Herstellung von Kohlenwasserstoffen*, bes. *Isobutan*, aus CO u. H_2 in einem Arbeitsgang wird ermöglicht durch Verwendung von Th-Katalysatoren, die frei von Elementen der Eisengruppe sowie frei von V, Cr u. Mo sein sollen, wenn in einem Druck/Temperatur-Intervall gearbeitet wird, das durch die Punkte 10 at/480°, 100 at/425° u. 1000 at/350° einerseits u. 10 at/600°, 100 at/600° u. 1000 at/600° andererseits begrenzt wird. Beste Ausbeuten bei 1maligem Durchsatz mit hoher Octanzahl u. hohem Isobutangeh. des Gasöls werden in dem von 10 at/500°, 100 at/450° u. 1000 at/400° sowie 10 at/550°, 100 at/550° u. 1000 at/550° umschlossenen Gebiet erzielt. Als Th-Katalysator dient z. B. ein aus $Th(NO_3)_4$ durch Fällung hergestelltes ThO_2 auf Trägern. (**D. B. P. 890 501** Kl. 12o vom 5/10. 1941, ausg. 28/9. 1953.) HEROLD. 8207

Ethyl Corp., New York, übert. von: **George Calingaert**, Geneva, N. Y., V. St. A., *Alkylbleiverbindungen*, z. B. $(C_2H_5)_4Pb$. Man läßt in bekannter Weise eine Na–Pb-Legierung mit einem Alkylhalogenid, z. B. C_2H_5Cl, reagieren u. entfernt die gebildete Pb-Verb. aus dem Reaktionsgemisch mittels einer Dampfdest., wobei diese in Ggw. eines therm. Stabilisierungsmittels (I) durchgeführt wird. Als I kommen in Frage: Butylnitrat, Nitromethan, Nitroäthan, Azobenzol, 4-Benzolazo-1-naphthylamin, Glykoldilaurat, Äthylenbromhydrin, Furfurylalkohol, Furfurol, α-Terpineol, Crotonaldehyd, Alloxan, p-Nitrobenzoesäure, Ölsäure, Al-Oleat, Aconitsäure, Chlorophyll, Semicarbazidhydrochlorid, Styroldibromid, Allylisothiocyanat, Stearyljodid, Jodoform, Äthylendibromid, Butadien, Diamylen, Dipenten, Hepten, Allyljodid, Tetramethyläthylen, Tribromäthylen, Hexachlorpropylen, Cyclohexen, Dicyclopentadien, Chloropren, Naphthalin, Styrol, Chrysen, α-Methylnaphthalin. (**A. PP. 2 660 591, 2 660 592, 2 660 593, 2 660 594** vom 18/3. 1952, **2 660 595** u. **2 660 596** vom 24/3. 1952, alle ausg. 24/11. 1953.) BRÖSAMLE. 8209

Rohm & Haas Co., übert. von: **William L. Van Horne** und **La Verne N. Bauer**, Philadelphia, und **Harry T. Neher**, Bristol, Pa., V. St. A., *Mischpolymerisate aus Methacrylaten* (I) *und Allylestern* (II). Die Lsg. einer Mischung aus Acrylsäureestern der Formel $CH_2{=}C(CH)_3COOR$, worin R eine Alkylgruppe mit 16—24 C-Atomen, bes. eine Cetyl-, Heptadecyl-, Stearyl-, Tricosyl- u. Tetracosylgruppe bedeutet, sowie aus Estern, die aus gesätt. aliphat. Monocarbonsäuren mit 3—14 C-Atomen u. einem Allyl-, Methallyl- u. 2-Chlorallylalkohol gebildet werden, in organ. Lösungsmitteln, wie Bzl., Toluol, Xylol, wird polymerisiert. Die so gewonnenen öllösl. Mischpolymerisate werden in Mengen von 0,05—5% *KW-stoffölen*, bes. *Dieselölen*, zugesetzt. Als I sind genannt: Stearyl-, Tetracosyl-, Cetyl-, Octadecylmethacrylate. Als II: Allyl-, Methallyl- u. 2-Chlorallyllaurate, Allylbutyrat, -propionat, -isocyanat u. -myristat. (**A. PP. 2 600 421** u. **2 600 446** vom 15/7. 1949, ausg. 17/6. 1952.) SEIZ. 8213

Standard Oil Development Co., V. St. A. (Erfinder: **Emile L. Baldeschwieler** und **Leland K. Beach**), *Beseitigung der korrosiven Eigenschaften vanadinhaltiger Heizöle.* Um die Bldg. von korrosiven Aschen bei der Verbrennung der Öle zu verhindern, setzt man ihnen Metallverbb. (z. B. Naphthenate, Phenolate, Salicylate) von Fe, Al, bes. Ni, zu. Hierbei bilden sich mit dem im Öl enthaltenen V_2O_5 Vanadate mit einem F. von mehr als 870°. Die zuzusetzenden Mengen an Metallverb. betragen bei Ni u. Fe 0,00002—0,01% (berechnet auf Ni bzw. Fe), bei Al 0,00001—0,005% (berechnet auf Al). (**F. P. 1 039 055** vom 26/6. 1951, ausg. 5/10. 1953. A. Prior. 30/11. 1950.) OPPERMANN. 8217

Henkel & Cie. G. m. b. H. (Erfinder: **Franz Gieser**), Düsseldorf, *Schmierölemulsionen* werden erhalten, wenn Mg-Salze (I) von Fettsäuren (mindestens 16 C-Atome), die durch Oxydation von Paraffin-KW-stoffen (II) mit O_2 oder O_2 enthaltenden Gasen erhalten worden sind, bis zu 5 Gew.-% in Mineralöl gelöst u. die Lsgg. mit der halben bis 2fachen Menge W. verd. werden. (**D. B. P. 871 047** Kl. 23c vom 23/3. 1943, ausg. 19/3. 1953.) MATTHAES. 8221

N. V. de Bataafsche Petroleum Mij., Den Haag (Erfinder: **Jan Dirk Weevers-Stous** und **Govert Verberg**, Amsterdam, Holland), *Antioxydationsmittel für Mineralöle und mineralölhaltige Gemische.* S-haltige Abfallprodd., die beim Raffinieren von Spaltbenzin mit alkal. Lsgg. anfallen („saure Öle"), werden mit ungesätt. aliphat. oder cycloaliphat. KW-stoffen mit einer oder mehreren Doppelbindungen umgesetzt u. die nicht reagierenden u. harzartigen Anteile abgetrennt. — Aus einem aus DUBBS-Spaltbenzin gewonnenen sauren Öl [S-Geh. 0,99(%), $Kp._{10}$ 75—105°] erhält man mit einem durch Spalten gewonnenen Alkengemisch mit 14—18 C-Atomen (Bromzahl, nach MACILHINEY 59) nach 17std. Erhitzen auf 180° ein Prod. mit Kp.$_{0,3}$ 140—265° S-Geh. 9,2, als Antioxydationsmittel für *Schmieröl* (Tabelle). (**D. B. P. 875 652** Kl. 12o vom 8/9. 1951, ausg. 4/5. 1953.) KRAUSS. 8221

Monsanto Chemical Co. (Erfinder: **John Mann Butler**), St. Louis, Mo., V. St. A., *Propyliertes Polystyrol* erhält man durch Einw. von 1,5—2 (Mol) (Iso-) Propylen auf 1 Styrol in Form seines Polymerisates, zweckmäßig in Ggw. von FRIEDEL-CRAFTS-Katalysatoren. — Tabelle der Viscositätserhöhung bei verschieden starken Propylierungen. — Viscositätserhöhender *Zusatz für Schmieröle*. (**D. B. P. 882 762** Kl. 39c vom 29/9. 1950, ausg. 13/7. 1953. A. Prior. 29/1. 1948.) MÖLLERING. 8221

Standard Oil Development Co., übert. von: **Erving Arundale,** und **Fred W. Banes,** Westfield, N. J., V. St. A., *Herstellung von Maleinsäure–Vinylester-Copolymerisaten.* Man copolymerisiert 1—2 (Mol) eines Maleinsäureesters, der aus einer Mischung von Alkoholen mit der durchschnittlichen Kettenlänge von $C_{13,5}$, z. B. von hydrierten Cocosölalkoholen, hergestellt wurde, oder Decylmaleinat, mit 1—2 Vinylestern, bes. Vinylacetat, in einem inerten Lösungsm. mit Hilfe von 0,1—5(%) Peroxydkatalysator in Ggw. von 0,01—5 des Ferrisalzes einer langkettigen Fettsäure u. 0,1—5 eines öllösl. organ. Reduktionsmittels, bes. Benzoin, Acetol, Diacetonalkohol, Diacetylaceton u. Acetonylaceton. Das Polymerisat dient als *Zusatz für Schmieröle* u. erhöht deren Stockpunkt. — Tabellen u. Diagramme. (**A. PP. 2 628 198** vom 31/3. 1951 u. **2 628 220** vom 15/6. 1951, beide ausg. 10/2. 1953.) LÜTTGEN. 8221

Standard Oil Development Co., Del., übert. von: **William J. Sparks,** Westfield, **David W. Young,** Roselle, und **John D. Garber,** Cranford, N. J., V. St. A., *Modifizierte öllösliche Kunstharze* u. a. als *Schmierölzusatz.* Mischpolymerisate aus $>$49(%) Butadien u. $<$51 Dibutylen mit Mol.-Geww. 500—20000 u. SZ. 60—250 werden an den noch vorhandenen —C=C-Bindungen mit Maleinsäureanhydrid umgesetzt, worauf die Anhydridgruppe zur Säure hydrolysiert, die Säure zum Polyalkohol red. u. dieser gegebenenfalls mit Säuren, z. B. Ameisen- bis Stearinsäure, verestert wird. Die auf diese Weise erhältlichen Dicarbonsäuren, Polyalkohole oder deren Ester eignen sich als Zusatz zu *Preßmassen, Lacken, Verdickungsmittel für Schmieröl* u. dergleichen. (**A. P. 2 634 256** vom 15/2. 1949, ausg. 7/4. 1953.) MÖLLERING. 8221

Union Carbide and Carbon Corp., New York, übert. von: **Norman D. Hanson,** Bloomfield, N. J., V. St. A., *Filter* zum filtrieren von *Schlamm* aus *Schmierölen,* bestehend aus biegsamen u. wasserbeständigem, porösem Gewebe aus Papier, das mit 30—35% Sorbinsäureglycerinester imprägniert u. durch Aufnahme von O_2 bei 120 bis 150° gehärtet ist. (**A. P. 2 648 617** vom 2/9. 1948, ausg. 11/8. 1953.) REICHELT. 8221

Anglamol Ltd., London, England, *Schmieröl.* Ein Mineralöl enthält einen Zusatz einer öllösl. Metallverb. der allg. Formel: $R \cdot C(:X_1) \cdot X \cdot R_1OM$ (M = Metall, X u. X_1 = O, S oder Se, X oder X_1 oder beide = S oder Se, R u. R_1 = organ. Reste, davon R^1 aromat.). Es handelt sich also um Metallverbb. von Estern aus aliphat. Säuren u. mehrwertigen Phenolen. Sie enthalten keine aliphat. KW-stoffgruppe mit 20 u. mehr C-Atomen, die an den aromat. Kern gebunden ist. Die Schmieröle dienen für hohe Beanspruchung, z. B. in Kurbelgehäusen. (**E. P. 673 734** vom 5/2. 1948, ausg. 11/6. 1952. A. Prior. 18/3. 1943.) UNGER. 8221

Lubrizol Corp., Wickliffe, Ohio, V. St. A., *Schmierölmischung,* bestehend aus Mineralschmierölen mit Zusatz von 8—20% öllösl. organ. Verbb., die durch Einw. von P_2S_5 auf geschwefelte Ester ungesätt. Monocarbonsäuren mit Oxy- oder Mercaptoverbb., die wenigstens eine u. $<$3 XH-Gruppen (X = O oder S) enthalten, hergestellt werden. — Man erhitzt z. B. Methyl-, Äthyl-, Capryl-, Lauryl-, Tetradecyl-, Oleyl-, Stearyloleat, Butylricinoleat, -palmitat, -oleat, Äthylenglykol- oder Hexamethylenglykoldioleat, Sojabohnenöl, Spermöl, Phenyl-, Caprylphenyl-, Laurylphenyl-, Naphthyl- oder Methylnaphthyloleat mit S-Blumen u. anschließend mit P_4S_3. Die Mischung eignet sich für hohe Tempp. u. Drucke. (**E. P. 679 463** vom 7/5. 1947, ausg. 17/9. 1952. A. Prior. 27/3. 1946.) DERSIN. 8221

N. V. de Bataafsche Petroleum Mij., Den Haag, Holland, *Härteöl.* Der auf Härtetemp. erhitzte Stahl wird in einem Mineralöl von einer Viscosität von 2,5° E bei 20 bis 25° E bei 50°, das eine organ. Verb. mit einem direkt an ein S-Atom geketteten O-Atom enthält, abgeschreckt. Zweckmäßig besteht die organ. Verb. aus einer öllösl. Sulfonsäure oder einem Schwefelsäureester oder einem Salz davon. — Kurvenschaubild. (**E. P. 697 755** vom 20/4. 1951, ausg. 30/9. 1953. D. Prior. 25/4. 1950.) HOCHSTEIN. 8221

Standard Oil Development Co., V. St. A. (Erfinder: **Max W. Hill** und **Robert H. Jones**), *Reinigend und antikorrosiv wirkende Schmierölzusätze.* Man läßt 1 (Gewichtsteil) P_2S_5 mit 10 Zylinderschmieröl in Ggw. von Benzoylperoxyd als Katalysator bei ca. 176—188° 3 Std. reagieren u. behandelt 10 des gebildeten Prod. mit 1 Diisobutylen oder einem Terpen 2 Std. bei 114—127°. Danach erhitzt man das Reaktionsgemisch noch 2 Std. auf ca. 200°. Das Terpen ist handelsübliches Dipenten von der Zus.: 31(%) Dipenten, 39 Terpinolen, 6 α-Pinen, 7 α-Terpineol, 5 $\Delta^{2.3;4.8}$-p-Menthadien, 10 p-Cymol u. 2 Rückstand. (**F. P. 1 039 565** vom 24/10. 1950, ausg. 8/10. 1953. A. Prior. 23/11. 1949.) OPPERMANN. 8221

Standard Oil Development Co., V. St. A. (Erfinder: **John W. Packie**), *Herstellung von Schmierölen.* Man leitet in den Mittelteil eines Extraktionsturmes eine Mineralölfraktion (Kp. ca. 315—594°) ein u. behandelt sie mit einem aromat. Verbb. extrahierenden Lösungsm. (z. B. Phenol, Furfurol, Nitrobenzol). In den unteren Teil des Turmes leitet man ein Rückstandsöl (Kp. über 482°) ein u. befreit es mittels fl. Propan von asphalt. Substanzen. Nachdem man dieses Öl ebenfalls der Einw. des Phenols oder eines der anderen, Aromaten extrahierenden Lösungsmittels ausgesetzt hat, vereinigt man es mit obiger, mit Phenol behandelter Mineralölfraktion, entparaffiniert das dem Turm als Kopfprod. entnommene Raffinatgemisch mit Propan u. entfernt das Lösungsmittel. — Vorrichtung. (**F. P. 1 041 771** vom 9/5. 1951, ausg. 27/10. 1953. A. Prior. 27/10. 1950.) OPPERMANN. 8221

Standard Oil Development Co., V. St. A. (Erfinder: **Lester Marshall Welch** und **George E. Serniuk**), *Herstellung von Schmierölzusätzen (Stockpunktserniedrigern).* Man vermischt eine vinylaromat. Verb. u. halogenierte Paraffine mit einem polaren Lösungsm. u. versetzt das Gemisch mit einer Komplexverb. eines FRIEDEL-CRAFTS-Katalysators mit z. B. Nitrobenzol, Nitromethan u. hält das Ganze bei einer Temp. von —20 bis 50°, bis sich die Vinylverb. größtenteils polymerisiert hat. Dann steigert man die Temp. auf 60—100°. — Z. B. versetzt man ein Gemisch von 52 (g) Styrol u. 372,5 Chlorparaffin mit 10% Cl-Geh. bei 40—50° tropfenweise mit einer Komplexverb., hergestellt aus 50 cm^3 Nitrobenzol u. 8,9 $AlCl_3$. Man hält die Temp. 30 Min. auf 40—50° u. erhitzt dann das Reaktionsgemisch 4 Std. auf ca. 80°. Nachdem man den Katalysator mit etwas Methanol unwirksam gemacht hat, filtriert man das Reaktionsprod. u. behandelt es mit Attapulgit. Nach Abdest. des Lösungsm. erhält man 310 eines sehr viscosen Produktes. (**F. P. 1 041 811** vom 18/5. 1951, ausg. 27/10. 1953. A. Prior. 30/8. 1950.) OPPERMANN. 8221

Standard Oil Development Co., V. St. A. (Erfinder: **George E. Serniuk**), *Stockpunktserniedriger für Schmieröle.* Man erhält sie durch Umsetzen eines Gemisches, bestehend aus einer aromat. oder vinylaromat. Verb. (z. B. Bzl., Diphenyl, Naphthalin, Phenol, Naphthol, Styrol, Vinylanthracen, Vinylcarbazol) u. einem halogenierten aliphat. KW-stoff (z. B. Methylbromid, Äthylfluorid, n-Octylchlorid, Laurylchlorid), in einem Lösungsm. (z. B. CS_2, Nitrobenzol, Nitromethan) mit einer komplexen Verb., die man durch Einw. von 1,2 Mol eines FRIEDEL-CRAFTS-Katalysators (z. B. $AlCl_3$, $AlBr_3$, $AlClBr_2$, Al_2Br_5Cl, BF_3) auf 1 Mol Acylhalogenid (z. B. Stearoylchlorid, Myristoylchlorid) in Ggw. eines Lösungsm. (z. B. Äthylendichlorid, Nitromethan, Nitrobenzol) hergestellt hat. Die Herst. des Stockpunkterniedrigers erfolgt bei aromat. Verbb. bei 10—100° (vorzugsweise 30—80°), bei Verwendung vinylaromat. Verbb. zuerst bei Tempp. von —20° bis n. Temp., u. wenn die vinylaromat. Verb. einen genügend hohen Polymerisationsgrad erreicht hat, bei 50—100 (vorzugsweise 75—80°). Der Stockpunktserniedriger wird dem Schmieröl in Mengen von 0,05—10, vorzugsweise 0,1—5 Gew.-%, zugesetzt. (**F. P. 1 041 828** vom 22/5. 1951, ausg. 27/10. 1953. A. Priorr. 27/6. u. 11/7. 1950.) OPPERMANN. 8221

Centre National de la Recherche Scientifique, Paris, übert. von: **Georges Dupont**, Paris, und **André Guillemonat**, Alger, Frankreich, *Gewinnung von Fettsäuregemischen aus Kork* (I). Man behandelt I, gegebenenfalls nach mindestens 1½ std. Vorbehandlung mit sd. W., mit wss. NaOH, gibt nach der Verseifung eine stöchiometr. Menge Mineralsäure, z. B. H_2SO_4, zu, trennt das Ungelöste ab u. extrahiert es mit mindestens einem Lösungsm., wie CH_3COOH, Essigester, CH_3OH oder $(CH_3)_2CO$, dest. das Lösungsm. ab u. extrahiert den Rückstand mit Trichloräthylen. — *Schmiermittel*, Netz- u. Weichmachungsmittel. (**A. P. 2 571 221** vom 19/7. 1947, ausg. 16/10. 1951. F. Prior. 27/5. 1941.) MÜLLER-MEININGEN. 8223

Socony-Vacuum Oil Co., Inc., New York, N. Y., übert. von: **Frederick P. Richter** und **Everett W. Fuller**, Woodbury, N. J., V. St. A., *2.8-Dioxydibenzothiophen usw.* Zwecks Gewinnung der Mono- bzw. Polyoxydibenzothiophene wird Dibenzothiophen mit dem gewünschten Halogenierungsgrad entsprechenden Halogenmengen mit/ohne

Katalysator halogeniert, das erhaltene Dipolyhalogendibenzothiophen mit Alkali-(Erdalkali-)hydroxyd, bes. $Ba(OH)_2 \cdot 8\ H_2O$, gegebenenfalls in Ggw. von Katalysatoren, wie Cu-, Cu-Bronzepulver, hydrolysiert u. angesäuert. — 25,7 (Gewichtsteile) 2.8-Dibromdibenzothiophen (erhalten durch Einw. von entsprechenden Mengen Br auf Dibenzothiophen bei 100—300° u. erhöhtem Druck) werden, gegebenenfalls in Ggw. eines Katalysators, wie Fe-Pulver, 94,5 $Ba(OH)_2 \cdot 8H_2O$, 15 Cu-Pulver u. 175 W. bei 240—260° 24 Std. unter Druck erhitzt, das Prod. mehrmals mit sd. W. extrahiert, die Lsg. filtriert u. das Filtrat mit verd. HCl angesäuert. 2.8-Dioxydibenzothiophen, F. (aus CH_3OH) 278—279°. S-Geh. 14,76%. *Antioxydans für Schmiermittel.* Veräthерung, z. B. zum tert.-Amyläther, erhöht Löslichkeit in Mineralölen. — Analog kann 2-Monooxydibenzothiophen veräthert werden. (**A. P. 2 571 384** vom 5/4. 1947, ausg. 16/10. 1951.) SCHMAUSER. 8223

United States of America, übert. von: **Howard M. Teeter** und **John C. Cowan**, Peoria, Ill., V. St. A., *Herstellung von Acyloxystearinsäureestern* (**IV**) der allg. Zus. $CH_3-(CH_2)_x-CH(OR)-(CH_2)_{16-x}-(COOR')$ ($x = 4-10$, R = aliphat. Acyl, R' = verzweigter aliphat. Rest, wie Äthylhexyl, Isopropyl, Methylpentyl u. dgl.). — Man erhitzt z. B. 400 (g) Oxystearinsäure (**I**), 520 2-Äthylhexanol (**II**), 0,5 konz. H_2SO_4 u. 1 Liter Bzl. 8 Std. unter Rückfluß u. Abdest. von 24 cm³ W., wäscht Reaktionsgemisch mit W. säurefrei, entfernt Bzl. bei 30—40 mm u. **I** bei 1 mm u. erhält aus 550 Rohprod. durch Mol.-Dest. bei 135—155°/7—12 μ 350 (63%) **I-II**-*Ester*; SZ. 1,0. — Man erhitzt 1 (Mol) dieser Verb. mit 7—8 Propionsäureanhydrid (**III**), das 0,25 des Säurechlorids enthält, 3 Std. auf dem Wasserbad, dest. **III**-Überschuß im Vakuum ab, wäscht Rückstand mit 10%ig. $NaHCO_3$-Lsg. u. W. u. erhält nach Trocknen im Vakuum u. Mol.-Dest. 348 (77,4%) *Propionoxystearinsäure-*II*-ester*, $Kp._{7-12\mu}$ 145 bis 155°; SZ. 0,08 nach Passieren einer Lsg. des Esters in 1 Liter PAe. (Kp. $>$60°) durch eine Al_2O_3-Säule von 8,32 cm Länge. — Eigg.; Tabelle weiterer **IV**. — *Schmierstoffe.* (**A. P. 2 652 411** vom 18/7. 1952, ausg. 15/9. 1953.) MÜLLER-MEININGEN. 8223

Comp. Française de Raffinage, Frankreich, *Herstellung von Schmierölen und Schmierfetten*, dad. gek., daß man decarboxyliertes u. isomerisiertes bzw. im Vakuum dest. Kolophonium (**I**) mit 0,1—0,5% gesätt. oder ungesätt., mindestens 10 C-Atome enthaltender Fettsäure (**II**) versetzt, das Gemisch schnell auf 200° erhitzt u. bei 170—180° eine Seife zusetzt. Zur Herst. von Schmieröl gibt man zu **I** 0,4% **II** u. bei 170—180° 0,5% trockenes Na-Stearat (**III**), zur Herst. von konsistentem Schmierfett zu **I** 0,15—0,25% **II** u. bei 170—180° 3—15% **III**. Man kann dem Schmierfett bis zu 50% Graphit oder Talk einverleiben. (**F. P. 976 066** vom 28/3. 1942, ausg. 13/3. 1951.) OPPERMANN. 8223

Henry Lepp, Frankreich, *Verbesserung von Schmiermitteln* durch Zusatz von Verbb. mit hoher DK., z. B. Acetamid, Benzonitril, Nitrobenzol, Pyridin, Glykol, Methylalkohol, Ameisensäure, Maleinsäureanhydrid, Dimethylsulfat, Methylsulfocyanat, $PbSO_4$, $SbCl_3$, $TlCl_3$, Pyromorphit, Cassiterit, Rutil. (**F. P. 988 922** vom 31/1. 1944, ausg. 3/9. 1951.) OPPERMANN. 8223

Comp. Française Thomson-Houston, Seine, Frankreich (Erfinder: **Maynard Crosby Agens**), *Polysiloxanschmieröle.* Man versetzt Polysiloxane mit ca. 3—10 Gew.-% mit in ihnen lösl., durch Cl u. F substituierten acycl., aromat. oder polycycl. KW-stoffen (z. B. Trichlor-, Tetrachlorbenzol, Pentachlordiphenyl, 1.1-Dichlor-2.2-difluoräthan, Hexachlordifluorpropan, Trichlorpentafluorcyclohexadien). — Z. B. vermischt man 1 Teil Methylpolysiloxanöl (Viscosität 70 Centistokes) mit 3 Gew.-% eines 74/26-Gemisches von Dioctylchlorphthalat u. Octyltetrachlorbenzoat. Solche Schmieröle sind sehr beständig gegen Oxydation, ändern ihre Viscosität mit der Temp. nur in geringem Maße u. besitzen einen niedrigen Tropfpunkt. (**F. P. 1 038 583** vom 27/2. 1951, ausg. 30/9. 1953. A. Prior. 23/3. 1950.) OPPERMANN. 8223

N. V. de Bataafsche Petroleum Mij., Holland (Erfinder: **Fred H. Stross, Stanley T. Abrams** und **Walter H. Peterson**), *Schmierfette.* Sie bestehen aus einem mineral. Schmieröl (Viscosität 300—850 Sek. SAYBOLT bei 37,7°) oder einem anderen Schmiermittel [z. B. Polymerisaten des Propylenoxyds (Mol.-Gew. 200—1500), des Trimethylenglykols, Siliconöl, Trikresyl-, Trioctylphosphat, Polyvinylcaprylat, Di-(2-äthylhexyl)-sebacat], 2—30 Gew.-% einer gelbildenden Substanz, die ein mehrwertiges Metall, bes. ein Erdalkalimetall, u. Si enthält (z. B. Montmorillonit, Hectorit, synthet. Zeolith) u. 5—70 Gew.-% (bezogen auf die gelbildende Substanz) einer gegen die Einw. von W. schützenden Substanz (z. B. Trimethyldodecyl-, Diäthyldioleylammoniumchlorid, Tetradecylamin-, Dihexadecylaminhydrochlorid, 10-Ketolaurylammoniumacetat, Heptadecylammoniumpropionat). (**F. P. 1 039 028** vom 25/6. 1951, ausg. 5/10. 1953. A. Prior. 24/6. 1950.) OPPERMANN. 8223

Institut Français du Pétrole, Seine, Frankreich, *Ziehpaste, insbesondere für die Herstellung von Eisendraht.* Sie besteht aus einer festen mineral. Substanz, die durch Reibung auf dem Draht in der Ziehvorr. den C entfernt, einer organ. fl. oder niedrigschm. Substanz, die kohlige Substanzen löst oder in den koll. Zustand überführt u. sich bei hoher Temp. ohne C-Bldg. zers., u. einer Halogen, S oder P enthaltenden flüchtigen Substanz, die sich bei hohen Tempp. nicht zers. u. bei hohem Druck schmierende Eigg. besitzt. Eine solche Ziehpaste hat z. B. die Zus.: 44 (Teile) Talkpulver, 54 Polyäthylenglykol (Mol.-Gew. 800) u. 2 p-Dimethoxydiphenyltrichloräthan. (**F. P. 1 040 206** vom 30/7. 1951, ausg. 13/10. 1953.) OPPERMANN. 8223

Standard Oil Development Co., V. St. A. (Erfinder: **Walter E. Waddey, James M. Phelan** und **Dilworth T. Rogers**), *Stabilisieren von schwefel- oder schwefel- und phosphorhaltigen Schmieröl- und Schmierfettzusätzen,* z. B. Hochleistungszusätzen, O_2-Inhibitoren. Aus einem Öl, Fett, Harz (Kolophonium) oder einer tier. oder vegetabil. Fettsäure oder einer Harzsäure oder ihren hydrierten oder methylierten Derivv. (z. B. Methylabietat) bestehende, mit Alkalipolysulfiden, S oder P-Sulfiden (z. B. P_2S_5, P_4S_3, P_4S_7) behandelte Prodd. (z. B. S-haltige Abietinsäure, mit einem P-Sulfid behandeltes Walöl) werden durch $^1/_4$—20 std. (vorzugsweise 1—10 std.) Schmelzen bei 15—205° (vorzugsweise 93—150°) mit einem Terpen (Dipenten, α-Pinen) stabilisiert. Die Schmierölzusätze sind relativ wenig korrosiv gegenüber Metallen, bes. Cu. (**F. P. 1 041 500** vom 3/9. 1951, ausg. 23/10. 1953. A. Prior. 16/12. 1950.) OPPERMANN. 8223

N. V. de Bataafsche Petroleum Mij., Holland, *Sauerstoffinhibitoren für Isolieröle, Schmieröle und Schmierfette.* Man erhält sie durch Umsetzen von „sauren" Ölen, die man aus den bei der Raffination von Spaltbenzinen mittels wss. 18%ig. NaOH anfallenden alkal. Lsgg. durch starkes Ansäuern mit H_2SO_4, Waschen der sich bildenden oberen Schicht mit NaCl-Lsg. u. Destillieren der Fl. bei n. oder niedrigerem Druck erhalten hat, mit aliphat. oder cycloaliphat. ungesätt. KW-stoffen (z. B. mit durch Spalten von höheren paraffin. KW-stoffen gewonnenen Gemischen von Olefinen). Die Rk. wird durch Einw. von UV-Licht oder Zusatz von Peroxyden beschleunigt. Das gebildete Reaktionsprod. dest. man zuerst bei 10—20 mm Hg u. dann bei 0,1—1 mm Hg, wobei der O_2-Inhibitor übergeht. Man wäscht ihn zur Beseitigung des oft unangenehmen Geruches mit einer alkoh. Lauge (z. B. einer Lsg. von 1 n NaOH in 96%ig. Alkohol). Der O_2-Inhibitor wird den Isolier-, Schmierölen u. Schmierfetten vorzugsweise in Mengen von 0,05—0,1% zugesetzt. (**F. P. 1 041 972** vom 6/9. 1951, ausg. 28/10. 1953.) OPPERMANN. 8223

N. V. de Bataafsche Petroleum Mij., Holland, *Abtrennen des Paraffins vom paraffinhaltigen Mineralöl* mit Hilfe eines Lösungsmittels. Man verd. z. B. 40 kg Kuweit-Destillat (bei —20° 5 kg festes Paraffin enthaltend) bei —20° mit 120 kg Butanon u. 20 kg Bzl., filtriert den auf —20° abgekühlten Brei u. wäscht mit ca. 50 kg desselben Lösungsmittelgemisches. Das Gesamtfiltrat (200 kg) enthält 32,9 kg Öl vom E. —15°. Der gewaschene Filterkuchen enthält noch 2,1 kg Öl = 30%. Durch Wiederholen des Waschens mit 40 kg Lösungsmittelgemisch läßt sich der Ölgeh. weiter auf 22,5 u. 14% herabsetzen. (**F. P. 1 035 297** vom 11/4. 1951, ausg. 20/8. 1953. Holl. Prior. 13/4. 1950.) RIEPE. 8227

Walter Feld & Co. (Erfinder: **Heinrich Schelauske, Philipp Werth** und **Johannes Bresser**), Essen, *Direkte Gewinnung von Pech und Ölen* aus bei der trockenen Dest. von Brennstoffen, wie Stein- u. Braunkohle, Holz, Torf, Ölschiefer oder Ölkreide entstehenden Gasen durch Auswaschen des Peches aus dem Gas mit Teerölen, dad. gek., daß die Gesamtgasmenge in 2 Teilströme aufgeteilt wird, von denen der eine (im Normalfall kleinere) dem Pechwäscher direkt zugeführt wird, während der andere (im Normalfall größere) bis zum Ausfall des Teerkondensats abgekühlt wird. (**D. B. P. 883 794** Kl. 26d vom 19/10. 1948, ausg. 20/7. 1953. Anmeldung bekanntgemacht 12/7. 1951.) DEMMLER. 8229

Shell Development Co., San Francisco, Calif., V. St. A., übert. von: **Reginald Gordon Mitchell,** Brighton, **Stanley Alfred Hunn,** Hassocks, **Raymond George Green,** New Malden, England, und **Willem L. Ghijsen,** Amsterdam, Holland, *Herstellung von Asphaltemulsionen,* die geeignet sind, poröse Massen zu durchdringen, in den Poren zu koagulieren u. die Massen gegen W. u. Gase undurchdringlich zu machen. Man dispergiert 40—60% Erdöldestillationsbitumen, 0,2—0,5% Alkalialuminat oder ein Gemisch von Harzseife u. K-Oleat u. 1—2% Casein in einer Kolloidmühle in ca. 40° warmem W. u. fügt 0,5% $K_4Fe(CN)_6$ (I), 0,8% H_2O_2 (II) u. 4% Acetaldehyd (III) hinzu. Aus II u. III soll sich so viel Säure bilden, daß das p_H der Emulsion den Wert 3—7 annimmt u. die Koagulation der Emulsion in den Poren bewirkt wird. I soll die Koagulation katalyt. beschleunigen. (**A. P. 2 574 930** vom 24/3. 1947, ausg. 13/11. 1951.) DERSIN. 8231

Sven Emil Sieurin, Djursholm, Schweden, *Herstellung von Massen aus körnigen Stoffen und bitumenhaltigen Bindemitteln, besonders Straßenbelagsmassen.* Das Bindemittel besteht aus Bitumen, Steinkohlenteer, Steinkohlenteerpech, Asphalt oder dergleichen. Die festen Stoffe bestehen z. B. aus Steinkohlenkoks, Erdölkoks, Teerkoks oder anderen für die Elektrodenherst. bekannten Massen. Diese werden ohne Bindemittel im Kollergang satzweise gemahlen, worauf der ganze Inhalt des Kollergangs mit dem Bindemittel, gegebenenfalls unter Erwärmung in Mischern, vermischt wird. Die Massen dienen zur Herst. von *Elektroden.* Bei der Herst. von *Straßenbaumitteln* werden Beton u. ähnliche feste Massen an Stelle der Koksarten verwendet. Bei dieser Arbeitsweise kann man die festen Massen vermahlen, gesondert lagern u. später mit dem Bindemittel vermischen. (**N. P. 78 712** vom 11/12. 1945, ausg. 25/6. 1951. Schwed. Prior. 15/12. 1944.) JÜRGEN SCHMIDT. 8237

XXI. Leder. Gerbstoffe.

Ju. K. Lapuschonok, *Beziehung zwischen dem Aminosäuregehalt der Blößen von Kalbfellen und der Qualität der Rohhaut.* Von Mikroorganismen befallene Kalbfelle ergeben eine Blöße, welche im Vgl. zu gesunder Rohware einen geringeren Prozentsatz an Aminosäuren (Cystin, Methionin, Tyrosin, Arginin, Tryptophan u. Lysin) enthält. (Легкая Промышленность [Leicht-Ind.] **12.** Nr. 12. 23—24. Dez. 1952.) v. SCHROEDER. 8334

A. Je. Schapiro, *Wege zur Verbesserung der Eigenschaften der Färbung und der Farbe von Chromoberleder.* Allg. Ausführungen. Vf. folgert aus der Literatur, daß das kombinierte Verf. der Chromlederfärbung immer beherrschender wird. Hierbei besteht die Grundfarbe aus Acrylderivv., als Deckfarbe dient wss. Nitrocelluloseemulsion. Weit verbreitet sind kombinierte Farben aus Casein u. Harzemulsionen, die auch bei der Herst. von wasserdichtem Leder verwendet werden. (Легкая Промышленность [Leicht-Ind.] **12.** Nr. 10. 17—20. Okt. 1952.) v. SCHROEDER. 8340

G. R. Wolpert und **G. M. Glusman,** *Fermentativ-thermische Kontrolle der Durchäscherung von Blößen.* Der zu kontrollierenden Blöße werden nach Entfernung der Narbenschicht Hautfasern entnommen, diese mit einer NaCl-haltigen Fermentlsg. (keine näheren Angaben) bei 55° behandelt u. die Zeit gemessen. Für Juchtenleder beträgt diese 20—30 Minuten. Angaben über Art des Ferments, Konz. u. p_H fehlen. (Легкая Промышленность [Leicht-Ind.] **12.** Nr. 1. 42. Jan. 1952.) v. SCHROEDER. 8362

Ss. A. Kuraitiss, I. A. Chochlow und **A. M. Ljubimowa,** *Besonderheiten der Gerbung mit basischen Chromsalzen in Gegenwart von Ammoniumsulfat.* Basizitätsbestimmungen von $(NH_4)_2SO_4$ (I)-haltigen Chrombrühen können erst nach der **I**-Best. erfolgen. Dann wird zur Chrombrühe eine entsprechende Menge 0,1 n Alkalilsg. zugesetzt u. bis zum vollständigen Vertreiben von NH_3 erwärmt, worauf die übliche Basizitätsbest. erfolgen kann. (Легкая Промышленность [Leicht-Ind.] **12.** Nr. 1. 28—30. Jan. 1952. Gorki, Zentr. Forschungslabor.) v. SCHROEDER. 8364

N. M. Rybowalowa, *Eine photocolorimetrische Methode zur Bestimmung des Chromoxyds in Fellen.* Eine rasche u. genaue Best. von Cr_2O_3 in Fellen u. Leder wird dadurch möglich, daß die Vergleichslsgg. von $K_2Cr_2O_7$ auf je 250 ml neben 25 ml 4,5%ig. Oxalsäure mit hydrolysierter ungegerbter Hautsubstanz versetzt werden. Die Leder- oder Fellproben (1 g) werden mit 15—20 ml Perhydrol aufgeschlossen, mit 25 ml Oxalsäure versetzt, 4—5 Min. gekocht, auf 100 ml aufgefüllt u. colorimetriert. (Легкая Промышленность [Leicht-Ind.] **12.** Nr. 4. 24—25. April 1952.) v. SCHROEDER. 8368

American Cyanamid Co., New York, N. Y., übert. von: **Daniel E. Nagy,** Stamford, Conn., V. St. A., *Wasserlösliche sulfonierte Phenolharze* („*Syntann*"). Man kondensiert ein Phenol mit CH_2O (1:1,5 bis 1:0,9) unter alkal. Bedingungen, erhitzt das Kondensationsprod. bei p_H 4—10 mit einem wasserlösl. Sulfit (Phenol: SO_2 = 1:1—1:0,15) auf 75—100°, säuert mit einer starken Säure bis p_H <1,5 an u. erhitzt auf 50—100°. 1 (Mol.) Phenol wird mit 1 wss. CH_2O (37%ig.) in Ggw. von 0,06 NaOH 45 Min. auf 90—95° erhitzt, nach dem Zusatz von Essigsäure u. Metabisulfit 75 Min. auf die gleiche Temp., nach dem Abkühlen der M. auf 50° u. Zusatz von 0,12 37%ig. HCl 1 Std. auf 95° erhitzt. Nach dem Abkühlen wird der p_H des Reaktionsprod. mit NaOH auf 3 eingestellt. In weiteren Beispielen wird Isopropylidendi-(p-phenol), p-Äthyl-, p-Octyl-, p-Dodecyl-, p-Chlorphenol verwendet. *Gerbmittel.* (**A. P. 2 621 164** vom 12/12. 1950, ausg. 9/12. 1952.) KRAUSS. 8337

Carl Freudenberg K. G. auf Aktien (Erfinder: **Carl Ludwig Nottebohm**), Weinheim/Bergstraße, *Herstellung poröser hochsaugfähiger Flächengebilde,* dad. gek., daß

Vliese aus krempelbaren Fasern einer mehrstufigen (z. B. 2- oder 3fachen) Imprägnierung mit einer wss. Dispersion oder Emulsion von filmbildenden vulkanisierbaren Verklebungsmitteln, z. B. Kautschuk, die Vulkanisiermittel u. sonstige Zusätze enthält, einer Durchimprägnierung unterworfen werden, wobei den Gebilden mit der Schlußimprägnierung oder gegebenenfalls auch mit 2 oder mehr Imprägnierungen feinverteilte, wieder herauslösbare Stoffe einverleibt werden u. die Gebilde nach jeder Imprägnierung zur Verfestigung einer Wärmebehandlung u. nach der Vulkanisation einer Behandlung mit heißem W. oder wss. Lsgg. unterworfen werden. Die 1. Imprägnierung kann durch Einpressen einer fl., bes. verschäumten Emulsion u. die 2. mit einer konz., bes. pastenförmigen Emulsion erfolgen, bes. beiderseits durch Durchführen zwischen ein horizontal liegendes Walzenpaar. Das fertige Erzeugnis kann 40—70% Imprägniermittel enthalten. — Die Prodd. ähneln *Chamoisleder*. (**D. B. P. 910 960** Kl. 39b vom 2/10. 1948, ausg. 10/5. 1954. Anmeldung bekanntgemacht 17/9. 1953.) Overbeck. 8353

Stamm & Co., Eglisau, Schweiz, *Herstellung von Narbenbildern auf flexiblen Flächengebilden.* In die noch bildsame Oberfläche eines vor der Endbehandlung stehenden Flächengebildes (z. B. aus Kautschuk oder Kunststoffen) wird ein lösl., körniges Gut, z. B. ein Salz, gepreßt. Dann wird das Gebilde fertig behandelt u. das körnige Gut mit einem Lösungsm. herausgewaschen. (**Schwz. P. 279 261** vom 27/10. 1949, ausg. 1/3. 1952.) Nebelsiek. 8353

Firestone Tire & Rubber Co., Akron, O., übert. von: **Walter K. Smith**, Pottsdown, Pa., V. St. A., *Verschweißen von Kunststoffen.* Zwischen die zu verschweißenden Nähte von Polyvinylchlorid-*Kunstleder* wird ein feiner CrNi-Draht gelegt, die Säume werden zwischen zwei Druck ausübenden Blöcken aus Asbest u. Zement gepackt u. der Draht elektr. erwärmt. Der Draht kann anschließend entfernt werden. — Zeichnung. (**A. P. 2 647 072** vom 16/6. 1947, ausg. 28/7. 1953.) Salzmann. 8353

XXII. Leim. Klebstoffe usw.

P. Hiemstra, *Amylopektin, ein Klebstoff für maschinelle Verleimung.* Allg. Ausführungen. (Plastica [Delft] **10**. 344—45. Juli 1954. Veendam, Labor. Avebe.) Winiker. 8384

A. A. Round, *Klebstoffe auf Kautschukbasis.* (Vortrag.) Zusammenfassender Überblick über Herst., Eigg. u. Prüfung von Klebstoffen auf Kautschukbasis. (Trans. Proc. Instn. Rubber Ind., Proc. **1**. P 72—P 80. Juni 1954.) Winiker. 8388

Henkel & Cie. G. m. b. H., Düsseldorf, *Heißhärtbarer Klebstoff*, bestehend aus einer Mischung von Phenol-CH_2O-Kondensaten (**I**) u. neutralisierten sulfonierten **I**. Der Klebstoff ist je nach dem Mischungsverhältnis ganz oder teilweise in kaltem W. löslich. (**E. P. 703 233** vom 26/2. 1949, ausg. 3/2. 1954. D. Prior. 1/10. 1948.) Lüttgen. 8389

Shawinigan Resins Corp., übert. von: **Robert N. Crozier** und **Wilfred K. Wilson**, Springfield, Mass., V. St. A., *Kleb- und Überzugsmittel aus Mischpolymerisaten* (**I**), die in W. lösl. oder dispergierbar sind, bestehen aus einer Mischung von 100 (Teilen) eines **I** aus einem Vinylester u. einem Monoalkylester der Maleinsäure (hergestellt in Ggw. von 58% NH_4OH), 5—150 eines Weichmachers u. 3—50 chloriertem Diphenyl. Außer Füllstoffen u. Verdünnungsmitteln können Kolophoniumharzextrakt, Harzester, Phenolindol-Cumaronharz u. Destillationsprodd. von Zuckerrohr zugesetzt werden. Von verklebtem Papier kann der Klebstoff mit verd. NaOH wieder abgelöst werden. (**A. P. 2 643 238** vom 29/5. 1951, ausg. 23/6. 1953.) Salzmann. 8389

Shawinigan Chemicals Ltd., Montreal, übert. von: **Leo M. Germain**, Shawinigan Falls, Can., *Lösungen von Polyvinylacetatalkohol* erhält man durch Alkoholyse von Polyvinylacetat (**I**) mit einem Überschuß von CH_3OH, NaOH u. W.; hat man 15 Min. lang umgepumpt u. 15 Min. stehenlassen, so ist der Prozeß so weit abgeschlossen, daß sich noch 61% **I** in Lsg. befinden u. nach dem Verdünnen mit Glycerin u. W. ein Film gegossen werden kann, der als *Klebefolie* brauchbar ist. (**A. P. 2 640 816** vom 3/5. 1952, ausg. 2/6. 1953.) Salzmann. 8389

Scholl Mfg. Co., Inc., Chicago, Ill., V. St. A., übert. von: **Ferdinand Salditt**, Neuwied. *Mittels Polyvinyläther hergestelltes Klebeband*, das u. a. als Heftplaster geeignet ist. In einem bei 100° geschmolzenen Polyvinylisobutyläther (**I**) von niedrigem Mol.-Gew. (45000) wird ein **I** von höherem Mol.-Gew. (120000) gelöst, mit TiO_2, ZnO oder Lanolin + Talkum versetzt u. auf ein Baumwollband gestrichen. (**A. P. 2 647 100** vom 27/4. 1950, ausg. 28/7. 1953. Schwz. Prior. 7/5. 1949.) Salzmann. 8389

Kemball, Bishop & Co. Ltd., London, England (Erfinder: **Victor E. Yarsley, John Arthur Shelton, Alfred Kenneth Unsworth** und **John Norman Cheetham**), *Imprägnier- und Klebmittel*, bestehend aus einer Lsg. eines Polyesters (aus einem mehrwertigen Alkohol, z. B. Äthylenglykol, u. Itaconsäure u. Phthalsäureanhydrid) in gegebenenfalls kernalkyliertem u./oder halogeniertem Styrol mit Zusatz von $<1\%$ N-Diäthylanilin. (**E. P. 700 807** vom 9/6. 1950, ausg. 9/12. 1953.) LÜTTGEN. 8389

Badische Anilin- & Soda-Fabrik, Deutschland, *Leime*. Sie bestehen aus härtbaren Aminoplasten (z. B. CH_2O–Harnstoff-, CH_2O–Harnstoff–Dicyandiamidharz), stärkefreien, albuminreichen, in W. lösl. Substanzen (z. B. bei der Herst. von Stärke aus Reis, Mais, Weizen oder dgl. anfallenden Mahlrückständen) u. gegebenenfalls Verdickungsmitteln (z. B. Roggenmehl). — Z. B. löst man in 85 (Teilen) W. 100 eines Pulvers aus 100 trockenem Harnstoffharzpulver u. 75 feingemahlenem Reisagglutinierungsmittel. (**F. P. 1 034 079** vom 16/3. 1951, ausg. 17/7. 1953. D. Prior. 20/3. 1950.) OPPERMANN. 8389

General Motors Corp., Detroit, Mich., übert. von: **Stewart L. Brams**, West Alexandria, O., V. St. A., *Klebmittel* für Metall, Glas u. dgl., bestehend aus z. B. 400 (Gewichtsteilen) plastifiziertem Latex eines kautschukartigen Butadien–Styrol-Mischpolymerisats, 8 S, 8 Phenyl-β-naphthylamin (Antioxydans), 8 Mercaptobenzothiazol, 100 ZnO, 65 Ruß u. 600 eines Gemisches von Cumaronindenharz + Kolophonium (I) + gehärtetem I, die bei 135° verknetet u. in 1450 Lösungsm. gelöst werden. (**A. P. 2 643 235** vom 26/4. 1950, ausg. 23/6. 1953.) SALZMANN. 8389

XXIV. Photographie.

W. Brune und **U. Kronacher**, *Berichtigung zur Arbeit: „Beiträge zur Farbentwicklung". 9. Mitt. Über das Verhalten sulfithaltiger Farbentwickler gegenüber bindemittelfreien Silbersalzen in Anwesenheit einer farbbildenden Komponente.* (Vgl. C. **1954.** 4079.) Die Tabelle (S. 155 im Orig.) „theoret. erforderliche Menge Ag^+ für Farbe u. Sulfonat" wird in der letzten Spalte bzgl. ihrer Zahlenwerte berichtigt. (Z. wiss. Photogr., Photophysik Photochem. **48.** 267. 1953.) W. GÜNTHER. 8630

William R. Crowell, Harbey E. Gausman jr. und **Harlan L. Baumbach**, *Eisessig für die Bestimmung von Metol in Entwicklerlösungen.* Aus Entwicklerlsgg. wird Metol (I) + Hydrochinon (II) nach Zusatz von KBr mit Essigester ausgeschüttelt. Die Ausschüttelungen werden mit Eisessig gemischt u. I darin mit 0,05 n $HClO_4$ in Eisessig titriert. Indicator Kristallviolett oder Tropaeolin 00. In der austitrierten Lsg. wird nach einer Modifikation der Meth. von BRUNNER, MEANS u. ZAPPERT (J. Soc. Motion Picture Television Engr. **53.** [1949.] 25) II nach Zusatz von 6 n H_2SO_4 u. Ferroin als Indicator mit 0,1 n Cerisulfat titriert. (J. Soc. Motion Picture Television Engr. **57.** 411—15. Nov. 1951. Los Angeles, Calif., Univ. of California, Dep. of Chem. u. Hollywood, Calif., Paramount Pictures.) FRESENIUS. 8658

Zeiss-Ikon Akt.-Ges., Stuttgart, *Auslöschbare Lichtbilder.* Die lichtempfindliche Schicht besteht aus phototropen Stoffen, die bei Bestrahlung mit Licht eines bestimmten, begrenzten Spektralbereichs eine andere Farbe annehmen u. bei Bestrahlung mit Licht eines anderen begrenzten Spektralbereichs den ersten oder einen unterschiedlichen Farbton annehmen. Bes. geeignet ist *Triphenylfulgid*, $C_{24}H_{16}O_3$, das orangerot aussieht, unter Einw. von blauem bis blaugrünem Licht eine braunschwarze, tageslichtbeständige Farbe annimmt u. bei Einw. von langwelligem Licht wieder orangerot wird. Die Schichten sind unbegrenzt oft gebrauchsfähig, Verwendung: bei Registrierverff., zur Herst. von Probekopien von Negativen usw. (**D. B. P. 896 757** Kl. 57b vom 1/1. 1936, ausg. 16/11. 1953.) KALIX. 8601

Monsanto Chemical Co., St. Louis, Mo., V. St. A., übert. von: **Horace Wood jr.**, *Überzogene Gewebe für photographische Wiedergaben* oder dergleichen. Man imprägniert Baumwoll- oder Zellwollgewebe mit der Lsg. des Mischpolymerisates aus einem sek. Alkylhalbester einer äthylen. $\alpha.\beta$-Dicarbonsäure (Alkylgruppe mit 4—12 C-Atomen) u. einer polymerisierbaren Vinylverb. der Formel $R-CH=CH_2$ (R = gegebenenfalls chlorierter Phenylrest). Zweckmäßig setzt man der Imprägnierlsg. noch einen kleineren Anteil Polyvinylbutyral zu. Nach dem Trocknen wird das Gewebe kalandert. — Ein Mischpolymerisat aus 1,1 (Mol) Maleinsäureanhydrid, 1 Methylisobutylcarbinol u. 1,5 Styrol wird in A. gelöst u. zur Imprägnierung von gebleichtem Baumwollgewebe verwendet. Man trocknet bei 43° u. kalandert bei einer Walzentemp. von 154°. (**E. P. 689 381** vom 24/5. 1949, ausg. 25/3. 1953. A. Prior. 1/7. 1948.) MÖLLERING. 8603

Eastman Kodak Co., übert. von: **Wesley G. Lowe** und **Jean E. Jones**, Rochester, N. Y., V. St. A., *Steigerung der Allgemeinempfindlichkeit.* Halogensilberemulsionen in Gelatine oder Polyvinylalkohol erhalten in einem beliebigen Zustande ihrer Herst. bei p_H-Werten < 7 einen Zusatz von Alkaliformaldehydsulfoxylaten, vorzugsweise *Na-Formaldehydsulfoxylat.* Daneben können noch andere bekannte Allgemeinsensibilisatoren, wie S- oder Au-Verbb., angewandt werden. (**A. P. 2 604 397** vom 18/11. 1948, ausg. 22/7. 1952.) KALIX. 8605

Soc. An. Gevaert Photo-Producten N. V., Belgien (Erfinder: **Henri de Cat, André Emile van Dormael** und **Polydoor Frans Florimond de Smet**), *Stabilisierung von photographischem Material.* Die photograph. Eigg. des Materials werden wesentlich verbessert, wenn man den Halogensilberemulsionen, den photograph. Bädern oder den angrenzend oder in der Nähe der photosensiblen Emulsionen liegenden Schichten Verbb. folgender Art einverleibt: Verb. der Formel **A** vom F. 293—294°, aus 2-Aminobenzimidazol (**I**) u. Acetessigsäureäthylester (**II**); Verb. vom F. 211—212°, aus **I** u. Cyanessigsäureäthylester; Verb. vom F. über 270°, aus **I** u. Benzoylacetonitril; Verb. vom F. 202—204°, aus **I** u. Acetondicarbonsäurediäthylester; Verb. von F. 208—210°, aus **I** u. Acetooxalsäureäthylester;

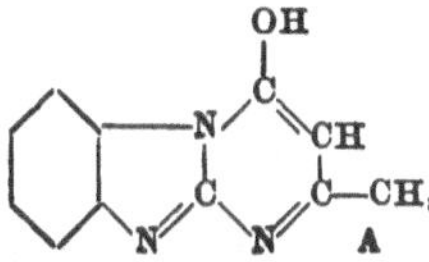

A

Verb. vom F. 297—298°, aus **I** u. Cyclopentanon-(2)-carbonsäureäthylester; Verb. vom F. 315—320°, aus **I** u. Furoylessigsäureäthylester; Verb. vom F. 286—288°, aus **I** u. α-Phenylacetessigsäureäthylester; Verb. vom F. 284—285°, aus **I** u. Äthylmalonsäureäthylester; Verb. vom F. 325—330°, aus **I** u. β-Imino-α-methylbutyronitril; Verb. vom F. 312—216°, aus 5(6)-Chlor-2-aminobenzimidazol u. **II**; Verb. vom F. 310—320°, aus 2-Aminonaphthimidazol u. **II**; Verb. vom F. über 275°, aus 2-Aminoimidazolin (**III**) u. **II**; Verb. vom F. 260—261°, aus **III** u. Benzoylessigsäureäthylester; Verb. vom F. 315°, aus **I**, Benzoylessigsäure u. A.; Verb. vom F. über 330°, aus **I** u. α-Methylacetessigsäureäthylester; Verb. vom F. 295 bis 297°, aus **I** u. α-Formylphenylessigsäureäthylester; Verb. vom F. 290—295°, aus 2-Iminobenzimidazol (**IV**) u. α-Cyanacetessigsäureäthylester; Verb. vom F. 223 bis 225°, aus **IV** u. α.γ-Diäthoxyacetessigsäureäthylester; Verb. vom F. über 330°, aus **I** u. Tricarbäthoxymethan (**V**); Verb. vom F. über 325°, aus **I** u. α-Furylacetessigsäureäthylester; Verb. vom F. 310°, aus **I** u. α-Cyclohexylacetessigsäureäthylester; Verb. vom F. über 330°, aus **I** u. α-Acetylbernsteinsäurediäthylester; Verb. vom F. über 325°, aus **I** u. Hexahydrobenzoylacetessigsäureäthylester; Verb. vom F. über 325°, aus **I** u. α.γ-Chlorphenylacetessigsäureäthylester; Verb. vom F. über 325°, aus Reaktionsprod. von **I** u. **V** (vgl. oben) u. NH_3; Verb. vom F. über 325°, aus **I** u. 2-Carbäthoxy-4-thiopyron; Verb. vom F. über 325°, aus **I** u. Acetylmalonsäurediäthylester; Verb. vom F. über 330°, aus **I** u. Malonsäurediäthylester. (**F. P. 1 018 047** vom 20/4. 1950, ausg. 24/12. 1952. E. Prior. 21/4. 1949.) OPPERMANN. 8611

Agfa Akt.-Ges. für Photofabrikation, Leverkusen (Erfinder: **Richard Brodersen** und **Wilhelm Schneider**, Dessau), *Antistatische Schichten auf Celluloseesterfilmen.* Auf den Film u./oder die lichtempfindliche Schicht werden Lsgg. von Salzen von höhermol. Aminen mit mindestens 10 C-Atomen an der NH_2-Gruppe aufgetragen, z. B. Salze von hydroaromat. oder gemischt aromat.-hydroaromat. Aminen mit mindestens 2 Ringen, gegebenenfalls gemischt mit anderen bekannten Verbb. mit antistat. Wirkung. Geeignet sind z. B. Stearyldimethylbenzylammoniumbromid, Trimethyloctadecylammoniummethylsulfat, Stearylpyridiniumchlorid, Dicapryldiäthylammoniumjodid. (**D.B.P. 888 361** Kl. 57b vom 21/4. 1942, ausg. 31/8. 1953.) KALIX. 8613

Kodak-Pathé, Seine, Frankreich, *Photographische Entwickler*, Sie enthalten Verbb. der $H_4P_2O_7$, bes. $Na_4P_2O_7$, oder Gemische von $H_4P_2O_7$ mit einem Alkali oder einer organ. Base oder Gemische von neutralen oder sauren Pyrophosphaten mit einer Säure (z. B. $H_4P_2O_7$, H_3BO_3) oder mit einem Alkali (z. B. NaOH, KOH, NH_4OH oder einer organ. Base) oder mit einem Salz (z. B. Na_2CO_3, $NaHCO_3$, K_2CO_3, $KHCO_3$, Borat). Ein solcher Entwickler hat z. B. die Zus.: 1 (g) Monomethyl-p-aminophenolsulfat, 5 Hydrochinon, 50 wasserfreies Na_2SO_3, 50 wasserfreies $Na_4P_2O_7$, 1 KBr, gelöst in W. zu einem Liter. Durch die Pufferwrkg. obiger Pyrophosphate u. Pyrophosphatgemische wird die Entwicklerlsg. auf ein konstantes p_H im alkal. Gebiet eingestellt. (**F. P. 980 278** vom 15/1. 1943, ausg. 10/5. 1951.) OPPERMANN. 8619

Charles H. Goddard, Newburyport, Mass., V. St. A., *Bilderzeugung in lichtempfindlichem Glas.* Nach der Belichtung wird auf die Rückseite des Glases eine diffus lichtreflektierende Schicht aus einem Material (I) aufgetragen, das bei der Wärmeentw. des Bildes aufgeschmolzen wird. Als I verwendet man z. B. ein Gemisch aus

96 (Teilen) Glaspulver u. 4 TiO_2; 48 dieses Gemisches werden vor dem Auftragen in 91 Isopropanol + 9 W. suspendiert. (**A. P. 2 658 311** vom 7/2. 1951, ausg. 10/11. 1953.) KALIX. 8625

General Aniline & Film Corp., New York (Erfinder: **Lee C. Hensley,** Binghamton), N. Y., V. St. A., *Blaurote Phenazonium-Farbstoffbilder* erhält man mit p-Dialkylaminoanilin-Entwicklern in Ggw. von Farbkupplern der allg. Formeln **I** u. **II**. Hierin ist **R** eine COOH-, $CONH_2$- oder CONH-Alkylgruppe mit nicht mehr als 26 C-Atomen, die auch sulfoniert sein kann, R_1 ein H-Atom, eine Carboxyalkyl-, Allyl- oder niedrigmol. Alkylgruppe, R_2 eine Allyl-, Aryl-, niedrigmol. Alkyl- oder heterocycl. Gruppe, X ein Halogenatom u. Z die zur Vervollständigung eines carbocycl. Ringes mit 5—10 C-Atomen nötigen Atome.

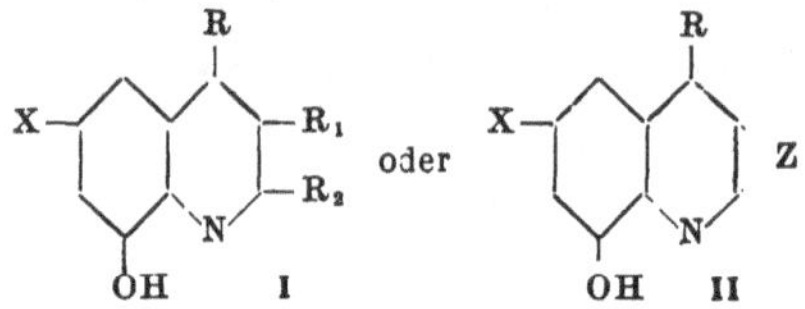

Die Herst. erfolgt nach bekannten Verfahren. Bes. geeignet sind z. B. folgende Cinchoninsäuren (**III**): *2-Propyl-6-brom-8-oxy-***III**, *2-Phenyl-6-chlor-8-oxy-***III**, *6-Chlor-3-carboxymethyl-8-oxy-2-(3'-stearoylaminophenyl)-***III**, *6-Brom-8-oxy-2-(2'-sulfophenyl)-N-octadecyl-***III** u. das entsprechende **III**-*Amid*, *2-(4'-Chlorphenyl)-6-brom-8-oxy-***III**, *6-Chlor-3-carboxymethyl-8-oxy-2-phenyl-***III**, *2-[4-(6-Brom-8-oxy-2-(2'-sulfophenyl)-cinchoninoyl)-aminophenyl]-1-octadecyl-5-sulfobenzimidazol*, *6-Caproylamino-2-(2'-phenyl-6-brom-8-oxycinchoninoyl)-aminotoluolsulfonsäure* u. *2-Phenyl-6-chlor-8-oxycinchoninoyloctadecyltaurin.* — Weitere Beispiele mit Strukturformeln im Original. (**D. B. P. 893 012** Kl. 57b vom 17/8. 1951, ausg. 12/10. 1953. A. Prior. 19/8. 1950.) KALIX. 8631

Chemische Fabriek L. van der Grinten, Venlo, Holland, übert. von: **Lodewijk Pieter Frans van der Grinten, Pieter Antoon Willem van der Grinten** und **Karel Jan Jozef van der Grinten,** *Entwickler für Diazotypieschichten.* Die Entwicklerlsg. für Einkomponentenpapiere enthält außer den üblichen Bestandteilen ein opt., blaufluorescierendes *Aufhellungsmittel.* Bes. geeignet sind Salze von *p.p'-Diaminostilben-o.o'-disulfonsäuren,* in denen eine oder beide NH_2-Gruppen durch einen 1.3.5-Triazinring substituiert sind, u. zwar in Mengen von 1 g auf 1 Liter Lösung. (**E. P. 700 798** vom 21/5. 1952, ausg. 9/12. 1953. Holl. Prior. 16/6. 1951.) KALIX. 8647

Ozalid Co., Ltd., übert. von: **Robert Herrmann Franke** und **Humphrey Dasmond Murrey,** London, England, *Diazotypieschicht.* Die Schicht wird aus einer schwach sauren wss. Zweikomponentenlsg. gegossen, die außer den üblichen Bestandteilen eine wss. Emulsion einer unvollständig polymerisierten Polyvinylverb. (**I**) enthält, welch letztere bei Trocknung der Schicht bricht u. auf dem Träger eine geschlossene, für W. undurchdringliche, für NH_3-Gas jedoch leicht durchlässige Schicht von **I** bildet, deren Polymerisationsgrad, wenn nötig, durch Erwärmen noch etwas gesteigert werden kann. Als **I** sind verwendbar Vinylchlorid, -acetat, -acetale, -styrol oder Gemische dieser Verbindungen. (**E. P. 702 294** vom 11/9. 1951, ausg. 13/1. 1954.) KALIX. 8647

Lawes Bros. Ltd., London, England, *Mehrfarbige Diazotypien.* Nach der Belichtung unter einer Vorlage werden die belichteten u. unbelichteten Stellen der Diazoschicht, gegebenenfalls mit Hilfe einer Schablone, mit verschied. Kupplern behandelt, die die gewünschten Farbtöne der Kupplungsprodd. ergeben. (**E. P. 694 580** vom 17/10. 1950, ausg. 22/7. 1953.) KALIX. 8647

Chemische Fabriek L. van der Grinten, übert. von: **Wilhelm Hubertus Gerardus Bartels,** Venlo, Holland, *Diazotypieverfahren.* Im Gegensatz zu den bisher üblichen Verff. wird das Papier nicht vor, sondern erst nach dem Sensibilisieren (mit einer Zweikomponentenmischung) kalandriert, z. B. mit einem Druck von 50 kg/cm^2 u. mit einer Durchlaufgeschwindigkeit von 60 m/Minute. (**A. P. 2 595 916** vom 20/4. 1948, ausg. 6/5. 1952. Holl. Prior. 21/4. 1947.) KALIX. 8647

Antonio Revenga Carbonell y José María Fernández Platero, Nociones de Química aplicada a la Fotografía. Madrid: Dossat. (58 S.) ptas 28.—.

Herausgeber u. verantwortlich für den Inhalt: Prof. Dr. Maximilian Pflücke, Berlin NW 7. Schiffbauerdamm 19, Fernsprecher: 42 55 71. Redaktion: Chefredakteure Dr. Eugen Klever und Prof. Dr. Maximilian Pflücke. Verlag: Akademie-Verlag GmbH, Berlin W 8, Mohrenstraße 39 (Fernsprecher 20 03 86, Postscheckkonto Berlin 350 21), u. Verlag Chemie GmbH, Weinheim/Bergstraße (Postscheckkonto Frankfurt/M. 145314 u. Berlin [West] 7430, Fernsprecher: Weinheim 2017). Bestell- u. Verlags-Nr. dieses Heftes: 1007/125/40. Das Chemische Zentralblatt erscheint wöchentlich.
Satz u. Druck: VEB Leipziger Druckhaus, Leipzig, III/18/203. X. 54.
Veröffentlicht unter der Lizenznummer 1212 des Amtes für Literatur und Verlagswesen der Deutschen Demokratischen Republik.
Printed in Germany DDR.

FSC
www.fsc.org
MIX
Papier | Fördert gute Waldnutzung
FSC® C083411

Kolibri 360 GmbH
Ferdinand-Jühlke-Straße 7
99095 Erfurt, Deutschland
produktsicherheit@kolibri360.de